JN296321

統計解析ツール
Minitab
実践ガイド

㈱構造計画研究所 創造工学部［訳］

発行：構造計画研究所
発売：共立出版

Translation Copyright © 2008 Kozo Keikaku Engineering Inc.
Original Korean language title: 새 Minitab 실무완성, ISBN: 8990239036 by Eretec Inc.
Copyright © 2004, All Rights Reserved.

本書は，株式会社構造計画研究所が，Eretec Inc.との契約に基づき翻訳したものです。

本書のいかなる部分も，Eretec Inc.の許可なしに，いかなる方法によっても，無断で複写，複製することはできません。

日本語版に関する権利は，株式会社構造計画研究所が保有します。

まえがき

　1980年代末，アメリカのモトローラ（Motorola）で，新しい品質改善手法として導入されたシックスシグマ活動は，GE（General Electric），TI（Texas Instrument），ソニー（Sony）などの世界的な超優良企業において定着しました。シックスシグマ活動は，企業の文化を改善する新しい時代の潮流となり，企業の文化革命とさえ称されています。韓国国内においても，サムスン，LG，POSCO，ヒュンダイ，KTなどの大手企業をはじめとして，中小企業および政府機関においてもシックスシグマ活動に力を注いでおり，大きな成果を得ています。

　MINITABは，基礎統計学を受講する学生のための教育用統計プログラムとして，1972年にアメリカのペンシルバニア州立大学で開発されました。当時，統計解析ツールの必要性が認知されるにつれ，工学，社会学，心理学，経営学といった分野においてもMINITABが活用されはじめました。開発当初，MINITABは使いやすいという特徴から，大学の学生や教授が主なユーザーでした。そして，1980年代以降，さまざまな企業が工学または品質管理の統計解析ツールとしてMINITABを導入し，今では多くの企業が採用しています。

　韓国では，2004年6月にMINITAB 14韓国版が発売，2005年8月にMINITAB 14.2韓国版が発売されました。韓国版の発売は，英語のメニューに不慣れだった韓国ユーザーにとって，MINITABをさらに活用するきっかけとなりました。

　MINITAB 14韓国語版は，リリース13では一部不足していた統計機能を追加し，インターフェースおよびグラフィック機能を強化しました。過去に発売した弊社の書籍"MINITABの実務完成"では，MINITAB 14韓国語版の新機能および使用法に対応できない点が多かったため，このたび，"新MINITABの実務完成"を発行することになりました。

　"新MINITABの実務完成"では，信頼性／生存時間，多変量解析，そして時系列分析を新たな章として追加し，韓国語版の新メニュー，ダイアログボックス，オプションおよびグラフを詳細に解説しています。

　"MINITABの実務完成"には，多くの間違いがありました。今回も本書を発行するにあたり，できるだけシックスシグマの品質水準を達成しようと努力しましたが，実務者の目で作成された新しい書籍に，これ以上間違いはないと自信を持って断言することはできません。少しでも間違った点がありましたら，お手数ですがご指摘ください。さらに正確な内容で製作していけ

るよう，今後とも読者のみなさまのご協力をいただければ幸いです。

　最後に，この書籍の著作に参加してくださったコンサルタントのみなさまと，私たちのチームメンバー，そして，お忙しい中でも快く監修をお引き受けくださった西京大学のイ・サンボク教授に心からの感謝を申し上げます。

2005 年 11 月
株式会社 Eretec MINITAB チーム

訳者まえがき

　日本の品質管理およびサービスは，世界に誇れる文化です。日本企業が生産した製品は高品質であり，電車は定刻どおりに到着し，ホテルでは気持ちよいサービスを受けることができます。高品質な製品やサービスの提供は，いわゆる暗黙知の技術や経験を脈々と受け継ぎ，業務を確実に遂行する日本人固有の細やかさや勤勉性に他なりません。しかし，品質に対する要求水準は年々高まっており，製品やサービスの多様化，あるいは開発期間の短縮化により，個人の力に依存した品質には限界がきています。

　近年，欧米やアジアにおける統計解析ツールの普及は，品質管理や業務改善のみならず，企業の意思決定や収益向上に大きな影響をもたらしています。かつて専門家やマネージャだけが解析していた品質やサービスを，一般の社員が解析することで，その企業はさらに強みを発揮します。このような解析を，手元のパソコンで簡単に実践できるように工夫されたソフトウェアがMINITABです。

　MINITABの名前の由来は，米国商務省標準技術局（National Institute of Standards and Technology）が開発したOMNITABという統計解析プログラムの名前からヒントを得たものです。OMNITABほどの統計演算機能はないにせよ，OMNITABの小型版として統計解析ツールを広めたいという願いから，MINITABと名付けられました。

　MINITABは，その使いやすさゆえ，製造業の設計者や品質管理者，あるいは金融や保険などのサービスに従事している方まで，多様なユーザーに利用されています。MINITABを社内の共通言語として，あるいは部門間のコラボレーションツールとして利用することで，その有用性はさらに高まります。

　本書は，韓国のMinitab代理店Eretec社にご協力いただき，韓国で発売された"新MINITABの実務完成"を翻訳したものです。内容は，MINITAB 14日本語版の利用を前提としたMINITABの使い方とその統計結果に関する解説であり，統計用語に関して基礎知識をもった読者を対象に説明しています。各グラフや統計機能に例題を使用し，操作手順を丁寧に記述しているため，MINITABの操作に困ることはありません。ページ数に限りがあるため，結果の解析では詳細な考察を行っていませんが，この考察を応用することで，実務に活用できるようになるはずです。

MINITAB の例題データは，以下のサイトからダウンロードすることができます．ファイルは ZIP 形式で圧縮されていますので，ダウンロードしたファイルを解凍の上，ご利用ください．

▼ http://www.kke.co.jp/minitab/guide.html

本書の出版にあたって，共立出版株式会社の横田穂波氏をはじめ，関係者のみなさまには多大なご協力をいただきました．また，翻訳，編集するにあたって，構造計画研究所の上坂忠誠氏，澤井大樹氏，高階勇人氏および創造工学部の部員には，多くの助言をいただきました．ここに記して，感謝の意を表します．

本書が読者のみなさまに少しでもお役立ていただけることを願ってやみません．

2008 年 盛夏
行武晋一

目　次

第1章　MINITABの紹介 ·· 1
1. MINITABとは ·· 2
2. MINITABの機能 ··· 2
3. MINITABの実行および終了 ··· 2
4. MINITABのデフォルトウィンドウ ··· 3
5. MINITABのメニューバー ·· 4
6. MINITABのツールバー ··· 4

第2章　MINITABの環境設定 ··· 7
1. ツールバーをアクティブにする ··· 8
2. ステータスバーの表示 / 非表示 ··· 9
3. カスタマイズ ··· 9
4. オプションを利用して環境を設定する ································· 11
5. ユーザーによる環境設定 ·· 12

第3章　MINITABの操作 ·· 15
1. ファイル管理 ··· 16
2. データ編集 ··· 18
3. データ操作 ··· 24
4. データ計算 ··· 40
5. グラフ ·· 53

第4章　MINITAB統計の基礎 ·· 85
1. 統計量を求める ·· 86
2. 確率分布 ·· 90
3. 標本分布 ·· 98

第5章　推定と検定 ··· 101
1. 推定と検定の概要 ·· 102
2. 1つの母平均に対する推定と検定 ··· 104

3. 2つの母平均に対する検定と推定 ･････････････････････････････････････ 111
　　4. 母比率の検定と推定 ･･･ 120
　　5. 母分散比の検定 ･･･ 125
　　6. 3つ以上の母平均の差の検定 ･･ 127
　　7. 3つ以上の母分散の差の検定 ･･ 135

第6章　検出力とサンプルサイズ ･･･ 139
　　1. 検出力とサンプルサイズの概要 ･･････････････････････････････････････ 140
　　2. 1サンプルt検定のための検出力とサンプルサイズ ････････････････････ 141
　　3. 2サンプルt検定のための検出力とサンプルサイズ ････････････････････ 142
　　4. 2サンプル比率検定のための検出力とサンプルサイズ ･･････････････････ 145

第7章　表 ･･･ 147
　　1. 表（Tables）の概要 ･･ 148
　　2. カイ二乗（χ^2）統計量を利用した独立性の検定 ･･････････････････････ 153
　　3. カイ二乗（χ^2）統計量を利用した同一性の検定 ･･････････････････････ 158
　　4. クロス集計およびカイ二乗（χ^2）の検定 ････････････････････････････ 161
　　5. カイ二乗（χ^2）統計量を利用した適合度の検定 ･･････････････････････ 165

第8章　正規性検定 ･･･ 171
　　1. 正規性検定の概要 ･･･ 172

第9章　時系列分析 ･･･ 175
　　1. 時系列分析の概要 ･･･ 176
　　2. 時系列プロットを利用した時系列データの理解 ････････････････････････ 177
　　3. トレンド分析（Trend Analysis）････････････････････････････････････ 184
　　4. 平滑法を利用したトレンド分析 ･･････････････････････････････････････ 192
　　5. 因子分解法を利用した時系列データの分析 ････････････････････････････ 207
　　6. ARIMA（自己回帰和分移動平均）を利用した時系列データの分析 ･･････ 214

第10章　信頼性/生存分析 ･･･ 221
　　1. 信頼性/生存分析の概要 ･･ 222
　　2. MINITABを利用した信頼性/生存分析の手順 ････････････････････････ 223
　　3. 寿命試験データ−完全/右打ち切りの場合の分析 ･･････････････････････ 225
　　4. 寿命試験データ−任意打ち切りの場合の分析 ････････････････････････ 243

5. 加速寿命データの分析 ･･･ 252
　6. プロビット分析 ･･ 263

第 11 章　多変量解析 ･･ 271
　1. 多変量解析の概要 ･･･ 272
　2. 主成分分析 ･･･ 274
　3. 因子分析 ･･･ 278
　4. クラスター分析 ･･･ 285
　5. 判別分析 ･･･ 296
　6. 対応分析 ･･･ 299

第 12 章　工程能力分析 ･･ 311
　1. 工程能力とは ･･･ 312
　2. 工程能力の定量化 ･･･ 312
　3. 工程能力の結果に対する一般的な判定方法 ････････････････････････ 313
　4. MINITAB で工程能力を求める ･･･････････････････････････････････ 314
　5. MINITAB で工程能力を求める手順 ･･･････････････････････････････ 314
　6. MINITAB で工程能力分析メニューの説明 ･････････････････････････ 315
　7. MINITAB で使用される工程能力関連用語の定義 ･･･････････････････ 316
　8. 個別の分布の識別 ･･･ 317
　9. ジョンソン（Johnson）変換 ･････････････････････････････････････ 321
　10. 正規分布データに対する工程能力 ･････････････････････････････････ 323
　11. サブグループ内およびサブグループ間の変動を考慮した工程能力 ････ 328
　12. 非正規分布データに対する工程能力 ･･･････････････････････････････ 330
　13. 多重変数（正規分布）データに対する工程能力 ･･･････････････････ 338
　14. 多重変数（非正規分布）データに対する工程能力 ････････････････ 341
　15. 工程能力シックスパック ･･･ 346
　16. 属性データの工程能力 ･･･ 353

第 13 章　測定システム分析 ･･ 361
　1. 測定システム分析とは ･･･ 362
　2. MINITAB でサポートする測定システム分析メニュー ･･････････････ 364
　3. ゲージ（測定器）の R&R 分析（交差）････････････････････････････ 366
　4. ゲージ（測定器）の R&R 分析（枝分かれ）･･･････････････････････ 372
　5. ゲージランチャート ･･･ 374

6. ゲージ（測定器）の線形性と偏りの分析 ………………………………… 376
  7. 属性ゲージ分析（分析法） ………………………………………………… 379
  8. 属性の一致性分析 …………………………………………………………… 382

第14章　相関分析 ……………………………………………………………… 387
  1. 相関分析の概要 ……………………………………………………………… 388
  2. 相関係数の検定―二変量 …………………………………………………… 389
  3. 順位相関係数 ………………………………………………………………… 390

第15章　回帰分析 ……………………………………………………………… 395
  1. 回帰分析（Regression Analysis）の概要 ………………………………… 396
  2. 単回帰分析（Simple Regression Analysis） ……………………………… 397
  3. 重回帰分析（Muitiple Regression） ……………………………………… 405
  4. 曲線回帰（Curvilinear Regression） ……………………………………… 408
  5. ステップワイズ回帰分析（Stepwise Regression Analysis） …………… 411
  6. ベストサブセット（Best Subsets） ……………………………………… 420
  7. 残差プロット（Residual Plot） …………………………………………… 423
  8. 偏最小二乗（PLS, Partial Least Squares） ……………………………… 427

第16章　品質ツール …………………………………………………………… 433
  1. 概要 …………………………………………………………………………… 434
  2. ランチャート ………………………………………………………………… 434
  3. パレート図 …………………………………………………………………… 436
  4. 特性要因図 …………………………………………………………………… 441
  5. 多変量管理図 ………………………………………………………………… 444
  6. 対称性プロット（Symmetry Plot） ……………………………………… 446

第17章　管理図 ………………………………………………………………… 449
  1. 管理図の概要 ………………………………………………………………… 450
  2. MINITABの管理図使用に際して ………………………………………… 454
  3. サブグループ変数管理図 …………………………………………………… 458
  4. 個別変数管理図 ……………………………………………………………… 478
  5. 属性管理図 …………………………………………………………………… 488
  6. 時間重み付きチャート ……………………………………………………… 497
  7. 多変量管理図 ………………………………………………………………… 503

8. 管理図のオプションの使用法 ･･ 514

第18章　分散分析（ANOVA） ･･ 517
1. 分散分析の概要 ･･･ 518
2. 一元配置の分散分析（One-Way ANOVA）･･･････････････････････････････ 519
3. 二元配置の分散分析（Two-Way ANOVA）･･･････････････････････････････ 526
4. 平均の分析（Analysis of Means）･･ 530
5. バランス型分散分析と一般線形モデル ･････････････････････････････････ 534
6. バランス型分散分析（Balanced ANOVA）･･････････････････････････････ 540
7. 一般線形モデル（General Linear Model）･･････････････････････････････ 553
8. 完全枝分かれ（Fully Nested）分散分析 ････････････････････････････････ 562
9. 等分散性検定（Test for Equal Variance）････････････････････････････････ 565
10. 区間プロット（Interval Plot）･･･ 567
11. 主効果図（Main Effects Plot）･･･ 570
12. 交互作用図（Interactions Plot）･･ 571

第19章　要因実験 ･･ 577
1. 要因実験の概要 ･･ 578
2. 実験計画の選択 ･･ 580
3. 2水準要因実験を計画する ･･ 581
4. プラケット-バーマン（Plackett-Burman）計画 ････････････････････････ 593
5. 完全実施要因計画（General Full Factorial Design）････････････････････ 597
6. カスタム要因計画の定義 ･･ 598
7. 計画の修正 ･･ 599
8. 計画の表示 ･･ 601
9. データの収集とデータの入力 ･･ 602
10. 要因計画の分析 ･･ 602
11. 要因計画プロット（Factorial Plots）････････････････････････････････････ 609
12. 等高線／曲面プロット（Contour/Surface Plot）･･･････････････････････ 615
13. 重ね合わせ等高線図（Overlaid Contour Plot）････････････････････････ 617
14. 応答の最適化ツール（Response Optimizer）･････････････････････････････ 619

第20章　応答曲面 ･･ 623
1. 応答曲面計画の概要 ･･ 624
2. 実験計画の選択 ･･ 624

3. 応答曲面計画を生成する ･････････････････････････････････････ 625
　4. カスタム応答曲面計画の定義 ･･･････････････････････････････ 635
　5. 実験計画の修正 ･･･ 636
　6. 実験計画の表示 ･･･ 638
　7. データの収集とデータの入力 ･･･････････････････････････････ 638
　8. 応答曲面計画の分析 ･･･････････････････････････････････････ 639
　9. 応答曲面グラフの分析−等高線／曲面プロット ･･･････････････ 648
　10. 応答の最適化ツール（Response Optimizer）･････････････････ 652
　11. 重ね合わせ等高線図（Overlaid Contour Plot）･･････････････ 659

第21章　混合計画 ･･ 663
　1. 混合計画の概要 ･･･ 664
　2. 実験計画の選択 ･･･ 665
　3. 混合計画の作成 ･･･ 666
　4. カスタム混合計画の定義 ･･･････････････････････････････････ 678
　5. 実験計画の修正 ･･･ 679
　6. 実験計画の表示 ･･･ 679
　7. データの収集とデータの入力 ･･･････････････････････････････ 680
　8. 混合計画の分析 ･･･ 680
　9. 混合計画グラフの分析 ･････････････････････････････････････ 686
　10. 応答の最適化ツール（Response Optimizer）･････････････････ 689
　11. 重ね合わせ等高線図 ･･･････････････････････････････････････ 690

第22章　タグチ計画 ･･･ 693
　1. タグチ計画の概要 ･･･ 694
　2. MINITABでのタグチ計画 ･････････････････････････････････ 697

索　引 ･･ 709

第1章　MINITAB の紹介

1. MINITAB とは
2. MINITAB の機能
3. MINITAB の実行および終了
4. MINITAB のデフォルトウィンドウ
5. MINITAB のメニューバー
6. MINITAB のツールバー

1. MINITAB とは

　　MINITAB は，基礎統計学を受講する学生たちのために，1972 年アメリカのペンシルバニア州立大学で開発された統計プログラムです。現在では，工学，社会学，心理学，経営学，品質管理分野など，統計解析を行うすべての分野で広く使用されています。

2. MINITAB の機能

機　能	内　容
基本統計	・統計量，検定・推定，相関分析，共分散分析，正規性検定など
グラフ分析	・ヒストグラム，円グラフ，散布図，箱ひげ図など
多変量解析	・主成分分析，要因分析，クラスター分析など
信頼性および生存分析	・分布分析，生存データの回帰分析，収益分析など
時系列分析	・トレンド分析，ARIMA（自己回帰和分移動平均）など
実験計画法	・分散分析，回帰分析，因子分析，混合実験，応答曲面，タグチ法など
品質ツール	・工程能力分析，各種管理図，特性要因図，ゲージ R&R など

3. MINITAB の実行および終了

[1] 実行

①ウィンドウの画面からショートカットのアイコンをクリックします。
②スタート→すべてのプログラム→ MINITAB 14 Japanese → MINITAB 14 Japanese をクリックします。

[2] 終了

①終了するには ☒ をクリックします。

②セッションウィンドウから MTB>STOP を入力します。
③ファイル > 終了をクリックします。

4. MINITAB のデフォルトウィンドウ

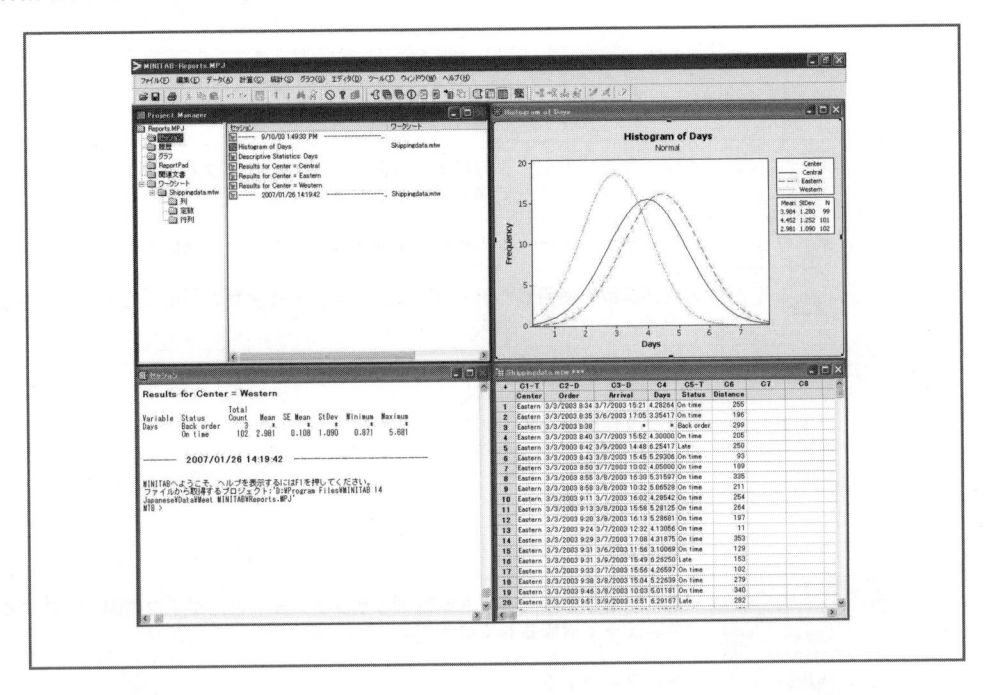

セッション ウィンドウ	・MINITAB のコマンドとエラーメッセージ，データ処理の結果をテキスト形式で表示します。
ワークシート ウィンドウ	・データウィンドウでデータの入力や修正が行われます。
Project Manager ウィンドウ	・各フォルダに含まれた情報を表示します。 　- セッション：セッションウィンドウの情報を管理します。 　- 履歴：MINITAB 分析の実行過程を示します。 　- グラフ：グラフの情報を管理します。 　- ReportPad：MINITAB の分析内容をレポート化できるメニューで，MINITAB の分析内容をここへ移しておき，出力したり，RTF ファイル，HTML ファイルで保存したりします。 　- 関連文書：現在実行されている MINITAB の分析に参考になる文書，またはインターネットのアドレスなどを追加します。 　- ワークシート：ワークシートに対する内容を表示します。列と定数，行列に対する情報を見ることができます。
グラフ ウィンドウ	・データ処理結果をグラフで表示します。

5. MINITABのメニューバー

区 分	主要な機能
ファイル	・ファイル管理に必要なサブメニューで構成されています。
編集	・ワークシートデータの編集，外部データとのリンクおよびコマンドエディタなどのサブメニューで構成されています。
データ	・ワークシートデータの操作に関するサブメニューで構成されています。
計算	・内部関数を使用したデータ計算，および分布関数を利用したデータの生成などのメニューがあります。
統計	・各種データを分析するメニューが含まれています。
グラフ	・グラフ作成のためのメニューで構成されています。
エディタ	・ワークシート，グラフ，セッションウィンドウの画面によってメニューの内容が異なります。
ツール	・MINITABの環境設定のためのメニューが含まれています。
ウィンドウ	・ウィンドウの画面構成を制御するサブメニューと，グラフ画面を管理するサブメニューで構成されています。
ヘルプ	・ヘルプに関するメニューです。

6. MINITABのツールバー

[1] 標準ツール

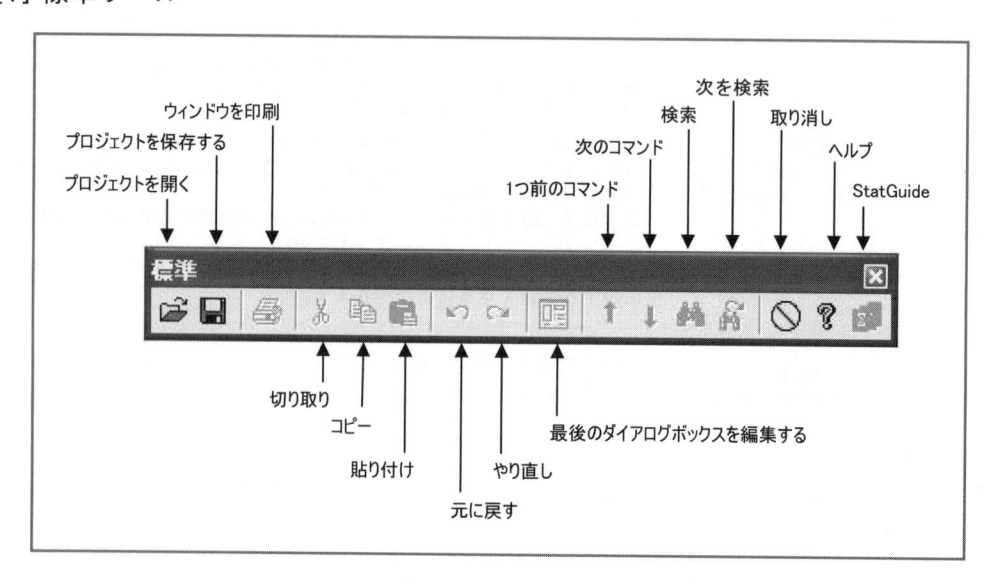

[2] Project Manager ツール

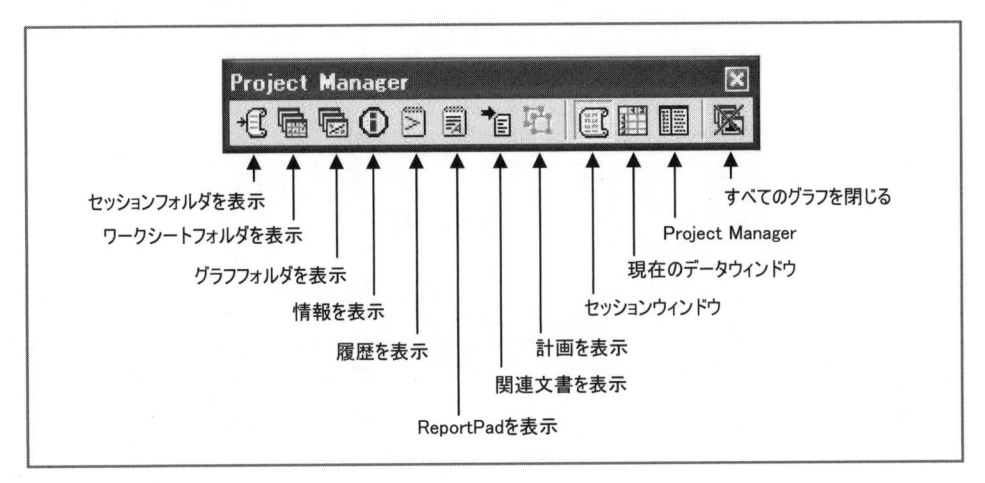

- セッションフォルダを表示
- ワークシートフォルダを表示
- グラフフォルダを表示
- 情報を表示
- 履歴を表示
- ReportPadを表示
- 関連文書を表示
- 計画を表示
- セッションウィンドウ
- 現在のデータウィンドウ
- Project Manager
- すべてのグラフを閉じる

[3] ワークシートツール

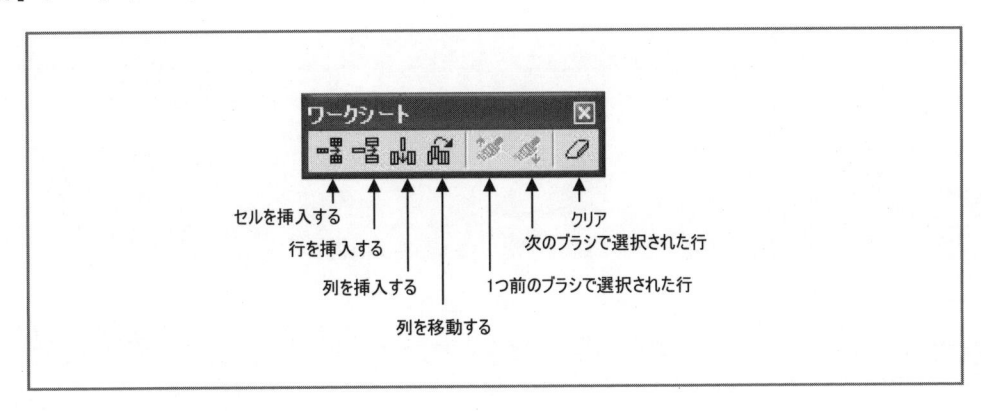

- セルを挿入する
- 行を挿入する
- 列を挿入する
- 列を移動する
- 1つ前のブラシで選択された行
- 次のブラシで選択された行
- クリア

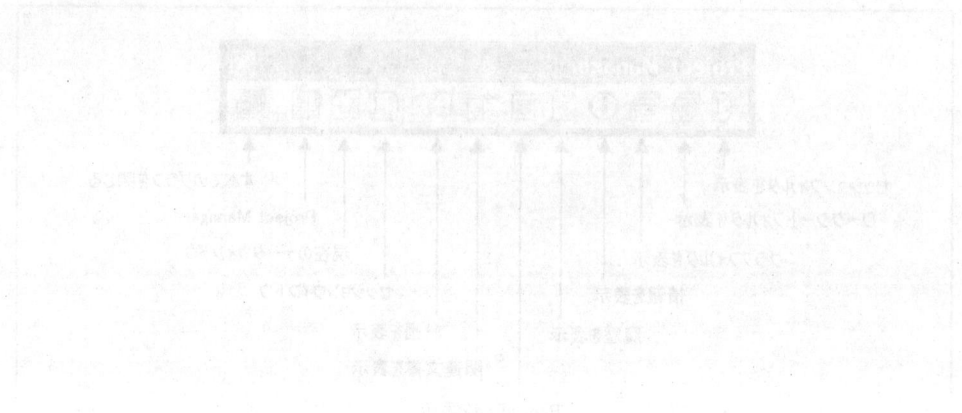

第2章　MINITAB の環境設定

1. ツールバーをアクティブにする
2. ステータスバーの表示/非表示
3. カスタマイズ
4. オプションを利用して環境を設定する
5. ユーザーによる環境設定

8　第2章　MINITABの環境設定

1. ツールバーをアクティブにする

　　使用可能なツールバーを選択できます。MINITABのツールバーを使用すると，MINITABのコマンドを簡単に実行することができます。デフォルトでは，標準ツールバー，Project Managerツールバー，およびワークシートツールバーのみが表示されています。

[実行] 1. MINITABメニュー：ツール ▶ ツールバー

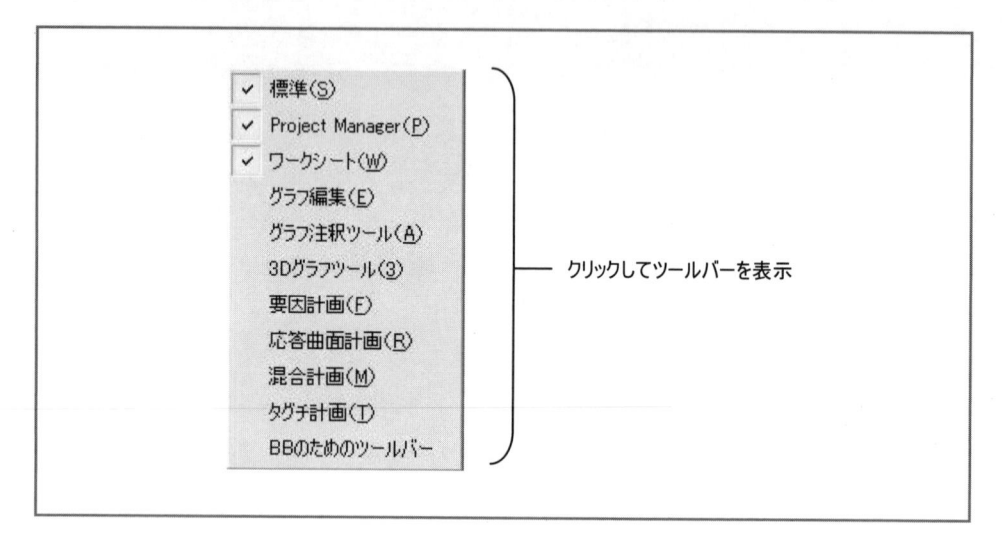

（クリックしてツールバーを表示）

[実行] 2. MINITABメニュー：ツール ▶ カスタマイズ ▶ ツールバー

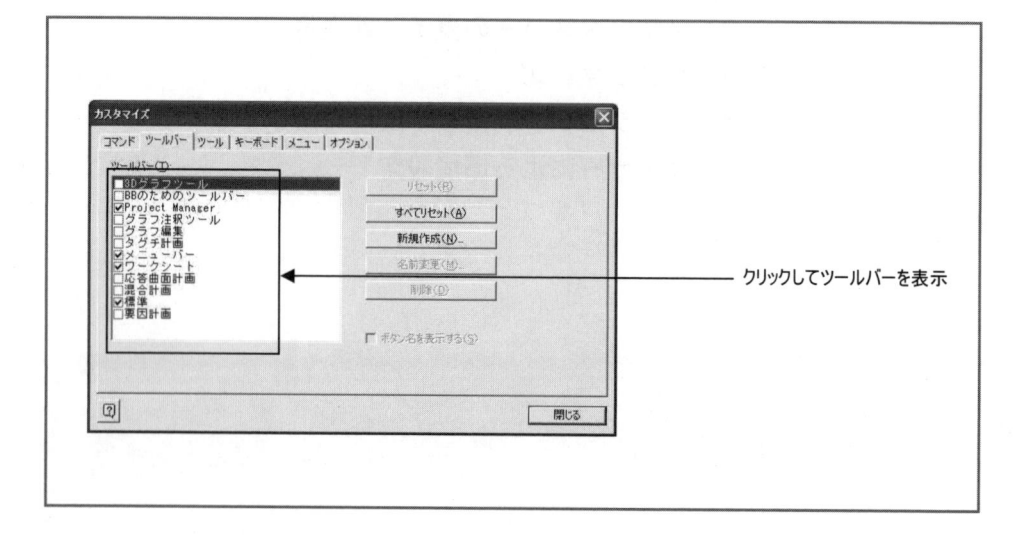

（クリックしてツールバーを表示）

2. ステータスバーの表示 / 非表示

ステータスバーの表示，非表示を選択できます。

[実行] 1. MINITAB メニュー：ツール ▶ ステータスバー

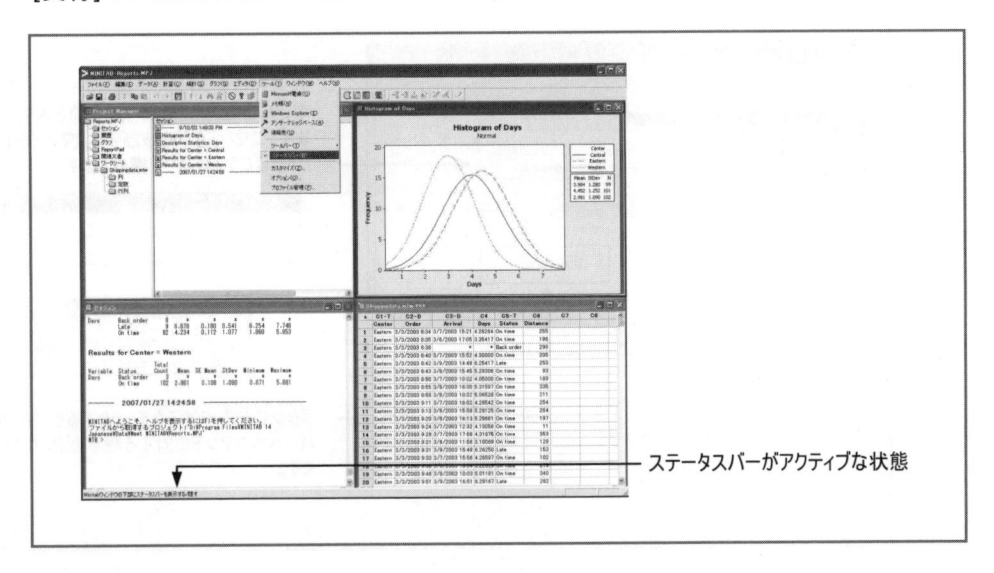

ステータスバーがアクティブな状態

3. カスタマイズ

[1] メニューとツールバーを追加 / 削除

メニュー，サブメニュー，メニューバー，ツールバーにコマンドを追加，移動，削除できます。

[実行] 1. MINITAB メニュー：ツール ▶ カスタマイズ ▶ コマンド

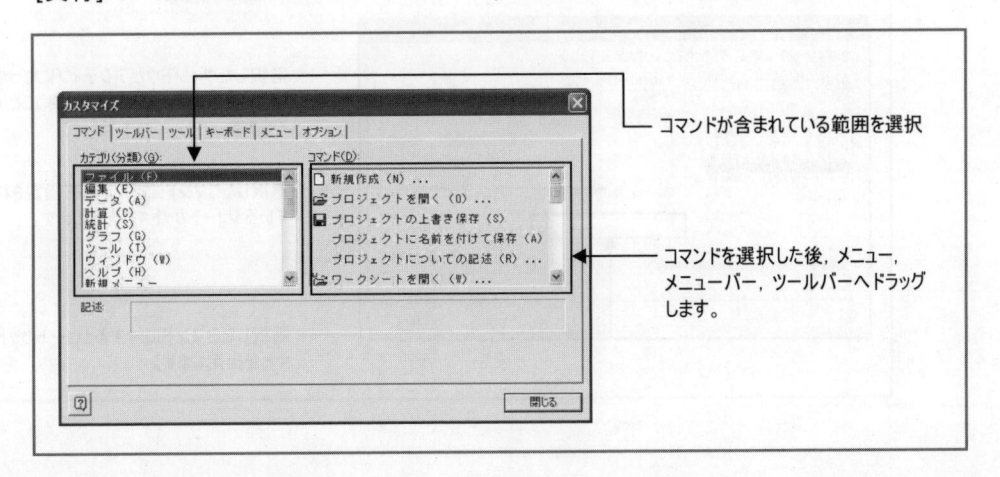

コマンドが含まれている範囲を選択

コマンドを選択した後，メニュー，メニューバー，ツールバーへドラッグします。

[2] 新しいツールバーを作る

ユーザーの用途に合わせて，新しいツールバーを作成することができます。

[実行] 1. MINITAB メニュー：ツール ▶ カスタマイズ ▶ ツールバー

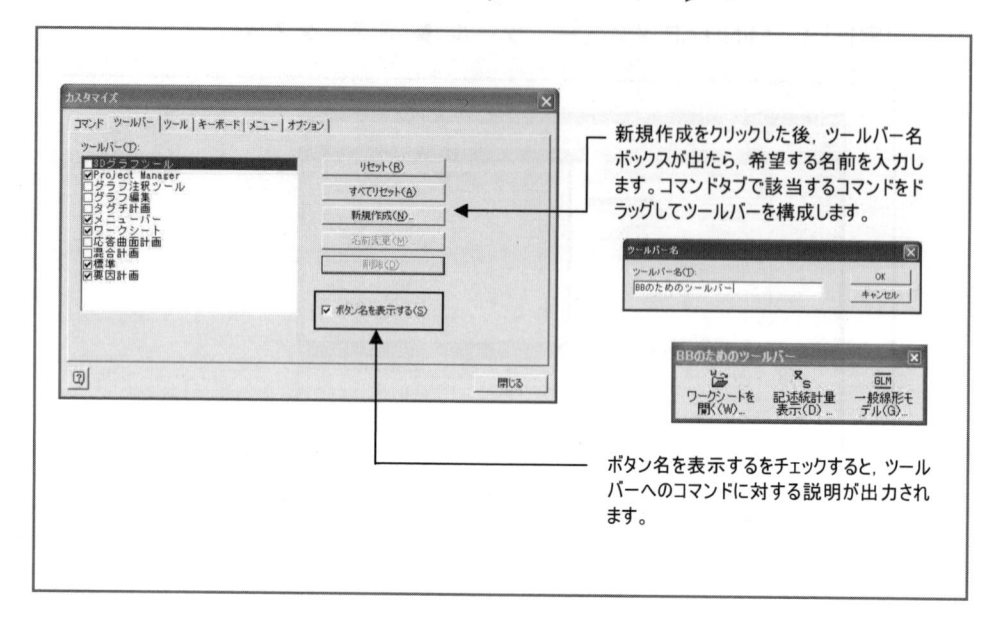

新規作成をクリックした後，ツールバー名ボックスが出たら，希望する名前を入力します。コマンドタブで該当するコマンドをドラッグしてツールバーを構成します。

ボタン名を表示するをチェックすると，ツールバーへのコマンドに対する説明が出力されます。

[3] ショートカットキーの指定/変更

MINITAB コマンドにショートカットを追加します。よく使うコマンドをショートカットキーで指定すると，操作が楽になります。

[実行] 1. MINITAB メニュー：ツール ▶ カスタマイズ ▶ キーボード

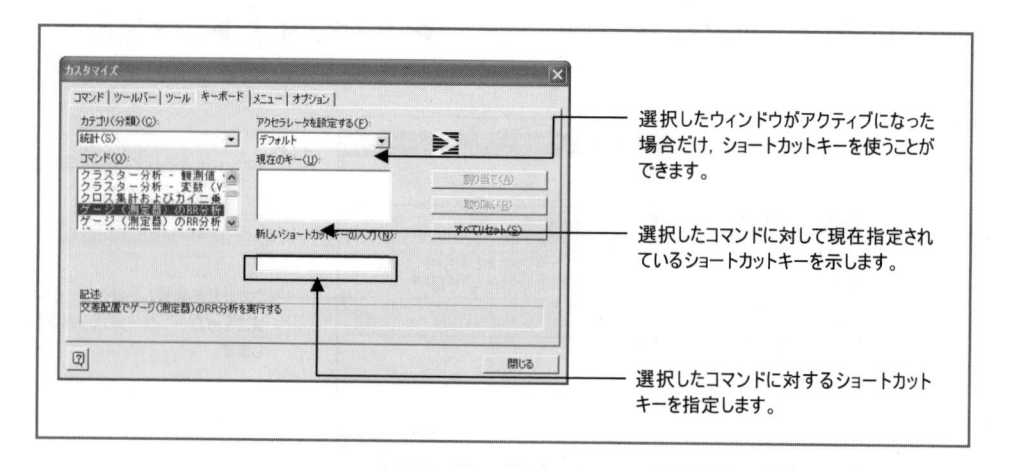

選択したウィンドウがアクティブになった場合だけ，ショートカットキーを使うことができます。

選択したコマンドに対して現在指定されているショートカットキーを示します。

選択したコマンドに対するショートカットキーを指定します。

[4] すべてのメニュー / ツールバーをデフォルト状態に戻す

　　メニューをデフォルト設定に再設定します。

　[実行] 1. MINITAB メニュー：ツール ▶ カスタマイズ ▶ メニュー

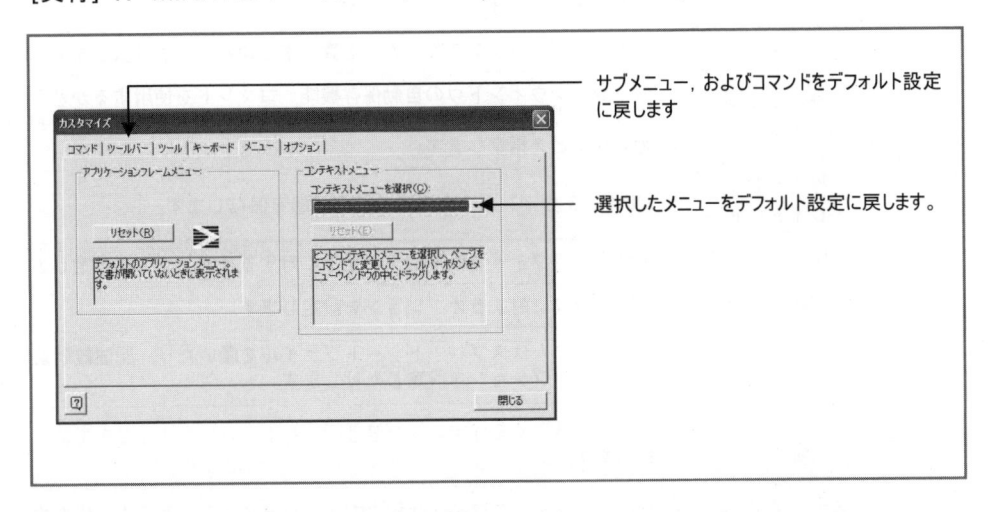

　　　　　　　　　　　　　　　　　　　サブメニュー，およびコマンドをデフォルト設定
　　　　　　　　　　　　　　　　　　　に戻します

　　　　　　　　　　　　　　　　　　　選択したメニューをデフォルト設定に戻します。

4. オプションを利用して環境を設定する

　　デフォルト設定を変更，保存できます。

　[実行] 1. MINITAB メニュー：ツール ▶ オプション

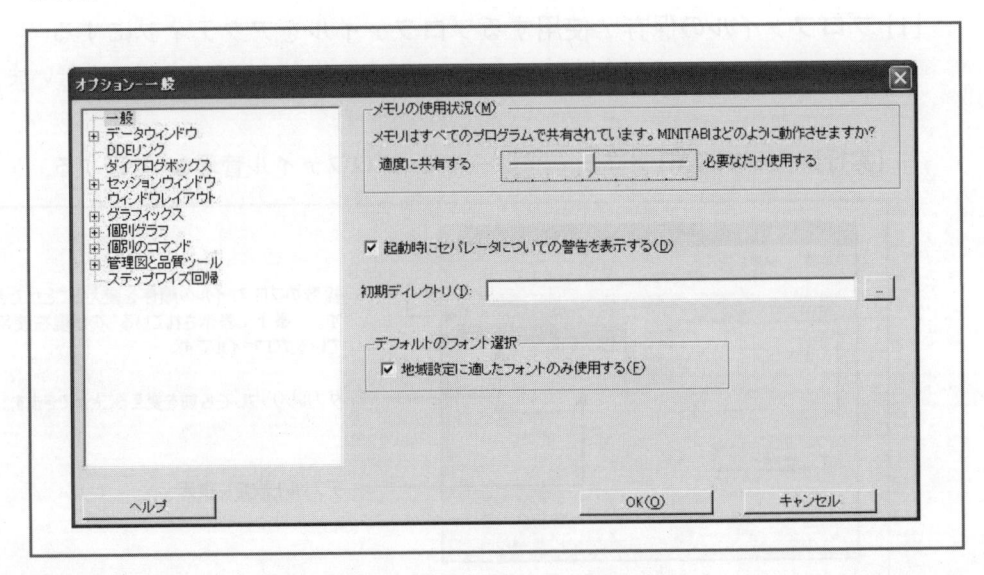

一般	・	メモリ割り当てオプションを設定して，開始時に区分記号に対する警告が表示されるように選択し，初期ディレクトリを設定します。
データウィンドウ	・	データ入力の矢印の方向，列幅およびその他のデータウィンドウのセッティングに対するオプションを設定します。
DDE リンク	・	動的データ交換オプションを設定します。
ダイアログボックス	・	ダイアログボックスで隠れた列を表示するかどうかを選択します。
セッションウィンドウ	・	セッションウィンドウの自動保存機能，コマンドを使用するかどうか，セッションウィンドウおよびコマンドラインエディタでの [Enter] キーの作動方式などを指定します。
ウィンドウレイアウト	・	MINITAB ウィンドウの現在の配列状態を保存します。
グラフィックス	・	全体のグラフィック管理および表示に対するオプションを設定します。
個別グラフ	・	個別グラフに対するオプションを設定します。
個別のコマンド	・	テキストまたはスプレッドシートファイルを開いたり，記述統計量の表示に対するオプションを設定したりします。
管理図と品質ツール	・	管理図で使用する検定および管理図に対するσ推定法などを定義および選択します。
ステップワイズ回帰	・	使用するステップワイズ回帰の方法，パラメータ，表示する代案的な予測変数の数，PRESS および R 二乗を表示するかどうかなどを設定します。

5. ユーザーによる環境設定

　　MINITAB のオプションおよびカスタマイズセッティングを含む複数のプロファイルを保存および管理します。

[1] プロファイルの保存 / 使用するプロファイルをアクティブにする
　　新しいプロファイルの作成，MINITAB のデフォルト設定の復元を行います。

　　[実行] 1. MINITAB メニュー：ツール ▶ プロファイル管理 ▶ 管理する

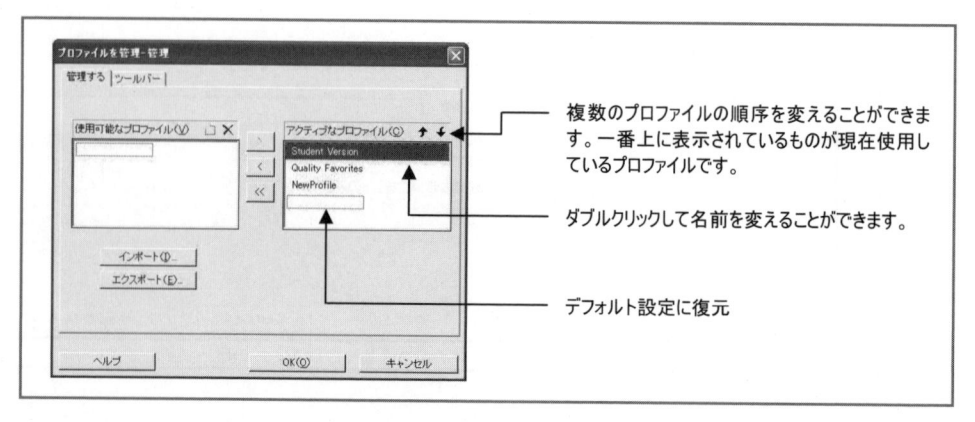

複数のプロファイルの順序を変えることができます。一番上に表示されているものが現在使用しているプロファイルです。

ダブルクリックして名前を変えることができます。

デフォルト設定に復元

5. ユーザーによる環境設定　13

[2] 環境設定のインポート / エクスポート

プロファイルをエクスポートおよびインポートすることにより，複数のコンピュータで同じ設定を共有できます。

[実行] 1. MINITAB メニュー：ツール ▶ プロファイル管理 ▶ 管理する

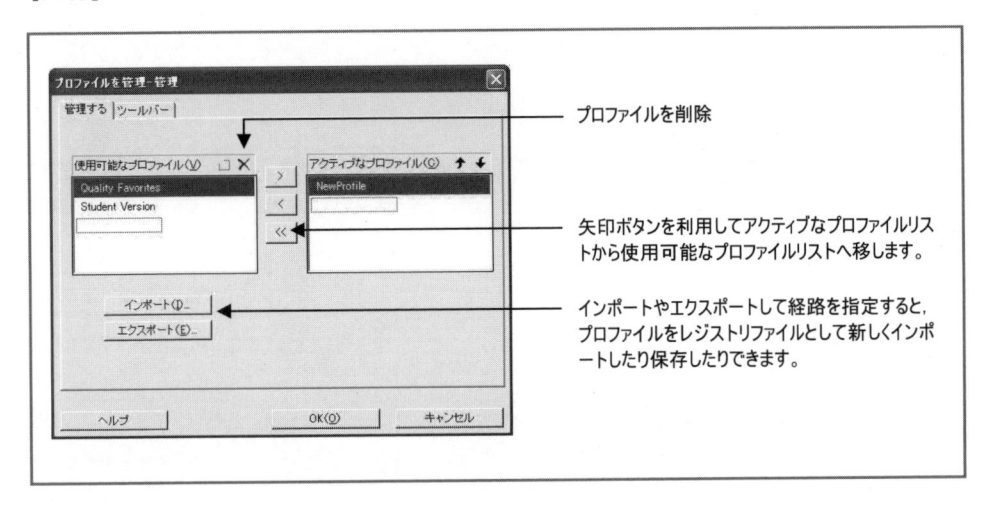

- プロファイルを削除
- 矢印ボタンを利用してアクティブなプロファイルリストから使用可能なプロファイルリストへ移します。
- インポートやエクスポートして経路を指定すると，プロファイルをレジストリファイルとして新しくインポートしたり保存したりできます。

[3] プロファイル間のツールバー交換

プロファイル間でツールバーを交換することができます。

[実行] 1. MINITAB メニュー：ツール ▶ プロファイル管理 ▶ ツールバー

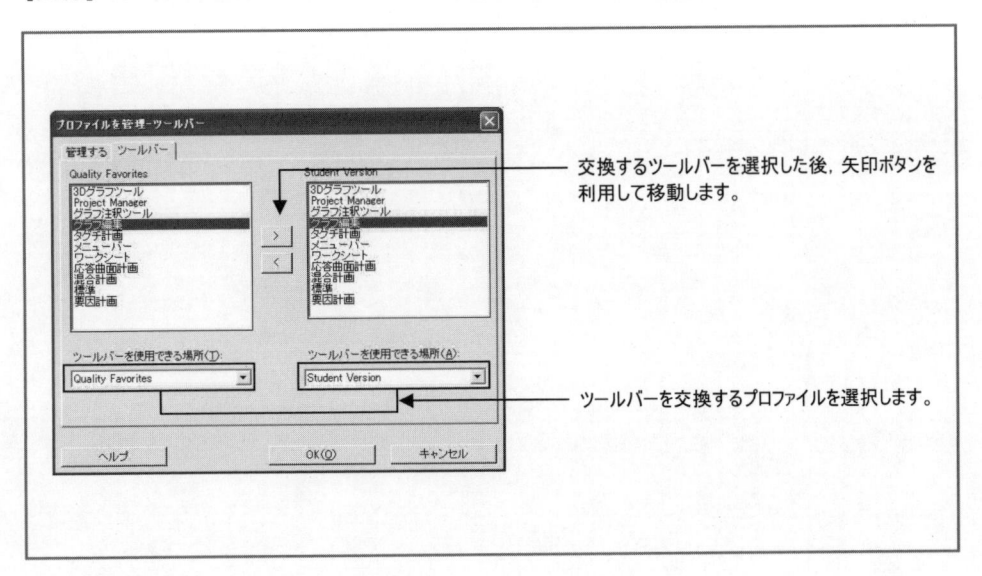

- 交換するツールバーを選択した後，矢印ボタンを利用して移動します。
- ツールバーを交換するプロファイルを選択します。

第3章　MINITAB の操作

1. ファイル管理
2. データ編集
3. データ操作
4. データ計算
5. グラフ

1. ファイル管理

[1] メニュー紹介

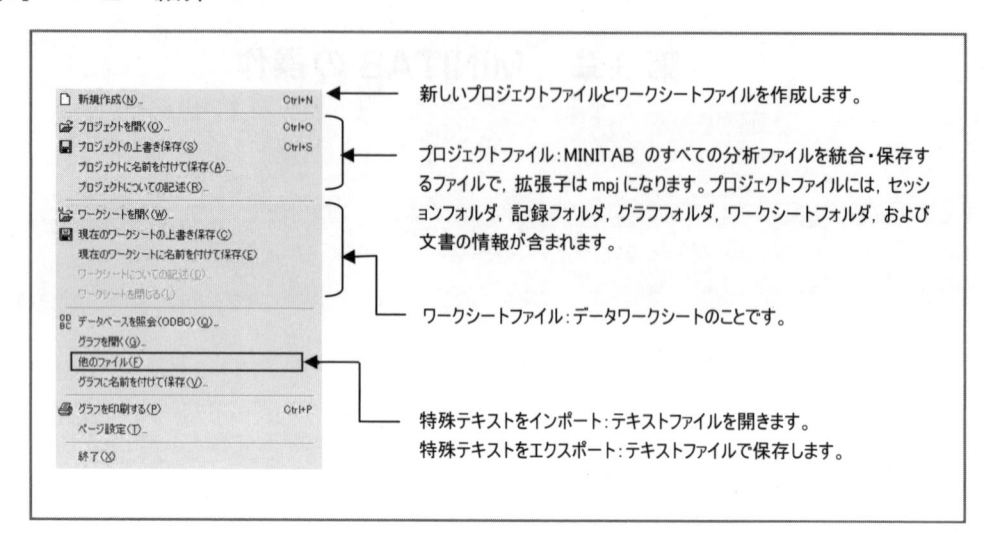

- 新規作成：新しいプロジェクトファイルとワークシートファイルを作成します。
- プロジェクトファイル：MINITAB のすべての分析ファイルを統合・保存するファイルで，拡張子は mpj になります。プロジェクトファイルには，セッションフォルダ，記録フォルダ，グラフフォルダ，ワークシートフォルダ，および文書の情報が含まれます。
- ワークシートファイル：データワークシートのことです。
- 特殊テキストをインポート：テキストファイルを開きます。
- 特殊テキストをエクスポート：テキストファイルで保存します。

[2] ファイルを開く

Data フォルダにある Pulse.mtw ファイルを開くには，次のように選択します。

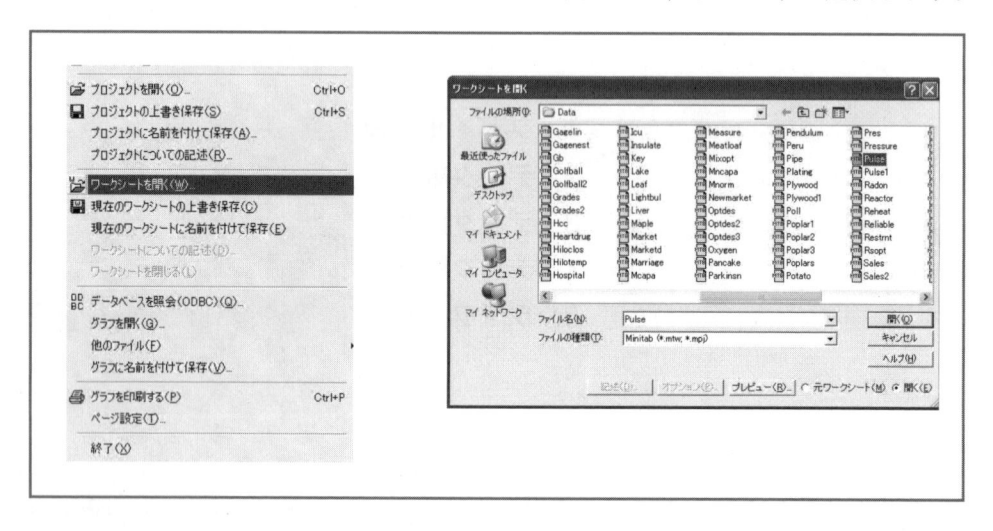

[3] エクセルファイルを開く

　エクセルファイル読み込んで使用することができます。また，エクセルファイルのデータをコピーし，MINITABのワークシートに貼り付けて使用することができます。

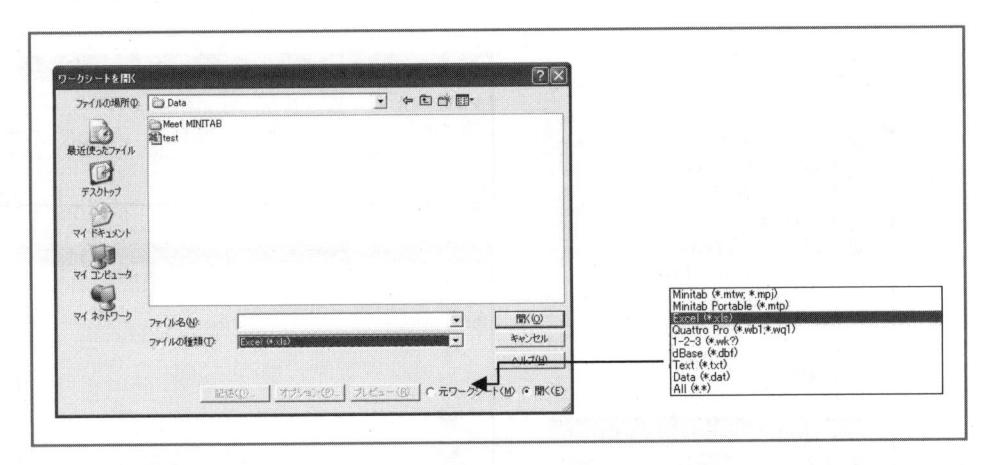

[4] ファイル保存

　DataフォルダにPulse.mtwという名前でファイルを保存します。

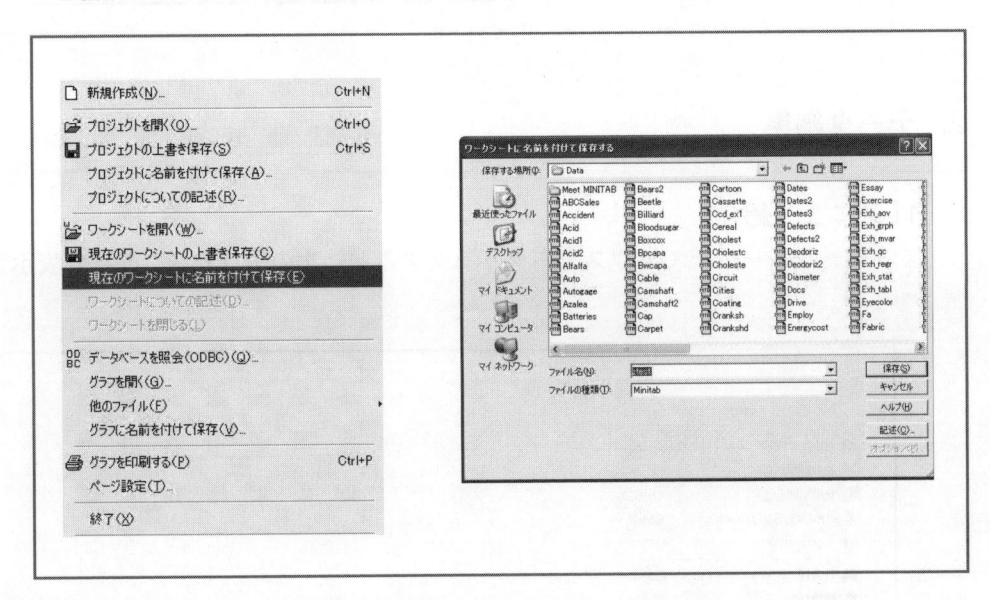

[5] 結果の保存

MINITABで分析後，セッションウィンドウに保存される結果を出力できます。

ファイル > 現在のワークシートに名前をつけて保存をクリックします。

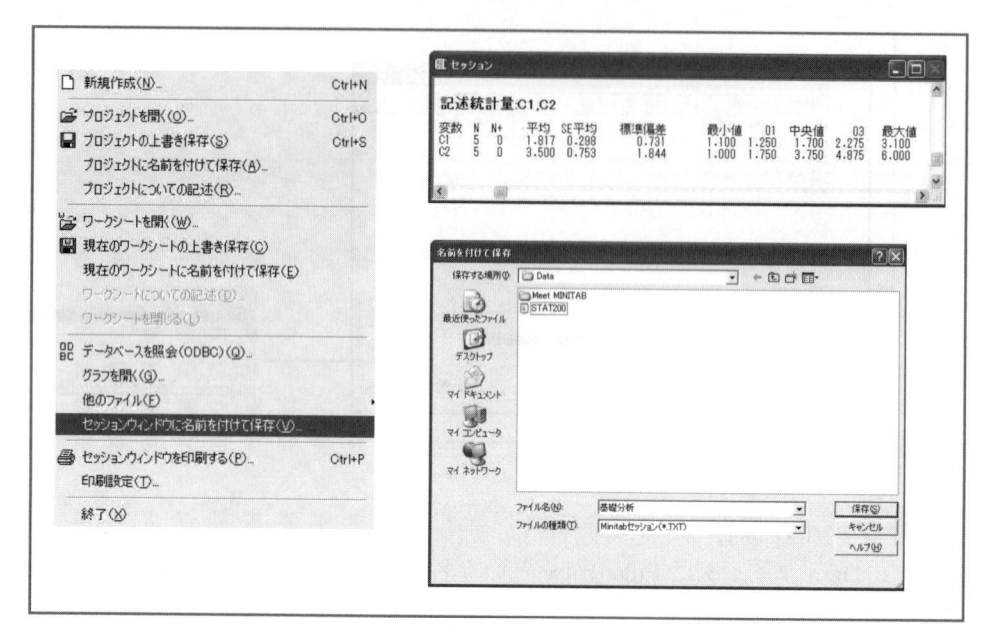

2. データ編集

[1] メニュー紹介

ワークシート上でマウスを右クリックすると，次のようなメニューが表示されます。

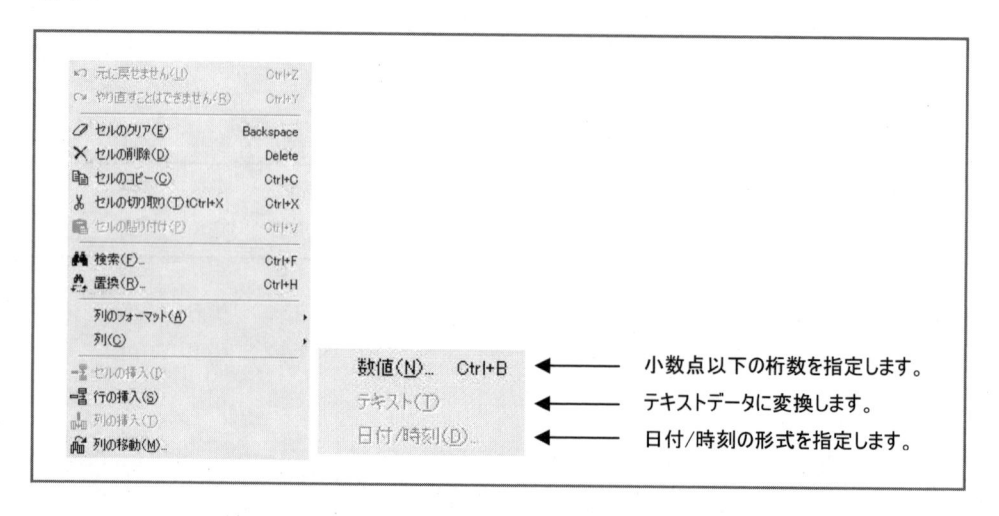

- 数値(N)... Ctrl+B ← 小数点以下の桁数を指定します。
- テキスト(T) ← テキストデータに変換します。
- 日付/時刻(D)... ← 日付/時刻の形式を指定します。

[2] ワークシート

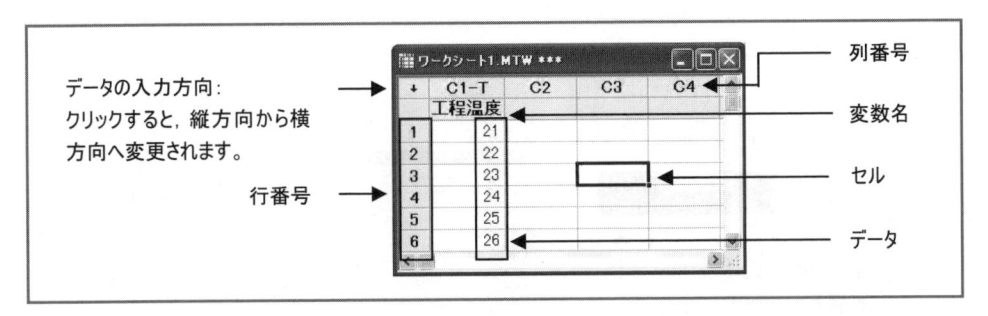

データの入力方向：
クリックすると，縦方向から横
方向へ変更されます。

行番号

列番号
変数名
セル
データ

[3] データの入力と削除

データの入力：数値と日付／時間のデータをセルに入力します。データの属性によって変数の属性が異なります。数字を入力すると，変数は数字型変数，文字を入力すると，変数はテキスト変数（C1 → C1-T），日付を入力すると，変数は日付型変数（C1 → C1-D）と定義されます。データを削除する場合は，該当するセルをマウスでドラッグした後，Del キーを押します。

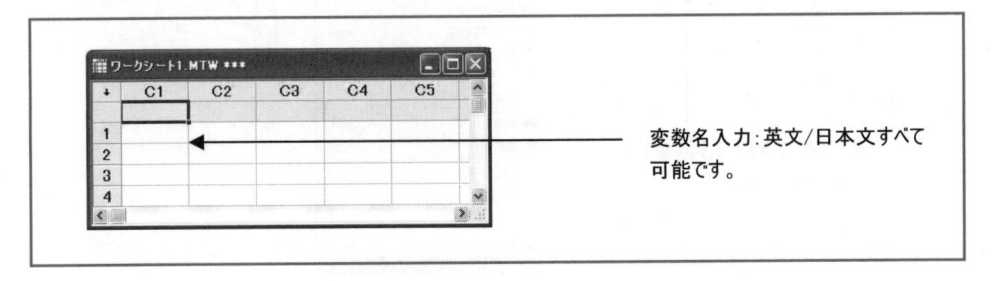

変数名入力：英文/日本文すべて可能です。

[4] データ削除

① x3 の内容を削除します。

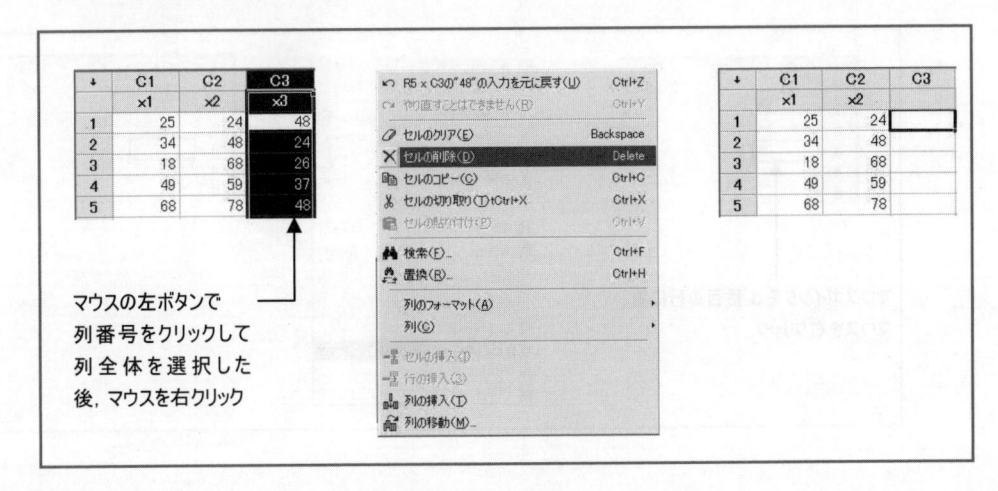

マウスの左ボタンで
列番号をクリックして
列全体を選択した
後，マウスを右クリック

② 3行目と4行目を削除します。

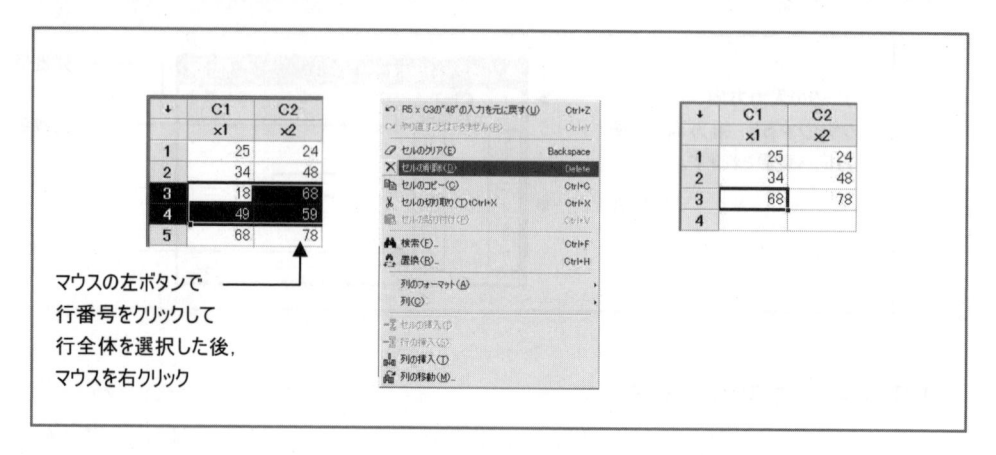

マウスの左ボタンで
行番号をクリックして
行全体を選択した後，
マウスを右クリック

[5] 列と行の追加

① x1 と x2 の間に新しい列を追加します。

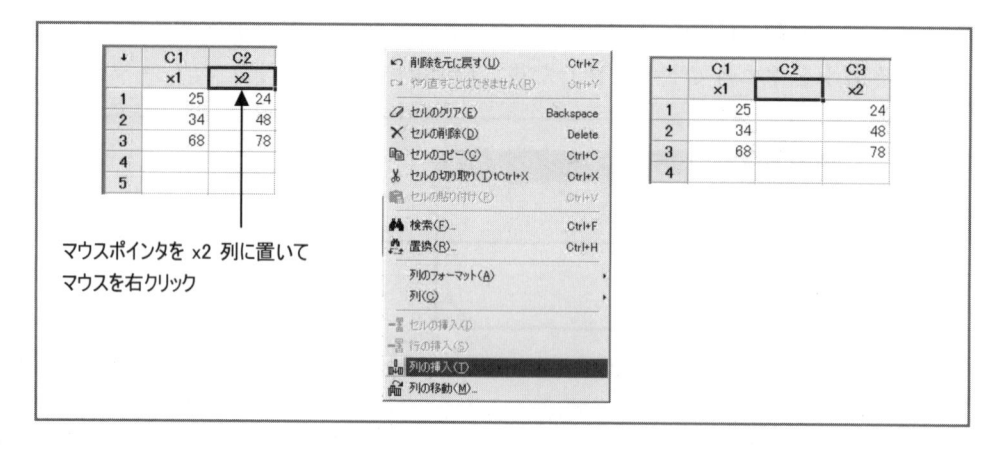

マウスポインタを x2 列に置いて
マウスを右クリック

② 2行目と3行目の間に新しい行を追加します。

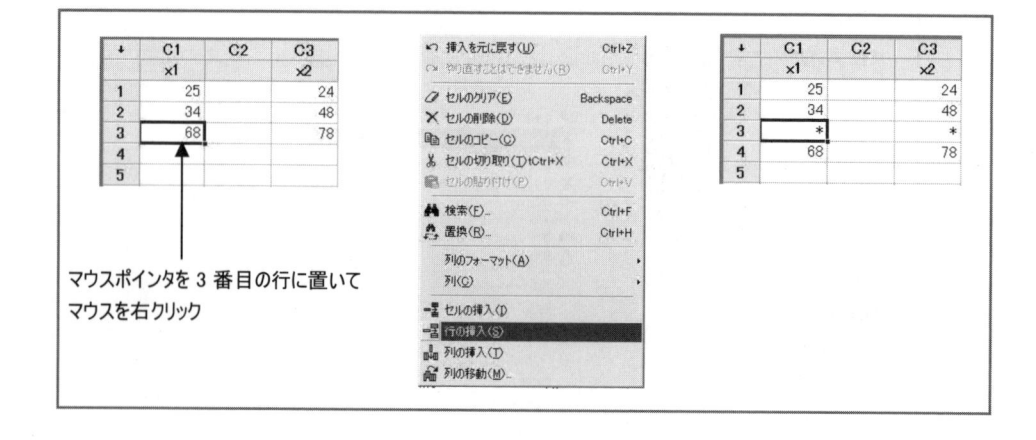

マウスポインタを 3 番目の行に置いて
マウスを右クリック

[6] データのコピー，移動

■ 行または列をコピーする場合
① 行番号，または変数名をマウスでクリック
② マウスの右クリック，セルのコピーを選択
③ コピーする所でマウスをクリック
④ マウスの右クリック，セルの貼り付けを選択

■ 特定のセルをコピーする場合
① コピーするセルをマウスでドラッグして選択
② マウスの右クリック，セルのコピーを選択
③ 移動する所でマウスをクリック
④ マウスの右クリック，セルの貼り付けを選択

■ 行または列を移動する場合
① 行番号，または変数名をマウスでクリック
② マウスの右クリック，セルの切り取りを選択
③ 移動しようとする所でマウスをクリック
④ マウスの右クリック，セルの貼り付けを選択

■ 特定のセルを移動する場合
① 移動するセルをマウスでドラッグして選択
② マウスの右クリック，セルの切り取りを選択
③ 移動する所でマウスをクリック
④ マウスの右クリック，セルの貼り付けを選択

[7] データのオートフィル

マウスでドラッグした領域に連続型の数字を自動で作成します。

マウスポインタが十字の表示になったときにドラッグすると，連続型の数字を作成します。

[8] データの検索と置換

ワークシート上で，データを検索し，特定のデータを他の値に置換することができます。ワークシート上でマウスを右クリックした後，pop-up メニューで検索，置換メニューを選択します。

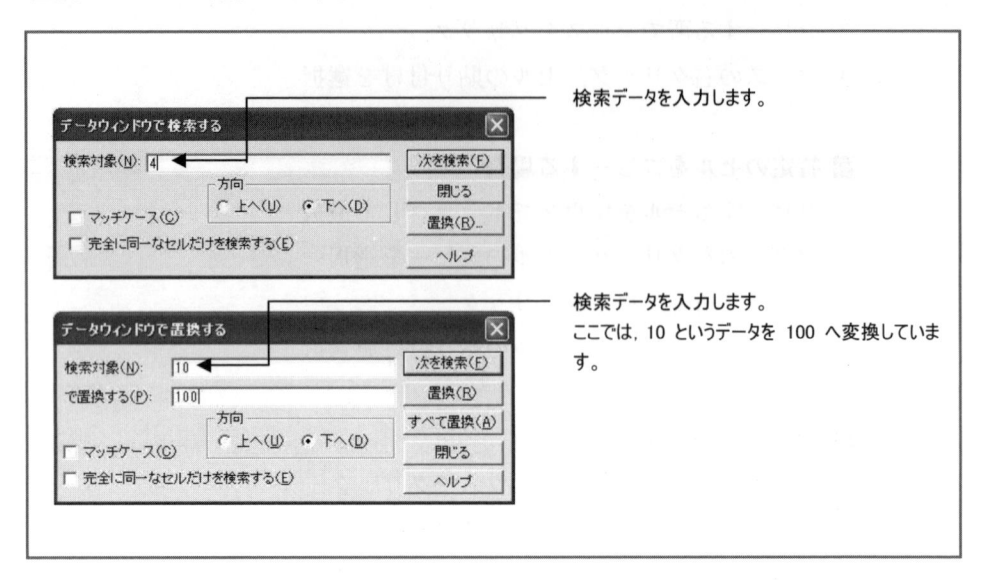

検索データを入力します。

検索データを入力します。
ここでは，10 というデータを 100 へ変換しています。

[9] データ列を隠す / 表示する

ワークシートの列を隠す場合や，表示する場合に使用します。

ワークシートの列を選択した後，マウスを右クリックして，pop-up メニューで
　列＞選択した列を隠す
を選択すると，列を隠すことができます。

2. データ編集　23

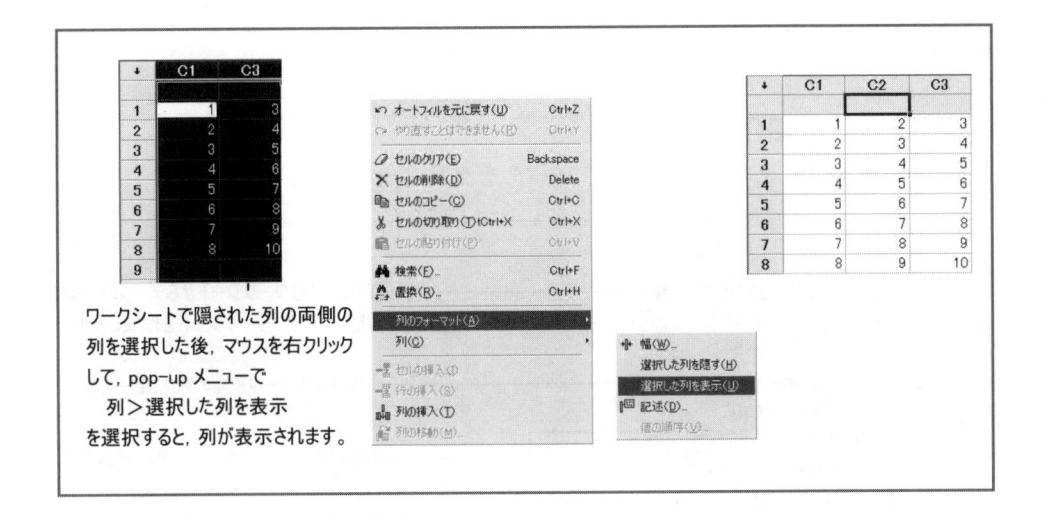

ワークシートで隠された列の両側の
列を選択した後，マウスを右クリック
して，pop-up メニューで
　　列＞選択した列を表示
を選択すると，列が表示されます。

[10] 既存の変数名をコピー

　ワークシートで既存の変数名をコピーして，他の列に貼り付ける場合，自動的に変数名が変更されます。

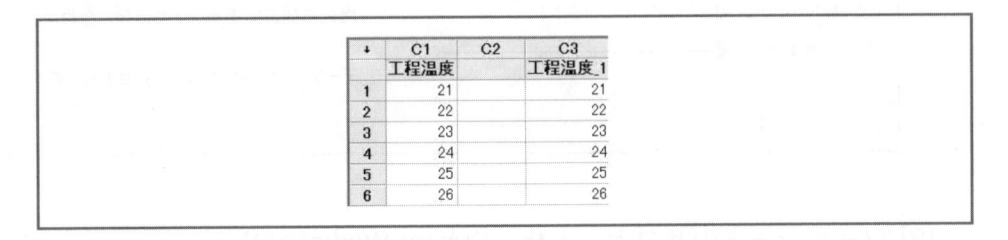

[11] データの小数点の処理

　小数点以下の長いデータの表示を調整することができます。このとき分析されるデータは，もともとの値を基準として実行されます。

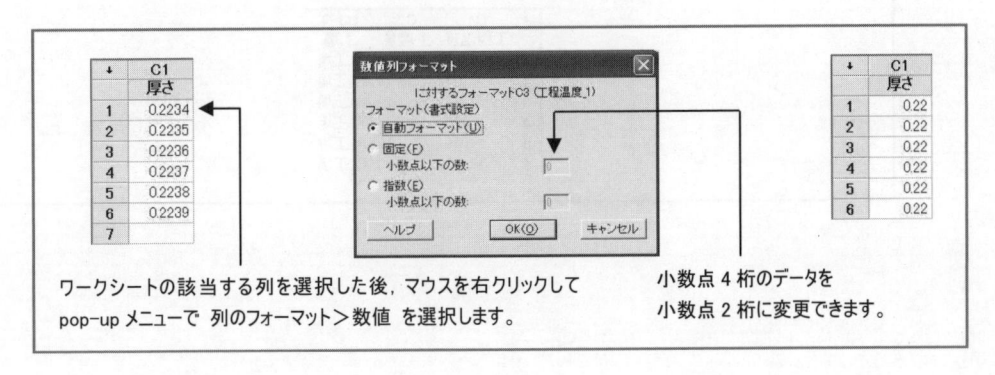

ワークシートの該当する列を選択した後，マウスを右クリックして
pop-up メニューで　列のフォーマット＞数値　を選択します。

小数点 4 桁のデータを
小数点 2 桁に変更できます。

3. データ操作

[1] メニュー紹介

MINITAB メニューバーでデータをクリックします。

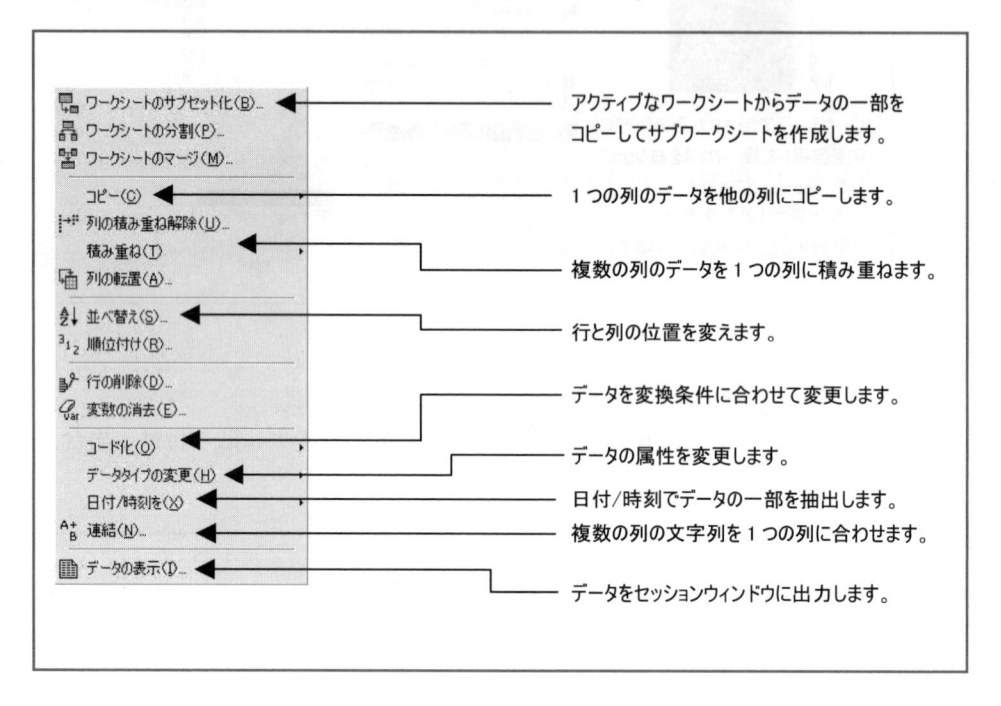

ワークシートのサブセット化(B)...	アクティブなワークシートからデータの一部をコピーしてサブワークシートを作成します。
ワークシートの分割(P)...	
ワークシートのマージ(M)...	
コピー(C)	1つの列のデータを他の列にコピーします。
列の積み重ね解除(U)...	
積み重ね(T)	複数の列のデータを1つの列に積み重ねます。
列の転置(A)...	
並べ替え(S)...	行と列の位置を変えます。
順位付け(R)...	
行の削除(D)...	
変数の消去(E)...	
コード化(O)	データを変換条件に合わせて変更します。
データタイプの変更(H)	データの属性を変更します。
日付/時刻を(X)	日付/時刻でデータの一部を抽出します。
連結(N)...	複数の列の文字列を1つの列に合わせます。
データの表示(I)...	データをセッションウィンドウに出力します。

[2] ワークシートのサブセット化（Subset Worksheet）

次のデータで，第2工場データのワークシートを作ってみましょう。

[実行] 1. データ入力：データワークシートに次のように入力します。

↓	C1	C2	C3-T
	工程温度	生産量	工場
1	23	23	第1工場
2	31	24	第1工場
3	18	26	第1工場
4	25	17	第2工場
5	19	18	第2工場
6	40	30	第2工場

[実行] 2. MINITAB メニュー：データ ▶ ワークシートのサブセット化

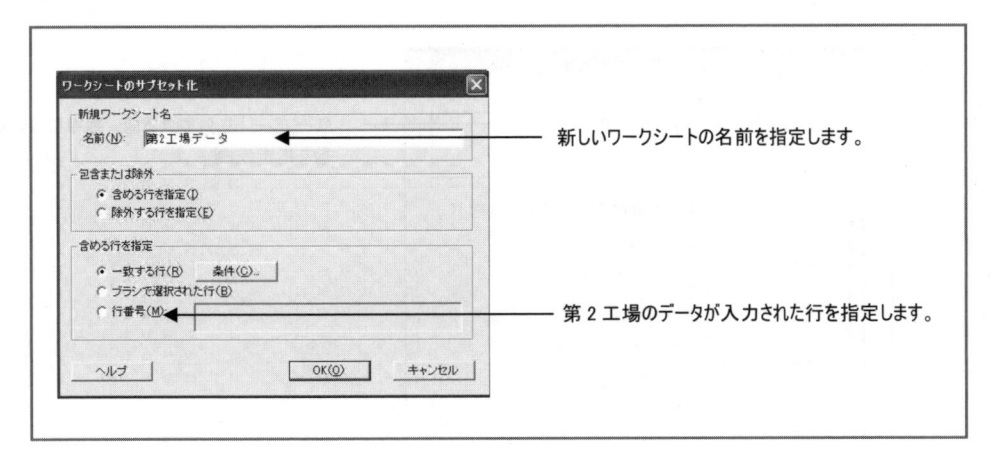

（ワークシートのサブセット化ダイアログ：新規ワークシート名「第2工場データ」を指定。→ 新しいワークシートの名前を指定します。含めるまたは除外：含める行を指定。含める行を指定：行番号(M)。→ 第2工場のデータが入力された行を指定します。）

[実行] 3. 結果の出力：第2工場データのワークシートが作成されます。

	C1 工程温度	C2 生産量	C3-T 工場
1	25	17	第2工場
2	19	18	第2工場
3	40	30	第2工場

[3] ワークシートの分割（Split Worksheet）

次のデータを使って，工場という変数を基準にして，ワークシートを2つに分割してみましょう。

[実行] 1. データ入力：データワークシートに次のように入力します。

	C1 工程温度	C2 生産量	C3-T 工場
1	23	23	第1工場
2	31	24	第1工場
3	18	26	第1工場
4	25	17	第2工場
5	19	18	第2工場
6	40	30	第2工場

26　第3章　MINITABの操作

[実行] 2．MINITAB メニュー：データ ▶ ワークシートの分割

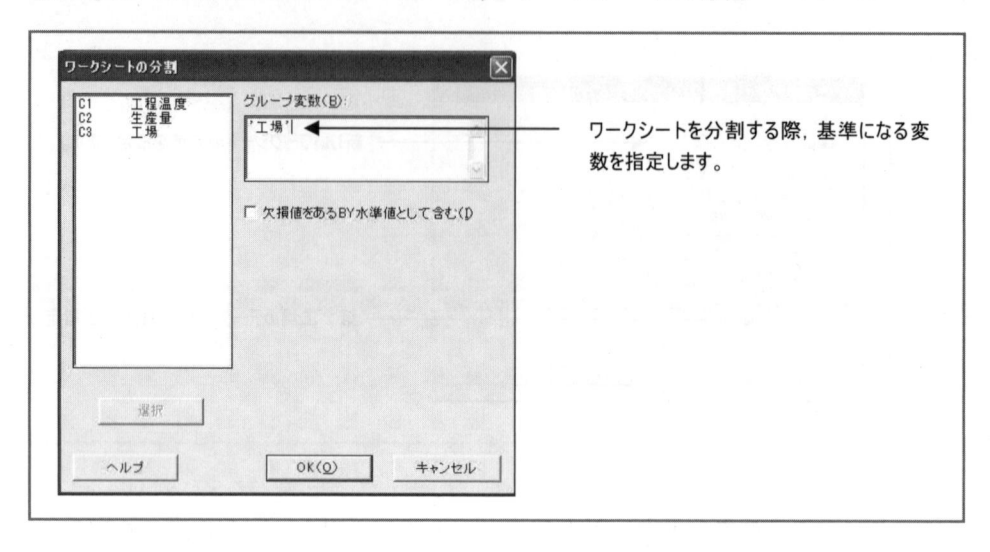

（ダイアログボックス図：ワークシートの分割　グループ変数(B)：'工場'　→ ワークシートを分割する際，基準になる変数を指定します。）

[実行] 3．結果の出力：グループ変数を基準にして，ワークシートが分割されます。

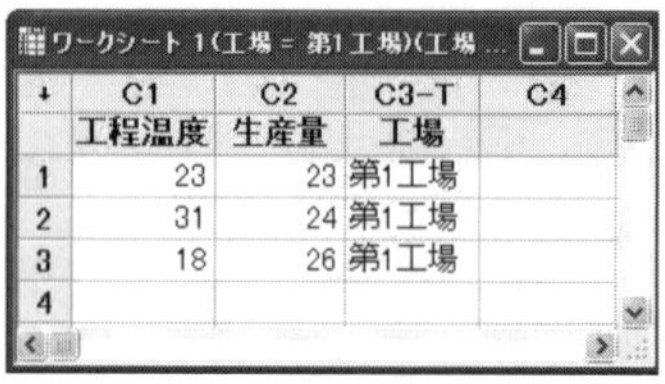

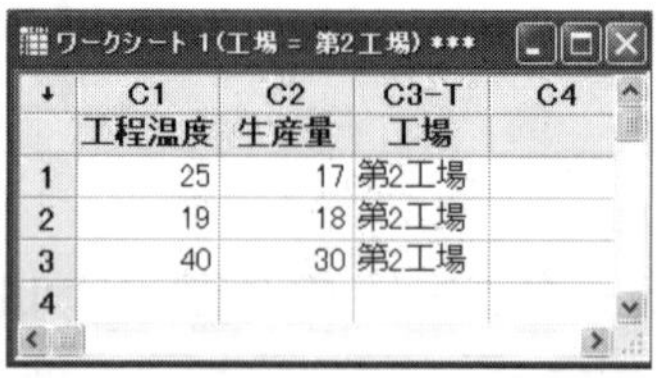

（図：ワークシート1（工場 = 第1工場））

	C1 工程温度	C2 生産量	C3-T 工場	C4
1	23	23	第1工場	
2	31	24	第1工場	
3	18	26	第1工場	
4				

（図：ワークシート1（工場 = 第2工場））

	C1 工程温度	C2 生産量	C3-T 工場	C4
1	25	17	第2工場	
2	19	18	第2工場	
3	40	30	第2工場	
4				

[4] ワークシートのマージ（Merge Worksheet）

　　次の2つのワークシートを1つに連結してみましょう。

[実行] 1．データ入力：データワークシートに対して次のように入力します。

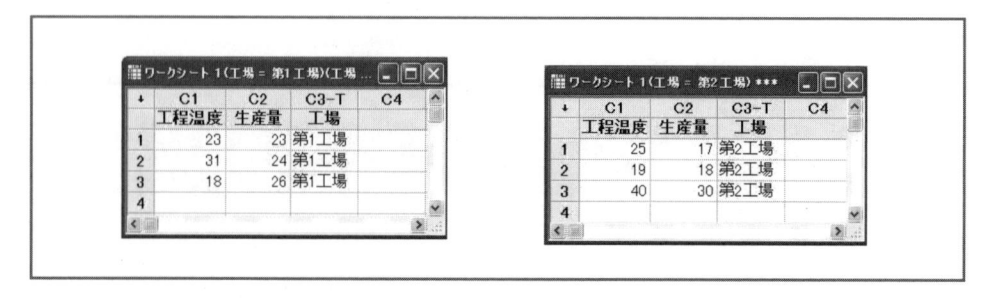

（図：ワークシート1（工場 = 第1工場））

	C1 工程温度	C2 生産量	C3-T 工場	C4
1	23	23	第1工場	
2	31	24	第1工場	
3	18	26	第1工場	
4				

（図：ワークシート1（工場 = 第2工場））

	C1 工程温度	C2 生産量	C3-T 工場	C4
1	25	17	第2工場	
2	19	18	第2工場	
3	40	30	第2工場	
4				

[実行] 2. MINITAB メニュー：データ ▶ ワークシートのマージ

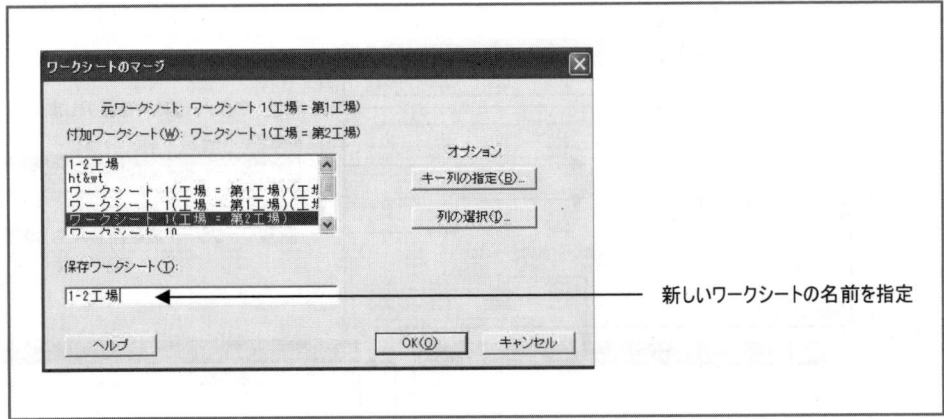

[実行] 3. 結果の出力：グループ変数を基準にして，連結されたワークシートが作成されます。

[5] コピー（Copy）

データの一部分を選択して，他の列にコピーすることができます。

① 次のようなデータにおいて，sex が 2 であるデータのみを選んで，新しいワークシートに保存してみましょう。

[実行] 1. データ入力：データワークシートに次のように入力します。

	C1	C2	C3
	sex	ht	wt
1	1	66	130
2	1	70	155
3	2	64	125
4	2	65	115
5	2	63	108
6	1	66	145
7	1	69	160

[実行] 2. MINITAB メニュー：データ ▶ コピー ▶ 列から列に

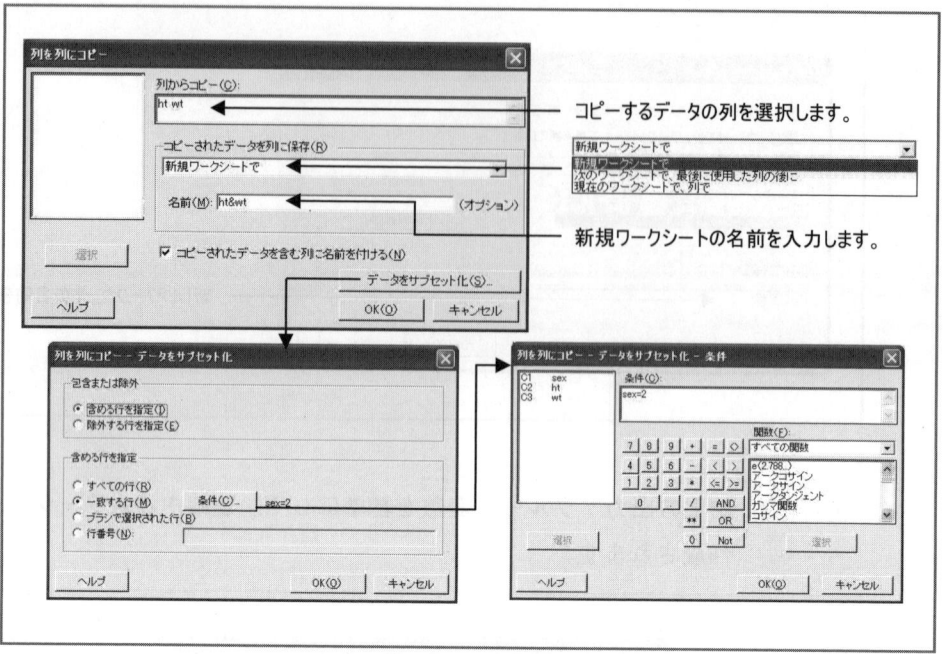

[実行] 3. 結果の出力：ワークシートが条件通りに再構成され，作成されます。

② 次のようなデータにおいて，sex が 2 であるデータのみを選んで，C4，C5 に保存してみましょう。

[実行] 1. データ入力：データワークシートに次のように入力します。

[実行] 2. MINITAB メニュー：データ ▶ コピー ▶ 列から列に

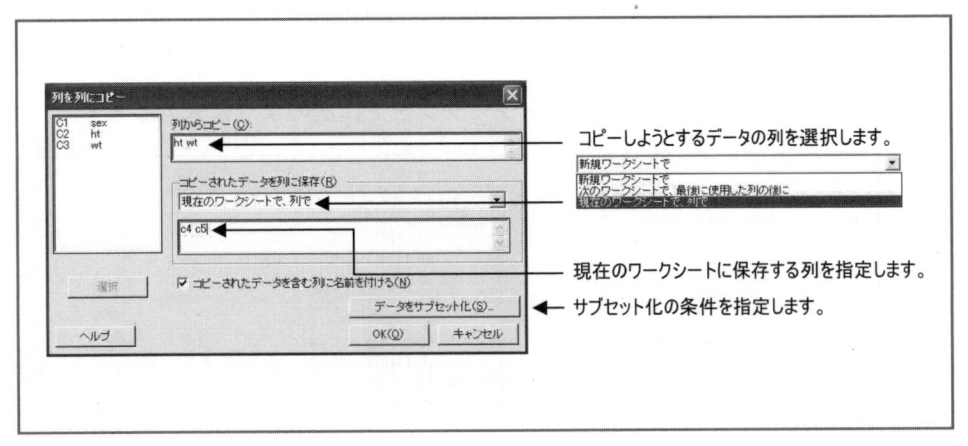

[実行] 3. 結果の出力：ワークシートが条件通りに再構成され，作成されます。

	C1 sex	C2 ht	C3 wt	C4 ht_1	C5 wt_1
1	1	66	130	64	125
2	1	70	155	65	115
3	2	64	125	63	108
4	2	65	115		
5	2	63	108		
6	1	66	145		
7	1	69	160		

[6] 列の分割 / 結合（Unstack/Stack）

分割（Unstack）は，データが複数の列に入力されている状態をいいます。結合（Stack）は，データが1つの列に入力されている状態をいいます。

積み重ねを解除した(Unstack 型)データ

	C1 1	C2 2	C3 3
1	66	61	68
2	64	62	67
3	65	63	68
4			

積み重ねをした(Stack 型)データ

	C1	C2
1	66	1
2	64	1
3	65	1
4	61	2
5	62	2
6	63	2
7	68	3
8	67	3
9	68	3

[7] 列の分割（Unstack）

次のデータを C1, C2, C3 に分割してみましょう。

[実行] 1. データ入力：データワークシートに次のように入力します。

	C1 データ	C2-T 日付
1	66	1月4日
2	64	1月4日
3	65	1月4日
4	61	1月5日
5	62	1月5日
6	63	1月5日
7	68	1月6日
8	67	1月6日
9	68	1月6日

[実行] 2. MINITAB メニュー：データ ▶ 列の分割

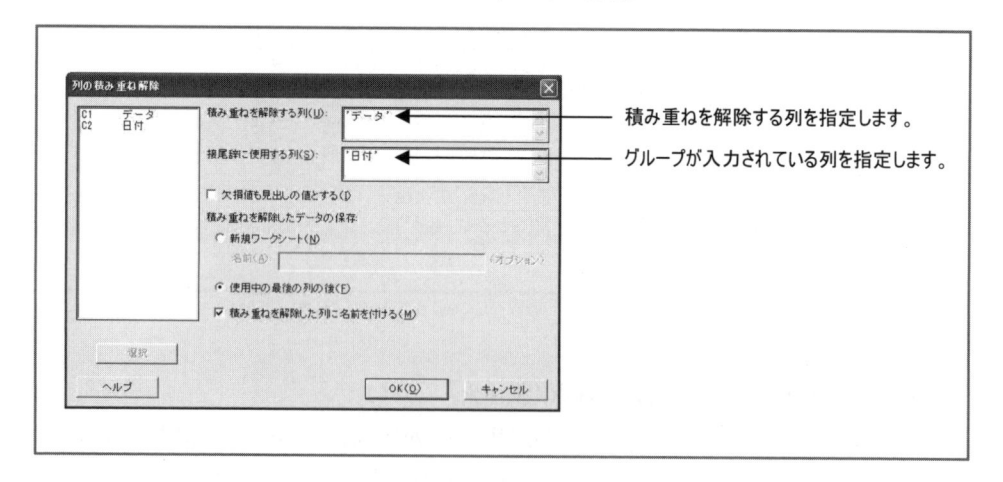

ダイアログ：列の積み重ね解除
- 積み重ねを解除する列(U)： 'データ' ← 積み重ねを解除する列を指定します。
- 接尾辞に使用する列(S)： '日付' ← グループが入力されている列を指定します。
- □ 欠損値も見出しの値とする(I)
- 積み重ねを解除したデータの保存：
  - ○ 新規ワークシート(N)
    - 名前(A): [   ]（オプション）
  - ● 使用中の最後の列の後(F)
- ☑ 積み重ねを解除した列に名前を付ける(M)

[実行] 3. 結果の出力：ワークシートに次のように出力されます。

	C1 データ	C2-T 日付	C3 データ_1月4日	C4 データ_1月5日	C5 データ_1月6日
1	66	1月4日	66	61	68
2	64	1月4日	64	62	67
3	65	1月4日	65	63	68
4	61	1月5日			
5	62	1月5日			
6	63	1月5日			
7	68	1月6日			
8	67	1月6日			
9	68	1月6日			

[8] 列の結合（Stack）

結合は，積み重ねられる順序に従って，列，列ブロック，行の3つがあります。

列	すべての列が1つの列に積み重ねられます。	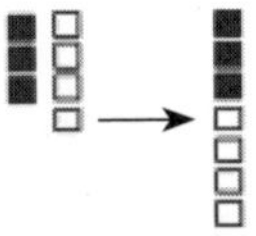
列ブロック	1つのブロックが，その次のブロックに積み重ねられます。	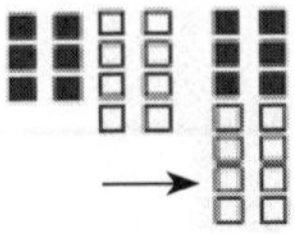
行	1つの行が，その次の行に積み重ねられます。	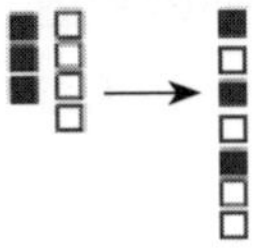

次のデータをC4に結合させてみましょう。

[実行] 1. データ入力：データワークシートに次のように入力します。

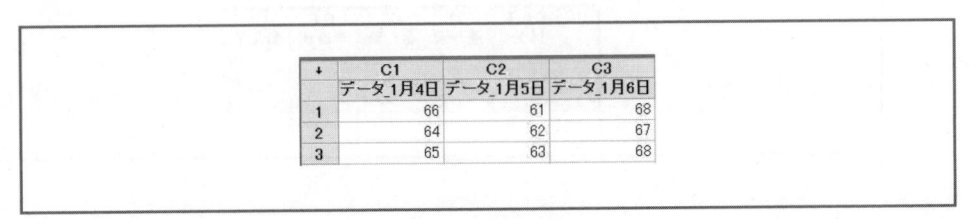

	C1	C2	C3
	データ_1月4日	データ_1月5日	データ_1月6日
1	66	61	68
2	64	62	67
3	65	63	68

[実行] 2. MINITAB メニュー：データ ▶ 列の結合 ▶ 列

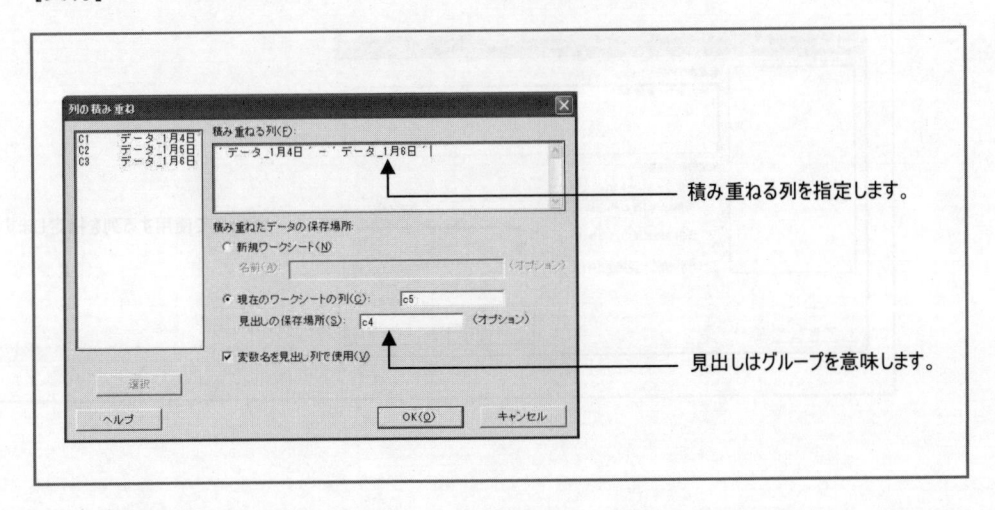

積み重ねる列を指定します。

見出しはグループを意味します。

[実行] 3. 結果の出力：ワークシートに次のように出力されます。

	C1	C2	C3	C4-T	C5
	データ_1月4日	データ_1月5日	データ_1月6日		
1	66	61	68	データ_1月4日	66
2	64	62	67	データ_1月4日	64
3	65	63	68	データ_1月4日	65
4				データ_1月5日	61
5				データ_1月5日	62
6				データ_1月5日	63
7				データ_1月6日	68
8				データ_1月6日	67
9				データ_1月6日	68

[9] 列の転置（Transpose Columns）

列の転置では行と列の位置を入れ換えることができます。

次のようなデータにおいて，行と列を入れ換えて，その結果を新しいワークシートに保存してみましょう。

[実行] 1. データ入力：データワークシートに次のように入力します。

	C1-T	C2	C3	C4	C5
	区分	池万栄	金智賢	李珠利	黄美子
1	英語	50	69	70	57
2	数学	66	85	81	76
3	国語	73	88	95	79

[実行] 2. MINITAB メニュー：データ ▶ 列の転置

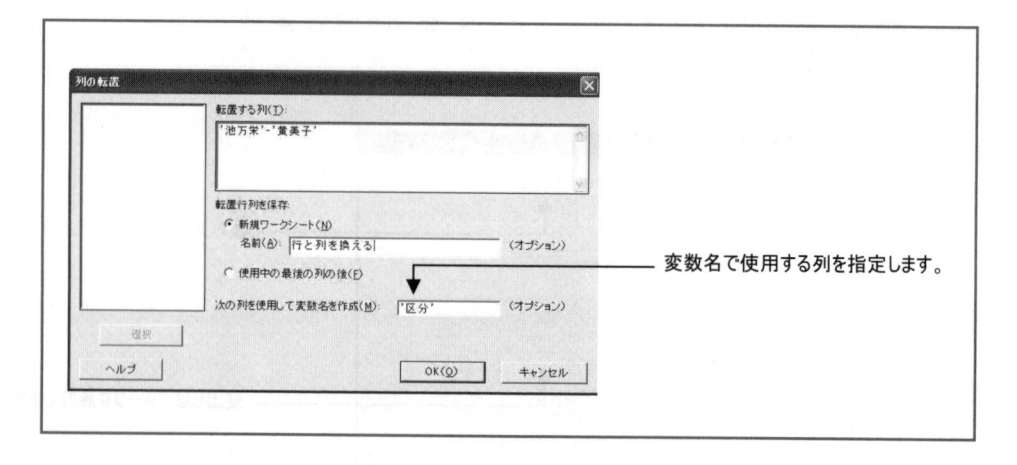

変数名で使用する列を指定します。

[実行] 3. 結果の出力：ワークシートに次のように出力されます。

	C1-T	C2	C3	C4
	ラベル	英語	数学	国語
1	池万栄	50	66	73
2	金智賢	69	85	88
3	李珠利	70	81	95
4	黄美子	57	76	79

[10] 並べ替え（Sort）

データを降順，または昇順で並べ替えます。

[実行] 1. MINITAB メニュー：データ ▶並べ替え

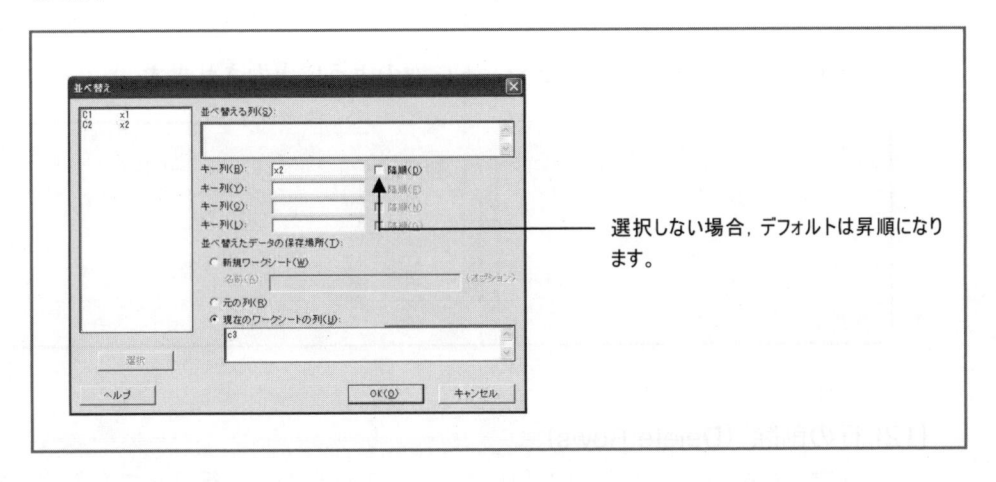

選択しない場合，デフォルトは昇順になります。

[11] 順位付け（Rank）

1.4, 1.1, 2.0, 3.1, 2.0, 1.3 のデータを入力し，順位を付けてみましょう。

[実行] 1. データ入力：データワークシートに次のように入力します。

	C1
1	1.4
2	1.1
3	2.0
4	3.1
5	2.0
6	1.3

[実行] 2. MINITAB メニュー：データ ▶順位

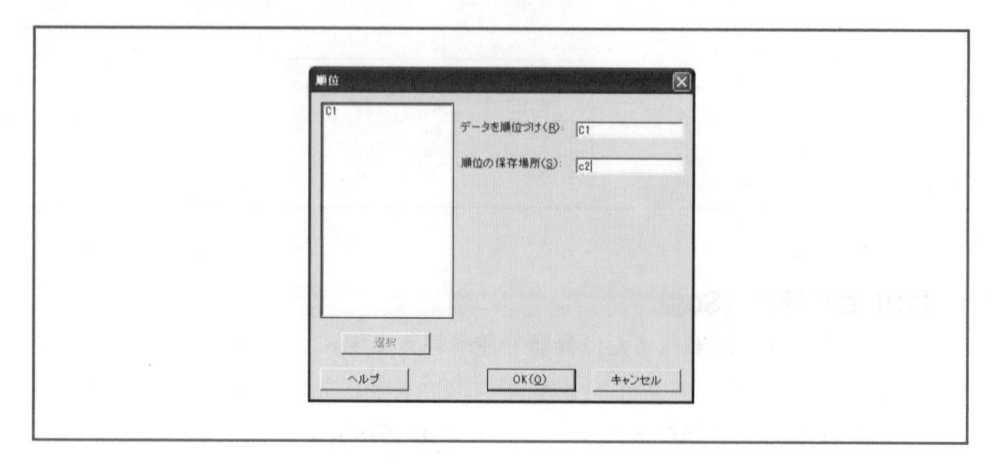

[実行] 3. 結果の出力：ワークシートに次のように出力されます。

	C1	C2
1	1.4	3.0
2	1.1	1.0
3	2.0	4.5
4	3.1	6.0
5	2.0	4.5
6	1.3	2.0

[12] 行の削除（Delete Rows）

特定の行を削除します。C2列において，1行目から3行目までを削除してみましょう。

[実行] 1. MINITAB メニュー：データ ▶ 行の削除

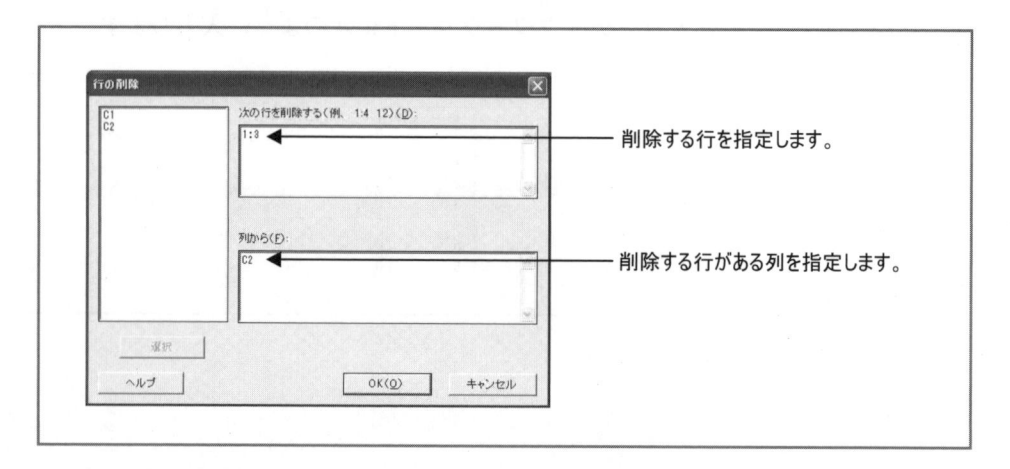

― 削除する行を指定します。

― 削除する行がある列を指定します。

[13] 変数の消去 (Erase Variables)

指定した列，定数，行列を消去します。

[実行] 1. MINITAB メニュー：データ ▶ 変数の消去

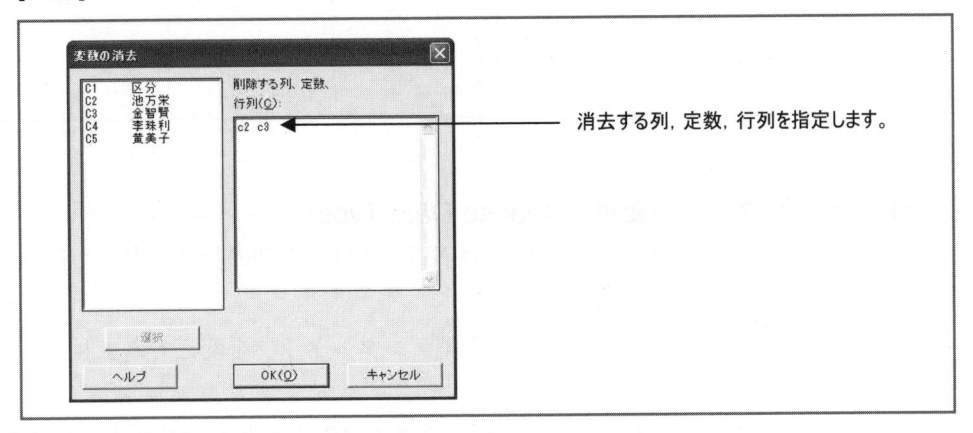

消去する列，定数，行列を指定します。

[14] コード化 (Code)

データを変換条件に合わせて変更します。

C1 列にあるデータを $1 \rightarrow 3$, $2 \rightarrow 2$, $3 \rightarrow 1$ へ変えて C2 列に保存しましょう。

[実行] 1. データ入力：データワークシートに次のように入力します。

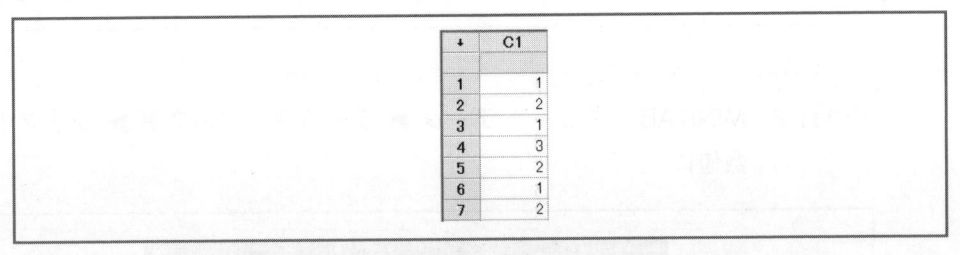

	C1
1	1
2	2
3	1
4	3
5	2
6	1
7	2

[実行] 2. MINITAB メニュー：データ ▶ コード化 ▶ 数値から数値に

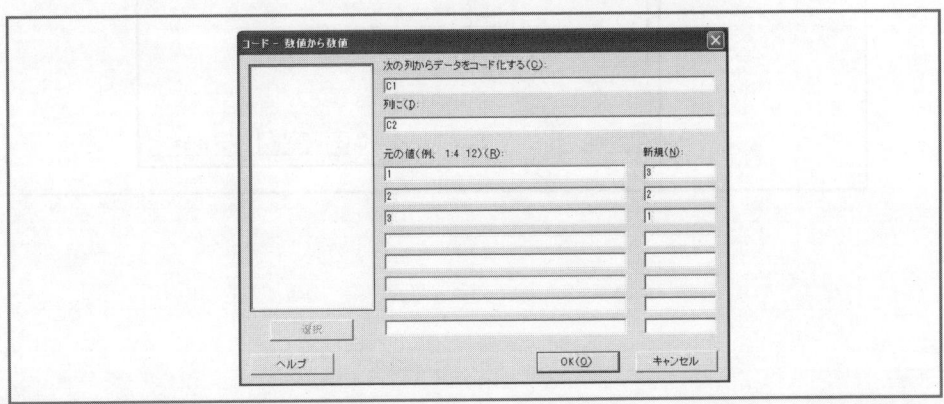

[実行] 3. 結果の出力：ワークシートに次のように出力されます。

	C1	C2
1	1	3
2	2	2
3	1	3
4	3	1
5	2	2
6	1	3

[15] データタイプの変更（Change Data Type）

データのタイプを変更します。MINITAB は，最初の行に入力した値のタイプで列のタイプを認識します。

次のようなテキストデータを数字型データへタイプを変えてみましょう。

[実行] 1. データ入力：次のようにテキストで指定された列があるとします。

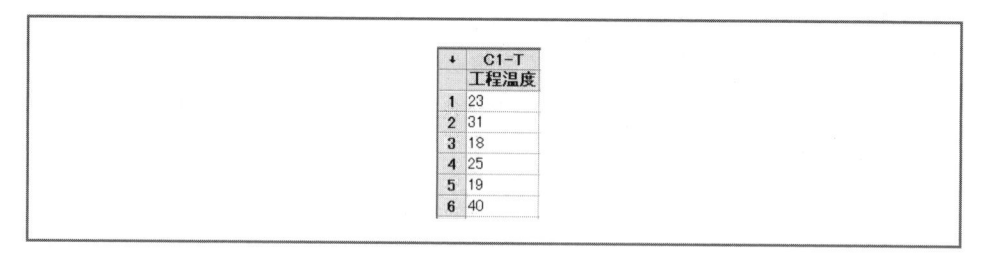

	C1-T
	工程温度
1	23
2	31
3	18
4	25
5	19
6	40

[実行] 2. MINITAB メニュー：データ ▶ データタイプの変更 ▶ テキストから数値に

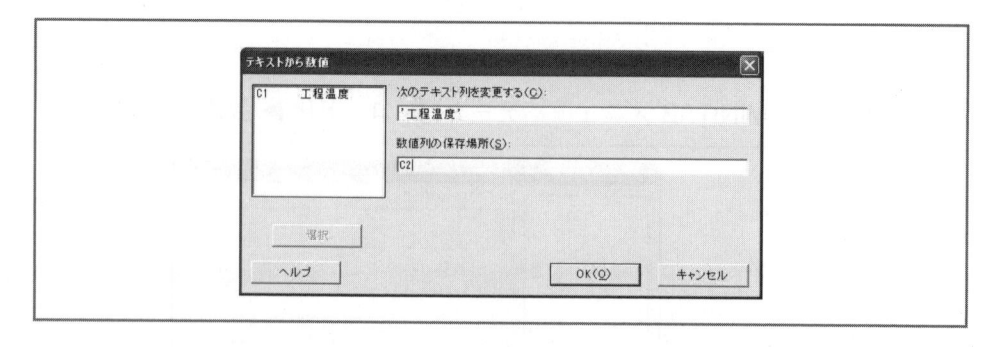

[実行] 3. 結果の出力：ワークシートに次のように出力されます。

	C1-T	C2
	工程温度	
1	23	23
2	31	31
3	18	18
4	25	25
5	19	19
6	40	40

[16] 日付 / 時刻を抽出（Extract Date/Time）
■ 数字
日付 / 時刻から一部の数字のみを抽出します。

[実行] 1. データ入力：データワークシートに次のように入力します。

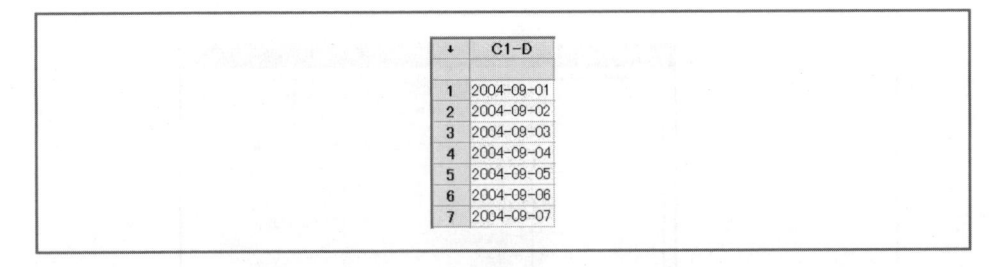

	C1-D
1	2004-09-01
2	2004-09-02
3	2004-09-03
4	2004-09-04
5	2004-09-05
6	2004-09-06
7	2004-09-07

[実行] 2. MINITAB メニュー：データ ▶ 日付 / 時刻を抽出 ▶ 数値へ

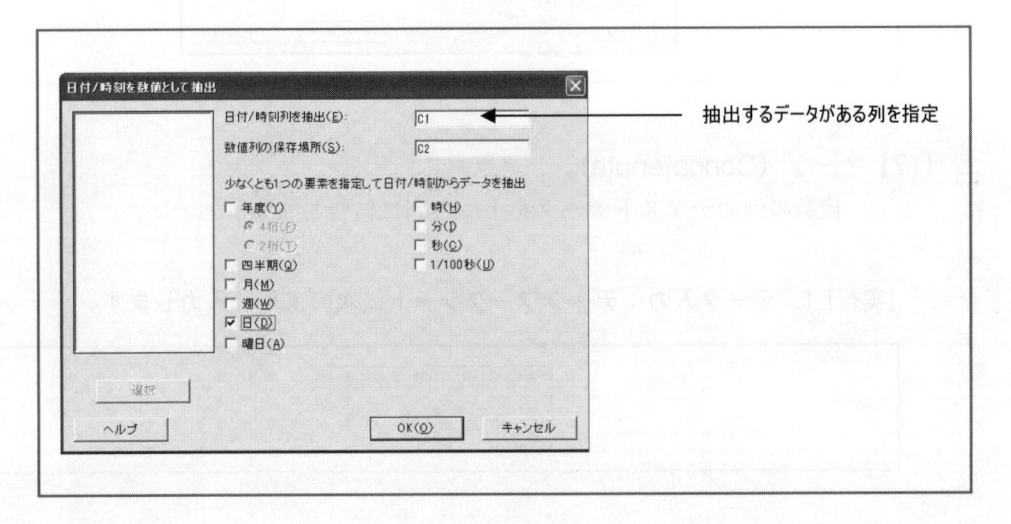

[実行] 3. 結果の出力：ワークシートに次のように出力されます。

	C1-D	C2
1	2004-09-01	1
2	2004-09-02	2
3	2004-09-03	3
4	2004-09-04	4
5	2004-09-05	5
6	2004-09-06	6

■ テキスト

日付/時刻から一部だけを抽出してテキストで保存します。

[実行] 1. MINITAB メニュー：データ ▶ 日付/時刻を抽出 ▶ テキストへ

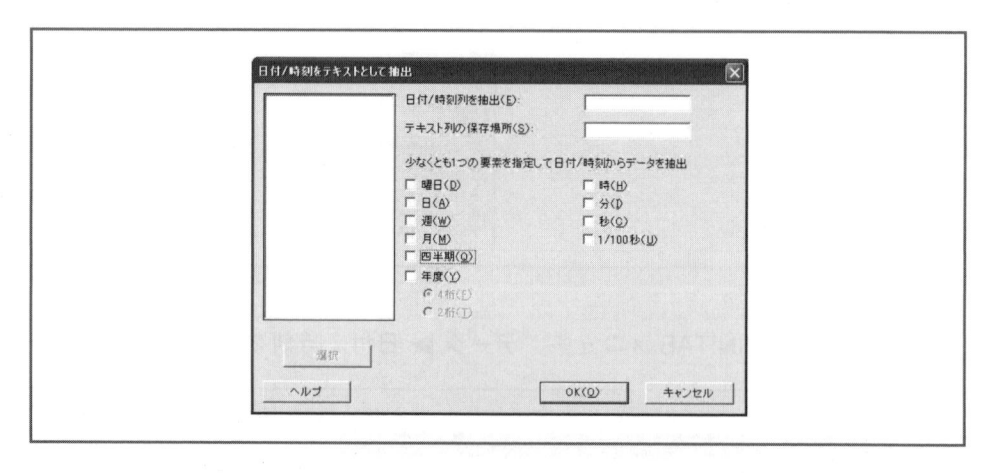

[17] マージ（Concatenate）

複数の列のテキストデータを１つの列に結合します。

[実行] 1. データ入力：データワークシートに次のように入力します。

	C1-T	C2-T	C3-T
1	2004年	販売量	実績
2			

[実行] 2. MINITAB メニュー：データ ▶ ワークシートのマージ

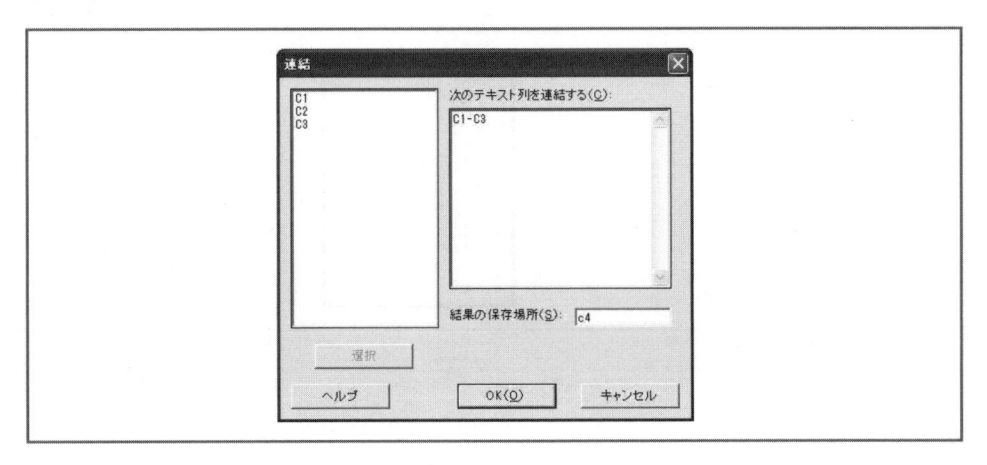

[実行] 3. 結果の出力：ワークシートに次のように出力されます。

	C1-T	C2-T	C3-T	C4-T
1	2004年	販売量	実績	2004年販売量実績

[18] データの表示（Display）

データをセッションウィンドウに出力して，定数と行列も見ることができます。

[実行] 1. MINITAB メニュー：データ ▶ データの表示

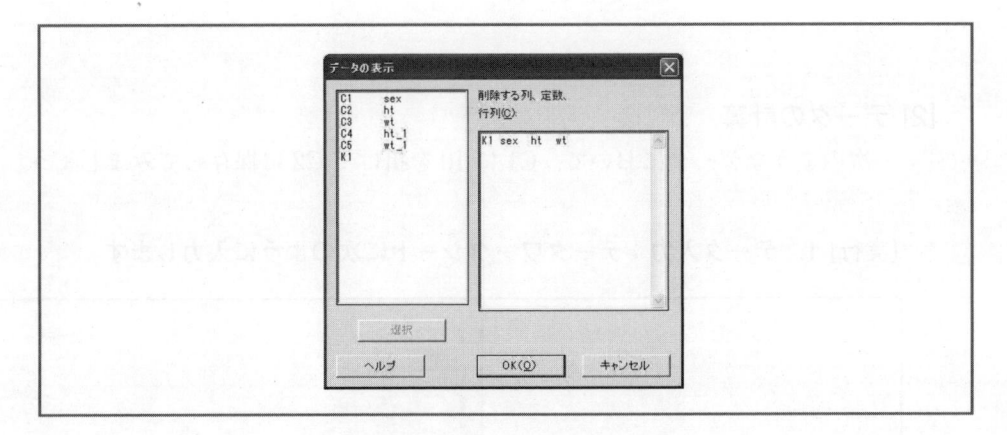

40　第3章　MINITABの操作

[実行] 2. 結果の出力：セッションウィンドウに次のように出力されます。

```
データ表示
K1    1.00000

行  sex  ht  wt
1    1   66  130
2    1   70  155
3    2   64  125
4    2   65  115
5    2   63  108
6    1   66  145
7    1   69  160
```

4. データ計算

[1] メニュー紹介

MINITABメニューバーで計算をクリックします。

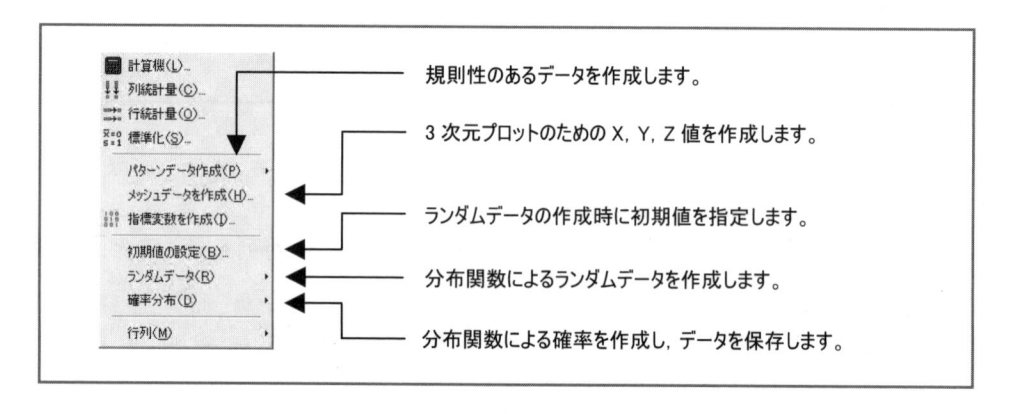

- 計算機(L)...
- 列統計量(C)...
- 行統計量(O)...
- 標準化(S)...
- パターンデータ作成(P) → 規則性のあるデータを作成します。
- メッシュデータを作成(H)... → 3次元プロットのためのX, Y, Z値を作成します。
- 指標変数を作成(I)...
- 初期値の設定(B)... → ランダムデータの作成時に初期値を指定します。
- ランダムデータ(R) → 分布関数によるランダムデータを作成します。
- 確率分布(D) → 分布関数による確率を作成し、データを保存します。
- 行列(M)

[2] データの計算

次のようなデータにおいて、C1に10を掛けてC2に保存してみましょう。

[実行] 1. データ入力：データワークシートに次のように入力します。

	C1
1	25
2	34
3	49
4	18

[実行] 2. MINITAB メニュー：計算 ▶ 計算機

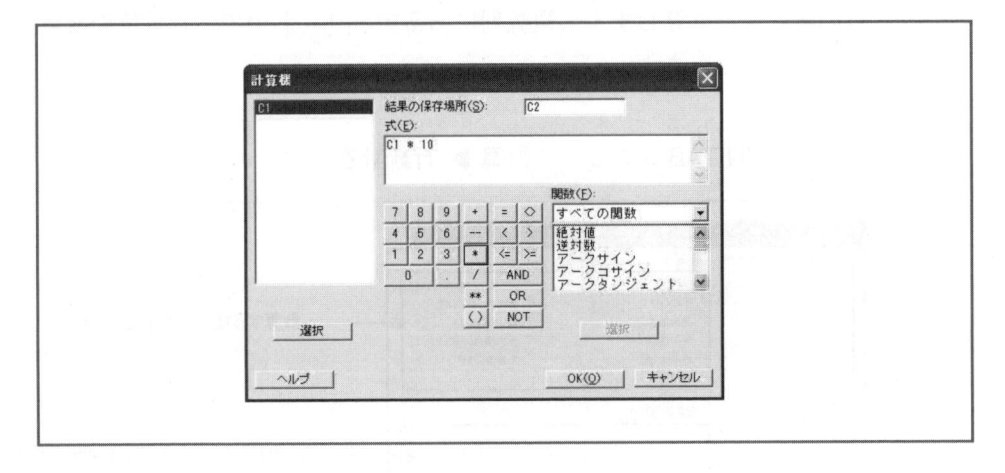

[実行] 3. 結果の出力：ワークシートに次のように出力されます。

	C1	C2
1	25	250
2	34	340
3	49	490
4	18	180

[3] 列の統計量（Column Statistics）

列の統計量を計算します。

[実行] 1. MINITAB メニュー：計算 ▶ 列統計量

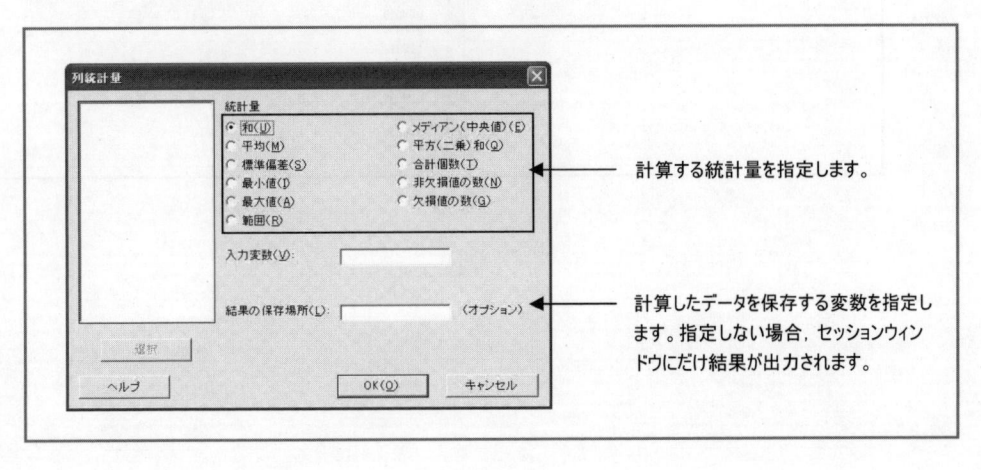

計算する統計量を指定します。

計算したデータを保存する変数を指定します。指定しない場合、セッションウィンドウにだけ結果が出力されます。

[4] 行の統計量（Row Statistics）

行の統計量を計算します。複数列にあるデータにおいて，行単位の統計量を計算することができます。

[実行] 1. MINITAB メニュー：計算 ▶ 行統計量

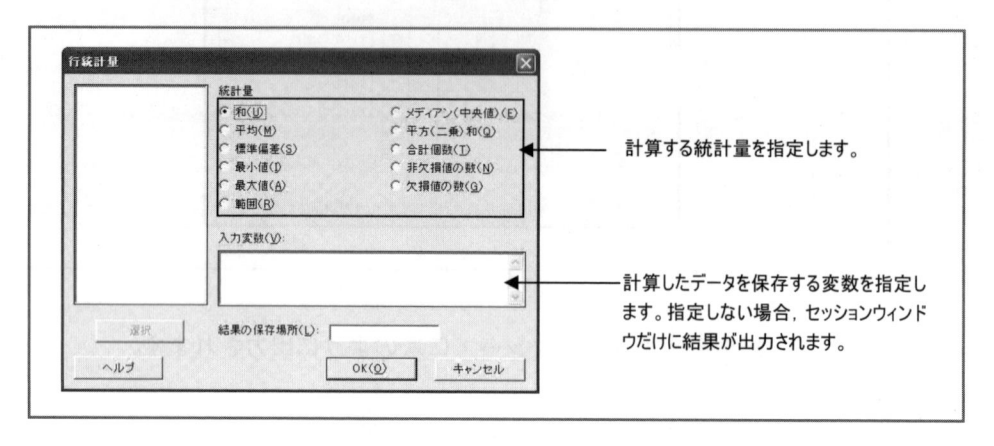

[5] データの標準化（Standardize）

平均が 0，標準偏差が 1 となるようにデータを標準化します。

次のようなデータにおいて，C1 を標準化して C2 に保存してみましょう。

[実行] 1. データ入力：データワークシートに次のように入力します。

	C1 Warping
1	1.60103
2	0.84326
3	3.00679
4	1.29923
5	2.24237
6	2.63579
7	0.34093
8	6.96534
9	3.46645
10	1.41079

[実行] 2. MINITAB メニュー：計算 ▶ 標準化

[実行] 3. 結果の出力：ワークシートに次のように出力されます。

	C1	C2
	Warping	
1	1.60103	-0.41429
2	0.84326	-0.81668
3	3.00679	0.33220
4	1.29923	-0.57455
5	2.24237	-0.07372
6	2.63579	0.13519
7	0.34093	-1.08343
8	6.96534	2.43428
9	3.46645	0.57629
10	1.41079	-0.51531

[6] パターンデータ作成（Make Patterned Data）

規則性のあるデータを作成します。

■ 単純な数値セット

数値の反復によって，規則性のあるデータを作成します。
111222333111222333 のようなデータを c1 に作成してみましょう。

[実行] 1. MINITAB メニュー：計算 ▶ パターンデータ作成 ▶ 単純な数値セット

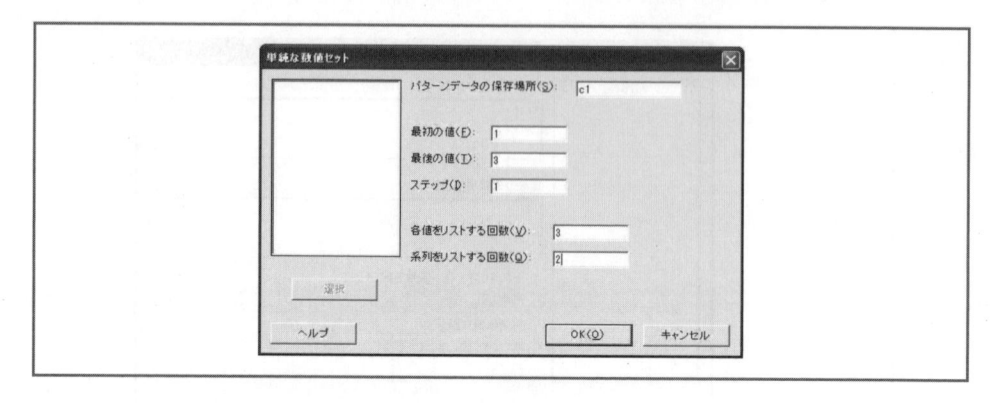

[実行] 2. 結果の出力：ワークシートに次のように出力されます。

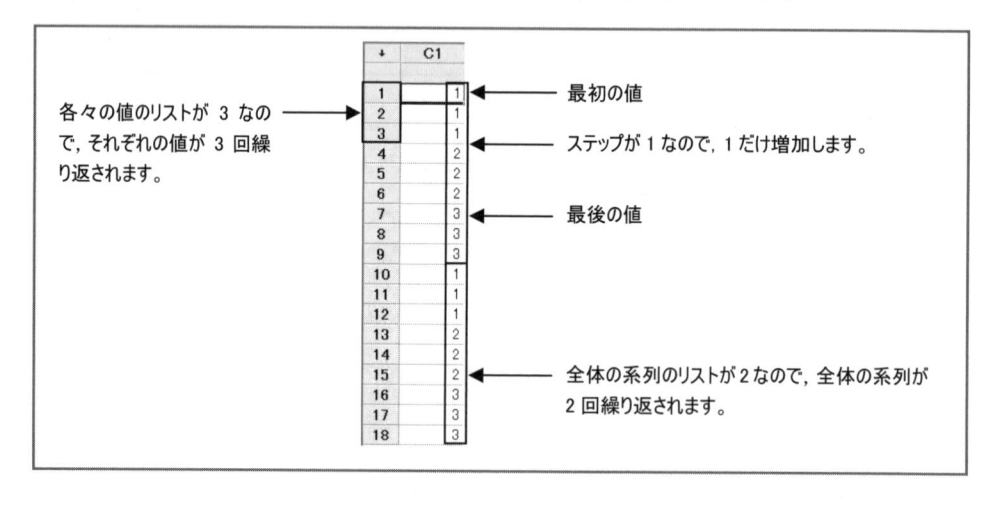

■ **任意の数値セット**

指定した任意の数値セットを作成します。

[実行] 1. MINITAB メニュー：計算 ▶ パターンデータ作成 ▶ 任意の数値セット

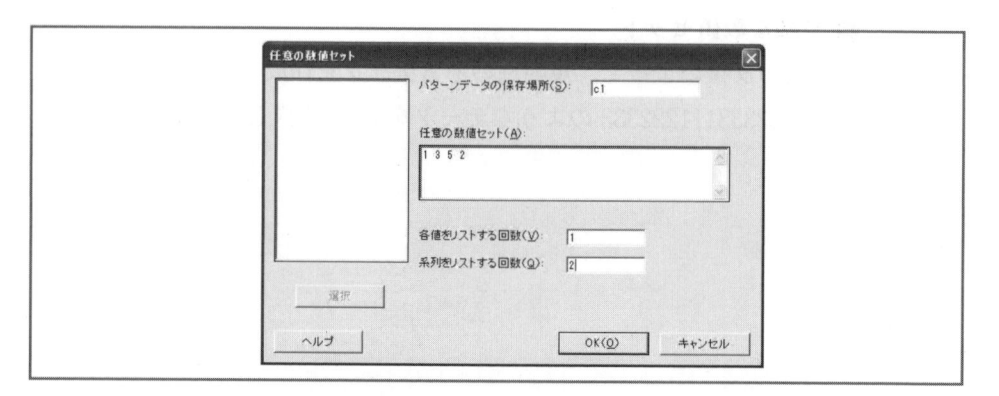

[実行] 2. 結果の出力：ワークシートに次のように出力されます。

	C2
1	1
2	3
3	5
4	2
5	1
6	3
7	5
8	2

← 数値が2回繰り返されます。

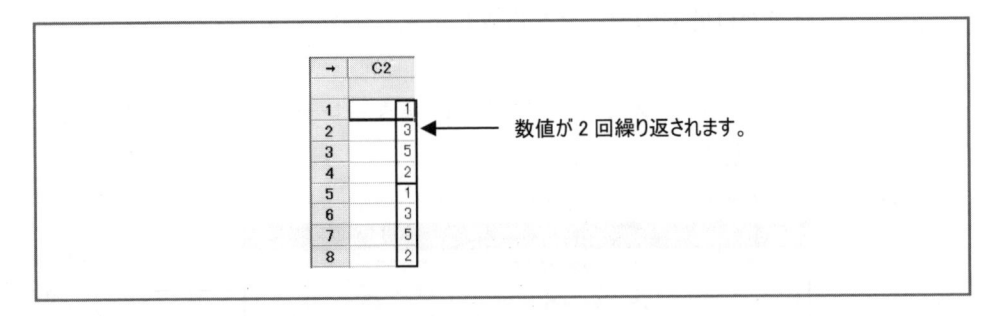

■ テキスト値

指定した任意のテキストセットを作成します。

[実行] 1. MINITAB メニュー：計算 ▶ パターンデータ作成 ▶ テキスト値

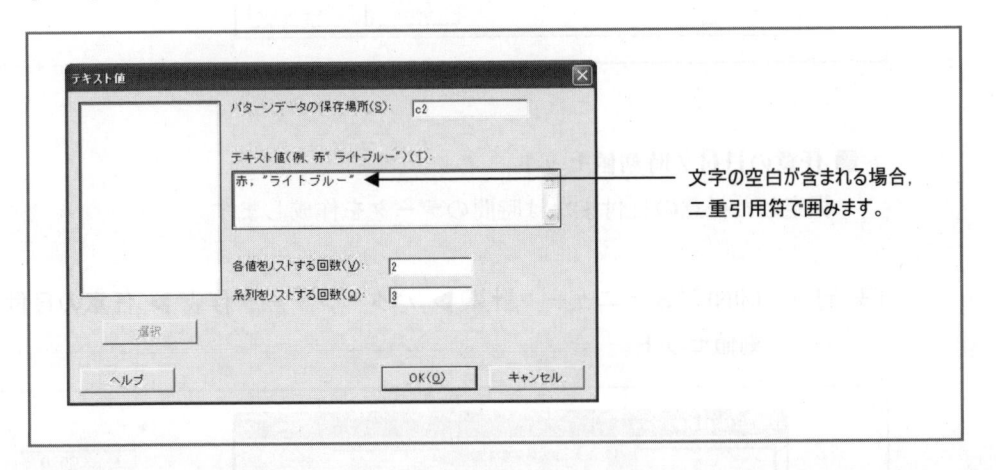

（ダイアログ：テキスト値
- パターンデータの保存場所(S): c2
- テキスト値（例、赤 "ライトブルー"）(T): 赤,"ライトブルー"
- 各値をリストする回数(V): 2
- 系列をリストする回数(O): 3 ）

← 文字の空白が含まれる場合、二重引用符で囲みます。

[実行] 2. 結果の出力：ワークシートに次のように出力されます。

	C3-T
1	赤
2	赤
3	ライトブルー
4	ライトブルー
5	赤
6	赤
7	ライトブルー
8	ライトブルー
9	赤
10	赤
11	ライトブルー
12	ライトブルー

← テキストが2回繰り返されます。

← 全体の数列が3回繰り返されます。

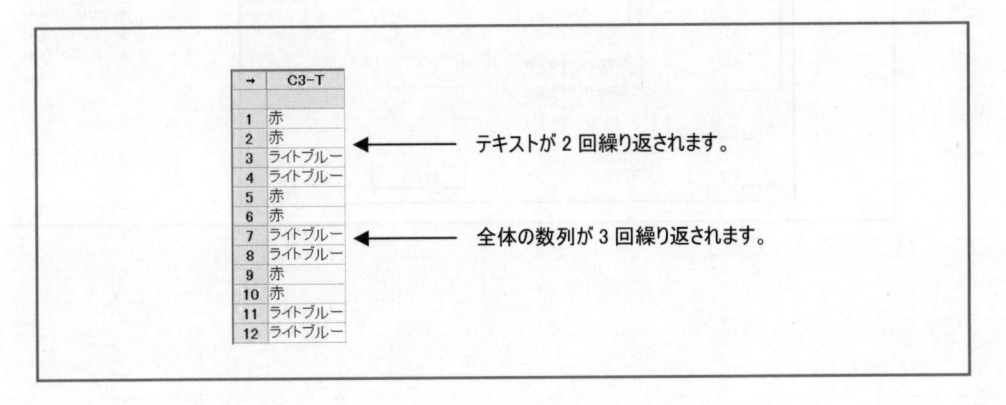

■ 単純な日付／時刻値セット

日付または時間のデータを作成します。

[実行] 1. MINITAB メニュー：計算 ▶ パターンデータ作成 ▶ 単純な日付／時刻値セット

■ 任意の日付／時刻値セット

指定した任意の日付または時間のデータを作成します。

[実行] 1. MINITAB メニュー：計算 ▶ パターンデータ作成 ▶ 任意の日付／時刻値セット

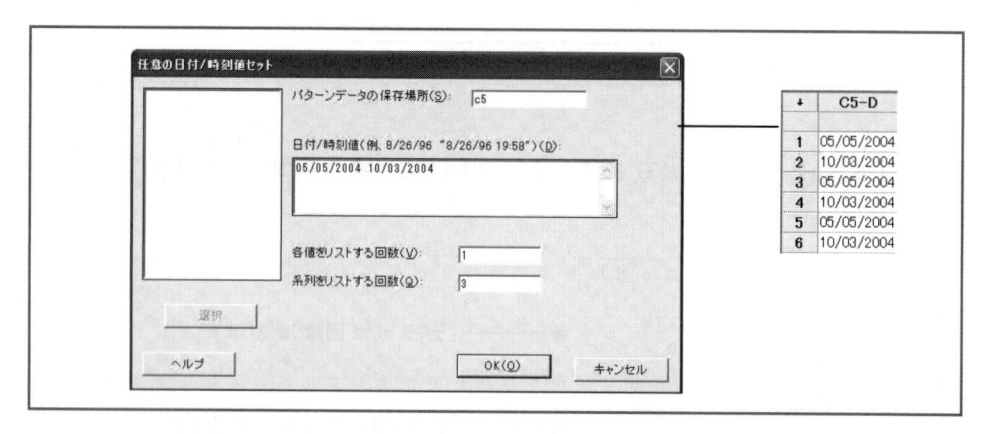

[7] メッシュデータを作成（Make Mesh Data）

3Dプロットを表示するためのデータを作成します。

[実行] 1. MINITABメニュー：計算▶メッシュデータを作成

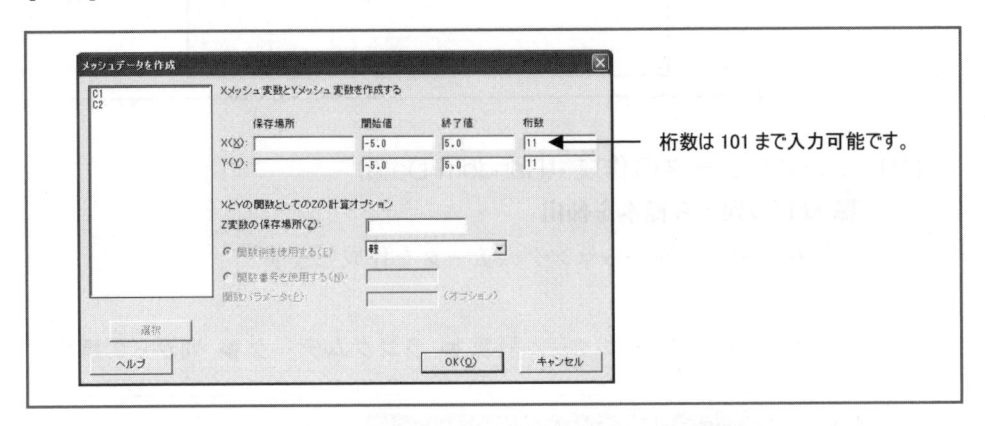

← 桁数は101まで入力可能です。

[8] 指標変数を作成（Make Indicator Variables）

回帰分析の指標を作成します。回帰分析を実施する際，Xがカテゴリデータの場合，MINITABは適切な計算を実行できません。このとき，このカテゴリデータを指標変数に変えることで回帰分析を実施することができます。

[実行] 1. MINITABメニュー：計算▶指標変数を作成

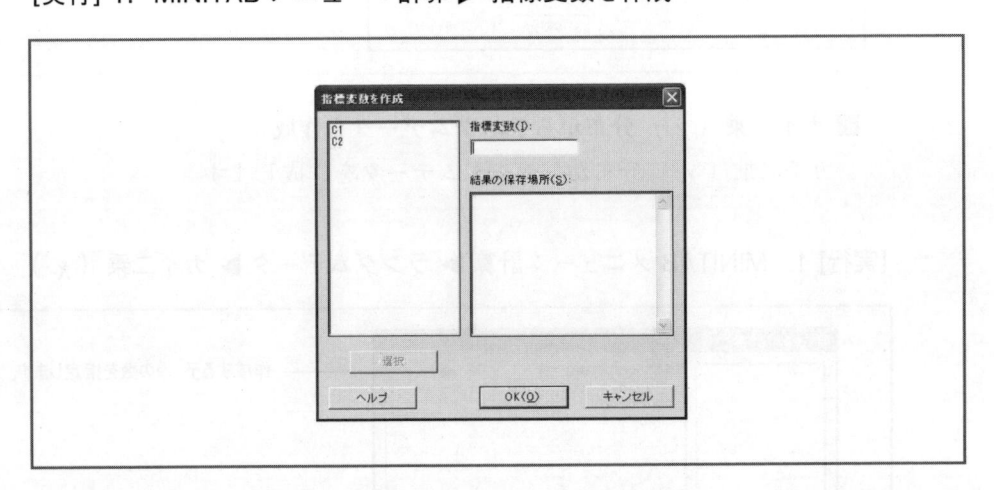

[9] 初期値の設定（Set Base）

ランダムデータを作成する初期値を指定します。同じランダムデータを作成したい場合，初期値を同じ値で設定します。このメニューは，同じランダムデータセットを何回か作成する場合に有用です。

[実行] 1. MINITAB メニュー：計算 ▶ 初期値の設定

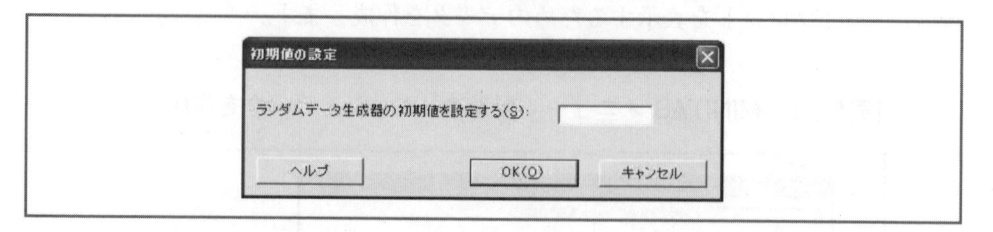

[10] ランダムデータの作成（Random Data）
■ 既存の列から標本を抽出
既存のデータ列からランダムデータを作成します。

[実行] 1. MINITAB メニュー：計算 ▶ ランダムデータ ▶ 列からの標本

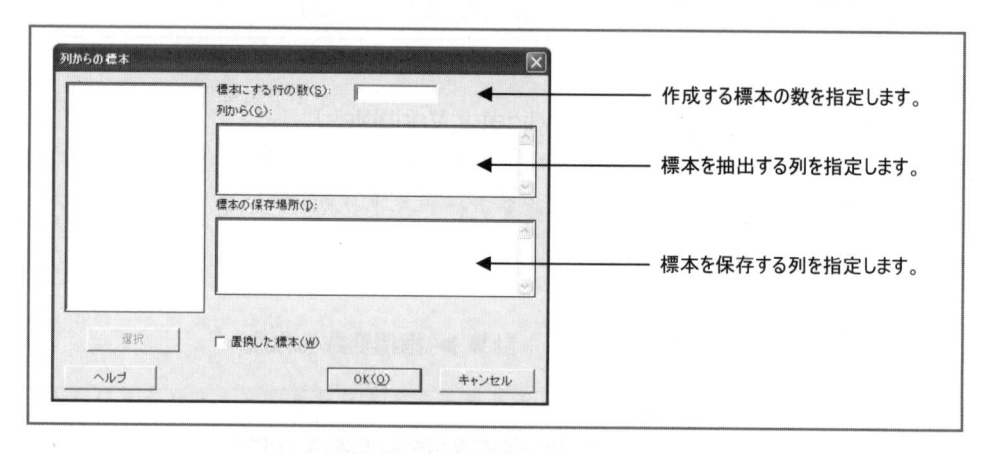

- 作成する標本の数を指定します。
- 標本を抽出する列を指定します。
- 標本を保存する列を指定します。

■ カイ二乗（χ^2）分布からランダムデータを作成
カイ二乗（χ^2）分布からランダムデータを作成します。

[実行] 1. MINITAB メニュー：計算 ▶ ランダムデータ ▶ カイ二乗（χ^2）

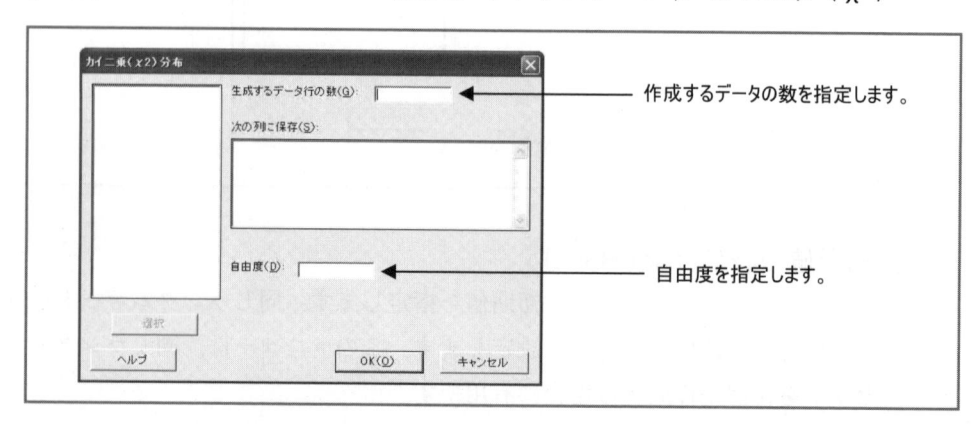

- 作成するデータの数を指定します。
- 自由度を指定します。

■ 正規分布からランダムデータを作成

正規分布からランダムデータを作成します。

[実行] 1. MINITAB メニュー：計算 ▶ ランダムデータ ▶ 正規分布

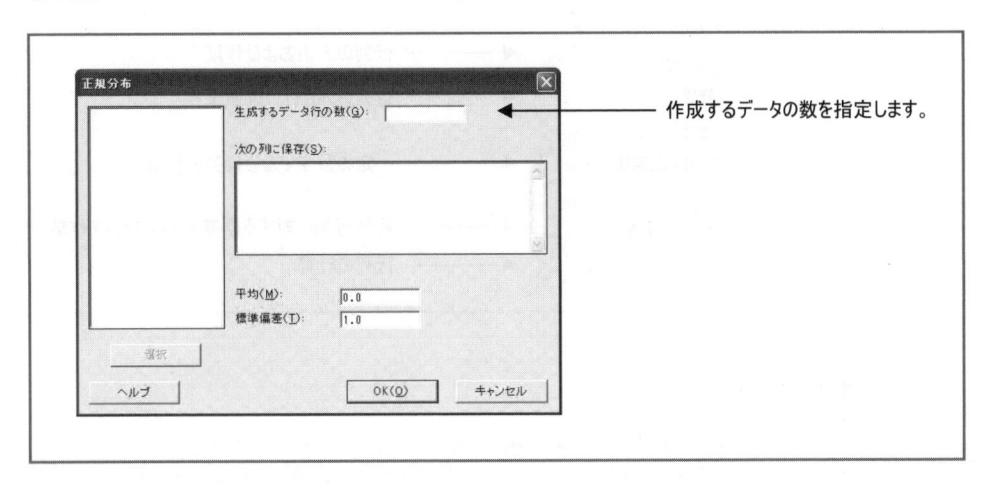

作成するデータの数を指定します。

[11] 確率分布（Probability Distributions）

各確率分布による確率の値を求めます。

[実行] 1. MINITAB メニュー：計算 ▶ 確率分布

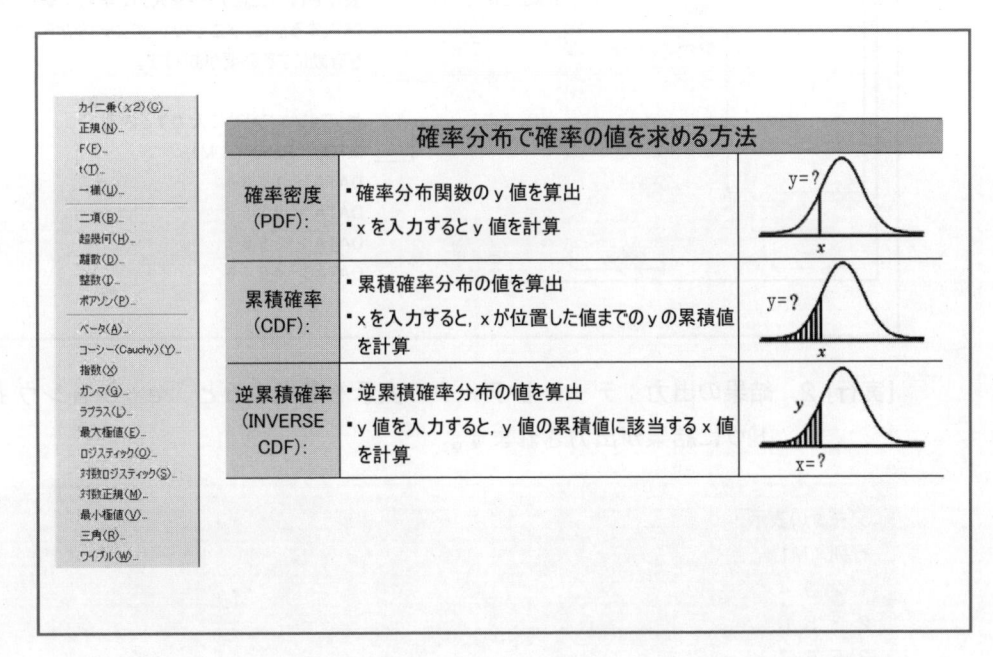

確率分布で確率の値を求める方法		
確率密度 (PDF):	・確率分布関数の y 値を算出 ・x を入力すると y 値を計算	$y=?$
累積確率 (CDF):	・累積確率分布の値を算出 ・x を入力すると，x が位置した値までの y の累積値を計算	$y=?$
逆累積確率 (INVERSE CDF):	・逆累積確率分布の値を算出 ・y 値を入力すると，y 値の累積値に該当する x 値を計算	$x=?$

[12] 行列 (Matrices)

行列の計算を実行します。

[実行] 1. MINITAB メニュー：計算 ▶ 行列

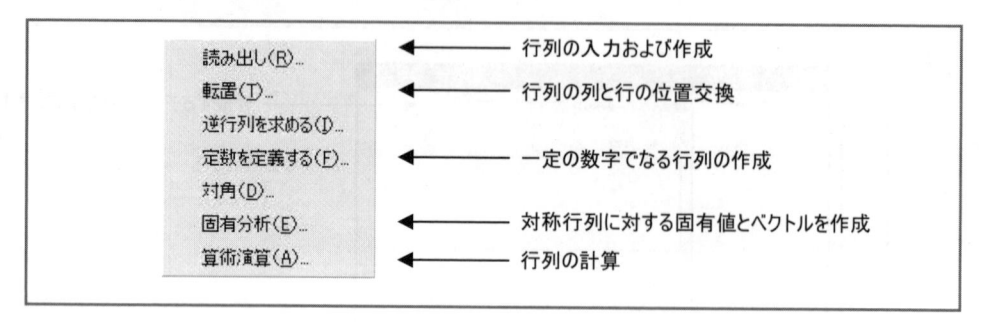

読み出し(R)...	← 行列の入力および作成
転置(T)...	← 行列の列と行の位置交換
逆行列を求める(I)...	
定数を定義する(F)...	← 一定の数字でなる行列の作成
対角(D)...	
固有分析(E)...	← 対称行列に対する固有値とベクトルを作成
算術演算(A)...	← 行列の計算

■ 行列の入力

次の 4×4 の行列を入力しましょう。

[実行] 1. MINITAB メニュー：計算 ▶ 行列 ▶ 読み出し

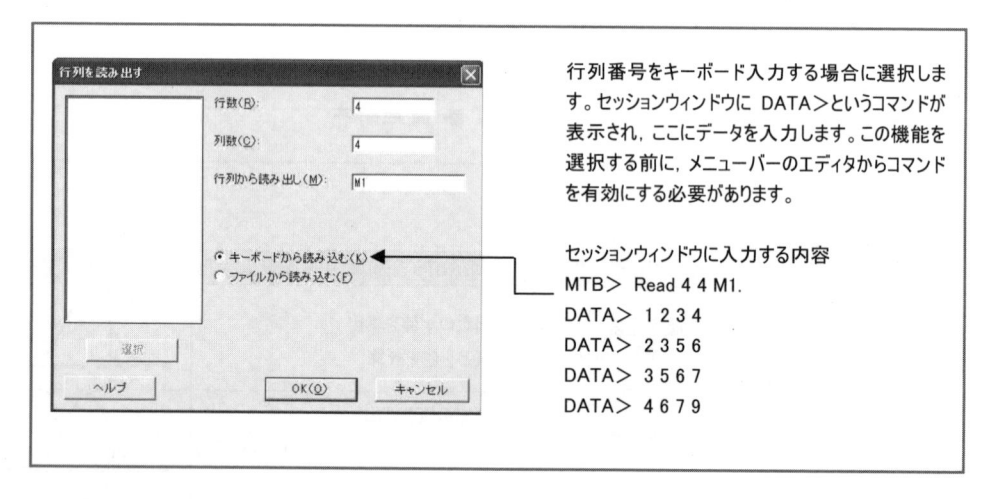

ダイアログ「行列を読み出す」
- 行数(R): 4
- 列数(C): 4
- 行列から読み出し(M): M1
- ● キーボードから読み込む(K)
- ○ ファイルから読み込む(F)

行列番号をキーボード入力する場合に選択します。セッションウィンドウに DATA＞というコマンドが表示され，ここにデータを入力します。この機能を選択する前に，メニューバーのエディタからコマンドを有効にする必要があります。

セッションウィンドウに入力する内容
```
MTB> Read 4 4 M1.
DATA> 1 2 3 4
DATA> 2 3 5 6
DATA> 3 5 6 7
DATA> 4 6 7 9
```

[実行] 2. 結果の出力：データ ▶ データの表示を選択すると，セッションウィンドウに結果が出力されます。

```
データの表示
行列  M1
1 2 3 4
2 3 5 6
3 5 6 7
4 6 7 9
```

■ 行列の転置

[実行] 1. MINITAB メニュー：計算 ▶ 転置

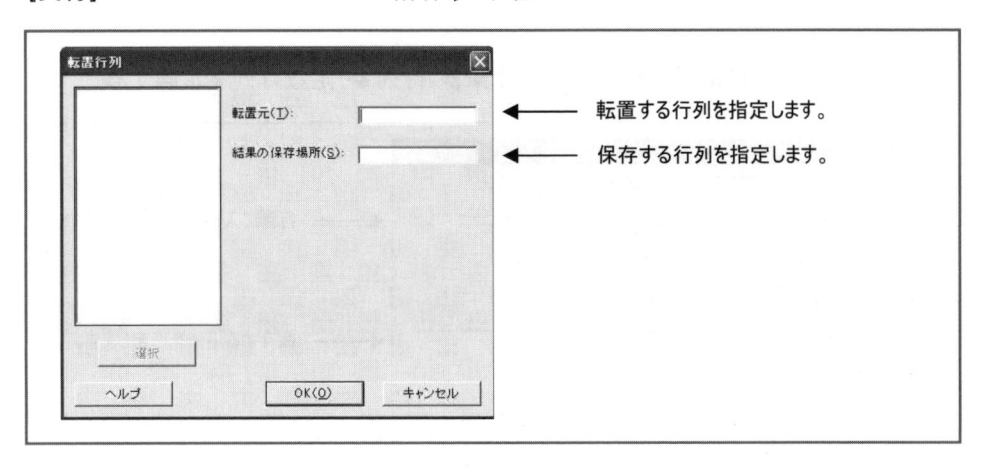

転置する行列を指定します。
保存する行列を指定します。

■ 逆行列を求める

[実行] 1. MINITAB メニュー：計算 ▶ 行列 ▶ 逆行列を求める

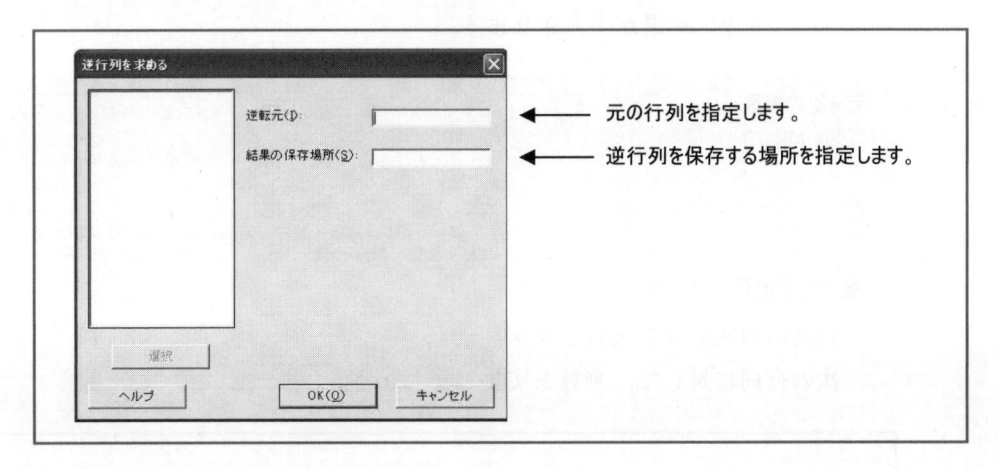

元の行列を指定します。
逆行列を保存する場所を指定します。

■ 定数行列を定義する

行列のすべてのセルに，指定した数値が挿入されます．

[実行] 1. MINITAB メニュー：計算 ▶ 行列 ▶ 定数行列を定義する

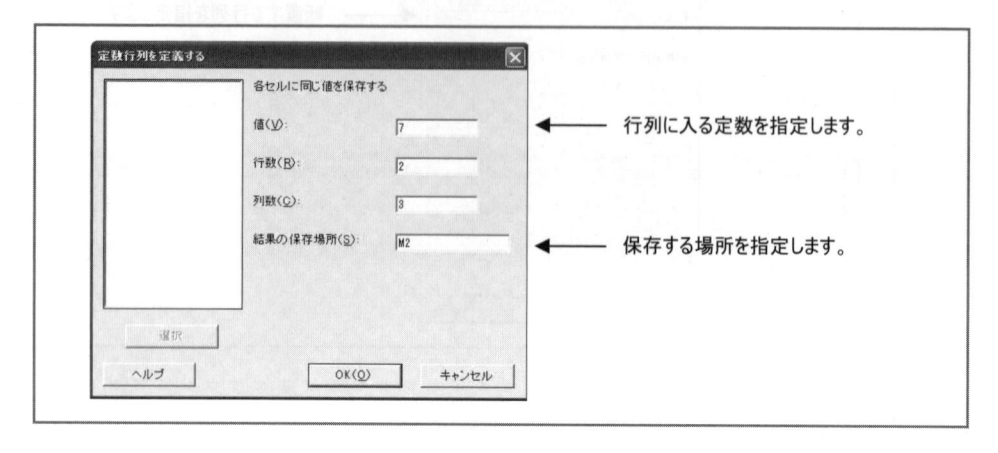

[実行] 2. 結果の出力：データ ▶ データの表示を選択すると，セッションウィンドウに結果が出力されます．

```
データの表示
行列　M2
7 7　7
7 7　7
```

■ 算術演算

行列の数式計算を実行します．

次の行列に対して，乗算を実施しましょう．

$$M3 = \begin{bmatrix} 1 & 2 & 3 \\ 4 & 5 & 6 \end{bmatrix}$$

$$M4 = \begin{bmatrix} 6 & 5 \\ 7 & 6 \\ 8 & 6 \end{bmatrix}$$

[実行] 1. MINITAB メニュー：計算 ▶ 行列 ▶ 算術演算

[実行] 2. 結果の出力：データ ▶ データの表示を選択すると，セッションウィンドウに結果が表示されます。

```
データの表示
行列   M5
 44    35
107    86
```

5. グラフ

[1] MINITAB でサポートするグラフ

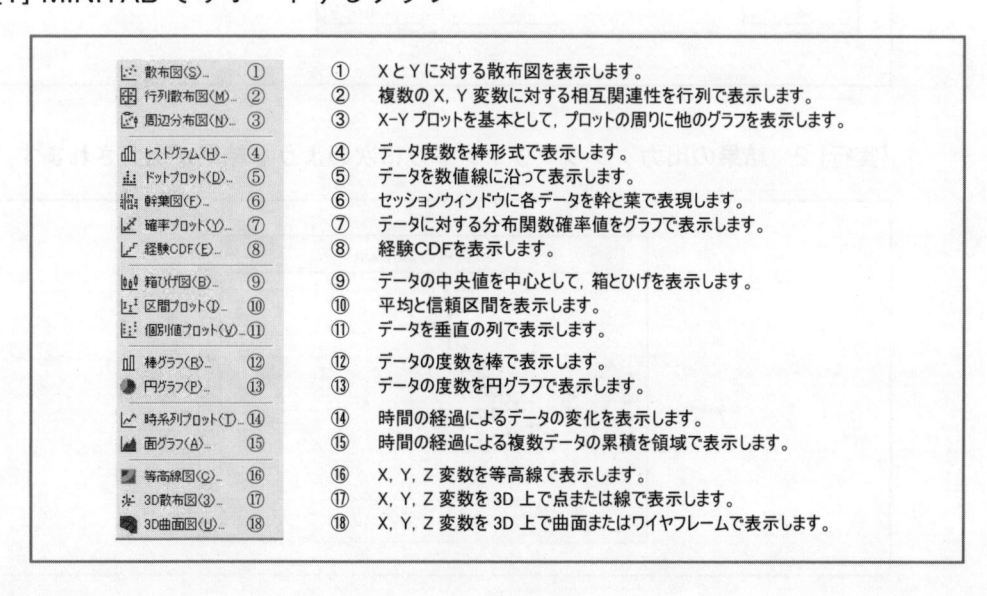

① XとYに対する散布図を表示します。
② 複数のX, Y変数に対する相互関連性を行列で表示します。
③ X-Y プロットを基本として，プロットの周りに他のグラフを表示します。
④ データ度数を棒形式で表示します。
⑤ データを数値線に沿って表示します。
⑥ セッションウィンドウに各データを幹と葉で表現します。
⑦ データに対する分布関数確率値をグラフで表示します。
⑧ 経験CDFを表示します。
⑨ データの中央値を中心として，箱とひげを表示します。
⑩ 平均と信頼区間を表示します。
⑪ データを垂直の列で表示します。
⑫ データの度数を棒で表示します。
⑬ データの度数を円グラフで表示します。
⑭ 時間の経過によるデータの変化を表示します。
⑮ 時間の経過による複数データの累積を領域で表示します。
⑯ X, Y, Z 変数を等高線で表示します。
⑰ X, Y, Z 変数を3D 上で点または線で表示します。
⑱ X, Y, Z 変数を3D 上で曲面またはワイヤフレームで表示します。

① 散布図（Scatter Plot）

2つの変数の相関関係を調べるために，散布図を使用します。散布図は2つの変数間の相関関係は示してくれますが，X，Yがなぜそのような相関関係となっているのかは説明できません。これについては技術的な分析が必要になります。

Pulse.mtw の pulse1 と pulse2 で散布図を表示してみましょう。

[実行] 1. MINITAB メニュー：グラフ▶散布図

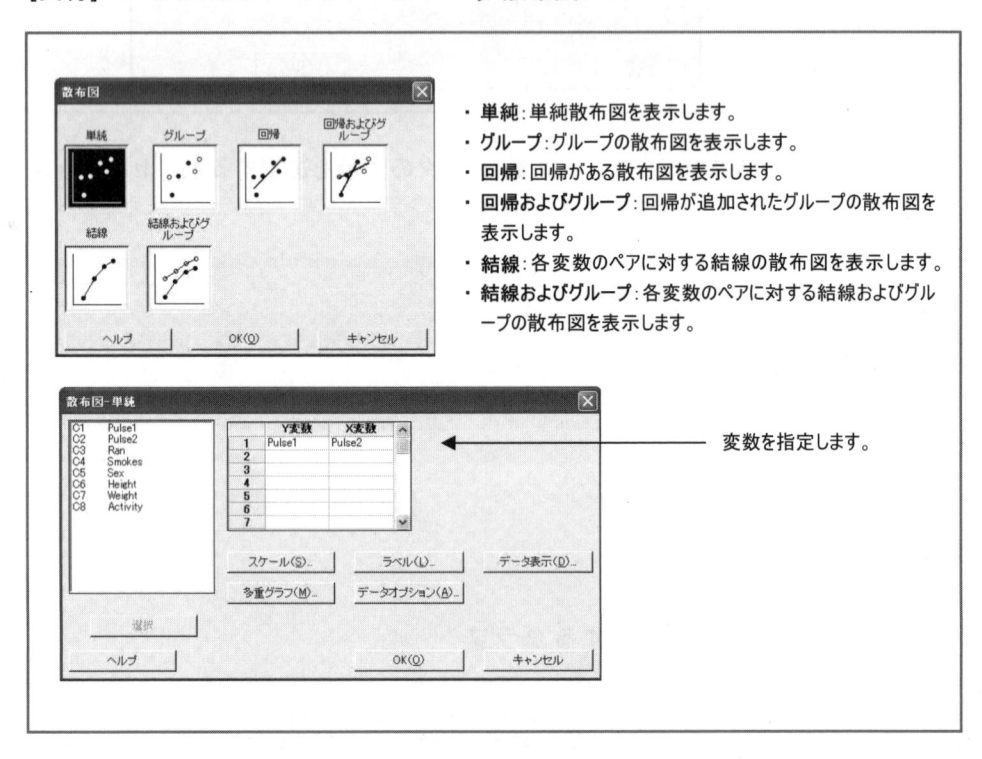

- **単純**：単純散布図を表示します。
- **グループ**：グループの散布図を表示します。
- **回帰**：回帰がある散布図を表示します。
- **回帰およびグループ**：回帰が追加されたグループの散布図を表示します。
- **結線**：各変数のペアに対する結線の散布図を表示します。
- **結線およびグループ**：各変数のペアに対する結線およびグループの散布図を表示します。

変数を指定します。

[実行] 2. 結果の出力：グラフウィンドウに次のような結果が出力されます。

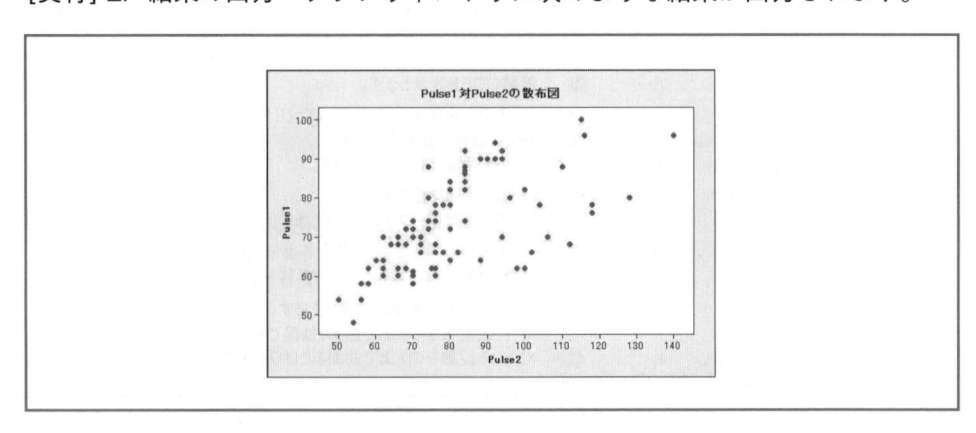

② 行列散布図（Matrix Plot）

散布図の配列を作り，複数の変数に対する相互関連性を評価できます。

[実行] 1. MINITAB メニュー：グラフ ▶ 行列散布図

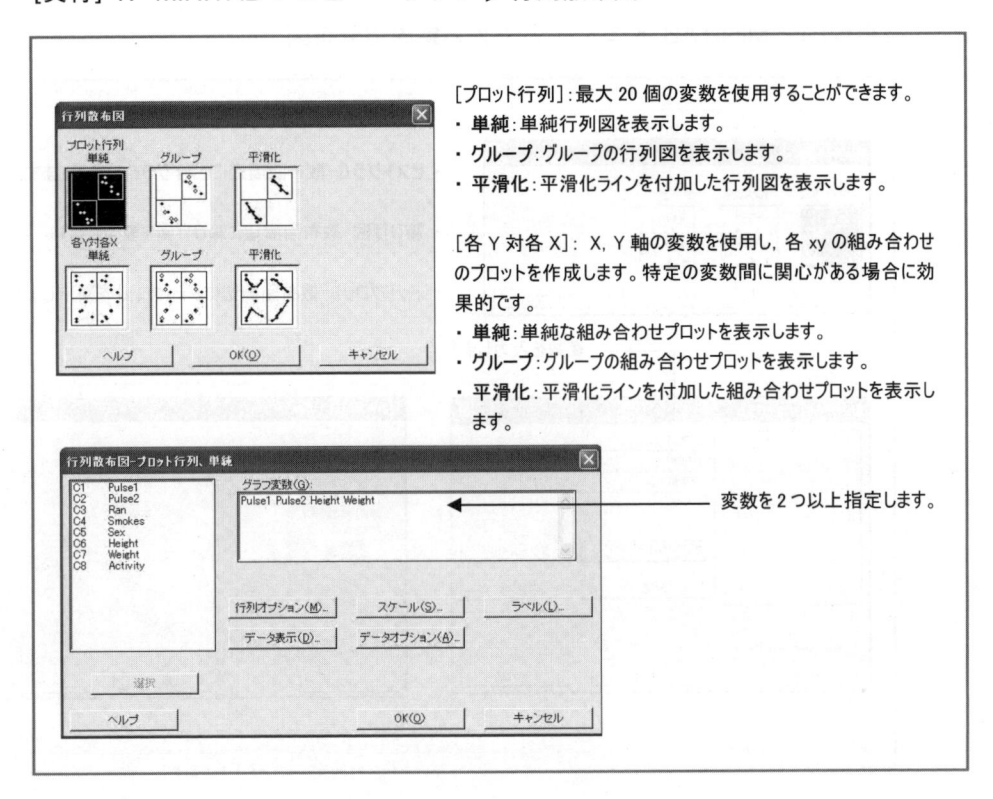

[プロット行列]：最大20個の変数を使用することができます。
- **単純**：単純行列図を表示します。
- **グループ**：グループの行列図を表示します。
- **平滑化**：平滑化ラインを付加した行列図を表示します。

[各Y対各X]：X, Y軸の変数を使用し，各xyの組み合わせのプロットを作成します。特定の変数間に関心がある場合に効果的です。
- **単純**：単純な組み合わせプロットを表示します。
- **グループ**：グループの組み合わせプロットを表示します。
- **平滑化**：平滑化ラインを付加した組み合わせプロットを表示します。

変数を2つ以上指定します。

[実行] 2. 結果の出力：グラフウィンドウに次のような結果が出力されます。

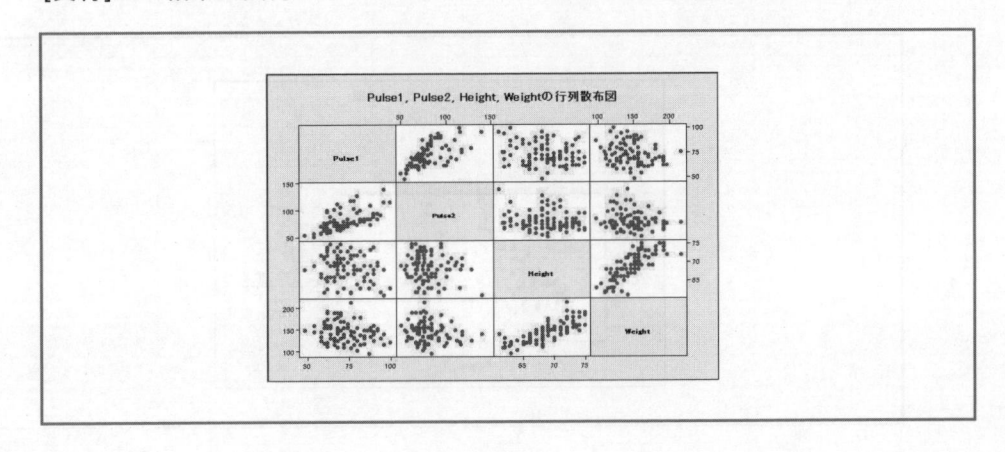

③ 周辺分布図（Marginal Plot）

2つの変数間の関係を表示し，X軸，Y軸の余白にヒストグラム，箱ひげ図またはドッドプロットを表示します。

[実行] 1. MINITAB メニュー：グラフ▶周辺分布図

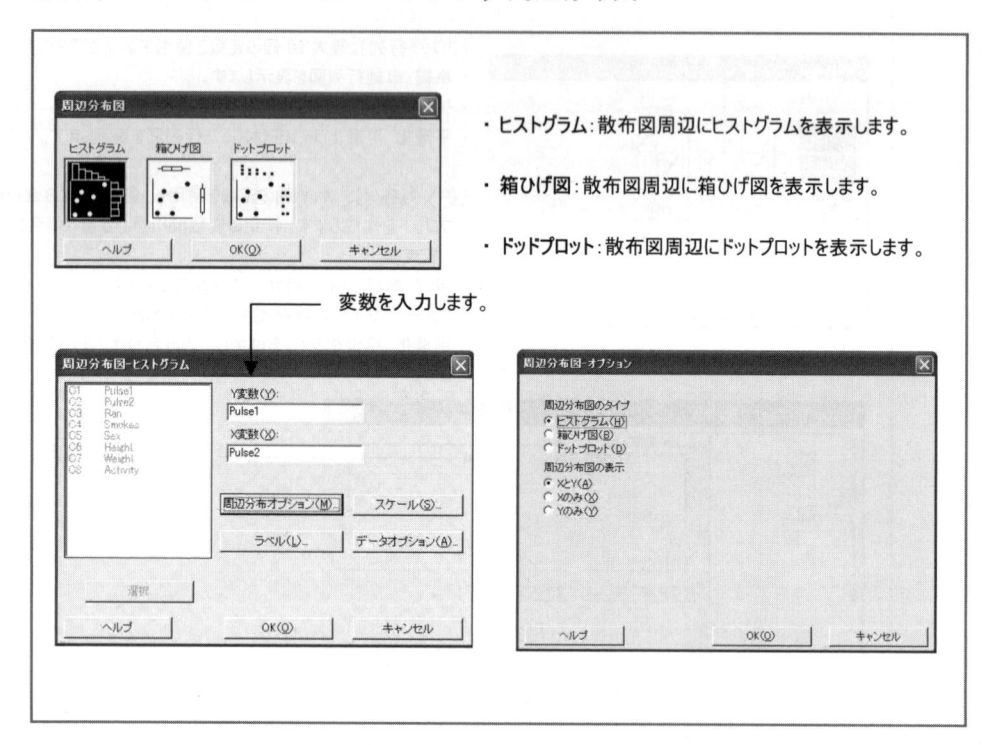

- **ヒストグラム**：散布図周辺にヒストグラムを表示します。
- **箱ひげ図**：散布図周辺に箱ひげ図を表示します。
- **ドッドプロット**：散布図周辺にドットプロットを表示します。

[実行] 2. 結果の出力：グラフウィンドウに次のような結果が出力されます。

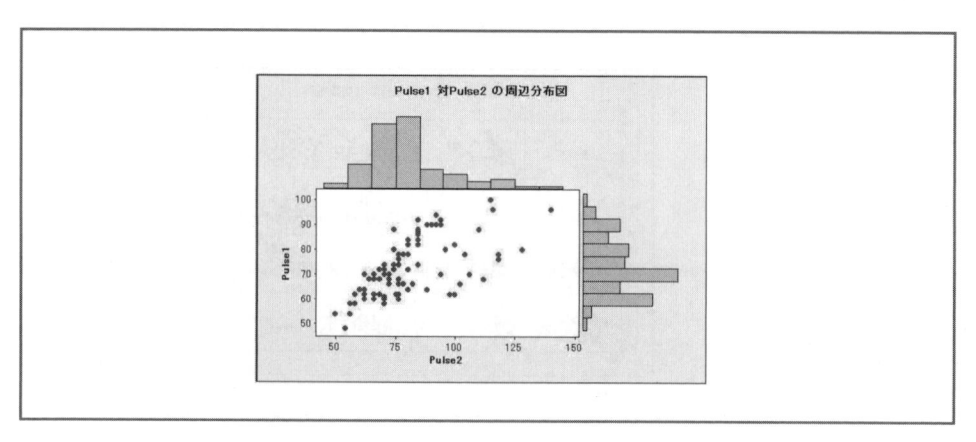

④ ヒストグラム

ヒストグラムを表示します。

[実行] 1. MINITAB メニュー：グラフ ▶ ヒストグラム

- **単純**：単純ヒストグラムを表示します。
- **あてはめ**：確率密度関数(PDF)を追加したヒストグラムを表示します。
- **アウトラインおよびグループ**：複数のヒストグラムのアウトラインを同じグラフに表示します。
- **あてはめおよびグループ**：複数のあてはめライン（確率密度関数）を同じグラフに表示します。

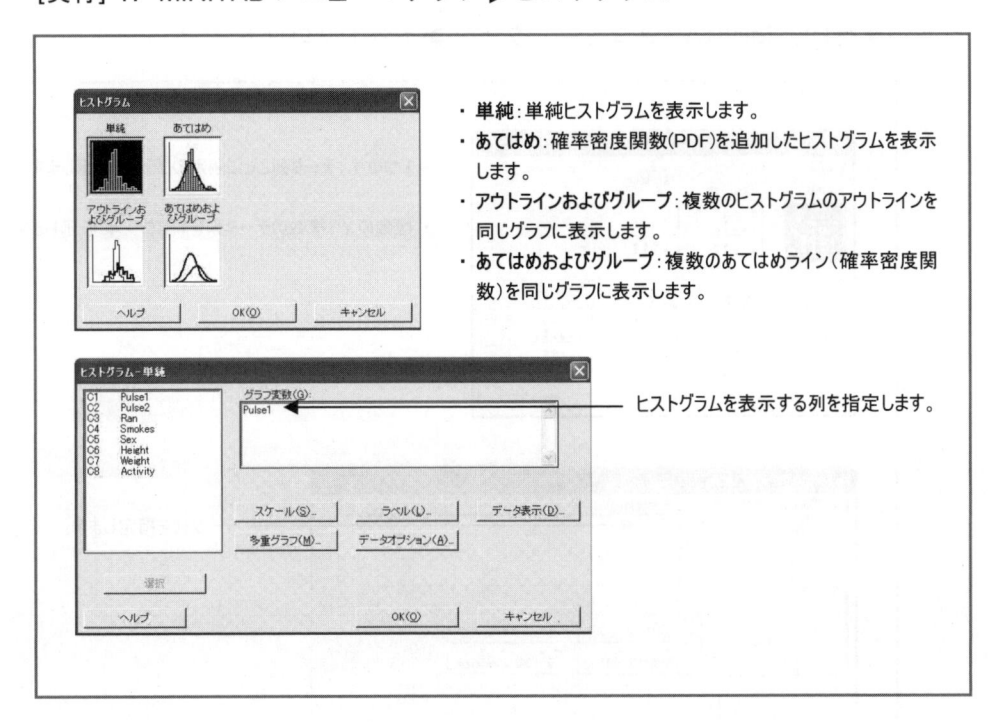

ヒストグラムを表示する列を指定します。

[実行] 2. 結果の出力：グラフウィンドウに次のような結果が出力されます。

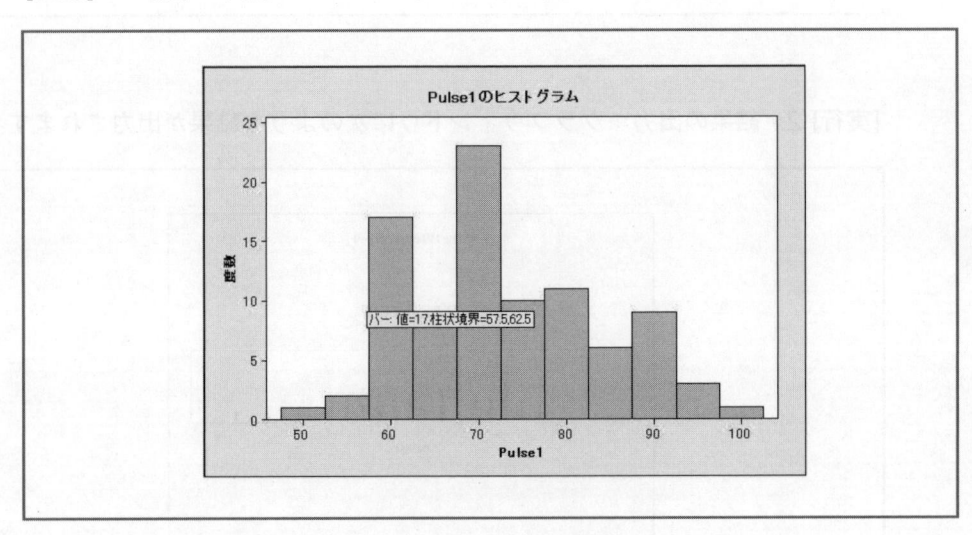

⑤ ドットプロット

　線上にデータを点で表示し，同一のデータが複数ある場合，データの数だけ点を垂直に表示します。

[実行] 1. MINITAB メニュー：グラフ▶ドットプロット

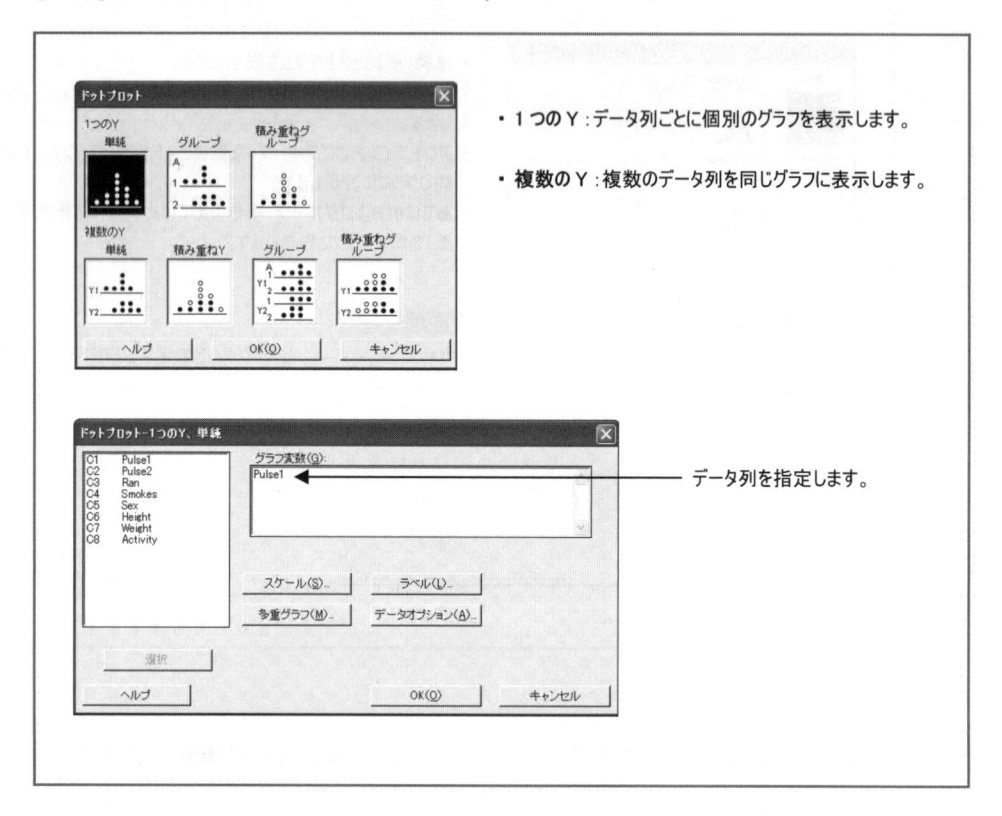

・1つのY：データ列ごとに個別のグラフを表示します。

・複数のY：複数のデータ列を同じグラフに表示します。

データ列を指定します。

[実行] 2. 結果の出力：グラフウィンドウに次のような結果が出力されます。

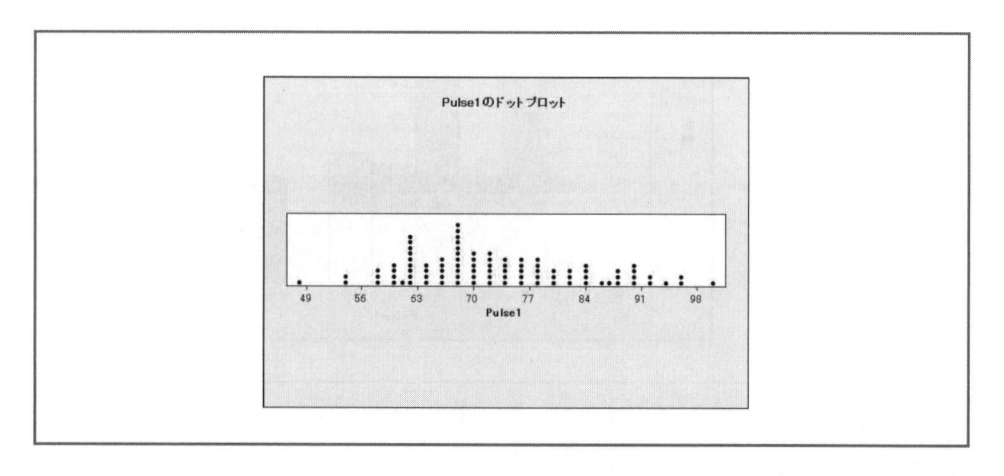

⑥ 幹葉図

ヒストグラムで表示されるバーの代わりに，実際のデータ値の桁が各ビン（行）の頻度を表します。

[実行] 1．MINITAB メニュー：グラフ ▶ 幹葉図

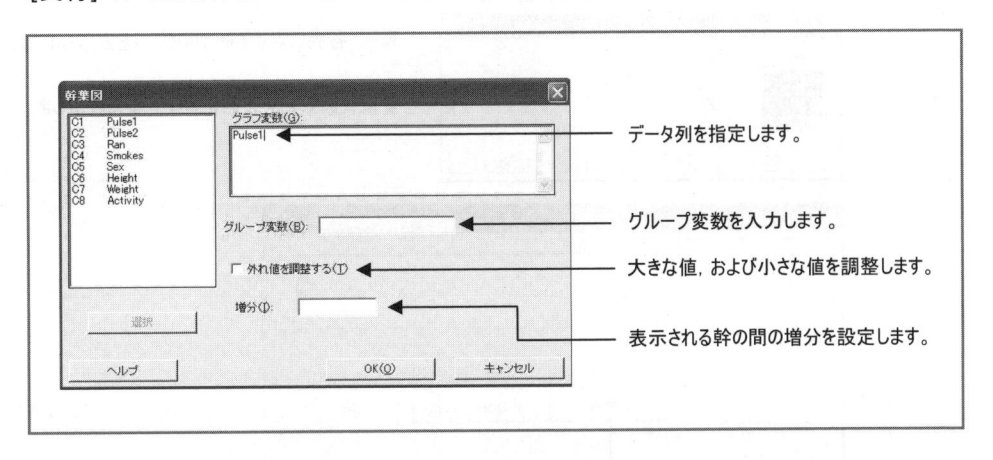

（ダイアログボックス画面）
- データ列を指定します。
- グループ変数を入力します。
- 大きな値，および小さな値を調整します。
- 表示される幹の間の増分を設定します。

[実行] 2．結果の出力：セッションウィンドウに次のような結果が出力されます。

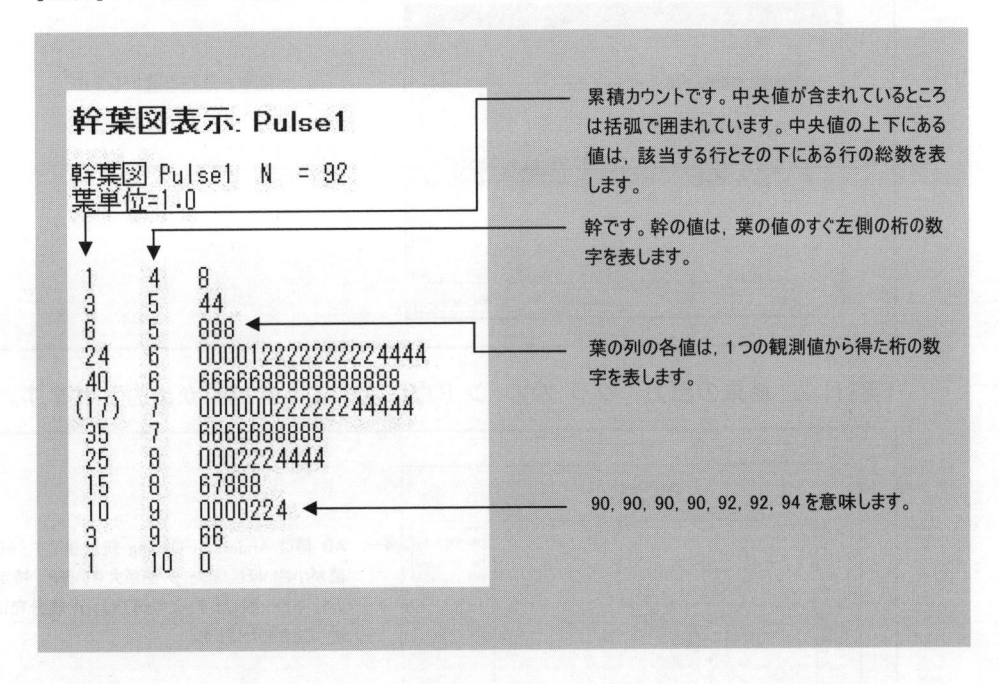

```
幹葉図表示: Pulse1

幹葉図 Pulse1  N = 92
葉単位=1.0

    1    4  8
    3    5  44
    6    5  888
   24    6  000012222222224444
   40    6  6666688888888888
  (17)   7  00000022222244444
   35    7  6666688888
   25    8  0002224444
   15    8  67888
   10    9  0000224
    3    9  66
    1   10  0
```

- 累積カウントです。中央値が含まれているところは括弧で囲まれています。中央値の上下にある値は，該当する行とその下にある行の総数を表します。
- 幹です。幹の値は，葉の値のすぐ左側の桁の数字を表します。
- 葉の列の各値は，1つの観測値から得た桁の数字を表します。
- 90, 90, 90, 90, 92, 92, 94 を意味します。

⑦ 確率プロット

データが特定の分布に適合するかどうかを評価します。

[実行] 1. MINITAB メニュー：グラフ ▶ 確率プロット

・単一：各列に対する個別のグラフを表示します。

・多重：複数のデータ列を同じグラフに表示します。

評価する分布を選択します。

[実行] 2. 結果の出力：グラフウィンドウに次のような結果が出力されます。

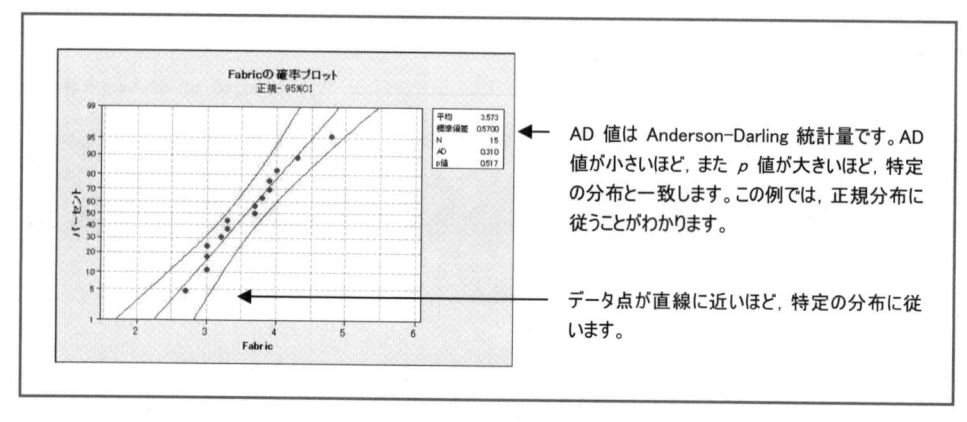

AD 値は Anderson-Darling 統計量です。AD 値が小さいほど、また p 値が大きいほど、特定の分布と一致します。この例では、正規分布に従うことがわかります。

データ点が直線に近いほど、特定の分布に従います。

⑧ 経験 CDF

経験 CDF は，分布の適合を評価したり，複数の標本分布を比較したりします。

[実行] 1．MINITAB メニュー：グラフ ▶ 経験 CDF

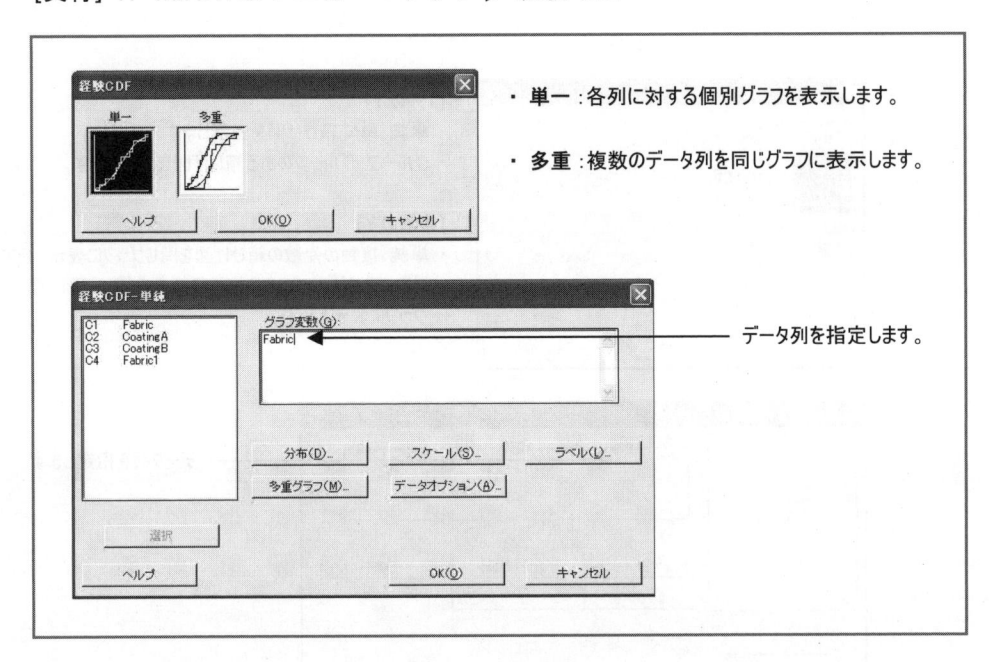

- **単一**：各列に対する個別グラフを表示します。
- **多重**：複数のデータ列を同じグラフに表示します。

データ列を指定します。

[実行] 2．結果の出力：グラフウィンドウに次のような結果が出力されます。

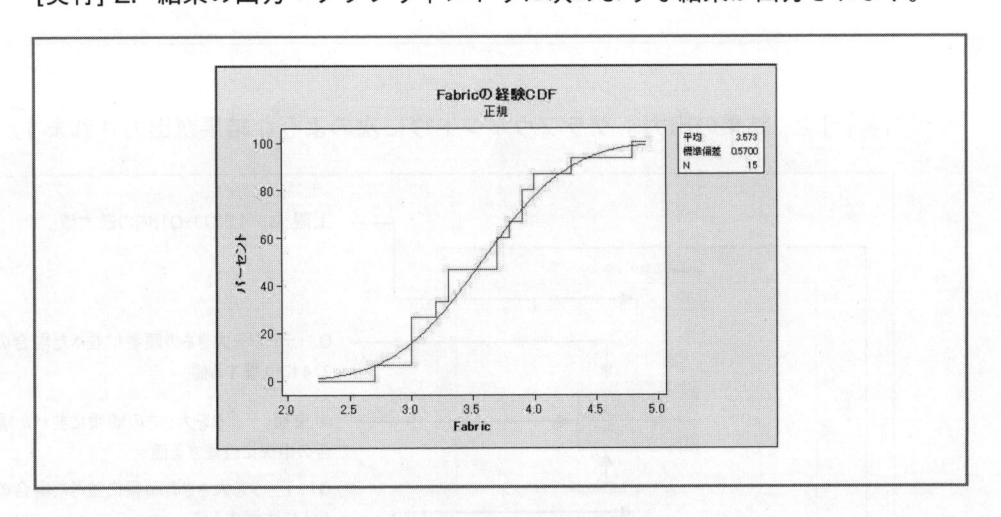

⑨ 箱ひげ図

データの中央値，四分位数，外れ値などを表示します。

[実行] 1．MINITAB メニュー：グラフ ▶ 箱ひげ図

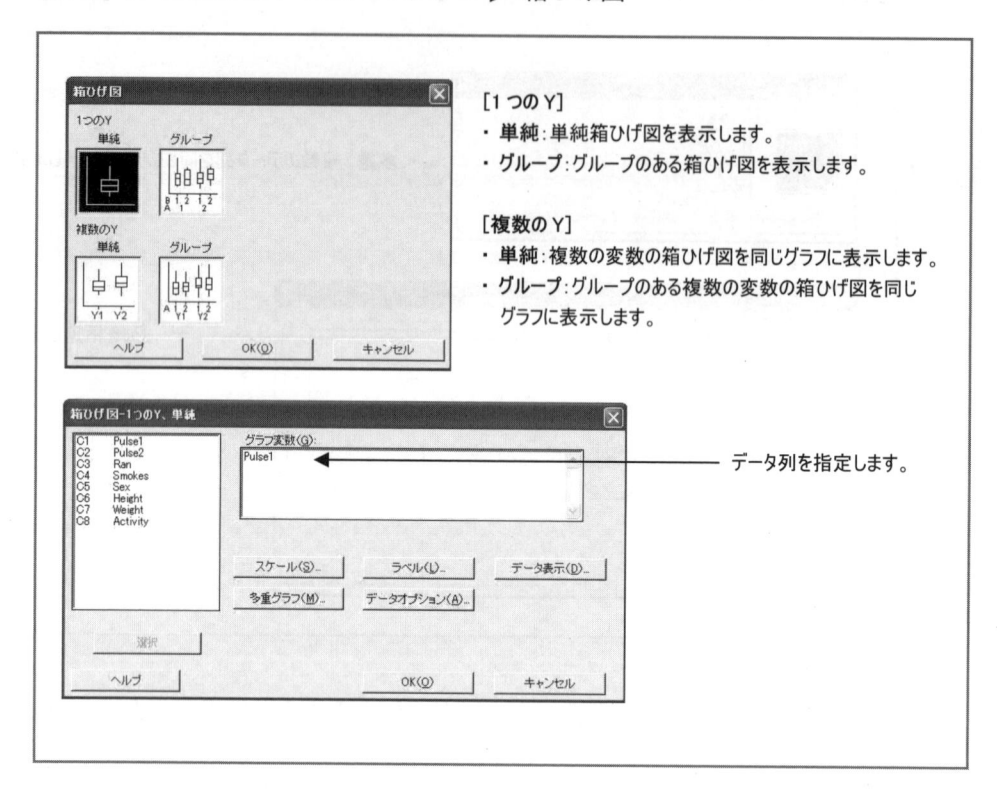

[1つのY]
・単純：単純箱ひげ図を表示します。
・グループ：グループのある箱ひげ図を表示します。

[複数のY]
・単純：複数の変数の箱ひげ図を同じグラフに表示します。
・グループ：グループのある複数の変数の箱ひげ図を同じグラフに表示します。

データ列を指定します。

[実行] 2．結果の出力：グラフウィンドウに次のような結果が出力されます。

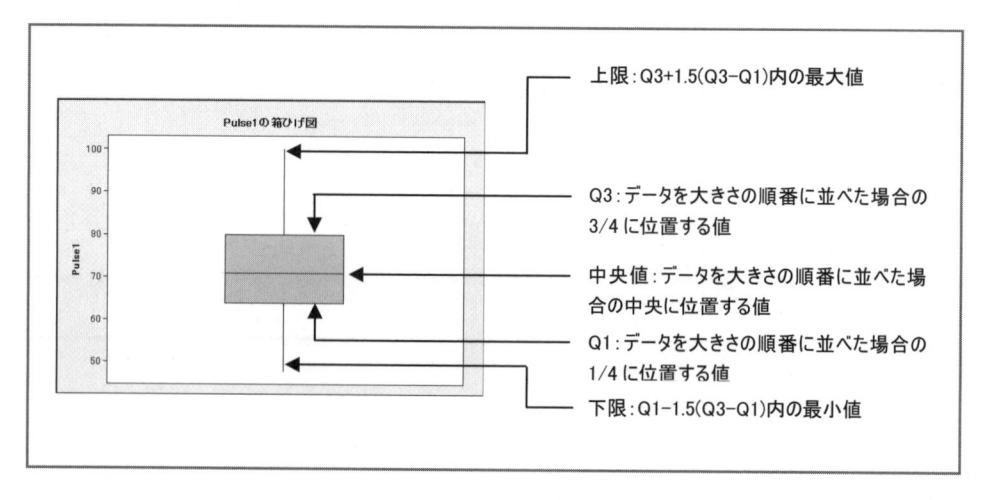

上限：Q3+1.5(Q3-Q1)内の最大値

Q3：データを大きさの順番に並べた場合の 3/4 に位置する値

中央値：データを大きさの順番に並べた場合の中央に位置する値

Q1：データを大きさの順番に並べた場合の 1/4 に位置する値

下限：Q1-1.5(Q3-Q1)内の最小値

⑩ 区間プロット

平均と信頼区間を示します。区間プロットは，データの中心の位置と変動性を示します。

[実行] 1. MINITAB メニュー：グラフ ▶ 区間プロット

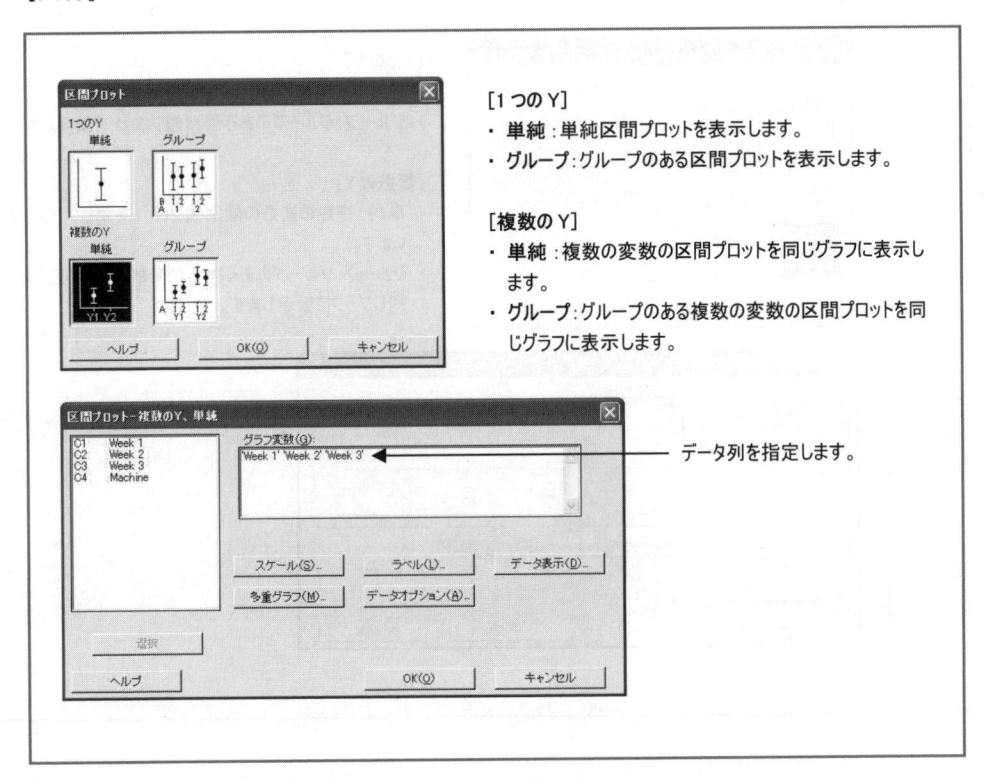

[1つのY]
・単純：単純区間プロットを表示します。
・グループ：グループのある区間プロットを表示します。

[複数のY]
・単純：複数の変数の区間プロットを同じグラフに表示します。
・グループ：グループのある複数の変数の区間プロットを同じグラフに表示します。

データ列を指定します。

[実行] 2. 結果の出力：グラフウィンドウに次のような結果が出力されます。

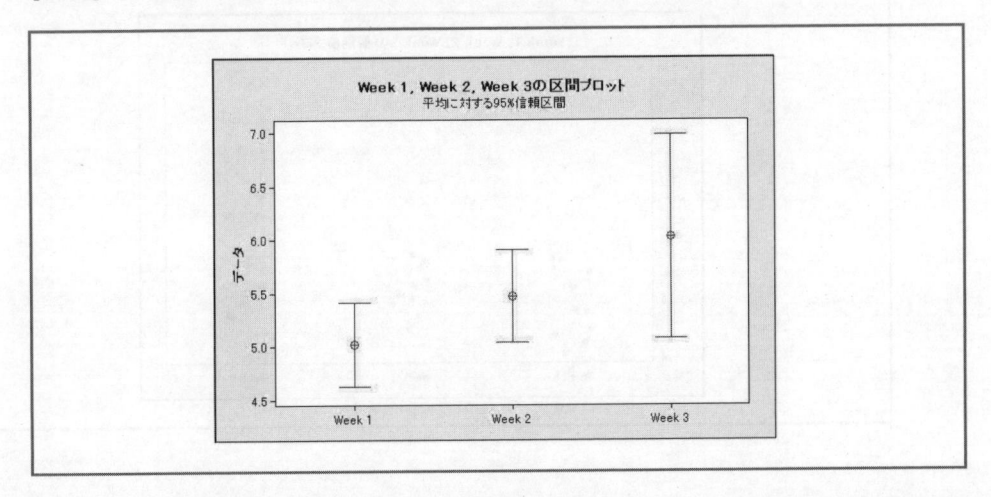

⑪ 個別値プロット

各変数やグループに対する個別値を垂直の列にプロットします。

[実行] 1. MINITAB メニュー：グラフ ▶ 個別値プロット

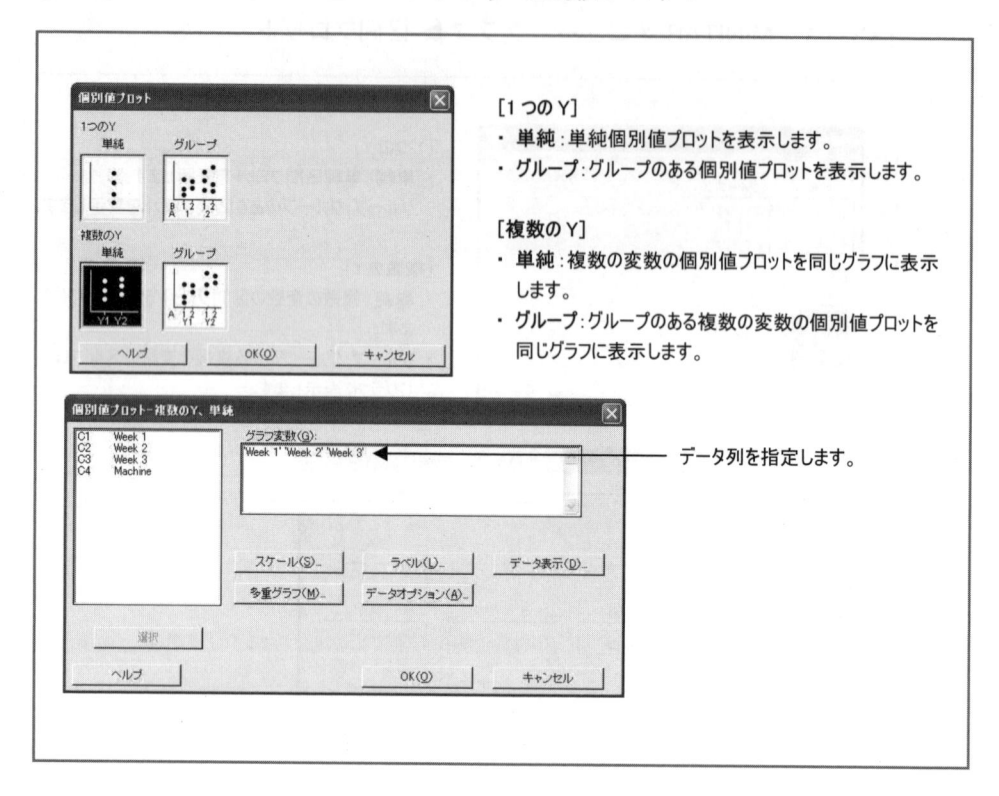

[1 つの Y]
- 単純：単純個別値プロットを表示します。
- グループ：グループのある個別値プロットを表示します。

[複数の Y]
- 単純：複数の変数の個別値プロットを同じグラフに表示します。
- グループ：グループのある複数の変数の個別値プロットを同じグラフに表示します。

データ列を指定します。

[実行] 2. 結果の出力：グラフウィンドウに次のような結果が出力されます。

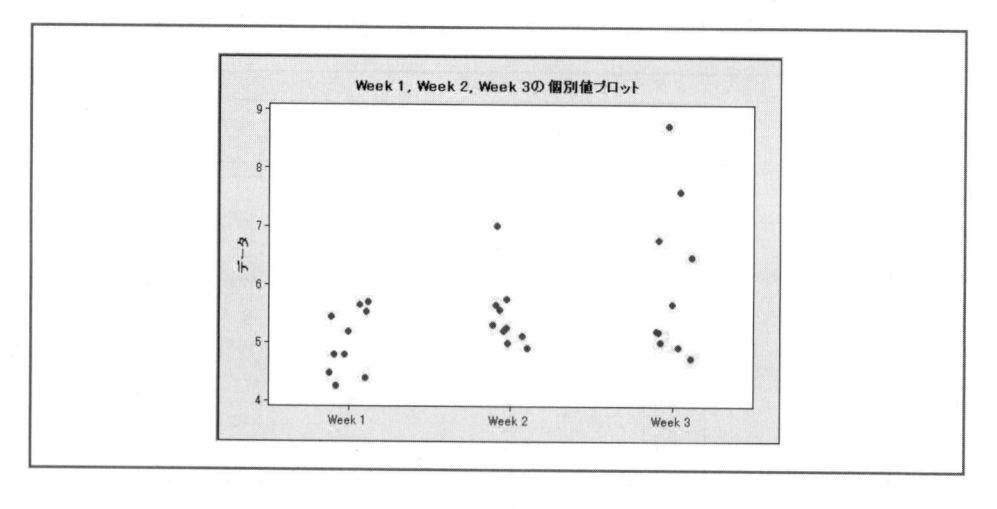

⑫ 棒グラフ

各バーは，各範囲の個数，各範囲の関数（例：平均，和または標準偏差），または表の要約値を表します。

[実行] 1. MINITAB メニュー：グラフ▶棒グラフ

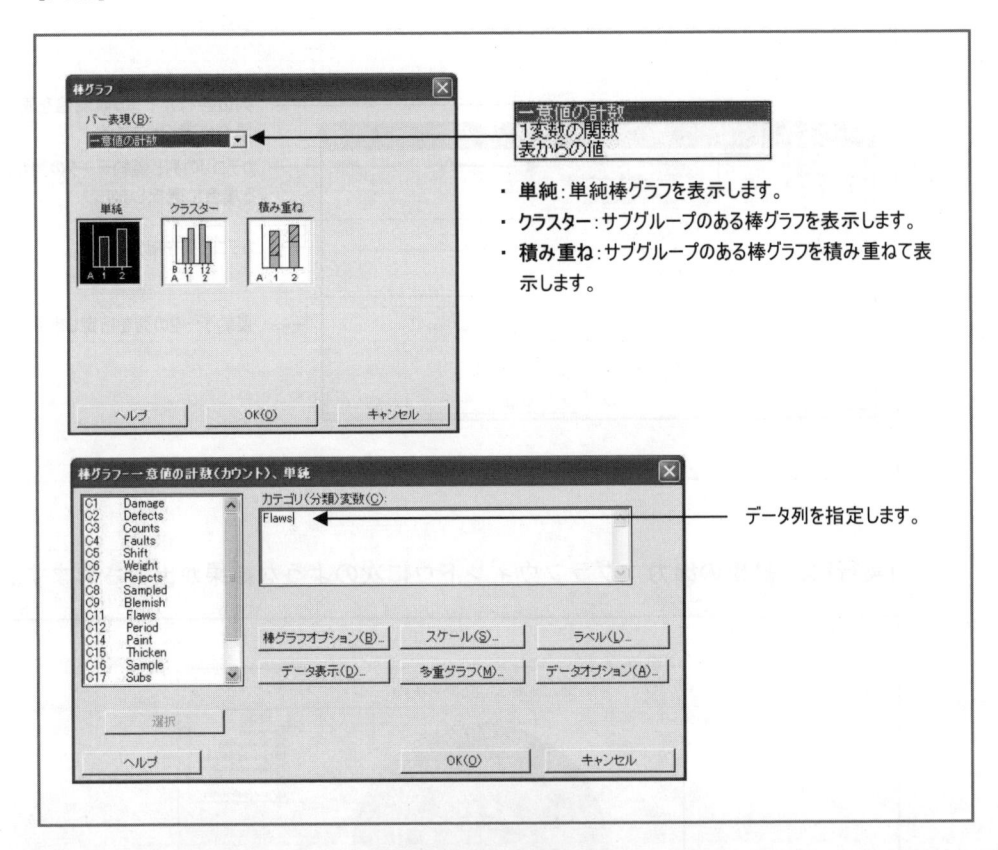

- **単純**：単純棒グラフを表示します。
- **クラスター**：サブグループのある棒グラフを表示します。
- **積み重ね**：サブグループのある棒グラフを積み重ねて表示します。

データ列を指定します。

[実行] 2. 結果の出力：グラフウィンドウに次のような結果が出力されます。

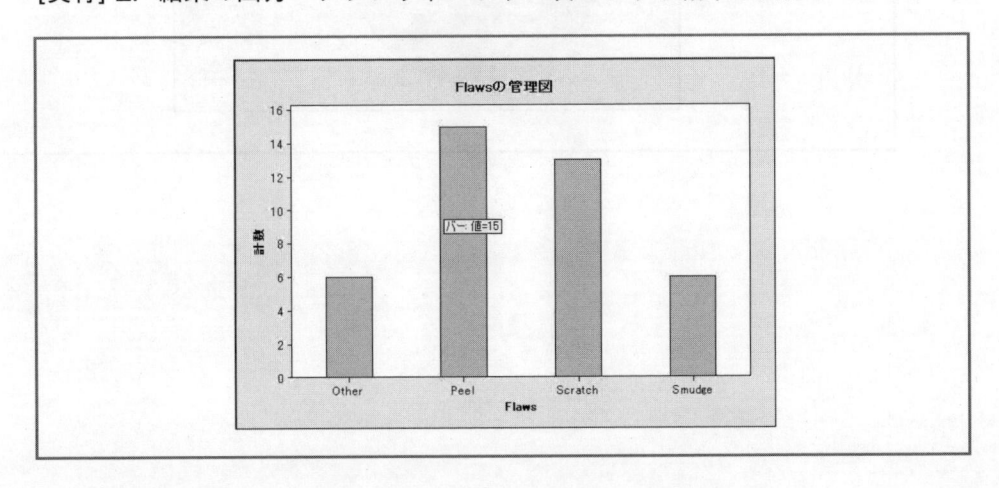

⑬ 円グラフ

データの頻度によって区分するグラフです．例えば，不良品全体において，特定の不良品の比率はどれぐらいになるのかを視覚的に示します．

[実行] 1. MINITAB メニュー：グラフ ▶ 円グラフ

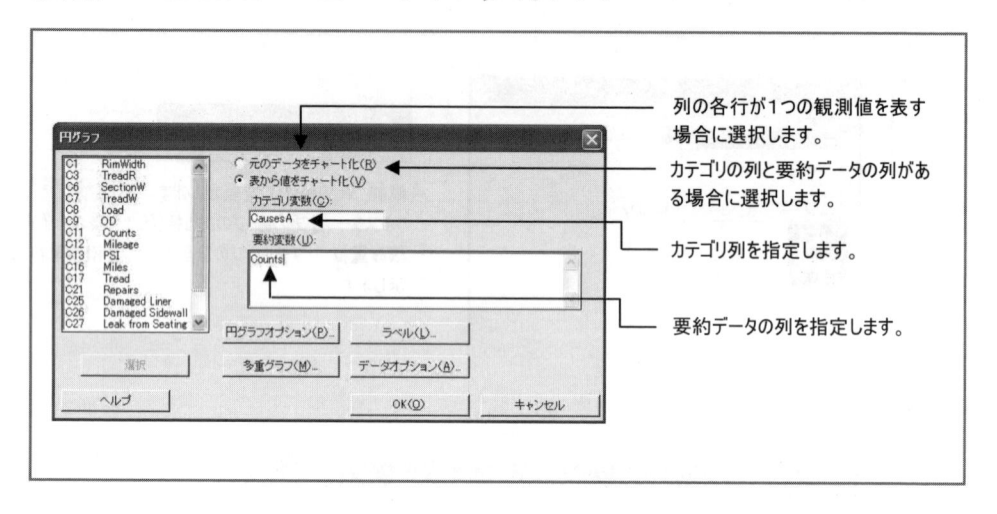

[実行] 2. 結果の出力：グラフウィンドウに次のような結果が出力されます．

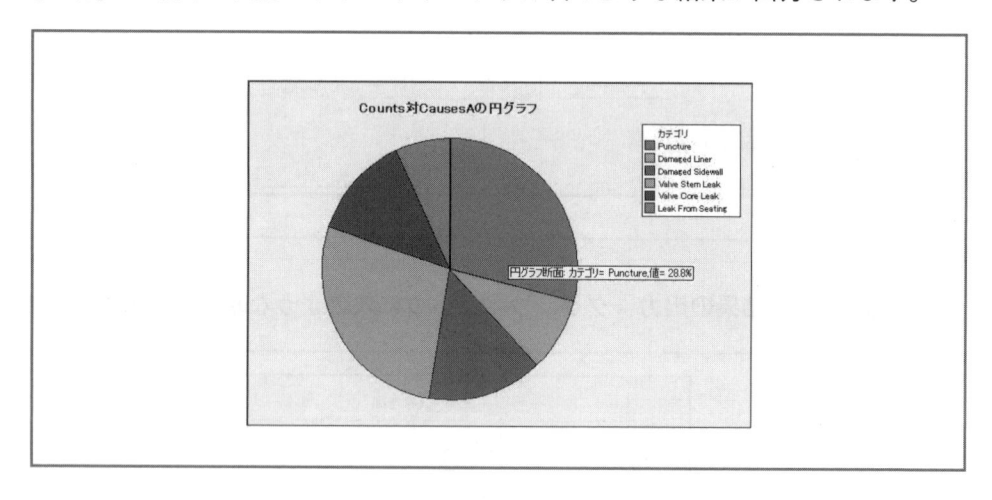

⑭ 時系列プロット

時間の経過によるYの変化を表示します。

次の例は，NEWMARKET.MTW で売上額を時系列プロットで表したものです。

[実行] 1. MINITAB メニュー：グラフ ▶ 時系列プロット

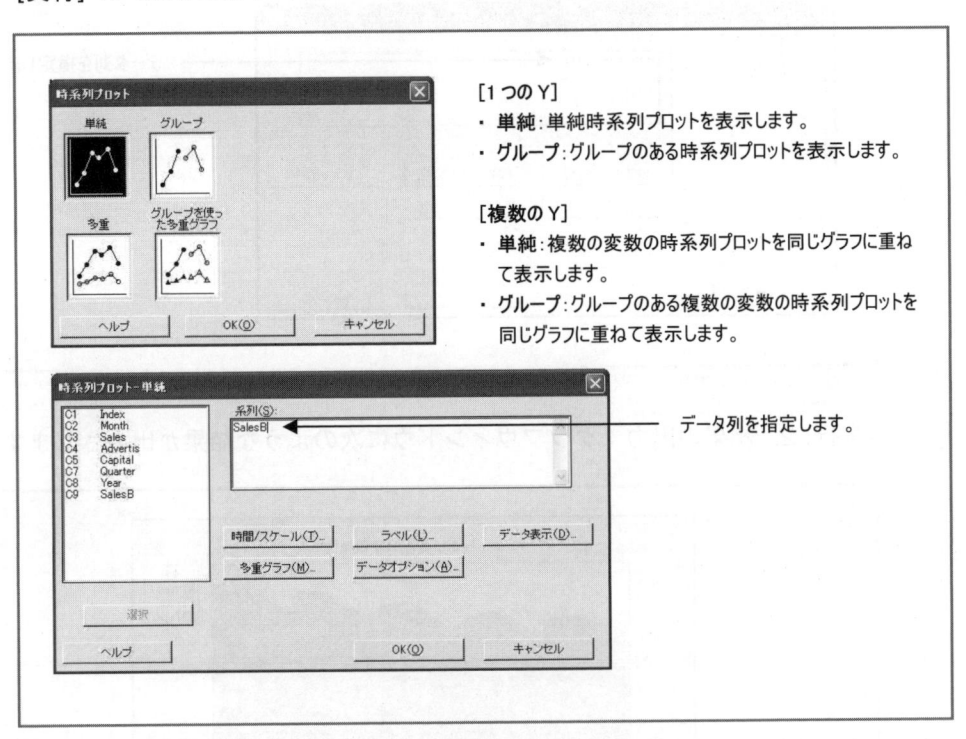

[1つのY]
・ 単純：単純時系列プロットを表示します。
・ グループ：グループのある時系列プロットを表示します。

[複数のY]
・ 単純：複数の変数の時系列プロットを同じグラフに重ねて表示します。
・ グループ：グループのある複数の変数の時系列プロットを同じグラフに重ねて表示します。

データ列を指定します。

[実行] 2. 結果の出力：グラフウィンドウに次のような結果が出力されます。

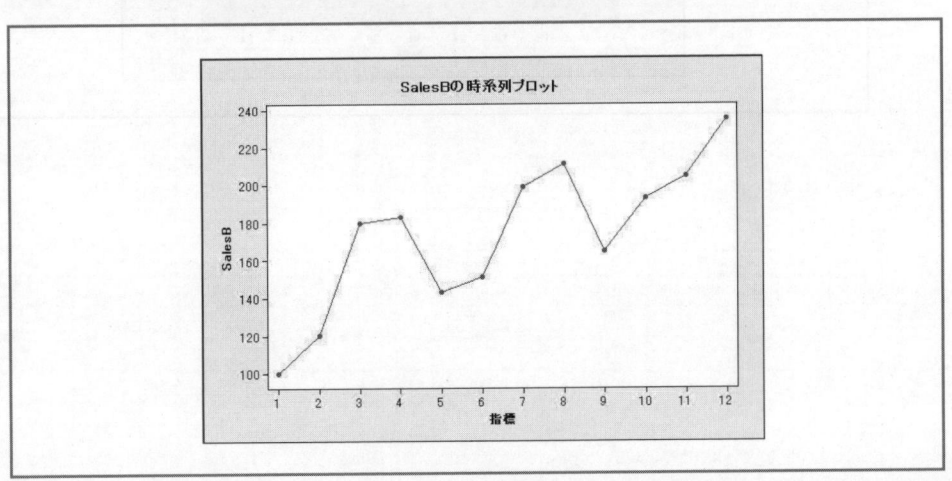

⑮ 面グラフ

複数の時系列の傾向と累積に対して，各時系列の寄与率を評価します。

[実行] 1. MINITAB メニュー：グラフ ▶ 面グラフ

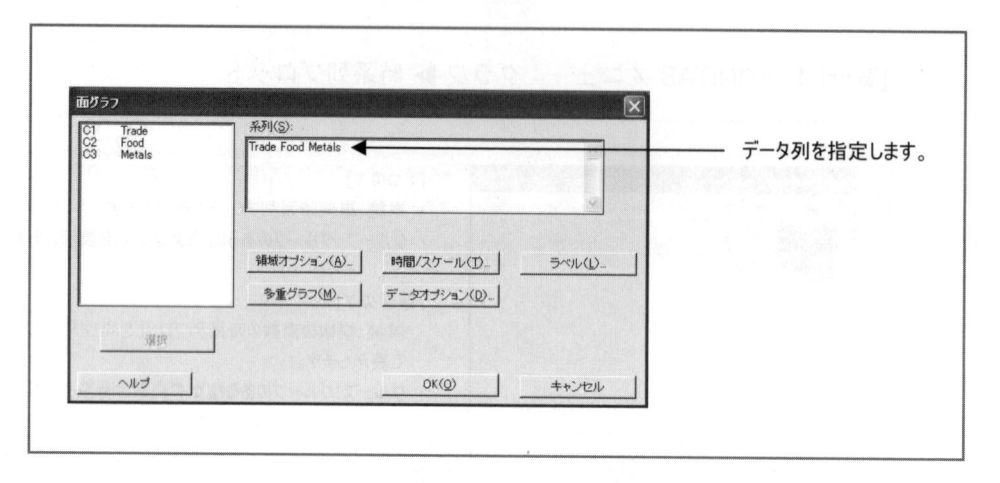

[実行] 2. 結果の出力：グラフウィンドウに次のような結果が出力されます。

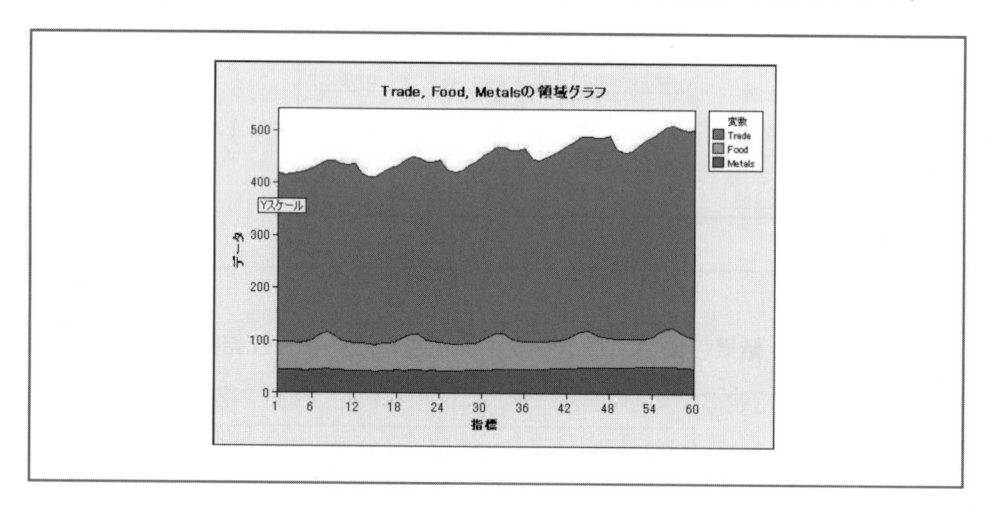

⑯ 等高線図

2つの変数が2つの軸上に表示され，3番目の変数の値が等高線と呼ばれる濃淡の領域で表示されます。

[実行] 1．MINITAB メニュー：グラフ ▶ 等高線図

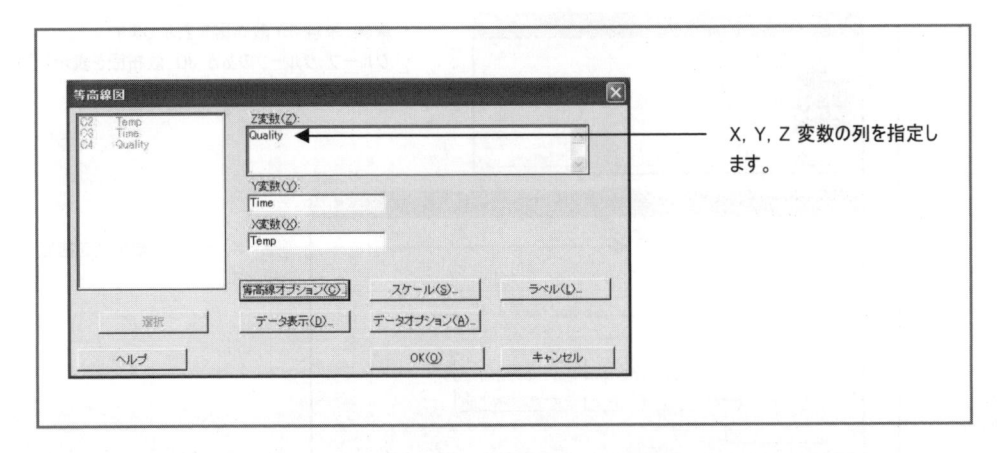

X，Y，Z 変数の列を指定します。

[実行] 2．結果の出力：グラフウィンドウに次のような結果が出力されます。

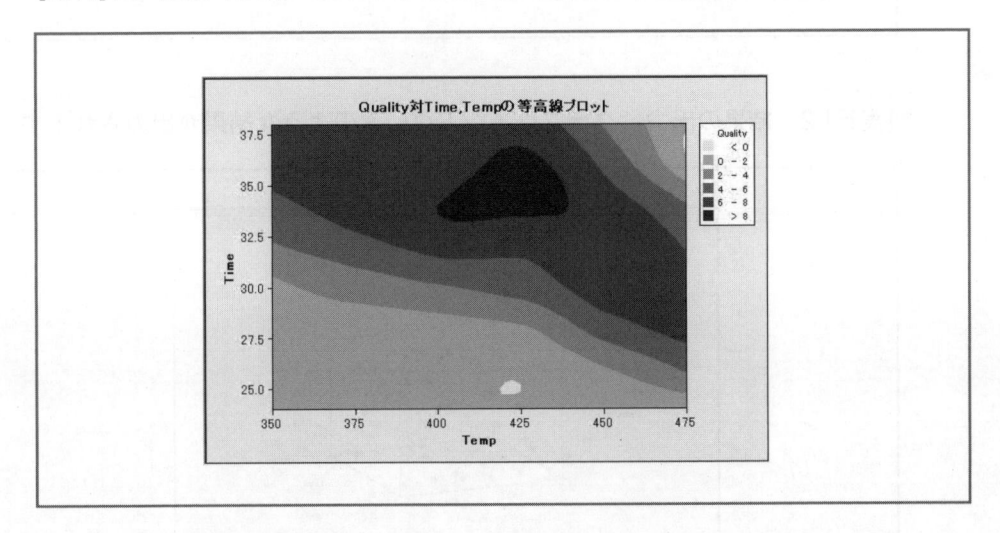

⑰ 3D 散布図

X, Y, Z 変数を 3 次元の散布図で作成します。

[実行] 1. MINITAB メニュー：グラフ▶3D 散布図

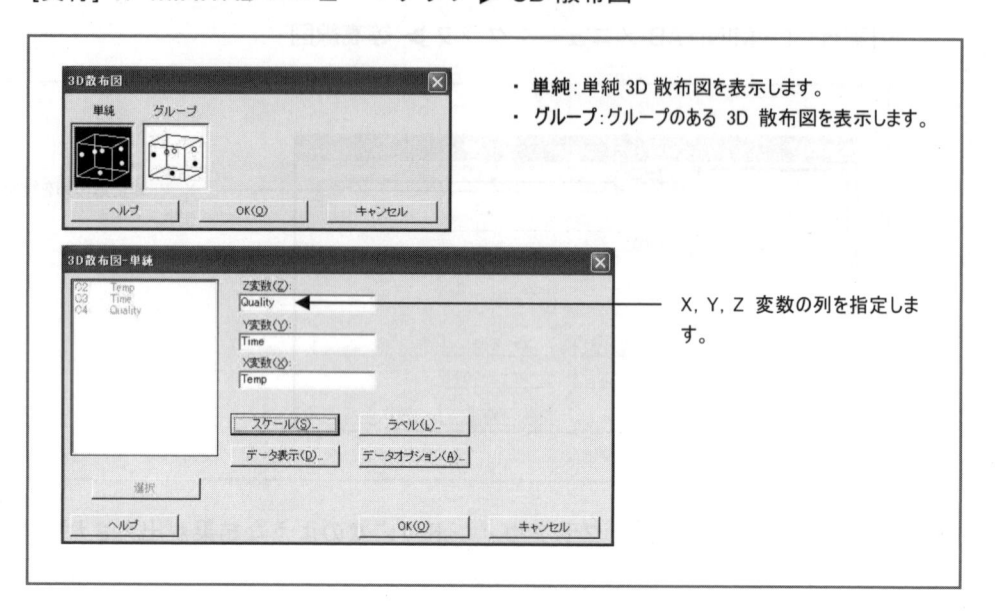

- 単純：単純 3D 散布図を表示します。
- グループ：グループのある 3D 散布図を表示します。

X, Y, Z 変数の列を指定します。

[実行] 2. 結果の出力：グラフウィンドウに次のような結果が出力されます。

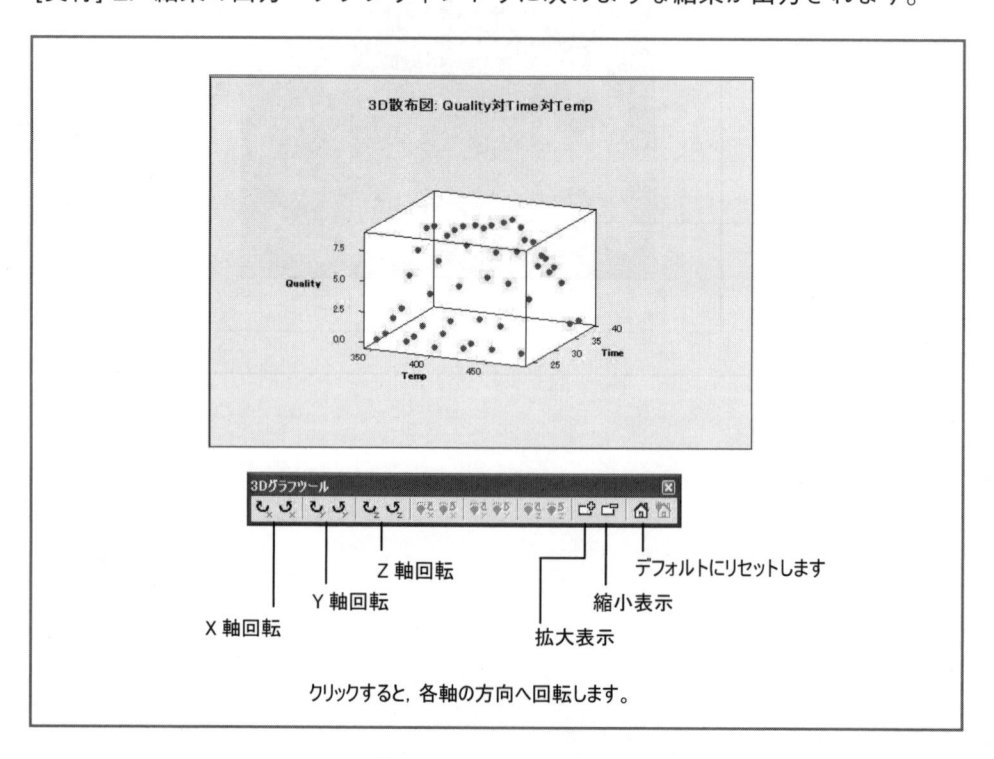

X 軸回転
Y 軸回転
Z 軸回転
拡大表示
縮小表示
デフォルトにリセットします

クリックすると，各軸の方向へ回転します。

⑱ 3D 曲面図

X，Y，Z 変数を3次元の曲面図とワイヤフレームプロットを作成します。

[実行] 1. MINITAB メニュー：グラフ ▶ 3D 曲面図 ▶ 曲面

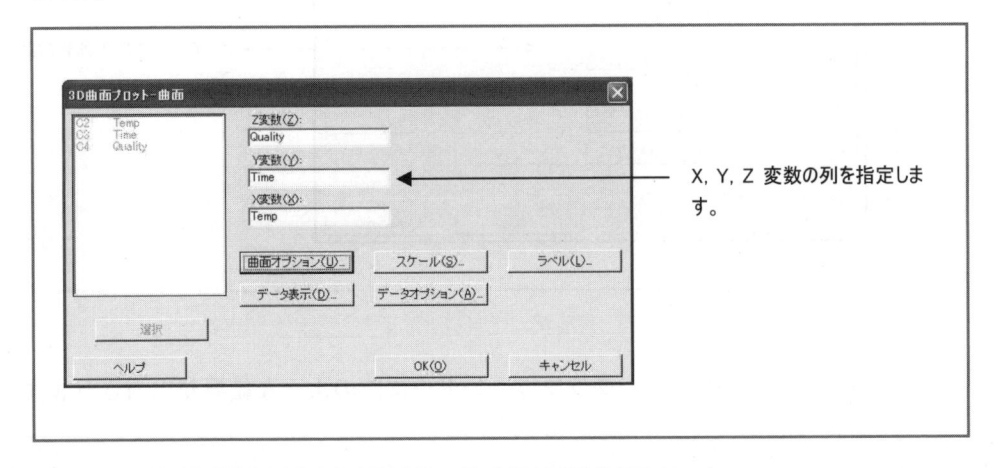

X，Y，Z 変数の列を指定します。

[実行] 2. 結果の出力：グラフウィンドウに次のような結果が出力されます。

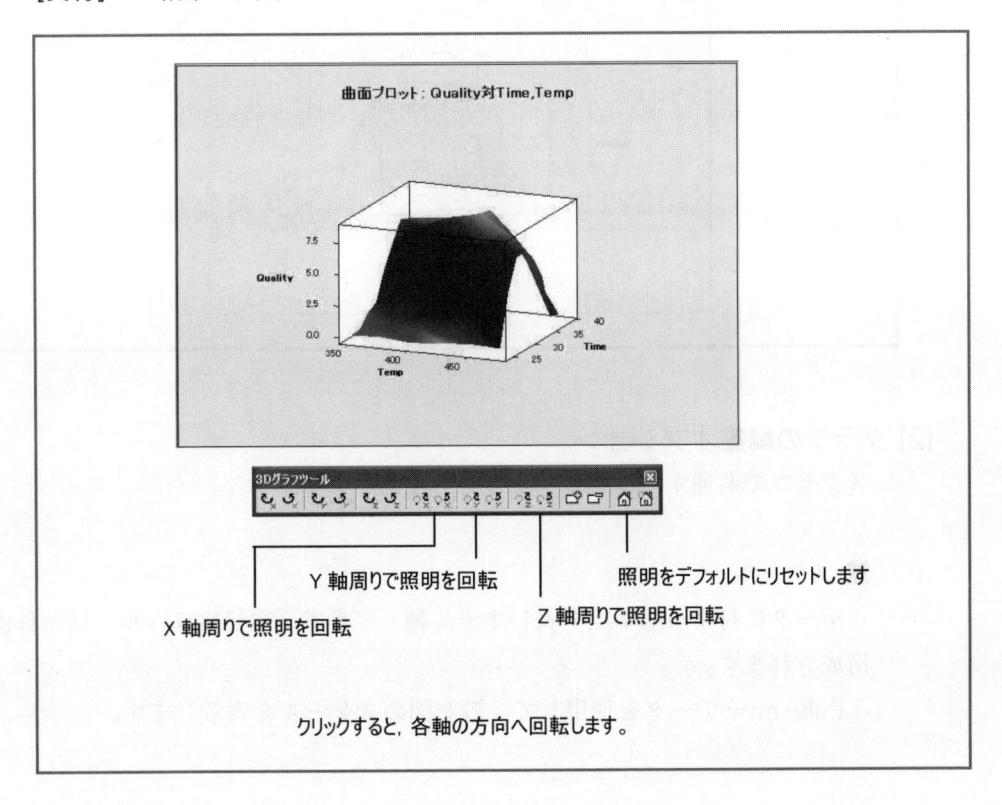

X 軸周りで照明を回転
Y 軸周りで照明を回転
Z 軸周りで照明を回転
照明をデフォルトにリセットします

クリックすると，各軸の方向へ回転します。

[実行] 1. MINITAB メニュー：グラフ ▶ 3D 曲面図 ▶ ワイヤフレーム

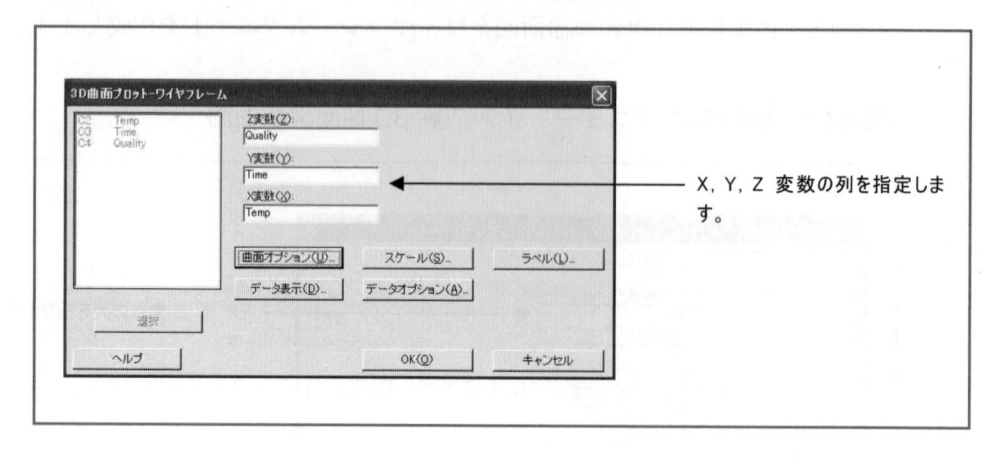

← X, Y, Z 変数の列を指定します。

[実行] 2. 結果の出力：グラフウィンドウに次のような結果が出力されます。

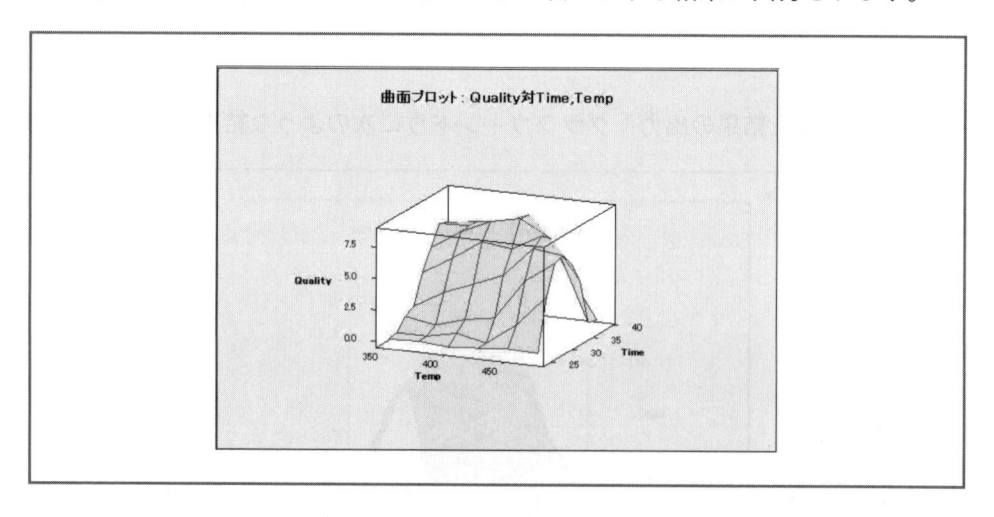

[2] グラフの編集オプション

　　各グラフで共通する編集オプションを説明します。

■ スケール

　データに対する基準点を表します。軸，主目盛，主目盛ラベル，補助目盛で構成されます。

　Pulse.mtw データを使用して，散布図のスケールを表示します。

[実行] 1. MINITAB メニュー：グラフ ▶ 散布図 ▶ 単純 ▶ スケール

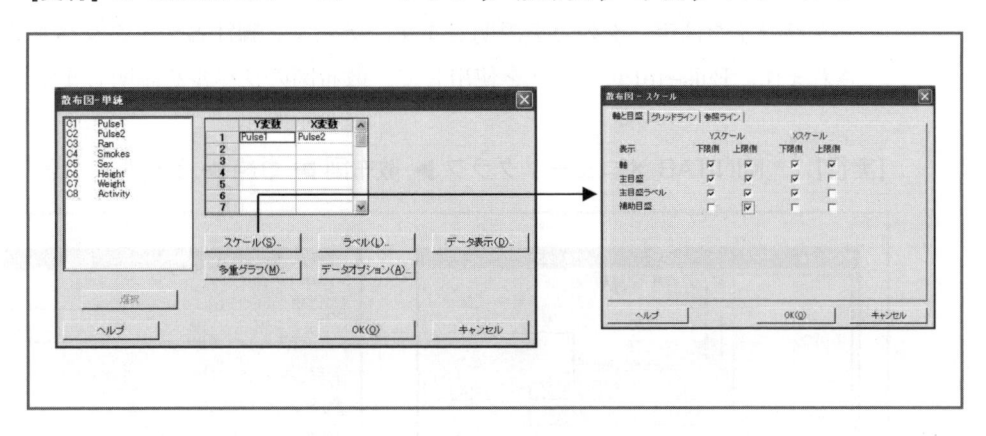

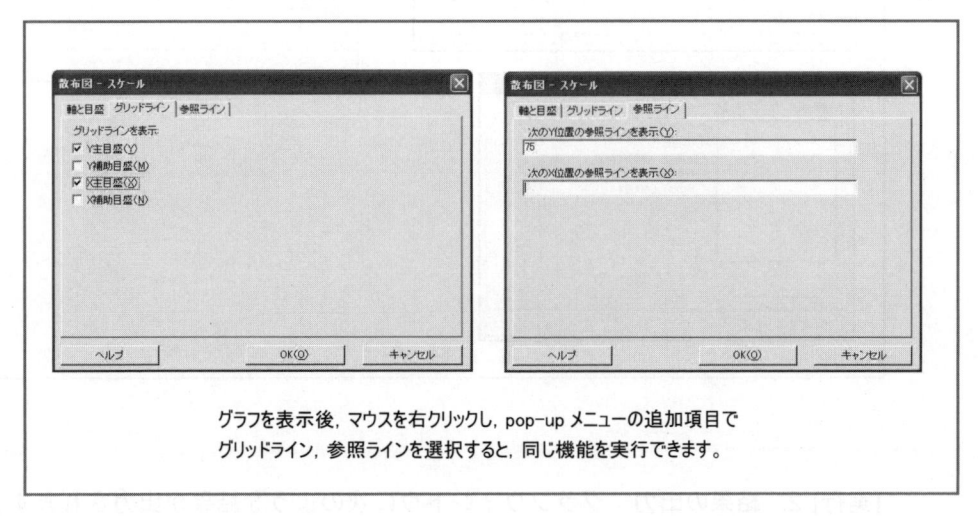

グラフを表示後，マウスを右クリックし，pop-up メニューの追加項目で
グリッドライン，参照ラインを選択すると，同じ機能を実行できます。

[実行] 2. 結果の出力：グラフウィンドウに次のような結果が出力されます。

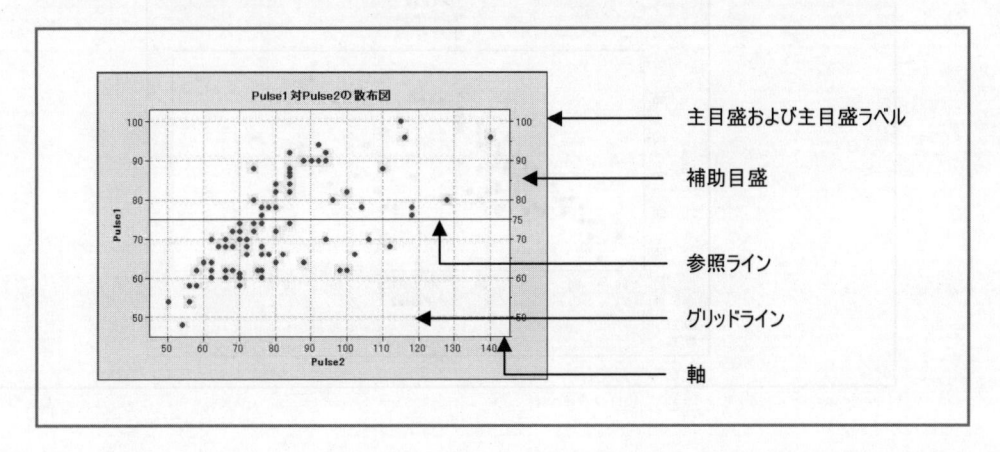

主目盛および主目盛ラベル
補助目盛
参照ライン
グリッドライン
軸

■ ラベル

グラフまたはデータの点を説明します。テーマ／脚注とデータラベルで構成されます。Pulse.mtw データを使用して，散布図のラベルを説明します。

[実行] 1. MINITAB メニュー：グラフ▶散布図▶単純▶ラベル

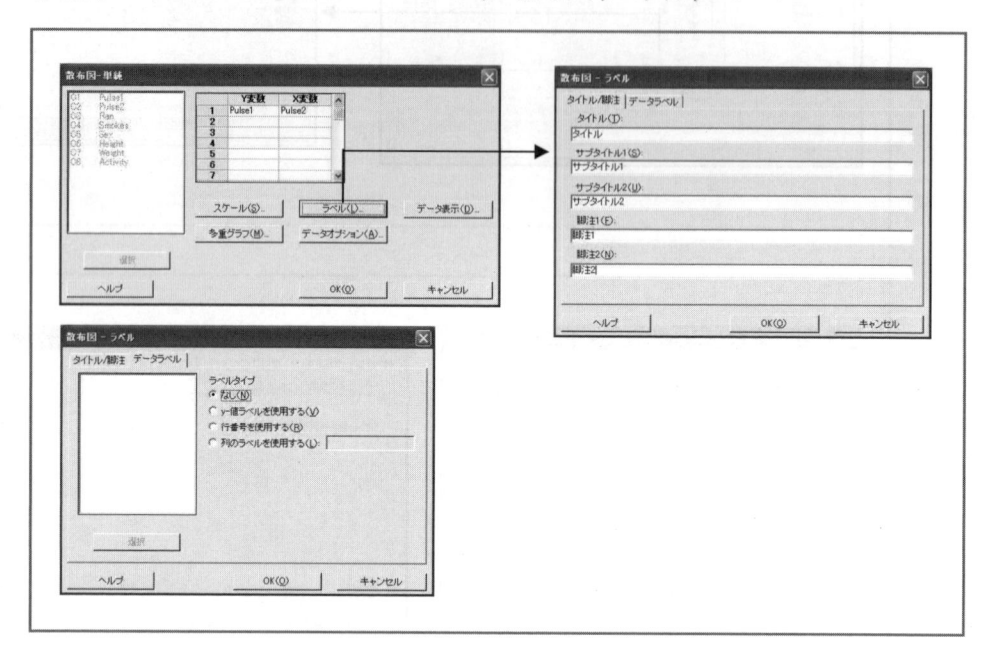

[実行] 2. 結果の出力：グラフウィンドウに次のような結果が出力されます。

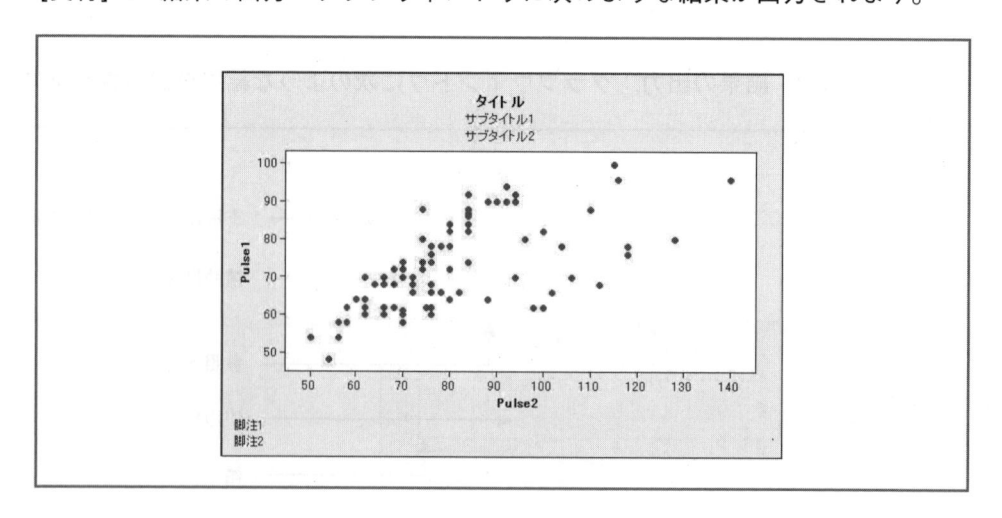

■ データ表示

記号，接続ライン，投射ライン，領域などの基本データの表示方法を変更します。データに回帰モデル，またはLOWESS（Locally Weighted Scatterplot Smoother）を適合させることができます。

[実行] 1. MINITABメニュー：グラフ▶散布図▶単純▶データ表示

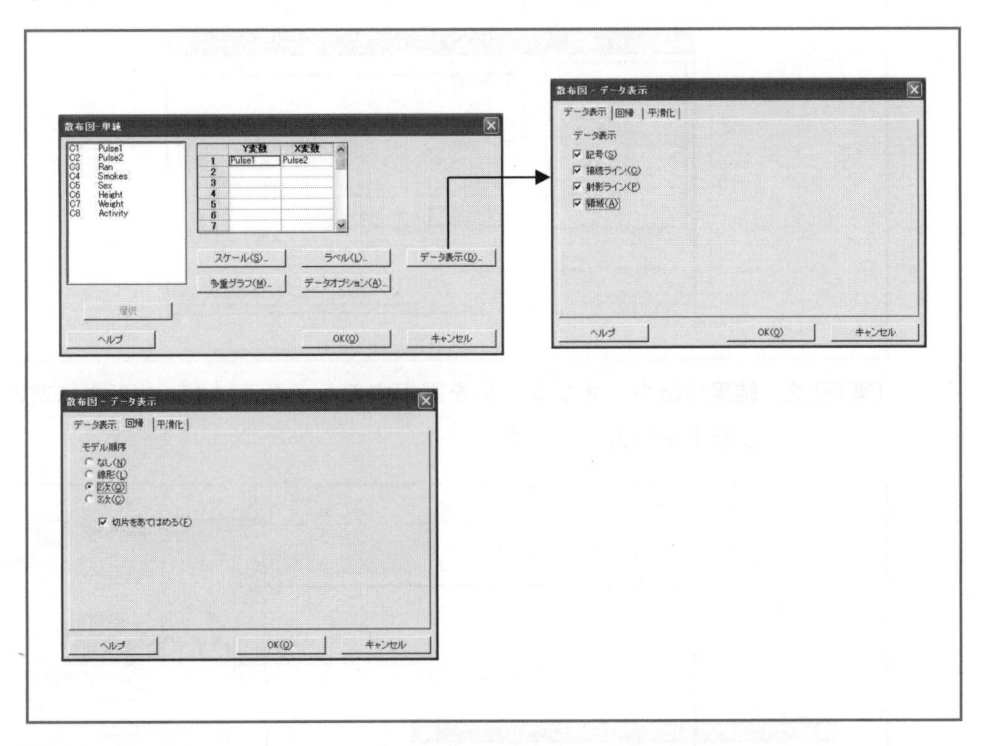

[実行] 2. 結果の出力：グラフウィンドウに次のような結果が出力されます。

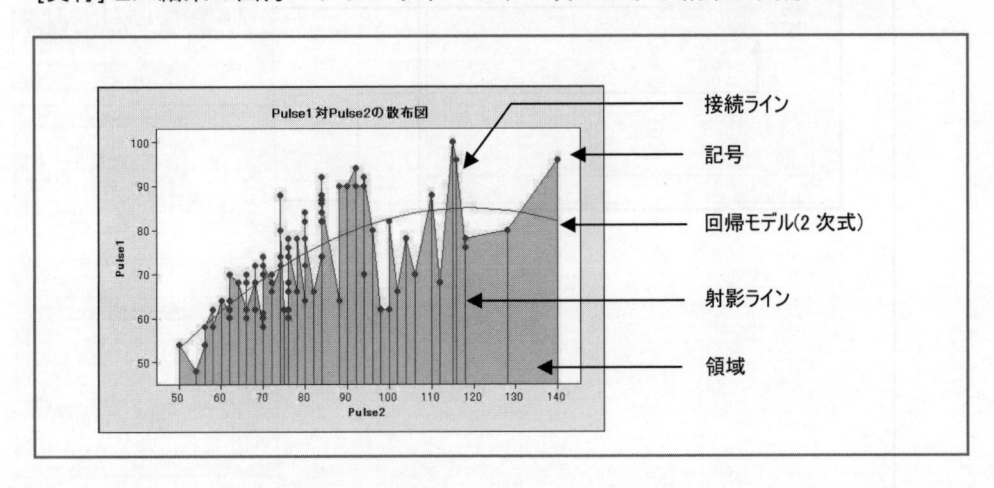

■ **多重グラフ**

複数のグラフを同時に表示する場合や，カテゴリ変数を利用してカテゴリ別にグラフを分けて表示する場合に使用します。

[実行] 1. MINITAB メニュー：グラフ ▶ 時系列プロット ▶ 単純 ▶ 多重グラフ

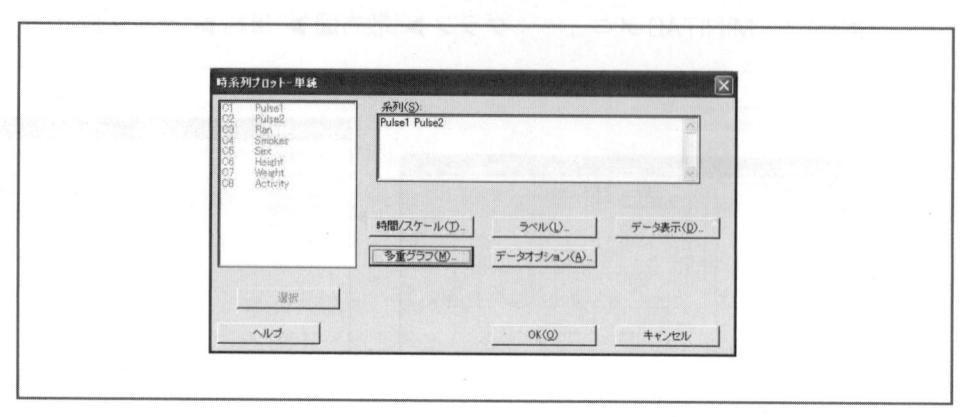

[実行] 2. 結果の出力：オプションを選択すると，グラフウィンドウに次のような結果が出力されます。

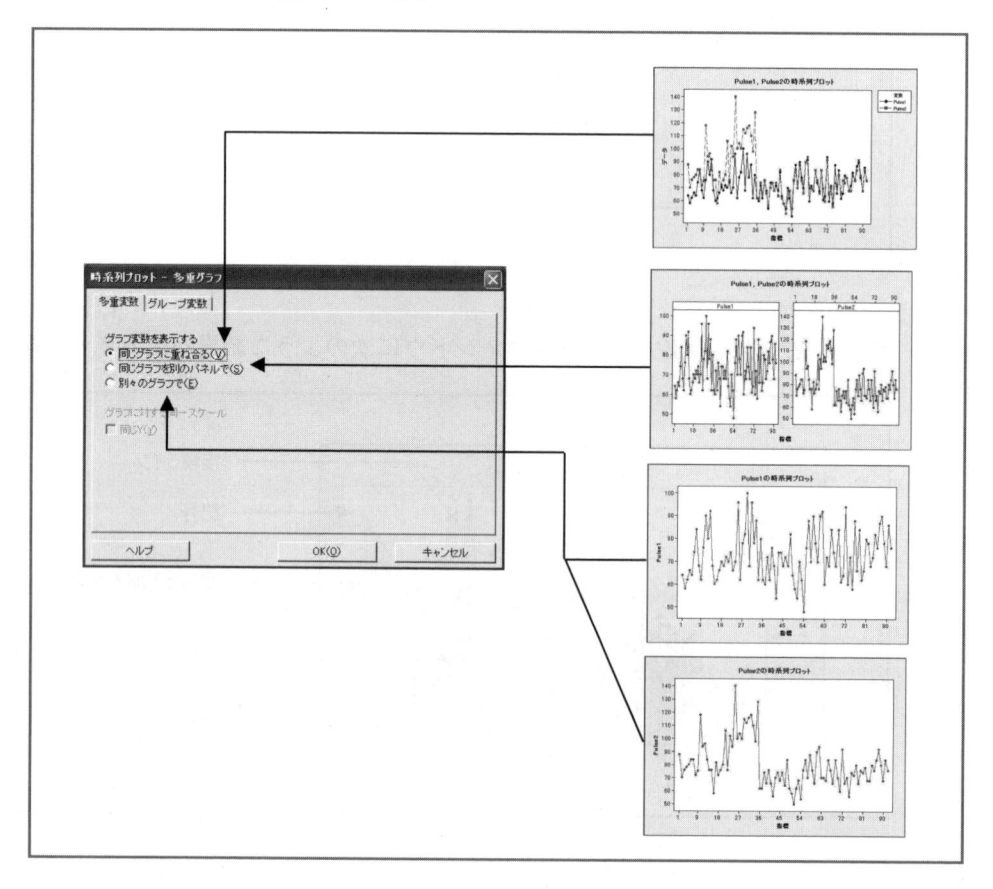

[実行] 1. MINITAB メニュー：グラフ ▶ 散布図 ▶ 単純 ▶ 多重グラフ

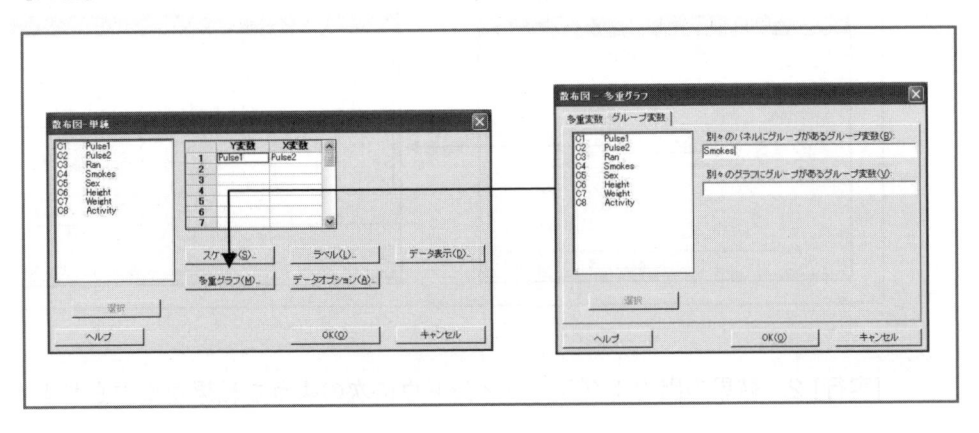

[実行] 2. 結果の出力：グラフウィンドウに次のような結果が出力されます。

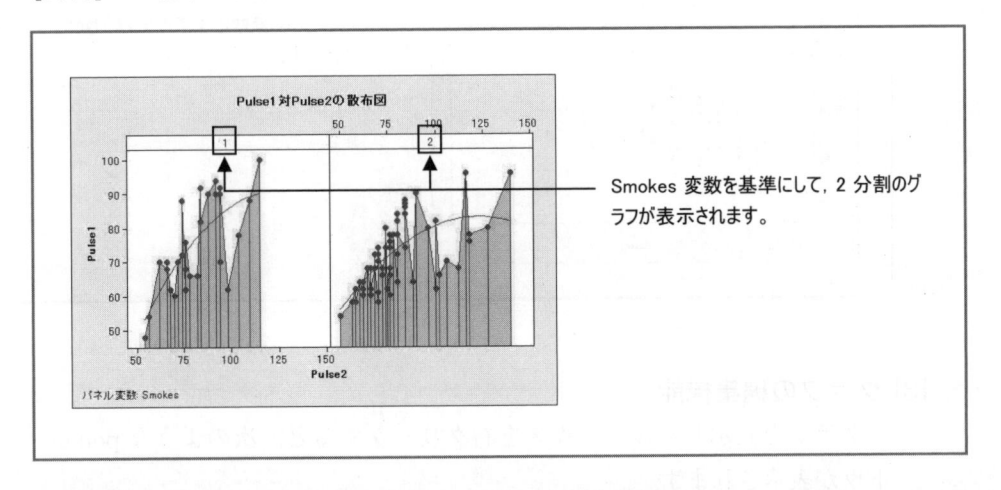

Smokes 変数を基準にして，2 分割のグラフが表示されます。

■ データオプション

[実行] 1. MINITAB メニュー：グラフ ▶ 散布図 ▶ 単純 ▶ データオプション

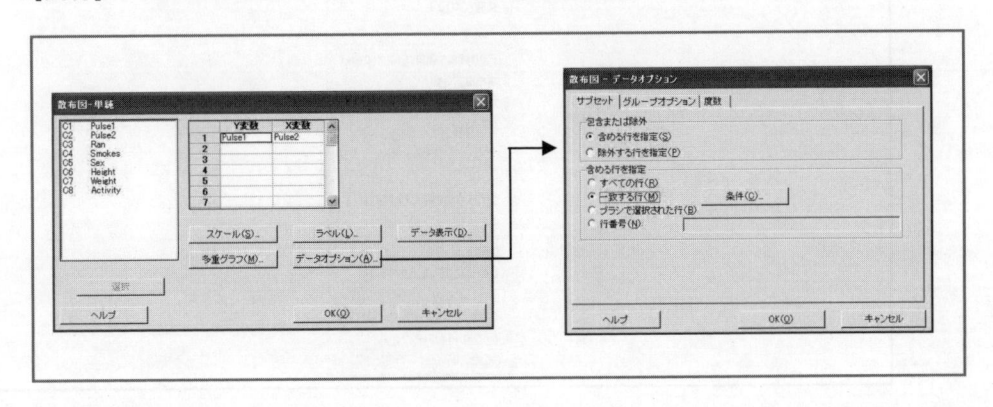

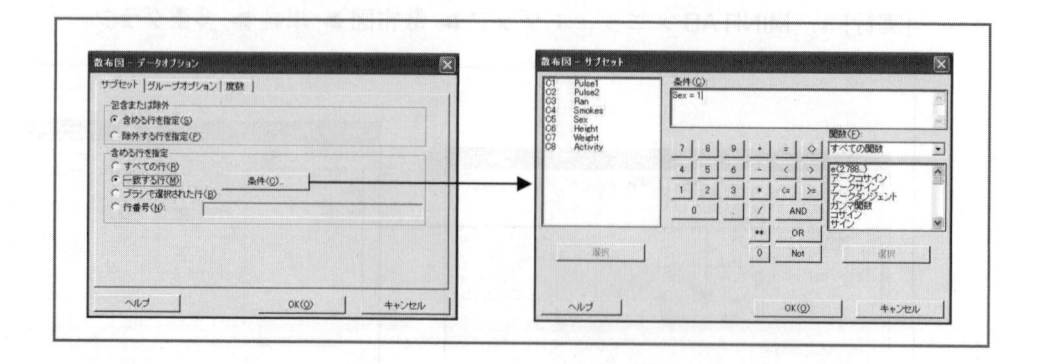

[実行] 2. 結果の出力：グラフウィンドウに次のような結果が出力されます。

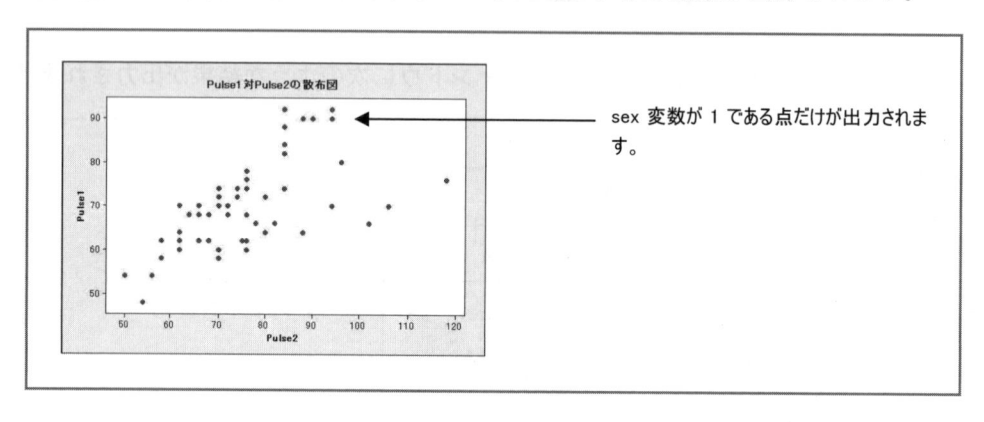

sex 変数が 1 である点だけが出力されます。

[3] グラフの編集機能

　　グラフを表示した後，マウスを右クリックすると，次のような pop-up ウィンドウが表示されます。

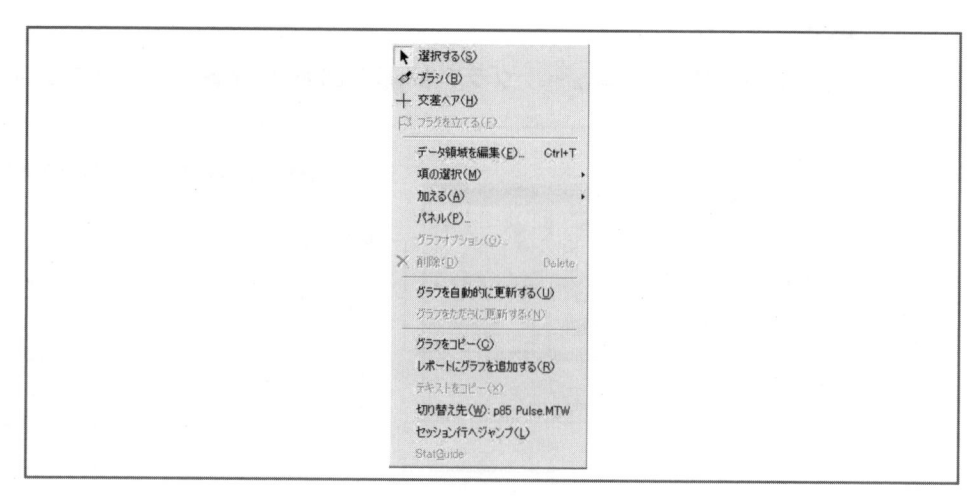

■ ブラシ機能

グラフを作成後，データ点を囲むことで，データの情報を把握することができます。

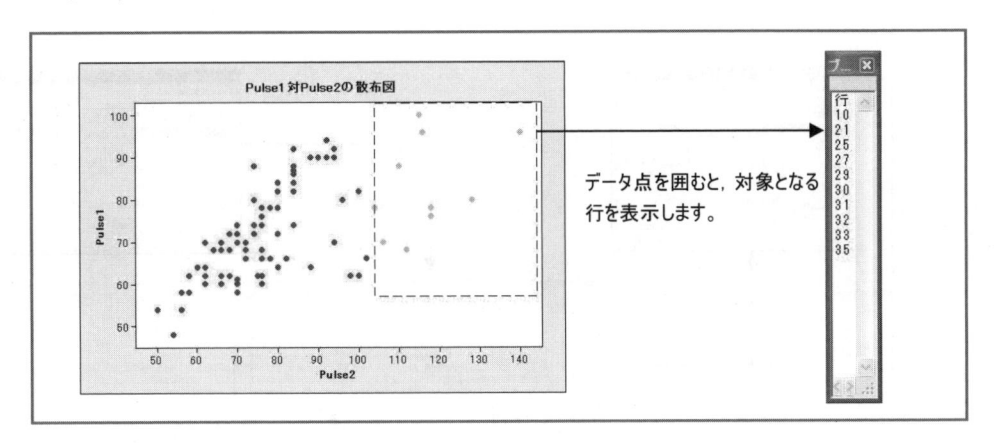

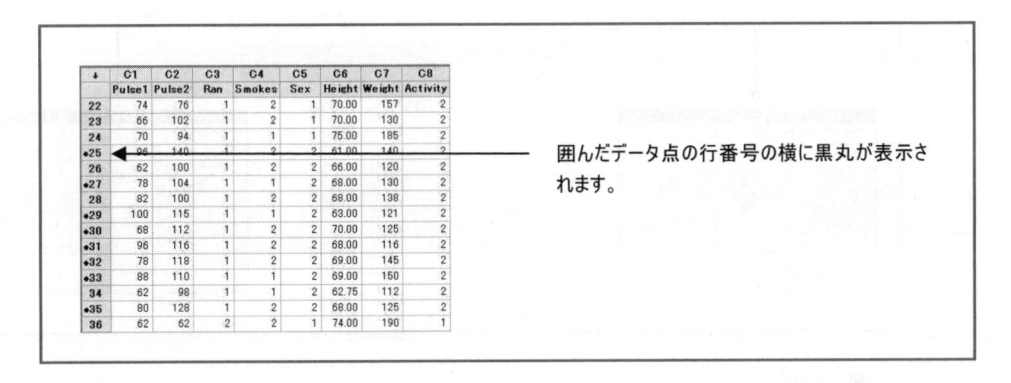

データ点を囲むと，対象となる行を表示します。

囲んだデータ点の行番号の横に黒丸が表示されます。

■ 十字型ポインタ

グラフのデータ領域に十字型ポインタを配置し，点のx, y座標を表示します。

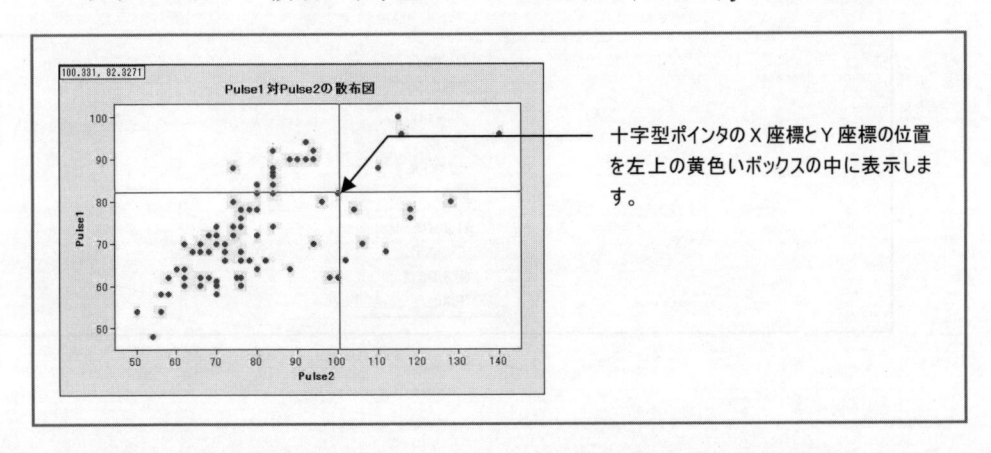

十字型ポインタのX座標とY座標の位置を左上の黄色いボックスの中に表示します。

■ 編集

　グラフのタイトル，軸スケール，軸ラベル，データポイントの属性などをダブルクリックすることで，グラフを編集することができます。

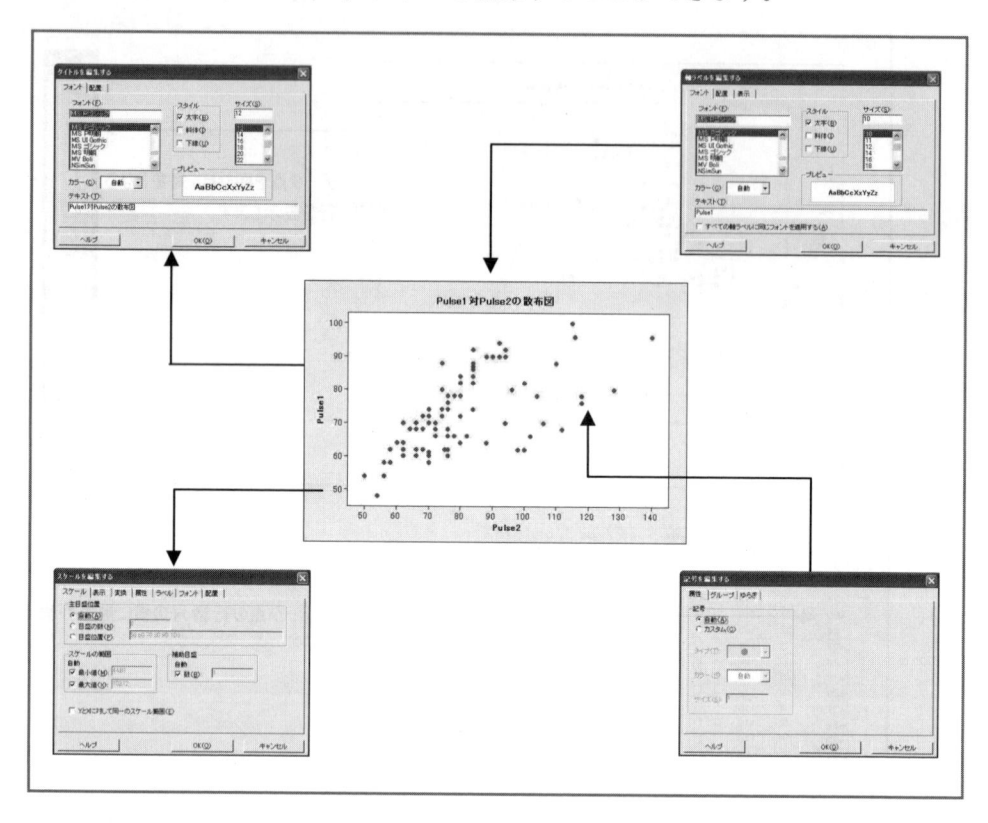

■ 追加

　マウスを右クリックすると表示されるpop-upウィンドウで，加えるメニューをクリックすると，次の項目を追加することができます。グラフによって追加できる内容は異なります。

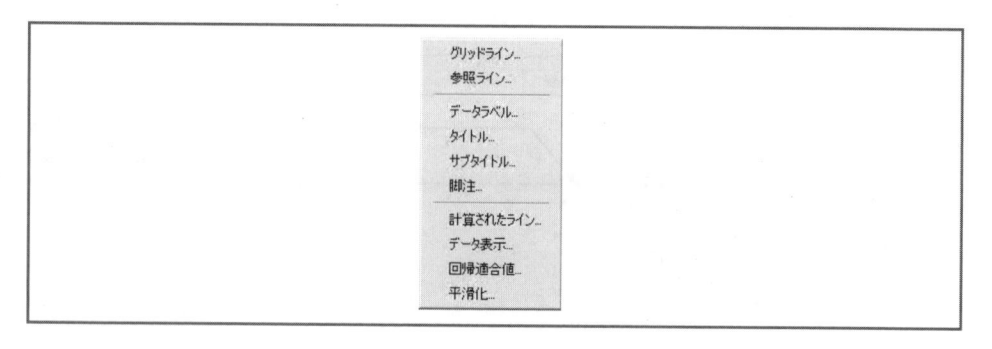

5. グラフ　81

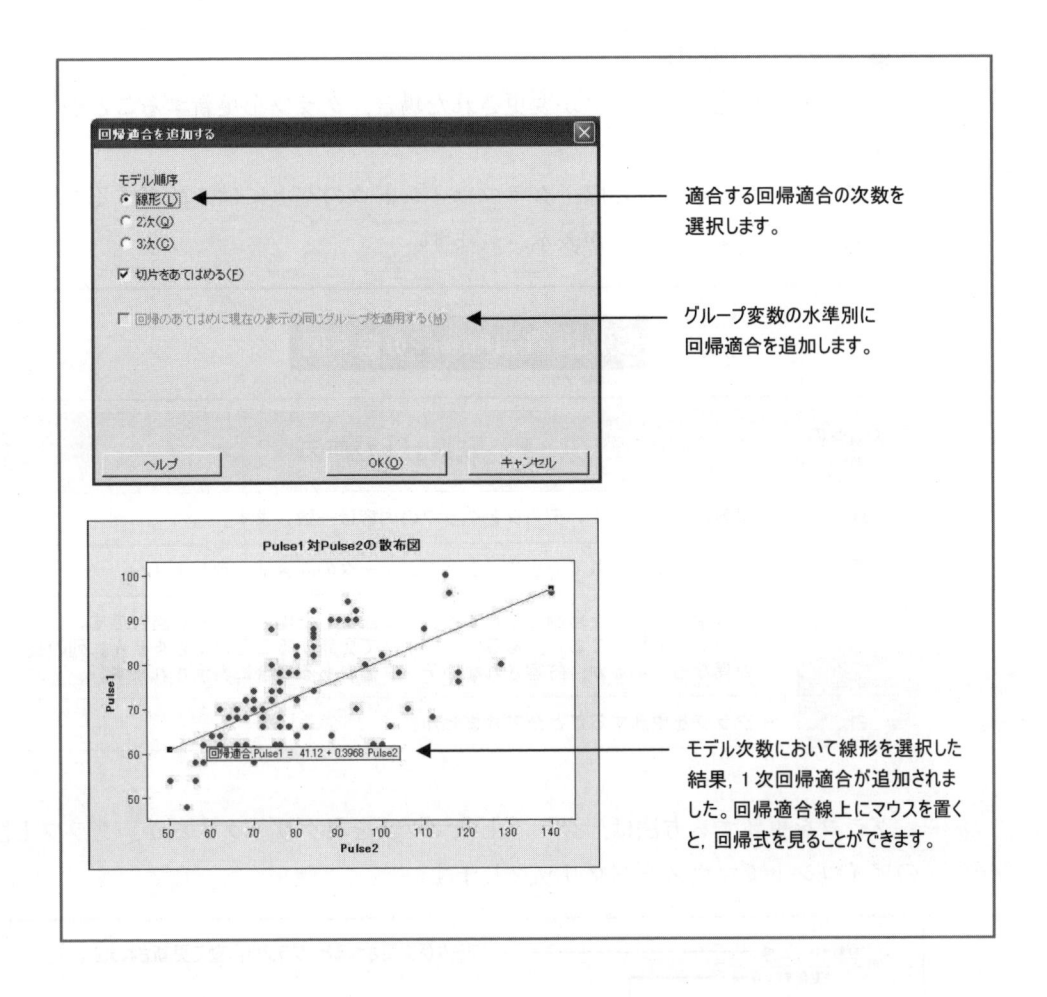

適合する回帰適合の次数を選択します。

グループ変数の水準別に回帰適合を追加します。

モデル次数において線形を選択した結果、1次回帰適合が追加されました。回帰適合線上にマウスを置くと、回帰式を見ることができます。

回帰適合:Pulse1 = 41.12 + 0.3968 Pulse2

■ グラフの自動更新

グラフを作成後，データが変更された場合，グラフを更新することができます。

各グラフが表示される際，グラフウィンドウの左上には，該当するグラフの更新状態を示すアイコンが表示されます。

	✥ Pulse1 対 Pulse2 の散布図
アイコンの色	状態および原因
緑	・最新のグラフです。データとグラフの内容は一致します。
黄	・データが変更されています。グラフとデータの内容は一致しません。
赤	・保留中（グラフを自動で更新するように設定した場合にのみ該当）です。 ・データを変更しており，ある問題によって更新することができません。列の長さが異なっているか，許容されないデータ値がある場合に表示されます。
白	・グラフを更新することができません。

グラフを更新する方法は，グラフ上でマウスを右クリックするか，グラフ上段のアイコン上でマウスを右クリックします。

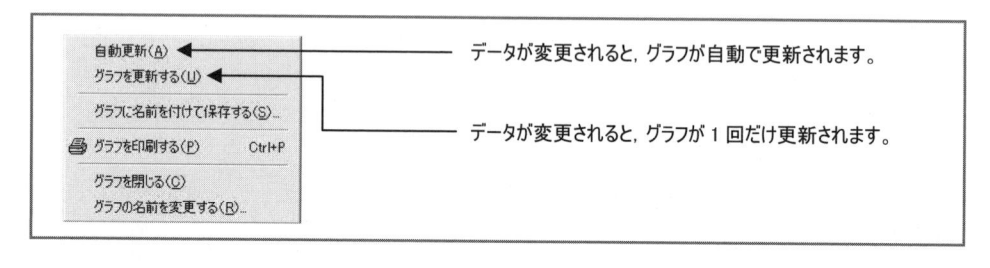

```
自動更新(A) ◀─────────── データが変更されると，グラフが自動で更新されます。
グラフを更新する(U) ◀───
グラフに名前を付けて保存する(S)...
グラフを印刷する(P)   Ctrl+P    データが変更されると，グラフが 1 回だけ更新されます。
グラフを閉じる(C)
グラフの名前を変更する(R)...
```

5. グラフ 83

■ レイアウトツール

複数のグラフを同じページに配置します。

[実行] 1. MINITAB メニュー：エディタ ▶ レイアウトツール

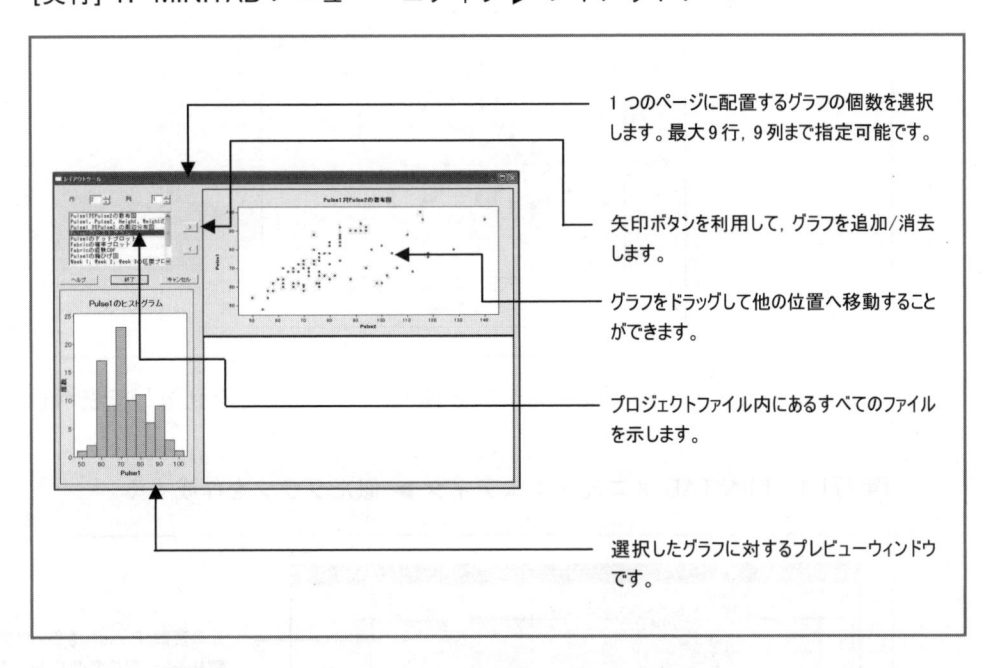

- 1つのページに配置するグラフの個数を選択します。最大9行，9列まで指定可能です。
- 矢印ボタンを利用して，グラフを追加/消去します。
- グラフをドラッグして他の位置へ移動することができます。
- プロジェクトファイル内にあるすべてのファイルを示します。
- 選択したグラフに対するプレビューウィンドウです。

[実行] 2. 結果の出力：グラフウィンドウに次のような結果が出力されます。

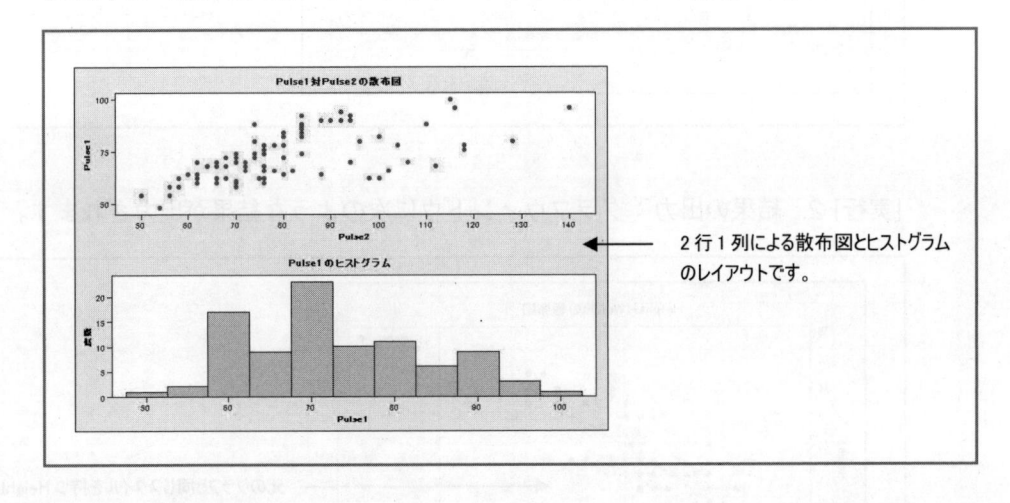

- 2行1列による散布図とヒストグラムのレイアウトです。

■ 類似グラフを作成する

同じスタイルを持つグラフを作成する場合に使用します。

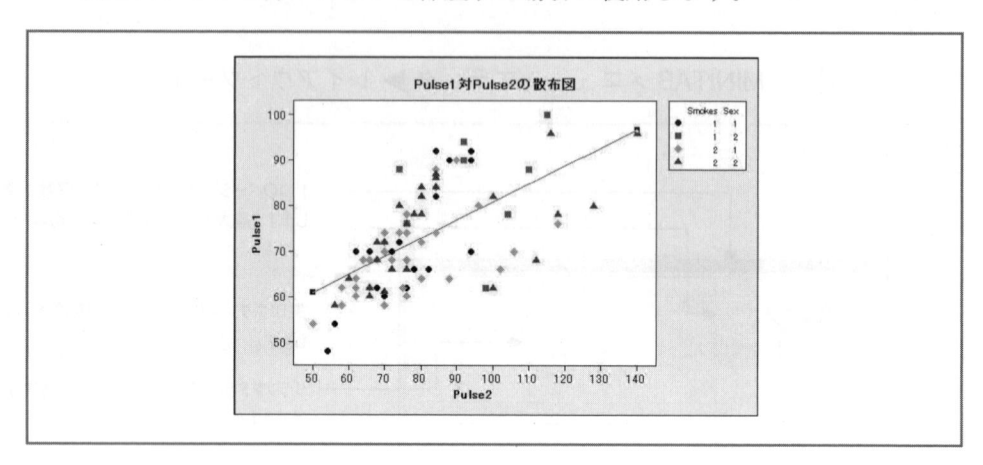

上のようなスタイルを持つグラフを Height と Weight を利用して表示します。

[実行] 1. MINITAB メニュー：エディタ ▶ 似たグラフを作成する

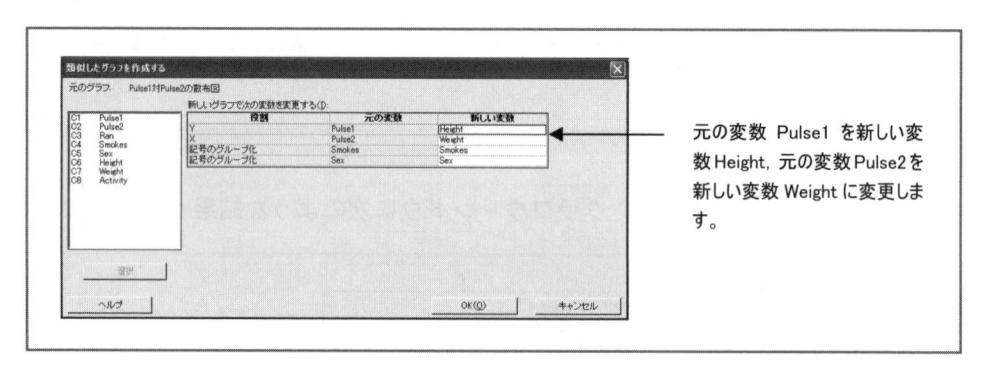

元の変数 Pulse1 を新しい変数 Height, 元の変数 Pulse2 を新しい変数 Weight に変更します。

[実行] 2. 結果の出力：グラフウィンドウに次のような結果が出力されます。

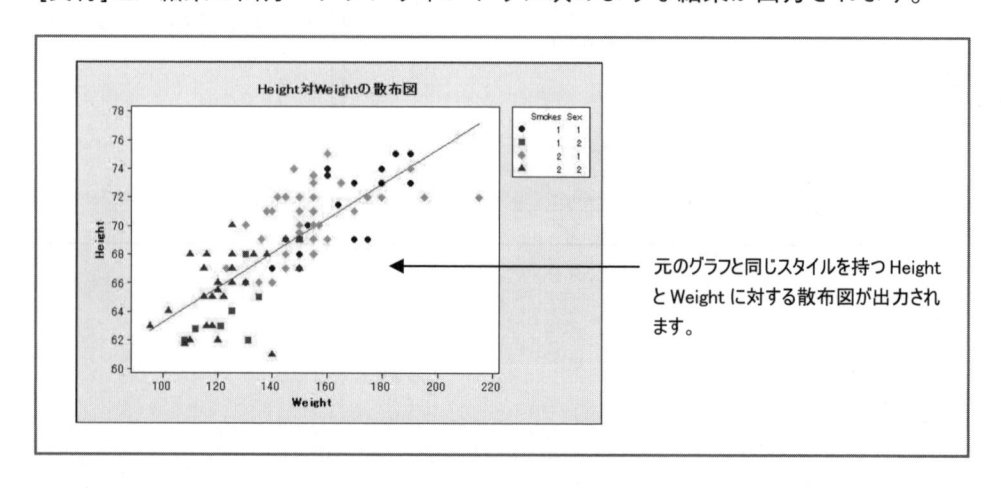

元のグラフと同じスタイルを持つ Height と Weight に対する散布図が出力されます。

第4章　MINITAB 統計の基礎

1. 統計量を求める
2. 確率分布
3. 標本分布

1. 統計量を求める

[1] 記述統計量を求める

次のデータで 'WB試験' 列に対する統計量を求めてみましょう。

番号	名前	性別	入社経	WB試	GB試験	BB試験
1	姜哲秀	男	3	70	80	85
2	金志国	男	2	70	65	72
3	金美妍	男	2	97	98	95
4	李秀珉	女	4	65	64	64
5	李貞淑	女	3	70	71	80
6	朴憲鐘	男	6	80	85	78
7	裵悶棋	男	10	50	55	67
8	李相恩	女	5	60	89	86
9	崔甫慶	女	4	90	88	94
10	金廷勲	男	4	91	90	89
11	崔昌奎	男	3	85	79	90

[実行] 1. データ入力：上のデータをワークシートに次のように入力します。

↓	C1	C2-T	C3-T	C4	C5	C6	C7
	番号	名前	性別	入社経	WB試	GB試験	BB試験
1	1	姜哲秀	男	3	70	80	85
2	2	金志国	男	2	70	65	72
3	3	金美妍	男	2	97	98	95
4	4	李秀珉	女	4	65	64	64
5	5	李貞淑	女	3	70	71	80
6	6	朴憲鐘	男	6	80	85	78
7	7	裵悶棋	男	10	50	55	67
8	8	李相恩	女	5	60	89	86
9	9	崔甫慶	女	4	90	88	94
10	10	金廷勲	男	4	91	90	89
11	11	崔昌奎	男	3	85	79	90
12	12	金珍姫	女	3	70	67	59
13	13	權恵善	女	2	90	78	79
14	14	李淑	女	6	60	70	80
15	15	呉晋萬	男	5	70	70	88
16	16	吉栄国	男	4	69	69	91
17	17	徐美娜	女	3	89	76	79
18	18	玄善兒	女	5	67	65	67
19	19	劉成珉	男	4	79	80	83
20	20	韓相晞	男	8	80	92	88

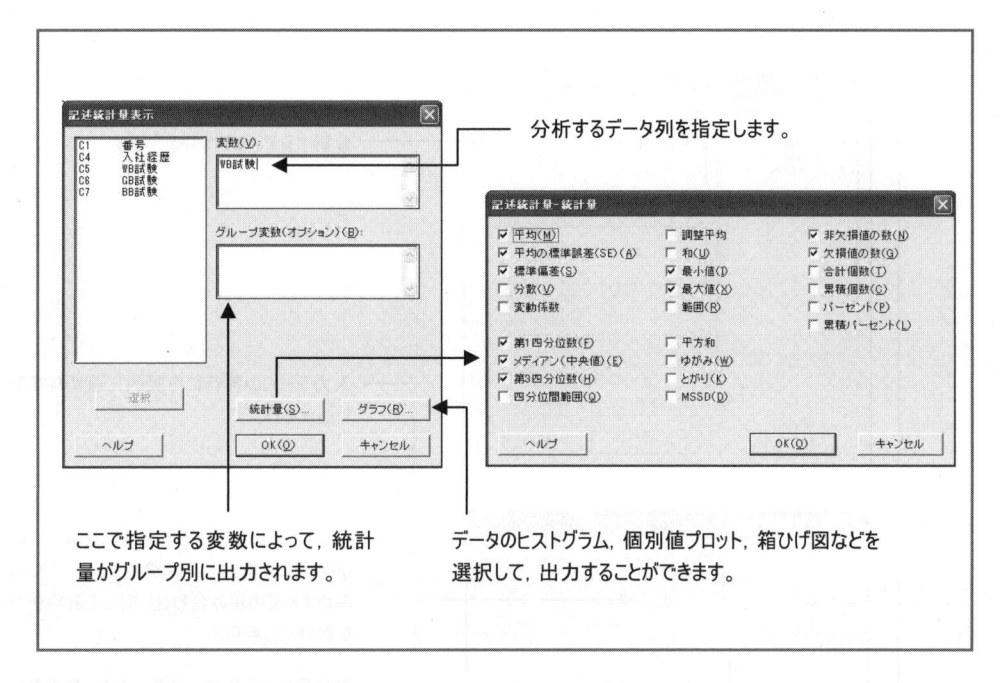

[実行] 2. MINITAB メニュー：統計分析 ▶ 基本統計 ▶ 記述統計量表示

分析するデータ列を指定します。

ここで指定する変数によって、統計量がグループ別に出力されます。

データのヒストグラム、個別値プロット、箱ひげ図などを選択して、出力することができます。

[実行] 3. 結果の出力：セッションウィンドウに次のような結果が出力されます。

```
記述統計量: WB試験

変数     N   N*    平均   標準誤差平均  標準偏差   最小      Q1    中央値     Q3
WB試験  20   0   75.10         2.79     12.46   50.00   67.50   70.00   88.00

変数     最大
WB試験  97.00
```

[実行] 4. 結果の解析

・記述統計量の結果、WB試験データは平均が75.10、標準偏差が12.46であることがわかります。

[2] 記述統計量の保存

上の例題データを使って、'WB試験' データに対する記述統計量をワークシートに保存してみましょう。

[実行] 1. MINITAB メニュー：統計 ▶ 基本統計 ▶ 記述統計量保存

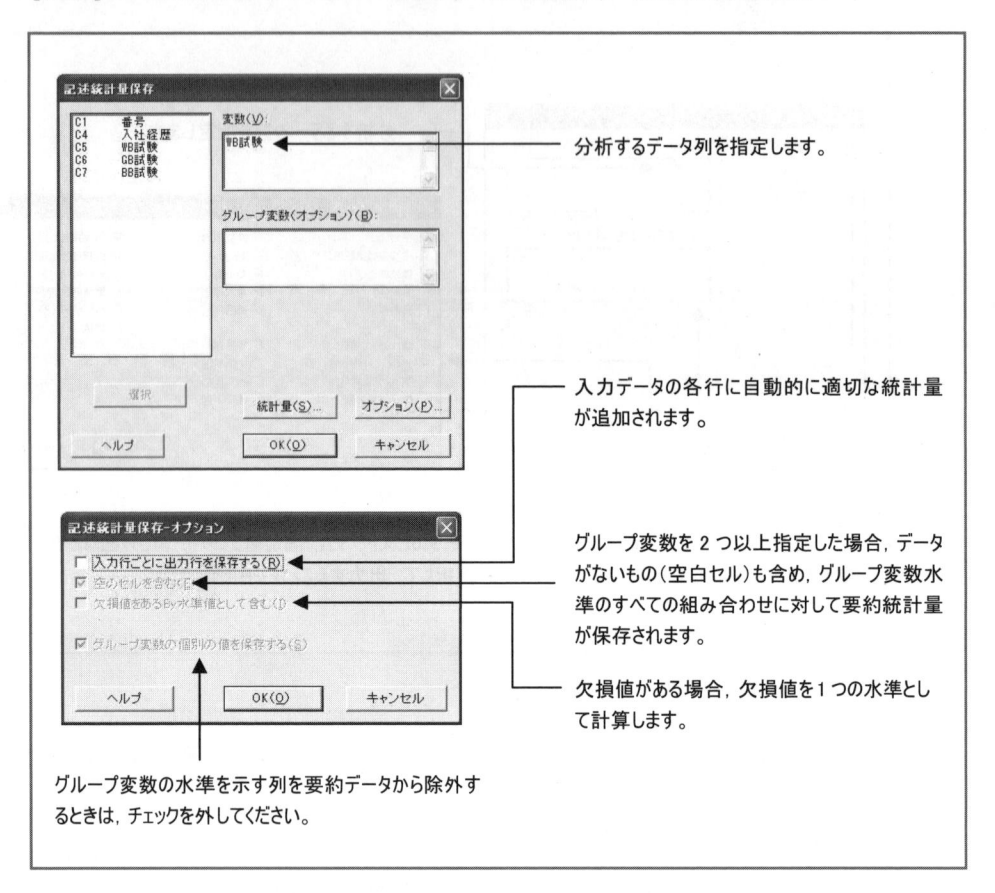

- 分析するデータ列を指定します。
- 入力データの各行に自動的に適切な統計量が追加されます。
- グループ変数を2つ以上指定した場合，データがないもの（空白セル）も含め，グループ変数水準のすべての組み合わせに対して要約統計量が保存されます。
- 欠損値がある場合，欠損値を1つの水準として計算します。
- グループ変数の水準を示す列を要約データから除外するときは，チェックを外してください。

[実行] 2. 結果の出力：ワークシートに次のような結果が出力されます。

↓	C1 番号	C2-T 名前	C3-T 性別	C4 入社経	C5 WB試	C6 GB試験	C7 BB試験	C8 Mean1	C9 N1
1	1	姜哲秀	男	3	70	80	85	75.1	20
2	2	金志国	男	2	70	65	72		
3	3	金美妍	男	2	97	98	95		
4	4	李秀珉	女	4	65	64	64		
5	5	李貞淑	女	3	70	71	80		
6	6	朴憲鐘	男	6	80	85	78		
7	7	裵悶棋	男	10	50	55	67		
8	8	李相恩	女	5	60	89	86		
9	9	崔甫慶	女	4	90	88	94		
10	10	金廷勲	男	4	91	90	89		
11	11	崔昌奎	男	3	85	79	90		

[3] 記述統計グラフ要約

各列，またはグループ変数の各水準に対する記述統計グラフ要約を作成します。記述統計グラフ要約では，正規分布曲線を重ねたヒストグラム，箱ひげ図，平均に対する95%信頼区間，および中央値に対する95%信頼区間を表示します。

[実行] 1. MINITAB メニュー：統計 ▶ 基本統計 ▶ 記述統計グラフ要約

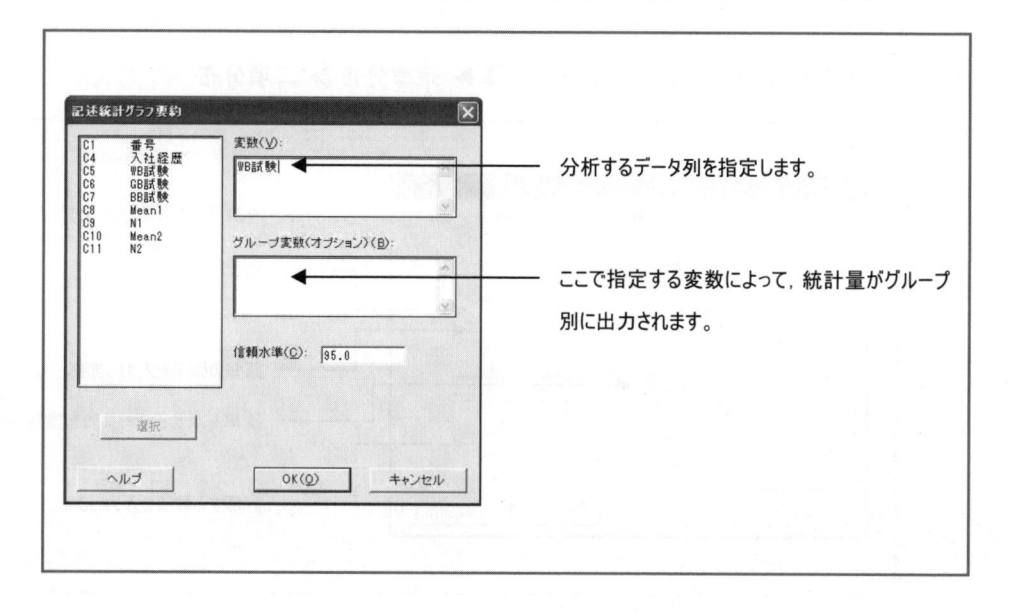

[実行] 2. 結果の出力：グラフウィンドウに次のような結果が出力されます。

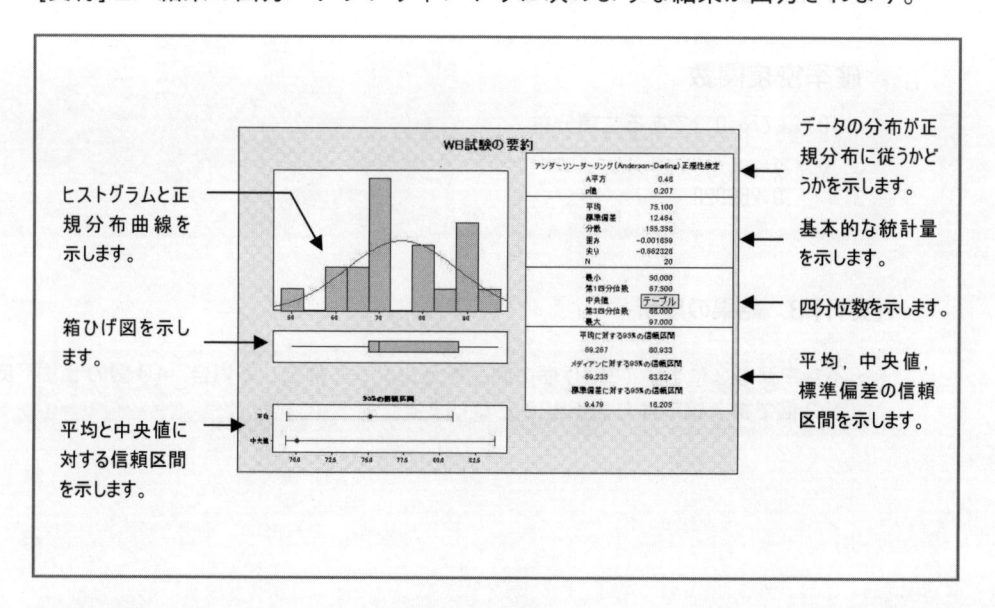

2. 確率分布

[1] 二項分布の確率計算

圧出工程において，Aという製品が不良品となる確率は0.3であることがわかっています。この工程で，ランダム抽出で製品10個を標本として得た場合，① 不良品の個数が3つである確率はどれくらいでしょうか。

[実行] 1. MINITAB メニュー：計算 ▶ 確率分布 ▶ 二項分布

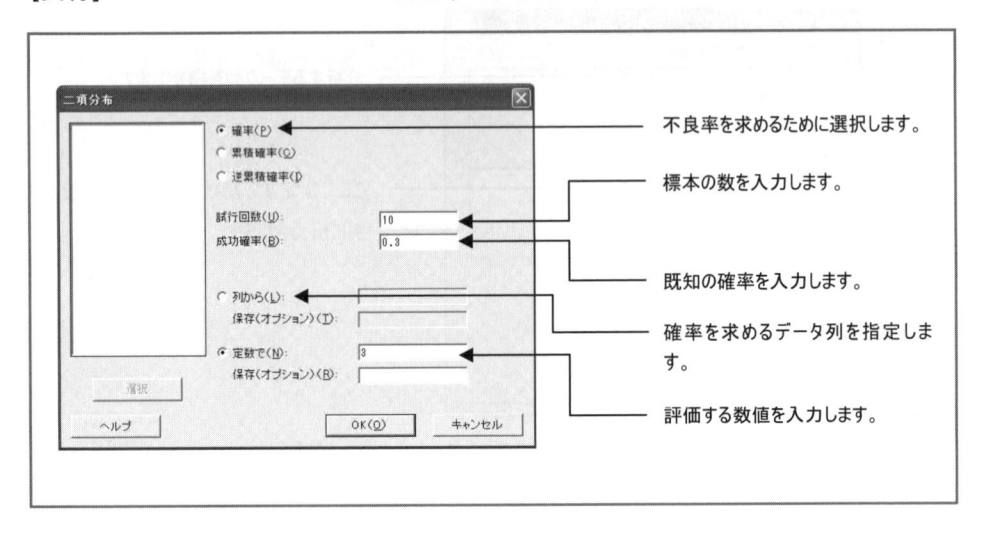

ダイアログボックス内の項目：
- 確率(P) ← 不良率を求めるために選択します。
- 累積確率(C)
- 逆累積確率(I)
- 試行回数(U): 10 ← 標本の数を入力します。
- 成功確率(B): 0.3 ← 既知の確率を入力します。
- 列から(L): ← 確率を求めるデータ列を指定します。
- 保存(オプション)(T):
- 定数で(N): 3 ← 評価する数値を入力します。
- 保存(オプション)(B):

[実行] 2. 結果の出力：セッションウィンドウに次のような結果が出力されます。

```
確率密度関数
n=10およびp=0.3である二項分布

x   P ( X = x )
3      0.266828
```

[実行] 3. 結果の解析

・不良率が0.3において，10個の製品をランダムに抽出した場合，10個のうち不良品が3個である確率は 0.266828 となります。

② 不良品の個数が4個以下である確率はどれくらいでしょうか。

[実行] 1. MINITAB メニュー：計算 ▶ 確率分布 ▶ 二項分布

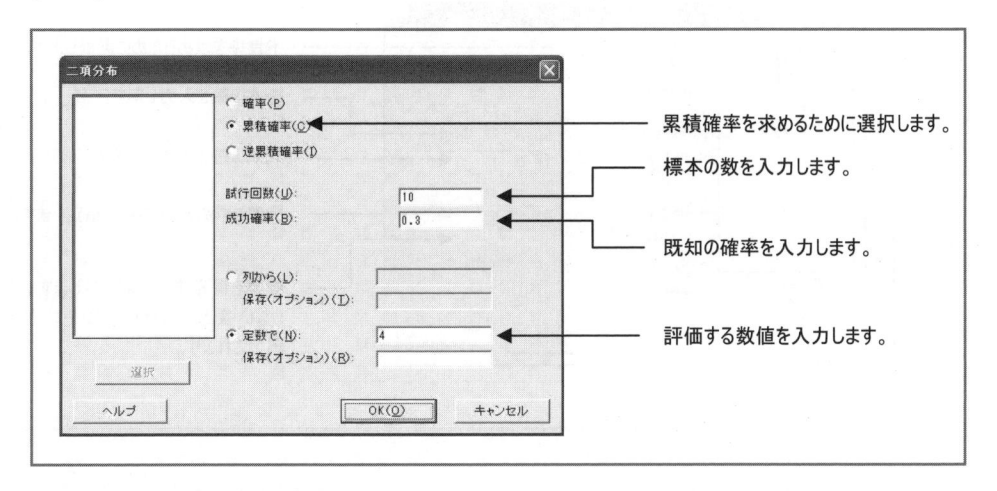

(ダイアログボックス)
- 累積確率を求めるために選択します。
- 標本の数を入力します。
- 既知の確率を入力します。
- 評価する数値を入力します。

[実行] 2. 結果の出力：セッションウィンドウに次のような結果が出力されます。

```
累積分布関数
n=10およびp=0.3である二項分布

x  P( X <= x )
4     0.849732
```

[実行] 3. 結果の解析

・不良率が0.3において，10個の製品をランダムに抽出した場合，10個のうち不良品が4個以下である確率は 0.849732 です。

③ それぞれの不良品の個数に対する確率はどうでしょうか。

[実行] 1. データ入力：10個のサンプルを抽出したので，1から10まで入力します。

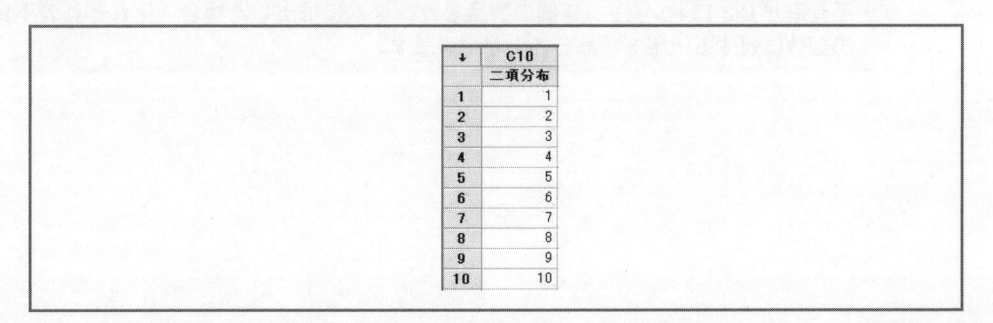

↓	C10 二項分布
1	1
2	2
3	3
4	4
5	5
6	6
7	7
8	8
9	9
10	10

[実行] 2. MINITAB メニュー：計算 ▶ 確率分布 ▶ 二項分布

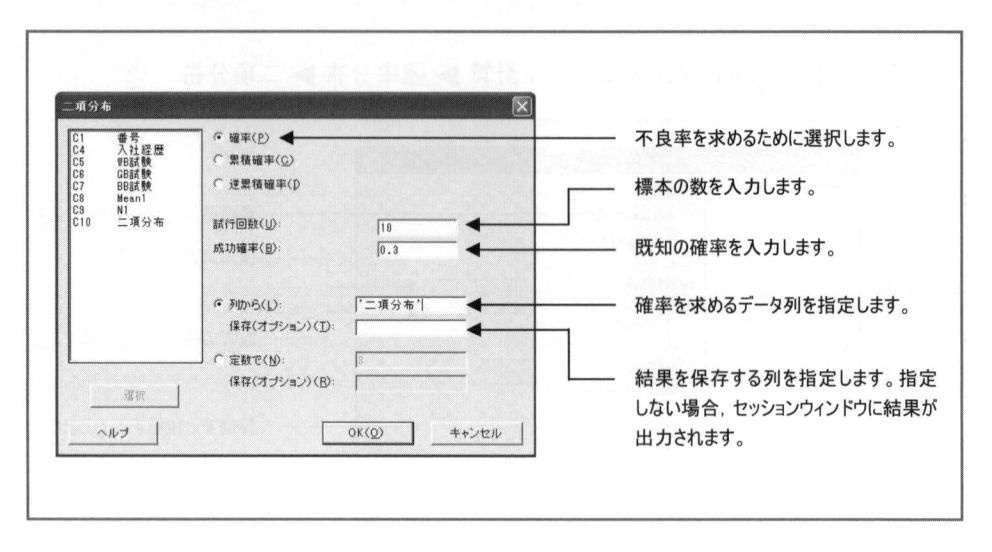

- 不良率を求めるために選択します。
- 標本の数を入力します。
- 既知の確率を入力します。
- 確率を求めるデータ列を指定します。
- 結果を保存する列を指定します。指定しない場合、セッションウィンドウに結果が出力されます。

[実行] 3. 出力の結果：セッションウィンドウに次のような結果が出力されます。

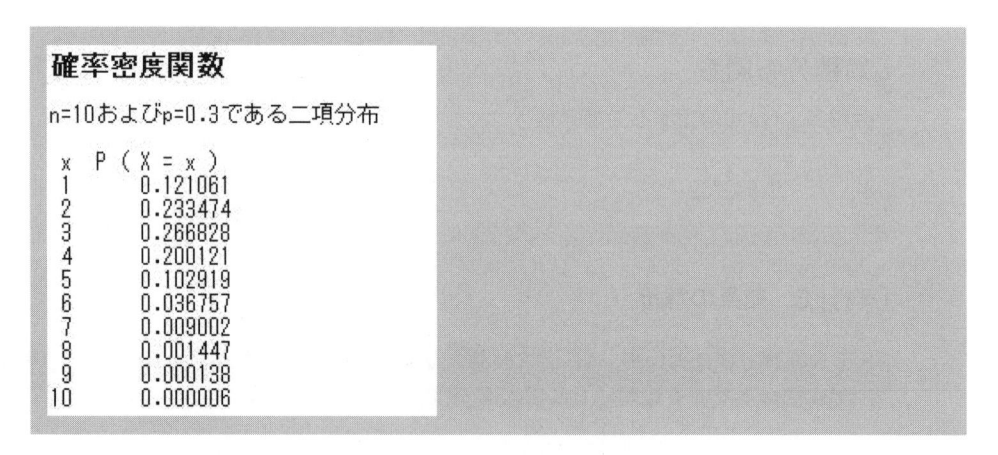

確率密度関数

n=10およびp=0.3である二項分布

x	P(X = x)
1	0.121061
2	0.233474
3	0.266828
4	0.200121
5	0.102919
6	0.036757
7	0.009002
8	0.001447
9	0.000138
10	0.000006

[実行] 4. 結果の解析

・不良率が0.3において、10個の製品をランダムに抽出した場合、それぞれの不良品の個数に対する確率を求めることができます。

④ 累積確率が0.8となる場合の不良品の数はどれくらいでしょうか。

[実行] 1. MINITAB メニュー：計算 ▶ 確率分布 ▶ 二項分布

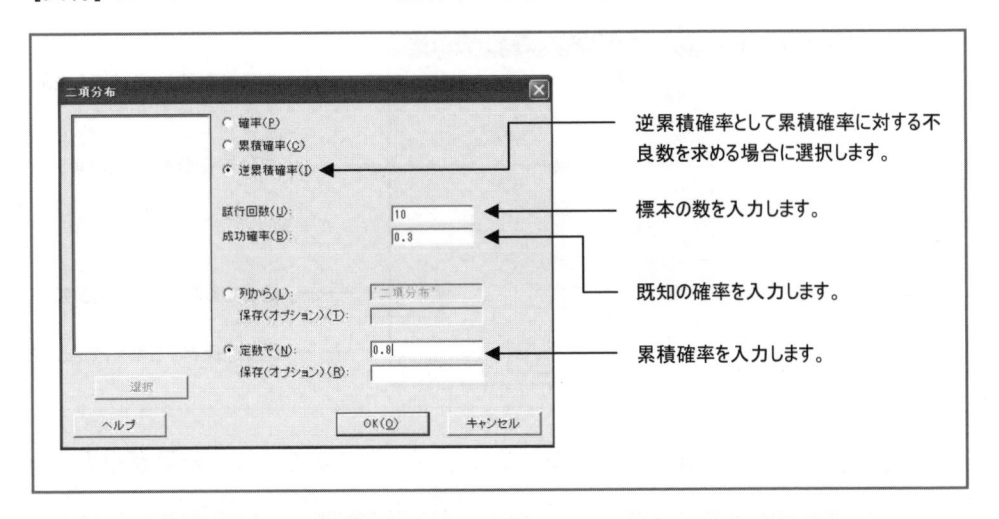

(二項分布ダイアログボックス)
- 逆累積確率として累積確率に対する不良数を求める場合に選択します。
- 標本の数を入力します。
- 既知の確率を入力します。
- 累積確率を入力します。

[実行] 2. 結果の出力：セッションウィンドウに次のような結果が出力されます。

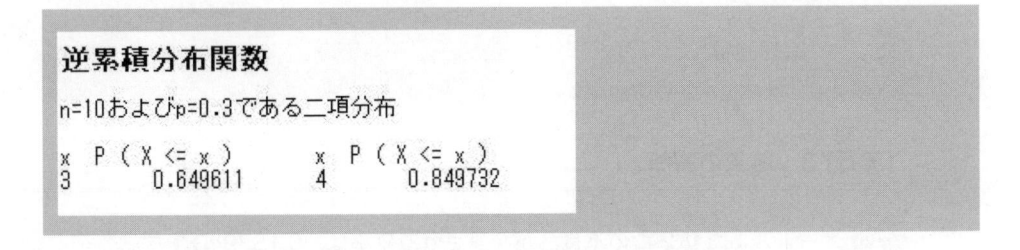

```
逆累積分布関数
n=10およびp=0.3である二項分布
x   P( X <= x )      x   P( X <= x )
3      0.649611      4      0.849732
```

[実行] 3. 結果の解析

・累積確率値が0.8に対応する正確なX値がないため，X = 3と，X = 4が結果として出力されます。

[2] ポアソン分布の確率計算

合板工場の最終検査で，1メートルあたり平均1つの不良品があります。不良品が発見される回数は，ポアソン分布の特性を持つとします。このとき，次の問いに答えてください。

① 1メートルあたり2つの不良品が発見される確率はどれくらいでしょうか。

[実行] 1. MINITAB メニュー：計算 ▶ 確率分布 ▶ ポアソン分布

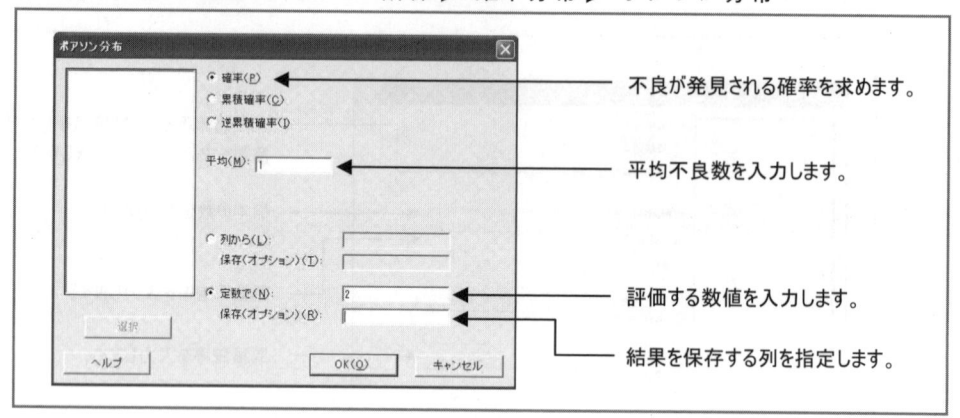

（ダイアログボックス）
- 確率(P) ← 不良が発見される確率を求めます。
- 累積確率(C)
- 逆累積確率(I)
- 平均(M): 1 ← 平均不良数を入力します。
- 列から(L):
- 保存(オプション)(T):
- 定数で(N): 2 ← 評価する数値を入力します。
- 保存(オプション)(R): ← 結果を保存する列を指定します。

[実行] 2. 結果の出力：セッションウィンドウに次のような結果が出力されます。

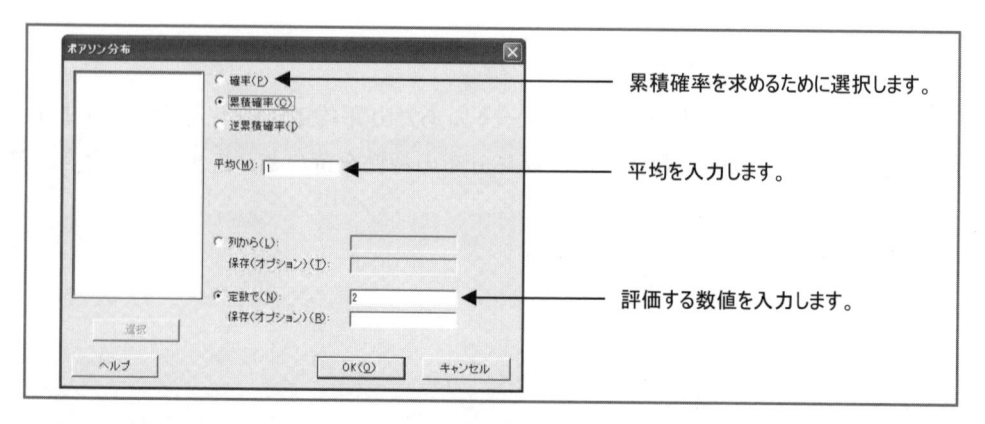

```
確率密度関数
平均=1であるポアソン

x   P ( X = x )
2     0.183940
```

[実行] 3. 結果の解析

・1メートルあたり2つの不良品が発見される確率は，0.183940 です。

② 1メートルあたり3つ以上の不良品が発見される確率はどれくらいでしょうか。

[実行] 1. MINITAB メニュー：計算 ▶ 確率分布 ▶ ポアソン分布

（ダイアログボックス）
- 確率(P)
- 累積確率(C) ← 累積確率を求めるために選択します。
- 逆累積確率(I)
- 平均(M): 1 ← 平均を入力します。
- 列から(L):
- 保存(オプション)(T):
- 定数で(N): 2 ← 評価する数値を入力します。
- 保存(オプション)(R):

[実行] 2. 結果の出力：セッションウィンドウに次のような結果が出力されます。

累積分布関数

平均=1であるポアソン

```
x  P ( X <= x )
2     0.919699
```

[実行] 3. 結果の解析

- 上の結果は2つまでの累積確率を求めたものです。3つ以上になる確率を求めるためには，1からその結果を引く必要があります。
  $P(X \geq 3) = 1 - P(X \leq 2) = 1 - 0.919699 = 0.080301$
- 不良品が1メートルあたり3つ以上発見される確率は，0.080301です。

[3] 正規分布の確率計算

あるクラスの数学の点数が平均70点，標準偏差が10の正規分布に従っている場合，次の問いに答えてください。

① 数学の点数が60点未満の学生の比率はどれくらいでしょうか。

[実行] 1. MINITAB メニュー：計算 ▶ 確率分布 ▶ 正規分布

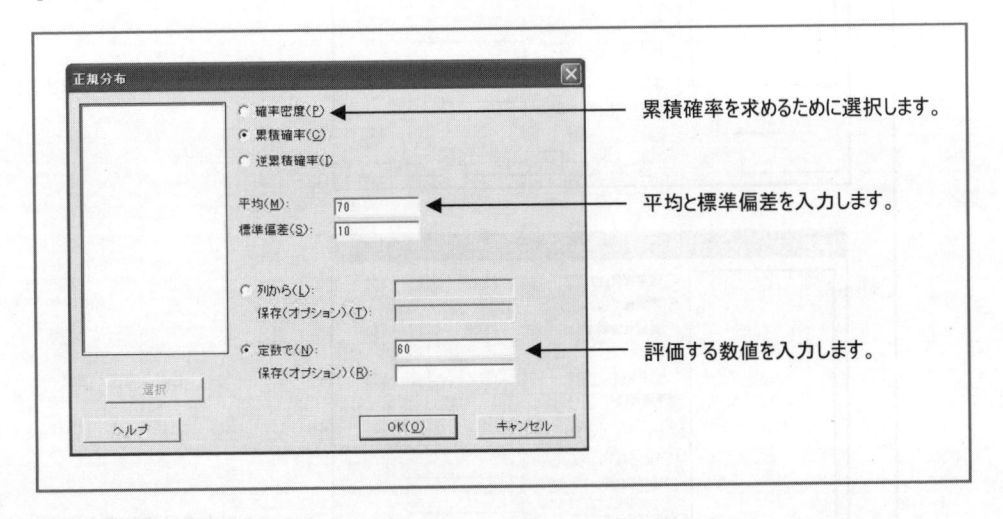

[実行] 2. 結果の出力：セッションウィンドウに次のような結果が出力されます。

```
累積分布関数
平均=70と標準偏差=10である正規
  x    P ( X <= x )
 60      0.158655
```

[実行] 3. 結果の解析

・数学の点数が60点未満となる学生の比率は，0.158655 です。

② 数学の点数が60点から80点の学生の比率はどれくらいでしょうか。

[実行] 1. MINITAB メニュー：計算 ▶ 確率分布 ▶ 正規分布

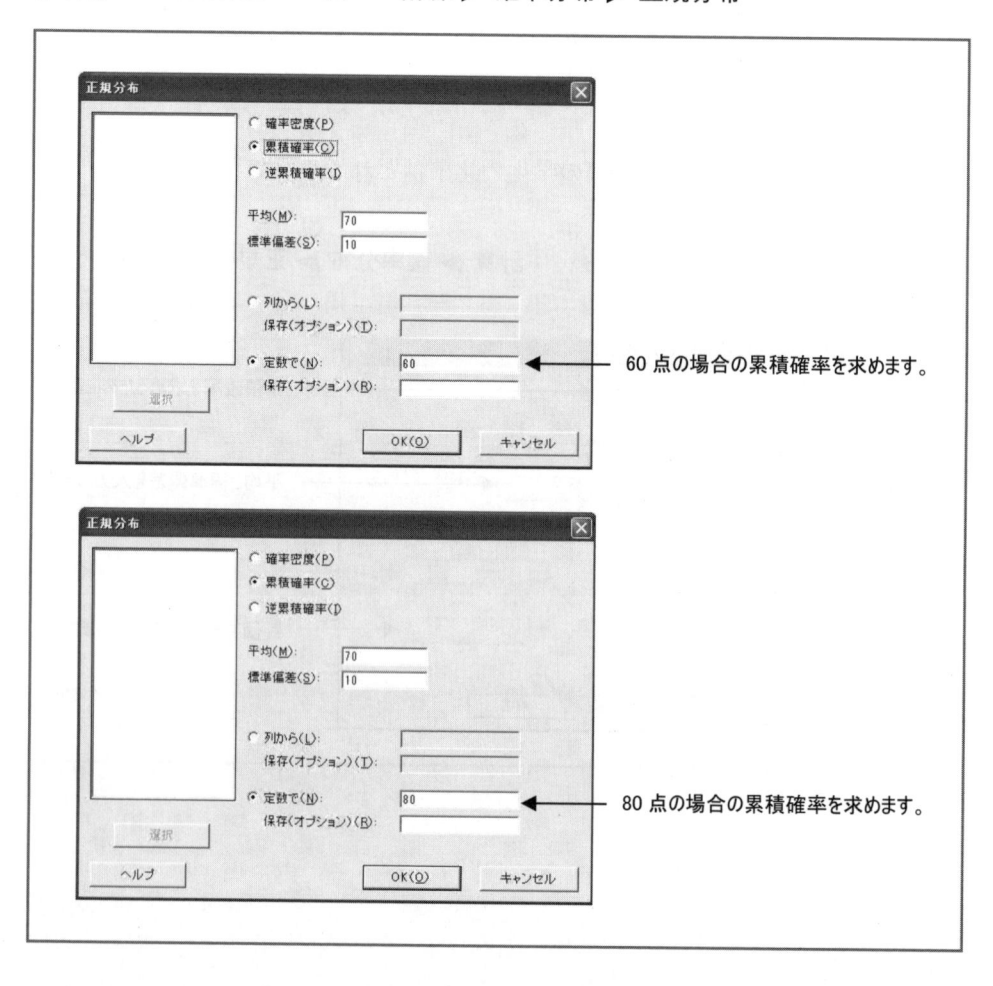

（正規分布ダイアログ：累積確率、平均 70、標準偏差 10、定数で 60）
← 60点の場合の累積確率を求めます。

（正規分布ダイアログ：累積確率、平均 70、標準偏差 10、定数で 80）
← 80点の場合の累積確率を求めます。

[実行] 2. 結果の出力：セッションウィンドウに次のような結果が出力されます。

累積分布関数

平均=70と標準偏差=10である正規

```
  x   P( X <= x )
 60      0.158655
```

累積分布関数

平均=70と標準偏差=10である正規

```
  x   P( X <= x )
 80      0.841345
```

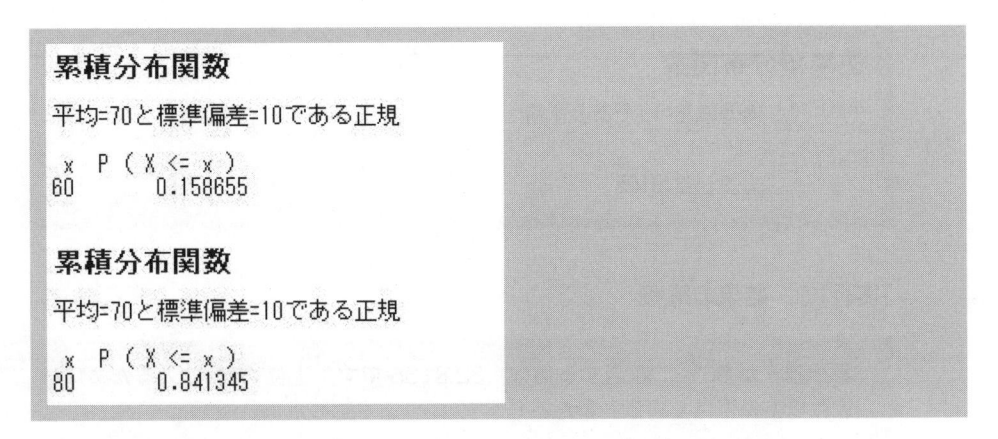

[実行] 3. 結果の解析

・$P(60 \leq X \leq 80) = P(X \leq 80) - P(X \leq 60) = 0.841345 - 0.158655 = 0.682690$
・数学の点数が60点から80点の学生の比率は，0.682690です。

③ 上位10％以内に入りたい場合，何点以上取る必要があるでしょうか。

[実行] 1. MINITAB メニュー：計算 ▶ 確率分布 ▶ 正規分布

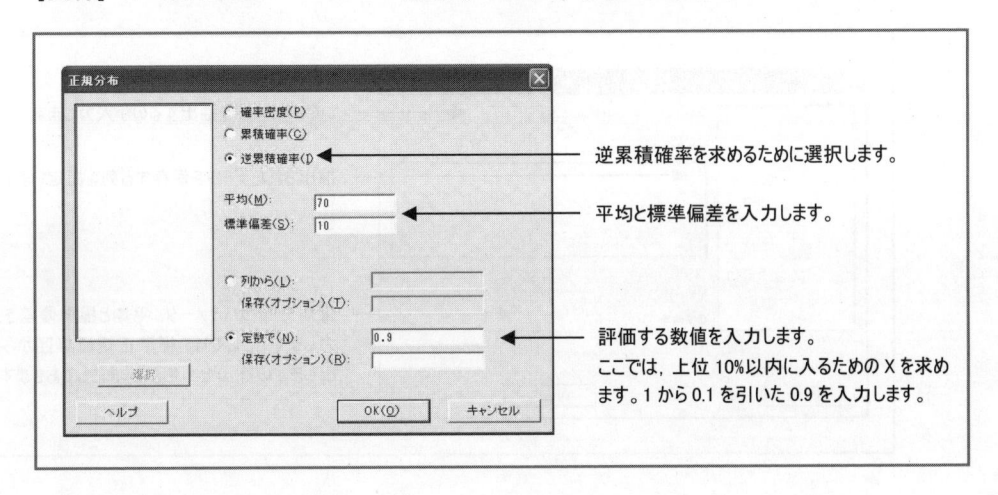

逆累積確率を求めるために選択します。

平均と標準偏差を入力します。

評価する数値を入力します。
ここでは，上位10％以内に入るためのXを求めます。1から0.1を引いた0.9を入力します。

[実行] 2. 結果の出力：セッションウィンドウに次のような結果が出力されます。

```
逆累積分布関数
平均=70と標準偏差=10である正規
P( X <= x )         x
       0.9       82.8155
```

[実行] 3. 結果の解析

・累積確率が 90% に該当する値は，82.8155 です。上位 10% に入るためには，この点数以上の得点を取る必要があります。

3. 標本分布

[1] 無限母集団からランダムに標本を抽出する

標準正規母集団から $n = 60$ の標本を抽出してみましょう。

[実行] 1. MINITAB メニュー：計算 ▶ ランダムデータ ▶ 正規分布

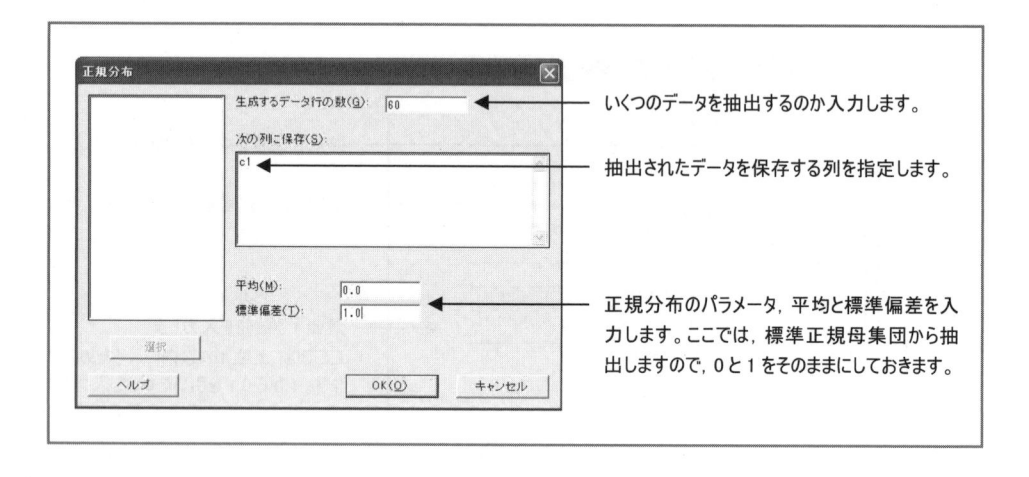

（ダイアログ説明）
- 生成するデータ行の数(G)：60 — いくつのデータを抽出するのか入力します。
- 次の列に保存(S)：c1 — 抽出されたデータを保存する列を指定します。
- 平均(M)：0.0、標準偏差(T)：1.0 — 正規分布のパラメータ，平均と標準偏差を入力します。ここでは，標準正規母集団から抽出しますので，0 と 1 をそのままにしておきます。

[実行] 2. 結果の出力：ワークシートに次のような結果が出力されます。

	C1
1	0.00457
2	-1.93071
3	0.07087
4	-1.12130
5	-0.09522
6	0.96324
7	-0.90022
8	0.57916
9	-0.08561
10	0.30047
11	0.23358

[2] 有限母集団からランダムに標本を抽出する

データ C1 列から $n = 10$ であるランダム標本を復元抽出して，C2 に保存してみましょう。

[実行] 1. データ入力：データワークシートに 1 から 5 まで入力します。

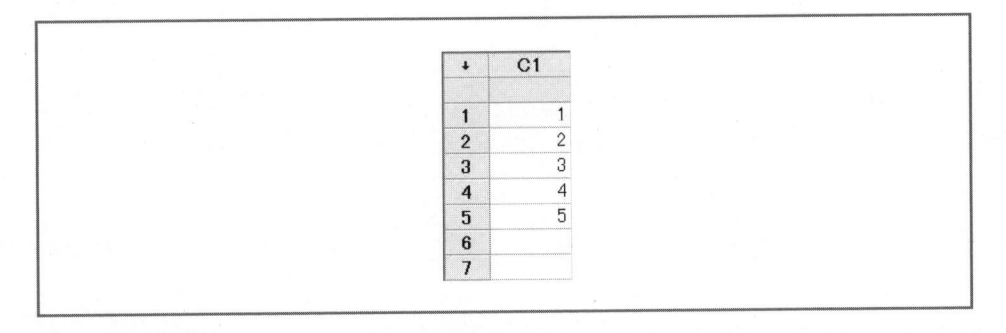

	C1
1	1
2	2
3	3
4	4
5	5
6	
7	

[実行] 2. MINITAB メニュー：計算 ▶ ランダムデータ ▶ 列からの標本

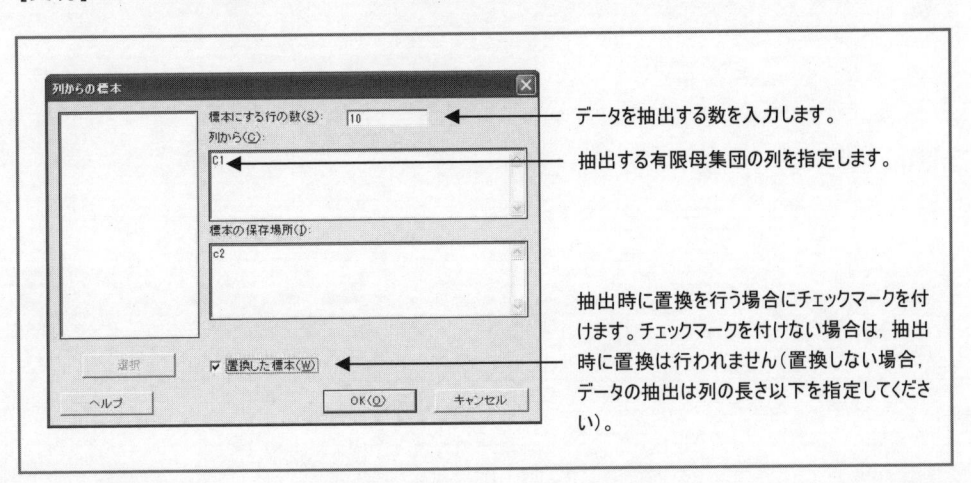

― データを抽出する数を入力します。

― 抽出する有限母集団の列を指定します。

― 抽出時に置換を行う場合にチェックマークを付けます。チェックマークを付けない場合は，抽出時に置換は行われません（置換しない場合，データの抽出は列の長さ以下を指定してください）。

[実行] 3. 結果の出力：データワークシートに次のような結果が出力されます。

↓	C1	C2
1	1	3
2	2	5
3	3	1
4	4	1
5	5	4
6		5
7		5
8		2
9		1
10		5

第5章　推定と検定

1. 推定と検定の概要
2. 1つの母平均に対する推定と検定
3. 2つの母平均に対する検定と推定
4. 母比率の検定と推定
5. 母分散比の検定
6. 3つ以上の母平均の差の検定
7. 3つ以上の母分散の差の検定

1. 推定と検定の概要

[1] 推定とは

推定とは，サンプルから求めた統計量より，母集団のパラメータを推測することをいいます。同一の母集団から一定の大きさのサンプルを抽出すると，抽出するたびに，ほとんどの場合，推定値は異なる値になり，また母平均とも必ずしも一致しません。これは，サンプルから求めたサンプル平均は，サンプリングするたびに母平均μの周囲に散布する確率変数の実現値，すなわち多くの平均という変数の中で偶然に現れた1つの値にすぎないためです。しかし，このようなサンプリングを何回か繰り返し，そのたびに推定値を求め，このような推定値のすべてを集めた場合，その平均値が母平均に一致し（不偏性），またその分散が最小（有効性）になるものがあれば，それを母平均と考えます。これが推定の論理です。

■ 推定用語

用 語	内 容
点推定	・分布の期待値を利用して，1つの値でパラメータを推定することです。
区間推定	・一定の確率において，ある限界内でパラメータが存在する信頼区間を求めることです。
信頼水準	・区間推定では，最初から推定値に一定の幅を持たせ，パラメータがその区間内に含まれる確率，例えば95％であるというように表現します。ここでパラメータがその区間内に含まれる確率を信頼水準，または信頼度といいます。

・信頼水準，サンプル，信頼区間との関係：信頼水準が増加すれば信頼区間は広くなり，信頼水準が減少すれば信頼区間は狭くなります。サンプルの数が増加すれば信頼区間は狭くなり，サンプルの数が減少すれば信頼区間は広くなります。

■ 推定の分布関数

区 分	推定項目	副項目	分布関数
計量値	1つの母平均の推定	標準偏差が既知の場合	正規分布
		標準偏差が未知の場合	t分布
	独立した2つの母平均の差の推定	標準偏差が既知の場合	正規分布
		標準偏差が未知の場合	t分布
	対応する2つの母平均の差に対する推定	標準偏差が既知の場合	正規分布
		標準偏差が未知の場合	t分布
	2つの母分散の差に対する推定		F分布

計数値	母不良率の推定	$np \geq 5$ かつ $n(1-p) \geq 5$	正規分布で計算可能
		$np \geq 5$ かつ $n(1-p) \geq 5$ が成立しない場合	二項分布
	2つの不良率の差の推定	n_1, n_2 が大きい場合	正規分布で計算可能
	母欠点数の推定	$m \geq 5$	正規分布で計算可能
		$m \leq 5$	ポアソン分布
	母欠点数の差の推定	$m_1 \geq 5, m_2 \geq 5$	正規分布で計算可能

[2] 検定とは

ある母集団の仮説を設定し，仮説の成立可否をサンプルのデータで判断して，統計的な決定を下すことを検定といいます。例えば，母平均が基準値 μ と異なるかどうかの検定は，次のような論理で行います。

まず母平均は，基準値 μ とは差がないと考えます（これを帰無仮説といい，記号 H_0 で表示）。次に実際に測定値を取ります。この仮説が正しいとした場合，その結果を示す確率があまりにも小さな値であれば，最初の仮説 H_0 を捨て，母平均は基準値 μ とは異なる（これを対立仮説といい，H_1 で表示）という結論を出します。すなわち，帰無仮説 H_0 を捨てるのか（棄却するのか），あるいは採択するのかを統計的に判断することを検定といいます。

■ 有意水準（Level of significance : α）

帰無仮説 H_0 が真であるとき，測定値によって H_0 が棄却される確率，すなわち第1種の過誤の確率をいいます。

- 第1種の過誤：帰無仮説が正しいにもかかわらず，これを棄却してしまう誤り→α-risk
- 第2種の過誤：帰無仮説が正しくないにもかかわらず，これを採択する誤り →β-risk

■ 検定の順序

段 階	検定の手順
1段階	基本仮定を定めます。
2段階	帰無仮説および対立仮説を立てます。
3段階	有意水準（α）を設定します。
4段階	検定のための統計量を定めます。
5段階	棄却域を定めます。
6段階	サンプルの大きさ n を定めます。
7段階	統計量を計算して有意性を判定します。

■ 検定の分布関数

区　分	検定項目	副項目	分布関数
計量値	1つの母平均の検定	標準偏差が既知の場合	正規分布
		標準偏差が未知の場合	t 分布
	独立的な2つの母平均の差の検定	標準偏差が既知の場合	正規分布
		標準偏差が未知の場合	t 分布
	対応する2つの母平均の差に対する検定	標準偏差が既知の場合	正規分布
		標準偏差が未知の場合	t 分布
	2つの母分散の差に対する検定		F 分布
計数値	母不良率の検定	$np≥5$ かつ $n(1-p)≥5$	正規分布で計算可能
		$np≥5$ かつ $n(1-p)≥5$ が成立しない場合	二項分布
	2つの不良率の差の検定	n_1, n_2 が大きい場合	正規分布で計算可能
	母欠点数の検定	$m≥5$	正規分布で計算可能
		$m<5$	ポアソン分布
	母欠点数の差の検定	$m_1≥5, m_2≥5$	正規分布で計算可能

2. 1つの母平均に対する推定と検定

[1] 母平均の区間推定（母標準偏差が既知の場合）

ある研究室で，家庭用蛍光灯の平均寿命を推定するため，9本の蛍光灯の寿命を短縮実験によって調査した結果，次のようなデータを得ました。母標準偏差は10（単位：時間）です。母平均に対する区間推定を信頼度 95% で行ってみましょう（例題データ：1サンプル Z 例題.MTW）。

> 987, 1121, 997, 1020, 978, 1040, 982, 1050, 992

母平均の区間推定式は，次の通りです。

$$\bar{x} - z_{-\frac{\alpha}{2}} \cdot \frac{\sigma}{\sqrt{n}} < \mu < \bar{x} + z_{-\frac{\alpha}{2}} \cdot \frac{\sigma}{\sqrt{n}}$$

[実行] 1. MINITAB メニュー：統計 ▶ 基本統計 ▶ 1 サンプル Z

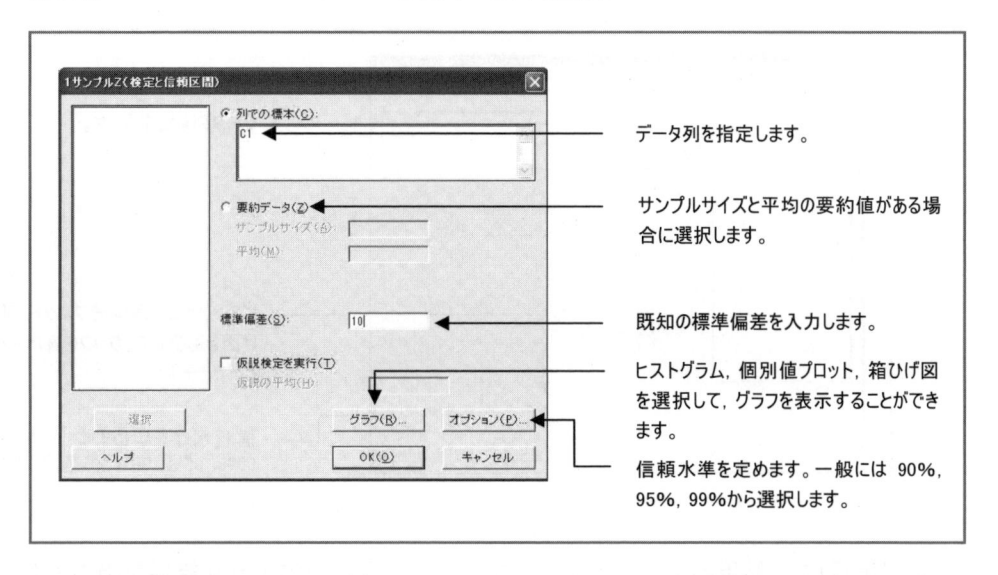

データ列を指定します。

サンプルサイズと平均の要約値がある場合に選択します。

既知の標準偏差を入力します。

ヒストグラム，個別値プロット，箱ひげ図を選択して，グラフを表示することができます。

信頼水準を定めます。一般には 90%，95%，99% から選択します。

[実行] 2. 結果の出力：セッションウィンドウに次のような結果が出力されます。

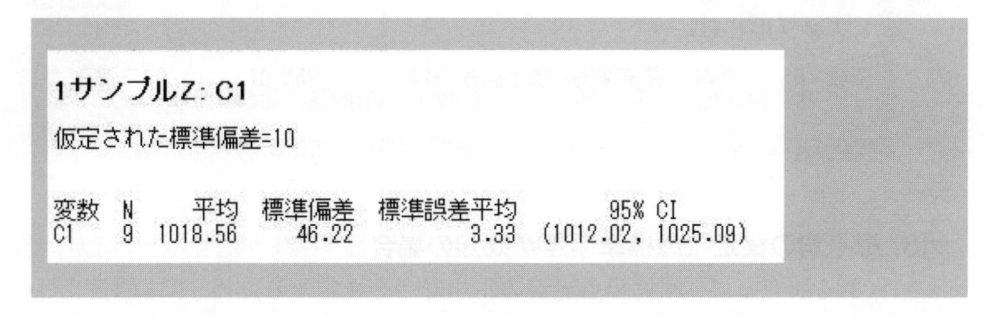

```
1サンプルZ: C1
仮定された標準偏差=10

変数  N    平均    標準偏差  標準誤差平均        95% CI
C1    9   1018.56   46.22      3.33      (1012.02, 1025.09)
```

[2] 母平均の区間推定（母標準偏差が未知の場合）

ある部署で DVD-R メディアの重さを推定するため，7 枚のサンプルを抜き出して調査した結果，次のようなデータを得ました。母集団が正規分布に従うという仮定のもとで，母平均 μ の 95% 信頼区間を求めてみましょう（例題データ：1 サンプル t 例題.MTW）。

10.2 10.3 9.9 9.9 10.9 10.1 10.3 9.8

母平均の区間推定式は，次の通りです。

$$\bar{x} - t(n-1 ; \alpha/2) \cdot \frac{s}{\sqrt{n}} < \mu < \bar{x} - t(n-1 ; \alpha/2) \cdot \frac{s}{\sqrt{n}}$$

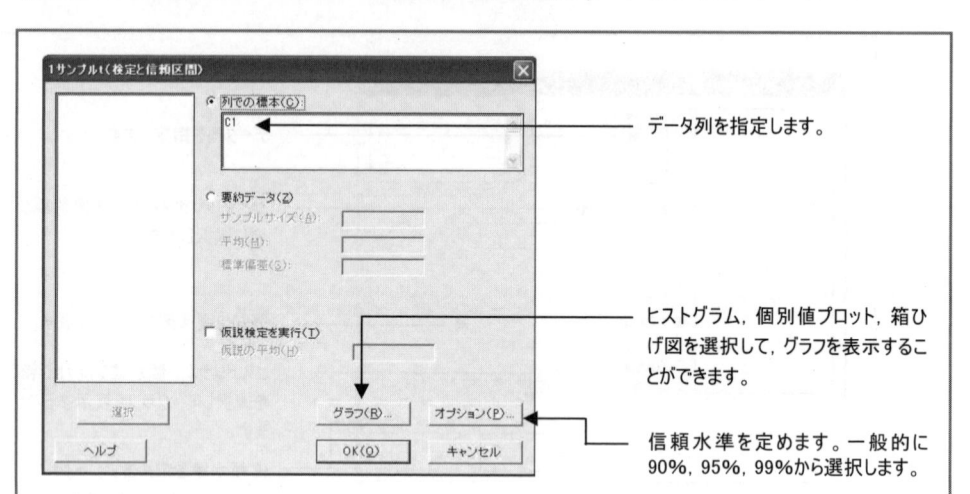

[実行] 1. MINITAB メニュー：統計 ▶ 基本統計 ▶ 1 サンプル t

[ダイアログボックス画像: 1サンプルt（検定と信頼区間）]
- データ列を指定します。
- ヒストグラム，個別値プロット，箱ひげ図を選択して，グラフを表示することができます。
- 信頼水準を定めます。一般的に 90%，95%，99%から選択します。

[実行] 2. 結果の出力：セッションウィンドウに次のような結果が出力されます。

```
1サンプル t: C1

変数   N    平均    標準偏差   標準誤差平均        95% CI
C1     8   10.1750   0.3495      0.1236      (9.8828, 10.4672)
```

[3] 母平均の検定（母標準偏差が既知の場合）

ある研究室で，家庭用蛍光灯の平均寿命を推定するため，9本の蛍光灯の寿命を短縮実験によって調査した結果，次のようなデータを得ました。母標準偏差は 10（単位：時間）です。蛍光灯の平均寿命は 1100 時間といってよいかどうか検定してください（例題データ：1サンプル Z 例題.MTW）。

987, 1121, 997, 1020, 978, 1040, 982, 1050, 992

・Z 検定の要約

帰無仮説 (H_0)	対立仮説 (H_1)	棄却域	検定統計量
$\mu = \mu_0$	$\mu > \mu_0$	$Z \geq Z_\alpha$	$Z = \dfrac{\bar{x} - \mu_0}{\sigma/\sqrt{n}}$
	$\mu < \mu_0$	$Z \leq -Z_\alpha$	
	$\mu \neq \mu_0$	$|Z| \geq Z_{\frac{\alpha}{2}}$	

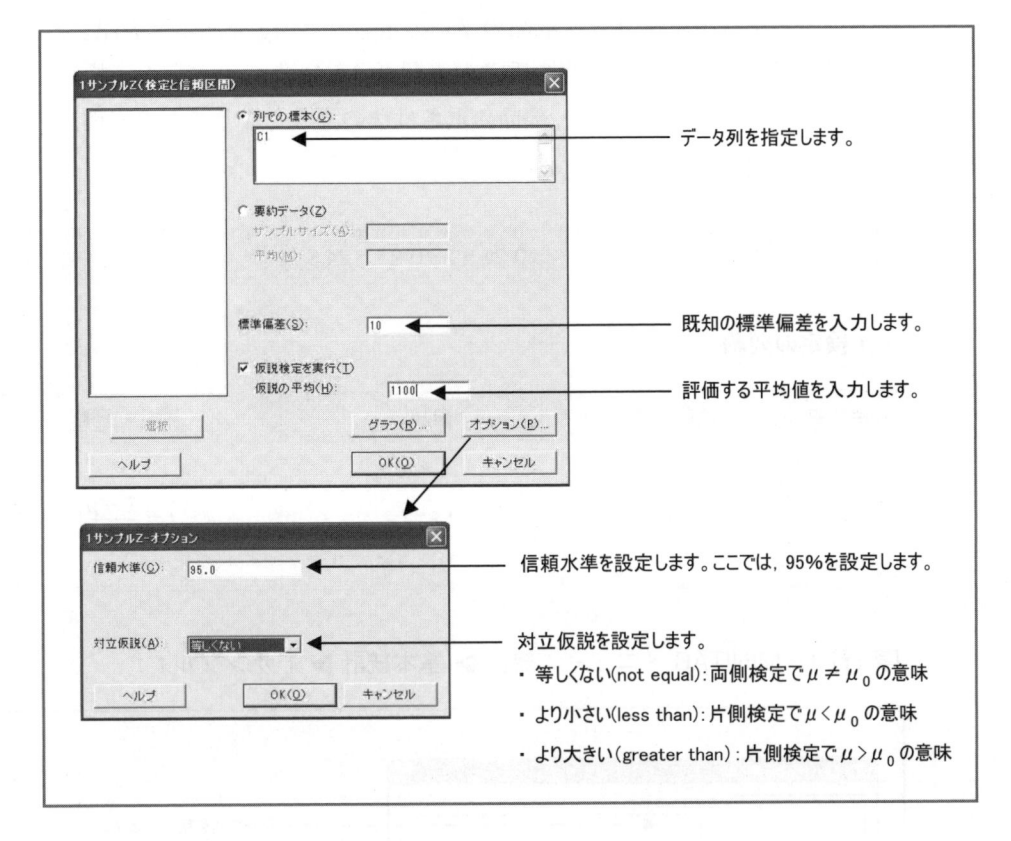

[実行] 1. MINITAB メニュー：統計 ▶ 基本統計 ▶ 1 サンプル Z

[実行] 2. 結果の出力：セッションウィンドウに次のような結果が出力されます。

```
1サンプルZ: C1

μ=1100 対 等しくない 1100の検定
仮定された標準偏差=10

変数  N    平均     標準偏差  標準誤差平均      95% CI              Z      p値
C1    9   1018.56   46.22      3.33      (1012.02, 1025.09)   -24.43   0.000
```

[実行] 3. 結果の解析

- p 値は帰無仮説（$\mu = 1100$）が正しいと主張する確率です。今回の場合，p 値が 0 となっていますので，帰無仮説を棄却します。すなわち，蛍光灯の平均寿命が 1100 時間であるという主張はできません。

[4] 母平均の検定（母標準偏差が未知の場合）

ある電子会社で生産される部品の平均の重さは，24gであると表記されています。部品管理部署では，平均の重さが表記通り24gなのかどうかを検定します。サンプルをランダムに抽出後，部品の重さは次の通りとなりました（例題データ：1サンプルt検定例題.MTW）。

| 25.0 23.5 23.0 23.5 24.5 |

・t検定の要約

帰無仮説（H_0）	対立仮説（H_1）	棄却域	検定統計量
$\mu=\mu_0$	$\mu>\mu_0$	$t \geq t_\alpha$	$t=\dfrac{\bar{x}-\mu_0}{s/\sqrt{n}}$
	$\mu<\mu_0$	$t \leq -t_\alpha$	
	$\mu \neq \mu_0$	$\|t\| \geq t_{\frac{\alpha}{2}}$	

[実行] 1. MINITAB メニュー：統計 ▶ 基本統計 ▶ 1サンプルt

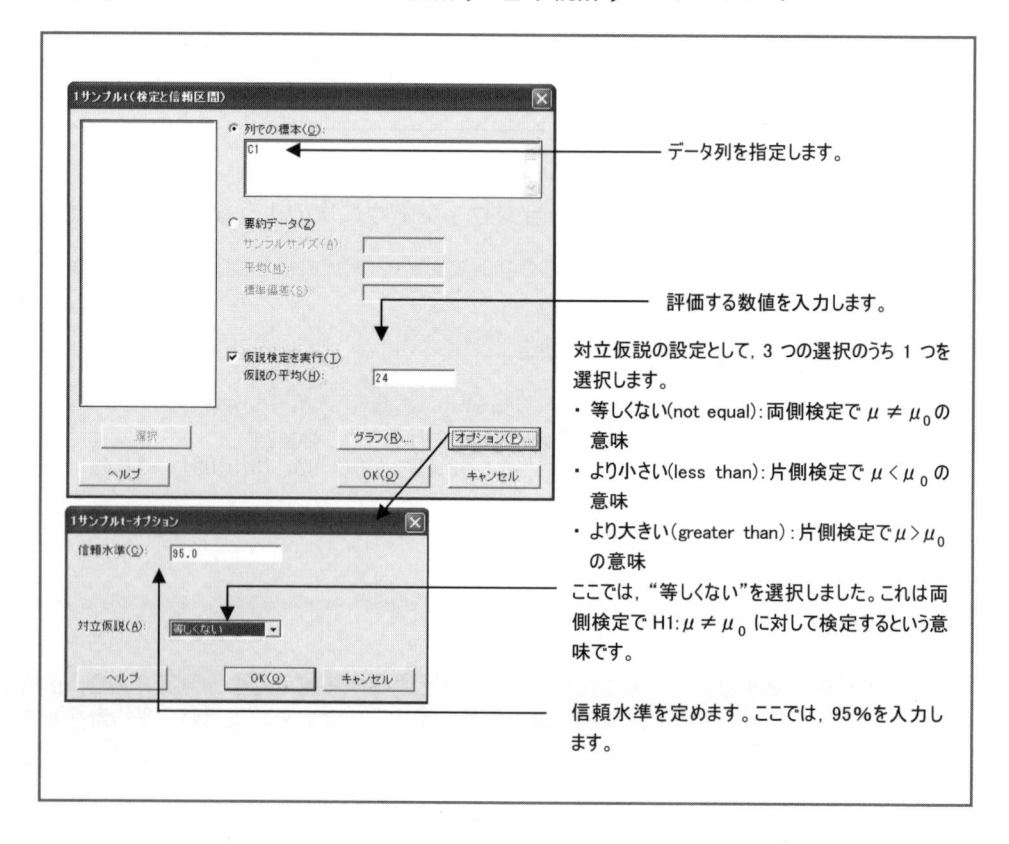

- データ列を指定します。
- 評価する数値を入力します。

対立仮説の設定として，3つの選択のうち1つを選択します。
・等しくない(not equal)：両側検定で $\mu \neq \mu_0$ の意味
・より小さい(less than)：片側検定で $\mu < \mu_0$ の意味
・より大きい(greater than)：片側検定で $\mu > \mu_0$ の意味

ここでは，"等しくない"を選択しました。これは両側検定で H1: $\mu \neq \mu_0$ に対して検定するという意味です。

信頼水準を定めます。ここでは，95%を入力します。

[実行] 2. 結果の出力：セッションウィンドウに次のような結果が出力されます。

```
1サンプル t: C1
μ=24 対 等しくない 24 の検定

変数  N   平均    標準偏差    標準誤差平均        95% CI          T      p値
C1    5  23.9000   0.8216      0.3674    (22.8799, 24.9201)  -0.27   0.799
```

[実行] 3. 結果の解析

- p 値が $\alpha=0.05$ より大きいため，帰無仮説を棄却できません。すなわち，部品の平均の重さは「24g ではない」と否定することはできません。

[5] ノンパラメトリック検定

ノンパラメトリック検定は，母集団が特定の分布への依存を前提とすることなく，統計的推論を行う方法です。

■ 符号検定（Sign test）

データの中央値より大きいサンプルを + として，その個数を Y とすると，Y は二項分布に従います。これを利用して検定を行うことを符号検定といいます。

・符号検定の要約

帰無仮説（H_0）	対立仮説（H_1）	棄却域	検定統計量
$M=M_0$	$M>M_0$	$Y \geq B_\alpha$	Y：サンプルの中で，M_0 より大きな標本の数
	$M<M_0$	$Y \leq B_{1-\alpha}$	
	$M \neq M_0$	$Y \geq B_{\frac{\alpha}{2}}$	

[例題]

ある放送局では，番組 1 本あたりの広告時間の中央値は，$M=12$ 分であると報告しています。一方，消費者保護団体はこれより長いと主張して，広告時間を減らすことを要求しています。このとき，消費者保護団体の主張が統計的に正しいかどうか検定してください。サンプルから抽出した $n=22$ 本の広告時間は次の通りです（例題データ：1 サンプル符号検定例題.MTW）。

13, 11, 14, 18, 9, 6, 12, 8, 14, 11, 13, 15, 13, 12, 9, 7, 10, 16, 13, 14, 13, 10

[実行] 1. MINITABメニュー：統計▶ノンパラメトリック▶1サンプル符号検定

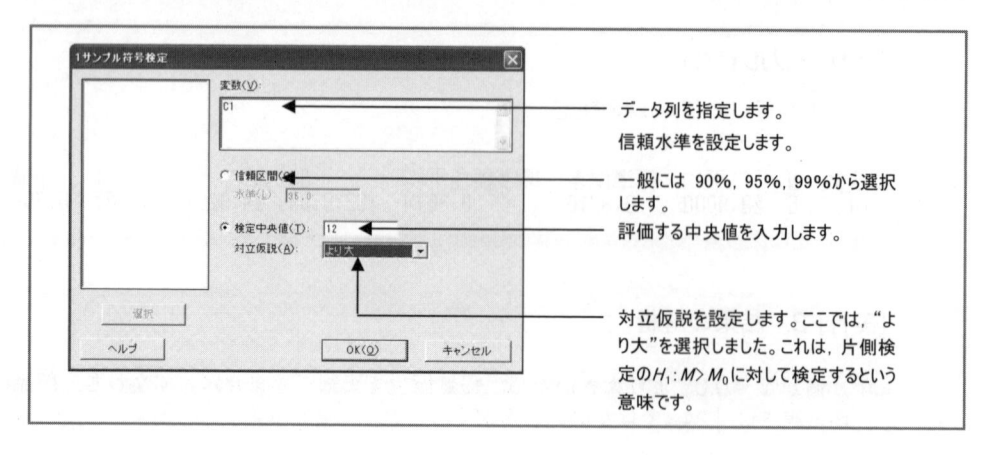

```
1サンプル符号検定                              [×]
  変数(V):
  C1                                          ──→ データ列を指定します。
                                                  信頼水準を設定します。
                                              ──→ 一般には 90%, 95%, 99%から選択
  ○ 信頼区間(C)                                     します。
    水準(L)  95.0
  ● 検定中央値(T)  12                           ──→ 評価する中央値を入力します。
    対立仮説(A)  より大  ▼
                                              ──→ 対立仮説を設定します。ここでは，"よ
                                                  り大"を選択しました。これは，片側検
    選択                                              定の$H_1: M > M_0$に対して検定するという
  ヘルプ              OK(O)      キャンセル          意味です。
```

[実行] 2. 結果の出力：セッションウィンドウに次のような結果が出力されます。

```
メディアンの符号検定: C1

メディアン= 12.00 対 > 12.00 の符号検定

      N  より下  同等  上方   p値    中央値
C1   22      9     2    11  0.4119   12.50
```

[実行] 3. 結果の解析

- 下に該当する9は，中央値12より小さな観測値の数であり，上に該当する11は，中央値より大きな観測値の数です。p値は0.4119となっており，$\alpha = 0.05$より大きいため帰無仮説を棄却できません。すなわち，消費者団体が主張する広告時間が長いという主張を認めるのは困難です。

■ ウィルコクソン符号順位検定（Wilcoxon Signed Rank Test）

符号検定は，符号のみを検定統計量に利用しますが，ウィルコクソンの符号順位検定は，符号に順位を関連付けるため，符号検定より検出力が大きくなります。

[例題]

ある放送局では，番組1本あたりの広告時間の中央値は，$M=12$分であると報告しています。一方，消費者保護団体はこれより長いと主張して，広告時間を減らすことを要求しています。このとき，消費者保護団体の主張が統計的に正しいかどうか検定してください。サンプルから抽出した$n=22$本の広告時間は次の通りです（例題データ：1サンプルウィルコクソン検定例題.MTW）。

13, 11, 14, 18, 9, 6, 12, 8, 14, 11, 13, 15, 13, 12, 9, 7, 10, 16, 13, 14, 13, 10

[実行] 1. MINITAB メニュー：統計 ▶ ノンパラメトリック ▶ 1 サンプルウィルコクソン

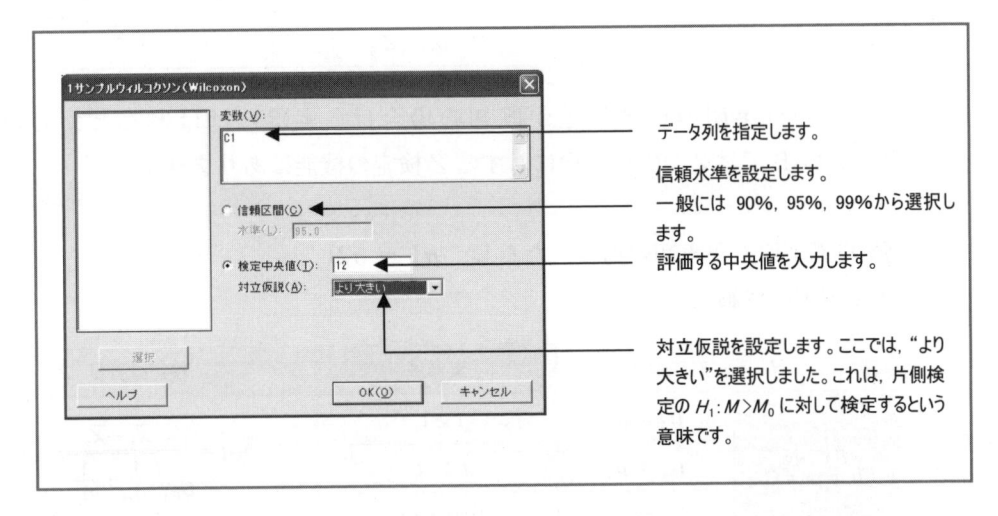

[実行] 2. 結果の出力：セッションウィンドウに次のような結果が出力されます。

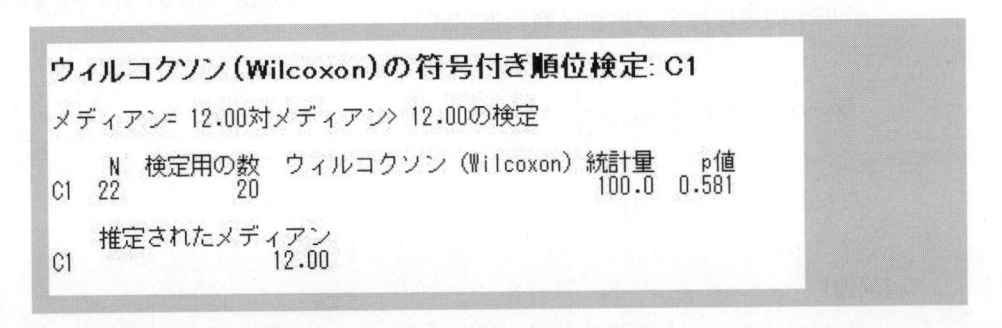

[実行] 3. 結果の解析

- p 値が 0.581 となっており，$\alpha = 0.05$ より大きいので帰無仮説を棄却できません。推定された中央値は母中央値に対する推定値で，これは帰無仮説で設定した中央値 12 と同じです。すなわち，広告時間が 12 分より長いという対立仮説を採択できないと解釈できます。

3. 2つの母平均に対する検定と推定

[1] 独立した2つの母平均の差の検定と推定

■ 母標準偏差が既知の場合

・Z検定の要約

帰無仮説(H_0)	対立仮説(H_1)	棄却域	検定統計量
$\mu_1 = \mu_2$ ($\mu_1 = \mu_2 = 0$)	$\mu_1 > \mu_2$	$Z \geq Z_\alpha$	$Z = \dfrac{\overline{X}_1 - \overline{X}_2}{\sqrt{\dfrac{\sigma_1^2}{n_1} + \dfrac{\sigma_2^2}{n_2}}}$
	$\mu_1 < \mu_2$	$Z \leq -Z_\alpha$	
	$\mu_1 \neq \mu_2$	$|Z| \geq Z_{\frac{\alpha}{2}}$	

2つの母集団の標準偏差が既知の場合は、実際にはほとんどないため、MINITABでは2つの母平均に対するZ検定の機能はありません。

■ 母標準偏差が未知の場合（ただし、σ1 = σ2）
・t検定の要約

帰無仮説(H_0)	対立仮説(H_1)	棄却域	検定統計量
$\mu_1 = \mu_2$ ($\mu_1 = \mu_2 = 0$)	$\mu_1 > \mu_2$	$t \geq t_\alpha$	$t = \dfrac{\overline{X}_1 - \overline{X}_2}{S_p \sqrt{\dfrac{1}{n_1} + \dfrac{1}{n_2}}}$
	$\mu_1 < \mu_2$	$t \leq -t_\alpha$	
	$\mu_1 \neq \mu_2$	$|t| \geq t_{\frac{\alpha}{2}}$	

ただし、S_p は σ に対する合算推定量

・母平均差に対する信頼区間の推定式

$$(\overline{x}_1 - \overline{x}_2) - t(\phi, \frac{\alpha}{2}) s_p \sqrt{(\frac{1}{n_1} + \frac{1}{n_2})} \leq \mu_1 - \mu_2 (\overline{x}_1 - \overline{x}_2) - t(\phi, \frac{\alpha}{2}) s_p \sqrt{(\frac{1}{n_1} + \frac{1}{n_2})}$$

ただし、$\phi = n_1 + n_2 - 2$

[例題]

次のデータは、ある建築材料に対して熱処理をした後、伸びた長さ（mm）を測定したものです。AグループのデータはA社の製品18個について測定したもので、BグループのデータはB社の製品16個について測定したものです。A社の製品とB社の製品において、伸びた長さに差があるといえるのかを検討してみましょう（例題データ：2サンプルt例題.MTW）。

```
A：22 19 16 17 19 16 26 24 18 19 13 16 22 18 19 22 19 28
B：22 20 28 24 22 28 22 19 25 21 23 24 23 23 29 23
```

[実行] 1. MINITAB メニュー：統計 ▶ 基本統計 ▶ 2 サンプル t

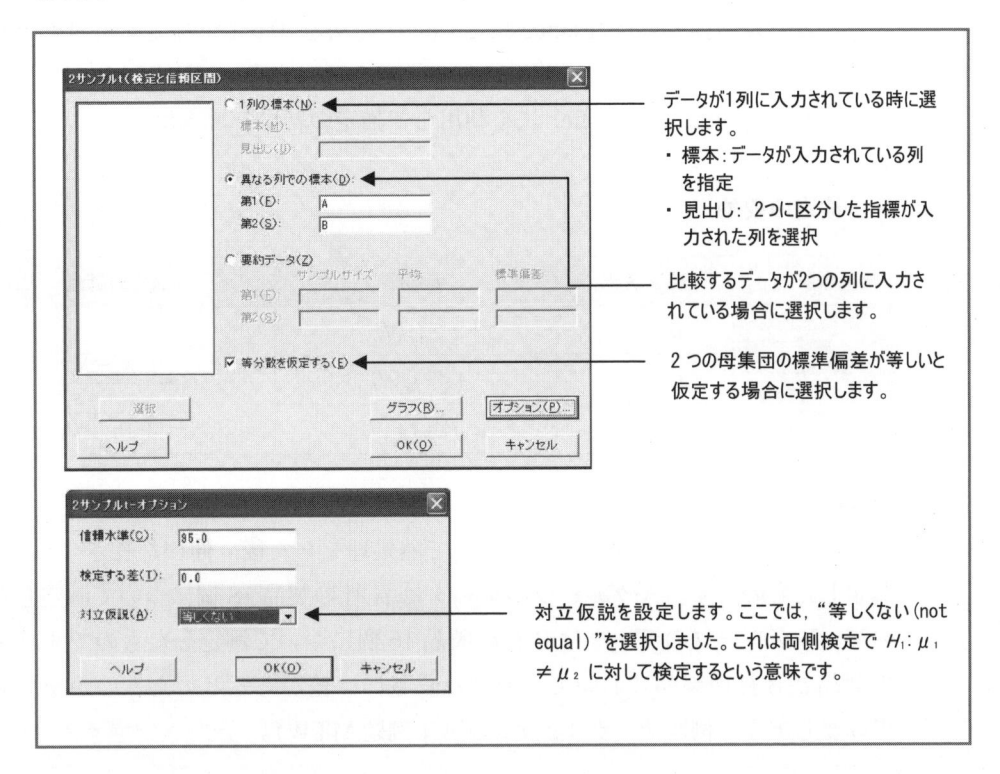

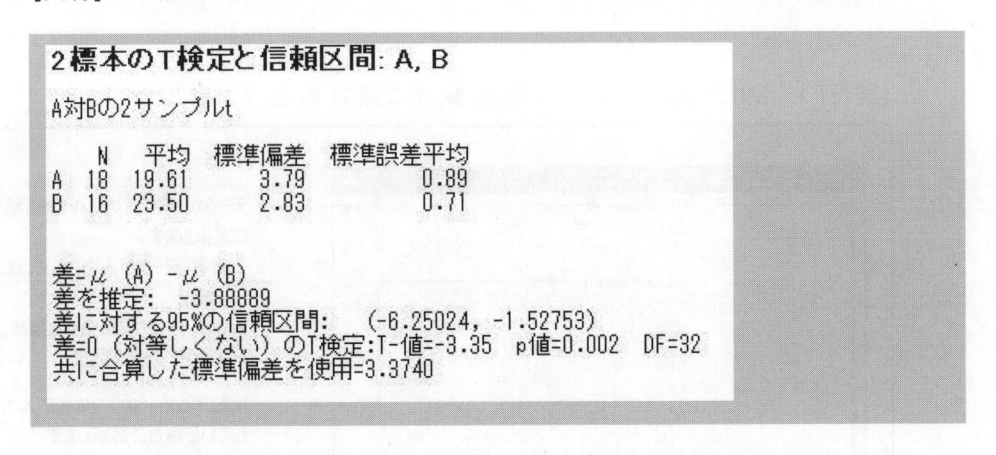

```
データが1列に入力されている時に選
択します。
・標本：データが入力されている列
  を指定
・見出し：2つに区分した指標が入
  力された列を選択

比較するデータが2つの列に入力さ
れている場合に選択します。

2つの母集団の標準偏差が等しいと
仮定する場合に選択します。

対立仮説を設定します。ここでは，"等しくない(not
equal)"を選択しました。これは両側検定で $H_1: \mu_1 \neq \mu_2$ に対して検定するという意味です。
```

[実行] 2. 結果の出力：セッションウィンドウに次のような結果が出力されます。

```
2標本のT検定と信頼区間: A, B

A対Bの2サンプルt

    N   平均   標準偏差  標準誤差平均
A  18  19.61   3.79      0.89
B  16  23.50   2.83      0.71

差=μ (A) - μ (B)
差を推定： -3.88889
差に対する95%の信頼区間： (-6.25024, -1.52753)
差=0 (対等しくない) のT検定：T-値=-3.35  p値=0.002  DF=32
共に合算した標準偏差を使用=3.3740
```

[実行] 3. 結果の解析

- p 値が 0.002 となっており，$\alpha = 0.05$ より小さいので帰無仮説を棄却します。すなわち，伸びた長さには差があるといえます。このとき，2つの母平均差の信頼区間は (-6.25, -1.53) です。

■ 母標準偏差が未知の場合（ただし，$\sigma1 \neq \sigma2$）

この場合は，Behrens-Fisher法とCochran法を使って，検定統計量が近似的にt分布に従うということを前提にして推定を行います。MINITABでは2つの方法のうち，Behrens-Fisher法を利用して推定の結果を導き出します。

・t検定の要約

帰無仮説(H_0)	対立仮説(H_1)	棄却域	検定統計量
$\mu_1=\mu_2$ ($\mu_1=\mu_2=0$)	$\mu_1 > \mu_2$	$t \geq t_\alpha(V)$	$t = \dfrac{\overline{X}_1 - \overline{X}_2}{\sqrt{\dfrac{s_1^2}{n_1} + \dfrac{s_2^2}{n_2}}}$
	$\mu_1 < \mu_2$	$t \leq -t_\alpha(V)$	
	$\mu_1 \neq \mu_2$	$\|t\| \geq t_{\frac{\alpha}{2}}(V)$	

[例題]

次のデータは，ある建築材料に対して熱処理をした後，伸びた長さ（mm）を測定したものです。AグループのデータはA社の製品18個について測定したもので，BグループのデータはB社の製品16個について測定したものです。A社の製品とB社の製品において，伸びた長さには差があるといえるのかを検討してみましょう（例題データ：2サンプルt例題.MTW）。

```
A：22 19 16 17 19 16 26 24 18 19 13 16 22 18 19 22 19 28
B：22 20 28 24 22 28 22 19 25 21 23 24 23 23 29 23
```

[実行] 1. MINITABメニュー：統計 ▶ 基本統計 ▶ 2サンプルt

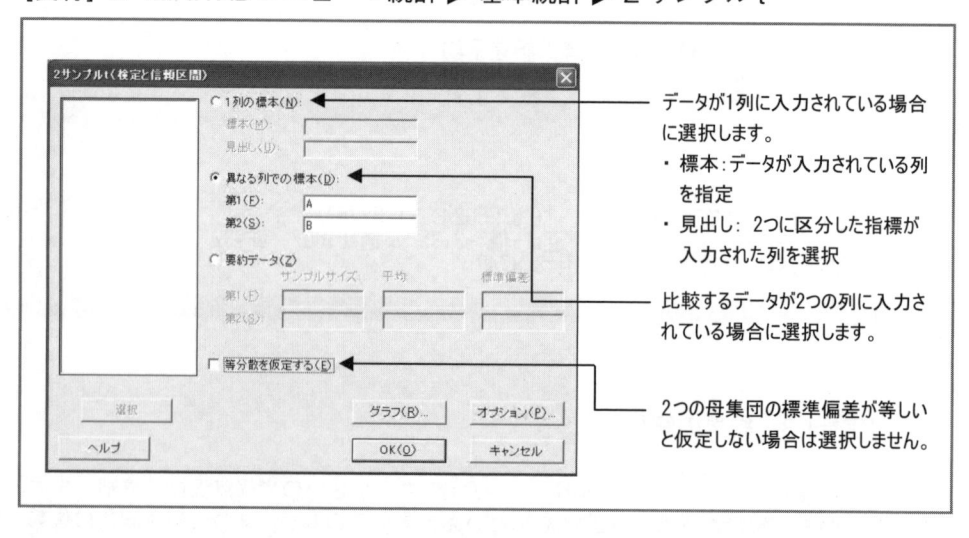

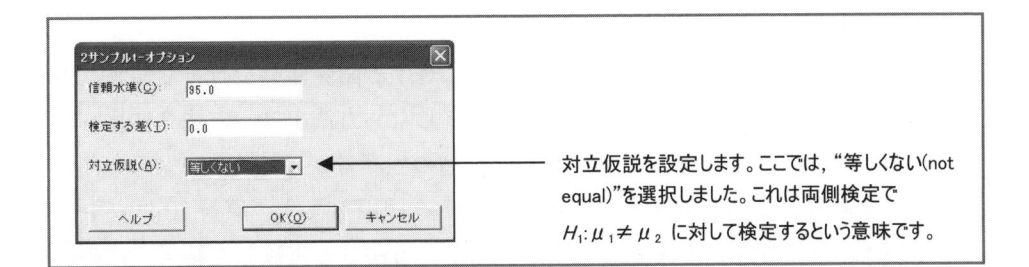

> 対立仮説を設定します。ここでは、"等しくない(not equal)"を選択しました。これは両側検定で $H_1: \mu_1 \neq \mu_2$ に対して検定するという意味です。

[実行] 2. 結果の出力：セッションウィンドウに次のような結果が出力されます。

```
A対Bの2サンプルt

     N    平均    標準偏差   標準誤差平均
A   18   19.61    3.79        0.89
B   16   23.50    2.83        0.71

差=μ (A) -μ (B)
差を推定： -3.88889
差に対する95%の信頼区間： (-6.21277, -1.56501)
差=0 (対等しくない) のT検定:T-値=-3.41  p値=0.002  DF=31
```

[実行] 3. 結果の解析

> p 値が $\alpha = 0.05$ より小さいので帰無仮説を棄却します。すなわち、伸びた長さには差があるといえます。このとき母平均差の信頼区間は (−6.21, −1.57) です。

[2] 対応するデータ2つの母平均差の検定と推定

2組のデータに何らかの対応性があり、2つをペアにできる場合、対応するデータ2つの母平均差の検定と推定を実行できます。データの対応性はデータの収集方法によって定められます。1つのサンプルに2つの処理を実施したデータ、乳牛20匹にA飼料を食べさせる前と食べさせた後の牛乳生産量の比較データなどを例として挙げることができます。

・t 検定の要約

帰無仮説 (H_0)	対立仮説 (H_1)	棄却域	検定統計量
$\mu_D = 0$	$\mu_D > 0$	$t \geq t_\alpha(V)$	$t = \dfrac{\overline{D} - \delta_0}{\sqrt{S_D/n}}$
	$\mu_D < 0$	$t \leq -t_\alpha(V)$	
	$\mu_D \neq 0$	$\|t\| \geq t_{\frac{\alpha}{2}}(V)$	

[例題]

ペンキ生産チームでは，ペンキ製造に対する開発研究を行った結果，方法1と方法2のうち1つを採用することにしました。方法1は，方法2に比べて1バッチあたりの製造費用は高い代わりに製品の生産量が多く，1バッチあたり5 kg以上生産量が多いと判断されれば，方法1を採用します。原料10ロットに対してパイロットプラントを利用して，方法1と方法2を実験した結果，次のような対応するデータを得ました。MINITABを使って分析してみましょう（例題データ：一対データのt検定.mtw）。

ロット番号	方法1	方法2	差 (di = 方法1−方法2)
1	80.0	73.0	7.0
2	79.3	74.6	4.7
3	79.1	73.0	6.1
4	77.4	72.8	4.6
5	81.6	76.0	5.6
6	80.1	74.1	6.0
7	80.0	75.0	5.0
8	81.6	73.3	8.3
9	76.3	70.7	5.6
10	81.9	74.8	7.1

[実行] 1. MINITAB メニュー：統計 ▶ 基本統計 ▶ 対データのt

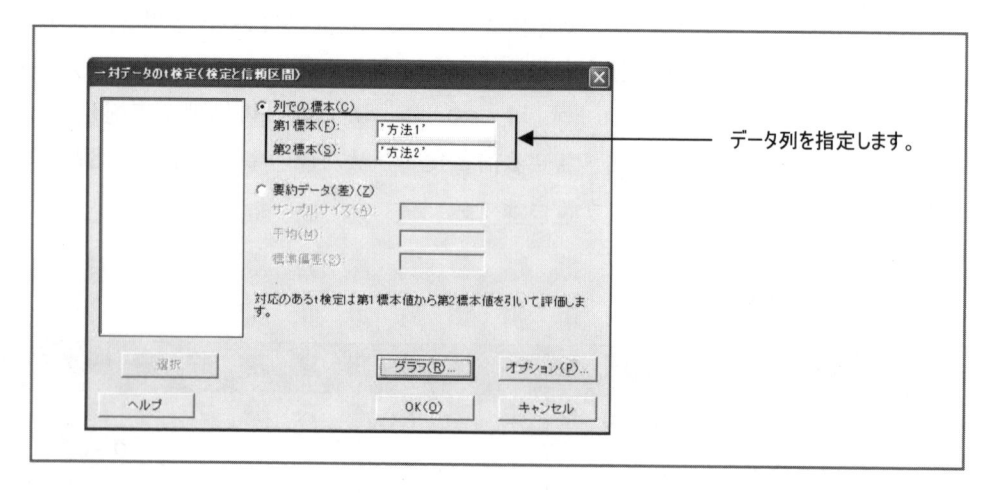

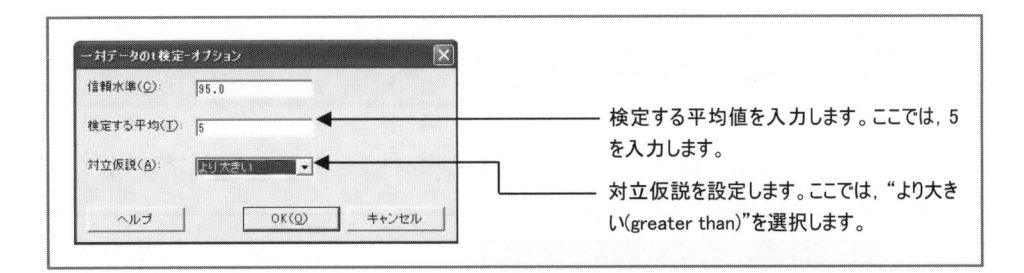

```
┌─────────────────────────────────┐
│ 一対データのt検定-オプション    ☒ │
│  信頼水準(C):    95.0             │
│  検定する平均(T): 5    ◄──────    │──── 検定する平均値を入力します。ここでは，
│  対立仮説(A): より大きい ▼ ◄──  │     5 を入力します。
│                             │   │
│  [ヘルプ]  [OK(O)]  [キャンセル] │──── 対立仮説を設定します。ここでは，"より大き
└─────────────────────────────────┘     い(greater than)"を選択します。
```

[実行] 2. 結果の出力：セッションウィンドウに次のような結果が出力されます。

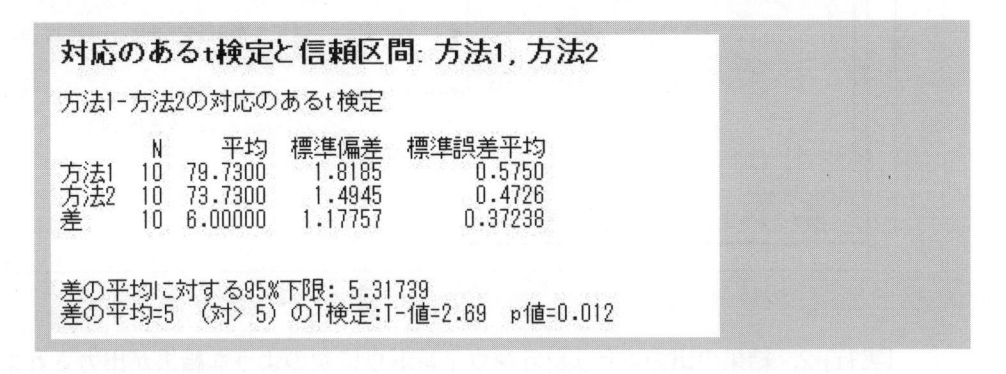

```
対応のあるt検定と信頼区間: 方法1, 方法2
方法1-方法2の対応のあるt検定
        N      平均    標準偏差   標準誤差平均
方法1  10   79.7300    1.8185    0.5750
方法2  10   73.7300    1.4945    0.4726
差     10    6.00000   1.17757   0.37238

差の平均に対する95%下限: 5.31739
差の平均=5 (対> 5)のT検定:T-値=2.69  p値=0.012
```

[実行] 3. 結果の解析

- p 値が $\alpha = 0.05$ より小さいので帰無仮説を棄却します。方法 1 は，方法 2 に比べて 1 バッチあたりの生産量が 5 kg 以上多い，ということができます。このとき，信頼区間は（5.158, 6.842）です。

[3] ノンパラメトリック法

■ マン－ウィットニー(Mann-Whitney)法を利用した独立した2つのサンプルの検定

母集団に対して特定の確率分布を仮定しない場合，ノンパラメトリック法を用います。マン－ウィットニー法の場合，データが同じ形状で分散も等しく，離散の場合に，連続型または順位型（自然な順序）スケールを持つ2つの母集団からの独立なランダムサンプルであると仮定しています。2つの母集団の中央値の同一性に対して，仮説の検定および該当する点推定値，信頼区間を計算します。

[例題]

2つの止血剤に効果の違いがあるのかを知るために，止血剤 A は 8 人の患者に，止血剤 B は 7 人の患者に対して実験を行いました。その結果，止血効果が発生するまでにかかる時間（単位：分）は次の通りでした。MINITAB を利用して，2つの止血剤に効果の違いがあるのかを検定してください（例題データ：マン－ウィットニー検定例題.mtw）。

```
A: 2.7  3.5  4.2  1.6  2.0  3.0  2.0  3.6
B: 0.8  2.1  2.9  2.0  1.7  3.2  1.3
```

[実行] 1. MINITAB メニュー：統計▶ノンパラメトリック▶マン-ウィットニー

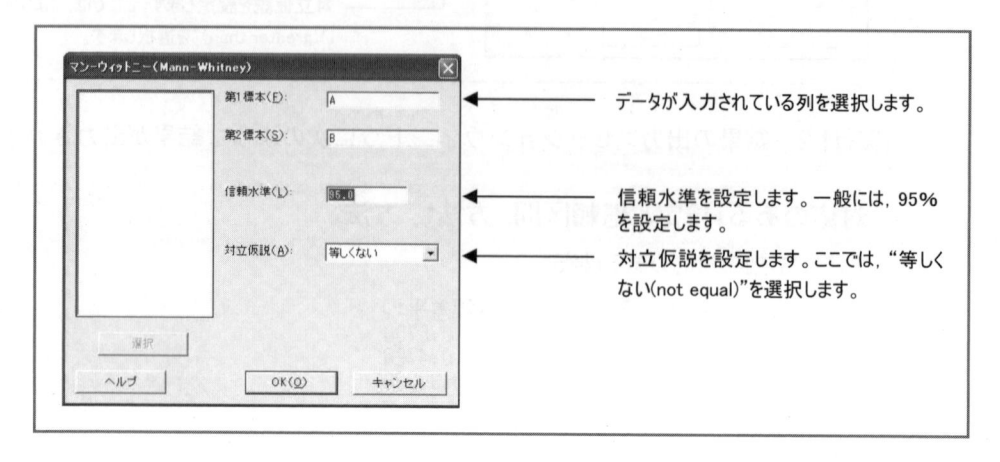

（ダイアログボックス）
- 第1標本(F)：A
- 第2標本(S)：B
- 信頼水準(L)：95.0
- 対立仮説(A)：等しくない

→ データが入力されている列を選択します。
→ 信頼水準を設定します。一般には，95%を設定します。
→ 対立仮説を設定します。ここでは，"等しくない(not equal)"を選択します。

[実行] 2. 結果の出力：セッションウィンドウに次のような結果が出力されます。

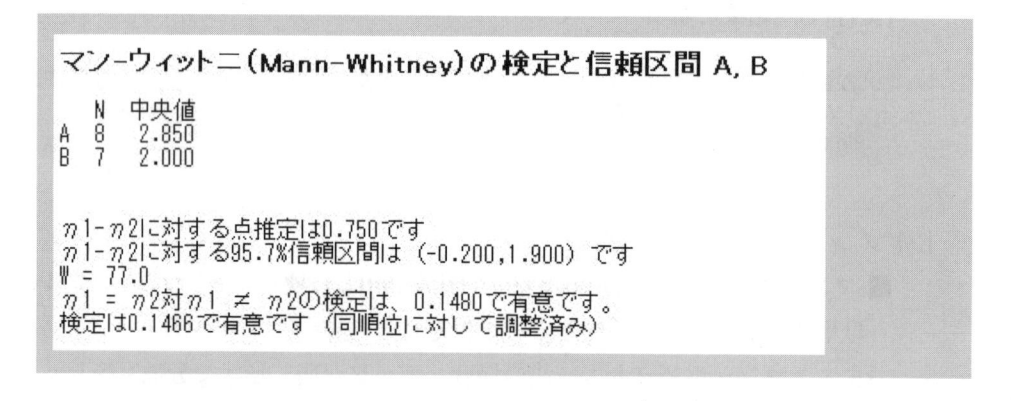

```
マン-ウィットニ(Mann-Whitney)の検定と信頼区間 A, B

    N  中央値
A   8  2.850
B   7  2.000

η1-η2に対する点推定は0.750です
η1-η2に対する95.7%信頼区間は（-0.200,1.900）です
W = 77.0
η1 = η2対η1 ≠ η2の検定は、0.1480で有意です。
検定は0.1466で有意です（同順位に対して調整済み）
```

[実行] 3. 結果の解析

- p 値が 0.1466 となっており，$\alpha = 0.05$ より大きいので帰無仮説を棄却できません。すなわち，2つの止血剤 A，B の止血効果の違いを認めることはできません。

■ ウィルコクソン（Wilcoxon）法を利用した対応のあるデータの検定

母集団に対して特定の確率分布を仮定しない場合，ノンパラメトリック法を用います。ウィルコクソン法を利用すると，対応のあるデータの検定を実行できます。

3. 2つの母平均に対する検定と推定　119

[例題]

血栓症の患者9人に新しい治療法で治療を行い，治療前と治療後の脈拍を比較調査したところ，次の通りでした。MINITABを利用して，治療前・後の脈拍に違いがあるのかを検定してください（例題データ：ウィルコクソン検定例題.mtw）。

```
治療前：33  17  30  25  36  25  31  20  18
治療後：21  17  22  13  33  20  19  13   9
```

[実行]1. データの入力：治療前・後のデータを，次のようにC1からC2を引いた結果をC3に保存します。

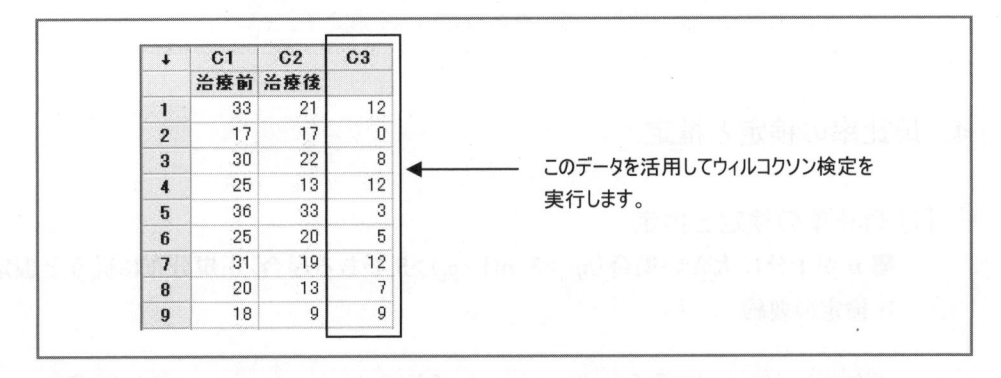

↓	C1	C2	C3
	治療前	治療後	
1	33	21	12
2	17	17	0
3	30	22	8
4	25	13	12
5	36	33	3
6	25	20	5
7	31	19	12
8	20	13	7
9	18	9	9

← このデータを活用してウィルコクソン検定を実行します。

[実行] 2. MINITAB メニュー：統計 ▶ ノンパラメトリック ▶ 1サンプルウィルコクソン

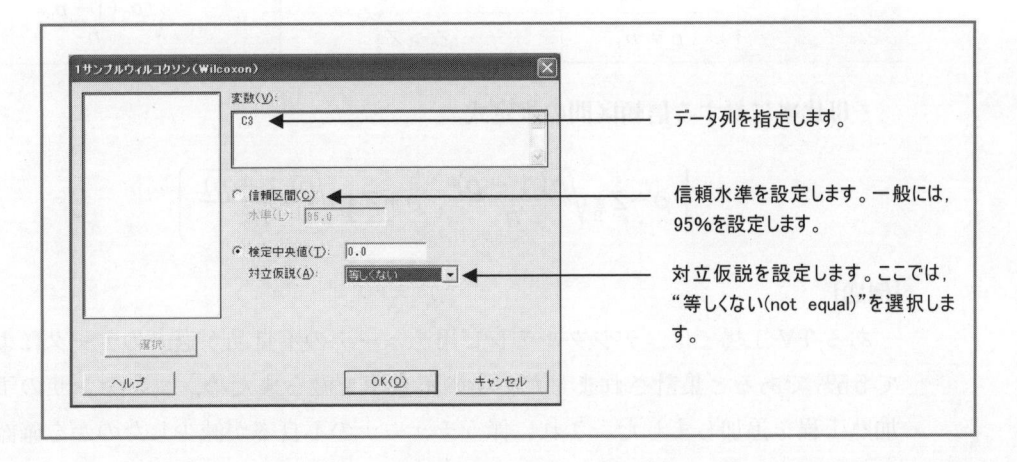

- データ列を指定します。
- 信頼水準を設定します。一般には，95%を設定します。
- 対立仮説を設定します。ここでは，"等しくない(not equal)"を選択します。

[実行] 3. 結果の出力：セッションウィンドウに次のような結果が出力されます。

```
ウィルコクソン(Wilcoxon)の符号付き順位検定: C3
メディアン= 0.000000 対 メディアン≠ 0.000000 の検定
      N  検定用の数  ウィルコクソン(Wilcoxon)統計量    p値
C3    9       8                              36.0   0.014

      推定されたメディアン
C3         7.500
```

[実行] 4. 結果の解析

- p 値が 0.014 となっており，$\alpha = 0.05$ より小さいので帰無仮説を棄却します。すなわち，治療前・後の脈拍に違いがあると認められます。

4. 母比率の検定と推定

[1] 母比率の検定と推定

■ n が十分に大きい場合 ($np_0 > 5$, $n(1-p_0) \geq 5$ である場合，正規分布に従うと仮定)

・検定の要約

帰無仮説 (H_0)	対立仮説 (H_1)	棄却域	検定統計量
$p = p_0$	$p > p_0$	$Z_0 \geq Z_\alpha$	$Z_0 = \dfrac{(\hat{p} - p_0)}{\sqrt{\dfrac{p_0(1-p_0)}{n}}}$
	$p < p_0$	$Z_0 \leq -Z_\alpha$	
	$p \neq p_0$	$|Z_0| \geq Z_{\frac{\alpha}{2}}$	

・母比率に対する信頼区間の推定式

$$\left(\hat{p} - Z_{\frac{\alpha}{2}} \sqrt{\frac{\hat{p}(1-\hat{p})}{n}} ,\ \hat{p} + Z_{\frac{\alpha}{2}} \sqrt{\frac{\hat{p}(1-\hat{p})}{n}} \right)$$

[例題]

ある TV 工場では，デジタルテレビ用チューナの不良品が過去のデータによって 5.5% であると集計されました。この不良率を減らすため，コンデンサの予備加熱工程を追加しました。これに伴うチューナの不良率が減少したのかを確認するため，新しい工程で作られた 200 台のチューナをランダムに採取して検査したところ，4 台が不良品でした。不良率が 5.5% 未満に減少したのかを仮説検定してみましょう。有意水準 $\alpha = 0.05$ です。

[実行] 1. MINITAB メニュー：統計 ▶ 基本統計 ▶ 1 サンプルの比率

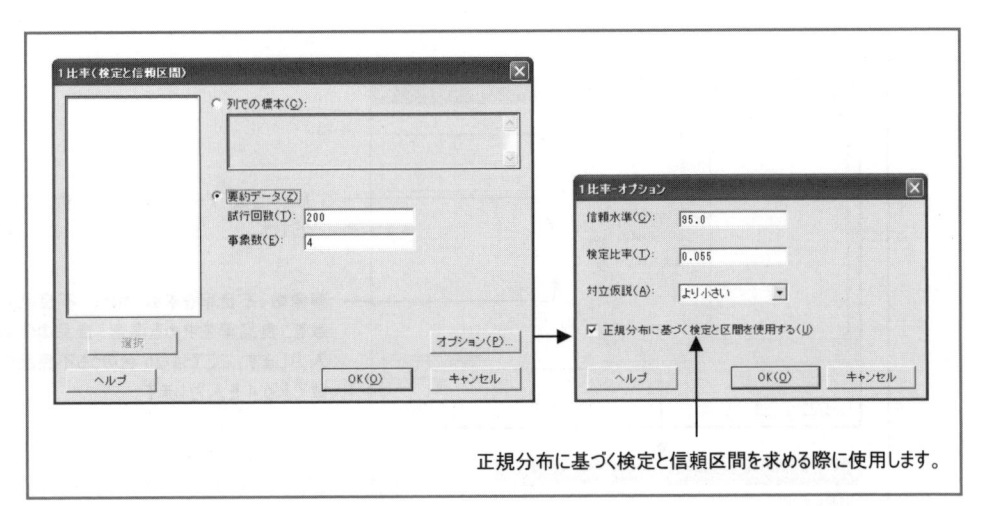

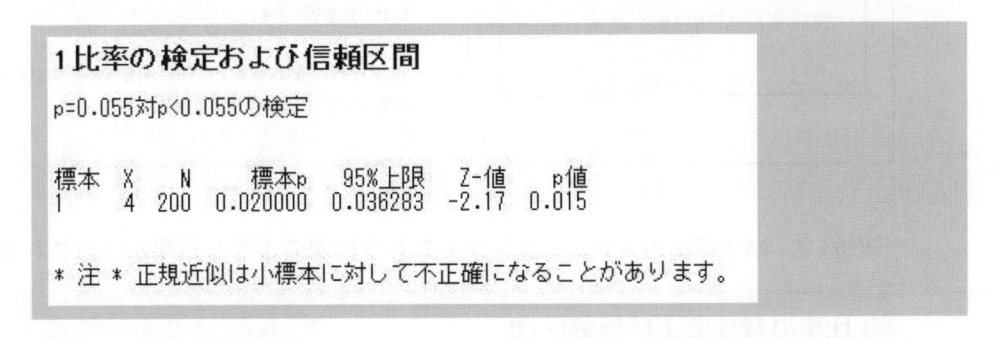

正規分布に基づく検定と信頼区間を求める際に使用します。

[実行] 2. 結果の出力：セッションウィンドウに次のような結果が出力されます。

```
1比率の検定および信頼区間
p=0.055対p<0.055の検定

標本  X   N     標本p      95%上限    Z-値    p値
1     4   200   0.020000   0.036283   -2.17   0.015

* 注 * 正規近似は小標本に対して不正確になることがあります。
```

[実行] 3. 結果の解析

- p 値が 0.015 となっており，$\alpha = 0.05$ より小さいので帰無仮説を棄却します。すなわち，改良された工程におけるチューナ不良率は，5.5% 未満に減少したとみることができます。新しい工程のチューナ不良率 p の 95% 信頼上限は 0.036383 です。

■ n が大きくない場合（$np_0 > 5$, $n(1-p_0) \geq 5$ が成立しない場合）

[例題]

　成型工程の不良率が 10% より大きいのかどうかを確認するために，この工程で作られる製品を 25 個ランダム抽出して，不良品の個数を数えてみたところ 4 個でした。不良品が 10% より大きいとみることができるのかを，有意水準 0.05 で検定してみましょう。

[実行] 1. MINITAB メニュー：統計 ▶ 基本統計 ▶ 1 サンプルの比率

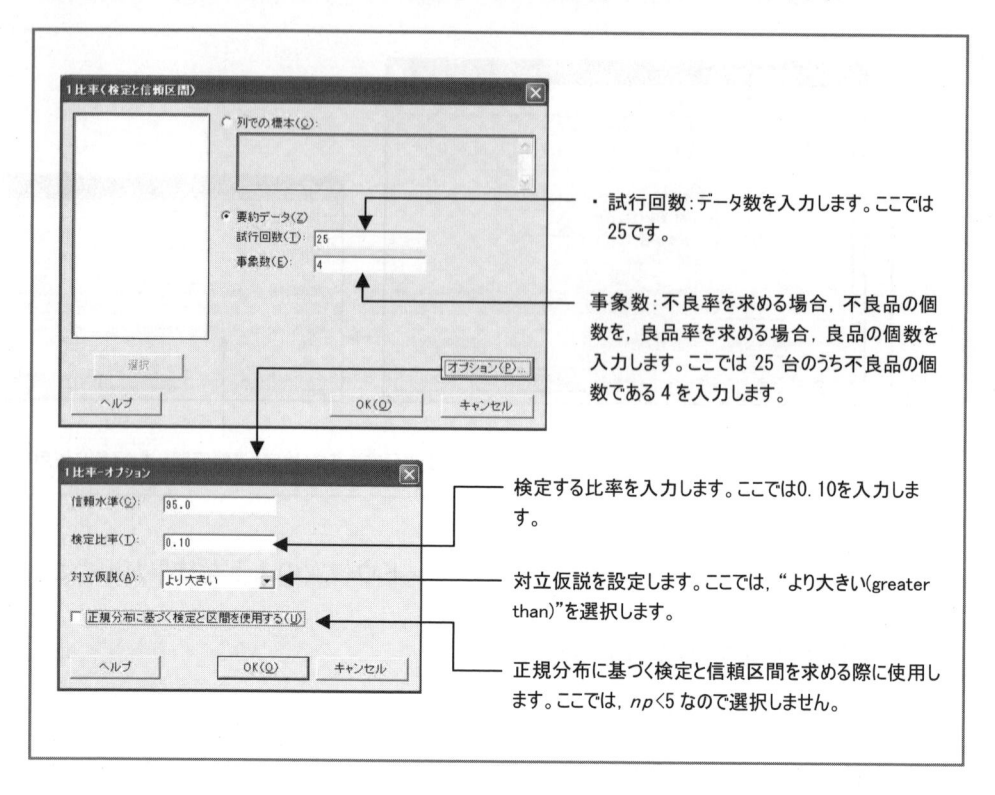

・試行回数：データ数を入力します。ここでは 25 です。

事象数：不良率を求める場合，不良品の個数を，良品率を求める場合，良品の個数を入力します。ここでは 25 台のうち不良品の個数である 4 を入力します。

検定する比率を入力します。ここでは0.10を入力します。

対立仮説を設定します。ここでは，"より大きい(greater than)"を選択します。

正規分布に基づく検定と信頼区間を求める際に使用します。ここでは，$np<5$ なので選択しません。

[実行] 2. 結果の出力：セッションウィンドウに次のような結果が出力されます。

```
1比率の検定および信頼区間
p=0.1対p>0.1の検定

標本  X   N   標本p     95%下限   正確なp値
1     4   25  0.160000  0.056563  0.236
```

[実行] 3. 結果の解析

・p 値が 0.236 となっており，$\alpha = 0.05$ より大きいので帰無仮説を棄却できません。すなわち，母不良率は 10% より大きいとはいえません。

[2] 母比率の差の推定と検定

・検定の要約

母比率の差の検定と推定時に，帰無仮説および対立仮説，検定統計量，信頼区間の推定式は次の通りです。

帰無仮説（H_0）	対立仮説（H_1）	棄却域	検定統計量
$p_1 = p_0$	$p_1 > p_2$	$Z_0 \geq Z_\alpha$	$Z_0 = \dfrac{(\hat{p}_1 - \hat{p}_2)}{\sqrt{\hat{p}(1-\hat{p})\left[\dfrac{1}{n_1} + \dfrac{1}{n_2}\right]}}$
	$p_1 < p_2$	$Z_0 \leq -Z_\alpha$	
	$p_1 \neq p_2$	$|Z_0| \geq Z_{\frac{\alpha}{2}}$	

ただし，$\hat{p} = \dfrac{X_1 + X_2}{n_1 + n_2}$ （合算不良率）

・母比率の差に対する信頼区間の推定式

$$(\hat{p}_1 - \hat{p}_2) \pm z_{\frac{\alpha}{2}} \sqrt{\frac{\hat{p}_1(1-\hat{p}_1)}{n_1} + \frac{\hat{p}_2(1-\hat{p}_2)}{n_2}}$$

[例題]

ある工程で原料のばらつきが製品の品質特性値に大きな影響を及ぼしていますが，その原料はA，B 2つの会社から納品されています。この2つの会社の原料に対して，製品に及ぼす不良率をそれぞれP_1，P_2とする場合，2つの間に差があれば，良い方の会社の原料を購入する考えです。不良率の差を調査するためにA社で作られた製品の中から120個，B社で作られた製品の中から150個の製品をランダムに抽出して不良品の個数を数えてみたところ，それぞれ12個，9個でした。$P_1 - P_2$の95%信頼区間測定と帰無仮説：$P_1 = P_2$，対立仮説：$P_1 \neq P_2$を$\alpha = 0.05$で検定してみましょう。

[実行] 1. MINITAB メニュー：統計 ▶ 基本統計 ▶ 2 サンプルの比率

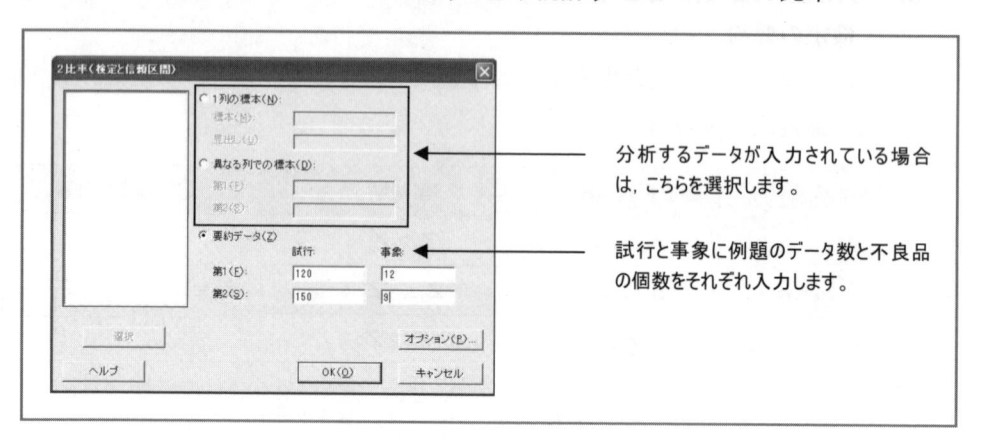

分析するデータが入力されている場合は，こちらを選択します。

試行と事象に例題のデータ数と不良品の個数をそれぞれ入力します。

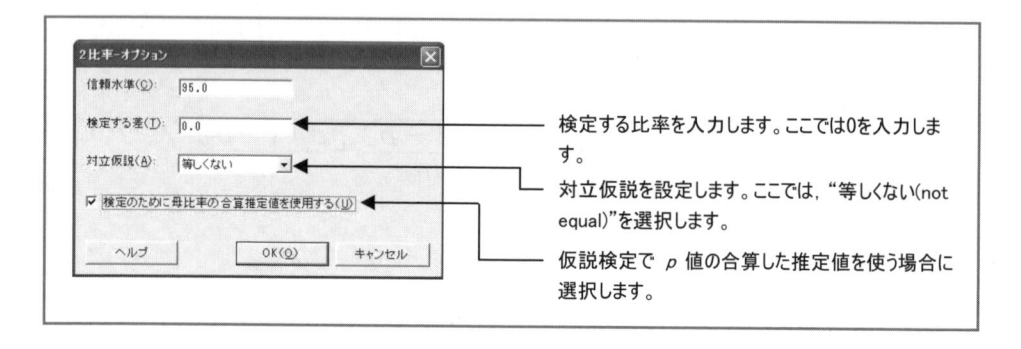

検定する比率を入力します。ここでは0を入力します。

対立仮説を設定します。ここでは，"等しくない(not equal)"を選択します。

仮説検定で p 値の合算した推定値を使う場合に選択します。

[実行] 2. 結果の出力：セッションウィンドウに次のような結果が出力されます。

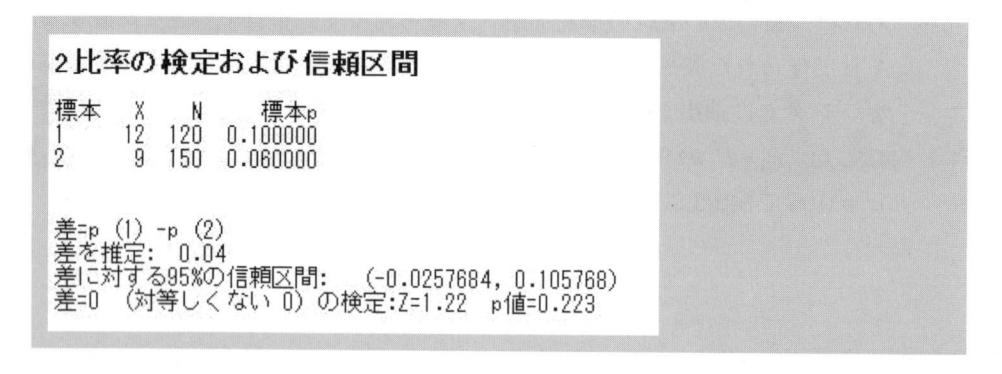

```
2比率の検定および信頼区間

標本    X    N     標本p
1      12   120   0.100000
2       9   150   0.060000


差=p (1) -p (2)
差を推定： 0.04
差に対する95%の信頼区間： (-0.0257684, 0.105768)
差=0 (対等しくない 0) の検定：Z=1.22  p値=0.223
```

[実行] 3. 結果の解析

・p 値が 0.223 となっており，$\alpha = 0.05$ より大きいので帰無仮説を棄却できません。すなわち，2 つの原料で作られた製品の不良率 P_1，P_2 間には違いがあるとはいえません。このとき，$P_1 - P_2$ の 95% 信頼区間は（-0.0257684, 0.105768）です。

5. 母分散比の検定

2つの母集団の等分散性を検定する場合，特に2サンプルt検定など多くの統計的手続きでは，2つのサンプルが分散の等しい母集団から抽出されたと仮定します。2つの母集団の等分散性検定では，このような仮定の妥当性を検討します。MINITABではF検定とレベン（Levene）の検定※を使用します。このとき，帰無仮説が等分散になります。正規分布から得たデータの場合にはF検定を使用し，正規分布ではない連続型分布から得たデータの場合には，レベンの検定を使用します。

※ MINITABでは，「レベンの検定」と翻訳されていますが，一般には「ルビーンの検定」と呼ばれています。

・検定の要約

帰無仮説（H_0）	対立仮説（H_1）	棄却域	検定統計量
$\sigma_1^2 = \sigma_2^2$	$\sigma_1^2 > \sigma_2^2$	$F_0 \geq F(\Phi_1, \Phi_2; \alpha)$	$F_0 = V_1/V_2$（ただし $V_1 > V_2$）
	$\sigma_1^2 < \sigma_2^2$	$F_0 \geq F(\Phi_2, \Phi_1; \alpha)$	
	$\sigma_1^2 \neq \sigma_2^2$	$F_0 \geq F(\Phi_1, \Phi_2; \alpha/2)$	

[例題]

ある化学薬品の製造にブランドの違う2種類の原料を使用しており，各原料で主成分Cの含有量は次の通りです。このとき，主成分Cの含有量の分散間には違いがないのかを$\alpha = 0.05$として検定してみましょう（例題データ：2分散検定例題.mtw）。

```
ブランド1：80.4 78.2 80.1 77.1 79.6 80.4 81.6 79.9 84.4 80.9 83.1
ブランド2：80.0 81.2 79.5 78.0 76.1 77.0 80.1 79.9 78.8 80.8
```

[実行] 1. MINITAB メニュー：統計 ▶ 基本統計 ▶ 2 サンプルの分散

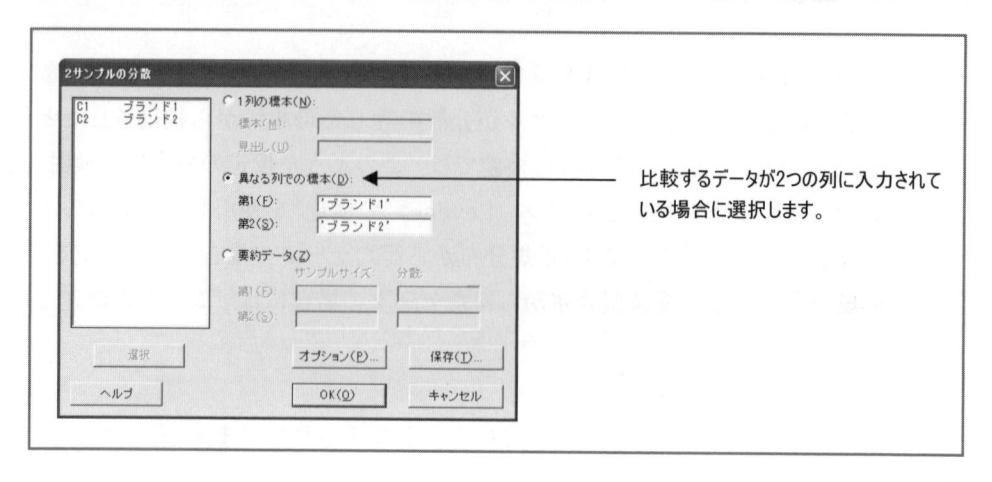

比較するデータが2つの列に入力されている場合に選択します。

[実行] 2. 結果の出力：セッションウィンドウに次のような結果が出力されます。

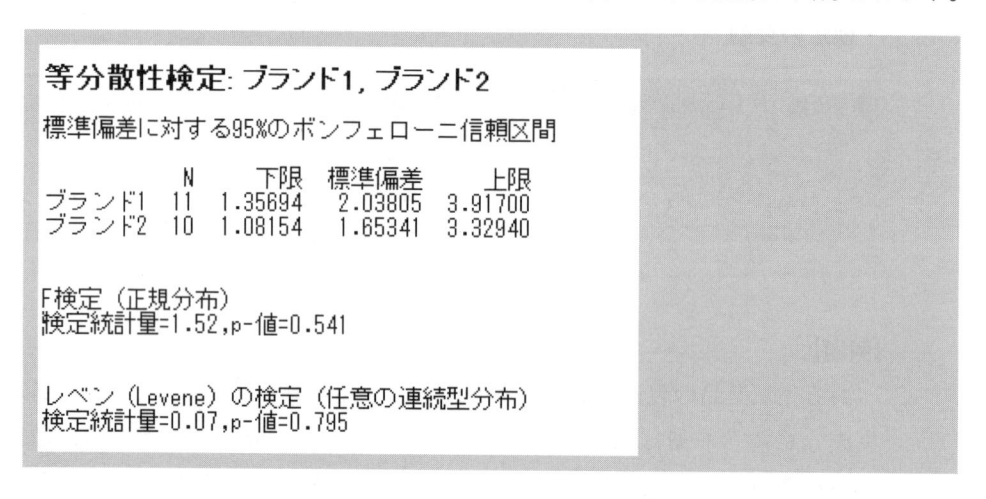

```
等分散性検定: ブランド1, ブランド2
標準偏差に対する95%のボンフェローニ信頼区間

          N    下限      標準偏差    上限
ブランド1  11   1.35694   2.03805    3.91700
ブランド2  10   1.08154   1.65341    3.32940


F検定（正規分布）
検定統計量=1.52, p-値=0.541

レベン(Levene)の検定（任意の連続型分布）
検定統計量=0.07, p-値=0.795
```

[実行] 3. 結果の解析

- MINITAB の母分散比の検定では，F 検定の結果とレベンの検定の結果をすべて示します。まず，F 検定の p 値で判断すると，その値は 0.541 となっており，$\alpha = 0.05$ より大きいので帰無仮説を棄却できません。すなわち，ブランド 1 とブランド 2 の分散に違いがあるとはいえません。レベンの検定でも同様の結果です。レベンの検定は，データが正規母集団から抽出されたという仮定が適用されない時，分散比に対する検定を行う統計量です。

6. 3つ以上の母平均の差の検定

[1] 簡単な比較

3つ以上のサンプル群（例えば，Group1, Group2, Group3, …）からそれぞれ群別にデータを抽出して，母平均の差を検定する場合，統計的な推論に先立ち，グラフを利用して各集団を比較してみることが全体を把握するうえで効果的です。

[例題]

下は，ある情報通信会社の4つの工場で生産した携帯電話の感度のデータです。工場間に違いがあるのかを，MINITAB を利用して調べてみましょう（例題データ：3つ以上の母平均の差検定.mtw）。

[実行] 1. データ入力：データは4つの列に入力します。

データ分析を行うために，下のようにデータ内容を Stack 型（一列にデータを積み上げ）に変更します。

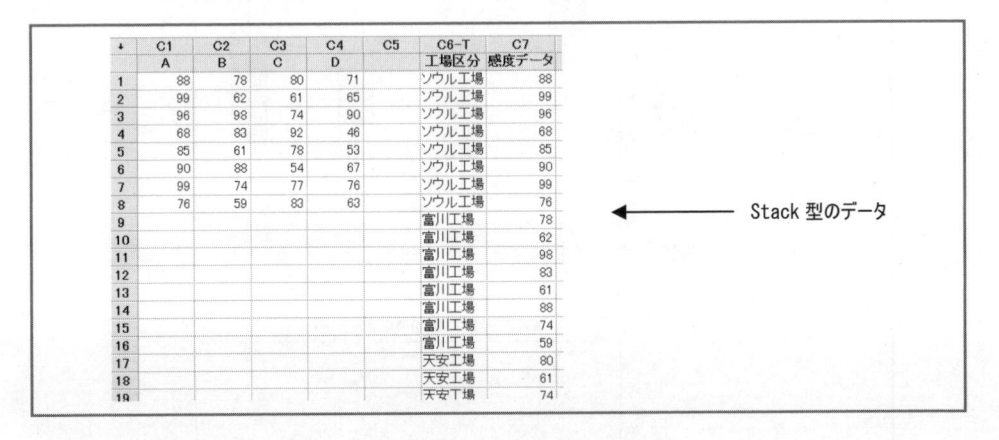

	C1 A	C2 B	C3 C	C4 D	C5	C6-T 工場区分	C7 感度データ
1	88	78	80	71		ソウル工場	88
2	99	62	61	65		ソウル工場	99
3	96	98	74	90		ソウル工場	96
4	68	83	92	46		ソウル工場	68
5	85	61	78	53		ソウル工場	85
6	90	88	54	67		ソウル工場	90
7	99	74	77	76		ソウル工場	99
8	76	59	83	63		ソウル工場	76
9						富川工場	78
10						富川工場	62
11						富川工場	98
12						富川工場	83
13						富川工場	61
14						富川工場	88
15						富川工場	74
16						富川工場	59
17						天安工場	80
18						天安工場	61
19						天安工場	74

← Stack 型のデータ

[実行] 2. MINITAB メニュー：グラフ ▶ 箱ひげ図

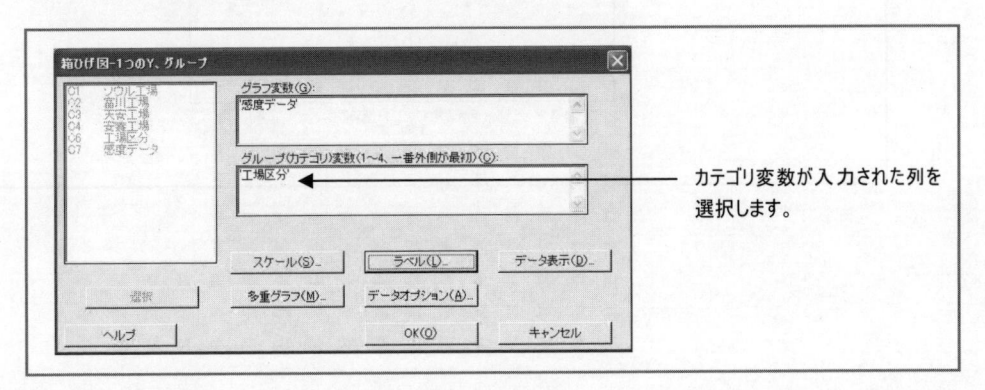

カテゴリ変数が入力された列を選択します。

[実行] グラフ ▶ 個別値プロット

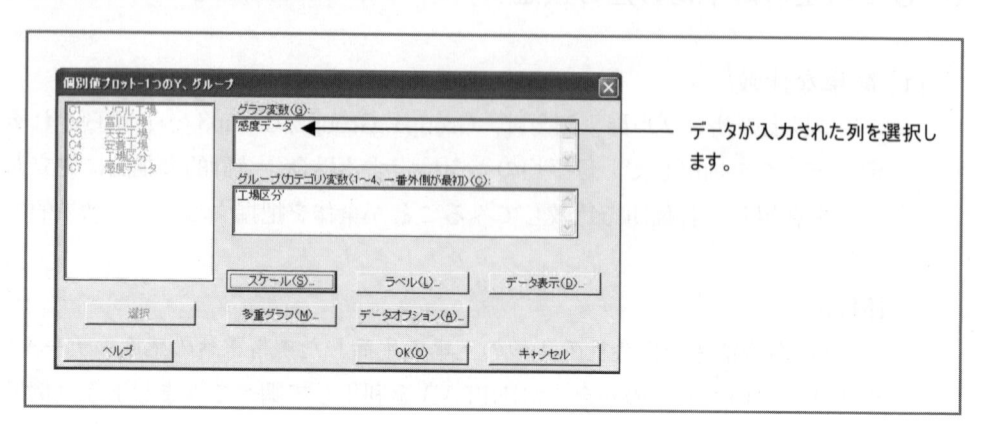

データが入力された列を選択します。

[実行] 3. 結果の出力：グラフウィンドウに次のような結果が出力されます。

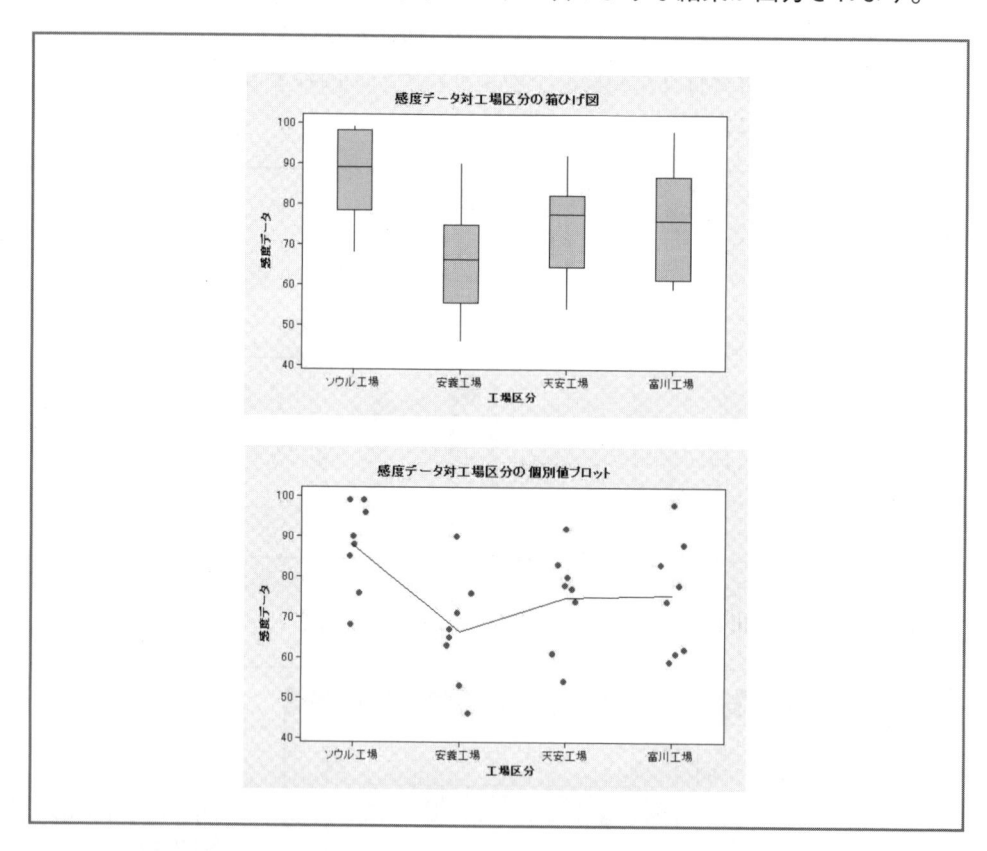

[実行] 4. 結果の解析

・箱ひげ図と個別値プロットを見ると，4集団の分散が似ている様子がわかります。箱ひげ図において，ソウル工場と安養工場の箱ひげ部分が重複していません。従って，この2つの集団間に違いがあると予想され，他の場合は工場間の感度の違いがあるようにはみえません。

[2] 一元配置の分散分析（パラメトリック法）

下は，ある情報通信会社の4つの工場で生産した携帯電話の感度のデータです。工場間に違いがあるのかを分散分析を使って調べてみましょう（例題データ：3つ以上の母平均の差検定.mtw）。

[実行] 1. データ入力：データは4つの列に入力します。

データ分析を行うために，下のようにデータ内容をStack型（一列にデータを積み上げ）に変更します。

#	C1 A	C2 B	C3 C	C4 D	C5	C6-T 工場区分	C7 感度データ
1	88	78	80	71		ソウル工場	88
2	99	62	61	65		ソウル工場	99
3	96	98	74	90		ソウル工場	96
4	68	83	92	46		ソウル工場	68
5	85	61	78	53		ソウル工場	85
6	90	88	54	67		ソウル工場	90
7	99	74	77	76		ソウル工場	99
8	76	59	83	63		ソウル工場	76
9						富川工場	78
10						富川工場	62
11						富川工場	98
12						富川工場	83
13						富川工場	61
14						富川工場	88
15						富川工場	74
16						富川工場	59
17						天安工場	80
18						天安工場	61
19						天安工場	74

← Stack型のデータ

[実行] 2. MINITAB メニュー：統計 ▶ 分散分析 ▶ 一元配置

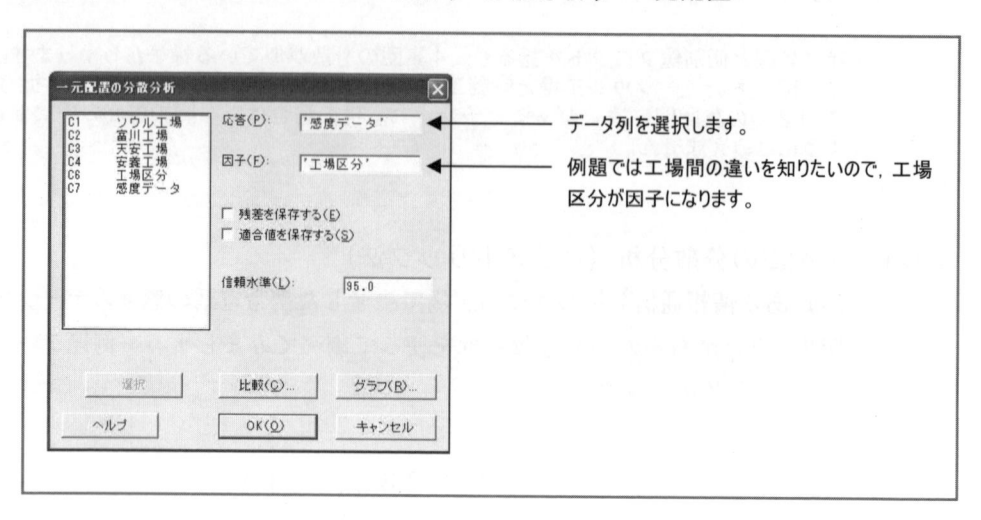

[実行] 3. 結果の出力：セッションウィンドウに次のような結果が出力されます。

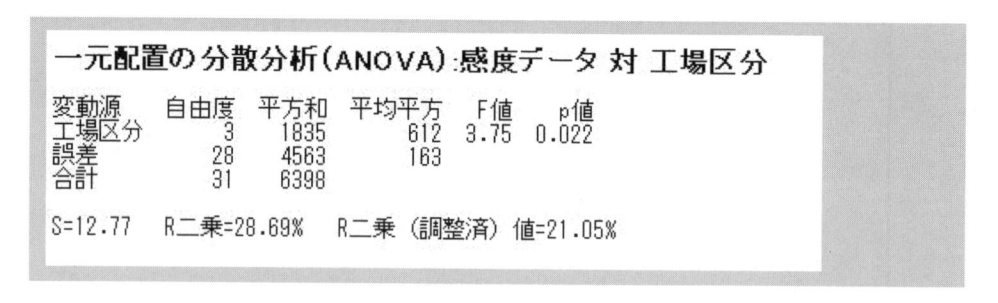

一元配置の分散分析(ANOVA):感度データ 対 工場区分

変動源	自由度	平方和	平均平方	F値	p値
工場区分	3	1835	612	3.75	0.022
誤差	28	4563	163		
合計	31	6398			

S=12.77　R二乗=28.69%　R二乗（調整済）値=21.05%

[実行] 4. 結果の解析

・p値が0.022となっており，有意水準0.05より小さいので帰無仮説（$H_0: \mu_1 = \mu_2 = \mu_3 = \mu_4$）を棄却します。従って，4つの工場間において感度データの違いが認められます。

[3] ノンパラメトリック法

　2つ以上の母集団から抽出したサンプルに対して，ノンパラメトリック法で検定を行いたい場合，クラスカル-ワリス（Kruskal-Wallis）検定とムード（Mood）のメディアン検定を利用できます。クラスカル-ワリス検定は，マン-ウィットニー（Mann-Whitney）検定で使用する手続きを一般化したものです。クラスカル-ワリス検定は，パラメトリック法の一元配置の分散分析の代わりに使用できるノンパラメトリック検定方法で，検定の仮説は次の通りです。

> H_0：母集団の中央値がすべて同じ　対　H_1：中央値がすべて同じではない

　この検定では，互いに異なる母集団から抽出されたサンプルが連続型分布に従う独立なランダムサンプルであり，分布形状が等しいと仮定します。クラスカル－ワリス検定は，正規分布のデータも含め，ムードのメディアン検定より検出力は高いですが，外れ値に対しては頑健性が劣ります。
　ムードのメディアン検定は2つ以上の母集団から得た中央値の同一性を検定するうえで使用でき，クラスカル－ワリス検定と同じように，一元配置の分散分析の代わりに使用できるノンパラメトリック検定方法です。ムードのメディアン検定は，中央値検定ともいい，次の仮説を検定します。

> H_0：母集団の中央値がすべて同じ　対　H_1：中央値がすべて同じではない

　ムードのメディアン検定では各母集団からのデータが独立なランダムサンプルであり，母集団の分布形状が等しいと仮定します。ムードのメディアン検定は，データの外れ値および誤差に対して頑健（ロバスト）で，特に分析の予備段階で使用するのに適しています。ムードのメディアン検定は，外れ値に対してクラスカル－ワリス検定より強力な手法ですが，正規分布を含む多くの分布で検出力が劣ります。

■ クラスカル－ワリス（Kruskal-Wallis）検定
[例題]
　3種類の食餌療法A，B，Cに対する効果を比較するために，同じ種類のネズミをランダムに3つの集団に分類した後，それぞれに違う食餌療法を実施しました。一定期間が過ぎた後，ネズミの増加した体重を測定した結果は次の通りでした。各食餌療法間に違いがあるのか検定してみましょう（例題データ：クラスカル－ワリス検定.mtw）。

A:	20	27	16	15	14	12	21	28
B:	20	18	13	12.5	11	9.6	8	12.3
C:	4	7	12	9	6	26	15	17

[実行] 1. データ入力：データは2つの列に入力します。

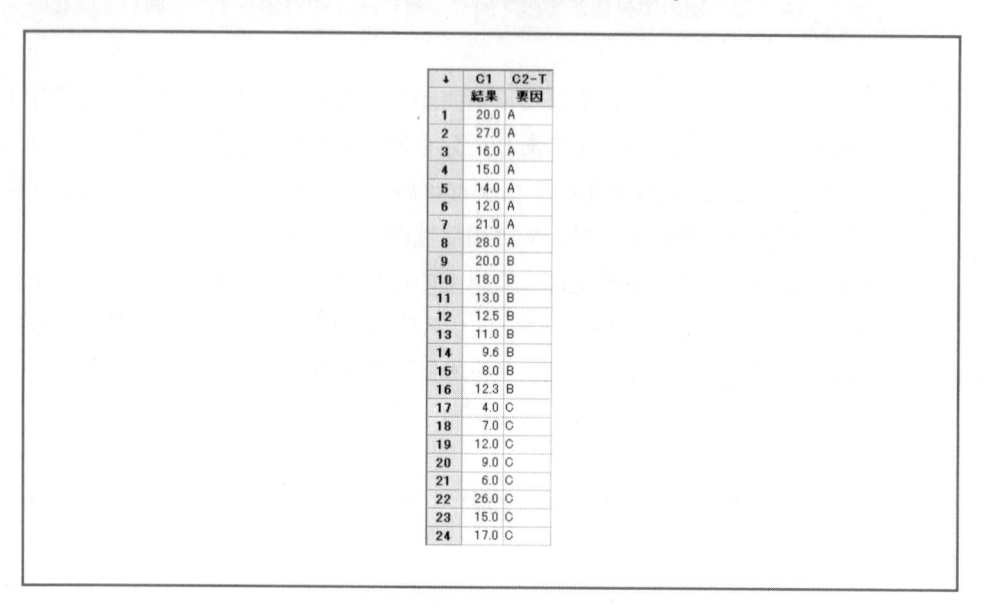

	C1 結果	C2-T 要因
1	20.0	A
2	27.0	A
3	16.0	A
4	15.0	A
5	14.0	A
6	12.0	A
7	21.0	A
8	28.0	A
9	20.0	B
10	18.0	B
11	13.0	B
12	12.5	B
13	11.0	B
14	9.6	B
15	8.0	B
16	12.3	B
17	4.0	C
18	7.0	C
19	12.0	C
20	9.0	C
21	6.0	C
22	26.0	C
23	15.0	C
24	17.0	C

[実行] 2. MINITAB メニュー：統計 ▶ ノンパラメトリック ▶ クラスカル-ワリス（Kruskal-Wallis）

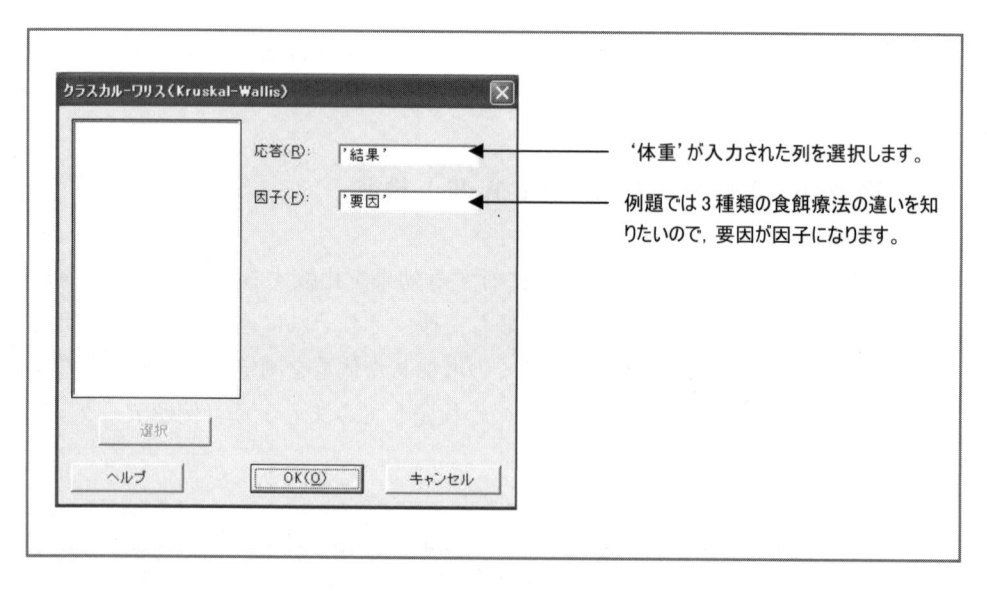

'体重' が入力された列を選択します。

例題では3種類の食餌療法の違いを知りたいので，要因が因子になります。

[実行] 3. 結果の出力：セッションウィンドウに次のような結果が出力されます。

```
結果: p145 Kruskal-Wallis検定 例題.MTW
クラスカル-ワリス(Kruskal-Wallis)検定:結果 対 要因
結果のクラスカル-ワリス (Kruskal-Wallis) 検定

要因   N   中央値   平均順位      Z
A      8   18.00      17.4      2.42
B      8   12.40      10.9     -0.77
C      8   10.50       9.1     -1.65
全体  24              12.5

H= 6.11  DF= 2  P= 0.047
H = 6.12  DF = 2  P = 0.047 (同順位に対して調整済み)
```

[実行] 4. 結果の解析

・p 値が 0.047 となっており，有意水準 0.05 より小さいので帰無仮説 (H_0 : $\mu_1 = \mu_2 = \mu_3$) を棄却します。従って，A，B，C の各食餌療法間の違いが認められます。

■ ムード（Mood）のメディアン検定

ある心理学会リサーチセンターでは，179 人の参加者に漫画を通して特定のテーマを絵で見せる講義を行いました。その後，参加者に創意力の能力を測定するテストを実施しました。参加者は職級によって 3 つの事務職群に分類しました。0 は部長以上，1 は課長以上，2 は代理／社員です。職級別でテスト結果に違いがあるのか検定してみましょう（例題データ：ムードのメディアン検定.mtw）。

[実行] 1. データ入力：データは 2 つの列に入力します。

	C1	C2
	事務職群別	テスト点数
1	0	107
2	0	106
3	0	94
4	0	121
5	0	86
6	0	99
7	0	114
8	0	100
9	0	85
10	0	115
11	0	101
12	0	84
13	0	94
14	0	87
15	0	104
16	0	104
17	0	97
18	0	91
19	0	83
20	0	93
21	0	92
22	0	91
23	0	88
24	0	90

[実行] 2. MINITAB メニュー：統計 ▶ ノンパラメトリック ▶ ムード（Mood）のメディアン検定

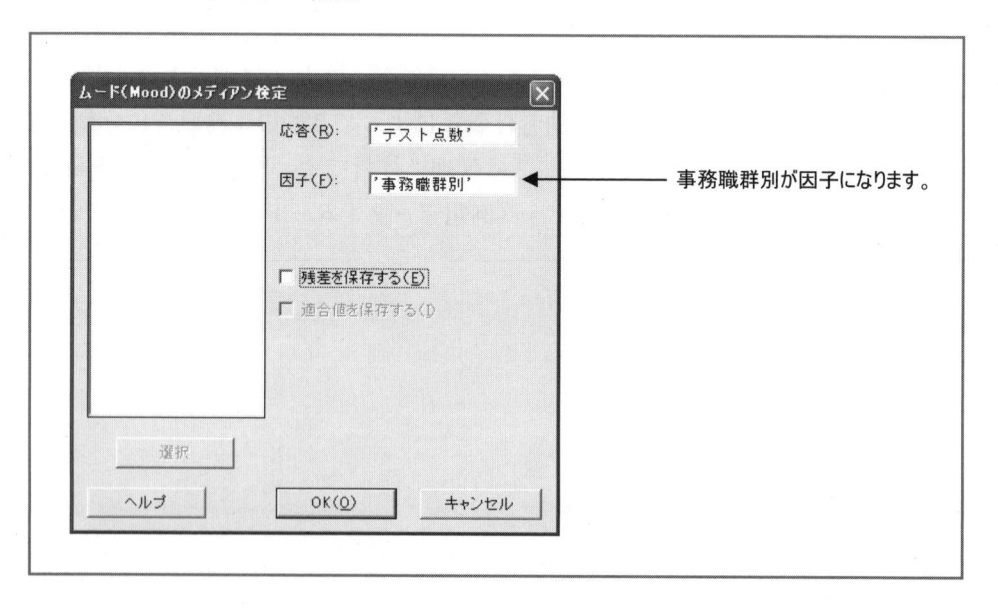

事務職群別が因子になります。

[実行] 3. 結果の出力：セッションウィンドウに次のような結果が出力されます。

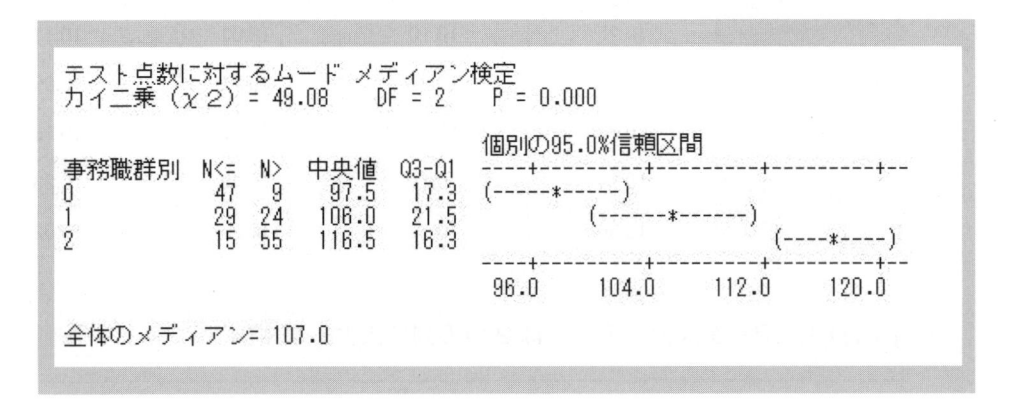

```
テスト点数に対するムード メディアン検定
カイ二乗 (χ2) = 49.08    DF = 2    P = 0.000

                                    個別の95.0%信頼区間
事務職群別  N<=  N>   中央値  Q3-Q1  ----+---------+---------+---------+--
0           47   9    97.5    17.3  (-----*-----)
1           29   24   106.0   21.5              (------*------)
2           15   55   116.5   16.3                              (----*----)
                                    ----+---------+---------+---------+--
                                     96.0     104.0     112.0     120.0

全体のメディアン= 107.0
```

[実行] 4. 結果の解析

- 参加者の点数は全体の中央値より低い点数と高い点数に分類され，関連性に対するカイ二乗検定が行われます。p 値が 0.000 より小さく，カイ二乗の値が 49.08 であるということは，H_0 を棄却し，H_1 を採択できる十分な証拠があるということを示します。すなわち，漫画を通した創意力の能力は代理 / 社員クラスで最も高いということが推測できます。

7. 3つ以上の母分散の差の検定

3つ以上の母集団の分散が等しいかどうかを仮説検定する場合には，MINITAB ではバートレット検定およびレベン（Levene）検定をサポートしています。前者はデータが正規分布から抽出されたという仮定のもとに検定を行い，後者は連続的分布からデータを抽出したという仮定のもとに検定を行います。

[例題]

ある工場では，機械部品のプレス作業に4台のプレス機械（1, 2, 3, 4号）を使っています。各プレス機械で製造された部品のロットからそれぞれ5個ずつランダムサンプリングして，その厚みを測定しました。次のデータから，厚みのばらつきは機械によって違いがあるのかを $\alpha = 0.05$ として検定してみましょう（例題データ：3つ以上の母分散の差検定.mtw）。

プレス機械	1号	2号	3号	4号
厚 み	10.25	10.10	10.01	10.11
	10.10	10.29	10.21	10.07
	10.20	10.35	10.07	10.18
	10.14	10.19	10.29	10.23
	10.36	10.17	10.27	10.02

[実行] 1. データ入力：データは2つの列に入力します。

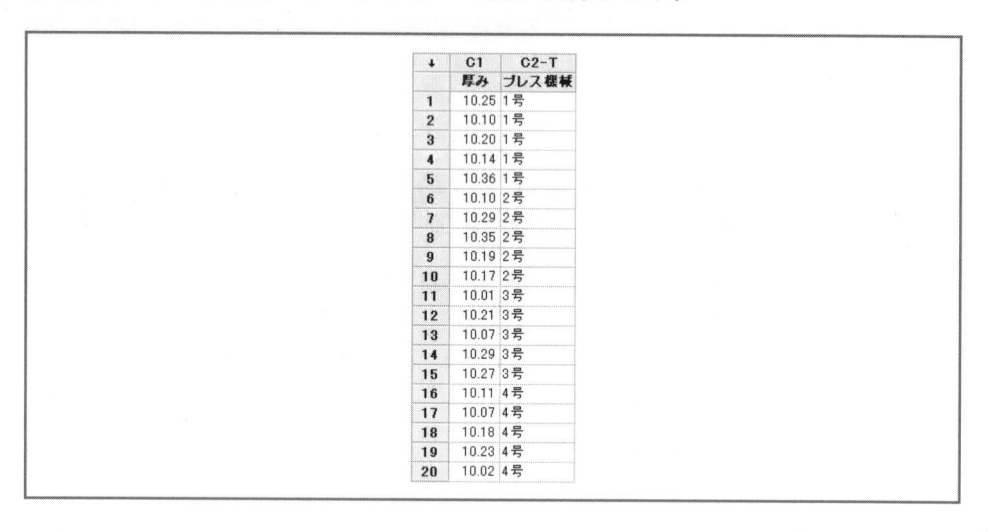

[実行] 2. MINITABメニュー：統計 ▶ 分散分析 ▶ 等分散性検定

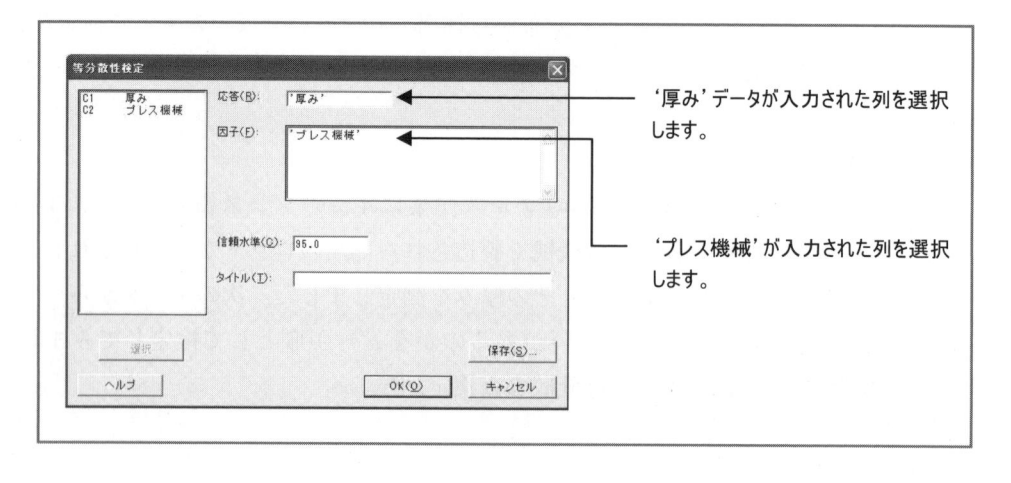

'厚み'データが入力された列を選択します。

'プレス機械'が入力された列を選択します。

[実行] 3. 結果の出力：セッションウィンドウとグラフウィンドウに次のような結果が出力されます。

```
等分散性検定:厚み 対 プレス機械
標準偏差に対する95％のボンフェローニ信頼区間
プレス機械  N      下限      標準偏差      上限
  1号      5   0.0535771   0.101489   0.421053
  2号      5   0.0525265   0.099499   0.412796
  3号      5   0.0655120   0.124097   0.514847
  4号      5   0.0443885   0.084083   0.348841
```

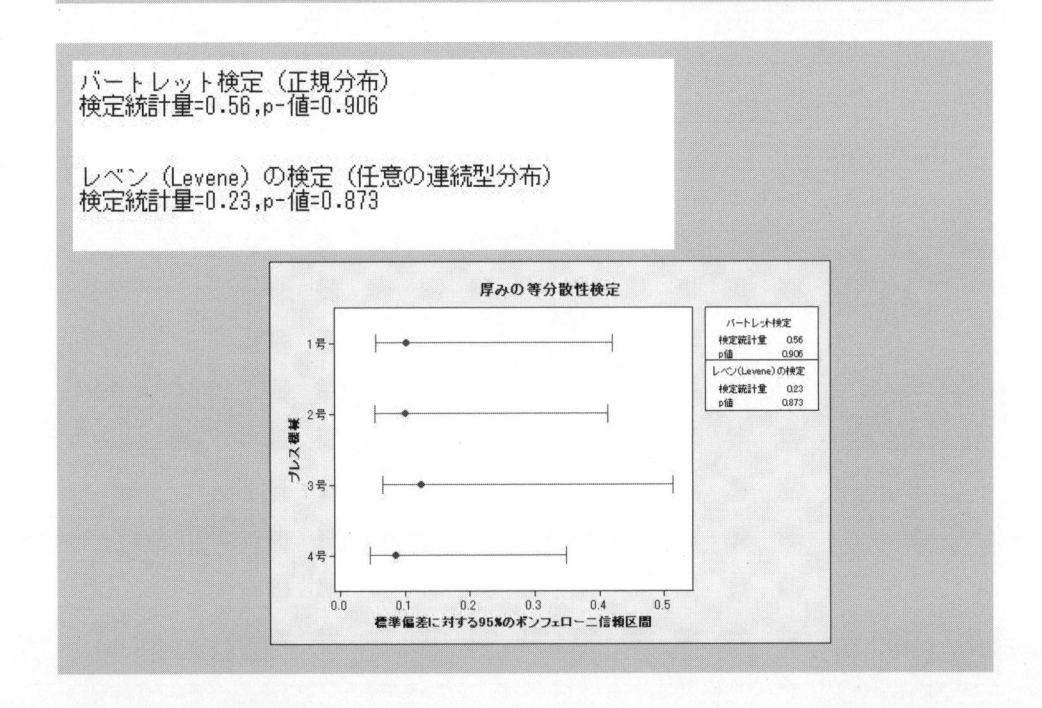

```
バートレット検定（正規分布）
検定統計量=0.56,p-値=0.906

レベン (Levene) の検定 (任意の連続型分布)
検定統計量=0.23,p-値=0.873
```

[実行] 4. 結果の解析

・バートレット検定とレベン（Levene）検定の結果，すべてのp値が有意水準0.05より高いので，帰無仮説を棄却できません。従って，4台のプレス機械で作られた機械部品の厚みのばらつきには，違いがあるとはいえません。

第6章　検出力とサンプルサイズ

1. 検出力とサンプルサイズの概要
2. 1サンプル t 検定のための検出力とサンプルサイズ
3. 2サンプル t 検定のための検出力とサンプルサイズ
4. 2サンプル比率検定のための検出力とサンプルサイズ

1. 検出力とサンプルサイズの概要

製品の品質特性を把握するための実験を計画し，実行する前（事前分析）や実験を行った後（事後分析）にMINITABの"検出力とサンプルサイズ"機能を使って検出力とサンプルサイズを計算することができます。

事前分析は計画の感度を考慮するため，データを収集する前に使用され，決定した差（効果）を検出できるように十分な検出力が必要です。この場合，例えば，サンプルサイズを増やすか，あるいは誤差分散を減らすなどして，計画の感度を高めることもできます。

事後分析は実行した検定の検出力を理解するために，データを収集した後に使用されます。例えば，実験を行って，データ分析で統計的に有意な結果が表れないと仮定した場合，検出したい最小の差（効果）を基準に，検出力を計算できます。この差を検出する検出力が小さければ，実験計画を修正して検出力を大きくし，同一の問題を継続して評価できます。一方，検出力が十分であれば，有意差（効果）がないと結論づけ，実験を中断できます。

[1] MINITABでサポートする検出力とサンプルサイズのメニュー

```
1Z  1サンプルZ(Z)...
1t  1サンプルt(1)...
2t  2サンプルt(2)...
1P  1サンプルの比率(P)...
2P  2サンプルの比率(R)...
▲   一元配置の分散分析(ANOVA)(O)...
□   2水準要因計画(F)...
PB  プラケット-バーマン(Plackett-Burman)計画(B)...
```

[2] 検出力（power）とは

下の仮説検定の結果において，$1-\beta$ が検出力となります。これは，検定する帰無仮説が正しくない場合にこれを棄却する確率となっており，帰無仮説の間違いを検出する確率になります。統計的な仮説検定は，事実である帰無仮説を棄却するという第1種の過誤を可能な限り減らし，帰無仮説の誤りを探し出す検出力を大きくするのが望ましいといえます。

判定	H_0 True	H_0 False
H_0 採択	正しい判断 $p=1-\alpha$	第2種の過誤 $p=\beta$
H_0 棄却	第1種の過誤 $p=\alpha$	正しい判断 $p=1-\beta$

[3] 検出力（power）との関係

$\alpha\uparrow, \beta\downarrow$	$\Rightarrow$	検出力 $\uparrow$
標準偏差 $\uparrow$	$\Rightarrow$	検出力 $\downarrow$
差 $\downarrow$	$\Rightarrow$	検出力 $\downarrow$
サンプルサイズ $\uparrow$	$\Rightarrow$	検出力 $\uparrow$

2. 1サンプル t 検定のための検出力とサンプルサイズ

　ある酪農工場の出荷検査担当者は，食料品衛生法規を守るため，アイスクリームの包装に対する管理を厳しくする必要があります。現在の基準では，64グラムのアイスクリーム容器コンテナに対して3グラムの違いは認められません。包装機械の許容限界は固定されており，プロセスの標準偏差は1です。検出力をそれぞれ0.7，0.8，0.9にするとき，アイスクリーム包装の重さに対する出荷検査を行うためには，いくつのサンプルを取らなければならないでしょうか。有意水準 $\alpha = 0.01$ とします。

[実行] 1. MINITAB メニュー：統計 ▶ 検出力とサンプルサイズ ▶ 1サンプル t

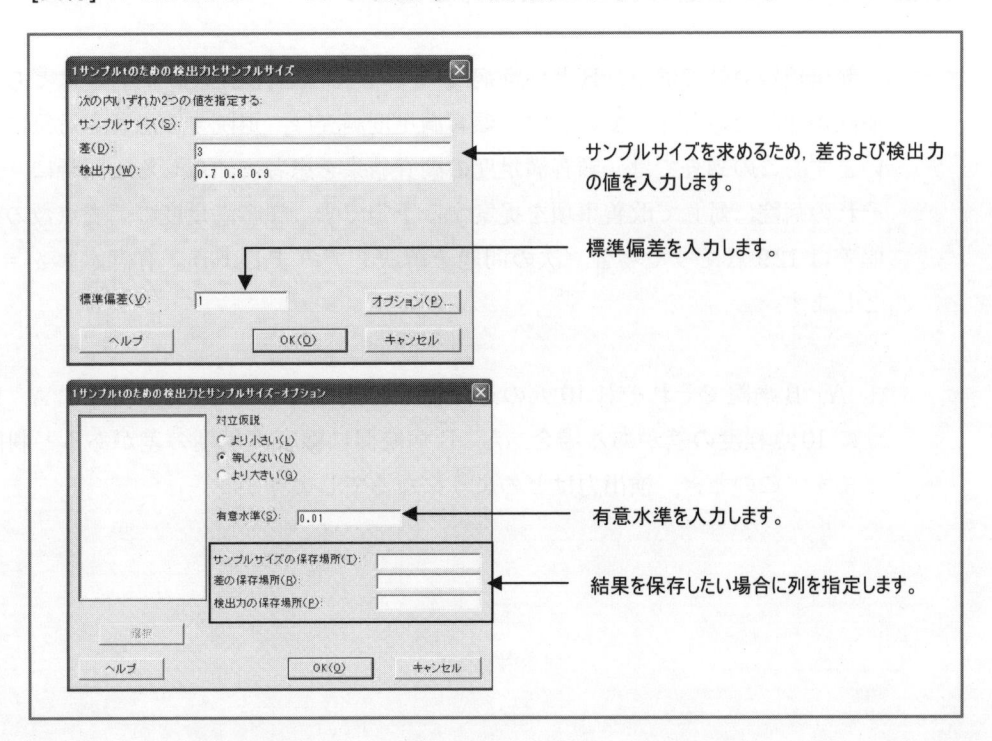

[実行] 2. 結果の出力：セッションウィンドウに次のような結果が出力されます。

```
1標本のt検定

検定 平均=ヌル（対≠ヌル）
平均=ヌル+差に対する検出力の計算
α= 0.01  仮定された標準偏差= 1

差   サンプルサイズ   目標検出力   実際の検出力
3         5            0.7         0.894714
3         5            0.8         0.894714
3         6            0.9         0.982651
```

[実行] 3. 結果の解析

- 例題で設定した目標検出力（Target Power）値によるサンプルサイズは，小数点のついた値で算出されますので，小数点をなくしたサンプルサイズの値を求めています。このことにより，実際の検出力が目標検出力の値と異なっています。例えば，目標検出力を 0.7 としてサンプルサイズを調査したところ，4.24 という値が発生しますが，ここでは小数点を取った 5 という値を採用します。そのときの 0.8947 は，実際の検出力（Actual Power）値となります。

3. 2サンプル t 検定のための検出力とサンプルサイズ

　健康情報会社では A，B という病院について，顧客満足度が高いのはどちらの病院か知りたいと考えています。顧客満足度調査は，退院する患者を対象にしています。この調査では，顧客満足度の調査結果を患者に知らせると同時に，それぞれの病院に対して改善事項を提案する予定です。顧客満足度の調査点数の標準偏差は 12.9 点だった場合，次の問題を解決してみましょう。有意水準 $\alpha = 0.05$ とします。

① A，B病院でそれぞれ 10 人の退院患者に顧客満足度調査を依頼し，A，B 間に 10 点程度の差がある場合，A，B 病院間に顧客満足度の差があると判断します。このとき，検出力はどのようになるでしょうか。

[実行] 1. MINITAB メニュー：統計 ▶ 検出力とサンプルサイズ ▶ 2 サンプル t

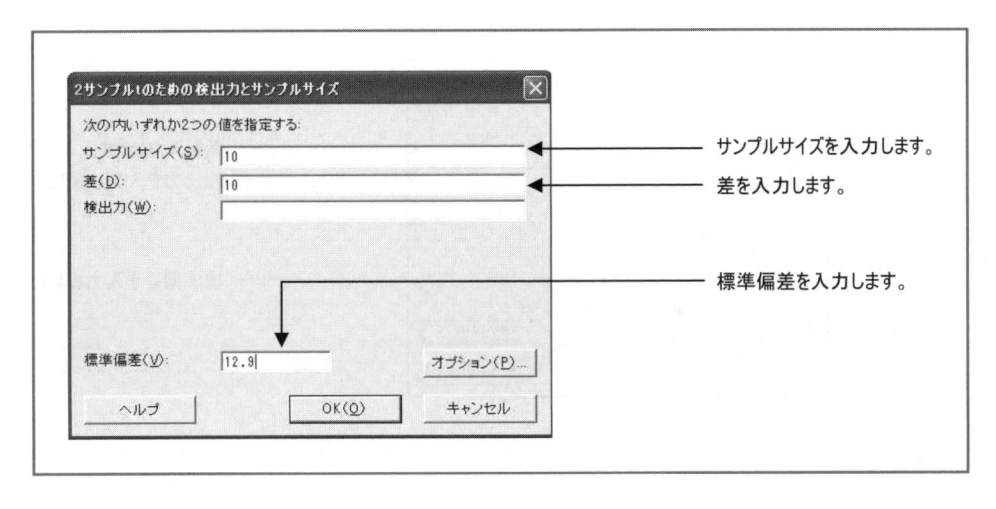

（ダイアログボックス）
- サンプルサイズを入力します。
- 差を入力します。
- 標準偏差を入力します。

[実行] 2. 結果の出力：セッションウィンドウに次のような結果が出力されます。

```
2標本のt検定

検定 平均1 =平均2 (対≠)
平均1 =平均2 +差に対する検出力の計算
α= 0.05  仮定された標準偏差= 12.9

差   サンプルサイズ   検出力
10        10        0.375063
```

[実行] 3. 結果の解析

・0.3751 の検出力となります。これは A，B 母集団の平均間の差が 10 であれば，これを検出する機会は 37.51% にしかならないという意味です。

② 健康情報会社では，A，B 病院を対象にした顧客満足度調査で，2つの病院間の点数差が 10 点以上であれば，A，B 病院間の顧客満足度に差があると判断します。このとき，検出力が 0.80，0.85，0.90 に該当する顧客満足度調査の大きさ（サンプルサイズ）を求めてみましょう。

144　第6章　検出力とサンプルサイズ

[実行] 1. MINITAB メニュー：統計▶検出力とサンプルサイズ▶2 サンプル t

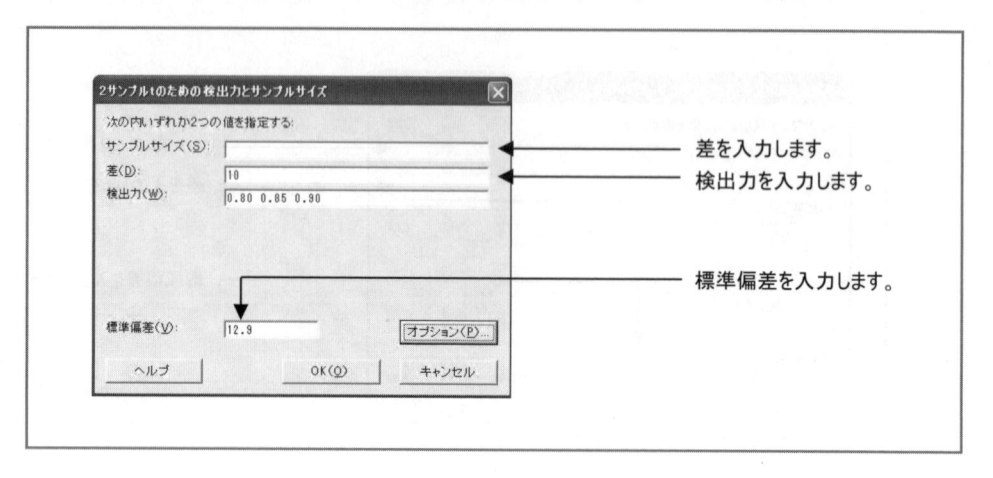

（ダイアログボックス）
- サンプルサイズ(S)：
- 差(D)：10　← 差を入力します。
- 検出力(W)：0.80 0.85 0.90　← 検出力を入力します。
- 標準偏差(V)：12.9　← 標準偏差を入力します。

[実行] 2. 結果の出力：セッションウィンドウに次のような結果が出力されます。

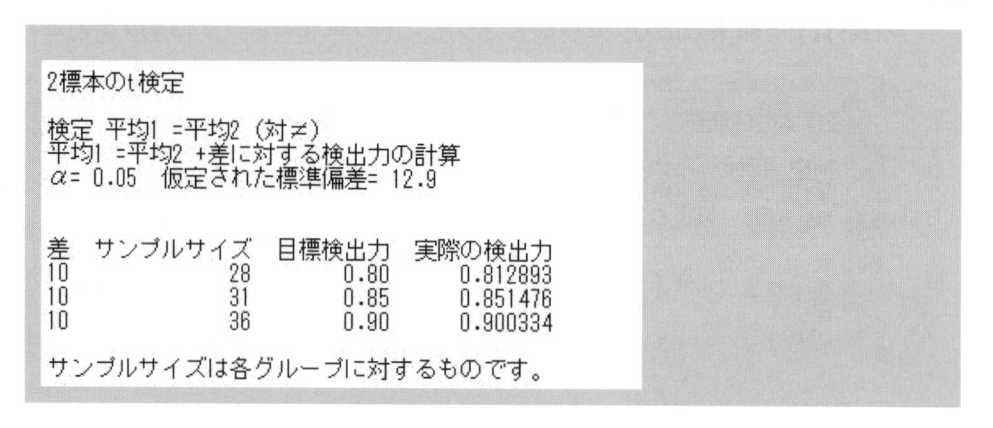

```
2標本のt検定

検定 平均1 =平均2 (対≠)
平均1 =平均2 +差に対する検出力の計算
α= 0.05  仮定された標準偏差= 12.9

差   サンプルサイズ   目標検出力   実際の検出力
10        28           0.80        0.812893
10        31           0.85        0.851476
10        36           0.90        0.900334

サンプルサイズは各グループに対するものです。
```

[実行] 3. 結果の解析

・検出力を最小の 0.80 にするためには，サンプルサイズが 28 必要です。すなわち，A, B 病院のそれぞれで 28 人の退院患者に対して顧客満足度調査を実施する必要があります。

③ 健康情報会社では，A，B 病院でそれぞれ 25 人の退院患者から顧客満足度調査をします。検出力を 0.9 とするとき，どれほどの差を検出できるでしょうか。

[実行] 1. MINITAB メニュー：統計 ▶ 検出力とサンプルサイズ ▶ 2 サンプル t

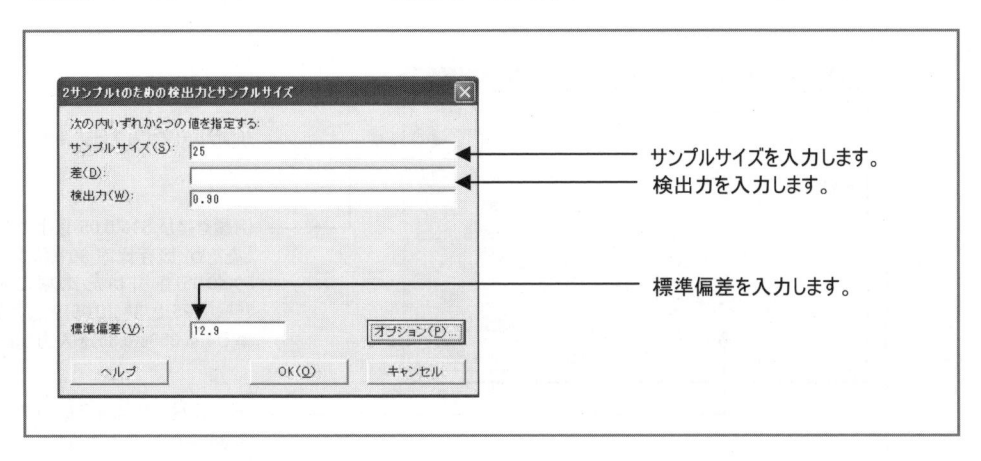

（ダイアログボックス図）
- サンプルサイズを入力します。
- 検出力を入力します。
- 標準偏差を入力します。

[実行] 2. 結果の出力：セッションウィンドウに次のような結果が出力されます。

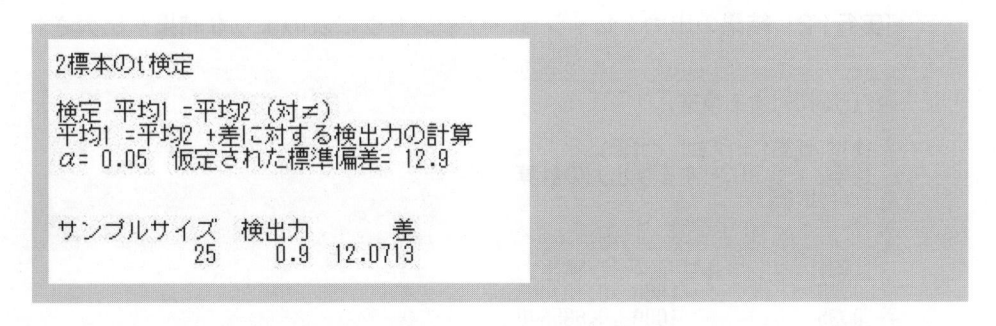

```
2標本のt検定

検定 平均1 =平均2 （対≠）
平均1 =平均2 +差に対する検出力の計算
α= 0.05  仮定された標準偏差= 12.9

サンプルサイズ   検出力      差
      25        0.9     12.0713
```

[実行] 3. 結果の解析

- サンプルサイズが 25 であれば，2 サンプル t 検定は 12.0713 の差を 0.9 の検出力で検出します。これは，もし 2 つのサンプル間の差が 12.0713 であれば，これを検出できる確率が 90% であるという意味です。

4. 2 サンプル比率検定のための検出力とサンプルサイズ

K リサーチでは，アンケートを利用して，税制改革案に対する支持率が男性と女性で違いがあるのかどうかを確認したいと考えています。以前の調査では，有権者の 30%（$p = 0.30$）がこの税制改革案を支持していることが明らかになりました。1000 人を対象に電話調査を実施し，一般的な母集団の男性と女性の間に税制改革案に対する支持率において 5%（0.05）以上差が出た場合，この差を検出するための検出力はどれほどなのか分析してみましょう。

[実行] 1. MINITAB メニュー：統計▶検出力とサンプルサイズ▶2サンプルの比率

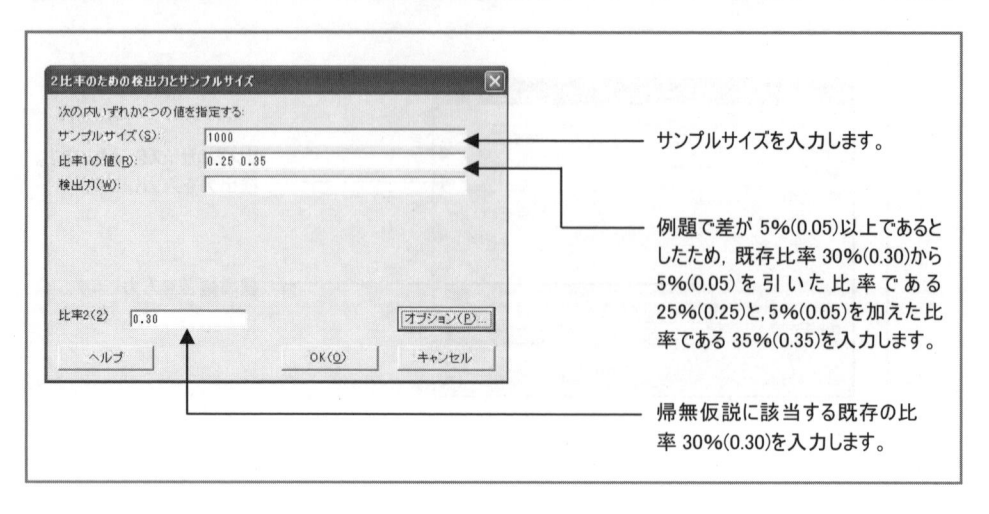

```
2比率のための検出力とサンプルサイズ
次の内いずれか2つの値を指定する：
  サンプルサイズ(S):  1000
  比率1の値(R):       0.25 0.35
  検出力(W):

  比率2(2)  0.30
                          [オプション(P)...]
  [ヘルプ]       [OK(O)]   [キャンセル]
```

サンプルサイズを入力します。

例題で差が5%(0.05)以上であるとしたため，既存比率30%(0.30)から5%(0.05)を引いた比率である25%(0.25)と，5%(0.05)を加えた比率である35%(0.35)を入力します。

帰無仮説に該当する既存の比率30%(0.30)を入力します。

[実行] 2. 結果の出力：セッションウィンドウに次のような結果が出力されます。

```
2比率に対する検定

検定 比率1 =比率2 (対≠)
比率2 = 0.3に対する検出力の計算
 α = 0.05


比率1   サンプルサイズ    検出力
 0.25        1000       0.707060
 0.35        1000       0.665570
```

[実行] 3. 結果の解析

・ある性別の30%（0.30）が税制改革案を支持し，別の性別では25%（0.25）だけが税制改革案を支持するとすれば，各性別あたり1000人を対象に電話調査を実施する場合，差を検出する可能性は71%になります。母集団の比率が0.30と0.35である場合には，その差を検出する可能性は67%になります。

第7章　表

1. 表（Tables）の概要
2. カイ二乗（χ^2）統計量を利用した独立性の検定
3. カイ二乗（χ^2）統計量を利用した同一性の検定
4. クロス集計およびカイ二乗（χ^2）の検定
5. カイ二乗（χ^2）統計量を利用した適合度の検定

1. 表（Tables）の概要

MINITAB では，データを表形式で要約し，それらの表データを分析することができます。

[1] MINITAB でサポートする表のメニュー

区　分	内　容
個別変数を 計算する	・指定した変数について度数，累積度数，パーセントおよび累積パーセントを表示します。
クロス集計および カイ二乗（χ^2）	・度数データを含む一元，二元および多元表を表示します。 カイ二乗オプションでは，二元表における特性間の従属性について検定します。この方法は，一方の変数の分類項目が，他方の変数の分類項目に依存するかどうかを検定するために使用します。この検定を行うには，データは生データ，あるいは度数にする必要があります。
カイ二乗（χ^2）適合度検定 （1 変数）	・データが一定の比率による多項分布に従うかどうかを検定します。データは生データ，あるいは要約された形式にする必要があります。
カイ二乗（χ^2）検定 （ワークシートの二元配置表）	・二元分類の特性間の従属性を検定します。データは分割表の形式にする必要があります。
記述統計量	・カテゴリ変数の度数統計量および関連する変数の要約統計量の表を作成する場合に使用します。

[2] データの配列

表の作成に使用できるワークシートデータには，次の4通りの方法があります。

生データ（Raw data）

それぞれの観測値ごとに1つの行を割り当てます。

C1＝性別

C2＝政党

C1	C2
1	2
2	1
2	3
1	2

度数データ（Frequency data）

それぞれの行は，性別と政党に対するコードの組み合わせを示します。

C1＝性別

C2＝政党

C3＝C1とC2による結果値（度数）

C1	C2	C3
1	1	17
1	2	10
2	3	19
2	1	18
1	2	19

分割表（Contingency data）

各セルは度数を含みます。

C1＝男性の数

C2＝女性の数

相対的に行1-3は3種類の政党を示します。

C1	C2
17	18
10	19
19	17

指標変数（Indicator variables）

それぞれの観測値ごとに1つの行を持ちます。

C1＝1 男性
　＝0 女性

C2＝1 女性
　＝0 男性

C3＝1 政党が民主党
　＝0 それ以外

C4＝1 政党が共和党
　＝0 それ以外

C5＝1 政党がその他
　＝0 支持政党なし

C1	C2	C3	C4	C5
1	0	1	0	0
0	1	1	0	0
0	1	0	0	1
1	0	0	1	0

生データから指標変数を作る際には，MINITABメニューの［計算］▶［指標変数を作成］を利用します。

[3] 表のレイアウトに対する理解

MINITABを利用して表関連の分析を行う場合，出力結果のレイアウトについて理解しておく必要があります。表は，カテゴリ変数の数，行および列に対するカテゴリ変数の指定，カテゴリ変数の階層化によって異なります。各表には最大10個のカテゴリ変数を入れることができ，行または列にどの変数を入れるかを任意に設定できます。表のレイアウト例は，次の通りです。

表のレイアウト	例
一元表（1つのカテゴリ変数）	行：性別 　　　度数 女性　35 男性　56 合計　91
二元表（2つのカテゴリ変数）	行：性別　列：喫煙の有無 　　　No　Yes　合計 女性　27　　8　　35 男性　37　19　　56 合計　64　27　　91
多元表（3-10個のカテゴリ変数）	行：性別／喫煙の有無　列：性格 　　　　　Good　Normal　Bad　合計 女性　No　　4　　20　　3　　27 　　　Yes　　1　　 6　　1　　 8 男性　No　 12　　22　　3　　37 　　　Yes　　4　　13　　2　　19 合計　　　 21　　61　　9　　91
階層化変数（階層化変数の水準ごとに別の二元表を作成）	性格に対する評価 = Good 行：性別　列：喫煙の有無 　　　No　Yes　合計 女性　 4　　1　　 5 男性　12　　4　　16 合計　16　　5　　21 性格に対する評価 = Normal 行：性別　列：喫煙の有無 　　　No　Yes　合計 女性　20　　6　　26 男性　22　13　　35 合計　42　19　　61

[4] 表の活用

ある洗濯機製造工場に勤務する3組について，次のようなデータを得ました（例題データ：表例題.mtw）。

作業の組	職務の階級	勤務年数	一日の生産量	一日の不良数
A組	4	4	66	1
A組	4	5	72	2
A組	5	2	73	3
A組	3	7	73	2
A組	4	6	69	2
A組	3	10	73	1
B組	5	4	72	3
B組	4	4	74	2
B組	3	7	72	1
B組	3	3	71	2
B組	4	5	74	5
B組	4	5	72	4
C組	5	5	70	2
C組	3	8	67	3
C組	4	3	71	5
C組	4	4	72	2
C組	5	1	69	4
C組	4	4	73	1

■ 記述統計量の表の活用

上のデータから，各組における職級別の一日の平均生産量を求めてみましょう。

[実行] 1. データ入力：データは次のように4つの列に入力します。

↓	C1-T	C2	C3	C4	C5
	作業の組	職務の階級	勤務年数	一日の生産量	一日の不良数
1	A組	4	4	66	1
2	A組	4	5	72	2
3	A組	5	2	73	3
4	A組	3	7	73	2
5	A組	4	6	69	2
6	A組	3	10	73	1
7	B組	5	4	72	3
8	B組	4	4	74	2
9	B組	3	7	72	1
10	B組	3	3	71	2
11	B組	4	5	74	5
12	B組	4	5	72	4
13	C組	5	5	70	2
14	C組	3	8	67	3
15	C組	4	3	71	5
16	C組	4	4	72	2
17	C組	5	1	69	4
18	C組	4	4	73	1

152 第7章 表

[実行] 2. MINITAB メニュー：統計 ▶表▶記述統計量

```
記述統計表
C1 作業の組        カテゴリ(分類)変数:
C2 職務の階級      行に対し(R): "作業の組"
C3 勤務年数        列に対し(C): "職務の階級"
C4 一日の生産量    層に対し(L):
C5 一日の不良数
                  度数(F):            (オプション)
                  次の要約を表示する
                      カテゴリ(分類)変数(A)...
                      関連変数(S)...
   選択                                オプション(P)...
   ヘルプ                    OK(O)    キャンセル
```

← 作業の組，職務の階級列を選択します。

← 一日の平均生産量を出力するため，関連変数より，その内容を決定します。

```
記述統計量-関連変数の要約
                  関連変数(V):
                  "一日の生産量"


                  表示
                  ☑ 平均(M)        ☐ 標準偏差(T)
                  ☐ メディアン(中央値)(E) ☐ データ(T)
                  ☐ 最小値(I)      ☐ 非欠損値の数(N)
                  ☐ 最大値(A)      ☐ 欠損値の数(G)
                  ☐ 和(S)
                                  ☐ 次に等しい観測値の比率(P)
   選択                            ☐ 2つの数値の観測値の比率(B)
                                    最小値(W)    最大値(X)
   ヘルプ                    OK(O)    キャンセル
```

← 一日の平均生産量を求めるため，一日の生産量の列を選択します。

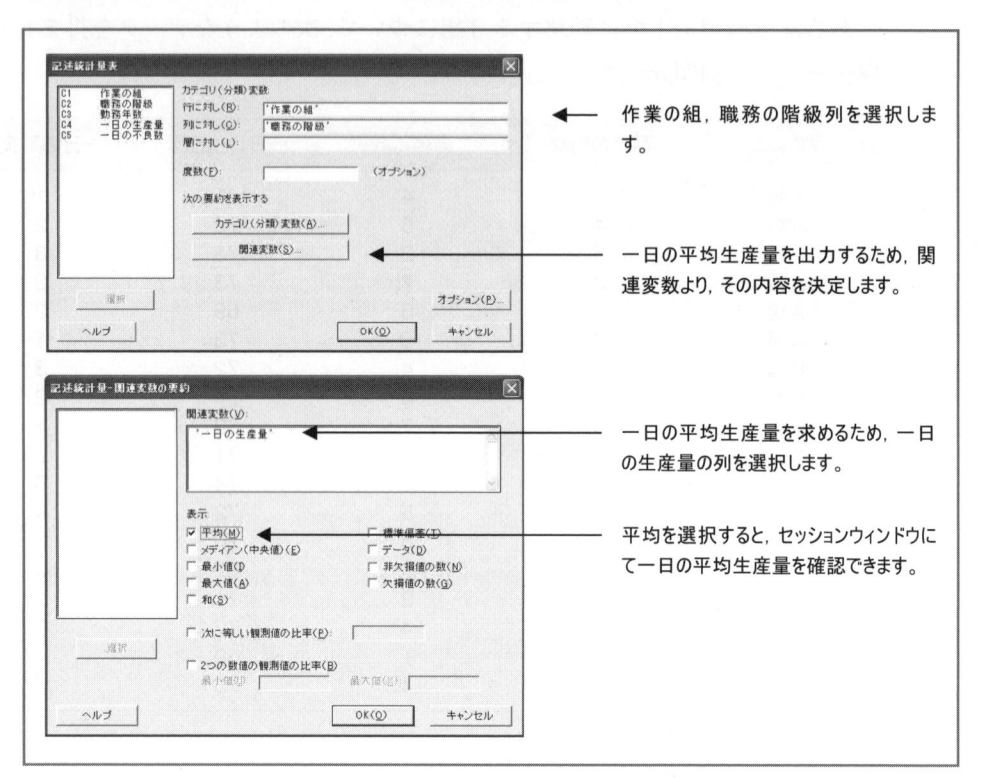

← 平均を選択すると，セッションウィンドウにて一日の平均生産量を確認できます。

[実行] 3. 結果の出力：下のような結果がセッションウィンドウに出力されます。

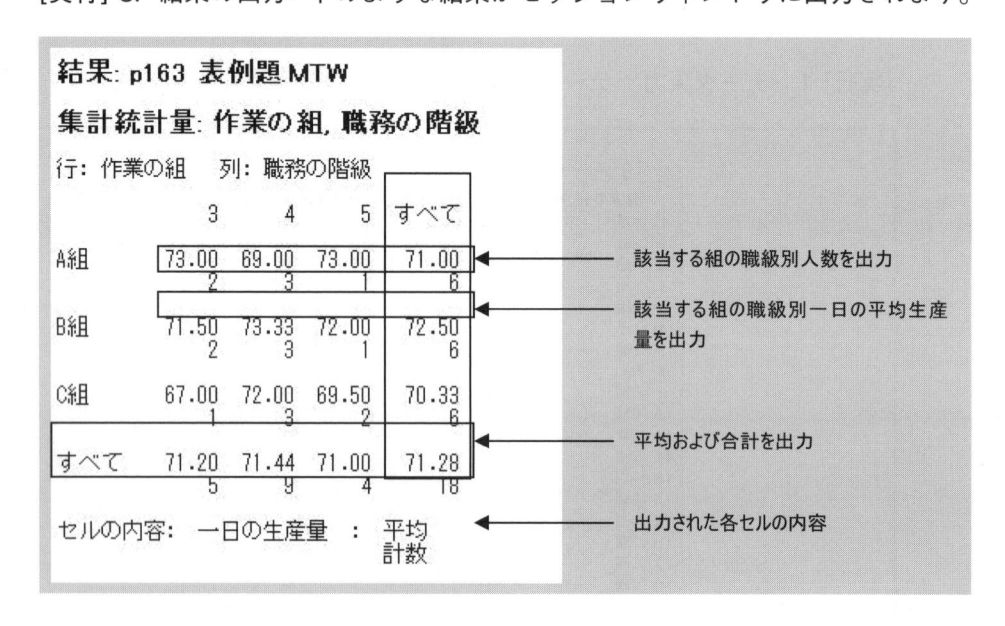

```
結果: p163 表例題.MTW
集計統計量: 作業の組, 職務の階級
行: 作業の組    列: 職務の階級
               3       4       5    すべて
A組         73.00   69.00   73.00   71.00
                2       3       1       6
B組         71.50   73.33   72.00   72.50
                2       3       1       6
C組         67.00   72.00   69.50   70.33
                1       3       2       6
すべて       71.20   71.44   71.00   71.28
                5       9       4      18

セルの内容:  一日の生産量  :  平均
                                    計数
```

← 該当する組の職級別人数を出力

← 該当する組の職級別一日の平均生産量を出力

← 平均および合計を出力

← 出力された各セルの内容

■ 個別変数に対する計算表

作業の組，職級に対する統計を確認します。

[実行] 1. MINITAB メニュー：統計 ▶ 表 ▶ 個別変数を計算する

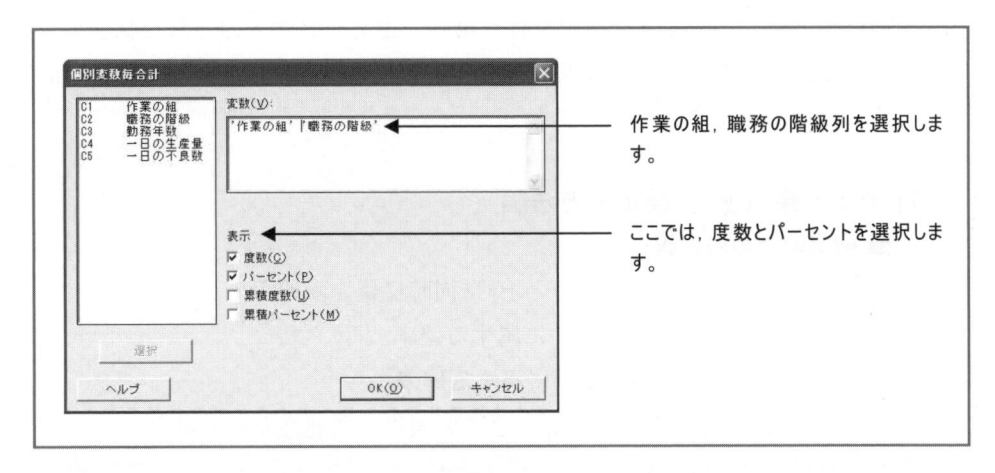

作業の組，職務の階級列を選択します。

ここでは，度数とパーセントを選択します。

[実行] 2. 結果の出力：下のような結果がセッションウィンドウに出力されます。

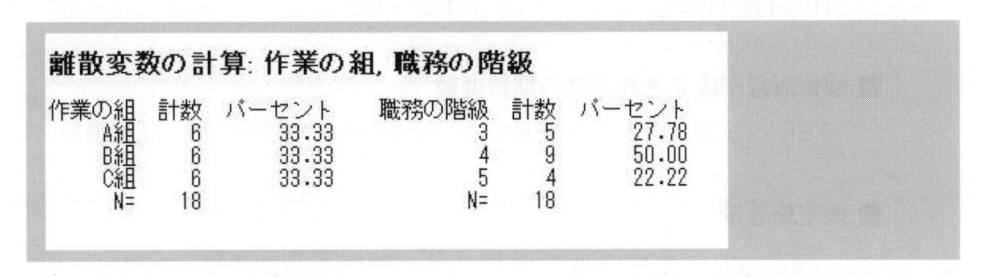

```
離散変数の計算: 作業の組, 職務の階級
作業の組  計数  パーセント    職務の階級  計数  パーセント
   A組     6      33.33            3        5      27.78
   B組     6      33.33            4        9      50.00
   C組     6      33.33            5        4      22.22
   N=     18                       N=      18
```

2. カイ二乗（χ^2）統計量を利用した独立性の検定

	B_1	B_2	------	B_c	行の合計
A_1	n_{11}	n_{12}	------	n_{13}	n_{10}
A_2	n_{21}	n_{22}	------	n_{23}	n_{20}
·	·	·		·	·
·	·	·		·	·
A_r	nr_1	nr_2	------	n_{rc}	n_{r0}
列の合計	n_{01}	n_{02}	------	n_{0c}	n

このような形式の表を分割表といいます。この表のようにA，Bという分類の中で複数の属性を持つ計数値データに対して，カイ二乗検定を使用すると，A，Bの関連性を調べることができます。この検定は，Aという分類項目が，Bという分類項目に依存するかどうかを検定（独立性検定）する場合に使用できます。MINITABでこのような検定を行う場合，生データが入力された状態でも可能ですが，上の表のように分割表形式からデータを抜き出すことで，簡単に計算を行うことができます。

[1] カイ二乗（χ^2）検定の方法論
■ 検定のための定義
- Pij=P（AiBj）：　　　AiとBjに同時に属する確率
- Pi0=P（Ai）：　　　Aiに属する確率
- P0j=P（Bj）：　　　Bjに属する確率
- P（AiBj）=P（Ai）P（Bj）：2つの属性に関連性がない場合

■ 検定のための仮説
H0 : Pij=Pi0P0j,　i=1, 2, …, r　j=1, 2, …, c

■ 帰無仮説が成立される時の期待度数
EEij ＝（i番目の行の総観測数 × j番目の列の総観測数）/ 総観測数

■ 検定統計量
$$\Sigma_i \Sigma_j \frac{(O_{ij} - E_{ij})^2}{E_{ij}}$$
・Oij ＝ セル（i, j）での実際の観測数
・Eij ＝ セル（i, j）での期待度数

■ 検定統計量に対する自由度
$(r-1)(c-1)$

■ 検定統計量に寄与する標準残差
Standardized residual ＝（実際の観測数 − 期待度数）/ √期待度数

■ 検定結果の解析時の留意事項
MINITABでは，期待度数が5未満となっているセルの数を表示します。20%以上のセルの期待度数が5未満で，特にp値が小さい場合は，それらのセルがカイ二乗値に大きく寄与することになるため，カイ二乗検定を信頼できない可能性があります。

2. カイ二乗（χ^2）統計量を利用した独立性の検定

[例題]

大統領選挙を前に，男女の性別による政党の好みについて，男女それぞれ50名を対象に調査しました。男女によって，政党の好みが異なるといえるかどうか分析してみましょう（例題データ：選挙調査.mtw）。

区分	民主党	共和党	その他
男性	28	18	4
女性	22	27	1

[実行] 1. データ入力：データは次のように入力します。

	C1	C2	C3
	民主党	共和党	その他
1	28	18	4
2	22	27	1

[実行] 2. MINITAB メニュー：統計 ▶ 表 ▶ カイ二乗検定（ワークシート内の二元配置表）

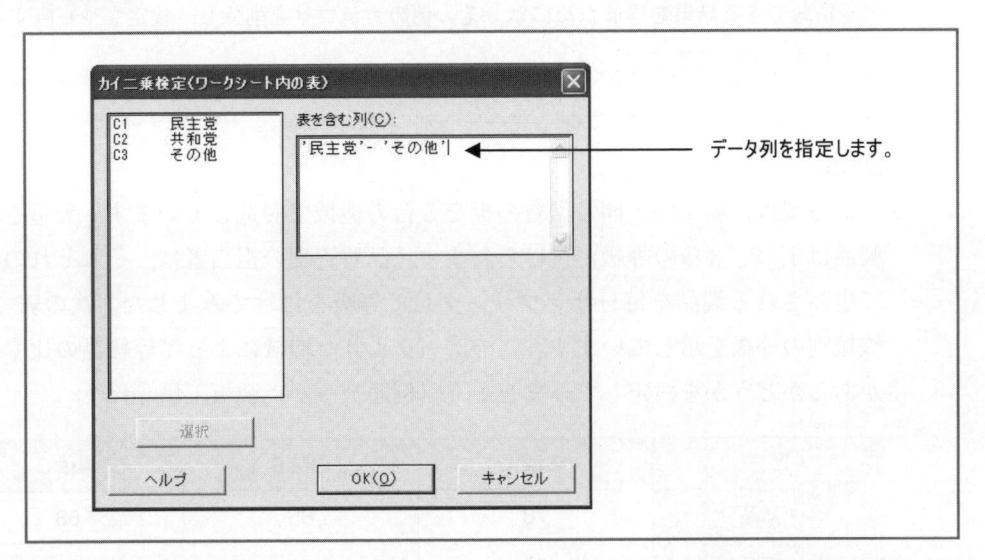

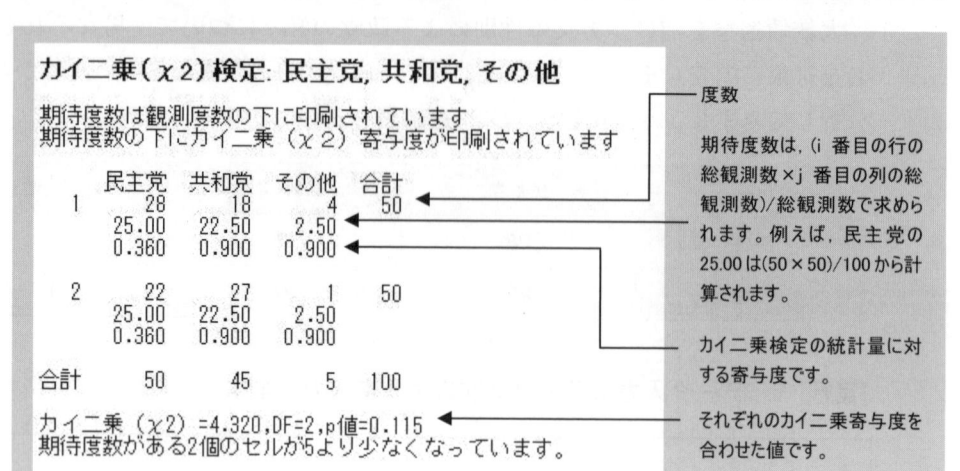

[実行] 3. 結果の出力：下のような結果がセッションウィンドウに出力されます。

```
カイ二乗(χ2)検定: 民主党, 共和党, その他
期待度数は観測度数の下に印刷されています
期待度数の下にカイ二乗(χ2)寄与度が印刷されています

       民主党   共和党   その他    合計
  1       28      18       4       50
        25.00   22.50    2.50
        0.360   0.900   0.900

  2       22      27       1       50
        25.00   22.50    2.50
        0.360   0.900   0.900

合計       50      45       5      100

カイ二乗(χ2)=4.320,DF=2,p値=0.115
期待度数がある2個のセルが5より少なくなっています。
```

- 度数
- 期待度数は、(i番目の行の総観測数×j番目の列の総観測数)／総観測数で求められます。例えば、民主党の25.00は(50×50)/100から計算されます。
- カイ二乗検定の統計量に対する寄与度です。
- それぞれのカイ二乗寄与度を合わせた値です。

[実行] 4. 結果の解析

- p 値が 0.115 となっており、男女の性別と政党の好みには関連性が見られませんでした。6個のセルのうち、2個のセルで期待度数が5未満となっており、これらのデータに有意な p 値があったとしても、結果の解釈には注意が必要です。
- 信頼できる結果を得るためには、その他のカテゴリを削除し、検定をやり直すことも1つの方法です。

[例題]

　ある製板工場では、同じ型番の板を3台の機械で製造しています。製造された製品は1, 2, 3級の等級が付けられます。品質管理の担当者は、それぞれの機械で生産される製品を毎日サンプリングして等級を付けてみました。次の表では、機械別の等級を示しています。このデータより、機械によって等級品の比率に差があるかどうかを検定してみましょう（例題データ：製板工場.mtw）。

区分	機械A	機械B	機械C
1級品	78	65	68
2級品	22	8	30
3級品	20	2	7

2. カイ二乗（χ^2）統計量を利用した独立性の検定　157

[実行] 1. データ入力：データは次のように入力します。

↓	C1 機械A	C2 機械B	C3 機械C
1	78	65	68
2	22	8	30
3	20	2	7

[実行] 2. MINITAB メニュー：統計 ▶ 表 ▶ カイ二乗検定（ワークシートの二元配置表）

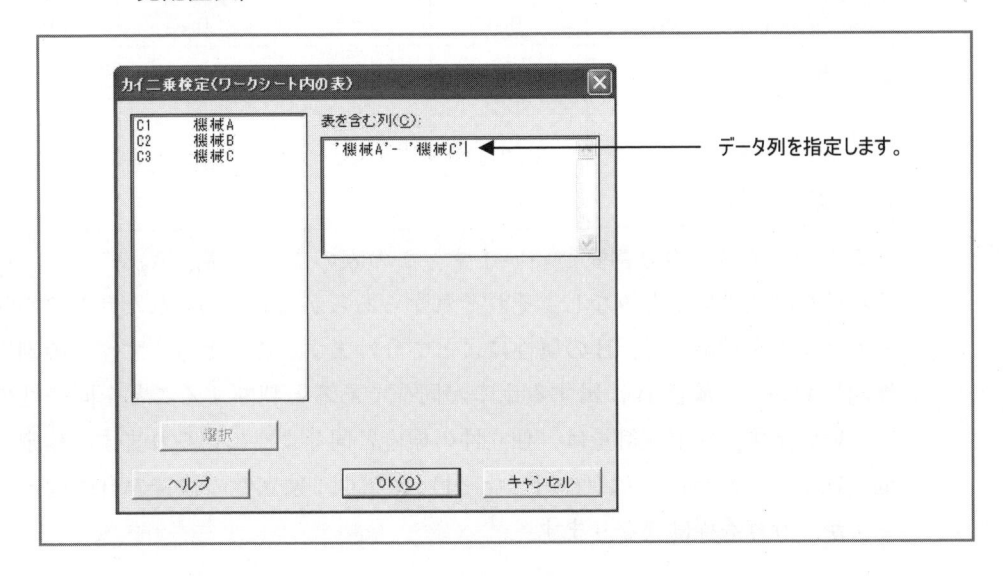

カイ二乗検定（ワークシート内の表）

表を含む列(C)：`'機械A'-'機械C'` ← データ列を指定します。

[実行] 3. 結果の出力：下のような結果がセッションウィンドウに出力されます。

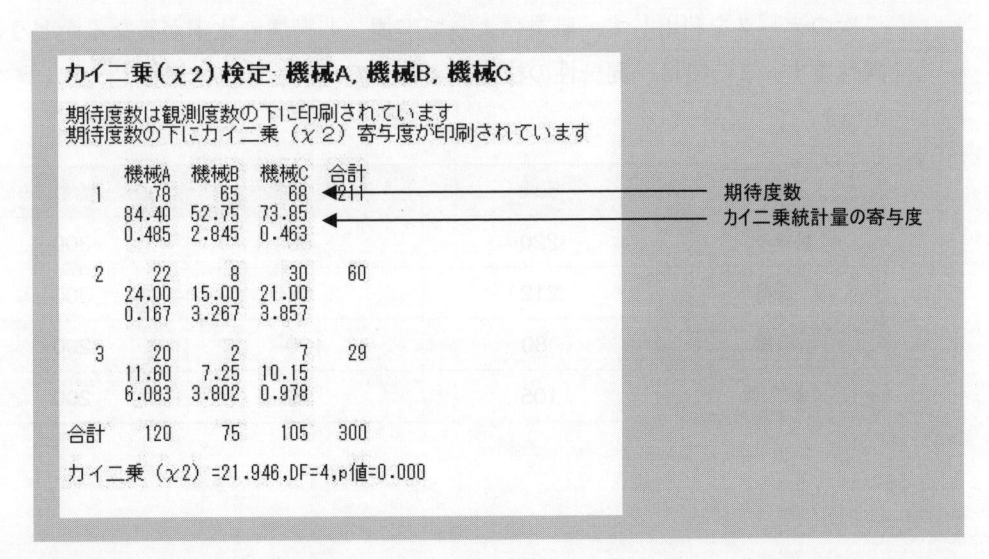

```
カイ二乗（χ2）検定: 機械A, 機械B, 機械C

期待度数は観測度数の下に印刷されています
期待度数の下にカイ二乗（χ2）寄与度が印刷されています

       機械A    機械B    機械C    合計
   1     78      65       68      211       ← 期待度数
        84.40   52.75    73.85             ← カイ二乗統計量の寄与度
         0.485   2.845    0.463

   2     22       8       30      60
        24.00   15.00    21.00
         0.167   3.267    3.857

   3     20       2        7      29
        11.60    7.25    10.15
         6.083   3.802    0.978

合計    120      75      105      300

カイ二乗（χ2）=21.946, DF=4, p値=0.000
```

[実行] 4. 結果の解析

- この例題の帰無仮説は，"機械によって等級品の比率に差がない"というものです。このとき，p値は 0.000 となっており，この帰無仮説を棄却します。すなわち，機械によって等級品の比率に差があるといえます。

3. カイ二乗（χ^2）統計量を利用した同一性の検定

	B_1	B_2	------	B_c	行の合計
A_1	n_{11}	n_{12}	-----	n_{13}	n_{10}
A_2	n_{21}	n_{22}	-----	n_{23}	n_{20}
⋅	⋅	⋅		⋅	⋅
⋅	⋅	⋅		⋅	⋅
A_r	n_{r1}	nr_2	-----	n_{rc}	n_{r0}

この表は r×c の分割表といいます。この表のように A_1，A_2，・・・，A_r をそれぞれ副次母集団とみなし，それぞれからあらかじめ決められたサンプルサイズのデータを抽出して，B の属性によって分けます。このとき，すべての副次母集団において，属性 B に属する比率が同一であると判断することを同一性の検定といいます。検定統計量は，独立性の検定と同じように得られます。検定統計量に使用された自由度は (r−1)(c−1) となり，独立性の検定の自由度と同じですが，計算過程は異なります。

[例題]

次のデータを利用して，職業によって喫煙／非喫煙の比率が異なるかどうかを調べます。ここでは，同一性の検定を実施してみましょう（例題データ：タバコ．mtw）。

区分	喫煙	非喫煙	合計
証券マン	220	80	300
医師	212	88	300
教師	80	120	200
研究員	105	95	200

3. カイ二乗（χ^2）統計量を利用した同一性の検定   159

[実行] 1. データ入力：データは次のように入力します。

	C1 喫煙	C2 非喫煙
1	220	80
2	212	88
3	80	120
4	105	95

[実行] 2. MINITAB メニュー：統計 ▶ 表 ▶ カイ二乗検定（ワークシートの二元配置表）

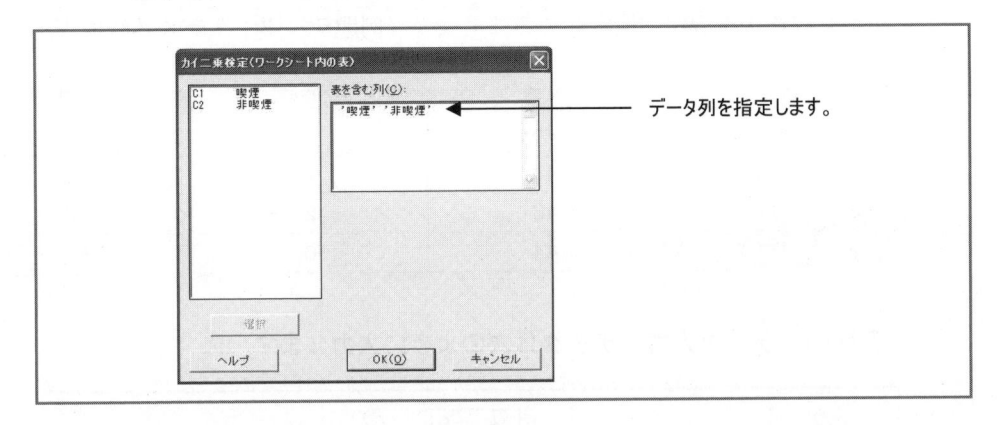

データ列を指定します。

[実行] 3. 結果の出力：下のような結果がセッションウィンドウに出力されます。

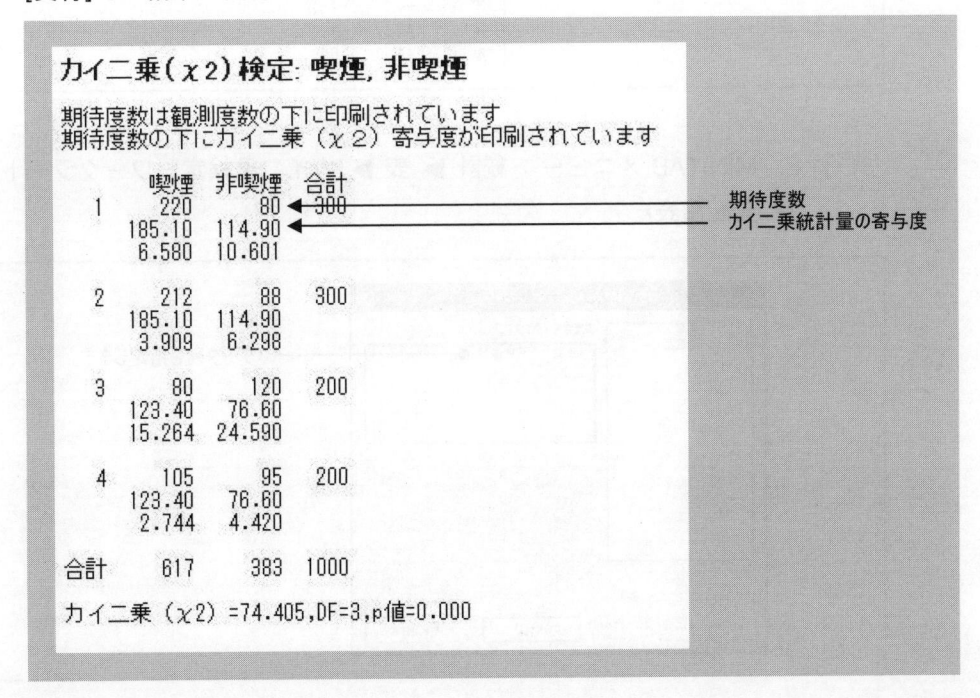

カイ二乗（$\chi 2$）検定: 喫煙, 非喫煙

期待度数は観測度数の下に印刷されています
期待度数の下にカイ二乗（$\chi 2$）寄与度が印刷されています

```
         喫煙     非喫煙    合計
  1      220       80     300      ← 期待度数
       185.10   114.90            ← カイ二乗統計量の寄与度
        6.580   10.601

  2      212       88     300
       185.10   114.90
        3.909    6.298

  3       80      120     200
       123.40    76.60
       15.264   24.590

  4      105       95     200
       123.40    76.60
        2.744    4.420

合計     617      383    1000
```

カイ二乗（$\chi 2$）=74.405, DF=3, p値=0.000

[実行] 4. 結果の解析

- この例題の帰無仮説は，"職業に関係なく喫煙/非喫煙の比率は同一である" というものです。このとき，p 値は 0.000 となっており，帰無仮説を棄却します。すなわち，職業によって喫煙/非喫煙の比率が異なるといえます。

[例題]

あるガラス工場で A，B，C，D の 4 つの方法により，それぞれ 50 個ずつの大型ガラスを製造しました。外観検査によって良品と不良品に分けたところ，次のようなデータが得られました。製造方法によって母不良率が異なるといえるかどうかを有意水準 5% で検定してみましょう（例題データ：ガラス外観検査.mtw）。

区分	良品	不良品	合計
A	45	5	50
B	43	7	50
C	48	2	50
D	44	6	50

[実行] 1. データ入力：データは次のように入力します。

[実行] 2. MINITAB メニュー：統計 ▶ 表 ▶ カイ二乗検定（ワークシートの二元配置表）

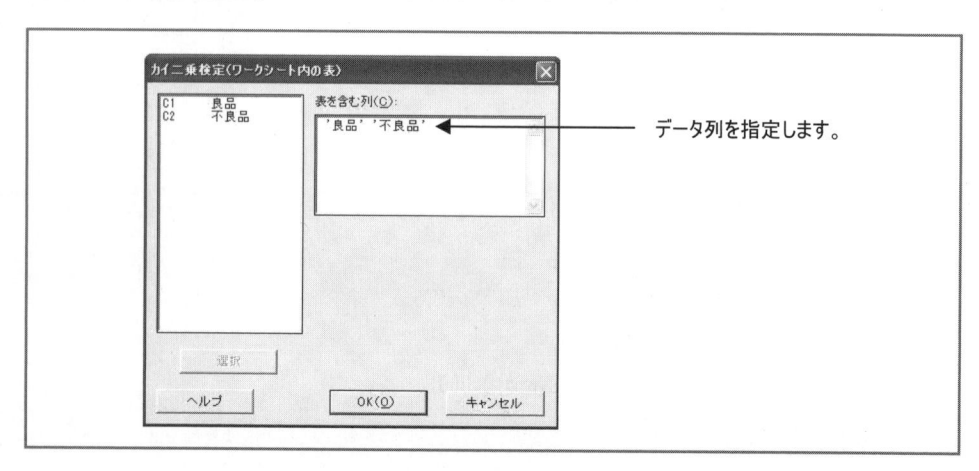

[実行] 3. 結果の出力：下のような結果がセッションウィンドウに出力されます。

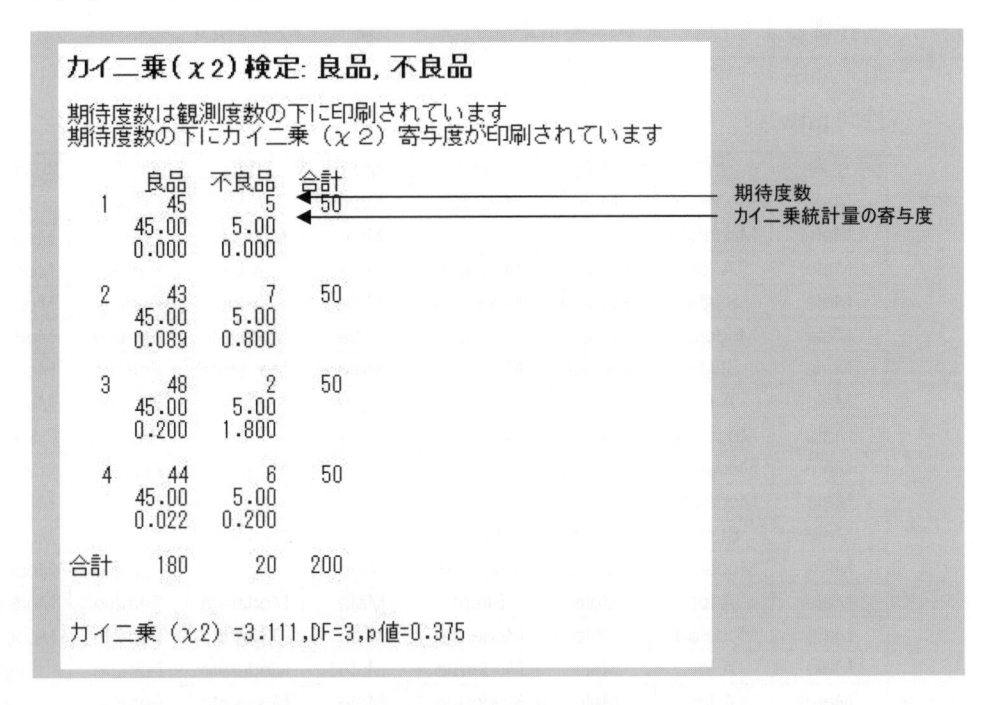

```
カイ二乗（χ2）検定: 良品，不良品
期待度数は観測度数の下に印刷されています
期待度数の下にカイ二乗（χ2）寄与度が印刷されています

        良品   不良品   合計
  1       45       5     50      ← 期待度数
         45.00   5.00           ← カイ二乗統計量の寄与度
         0.000   0.000

  2       43       7     50
         45.00   5.00
         0.089   0.800

  3       48       2     50
         45.00   5.00
         0.200   1.800

  4       44       6     50
         45.00   5.00
         0.022   0.200

合計     180      20    200

カイ二乗（χ2）=3.111, DF=3, p値=0.375
```

[実行] 4. 結果の解析

- この例題の帰無仮説は，"製造方法に関係なく不良率が同一である"というものです。このとき，p 値は 0.375 となっており，帰無仮説を棄却できません。すなわち，製造方法によって不良率が異なるとはいえません。

4. クロス集計およびカイ二乗（χ^2）の検定

MINITAB の表メニューには，クロス集計およびカイ二乗（χ^2）の検定メニューがあり，データ形式が次のような場合に有効に使うことができます。

- データが生データ，または度数データ（ただし，度数データは非負の整数）
- データが数字，テキストまたは日付／時刻データ
- 列は同じ長さ

[例題] 順序データに対する関連性の分析

ある調査会社では，性別（Gender）と活動水準（Activity）間の関係を客観化する分析を考えています。それぞれ女性 35 人と男性 56 人の 2 つのサンプルから，

各被実験者の活動水準をSlight（少ない），Moderate（中間）およびA lot（多い）で評価しました。'クロス集計およびカイ二乗（χ^2）の検定'メニューを利用して，順序データに対する関連性の分析を行ってみましょう（例題データ：性別と性向.mtw）。

性別	性向	性別	性向	性別	性向	性別	性向
Male	Moderate	Male	Moderate	Male	A lot	Female	A lot
Male	Moderate	Female	Moderate	Male	Moderate	Female	Moderate
Male	A lot	Female	Moderate	Male	A lot	Female	Moderate
Male	Slight	Female	Moderate	Male	A lot	Female	Moderate
Male	Moderate	Female	Moderate	Male	Moderate	Female	Moderate
Male	Slight	Female	Moderate	Male	Moderate	Female	Moderate
Male	A lot	Female	Moderate	Male	Moderate	Female	Moderate
Male	Moderate	Female	Moderate	Male	A lot	Female	Slight
Male	Moderate	Female	Moderate	Male	Moderate	Female	A lot
Male	Moderate	Female	Moderate	Male	Moderate	Female	Moderate
Male	Slight	Female	Moderate	Male	Moderate	Female	Moderate
Male	Moderate	Female	Moderate	Male	A lot	Female	Moderate
Male	A lot	Male	Slight	Male	Moderate	Female	Moderate
Male	Moderate	Male	Moderate	Male	Slight	Female	Moderate
Male	A lot	Male	Moderate	Male	Moderate	Female	Slight
Male	A lot	Male	Moderate	Male	Moderate	Female	A lot
Male	Moderate	Male	Moderate	Male	Moderate	Female	A lot
Male	A lot	Male	Moderate	Male	A lot	Female	Slight
Male	Moderate	Male	Moderate	Male	Moderate	Female	Slight
Male	A lot	Male	A lot	Male	Moderate	Female	Moderate
Male	Moderate	Male	Moderate	Male	Moderate	Female	A lot
Male	Moderate	Male	A lot	Female	Moderate	Female	Moderate
Male	Moderate	Male	A lot	Female	Moderate		

[実行] 1. データ入力：データは次のように入力します。

	C1-T	C2-T
	Gender	Activity
1	Male	Moderate
2	Male	Moderate
3	Male	A lot
4	Male	Slight
5	Male	Moderate
6	Male	Slight
7	Male	A lot
8	Male	Moderate
9	Male	Moderate
10	Male	Moderate
11	Male	Slight
12	Male	Moderate
13	Male	A lot
14	Male	Moderate
15	Male	A lot

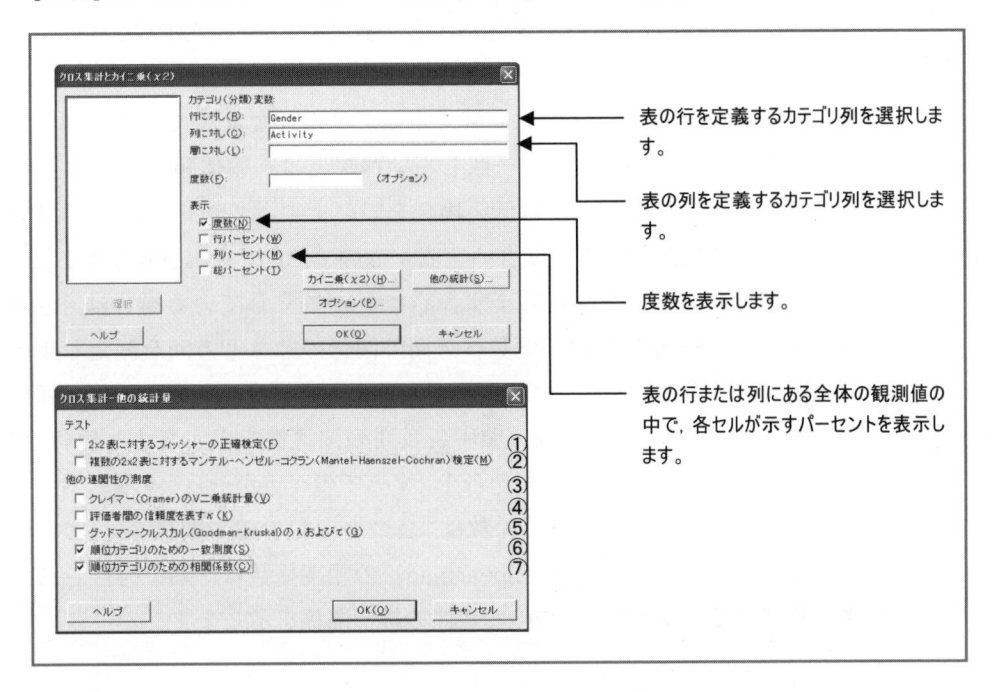

4. クロス集計およびカイ二乗（χ^2）の検定

[実行] 2. MINITAB メニュー：統計 ▶ 表 ▶ クロス集計およびカイ二乗

（ダイアログボックスの画像）

- 表の行を定義するカテゴリ列を選択します。
- 表の列を定義するカテゴリ列を選択します。
- 度数を表示します。
- 表の行または列にある全体の観測値の中で，各セルが示すパーセントを表示します。

① フィッシャー（Fisher）の正確検定は，ピアソン（Pearson）の比率検定，および尤度比検定に使用される近似カイ二乗分布より正確な分布に基づく検定です。期待セル度数が低く，カイ二乗近似があまり適切ではない場合に有効です。

② マンテル-ヘンゼル-コクラン（Mantel-Haenszel-Cochran）検定では，三元交互作用は存在しないと仮定します。この検定の目的は，撹乱因子を制御しながら，2つの変数間の関係を評価することです。

③ クラメール（Cramer）のV二乗統計量は，2つの変数間の関連度合いを表します。値が0の場合は関連性がないことを示し，値が1の場合は完全に関連していることを示します。

④ 評価者間の信頼度を表すκ統計量を表示します。κは，対象を一連のカテゴリに割り当てる際，評価者間の一致の水準を表します。値が1の場合は完全に一致していることを示します。

⑤ 各従属変数に対するグッドマン-クラスカル（Goodman-Kruskal）のλおよびτ統計量を表示し，名義水準変数のクロス集計に対する関連の度合いを表します。グッドマン-クラスカルのλは，他の変数（行または列変数）の値が与えられた場合に，従属変数（列変数または行変数）の確率が何パーセント向上するかを示します。グッドマン-クラスカルのτも，他の変数（行または列変数）の値が与えられた場合に，従属変数（列変数または行変数）の確率が何パーセント向上するかを示します。ただし，周辺比率または条件付き比率が与えられ

る割り当て確率に基づいて計算される点が異なります。

⑥ 順位カテゴリに対する一致するペアと一致しないペアに対する測度，グッドマン-クラスカルのγ，ソマーズ（Somers）のDおよびケンドール（Kendall）のτ-b統計量を表示します。一致するペアとは，変数Xでの個体順位が変数Yでも高い場合をいいます。一致しないペアとは，個体順位が変数Xに対しては高く，変数Yに対しては低い場合をいいます。グッドマン-クラスカルのγは，順序変数間の関連の度合いを表すもので，gで表記されます。|g|=1のとき，完全な関連性が存在します。XとYが独立している場合は，g=0となります。ソマーズのDは，変数ペア間の関係の強さと方向を測定します。値の範囲は，-1（すべてのペアが不一致）から1（すべてのペアが一致）の間です。ケンドールのτ-bは，順序変数間の関連性を表します。値の範囲は，-1（すべてのペアが不一致）から1（すべてのペアが一致）の間です。

⑦ ピアソン（Pearson）の相関係数は，2つの変数の線形関係を+1から-1の間で表します。スピアマン（Spearman）の相関係数は，順位付けされたデータに基づいて計算され，2つの変数間の線形関係を示します。

[実行] 3. 結果の出力：下のような結果がセッションウィンドウに出力されます。

```
結果: 性別と性向.mtw
集計統計量: Activity, Gender
行: Activity  列: Gender

              Female   Male   すべて
Slight             4      5       9
Moderate          26     35      61
A lot              5     16      21
すべて            35     56      91

セルの内容：     計数


ピアソンの r     0.146135
スピアマンのρ   0.150582

順序値のカテゴリの一致測度

ペア              数    要約測度
一致するペア     620   ソマーズD (Activity従属)    0.147959
一致しないペア   330   ソマーズD (Gender従属)      0.143635
同順位          3145   グッドマン-クラスカルのγ    0.305263
合計            4095   ケンドールのτb              0.145781

一致の検定：p値 = 0.0754352
```

[実行] 4. 結果の解析

- 表のセルには Activity（活動水準，行）および Gender（性別，列）に対する度数が入っています。
- ピアソンの r（0.146135）とスピアマンの ρ（0.150582）の値は，性別と活動水準の間に若干の関連性があることを示しています。
- ソマーズの D（Activity 従属の 0.147959）と（Gender 従属の 0.143635）は，一致するペアより一致しないペアの数が多いことを示しています。
- ケンドールの τ−b（0.145781）とグッドマン-クラスカル γ（0.305263）は，一致するペアより一致しないペアの数が多いことを示しています。
- 一致の検定における帰無仮説は，一致する確率が一致しない確率と等しいということです。検定の有意水準を 0.05 と仮定すると，女性は男性より運動量が少ないといえる十分な証拠はありません。

5. カイ二乗（χ^2）統計量を利用した適合度の検定

適合度検定は，データに対する度数分布が与えられている場合，その度数分布に対応する母集団の確率分布が，ある特定の分布であると判断するときに使用します。カイ二乗適合度検定を活用する確率モデルは次の通りです。

- 整数分布： すべての結果の発生確率が同じである（例：サイコロを転がす）。
- 離散型分布： すべての結果の確率が同じではない（例：A の確率 = 0.1，B の確率 = 0.6，C の確率 = 0.3 で定義する場合）。
- 二項分布： 結果が"成功"および"失敗"の2つだけある（例：硬貨を投げる）。
- ポアソン分布：事件が時間的にランダムに発生する（例：飛行機の到着時間）。

■ 検定統計量

$$x_0^2 = \sum \frac{(O-E)^2}{E}$$

- O = 実際の測定度数
- E = 期待度数

x_0^2 検定統計量が大きい場合，自由度（$k-1$）を持つカイ二乗分布に従います。この値が小さければ帰無仮説が正しく，この値が大きければ測定度数と期待度数との間に差があるため，帰無仮説が正しくないと結論付けます。次のような仮定が満たされている場合，検定統計量にカイ二乗分布が含まれます。

- データをランダムサンプルから得なければならない
- 各カテゴリの期待度数が5以上でなければならない

[例題]

ある工場で生産する接着テープのグレードは1級品，2級品，3級品に分けられます。これらの生産比率 p_1，p_2，p_3 は，それぞれ 0.6，0.2，0.2 でした。品質管理システムを導入後，この生産比率が変化したかどうかを知るために，製造された製品の中から 200 個をランダムに取って分類しました。その結果，1級品，2級品，3級品は，それぞれ 150 個，40 個，10 個でした。品質管理システム導入後の生産比率が従来と同じかどうかを検定してみましょう。

区分	1級品	2級品	3級品
測定度数	150	40	10

[実行] 1. データ入力：データは次のように入力します。

	C1-T	C2	C3
1	1級品	150	0.6
2	2級品	40	0.2
3	3級品	10	0.2

[実行] 2. MINITAB メニュー：統計 ▶ 表 ▶ カイ二乗適合度検定（1変数）

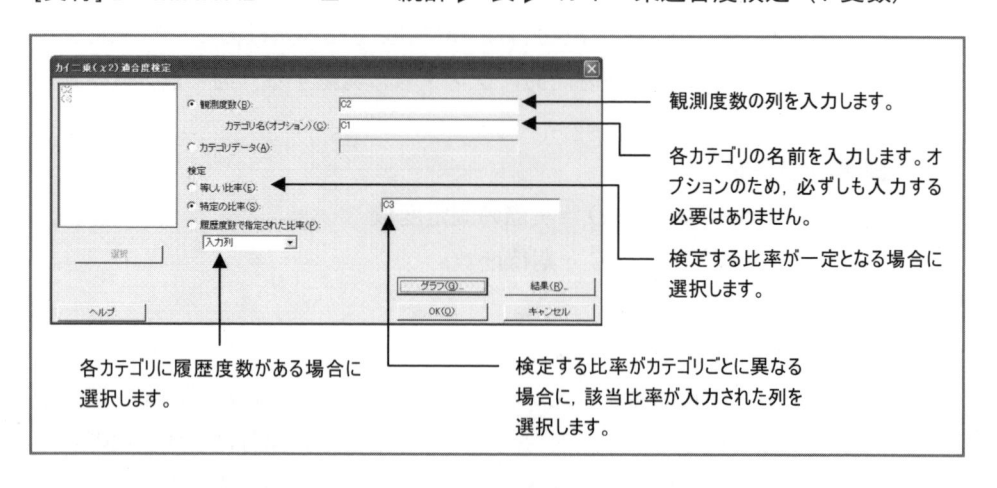

- 観測度数の列を入力します。
- 各カテゴリの名前を入力します。オプションのため，必ずしも入力する必要はありません。
- 検定する比率が一定となる場合に選択します。
- 各カテゴリに履歴度数がある場合に選択します。
- 検定する比率がカテゴリごとに異なる場合に，該当比率が入力された列を選択します。

[実行] 3. 結果の出力: 下のような結果がセッションウィンドウに出力されます。

```
変数の期待度数についてのカイ二乗（χ2）適合度検定: C2
C1でカテゴリ名を使用

カテゴリ  観測された事象  検定比率  期待  カイ二乗への寄与率
1級品         150         0.6     120       7.5
2級品          40         0.2      40       0.0
3級品          10         0.2      40      22.5

 N   自由度   カイ二乗（χ2）    p値
200    2           30         0.000
```

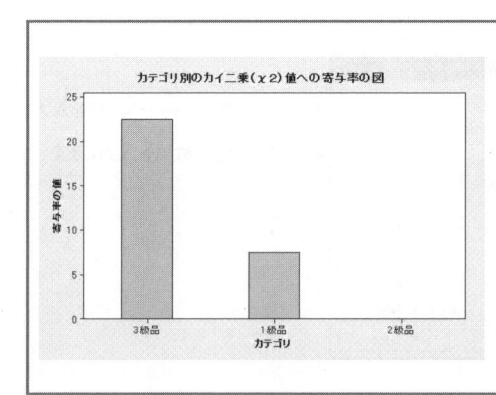

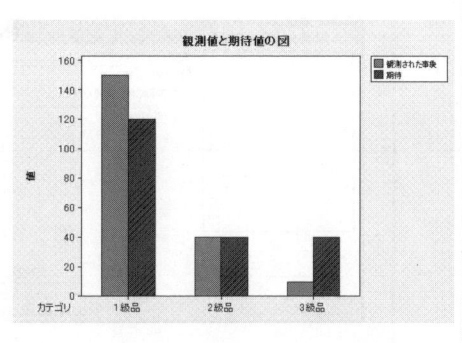

[実行] 4. 結果の解析

- 表のセルにはカテゴリ，観測，検定比率，期待度数とカイ二乗統計量に対する寄与度などが示されます。
- p 値は有意水準 0.05 より小さいため，帰無仮説を棄却します。すなわち，品質管理システム導入後，生産比率は従来と変化したとみることができます。

[例題]

ある工場で生産する自動車ランプにおいて，300個のランプをサンプリングしてその黒点数（欠点数）を調査しました。この黒点数は，ポアソン分布に従っているかどうかを評価してみましょう。

黒点数	0	1	2	3	4	5	6	7以上	合計
測定度数	30	70	75	55	32	28	6	4	300

[実行] 1. データ入力：データは次のように入力します。

	C1 黒点数	C2 測定度数
1	0	30
2	1	70
3	2	75
4	3	55
5	4	32
6	5	28
7	6	6
8	7	4

[実行] 2. MINITAB メニュー：統計 ▶ 基本統計 ▶ ポアソンの適合度検定

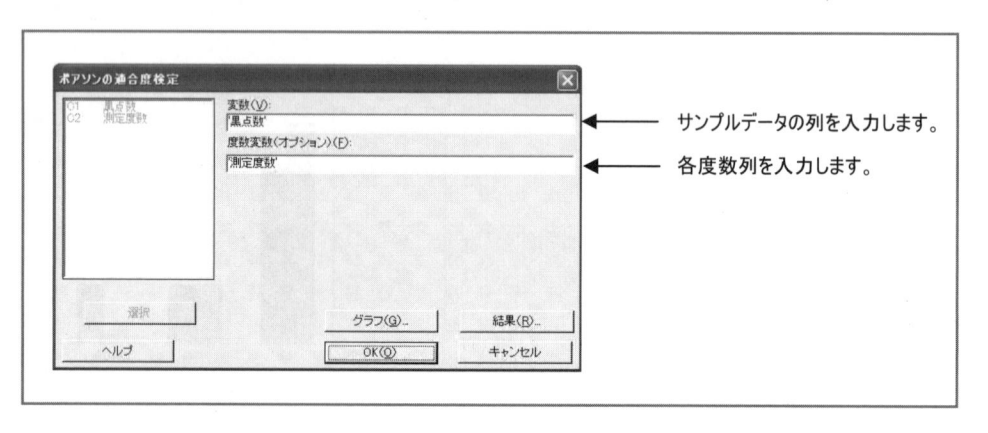

サンプルデータの列を入力します。
各度数列を入力します。

[実行] 3. 結果の出力：下のような結果がセッションウィンドウに出力されます。

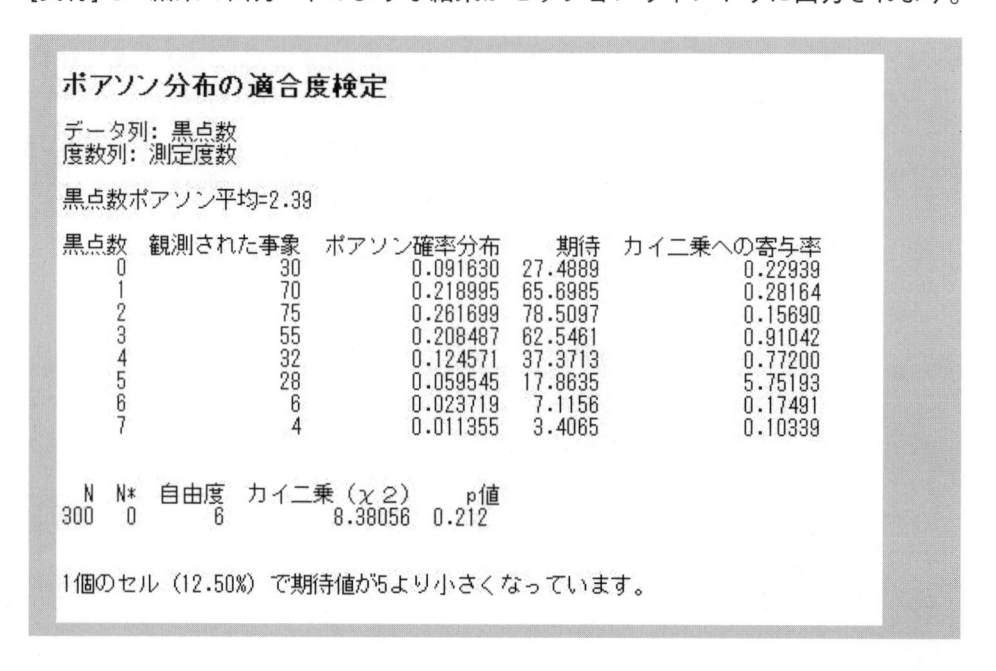

```
ポアソン分布の適合度検定

データ列: 黒点数
度数列: 測定度数

黒点数ポアソン平均=2.39

黒点数  観測された事象   ポアソン確率分布      期待   カイ二乗への寄与率
  0        30          0.091630       27.4889      0.22939
  1        70          0.218995       65.6985      0.28164
  2        75          0.261699       78.5097      0.15690
  3        55          0.208487       62.5461      0.91042
  4        32          0.124571       37.3713      0.77200
  5        28          0.059545       17.8635      5.75193
  6         6          0.023719        7.1156      0.17491
  7         4          0.011355        3.4065      0.10339

  N   N*  自由度  カイ二乗（χ2）  p値
 300   0    6        8.38056      0.212

1個のセル（12.50%）で期待値が5より小さくなっています。
```

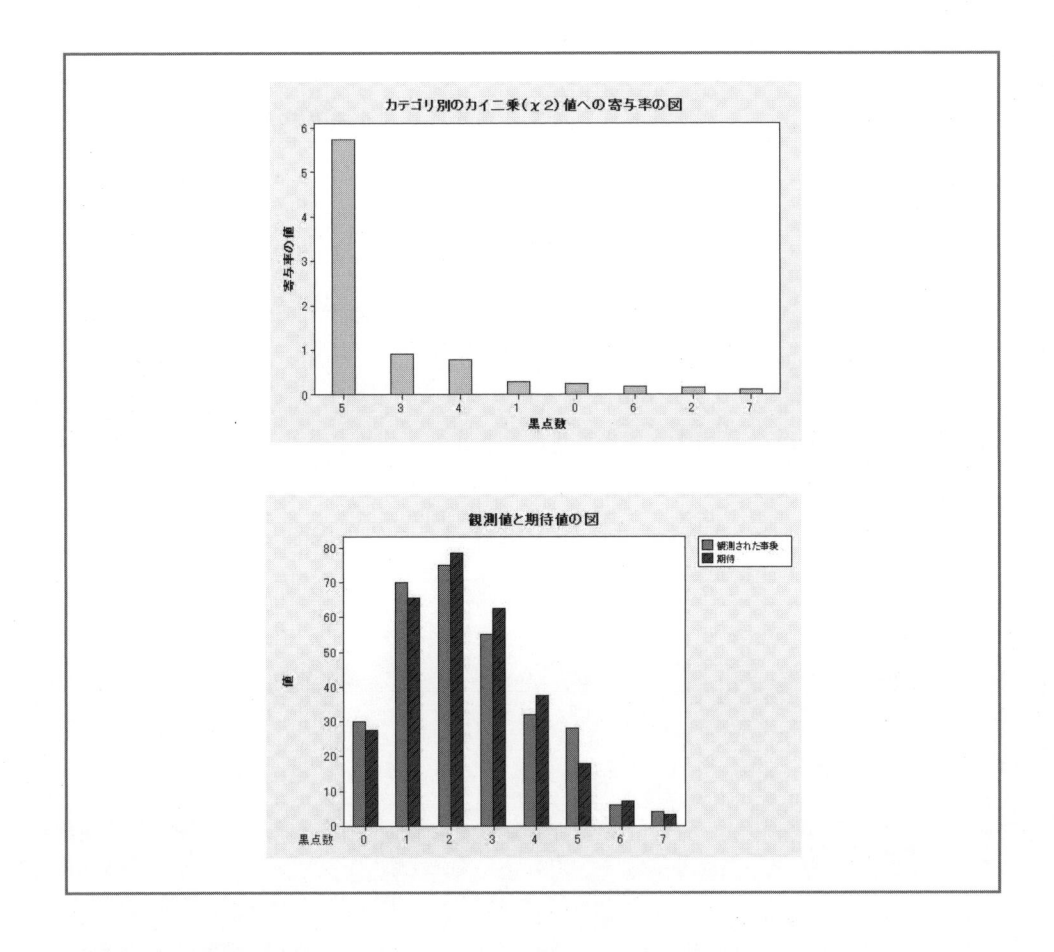

5. カイ二乗（χ^2）統計量を利用した適合度の検定　169

カテゴリ別のカイ二乗（χ2）値への寄与率の図

観測値と期待値の図

[実行] 4. 結果の解析

・ p 値は 0.212 となっており，有意水準 0.05 より大きいため，帰無仮説を棄却できません。すなわち，ランプの黒点数はポアソン分布に従うといえます。

第8章　正規性検定

1. 正規性検定の概要

1. 正規性検定の概要

母集団の分布が正規分布に従うかどうかは，正規性検定を利用します。MINITABでは，データに対して正規確率プロットを生成し，仮説検定を行います。正規性検定の仮説は，次の通りです。

> H_0：データが正規分布に従う。　対　H_1：データが正規分布に従わない。

[1] 正規確率プロットを利用した母集団の正規性検討

MINITABで提供する正規確率プロットは，与えられたデータの正規スコア（Normal Score）を求めて，データと正規スコア間の散布図を作成したものです。グラフの垂直スケールは正規確率紙にある垂直スケールと類似し，水平軸は線形スケールです。線はデータが抽出された母集団に対する累積分布関数の推定値を形成し，母集団のパラメータである平均と標準偏差の推定値，正規性検定値，および検定値に対するp値が表示されます。このとき，示された点が直線に近くなるほど，データが正規分布に従っているといえます。

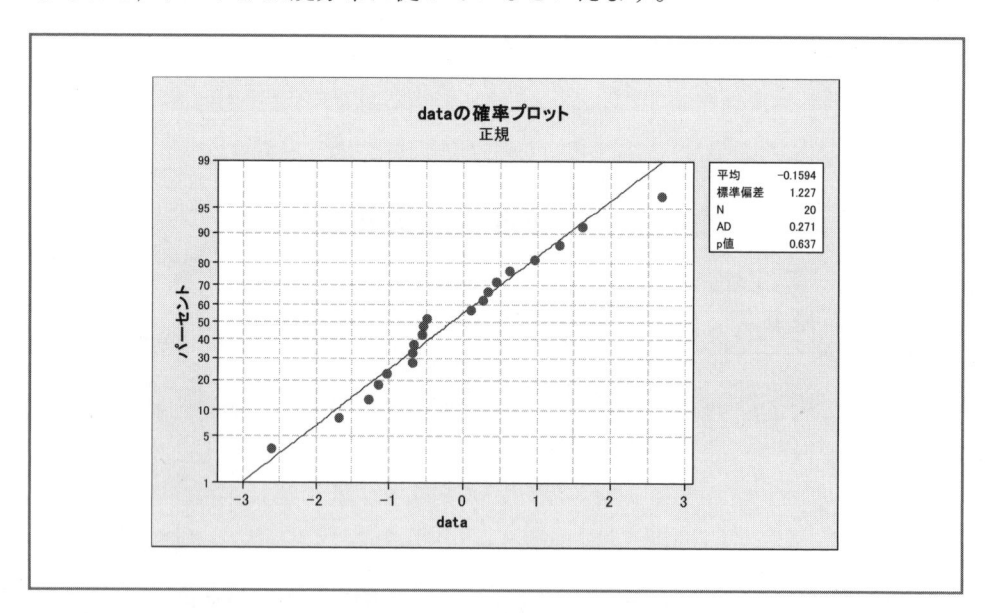

[例題]

次のような20個のデータに対して正規性検定を行ってみましょう（例題データ：正規性検定.mtw）。

| 6.8 | 10.5 | 10.1 | 10.1 | 9.4 | 9.4 | 9.2 | 9.8 | 8.8 | 9.6 |
| 8.9 | 10.3 | 11.0 | 11.6 | 8.6 | 11.7 | 7.0 | 10.7 | 8.8 | 12.2 |

[実行] 1. データ入力：データは次のように入力します。

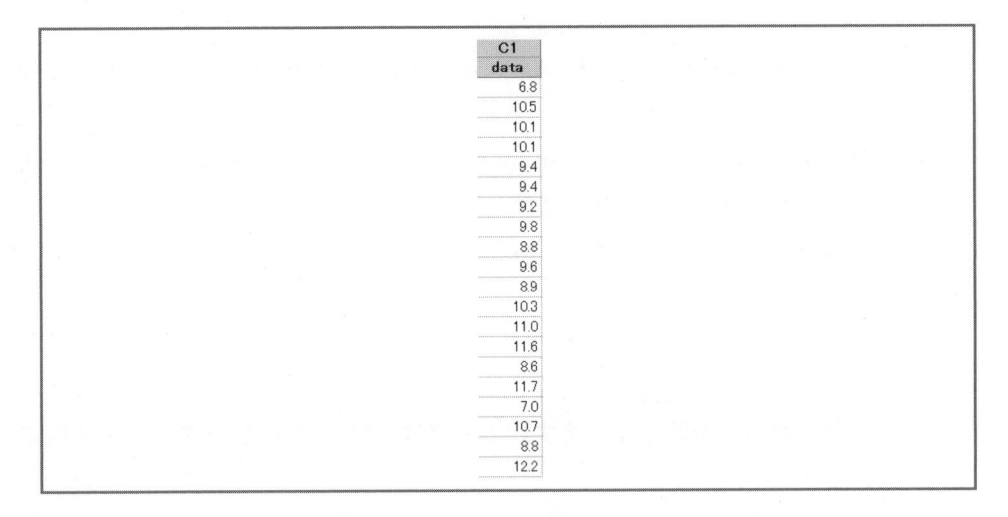

C1 data
6.8
10.5
10.1
10.1
9.4
9.4
9.2
9.8
8.8
9.6
8.9
10.3
11.0
11.6
8.6
11.7
7.0
10.7
8.8
12.2

[実行] 2. MINITAB メニュー：統計 ▶ 基本統計 ▶ 正規性検定

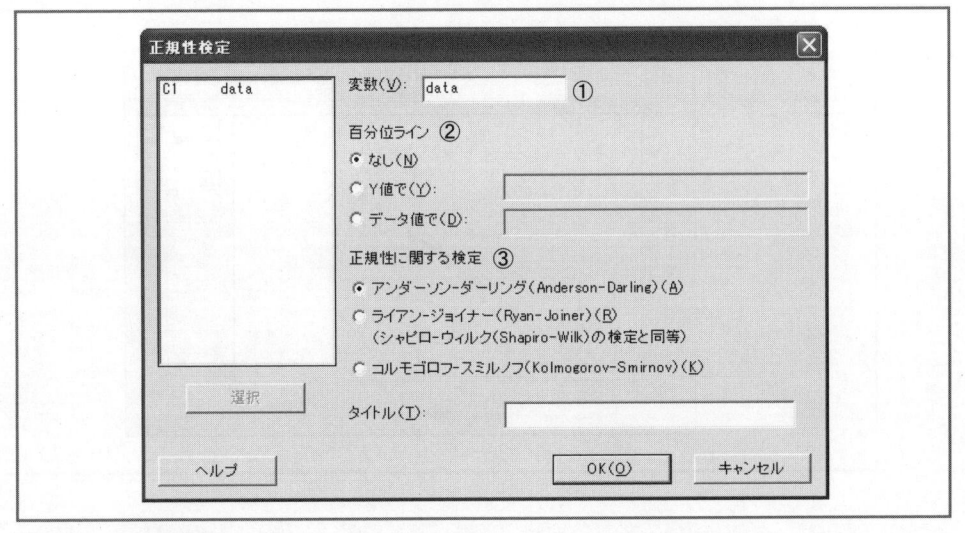

① データ列を指定します。
② **百分位ライン**：MINITAB では選択したデータの各パーセントをプロットの水平基準線として表示し，各線にパーセント値を表示します。また，水平基準線がデータを適合させる線と交わるところに垂直基準線を描き，この線に推定されたデータ値を表示します。

- **なし**：百分位ラインを表示しません。
- **Y値で**：百分位ラインを配置するためのYスケール値を入力します。Yスケール値タイプとして百分率を使用する場合，0から100の間の値を入力し，Yスケールタイプとして確率を使用する場合，0から1の間の値を入力します。
- **データ値で**：百分位ラインを配置するためのデータ値を入力します。

③ 正規性検定テストを選択します。

- **アンダーソン−ダーリング**（Anderson-Darling）：ECDF（経験的累積分布関数）に基づく検定法です。
- **ライアン−ジョイナー**（Ryan-Joiner）：シャピローウィルク（Shapiro-Wilk）検定と似ており，相関係数に基づく検定法です。
- **コルモゴロフ−スミルノフ**（Kolmogorov-Smirnov）：ECDF（経験的累積分布関数）に基づく検定法です。

アンダーソン−ダーリング検定とライアン−ジョイナー検定は，非正規性を検出する際の検出力がほとんど等しく，コルモゴロフ−スミルノフ検定は，これらよりも検出力が低くなります。ここでは，アンダーソン−ダーリング検定を選択しました。

[実行] 3．結果の出力：下のような結果がグラフウィンドウに出力されます。

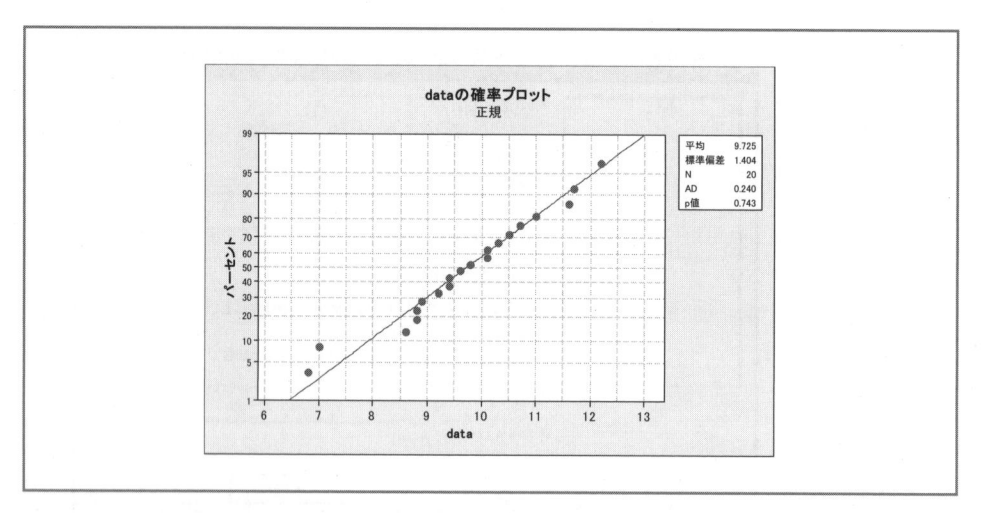

[実行] 4．結果の解析

- 確率プロットより，点がほとんど直線になっています。p値が0.05以下であれば，正規分布に従わないと推定できますが，この例題では，p値は0.73となっており，有意水準0.05よりも大きいため，正規分布に従うと推定できます。

第9章　時系列分析

1. 時系列分析の概要
2. 時系列プロットを利用した時系列データの理解
3. トレンド分析
4. 平滑法を利用したトレンド分析
5. 因子分解法を利用した時系列データの分析
6. ARIMA（自己回帰和分移動平均）を利用した時系列データの分析

1. 時系列分析の概要

[1] 時系列分析とは

　時系列とは，時間の流れによって一定の間隔で観測し，記録されたデータのことをいいます。例えば，証券市場の総合株価指数は，取引があるたびに変化します。このとき，毎日の証券取引終了時間の総合株価指数を一定の期間観測して記録すれば，一日ごとの総合株価指数の時系列になります。この他にも，消費財の月ごとの販売量，あるいは年度別の農作物の生産量などを観測して，記録したデータもやはり時系列です。時系列分析とは，観測された過去のデータを分析して，法則性を発見し，これをモデル化して推定する分析です。

[2] 時系列分析の目的

■ データの記述

　データを時間の流れによって図で表現し，データの特性を把握して法則性を発見します。例えば，トレンド，季節性，特異な点，変化などを知ることができます。

■ 予測（prediction/forecasting）

　時系列分析の最も重要な目的は，予測することです。ある証券投資者が株価を予測することができれば，株価の売買時期を見極めて，証券投資を成功させることができます。あるいは，デパートにおいて，販売量をある程度正確に予測できれば，商品および資金の流通を円滑に管理できるため，合理的な経営ができます。

■ 説明（explanation）

　あるシステムの時系列的形式を科学的に知ることも大切です。例えば，経済の時系列分析によって，景気の周期（business cycle）が存在することを立証する場合に時系列分析を用いることができます。あるいは，ある製造工程で入力と出力の間にはどんな関数関係があるかを知り，システム内に存在する工学的原理を理解したい場合に時系列分析を用いることができます。

■ 制御（control）

　未来に対する予測が可能になれば，そのシステムに一定の人為的な操作を加えることにより，時系列の実現値を目標に合うよう誘導できます。例えば，景気の活性化や沈滞化に対して，政府が中央銀行を利用して政策的に介入し，経済を安定させるという施策を実行できます。その結果として，最近では，過去に比べて景気の周期幅が相対的に小さくなったという話があります。さらに，通信工学，

自動制御，化学などの工学的応用にも用いられています。例えば，工学システムの出力を目標範囲内に維持するために，入出力間の関係を利用して，入力変数を操作することにより，出力値を制御できるのです。

この中で最も重要なことは，データの記述および予測です。どのデータにおいても80%程度の情報は，記述統計によって得ることができます。正確な予測をするためには，まず良いデータが必要となり，次に客観的で科学的な予測手法と評価が必要になります。
時系列データの構成要素は一般に
・トレンド（trend）
・循環（cycle）
・季節変動（seasonal variation）
・不規則変動（irregular fluctuation）
で構成されています。

トレンドは，消費行動の変化，人口の変動，インフレーションやデフレーションなどの影響を受けて，時系列に影響を与える長期変動要因であるといえます。循環は，通常2年から10年の周期を持って循環する時系列の構成要素として，景気の周期などと共に，比較的中期の変動要因が良い例になるでしょう。季節変動は，1年を単位として発生する時系列の変動要因をいい，月ごとの効果や四半期評価などに表れます。不規則変動は，測定と予測が難しい誤差変動のことをいいます。

2. 時系列プロットを利用した時系列データの理解

時間別にデータのパターンを評価します。MINITABでは，時間スケールに対する指標値，カレンダー値，クロック値を利用できます。また，ユーザーが直接スタンプ値の列を使用することも可能です。データは，ワークシートの順序に従って，同一の時間間隔でプロットされます。データが時間順に入力されない場合や，規則的な間隔で収集されない場合には，散布図を使用します。

[1] 単純時系列プロット

販売管理者として，会社の2001年から2003年までの3年間の四半期別売上額を確認したいと考えています。

[実行] 1. データ：NEWMARKET.MTW

↓	C1 Index	C2-D Month	C3 Sales	C4 Advertis	C5 Capital	C6-T AdAgency	C7 Quarter	C8 Year	C9 SalesB	C10-T Date
1	1	1月	210	30	14	Omega	1	2000	100	1Q00
2	2	2月	205	25	18	Omega	2	2000	120	2Q00
3	3	3月	202	18	20	Alpha	3	2000	180	3Q00
4	4	4月	245	55	24	Alpha	4	2000	183	4Q00
5	5	5月	237	32	31	Alpha	1	2001	143	1Q01
6	6	6月	290	27	35	Alpha	2	2001	151	2Q01
7	7	7月	299	23	36	Omega	3	2001	199	3Q01
8	8	8月	345	60	41	Omega	4	2001	211	4Q01
9	9	9月	326	34	42	Alpha	1	2002	165	1Q02
10	10	10月	355	30	46	Alpha	2	2002	193	2Q02
11							3	2002	205	3Q02
12							4	2002	235	4Q02

[実行] 2. MINITAB メニュー：グラフ ▶ 時系列プロット ▶ 単純 ▶ 時間 / スケール

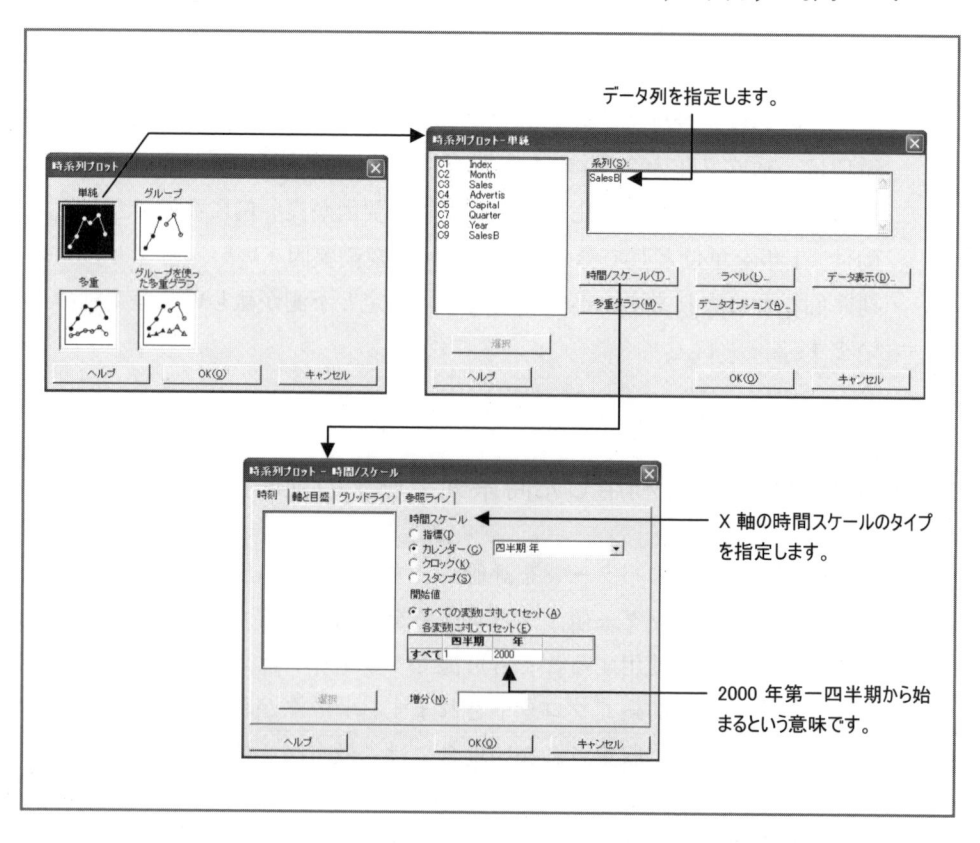

データ列を指定します。

X 軸の時間スケールのタイプを指定します。

2000 年第一四半期から始まるという意味です。

[実行] 3. 結果の出力

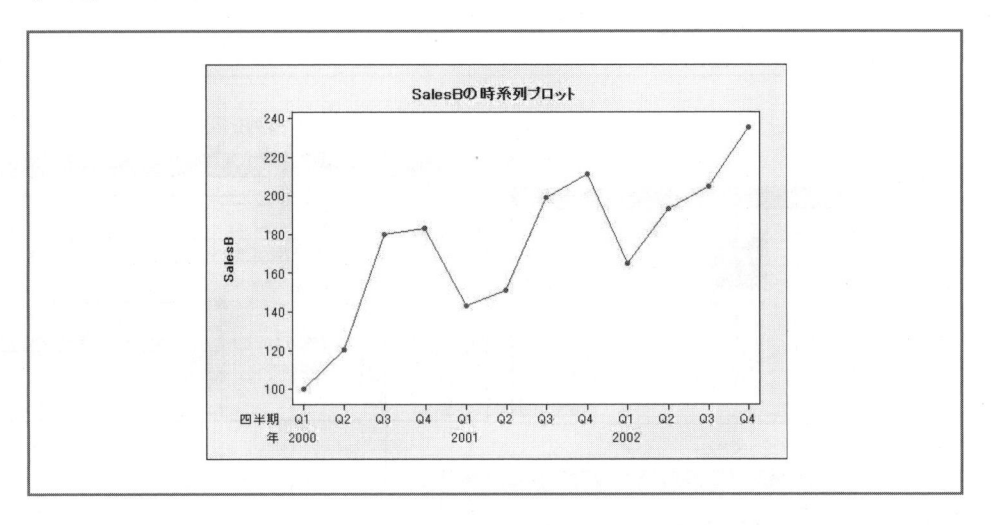

SalesBの時系列プロット

(時系列プロット: 2000年Q1=100, Q2=120, Q3=180, Q4=183; 2001年Q1=143, Q2=151, Q3=199, Q4=212; 2002年Q1=165, Q2=194, Q3=205, Q4=236)

[実行] 4. 結果の解析

- 3年間に全体の売上額は増加しています。また，毎年第一四半期（Q1）には，売上額が低くなるという周期的傾向があるようです。

[2] グループを使った時系列プロット

ある会社では，2年間，2つの広告代理店を利用しました。2000年にはAlpha広告代理店を利用し，2001年にはOmega広告代理店を利用しました。2年間の売上データを比較するために，グループを使った時系列プロットを作りたいと考えています。

[実行] 1. データ：ABCSALES.MTW

↓	C1 Index	C2-D Month	C3 Sales	C4 Advertis	C5-T AdAgency
1	2000	1月	210	30	Alpha
2	2000	2月	205	25	Alpha
3	2000	3月	202	55	Alpha
4	2000	4月	245	43	Alpha
5	2000	5月	237	60	Alpha
6	2000	6月	290	50	Alpha
7	2000	7月	299	60	Alpha
8	2000	8月	345	43	Alpha
9	2000	9月	326	34	Alpha
10	2000	10月	355	36	Alpha

180　第9章　時系列分析

[実行] 2.　MINITAB メニュー：グラフ ▶ 時系列プロット ▶ グループ ▶ 時間/スケール

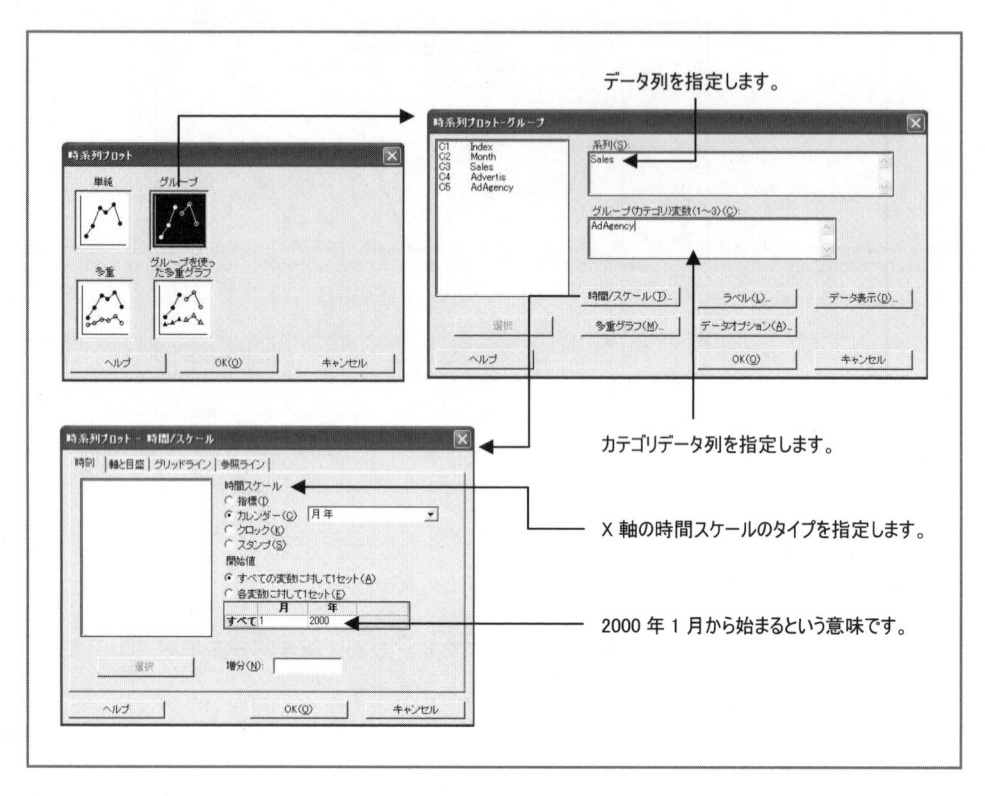

データ列を指定します。

カテゴリデータ列を指定します。

X軸の時間スケールのタイプを指定します。

2000年1月から始まるという意味です。

[実行] 3.　結果の出力

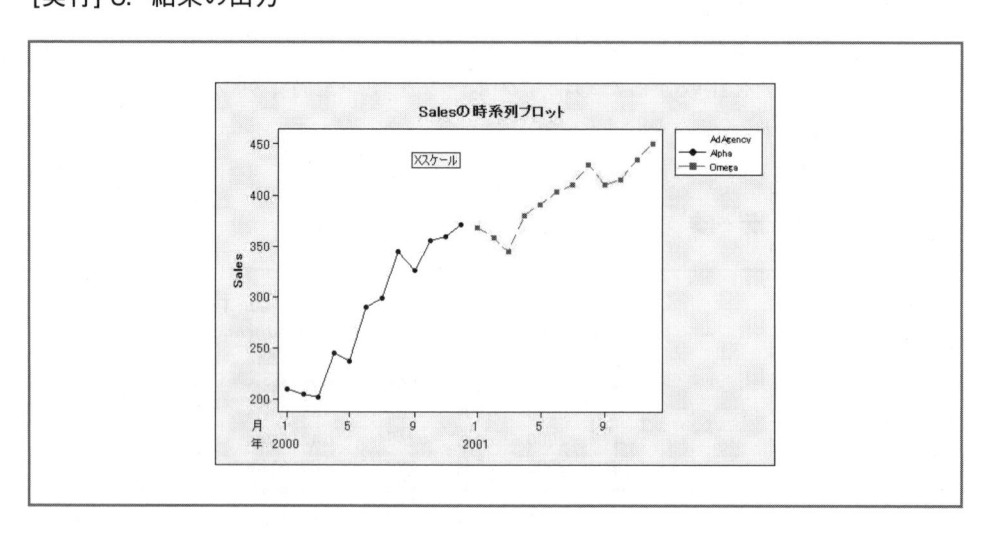

2. 時系列プロットを利用した時系列データの理解　181

[実行] 4. 結果の解析

> ・2年とも売上額が増加しています。Alpha 広告代理店を利用した際の売上は，210 から 371 で 161 増加し，Omega 広告代理店を利用した際の売上は，368 から 450 で 82 増加しています。

[3] 多重時系列プロット

　2つの会社（ABC および XYZ）の株式を保有しており，2年間の月ごとの成果を比較したいと考えています。多重時系列プロットを作成して，ABC と XYZ の株価を確認してみます。

[実行] 1. データ：SHAREPRICE.MTW

↓	C1 ABC	C2 XYZ
1	36.25	30.00
2	37.25	31.13
3	37.75	29.63
4	38.25	29.75
5	39.88	34.25
6	40.88	32.13
7	39.13	30.88
8	40.00	39.13
9	41.50	42.38
10	38.63	35.88

[実行] 2. MINITAB メニュー：グラフ ▶ 時系列プロット ▶ 多重 ▶ 時間 / スケール

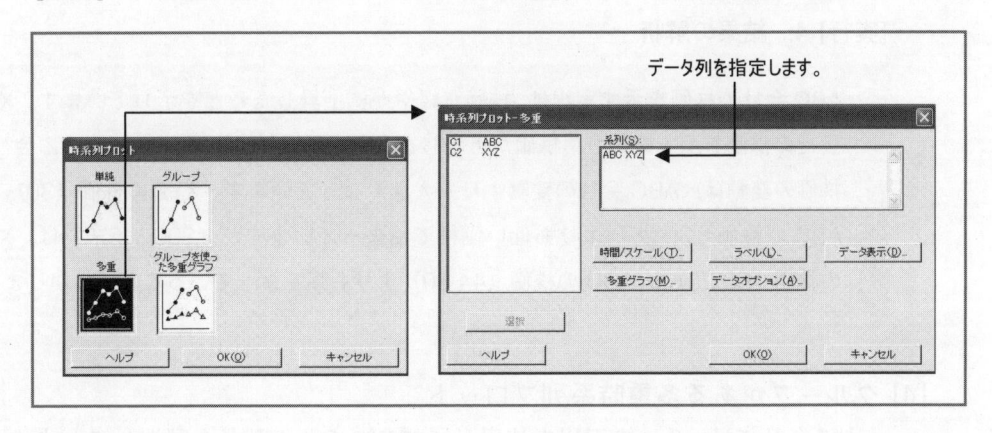

182　第9章　時系列分析

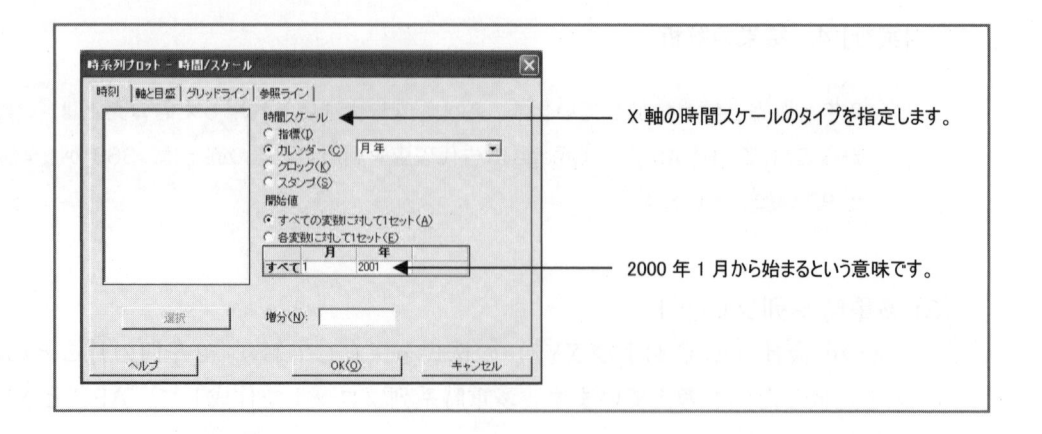

> X軸の時間スケールのタイプを指定します。
>
> 2000年1月から始まるという意味です。

[実行] 3. 分析の結果

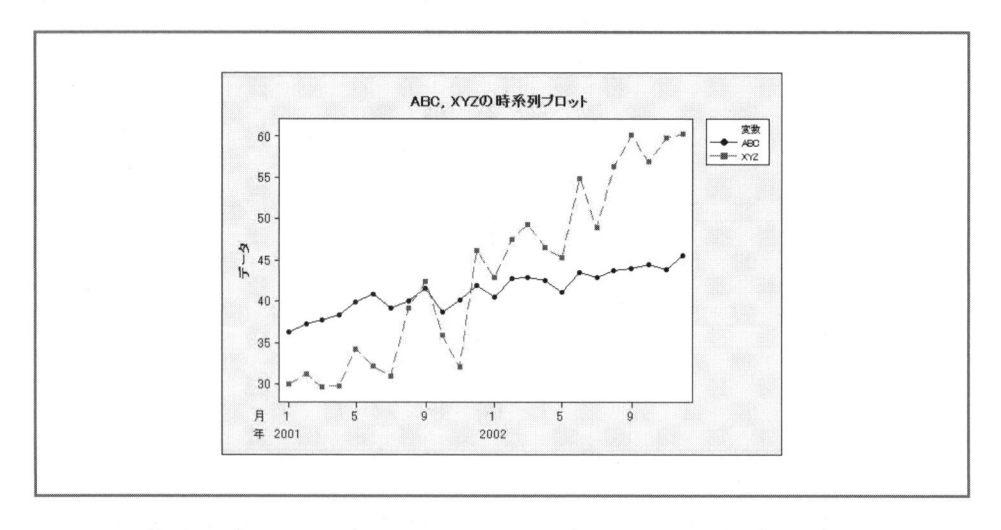

[実行] 4. 結果の解析

> - ABC会社の株価を示す実線は，株価が緩やかに上昇したことを示しています。XYZ会社の株価を示す破線も，株価が上昇したことを示しています。また，XYZ会社の株価の変動は，ABC会社の変動よりも大きくなっています。XYZの株価（30）は，ABCの株価（36.25）よりも低い価格で始まっていますが，2002年末には，XYZの株価（60.25）はABCの株価（44.50）よりも高くなっていることがわかります。

[4] グループがある多重時系列プロット

　　ある会社では，2つの工程を使用してプラスチック製品を製造しています。製造には，使用するエネルギーが主なコストとなっており，コスト削減のため，新規のエネルギーを利用したいと考えています。1ヶ月のうち，始めの15日間は

2. 時系列プロットを利用した時系列データの理解　183

既存のエネルギー A を利用し，後の 15 日間は新規のエネルギー B を利用します。2 つの工程において，2 つのエネルギーコストを表示するための時系列プロットを作成します。

[実行] 1. データ：ENERGYCOST.MTW

↓	C1	C2	C3-T
	Process 1	Process 2	Energy Source
1	50	32	A
2	46	31	A
3	45	30	A
4	48	31	A
5	50	34	A
6	49	32	A
7	46	32	A
8	48	32	A
9	50	31	A
10	51	30	A

[実行] 2. MINITAB メニュー：グラフ ▶ 時系列プロット ▶ グループを使った多重グラフ ▶ 時間/スケール

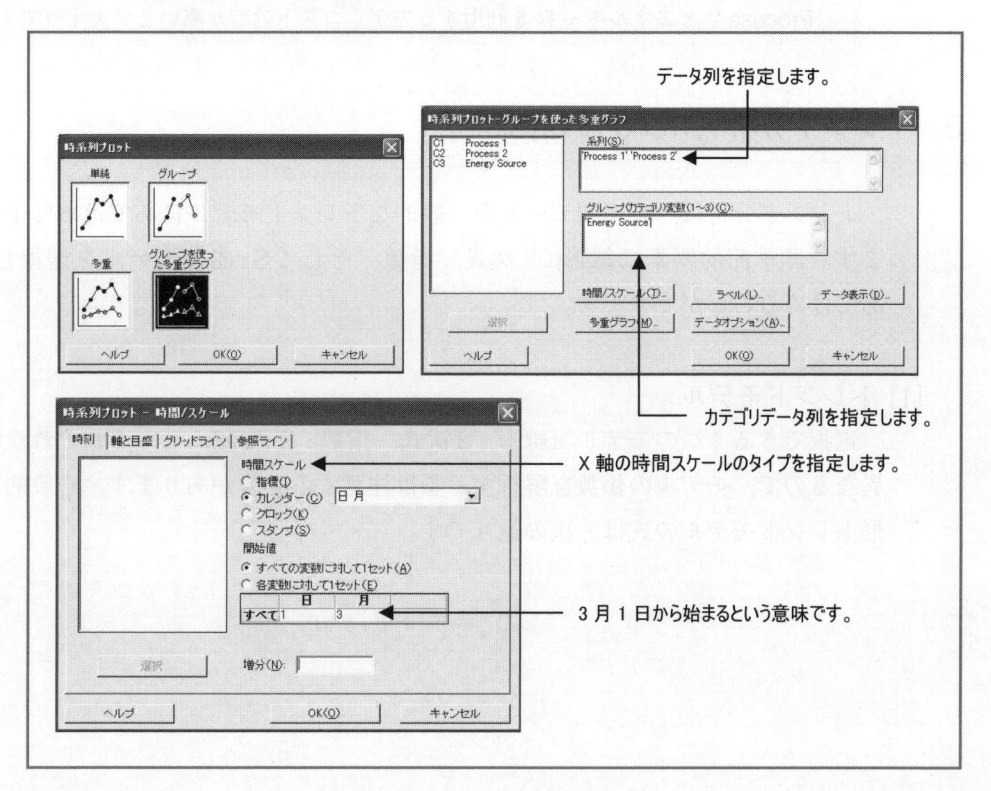

[実行] 3. 結果の出力

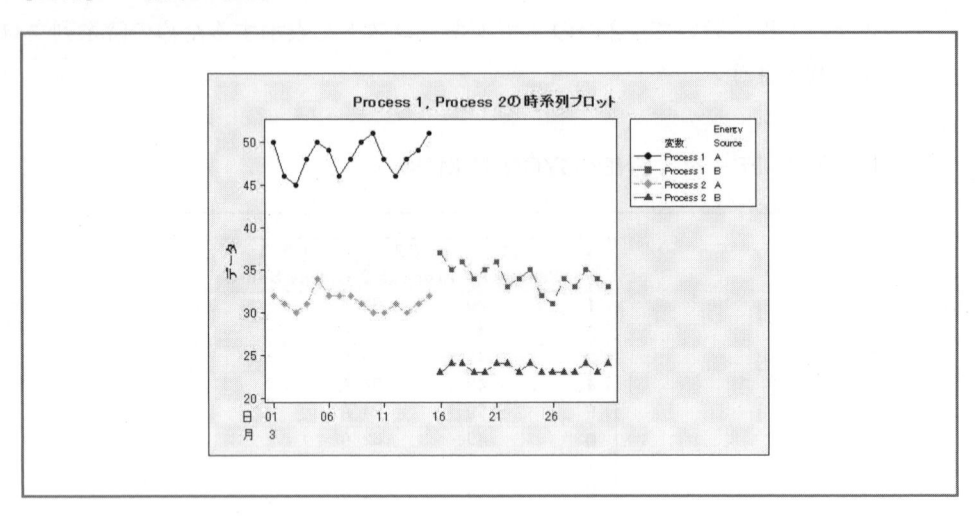

[実行] 4. 結果の解析

- Process 1 のエネルギーコストが，Process 2 のエネルギーコストより高いといえます。また両方の工程で，エネルギー B を利用したときの方が，コストが低くなっています。したがって，Process 1 とエネルギー A を利用するよりも，Process 2 とエネルギー B を利用する方が，コスト効率が高いといえそうです。

3. トレンド分析（Trend Analysis）

トレンド分析は，時系列データを一般的なトレンドモデルにあてはめて予測します。非季節的要素に線形，2次式，指数，そして S-曲線モデルを選択して，あてはめることができます。

[1] トレンドモデル

選択できる4つのモデル（線形，2次式，指数，S-曲線）は，それぞれ意味が異なるので，モデルの係数を解析する際は注意する必要があります。一般的な線形トレンドモデルの式は，次の通りです。

$$y_t = \beta_0 + \beta_1 t + e_t$$

このモデルで，β_1 は次のある期間までの平均の変化を示します。

単純な曲線となっている2次トレンドモデルの式は，次の通りです。

$$y_t = \beta_0 + \beta_1 t + \beta_2 t^2 + e_t$$

指数型トレンドモデルは，指数的な増加，または減少を説明します。例えば，貯蓄は指数的な増加を見せることもあります。指数型トレンドモデルの式は，次の通りです。

$$y_t = \beta_0 + \beta_1 t + e_t$$

S-曲線モデルは，S字型曲線に従うデータを説明するために，ロジスティックトレンドモデルにあてはめます。S-曲線モデルの式は，次の通りです。

$$y_t = \frac{10a}{\beta_0 + \beta_1(\beta_{2t-1})}$$

■ **精度の測定（Measures of Accuracy）**

MINITABは，あてはめられたモデルの精度を3つの方法（MAPE，MAD，MSD）で測定します。MAPE，MAD，MSDは，各期の単純な予測と平滑化を行うために使用され，その値が小さいほど良好に適合するモデルであることを意味します。実際のデータを分析する際に，未来の時系列を予測することが目的の場合，いくつかのモデルの中から最適なモデルを選択します。このとき，残差の比較によるモデル選択を行い，予測誤差を最小化させるモデルの選択が望ましいといえます。

平均絶対パーセント誤差（MAPE：Mean Absolute Percentage Error）は，あてはめられた時系列データの精度を測定します。精度はパーセントで表されます。

$$\mathrm{MAPE} = \frac{\Sigma|(y_t - \hat{y}_t)/y_t|}{n} \times 100$$

y_t は実際の値，$\hat{y}_t$ は予測値，n は予測値の数を意味します。

平均絶対偏差（MAD：Mean Absolute Deviation）も，あてはめられた時系列データの精度を測定します。精度はデータと同じ単位で表され，誤差の量を概念化する際に役立ちます。

$$\mathrm{MAD} = \frac{\sum_{t=1}^{n} |y_t - \hat{y}_t|}{n}$$

y_t は実際の値，$\hat{y}_t$ は予測値，n は予測値の数を意味します。

平均平方偏差（MSD：Mean Squared Deviation）も，あてはめられた時系列データの精度を測定します。MSD は，モデルに関係なく常に同じ分母（将来予測の数）を使用して計算されるため，異なるモデル間で MSD の値を比較できる特徴があります。MSD は，大きな予測誤差に対して MAD よりも敏感な測度となります。

$$\mathrm{MSD} = \frac{\sum_{t=1}^{n} |y_t - \hat{y}_t|^2}{n}$$

y_t は実際の値，$\hat{y}_t$ は予測値，n は予測値の数を意味します。

[例題]

貿易業者を対象に 60 ヶ月間の雇用状況を調査して，今後 12 ヶ月間の雇用を予測したいと考えています。全体的に曲線傾向があるため，トレンド分析を行い，2 次トレンドモデルをあてはめます。また，季節性もあるため，適合値と残差を保存し，残差分解を行います。

[実行] 1．データ：EMPLOY.MTW

↓	C1	C2	C3
	Trade	Food	Metals
1	322	53.5	44.2
2	317	53.0	44.3
3	319	53.2	44.4
4	323	52.5	43.4
5	327	53.4	42.8
6	328	56.5	44.3
7	325	65.3	44.4
8	326	70.7	44.8
9	330	66.9	44.4
10	334	58.2	43.1

3．トレンド分析（Trend Analysis）　187

[実行] 2．MINITAB メニュー：統計 ▶ 時系列分析 ▶ トレンド分析

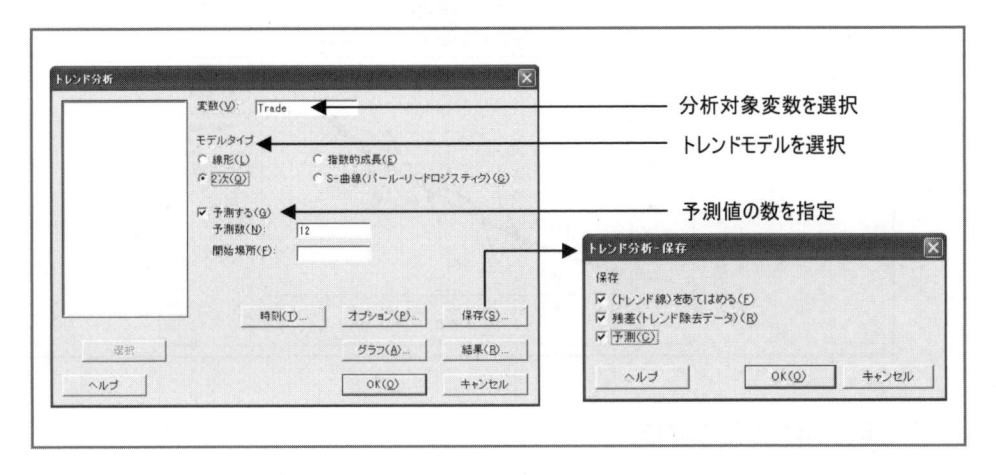

（ダイアログボックス）
- 変数(V)：Trade ← 分析対象変数を選択
- モデルタイプ ← トレンドモデルを選択
  - 線形(L)
  - 2次(Q)
  - 指数的成長(E)
  - S-曲線（パール-リードロジスティク）(O)
- 予測する(G) ← 予測値の数を指定
  - 予測数(N)：12
  - 開始場所(F)：

トレンド分析 - 保存
- 保存
  - (トレンド線)をあてはめる(F)
  - 残差（トレンド除去データ）(R)
  - 予測(Q)

[実行] 3．結果の出力

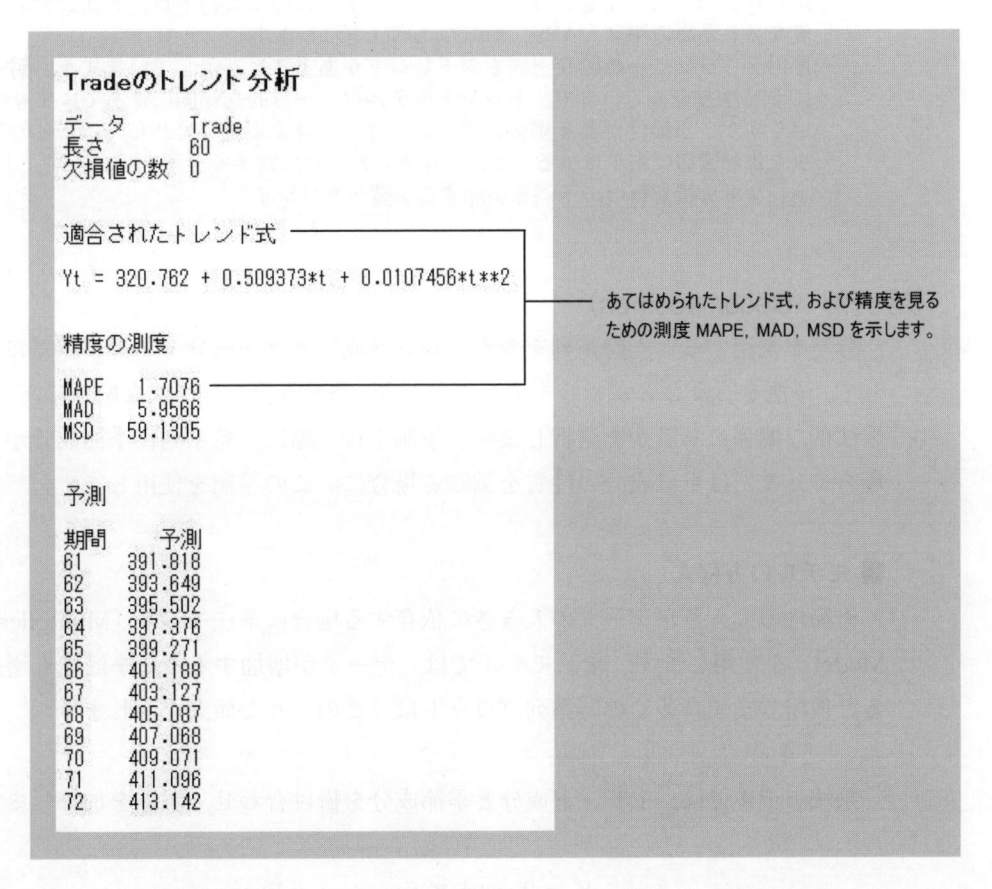

```
Trade のトレンド分析

データ       Trade
長さ         60
欠損値の数    0

適合されたトレンド式

Yt = 320.762 + 0.509373*t + 0.0107456*t**2

精度の測度

MAPE   1.7076
MAD    5.9566
MSD   59.1305

予測

期間    予測
61    391.818
62    393.649
63    395.502
64    397.376
65    399.271
66    401.188
67    403.127
68    405.087
69    407.068
70    409.071
71    411.096
72    413.142
```

あてはめられたトレンド式，および精度を見るための測度 MAPE, MAD, MSD を示します。

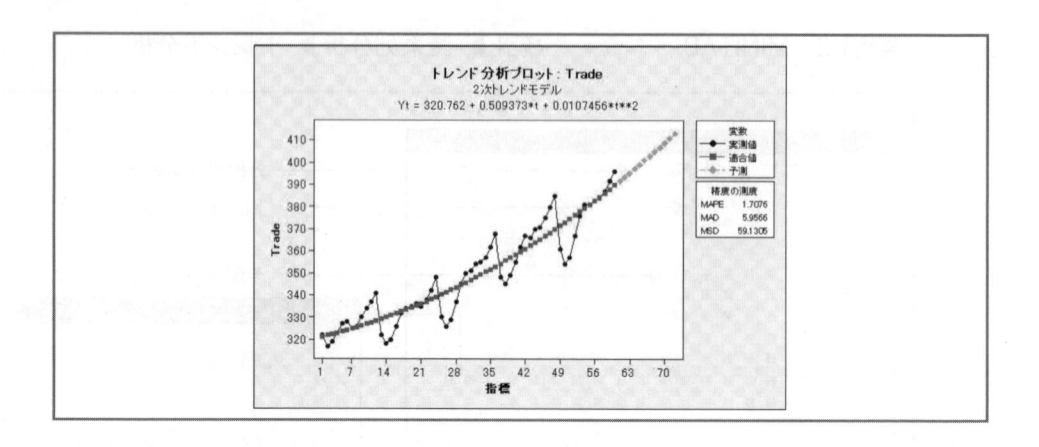

トレンド分析プロット：Trade
2次トレンドモデル
Yt = 320.762 + 0.509373*t + 0.0107456*t**2

精度の測度
MAPE 1.7076
MAD 5.9566
MSD 59.1305

[実行] 4. 結果の解析

> - トレンド分析プロットでは元のデータ，あてはめられたトレンド線と予測値が表示されます。セッションウィンドウでは，あてはめられたトレンド式，および精度を見るための測度 MAPE, MAD, MSD を示します。
> - 雇用データは，一般的な上向きのトレンドがあることを示していますが，明らかに季節性も表れています。トレンドモデルは，一般的な傾向にはあてはまりはよいですが，季節性がある場合には，あてはまりはよくありません。これらのデータをより適切にあてはめるには，保存された残差に対する分解を行います。また，トレンド分析を行い，予測を追加する必要があります。

[2] 分解（Decomposition）

分解を使用すると，時系列を線形トレンド成分と季節成分，および誤差に分割して，予測を行うことができます。このとき，季節成分が加法的な関係にあるか，乗法的な関係にあるかを選択します。予測を行う際に，時系列に季節成分がある場合や，または単に成分の性質を調べる場合に，この手順を使用します。

■ モデルの方程式

季節性の大きさがデータの大きさに依存する場合に乗法モデル（Multiplicative Model）を使用します。乗法モデルでは，データが増加すると，季節性も増加すると仮定します。多くの時系列プロットは，このような傾向を示します。

乗法モデルでは，トレンド成分と季節成分を掛け合わせ，誤差を加算します。

$$Y_t = \text{Trend} \times \text{Seasonal} + \text{Error}$$

Y_t は，時間 t における観測値です。

3. トレンド分析 (Trend Analysis)

季節性の大きさがデータの大きさに依存しない場合には，加法モデル (Additive Model) を使用します。加法モデルでは，トレンド成分，季節成分，および誤差を加算します。

$$Y_t = \text{Trend} + \text{Seasonal} + \text{Error}$$

Y_t は，時間 t における観測値です。

[例題]

貿易業者を対象に 60 ヶ月間収集した雇用データを使用して，今後 12 ヶ月間の雇用を予測したいと考えています。このデータには，2次トレンドモデルであてはまるトレンド成分があり，季節成分もあります。トレンド分析の例題（トレンド分析例題を参照）で得た残差を使用して，トレンド分析と分解を組み合わせて予測を行います。

[実行] 1. データ：EMPLOY.MTW（トレンド分析を通して得られた残差が保存されたデータ）

↓	C1 Trade	C2 Food	C3 Metals	C4 FITS1	C5 RESI1	C6 FORE1
1	322	53.5	44.2	321.282	0.7179	391.818
2	317	53.0	44.3	321.824	-4.8237	393.649
3	319	53.2	44.4	322.387	-3.3868	395.502
4	323	52.5	43.4	322.971	0.0286	397.376
5	327	53.4	42.8	323.577	3.4225	399.271
6	328	56.5	44.3	324.205	3.7949	401.188
7	325	65.3	44.4	324.854	0.1459	403.127
8	326	70.7	44.8	325.525	0.4753	405.087
9	330	66.9	44.4	326.217	3.7833	407.068
10	334	58.2	43.1	326.930	7.0697	409.071

[実行] 2. MINITAB メニュー：統計 ▶ 時系列分析 ▶ 分解

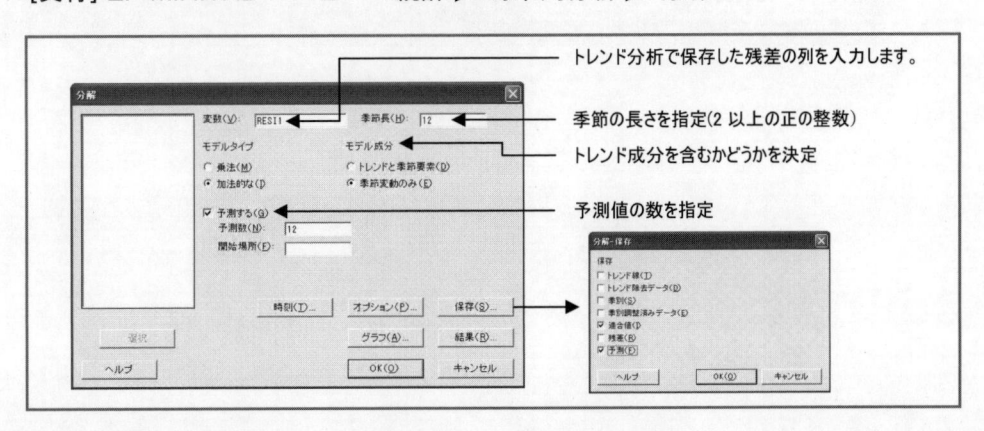

― トレンド分析で保存した残差の列を入力します。
― 季節の長さを指定 (2 以上の正の整数)
― トレンド成分を含むかどうかを決定
― 予測値の数を指定

[実行] 3. 結果の出力

```
RESI1の時系列分解
加法的モデル

データ      RESI1
長さ        60
欠損値の数   0

季別指標

期間      指標
  1    -8.4826
  2   -13.3368
  3   -11.4410
  4    -5.8160
  5     0.5590
  6     3.5590
  7     1.7674
  8     3.4757
  9     3.2674
 10     5.3924
 11     8.4965
 12    12.5590

精度の測度

MAPE  881.582
MAD     2.802
MSD    11.899

予測

期間      予測
 61    -8.4826
 62   -13.3368
 63   -11.4410
 64    -5.8160
 65     0.5590
 66     3.5590
 67     1.7674
 68     3.4757
 69     3.2674
 70     5.3924
 71     8.4965
 72    12.5590
```

←一般的な2次トレンドモデルと、残差の分解を行った2次トレンドモデルを比較してみると、MSDの値が59.1305から11.899へ減少することがわかります。これは、残差の分解を行ったモデルの方が、よりあてはまっていることを意味します。

① **時系列分解プロット**：元データ，あてはめられたトレンド線，トレンド線の予測，将来予測が表示されます。

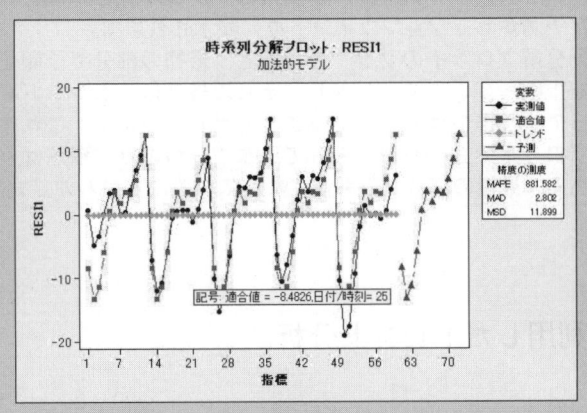

② **要素分析プロット**：元データ，季節調整されたデータが表示されます。

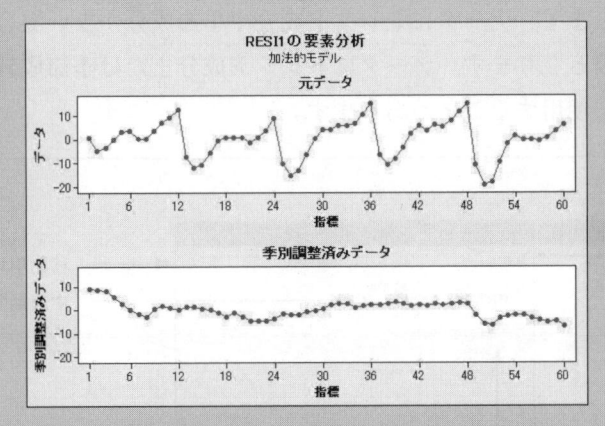

③ **季別分析プロット**：季別指標チャート，季節期間ごとのパーセント変動を示すチャート，季節期間ごとのデータの箱ひげ図，季節期間ごとの残差の箱ひげ図を表示します。

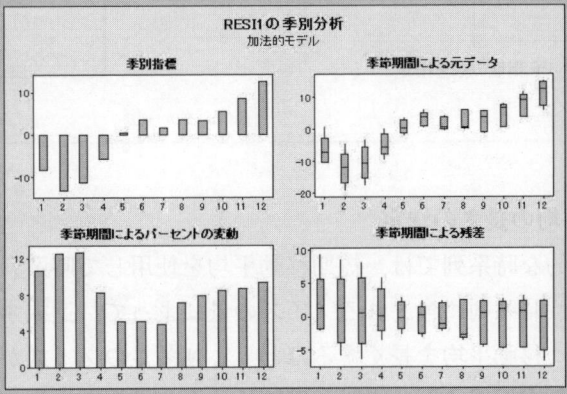

[実行] 4. 結果の解析

- あてはめられたトレンド線，季別指標，3つの精度の測度－ MAPE, MAD, MSD, および予測がセッションウィンドウに表示されます。
- 時系列分解プロットのグラフを見ると，最初の部分で予測を下回り，最後の部分で予測を上回っています。しかし，それ以外では，トレンドを除去した残差は，分解によってよくあてはまっていることを示しています。これは，季別分析グラフの右下のプロットでも明らかに表れています。つまり，残差は，時系列の最初の部分で最も高く，最後の部分で最も低くなっていることがわかります。

4. 平滑法を利用したトレンド分析

[1] 移動平均（Moving Average）

移動平均は，時系列の連続した観測値を平均してデータを平滑化し，短期予測を計算します。データにトレンド成分や季節成分がない場合は，この方法が有効な選択肢となります。データにトレンド成分または季節成分がある場合でも，この方法を使用することがあります。

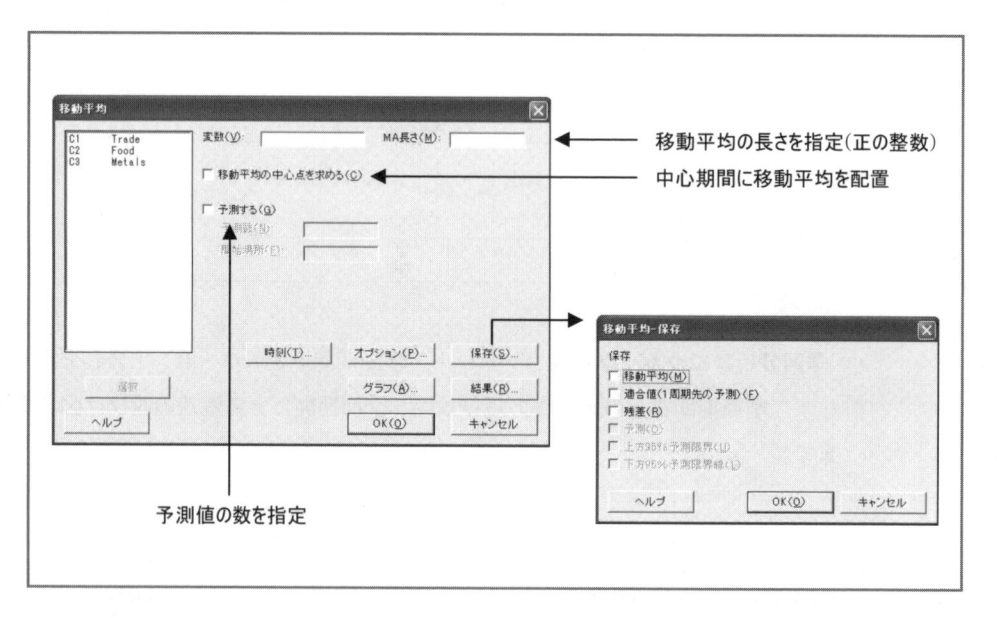

■ 移動平均の長さの決定

非季節的な時系列では，短期移動平均を使用して時系列を平滑化するのが一般的ですが，時系列に含まれるノイズの量によって，選択する長さが変わることもあります。移動平均を長くするほど，より多くのノイズが除去される反面，変化に対する反応が遅くなります。季節性がある場合，一般に期間の長さと同じ長さ

の移動平均を使用します。例えば，年次サイクルのデータの場合では，長さ12の移動平均を使用することになります。

■ **移動平均の中心点を探す**

MINITAB は，範囲の最後ではなく，範囲の中心にある期間に移動平均値を配置します。基本的に移動平均値は，計算が行われた期間に配置されます。例えば，移動平均の長さが3である場合，最初の移動平均値は期間3に配置し，その次の移動平均値は期間4に配置し，以降はその繰り返しとなります。

・移動平均の長さが奇数の場合：例えば，移動平均の長さが3であれば，MINITAB では最初の移動平均値は期間2に配置し，その次の移動平均値は期間3に配置し，以降はその繰り返しとなります。この場合，最初の期間と最後の期間の移動平均値は，欠損値（＊）になります。

・移動平均の長さが偶数の場合：例えば，移動平均の長さが4の場合，範囲の中心は2.5 ですが，移動平均値を期間2.5 に配置することはできません。この問題を解決するために，MINITAB では以下の方法を実施します。まず，最初の4つの値に対する平均（MA1）を計算し，その次の4つの値に対する平均（MA2）を計算します。次に，これら2つの値（MA1 と MA2）の平均を計算して，期間3に配置し，以降はこの繰り返しとなります。この場合，最初の2つの期間と最後の2つの期間の移動平均値は，欠損値（＊）になります。

■ **予測**（Forecasting）

時間 t における適合値は，時間 $t-1$ において中心化されていない移動平均となります。予測値は，予測原点における適合値です。10時間単位先を予測したい場合には，各時間に対する予測値は原点における適合値になります。移動平均の計算には，最大で原点までのデータが使用されます。単純な予測では，時間 t の予測値は，時間 $t-1$ のデータ値となります。長さ1の移動平均を使って，移動平均の手順を行った場合，これは単純な予測になります。

[例題]

60ヶ月間集められたデータのうち，金属工業界における今後6ヶ月間の雇用を予測したいと考えています。データにはっきりした傾向が見られないため，移動平均法を使用します。

[実行] 1. データ：EMPLOY.MTW

↓	C1 Trade	C2 Food	C3 Metals
1	322	53.5	44.2
2	317	53.0	44.3
3	319	53.2	44.4
4	323	52.5	43.4
5	327	53.4	42.8
6	328	56.5	44.3
7	325	65.3	44.4
8	326	70.7	44.8
9	330	66.9	44.4
10	334	58.2	43.1

[実行] 2. MINITAB メニュー：統計 ▶ 時系列分析 ▶ 移動平均

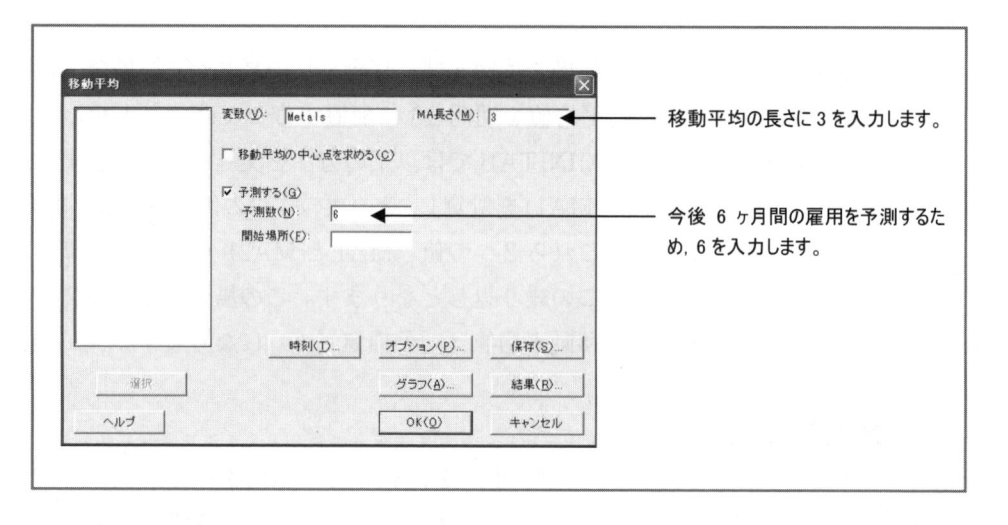

移動平均の長さに 3 を入力します。

今後 6 ヶ月間の雇用を予測するため，6 を入力します。

[実行] 3. 結果の出力

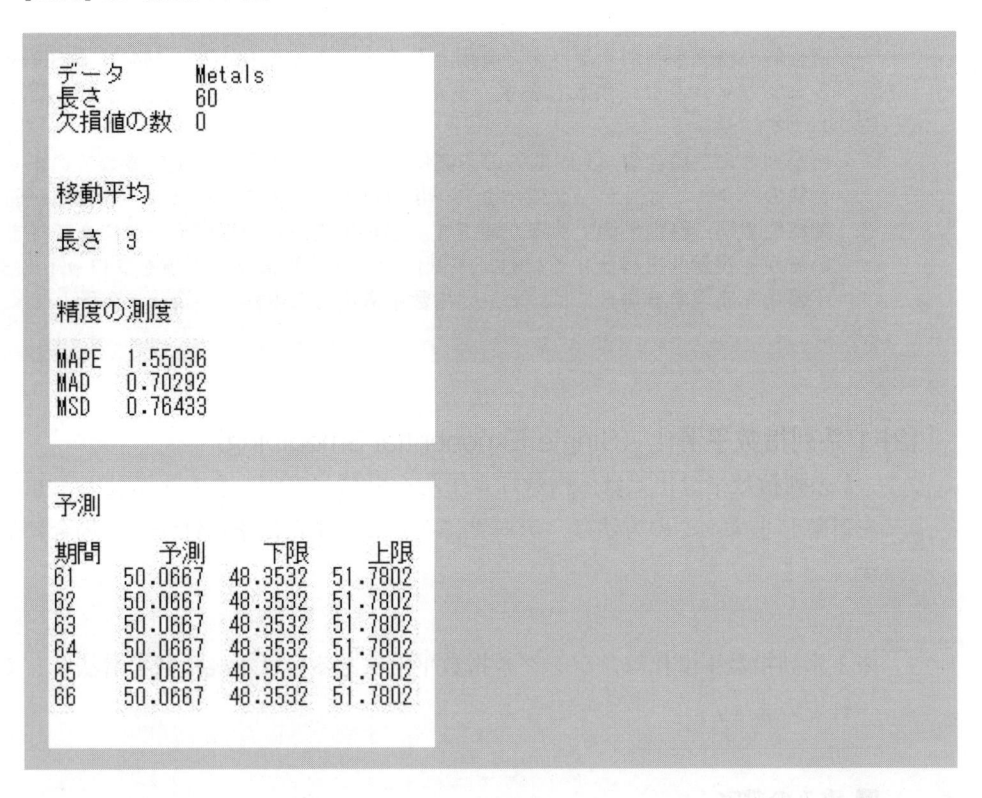

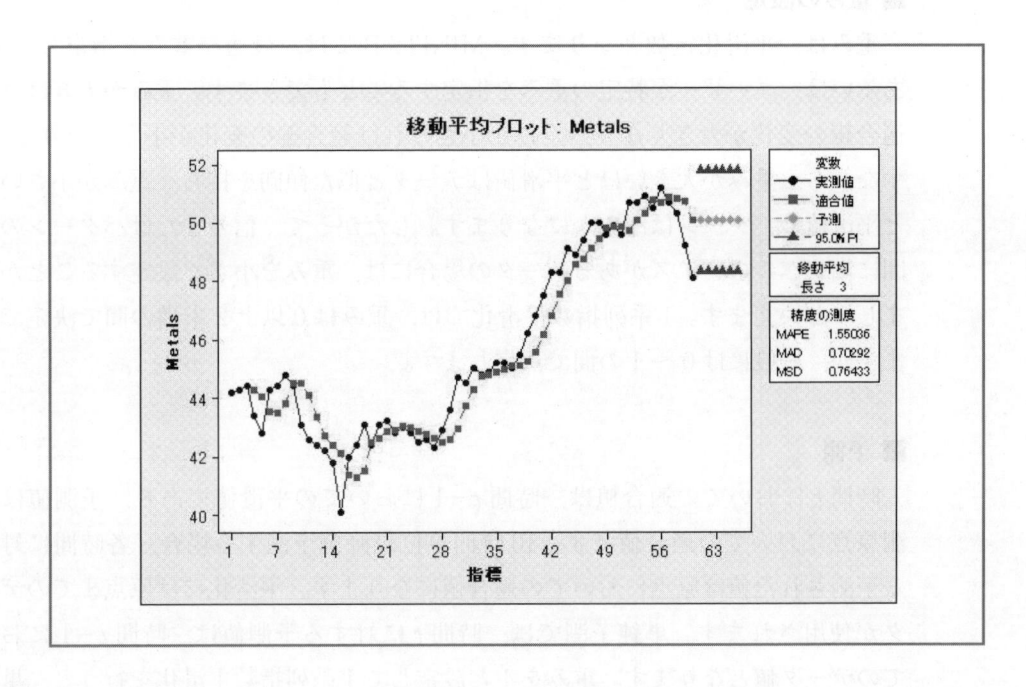

```
データ      Metals
長さ        60
欠損値の数   0

移動平均

長さ  3

精度の測度

MAPE  1.55036
MAD   0.70292
MSD   0.76433
```

```
予測

期間    予測      下限     上限
61    50.0667  48.3532  51.7802
62    50.0667  48.3532  51.7802
63    50.0667  48.3532  51.7802
64    50.0667  48.3532  51.7802
65    50.0667  48.3532  51.7802
66    50.0667  48.3532  51.7802
```

[実行] 4. 結果の解析

- 適合値の精度を判別するうえで有用となる3つの測度 MAPE，MAD，MSD をセッションウィンドウに表示します。また，予測値と95%予測下限および上限も表示します。
- 時系列および適合値（1周期先の予測値）と6つの予測値が生成されています。適合値のパターンは，データのパターンより遅れています。これは，適合値が前の時間単位で得た移動平均であるためです。移動平均がどの程度データにあてはまっているかを視覚的に検証するには，予測値ではなく平滑化した値をプロットします。平滑化を適用する場合には，1系列指数平滑化と二重指数平滑化を参照してください。

[2] 1系列指数平滑化（Single Exponential Smoothing）

1系列指数平滑化では，指数加重平均を計算してデータを平滑化し，短期予測を計算します。この方法は，データにトレンドまたは季節性がない場合に最適です。

※1系列指数平滑化は，シングル指数平滑法あるいは単純指数平滑法として知られています。

■ 重みの設定

重みは，平滑化定数となります。MINITAB では，最適な重みを指定します。あるいは，ユーザーが特定の重みを指定することもできます。重みが大きければ適合線の変化が大きくなり，重みが小さければ適合線の変化が小さくなります。すなわち，重みが大きいほど平滑値はデータと似た傾向を持ち，重みが小さいほど平滑値のパターンは滑らかになります。したがって，信号またはパターンの周囲に高レベルのノイズがあるデータの場合には，重みを小さく設定することが望ましいといえます。1系列指数平滑化では，重みは0以上2未満の間で決定できますが，一般には0～1の間で決定します。

■ 予測

時間 t においての適合値は，時間 $t-1$ においての平滑値であり，予測値は予測原点においての適合値です。10時間単位以降を予測する場合，各時間に対する予測された値は原点においての適合値になります。平滑化には原点までのデータが使用されます。単純予測では，時間 t に対する予測値は，時間 $t-1$ においてのデータ値となります。重みを1と設定して1系列指数平滑化を行うと，単純予測となります。

4. 平滑法を利用したトレンド分析 197

―― 0〜2の値を入力

―― 予測値の数を指定

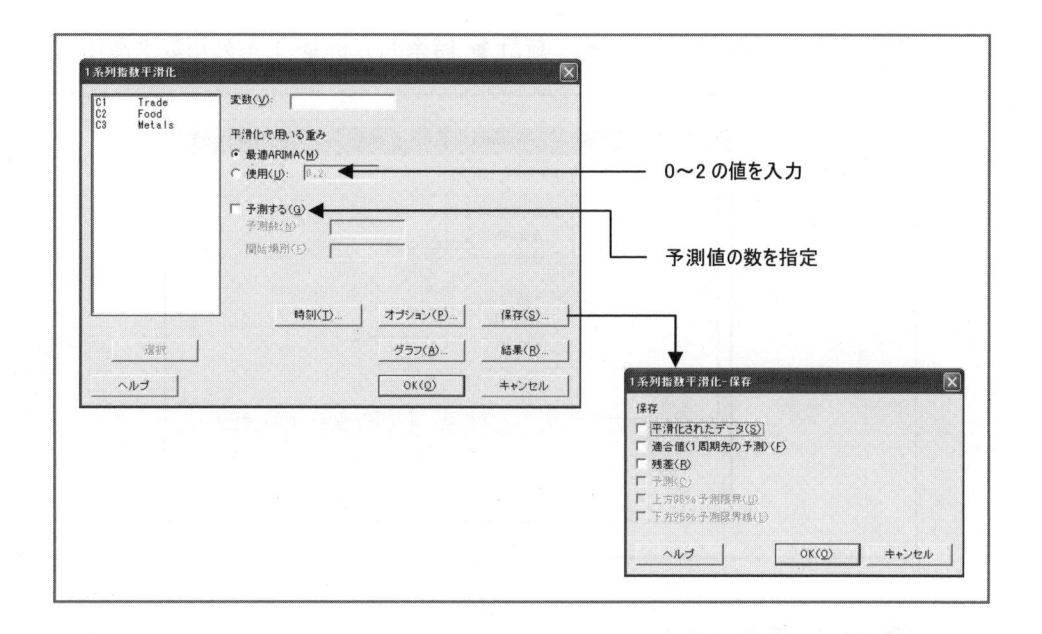

[例題]

60ヶ月間集められたデータのうち，製鉄業界における今後6ヶ月間の雇用を予測したいと考えています。1系列指数平滑化を使用して，予測してみましょう。

[実行] 1. データ：EMPLOY.MTW

↓	C1 Trade	C2 Food	C3 Metals
1	322	53.5	44.2
2	317	53.0	44.3
3	319	53.2	44.4
4	323	52.5	43.4
5	327	53.4	42.8
6	328	56.5	44.3
7	325	65.3	44.4
8	326	70.7	44.8
9	330	66.9	44.4
10	334	58.2	43.1

[実行] 2. MINITAB メニュー：統計 ▶ 時系列分析 ▶ 1 系列指数平滑化

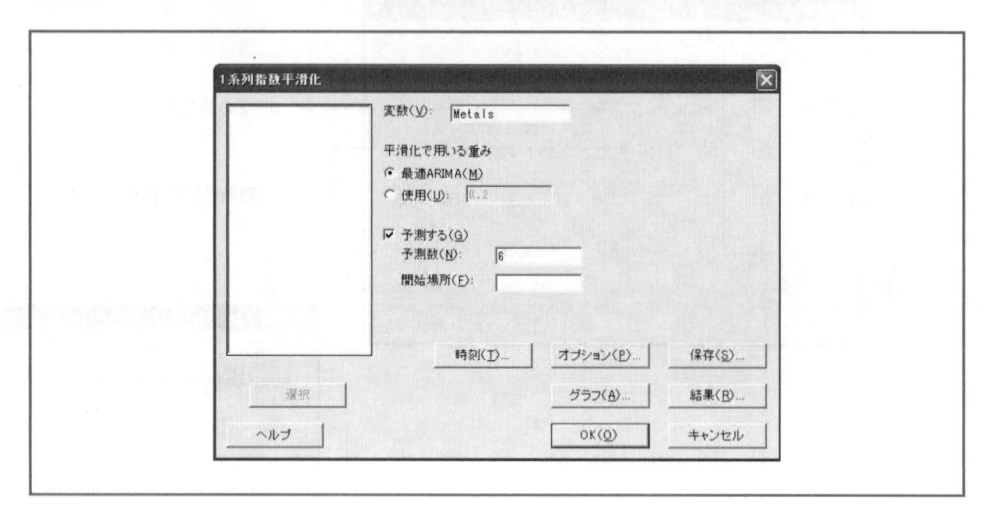

[実行] 3. 結果の出力

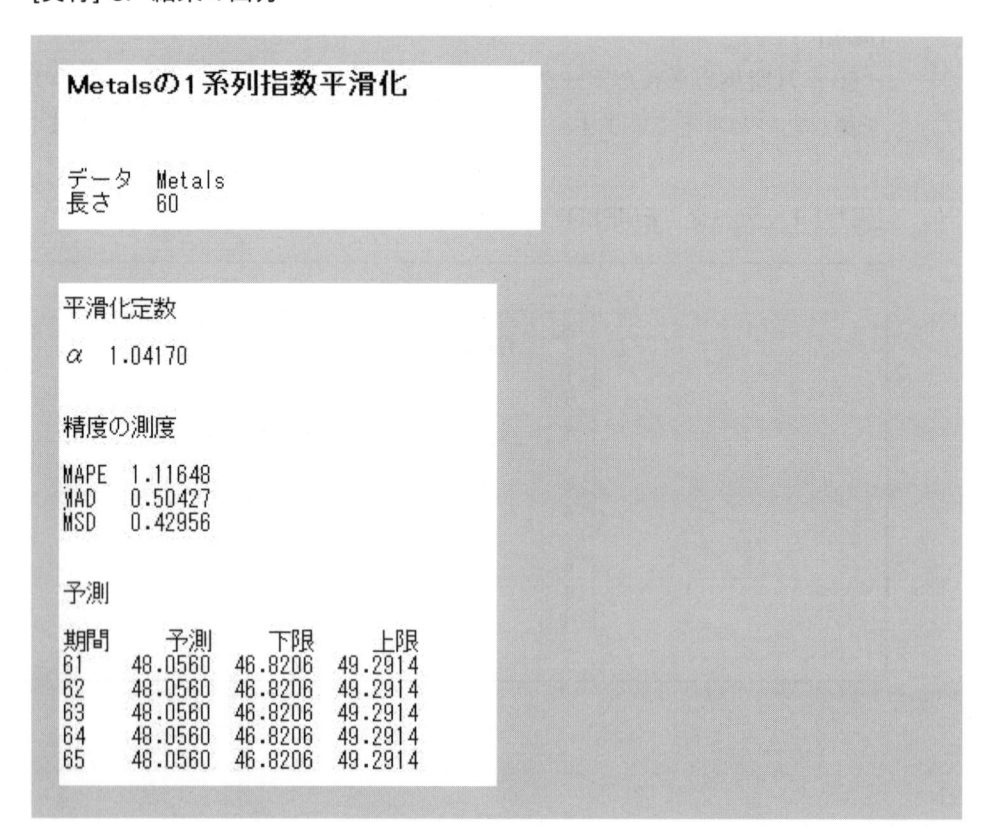

Metalsの1系列指数平滑化

データ　Metals
長さ　　60

平滑化定数

α　1.04170

精度の測度

MAPE　1.11648
MAD　0.50427
MSD　0.42956

予測

期間	予測	下限	上限
61	48.0560	46.8206	49.2914
62	48.0560	46.8206	49.2914
63	48.0560	46.8206	49.2914
64	48.0560	46.8206	49.2914
65	48.0560	46.8206	49.2914

[実行] 4. 結果の解析

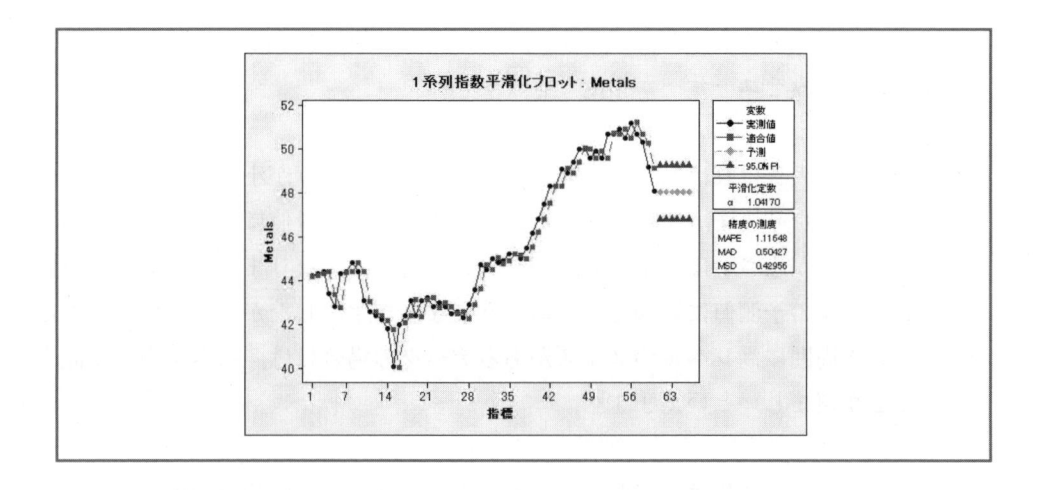

・移動平均を使用した場合（MAPE=1.55，MAD=0.70，MSD=0.76）よりも，精度がよくなっていることがわかります（MAPE=1.12，MAD=0.50，MSD=0.43）。

[3] 二重指数平滑化（Double Exponential Smoothing）

二重指数平滑化は，Holt（特別な場合には Brown）二重指数平滑化によりデータを平滑化し，短期の予測を行うことができます。この方法は，トレンドがある場合に効果的です。動的な推定値は，水準とトレンドの2つの成分に対して計算されます。

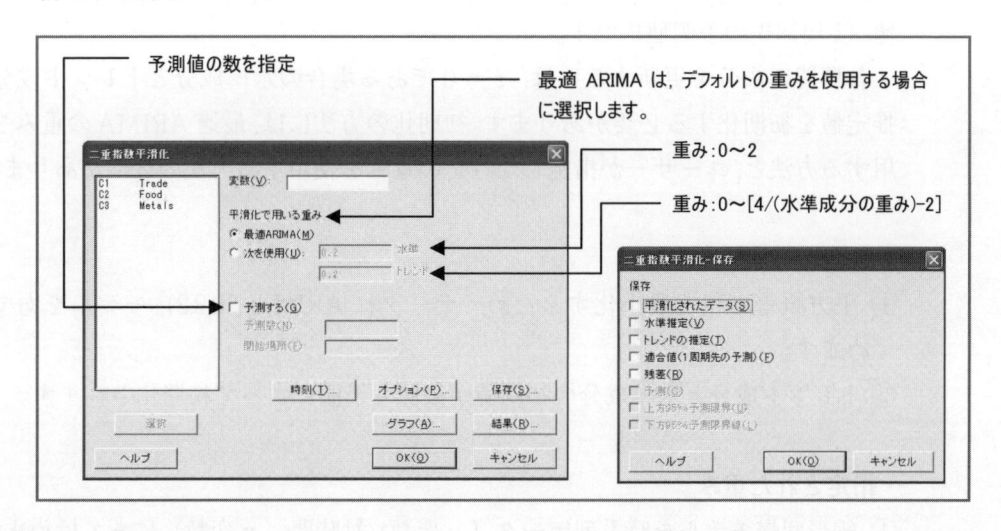

■ 重みの選択

重みは，平滑化定数です。MINITAB では，最適な重みを指定します。あるい

は，水準成分：0～2までの重み，トレンド成分：0～[4/(水準成分の重み)−2]までの重みをユーザーが指定できます。

重みが大きければ適合線の変化が大きくなり，重みが小さければ適合線の変化が小さくなります。すなわち，重みが大きいほど平滑値はデータと似た傾向を持ち，重みが小さいほど平滑値のパターンは滑らかになります。成分は平滑値とトレンド線の予測値に影響を与えるようになります。したがって，信号またはパターンの周囲に高レベルのノイズがあるデータの場合には，重みを小さく設定することが望ましいといえます。

二重指数平滑化は，各期間での水準成分とトレンド成分を使用し，また2つの重みを使用して，各期間の成分を更新します。二重指数平滑化の方程式は，次の通りです。

$$L_t = \alpha Y_t + (1-\alpha)[L_{t-1} + T_{t-1}]$$
$$T_t = \gamma [L_t - L_{t-1}] + (1-\gamma) T_{t-1}$$
$$\hat{y}_t = L_{t-1} + T_{t-1}$$

ここで L_t は，時間 t においての水準成分であり，α は水準成分に対する重みです。T_t は，時間 t においてのトレンド成分であり，γ はトレンド成分に対する重みです。Y_t は時間 t においてのデータ値であり，$\hat{y}_t$ は時間 t においての適合値（1周期先の予測値）です。

各期間の成分を更新するには，$t=0$ である場合の水準成分とトレンド成分の推定値を初期化する必要があります。初期化の方法には，最適 ARIMA の重みを使用する方法と，ユーザーが指定した特定の重みを使用する方法の2つがあります。

・最適 ARIMA の重み
① 平方誤差の和を最小化するため，データに ARIMA (0,2,2) モデルをあてはめます。
② トレンド成分と水準成分の初期値が後戻り予測によって初期化されます。

・指定された重み
① 線形回帰モデルを時系列データ（y 変数）対時間（x 変数）にあてはめます。
② この回帰モデルで得られた定数は，水準成分の初期推定値であり，傾きはトレンド成分の初期推定値になります。

4. 平滑法を利用したトレンド分析 201

[例題]

　60ヶ月間集められたデータのうち，製鉄業界における今後6ヶ月間の雇用を予測したいと考えています。このデータには，明らかなトレンドまたは季節性がないので，二重指数平滑化を使用してデータをあてはめ，この適合値を1系列指数平滑化で得た適合値と比較してみます。

[実行] 1. データ：EMPLOY.MTW

	C1 Trade	C2 Food	C3 Metals
1	322	53.5	44.2
2	317	53.0	44.3
3	319	53.2	44.4
4	323	52.5	43.4
5	327	53.4	42.8
6	328	56.5	44.3
7	325	65.3	44.4
8	326	70.7	44.8
9	330	66.9	44.4
10	334	58.2	43.1

[実行] 2. MINITAB メニュー：統計 ▶ 時系列分析 ▶ 二重指数平滑化

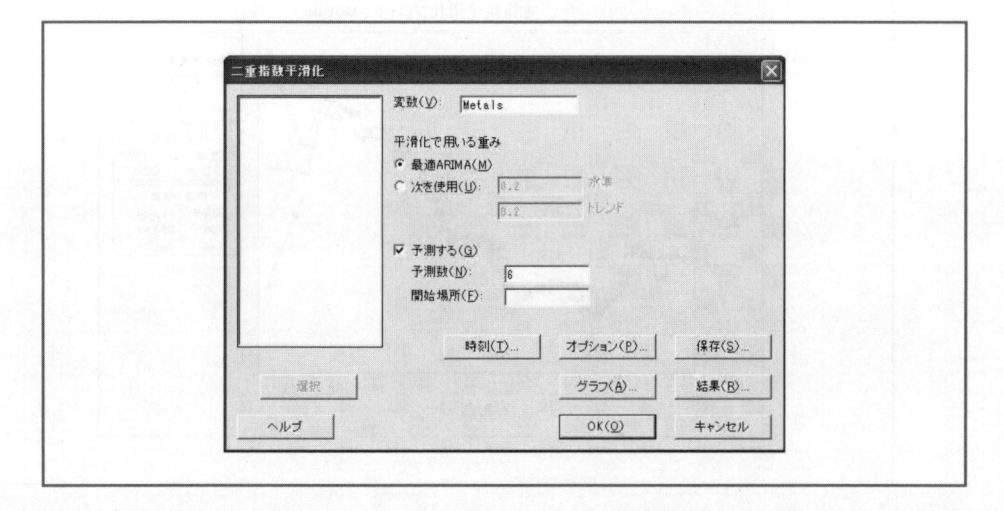

[実行] 3. 結果の出力

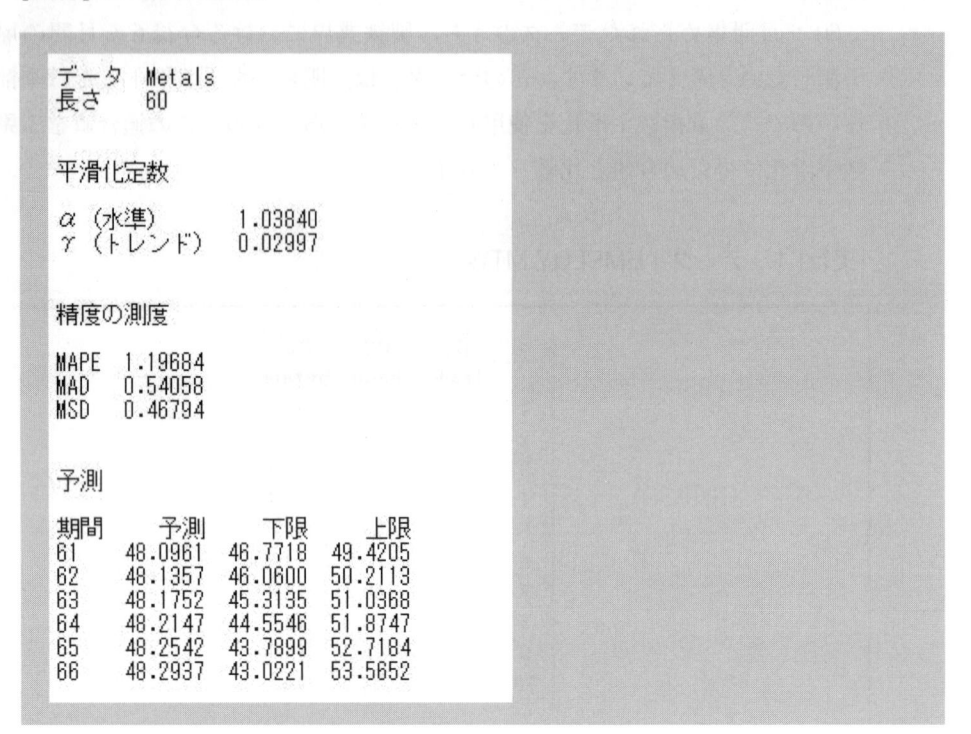

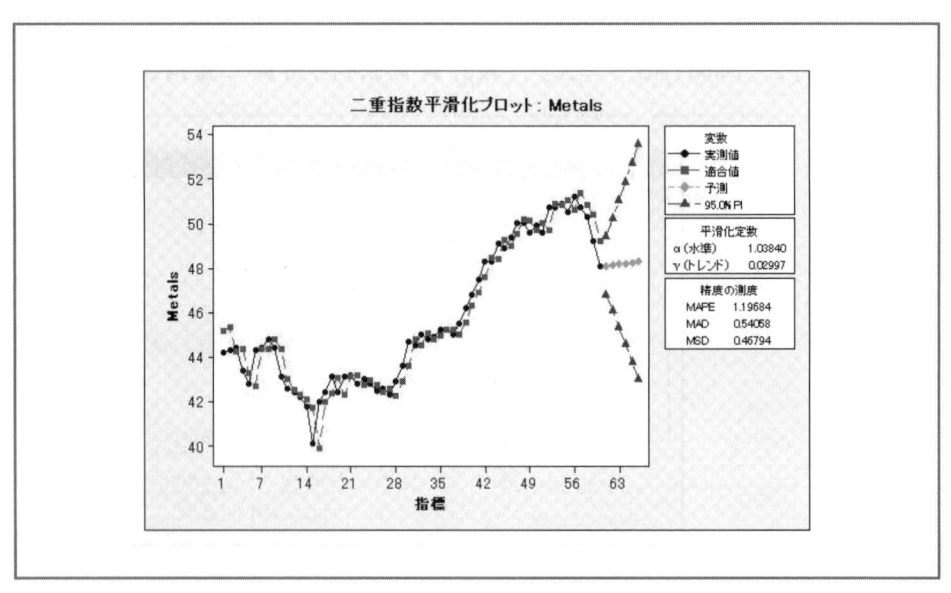

```
データ    Metals
長さ      60

平滑化定数

α（水準）      1.03840
γ（トレンド）  0.02997

精度の測度

MAPE  1.19684
MAD   0.54058
MSD   0.46794

予測

期間    予測      下限      上限
61     48.0961   46.7718   49.4205
62     48.1357   46.0600   50.2113
63     48.1752   45.3135   51.0368
64     48.2147   44.5546   51.8747
65     48.2542   43.7899   52.7184
66     48.2937   43.0221   53.5652
```

二重指数平滑化プロット：Metals

変数
- 実測値
- 適合値
- 予測
- 95.0% PI

平滑化定数
α（水準）   1.03840
γ（トレンド） 0.02997

精度の測度
MAPE 1.19684
MAD   0.54058
MSD   0.46794

[実行] 4. 結果の解析

- 時系列および適合値（1周期先の予測値）と6つの予測値が表示されます。セッションウィンドウとグラフウィンドウには水準成分およびトレンド成分に対する平滑化定数（重み）と，3つの測度（MAPE, MAD, MSD）が表示されるため，適合値の精度を判断するのに役立ちます。
- 上の結果を見ると，MAPE, MAD, MSD は，それぞれ 1.20, 0.54, 0.47 となっています。これらは，1系列指数平滑化（MAPE=1.12, MAD=0.50, MSD=0.43）より精度が落ちていることがわかります。
- 二重指数平滑化では，最後の4つの観測値が減少傾向を示していますが，雇用パターンは若干増加するものと予測されています。このとき，トレンド成分の重みを大きくすると，データと同じ方向の予測結果になる可能性があります。こうした方がより現実的に思えますが，トレンド成分の重みを大きくすることで（MINITABで生成した重みを使用した場合よりも），測定された適合値が良好な結果とならない可能性があります。

[4] ウィンター（Winters）の方法

　ウィンターの方法は，ホルト-ウィンター（Holt-Winteres）指数平滑化を行ってデータを平滑化し，短期から中期の予測を行うことができます。この方法は，トレンドと季節性の両方があり，この2つの成分が加法的または乗法的関係にある場合に使用します。ウィンターの方法では，水準，トレンド，季節の3つの成分について動的な推定値を計算します。

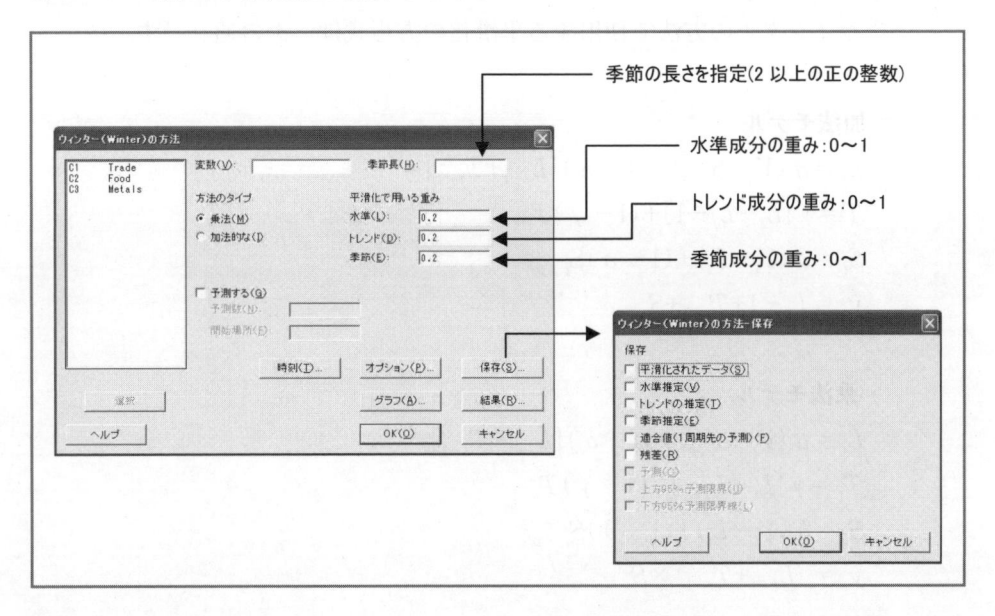

■ 重みの選択

　3つの重み（平滑化定数）は，0～1までの値を入力できます。デフォルトでは，すべて 0.2 に設定されます。ホルト-ウィンター（Holt-Winters）の制限されたモ

デルについてのみ，同等の ARIMA（自己回帰和分移動平均）モデルが存在します。したがって，ウィンターの方法においては，1系列指数平滑化および二重指数平滑化のような最適なパラメータは存在しません。

重みが大きければ適合線の変化が大きくなり，重みが小さければ適合線の変化が小さくなります。すなわち，重みが大きいほど平滑値はデータと似た傾向を持ち，重みが小さいほど平滑値のパターンは滑らかになります。成分は平滑値とトレンド線の予測値に影響を与えるようになります。したがって，信号またはパターンの周囲に高レベルのノイズがあるデータの場合には，重みを小さく設定することが望ましく，低レベルのノイズがあるデータの場合には，重みを大きく設定することが望ましいといえます。

ウィンターの方法は，各期間で水準成分，トレンド成分および季節成分を使用します。また3つの重み（平滑化定数）を使用して，各期間で成分を更新します。水準成分とトレンド成分の初期値は，その時点で線形回帰分析から得ることができます。季節成分の初期値は，トレンド除去データを使用するダミー変数回帰分析から得ることができます。

ウィンターの方法で使用する平滑化の方程式は，次の通りです。

・加法モデル

$$L_t = \alpha(Y_t - S_{t-p}) + (1-\alpha)[L_{t-1} + T_{t-1}]$$
$$T_t = \gamma[L_t - L_t - 1] + (1-\gamma)T_{t-1}$$
$$S_t = \delta(Y_t - L_t) + (1-\delta)S_{t-p}$$
$$\hat{y}_t = L_t - 1 + T_{t-1} + S_{t-p}$$

・乗法モデル

$$L_t = \alpha(Y_t / S_{t-p}) + (1-\alpha)[L_{t-1} + T_{t-1}]$$
$$T_t = \gamma[L_t - L_{t-1}] + (1-\gamma)T_{t-1}$$
$$S_t = \delta(Y_t - L_t) + (1-\delta)S_{t-p}$$
$$\hat{y}_t = (L_{t-1} + T_{t-1}) \times S_{t-p}$$

以下は，各項目の説明です。
・L_t は，時間 t においての水準成分であり，α は水準成分に対する重みです。
・T_t は時間 t においてのトレンド成分であり，γ はトレンド成分に対する重みです。

- S_t は時間 t においての季節成分であり，δ は季節成分に対する重みです．
- P は季節期間であり，Y_t は時間 t においてのデータ値です．
- $\hat{y}_t$ は時間 t においての適合値（1周期先の予測値）です．

[例題]

これまでの60ヶ月間収集されたデータを使用して，食品業界の今後6ヶ月間の雇用を予測したいと考えています．このデータには季節性が明らかにあり，トレンドの存在も考えられるため，乗法モデルを使用するウィンター（Winters）の方法により予測してみましょう．

[実行] 1．データ：EMPLOY.MTW

↓	C1 Trade	C2 Food	C3 Metals
1	322	53.5	44.2
2	317	53.0	44.3
3	319	53.2	44.4
4	323	52.5	43.4
5	327	53.4	42.8
6	328	56.5	44.3
7	325	65.3	44.4
8	326	70.7	44.8
9	330	66.9	44.4
10	334	58.2	43.1

[実行] 2．MINITAB メニュー：統計 ▶ 時系列分析 ▶ ウィンターの方法

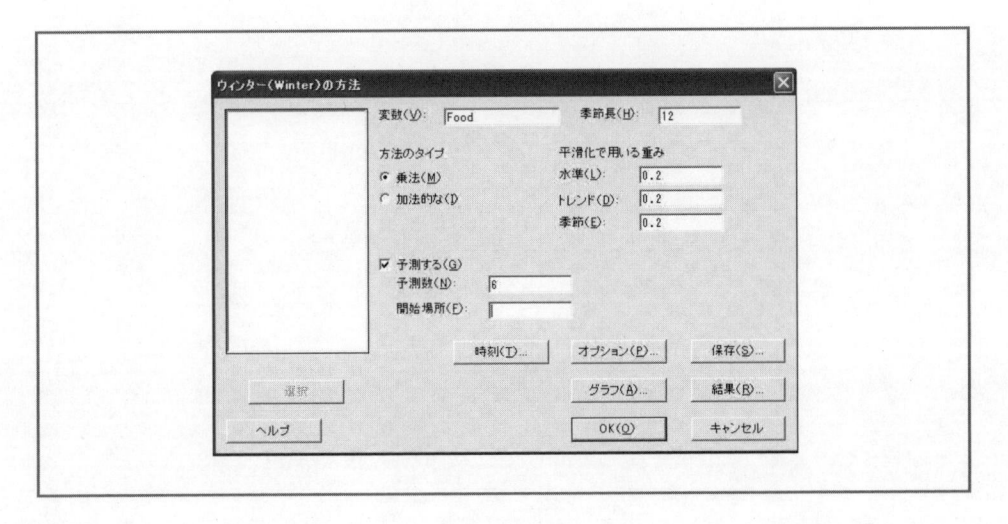

[実行] 3. 結果の出力

```
Foodのウィンターの方法
乗法的方法

データ  Food
長さ    60

平滑化定数
α (水準)     0.2
γ (トレンド)  0.2
δ (季別)     0.2

精度の測度

MAPE  1.88377
MAD   1.12068
MSD   2.86696

予測
期間    予測      下限      上限
61    57.8102   55.0646   60.5558
62    57.3892   54.6006   60.1778
63    57.8332   54.9966   60.6698
64    57.9307   55.0414   60.8199
65    58.8311   55.8847   61.7775
66    62.7415   59.7339   65.7492
```

すべての測度において，値が小さいほど，モデルの適合度は良好となります。乗法モデルを使用した場合，このデータの MAPE, MAD および MSD は，それぞれ 1.88, 1.12, 2.87 となります。加法モデルを使用した場合の MAPE, MAD および MSD は，それぞれ 1.95, 1.15, 2.67 です（ここでは，表示されていません）。このことより，3 つの測度のうち，2 つの測度において，乗法モデルの方が，若干良好な適合となっていることがわかります。

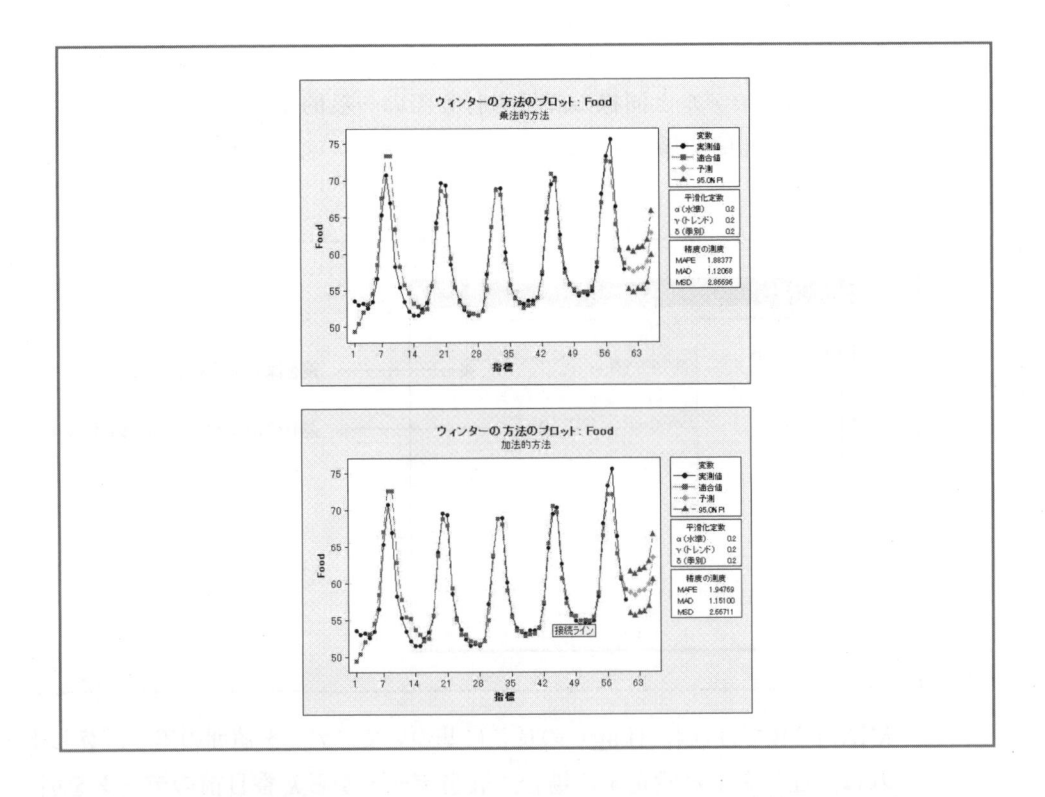

[実行] 4. 結果の解析

- 時系列および適合値（1周期先の予測値）と6つの予測値が表示されます。セッションウィンドウとグラフウィンドウには水準成分およびトレンド成分に対する平滑化定数（重み）と，3つの測度（MAPE, MAD, MSD）が表示されるため，適合値の精度を判断するのに役立ちます。
- 上の結果を見ると，MAPE, MAD, MSD がそれぞれ 1.88, 1.12, 2.87 となっており，加法モデル（MAPE=1.95, MAD=1.15, MSD=2.67）と比較すると，精度がやや高いということがわかります。

5. 因子分解法を利用した時系列データの分析

[1] 差（Differences）

時系列が非定常的に増加していく場合に，差（階差）を取ることで定常とみなせる場合があります。例えば，一定の周期を持ちつつ時系列が増加している場合には，2番目の周期から最初の周期を引き，3番目の周期から2番目の周期を引くと，定常性を持つ時系列を得ることができます。

階差では，時系列のデータ値間の差を計算します。ARIMA モデルをあてはめ

る際，データにトレンド，または季節性がある場合，データの階差を計算することが ARIMA モデルと同様の評価を行う際の一般的なステップになります。階差の計算は，相関関係の構造を単純化し，データの傾向を明らかにするうえで役に立ちます。

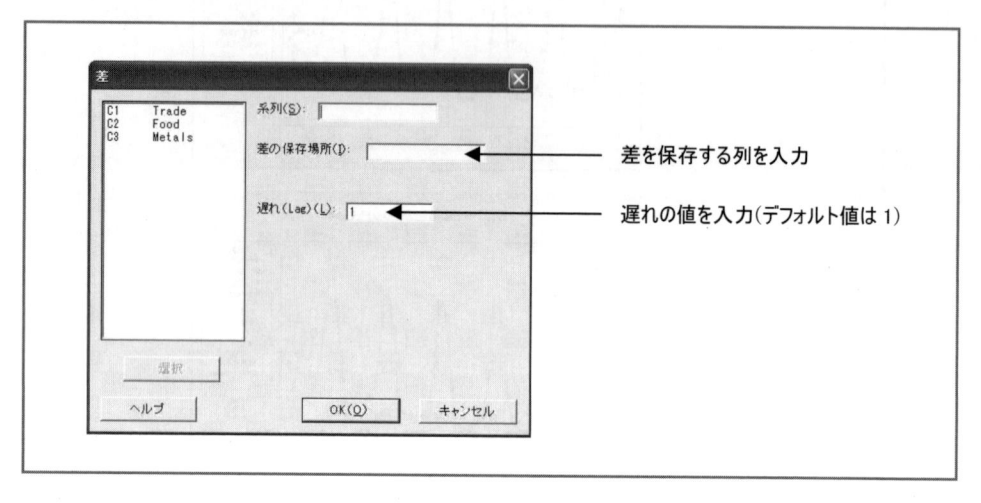

MINITAB では遅れ（Lag）の長さに基づいて，データ値間の差を計算します。これは，遅れを k と設定する場合，該当データから k 番目前のデータを引く方法です。例えば，遅れの長さを 2 と設定した場合，次の左側の与えられたデータは右側のように計算され，保存されます。

入力	保存
1	*
3	*
8	7 （=8−1）
12	9 （=12−3）
7	−1 （=7−8）

[2] 遅れ（Lag）

時系列の遅れを計算し，保存します。時系列の遅れを指定する場合，MINITAB では列の下に元の値を移動し，列の一番上に欠損値を挿入します。挿入される欠損値の数は，遅れの長さによって異なります。遅れを k と設定する場合，一番上から k 個の欠損値（＊）が挿入されます。例えば，遅れを3と設定する場合，次の左側のデータは右側のように保存されます。

入力	保存
5	*
3	*
18	*
7	5
10	3
2	18

[3] 自己相関（Autocorrelation）と偏自己相関（Partial Autocorrelation）
■ 自己相関

時系列の自己相関を計算し，プロットします。自己相関は，k 時間単位で分割された時系列の観測値間の相関を意味します。自己相関は，時系列の構造やパターンに関する情報を提供します。自己相関のプロットは，自己相関関数，またはACF（Auto-correlation Function）と呼ばれています。ACF は，ARIMA モデルを特定したい場合や，ARIMA モデルが適切にあてはまるかどうかの確認を行いたい場合に役に立ちます。

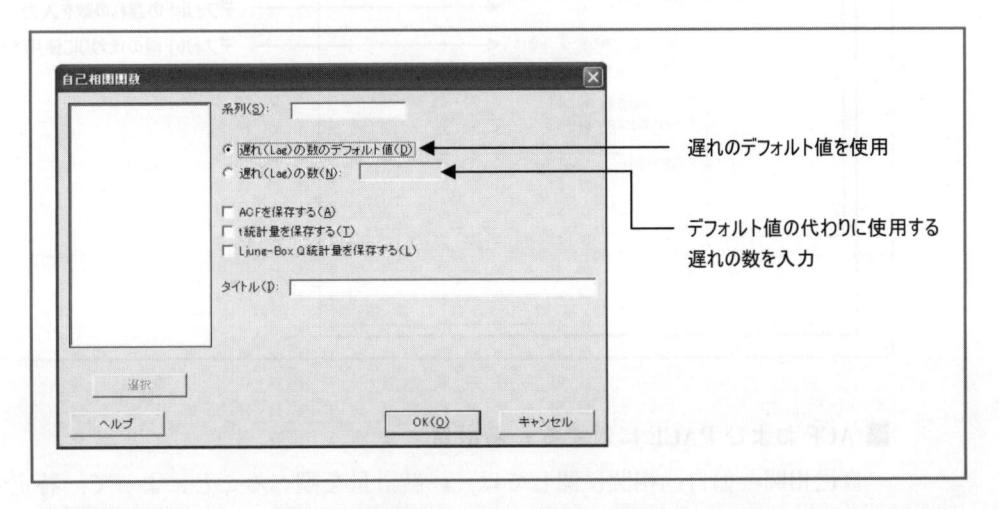

遅れのデフォルト値は，観測値数が 240 個以下の時系列の場合は $n/4$，観測値数が 240 個を超える時系列の場合は $\sqrt{n} + 45$ です（n は時系列内の観測値数）。デフォルト値の代わりに遅れの数を入力する場合，最大の遅れの数は $n-1$ となります。

■ リュング-ボックス Q（Ljung-Box Q）統計量

リュング-ボックス Q（LBQ:Ljung-Box Q）統計量を使用して，遅れ k までのすべての遅れにおいて，自己相関は 0 であるという帰無仮説を検定することができます。ARIMA を使用する場合には，この検定が自動的に行われます。

■ 偏自己相関（Partial Autocorrelation）

　偏自己相関では，時系列の偏自己相関を計算し，プロットします。偏自己相関は，自己相関と同じように，時系列上に並んでいる2つのデータ間の相関関係を表します。回帰分析の偏相関と同様に，偏自己相関では，相関がみられる他の項との関係の強さを測定します。

　遅れ k において，Y_t に何らかの規則性がある場合，Y_t は Y_{t-k} からの影響と，それよりも短い遅れ $Y_{t-1}, Y_{t-2}, \cdots, Y_{t-k+1}$ からも影響を受けると考えられます。そこで，途中の $Y_{t-1}, Y_{t-2}, \cdots, Y_{t-k+1}$ の影響を取り除き，Y_t と Y_{t-k} との相関関係の強さを表すことを偏自己相関と呼びます。偏自己相関プロットは，偏自己相関関数，または PACF（Partial Autocorrelation Fuction）と呼ばれています。PACF も，ARIMA モデルを特定したい場合や，ARIMA モデルが適切にあてはまるかどうかの診断チェックを行いたい場合に役に立ちます。

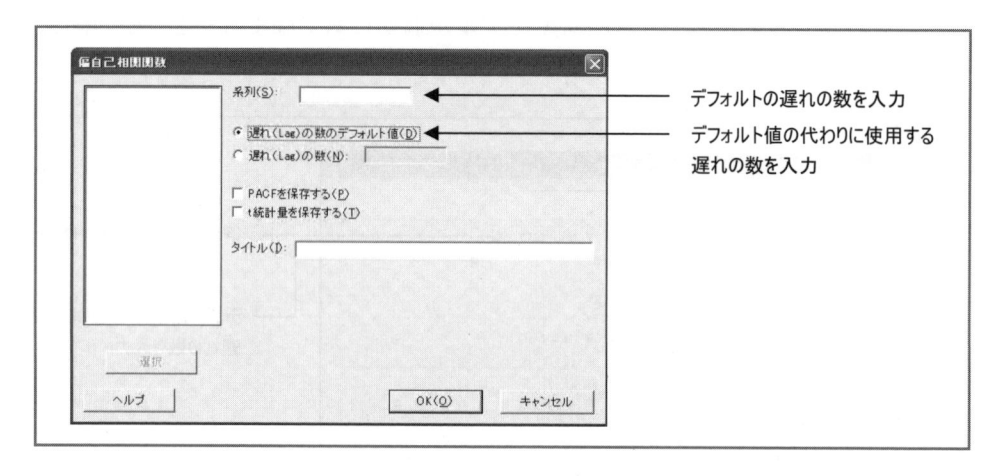

■ ACF および PACF に対する t-統計量

　自己相関と偏自己相関に関しては，t-統計量を調べることによって，特定の遅れが0なのかどうかを検定できます。一般的には，t-統計量の絶対値が1.25より大きい（遅れが1〜3の場合），t-統計量の絶対値が2より大きい（遅れが0の場合）ときは，遅れが0ではないということを意味します。

　これは，ARIMA モデルを特定したい場合や，ARIMA モデルが適切にあてはまるかどうかの確認を行いたい場合に役に立ちます。特に，モデルを特定したい場合，0でない遅れに注目します。保存された残差から自己相関または偏自己相関を計算する場合，モデルの適合度を確認するには，t-統計量を使用して，自己相関が0であるかどうか（これは，ARIMA モデルにおける重要な仮定）を検定

5. 因子分解法を利用した時系列データの分析 211

します。

[例題]

過去の雇用データを使用して，食品業界の雇用を ARIMA により予測したいと考えています。この例題では，モデルを識別するために，自己相関と偏自己相関を確認します。データは，12ヶ月周期の季節性があるため，遅れを12にして差（階差）を求めます。

[実行] 1. データ：EMPLOY.MTW

↓	C1 Trade	C2 Food	C3 Metals
1	322	53.5	44.2
2	317	53.0	44.3
3	319	53.2	44.4
4	323	52.5	43.4
5	327	53.4	42.8
6	328	56.5	44.3
7	325	65.3	44.4
8	326	70.7	44.8
9	330	66.9	44.4
10	334	58.2	43.1

[実行] 2. MINITAB メニュー：統計 ▶ 時系列分析 ▶ 差

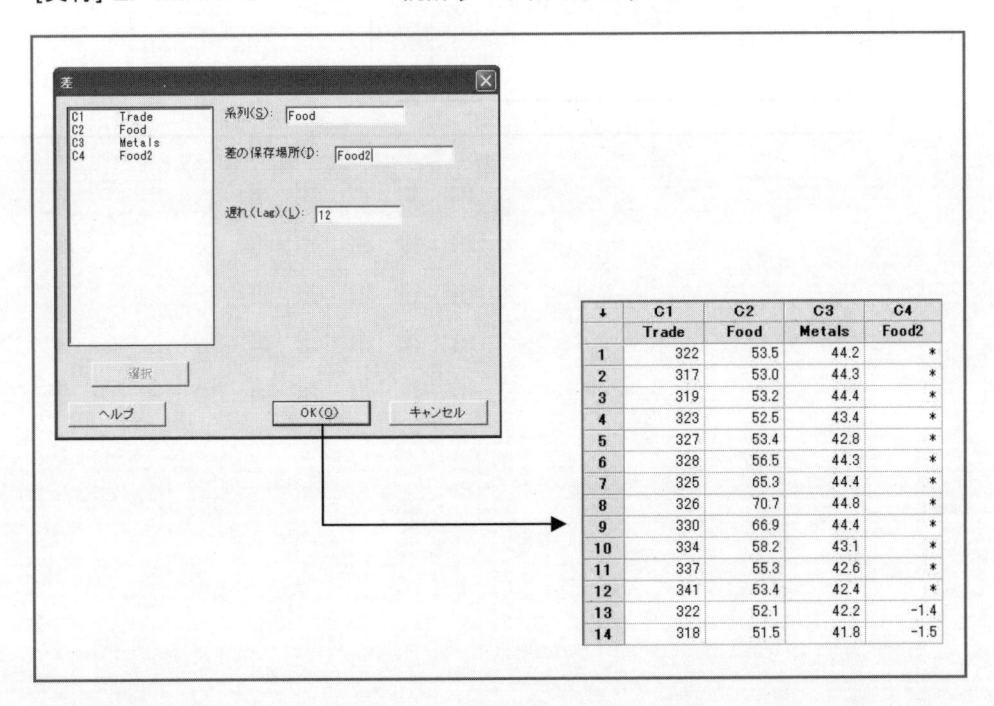

↓	C1 Trade	C2 Food	C3 Metals	C4 Food2
1	322	53.5	44.2	*
2	317	53.0	44.3	*
3	319	53.2	44.4	*
4	323	52.5	43.4	*
5	327	53.4	42.8	*
6	328	56.5	44.3	*
7	325	65.3	44.4	*
8	326	70.7	44.8	*
9	330	66.9	44.4	*
10	334	58.2	43.1	*
11	337	55.3	42.6	*
12	341	53.4	42.4	*
13	322	52.1	42.2	-1.4
14	318	51.5	41.8	-1.5

[実行] 1. 統計 ▶ 時系列分析 ▶ 自己相関

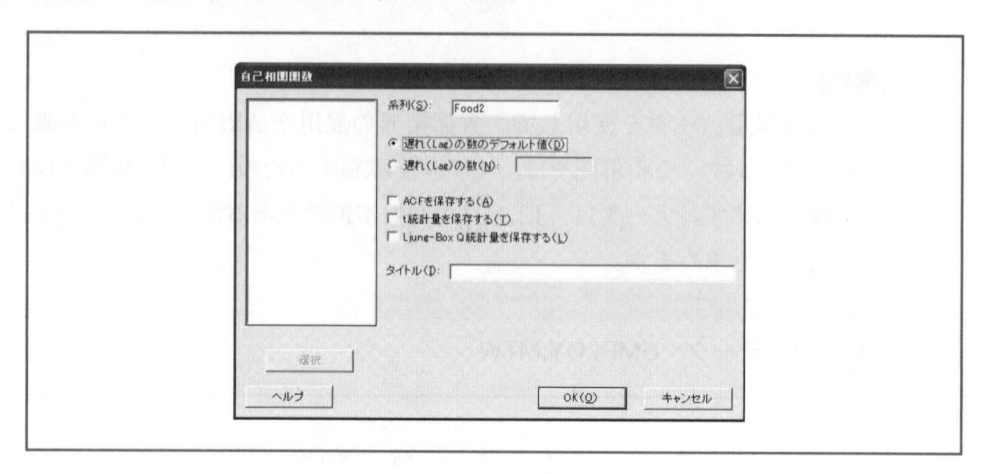

[実行] 2. 統計 ▶ 時系列分析 ▶ 偏自己相関

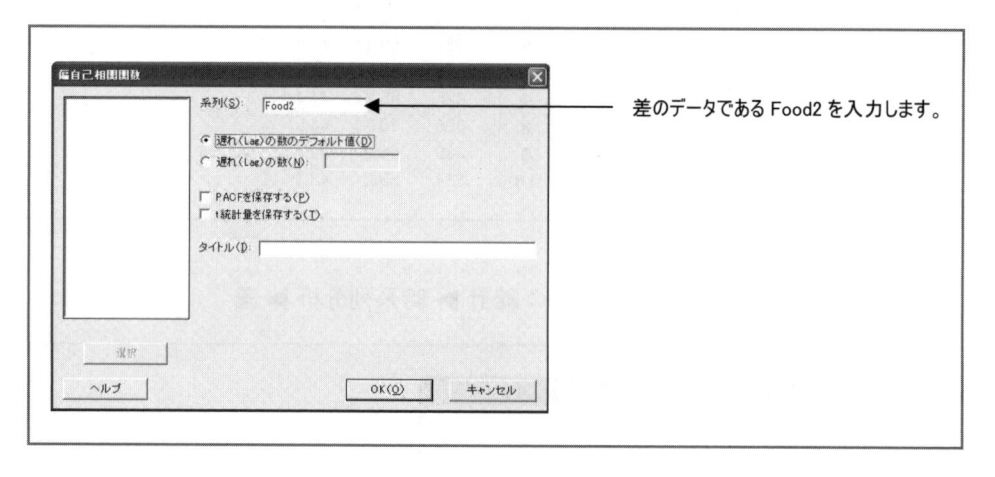

差のデータである Food2 を入力します。

[実行] 3. 結果の出力

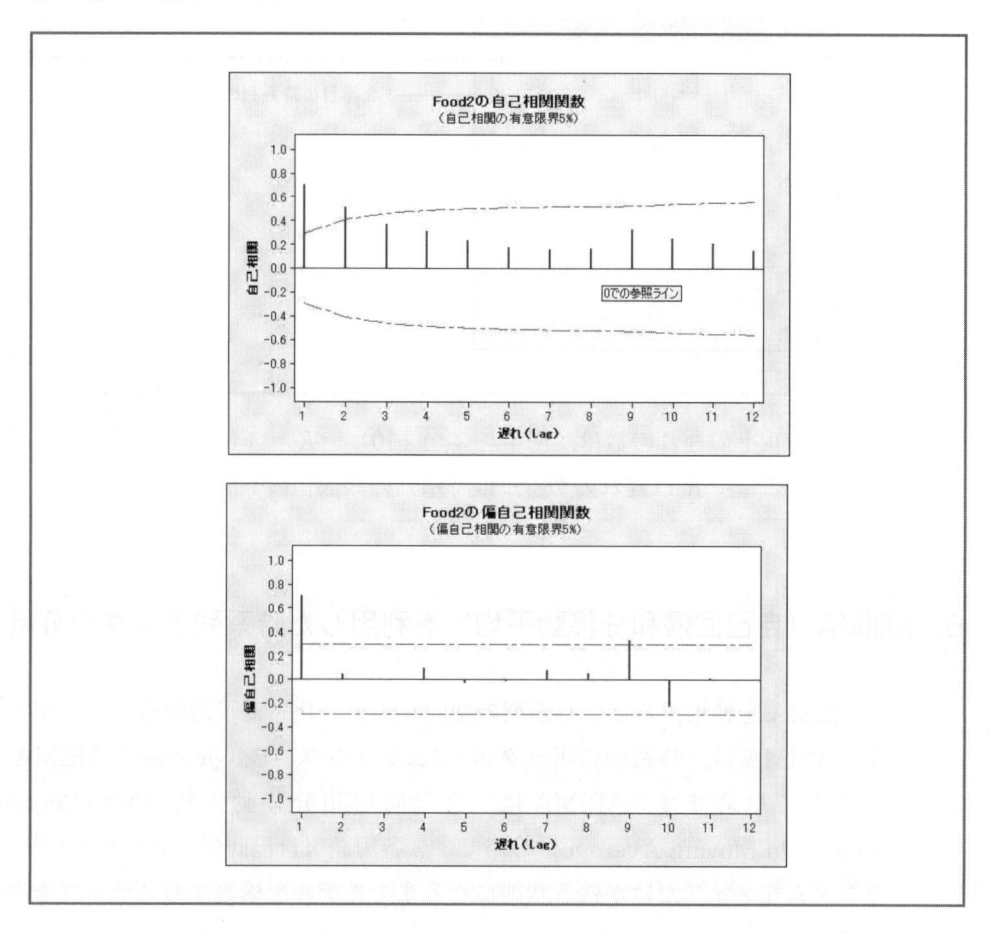

[実行] 4. 結果の解析

- 自己相関関数と偏自己相関関数では，遅れのデフォルト値が使用され（観測値数が240個以下の場合：$n/4$），遅れ12まで計算されています。
- 自己相関関数は，遅れ1および遅れ2において，正の有意な値を示しています。その後は，急速に減少することなく，正の自己相関を示していることがわかります。
- 偏自己相関関数は，遅れ1において，0.7という大きな値を示しています。この傾向は，典型的な次数1の自己回帰課程です。

■ **相互相関**（Corss Correlation）

相互相関では，2つの時系列間の相互相関を計算し，プロットします。

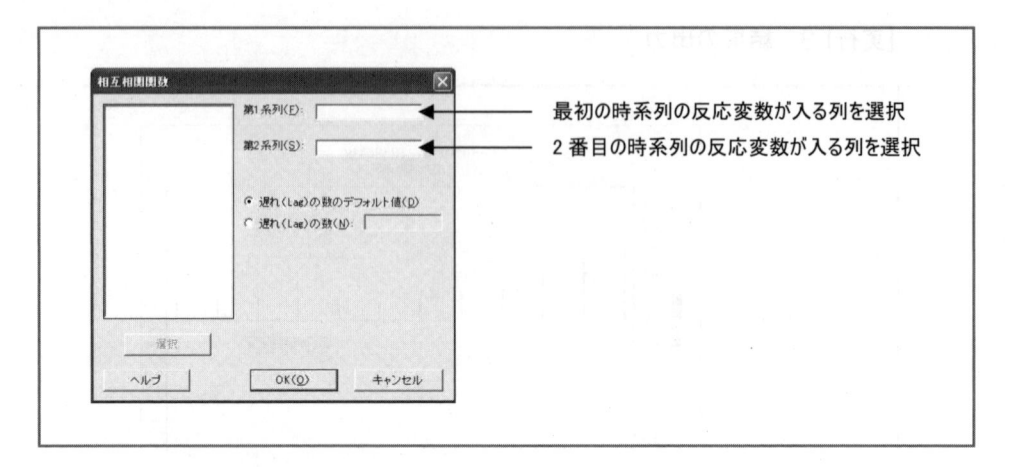

デフォルトの遅れの数は，$K = -(\sqrt{n}+10) \sim K = +(\sqrt{n}+10)$ までの値を設定します。ここで K は遅れの数，n は時系列の観測値の数です。

6. ARIMA（自己回帰和分移動平均）を利用した時系列データの分析

ARIMA を使用すると，時系列の傾向をモデル化して予測を行うことができます。ARIMA は，時系列にボックス-ジェンキンス（Box-Jenkins）ARIMA モデルをあてはめます。ARIMA は，自己回帰和分移動平均（Auto-Regressive Integrated Moving Average）の略です。各用語（自己回帰, 和分, 移動平均）は，ランダムなノイズだけが残る状態になるまでモデルを構築するステップを表しています。

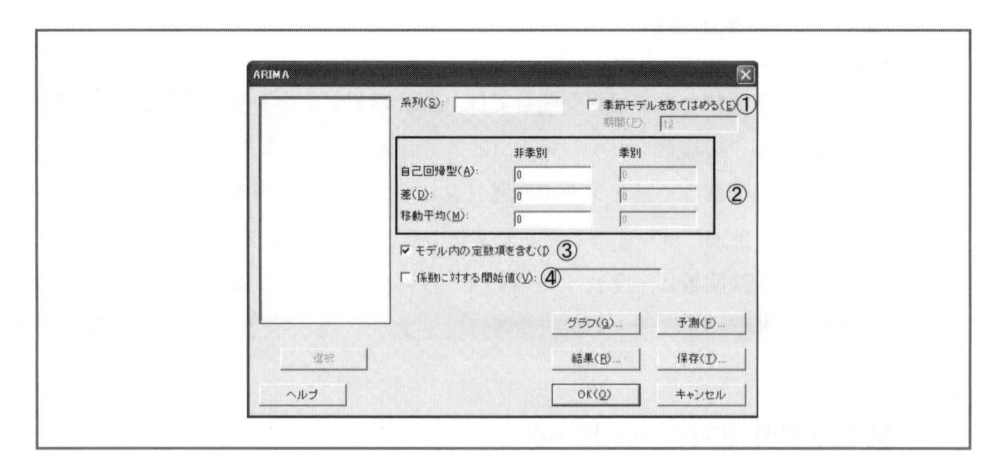

① 季節モデルをあてはめる：季節性のある自己回帰パラメータおよび移動平均パラメータ，または適用する季節差の数を入力したい場合，"季節モデルをあてはめる"を選択します。期間は季節性の範囲または繰り返されるパターンの間隔です。デフォルトの周期は，12です。

② 非季節的または季節的 ARIMA モデルに含まれる自己回帰パラメータおよび移動平均パラメータを指定するには，0～5 までの値を入力します。最大値は，5です。これらのパラメータのうち，少なくとも1つは0ではない必要があります。すべてのパラメータの合計は，10を超えてはなりません。

・自己回帰型（AR）
- 非季別モデル：自己回帰型成分（p）の順序を入力します。
- 季別モデル：季節モデルがある場合，季節自己回帰型成分（P）の順序を入力します。

・差
- 非季別モデル：時間の経過に伴うトレンドを無視するために使用する差（d）の数を入力します。差（階差）を計算後，少なくとも3つのデータ点が残っている必要があります。
- 季別モデル：季節モデルがある場合，季節成分（D）に対する差の数を入力します。

・移動平均（MA）
- 非季別モデル：移動平均成分（q）の順序を入力します。
- 季別モデル：季節モデルがある場合，季節移動平均成分（Q）の順序を入力します。

③ ARIMA モデルに定数を含む場合，"モデル内の定数項を含む"を選択します。

④ パラメータ推定値の初期値を指定できます。この指定では，ワークシートの列に初期値を入力する必要があります。このとき，p（AR値），P（季節 AR値），q（MA値），Q（季節 MA値）を順序通りに入力し，"モデル内の定数項を含む"を選択した場合には，列の最後の行に定数の初期値を入力します。この順序は，出力においてパラメータが示される順序と同じです。"係数に対する開始値"を選択した後，モデルに含まれた各パラメータの値が入っている列を入力します。デフォルトの初期値は，0.1 です（定数の場合を除く）。

[例題]

食品業界の雇用データにおける ACF（自己相関関数）および PACF（偏自己相関関数）では，遅れ 12 の差を適用すると，1 次の自己回帰モデル，すなわち自己回帰モデル AR（1）を示しています。ここでは，このモデルをあてはめ，診断プロットと適合度を調べます。順序 12 の季節差を適用するには期間を 12 と指定し，差の順序を 1 に指定します。

[実行] 1．データ：EMPLOY.MTW

	C1 Trade	C2 Food	C3 Metals
1	322	53.5	44.2
2	317	53.0	44.3
3	319	53.2	44.4
4	323	52.5	43.4
5	327	53.4	42.8
6	328	56.5	44.3
7	325	65.3	44.4
8	326	70.7	44.8
9	330	66.9	44.4
10	334	58.2	43.1

[実行] 2．MINITAB メニュー：統計 ▶ 時系列分析 ▶ ARIMA

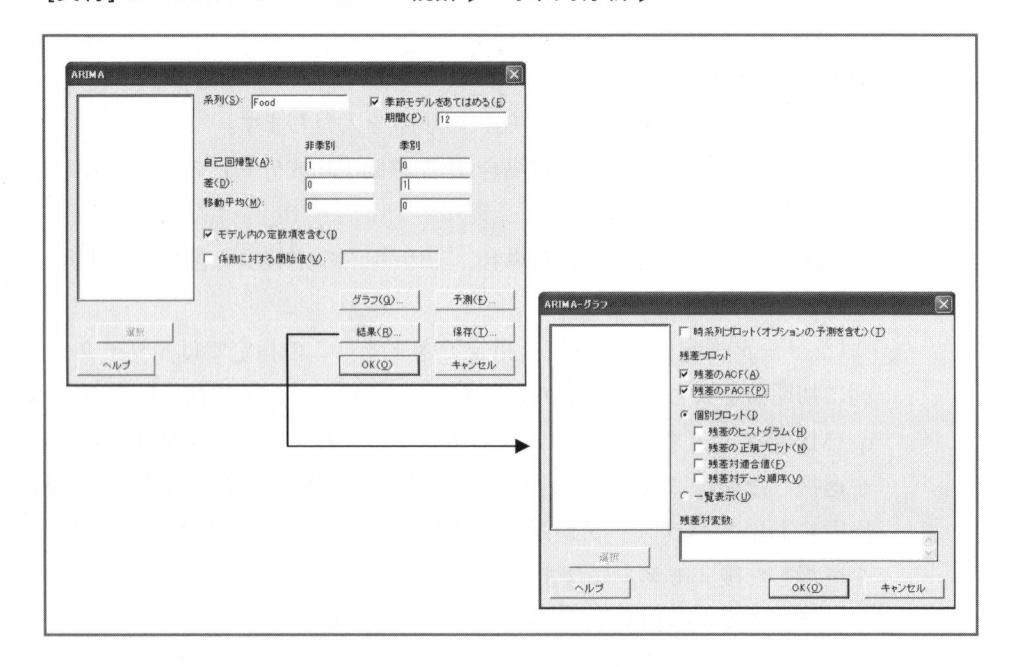

[実行] 3. 結果の出力

```
ARIMA（自己回帰和分移動平均）モデル: Food
各反復での推定値
反復   残差平方和 (SSE)      パラメータ
 0           95.2343      0.100  0.847
 1           77.5568      0.250  0.702
 2           64.5317      0.400  0.556
 3           56.1578      0.550  0.410
 4           52.4345      0.700  0.261
 5           52.2226      0.733  0.216
 6           52.2100      0.741  0.203
 7           52.2092      0.743  0.201
 8           52.2092      0.743  0.200
 9           52.2092      0.743  0.200

各推定値の相対変化量（0.0010未満）

パラメータの最終推定値

Type    Coef    標準誤差Coef     T     p値
AR  1   0.7434    0.1001      7.42   0.000
定数    0.1996    0.1520      1.31   0.196


階差を求める:0通常、順序12の1季別
観測数:元の系列60、階差を求めた後48
残差:平方和 = 51.0364（過去予測を除く）
          MS =  1.1095  DF = 46
|
修正されたボックス-ピアス（リュング-ボックス）カイ二乗統計量

遅れ (Lag)          12     24     36    48
カイ二乗 (χ2)      11.3   19.1   27.7    *
自由度              10     22     34    *
p値               0.338  0.641  0.768   *
```

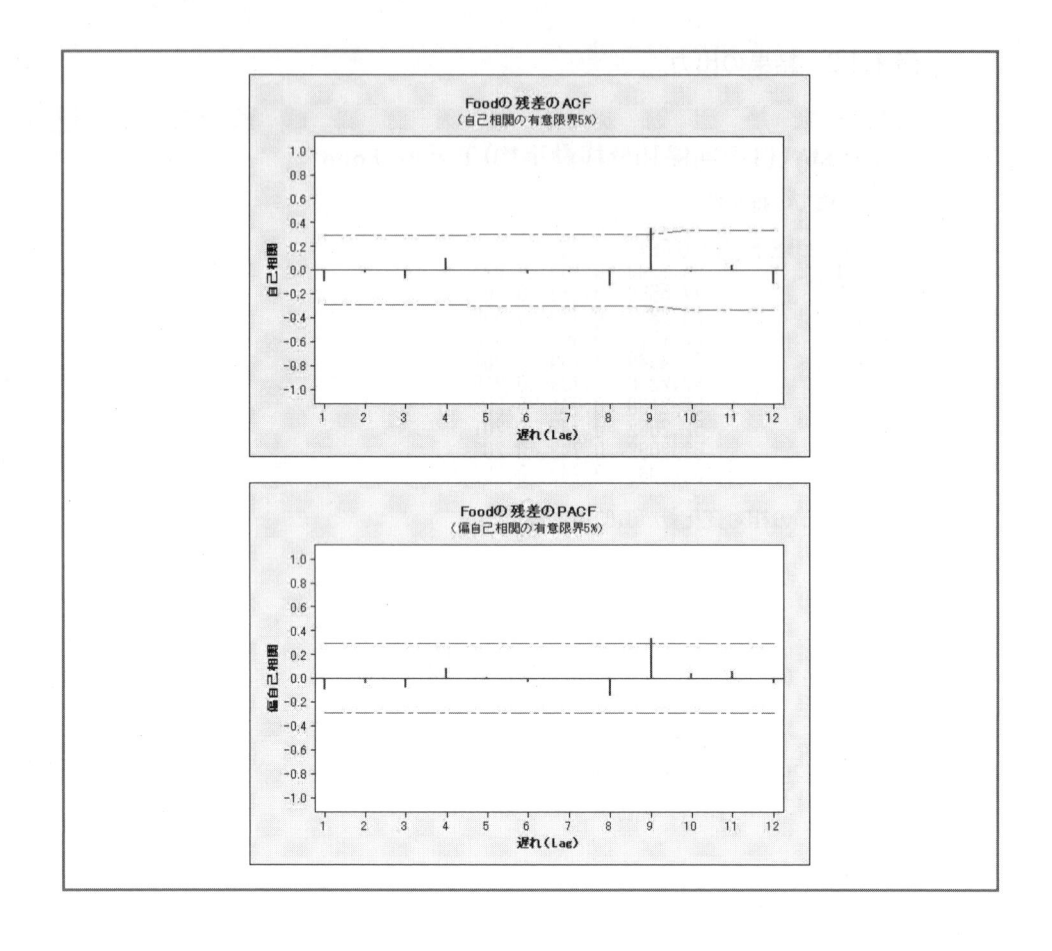

```
    Foodの残差のACF
 （自己相関の有意限界5%）
```

```
    Foodの残差のPACF
 （偏自己相関の有意限界5%）
```

[実行] 4. 結果の解析

> - ARIMA モデルは，収束していることがわかります。AR（1）パラメータの t 値は，7.42 です。一般的には，t 値が 2 を超える値は，関連するパラメータが 0 と有意に異なることを示していると考えることができます。平均平方誤差 MSE（1.1095）は，異なる ARIMA モデルの適合値を比較する際に使用します。
> - リュング-ボックス（Ljung-Box）統計量を使用すると，有意ではない p 値を得ることができます。これは，残差間の相関がないことを示しています。残差の ACF および PACF は，このことを裏付けています。ACF および PACF において，遅れ 9 で示される大きな値は，ランダムな事象の結果であると仮定されます。AR（1）モデルは，データに適切にあてはまると考えられるため，次の例題では，これを使用して雇用を予測します。

[例題]

　ARIMA モデルの例題では，順序 12 の季節差を使用した AR（1）モデルが，食品業界の雇用データに良好にあてはまることを確認しました。この例題では，この適合を使用して，次の 12 ヶ月間の雇用を予測します。

[実行] 1. 分析の課程
- ステップ1：残差のACFおよびPACFを表示せずに，ARIMAモデルを再びあてはめます―ARIMA例題の1～4段階を行います。
- ステップ2：時系列プロット表示－グラフをクリックして，時系列プロットを選択した後，OKをクリックします。
- ステップ3：予測値の生成－予測をクリックして，リード（Lagの反対）に12を入力した後，各ダイアログボックスでOKをクリックします。

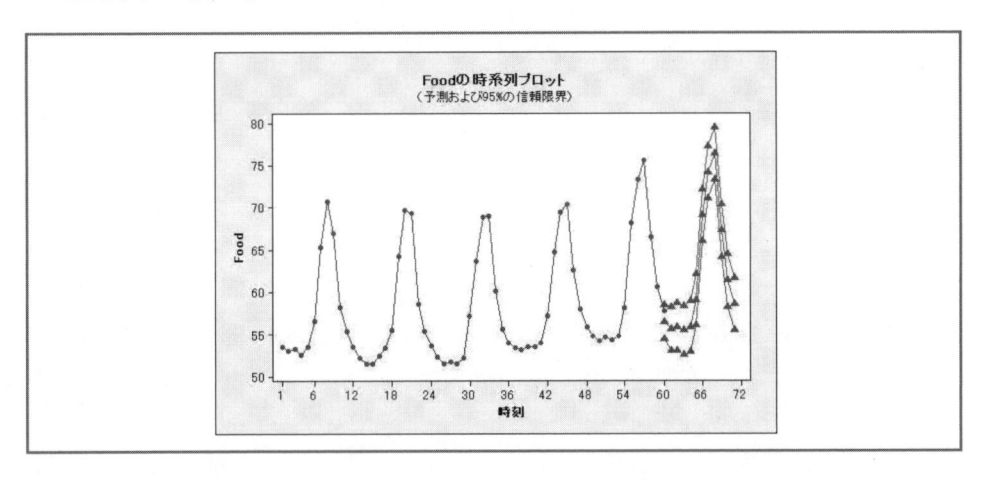

[実行] 2. 結果の出力

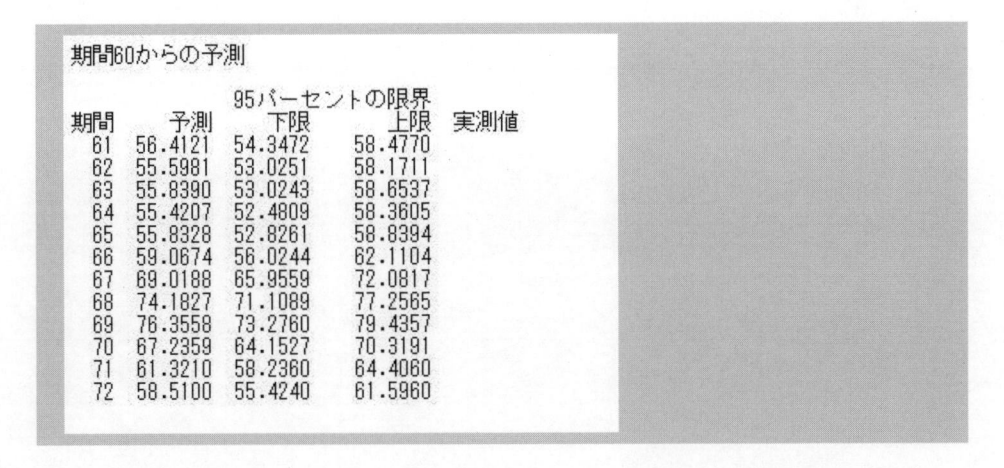

```
期間60からの予測
                  95パーセントの限界
期間    予測      下限      上限     実測値
61    56.4121   54.3472   58.4770
62    55.5981   53.0251   58.1711
63    55.8390   53.0243   58.6537
64    55.4207   52.4809   58.3605
65    55.8328   52.8261   58.8394
66    59.0674   56.0244   62.1104
67    69.0188   65.9559   72.0817
68    74.1827   71.1089   77.2565
69    76.3558   73.2760   79.4357
70    67.2359   64.1527   70.3191
71    61.3210   58.2360   64.4060
72    58.5100   55.4240   61.5960
```

[実行] 3. 結果の解析

- セッションウィンドウおよびグラフウィンドウにおいて，ARIMAは，AR（1）モデルを使用して，予測および95%信頼限界を示します。次の12ヶ月間の予測値は，季節性が支配しており，これまでの12ヶ月より若干高くなっていることがわかります。

第10章　信頼性/生存分析

1. 信頼性/生存分析の概要
2. MINITABを利用した信頼性/生存分析の手順
3. 寿命試験データ-完全/右打ち切りの場合の分析
4. 寿命試験データ-任意打ち切りの場合の分析
5. 加速寿命データの分析
6. プロビット分析

1. 信頼性 / 生存分析の概要

[1] 信頼性とは

　　ある定められた使用条件下で，システムや装置が意図する期間に満足に動作する時間的安定性を意味します。品質管理における製品の品質が，ある時点においての静的な品質（Time Independent）であるのに対し，信頼性は時間の変化による動的な品質（Time Dependent）を表します。従って，製品の時間的品質である信頼性を示すためには，これを定量的に表現できるスケールが必要で，このために信頼度を使用します。信頼度とは，ある定められた使用条件で，システム，機器および部品が意図する期間に定められた機能を発揮する確率であると定義します。

　■ **信頼性評価スケール**
　・平均寿命
　　− MTTF（Mean Time To Failure）：修理不可能な製品における故障するまでの平均時間
　　− MTBF（Mean Time Between Failure）：修理可能な製品における故障と次の故障との間の平均の間隔
　・第 P 百分位数：製品総数の P ％ が故障する時間
　・故障確率：製品が定められた時間 T 内に故障が発生する確率
　・信頼度：製品が定められた時間 T まで正常に動作する確率
　・故障率：時間 T まで故障しない製品のうち，次の瞬間故障する製品の比率，または単位時間あたりの故障比率

[2] 生存分析とは

　　生存データは，一般に統計学において扱っている定量的，定性的なデータの形態と区別されます。ある定められた時点から故障の発生時点までの期間で構成されており，これを生存時間（survival time）といいます。生存時間を分析し，適切な要約を実施する統計的方法を生存分析といいます。

　　生存データの最も大きな特徴として，故障が発生したかどうかを判断する場合，不確実なデータが含まれる可能性が大きくなります。さまざまな理由で観察することができなくなり，ある時点以上のデータが収集できない場合の不確実なデータを観測打ち切りデータ（Censored data）と呼びます。このようなデータが発生する理由は，次の通りです。
　・追跡が不可能な場合

- 中途脱落した場合
- 原因不明

　すなわち，生存データは定量的データである生存時間と，打ち切りしたかどうかを表す定性的データである生存状態（Survival Status）で構成されており，これらの条件に見合った分析法を実行する必要があります。

2. MINITABを利用した信頼性／生存分析の手順

　MINITABでは，パラメトリックおよびノンパラメトリック法を使用して関数を推定できます。パラメトリック分布がデータにあてはまる場合，パラメトリック推定法を使用します。すべてのパラメトリック分布でデータを適切にあてはめることができない場合，ノンパラメトリック推定法を使用します。パラメトリック推定法の場合，最尤法または最小二乗法を選択でき，ノンパラメトリック法の場合，打ち切りの種類によって分析法が異なります。

推定	方法	結果	共に利用可能
パラメトリック推定（パラメトリック分布を仮定）	最尤法	分布パラメータ，生存，ハザードおよび百分位数の推定値	・右打ち切りパラメトリック分布分析 ・任意打ち切りパラメトリック分布分析
	最小二乗法	分布パラメータ，生存，ハザードおよび百分位数の推定値	・右打ち切りパラメトリック分布分析 ・任意打ち切りパラメトリック分布分析
ノンパラメトリック推定（どんな分布も仮定されていない）	カプラン-マイヤー法	生存およびハザードの推定値	・右打ち切りノンパラメトリック分布分析 ・右打ち切り分布概要プロット
	保険数理法	生存，ハザードおよび密度の推定値，余命の中央値	・右打ち切りノンパラメトリック分布分析 ・任意打ち切りノンパラメトリック分布分析 ・右打ち切り分布概要プロット ・任意打ち切り分布概要プロット
	ターンブル法（Turnbull）	生存推定値	・任意打ち切りノンパラメトリック分布分析 ・右打ち切り分布概要プロット

[1] パラメトリック分布分析のコマンド

パラメトリック分布分析は，右打ちきりおよび任意打ち切りデータに対して使用できます。パラメトリック分布分析は，完全分析を実行し，分布識別プロットと分布概要プロットを作成します。これらのグラフは，完全分析を実施する前に分布を選択する場合や，要約情報を参照する場合に使用されることもあります。

コマンド	説　明
分布識別 プロット	・最小極値分布，ワイブル（Weibull）分布，3-パラメータワイブル（Weibull）分布，指数分布，2-パラメータ指数分布，正規分布，対数正規分布，3-パラメータ対数正規分布，ロジスティック分布，対数ロジスティック分布および3-パラメータ対数ロジスティック分布のうち，1つを選択して確率プロットを表示します。データに最もあてはまるパラメトリック分布を決定するうえで役立ちます。
分布概要 プロット	・確率プロット，確率密度関数，生存プロットおよびハザードプロットを同じグラフ内のそれぞれ別の領域に表示します。選択した分布の適合性を評価し，データの要約グラフを見るうえで役立ちます。
パラメトリック分布 分析	・11種類のパラメトリック分布のうち1つをデータにあてはめ，該当する分布を使用して百分位数および生存確率を推定します。また，生存プロット，ハザードプロット，および確率プロットを表示します。

■ 分布の適合性

MINITABでは2つの適合度統計量を表示して，分布の適合性を比較します。

- **アンダーソン-ダーリング（Anderson・Darling）**：統計量は，最尤法および最小二乗法に対して使用します。アンダーソン-ダーリング統計量は，確率プロットにおいて適合線からプロット点が離れる大きさの程度を推定します。統計量は，プロット点から適合線までの二乗距離に重み付けしたもので，分布の裾に近づくにつれてより重みが大きくなります。使用されるプロット点方法によって統計量が変わるため，MINITABでは，調整されたアンダーソン-ダーリング統計量が使用されます。アンダーソン-ダーリング統計量は，値が小さいほど，分布がデータに良くあてはまることを示します。

- **ピアソン（Pearson）相関係数**：最小二乗法に対して使用します。ピアソン相関係数は，確率プロットのXおよびY変数の間の線形関係に対する強度を測定します。相関係数の範囲は0から1の間であり，値が大きいほど，分布がデータに良くあてはまることを示します。

[2] ノンパラメトリック分布分析のコマンド

ノンパラメトリック分布分析のコマンドには，[ノンパラメトリック分布分析-右打ち切り]と[ノンパラメトリック分布分析-任意の打ち切り]があります。これらのコマンドは，完全分析を実行し，分布概要プロットを作成するものです。このグラフは，完全分析の前に概要情報を参照する場合に使用されることもあります。

命　令	説　明
分布概要プロット	・カプラン-マイヤー（Kaplan-Meier）生存プロットとハザードプロットを1つのグラフに表示します。ターンブル（Turnbull）生存プロット，または保険数理生存プロットとハザードプロットを1つのグラフに表示します。
ノンパラメトリック分布分析	・生存確率のノンパラメトリック推定値，累積故障確率，ハザード率，および選択されたノンパラメトリック推定法に基づく他の推定値を計算し，生存プロット，累積故障プロット，およびハザードプロットを作成します。複数の標本がある場合は，[ノンパラメトリック分布分析－右打ち切り]を実行した際，標本の生存曲線の同等性検定も行われます。

3. 寿命試験データ-完全 / 右打ち切りの場合の分析

正確な故障時間がわかっている場合，または調査が終了するまでに試験ユニットの故障が発生しなかった場合，そのデータを右打ち切りデータと呼びます。

[1] パラメトリック法

パラメトリック分布分析-右打ち切りは，データが右打ち切りされている場合や，データに実際の故障時間が含まれている場合に使用します。11種類の分布のうち1つをデータにあてはめ，百分位数および生存確率を推定します。このとき，分布の適合性を評価し，生存プロット，ハザードプロット，および確率プロットを表示します。

パラメトリック分布分析を実施する前に，分布を仮定する必要があります。このとき，仮定された分布がデータにあてはまるかどうかを判断するためには，一般に確率プロットを使用します。お互いに異なる分布の適合性を比較する場合，MINITABメニューの分布識別プロットを使用します。データにパラメトリック分布があてはまらない場合，パラメトリック分布分析の代わりにノンパラメトリック分布分析を使用します。

226　第10章　信頼性／生存分析

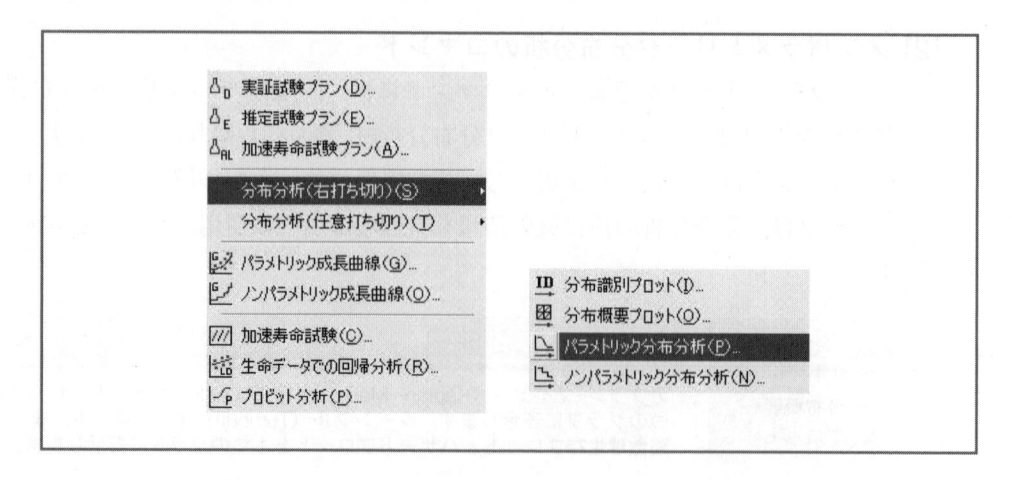

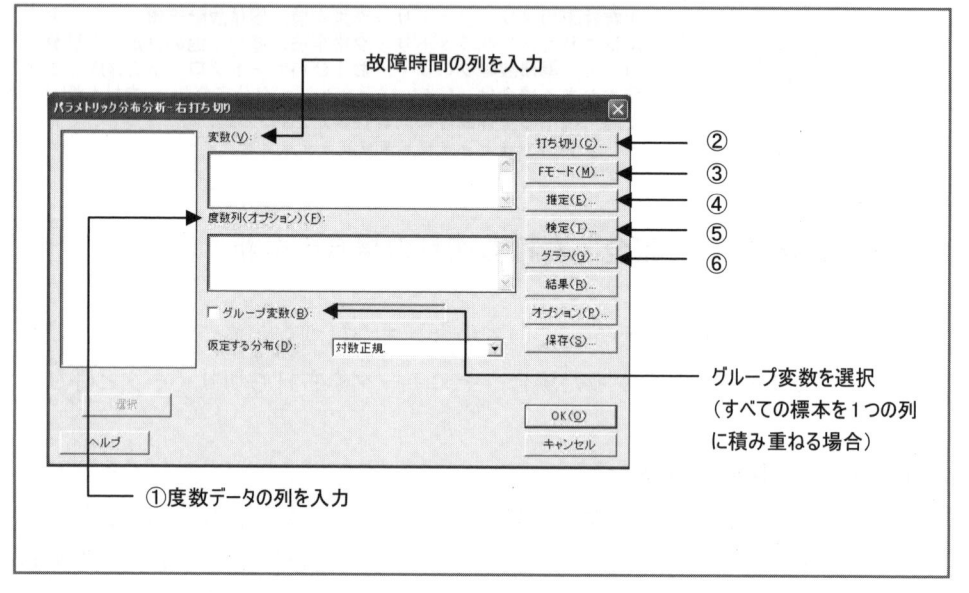

① 度数列

　度数列は，故障および打ち切り時間を持つ観測値が複数あるデータの場合にとても有用です。例えば，保証データは多くの場合，同じ打ち切り時間を持つ観測値が複数あります。次のように，各列が個別の観測値で構成されるか，あるいは度数列を持つ形式で構成されます。

個別観測値の場合		度数列を持つ場合		
Days	Censor	Days	Censor	Freg
140	F	140	F	1
150	F	150	F	4
150	F	151	C	1
150	F	151	F	35
150	F	153	F	42
151	F	161	C	1
151	F	170	F	39
151	F	199	F	1
．	．	．	．	．
．	．	．	．	．

② 打ち切り

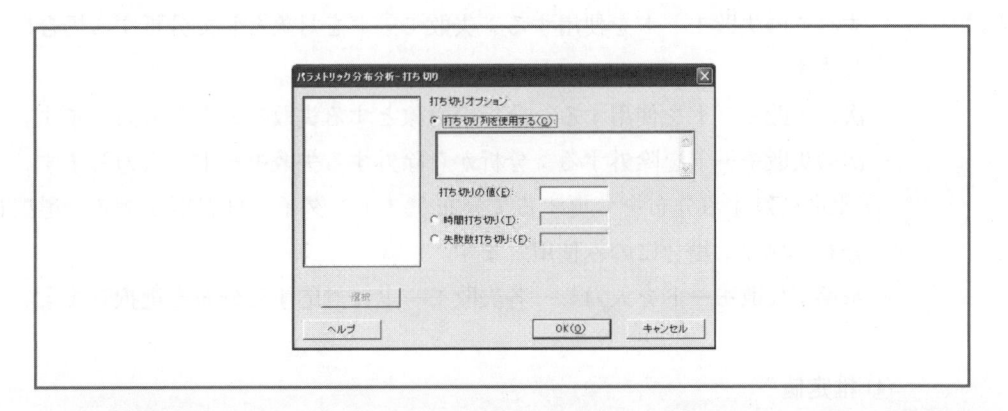

- **打ち切り列**：打ち切り列をデータ列の順序通りに入力します。最初の打ち切り列は最初のデータ列とペアになり，2番目の打ち切り列は2番目のデータ列とペアになります。残りも同じ方法で処理されます。
- **打ち切りの値**：打ち切りを明示する値を入力します。この値を入力しない場合，打ち切り列にある最も低い値が打ち切りとして使用されます。テキスト値は，二重引用符で囲む必要があります。
- **時間打ち切り**：時間の打ち切りデータの場合，打ち切りを開始する寿命（故障時間）を入力します。例えば，500を入力すると，500時間単位以降の観測値はすべて打ち切りとみなされます。
- **失敗数打ち切り**：故障の打ち切りデータの場合，打ち切りを開始する故障数を入力します。例えば，150を入力すると，150番目以降の観測値はすべて打ち切られ，それ以外の観測値は打ち切られないことになります。

③ F モード

故障の原因が複数ある場合，個別の失敗モード（故障モード）の信頼性を調査することによって，システム全体の信頼性を推定する際に使用します。

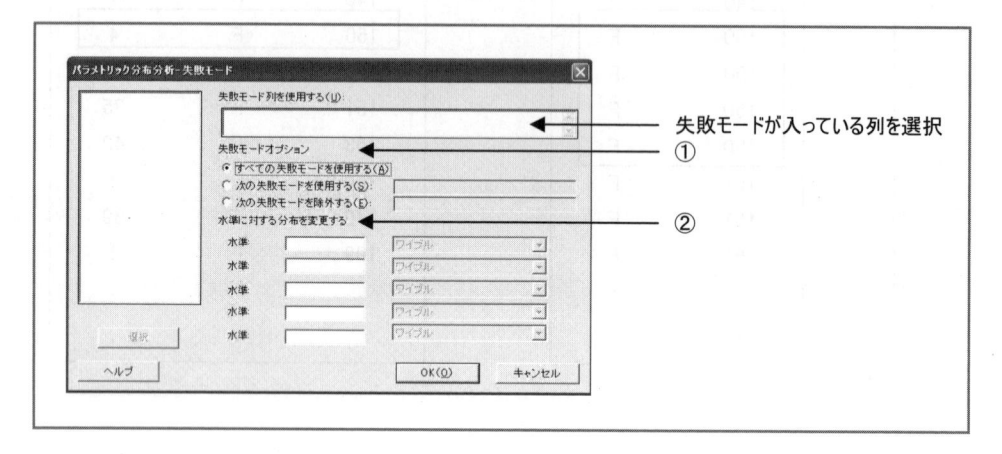

① 失敗モードオプション
・すべての失敗モードを使用する：失敗モードを対象として分析する場合に選択します。
・次の失敗モードを使用する：分析の対象とする失敗モードを入力します。
・次の失敗モードを除外する：分析から除外する失敗モードを入力します。
② 水準に対する分布を変更する：分布がメインダイアログボックスで選択した分布と異なる場合にのみ使用します。
・水準：失敗モードを入力し，各失敗モードに対応する分布を選択します。

④ 推定値

指定された値に対する百分位数および生存確率を推定する際の推定法を選択します。

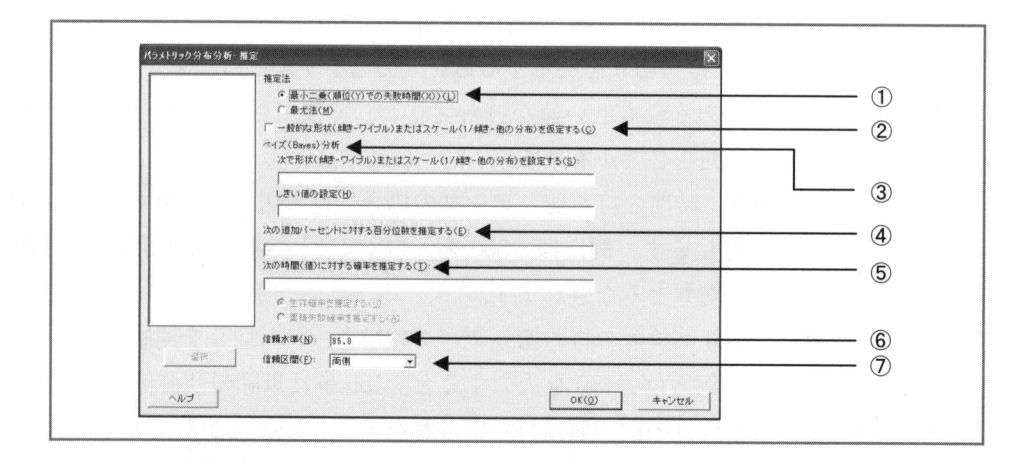

① 推定法
・最小二乗（順位(Y)での失敗時間(X)）：確率プロットの点に回帰線をあてはめる最小二乗（XY）法を使用して，分布パラメータを推定する場合に選択します。
・最尤法：尤度関数の最大値を求める最尤法を使用して，分布パラメータを推定する場合に選択します。
② 一般的な形状（傾き–ワイブル）またはスケール（1/傾き–他の分布）を仮定する：一般的な形状またはスケールパラメータを仮定して，パラメータを推定する場合に選択します。
③ ベイズ（Bayes）分析
・形状（傾き–ワイブル）またはスケール（1/傾き–他の分布）を設定する：すべての応答変数に対する形状パラメータ，またはスケールパラメータの値を1つ入力するか，または応答変数と同数のリストとして，形状パラメータ，またはスケールパラメータの値を入力します。
・しきい値の設定：すべての変数に対するしきい値パラメータの値を1つ入力するか，または応答変数と同数のリストとして，しきい値を入力します。使用する値を指定しない場合，MINITABでしきい値パラメータを推定します。
④ 次の追加パーセントに対する百分位数を推定する：百分位数を推定する追加のパーセント値を入力します。個別のパーセント値（0 < P < 100）を入力するか，またはパーセントの列を入力します。
⑤ 次の時間（値）に対する確率を推定する：生存確率を計算する時間を1つ以上入力するか，または時間の列を入力します。
⑥ 信頼水準：すべての信頼区間に対する信頼水準を入力します。デフォルトは95.0％です。
⑦ 信頼区間：両側信頼区間（デフォルト）を使用するか，または上方または下方のみの信頼区間を使用する場合に選択します。

⑤ 検定

標本の分布パラメータが指定された値と同じかどうか，および2つ以上の標本の形状パラメータ，スケールパラメータ，位置パラメータ，またはしきい値パラメータが等しいかどうかを検定します。MINITABでは，ワルド（Wald）検定を実行し，次の仮説検定に対するボンフェローニ（Bonferroni）の95.0％信頼区間が計算されます。
・分布パラメータ（スケール，形状，位置，またはしきい値）が指定された値と一致するかどうかを検定
・標本が履歴分布から抽出されたものかどうかを検定

- 2つ以上の標本が同じ母集団から抽出されたものかどうかを検定
- 2つ以上の標本の形状，スケール，位置，またはしきい値パラメータが等しいかどうかを検定

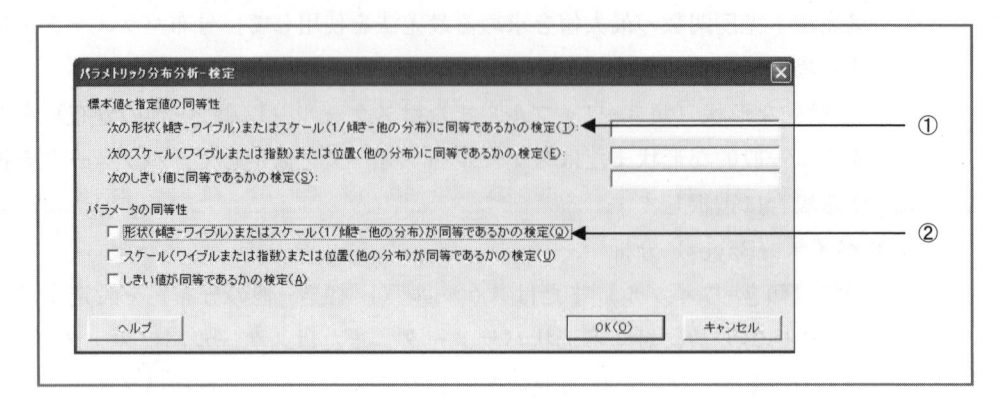

[ダイアログボックス画像：パラメトリック分布分析-検定]

① 標本推定値と指定値の同等性
- 等しい形状（傾き-ワイブル）またはスケール（1/傾き-他の分布）を検定する：標本の形状パラメータ（ワイブル（Weibull）分布），またはスケールパラメータ（他の分布）と比較する検定値を入力します。
- スケール（ワイブルまたは指数）または位置（他の分布）に同等であるかの検定：標本のスケールパラメータ（ワイブル（Weibull）分布または指数分布），または位置パラメータ（他の分布）と比較する検定値を入力します。
- しきい値に同等であるかの検定：標本のしきい値と比較する検定値を入力します。

② パラメータの同等性
- 等しい形状（傾き-ワイブル）またはスケール（1/傾き-他の分布）に対する検定：2つ以上の標本の形状パラメータ，またはスケールパラメータが等しいかどうかを検定します。
- 等しいスケール（ワイブルまたは指数）または位置（他の分布）に対する検定：2つ以上の標本のスケールパラメータ，または位置パラメータが等しいかどうかを検定します。
- しきい値が同等であるかの検定：2つ以上の標本のしきい値が等しいかどうかを検定します。

　2-パラメータ分布の場合，[パラメータの同等性]の最初の2つのオプションにチェックマークを付けると，2つ以上の標本が同じ母集団からのものかどうかを検定することができます。3-パラメータ分布の場合，同じ検定を行うには[パラメータの同等性]のすべてのオプションにチェックマークを付けます。

⑥ グラフ

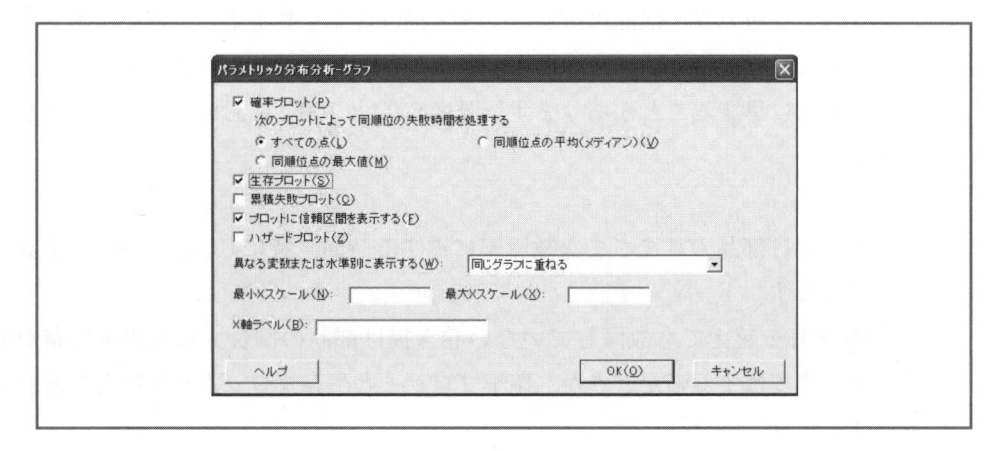

- 確率プロット：確率プロットを使用して，特定の分布がデータにあてはまるかどうか評価します。
- 生存プロット：生存（または信頼性）プロットは，生存確率対時間を表示します。グラフの各プロット点は，時間 t において生存する単位の比率を表します。生存曲線の 95％の信頼区間を示す 2 本の線が表示されます。
- 累積失敗プロット：累積失敗プロット（累積故障プロット）では，時間に対する累積失敗確率を表示します。各プロット点は，時間 t において故障する単位の累積比率を表します。累積故障曲線の 95.0％信頼区間を示す 2 本の線が表示されます。
- ハザードプロット：ハザードプロットには，各時間 t に対する短期故障率が表示されます。通常，プロットの始まりではハザード率が高く，プロットの中間で低くなり，再びプロットの終わりで高くなります。このため，多くの場合，曲線はバスタブに似た形状になります。初めの故障率が高い時期は，乳児死亡率段階と呼ばれることもあります。曲線の中間部分は，故障率が低くなっており，これは正常な生命段階です。曲線の終わりでは再び故障率が上昇し，損耗段階となります。

[例題]

　タービン組み立て部品のエンジン巻き揚げ部品を製造する会社で，エンジン巻き揚げ部品の故障時間を調べます。エンジンの巻き揚げ部品は，高温になると分解が異常に早まることがあります。温度80℃と100℃において，次のことを調べます。

・巻き揚げ部品のさまざまな故障率に達する時間。特に0.1番目の百分位数に注目します。
・70ヶ月を超えても故障していない巻き揚げ部品の割合。対数正規分布がデータにあてはまるのかどうか，確率プロットと生存プロットを利用して確認します。

　最初の標本では，80℃における巻き揚げ部品50個に対する故障時間（月単位）を収集し，2つ目の標本では，100℃における巻き揚げ部品40個に対する故障時間を収集しました。ある理由により，故障した一部の部品は検査から除外されました。MINITABワークシートにおいて，打ち切り指標の列を使用し，実際の故障時間（1），および故障が発生する前に検査から除外され打ち切られた部品（0）を指定します。

[実行] 1. データ：RELIABLE.MTW

↓	C1	C2	C3	C4
	Temp80	Cens80	Temp100	Cens100
1	50	1	101	0
2	60	1	11	1
3	53	1	48	1
4	40	1	32	1
5	51	1	36	1
6	99	0	22	1
7	35	1	72	1
8	55	1	69	1
9	74	1	35	1
10	101	0	29	1

[実行] 2. MINITAB メニュー：統計 ▶ 信頼性/生存時間 ▶ 分布分析（右打ち切り）▶ パラメトリック分布分析

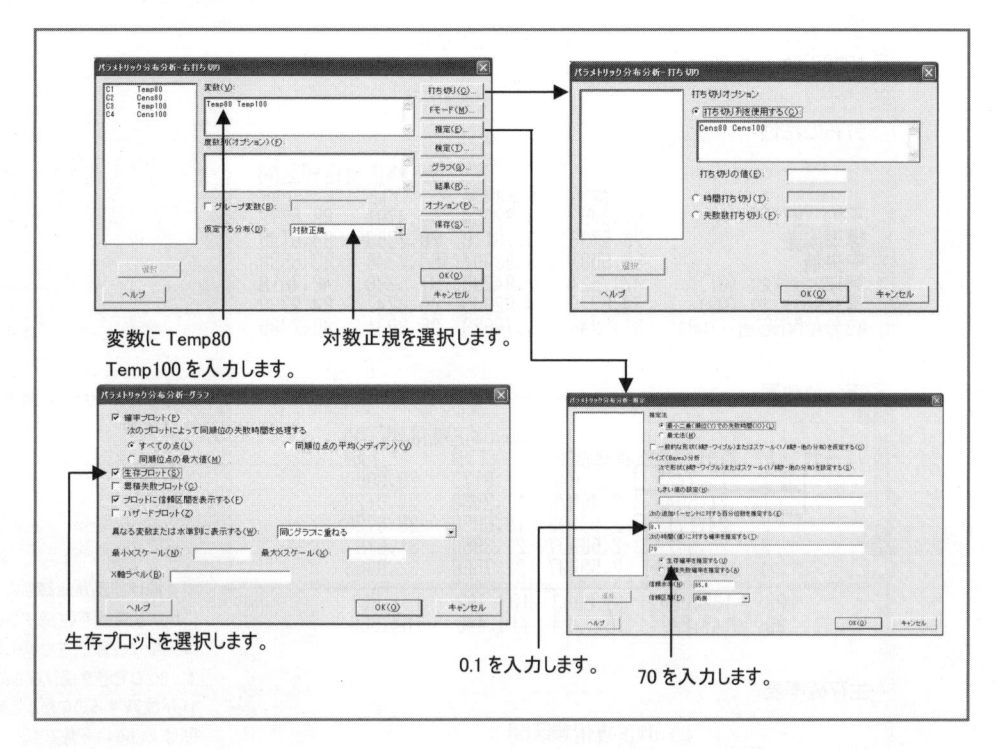

変数に Temp80 Temp100 を入力します。
対数正規を選択します。
生存プロットを選択します。
0.1 を入力します。
70 を入力します。

[実行] 3. 結果の出力

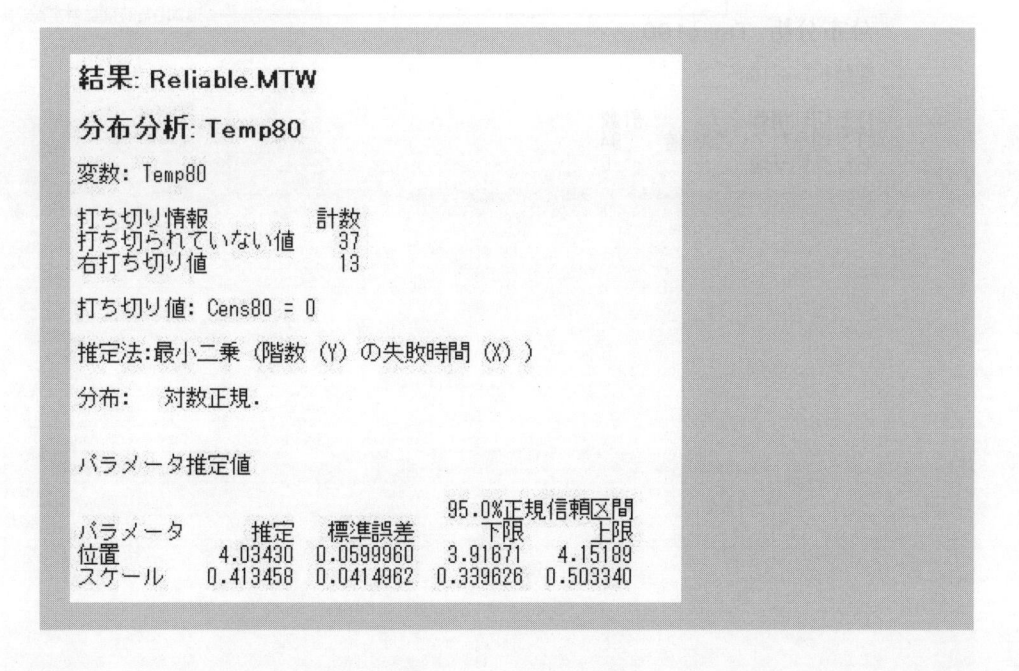

結果: Reliable.MTW

分布分析: Temp80

変数：Temp80

打ち切り情報	計数
打ち切られていない値	37
右打ち切り値	13

打ち切り値：Cens80 = 0

推定法：最小二乗（階数(Y)の失敗時間(X)）

分布： 対数正規．

パラメータ推定値

パラメータ	推定	標準誤差	95.0%正規信頼区間 下限	上限
位置	4.03430	0.0599960	3.91671	4.15189
スケール	0.413458	0.0414962	0.339626	0.503340

```
対数尤度 = -182.827

適合度
アンダーソン-ダーリング（調整済み）=67.656
相関係数 = 0.982

分布の特性

                                      95.0%正規信頼区間
                    推定      標準誤差    下限      上限
平均 (MTTF)        61.5452    3.82954   54.4791   69.5279
標準偏差           26.5736    3.70119   20.2253   34.9145
中央値             56.5033    3.38997   50.2348   63.5539
第1四分位数 (Q1)   42.7524    2.84200   37.5298   48.7018
第3四分位数 (Q3)   74.6770    4.92345   65.6247   84.9780
四分位間範囲 (IQR) 31.9246    3.78623   25.3031   40.2788

百分位数表

                                  95.0%正規信頼区間
パーセント  百分位数   標準誤差    下限      上限
   0.1      15.7465    2.23848    11.9173   20.8060
   1        21.5948    2.46626    17.2638   27.0123
   2        24.1712    2.53192    19.6850   29.6798
   3        25.9629    2.56907    21.3858   31.5197
   4        27.3978    2.59497    22.7560   32.9866
  98       132.084    13.6963   107.792   161.851
  99       147.842    16.7224   118.446   184.535

生存確率表

                     95.0%正規信頼区間
時刻    確率        下限      上限
  70   0.302208    0.206353   0.414111
```

追加したパーセントに対する百分位数

巻き揚げ部品が故障するのにかかる時間を確認するには，百分位数表を参照します。80°Cで巻き揚げ部品の1%が故障するのにかかる時間は 21.5948 ヶ月です。

追加した時間に対する確率

分布分析: Temp100

変数: Temp100

```
打ち切り情報            計数
打ち切られていない値    34
右打ち切り値             6
```

3. 寿命試験データ—完全／右打ち切りの場合の分析

```
打ち切り値: Cens100 = 0

推定法:最小二乗（階数（Y）の失敗時間（X））

分布：   対数正規．

パラメータ推定値

                                    95.0%正規信頼区間
パラメータ      推定      標準誤差      下限       上限
位置         3.61936    0.119118    3.38589   3.85283
スケール      0.740387   0.0949534   0.575829  0.951972

対数尤度 = -160.697

適合度
アンダーソン-ダーリング（調整済み）=17.281
相関係数 = 0.988

分布の特性

                                    95.0%正規信頼区間
                推定      標準誤差      下限       上限
平均（MTTF）     49.0798    6.98322    37.1357   64.8656
標準偏差         41.9364   11.4125    24.6006   71.4885
中央値           37.3137    4.44473   29.5444   47.1261
第1四分位数（Q1） 22.6459    2.97661   17.5027   29.3003
第3四分位数（Q3） 61.4820    8.54241   46.8253   80.7263
四分位間範囲（IQR）38.8361   7.33100   26.8260   56.2232

百分位数表

                                    95.0%正規信頼区間
パーセント    百分位数   標準誤差      下限       上限
   0.1       3.78631    1.17097    2.06524    6.94163
   1         6.66562    1.62573    4.13270   10.7510
   2         8.15631    1.80788    5.28227   12.5941
   3         9.27058    1.92809    6.16701   13.9360
   4        10.2080     2.02085    6.92520   15.0471

  97       150.186     33.2146    97.3603   231.675
  98       170.704     40.1446   107.663    270.658
  99       208.880     53.8572   126.016    346.233
```

追加したパーセントに対する百分位数

236 第10章 信頼性/生存分析

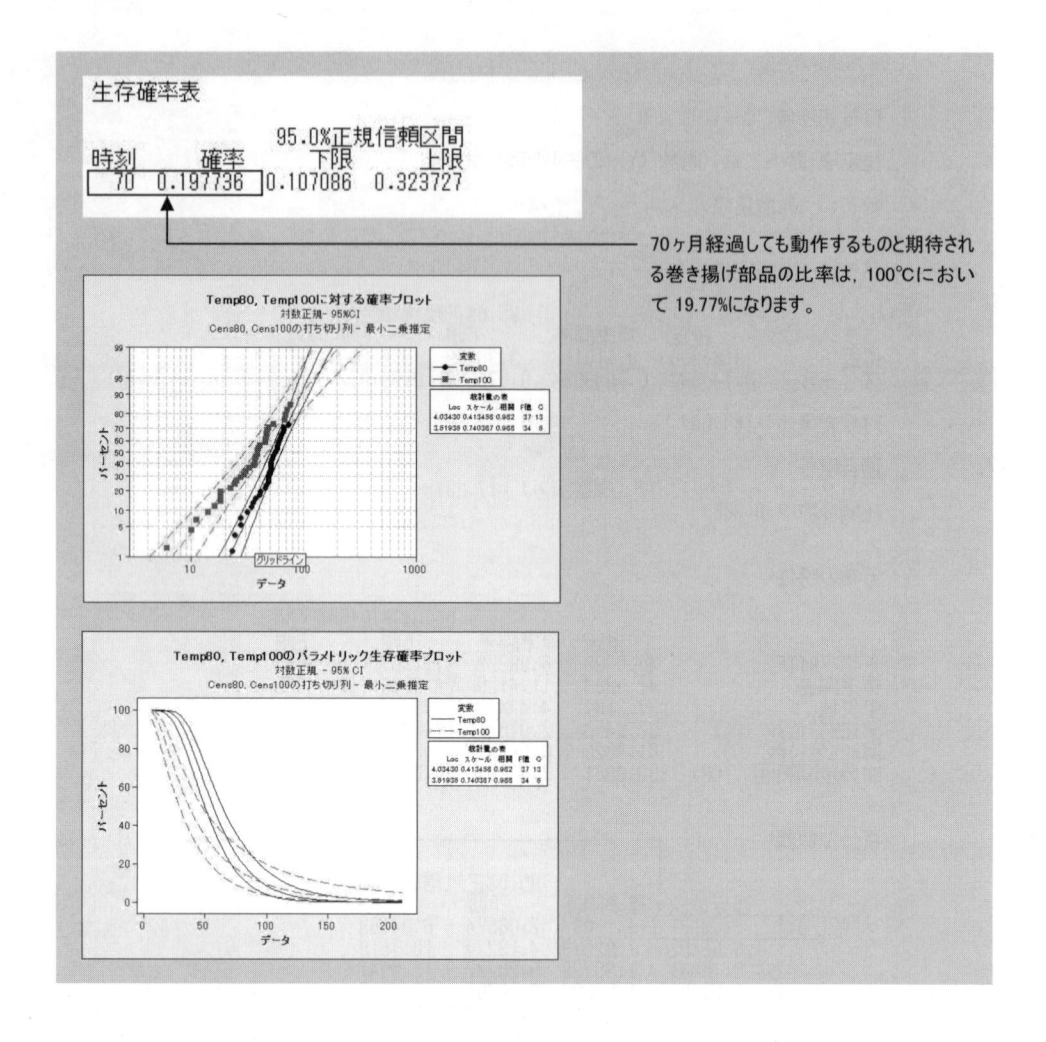

```
生存確率表
                95.0%正規信頼区間
時刻   確率     下限     上限
 70  0.197736  0.107086  0.323727
```

70ヶ月経過しても動作するものと期待される巻き揚げ部品の比率は，100℃において19.77%になります。

[実行] 4. 結果の解析

- 巻き揚げ部品が故障するのにかかる時間を確認するには，百分位数表を参照します。温度80℃で巻き揚げ部品の1%が故障するのにかかる時間は21.5948ヶ月となります。
- 設定した0.1番目の百分位数を百分位数表で参照することができます。温度80℃では，巻き揚げ部品の0.1%が故障するのにかかる時間は15.7465ヶ月，温度100℃で巻き揚げ部品の0.1%が故障するのにかかる時間は3.78631ヶ月となります。温度が上昇することにより，百分位数は約12ヶ月減少することがわかります。
- 70ヶ月経過後も動作するものと期待される巻き揚げ部品の比率を生存確率表で確認します。温度80℃で70ヶ月経過後も動作する確率は30.22%，温度100℃で70ヶ月経過後も動作する確率は19.77%になることがわかります。

[2] ノンパラメトリック法

　　ノンパラメトリック法は，右打ち切りデータ，または実際の故障時間データがあり，データをあてはめる分布がない場合に使用します。生存確率，ハザード推

定値，およびその他の関数を推定し，生存プロットおよびハザードプロットを表示することができます。

正確な故障時間／右打ち切りデータがあれば，カプラン-マイヤーまたは保険数理法を使用できます。さまざまな打ち切り方法が混在する際，データが表形式で作成されている場合には，ターンブル法または保険数理法を使用することができます。正確な故障時間／右打ち切りデータの複数の標本を使用する場合は，生存曲線の同等性が自動的に検定されます。

カプラン-マイヤー生存プロットおよび経験ハザードプロットを作成するには，分布概要プロット（右打ち切り）を使用します。また，分布がデータにあてはまる場合は，パラメトリック分布分析（右打ち切り）を使用します。

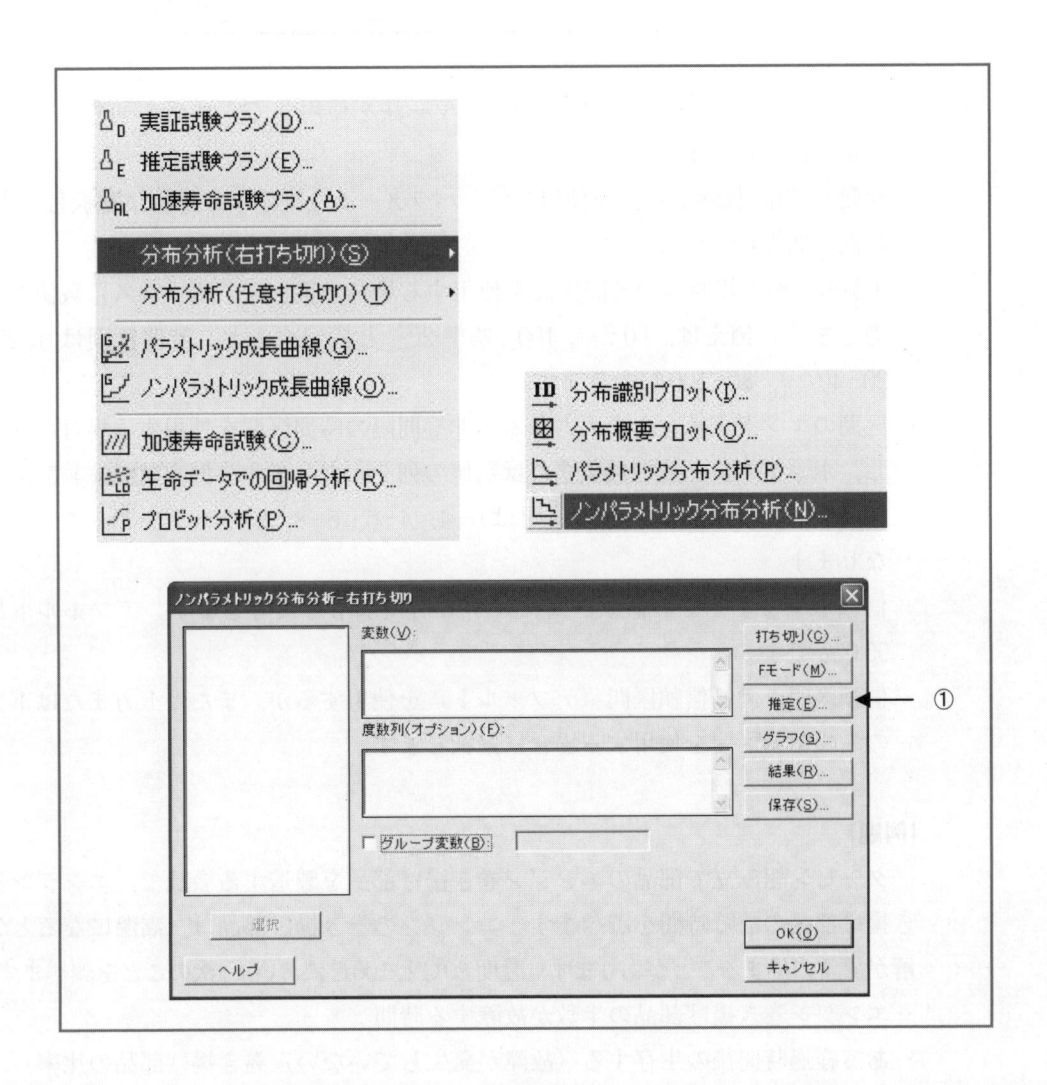

① 推定

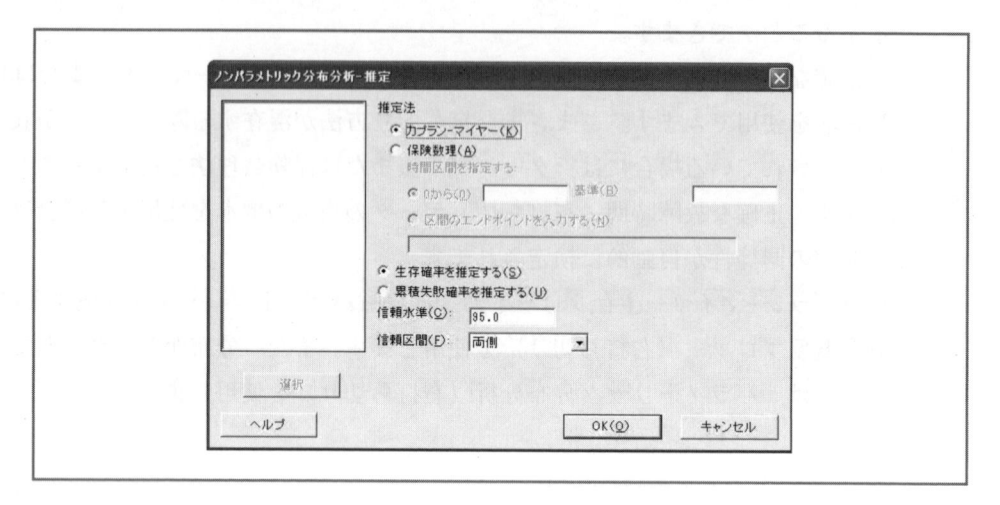

・カプラン-マイヤー：カプラン-マイヤー法を使用して，パラメータを推定する場合に選択します。
・保険数理法：保険数理法を使用して，パラメータを推定する場合に選択します。
・時間区間を指定する：
－0から基準：等間隔の時間区間を使用する場合に選択し，ボックスに数値を入力します。例えば，「0から100　基準20」と指定すると，時間区間は0-20, 20-40,…, 80-100になります。
－区間のエンドポイントを入力する：非等間隔の時間区間を使用する場合に選択し，ボックスに一連の数値または数値の列を入力します。例えば，0 4 6 8 10 20 30を入力すると，時間区間は0-4, 4-6, 6-8, 8-10, 10-20, 20-30になります。
・信頼水準：すべての信頼区間に対する信頼水準を入力します。デフォルトは95.0％です。
・信頼区間：両側信頼区間（デフォルト）を使用するか，または上方または下方のみの信頼区間を使用する場合に選択します。

[例題]
　タービン組み立て部品のエンジン巻き揚げ部品を製造する会社で，エンジン巻き揚げ部品の故障時間を調べます。エンジンの巻き揚げ部品は，高温になると分解が異常に早まることがあります。温度80℃と100℃において，次のことを調べます。
・エンジン巻き揚げ部品の半数が故障する時間
・ある経過時間後の生存する（故障が発生していない）巻き揚げ部品の比率
・2つの温度で生存曲線が有意に異なるのかどうか

3. 寿命試験データ―完全 / 右打ち切りの場合の分析　239

　最初の標本では，80℃における巻き揚げ部品50個に対する故障時間（月単位）を収集し，2つ目の標本では，100℃における巻き揚げ部品40個に対する故障時間を収集しました。ある理由により，故障した一部の部品は検査から除外されました。MINITABワークシートにおいて，打ち切り指標の列を使用し，実際の故障時間（1），および故障が発生する前に検査から除外され打ち切られた部品（0）を指定します。

[実行] 1．データ：RELIABLE.MTW

	C1 Temp80	C2 Cens80	C3 Temp100	C4 Cens100
1	50	1	101	0
2	60	1	11	1
3	53	1	48	1
4	40	1	32	1
5	51	1	36	1
6	99	0	22	1
7	35	1	72	1
8	55	1	69	1
9	74	1	35	1
10	101	0	29	1

[実行] 2．MINITABメニュー：　統計 ▶ 信頼性／生存時間 ▶ 分布分析（右打ち切り） ▶ ノンパラメトリック分布分析

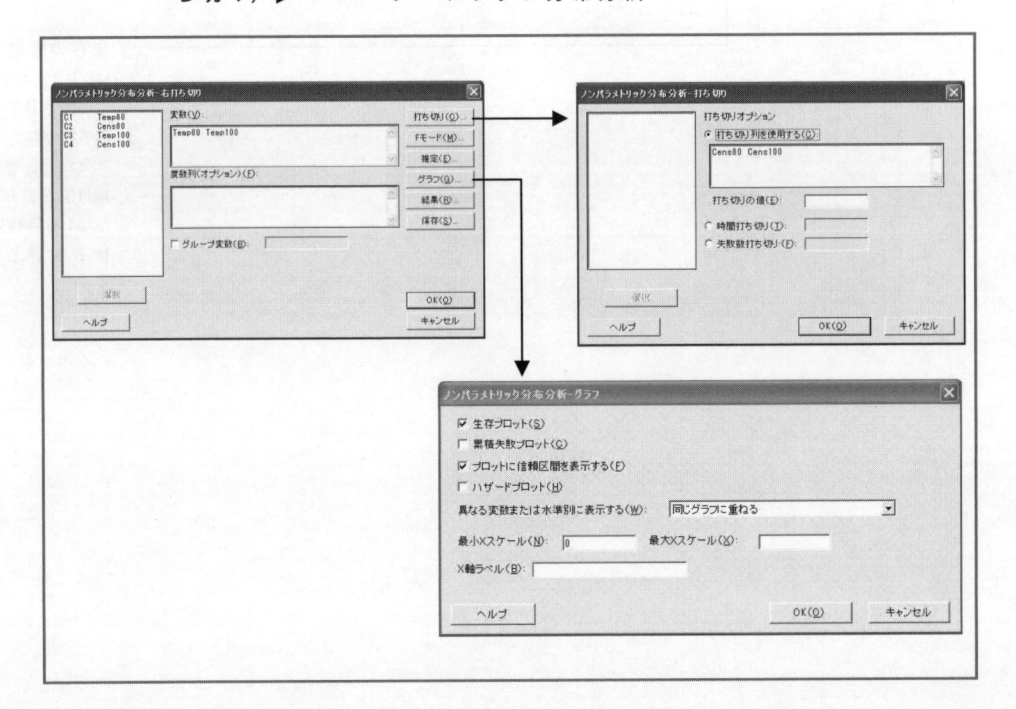

第10章 信頼性／生存分析

[実行] 3. 結果の出力

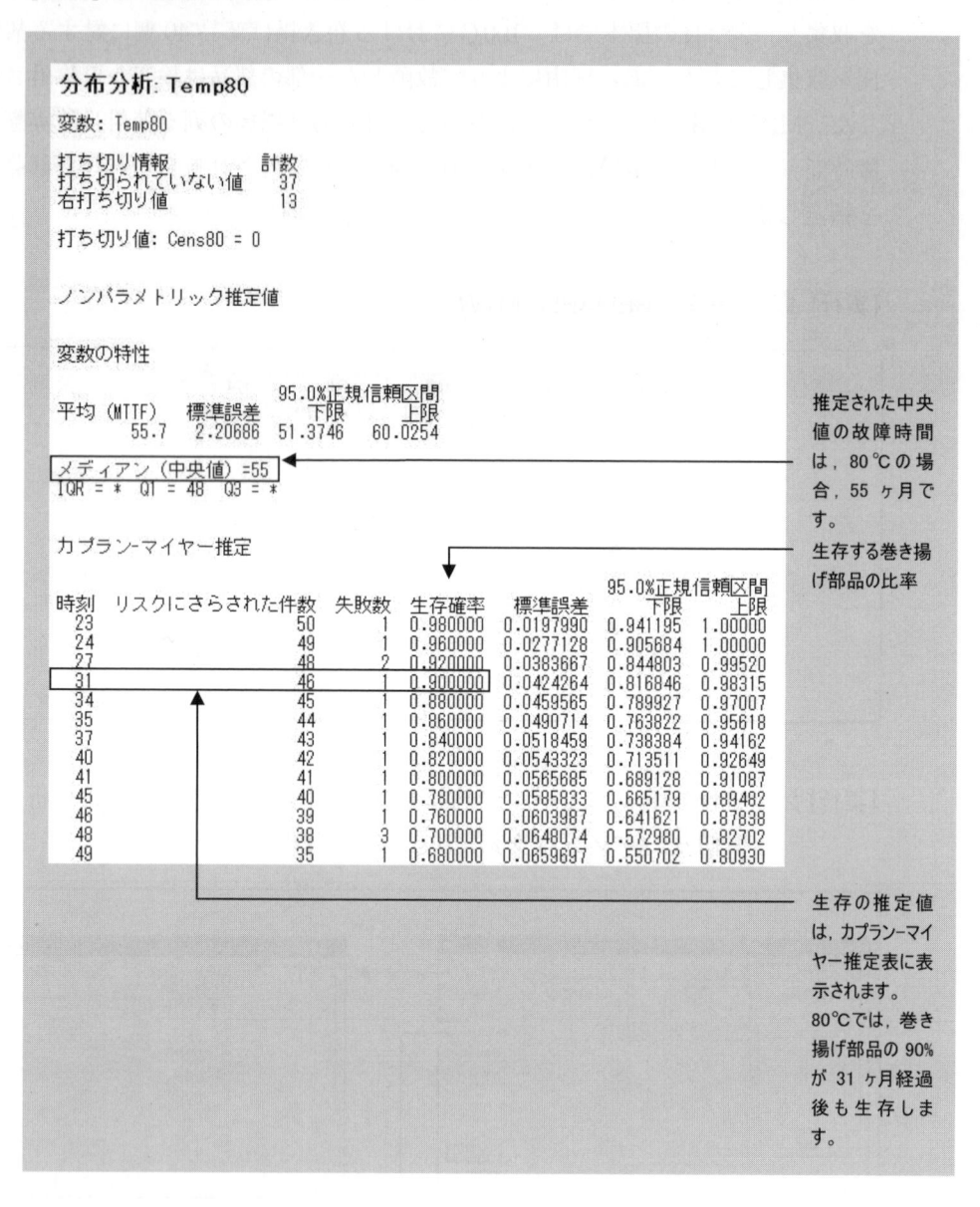

分布分析: Temp80

変数: Temp80

打ち切り情報	計数
打ち切られていない値	37
右打ち切り値	13

打ち切り値: Cens80 = 0

ノンパラメトリック推定値

変数の特性

平均 (MTTF)	標準誤差	95.0%正規信頼区間 下限	上限
55.7	2.20686	51.3746	60.0254

メディアン（中央値）=55
IQR = *   Q1 = 48   Q3 = *

カプラン-マイヤー推定

時刻	リスクにさらされた件数	失敗数	生存確率	標準誤差	95.0%正規信頼区間 下限	上限
23	50	1	0.980000	0.0197990	0.941195	1.00000
24	49	1	0.960000	0.0277128	0.905684	1.00000
27	48	2	0.920000	0.0383667	0.844803	0.99520
31	46	1	0.900000	0.0424264	0.816846	0.98315
34	45	1	0.880000	0.0459565	0.789927	0.97007
35	44	1	0.860000	0.0490714	0.763822	0.95618
37	43	1	0.840000	0.0518459	0.738384	0.94162
40	42	1	0.820000	0.0543323	0.713511	0.92649
41	41	1	0.800000	0.0565685	0.689128	0.91087
45	40	1	0.780000	0.0585833	0.665179	0.89482
46	39	1	0.760000	0.0603987	0.641621	0.87838
48	38	3	0.700000	0.0648074	0.572980	0.82702
49	35	1	0.680000	0.0659697	0.550702	0.80930

推定された中央値の故障時間は，80℃の場合，55ヶ月です。

生存する巻き揚げ部品の比率

生存の推定値は，カプラン-マイヤー推定表に表示されます。80℃では，巻き揚げ部品の90%が31ヶ月経過後も生存します。

50	34	1	0.660000	0.0669925	0.528697	0.79130
51	33	4	0.580000	0.0697997	0.443195	0.71680
52	29	1	0.560000	0.0701997	0.422411	0.69759
53	28	1	0.540000	0.0704840	0.401854	0.67815
54	27	1	0.520000	0.0706541	0.381521	0.65848
55	26	1	0.500000	0.0707107	0.361410	0.63859
56	25	1	0.480000	0.0706541	0.341521	0.61848
58	24	2	0.440000	0.0701997	0.302411	0.57759
59	22	1	0.420000	0.0697997	0.283195	0.55680
60	21	1	0.400000	0.0692820	0.264210	0.53579
61	20	1	0.380000	0.0686440	0.245460	0.51454
62	19	1	0.360000	0.0678823	0.226953	0.49305
64	18	1	0.340000	0.0669925	0.208697	0.47130
66	17	1	0.320000	0.0659697	0.190702	0.44930
67	16	2	0.280000	0.0634980	0.155546	0.40445
74	13	1	0.258462	0.0621592	0.136632	0.38029

分布分析: Temp100

変数: Temp100

打ち切り情報　　　　　計数
打ち切られていない値　　34
右打ち切り値　　　　　　 6

打ち切り値: Cens100 = 0

ノンパラメトリック推定値

変数の特性

```
                      95.0%正規信頼区間
平均 (MTTF)  標準誤差   下限      上限
  41.6563    3.46953  34.8561  48.4564
```

メディアン (中央値) = 38
IQR = 30　Q1 = 24　Q3 = 54

推定された中央値の故障時間は, 100℃の場合, 38ヶ月です。

カプラン-マイヤー推定　　　　　　　　　　　　　　　　　　　　生存する巻
　　　　　　　　　　　　　　　　　　　　　　　　　　　　　　　き揚げ部品
　　　　　　　　　　　　　　　　　　　95.0%正規信頼区間　　　　の比率
時刻　リスクにさらされた件数　失敗数　生存確率　標準誤差　下限　　　上限

時刻	リスクにさらされた件数	失敗数	生存確率	標準誤差	下限	上限
6	40	1	0.97500	0.0246855	0.926617	1.00000
10	39	1	0.95000	0.0344601	0.882459	1.00000
11	38	1	0.92500	0.0416458	0.843376	1.00000
14	37	1	0.90000	0.0474342	0.807031	0.99297
16	36	1	0.87500	0.0522913	0.772511	0.97749
18	35	3	0.80000	0.0632456	0.676041	0.92396
22	32	1	0.77500	0.0660256	0.645592	0.90441
24	31	1	0.75000	0.0684653	0.615810	0.88419
25	30	1	0.72500	0.0706001	0.586626	0.86337
27	29	1	0.70000	0.0724569	0.557987	0.84201
29	28	1	0.67500	0.0740566	0.529852	0.82015
30	27	1	0.65000	0.0754155	0.502188	0.79781
32	26	1	0.62500	0.0765466	0.474972	0.77503
35	25	1	0.60000	0.0774597	0.448182	0.75182
36	24	2	0.55000	0.0786607	0.395828	0.70417
37	22	1	0.52500	0.0789581	0.370245	0.67975
38	21	2	0.47500	0.0789581	0.320245	0.62975
39	19	1	0.45000	0.0786607	0.295828	0.60417
40	18	1	0.42500	0.0781625	0.271804	0.57820
45	17	2	0.37500	0.0765466	0.224972	0.52503
46	15	2	0.32500	0.0740566	0.179852	0.47015
47	13	1	0.30000	0.0724569	0.157987	0.44201
48	12	1	0.27500	0.0706001	0.136626	0.41337
54	11	1	0.25000	0.0684653	0.115810	0.38419
68	8	1	0.21875	0.0666585	0.088102	0.34940
69	7	1	0.18750	0.0640434	0.061977	0.31302
72	6	1	0.15625	0.0605154	0.037642	0.27486
76	5	1	0.12500	0.0559017	0.015435	0.23457

生存の推定値は，カプラン-マイヤー推定表に表示されます。100℃では，巻き揚げ部品の 90%が 14 ヶ月経過後も生存します。

分布分析: Temp80, Temp100

生存曲線の比較

4. 寿命時間試験データ―任意打ち切りの場合の分析 243

```
検定統計量
方法                    カイ二乗（χ2）    自由度    p値
Log-Rank                      7.7152        1     0.005
ウィルコクソン (Wilcoxon)      13.1326        1     0.000
```

p値が有意水準0.05より小さいため、2つの温度（80℃、100℃）において、生存曲線が有意に異なることがわかります。

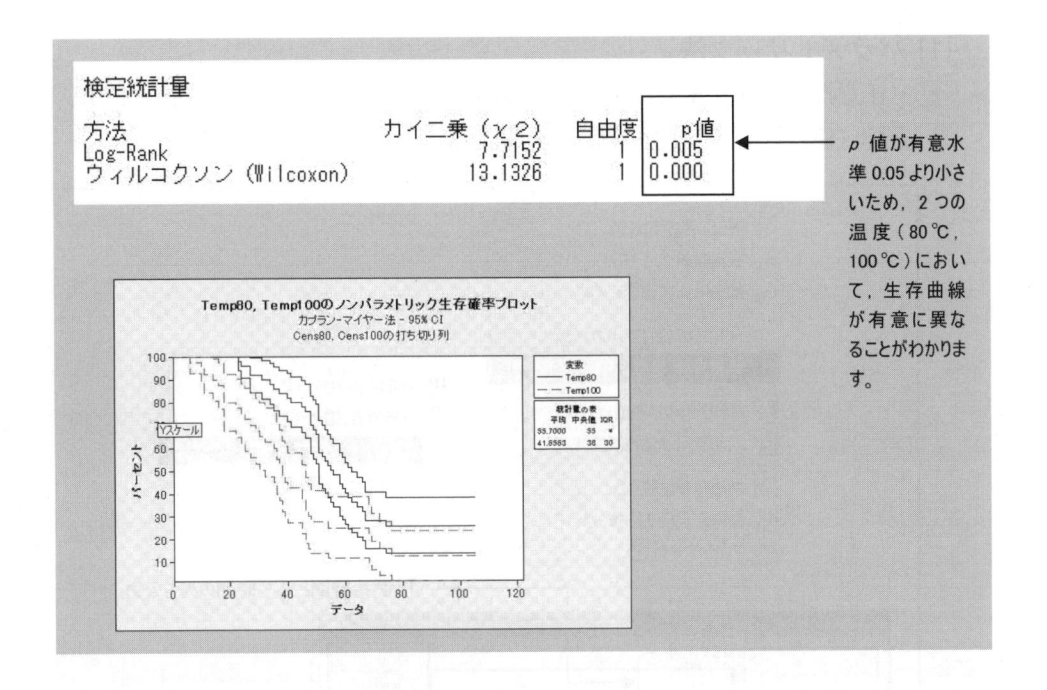

Temp80, Temp100のノンパラメトリック生存確率プロット
カプラン-マイヤー法 - 95% CI
Cens80, Cens100の打ち切り列

[実行] 4. 結果の解析

- 推定された中央値の故障時間は、温度80℃の場合は55ヶ月であり、温度100℃の場合は38ヶ月です。温度の上昇により、中央値の故障時間が約17ヶ月減少しました。
- 生存の推定値は、カプラン-マイヤー推定表に表示されます。例えば80℃では、巻き揚げ部品の90％が31ヶ月経過後も生存し、100℃では巻き揚げ部品の90％が14ヶ月経過後も生存することを意味します。
- p値が有意水準0.05より小さいため、2つの温度（80℃、100℃）において、生存曲線が有意に異なることがわかります。つまり、20℃の温度の変化はエンジン巻き揚げ部品の故障に有意な影響を与えています。

4. 寿命時間試験データ-任意打ち切りの場合の分析

- **右打ち切り**：故障する前に信頼性検定で取り除かれた検定単位、または検定が終わった時点でも動作している単位
- **左打ち切り**：信頼性検定を始める前に故障した検定単位
- **区間打ち切り**：特定の時間間隔の間で故障した検定単位

[1] パラメトリック法

任意打ち切り，または実際の故障時間データがある場合，パラメトリック分布分析（任意打ち切り）を使用します。

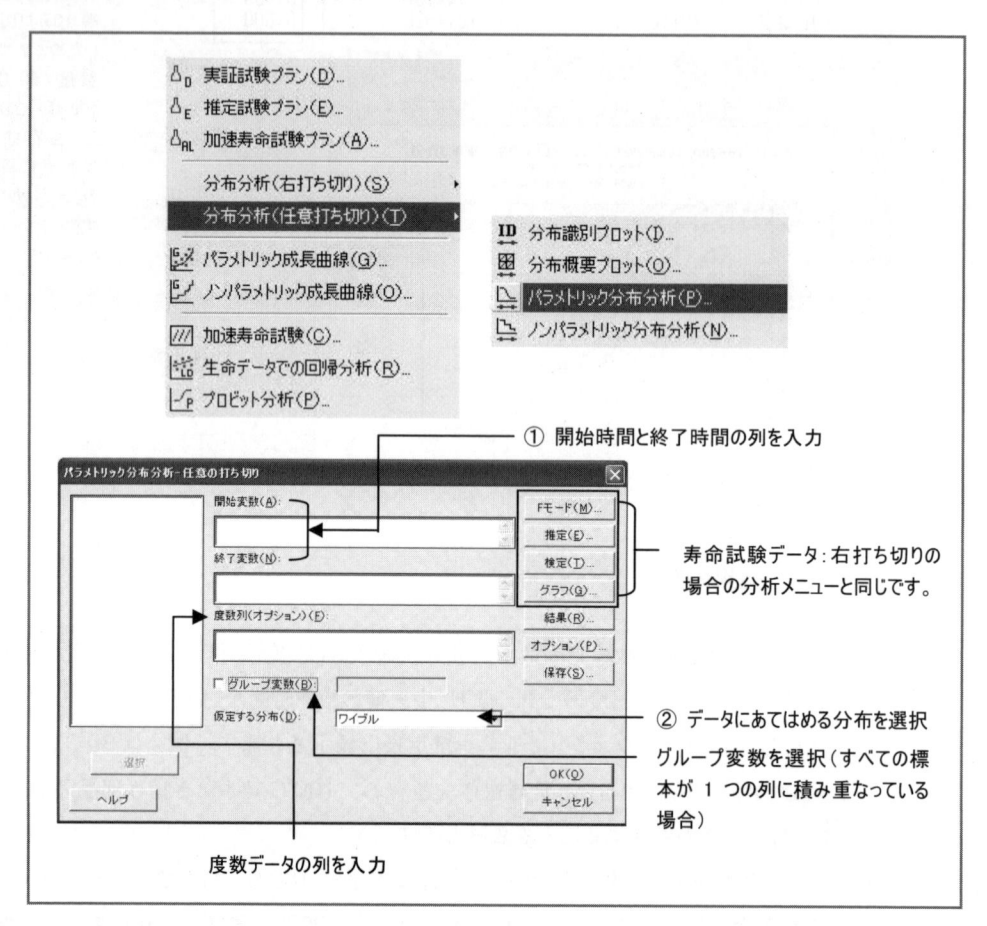

① 開始変数と終了変数

最大50個までの標本を入力できます。MINITABでは，形状パラメータ（Weibull：ワイブル），またはその他の分布のスケールパラメータを仮定しない限り，関数の推定は標本ごとに独立して行われます。

次のように開始列と終了列を使用して，データを表形式で入力します。

観測値	開始列に入力する内容	終了列に入力する内容
正確な故障時間	故障時間	故障時間
右打ち切り	故障が発生する前の時間	欠損値記号（＊）
左打ち切り	欠損値記号（＊）	故障が発生した後の時間
任意打ち切り	故障が発生した区間の開始時間	故障が発生した区間の終了時間

次のデータは，度数列を使用した例になります。

開始	終了	度数	
＊	10000	20	20個の単位が10000時間に左打ち切りされる
10000	20000	10	
20000	30000	10	
30000	30000	2	2個の単位が30000時間に故障する
30000	40000	20	
40000	50000	40	
50000	50000	7	
50000	60000	50	50個の単位が50000時間から60000時間の間に任意打ち切りされる
60000	70000	120	
70000	80000	230	
80000	90000	310	
90000	＊	190	190個の単位が90000時間に右打ち切りされる

② データにあてはめる分布を選択

最小極値分布，ワイブル（Weibull）分布（デフォルト），3-パラメータワイブル（Weibull）分布，指数分布，2-パラメータ指数分布，正規分布，対数正規分布，3-パラメータ対数正規分布，ロジスティック分布，対数ロジスティック分布，および3-パラメータ対数ロジスティック分布のうち，1つを選択します。

[例題]

タイヤを製造する会社では，溝の深さが2/32インチになるまで磨耗したタイヤの割合と，対応する走行距離を調べています。特に45,000マイル以上走行可能なタイヤの数に注目しています。各タイヤを一定の間隔（10,000マイル）で検査し，故障しているかどうかを調査しました。

246　第10章　信頼性／生存分析

[実行] 1. タイヤ：TIREWEAR.MTW

	C1	C2	C3
	Start	End	Freq
1	*	10000	8
2	10000	20000	10
3	20000	30000	14
4	30000	40000	25
5	40000	50000	37
6	50000	60000	87
7	60000	70000	145
8	70000	80000	231
9	80000	90000	145
10	90000	*	71

[実行] 2.　MINITAB メニュー：統計 ▶ 信頼性／生存時間 ▶ 分布分析（任意打ち切り）▶ パラメトリック分布分析

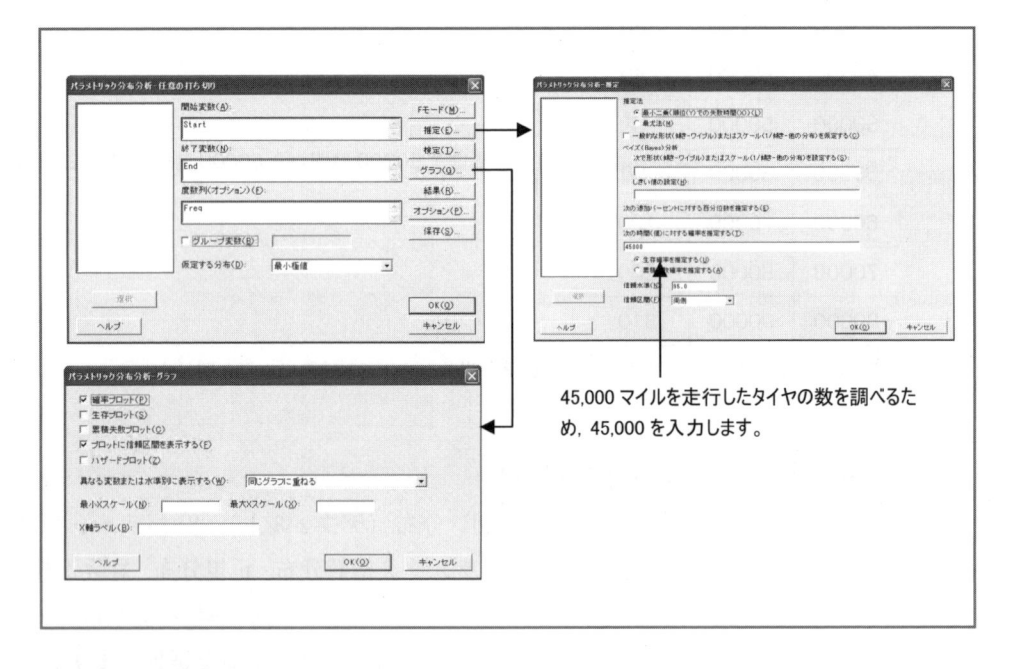

45,000 マイルを走行したタイヤの数を調べるため，45,000 を入力します。

[実行] 3. 結果の出力

```
分布分析、開始= Start および終了= End
変数の開始:Start  終了: End
度数: Freq
```

4. 寿命時間試験データ―任意打ち切りの場合の分析

```
打ち切り情報     計数
右打ち切り値      71
区間打ち切り値   694
左打ち切り値       8

推定法:最小二乗（階数（Y）の失敗時間（X））

分布：   最小極値

パラメータ推定値

                                95.0%正規信頼区間
パラメータ   推定     標準誤差    下限      上限
位置      78016.2   587.866   76864.0   79168.4
スケール   14920.4   517.593   13939.7   15970.1

対数尤度 = -1468.686

適合度
アンダーソン-ダーリング（調整済み）=2.325
相関係数 = 0.998

分布の特性

                                95.0%正規信頼区間
               推定      標準誤差    下限      上限
平均（MTTF）    69403.9   685.900   68059.6   70748.3
標準偏差       19136.2   663.838   17878.3   20482.5
中央値         72547.7   635.757   71301.6   73793.8
第1四分位数（Q1） 59426.9  915.593   57632.4   61221.4
第3四分位数（Q3） 82889.7  594.993   81723.6   84055.9
四分位間範囲（IQR） 23462.8 813.932  21920.6   25113.6

百分位数表

                                95.0%正規信頼区間
パーセント  百分位数   標準誤差    下限      上限
   1      9380.16   2509.70   4461.24   14299.1
   2     19797.7    2159.90   15564.4   24031.1
   3     25923.6    1956.18   22089.6   29757.7
   4     30292.8    1812.11   26741.1   33844.5
   5     33699.7    1700.67   30366.5   37033.0
   6     36498.2    1609.86   33343.0   39653.5
```

分布の特性表では、タイヤが故障するまでの平均と中央値が示されており、それぞれ 69,403.9 マイル、72,547.7 マイルとなっています。

タイヤが故障する時間を確認するには、百分位数表を参照します。例えば、タイヤの 5% は 33,699.7 マイルで故障し、50% は 72,547.7 マイルで故障することを意味します。

```
 7   38877.1  1533.27  35872.0  41882.3
 8   40949.1  1467.08  38073.6  43824.5
 9   42786.8  1408.84  40025.5  45548.0
10   44439.8  1356.88  41780.4  47099.3
20   55636.5  1020.23  53636.9  57636.1
30   62634.3  833.021  61001.6  64267.0
40   67993.8  712.680  66597.0  69390.6
50   72547.7  635.757  71301.6  73793.8
60   76711.9  594.162  75547.3  77876.4
70   80785.8  585.974  79637.4  81934.3
80   85116.6  613.919  83913.4  86319.9
90   90460.3  693.170  89101.7  91818.9
91   91127.9  705.872  89744.4  92511.4
92   91840.4  720.004  90429.2  93251.6
93   92609.1  735.876  91166.8  94051.4
94   93449.8  753.934  91972.2  94927.5
95   94386.7  774.855  92868.0  95905.4
96   95458.6  799.741  93891.2  97026.1
97   96735.9  830.594  95107.9  98363.8
98   98368.5  871.722  96659.9  100077
99   100802   936.048  98967.7  102637
```

生存確率表

時刻	確率	95.0%正規信頼区間	
		下限	上限
45000	0.896380	0.877714	0.912340

生存確率表を見ると，タイヤの 89.64% が 45,000 マイル以上走行することがわかります。

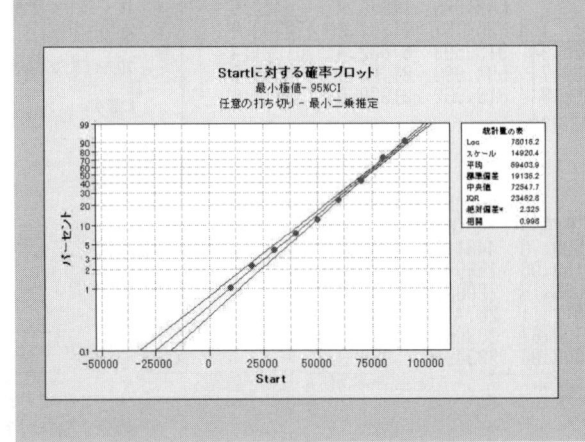

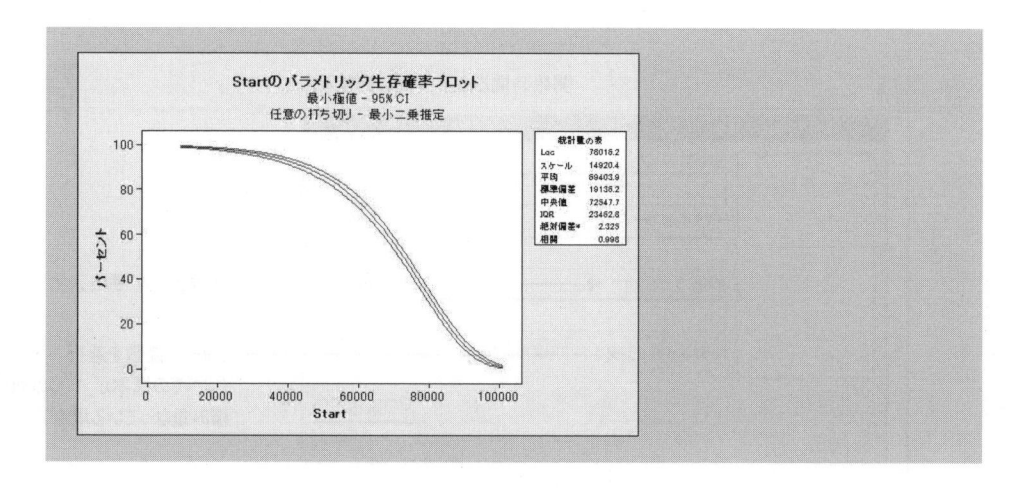

4. 寿命時間試験データ―任意打ち切りの場合の分析 249

[実行] 4. 結果の解析

- 分布の特性表に表示されたように，タイヤが故障するまでの平均と中央値は，それぞれ 69,403.9 マイルと 72,547.7 マイルです。
- タイヤが故障する時間を確認するには，百分位数表を参照します。例えば，タイヤの 5 % は 33,699.7 マイルで故障し，50% は 72,547.7 マイルで故障することを意味します。生存確率表を見ると，タイヤの 89.64 % が 45,000 マイル以上走行することがわかります。

[2] ノンパラメトリック法

　任意打ち切り，または実際の故障時間データがあり，データにあてはめる分布がない場合に使用します。生存確率，ハザード推定値，および他の関数を推定し，生存プロットおよびハザードプロットを表示します。ターンブル法または保険数理法を指定することができます。

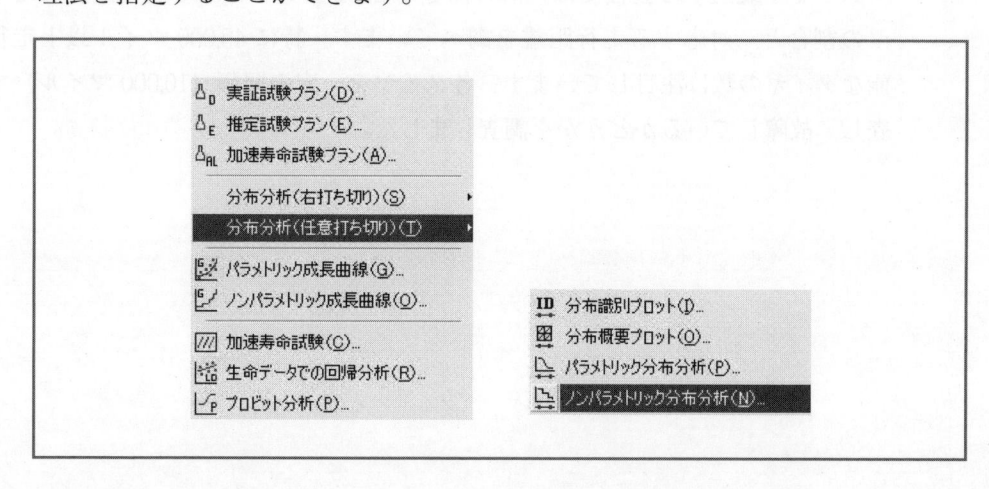

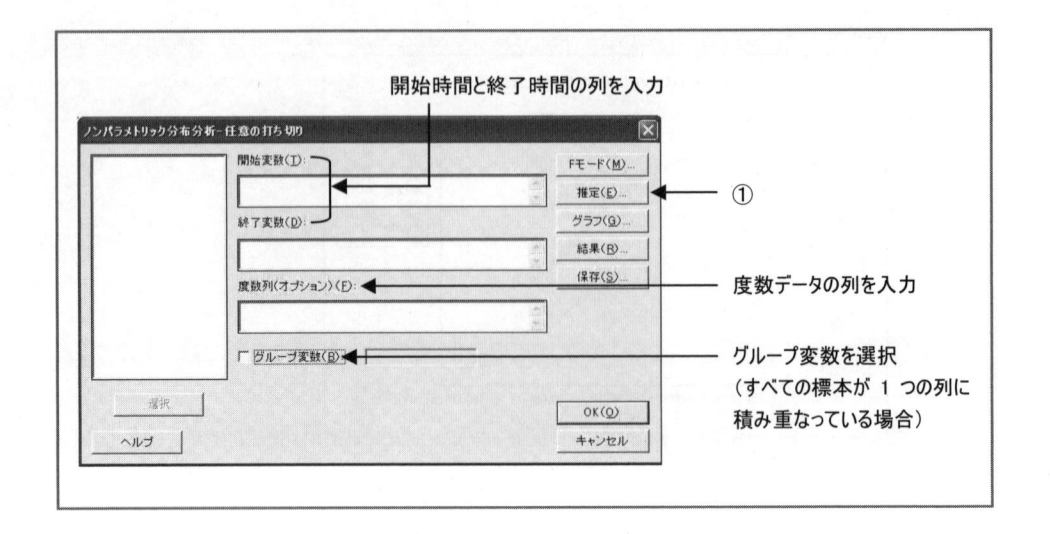

① 推定

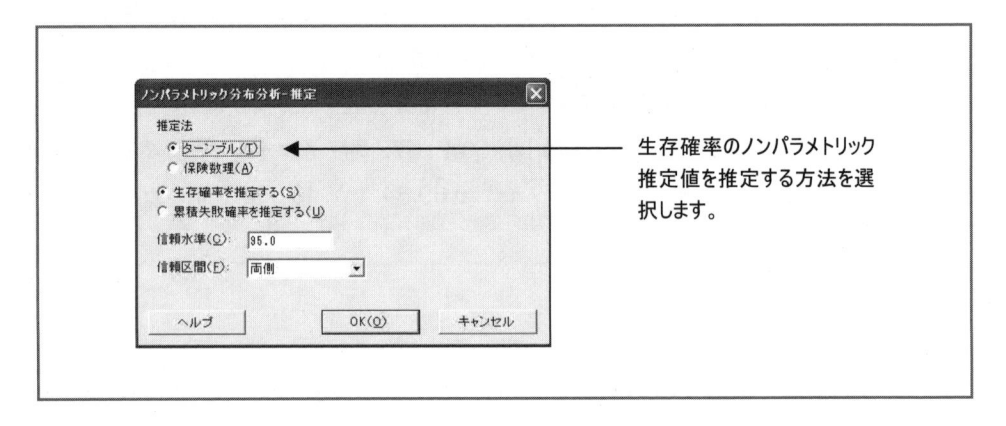

[例題]
　タイヤを製造する会社では，溝の深さが 2/32 インチになるまで磨耗したタイヤの割合と，対応する走行距離を調べています。特に 45,000 マイル以上走行可能なタイヤの数に注目しています。各タイヤを一定の間隔（10,000 マイル）で検査し，故障しているかどうかを調査しました。

4. 寿命時間試験データ―任意打ち切りの場合の分析　251

[実行] 1. タイヤ：TIREWEAR.MTW

	C1 Start	C2 End	C3 Freq
1	*	10000	8
2	10000	20000	10
3	20000	30000	14
4	30000	40000	25
5	40000	50000	37
6	50000	60000	87
7	60000	70000	145
8	70000	80000	231
9	80000	90000	145
10	90000	*	71

[実行] 2. MINITAB メニュー：統計 ▶ 信頼性/生存時間 ▶ 分布分析（任意打ち切り）▶ ノンパラメトリック分布分析

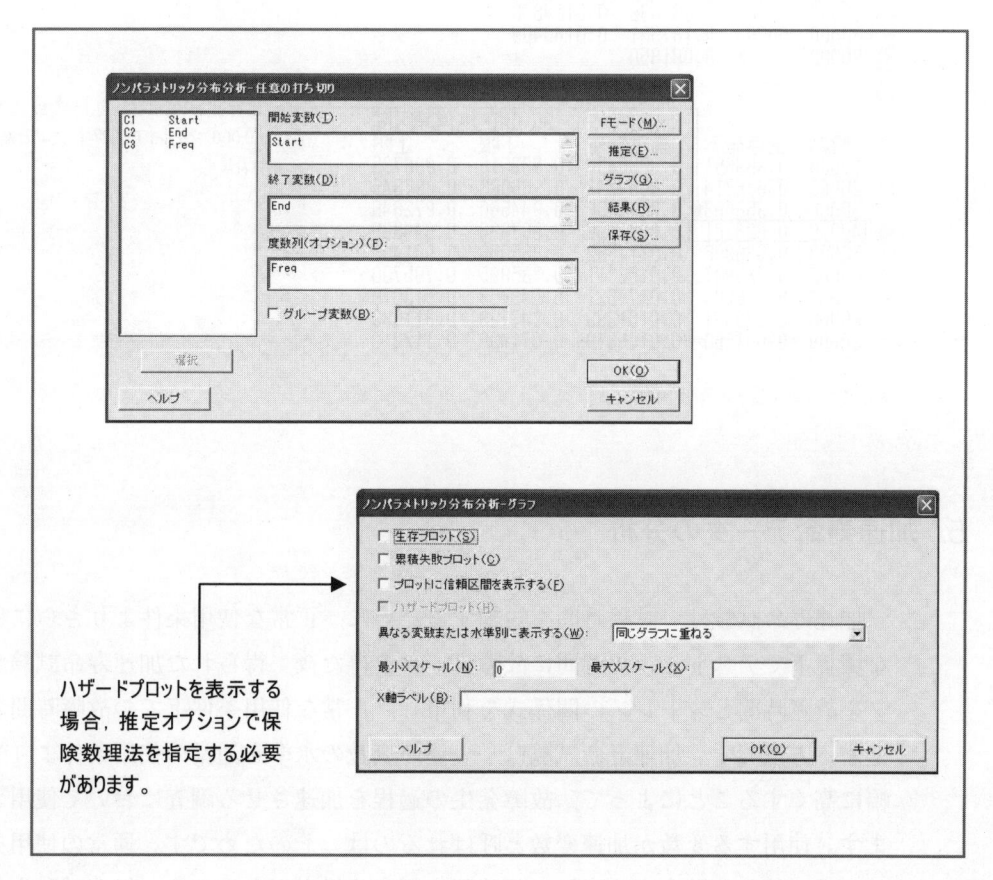

ハザードプロットを表示する場合，推定オプションで保険数理法を指定する必要があります。

[実行] 3. 結果の出力

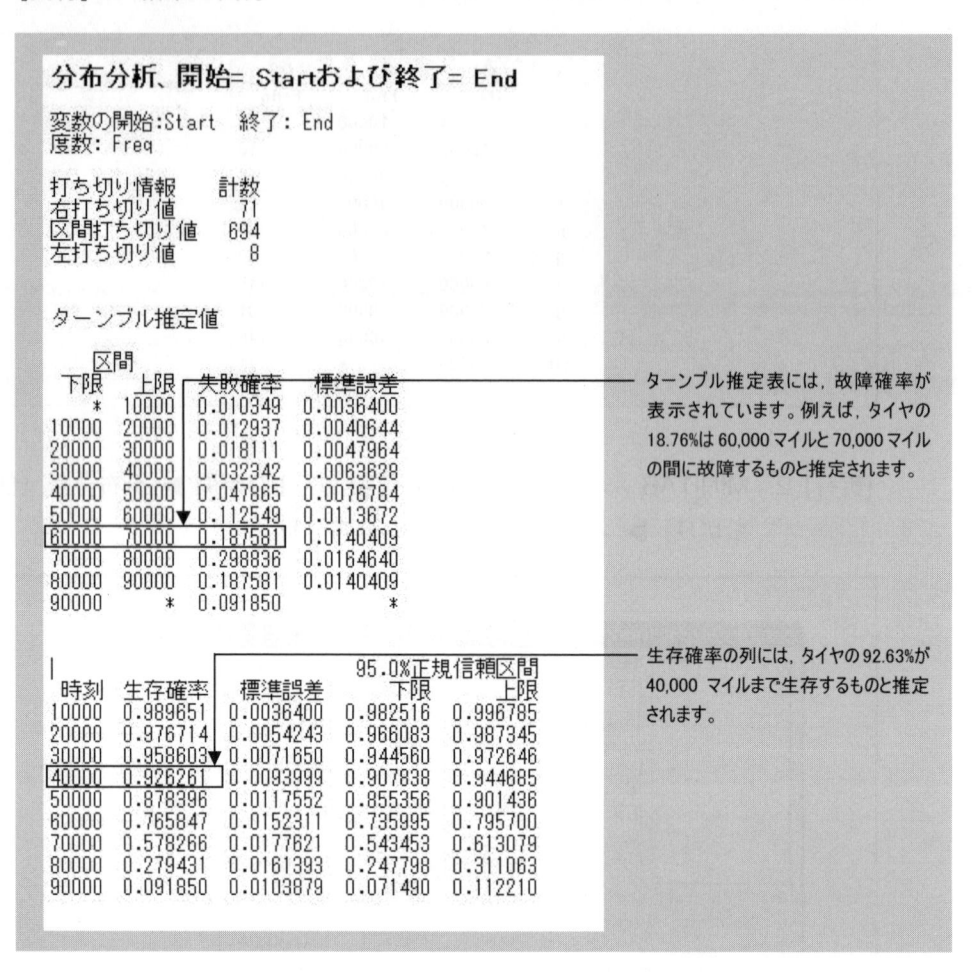

```
分布分析、開始= Start および終了= End

変数の開始: Start   終了: End
度数: Freq

打ち切り情報    計数
右打ち切り値      71
区間打ち切り値   694
左打ち切り値       8

ターンブル推定値

   区間
 下限    上限    失敗確率    標準誤差
    *   10000   0.010349   0.0036400
 10000   20000   0.012937   0.0040644
 20000   30000   0.018111   0.0047964
 30000   40000   0.032342   0.0063628
 40000   50000   0.047865   0.0076784
 50000   60000   0.112549   0.0113672
 60000   70000   0.187581   0.0140409
 70000   80000   0.298836   0.0164640
 80000   90000   0.187581   0.0140409
 90000      *    0.091850      *

                               95.0%正規信頼区間
 時刻   生存確率    標準誤差     下限       上限
 10000   0.989651   0.0036400   0.982516   0.996785
 20000   0.976714   0.0054243   0.966083   0.987345
 30000   0.958603   0.0071650   0.944560   0.972646
 40000   0.926261   0.0093999   0.907838   0.944685
 50000   0.878396   0.0117552   0.855356   0.901436
 60000   0.765847   0.0152311   0.735995   0.795700
 70000   0.578266   0.0177621   0.543453   0.613079
 80000   0.279431   0.0161393   0.247798   0.311063
 90000   0.091850   0.0103879   0.071490   0.112210
```

ターンブル推定表には、故障確率が表示されています。例えば、タイヤの 18.76% は 60,000 マイルと 70,000 マイルの間に故障するものと推定されます。

生存確率の列には、タイヤの 92.63% が 40,000 マイルまで生存するものと推定されます。

5. 加速寿命データの分析

　加速寿命試験は、試験時間を短縮するために、正常な使用条件よりさらに劣悪な環境下でテストし、短時間に故障データを得た後、得られた加速寿命試験データを故障時間とストレスの関係式を利用し、正常な使用条件下での故障時間を推定する方法です。加速寿命試験は、一連の変数の水準を通常の使用条件よりも大幅に高くすることによって、故障発生の過程を加速させる調査において使用されます。使用する変数が加速変数と呼ばれるのは、そのためです。通常の使用条件下では、故障が発生するまでに長時間を要する場合があるため、加速試験を行うことで時間と費用を節約することができます。加速寿命試験を実施するには、加速変数と故障時間との関係を理解しておく必要があります。

[1] 一般的な分析

　加速寿命試験を実施するには，加速変数と故障時間との間の関係を知っておく必要があります。実施する段階は，次の通りです。

・部品に加速変数の水準を付加します。
・故障（または打ち切り）時間を記録します。
・加速寿命試験を実施して，MINITAB が計画値（一般的な実際の使用条件）への外挿を指示します。

　最も単純な出力は，回帰表，関係プロット，および適合モデルに基づく加速変数の各水準に対する確率プロットで構成されます。関係プロットは，加速変数と故障時間との関係を表すもので，加速変数の各水準に対する百分位数がプロットされます。デフォルトでは，10 番目，50 番目，および 90 番目の百分位数の位置に直線が表示されます。50 番目の百分位数は，加速変数の各水準における部品寿命の良好な推定値です。確率プロットは，適合モデル（直線）とノンパラメトリックモデル（点）に基づいて，加速変数の水準ごとに作成されます。

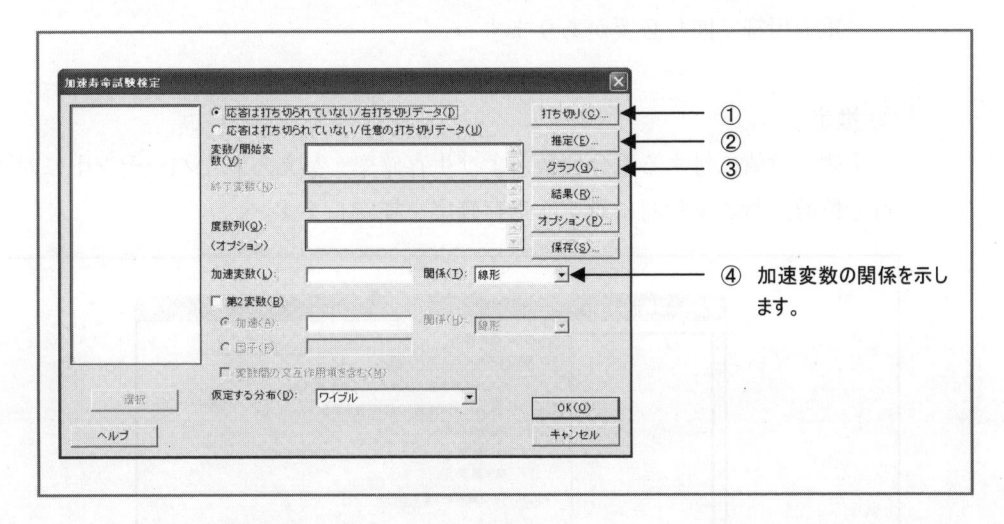

④　加速変数の関係を示します。

① 打ち切り

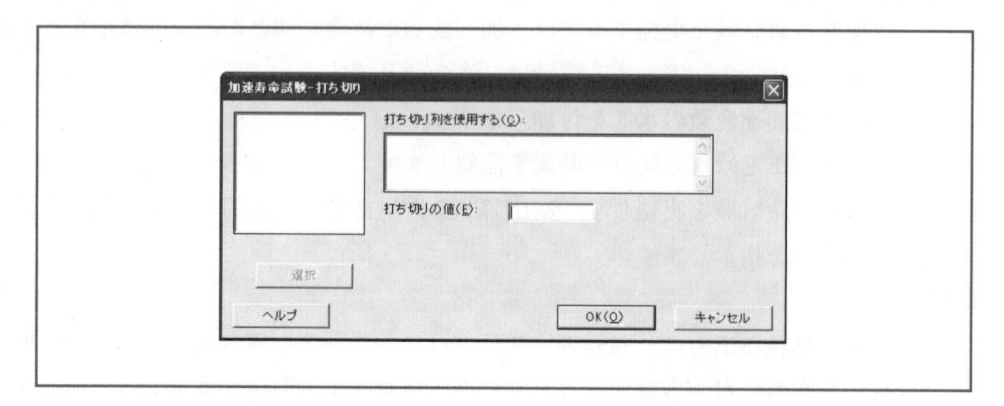

- **打ち切り列を使用する**：右打ち切りされたデータがある場合は，打ち切り列を入力します。最初の打ち切り列は最初のデータ列とペアになり，2番目の打ち切り列は2番目のデータ列とペアになります。残りも同じ方法で処理されます。
- **打ち切りの値**：打ち切りを明示する値を入力します。この値を入力しない場合，打ち切り列にある最も低い値が打ち切りとして使用されます。テキスト値は，二重引用符で囲む必要があります。

② 推定

予測変数値に対する百分位数および生存確率，与えられたパーセントに対する百分位数，および時間に対する生存確率を推定します。

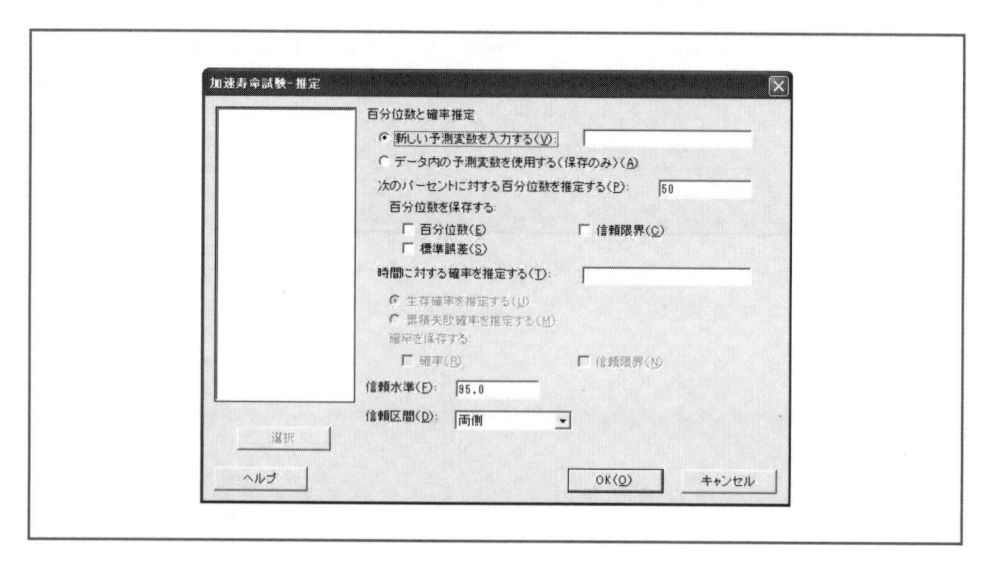

- **新しい予測変数を入力する**：1つまたは2つの新しい値，または新しい列を入力します。通常は，計画値（一般的な動作条件）を入力します。最初の値（列）は，最初の変数に対応し，2番目の値（列）は，2番目の変数に対応します。
- **データ内の予測変数を使用する（保存のみ）**：データの予測変数値を使用して，百分位数や生存確率を推定する場合に選択します。
- **パーセントに対する百分位数を推定する**：百分位数を推定するパーセントを入力します。デフォルトでは，50番目の百分位数が推定されます。特定の予測変数に対する製品寿命の開始，中央，および終了を調べる場合は，「10 50 90」（10番目，50番目，90番目の百分位数）を入力します。この入力により，単位の10％，50％，および90％に故障が発生するまでの時間が推定されます。

③ グラフ

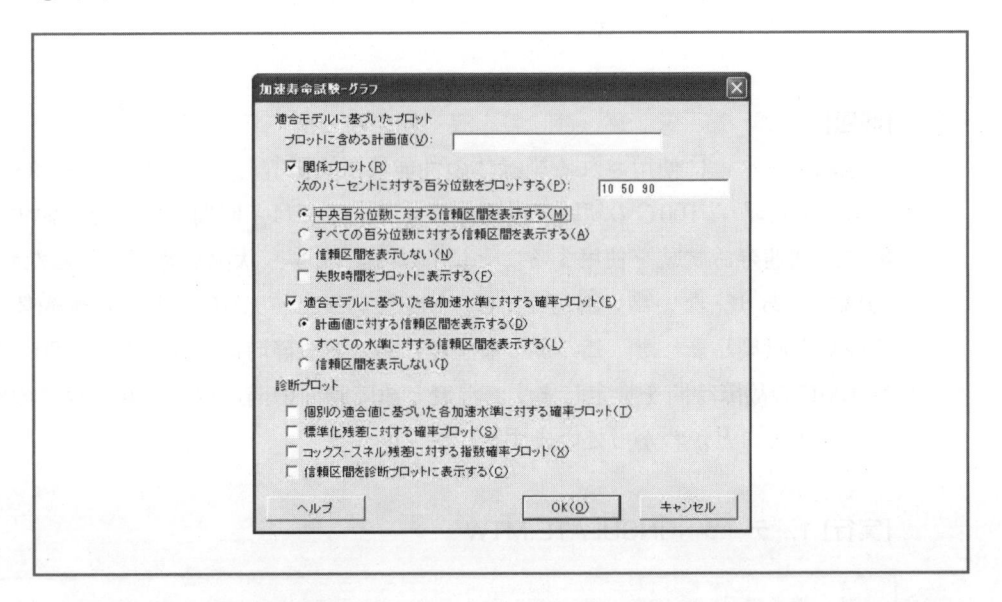

- **プロットに含める計画値**：適合モデルに基づくプロット（各加速水準に対する関係プロットおよび確率プロット）に含める計画値を入力します。各加速変数に対して1つの計画値を入力できます。
- **関係プロット**：関係プロットを使用して，加速変数と故障時間の関係を表示する場合に選択します。
- **パーセントに対する百分位数をプロットする**：指定したパーセントに対する百分位数をプロットするには，ボックスにその値を入力します。デフォルトでは，10番目，50番目，および90番目の百分位数がプロットされます。
- **適合モデルに基づいた各加速水準に対する確率プロット**：適合モデルに基づいて，加速変数の各加速水準に対する確率プロットを表示する場合に選択します。

④ 加速変数の変換

加速変数は，線形（変換なし），アレニウス，温度の逆数（変換なし），自然対数（べき変換）に変換できます。デフォルトでは，線形が選択されています。

線 形	変換が必要ではない場合に選択する
アレニウス	・化学反応に起因した劣化による故障を説明する際に使用されます。一般に電気絶縁体，半導体デバイス，およびプラスチックなどで使用されます。 ・アレニウス変換 = $\dfrac{11604.83}{温度 + 273.16}$
温度の逆数	・故障時間が絶対温度に反比例すると仮定する関係式です。 ・温度の逆数変化 = $\dfrac{1}{温度 + 273.16}$
自然対数	・一定のストレス下で動作させた場合の製品寿命をモデル化する際に使用されます。一般に電気絶縁体，金属疲労，およびボールベアリングなどで使用されます。 ・MINITAB では，対数（べき変換）と表現されています。

[例題]

電動モーターに使用される絶縁体の性能低下を調査しています。モーターは，一般に 80℃ から 100℃ の範囲で動作します。ここでは，時間と費用を節約するために，加速寿命試験を使用することにします。まず，状況を悪化させるために，通常ではありえない高い温度 110℃，130℃，150℃，170℃ における絶縁体の故障時間を収集しました。このような温度における故障時間を使用して，80℃ および 100℃ の故障時間を推定します。温度と故障時間の間には，アレニウスの関係が存在することがわかっています。

[実行] 1. データ：INSULATE.MTW

↓	C1 Temp	C2 ArrTemp	C3 Plant	C4 FailureT	C5-T Censor	C6 Design	C7 NewTemp	C8 ArrNewT	C9 NewPlant
1	170	26.1865	1	343	F	80	80	32.8600	1
2	170	26.1865	1	869	F	100	80	32.8600	2
3	170	26.1865	1	244	C		100	31.0988	1
4	170	26.1865	1	716	F		100	31.0988	2
5	170	26.1865	1	531	F				
6	170	26.1865	1	738	F				
7	170	26.1865	1	461	F				
8	170	26.1865	1	221	F				
9	170	26.1865	1	665	F				
10	170	26.1865	1	384	C				

[実行] 2. MINITAB メニュー：統計 ▶ 信頼性／生存時間 ▶ 加速寿命試験

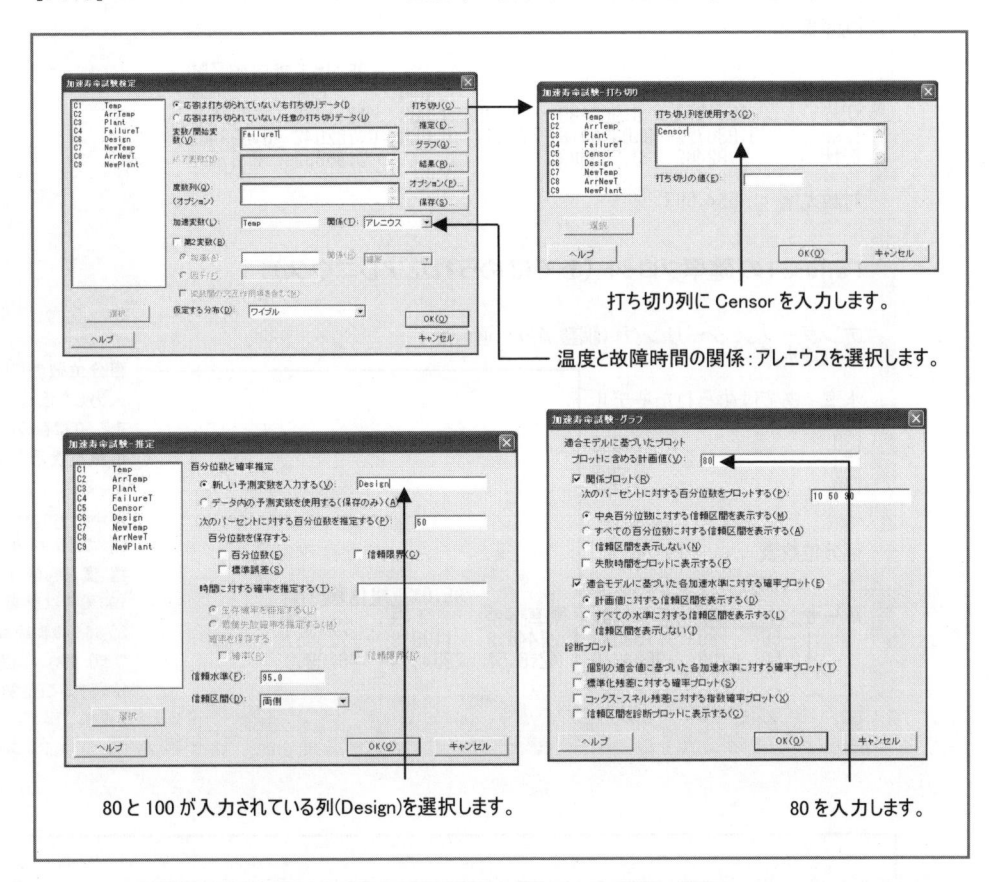

打ち切り列に Censor を入力します。

温度と故障時間の関係：アレニウスを選択します。

80 と 100 が入力されている列(Design)を選択します。

80 を入力します。

[実行] 3. 結果の出力

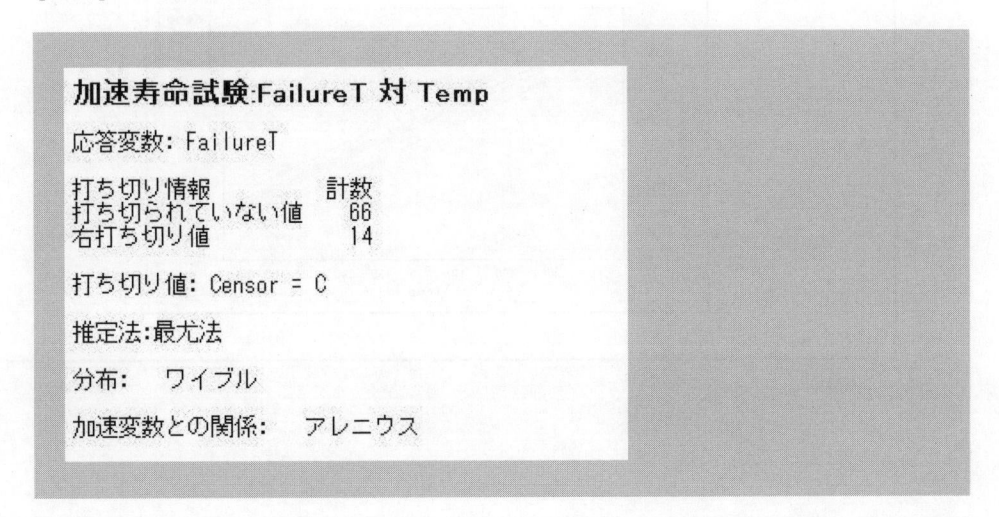

加速寿命試験:FailureT 対 Temp

応答変数：FailureT

打ち切り情報	計数
打ち切られていない値	66
右打ち切り値	14

打ち切り値：Censor = C

推定法：最尤法

分布：　ワイブル

加速変数との関係：　アレニウス

回帰表

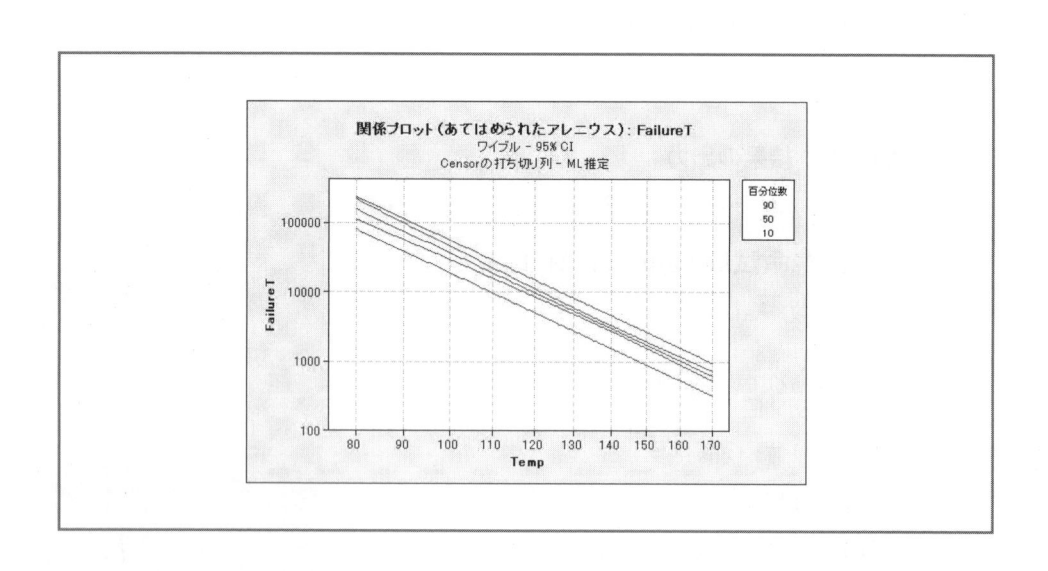

予測変数	Coef	標準誤差	Z	p値	95.0%正規信頼区間 下限	上限
切片	-15.1874	0.986180	-15.40	0.000	-17.1203	-13.2546
Temp	0.830722	0.0350418	23.71	0.000	0.762042	0.899403
形状	2.82462	0.256969			2.36332	3.37596

対数尤度 = -564.693

FailureTの確率プロット（あてはめられたアレニウス）

アンダーソン-ダーリング（調整済み）適合度
各加速水準

水準	あてはめられたモデル
110	23.373
130	1.088
150	5.428
170	2.732

百分位数表

パーセント	Temp	百分位数	標準誤差	95.0%正規信頼区間 下限	上限
50	80	159584	27446.9	113918	223557
50	100	36948.6	4216.51	29543.4	46209.9

百分位数表には，入力した温度に対する50番目の百分位数が表示されます。80℃では，絶縁体が159,584時間，つまり18.20年程度持続し，100℃では絶縁体が36,948.6時間，つまり4.21年程度持続することを意味します。

5. 加速寿命データの分析　259

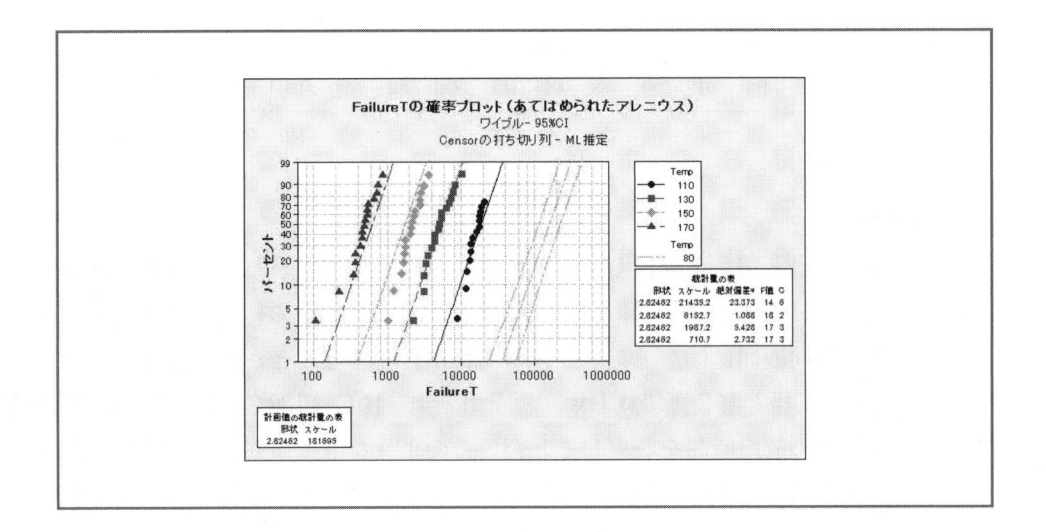

[図: FailureTの確率プロット（あてはめられたアレニウス）ワイブル - 95%CI Censorの打ち切り列 - ML推定]

[実行] 4. 結果の解析

- 回帰分析表に回帰モデルに対する係数が表示されます。ワイブル分布では，このモデルにより，絶縁体に対する温度と故障時間との関係を次のように説明できます。

$$\mathrm{Log}_e(故障時間) = -15.1874 + 0.83072(\mathrm{ArrTemp}) + 1/2.8246\, \varepsilon_p$$

ただし，ε_p：誤差分布のp番目の百分位数

$$\mathrm{ArrTemp} = \left[\frac{11604.83}{\mathrm{Temp} + 273.16}\right]$$

- 百分位数表には，入力した温度に対する50番目の百分位数が表示されます。50番目の百分位数は，絶縁体の寿命時間に対する良好な推定値になります。80℃では，絶縁体が159,584時間，つまり18.20年程度持続し，100℃では36,948.6時間，つまり4.21年程度持続することを意味します。
- 関係プロットを使用すると，各温度に対する故障時間の分布，この場合10番目，50番目および90番目の百分位数を見ることができます。
- 適合モデルに基づく確率プロットは，加速変数の各水準における分布，変換，および形状（ワイブル分布）に対する仮説が適切かどうかを判断するのに役立ちます。この場合，プロットの点が直線にあてはまっているため，モデルに対する仮説が加速変数の水準に対して適切であることがわかります。

[2] 回帰分析モデルを適用する場合の分析

　　生命データでの回帰分析を使用して，予測変数が製品の故障時間に影響を及ぼすかどうかを確認することができます。目標は，故障時間を予測するモデルを探し出すことです。このモデルで，応答変数の変化（例：ある製品はすぐに故障し，

ある製品は長期間故障しない理由）を説明するための説明変数を使用します。モデルには，因子，共変量，交互作用，および枝分かれ項を組み込むことができます。

[例題]

第1工場と第2工場において，電動モーターに使用される絶縁体の性能低下を調査しています。モーターは，一般に80℃から100℃の範囲で動作します。温度と故障時間の間には，アレニウスの関係が存在することがわかっています。

第1工場と第2工場において，それぞれ110℃，130℃，150℃，170℃における絶縁体の故障時間を収集しました。このような温度における故障時間を使用して，80℃および100℃の故障時間を推定します。モデルの適合度を確認するために，標準化残差に基づいた確率プロットを表示します。

[実行] 1．データ：INSULATE.MTW

	C1	C2	C3	C4	C5-T	C6	C7	C8	C9
	Temp	ArrTemp	Plant	FailureT	Censor	Design	NewTemp	ArrNewT	NewPlant
1	170	26.1865	1	343	F	80	80	32.8600	1
2	170	26.1865	1	869	F	100	80	32.8600	2
3	170	26.1865	1	244	C		100	31.0988	1
4	170	26.1865	1	716	F		100	31.0988	2
5	170	26.1865	1	531	F				
6	170	26.1865	1	738	F				
7	170	26.1865	1	461	F				
8	170	26.1865	1	221	F				
9	170	26.1865	1	665	F				
10	170	26.1865	1	384	C				

[実行] 2．MINITAB メニュー：統計 ▶ 信頼性 / 生存時間 ▶ 生命データでの回帰分析

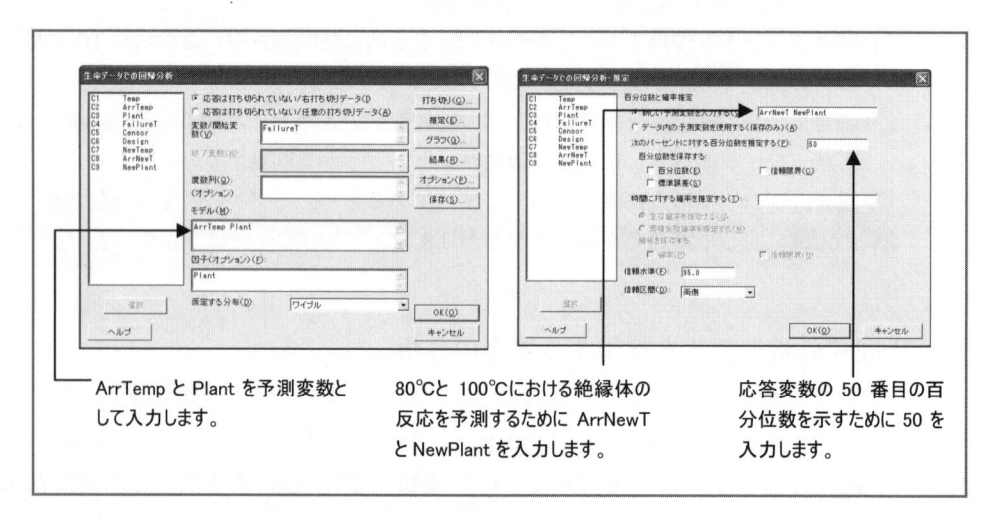

ArrTemp と Plant を予測変数として入力します。

80℃と 100℃における絶縁体の反応を予測するために ArrNewT と NewPlant を入力します。

応答変数の 50 番目の百分位数を示すために 50 を入力します。

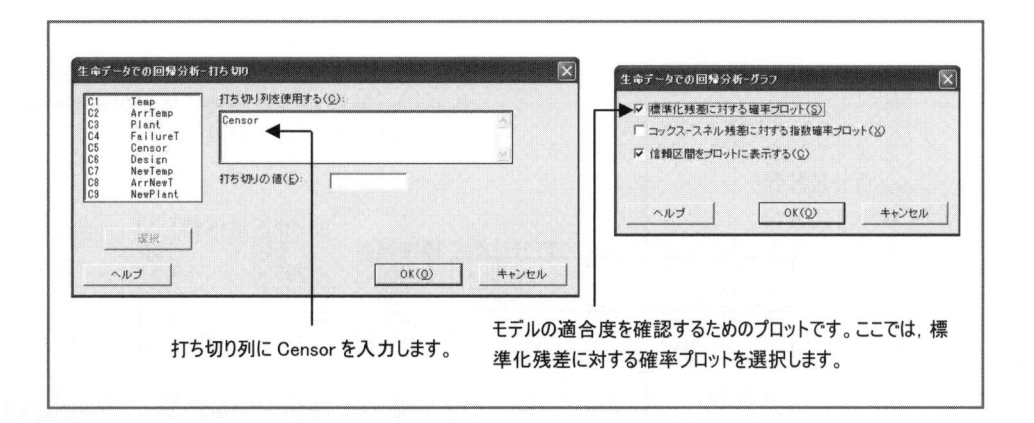

5. 加速寿命データの分析　261

打ち切り列に Censor を入力します。

モデルの適合度を確認するためのプロットです。ここでは，標準化残差に対する確率プロットを選択します。

[実行] 3．結果の出力

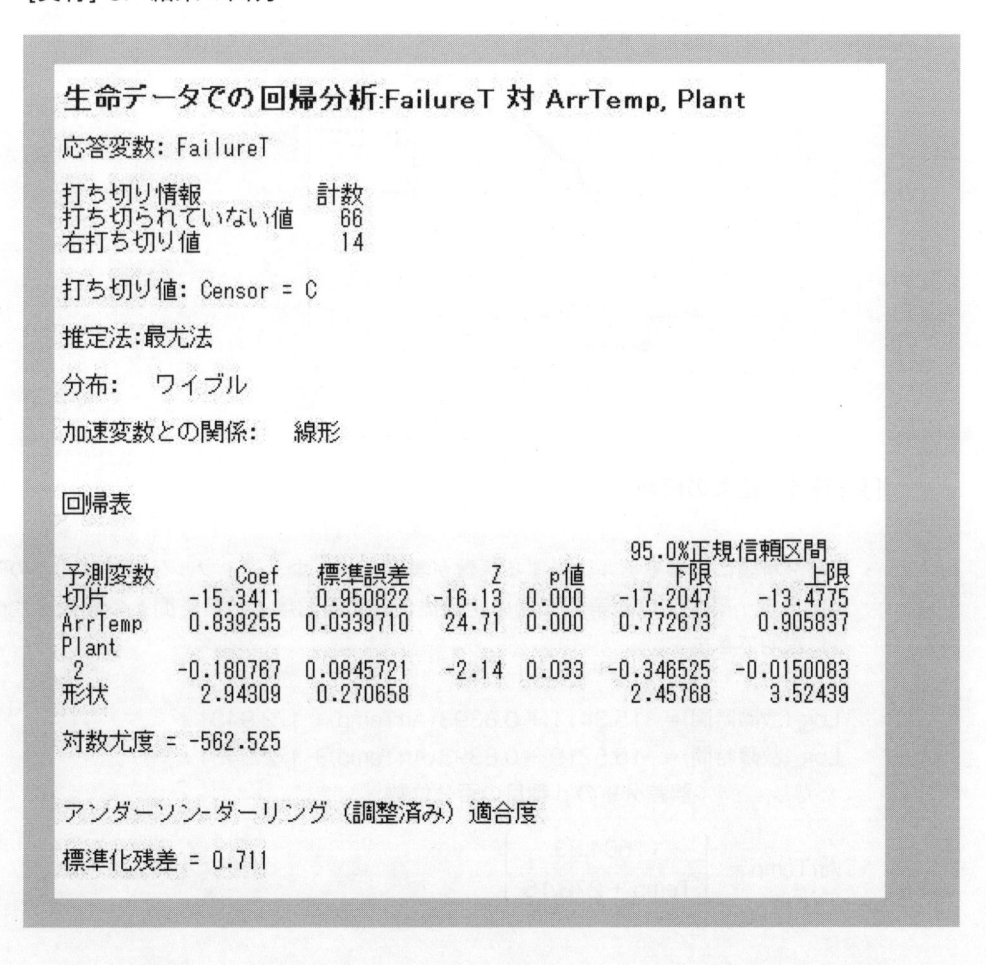

生命データでの回帰分析:FailureT 対 ArrTemp, Plant

応答変数: FailureT

打ち切り情報	計数
打ち切られていない値	66
右打ち切り値	14

打ち切り値: Censor = C

推定法: 最尤法

分布：　ワイブル

加速変数との関係：　線形

回帰表

予測変数	Coef	標準誤差	Z	p値	95.0%正規信頼区間 下限	上限
切片	-15.3411	0.950822	-16.13	0.000	-17.2047	-13.4775
ArrTemp	0.839255	0.0339710	24.71	0.000	0.772673	0.905837
Plant						
2	-0.180767	0.0845721	-2.14	0.033	-0.346525	-0.0150083
形状	2.94309	0.270658			2.45768	3.52439

対数尤度 = -562.525

アンダーソン-ダーリング（調整済み）適合度

標準化残差 = 0.711

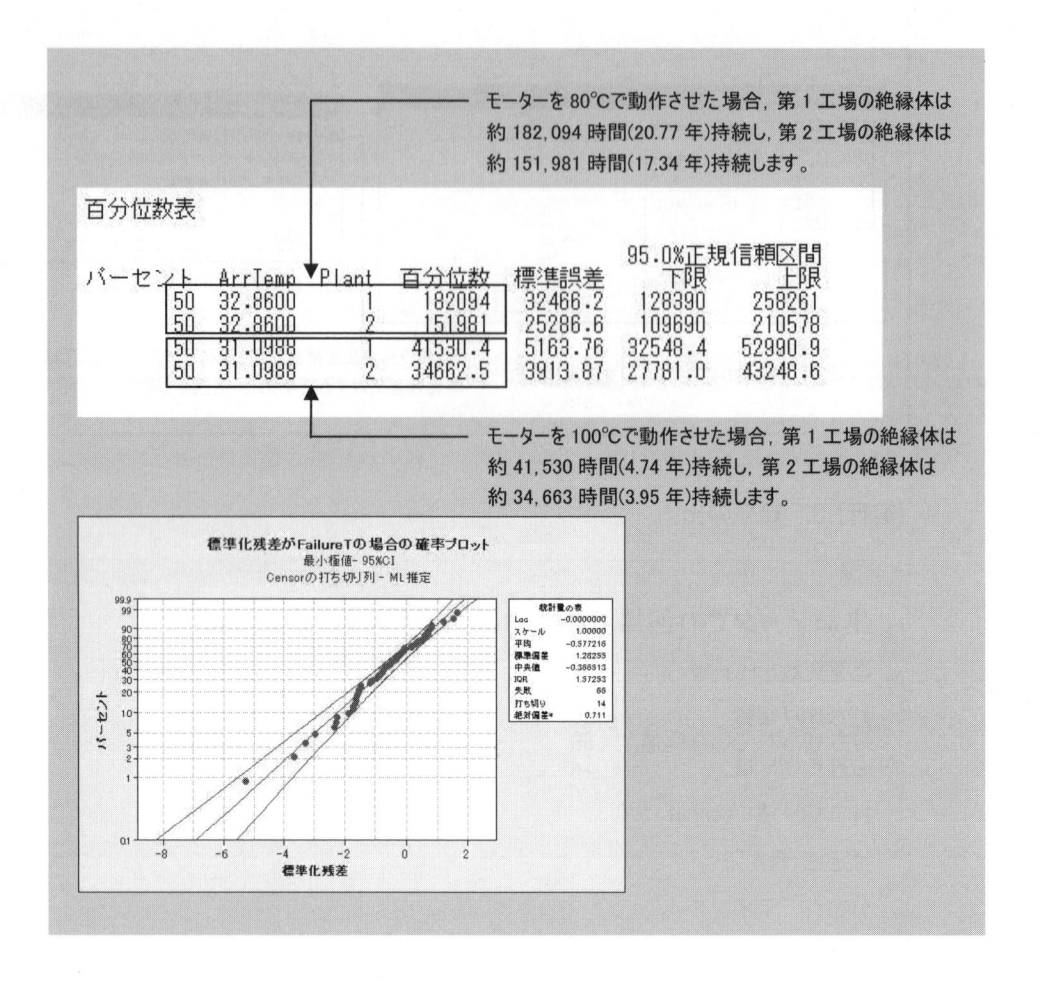

百分位数表

パーセント	ArrTemp	Plant	百分位数	標準誤差	95.0%正規信頼区間 下限	上限
50	32.8600	1	182094	32466.2	128390	258261
50	32.8600	2	151981	25286.6	109690	210578
50	31.0988	1	41530.4	5163.76	32548.4	52990.9
50	31.0988	2	34662.5	3913.87	27781.0	43248.6

モーターを80℃で動作させた場合,第1工場の絶縁体は約182,094時間(20.77年)持続し,第2工場の絶縁体は約151,981時間(17.34年)持続します。

モーターを100℃で動作させた場合,第1工場の絶縁体は約41,530時間(4.74年)持続し,第2工場の絶縁体は約34,663時間(3.95年)持続します。

標準化残差がFailureTの場合の確率プロット
最小極値 - 95%CI
Censorの打ち切り列 - ML推定

統計量の表
- Loc -0.0000000
- スケール 1.00000
- 平均 -0.577216
- 標準偏差 1.28255
- 中央値 -0.366513
- IQR 1.57253
- 失敗 66
- 打ち切り 14
- 絶対偏差* 0.711

[実行] 4. 結果の解析

・回帰分析表に回帰モデルに対する係数が表示されます。ワイブル分布では,このモデルにより,第1工場と第2工場の絶縁体に対する温度と故障時間との関係を次のように説明できます。

$Log_e(故障時間) = -15.3411 + 0.8393(ArrTemp) + 1/2.9431 \varepsilon_p$
$Log_e(故障時間) = -15.5219 + 0.8393(ArrTemp) + 1/2.9431 \varepsilon_p$
ただし,ε_p:誤差分布のp番目の百分位数

$$ArrTemp = \left[\frac{11604.83}{Temp + 273.16} \right]$$

・百分位数表には,入力した温度と工場の組み合わせに対する50番目の百分位数が表示されます。50番目の百分位数は,絶縁体の寿命時間に対する良好な推定値になります。

- モーターを 80℃で動作させた場合，第 1 工場の絶縁体は約 182,094 時間 (20.77 年) 持続し，第 2 工場の絶縁体は約 151,981 時間 (17.34 年) 持続します。
- モーターを 100℃で動作させた場合，第 1 工場の絶縁体は約 41,530 時間 (4.74 年) 持続し，第 2 工場の絶縁体は約 34,663 時間 (3.95 年) 持続します。

・有意水準を 0.05 とすると，p 値が 0.033 となっており，有意水準より小さくなっています。従って，第 1 工場と第 2 工場は有意に異なります。温度（ArrTemp）も p 値が 0.000 となっており，有意水準より小さいため，有意な予測変数であることを意味します。

・標準化残差に対する確率プロットにおいて，プロットの点が直線にあてはめられているため，モデルが適切であると判断できます。

6. プロビット分析

　プロビット分析とは，多数の単位にストレス（または刺激）を与え，単位が故障したかどうかを記録することです。プロビット分析が加速寿命試験と異なるのは，応答データが実際の故障時間ではなく，2 値（成功または失敗）である点です。

　例えば，工学分野における一般的な実験の 1 つに，破壊検査があります。潜水艦の船体の材料が，水中での爆発にさらされた場合に，どの程度持ちこたえられるかを調べる場合，この材料をさまざまな規模の爆発にさらし，船体に亀裂が入るかどうかを記録します。また，生命科学の分野における一般的な実験の 1 つに，生物検定があります。これは，実験対象の生物体を多様な水準のストレス下におき，生存するかどうかを記録するというものです。

　プロビット分析を行うと，船体の各材料に対して，どの水準の衝撃を与えれば 10 % の船体に亀裂が入るか，あるいは汚染物質の濃度がどれくらいに達すると 50 % の魚が死亡するか，特定の殺虫剤の散布によって 1 匹の虫が死ぬ確率はどれくらいかといった問題を判断することができます。

　プロビット分析は，ストレスの分布の百分位数，生存確率，および累積確率を推定して，確率プロットを表示する場合に使用します。因子を入力してワイブル，対数正規，または対数ロジスティックのいずれかの分布を選択することにより，異なる条件下でのストレスの効果を比較することもできます。

　MINITAB では，修正されたニュートン-ラフソン（Newton-Raphson）アルゴリズムを使用してモデル係数が計算されます。

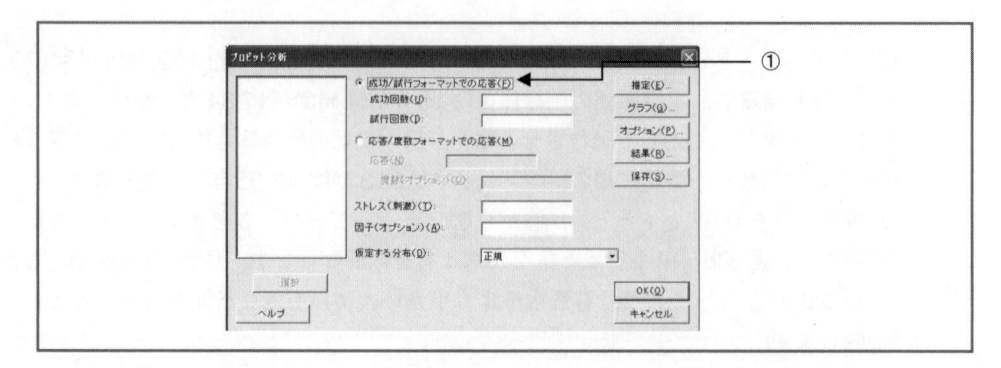

① 応答データは2項となるため，結果は2つ（例：成功または失敗）になります。成功/試行または応答/度数の形式でデータを入力できます。次の表は，同等のデータを2つの方法により整理しています。

・成功/試行の形式

温度（℃）	成功	試行
80	2	10
120	4	10
140	7	10
160	9	10

　成功列には，成功の回数が表示されています。試行列には，観測回数が表示されています。例えば，温度が140℃のとき，7回の成功と3回の失敗が記録されています。

・応答/度数の形式

温度（℃）	応答	度数
80	1	2
80	0	8
120	1	4
120	0	6
140	1	7
140	0	3
160	1	9
160	0	1

　応答列には，実験が成功したかどうかを示しています。ここでは，1が成功になります。度数列は，観測回数を示します。例えば，温度が160℃のとき，9回

の成功と1回の失敗が記録されています。テキストカテゴリ（因子水準）の場合，デフォルトではアルファベット順に処理されますが，必要に応じてユーザーが順序を定義することができます。

[例題]

電球製造会社では，一般家庭用の電圧における2種類の電球の寿命を調査しています。一般的な家庭用電圧は，117ボルト±10％（105～129ボルト）です。この電圧の範囲内において，2種類の電球（A，B）に対して，5種類のストレス水準，108, 114, 120, 126, 132ボルトを指定します。ここでは，800時間以内に電球が切れる場合を成功とみなします。

[実行] 1．データ：LIGHTBUL.MTW

	C1 Blows	C2 Trials	C3 Volts	C4-T Type
1	2	50	108	A
2	6	50	114	A
3	11	50	120	A
4	27	50	126	A
5	45	50	132	A
6	3	50	108	B
7	8	50	114	B
8	13	50	120	B
9	31	50	126	B
10	46	50	132	B

[実行] 2．MINITAB メニュー：統計 ▶ 信頼性 / 生存時間 ▶ プロビット分析

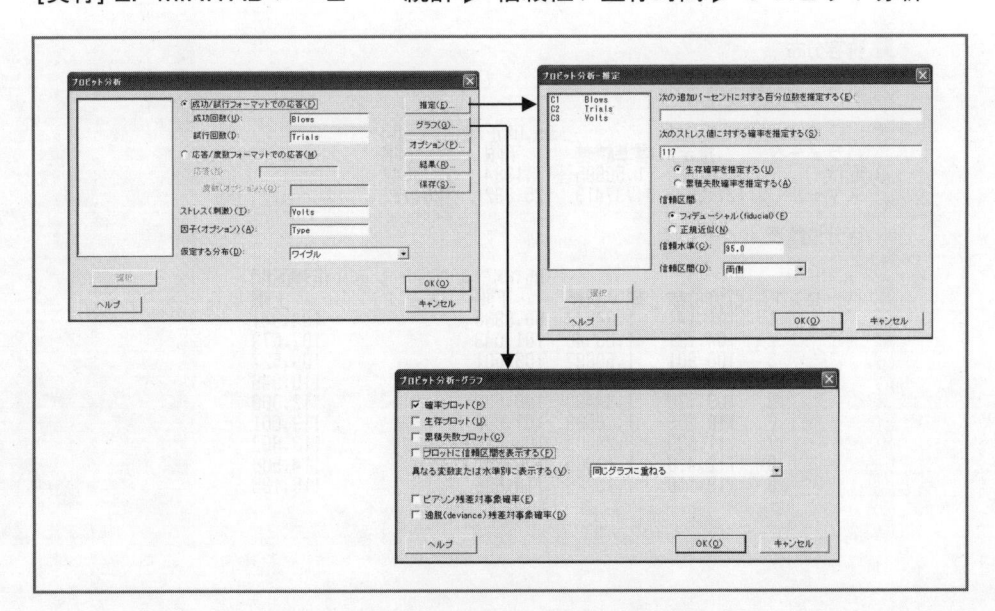

[実行] 3. 結果の出力

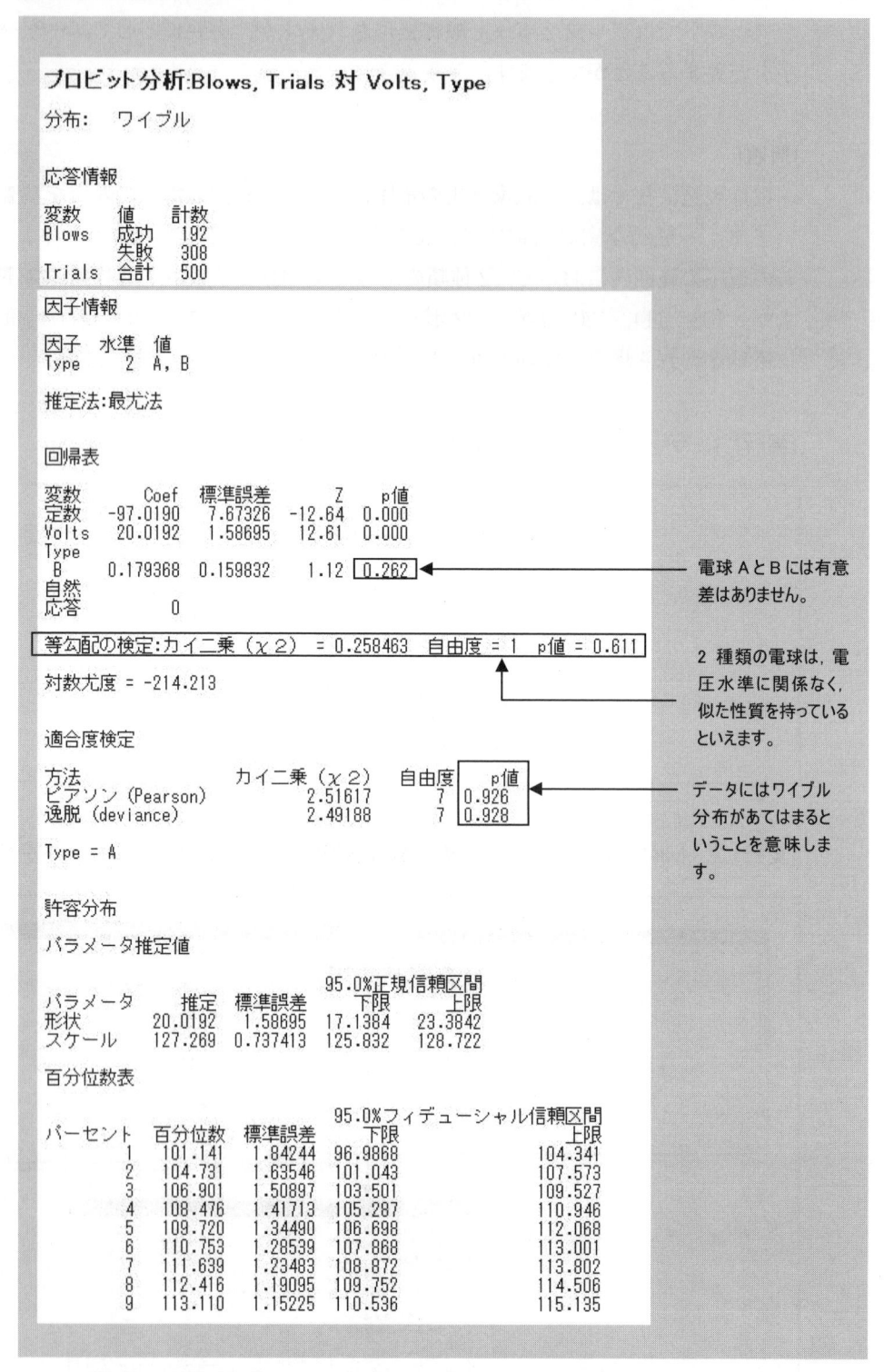

プロビット分析:Blows, Trials 対 Volts, Type

分布： ワイブル

応答情報

変数	値	計数
Blows	成功	192
	失敗	308
Trials	合計	500

因子情報

因子	水準	値
Type	2	A, B

推定法:最尤法

回帰表

変数	Coef	標準誤差	Z	p値
定数	-97.0190	7.67326	-12.64	0.000
Volts	20.0192	1.58695	12.61	0.000
Type				
B	0.179368	0.159832	1.12	0.262
自然				
応答	0			

← 電球AとBには有意差はありません。

等勾配の検定:カイ二乗（χ2）= 0.258463　自由度 = 1　p値 = 0.611

← 2種類の電球は、電圧水準に関係なく、似た性質を持っているといえます。

対数尤度 = -214.213

適合度検定

方法	カイ二乗（χ2）	自由度	p値
ピアソン (Pearson)	2.51617	7	0.926
逸脱 (deviance)	2.49188	7	0.928

← データにはワイブル分布があてはまるということを意味します。

Type = A

許容分布

パラメータ推定値

パラメータ	推定	標準誤差	95.0%正規信頼区間 下限	上限
形状	20.0192	1.58695	17.1384	23.3842
スケール	127.269	0.737413	125.832	128.722

百分位数表

パーセント	百分位数	標準誤差	95.0%フィデューシャル信頼区間 下限	上限
1	101.141	1.84244	96.9868	104.341
2	104.731	1.63546	101.043	107.573
3	106.901	1.50897	103.501	109.527
4	108.476	1.41713	105.287	110.946
5	109.720	1.34490	106.698	112.068
6	110.753	1.28539	107.868	113.001
7	111.639	1.23483	108.872	113.802
8	112.416	1.19095	109.752	114.506
9	113.110	1.15225	110.536	115.135

```
10   113.737  1.11771   111.246         115.706
20   118.082  0.898619  116.121         119.700
30   120.881  0.790097  119.201         122.342
40   123.069  0.735850  121.550         124.472
50   124.960  0.717911  123.523         126.372
60   126.714  0.728520  125.299         128.191
70   128.454  0.764984  127.010         130.050
80   130.330  0.830361  128.802         132.108
90   132.683  0.943441  130.989         134.754
91   132.980  0.959732  131.261         135.092
92   133.298  0.977596  131.551         135.455
93   133.641  0.997402  131.864         135.848
94   134.018  1.01968   132.206         136.280
95   134.439  1.04522   132.587         136.765
96   134.922  1.07534   133.023         137.323
97   135.500  1.11242   133.542         137.993
98   136.243  1.16159   134.207         138.857
99   137.358  1.23831   135.198         140.159
```

百分位数の表を見ると，電球 A の 50%が 124.96 ボルトの条件で寿命が800時間未満となることがわかります。

生存確率表

```
               95.0%フィデューシャル信頼区間
ストレス  確率     下限            上限
 117   0.830608  0.780679        0.878549
```

117 ボルトにおいて，電球 A の 83%が 800 時間を経過後も動作することがわかります。

Type = B

許容分布

パラメータ推定値

```
                       95.0%正規信頼区間
パラメータ   推定   標準誤差   下限    上限
形状       20.0192  1.58695   17.1384  23.3842
スケール    126.134  0.704348  124.761  127.522
```

百分位数表

```
                       95.0%フィデューシャル信頼区間
パーセント  百分位数  標準誤差   下限            上限
    1      100.239   1.86171   96.0399         103.471
    2      103.797   1.65621   100.059         106.673
```

268　第10章　信頼性／生存分析

```
       3   105.947   1.53027   102.496           108.607
       4   107.508   1.43857   104.267           110.012
       5   108.742   1.36626   105.666           111.123
       6   109.765   1.30652   106.828           112.045
       7   110.643   1.25563   107.823           112.837
       8   111.413   1.21135   108.697           113.533
       9   112.101   1.17218   109.476           114.156
      10   112.723   1.13711   110.180           114.720
      20   117.028   0.910842  115.029           118.659
      30   119.803   0.792908  118.102           121.256
      40   121.972   0.727988  120.452           123.344
      50   123.845   0.698947  122.429           125.203
      60   125.584   0.698766  124.211           126.984
      70   127.309   0.725223  125.925           128.806
      80   129.168   0.781440  127.719           130.828
      90   131.500   0.885656  129.901           133.434
      91   131.794   0.901010  130.172           133.767
      92   132.109   0.917912  130.461           134.125
      93   132.449   0.936720  130.773           134.513
      94   132.822   0.957949  131.114           134.939
      95   133.240   0.982380  131.493           135.418
      96   133.719   1.01129   131.927           135.969
      97   134.292   1.04700   132.444           136.631
      98   135.028   1.09453   133.104           137.484
      99   136.132   1.16901   134.090           138.772
```

―― 電球 B の 50% が 123.845 ボルトの条件で寿命が 800 時間未満となることがわかります。

生存確率表

```
                         95.0%フィデューシャル信頼区間
ストレス    確率          下限            上限
  117    0.800867      0.745980        0.854567
```

―― 117 ボルトにおいて，電球 B の 80% が 800 時間を経過後も動作することがわかります。

相対的有効性表
因子：Type

```
                         95.0%フィデューシャル信頼区間
比較   相対的有効性      下限            上限
A 対 B    0.991080      0.975363        1.00678
```

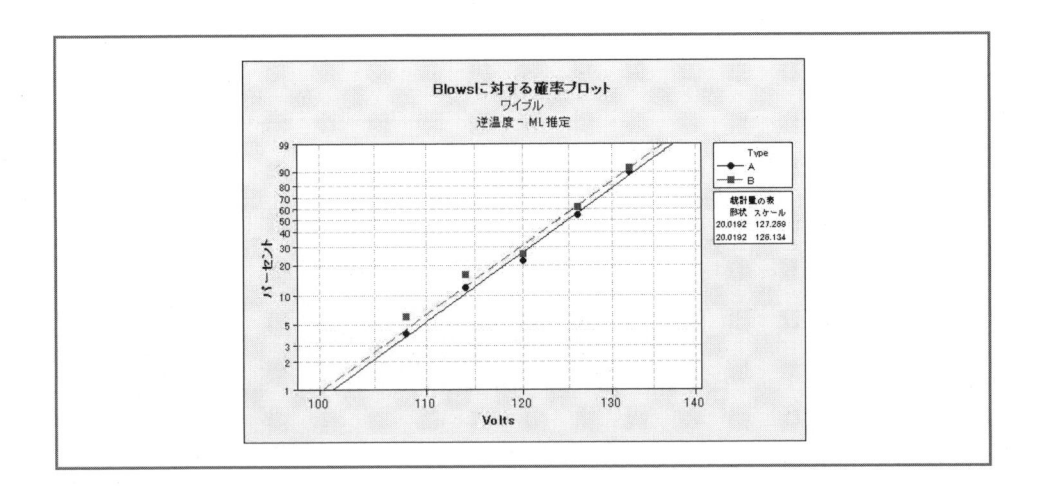

Blowsに対する確率プロット
ワイブル
逆温度 - ML推定

[実行] 4. 結果の解析

- 適合度検定（p 値 = 0.926, 0.928）および確率プロットより，ワイブル分布がデータに適合することを示しています。等勾配に対する検定が有意ではないため（p 値 = 0.611），2 種類の電球は電圧水準に関係なく，似た性質を持っているといえます。この場合，電球 B の係数が 0 と有意に異なるとはいえないため（p 値 = 0.262），電球 A と B の間に有意差はありません。
- 117 ボルトの電圧において，電球 A の 83 ％，電球 B の 80 ％ が 800 時間経過後も動作することがわかります。
- 百分位数の表を見ると，電球 A の 50 ％ が 124.96 ボルトの条件で寿命が 800 時間未満となっています。また，電球 B の 50 ％ が 123.85 ボルトの条件で寿命が 800 時間未満となっていることがわかります。

第 11 章　多変量解析

1. 多変量解析の概要
2. 主成分分析
3. 因子分析
4. クラスター分析
5. 判別分析
6. 対応分析

1. 多変量解析の概要

実験やアンケートなどによって複数のデータを得た場合，多変量解析を使用してデータの構造を知ることができます。

[1] MINITAB がサポートする多変量解析の種類

主成分分析	・元の変数の共分散構造を理解し，この構造を用いて，より少ない次元で要約します。	・データの理解やデータの要約のために，データの共分散構造を分析します。
因子分析	・主成分分析と同じように，データの共分散構造を，より少ない次元で要約します。 ・因子分析で重要視するのは，基本的な"因子"を特定することです。	
クラスター分析	・グループが不明な場合に，互いに観測値をグループ化またはクラスター化します。	・観測値をグループ化します。
判別分析	・グループがわかっている場合に，観測値を2つ以上のグループに分類します。判別分析を使用すると，グループに対する変数の寄与の程度がわかります。	
対応分析	・カテゴリ変数間の関係を探索するための方法です。	

MINITAB では，多変量解析の手順に対する有意性の検定結果を実施しないため，結果の解釈が多少主観的になります。ただし，該当するデータおよび分析手法についてよく理解している場合には，それに基づいて正しく結論付けることができるでしょう。

[2] 多変量データの表現
■ データ

p 個の変数に対して，n 個の観測値があるデータは，次の行列 $(n \times p)$ で表現されます。

$$X = \begin{vmatrix} x_{11} & \cdots & x_{1j} & \cdots & x_{1p} & \cdots \\ \vdots & & \vdots & & \vdots & \\ x_{i1} & \cdots & x_{ij} & \cdots & x_{ip} & \cdots \\ \vdots & & \vdots & & \vdots & \\ x_{n1} & \cdots & x_{nj} & \cdots & x_{np} & \cdots \end{vmatrix} = (x_{ij})$$

■ 平均

- j 番目の変数の平均： $= \dfrac{(x_{1j} + \cdots + x_{nj})}{n} = \dfrac{1}{n}\sum_{i=1}^{n} x_{ij}$

- 平均ベクトル（mean vector）： $\bar{x} = [\bar{x}_1, \cdots, \bar{x}_j, \cdots, \bar{x}_p]$

■ 分散

- j 番目の変数の分散（variance）： $s_{ij} = s_j^2 = \dfrac{1}{n-1}\sum_{i=1}^{n}(x_{ij} - \bar{x}_j)^2$

- k 番目と j 番目の変数の共分散（covariance）：

$$s_{kj} = s_{jk} = \dfrac{1}{n-1}\sum_{i=1}^{n}(x_{jk} - \bar{x}_k)(x_{ij} - \bar{x}_j)$$

- 共分散行列（covarianec matrix）：

$$S = (s_{kj}) = \begin{vmatrix} s_{11} & \cdots & s_{12} & \cdots & s_{1j} & \cdots & s_{1p} \\ & s_{22} & \cdots & s_{2j} & \cdots & s_{2p} \\ & & & \vdots & & \vdots \\ & & & s_{jj} & \cdots & s_{ip} \\ & \text{（対称）} & & & & \\ & & & & & s_{pp} \end{vmatrix}$$

■ 相関係数

- k 番目と j 番目の相関係数（correlation coefficient）：

$$r_{kj} = \dfrac{s_{kj}}{\sqrt{s_{kk}}\sqrt{s_{jj}}} = \dfrac{\sum_{i=1}^{n}(x_{ik} - \bar{x}_k)(x_{ij} - \bar{x}_j)}{\sqrt{\sum_{i=1}^{n}(x_{ik} - \bar{x}_k)^2}\sqrt{\sum_{i=1}^{n}(x_{ij} - \bar{x}_j)^2}}$$

- 相関行列（correlation matrix）：

$$R = (r_{kj}) = \begin{vmatrix} 1 & \cdots & r_{12} & \cdots & r_{1j} & \cdots & r_{1p} \\ & 1 & \cdots & r_{2j} & \cdots & r_{2p} \\ & & & \vdots & & \vdots \\ & & & 1 & \cdots & r_{ip} \\ & \text{（対称）} & & & & \\ & & & & & 1 \end{vmatrix}$$

■ 共分散行列と相関行列の比較

多変量解析を行う場合，一般に共分散行列が利用されます。特定の変数の分散が他の変数の分散よりはるかに大きい場合，あるいは変数の測定単位が異なる場合には，相関行列が利用されます。

2. 主成分分析

[1] 主成分分析とは

主成分分析は，基本的なデータ構造を理解し，複数の変数の中から，全体変動をよく説明できる重要な成分を探し出すことにその目的があります。主成分分析を実施すると，複雑な複数の変数を互いに相関関係のない少数の主成分に減らすため，元のデータをより簡単な形に縮約させ，元のデータではわからなかった重要な成分を得ることができます。従って，主成分分析はそれ自体が目的というよりは，他の分析のための中間過程において使用される場合も多く，例えば，回帰分析の多重共線性を回避する目的で使用されることもあります。

[2] 主成分分析の理論

主成分は，元の変数 X_i の k 個の線形結合になります。

$$PC_1 = l_{11}X_1 + \cdots + l_{p1}X_p$$
$$\vdots \qquad \vdots \qquad \vdots$$
$$PC_k = l_{1k}X_1 + \cdots + l_{pk}X_p$$

[3] 主成分分析の手順

① 分散が最大となる変数（線形結合）の第1主成分を探します。
② 第1主成分と共分散が0になる線形結合の中で，分散が最大となる第2主成分を探します。
③ 第1主成分，第2主成分と共分散が0になる線形結合の中で，分散が最大となる第3主成分を探します。
④ 上記方法を繰り返し，第1主成分，第2主成分，第3主成分，…，第Ⅰ主成分を探します。
⑤ 主成分の数を決定します。
⑥ 結果を解析します。

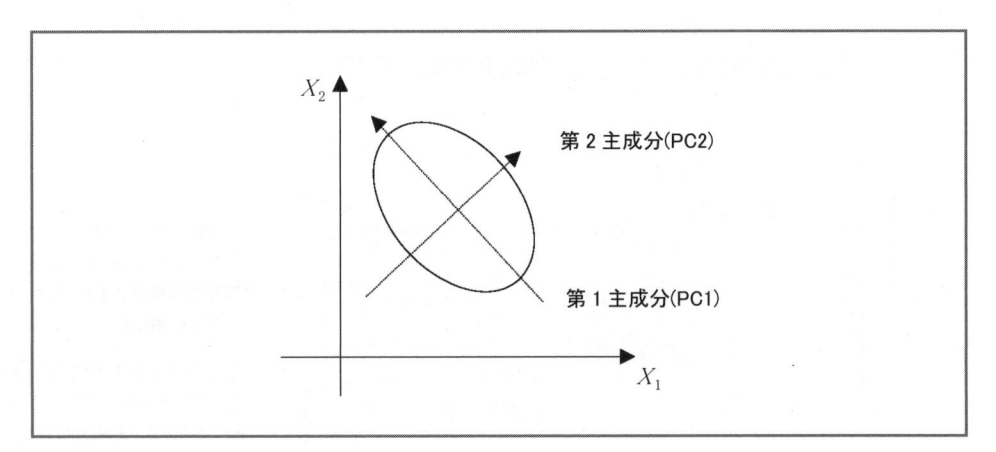

この過程を幾何学的に表現すると，次の通りになります。

変動が最も大きい方向が第1主成分の軸になります。第1主成分と直交し，その次に変動が最も大きい方向が第2主成分になります。この図例では，第1主成分だけでも，データ変動の大部分を説明できています。

[例題]

14の地域に対する人口特性として，総人口（Pop），学校教育年数の中央値（School），総就業人口（Employ），医療機関就業人口（Health），住宅価値の中央値（Home）についてのデータがあります。データをよく説明する複数の主成分を探してみましょう。

[実行] 1．データ入力：EXH_MVAR.MTW

↓	C1	C2	C3	C4	C5
	Pop	School	Employ	Health	Home
1	5.935	14.2	2.265	2.27	2.91
2	1.523	13.1	0.597	0.75	2.62
3	2.599	12.7	1.237	1.11	1.72
4	4.009	15.2	1.649	0.81	3.02
5	4.687	14.7	2.312	2.50	2.22
6	8.044	15.6	3.641	4.51	2.36
7	2.766	13.3	1.244	1.03	1.97
8	6.538	17.0	2.618	2.39	1.85
9	6.451	12.9	3.147	5.52	2.01
10	3.314	12.2	1.606	2.18	1.82
11	3.777	13.0	2.119	2.83	1.80
12	1.530	13.8	0.798	0.84	4.25
13	2.768	13.6	1.336	1.75	2.64
14	6.585	14.9	2.763	1.91	3.17

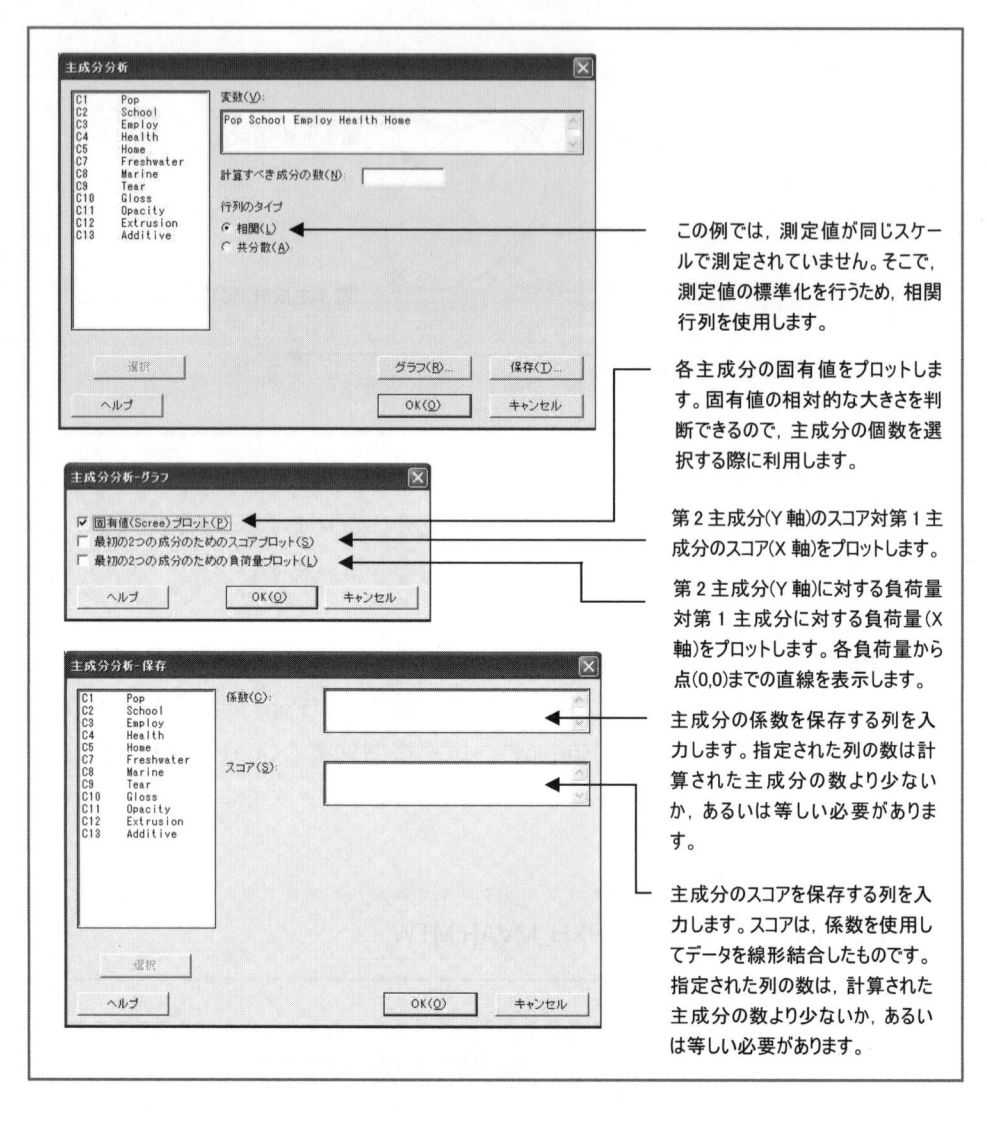

[実行] 2. MINITAB メニュー：統計 ▶ 多変量解析 ▶ 主成分分析

主成分分析ダイアログ:
- 変数(V): Pop School Employ Health Home
- 計算すべき成分の数(N):
- 行列のタイプ: ● 相関(L) / ○ 共分散(A)

→ この例では，測定値が同じスケールで測定されていません。そこで，測定値の標準化を行うため，相関行列を使用します。

主成分分析-グラフダイアログ:
- ☑ 固有値(Scree)プロット(P)
- ☐ 最初の2つの成分のためのスコアプロット(S)
- ☐ 最初の2つの成分のための負荷量プロット(L)

→ 各主成分の固有値をプロットします。固有値の相対的な大きさを判断できるので，主成分の個数を選択する際に利用します。

→ 第2主成分(Y軸)のスコア対第1主成分のスコア(X軸)をプロットします。

→ 第2主成分(Y軸)に対する負荷量対第1主成分に対する負荷量(X軸)をプロットします。各負荷量から点(0,0)までの直線を表示します。

主成分分析-保存ダイアログ:
- 係数(C):
- スコア(S):

→ 主成分の係数を保存する列を入力します。指定された列の数は計算された主成分の数より少ないか，あるいは等しい必要があります。

→ 主成分のスコアを保存する列を入力します。スコアは，係数を使用してデータを線形結合したものです。指定された列の数は，計算された主成分の数より少ないか，あるいは等しい必要があります。

2. 主成分分析

[実行] 3. 結果の出力：セッションウィンドウに次のような結果が出力されます。

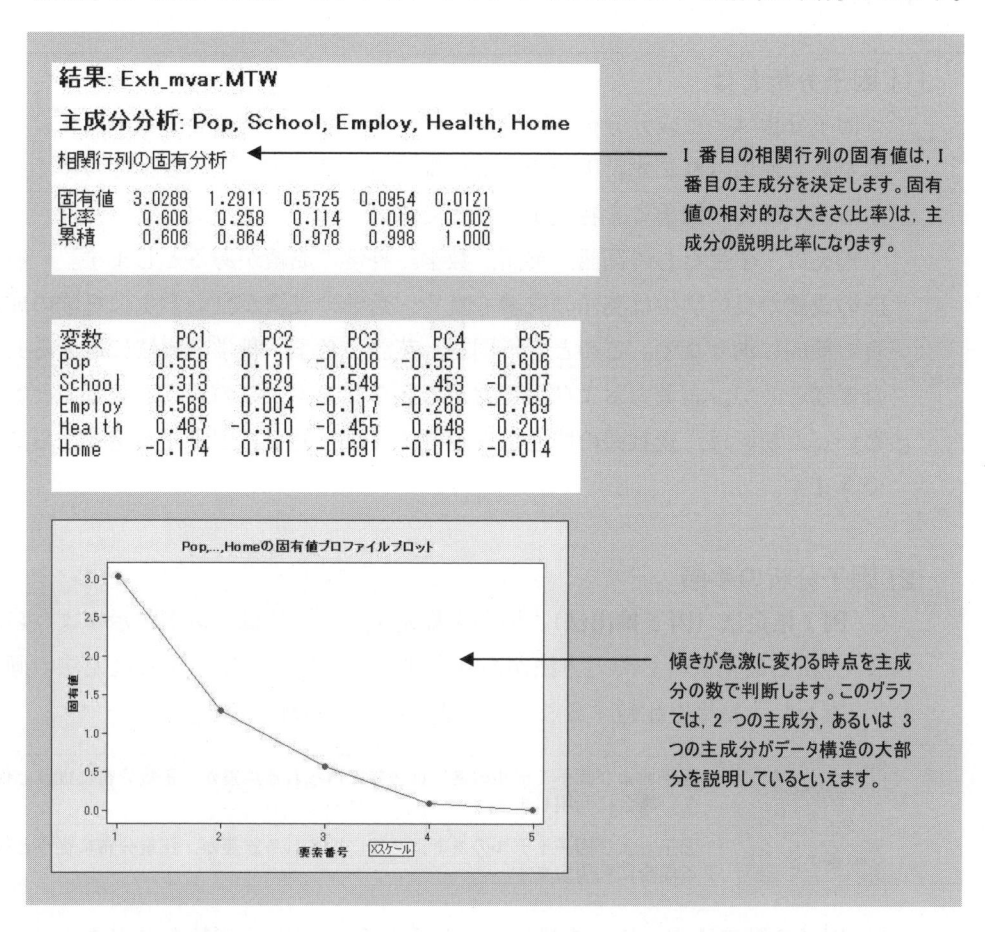

結果: Exh_mvar.MTW

主成分分析: Pop, School, Employ, Health, Home

相関行列の固有分析

```
固有値   3.0289  1.2911  0.5725  0.0954  0.0121
比率     0.606   0.258   0.114   0.019   0.002
累積     0.606   0.864   0.978   0.998   1.000
```

← I 番目の相関行列の固有値は，I 番目の主成分を決定します。固有値の相対的な大きさ(比率)は，主成分の説明比率になります。

変数	PC1	PC2	PC3	PC4	PC5
Pop	0.558	0.131	-0.008	-0.551	0.606
School	0.313	0.629	0.549	0.453	-0.007
Employ	0.568	0.004	-0.117	-0.268	-0.769
Health	0.487	-0.310	-0.455	0.648	0.201
Home	-0.174	0.701	-0.691	-0.015	-0.014

Pop,...,Home の固有値プロファイルプロット

← 傾きが急激に変わる時点を主成分の数で判断します。このグラフでは，2 つの主成分，あるいは 3 つの主成分がデータ構造の大部分を説明しているといえます。

[実行] 4. 結果の解析

- 第 1 主成分（PC1）は，固有値（分散）が 3.0289 であり，全体の変動の 60.6% を説明します。PC1 は，次のように計算します。

    PC1 = 0.558 Pop + 0.313 School + 0.568 Employ + 0.487 Health − 0.174 Home

    PC1 は，Pop, School, Employ, Health の効果を表します。これらの項の係数は，同じ正の符号であり，0 よりも離れているため，意味のある項となっています。一方，Home 変数は，係数の符号が反対であり，0 に近いため，あまり意味のない項となっていることがわかります。

- 第 2 主成分（PC2）は，分散が 1.2911 となっており，全体の変動の 25.8% を説明します。

    PC2 = 0.131 Pop + 0.629 School + 0.004 Employ − 0.310 Health + 0.701 Home

    PC2 の School, Home は，Health とは反対の性質を持っているとみなすことができます。

- 最初の 2 つおよび 3 つの主成分は，それぞれ総変動の 86.4 % と 97.8 % を表しています。従って，2 〜 3 次元でデータ構造の大部分を把握できることがわかります。残りの主成分は，変動がほとんどないため，重要な成分ではありません。このことは，固有値プロットでも確認できます。

3. 因子分析

[1] 因子分析とは

　　因子分析は，主成分分析と同様に，データの共分散構造を少数の次元に縮約するために使用されます。因子分析で重視するのは，データの変動性の多くを説明する基本的な"因子"を特定することです。

　　例えば，学生たちの国語，英語，数学，科学の成績があるとします。一般に国語の成績が良い学生は英語の成績も良く，数学の成績が良い学生は科学の成績も良い傾向にあります。このとき，国語，英語，数学，科学の成績に対する共通した要素として，語彙力および数理力が考えられます。このような語彙力と数理力といった要素は，変数間の関連性を説明する潜在的な"因子"と定義することができます。

[2] 因子分析の手順

① **因子推定法（因子抽出法）**：因子を推定する方法には，以下に示すように主成分法と最尤法の2つの方法があります。一般に，主成分法と最尤法の両方を実行し，結果を比較することが望ましいといわれています。

主成分法	・因子および因子モデルのあてはめ後に得られる誤差が，正規分布に従うと仮定しない場合に利用します。
最尤法	・因子および因子モデルのあてはめ後に得られる誤差が，正規分布に従うと仮定する場合に利用します。

② **因子の数の決定**：因子を特定後，因子行列から因子の数を決定する必要があります。因子の数を選択する場合には，因子によって説明される分散と分散比率を基準に選択します。固有値プロットを使用すると，因子の重要性を視覚的に評価できます。

③ **因子負荷量の回転**：因子負荷量とは，因子が変数にどの程度影響するかを表します。主成分法または最尤法によって特定された因子に対し，因子の直交回転によって負荷量の構造を単純化すると，因子負荷量を解釈しやすくなります。因子負荷量を直交回転する方法には，Equimax，Varimax，QuartimaxおよびOrthomaxの4つの方法があります。ここで，因子負荷量の回転の基準となるパラメータをガンマと呼びます。ガンマの値を低く設定し回転させると，負荷量行列の行が単純構造（特定の因子だけに対して因子負荷量が大きく，その他の因子に対しては因子負荷量が非常に小さくなる構造）になります。ガンマの値を高く設定し回転させると，負荷量行列の列が単純構造になります。次の表は，回転方法についてまとめたものです。どの方法を使用

しても，負荷量構造を単純化することができます。ただし，1つの方法があらゆる場合に最適であるとは限りません。さまざまな回転を試行し，最も解釈しやすい結果が得られる回転を使用する必要があります。

回転方法	目標	ガンマ
Equimax	・変数と因子において，両方の平方負荷量の分散を最大化します。	因子の数/2
Varimax	・因子の平方負荷量の分散を最大化します。つまり，負荷量行列の列が単純構造になります。	1
Quartimax	・変数の平方負荷量の分散を最大化します。つまり，負荷量行列の行が単純構造になります。	0
Orthomax	・ユーザーが入力したガンマの値によって回転が決定されます。	0～1

[3] 因子分析の理論

因子分析は，変数 $X_1, \cdots, X_p$ を m 個の共通因子 $F_1, F_2, \cdots, F_m$ の線形結合で表したものです。

$$X_1 - \mu_1 = l_{11}F_1 + \cdots + l_{1m}F_m + \varepsilon_1$$
$$X_2 - \mu_2 = l_{21}F_1 + \cdots + l_{2m}F_m + \varepsilon_2$$
$$\vdots \qquad \vdots$$
$$X_p - \mu_p = l_{p1}F_1 + \cdots + l_{pm}F_m + \varepsilon_p$$

行列を利用して直交因子モデルを表現すると，次の通りとなります。

$$X - \mu = LF + \varepsilon$$

ここで，

$X = (X_1, \cdots, X_p)$

μ：母平均

$F = (F_1, F_2, \cdots, F_m)$

$\varepsilon = (\varepsilon_1, \cdots, \varepsilon_p)$

L：因子負荷量行列（factor loading matrix）

L の要素 l_{ij} は，共通因子 F_j と変数 X_i 間の相関関係の大きさを表します。

[例題]

14の地域に対する人口特性として，総人口（Pop），学校教育年数の中央値（School），総就業人口（Employ），医療機関就業人口（Health），住宅価値の中央値（Home）についてのデータがあります。どのような"因子"が変動性の大部分を説明できるのか調査します。因子分析の第1段階として主成分法を使用し，固有値プロットを表示しましょう。

[実行] 1. データ入力：EXH_MVAR.MTW

	C1	C2	C3	C4	C5
	Pop	School	Employ	Health	Home
1	5.935	14.2	2.265	2.27	2.91
2	1.523	13.1	0.597	0.75	2.62
3	2.599	12.7	1.237	1.11	1.72
4	4.009	15.2	1.649	0.81	3.02
5	4.687	14.7	2.312	2.50	2.22
6	8.044	15.6	3.641	4.51	2.36
7	2.766	13.3	1.244	1.03	1.97
8	6.538	17.0	2.618	2.39	1.85
9	6.451	12.9	3.147	5.52	2.01
10	3.314	12.2	1.606	2.18	1.82
11	3.777	13.0	2.119	2.83	1.80
12	1.530	13.8	0.798	0.84	4.25
13	2.768	13.6	1.336	1.75	2.64
14	6.585	14.9	2.763	1.91	3.17

[実行] 2. MINITAB メニュー：統計 ▶ 多変量解析 ▶ 因子分析

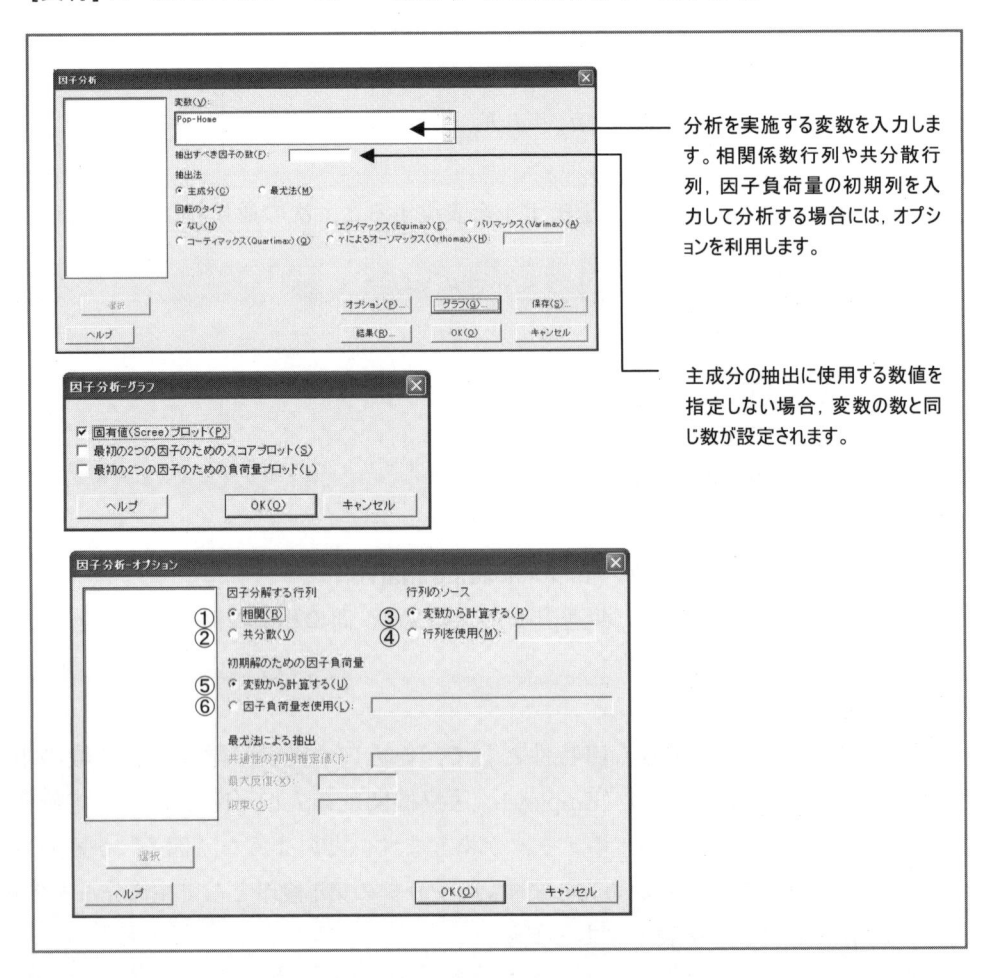

分析を実施する変数を入力します。相関係数行列や共分散行列，因子負荷量の初期列を入力して分析する場合には，オプションを利用します。

主成分の抽出に使用する数値を指定しない場合，変数の数と同じ数が設定されます。

① 相関行列を使用して因子を計算します（異なるスケールで測定された変数を標準化する場合や，変数間で分散が大きく異なる場合，相関行列を使用します）。
② 共分散行列を使用して因子を計算します（変数を標準化する必要がない場合，共分散行列を使用します）。共分散行列は，最尤法と一緒に使用することはできません。
③ 相関行列か共分散行列を使用する場合に選択します。
④ 保存済みの行列を使用して，負荷量と係数を計算します（このオプションが選択されている場合，スコアは計算できません）。
⑤ 生データから負荷量を計算します。
⑥ 過去に計算された負荷量を使用する場合に選択します。計算する因子ごとに1つの列を指定する必要があります。

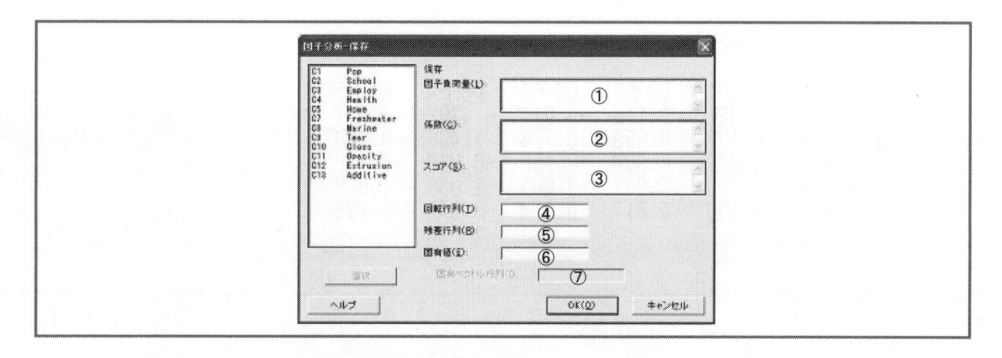

① 因子負荷量の保存列を入力します。各因子に対して1つの列を指定する必要があります。回転が指定されている場合には，回転した因子負荷量の値が保存されます。
② 因子負荷量係数の保存列を入力します。各因子に対して1つの列を指定する必要があります。
③ スコアの保存列を入力します。各因子に対して1つの列を指定する必要があります。スコアは生データから計算する必要があります。生データの代わりに，相関行列や共分散行列を使用して分析する場合には，スコアを保存することができません。
④ 行列を使用して初期負荷量を回転させる場合に，その行列の保存先を入力します。
⑤ 残差行列の保存先を入力します。
⑥ 因子分解された行列の固有値を保存する列を入力します。固有値は最大値から降順に保存されます。固有値を保存するには，主成分を使用して初期抽出を行う必要があります。
⑦ 因子分解された行列の固有ベクトルを保存する列を入力します。各固有ベクトルは，固有値と同様に，最大値から降順に保存されます。

[実行] 2. 結果の出力：セッションウィンドウに次のように結果が出力されます。

因子分析: Pop, School, Employ, Health, Home

相関行列の主成分因子分析

無回転の因子負荷量と共通性

変数	因子1	因子2	因子3	因子4	因子5	共通性
Pop	0.972	0.149	-0.006	-0.170	0.067	1.000
School	0.545	0.715	0.415	0.140	-0.001	1.000
Employ	0.989	0.005	-0.089	-0.083	-0.085	1.000
Health	0.847	-0.352	-0.344	0.200	0.022	1.000
Home	-0.303	0.797	-0.523	-0.005	-0.002	1.000
分散	3.0289	1.2911	0.5725	0.0954	0.0121	5.0000
分散%	0.606	0.258	0.114	0.019	0.002	1.000

因子スコア係数

変数	因子1	因子2	因子3	因子4	因子5
Pop	0.321	0.116	-0.011	-1.782	5.511
School	0.180	0.553	0.726	1.466	-0.060
Employ	0.327	0.004	-0.155	-0.868	-6.988
Health	0.280	-0.272	-0.601	2.098	1.829
Home	-0.100	0.617	-0.914	-0.049	-0.129

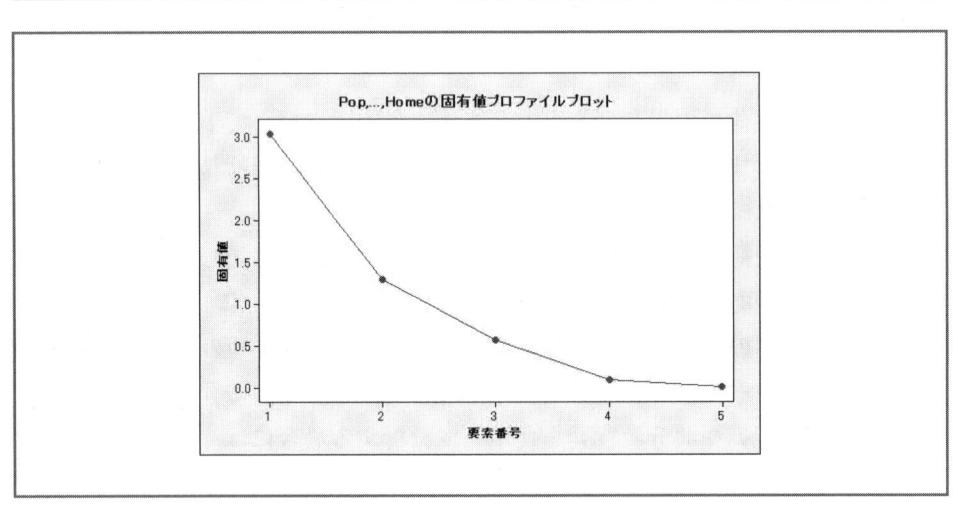

Pop,...,Homeの固有値プロファイルプロット

[実行] 3. 結果の解析

- 最後の2つの因子が示す変動性は，それぞれ0.019と0.002と小さな値であり，この2つの因子の重要度は低いと考えられます。一方，最初の2つの因子は変動性の86.4%を表しており，最初の3つの因子は変動性の97.8%を表しています。したがって，2つの因子を使用するのか，3つの因子を使用するのかが問題となります。そこで，因子を2つ使用した場合と，3つ使用した場合の因子分析を実行し，共通性（因子によって説明される各変数の程度）を調査することで，それぞれの変数がどのように説明されているのか確認する必要があります。因子が2つのモデルにおいて変数があまり説明されない場合には，因子が3つのモデルを選択します。
- 因子が2つのモデルにおいて，最尤法による因子の特定とVarimax回転を実行し，因子を分析してみましょう。

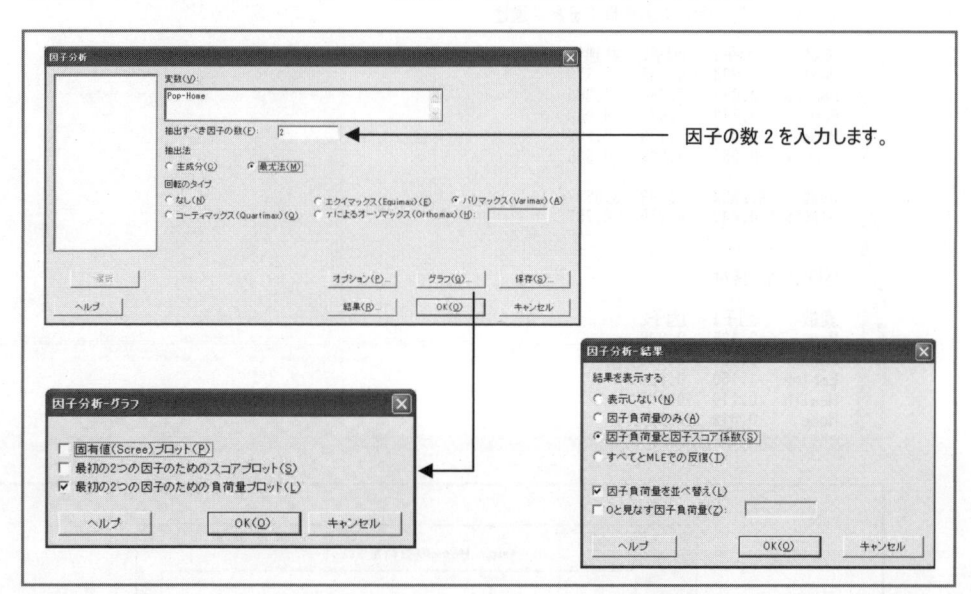

[実行] 4. MINITABメニュー：統計 ▶ 多変量解析 ▶ 因子分析

因子の数2を入力します。

[実行] 5. 結果の出力：セッションウィンドウに次のような結果が出力されます。

結果: Exh_mvar.MTW

因子分析: Pop, School, Employ, Health, Home

相関行列の最尤因子分析法

* 注 * ヘイウッド (Heywood) ケース

無回転の因子負荷量と共通性

```
無回転の因子負荷量と共通性

変数     因子1    因子2    共通性
Pop      0.971    0.160    0.968
School   0.494    0.833    0.938
Employ   1.000    0.000    1.000
Health   0.848   -0.395    0.875
Home    -0.249    0.375    0.202

分散     2.9678   1.0159   3.9837
分散%    0.594    0.203    0.797

回転した因子負荷量と共通性
バリマックス回転

変数     因子1    因子2    共通性
Pop      0.718    0.673    0.968
School  -0.052    0.967    0.938
Employ   0.831    0.556    1.000
Health   0.924    0.143    0.875
Home    -0.415    0.173    0.202

分散     2.2354   1.7483   3.9837
分散%    0.447    0.350    0.797

並べ替えられた回転後因子負荷量と共通性

変数     因子1    因子2    共通性
Health   0.924    0.143    0.875
Employ   0.831    0.556    1.000
Pop      0.718    0.673    0.968
Home    -0.415    0.173    0.202
School  -0.052    0.967    0.938

分散     2.2354   1.7483   3.9837
分散%    0.447    0.350    0.797

因子スコア係数

変数     因子1    因子2
Pop     -0.165    0.246
School  -0.528    0.789
Employ   1.150    0.080
Health   0.116   -0.173
Home    -0.018    0.027
```

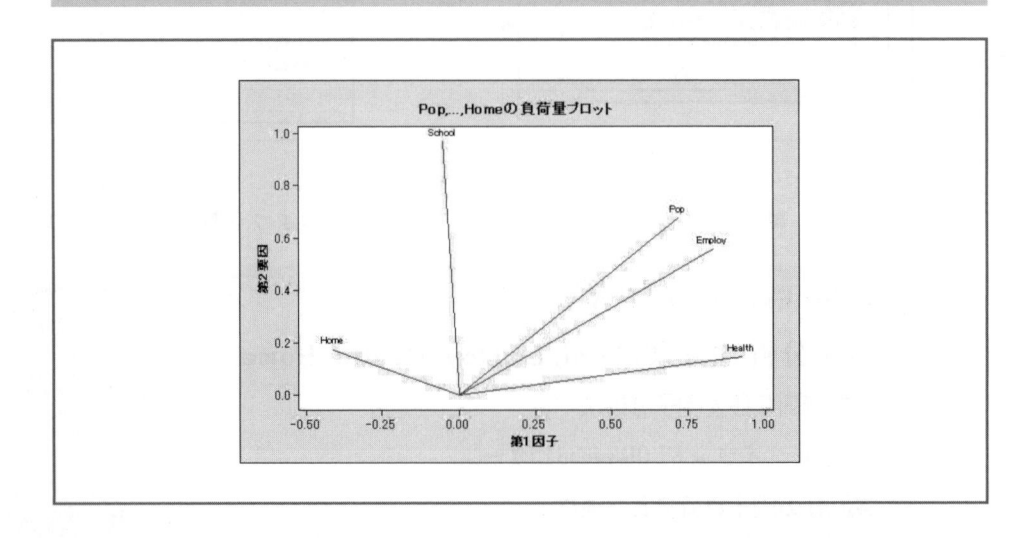

Pop,…,Homeの負荷量プロット

[実行] 6. 結果の解析

- 因子の推定値を求める際,分散(各因子によって説明されるデータのばらつき)の推定値が負になる場合や,共通性の推定値が 1 を越える場合があります。このような場合をヘイウッドケースといいます。ヘイウッドケースとなった場合,MINITABでは,分散を 0,共通性を 1 に設定します。
- 負荷量および共通性の表には非回転,回転,並べ替えられた回転の 3 つがあります。非回転因子はデータ変動性の 79.7% を説明しています。共通性の値は,この 2 つの因子が Home を除いたすべての変数をよく説明していることを示しています。回転の場合,因子が表す全体変動性は変わりませんが,回転後のこれらの因子が表す変動性はそれぞれ 44.7% と 35.0% となっており,変動性がより平均化されていることがわかります。並べ替えは,すべての因子の最大絶対負荷量を基準にして実行されます。すなわち,因子 1 の最大絶対負荷量を持つ変数が並べ替えられ,最初に出力されます。因子 1 は Health (0.924), Employ (0.831) および Pop (0.718) 変数において大きな負荷量となっており,Home (−0.415), School (−0.052) 変数において小さな負荷量となっていることがわかります。
- 因子 1 は,人口数および人口数によって増加する Employ, Health 変数に対して正の方向に負荷されています。Home 変数に対しては,負の方向に負荷されています。すなわち,因子 1 を"医療機関就業−人口数"因子とみなすことができます。また,因子 2 を"教育水準−人口数"因子とみなすことができます。
- 因子スコア係数の表は,因子計算方式を示します。例えば,
  Pop = −0.165 因子 1 + 0.246 因子 2
  となります。
- 負荷量プロットは,回転された負荷量のグラフです。因子 1 では,Pop, Employ および Health 変数に対する負荷量が大きく,Home 変数の負荷量は負となっています。因子 2 では,School 変数に対する負荷量が大きく,Pop および Employ 変数の負荷量は小さくなっています。

4. クラスター分析

変数のグループが不明な場合に,互いに類似した観測値をグループ化する場合や,相関関係が大きい変数をグループ化する場合に用いられる分析方法がクラスター分析です。クラスター化の基準となる類似度,あるいは距離の測定法によって,その結果が変わることもあります。

■ MINITAB でサポートするクラスター分析の種類

クラスター分析−観測値	・グループが不明な場合に,類似した観測値をグループ化することができます。
クラスター分析−変数	・グループが不明な場合に,類似した変数をグループ化することができます。変数をクラスター化する主な理由は,変数の数を減らすことです。
K-Means 法	・グループが不明な場合に,類似した観測値をグループ化することができます。クラスターの最適な開始点がある場合に良好な結果を得ることができます。

■ 連結手法

単一	最短距離リンケージ法（最近隣法）	・クラスター間の距離を，1つのクラスターにある観測値と他のクラスターにある観測値の間の最小距離で定義します。クラスターが明確に分離された場合に適切です。
群平均	平均リンケージ法	・1つのクラスターにある観測値と他のクラスターにある観測値間のすべての結合で距離を求め，その平均を2つのクラスターの距離と定義します。
重心	重心リンケージ法	・クラスター間の距離を，クラスターの重心間の距離で定義します。
すべて	最長距離リンケージ法（最遠隣法）	・クラスター間の距離を，1つのクラスターにある観測値と他のクラスターにある観測値の間の最大距離で定義します。この方法を使用する場合，1クラスターのすべての観測値は最大距離内にあり，直径がほとんど同じ大きさの複数のクラスターが生成される傾向にあります。また，外れ値に敏感です。
中央値	中央値リンケージ法	・クラスター間の距離を，1つのクラスターにある観測値と他のクラスターにある観測値間の中央距離で定義します。この方法は平均の代わりに中央値を使用するため，外れ値の影響を抑えるができます。
類似度分析	マッククィティ（McQuitty類似度分析）リンケージ法	・2つのクラスターが結合されている場合，新しいクラスターと他のクラスター間の距離は，直に結合されるクラスターと他のクラスター間の距離の平均として計算します。例えば，クラスター1と3を結合して新しいクラスター1*にする場合，1*からクラスター4までの距離は，1から4までの距離と3から4までの距離の平均になります。ここで，距離はクラスター内の個々の観測値ではなく，クラスターの結合によって決まります。
ウォード	ウォード（Ward）リンケージ法	・クラスター間の距離を，偏差平方和を利用して計算します。ウォード（Ward）リンケージ法は，クラスター内の平方和を最小化することを目標とします。この方法は，作成されるクラスターの観測値数が同様となる傾向にあります。また，外れ値に敏感です。

[1] クラスター分析－観測値

■ クラスター分析－観測値の手順

① 各観測値を個別のクラスターとして認識します。

② 最も近い2つの観測値が結合されます。

③ 3番目の観測値が最初の2つの観測値を結合します。あるいは，他の2つの観測値が別のクラスターに結合します。

④ すべてのクラスターが1つのクラスターに結合されるまで，この過程が繰り返されます。ただし，1つのクラスターは分類を目的とする場合には有用ではありません。この場合，データに対して論理的なグループの数を判断し，それに応じて分類する必要があります。

■ 距離スケールの種類

ユークリッド法 （Euclid）	・ 標準的な距離スケールを使用します。
ピアソン法 （Pearson）	・ 距離平方和の平方根を分散で割る方法です。標準化に使用します。
マンハッタン法 （Manhattan）	・ 絶対距離の和です。ユークリッド法を使用するより，外れ値の比重が小さくなります。
二乗 ユークリッド法	・ ユークリッド距離の二乗です。
二乗ピアソン法	・ ピアソン距離の二乗です。

[例題]

最長距離リンケージ法と二乗ユークリッド法を使用して，類似した成分を持つシリアル製品をグループ化してみましょう。変数の単位が異なるため，標準化して分析を行います。

[実行] 1. データの入力：CEREAL.MTW

12種類の朝食用シリアル製品（Brand）に対して，5つの栄養成分−タンパク質（Protein），炭水化物（Carbo），脂肪（Fat）含有量，カロリー（Calories）およびビタミンA（VitaminA）の一日あたりの摂取量の割合を測定しました。

↓	C1-T Brand	C2 Protein	C3 Carbo	C4 Fat	C5 Calories	C6 VitaminA
1	Life	6	19	1	110	0
2	Grape Nuts	3	23	0	100	25
3	Super Sugar Crisp	2	26	0	110	25
4	Special K	6	21	0	110	25
5	Rice Krispies	2	25	0	110	25
6	Raisin Bran	3	28	1	120	25
7	Product 19	2	24	0	110	100
8	Wheaties	3	23	1	110	25
9	Total	3	23	1	110	100
10	Puffed Rice	1	13	0	50	0
11	Sugar Corn Pops	1	26	0	110	25
12	Sugar Smacks	2	25	0	110	25

288　第11章　多変量解析

[実行] 2. MINITAB メニュー：統計 ▶ 多変量解析 ▶ クラスター分析-観測値

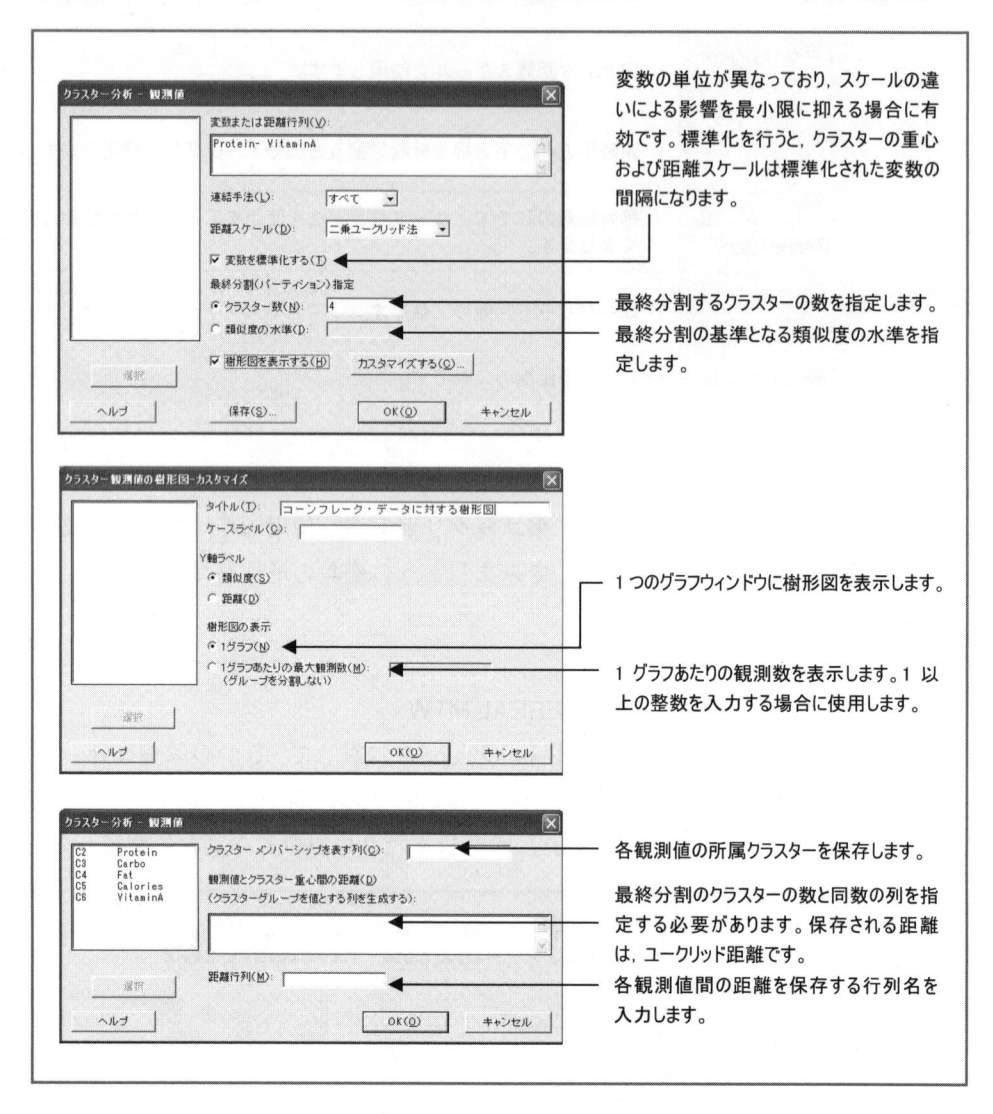

（クラスター分析-観測値ダイアログボックス）
- 変数の単位が異なっており，スケールの違いによる影響を最小限に抑える場合に有効です。標準化を行うと，クラスターの重心および距離スケールは標準化された変数の間隔になります。
- 最終分割するクラスターの数を指定します。
- 最終分割の基準となる類似度の水準を指定します。

（クラスター観測値の樹形図-カスタマイズダイアログボックス）
- 1つのグラフウィンドウに樹形図を表示します。
- 1グラフあたりの観測数を表示します。1以上の整数を入力する場合に使用します。

（クラスター分析-観測値ダイアログボックス（保存））
- 各観測値の所属クラスターを保存します。
- 最終分割のクラスターの数と同数の列を指定する必要があります。保存される距離は，ユークリッド距離です。
- 各観測値間の距離を保存する行列名を入力します。

[実行] 3. 結果の出力：セッションウィンドウに次のような結果が出力されます。

```
結果: Cereal.MTW
観測値のクラスター分析: Protein, Carbo, Fat, Calories, VitaminA
標準化された変数、ユークリッド距離の二乗，最長距離リンケージ（最遠隣）法
```

```
併合ステップ
ステップ  クラスター数  類似度の水準  距離水準  結合されたクラスター  新しいクラスター
   1          11        100.000    0.0000      5        12           5
   2          10         99.822    0.0640      3         5           3
   3           9         98.792    0.4347      3        11           3
   4           8         94.684    1.9131      6         8           6
   5           7         93.406    2.3730      2         3           2
   6           6         87.329    4.5597      7         9           7
   7           5         86.189    4.9701      1         4           1
   8           4         80.601    6.9810      2         6           2
   9           3         68.079   11.4873      2         7           2
  10           2         41.409   21.0850      1         2           1
  11           1          0.000   35.9870      1        10           1

ステップ   新しいクラスター内の観測値数
   1               2
   2               3
   3               4
   4               2
   5               5
   6               2
   7               2
   8               7
   9               9
  10              11
  11              12
```

最終分割（パーティション）
クラスター数: 4

	観測値数	クラスター内の平方和内	重心からの平均距離
クラスター1	2	2.48505	1.11469
クラスター2	7	8.99868	1.04259
クラスター3	2	2.27987	1.06768
クラスター4	1	0.00000	0.00000

	重心からの最大距離
クラスター1	1.11469
クラスター2	1.76922
クラスター3	1.06768
クラスター4	0.00000

クラスター重心

変数	クラスター1	クラスター2	クラスター3	クラスター4	全重心
Protein	1.92825	-0.333458	-0.20297	-1.11636	0.0000000
Carbo	-0.75867	0.541908	0.12645	-2.52890	0.0000000
Fat	0.33850	-0.096715	0.33850	-0.67700	0.0000000
Calories	0.28031	0.280306	0.28031	-3.08337	-0.0000000
VitaminA	-0.63971	-0.255883	2.04707	-1.02353	-0.0000000

クラスター重心間の距離

	クラスター1	クラスター2	クラスター3	クラスター4
クラスター1	0.00000	2.67275	3.54180	4.98961
クラスター2	2.67275	0.00000	2.38382	4.72050
クラスター3	3.54180	2.38382	0.00000	5.44603
クラスター4	4.98961	4.72050	5.44603	0.00000

290　第11章　多変量解析

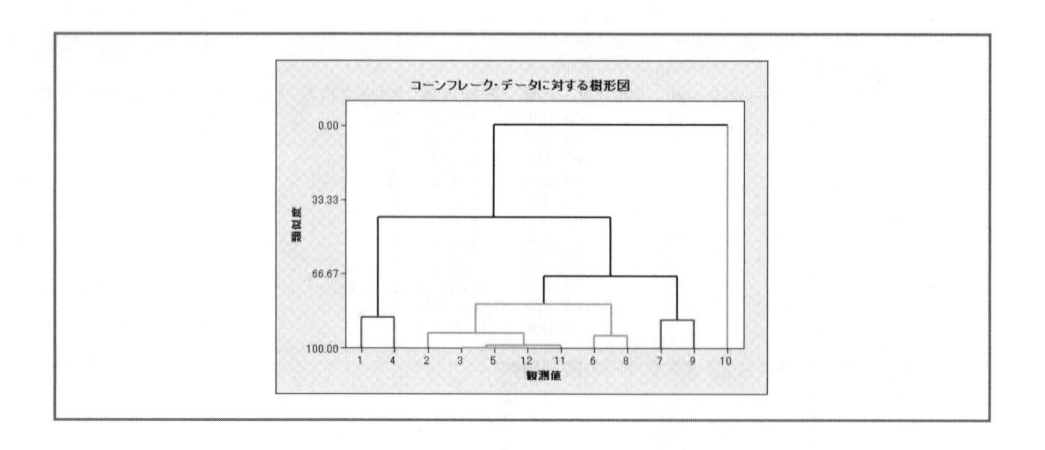

```
コーンフレーク・データに対する樹形図
```
（樹形図：縦軸「類似度」0.00, 33.33, 66.67, 100.00；横軸「観測値」1, 4, 2, 3, 5, 12, 11, 6, 8, 7, 9, 10）

[実行] 4. 結果の解析

- 併合ステップにより，類似度の水準が減少していきます。クラスター数が4から3になるステップでは，約13の幅で減少となっています。これは最終分割クラスター数として，4つのクラスターが適切であることを示しています。
- この例題では，最終分割クラスター数を4に指定したため，最終分割に対する情報が追加されています。最初の表では，観測値数，クラスター内平方和，観測値からクラスターの重心までの平均距離，観測値からクラスターの重心までの最大距離がクラスター別に表示されています。一般に平方和が小さなクラスターは，平方和が大きなクラスターよりコンパクトになります。2番目の表では，個別クラスターの重心座標が表示されています。この重心は，各クラスター内の観測値に対する変数の平均ベクトルで，クラスターの中点として使用されます。3番目の表では，クラスターの重心間の距離が表示されます。
- 樹形図では，クラスターが結合される過程を視覚的に見ることができます。この例題では，最終分割クラスターの数を4つにすると，シリアル1と4が最初のクラスターを構成し，2，3，5，12，11，6，8は第2のクラスター，7と9は第3のクラスター，10は第4のクラスターを構成することがわかります。

[2] クラスター変数分析

クラスター変数分析は，変数の数を減らすための分析方法です。この方法では，主成分分析に比べて，より直観的に理解できる新しい変数を得ることができます。

■ 距離スケールの種類

	距離行列(i, j)のエントリ$d(i, j)$	距離	
相関係数	$1 - r_{ij}$	・正の相関関係時：0～1 ・負の相関関係時：1～2	・負の相関関係にあるデータが，正の相関関係にあるデータより，より遠くに離れている場合に使用
絶対相関	$1 - |r_{ij}|$	0～1	・相関関係の程度が重要で，符号は重要ではない場合に使用

4. クラスター分析　291

[例題]

この分析の目的は，類似した特性がある変数を結合して，変数の数を減らすことです。距離スケールでは相関係数を使用してクラスター変数分析を実行してみましょう。

[実行] 1. データの入力：PERU.MTW

環境の変化が血圧に及ぼす長期的な影響を調査します。この実験の被験者は，高度の高いアンデス山脈から高度の低い地方に移住してきた21歳以上のペルー人の男性39人です。彼らの年齢（Age），移住してからの経過年数（Years），体重（Weight, kg単位），身長（Height, mm単位），あご，腕およびふくらはぎの皮膚のしわ（Chin, Forearm, Calf, mm単位），1分あたりの脈拍数（Pulse），最大血圧と最小血圧（Systol, Diastol）を記録しました。

↓	C1 Age	C2 Years	C3 Weight	C4 Height	C5 Chin	C6 Forearm	C7 Calf	C8 Pulse	C9 Systol	C10 Diastol
1	21	1	71.0	1629	8.0	7.0	12.7	88	170	76
2	22	6	56.5	1569	3.3	5.0	8.0	64	120	60
3	24	5	56.0	1561	3.3	1.3	4.3	68	125	75
4	24	1	61.0	1619	3.7	3.0	4.3	52	148	120
5	25	1	65.0	1566	9.0	12.7	20.7	72	140	78
6	27	19	62.0	1639	3.0	3.3	5.7	72	106	72
7	28	5	53.0	1494	7.3	4.7	8.0	64	120	76
8	28	25	53.0	1568	3.7	4.3	0.0	80	108	62
9	31	6	65.0	1540	10.3	9.0	10.0	76	124	70
10	32	13	57.0	1530	5.7	4.0	6.0	60	134	64
11	33	13	66.5	1622	6.0	5.7	8.3	68	116	76
12	33	10	59.1	1486	6.7	5.3	10.3	72	114	74
13	34	15	64.0	1578	3.3	5.3	7.0	88	130	80
14	35	18	69.5	1645	9.3	5.0	7.0	60	118	68
15	35	2	64.0	1648	3.0	3.7	6.7	60	138	78
16	36	12	56.5	1521	3.3	5.0	11.7	72	134	86
17	36	15	57.0	1547	3.0	3.0	6.0	84	120	70

[実行] 2. MINITAB メニュー：統計 ▶ 多変量解析 ▶ クラスター分析-変数

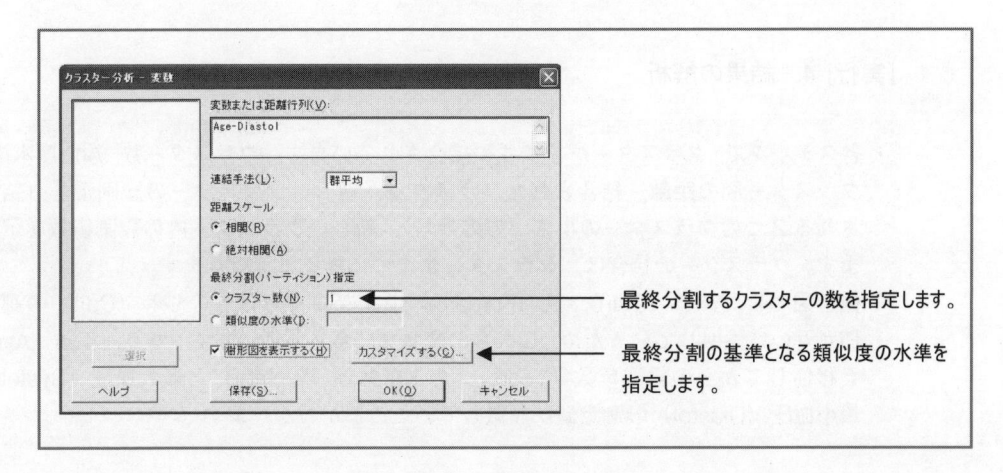

最終分割するクラスターの数を指定します。

最終分割の基準となる類似度の水準を指定します。

[実行] 3. 結果の出力：セッションウィンドウに次のような結果が出力されます。

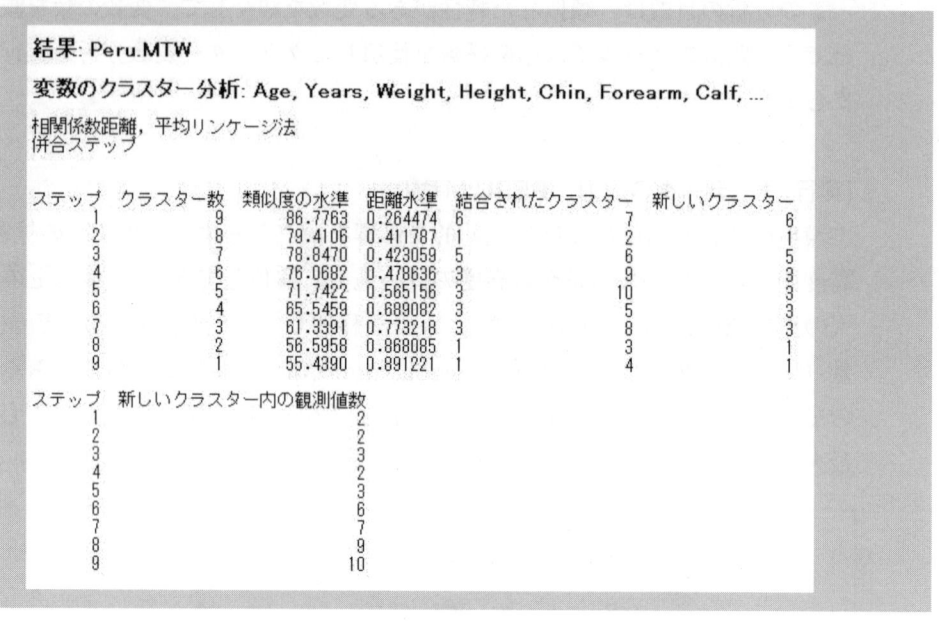

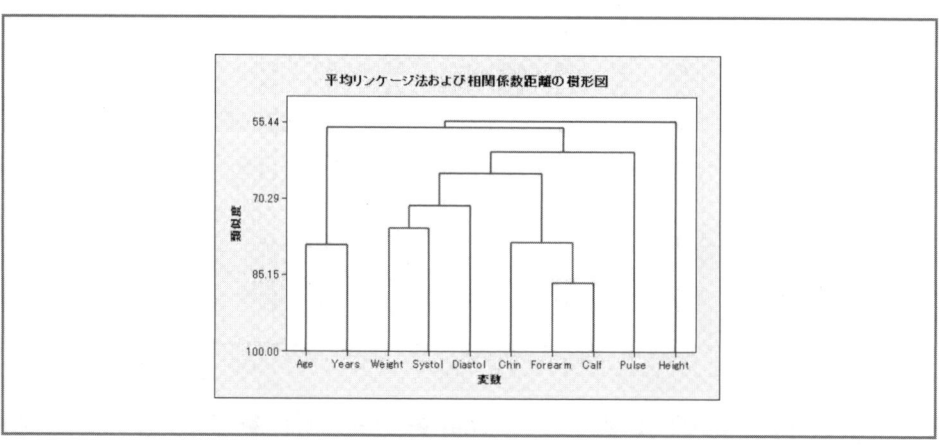

```
結果: Peru.MTW
変数のクラスター分析: Age, Years, Weight, Height, Chin, Forearm, Calf, ...
相関係数距離，平均リンケージ法
併合ステップ

ステップ  クラスター数  類似度の水準  距離水準   結合されたクラスター  新しいクラスター
  1         9         86.7763    0.264474       6         7         6
  2         8         79.4106    0.411787       1         2         1
  3         7         78.8470    0.423059       5         6         5
  4         6         76.0682    0.478636       3         9         3
  5         5         71.7422    0.565156       3        10         3
  6         4         65.5459    0.689082       3         5         3
  7         3         61.3391    0.773218       3         8         3
  8         2         56.5958    0.868085       1         3         1
  9         1         55.4390    0.891221       1         4         1

ステップ  新しいクラスター内の観測値数
  1                  2
  2                  2
  3                  3
  4                  2
  5                  3
  6                  6
  7                  7
  8                  9
  9                 10
```

平均リンケージ法および相関係数距離の樹形図

[実行] 4. 結果の解析

- 各ステップで，クラスターが2つずつ結合されています。クラスター数，類似度水準，クラスター間の距離，結合されたクラスター，新しいクラスターの識別番号（結合される2つのクラスターの小さい方の番号），新しいクラスター内の観測値数を示します。クラスターの結合は，クラスターが1つになるまで続きます。
- 樹形図では，あご（Chin），腕（Forearm）およびふくらはぎのしわ（Calf）の測定値が互いに類似しているため，これらの変数が結合されています。また，年齢（Age）と移住してからの経過年数（Years），および体重（Weight）と最大血圧（Systol），最小血圧（Diastol）の測定値が類似していることがわかります。

[3] クラスター分析 K-Means 法

　K-Means 法によるクラスター化を使用すると，グループが不明な場合に，個別の観測値をグループ化することができます。この方法は，MacQueen のアルゴリズムによる観測値の非階層クラスター化を使用します。K-Means 法は，クラスターを正しく指定するための十分な情報が揃っている場合に最適です。

■ K-Means 法の手順

① クラスターの重心点を指定します。
② 各観測値を最も近いクラスターにまとめます。最も近いクラスターとは，観測値とクラスターの重心間のユークリッド距離が最も小さいクラスターのことをいいます。
③ 観測値の増減によってクラスターが変更されると，クラスターの重心を再計算します。
④ 以上の処理は，異なるクラスターに移動できる観測値がなくなるまで繰り返します。

　観測値の階層クラスター化とは異なり，2つの観測値を結合した後でも別々のクラスターに分離することができます。K-Means 法は，クラスターの最適な開始点がある場合に良好な結果を得ることができます。最適な開始点を指定する情報がない場合でも，開始点を設定する方法として，クラスター数を指定する場合や，グループコードが入っている初期分割(パーティション)列を指定する場合があります。

[例題]
　143頭のツキノワグマを生け捕りにして麻酔を行った後，身長と頭部の長さ（Length, Head.L），体重と頭部の重さ（Weight, Weight.H），首まわりと胸まわり（Neck.G, Chest.G）を測定しました。これら143頭の熊の大きさを小型，中型，大型に分類したいと考えています。標本の2番目，78番目および15番目の熊が，それぞれこの3つのカテゴリの典型的な特徴を持つ熊だということがわかっています。K-Means 法を実行してみましょう。

294　第11章　多変量解析

[実行] 1. データの入力：BEAR.MTW

	C1 ID	C2 Age	C3 Month	C4 Sex	C5 Head.L	C6 Head.W	C7 Neck.G	C8 Length	C9 Chest.G	C10 Weight	C11 Obs.No	C12-T Name
1	39	19	7	1	10.0	5.0	15.0	45.0	23.0	65	1	Allen
2	41	19	7	2	11.0	6.5	20.0	47.5	24.0	70	1	Berta
3	41	20	8	2	12.0	6.0	17.0	57.0	27.0	74	2	Berta
4	41	23	11	2	12.5	5.0	20.5	59.5	38.0	142	3	Berta
5	41	29	5	2	12.0	6.0	18.0	62.0	31.0	121	4	Berta
6	43	19	7	1	11.0	5.5	16.0	53.0	26.0	80	1	Clyde
7	43	20	8	1	12.0	5.5	17.0	56.0	30.5	108	2	Clyde
8	45	55	7	1	16.5	9.0	28.0	67.5	45.0	344	1	Doc
9	45	67	7	1	16.5	9.0	27.0	78.0	49.0	371	2	Doc
10	48	81	9	1	15.5	8.0	31.0	72.0	54.0	416	1	Quincy
11	69	*	10	1	16.0	8.0	32.0	77.0	52.0	432	1	Kooch
12	83	115	7	1	17.0	10.0	31.5	72.0	49.0	348	1	Charlie
13	83	117	9	1	15.5	7.5	32.0	75.0	54.5	476	2	Charlie

　ここで，初期クラスターの所属を示します。c13の列において，2番目，78番目，15番目に対し，それぞれ1（小型），2（中型），3（大型）を設定，残りは0（不明）を設定し，初期分割（パーティション）列を作成します。

	C1 ID	C2 Age	C3 Month	C4 Sex	C5 Head.L	C6 Head.W	C7 Neck.G	C8 Length	C9 Chest.G	C10 Weight	C11 Obs.No	C12-T Name	C13 initial
1	39	19	7	1	10.0	5.0	15.0	45.0	23.0	65	1	Allen	0
2	41	19	7	2	11.0	6.5	20.0	47.5	24.0	70	1	Berta	1
3	41	20	8	2	12.0	6.0	17.0	57.0	27.0	74	2	Berta	0
4	41	23	11	2	12.5	5.0	20.5	59.5	38.0	142	3	Berta	0
5	41	29	5	2	12.0	6.0	18.0	62.0	31.0	121	4	Berta	0
6	43	19	7	1	11.0	5.5	16.0	53.0	26.0	80	1	Clyde	0
7	43	20	8	1	12.0	5.5	17.0	56.0	30.5	108	2	Clyde	0
8	45	55	7	1	16.5	9.0	28.0	67.5	45.0	344	1	Doc	2
9	45	67	7	1	16.5	9.0	27.0	78.0	49.0	371	2	Doc	0
10	48	81	9	1	15.5	8.0	31.0	72.0	54.0	416	1	Quincy	0
11	69	*	10	1	16.0	8.0	32.0	77.0	52.0	432	1	Kooch	0
12	83	115	7	1	17.0	10.0	31.5	72.0	49.0	348	1	Charlie	0
13	83	117	9	1	15.5	7.5	32.0	75.0	54.5	476	2	Charlie	0
14	83	124	4	1	17.5	8.0	32.0	75.0	55.0	478	3	Charlie	0
15	83	140	8	1	15.0	9.0	33.0	75.0	49.0	386	4	Charlie	3

[実行] 2. MINITABメニュー：統計▶多変量解析▶クラスター分析 – K-Means法

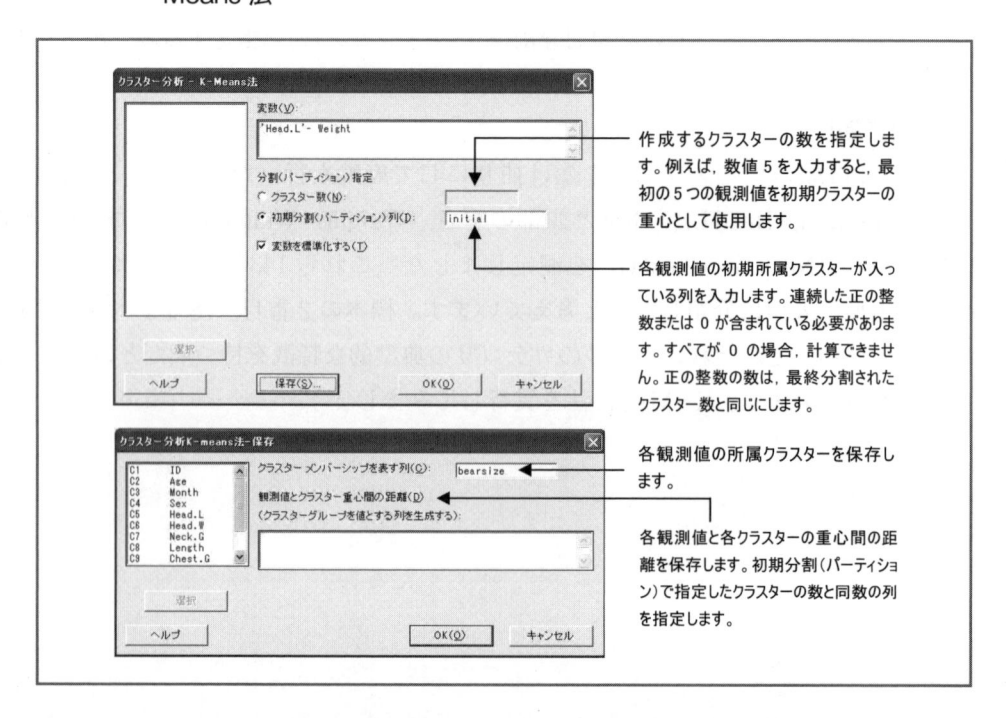

（ダイアログボックス）

- 作成するクラスターの数を指定します。例えば，数値5を入力すると，最初の5つの観測値を初期クラスターの重心として使用します。
- 各観測値の初期所属クラスターが入っている列を入力します。連続した正の整数または0が含まれている必要があります。すべてが0の場合，計算できません。正の整数の数は，最終分割されたクラスター数と同じにします。
- 各観測値の所属クラスターを保存します。
- 各観測値と各クラスターの重心間の距離を保存します。初期分割（パーティション）で指定したクラスターの数と同数の列を指定します。

[実行] 3. 結果の出力: セッションウィンドウに次のような結果が出力されます。

```
結果: Bears.MTW
K-meansクラスター分析: Head.L, Head.W, Neck.G, Length, Chest.G, Weight
標準化された変数

最終分割(パーティション)

クラスター数: 3

           観測値数    クラスター内の平方和内    重心からの平均距離
クラスター1    41           63.075              1.125
クラスター2    67           78.947              0.997
クラスター3    35           65.149              1.311

           重心からの最大距離
クラスター1    2.488
クラスター2    2.048
クラスター3    2.449

クラスター重心

変数      クラスター1    クラスター2    クラスター3    全重心
Head.L    -1.0673       0.0126        1.2261      -0.0000
Head.W    -0.9943      -0.0155        1.1943       0.0000
Neck.G    -1.0244      -0.1293        1.4476      -0.0000
Length    -1.1399       0.0614        1.2177       0.0000
Chest.G   -1.0570      -0.0810        1.3932      -0.0000
Weight    -0.9460      -0.2033        1.4974      -0.0000

クラスター重心間の距離
           クラスター1    クラスター2    クラスター3
クラスター1    0.0000       2.4233        5.8045
クラスター2    2.4233       0.0000        3.4388
クラスター3    5.8045       3.4388        0.0000
```

クラスター1 の重心とクラスター2 の重心間の距離が 2.4233 であることを示します。

[実行] 4. 結果の解析

- 143 頭の熊を小型の熊 41 頭，中型の熊 67 頭，大型の熊 35 頭に分類しました。最初の表にある各クラスターの観測値数，クラスター内の平方和，観測値からクラスターの重心までの平均距離，観測値からクラスターの重心までの最大距離を参照すると，クラスターの大きさがわかります。一般に平方和が小さなクラスターは，平方和が大きなクラスターよりコンパクトになります。重心は，各クラスター内の観測値に対する変数の平均ベクトルで，クラスターの中点として使用されます。

5. 判別分析

既にグループに対する標本が存在する場合は，判別分析を使用して，観測値を2つ以上のグループに分類することができます。判別分析を使用すると，変数がグループの分割にどの程度寄与するかを調べることもできます。MINITABには，線形判別分析と2次判別分析が用意されています。線形判別分析の場合，すべてのグループにおいて共分散行列が等しいと仮定されます。ただし，新しい観測値を1つまたは2つのカテゴリに分類する場合は，判別分析よりもロジスティック回帰のほうが優れています。

[1] 判別分析の分類規則
■ 線形判別分析
線形判別分析は，すべてのグループにおいて共分散行列が等しいと仮定されます。観測値とグループの中心（平均）間の二乗距離（マハラノビス距離）が最小の場合，観測値はそのグループに分類されます。

■ 2次判別分析
2次判別分析では，グループの共分散行列が等しいことを仮定しません。線形判別分析と同様に，観測値は二乗距離が最も小さいグループに分類されます。ただし，二乗距離は線形関数に単純化されません。このため，2次判別分析と呼ばれています。

[2] 交差検証
判別分析は，誤分類率を補正するために使用される1つの方法です。誤分類率とは，誤って判別された観測値の割合のことをいいます。分類されるデータは，分類関数を構成するのに使用されるデータと同一であるため，誤分類率が低く見積もられる傾向にあります。この点を補正するために，交差検証を実施します。手順は，次の通りです。
① 観測値を一度に1つずつ省略し，残りのデータを使用して分類関数を計算します。
② 省略した観測値を分類関数で計算し，分類します。
③ すべてのデータに対して，この過程を繰り返しながら誤分類率を求めます。

[例題]
鮭の漁獲量を規制するために，鮭をアラスカ原産とカナダ原産に識別します。各原産地（SalmonOrigin）で50匹の鮭を捕獲した後，淡水（Freshwater）に生

息していたときのうろこの年輪直径と，海水（Marin）に生息していたときのうろこの年輪直径を測定しました。この測定の目的は，新たに捕獲された鮭の原産地を特定することです。

[実行] 1. データの入力：EXH_MVAR.MTW

	C6-T	C7	C8
	SalmonOrigin	Freshwater	Marine
1	Alaska	108	368
2	Alaska	131	355
3	Alaska	105	469
4	Alaska	86	506
5	Alaska	99	402
6	Alaska	87	423
7	Alaska	94	440
8	Alaska	117	489
9	Alaska	79	432
10	Alaska	99	403
11	Alaska	114	428
12	Alaska	123	372
13	Alaska	123	372
14	Alaska	109	420
15	Alaska	112	394

[実行] 2. MINITAB メニュー：統計 ▶ 多変量解析 ▶ 判別分析

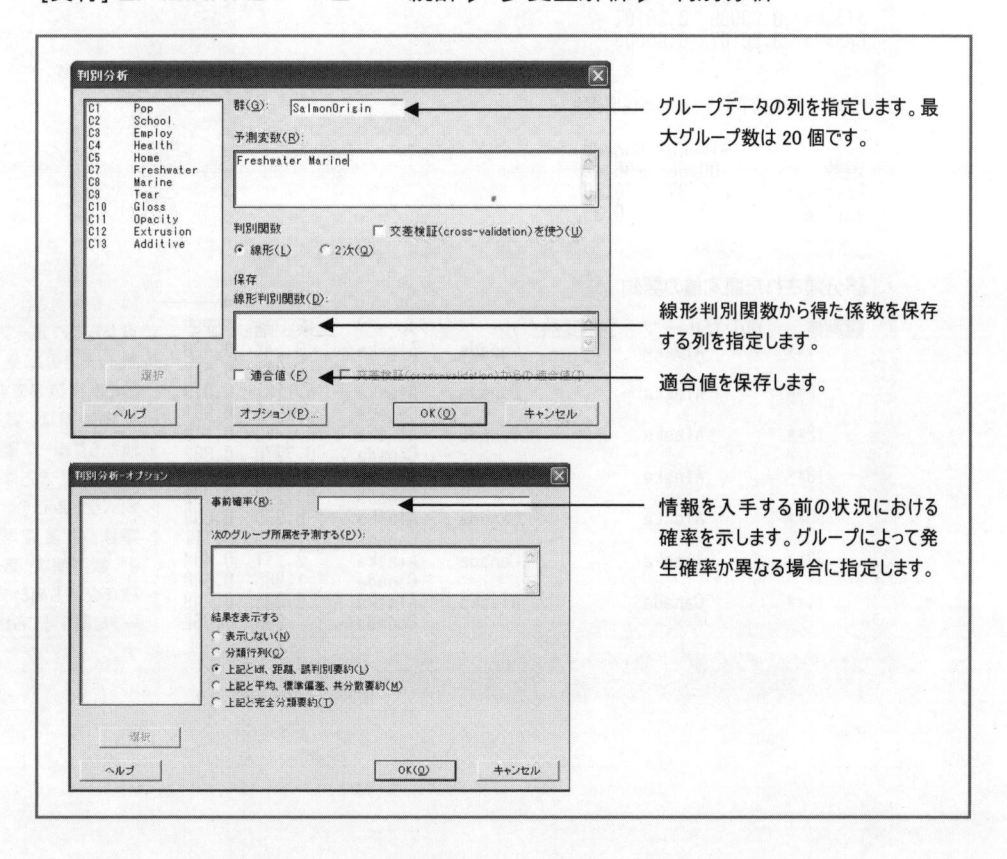

― グループデータの列を指定します。最大グループ数は 20 個です。

― 線形判別関数から得た係数を保存する列を指定します。
― 適合値を保存します。

― 情報を入手する前の状況における確率を示します。グループによって発生確率が異なる場合に指定します。

[実行] 3. 結果の出力：セッションウィンドウに次のような結果が出力されます。

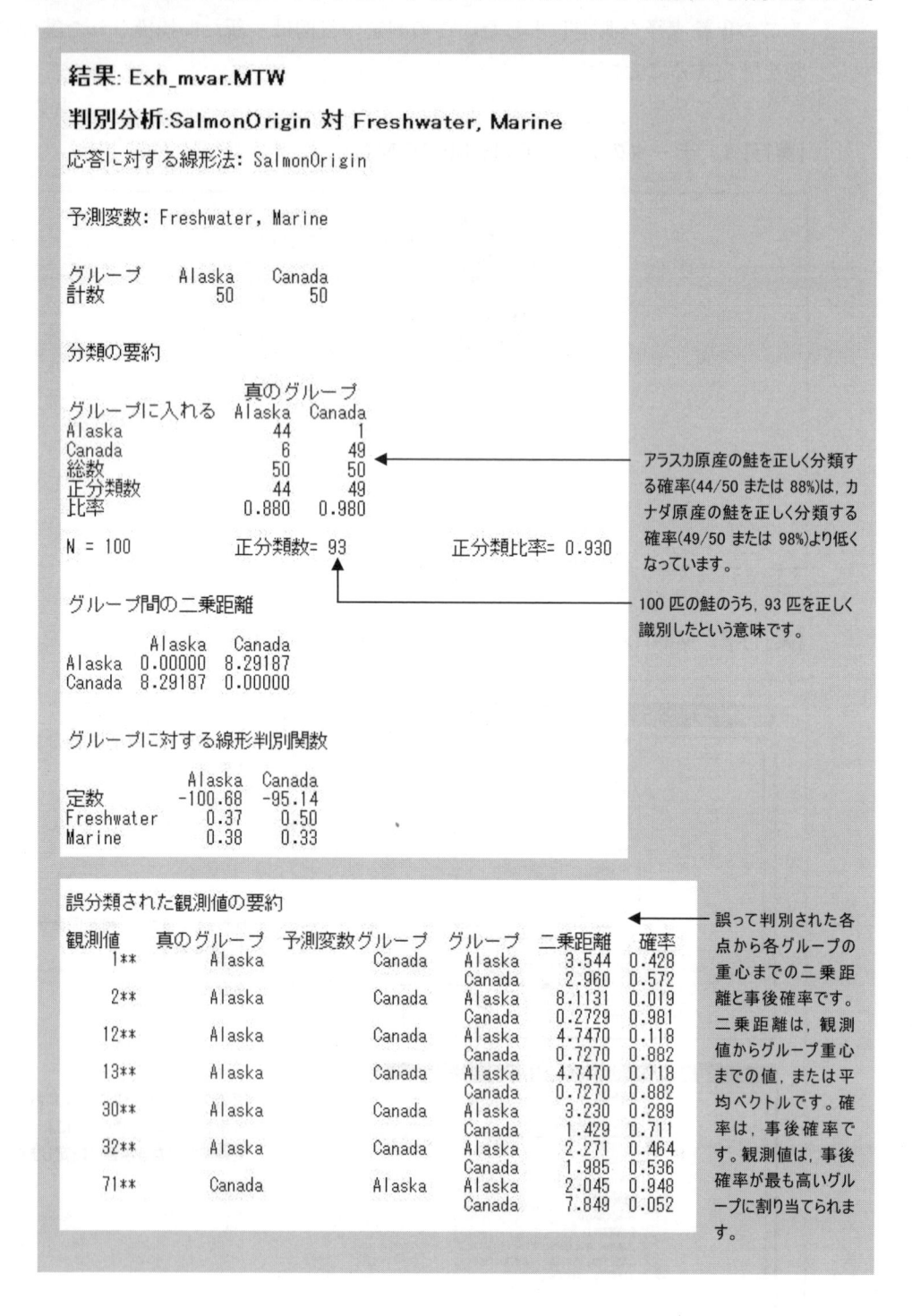

```
結果: Exh_mvar.MTW

判別分析:SalmonOrigin 対 Freshwater, Marine

応答に対する線形法: SalmonOrigin

予測変数: Freshwater, Marine

グループ    Alaska    Canada
計数          50        50

分類の要約

                 真のグループ
グループに入れる  Alaska   Canada
Alaska             44       1
Canada              6      49
総数               50      50
正分類数           44      49
比率             0.880   0.980

N = 100         正分類数= 93         正分類比率= 0.930

グループ間の二乗距離

         Alaska    Canada
Alaska  0.00000   8.29187
Canada  8.29187   0.00000

グループに対する線形判別関数

            Alaska    Canada
定数       -100.68    -95.14
Freshwater    0.37      0.50
Marine        0.38      0.33

誤分類された観測値の要約

観測値   真のグループ  予測変数グループ   グループ   二乗距離   確率
   1**      Alaska          Canada        Alaska    3.544    0.428
                                          Canada    2.960    0.572
   2**      Alaska          Canada        Alaska    8.1131   0.019
                                          Canada    0.2729   0.981
  12**      Alaska          Canada        Alaska    4.7470   0.118
                                          Canada    0.7270   0.882
  13**      Alaska          Canada        Alaska    4.7470   0.118
                                          Canada    0.7270   0.882
  30**      Alaska          Canada        Alaska    3.230    0.289
                                          Canada    1.429    0.711
  32**      Alaska          Canada        Alaska    2.271    0.464
                                          Canada    1.985    0.536
  71**      Canada          Alaska        Alaska    2.045    0.948
                                          Canada    7.849    0.052
```

― アラスカ原産の鮭を正しく分類する確率(44/50 または 88%)は、カナダ原産の鮭を正しく分類する確率(49/50 または 98%)より低くなっています。

100 匹の鮭のうち、93 匹を正しく識別したという意味です。

― 誤って判別された各点から各グループの重心までの二乗距離と事後確率です。二乗距離は、観測値からグループ重心までの値、または平均ベクトルです。確率は、事後確率です。観測値は、事後確率が最も高いグループに割り当てられます。

6. 対応分析

対応分析は，カテゴリ型変数間の関係を調べるための分析方法です。分割表において，行と列のカテゴリの関連性を探し出すことが目的となります。対応分析は，行項目と列項目の相関が最大となるように，行と列の両方を並び替えます。

[1] 単純対応分析

単純対応分析は，2元分割表におけるカテゴリ型変数間の関係を調べるための分析方法です。3元および4元分割表の場合，2元分割表に縮約して単純対応分析を適用することができます。単純対応分析では分割表が分解されます。この分解は，主成分分析における多変量連続値の分解と類似した方法になります。単純対応分析では，まずデータの固有分析が行われます。次に変動性が潜在的な次元に分割され，行と列（またはそのどちらか）に関連付けられます。

[例題]

796名の研究者について，10種類の研究分野と5種類の資金カテゴリに分類したデータがあります。Aは資金が多いカテゴリ，Dは資金が少ないカテゴリ，Eは資金が全くないカテゴリを表します。研究分野を行方向に，資金のカテゴリを列方向に示しています。各研究分野の資金カテゴリがどのようになっているかを比較するため，対応分析を実施します。なお追加データとして，研究には含まれない博物館研究者（Museums）についてのデータと，数学（Mathematics）と統計学（Statistics）を合計した数理学（MathSci）についてのデータがあります。

[実行] 1．データの入力：EXH_TAPL.MTW

↓	C12	C13	C14	C15	C16	C17-T	C18-T	C19	C20	C21-T
	CT1	CT2	CT3	CT4	CT5	RowNames	ColNames	RowSupp1	RowSupp2	RSNames
1	3	19	39	14	10	Geology	A	4	4	Museums
2	1	2	13	1	12	Biochemistry	B	12	16	MathSci
3	6	25	49	21	29	Chemistry	C	11	48	
4	3	15	41	35	26	Zoology	D	19	12	
5	10	22	47	9	26	Physics	E	7	27	
6	3	11	25	15	34	Engineering				
7	1	6	14	5	11	Microbiology				
8	0	12	34	17	23	Botany				
9	2	5	11	4	7	Statistics				
10	2	11	37	8	20	Mathematics				

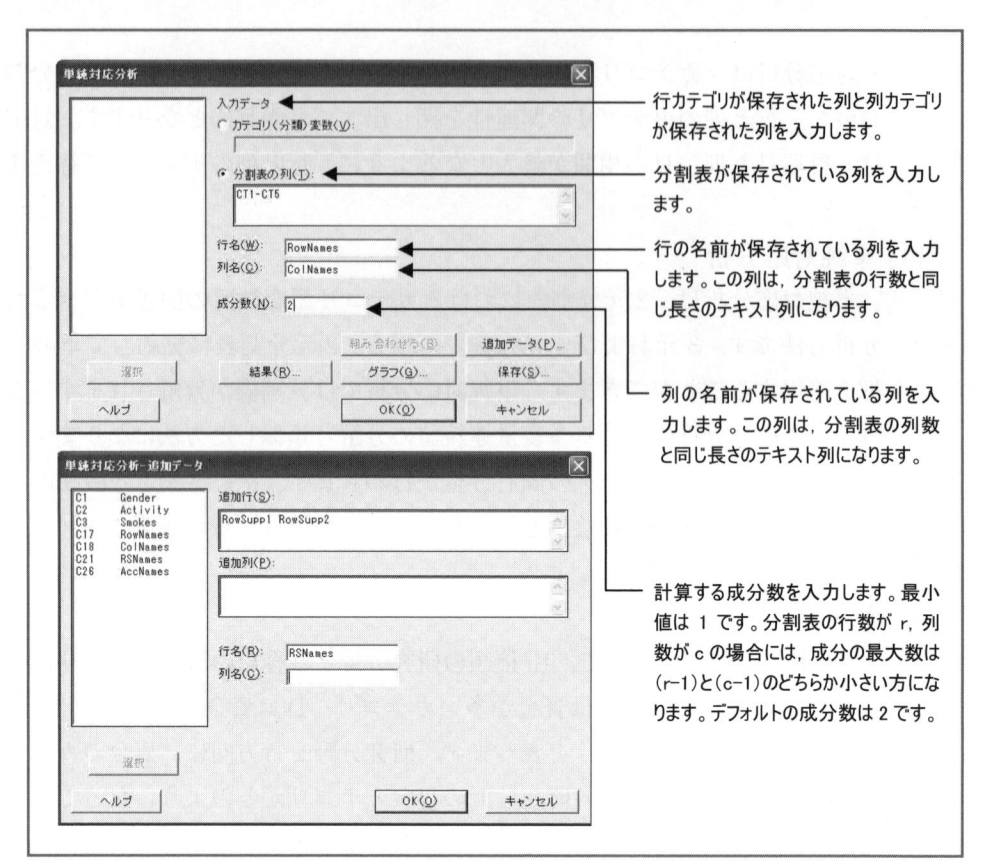

[実行] 2. MINITAB メニュー：統計 ▶ 多変量解析 ▶ 単純対応分析

（ダイアログボックス画像）

- 行カテゴリが保存された列と列カテゴリが保存された列を入力します。
- 分割表が保存されている列を入力します。
- 行の名前が保存されている列を入力します。この列は，分割表の行数と同じ長さのテキスト列になります。
- 列の名前が保存されている列を入力します。この列は，分割表の列数と同じ長さのテキスト列になります。
- 計算する成分数を入力します。最小値は 1 です。分割表の行数が r，列数が c の場合には，成分の最大数は (r-1) と (c-1) のどちらか小さい方になります。デフォルトの成分数は 2 です。

■ 追加データ

単純対応分析で使うデータには，まず分析の対象となるデータ（主要セット）があります。さらに，主要セットと同じ形式の追加データが存在することがあります。追加データとは，主要セットの結果を使って"得点化できる"データを指します。

6. 対応分析　301

入力された軸のペアは縦軸と横軸になります。例えば、2 1 3 1を入力すると、成分2対成分1と、成分3対成分1がプロットされます。

行の主座標を示すプロットです。

列の主座標を示すプロットです。

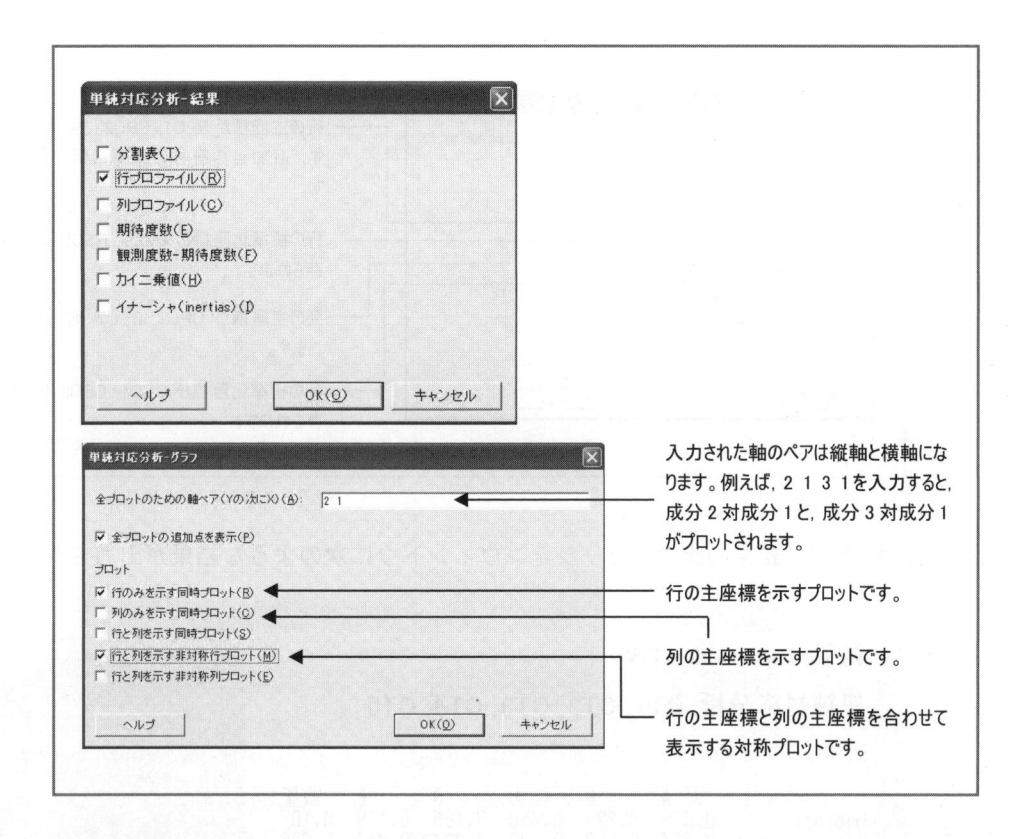

行の主座標と列の主座標を合わせて表示する対称プロットです。

■ MINITAB がサポートするグラフ

行プロット または 列プロット	・行プロットは、主行座標に対するプロットです。列プロットは、主列座標に対するプロットです。
対称プロット	・対称プロットは、結合表示における行および列の主座標のプロットです。このプロットでは、プロファイルが離れて表示されるため、距離を調べやすいという利点があります。行項目間の距離と列項目間の距離は、それぞれのプロファイル間にあるカイ二乗距離の近似となっています。ただし、行項目から列項目への距離を同じように解釈することはできません。これらの距離は、2つの異なる方法によって表示されているため、プロットを解釈する際には注意が必要です。
非対称行プロット または 非対称列プロット	・非対称行プロットは、同一のプロットに主行座標および標準化された列座標をプロットしたものです。 ・非対称列のプロットは、同一のプロットに主列座標と標準化された行座標を表示したものです。 ・非対称のプロットは、成分1および成分2に対する行プロファイルと列の頂点をすべて表示します。行プロファイルが列の頂点に近いほど、列カテゴリとの関連性が高くなります。 ・行項目間の距離と列項目間の距離を直観的に評価できる利点があります。特に、表示されている2つの成分が全変動の大部分を占めている場合には有用です。

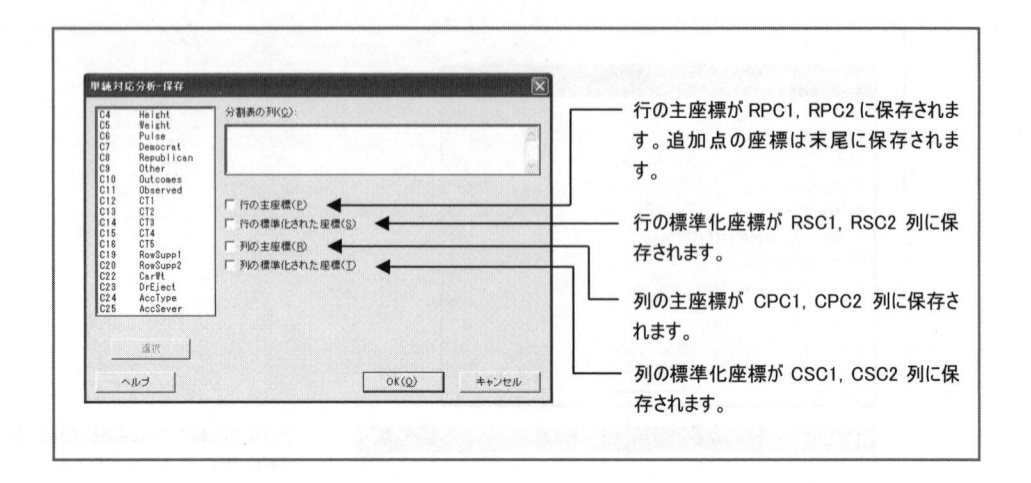

行の主座標が RPC1, RPC2 に保存されます。追加点の座標は末尾に保存されます。

行の標準化座標が RSC1, RSC2 列に保存されます。

列の主座標が CPC1, CPC2 列に保存されます。

列の標準化座標が CSC1, CSC2 列に保存されます。

[実行] 3. 結果の出力：セッションウィンドウに次のような結果が出力されます。

```
結果: Exh_tabl.MTW
単純対応分析: CT1, CT2, CT3, CT4, CT5
行プロファイル
                 A      B      C      D      E     質量
Geology       0.035  0.224  0.459  0.165  0.118  0.107
Biochemistry  0.034  0.069  0.448  0.034  0.414  0.036
Chemistry     0.046  0.192  0.377  0.162  0.223  0.163
Zoology       0.025  0.125  0.342  0.292  0.217  0.151
Physics       0.088  0.193  0.412  0.079  0.228  0.143
Engineering   0.034  0.125  0.284  0.170  0.386  0.111
Microbiology  0.027  0.162  0.378  0.135  0.297  0.046
Botany        0.000  0.140  0.395  0.198  0.267  0.108
Statistics    0.069  0.172  0.379  0.138  0.241  0.036
Mathematics   0.026  0.141  0.474  0.103  0.256  0.098
質量          0.039  0.161  0.389  0.162  0.249
```

```
分割表の分析
  軸    変動    比率    累積   ヒストグラム
  1   0.0391  0.4720  0.4720  ******************************
  2   0.0304  0.3666  0.8385  ***********************
  3   0.0109  0.1311  0.9697  ********
  4   0.0025  0.0303  1.0000  *
合計  0.0829
```

行寄与率

					成分 1		
ID	名前	品質	質量	変動	座標	相関	寄与
1	Geology	0.916	0.107	0.137	-0.076	0.055	0.016
2	Biochemistry	0.881	0.036	0.119	-0.180	0.119	0.030
3	Chemistry	0.644	0.163	0.021	-0.038	0.134	0.006
4	Zoology	0.929	0.151	0.230	0.327	0.846	0.413
5	Physics	0.886	0.143	0.196	-0.316	0.880	0.365
6	Engineering	0.870	0.111	0.152	0.117	0.121	0.039
7	Microbiology	0.680	0.046	0.010	-0.013	0.009	0.000
8	Botany	0.654	0.108	0.067	0.179	0.625	0.088
9	Statistics	0.561	0.036	0.012	-0.125	0.554	0.014
10	Mathematics	0.319	0.098	0.056	-0.107	0.240	0.029

		成分 2		
ID	名前	座標	相関	寄与
1	Geology	-0.303	0.861	0.322
2	Biochemistry	0.455	0.762	0.248
3	Chemistry	-0.073	0.510	0.029
4	Zoology	-0.102	0.083	0.052
5	Physics	-0.027	0.006	0.003
6	Engineering	0.292	0.749	0.310
7	Microbiology	0.110	0.671	0.018
8	Botany	0.039	0.029	0.005
9	Statistics	-0.014	0.007	0.000
10	Mathematics	0.061	0.079	0.012

追加行

					成分 1			成分 2		
ID	名前	品質	質量	変動	座標	相関	寄与	座標	相関	寄与
1	Museums	0.556	0.067	0.353	0.314	0.225	0.168	-0.381	0.331	0.318
2	MathSci	0.559	0.134	0.041	-0.112	0.493	0.043	0.041	0.066	0.007

列寄与率

					成分 1			成分 2		
ID	名前	品質	質量	変動	座標	相関	寄与	座標	相関	寄与
1	A	0.587	0.039	0.187	-0.478	0.574	0.228	-0.072	0.013	0.007
2	B	0.816	0.161	0.110	-0.127	0.286	0.067	-0.173	0.531	0.159
3	C	0.465	0.389	0.094	-0.083	0.341	0.068	-0.050	0.124	0.032
4	D	0.968	0.162	0.347	0.390	0.859	0.632	-0.139	0.109	0.103
5	E	0.990	0.249	0.262	0.032	0.012	0.006	0.292	0.978	0.699

[実行] 4. 結果の解析

① **行プロファイル**：各行カテゴリの列ごとの比率です。Geology（地質学）の 3.5% は列 A に，22.4% は列 B に分類されます。Geology 行の質量 0.107 は，全データにおける Geology 被験者の比率を示しています。
② **分割表の分析**：4 つの成分に要約されています。全変動において，第 1 成分が 47.2% を占め，第 2 成分が 36.66% を占めています。
③ **行寄与率**
  ・**品質**：成分が表す行変動の比率です。Zoology（動物学）行と Geology 行は，品質がそれぞれ 0.928，0.916 となっており，2 成分分割によって最もよく表されていることがわかります。一方，Math（数学）行は，品質が 0.319 となっており，よく表されていません。
  ・**質量**：データ全体に占める比率を表します。
  ・**変動**：全変動における各行の比率です。Geology は，全カイ二乗統計量の 13.7% に寄与します。
  ・**座標**：行の主座標です。
  ・**相関**：成分が各行の変動に寄与する程度を示します。第 1 成分は，Zoology と Physics（物理学）の変動の大部分を説明しています（それぞれの相関係数は 0.846 および 0.880）。Microbiology（微生物学）の変動は，ほとんど説明できていないことがわかります（相関係数は 0.009）。
  ・**寄与**：軸変動に寄与する程度を示します。Zoology と Physics は，第 1 成分の大部分に寄与していることがわかります。Geology, Biochemistry および Engineering（工学）は，第 2 成分の大部分に寄与していることがわかります。
④ **列寄与率**：2 つの成分が資金カテゴリ B，D および E で示される変動性の大部分を説明していることがわかります。資金カテゴリ A，B，C および D は，第 1 成分の大部分に寄与しており，資金の全くないカテゴリ E は，第 2 成分の大部分に寄与していることがわかります。

[実行] 5. グラフ

Zoology と Physics を最もよく説明している第 1 成分について見ると，これら 2 つは原点から一番離れており，符号は反対であることがわかります。第 1 成分において，Zoology および Botany は，Physics と対照的であると考えられます。一方，第 2 成分において，Biochemistry および Engineering は，Geology と対照的であると考えられます。

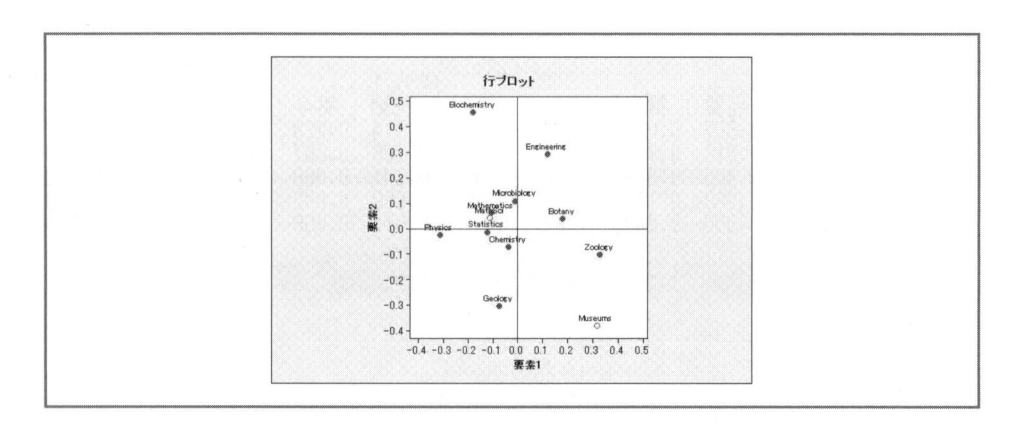

資金クラスのうち，第1成分は資金のレベルを表し，第2成分は資金があるか（AからD），ないか（E）を表します。研究分野の中で，Physicsが資金を一番多く受けており，Zoologyが一番少ない傾向にあります。Biochemistryの資金レベルは中程度ですが，資金のない研究者に占める割合が最も高くなっています。Museumsは資金を受けている傾向にありますが，他の学問分野の研究者よりは，その割合が低い水準にあることがわかります。

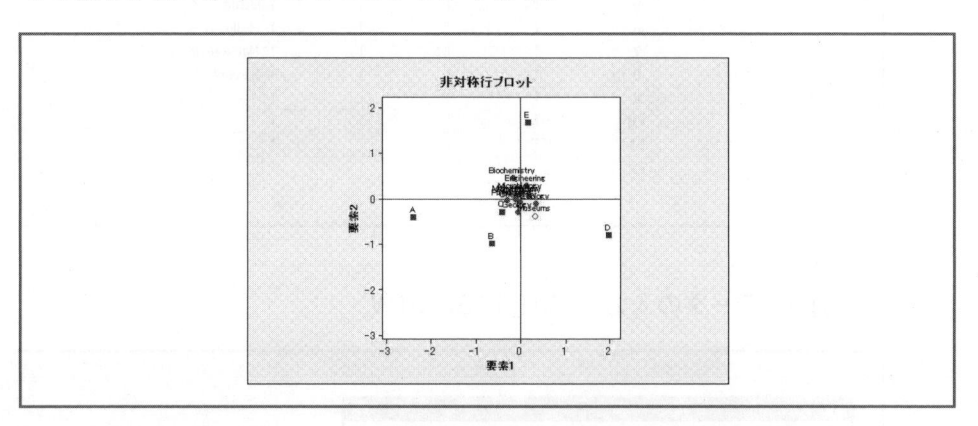

[2] 多重対応分析

多重対応分析は，単純対応分析をカテゴリ型変数が3つ以上ある場合に拡張したものです。多重対応分析では，指標変数の行列に対して単純対応分析を実行します。指標変数の行列は，カテゴリ変数の各水準を各列に配置したものです。この分析は，単純対応分析で使用する2元分割表ではなく，多元分割表を1次元に縮約したものを使用します。多重対応分析を行うと，単純対応分析に比べて，より多くの変数に対する情報を得ることができますが，行と列の関連性の情報を失う可能性もあります。

[例題]

自動車事故は，事故の種類（AccType：衝突または横転），事故の深刻性（AccServer：軽度または重度），事故の際に運転者が自動車の外に放出されたかどうか（DrEject），自動車のサイズ（CarWt：小型または普通）によって分類されます。この4つの変数のカテゴリ間でどのような関連性があるのか調べてみましょう。

第 11 章　多変量解析

[実行] 1. データの入力：EXH_TABL.MTW

	C22	C23	C24	C25	C26-T
	CarWt	DrEject	AccType	AccSever	AccNames
1	1	1	1	1	Small
2	1	1	1	1	Standard
3	1	1	1	1	NoEject
4	1	1	1	1	Eject
5	1	1	1	1	Collis
6	1	1	1	1	Rollover
7	1	1	1	1	NoSevere
8	1	1	1	1	Severe
9	1	1	1	1	
10	1	1	1	1	
11	1	1	1	1	
12	1	1	1	1	

[実行] 2. データの入力：EXH_TABL.MTW

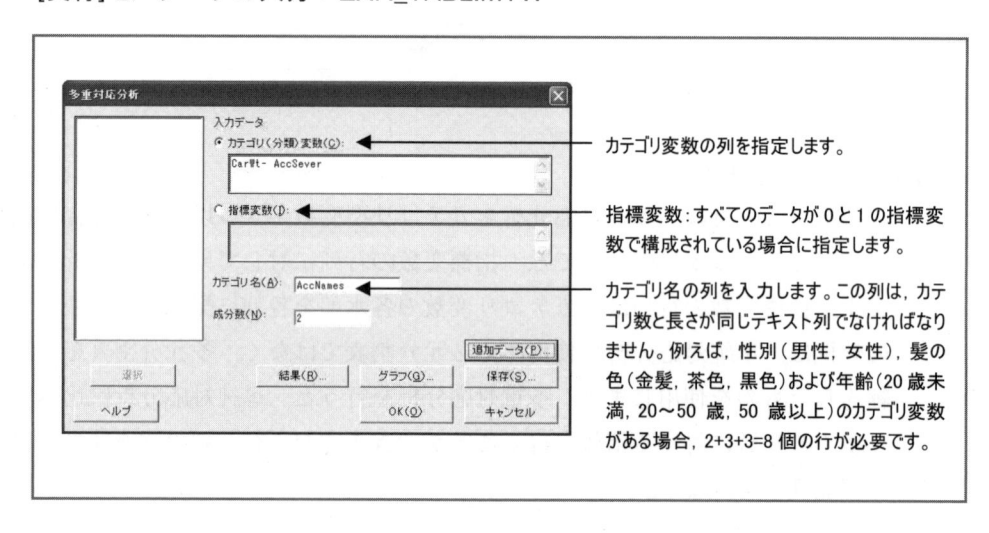

多重対応分析ダイアログ：

- 入力データ
  - カテゴリ（分類）変数(C)：CarWt- AccSever ← カテゴリ変数の列を指定します。
  - 指標変数(I)： ← 指標変数：すべてのデータが 0 と 1 の指標変数で構成されている場合に指定します。
- カテゴリ名(A)：AccNames ← カテゴリ名の列を入力します。この列は，カテゴリ数と長さが同じテキスト列でなければなりません。例えば，性別（男性，女性），髪の色（金髪，茶色，黒色）および年齢（20歳未満，20～50歳，50歳以上）のカテゴリ変数がある場合，2+3+3=8 個の行が必要です。
- 成分数(N)：2

[実行] 3. MINITAB メニュー：統計 ▶ 多変量解析 ▶ 多重対応分析

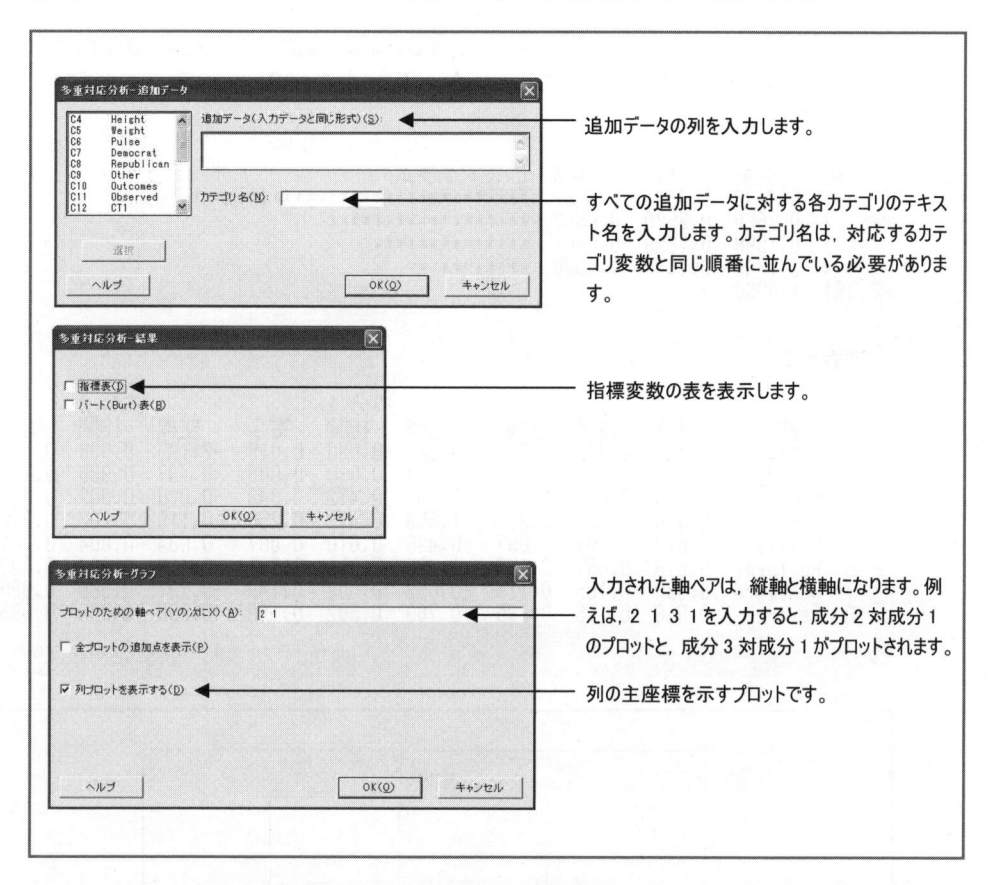

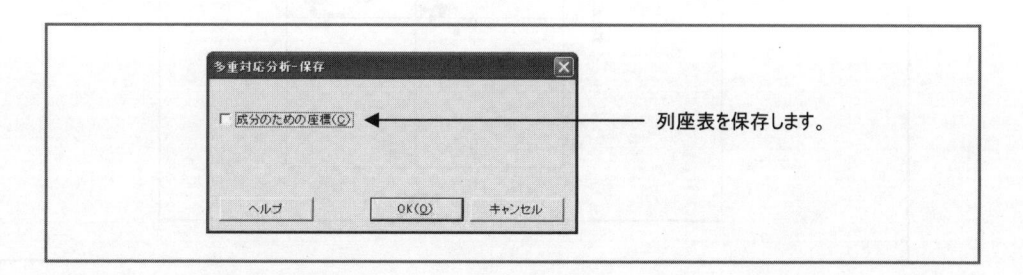

追加データの列を入力します。

すべての追加データに対する各カテゴリのテキスト名を入力します。カテゴリ名は，対応するカテゴリ変数と同じ順番に並んでいる必要があります。

指標変数の表を表示します。

入力された軸ペアは，縦軸と横軸になります。例えば，2 1 3 1 を入力すると，成分2 対成分1のプロットと，成分3 対成分1 がプロットされます。

列の主座標を示すプロットです。

列座標を保存します。

[実行] 4. 結果の出力: セッションウィンドウに次のような結果が出力されます。

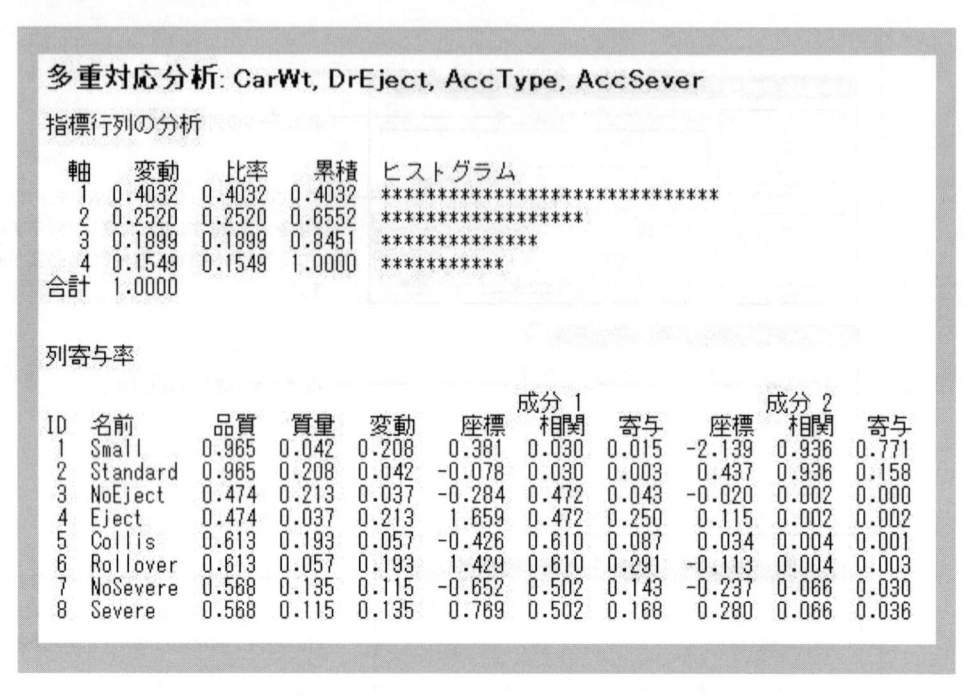

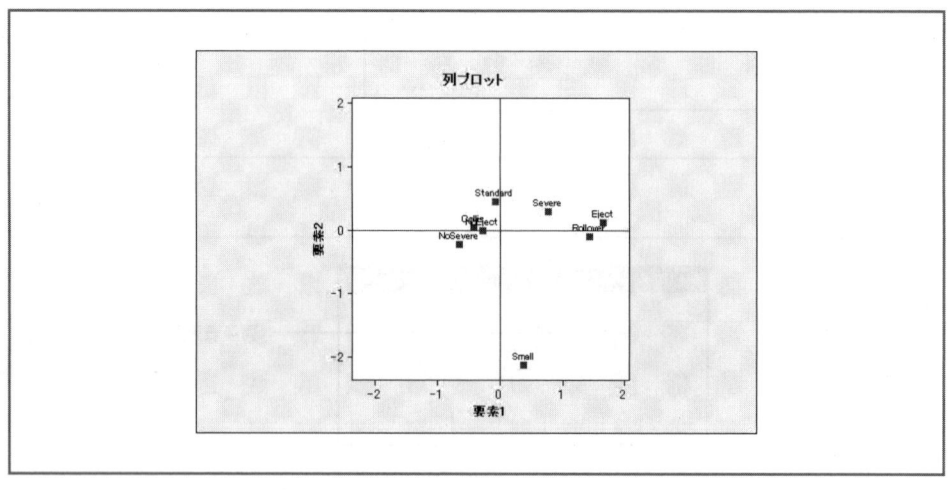

```
多重対応分析: CarWt, DrEject, AccType, AccSever
指標行列の分析
 軸   変動    比率    累積   ヒストグラム
 1   0.4032  0.4032  0.4032  ********************************
 2   0.2520  0.2520  0.6552  ******************
 3   0.1899  0.1899  0.8451  **************
 4   0.1549  0.1549  1.0000  ***********
合計 1.0000

列寄与率
                                    成分 1                成分 2
ID  名前       品質    質量    変動    座標    相関    寄与    座標    相関    寄与
1   Small     0.965  0.042  0.208   0.381  0.030  0.015  -2.139  0.936  0.771
2   Standard  0.965  0.208  0.042  -0.078  0.030  0.003   0.437  0.936  0.158
3   NoEject   0.474  0.213  0.037  -0.284  0.472  0.043  -0.020  0.002  0.000
4   Eject     0.474  0.037  0.213   1.659  0.472  0.250   0.115  0.002  0.002
5   Collis    0.613  0.193  0.057  -0.426  0.610  0.087   0.034  0.004  0.001
6   Rollover  0.613  0.057  0.193   1.429  0.610  0.291  -0.113  0.004  0.003
7   NoSevere  0.568  0.135  0.115  -0.652  0.502  0.143  -0.237  0.066  0.030
8   Severe    0.568  0.115  0.135   0.769  0.502  0.168   0.280  0.066  0.036
```

列プロット

[実行] 4. 結果の解析

① 指標行列の分析において，このデータが 4 成分で説明されることがわかります。変動は，各成分によって寄与されるカイ二乗 /n の値です。各成分は，全変動の 40.3%，25.2%，19.0%，15.5% を説明することを意味します。

② **列寄与率**：成分の数を指定していないため，デフォルト指定の 2 成分で計算されました。

- **品質**：成分が表す列変動の比率です。自動車のサイズのカテゴリ (Small, Standard) では，品質が 0.965 となっており，2 成分分割によって最もよく表されていることがわかります。一方，運転者の放出のカテゴリでは，品質が 0.474 となっており，よく表されていません。
- **質量**：データ全体に占める比率を表します。CarWt (自動車のサイズ)，DrEject (運転者の放出)，AccType (事故の種類) および AccSever (事故の深刻性) の各カテゴリにおいて，それぞれを合わせた比率は 0.25 になります。
- **変動**：全変動における各列の比率です。Small, Eject および Collis の変動が大きく，合わせて 61.4% を占めています。これらのカテゴリは，他のカテゴリと関連性が弱いと考えられます。
- **座標**：Eject および Rollover カテゴリは，第 1 成分に対して最も大きな絶対座標を持ち，Small は，第 2 成分に対して最も小さな絶対座標を持つことがわかります。座標の符号および相対サイズを利用すると，成分を解析するのが容易になります。
- **相関**：成分が各行の変動に寄与する程度を示します。第 1 成分は，運転者の放出，事故の種類および事故の深刻性カテゴリに対する変動の 47～61% 程度を説明しています。一方，自動車のサイズについては，変動の 3% のみ説明しています。
- **寄与**：軸変動に寄与する程度を示します。Eject および Rollover がそれぞれ 0.250 と 0.291 となっており，第 1 成分の大部分に寄与していることがわかります。第 2 成分は，自動車のサイズに対する変動の 93.6% を説明しており，その中でも Small は，変動の 77.1% を説明していることがわかります。

第 12 章　工程能力分析

1. 工程能力とは
2. 工程能力の定量化
3. 工程能力の結果に対する一般的な判定方法
4. MINITAB で工程能力を求める
5. MINITAB で工程能力を求める手順
6. MINITAB の工程能力分析メニューの説明
7. MINITAB で使用される工程能力関連用語の定義
8. 個別の分布の識別
9. ジョンソン（Johnson）変換
10. 正規分布データに対する工程能力
11. サブグループ内およびサブグループ間変動を考慮した工程能力
12. 非正規分布データに対する工程能力
13. 多重変数（正規分布）データに対する工程能力
14. 多重変数（非正規分布）データに対する工程能力
15. 工程能力シックスパック
16. 属性データの工程能力

1. 工程能力とは

　　工程から生産される製品やサービスの品質変動が小さければ，その工程の工程能力は高く，品質変動が大きければ，工程能力が低いといえます。ただし，この工程は外部原因によって妨害されることなく，正常に稼動されている状態でなければなりません。工程能力とは，工程が管理状態にあるとき，その工程から生産される製品やサービスの品質変動がどのくらいかを示す量であると説明できます。

2. 工程能力の定量化

[1] 6σによる工程能力

　　品質特性分布の6σを推定して，これを工程能力に定めます。

・6σからσを推定する方法は，次のように3つがあります。
- データをそのまま使用

$$\hat{\sigma} = s = \sqrt{\frac{\Sigma(x_i - \bar{x})^2}{n-1}}$$

- データを利用して度数分布表を作成し，そこからσを推定
- Xbar-R 管理図を作成し，σを推定

$$\hat{\sigma} = s = \frac{R}{d_2}$$

・工程能力を表現する一般的な品質用語は，次の通りです。
- Cp（潜在的工程能力指数）：Cp= 規格の幅 / 工程の幅 =(USL−LSL)/6σ =T/6σ （USL：Upper Spec Limit, LSL：Lower Spec Limit）
- 規格の上限だけある場合：Cp =(USL−μ)/3σ
- 規格の下限だけある場合：Cp =(μ−LSL)/3σ
- Cpk（実質的な工程能力指数）：$Cpk = (1-k)Cp, k = \frac{(T-\mu)}{(USL-LSL)}$ または

  Cpk=min(Cpu, Cpl)
- CR：（工程能力の比率）：CR = 1/Cp

3. 工程能力の結果に対する一般的な判定方法

分布現状	工程能力指数	等級	工程能力有無の判断	是正措置	注釈 Cp値	σ
下限 上限	Cp≥1.67	0	工程能力は非常に十分	・品質の変動が若干生じても心配する必要はありません。 ・コストの節減や管理の簡素化を考えます。	Cp=1.67	±5σ
下限 上限	1.67>Cp≥1.33	1	工程能力は十分	・非常に理想的な工程状況なので，現在の状態を維持します。	Cp=1.33	±4σ
下限 上限	1.33>Cp≥1.00	2	工程能力は十分ではないが，この程度であれば問題なし	・工程管理を確実にして，管理状態を維持することです。 ・Cpが1に近くなると，不良の発生の可能性があるので注意しなければなりません。	Cp=1.00	±3σ
下限 上限	1.00>Cp≥0.67	3	工程能力が足りない	・不良品が生じています。 ・全体の選別，工程の改善，管理が必要です。	Cp=0.67	±2σ
下限 上限	0.67>Cp	4	工程能力が非常に足りない	・早急に現況調査，原因究明，品質改善などの緊急対策を実施します。 ・上限・下限の規格値の再検討を行います。	Cp=0.33	±1σ

4. MINITABで工程能力を求める

　MINITABでは，工程能力分析を使用する前に，データにあてはまる分布を識別します。あるいは，正規分布に従うようデータを変換する機能もあります。MINITABでは，データの種類と分布によって，次のような工程能力分析を実行できます。
- 正規または非正規分布のデータに対する工程能力分析
- サブグループ間の変動の主要原因になりうる正規分布データに対する工程能力分析
- 二項またはポアソン（Poisson）分布のデータに対する工程能力分析

　特に，データが非対称な場合には，正規分布に従うようデータを変換するか，そのデータに対する他の確率分布を適用しなければなりません。MINITABでは，ジョンソン（Johnson）変換，ボックス-コックス（Box-Cox）変換および個別の分布の識別機能があります。また，工程にサブグループ間に大きな変動があると疑われる場合，工程能力分析（サブグループ間／内），または，工程能力シックスパック（サブグループ間／内）を使用することをお勧めします。

5. MINITABで工程能力を求める手順

[1] 個別の分布の識別
- 目的:工程能力分析を実行する前に,確率プロットと適合度の検定に基づいて，データに最も適切な分布を求める。
- MINITAB メニュー：[統計▶品質ツール▶個別の分布の識別] または [統計▶基本統計▶正規性検定]

[2] ジョンソン（Johnson）変換，ボックス-コックス（Box-Cox）変換
- 目的：非正規性データを正規分布の形態に変換する。
- MINITAB メニュー：[統計▶品質ツール▶ジョンソン（Johnson）変換] または [統計▶品質ツール▶工程能力分析内のボックス-コックス変換]

[3] 工程能力分析の実施
- 目的：工程能力レポートを作成する。
- MINITAB メニュー：[統計▶品質ツール▶工程能力分析] または [統計▶品質ツール▶工程能力シックスパック]

6. MINITABの工程能力分析メニューの説明

個別の分布の識別	・ 14のパラメータ分布を使用して，データにあてはまる分布を選択できます。確率プロットと適合度検定によって工程能力分析を実行する前に，データに最もあてはまる分布を選択できます。
ジョンソン（Johnson）変換	・ Johnson分布システムを使用して，正規分布に従うようデータを変換します。
正規分布	・ データが正規分布に従う場合に，工程能力分析を実行します。
サブグループ間/内	・ サブグループの内部変動だけでなく，サブグループ間の変動まで考慮した工程能力を確認したい場合に使用します。
非正規分布	・ データが正規分布に従わない場合に，工程能力分析を実行します。
多重変数（正規分布）	・ 正規分布に従い，多重変数に対する結果を比較したい場合，または，グループ化変数が連続変数と関連がある場合（例えば，同一の工程により生産された部品の幅を工程改善の前と後で比較したい場合）に使用します。
多重変数（非正規分布）	・ 正規分布に従わず，多重変数に対する結果を比較する場合に使用します。
二項分布	・ 全標本数に対する欠陥品数で構成されている場合に使用します。
ポアソン分布	・ 項目あたりの欠陥数で構成されている場合に使用します。
工程能力シックスパック（正規分布）	・ 工程能力統計量の一部と多様なレポートを生成します。
工程能力シックスパック（サブグループ間/内）	・ 工程能力統計量の一部と多様なレポートを生成します。
工程能力シックスパック（非正規）	・ 非正規分布データの工程能力統計量の一部と共に多様なレポートを生成します。

7. MINITABで使用される工程能力関連用語の定義

用　語	解　　説
標準偏差 （サブグループ内）	・ 標準偏差（内部）は，サブグループ内の標準偏差で，サブグループ内変動の推定値として，潜在的（内部）工程能力指数と関連しています。MINITABでは，標準偏差を推定できる方法として，次のオプションを提供します。 　− サブグループサイズが1より大きい場合：サブグループ範囲の平均，サブグループ標準偏差の平均，併合標準偏差（サブグループ分散に対する重み平均の平方根） 　− サブグループサイズが1の場合：移動範囲の平均，移動範囲の中央値，平方逐次的差分の平均
標準偏差 （サブグループ間/内）	・ 標準偏差（サブグループ間/内）は，サブグループ間およびサブグループ内の標準偏差の平方和に対する平方根として，サブグループ間/内の工程能力指数と関連しています。
標準偏差 （全体）	・ 標準偏差（全体）は，すべての測定値の標準偏差です。これは，全体の工程変動に対する推定値として，全体の工程能力指数と関連しています。
Cp, Cpk, CPU, CPL	・ Cpは，潜在的な工程範囲（サブグループ内の標準偏差の6倍）に対する規格の範囲（USL−LSL）の比として定義される工程能力指数です。Cpは，規格区間と関係のある工程平均の位置を考慮しないため，工程が規格限界の間に中心化されている場合の工程能力になります。Cpが1.66なら，これは規格範囲が工程範囲（6σ）より1.66倍大きいことを表します。 ・ CPUは，潜在的工程の片側範囲（サブグループ内の標準偏差の3倍）に対する工程平均およびUSLによって形成される区間の比として定義される工程能力指数です。 ・ CPLは，潜在的工程の片側範囲（サブグループ内の標準偏差の3倍）に対する工程平均およびLSLによって形成される区間の比として定義される工程能力指数です。 ・ Cpkは，CPUおよびCPLの最小値です。Cpkは，工程範囲と工程平均を考慮するため，実際の工程を評価できる尺度になります。Cpkは工程平均の位置を考慮しますが，Cpは考慮しません。CpとCpkが近似的に同じであれば，工程は規格限界の間で中心化されているということになり，CpがCpkより大きければ，工程は中心化されていないということになります。CCpkは，目標値が設定されている場合に目標値で中心化し，両方の規格限界が設定されている場合，規格限界の中点で中心化します。規格限界の1つおよび目標値が与えられない場合，CCpkはCpkと同じになります。

Pp, Ppk, PPU, PPL	・Pp は，実際の工程範囲（全体標準偏差の 6 倍）に対する規格範囲（USL－LSL）の比として定義される工程能力指数です。Pp は，規格区間と関係がある工程平均の位置を考慮しないため，工程が規格限界の間に中心化されている場合の工程能力になります。 ・PPU は，工程の片側範囲（全体標準偏差の 3 倍）に対する工程平均および USL によって形成される区間の比として定義される工程能力指数です。 ・PPL は，工程の片側範囲（全体標準偏差の 3 倍）に対する工程平均および USL によって形成される区間の比として定義される工程能力指数です。 ・Ppk は，PPU および PPL の最小値と同じ工程能力指数です。Ppk は，工程範囲と工程平均を考慮するため，実際の工程を評価できる尺度になります。
PPM	・規格区間を外れる測定値を持つものと期待される 100 万個あたりの部品数（Parts Per Million）です。
Cpm	・品質特性値が目標値からどの程度離れて散布しているかを示す量で，目標値が規格の中心ではないとき，Cpk よりも有用に使用できます。
工程範囲	・正規性を仮定したとき，品質特性値に対する最小値と最大値の間の期待される距離です。 ・正規性の仮定は，観測値の 99.74％ が平均から ±3σ の間に位置することをいいます。
σ	・母集団の標準偏差で，標準偏差はデータの変動（または散布）に対する尺度です。

8. 個別の分布の識別

　工程能力分析を実行する前に，確率プロットと適合度検定に基づいて，データに最も適切な分布を求めたい場合に，個別の分布の識別機能を使用します。

[例題]

　床のタイル製造会社の品質担当者は，タイルのゆがみ（Warping）がどの程度になるかを確認したいと考えています。生産工程の品質を確認するため，10 日間，1 日に 10 個のタイルを抽出してゆがみを測定しました。データがどのように分布しているかはわからないため，個別の分布の識別を使用して，データにあてはまる分布を選択します（例題データ：tiles.mtw）。

1	2	3	4	5	6	7	8	9	10
1.60103	2.31426	0.52829	2.89530	0.44426	5.31230	1.22095	4.24464	1.12465	0.28186
0.84326	2.55635	1.01497	2.86853	2.48648	1.92282	6.32858	3.21267	0.78193	0.57069
3.00679	4.72347	1.12573	2.18607	3.91413	1.22586	3.80076	3.48115	4.14333	0.70532
1.29923	1.75362	2.56891	1.05339	2.28159	0.76149	4.22622	6.66919	5.30071	2.84843
2.24237	1.62502	4.23217	1.25560	0.96705	2.39930	4.33233	2.44223	3.79701	6.25825
2.63579	5.63857	1.34943	1.97268	4.98517	4.96089	0.42845	3.51246	3.24770	3.37523
0.34093	4.64351	2.84684	0.84401	5.79428	1.96775	1.20410	8.03245	5.04867	3.23538
6.96534	3.95409	0.76492	3.32894	2.52868	1.35006	3.44007	1.13819	3.06800	6.08121
3.46645	4.38904	2.78092	4.15431	3.08283	4.79076	2.51274	4.27913	2.45252	1.66735
1.41079	3.24065	0.63771	2.57873	3.82585	2.20538	8.09064	2.05914	4.69474	2.12262

[実行] 1．データの入力：データは1つの列に入力します．

↓	C1
	Warping
1	1.60103
2	0.84326
3	3.00679
4	1.29923
5	2.24237
6	2.63579
7	0.34093
8	6.96534
9	3.46645
10	1.41079
11	2.31426
12	2.55635
13	4.72347
14	1.75362
15	1.62502
16	5.63857
17	4.64351

[実行] 2. MINITAB メニュー：統計 ▶ 品質ツール ▶ 個別の分布の識別

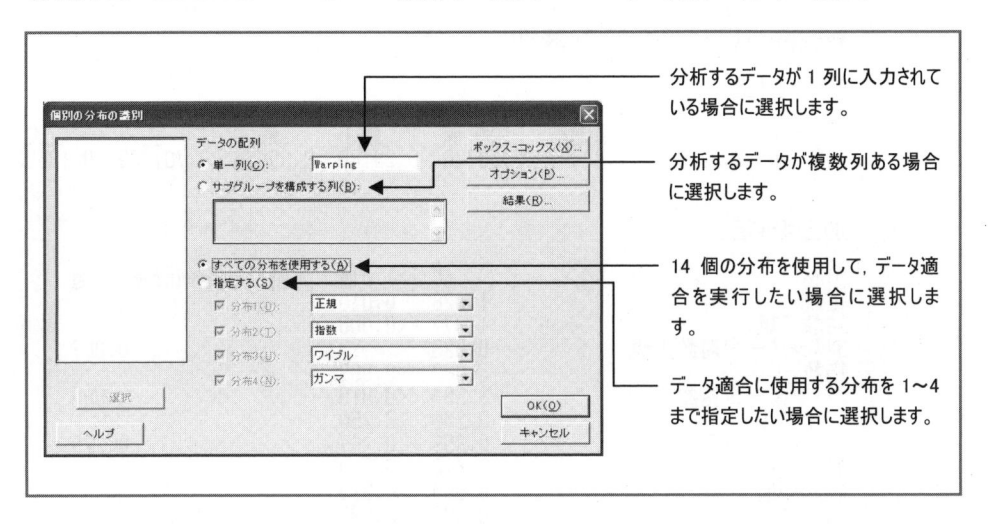

- 分析するデータが1列に入力されている場合に選択します。
- 分析するデータが複数列ある場合に選択します。
- 14個の分布を使用して，データ適合を実行したい場合に選択します。
- データ適合に使用する分布を1～4まで指定したい場合に選択します。

[実行] 3. 結果の出力：下のような結果がグラフウィンドウに出力されます。

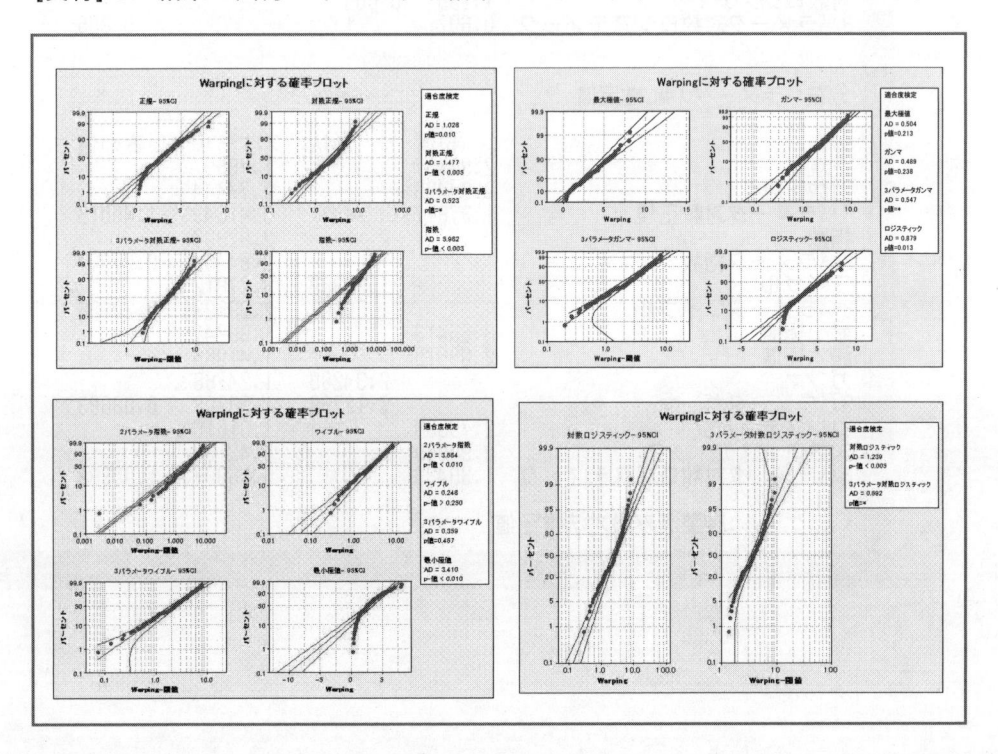

Warpingに対する分布識別

記述統計量

N	N*	平均	標準偏差	中央値	最小	最大	歪み	尖り
100	0	2.92307	1.78597	2.60726	0.28186	8.09064	0.707725	0.135236

適合度検定

分布	AD	p値	尤度比検定統計量 p-値
正規	1.028	0.010	
対数正規	1.477	<0.005	
3パラメータ対数正規	0.523	*	0.007
指数	5.982	<0.003	
2パラメータ指数	3.684	<0.010	0.000
ワイブル	0.248	>0.250	
3パラメータワイブル	0.359	0.467	0.225
最小極値	3.410	<0.010	
最大極値	0.504	0.213	
ガンマ	0.489	0.238	
3パラメータガンマ	0.547	*	0.763
ロジスティック	0.879	0.013	
対数ロジスティック	1.239	<0.005	
3パラメータ対数ロジスティック	0.692	*	0.085

分布パラメータのML推定値

分布	位置	形状	スケール	しきい値
正規*	2.92307		1.78597	
対数正規*	0.84429		0.74444	
3パラメータ対数正規	1.37877		0.41843	-1.40015
指数			2.92307	
2パラメータ指数			2.64402	0.27904
ワイブル		1.69368	3.27812	
3パラメータワイブル		1.50491	2.99693	0.20988
最小極値	3.86413		1.99241	
最大極値	2.09575		1.41965	
ガンマ		2.34280	1.24768	
3パラメータガンマ		2.12768	1.33208	0.08883
ロジスティック	2.79590		1.01616	
対数ロジスティック	0.90969		0.42168	
3パラメータ対数ロジスティック	1.30433		0.26997	-1.09399

* スケール:調整済み最尤法推定値

[実行] 4. 結果の解析

- 記述統計量表は，データの要約情報を提供します。すべての統計量は非欠損値の数（N=100）を基準にします。このデータの場合，平均=2.92307で，標準偏差=1.78597となります。
- 適合度検定表には，アンダーソン−ダーリング（Anderson−Darling, AD）統計量と，それに対応する p 値が含まれています。棄却値 α の場合，α より大きい p 値は，データが該当分布に従うことを示します。適合度検定表には，尤度比検定に対する p 値（LRT p）も含まれています。尤度比検定は，2-パラメータ分布が相当する3-パラメータ分布と比較して，データに同一で適切かどうかを検定します。p 値は0.25, 0.467, 0.213および0.238であり，これは，2-パラメータワイブル分布，3-パラメータワイブル分布，最大極値およびガンマ分布がデータにあてはまることを示しています。LRT p 値は0.225となっています。これは，2-パラメータワイブル分布に比べて，3-パラメータワイブル分布の適合度が有意に向上しないことを示しています。
- 確率プロットには，順序通りに整列されたデータセットの確率に対する百分位数の点が含まれます。中央の線は，パラメータの最尤推定値に基づく分布の期待される百分位数を示し，左右の線は，各百分位数に対する信頼区間の下限と上限を表します。確率プロットを見ると，データの点はほぼ直線に近く，2-パラメータワイブル分布，3-パラメータワイブル分布，最大極値およびガンマ分布の信頼区間内にあることがわかります。複数の分布がデータにあてはまる場合には，最も大きな p 値となる分布を選択します。p 値がほとんど同じ場合は，同様のデータセットに対して以前に使用した分布，または工程能力統計量に基づいて選択した分布，すなわち最も保守的な分布を選択してください。

9. ジョンソン（Johnson）変換

　ジョンソン（Johnson）変換は，非正規分布形態のデータを正規分布に従うよう変換します。ジョンソン変換は，3種類の変数分布から最適の関数を選択し，正規分布に変換します。これらの分布には，SB, SLおよびSUが表示されます。ここで，B, LおよびUはそれぞれ，境界がある分布，対数正規分布および境界がない分布の変数を表します。ただし，ジョンソン変換を実行しても，データにあてはまる最適な関数を求められない場合があります。

[例題]

　床のタイル製造会社の品質担当者は，タイルのゆがみ（Warping）がどの程度かを確認したいと考えています。生産工程の品質を確認するため，10日間，1日に10個のタイルを抽出してゆがみを測定しました。データは，右に大きく偏っています。ここでは，データを正規分布に従うよう変換するために，ジョンソン（Johnson）変換を利用します（例題データ：tiles.mtw）。

第12章 工程能力分析

1	2	3	4	5	6	7	8	9	10
1.60103	2.31426	0.52829	2.89530	0.44426	5.31230	1.22095	4.24464	1.12465	0.28186
0.84326	2.55635	1.01497	2.86853	2.48648	1.92282	6.32858	3.21267	0.78193	0.57069
3.00679	4.72347	1.12573	2.18607	3.91413	1.22586	3.80076	3.48115	4.14333	0.70532
1.29923	1.75362	2.56891	1.05339	2.28159	0.76149	4.22622	6.66919	5.30071	2.84843
2.24237	1.62502	4.23217	1.25560	0.96705	2.39930	4.33233	2.44223	3.79701	6.25825
2.63579	5.63857	1.34943	1.97268	4.98517	4.96089	0.42845	3.51246	3.24770	3.37523
0.34093	4.64351	2.84684	0.84401	5.79428	1.96775	1.20410	8.03245	5.04867	3.23538
6.96534	3.95409	0.76492	3.32894	2.52868	1.35006	3.44007	1.13819	3.06800	6.08121
3.46645	4.38904	2.78092	4.15431	3.08283	4.79076	2.51274	4.27913	2.45252	1.66735
1.41079	3.24065	0.63771	2.57873	3.82585	2.20538	8.09064	2.05914	4.69474	2.12262

[実行] 1. データの入力：データは1つの列に入力します。

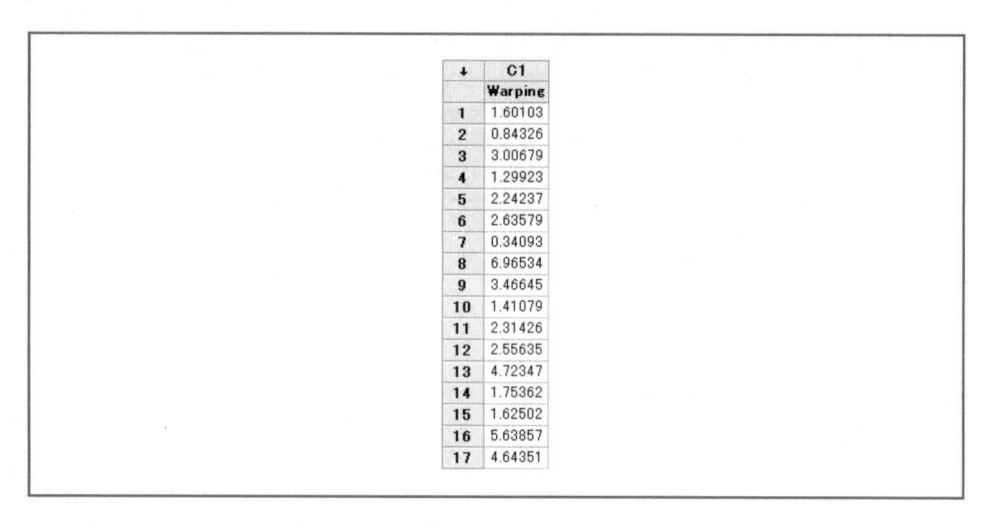

[実行] 2. MINITABメニュー：統計 ▶ 品質ツール ▶ ジョンソン(Johnson)変換

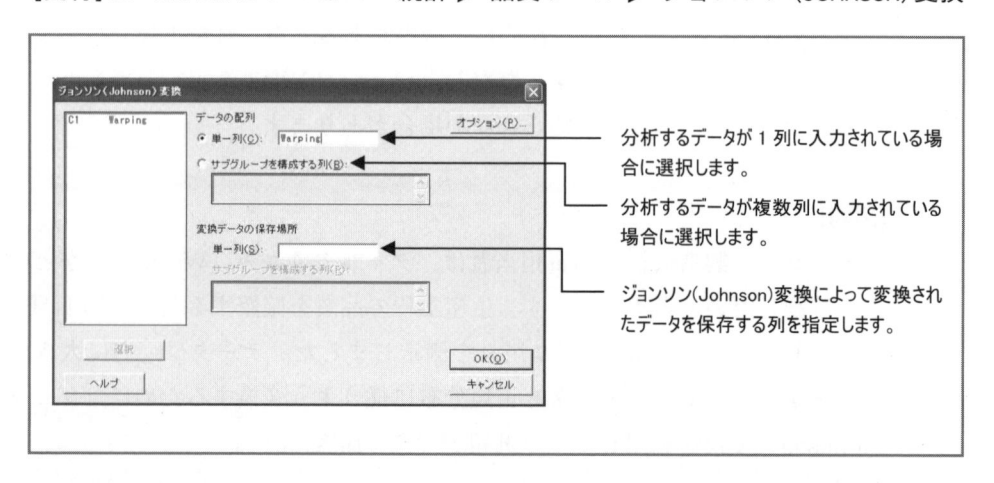

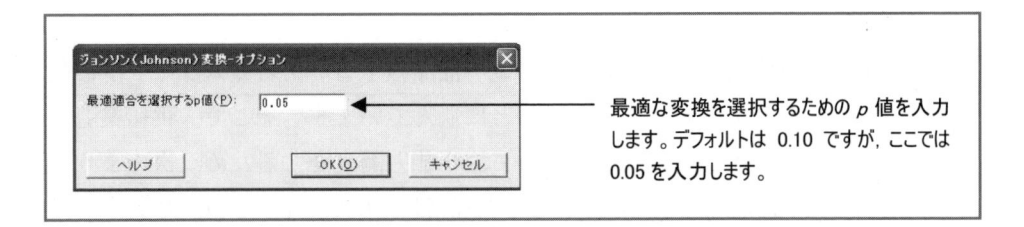

最適な変換を選択するための p 値を入力します。デフォルトは 0.10 ですが，ここでは 0.05 を入力します。

[実行] 3. 結果の出力：下のような結果がグラフウィンドウに出力されます。

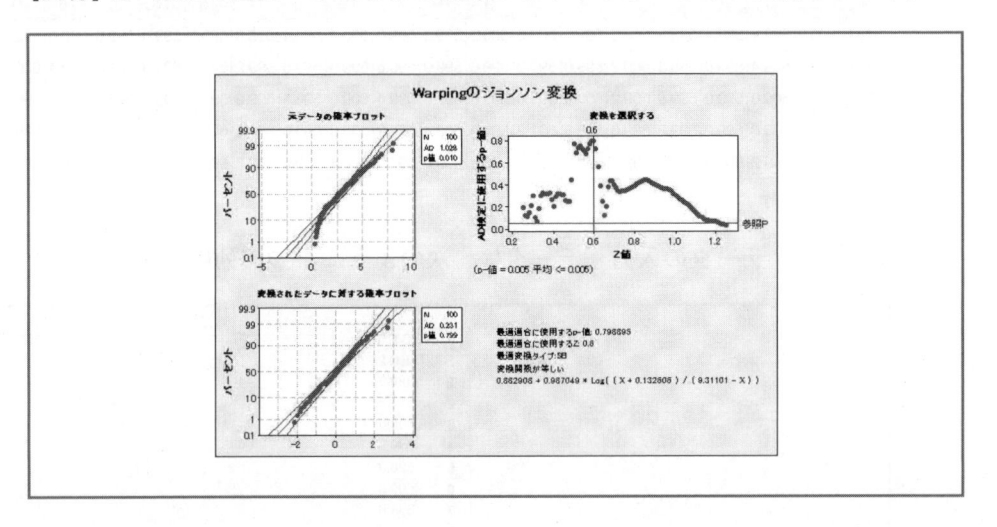

[実行] 4. 結果の解析

> - 正規確率プロットで変換されたデータと元のデータを比較できます。元のデータに対する確率プロット（AD=1.028, p 値 =0.01）は，データが正規分布に従わないことを表します。変換されたデータに対する確率プロット（AD=0.231, p 値 =0.799）は，データが正規分布に従うことを表します。
> - 0.25～1.25 の範囲に対する p 対 Z の散布図において，最適変換関数は，Z 値 0.6 から選択されたことを示します。
> - 表には，選択した変換関数に対するパラメータ推定値と，それに対応する p 値および Z 値を見ることができます。

10. 正規分布データに対する工程能力

　　MINITAB の工程能力分析メニューの中から'正規分布'を選択し，正規分布データに対する工程能力を求めることができます。

[例題]

ある自動車会社では，自動車のコア部品の1つであるカムシャフトの長さが慢性的な不良を引き起こしていることに悩んでいます。そこで，供給業者から納品されるカムシャフトの長さに対して工程能力調査をするため，次のようなデータを得ました。カムシャフトの長さの規格は，600mm ± 2mm です。工程能力を求めてみましょう（例題データ：shaft.mtw）。

1	2	3	4	5	6	7	8	9	10	11	12	13	14	15	16	17	18	19	20
598.0	600.0	599.4	599.4	598.8	600.0	599.0	600.0	600.2	599.2	599.0	600.4	599.4	598.8	599.6	599.6	599.6	600.0	599.4	599.6
599.8	598.8	599.4	599.6	598.8	600.2	599.8	599.2	599.6	599.0	599.6	599.6	599.0	599.2	599.2	600.0	601.2	599.4	600.0	599.8
600.2	598.2	600.0	599.0	599.8	600.2	600.8	599.8	599.6	599.6	599.4	600.0	598.4	599.6	599.6	599.6	599.6	599.8	600.0	599.0
599.8	599.4	598.8	599.2	599.2	599.6	598.8	601.2	599.6	600.4	599.2	600.8	599.0	598.6	600.2	599.2	600.2	599.2	599.2	599.6
600.0	599.6	599.2	600.6	599.4	599.0	598.2	600.4	600.2	600.0	597.8	600.4	599.6	599.8	599.8	598.6	600.0	599.6	599.4	599.4

[実行] 1. データの入力：データは，次のように1つの列に入力します。

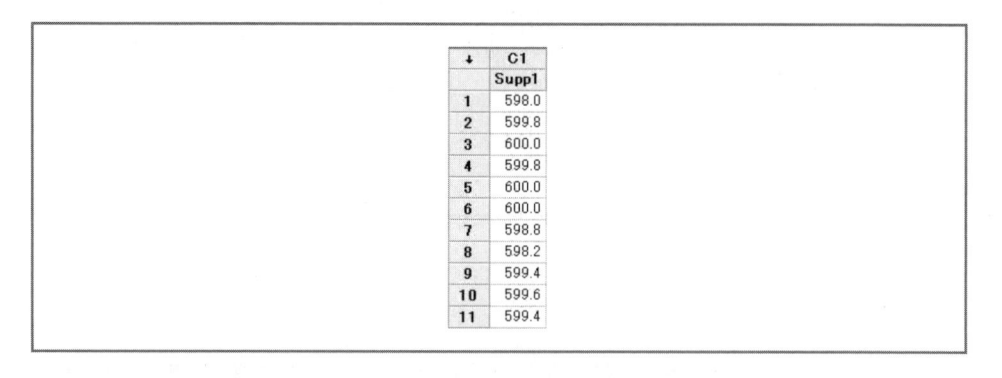

	C1 Supp1
1	598.0
2	599.8
3	600.0
4	599.8
5	600.0
6	600.0
7	598.8
8	598.2
9	599.4
10	599.6
11	599.4

[実行] 2. MINITAB メニュー：統計 ▶ 品質ツール ▶ 工程能力分析 ▶ 正規

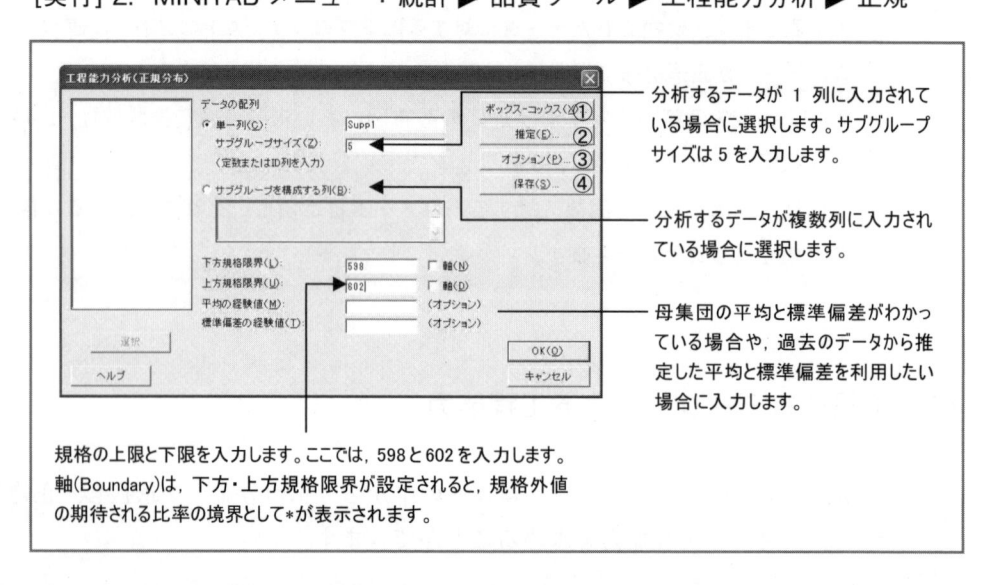

① 分析するデータが 1 列に入力されている場合に選択します。サブグループサイズは 5 を入力します。

② 分析するデータが複数列に入力されている場合に選択します。

③ 母集団の平均と標準偏差がわかっている場合や，過去のデータから推定した平均と標準偏差を利用したい場合に入力します。

規格の上限と下限を入力します。ここでは，598と602を入力します。
軸(Boundary)は，下方・上方規格限界が設定されると，規格外値の期待される比率の境界として*が表示されます。

10. 正規分布データに対する工程能力　325

① ボックス-コックス変換

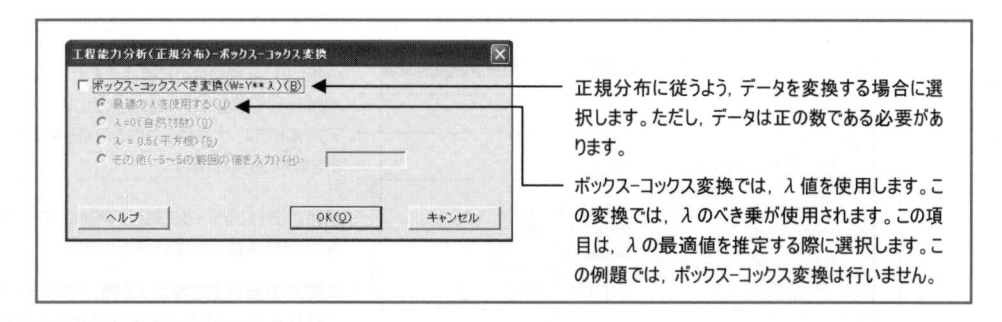

正規分布に従うよう，データを変換する場合に選択します。ただし，データは正の数である必要があります。

ボックス-コックス変換では，λ値を使用します。この変換では，λのべき乗が使用されます。この項目は，λの最適値を推定する際に選択します。この例題では，ボックス-コックス変換は行いません。

② 推定

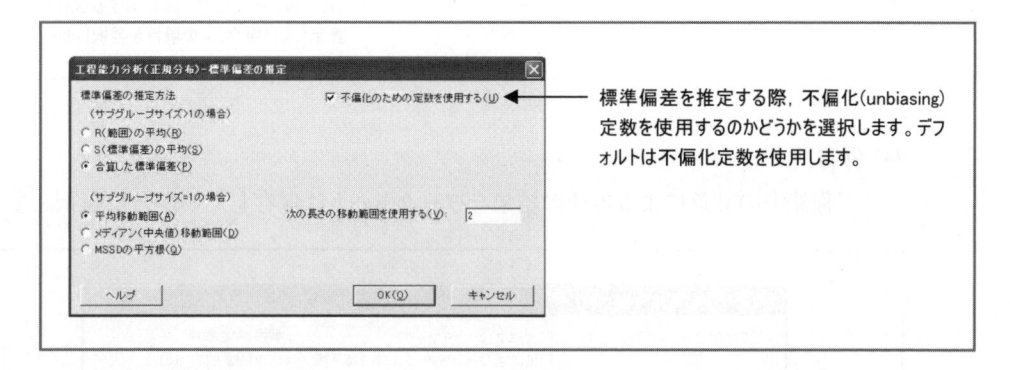

標準偏差を推定する際，不偏化(unbiasing)定数を使用するのかどうかを選択します。デフォルトは不偏化定数を使用します。

・**標準偏差の推定方法：**

　サブグループサイズが1より大きい場合，標準偏差の推定方法を選択します。Rの平均は，サブグループ範囲の平均を使用して標準偏差を推定します。Sの平均は，サブグループ標準偏差の平均を使用して標準偏差を推定します。併合標準偏差は，MINITABでデフォルトとして設定されています。

　サブグループサイズが1の場合，標準偏差を推定する方法として移動範囲を使用します。平均移動範囲は，MINITABでデフォルトとして設定されており，平均移動範囲を使用して標準偏差を推定します。中央値移動範囲は，中央値の移動範囲を使用して標準偏差を推定します。MSSD（平方逐次的差分）の平方根は，連続する差の二乗の平均を使用して標準偏差を推定します。移動範囲の長さは，移動範囲を計算する際に使用されます。連続する2つの観測値の類似性が最も高いので，デフォルトは2に設定されており，長さは100未満までとなります。

③ オプション

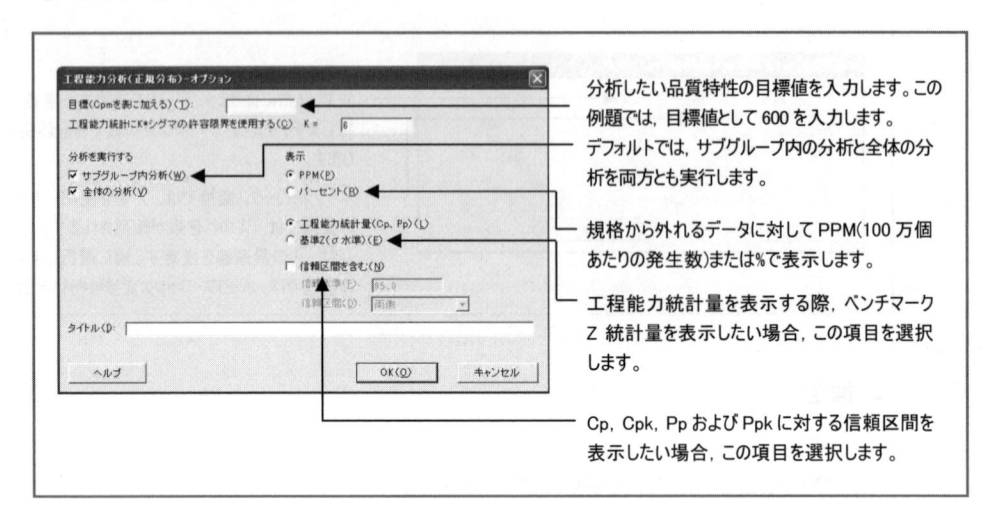

[工程能力分析（正規分布）-オプション ダイアログ]

- 目標(Cpmを表に加える)(T): → 分析したい品質特性の目標値を入力します。この例題では，目標値として 600 を入力します。
- 分析を実行する / サブグループ内分析(W)，全体の分析(V) → デフォルトでは，サブグループ内の分析と全体の分析を両方とも実行します。
- 表示 / PPM(P)，パーセント(B) → 規格から外れるデータに対して PPM(100 万個あたりの発生数)または%で表示します。
- 工程能力統計量(Cp, Pp)(L) / 基準Z(σ水準)(E) → 工程能力統計量を表示する際，ベンチマーク Z 統計量を表示したい場合，この項目を選択します。
- 信頼区間を含む(N) → Cp，Cpk，Pp および Ppk に対する信頼区間を表示したい場合，この項目を選択します。

④ 保存

- 工程能力の計算による各種の結果をワークシートに保存したい場合に選択します。

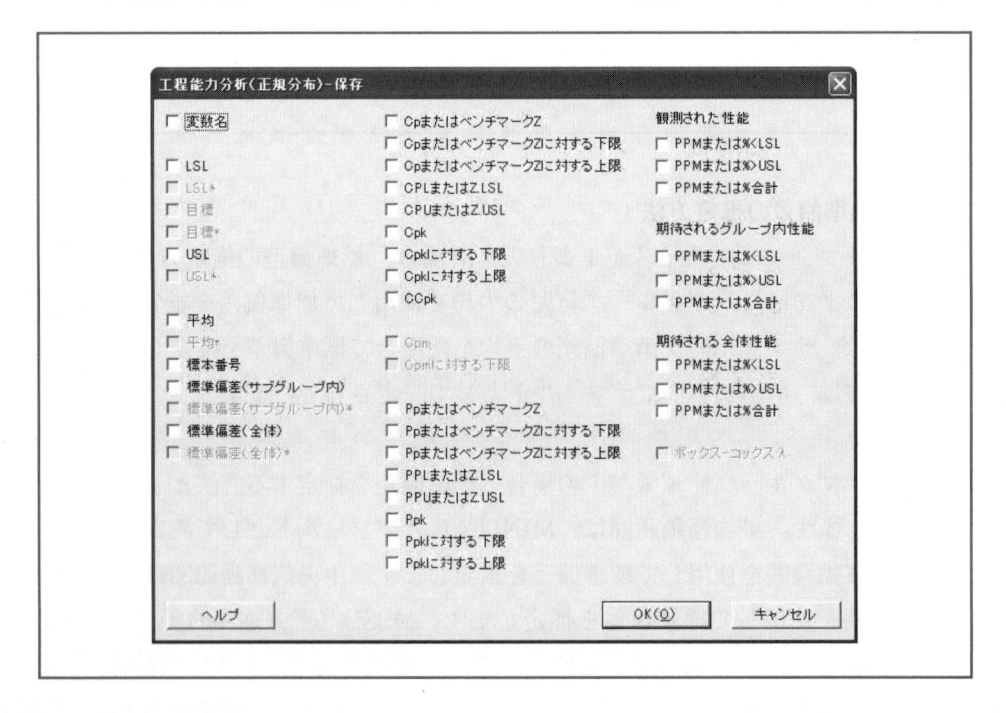

[工程能力分析（正規分布）-保存 ダイアログ]

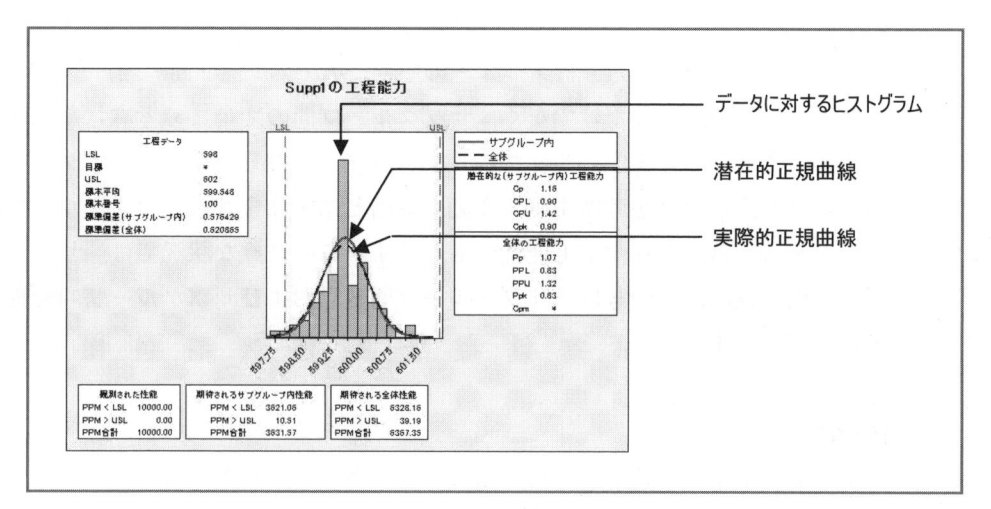

[実行] 3. 結果の出力：下のような結果がグラフウィンドウに出力されます。

- データに対するヒストグラム
- 潜在的正規曲線
- 実際的正規曲線

[実行] 4. 結果の解析

[用語説明]

- **潜在的な（サブグループ内）工程能力**：工程からサブグループ間の変動が除去され，工程のサブグループ内の変動だけで工程能力を評価した指数です。
- **全体の工程能力**：すべてのデータに対する変動値で，工程能力を評価した指数です。
- **観測された性能**：実際のデータが規格から外れる程度を PPM で表現した値です。例題では，PPM が 10000 となっています。これは，100 万個のデータを得た場合，1 万個が規格から外れるという意味です。
- **期待されるサブグループ内性能**：工程からサブグループ間の変動が除去され，工程のサブグループ内変動だけを考慮して正規分布をあてはめ，データが規格の上下限から外れうる程度を予想して，PPM で求めた値です。例題では，PPM が 3631.57 となっています。
- **期待される全体性能**：すべてのデータに対する変動値で，正規分布をあてはめ，データが規格の上下限から外れうる程度を予想して，PPM で求めた値です。例題では，PPM が 6367.35 となっています。
- 上のプロットを見ると，工程平均は目標値から若干落ちています。データの分布は，規格の下限から外れて左に少し偏っています。これは供給業者が納品するカムシャフトが，598mm の下限の規格を満たせないことを意味します。潜在的な工程能力の Cpk が 0.90 であることは，供給業者が工程変動を減らし，目標値と一致した製品を納品しなければならないことを示します。

11. サブグループ内およびサブグループ間の変動を考慮した工程能力

MINITAB の工程能力分析メニューの中で'サブグループ間/内'を選択して，サブグループ内の変動だけでなく，サブグループ間の変動まで考慮した工程能力を求めることができます。サブグループデータを収集した場合，サブグループ内のランダム誤差だけが考慮すべき変動の原因とは限りません。サブグループ間にもランダム誤差が存在する可能性があります。このような状況では，サブグループ間/内工程のばらつきは，サブグループ間変動およびサブグループ内変動の両方に起因します。

[例題]

ある製紙工場の製造工程では，紙ロールに薄いフィルムをコーティングする段階があります。品質担当者は，この工程の工程能力を調べるために，25 ロールから 3 つずつのデータを収集しました。このとき収集したデータは，フィルムのコーティングの厚さで，その規格は，50 ± 3 です。また，この工程の特徴の 1 つは，新しいロールの作業をするたびに，コーティング機械をリセットしなければならないため，ロールの間にデータの差があると判断しています。次のようなデータに対して工程能力を求めてみましょう（例題データ：roll.mtw）。

1	2	3	4	5	6	7	8	9	10	11	12	13
50.3	49.5	49.4	49.5	47.9	49.9	50.4	49.8	50.4	51.4	50.3	48.6	49.3
50.1	50.3	49.1	50.5	47.9	50.2	50.7	49.9	51.7	50.7	49.8	48.0	48.9
50.4	49.4	49.5	49.8	48.7	49.9	50.0	49.6	51.1	50.8	49.7	48.5	48.7

14	15	16	17	18	19	20	21	22	23	24	25
49.4	50.4	48.7	49.5	49.5	48.7	50.8	50.3	50.0	50.6	49.6	51.3
50.1	49.8	49.6	49.6	49.6	49.8	50.6	49.5	50.2	49.9	49.6	52.0
49.2	50.6	49.1	50.0	50.4	49.9	50.9	49.6	50.7	49.3	49.7	51.8

[実行] 1. データの入力：データは，次のように1つの列に入力します。

C1	C2
データ	Roll
50.3	1
50.1	1
50.4	1
49.5	2
50.3	2
49.4	2
49.4	3
49.1	3
49.5	3
49.5	4
50.5	4
49.8	4
47.9	5

[実行] 2. MINITAB メニュー：統計 ▶ 品質ツール ▶ 工程能力分析 ▶ サブグループ間／内

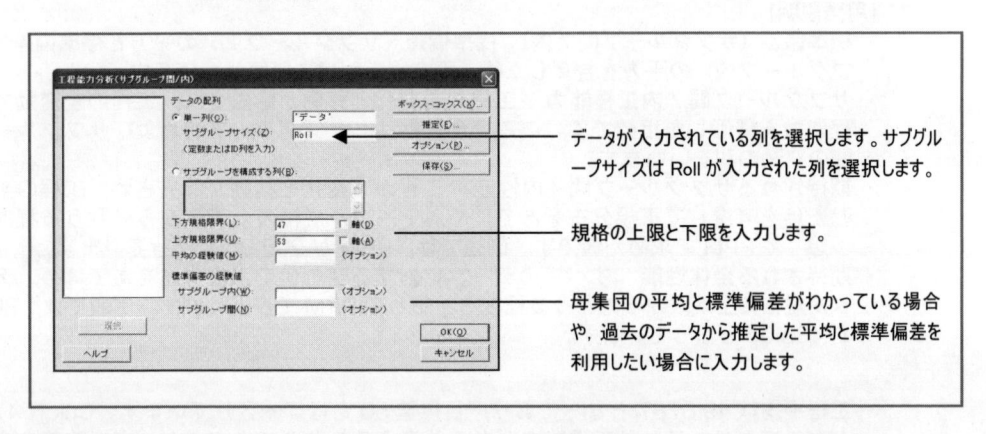

データが入力されている列を選択します。サブグループサイズは Roll が入力された列を選択します。

規格の上限と下限を入力します。

母集団の平均と標準偏差がわかっている場合や，過去のデータから推定した平均と標準偏差を利用したい場合に入力します。

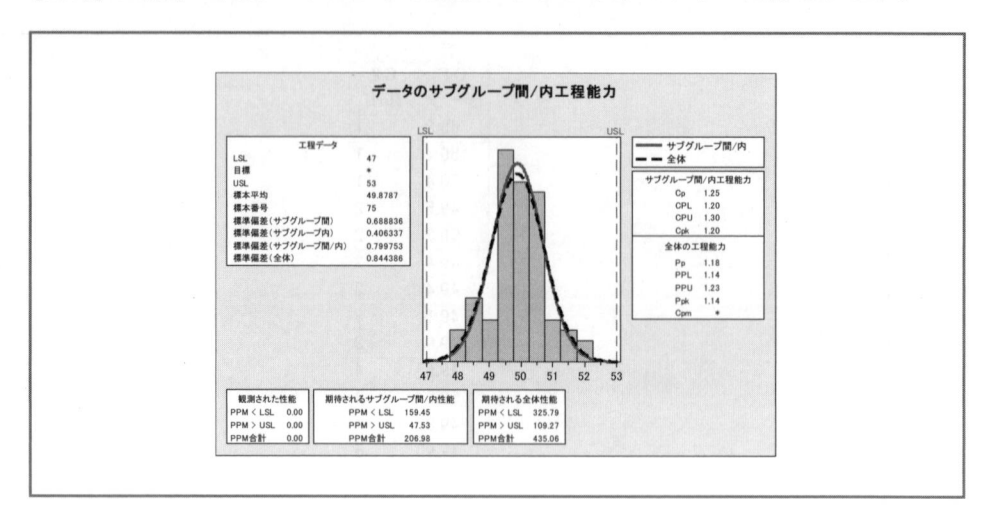

[実行] 3. 結果の出力：下のような結果がグラフウィンドウに出力されます。

[実行] 4. 結果の解析

> [用語説明]
> - 標準偏差（サブグループ間／内）：標準偏差（サブグループ間）の平方と標準偏差（サブグループ内）の平方を合算した後，平方根をつけて計算した値です。
> - サブグループ間／内工程能力：工程から変化と移動が除去され，工程の全変動で工程能力を評価した指数です。ここで全変動は，サブグループ内およびサブグループ間の変動の和をいいます。
> - 期待されるサブグループ間／内性能：工程から変化と移動が除去され，工程の全変動だけを考慮して正規分布をあてはめ，データが規格の上下限から外れうる程度を予想してPPMで求めた値です。例題では，PPMが206.98となっています。
> - 期待される全体性能：すべてのデータに対する変動値で正規分布をあてはめ，データが規格の上下限から外れうる程度を予想してPPMで表現します。例題では，PPMが435.06となっています。

> - 工程平均は49.8787となっており，目標値50とほぼ一致しています。Cpkは1.20となっており，これは工程能力があると考えることができますが，まだ改善の余地が残っていると判断します。期待されるサブグループ間／内性能と期待される全体性能のPPM合計がそれぞれ206.98，435.06です。これは，規格から外れうる100万個あたりのデータ数を意味します。この程度の値であれば，工程そのものに工程能力があると判断できるでしょう。

12. 非正規分布データに対する工程能力

非正規分布データに対しては，次の3つの方法により工程能力を求めることができます。

- ボックス-コックス（Box-Cox）変換：データが偏っている場合や，サブグループ内の変動が不安定な場合，ボックス-コックス変換を選択して工程能力を求めます。ただし，データは正の数である必要があります。
- ジョンソン（Johnson）変換：Johnson分布システムを使用して正規分布に従うよう，データを変換して工程能力を求めます。
- データに合う分布をあてはめる：データの変換を行わずに非正規分布データに合う分布を決めて，それに合う工程能力を求めます。

[1] ボックス-コックス（Box-Cox）変換を使用した工程能力

あるタイル会社の品質担当者は，タイルのゆがみについての工程能力を求めるため，10日間，1日に10個のタイルを抽出してゆがみを測定しました。上方規格限界を8として，工程能力を求めてみましょう（例題データ：tiles.mtw）。

1	2	3	4	5	6	7	8	9	10
1.60103	2.31426	0.52829	2.89530	0.44426	5.31230	1.22095	4.24464	1.12465	0.28186
0.84326	2.55635	1.01497	2.86853	2.48648	1.92282	6.32858	3.21267	0.78193	0.57069
3.00679	4.72347	1.12573	2.18607	3.91413	1.22586	3.80076	3.48115	4.14333	0.70532
1.29923	1.75362	2.56891	1.05339	2.28159	0.76149	4.22622	6.66919	5.30071	2.84843
2.24237	1.62502	4.23217	1.25560	0.96705	2.39930	4.33233	2.44223	3.79701	6.25825
2.63579	5.63857	1.34943	1.97268	4.98517	4.96089	0.42845	3.51246	3.24770	3.37523
0.34093	4.64351	2.84684	0.84401	5.79428	1.96775	1.20410	8.03245	5.04867	3.23538
6.96534	3.95409	0.76492	3.32894	2.52868	1.35006	3.44007	1.13819	3.06800	6.08121
3.46645	4.38904	2.78092	4.15431	3.08283	4.79076	2.51274	4.27913	2.45252	1.66735
1.41079	3.24065	0.63771	2.57873	3.82585	2.20538	8.09064	2.05914	4.69474	2.12262

[実行] 1. データの入力：データは1つの列に入力し，データの分布状態をヒストグラムで把握します。

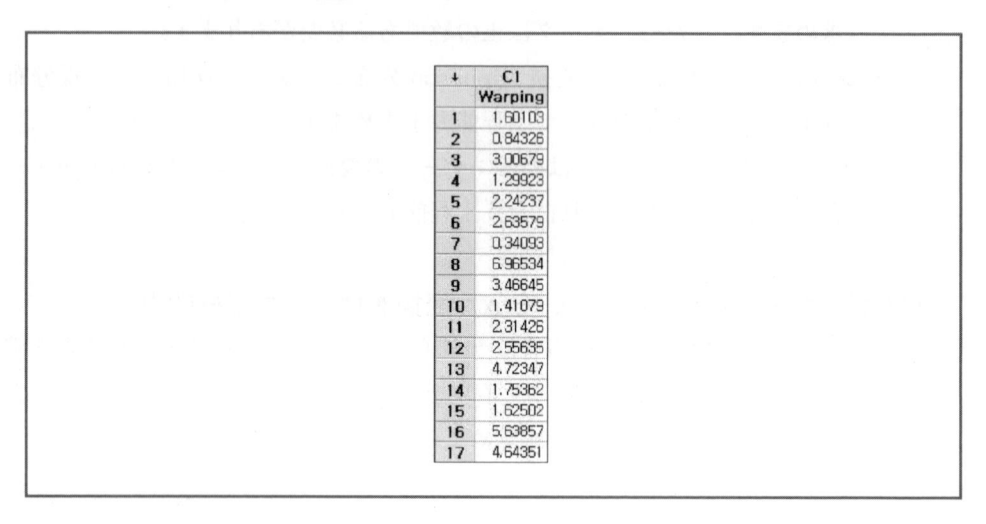

	C1
	Warping
1	1.60103
2	0.84326
3	3.00679
4	1.29923
5	2.24237
6	2.63579
7	0.34093
8	6.96534
9	3.46645
10	1.41079
11	2.31426
12	2.55635
13	4.72347
14	1.75362
15	1.62502
16	5.63857
17	4.64351

[実行] グラフ ▶ ヒストグラム

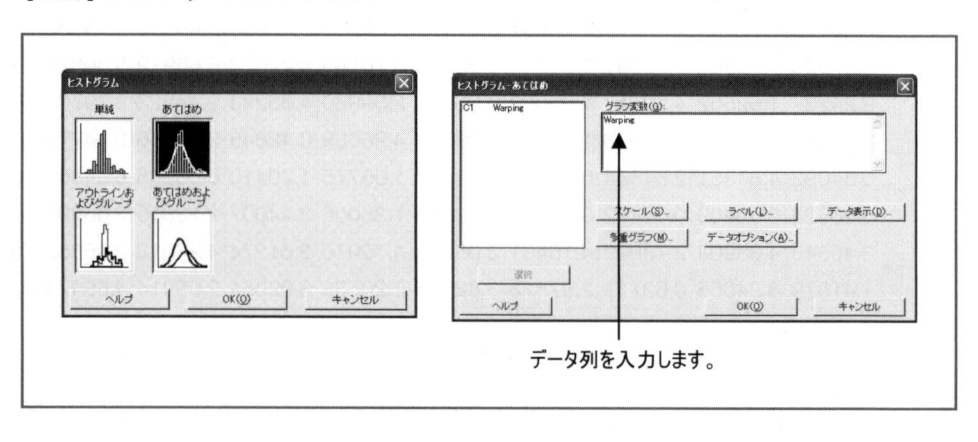

データ列を入力します。

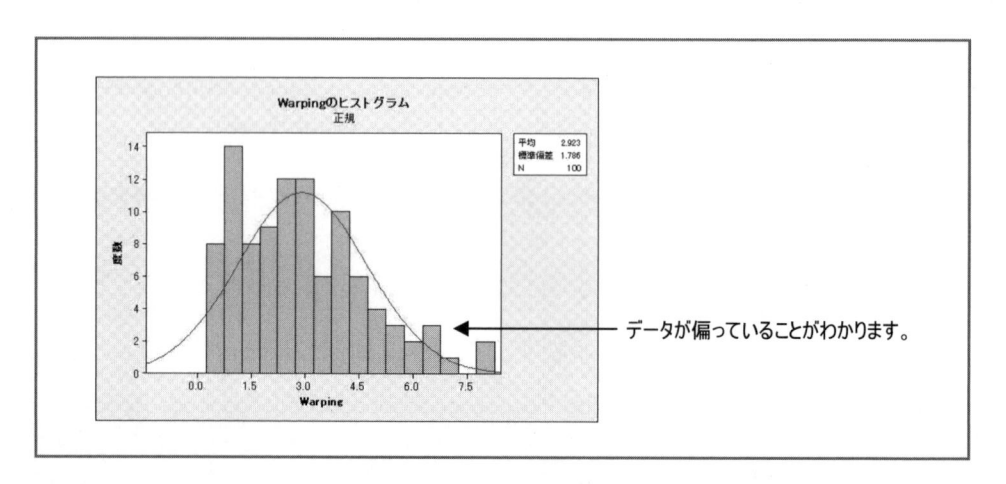

データが偏っていることがわかります。

12. 非正規分布データに対する工程能力　333

[実行] 2. MINITAB メニュー：統計 ▶ 品質ツール ▶ 工程能力分析 ▶ 正規

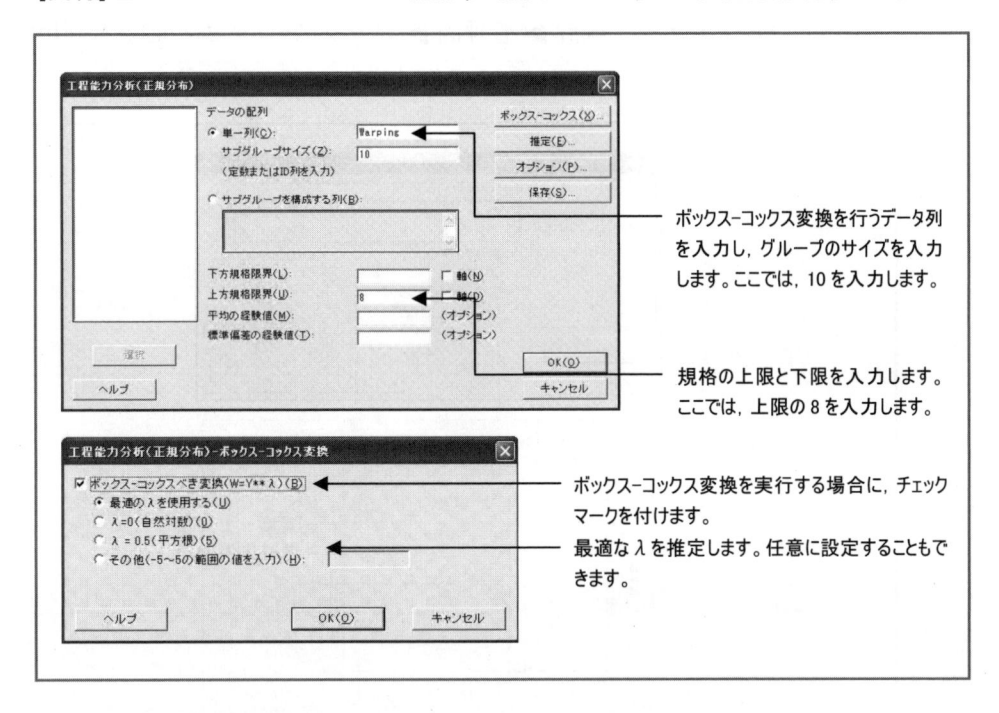

ボックス-コックス変換を行うデータ列を入力し，グループのサイズを入力します。ここでは，10 を入力します。

規格の上限と下限を入力します。ここでは，上限の 8 を入力します。

ボックス-コックス変換を実行する場合に，チェックマークを付けます。

最適な λ を推定します。任意に設定することもできます。

・ボックス-コックス変換

　MINITAB メニュー：統計 ▶ 管理図 ▶ ボックス-コックス変換 も利用することができます。

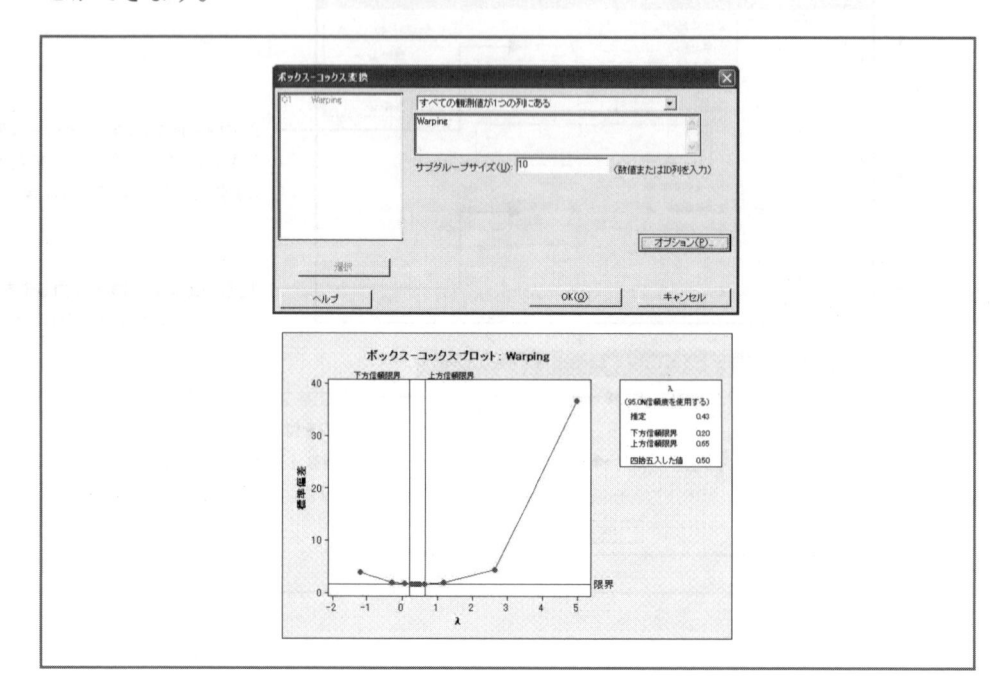

- ボックス-コックス変換は，工程データが非正規の場合に λ（ラムダ）を推定し，λ を使用してデータを正規化することをいいます。この変換では，λ のべき乗が使用されます。ただし，$\lambda = 0$ の場合には，自然対数が使用されます。ボックス-コックスプロットは，最適な λ を推定した結果を示します。ここでは，推定値で 0.43 という値が最適となっています。しかし，λ の 95％ 信頼区間に入る 0.5 を選択してもあまり差がないため，今回の場合，λ を四捨五入した 0.5 を選択すると，変換の理解が簡単です。つまり，$\lambda = 0.5$ の場合，元データの平方根を使用することになります。

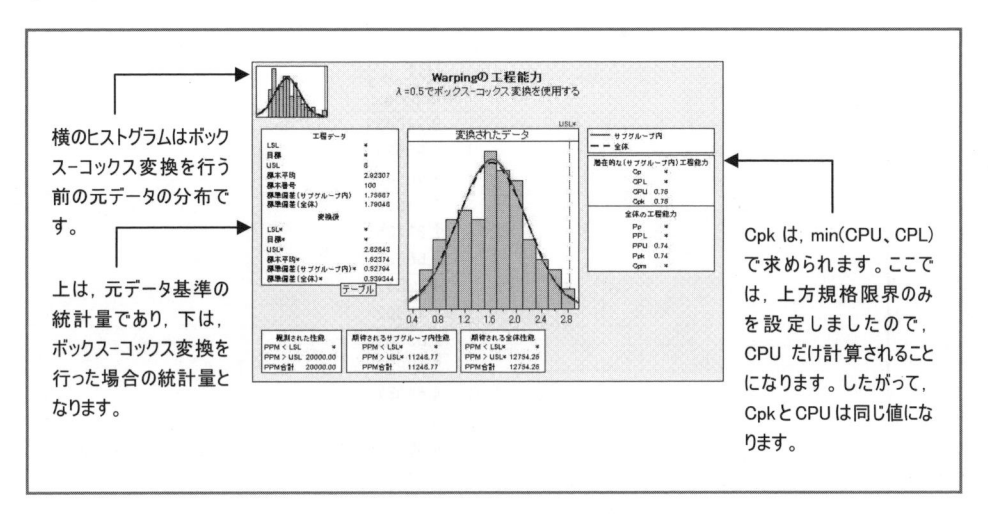

[実行] 3. 結果の出力：下のような結果がグラフウィンドウに出力されます。

横のヒストグラムはボックス-コックス変換を行う前の元データの分布です。

上は，元データ基準の統計量であり，下は，ボックス-コックス変換を行った場合の統計量となります。

Cpkは，min(CPU、CPL)で求められます。ここでは，上方規格限界のみを設定しましたので，CPUだけ計算されることになります。したがって，CpkとCPUは同じ値になります。

[実行] 4. 結果の解析

- デフォルトでは，λ値は0.5，−0.5，または最も近い整数に丸められます。四捨五入したλ値を使用しない場合，ツール ▶ オプション ▶ 管理図と品質ツール ▶ その他 を参照してください。
- Cpkは0.76となっており，工程能力の評価基準の1.33を満たしていません。従って，工程能力が不足していると判定します。ボックス-コックス変換されたヒストグラムが示すように，データの一部が上方規格限界から外れています。

[2] ワイブル分布データに対する工程能力

あるタイル会社の品質担当者は，タイルのゆがみについての工程能力を求めるため，10日間，1日に10個のタイルを抽出してゆがみを測定しました。上方規格限界を8として，データがワイブル分布に従うときの工程能力を求めてみましょう（例題データ：tiles.mtw）。

1	2	3	4	5	6	7	8	9	10
1.60103	2.31426	0.52829	2.89530	0.44426	5.31230	1.22095	4.24464	1.12465	0.28186
0.84326	2.55635	1.01497	2.86853	2.48648	1.92282	6.32858	3.21267	0.78193	0.57069
3.00679	4.72347	1.12573	2.18607	3.91413	1.22586	3.80076	3.48115	4.14333	0.70532
1.29923	1.75362	2.56891	1.05339	2.28159	0.76149	4.22622	6.66919	5.30071	2.84843
2.24237	1.62502	4.23217	1.25560	0.96705	2.39930	4.33233	2.44223	3.79701	6.25825
2.63579	5.63857	1.34943	1.97268	4.98517	4.96089	0.42845	3.51246	3.24770	3.37523
0.34093	4.64351	2.84684	0.84401	5.79428	1.96775	1.20410	8.03245	5.04867	3.23568
6.96534	3.95409	0.76492	3.32894	2.52868	1.35006	3.44007	1.13819	3.06800	6.08121
3.46645	4.38904	2.78092	4.15431	3.08283	4.79076	2.51274	4.27913	2.45252	1.66735
1.41079	3.24065	0.63771	2.57873	3.82585	2.20538	8.09064	2.05914	4.69474	2.12262

[実行] 1. データの入力：データは1つの列に入力します。

C1 Warping
0.34093
6.96534
3.46645
1.41079
2.31426
2.55635
4.72347
1.75362
1.62502
5.63857
4.64351
3.95409
4.38904

[実行] 2. MINITAB メニュー：統計 ▶ 品質ツール ▶ 工程能力分析 ▶ 非正規

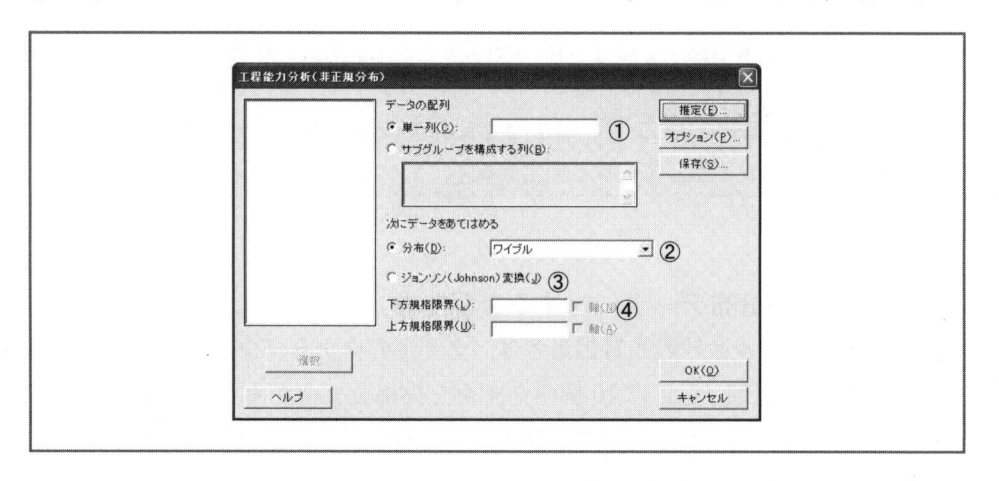

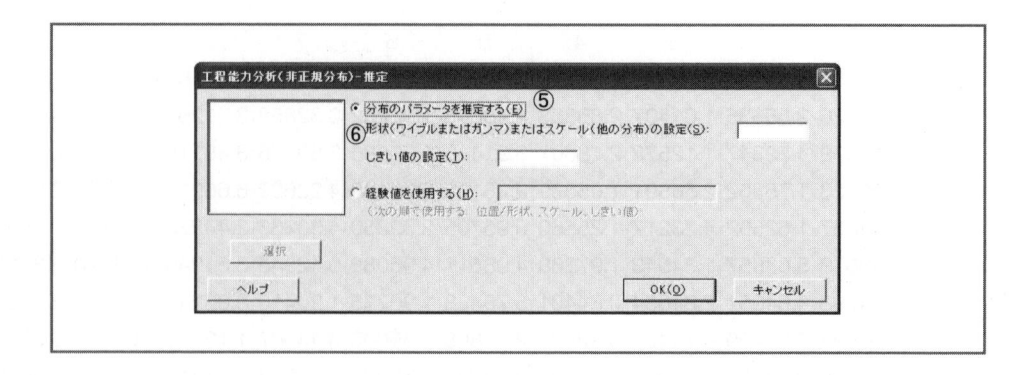

① データが入力された列を選択します。
② データをあてはめる分布を選択します。ここでは，ワイブル分布を選択します。
③ ジョンソン（Johnson）変換を選択すると，正規分布に従うようデータを変換し，工程能力分析を実行します。
④ 規格の上限と下限を入力します。上方規格限界，下方規格限界の両方，もしくはどちらかを入力します。数値は，正の数を入力する必要があります。ここでは，8 を入力します。
⑤ 分布のパラメータを推定する：分布パラメータをデータから推定するためには，この項目を選択します。以下で指定しなかったパラメータは，推定されます。
⑥ 形状（ワイブルまたはガンマ），またはスケール（他の分布）の設定値：選択した分布によって形状パラメータかスケールパラメータを入力します。
・ しきい値の設定：しきい値パラメータを入力します。
・ 経験値を使用する（次の順で使用する：位置／形状，スケール，しきい値）：パラメータの経験値を指定するためには，この項目を選択し，定数や列を入力します。

[実行] 3．結果の出力：下のような結果がグラフウィンドウに出力されます。

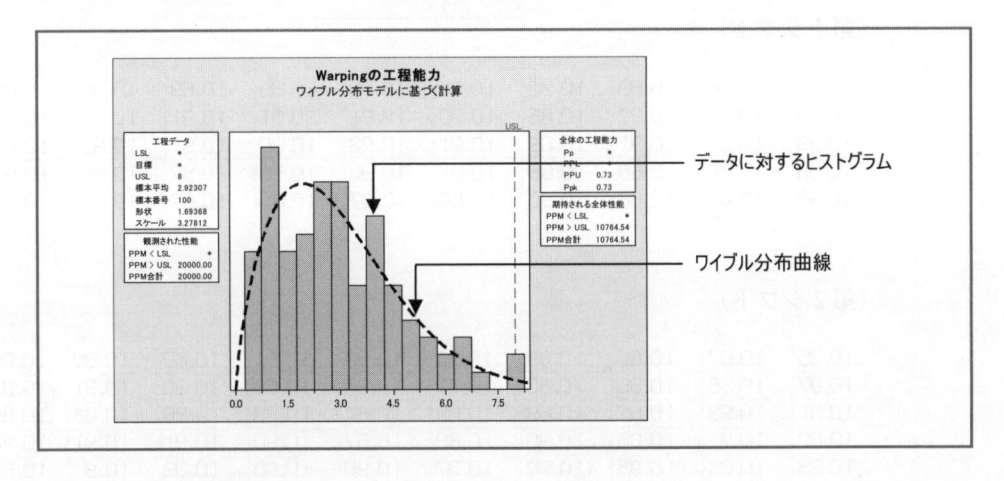

[実行] 4．結果の解析

・ ヒストグラムを見ると，推定されたワイブル分布曲線と，実際のデータ分布上には深刻な不一致を示す証拠はありません。規格を超過しているのは，タイルのゆがみのデータが上限の規格を超えるという意味です。Ppk と PPU は 0.73 となっており，これは工程能力の評価基準 1.33 を満たしていません。従って，工程能力が不足していると判定します。観測された性能で，PPM>USL が 20000 というのは，100 万個のタイルを生産した場合，2 万個が上限の規格を超えるという意味です。

13. 多重変数（正規分布）データに対する工程能力

各連続型変数が正規分布に従う場合，管理状態にある工程の工程能力を評価することができます。次の場合，多重変数工程能力分析を使用します。

- 多重変数に対する結果を比較したい場合
- グループ化変数が連続変数と関連があるとき，例えば，同一の工程を通して生産された部品の幅について，工程を改善する前と後で比較したい場合

[例題]

製鉄工場の品質担当者は，サポートビームの工程能力に関心があります。昼間のシフト（Shift）と夜間のシフトの工程能力に差があるかどうかを確認したいと考えています。そこで，各シフトが生産した10個の製品の中で5個を標本として抽出し，厚さ（Thickness）を測定しました。要件を満たすためには，厚さが10.44mm～10.96mmの範囲でなければなりません。工程能力分析を実施してみましょう（例題データ：shift.mtw）。

（第1シフト）

10.87	10.90	10.89	10.92	10.86	10.90	10.89	10.89	10.90	10.89
10.88	10.90	10.92	10.85	10.90	10.91	10.91	10.91	10.90	10.91
10.89	10.93	10.91	10.89	10.91	10.93	10.90	10.91	10.92	10.89
10.95	10.88	10.88	10.86	10.91	10.90	10.90	10.87	10.88	10.93
10.92	10.89	10.86	10.90	10.88	10.87	10.85	10.87	10.87	10.89

（第2シフト）

10.85	10.87	10.86	10.89	10.92	10.88	10.91	10.89	10.88	10.89
10.87	10.86	10.85	10.88	10.91	10.90	10.89	10.90	10.91	10.92
10.91	10.93	10.87	10.89	10.89	10.84	10.89	10.86	10.88	10.89
10.89	10.91	10.86	10.90	10.88	10.87	10.90	10.91	10.91	10.90
10.88	10.85	10.95	10.90	10.87	10.90	10.90	10.89	10.92	10.89

[実行] 1. データの入力：データは1つの列に入力します。

C1	C2
Shift	Thickness
1	10.87
1	10.88
1	10.89
1	10.95
1	10.92
1	10.90
1	10.90
1	10.93
1	10.88
1	10.89
1	10.89
1	10.92
1	10.91
1	10.88
1	10.86

[実行] 2. MINITAB メニュー： 統計 ▶ 品質ツール ▶ 工程能力分析 ▶ 多重変数（正規）

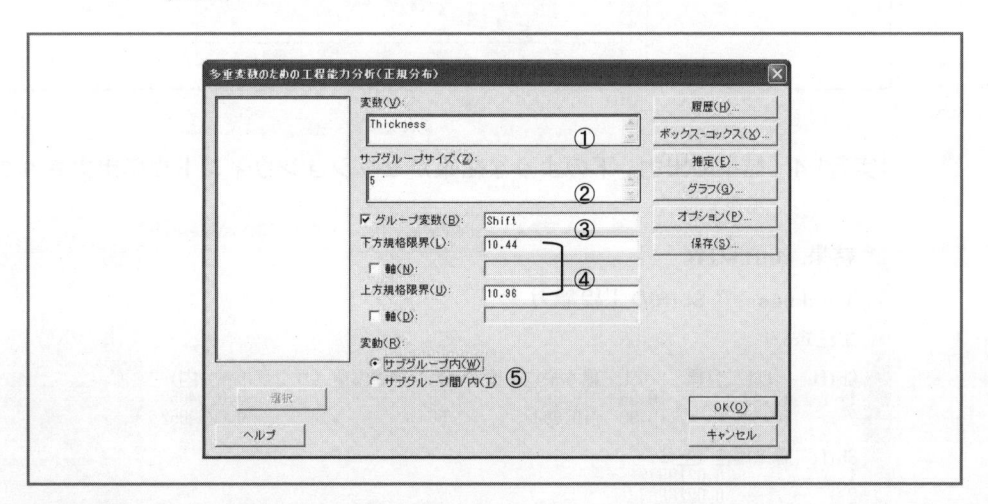

① データが入力された列を選択します。
② サブグループサイズに5を入力します。
③ データが多重変数分析となるようにグループ変数の値が入力された列を選択します。
④ 規格の上限と下限を入力します。
⑤ ・サブグループ内：サブグループ変動内で分析を実行する場合，この項目を選択します（この項目は，デフォルトで選択されています）。
　・サブグループ間／内：サブグループ変動のサブグループ間／内に対して分析を実行する場合，この項目を選択します。

[実行] 3. 結果の出力：下のような結果がグラフウィンドウに出力されます。

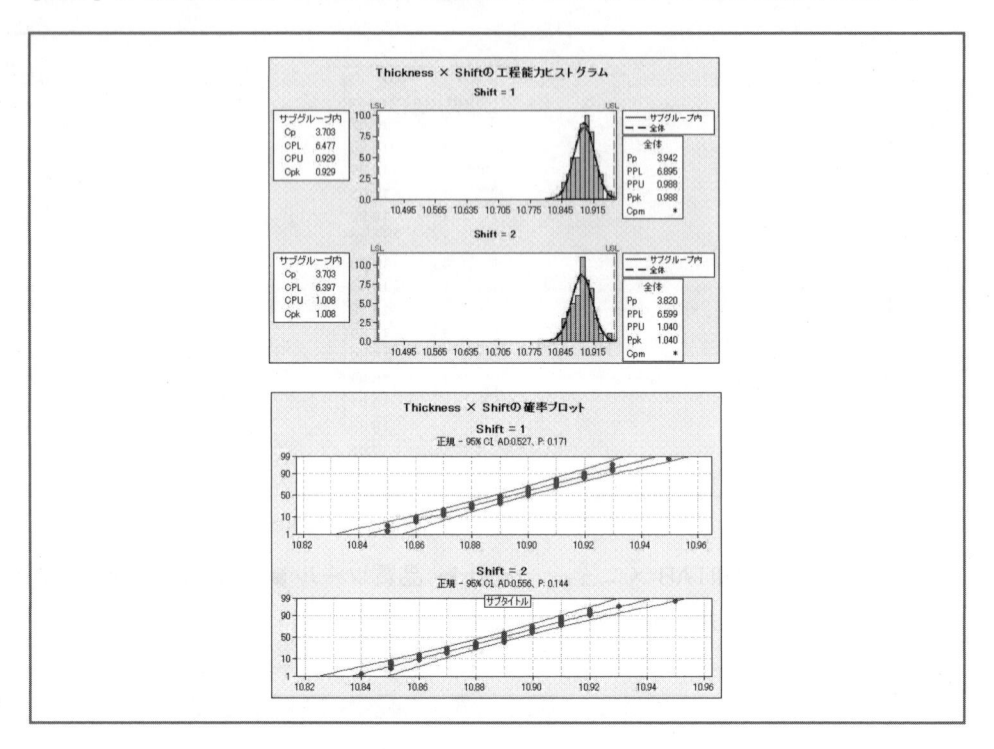

[実行] 4. 結果の出力：下のような結果がセッションウィンドウに出力されます。

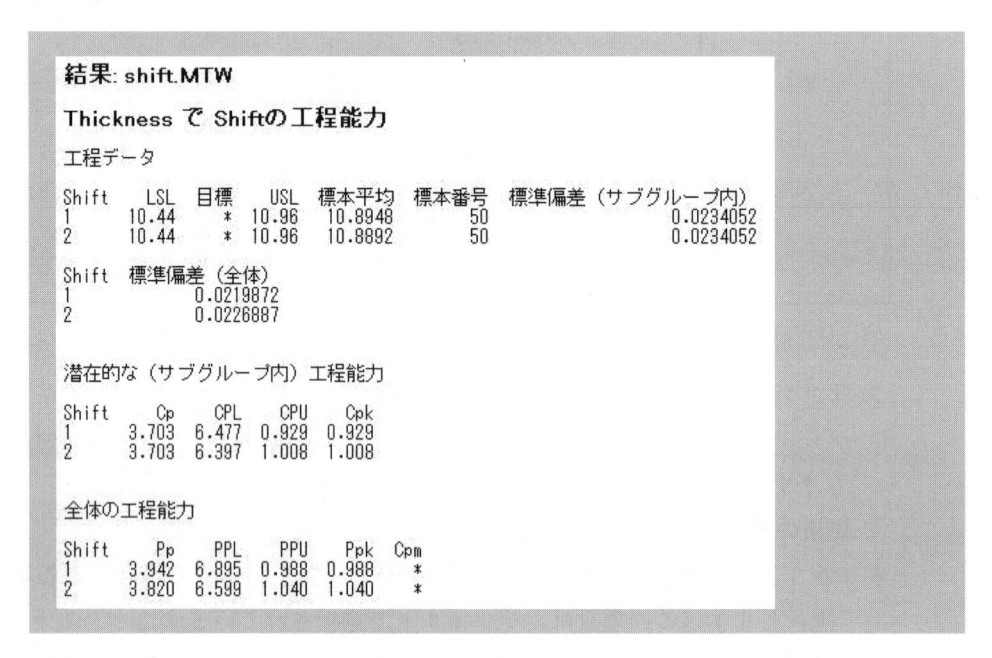

```
結果: shift.MTW
Thickness で Shift の工程能力

工程データ

Shift   LSL    目標   USL    標本平均   標本番号   標準偏差（サブグループ内）
1       10.44   *     10.96   10.8948    50         0.0234052
2       10.44   *     10.96   10.8892    50         0.0234052

Shift   標準偏差（全体）
1       0.0219872
2       0.0226887

潜在的な（サブグループ内）工程能力

Shift   Cp      CPL     CPU     Cpk
1       3.703   6.477   0.929   0.929
2       3.703   6.397   1.008   1.008

全体の工程能力

Shift   Pp      PPL     PPU     Ppk     Cpm
1       3.942   6.895   0.988   0.988   *
2       3.820   6.599   1.040   1.040   *
```

```
観測された性能

Shift  PPM < LSL  PPM > USL  PPM合計
1         0.00       0.00       0.00
2         0.00       0.00       0.00

期待されるサブグループ内性能

Shift  PPM < LSL  PPM > USL  PPM合計
1         0.00     2670.58    2670.58
2         0.00     1243.30    1243.30

期待される全体性能

Shift  PPM < LSL  PPM > USL  PPM合計
1         0.00     1511.66    1511.66
2         0.00      902.73     902.73
```

[実行] 5. 結果の解析

- 工程能力統計量を解析するためには，データが正規分布に従う必要があります。確率プロットを見ると，この要件は満たされています。
- 2つのシフトにおけるCp=3.703は，2つのシフトの規格範囲が工程範囲より3.703倍大きいことを表します。また，2つのシフトのCPLとCPUが等しくない場合，工程規格の中点に中心化されていないことを示します。このような事実は，ヒストグラムでも明確に確認できます。
- 2つのシフトにおいて，それぞれのCpとCpk間の差が大きいと，工程の中心化に問題があることを表します。PpについてもCpと同様に解釈できます。
- まず，上のデータに基づいて工程能力が適切かを決定する必要があります。一般的に許容される指数の最小値は，1.33です。2つのシフトの場合，工程の中心化に問題はあるようですが，工程の工程能力は高いといえます。しかし，工程の中心化を十分に考慮しなければならない場合には，この問題を検討して工程を改善する必要があるでしょう。

14. 多重変数（非正規分布）データに対する工程能力

MINITABでは，多重変数非正規分布データに対しても工程能力分析を行うことができます。

[例題]
2つの機械で冷凍食品を包装する会社があります。この会社の工程は，管理状態にあると判断されています。品質担当者は，包装された食品の重量（Weight）が機械によって差があるかどうかを調べたいと考えています。包装された冷凍食

品の重量の規格は，31 ± 4 グラムです。それぞれの機械で包装された冷凍食品のうち，50 個の標本を無作為に抽出し，重量を計測しました（例題データ：weight.mtw）。

（機械 1）

31.0768	28.8032	30.4845	29.6177	29.5402
30.0916	31.3937	33.3165	31.2461	32.0749
31.7104	32.4875	28.7059	30.7790	29.3122
31.9715	31.0322	30.0095	29.3285	32.8446
28.2870	32.2411	30.6538	31.4294	30.0857
29.2844	29.7339	28.9094	32.1127	33.3607
29.2885	32.6774	29.6758	30.3794	28.5674
29.8066	30.4579	29.6652	32.4662	28.9620
30.2569	29.3757	32.1253	31.5657	31.0649
29.6896	31.0672	30.3720	30.4222	29.0201

（機械 2）

29.2195	32.2535	29.4716	29.4153	29.3193
29.9828	33.3915	31.7110	29.9254	30.4320
31.3002	29.7863	31.3883	28.4628	29.9104
29.4361	31.0394	29.4934	31.1475	29.4646
29.2905	30.9667	28.9395	30.3355	28.3085
31.5616	31.1454	28.2784	30.0349	30.0960
30.7546	32.0289	29.9522	32.9870	32.0718
30.0805	29.7988	28.9345	29.8863	30.6020
30.1519	31.4488	31.4021	30.2234	30.3098
32.2704	31.6975	30.5845	29.3675	28.3694

[実行] 1. データの入力：データは 1 つの列に入力します。

C1 Weight	C2 Machine
31.0768	1
30.0916	1
31.7104	1
31.9715	1
28.2870	1
29.2844	1
29.2885	1
29.8066	1
30.2569	1
29.6896	1
28.8032	1
31.3937	1
32.4875	1
31.0322	1
32.2411	1
29.7339	1
32.6774	1
30.4579	1

14. 多重変数（非正規分布）データに対する工程能力　343

[実行] 2. MINITAB メニュー：統計 ▶ 品質ツール ▶ 工程能力分析 ▶ 多重変数
（非正規）

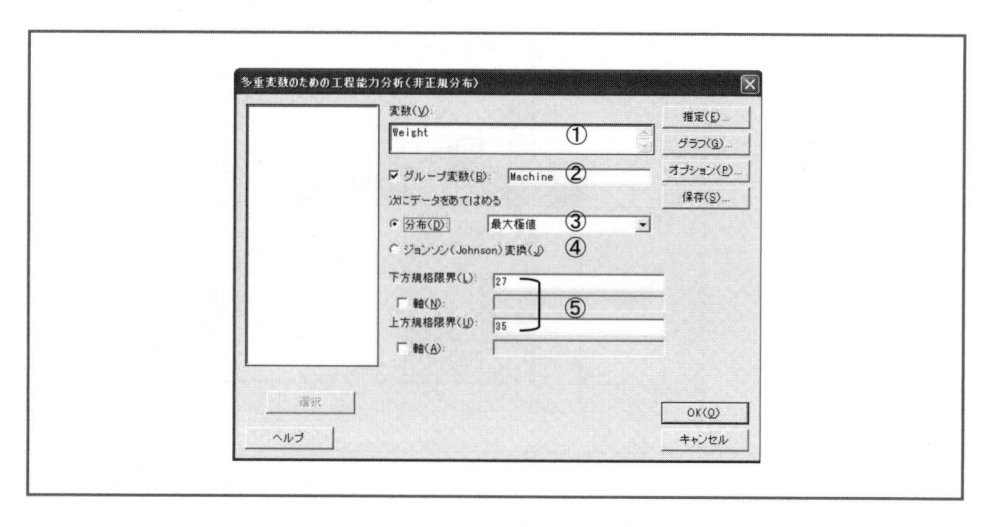

① データが入力された列を選択します。
② データが多重変数分析となるようにグループ変数の値が入力された列を選択します。
③ データをあてはめる分布を選択します。例題では，最大極値分布を選ぶことにします。
④ ジョンソン（Johnson）変換を選択すると，正規分布に従うようデータを変換し，工程能力分析を実行します。
⑤ 規格の上限と下限を入力します。

[実行] 3. 結果の出力：下のような結果がグラフウィンドウに出力されます。

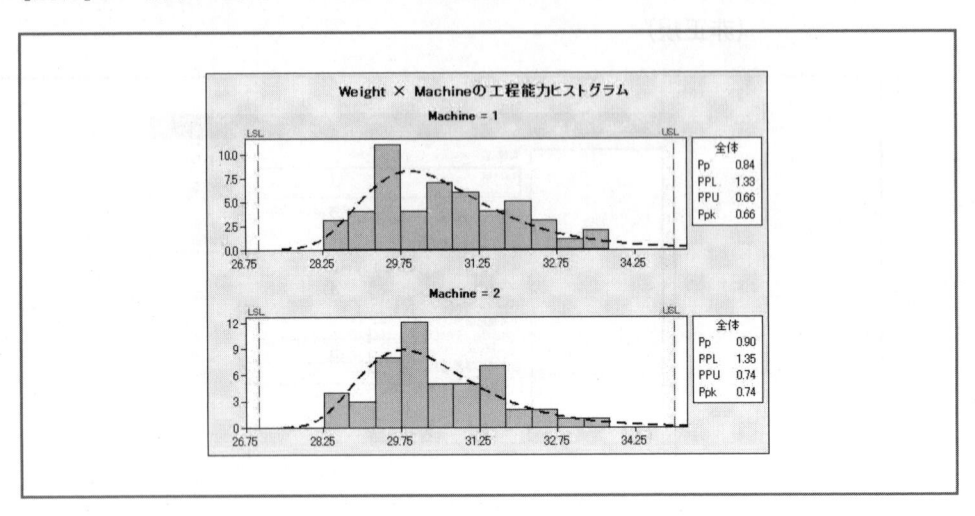

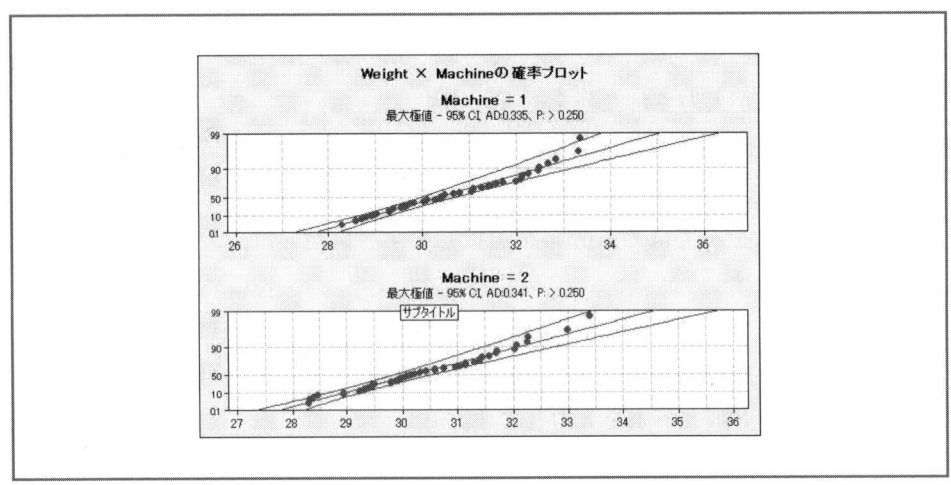

[実行] 4. 結果の出力: 下のような結果がセッションウィンドウに出力されます。

```
結果: weight.MTW
Weight で Machine の工程能力
分布: 最大極値

工程データ
Machine  LSL  目標  USL  標本平均  標本番号      位置    スケール
1         27   *    35   30.5766      50    29.9409   1.12097
2         27   *    35   30.3686      50    29.7941   1.04393

全体の工程能力
Machine   Pp    PPL   PPU   Ppk
1        0.84  1.33  0.66  0.66
2        0.90  1.35  0.74  0.74

観測された性能
Machine  PPM < LSL   PPM > USL   PPM合計
1          0.00         0.00       0.00
2          0.00         0.00       0.00

期待される全体性能
Machine  PPM < LSL   PPM > USL   PPM合計
1          1.03      10904.02   10905.06
2          0.49       6803.71    6804.19
```

[実行] 5. 結果の解析

確率プロットを見ると，データが最大極値分布に従うことがわかります。
- 工程能力統計量は，$X_{0.5}$, $X_{0.9987}$ および $X_{0.0013}$ で表記される 50, 99.87 および 0.13 百分位数に基づきます。百分位数は，最大極値分布に対するパラメータ推定値を使用して計算されます。
- '機械 1' と '機械 2' の Pp は，それぞれ 0.84 と 0.90 です。
- 2 つの機械において，両方とも Pp は高く，Ppk は低くなっています。これは，工程の中央値が規格の中心から外れていることを示しています。
- '機械 1' の場合，PPM<LSL（1.03）は，100 万個の中で 1 個が規格の下限である 27 グラム未満になることを示しています。また '機械 1' の場合，PPM > USL（10904）は，100 万個の中で 10,904 個が規格の上限である 35 グラムを超過することを示しています。機械 2 もほぼ同じ結果を示していることがわかります。
- 2 つの機械の工程能力指数は，両方とも 1.33 より低くなっています。特に，工程において，規格の上限より多くの量の食品を包装する傾向にあるようです。この会社は，即刻適切な措置を講じ，工程を改善する必要があるでしょう。

15. 工程能力シックスパック

工程能力シックスパックは，工程能力を一目で把握する工程能力レポートを作成します。次のような情報が得られます。

■ 工程の安定性を確認
- Xbar 管理図（または，個別観測値に対する個別管理図）
- R 管理図または S 管理図（サブグループサイズが 8 より大きい場合）
- 最後の 25 個のサブグループ（または最後の 25 個の観測値）に対するランチャート

■ 正規性を確認
- 工程データのヒストグラム
- 正規確率プロット（アンダーソン-ダーリング（Anderson-Darling）値および p 値も表示）

■ 工程能力を評価
- 工程能力プロット
- サブグループ内および全体の工程能力の統計量：Cp，Cpk，Cpm（目標値を指定する場合），Pp および Ppk

[1] 正規分布データに対する工程能力シックスパック

ある自動車会社では，自動車のコア部品の 1 つであるカムシャフトの長さが慢性的な不良を引き起こしていることに悩んでいます。そこで，供給業者から納品されるカムシャフトの長さに対して工程能力調査をするため，次のようなデータを得ました。カムシャフトの長さの規格は，600mm ± 2mm です。工程能力を求めてみましょう（例題データ：shaft.mtw）。

1	2	3	4	5	6	7	8	9	10	11	12	13	14	15	16	17	18	19	20
598.0	600.0	599.4	599.4	598.8	600.0	599.0	600.0	600.2	599.2	599.0	600.4	599.4	598.8	599.6	599.6	599.6	600.0	599.4	599.6
599.8	598.8	599.4	599.6	598.8	600.2	599.8	599.2	599.6	599.0	599.6	599.6	599.0	599.2	599.2	600.0	601.2	599.4	600.0	599.8
600.0	598.2	600.0	599.0	599.8	600.2	600.8	599.8	599.6	599.6	599.4	600.0	598.4	599.6	599.6	599.6	599.6	599.8	600.0	599.0
599.8	599.4	598.8	599.2	599.2	599.6	598.8	601.2	599.6	600.4	599.2	600.8	599.0	598.6	600.2	599.2	600.2	599.2	599.2	599.6
600.0	599.6	599.2	600.6	599.4	599.0	598.2	600.4	600.2	600.0	597.8	600.4	599.6	599.8	598.6	600.0	599.6	599.4	599.4	599.4

[実行] 1. データの入力：データは次のように 1 つの列に入力します。

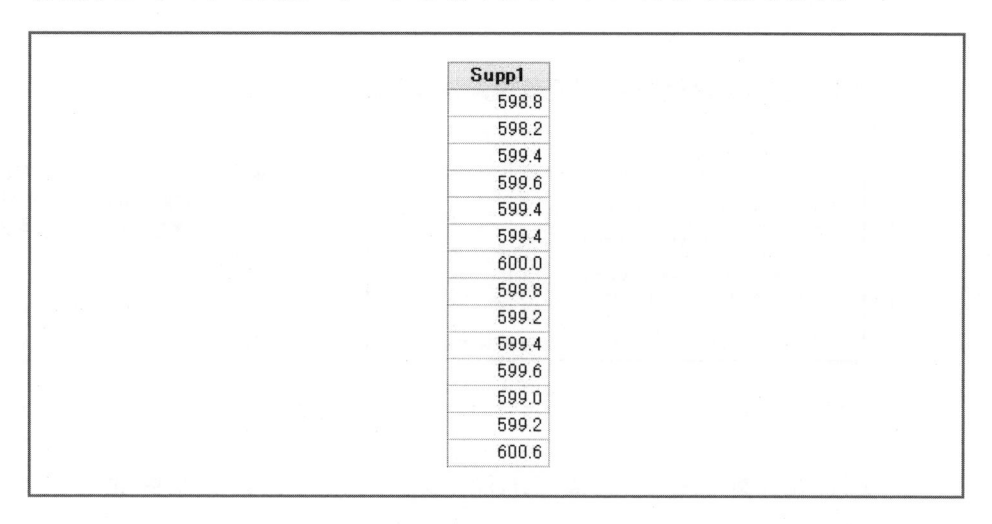

Supp1
598.8
598.2
599.4
599.6
599.4
599.4
600.0
598.8
599.2
599.4
599.6
599.0
599.2
600.6

[実行] 2. MINITAB メニュー： 統計 ▶ 品質ツール ▶ 工程能力シックスパック ▶ 正規

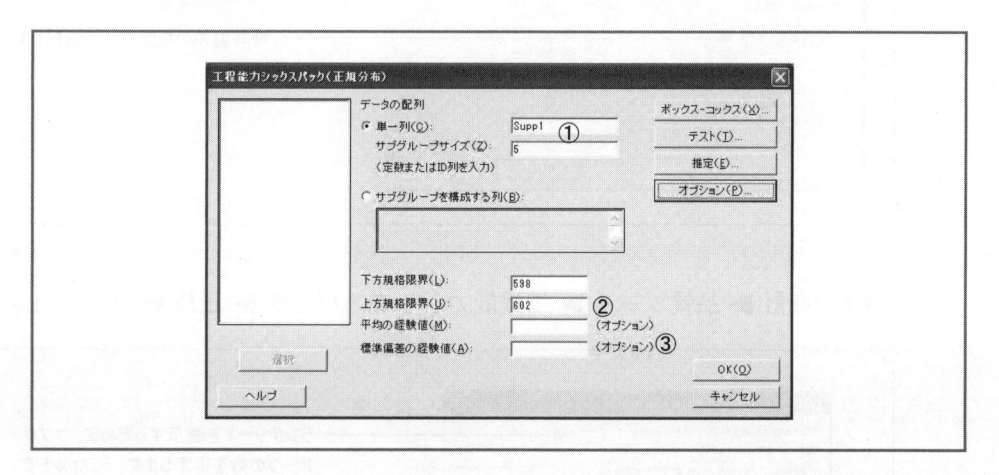

① データが入力された列を選択します。サブグループサイズは, 5 を入力します。
② 規格の上限と下限を入力します。
③ 母集団の平均と標準偏差がわかっている場合や，過去のデータから推定した平均と標準偏差を利用したい場合に入力します。

[実行] 統計 ▶ 品質ツール ▶ 工程能力シックスパック ▶ 正規 ▶ テスト

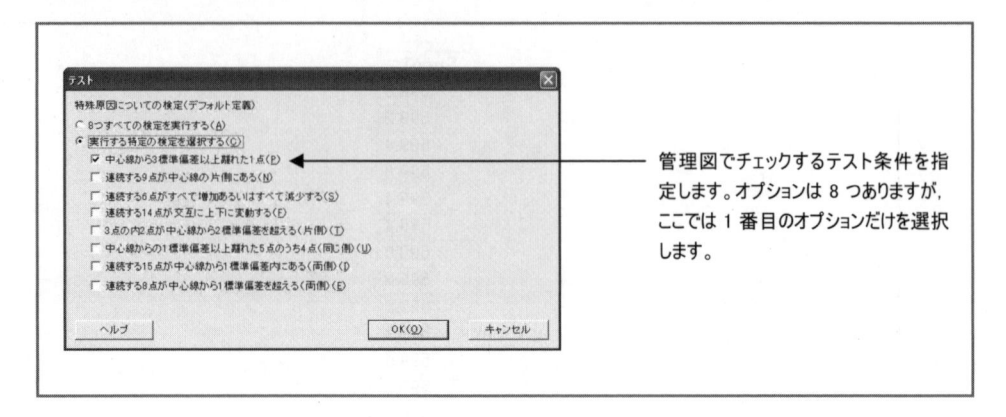

管理図でチェックするテスト条件を指定します。オプションは 8 つありますが，ここでは 1 番目のオプションだけを選択します。

[実行] 統計 ▶ 品質ツール ▶ 工程能力シックスパック ▶ 正規 ▶ 推定

標準偏差の推定方法を選択します。

[実行] 統計 ▶ 品質ツール ▶ 工程能力シックスパック ▶ 正規 ▶ オプション

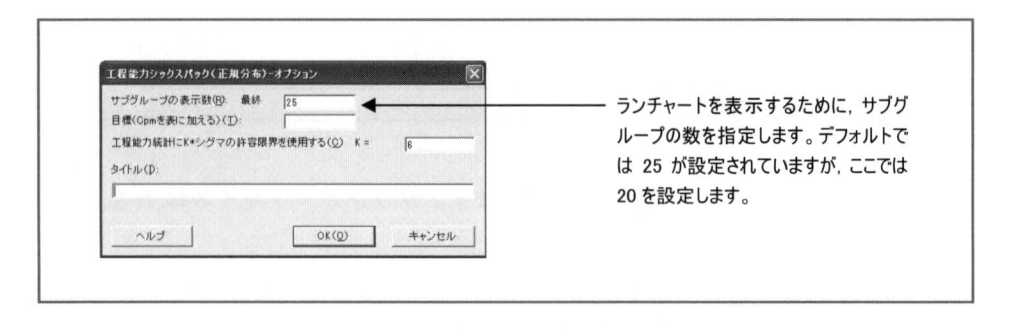

ランチャートを表示するために，サブグループの数を指定します。デフォルトでは 25 が設定されていますが，ここでは 20 を設定します。

[実行] 3. 結果の出力：下のような結果がグラフウィンドウに出力されます。

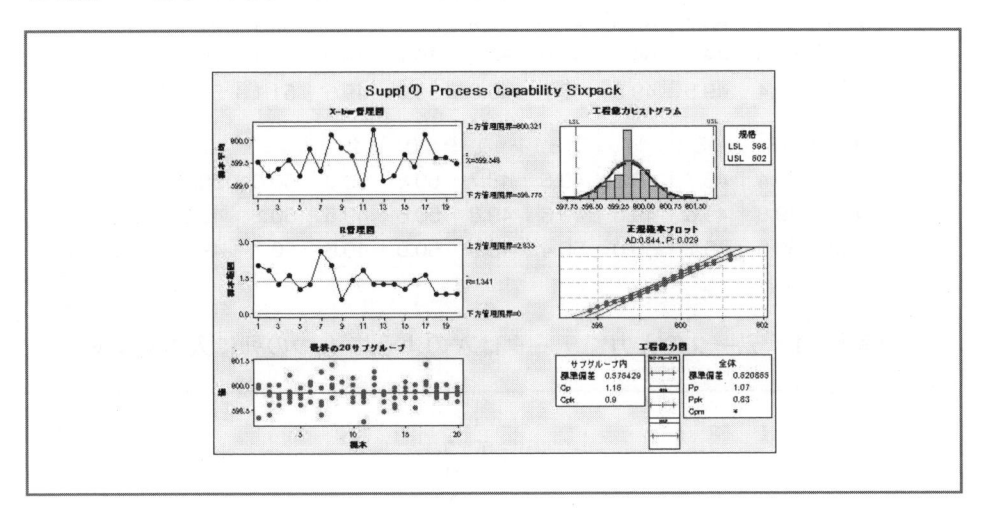

[実行] 4. 結果の解析

- **Xbar と R 管理図**：管理図の点は，管理限界線内でランダムに散らばっています。従って，工程が安定していると判断します。
- **最後の 20 サブグループ**：点を見ると，何らかの傾向や移動はなく，水平にランダムに散らばっています。これもまた，工程が安定していることを示しています。
- **工程能力ヒストグラム**：ヒストグラムを見ると，データが大まかに正規分布に従っていることが見られます。また，工程データの一部が規格の下限から外れています。これは，カムシャフトが 598mm の規格の下限を満たしていない場合があることを意味します。
- **正規確率プロット**：正規確率プロットでも，点がほとんど一直線に従って分布していることから，工程のデータは，正規分布していると判断します。
- **工程能力図**：Cpk と Cp が 0.90 と 1.16 となっており，工程能力評価基準 1.33 を満たしていません。従って，工程能力が不足していると判定します。

[2] サブグループ内およびサブグループ間の変動を考慮する際の工程能力シックスパック

ある製紙工場の製造工程では，紙ロールに薄いフィルムをコーティングする段階があります。品質担当者は，この工程の工程能力を調べるために，25 ロールから 3 つずつのデータを収集しました。このとき収集したデータは，フィルムのコーティングの厚さで，その規格は，50 ± 3 です。また，この工程の特徴の 1 つは，新しいロールの作業をするたびに，コーティング機械をリセットしなければならないため，ロールの間にデータの差があると判断しています。次のようなデータに対して工程能力を求めてみましょう（例題データ：roll.mtw）。

第12章 工程能力分析

1	2	3	4	5	6	7	8	9	10	11	12	13
50.3	49.5	49.4	49.5	47.9	49.9	50.4	49.8	50.4	51.4	50.3	48.6	49.3
50.1	50.3	49.1	50.5	47.9	50.2	50.7	49.9	51.7	50.7	49.8	48.0	48.9
50.4	49.4	49.5	49.8	48.7	49.9	50.0	49.6	51.1	50.8	49.7	48.5	48.7

14	15	16	17	18	19	20	21	22	23	24	25
49.4	50.4	48.7	49.5	49.5	48.7	50.8	50.3	50.0	50.6	49.6	51.3
50.1	49.8	49.6	49.6	49.6	49.8	50.6	49.5	50.2	49.9	49.6	52.0
49.2	50.6	49.1	50.0	50.4	49.9	50.9	49.6	50.7	49.3	49.7	51.8

[実行] 1. データの入力：データは次のように1つの列に入力します。

C1 データ	C2 Roll
50.3	1
50.1	1
50.4	1
49.5	2
50.3	2
49.4	2
49.4	3
49.1	3
49.5	3
49.5	4
50.5	4
49.8	4
47.9	5

[実行] 2. MINITAB メニュー：統計 ▶ 品質ツール ▶ 工程能力シックスパック ▶ サブグループ間/内

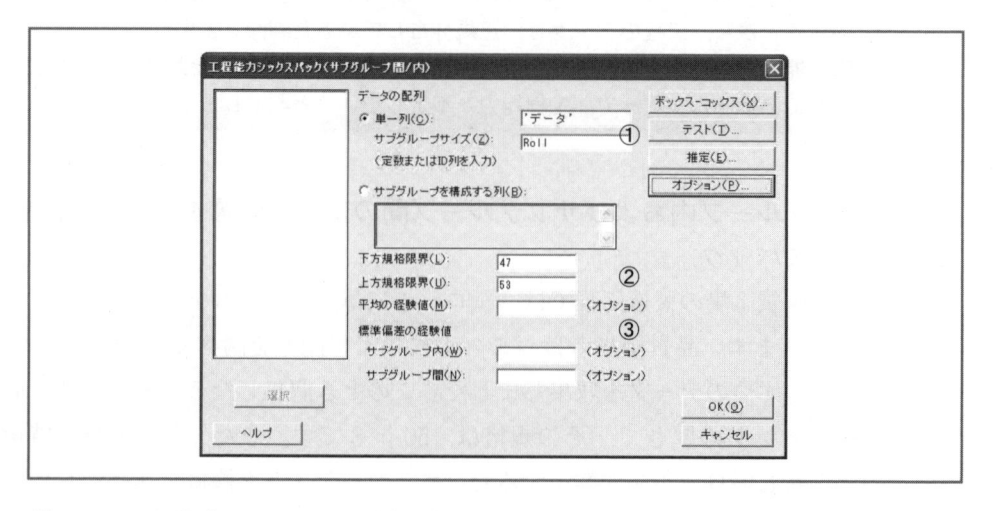

① データが入力されている列を選択します。サブグループサイズは，Roll が入力された列を選択します。

② 規格の上限と下限を入力します。
③ 母集団の平均と標準偏差がわかっている場合や，過去のデータから推定した平均と標準偏差を利用したい場合に入力します。

[実行] 3. 結果の出力：下のような結果がグラフウィンドウに出力されます。

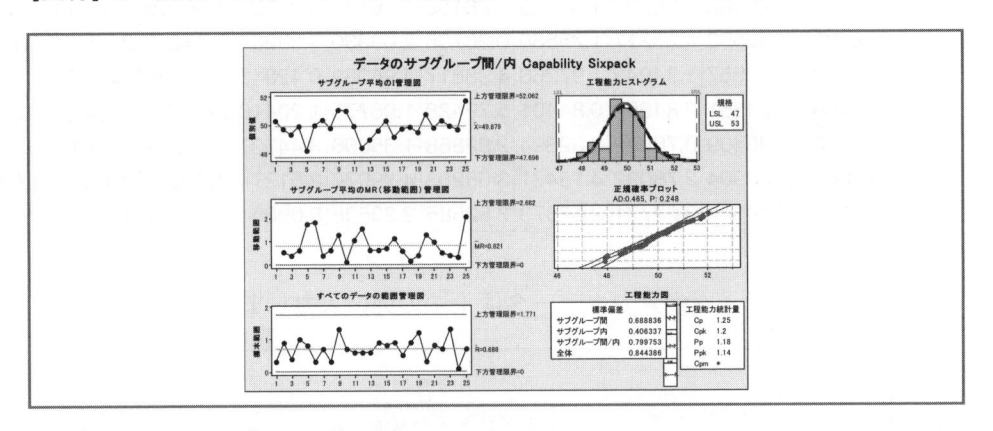

[実行] 4. 結果の解析

- サブグループ平均の I 管理図／サブグループ平均の MR（移動範囲）管理図：I 管理図は，サブグループの平均をプロットしたもので，これにより工程の平均に何らかの移動があるかどうかを判断します。移動範囲管理図は，連続するサブグループ平均の移動範囲をプロットしたもので，サブグループからサブグループまでの工程変動の管理状態を判断します。範囲管理図は，サブグループの範囲をプロットして，サブグループ内変動の管理状態を判断します。サブグループサイズが 8 を超える場合，範囲管理図の代わりに S 管理図が使用されます。S 管理図は，サブグループの標準偏差をプロットし，サブグループ内変動の管理状態を判断します。
- 工程能力ヒストグラム：実際のデータのヒストグラムと，工程平均とサブグループ間／内の標準偏差を利用した正規曲線を表示します。ここでサブグループ間／内の標準偏差は，サブグループ内およびサブグループ間の標準偏差を合算した値です。
- 正規確率プロット：データが正規的に分布するかどうかを判断します。
- 工程能力図：サブグループ間／内は，サブグループ間／内の標準偏差に 6 を掛けた区間を表し，全体は，すべてのデータの標準偏差に 6 を掛けた区間を表します。Cp，Cpk，Pp，Ppk などの工程能力指数も示します。
- グラフと工程能力指数より，データは正規分布に従い，工程変動は管理状態であることがわかります。工程は，ほとんど規格の中心に位置しています。Cpk と Ppk は，それぞれ 1.2 と 1.14 となっており，これは，ある程度の工程能力はあるものの，改善の余地があると判断できるでしょう。

[3] 非正規分布データに対する工程能力シックスパック

あるタイル会社の品質担当者は，タイルのゆがみについての工程能力を求めるため，10 日間，1 日に 10 個のタイルを抽出してゆがみを測定しました。上方規格限界を 8 として，データがワイブル分布に従うときの工程能力を求めてみまし

第12章 工程能力分析

ょう（例題データ：tiles.mtw）。

1	2	3	4	5	6	7	8	9	10
1.60103	2.31426	0.52829	2.89530	0.44426	5.31230	1.22095	4.24464	1.12465	0.28186
0.84326	2.55635	1.01497	2.86853	2.48648	1.92282	6.32858	3.21267	0.78193	0.57069
3.00679	4.72347	1.12573	2.18607	3.91413	1.22586	3.80076	3.48115	4.14333	0.70532
1.29923	1.75362	2.56891	1.05339	2.28159	0.76149	4.22622	6.66919	5.30071	2.84843
2.24237	1.62502	4.23217	1.25560	0.96705	2.39930	4.33233	2.44223	3.79701	6.25825
2.63579	5.63857	1.34943	1.97268	4.98517	4.96089	0.42845	3.51246	3.24770	3.37523
0.34093	4.64351	2.84684	0.84401	5.79428	1.96775	1.20410	8.03245	5.04867	3.23538
6.96534	3.95409	0.76492	3.32894	2.52868	1.35006	3.44007	1.13819	3.06800	6.08121
3.46645	4.38904	2.78092	4.15431	3.08283	4.79076	2.51274	4.27913	2.45252	1.66735
1.41079	3.24065	0.63771	2.57873	3.82585	2.20538	8.09064	2.05914	4.69474	2.12262

[実行] 1. データの入力：データは1つの列に入力します。

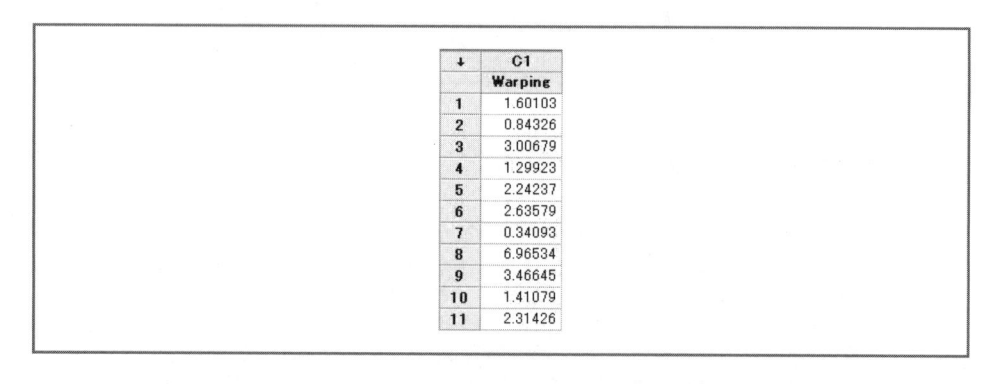

↓	C1 Warping
1	1.60103
2	0.84326
3	3.00679
4	1.29923
5	2.24237
6	2.63579
7	0.34093
8	6.96534
9	3.46645
10	1.41079
11	2.31426

[実行] 2. MINITAB メニュー：統計 ▶ 品質ツール ▶ 工程能力シックスパック ▶ 非正規

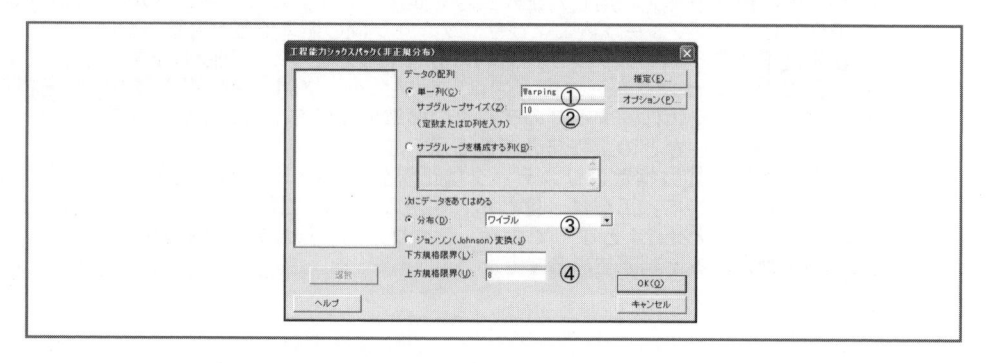

① データが入力された列を選択します。
② サブグループサイズを10にします。
③ データにあてはめる分布を選択します。この例題では，ワイブル分布を選択します。

④ 規格の上限と下限を入力します。上方規格限界，下方規格限界の両方，もしくはどちらかを入力します。数値は，正の数を入力する必要があります。ここでは，8 を入力します。

[実行] 3. 結果の出力：下のような結果がグラフウィンドウに出力されます。

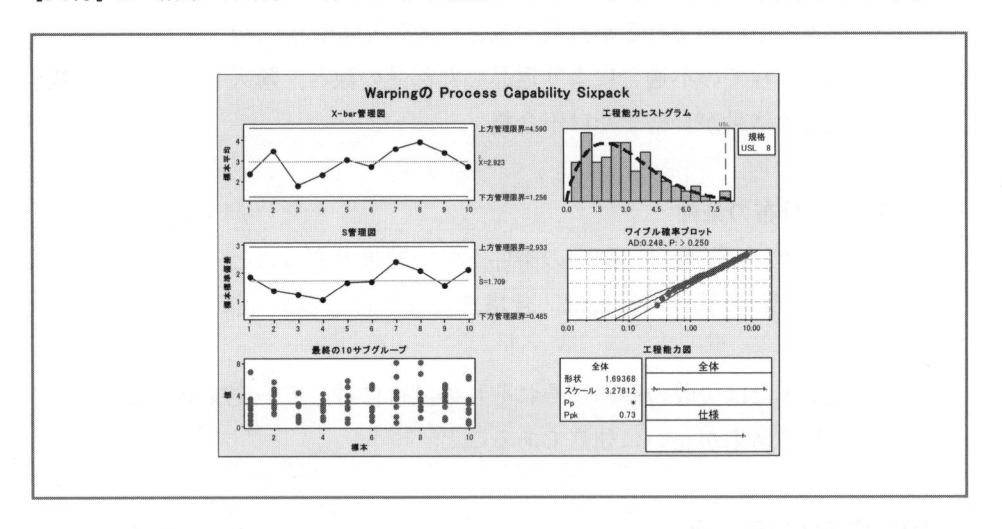

[実行] 4. 結果の解析

- Xbar-S 管理図：工程が管理状態かどうかを評価します。
- 最後の 10 サブグループ：データの分布において，サブグループ内に異常値があるかどうかを把握し，データ分布がグループ内で変化しているかどうかを把握します。
- ワイブル確率プロット：データがワイブル分布に従うか判断します。点が線と一致するほど，ワイブル分布に近いと判断します。
- 工程能力図：最初の区間は，データの分布区間を表示したもので，2 番目の区間は規格を表示しています。工程能力ヒストグラムを見ると，データがワイブル分布に従っていることがわかります。また，データの一部が規格の上限から外れていますが，これはタイルが上方規格限界 8 を満たせない場合があることを意味します。ワイブル分布確率プロットにおいても，データ点はほとんど直線に従って分布しているため，工程のデータはワイブル分布をしていると判断できます。Ppk は 0.73 となっており，工程能力の評価基準 1.33 を満たしていません。従って，工程能力が不足していると判定します。

16. 属性データの工程能力

MINITAB では，属性データ（二項分布，ポアソン分布）に対する工程能力を

求めることができます。

[1] 二項データ

■ 二項データの例
- 母欠陥率が p である無限母集団で，大きさ n 個の試料を採取したとき，その標本の中に含まれる不良品の数 x，試料欠陥率 $p=x/n$
- 組立工程での不適合により返品した部品の数と，購入した部品の総数
- 試行の結果が合格または不合格

■ 二項分布の条件
- それぞれの試行は，同一の条件下での結果であること
- それぞれの試行の結果は，合格または不合格のように2つのうちの1つであること
- 成功または失敗の確率がそれぞれの試行に対して一定であること
- 試行の結果が互いに独立であること

[2] ポアソンデータ

■ ポアソンデータの例
- ある工場で一定期間発生する事故の件数または故障の件数
- ラジオ1台におけるはんだづけ不良数
- 鋼板，織物などにおける連続体の一定単位内の傷の数
- 完成した機械類，組立品などの組立不良数または不適格個数
- 工場で製造される電子レンジの配線中の欠陥数

■ ポアソン分布の条件
- 一定単位（時間）あたりの欠陥率は，それぞれの標本に対して同一であること
- それぞれの標本から観測された欠陥数は，互いに独立であること

[3] 属性データの工程能力分析

MINITAB 工程能力コマンド	分析時に提供される内容の説明
二項分布データ （統計 ▶ 品質ツール ▶ 工程能力分析 ▶ 二項）	・P 管理図：工程が管理状態にあるかどうかを確認します。 ・累積欠陥率（%Defective）の管理図：安定した欠陥率の推定値を得るために十分な標本からデータが収集されているかどうかを確認します。

二項分布データ (統計 ▶ 品質ツール ▶ 工程能力分析 ▶ 二項)	・欠陥率のヒストグラム：収集された標本の全体的な欠陥率の分布を表示します。 ・欠陥率プロット：標本抽出された項目の数に欠陥率が影響を受けていないかどうかを確認します。
ポアソン分布データ (統計 ▶ 品質ツール ▶ 工程能力分析 ▶ ポアソン)	・U 管理図：工程が管理状態にあるかどうかを確認します。 ・累積 DPU 平均値（項目あたり欠陥数）の管理図：安定した平均の推定値を得るために十分な標本からデータが収集されているかどうかを確認します。 ・DPU のヒストグラム：収集された標本の全体的な項目あたり欠陥数の分布を表示します。 ・欠陥率プロット：標本抽出された項目の大きさに DPU が影響を受けていないかどうかを確認します。

[4] 二項分布データに対する工程能力

自動温度センサーを検査する担当者は，検査において，次のような不良データを得ました。このデータに対して工程能力を調べてみましょう（例題データ：不良.mtw）。

不良数	サンプル数
432	1908
392	1812
497	1934
459	1889
433	1922
424	1964
470	1944
455	1919
427	1938
424	1854
410	1937
386	1838
496	2025
424	1888
425	1894
428	1941
392	1868
460	1894
425	1933
405	1862

[実行] 1. データの入力：データは2つの列に入力します。

C1 不良数	C2 サンプル数
432	1908
392	1912
497	1934
459	1889
433	1922
424	1964
470	1944
455	1919
427	1938
424	1854
410	1937
386	1838
496	2025

[実行] 2. MINITAB メニュー：統計 ▶ 品質ツール ▶ 工程能力分析 ▶ 二項

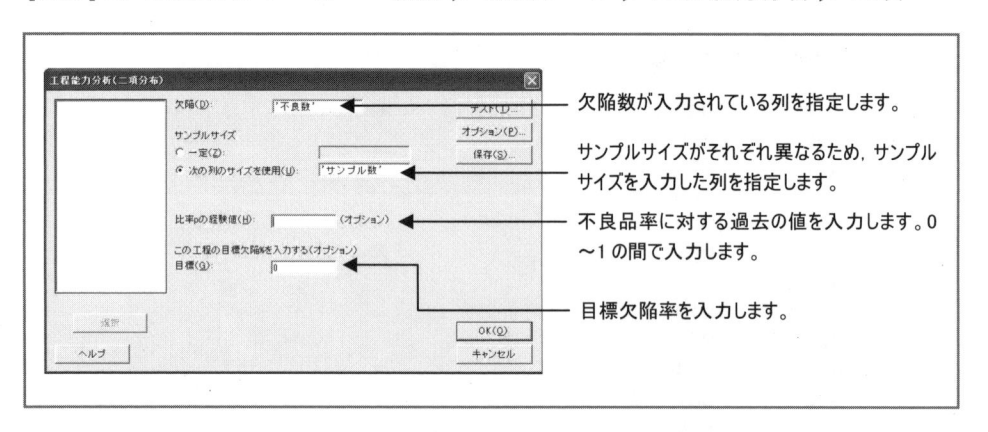

- 欠陥数が入力されている列を指定します。
- サンプルサイズがそれぞれ異なるため，サンプルサイズを入力した列を指定します。
- 不良品率に対する過去の値を入力します。0〜1の間で入力します。
- 目標欠陥率を入力します。

[実行] 統計 ▶ 品質ツール ▶ 工程能力分析 ▶ 二項分布 ▶ テスト

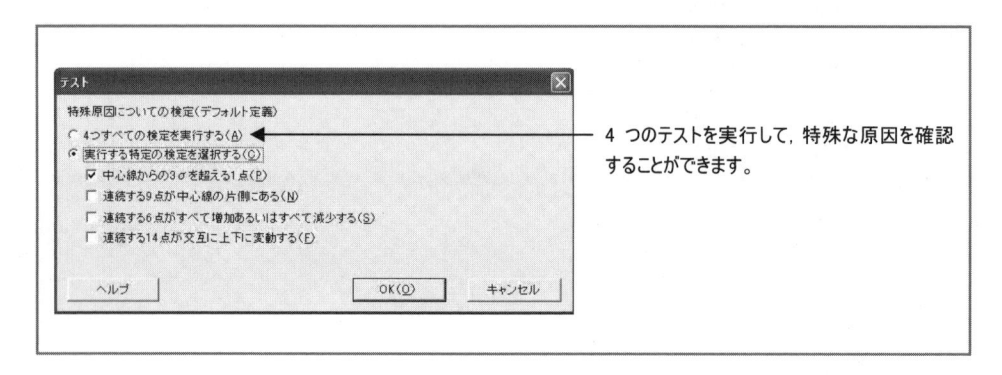

- 4つのテストを実行して，特殊な原因を確認することができます。

[実行] 統計 ▶ 品質ツール ▶ 工程能力分析 ▶ 二項分布 ▶ 保存

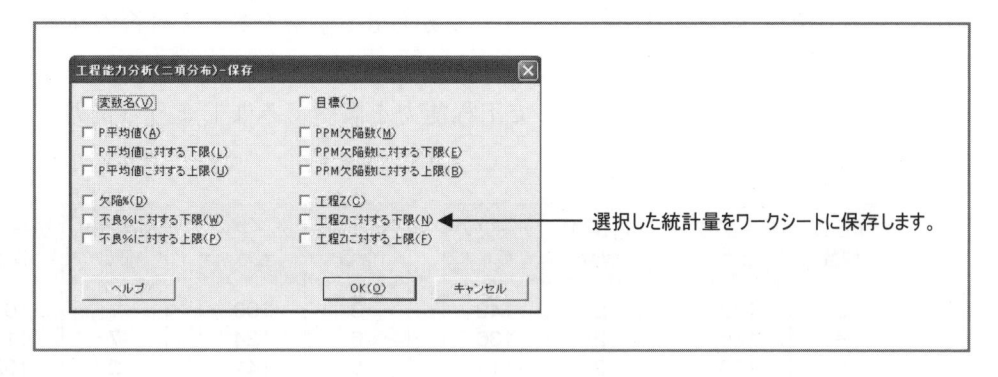

[実行] 3. 結果の出力：下のような結果がグラフウィンドウに出力されます。

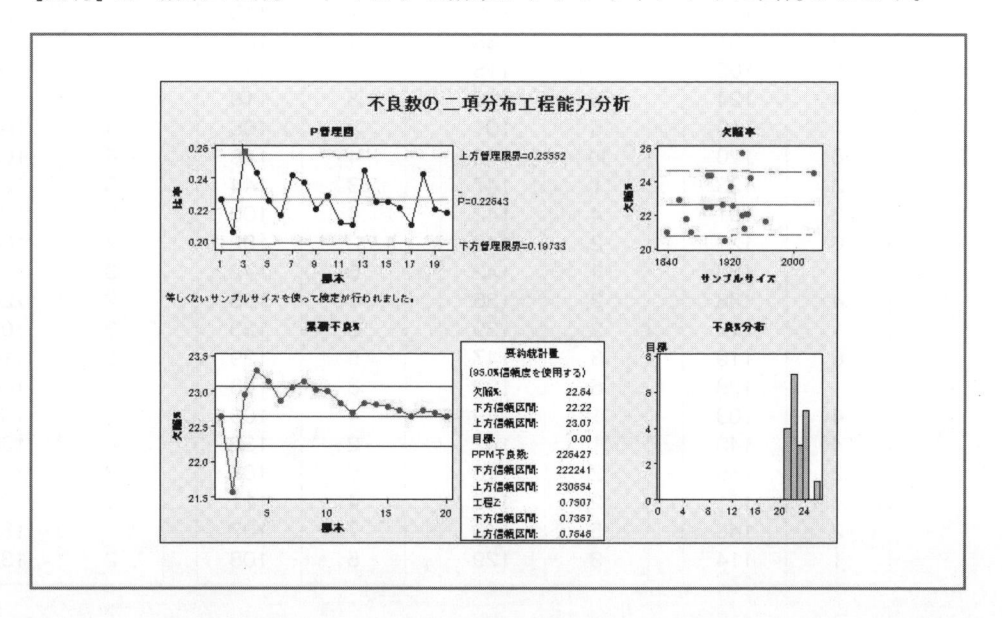

[実行] 4. 結果の解析

- **PPM 不良数**：欠陥率を PPM に換算しています。
- **工程 Z**：工程の工程能力指標を示します。Z 値が大きいほど，その工程の性能がより高いことを表します。工程 Z は，2 以上となることが理想です。
- P 管理図では，1 点が管理外の状態であることを示しています。累積不良 % の管理図は，22% から 23% の辺りで比較的安定していることがわかります。工程 Z が 0.75 となっており，これは不良が多いことを示しています。このことより，この工程は改善の余地が多いことがわかります。

[5] ポアソン（Poisson）分布データに対する工程能力

あるテープ会社の検査員は，テープから d/o 個数を数えて合否の判定を出しています。このとき，検査したテープの長さに対する欠陥の数が次のように発生しました。このデータに対して工程能力を調べてみましょう（例題データ：do.mtw）。

d/oの個数	テープの長さ	d/oの個数	テープの長さ	d/oの個数	テープの長さ	d/oの個数	テープの長さ
2	132	2	140	3	100	1	102
4	130	2	136	6	124	7	111
3	120	3	114	5	141	2	102
1	124	4	149	8	130	2	137
2	138	4	110	5	102	0	128
5	148	1	100	2	110	1	120
2	101	0	138	4	134	5	124
5	102	4	118	4	145	2	100
4	124	6	116	3	110	2	135
1	119	5	131	3	105	4	148
6	120	11	146	4	148	6	103
3	123	1	147	3	144	3	127
3	101	4	142	4	100	3	104
6	121	2	140	2	102	4	106
1	133	4	142	6	142	3	113
4	138	2	136	4	105	2	124
1	113	2	139	2	133	3	100
8	119	3	147	5	129	3	116
1	128	5	122	3	108	1	140
4	103	1	149	4	103	5	135
4	140	1	142	2	132	4	126
2	150	2	116	2	108	3	116
4	121	2	146	4	111	2	103
2	140	5	140	7	107	1	136
1	114	3	129	5	108	2	132

[実行] 1. データの入力：データは2つの列に入力します。

C1 d/oの個数	C2 テープの長さ
2	132
4	130
3	120
1	124
2	138
5	148
2	101
5	102
4	124
1	119
6	120
3	123
3	101

[実行] 2. MINITAB メニュー： 統計 ▶ 品質ツール ▶ 工程能力分析 ▶ ポアソン

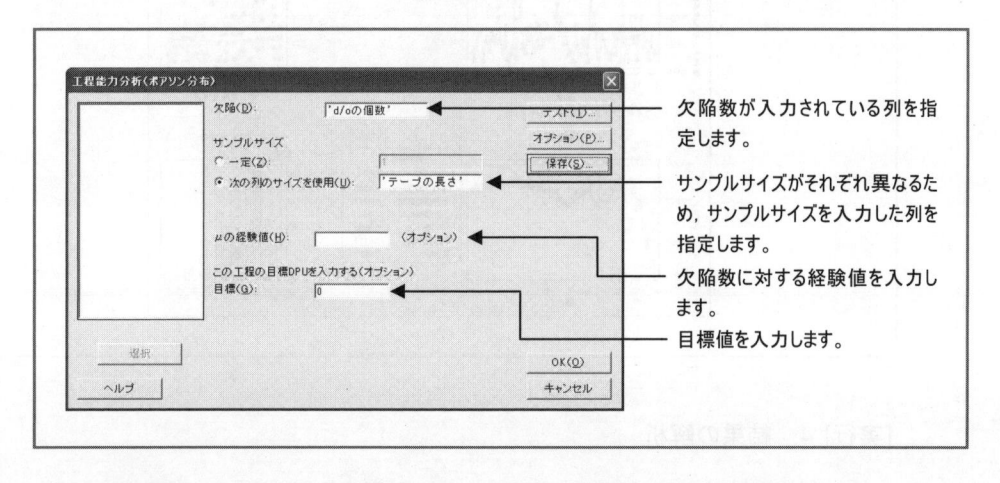

- 欠陥数が入力されている列を指定します。
- サンプルサイズがそれぞれ異なるため、サンプルサイズを入力した列を指定します。
- 欠陥数に対する経験値を入力します。
- 目標値を入力します。

[実行] 統計 ▶ 品質ツール ▶ 工程能力分析 ▶ ポアソン ▶ テスト

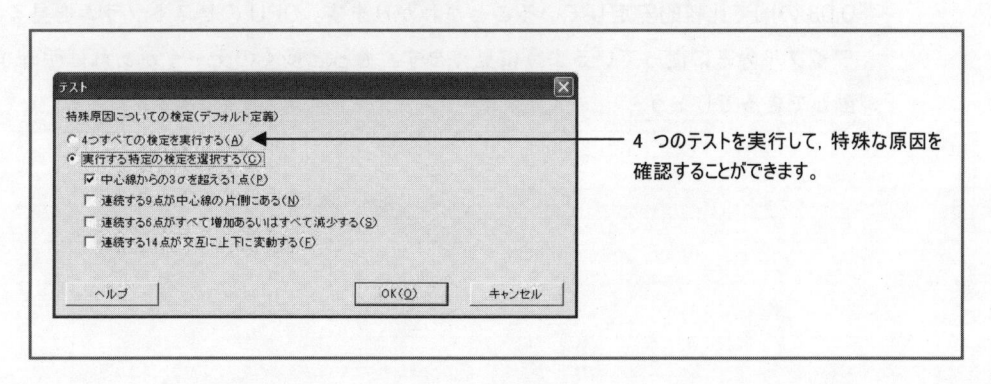

- 4つのテストを実行して、特殊な原因を確認することができます。

[実行] 統計 ▶ 品質ツール ▶ 工程能力分析 ▶ ポアソン ▶ 保存

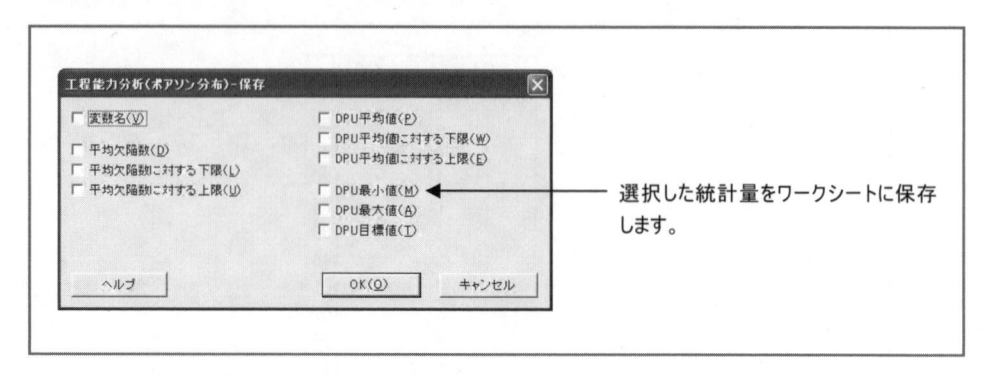

選択した統計量をワークシートに保存します。

[実行] 3. 結果の出力：下のような結果がグラフウィンドウに出力されます。

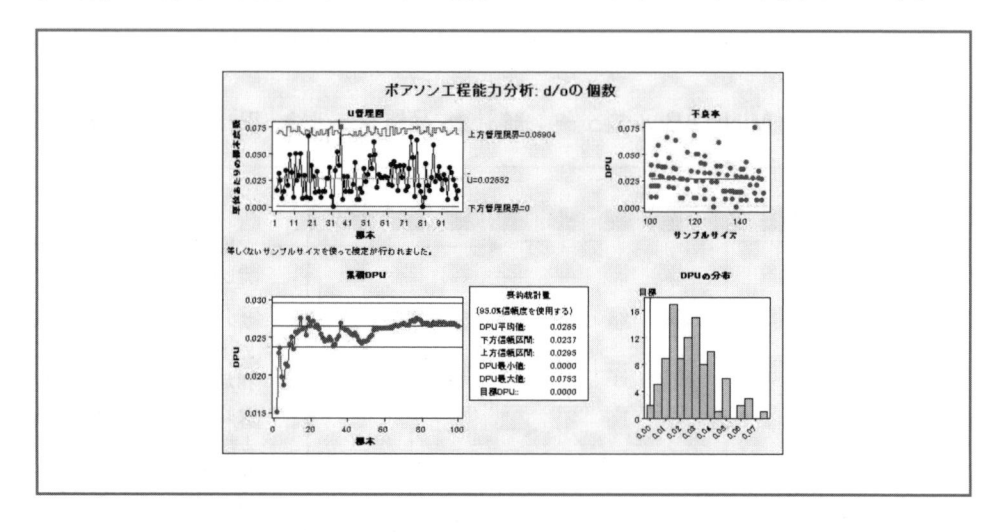

[実行] 4. 結果の解析

- U管理図は，管理外に3点あることを示しています。累積平均DPUは，0.024から0.03の間で比較的安定していることがわかります。DPUのヒストグラムを見ると，ワイブル分布に従っているように見えます。もっと多くのデータがあれば明確な判断ができるでしょう。

第13章　測定システム分析

1. 測定システム分析とは
2. MINITAB でサポートする測定システム分析メニュー
3. ゲージ（測定器）の R&R 分析（交差）
4. ゲージ（測定器）の R&R 分析（枝分かれ）
5. ゲージランチャート
6. ゲージ（測定器）の線形性と偏りの分析
7. 属性ゲージ分析（分析法）
8. 属性の一致性分析

1. 測定システム分析とは

　測定システム分析とは，測定システムから発生した変動が，工程変動にどれほど影響を及ぼすのかを分析するものです。MINITABでは，測定システムの精度の可否を評価するゲージのR&R分析，ゲージランチャートがあります。また，ゲージの線形性と正確性を評価するゲージの線形性と偏りの分析メニューを提供しています。計量値データだけではなく，属性データについても属性ゲージ分析により分析することができます。

[1] 測定システムの誤差

　測定システムの誤差は，正確度と精度の2つのカテゴリに分類できます。正確度は部品の測定値と実際値の間の差をいいます。精度は，同じ部品を同じ装置で繰り返して測定したときに生じる変動をいいます。どんな測定システムを使用しても，こうした問題のうちの1つ，もしくは両方が発生することがあります。例えば，部品を精密に測定したところ，測定値間には変動がほとんどないものの，正確には測定できない装置がある場合や，部品を正確に測定したところ，測定値の平均が実際値にかなり近いものの，精密に測定できない装置があるといったことです。また，精密にも正確にも測定できない装置もあります。

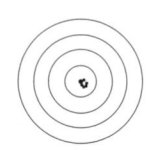

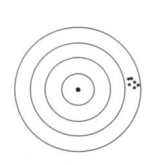

| 正確で精度が高い | 精度は高いが正確でない | 正確だが精度は低い | 正確でもないし，精度も低い |

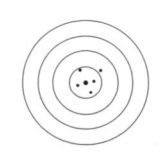

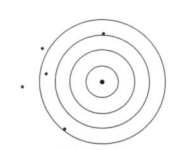

[2] 正確度（Accuracy）と精度（Precision）

区　分		内　容	MINITAB 使用メニュー
正確度	安定性（Stability）	・時間の経過とともに，測定システムが測定をどれほど正確に実行するかの尺度。同じ部品の1つの特性を長い時間にわたって1つの装置で測定したときに得る全体の変動。	ゲージ（測定器）の線形性と偏りの分析
	線形性（Linearity）	・測定器の測定範囲内での測定の一貫性から離れる変動。	
	偏り（Bias）	・測定値平均と参照値との差の変動。	

精度	繰り返し性 (Repeatability)	・同じ測定者が同じ測定器で同じ製品を測定したときに発生する測定器の変動。	ゲージ（測定器）の R&R 分析
	再現性 (Reproducibility)	・多数の測定者が同じ測定器で同じ製品を測定したときに発生する測定者の変動。	
部品間変動 (part to part variation)		・測定者や測定器の誤差ではない，部品自体の誤差で部品間に発生する変動。	

[3] ゲージ R&R の分析

測定システムの構成要素－測定者と測定器－の変動が，工程にどれほど影響を与えるのか統計的に分析します。

■ 統計的関係

総変動（Total Variance）＝部品間変動＋ゲージ R&R 変動

$$\sigma^2_{TV} = \sigma^2_{PP} + \sigma^2_{R/R}$$

ゲージ R&R 変動＝繰り返し性の変動＋再現性の変動＝測定器変動＋測定者変動＝測定器変動＋純粋な測定者変動＋測定者と測定器の交互作用の変動

$$\sigma^2_{R/R} = \sigma^2_{EV} + \sigma^2_{AV}$$

■ 一般的なゲージ R&R の実施方法

区分	実施目的	実施内容
1Step	・測定システムの適用は正しいか？	・測定値間の範囲を使用して，変動を概略的に検定する方法として，繰り返し性と再現性を分離せず，測定システムの適用有無を決定します。この場合，2 人の測定者と 5 個の部品が必要となります。
2Step	・測定者と測定器のうち，どちらが問題か？	・平均と範囲を使用して，繰り返し性と再現性を検証する方法として，測定器と測定者が測定システムに及ぼす変動を調査します。最低 3 人の測定者と 10 個の部品を 2 回以上測定する必要があります（Xbar と R 法，分散分析方法）。
3Step	・どう対処するか？	・測定者のスキルアップ，測定器の改善および変更の実施。

■ 一般的なゲージ評価基準
・ゲージ R&R

区分	判定基準	測定システムの評価
1Step	設計許容限界比：10% 未満	・測定システムが許容されます。
1Step	設計許容限界比：10～30%	・適用部品の重要度，改善費用を考慮して許容されるかどうかを検討します。2Step を実施します。
1Step	設計許容限界比：30% 超	・許容されません。2Step より，測定者と測定器の比較を実施します。
2Step	繰り返し性変動 > 再現性変動	・測定器の繰り返し性が不良なので，1Step の措置内容を考慮して，測定器を矯正および修理または交換を実施します。
2Step	繰り返し性変動 < 再現性変動	・測定者の測定のスキルが不足しており，測定方法を標準化して再教育します。

・ゲージの正確性，線形性，安定性

区分	判定基準	測定システムの評価
偏り（Bias） 安定性（Stability） 線形性（Linearity）	工程変動比：1% 未満	非常に適合：改善の必要なし
	工程変動比：1～5% 未満	適合：改善はほとんど必要なし
	工程変動比：5～10% 未満	普通：部分的な改善が必要
	工程変動比：10% 以上	悪い：改善が必要

2. MINITAB でサポートする測定システム分析メニュー

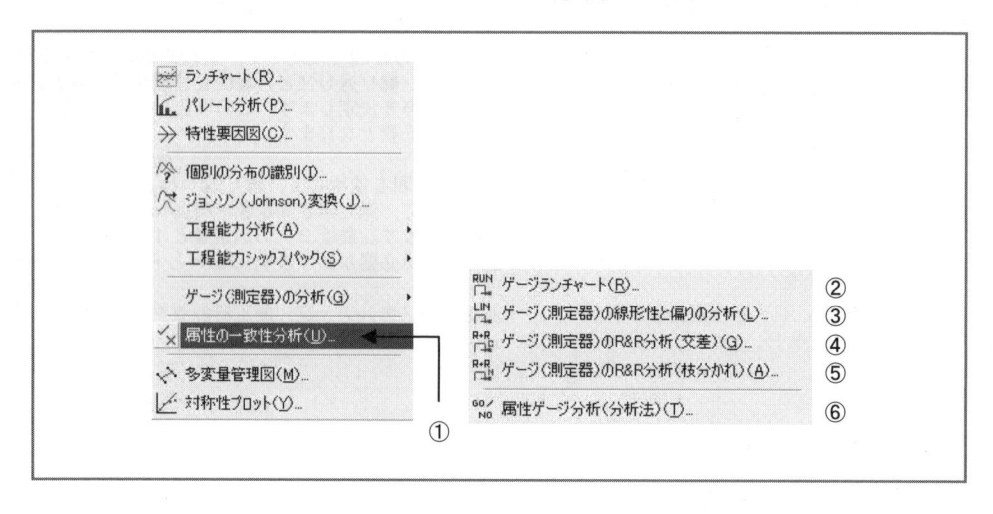

① 複数の検査者による名義評価点または順序評価点の一致度を評価する際に，属性の一致性分析を使用します。
② すべての観測値を操作者別および部品番号別にプロットした図です。測定者による測定値の変動と，測定者間の測定値の変動が比較できます。
③ 測定システムの線形性と偏りを評価します。
④ 測定システムの繰り返し性と再現性を評価します。それぞれの測定対象に対して，それぞれの測定者が複数回測定した場合に適用します。
⑤ 測定システムの繰り返し性と再現性を評価します。それぞれの測定対象に対して，1人の測定者が測定した場合に適用し，特に破壊検査に適用します。
⑥ データが二項属性の場合，ゲージの偏りと繰り返し性の程度を評価します。

[1] XbarおよびR法と分散分析方法

　ゲージR&Rを評価する方法としては，XbarおよびR法と分散分析法があります。XbarおよびR法は，測定値の変動を部品対部品，繰り返し性，再現性に分けて分析します。一方，分散分析法は，部品対部品，繰り返し性，再現性に分けて分析するだけではなく，再現性に対しては測定者成分および部品と測定者の交互作用に細分化して分析します。分散分析法は部品と測定者の交互作用を説明するため，XbarおよびR法より正確です。ゲージのR&R分析（交差）メニューでは，2つの方法を使用した分析が可能です。ゲージのR&R分析（枝分かれ）メニューでは，分散分析法のみになります。

[2] MINITAB結果を基準にしたゲージR&R評価基準

	寄与度 (contribution)	ばらつき度 (Study variation)	区別されるカテゴリの数 (Distinct Categories)
良	< 1%	< 10%	10以上
可	1%～9%	10%～30%	5～9
不可	> 9%	> 30%	5未満

　最近の分析の傾向として，ばらつき度とともに，許容度を測定システムの評価指標に使用することが多くなっています。許容度の評価基準は，ばらつき度と同じ基準です。

3. ゲージ（測定器）のR&R分析（交差）

[1] XbarおよびR法

ある電子会社では，自社製品の特性を測定するシステムに対する信頼性を確保するために，次のデータを使用して，ゲージのR&R分析を行います。10個の標本に対して3人の測定者が2回繰り返して測定しました。工程の許容限界が1.0のとき，ゲージのR&R分析を実行してください（例題データ：ゲージ1.mtw）。

Part	測定者	測定値(1回)	測定値(2回)	Part	測定者	測定値(1回)	測定値(2回)	Part	測定者	測定値(1回)	測定値(2回)
1	1	0.65	0.60	1	2	0.55	0.55	1	3	0.50	0.55
2	1	1.00	1.00	2	2	1.05	0.95	2	3	1.05	1.00
3	1	0.85	0.80	3	2	0.80	0.75	3	3	0.80	0.80
4	1	0.85	0.95	4	2	0.80	0.75	4	3	0.80	0.80
5	1	0.55	0.45	5	2	0.40	0.40	5	3	0.45	0.50
6	1	1.00	1.00	6	2	1.00	1.05	6	3	1.00	1.05
7	1	0.95	0.95	7	2	0.95	0.90	7	3	0.95	0.95
8	1	0.85	0.80	8	2	0.75	0.70	8	3	0.80	0.80
9	1	1.00	1.00	9	2	1.00	0.95	9	3	1.05	1.05
10	1	0.60	0.70	10	2	0.55	0.50	10	3	0.85	0.80

[実行] 1. データの入力：データは次の3つの列に入力します。

↓	C1 Part	C2 測定者	C3 測定値
1	1	1	0.65
2	1	1	0.60
3	2	1	1.00
4	2	1	1.00
5	3	1	0.85
6	3	1	0.80
7	4	1	0.85
8	4	1	0.95
9	5	1	0.55
10	5	1	0.45
11	6	1	1.00
12	6	1	1.00

[実行] 2. MINITAB メニュー：統計 ▶ 品質ツール ▶ ゲージ（測定器）の分析 ▶ ゲージ（測定器）の R&R 分析（交差）

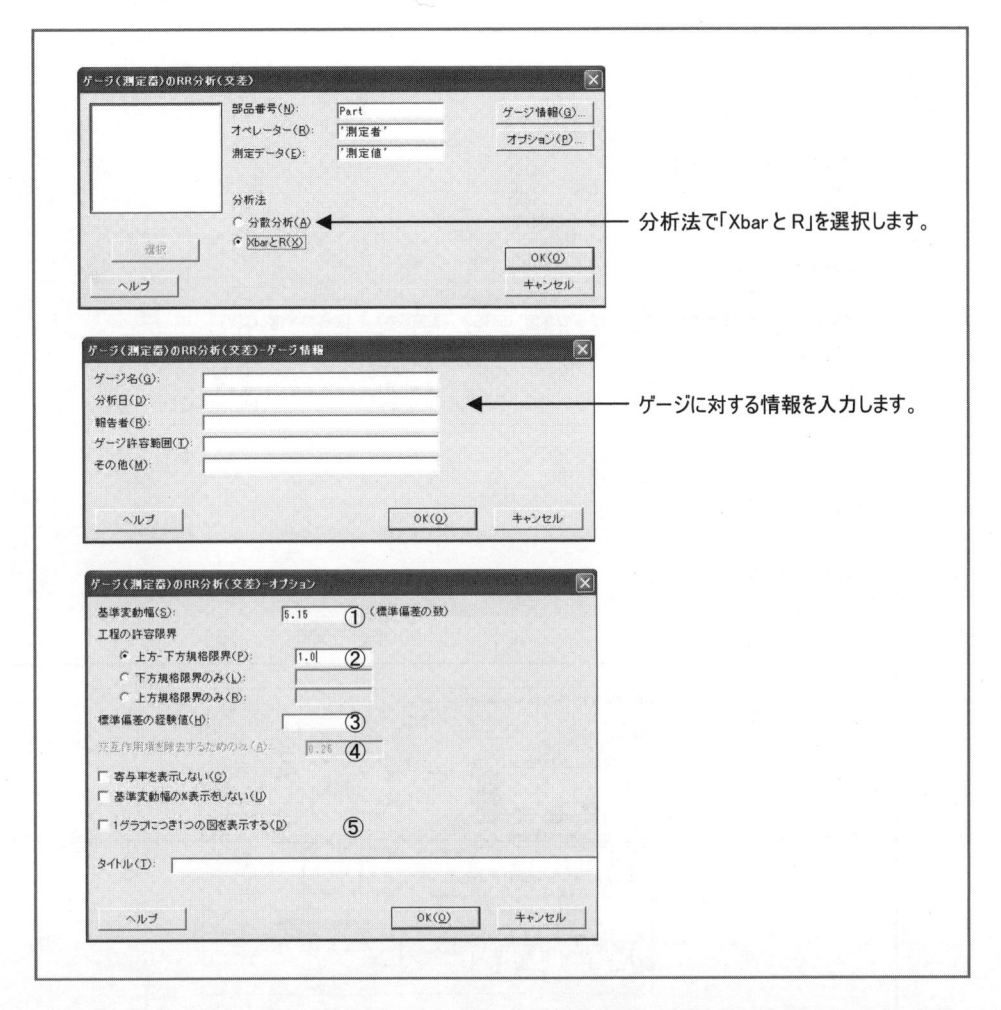

（画面右の注釈）
- 分析法で「Xbar と R」を選択します。
- ゲージに対する情報を入力します。

① セッションウィンドウに出力されるばらつき度に使用する乗数を入力します。この乗数は，変動の範囲を正規分布の σ 値を表しており，MINITAB のデフォルト値は 6 です。6 という値は，工程測定値の 99.73 % をカバーします。この値が 5.15 σ である場合，99 % のデータをカバーします。ここでは，5.15 を入力します。
② 工程の許容限界を入力します。
③ 既知の工程変動の値を入力します。
④ モデルから交互作用の項を取り除くのに使用する α 値を入力します。このオプションは，分散分析法にのみ使用できます。
⑤ 出力されるグラフを，いくつかのウィンドウに分けて見たい場合に選択します。

[実行] 3. 結果の出力：次のようなセッションウィンドウとグラフウィンドウが出力されます。

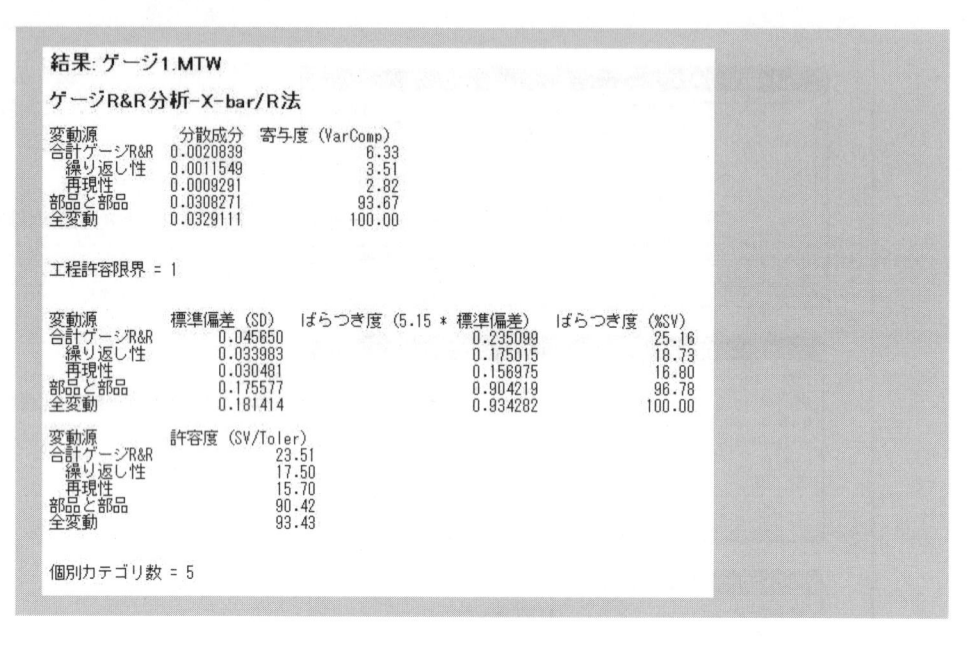

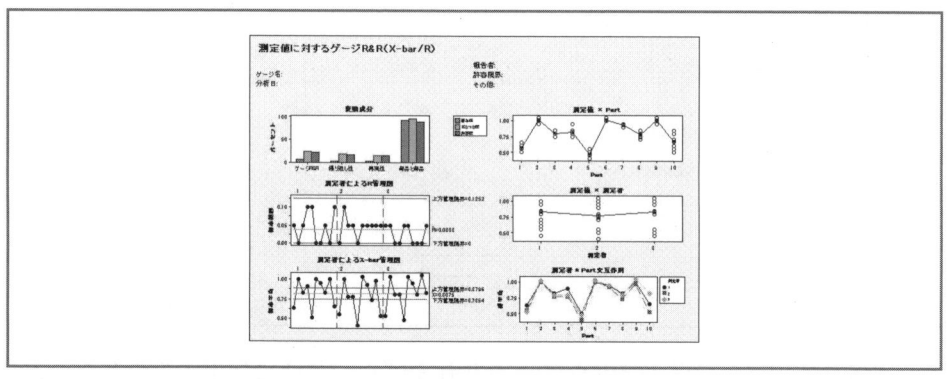

```
結果: ゲージ1.MTW
ゲージR&R分析-X-bar/R法
変動源              分散成分        寄与度 (VarComp)
合計ゲージR&R       0.0020839        6.33
  繰り返し性        0.0011549        3.51
  再現性            0.0009291        2.82
部品と部品          0.0308271       93.67
全変動              0.0329111      100.00

工程許容限界 = 1

変動源              標準偏差 (SD)   ばらつき度 (5.15 * 標準偏差)   ばらつき度 (%SV)
合計ゲージR&R       0.045650        0.235099                       25.16
  繰り返し性        0.033983        0.175015                       18.73
  再現性            0.030481        0.156975                       16.80
部品と部品          0.175577        0.904219                       96.78
全変動              0.181414        0.934282                      100.00

変動源              許容度 (SV/Toler)
合計ゲージR&R       23.51
  繰り返し性        17.50
  再現性            15.70
部品と部品          90.42
全変動              93.43

個別カテゴリ数 = 5
```

[実行] 4. 結果の解析

[用語解説]
- 寄与度：総変動でゲージR&Rが占める比率。合計ゲージR&Rの寄与度の6.33は，(2.08E-03/3.29E-02)＊100より計算されます。
- ばらつき度：総変動の標準偏差。それぞれの変動源にある標準偏差を割った後，100を掛けた値。部品と部品(part-to-part)のばらつき度96.78は，(0.175577/0.181414)＊100より計算されます。
- 個別カテゴリ数：測定システムを評価するスケール。部品と部品の標準偏差の値を合計ゲージR&Rの標準偏差で割って1.41を掛けた後，小数点を四捨五入して整数で表したものです。その値が5以上なら測定システムは適正で，部品の区別が可能です。ここではその値が5となっており，測定システムは安定しているといえるでしょう。

> [グラフの解説]
> ①測定システムによる変動の割合は6％に対し，部品間の差による変動の割合は94％です。
> ②Xbar管理図において，ほとんどの点が管理限界線を超えています。この管理図では，管理状態にないことが理想になります。なぜなら，ゲージR&R分析に使用された部品は，実際の部品のばらつきを代表しているはずであり，部品間の変動に対して繰り返し性は小さいことが望ましいからです。
> ③XbarおよびR法では，部品と測定者間の交互作用を説明できませんが，このグラフでは，交互作用が有意であることを示しています。XbarおよびR法は，測定器の能力を過大評価するために，部品と測定者間の交互作用を説明するためには，分散分析法を使用する必要があります。

[2] 分散分析法

ある電子会社では，自社製品の特性を測定するシステムに対する信頼性を確保するために，次のデータを使用して，ゲージのR&R分析を行います。10個の標本に対して3人の測定者が2回繰り返して測定しました。工程の許容限界が1.0のとき，ゲージのR&R分析を実行してください（例題データ：ゲージ1.mtw）。

Part	測定者	測定値(1回)	測定値(2回)	Part	測定者	測定値(1回)	測定値(2回)	Part	測定者	測定値(1回)	測定値(2回)
1	1	0.65	0.60	1	2	0.55	0.55	1	3	0.50	0.55
2	1	1.00	1.00	2	2	1.05	0.95	2	3	1.05	1.00
3	1	0.85	0.80	3	2	0.80	0.75	3	3	0.80	0.80
4	1	0.85	0.95	4	2	0.80	0.75	4	3	0.80	0.80
5	1	0.55	0.45	5	2	0.40	0.40	5	3	0.45	0.50
6	1	1.00	1.00	6	2	1.00	1.05	6	3	1.00	1.05
7	1	0.95	0.95	7	2	0.95	0.90	7	3	0.95	0.95
8	1	0.85	0.80	8	2	0.75	0.70	8	3	0.80	0.80
9	1	1.00	1.00	9	2	1.00	0.95	9	3	1.05	1.05
10	1	0.60	0.70	10	2	0.55	0.50	10	3	0.85	0.80

[実行] 1. データの入力：データは次のように 3 つの列に入力します。

↓	C1	C2	C3
	Part	測定者	測定値
1	1	1	0.65
2	1	1	0.60
3	2	1	1.00
4	2	1	1.00
5	3	1	0.85
6	3	1	0.80
7	4	1	0.85
8	4	1	0.95
9	5	1	0.55
10	5	1	0.45
11	6	1	1.00
12	6	1	1.00

[実行] 2. MINITAB メニュー： 統計 ▶ 品質ツール ▶ ゲージ（測定器）の分析 ▶ ゲージ（測定器）の R&R 分析（交差）

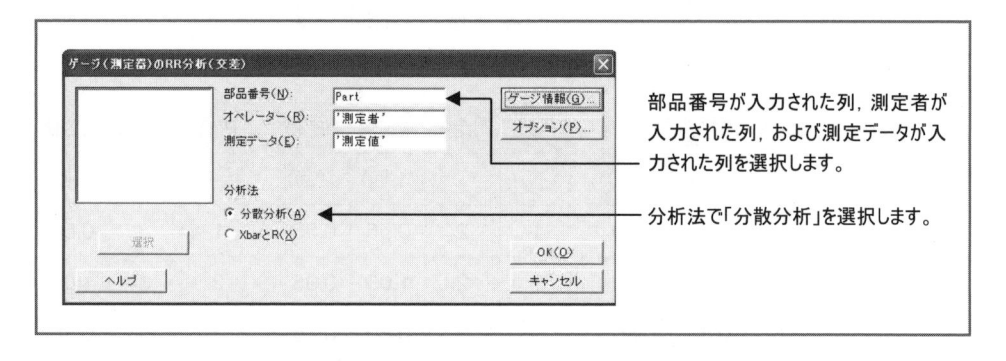

部品番号が入力された列，測定者が入力された列，および測定データが入力された列を選択します。

分析法で「分散分析」を選択します。

[実行] 3. 結果の出力：次のように，グラフウィンドウとセッションウィンドウが出力されます。

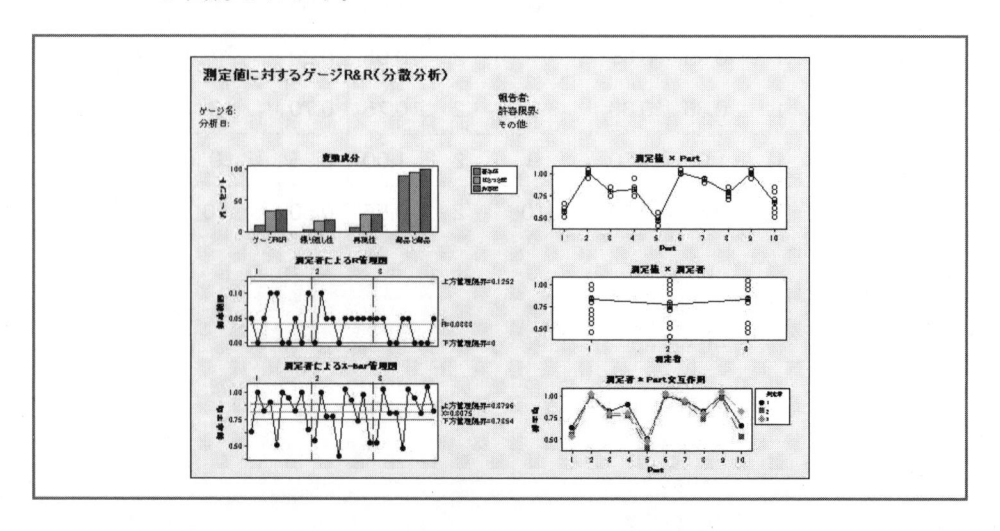

測定値に対するゲージR&R

ゲージR&R分析-分散分析法

二元配置の分散分析表（交互作用あり）

変動源	自由度	平方和	平均平方	F値	p値
Part	9	2.05871	0.228745	39.7178	0.000
測定者	2	0.04800	0.024000	4.1672	0.033
Part * 測定者	18	0.10367	0.005759	4.4588	0.000
繰り返し性	30	0.03875	0.001292		
合計	59	2.24913			

← 分散分析法は測定者と部品の交互作用を表示します。

交互作用項を除去するための α = 0.25

ゲージR&R

変動源	分散成分	寄与度 (VarComp)
合計ゲージR&R	0.0044375	10.67
繰り返し性	0.0012917	3.10
再現性	0.0031458	7.56
測定者	0.0009120	2.19
測定者*Part	0.0022338	5.37
部品と部品	0.0371644	89.33
全変動	0.0416019	100.00

工程許容限界 = 1

変動源	標準偏差 (SD)	ばらつき度 (5.15 * 標準偏差)
合計ゲージR&R	0.066615	0.34306
繰り返し性	0.035940	0.18509
再現性	0.056088	0.28885
測定者	0.030200	0.15553
測定者*Part	0.047263	0.24340
部品と部品	0.192781	0.99282
全変動	0.203965	1.05042

変動源	ばらつき度 (%SV)	許容度 (SV/Toler)
合計ゲージR&R	32.66	34.31
繰り返し性	17.62	18.51
再現性	27.50	28.89
測定者	14.81	15.55
測定者*Part	23.17	24.34
部品と部品	94.52	99.28
全変動	100.00	105.04

← 現製品の許容限界を考慮すると、許容度は測定システムに改善が必要な値となっています。特に再現性(測定方法)に問題があります。

個別カテゴリ数 = 4

[実行] 4. 結果の解析

[用語解説]
- 寄与度：総変動でゲージ R&R が占める比率。合計ゲージ R&R の寄与度の 610.67 は，(0.004438/0.041602) ＊100 により計算されます。ここで，部品と部品の寄与度の値が合計ゲージ R&R の寄与度の値より大きくなっているのは，部品間の差による変動が測定システムの誤差に起因した変動よりも大きくなっているからです。
- ばらつき度：総変動の標準偏差。それぞれの変動源にある標準偏差を割った後，100 を掛けた値。
- 個別カテゴリ数：その値が 5 以上なら測定システムは適正で，部品の区別が可能です。ここではその値が 5 となっており，測定システムは 4 となっており，改善の余地があると判断します。

[グラフの解説]
① 測定システムによる変動の割合は 10.67 ％ に対し，部品間の差による変動の割合は 89.33 ％ です。
② Xbar 管理図では，ほとんどの点が管理限界線を超えていることから，変動のほとんどが部品間の差によることがわかります。
③ 部品間には大きな差があることを示しています。
④ 測定者間には小さな差があることを示しています。
⑤ このグラフは，部品と測定者間の交互作用が有意であることを示しています。

4. ゲージ（測定器）の R&R 分析（枝分かれ）

[1] 分散分析方法

ある電子会社では，自社製品の特性を測定するシステムに対する信頼性を確保するために，次のデータを使用して，ゲージの R&R 分析を行います。3 人の測定者がそれぞれ異なる 5 個ずつの標本に対して 2 回ずつ繰り返し測定しました。この場合，それぞれの部品に 1 人の測定者が対応しているため，ゲージの R&R 分析（枝分かれ）を実施します（例題データ：ゲージ 2.mtw）。

Part	測定者	測定値 (1 回)	測定値 (2 回)	Part	測定者	測定値 (1 回)	測定値 (2 回)	Part	測定者	測定値 (1 回)	測定値 (2 回)
1	金	15.4257	16.8677	6	姜	13.1025	15.5494	11	崔	14.0156	15.0697
2	金	15.5018	15.1628	7	姜	13.8316	14.2388	12	崔	14.7948	14.8448
3	金	15.7251	12.8191	8	姜	16.8403	14.3250	13	崔	14.2155	13.7057
4	金	15.1429	13.8563	9	姜	15.1448	14.5478	14	崔	16.4566	16.2174
5	金	14.1119	16.5675	10	姜	16.3736	17.5779	15	崔	15.0697	16.3231

4. ゲージ（測定器）のR&R分析（枝分かれ）

[実行] 1. データの入力：データは次のように3つの列に入力します。

	C1	C2-T	C3
	Part	測定者	測定値
1	1	金	15.4257
2	1	金	16.8677
3	2	金	15.5018
4	2	金	15.1628
5	3	金	15.7251
6	3	金	12.8191
7	4	金	15.1429
8	4	金	13.8563
9	5	金	14.1119
10	5	金	16.5675
11	6	姜	13.1025
12	6	姜	15.5494
13	7	姜	13.8316
14	7	姜	14.2388
15	8	姜	16.8403
16	8	姜	14.3250
17	9	姜	15.1448

[実行] 2. MINITABメニュー：統計 ▶ 品質ツール ▶ ゲージ（測定器）の分析 ▶ ゲージ（測定器）のR&R分析（枝分かれ）

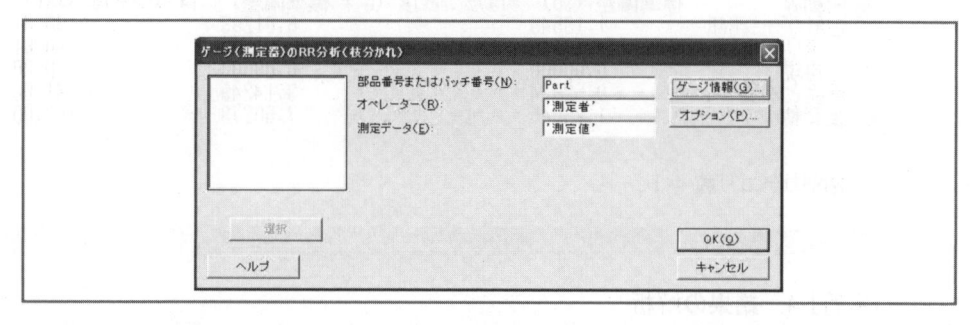

[実行] 3. 結果の出力：次のように，グラフウィンドウとセッションウィンドウが出力されます。

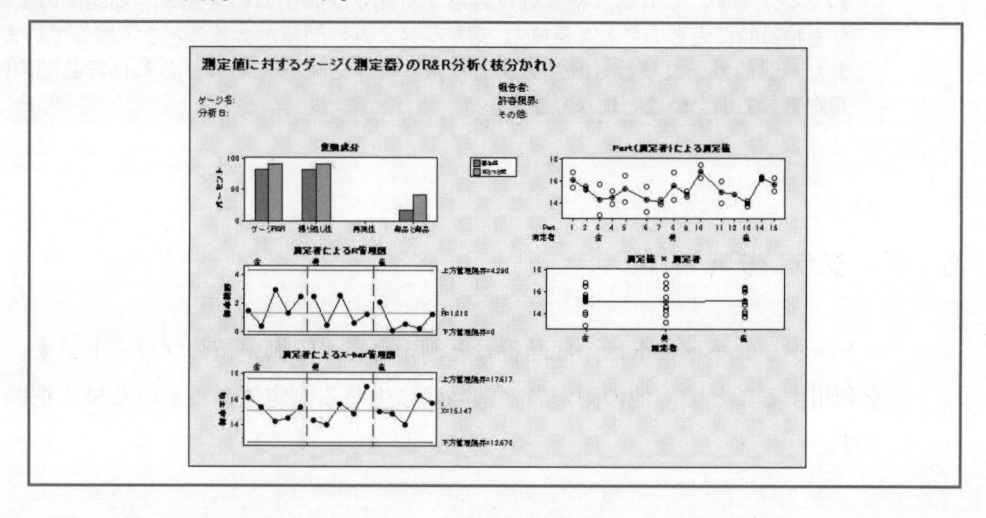

```
結果: ゲージ2.MTW
ゲージ（測定器）のR&R分析-枝分かれ型分散分析
測定値に対するゲージ（測定器）のR&R分析（枝分かれ）

変動源          自由度    平方和    平均平方    F値       p値
測定者             2     0.0142   0.00708   0.00385  0.996
Part（測定者）     12    22.0552   1.83794   1.42549  0.255
繰り返し性         15    19.3400   1.28933
合計              29    41.4094


ゲージR&R

変動源          分散成分   寄与度（VarComp）
合計ゲージR&R    1.28933         82.46
  繰り返し性     1.28933         82.46
  再現性        0.00000          0.00
部品と部品       0.27430         17.54
全変動          1.56364        100.00

変動源         標準偏差（SD）  ばらつき度（6 * 標準偏差）   ばらつき度（%SV）
合計ゲージR&R     1.13549              6.81293                90.81
  繰り返し性      1.13549              6.81293                90.81
  再現性         0.00000              0.00000                 0.00
部品と部品        0.52374              3.14243                41.88
全変動           1.25045              7.50273               100.00

個別カテゴリ数 = 1
```

[実行] 4. 結果の解析

- 合計ゲージR&Rの寄与度の割合は82.46%に対し，部品と部品の寄与度の割合は17.54%です。これは，総変動に寄与する測定システムの変動が，部品間の変動よりも相対的に大きいことを意味し，測定システムに問題があることを示唆しています。また，個別カテゴリ数（区別カテゴリ数）は1となっており，これは部品間の差を測定できていないことになります。

5. ゲージランチャート

　　ゲージランチャートは，部品番号と測定者による測定値のプロットです。これを利用することで，他の測定者と部品間に生じる測定値の差をいち早く把握できます。

5. ゲージランチャート

[例題]

ある電子会社では，自社製品の特性を測定するシステムに対する信頼性を確保するために，次のデータを使用して，ゲージの R&R 分析を行います。10 個の標本に対して 3 人の測定者が 2 回ずつ繰り返し測定しました。工程の許容限界が 1.0 のとき，ゲージランチャートを使って分析します（例題データ：ゲージ 1.mtw）。

Part	測定者	測定値 (1 回)	測定値 (2 回)	Part	測定者	測定値 (1 回)	測定値 (2 回)	Part	測定者	測定値 (1 回)	測定値 (2 回)
1	1	0.65	0.60	1	2	0.55	0.55	1	3	0.50	0.55
2	1	1.00	1.00	2	2	1.05	0.95	2	3	1.05	1.00
3	1	0.85	0.80	3	2	0.80	0.75	3	3	0.80	0.80
4	1	0.85	0.95	4	2	0.80	0.75	4	3	0.80	0.80
5	1	0.55	0.45	5	2	0.40	0.40	5	3	0.45	0.50
6	1	1.00	1.00	6	2	1.00	1.05	6	3	1.00	1.05
7	1	0.95	0.95	7	2	0.95	0.90	7	3	0.95	0.95
8	1	0.85	0.80	8	2	0.75	0.70	8	3	0.80	0.80
9	1	1.00	1.00	9	2	1.00	0.95	9	3	1.05	1.05
10	1	0.60	0.70	10	2	0.55	0.50	10	3	0.85	0.80

[実行] 1. データの入力：データは次のように 3 つの列に入力します。

↓	C1 Part	C2 測定者	C3 測定値
1	1	1	0.65
2	1	1	0.60
3	2	1	1.00
4	2	1	1.00
5	3	1	0.85
6	3	1	0.80
7	4	1	0.85
8	4	1	0.95
9	5	1	0.55
10	5	1	0.45
11	6	1	1.00
12	6	1	1.00

[実行] 2. MINITAB メニュー：統計 ▶ 品質ツール ▶ ゲージ（測定器）の分析 ▶ ゲージランチャート

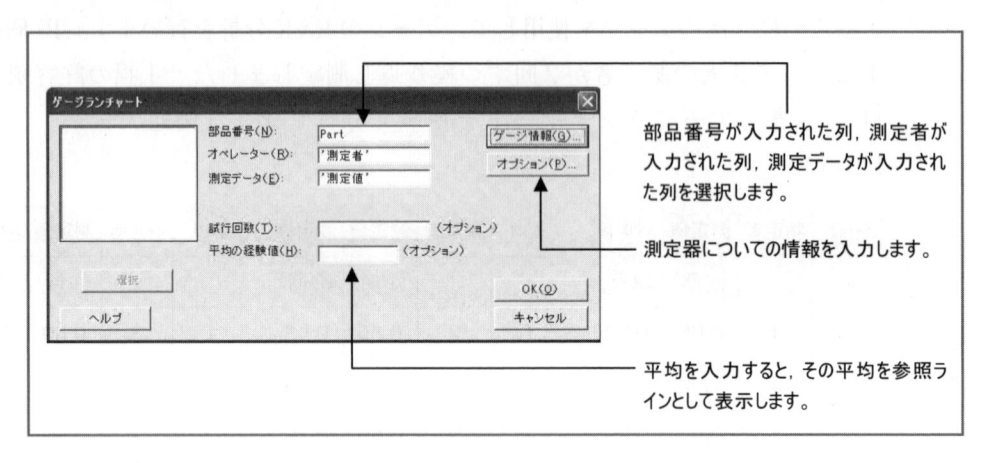

- 部品番号が入力された列，測定者が入力された列，測定データが入力された列を選択します。
- 測定器についての情報を入力します。
- 平均を入力すると，その平均を参照ラインとして表示します。

[実行] 3. 結果の出力：下のようなグラフウィンドウが出力されます。

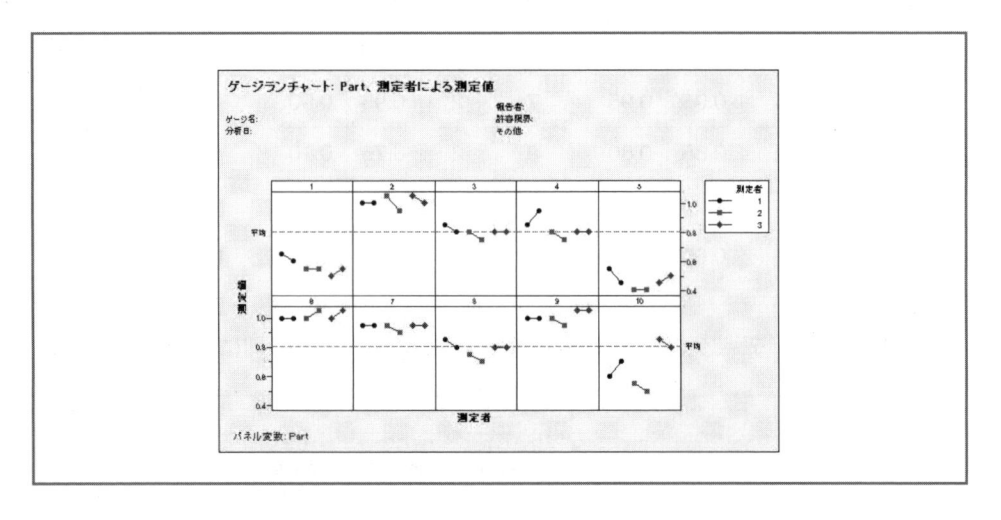

[実行] 4. 結果の解析

①それぞれの部品に対して，測定者による測定値の変動と測定者間の測定値の変動を比較できます。
②参照ラインは，すべての測定値に対する平均値を表示したものです。

6. ゲージ（測定器）の線形性と偏りの分析

ゲージの線形性は，測定値の期待される範囲にわたって，測定値がどの程度正

確かを示すものです。これは、「ゲージが測定対象のすべてのサイズに対して、同じ正確度を持つのか」という問いの答えとなります。ゲージの偏りは、参照値と測定値の差を調べたものです。参照値と比較したとき、測定器がどの程度偏っているのかを見ることができます。

[例題]

ある電子会社では、自社製品の特性を測定するシステムに対する信頼性を確保するために、次のデータを使用して、ゲージの線形性と偏りの分析を行います。測定の期待範囲を代表する5個の部品を選び、それぞれの部品に対して参照値を決定しました。その後、1人の測定者がそれぞれの部品に対してランダムに12回ずつ、合計60回の測定を行いました（例題データ：ゲージ3.mtw）。

Part	Master	測定値
1	2	2.7
1	2	2.5
1	2	2.4
1	2	2.5
1	2	2.7
1	2	2.3
1	2	2.5
1	2	2.5
1	2	2.4
1	2	2.4
1	2	2.6
1	2	2.4

Part	Master	測定値
2	4	5.1
2	4	3.9
2	4	4.2
2	4	5.0
2	4	3.8
2	4	3.9
2	4	3.9
2	4	3.9
2	4	3.9
2	4	4.0
2	4	4.1
2	4	3.8

Part	Master	測定値
3	6	5.8
3	6	5.7
3	6	5.9
3	6	5.9
3	6	6.0
3	6	6.1
3	6	6.0
3	6	6.1
3	6	6.4
3	6	6.3
3	6	6.0
3	6	6.1

Part	Master	測定値
4	8	7.6
4	8	7.7
4	8	7.8
4	8	7.7
4	8	7.8
4	8	7.8
4	8	7.8
4	8	7.7
4	8	7.8
4	8	7.5
4	8	7.6
4	8	7.7

Part	Master	測定値
5	10	9.1
5	10	9.3
5	10	9.5
5	10	9.3
5	10	9.4
5	10	9.5
5	10	9.5
5	10	9.5
5	10	9.6
5	10	9.2
5	10	9.3
5	10	9.4

[実行] 1. データの入力：データは次のように 3 つの列に入力します。

↓	C1 Part	C2 Master	C3 測定値
1	1	2	2.7
2	1	2	2.5
3	1	2	2.4
4	1	2	2.5
5	1	2	2.7
6	1	2	2.3
7	1	2	2.5
8	1	2	2.5
9	1	2	2.4
10	1	2	2.4

[実行] 2. MINITAB メニュー：統計 ▶ 品質ツール ▶ ゲージ（測定器）の分析 ▶ ゲージ（測定器）の線形性と偏りの分析

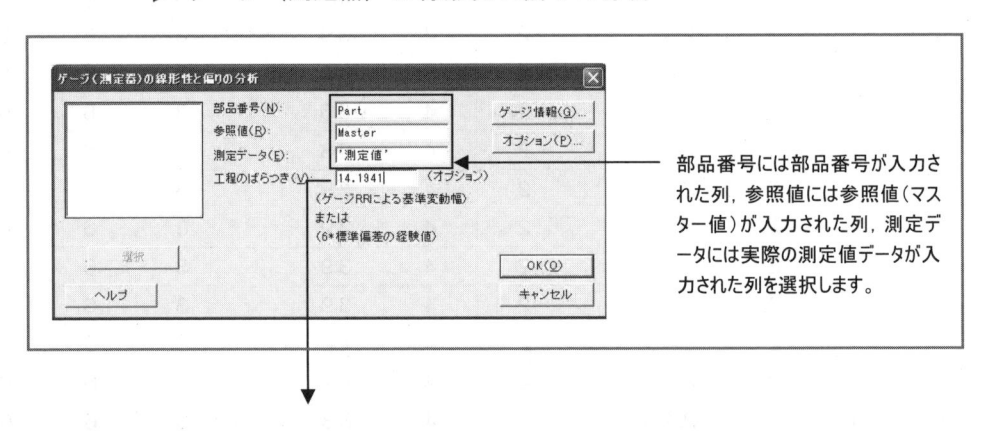

部品番号には部品番号が入力された列，参照値には参照値（マスター値）が入力された列，測定データには実際の測定値データが入力された列を選択します。

・ここには，工程のばらつきを入力します。この値は，ゲージ（測定器）の R&R 分析の分散分析法で得られます。セッションウィンドウの出力結果において，14.1941 が工程のばらつきになります。工程のばらつきがわからない場合は，工程許容限界を入力してもかまいません。この値は必ず入力してください。

```
変動源           標準偏差 (SD)    ばらつき度 (5.15 * 標準偏差)    ばらつき度 (%SV)
合計ゲージR&R      0.23894              1.2305                    8.67
  繰り返し性       0.23894              1.2305                    8.67
部品と部品        2.74576             14.1407                   99.62
全変動           2.75613             14.1941                  100.00
```

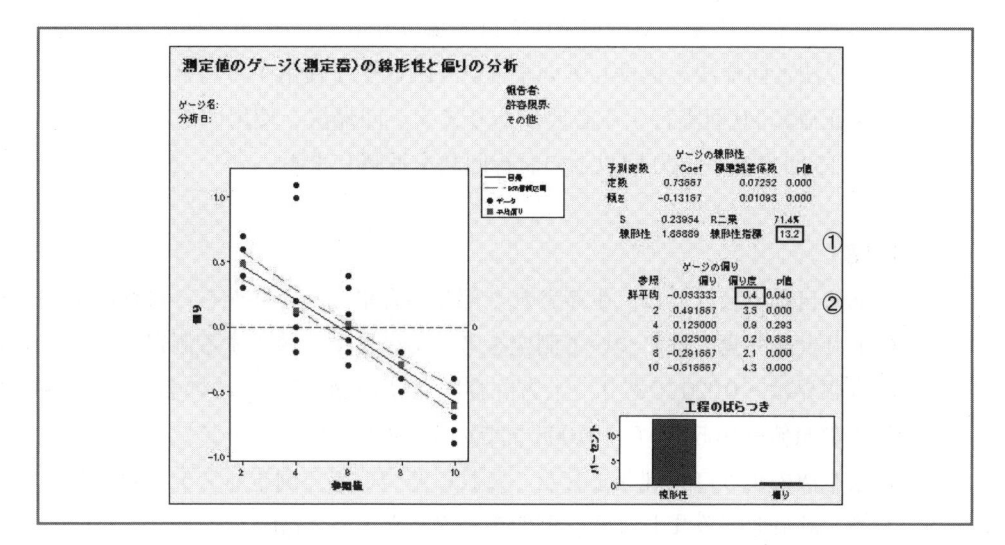

[実行] 3. 結果の出力：下のようなグラフウィンドウが出力されます。

[実行] 4. 結果の解析

① 線形性は，傾き＊工程のばらつきにより得られます。傾きが 0 に近いほど測定器の線形性が良いという意味になります。線形性指標は，全体工程変動に対して，測定器の線形性による変動が占める比率を表します。この例題の場合，線形性指標は 13.2 % です。
② 偏りは，すべての部品に対して，平均測定値と参照値の差を調べたものです。偏り度は，全体工程変動に対して，測定器の正確性による変動が占める比率を表します。この例題の場合，偏り度は 0.4 % です。

7. 属性ゲージ分析（分析法）

属性ゲージ分析（分析法）は，測定値の結果が二項属性（例：合格／不合格，良品／不良品）である場合，ゲージの偏りと繰り返し性の程度を評価する際に使用します。属性ゲージ分析では，計量型ゲージ分析とは異なり，係数値では偏りと繰り返し性を推定する際に使用する実際の測定値を求めることができません。このため，MINITAB はすべての部品に対して計算された合格率と，既知の参照値を使用して正規分布曲線にあてはめ，ゲージの偏りと繰り返し性を計算します。したがって，属性ゲージ分析の結果は，部品の選択方法および各部品に対して実行する試行回数によって大きく異なり，選択した各部品に対する参照値を知っておく必要があります。

各部品に対して実行する試行回数は，ゲージの偏りを検査する際の使用方法によって異なります。MINITABでは，偏りが0かどうかを検査する方法としてAIAG法と回帰法を提供しています。AIAG法を使用する場合，部品あたりの試行を正確に20回実行する必要があります。回帰法を使用する場合，最低試行回数は15回ですが，20回以上の試行回数を推奨します。

[例題]

ある自動車会社では，生産された部品の合格/不合格から，自動測定システムの偏りと繰り返し性について測定を考えています。該当する測定システムの下方許容限界は−0.020であり，上方許容限界は0.020です。この会社は，0.005の間隔で参照値−0.050から−0.005までの10個の部品をゲージで20回測定した後，結果を次のように整理しました。これに基づいて，測定システムの偏りと繰り返し性を評価してみましょう（例題データ：ゲージ4.mtw）。

部品番号	参照値	合格	部品番号	参照値	合格
1	−0.050	0	6	−0.025	12
2	−0.045	1	7	−0.020	17
3	−0.040	2	8	−0.015	20
4	−0.035	5	9	−0.010	20
5	−0.030	8	10	−0.005	20

[実行] 1. データの入力：データは次のように3つの列に入力します。

	C1	C2	C3
	部品番号	参照値	合格
1	1	−0.050	0
2	2	−0.045	1
3	3	−0.040	2
4	4	−0.035	5
5	5	−0.030	8
6	6	−0.025	12
7	7	−0.020	17
8	8	−0.015	20
9	9	−0.010	20
10	10	−0.005	20

[実行] 2. MINITAB メニュー：統計 ▶ 品質ツール ▶ ゲージ（測定器）の分析 ▶ 属性ゲージ分析（分析法）

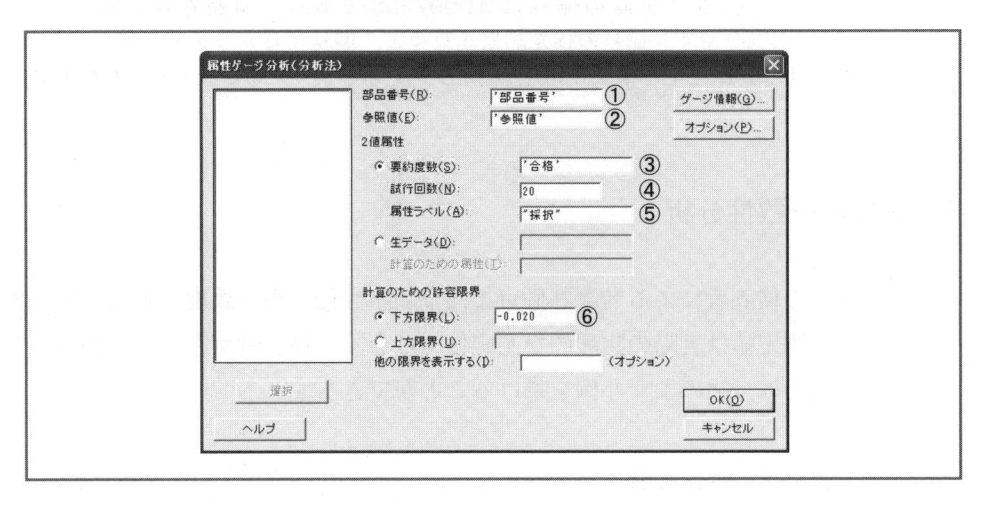

① 部品名や番号が入っている列を選択します。
② 参照値が入っている列を選択します。
③ 測定結果が入っている列を選択します。
④ 試行回数を入力します。
⑤ 属性ラベルを入力します。デフォルトは"採択"ですが，ここでは測定結果で使用されている"合格"を入力します。
⑥ 下方許容限界を入力します。

[実行] 3. 結果の出力：次のようにグラフウィンドウが出力されます。

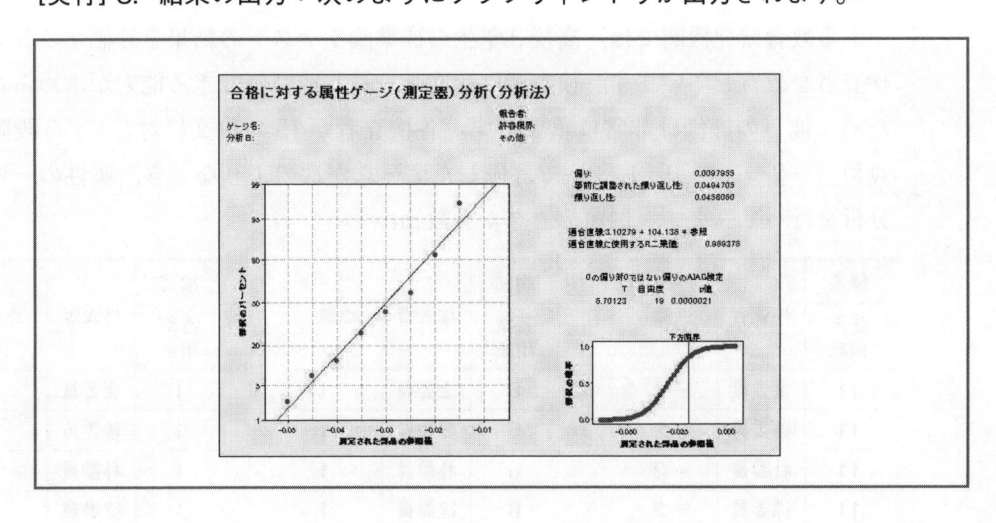

[実行] 4. 結果の解析

> ・属性ゲージシステムの偏りは 0.0097955 であり，調整された繰り返し性は 0.0458060 です。偏りの検定結果を見ると，偏りが 0 から大幅に離れており（t = 6.70123, df = 19, p = 0.00），測定システムに偏りがあることがわかります。

8. 属性の一致性分析

複数の検査者による名義評価点または順序評価点の一致度を調べる際に使用します。測定値は実際の物理的な測定値ではなく，検査者が考える主観的な評価です。例えば，次のような例を挙げることができます。

- 自動車の性能等級
- 織物の品質を"良好"か"不良"に分類
- ぶどう酒の色，香りおよび味を 1 から 10 までのスケールで等級を分類

このような場合には，品質の特性を定義して評価することが難しくなります。品質の特性を意味のあるカテゴリに分類するためには，2 人以上の検査者が測定値を分類すべきです。検査者の評価が一致すれば評価が正確である可能性が高まり，検査者の評価が異なれば評価の有用性は制限されます。

[例題]

ある教育研究機関では，高校 3 年生の標準論文テストの結果を評価する 5 人の検査者を教育しています。検査者は論文を一貫して評価できる能力が求められるため，彼らの評価は非常に重要です。各検査者が 15 の論文に対して，5 段階の点数（−2, −1, 0, 1, 2）で評価したデータが次のようなとき，属性の一致性分析を行ってみます（例題データ：点数.mtw）。

論述答案用紙	検査者	点数
11	金委員	−2
11	姜委員	−2
11	朴委員	−2
11	徐委員	−2
11	鄭委員	−1

論述答案用紙	検査者	点数
6	金委員	1
6	姜委員	1
6	朴委員	1
6	徐委員	1
6	鄭委員	1

論述答案用紙	検査者	点数
1	金委員	2
1	姜委員	2
1	朴委員	2
1	徐委員	1
1	鄭委員	2

12	金委員	0		7	金委員	2		2	金委員	−1
12	姜委員	0		7	姜委員	2		2	姜委員	−1
12	朴委員	0		7	朴委員	2		2	朴委員	−1
12	徐委員	−1		7	徐委員	1		2	徐委員	−2
12	鄭委員	0		7	鄭委員	2		2	鄭委員	−1
13	金委員	2		8	金委員	0		3	金委員	1
13	姜委員	2		8	姜委員	0		3	姜委員	0
13	朴委員	2		8	朴委員	0		3	朴委員	0
13	徐委員	2		8	徐委員	0		3	徐委員	0
13	鄭委員	2		8	鄭委員	0		3	鄭委員	0
14	金委員	−1		9	金委員	−1		4	金委員	−2
14	姜委員	−1		9	姜委員	−1		4	姜委員	−2
14	朴委員	−1		9	朴委員	−1		4	朴委員	−2
14	徐委員	−1		9	徐委員	−2		4	徐委員	−2
14	鄭委員	−1		9	鄭委員	−1		4	鄭委員	−2
15	金委員	1		10	金委員	1		5	金委員	0
15	姜委員	1		10	姜委員	1		5	姜委員	0
15	朴委員	1		10	朴委員	1		5	朴委員	0
15	徐委員	1		10	徐委員	0		5	徐委員	−1
15	鄭委員	1		10	鄭委員	2		5	鄭委員	0

[実行] 1. データの入力：データは次のように4つの列に入力します。最後の列には正答点数を入力します。

↓	C1-T	C2	C3	C4
	新任評価者	Sample	評価者点数	正答点数
1	金委員	1	2	2
2	姜委員	1	2	2
3	朴委員	1	2	2
4	徐委員	1	1	2
5	鄭委員	1	2	2
6	金委員	2	-1	-1
7	姜委員	2	-1	-1
8	朴委員	2	-1	-1
9	徐委員	2	-2	-1
10	鄭委員	2	-1	-1
11	金委員	3	1	0
12	姜委員	3	0	0
13	朴委員	3	0	0
14	徐委員	3	0	0
15	鄭委員	3	0	0
16	金委員	4	-2	-2
17	姜委員	4	-2	-2
18	朴委員	4	-2	-2
19	徐委員	4	-2	-2
20	鄭委員	4	-2	-2

[実行] 2. MINITAB メニュー：統計 ▶ 品質ツール ▶ 属性の一致性分析

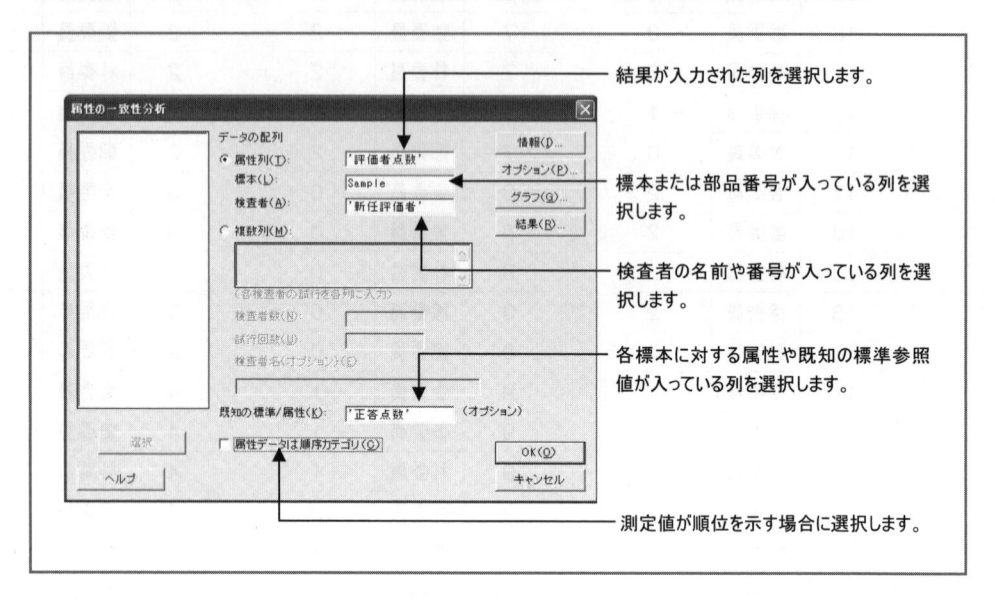

[実行] 3. 結果の出力：下のように，グラフウィンドウとセッションウィンドウが出力されます。

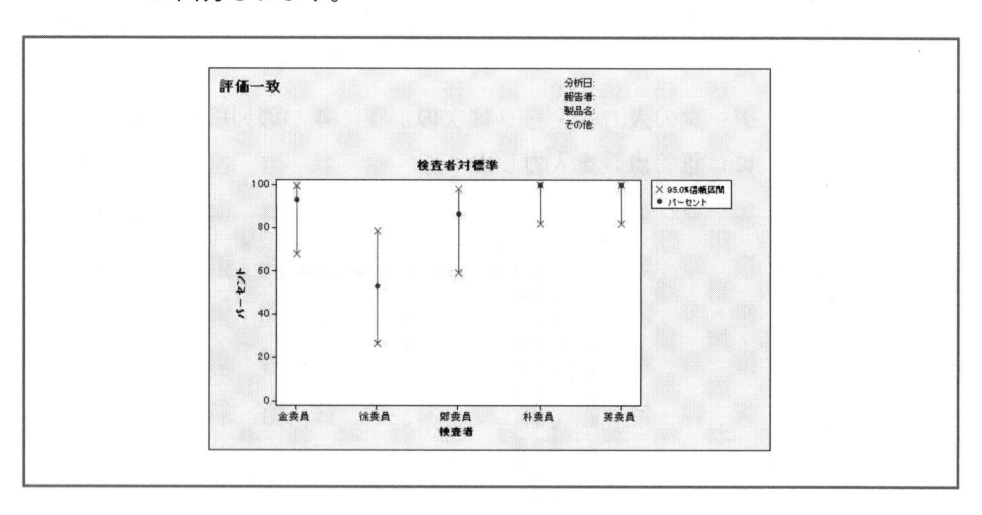

```
結果: スコア.mtw
評価者点数の属性の一致性分析
各検査者対標準

評価一致

検査者  検査数  一致数  パーセント   95 %信頼区間
金委員    15     14    93.33   (68.05,  99.83)
徐委員    15      8    53.33   (26.59,  78.73)
鄭委員    15     13    86.67   (59.54,  98.34)
朴委員    15     15   100.00   (81.90, 100.00)
姜委員    15     15   100.00   (81.90, 100.00)

一致数：検査者の試行評価が既知の標準と一致しました。

検査者間

評価一致

検査数  一致数  パーセント   95 %信頼区間
  15      6    40.00   (16.34,  67.71)

一致数：すべての検査者の評価が互いに一致しました。

すべての検査者対標準

評価一致

検査数  一致数  パーセント   95 %信頼区間
  15      6    40.00   (16.34,  67.71)

一致数：すべての検査者の評価が既知の標準と一致しました。
* 注 * 各検査者の試行回数が1回です。検査者の評価一致率はプロットされません。
```

[実行] 4．結果の解析

・徐委員と鄭委員の場合，参照値との一致比率が90％未満となっています。また，測定者間の一致比率が40％となっており，これらの結果より，評価基準を合わせる処置が必要であると考えられます。

第 14 章　相関分析

1. 相関分析の概要
2. 相関係数の検定
3. 順位相関係数

1. 相関分析の概要

統計を利用する場合，変数間の関係が関心の対象となることが多くあります。例えば，父と娘の身長，所得と消費支出，知能指数と学校の成績，喫煙量と肺ガンの発生率，工程の温度と強度間の関係に関心を持つ場合などです。このように，2つの変数間の線形関係を知る方法を相関分析といいます。2つの変数間の線形関係の度合いを示す測度として相関係数を使用します。

[1] 相関係数の種類
・量的変数→ピアソン（Pearson）の積率相関係数
・質的変数→スピアマン（Spearman）の順位相関係数

[2] 母相関係数と標本相関係数

区分	表示記号	公式
母相関係数	ρ	$\rho = \dfrac{Cov(X,Y)}{\sqrt{Var(X)Var(Y)}} = \dfrac{\sigma_{xy}}{\sigma_x \sigma_y}$
標本相関係数	r	$r = \dfrac{S(xy)}{\sqrt{S(xx)S(yy)}}$ $= \dfrac{\sum_{i=1}^{n}(x_i - \overline{x})(y_i - \overline{y})}{\sqrt{\sum_{i=1}^{n}(x_i - \overline{x})^2}\sqrt{\sum_{i=1}^{n}(y_i - \overline{y})^2}}$ $= \dfrac{Sxy}{\sqrt{SxSy}}$

[3] 相関係数の検定

標本相関係数 r 値の大小は，母相関係数の値にも影響を受けており，また，標本抽出による確率にも影響を受けます。従って，母相関係数 ρ に対する検定では，標本相関係数 r 値と適切な限界値を比較して判定することになります。X と Y の母集団で相関関係の有無に対する検定として，X と Y の間の母相関係数が 0 かどうかを検定する問題は，次のように要約されます。

帰無仮説 (H_0)	対立仮説 (H_1)	棄却域	検定統計量
$\rho = 0$	$\rho > 0$	$t \geq t_\alpha(n-2)$	$t = \dfrac{r\sqrt{n-2}}{\sqrt{1-r^2}}$
	$\rho < 0$	$t \leq -t_\alpha(n-2)$	
	$\rho \neq 0$	$|t| \geq t_{\alpha/2}(n-2)$	

2. 相関係数の検定－二変量

次のデータは，多くの家族の中から任意に抽出した11家族において，成人の兄と妹の背丈を測定したものです。兄と妹の身長が互いに関連があるかどうかを調べるために，標本相関係数を求めます。このデータが二変量正規母集団から抽出されたデータである場合，兄と妹の身長の母相関係数が0かどうかを有意水準 $\alpha = 0.05$ で検定してください（例題データ：身長.mtw）。

男性の背丈 X	71 68 66 67 70 71 70 73 72 65 66
女性の背丈 Y	69 64 65 63 65 62 65 64 66 59 62

[実行] 1. データの入力：データは次のように2つの列に入力します。

↓	C1 男性の背丈X	C2 女性の背丈Y
3	66	65
4	67	63
5	70	65
6	71	62
7	70	65
8	73	64
9	72	66
10	65	59
11	66	62

[実行] 2. MINITAB メニュー：統計 ▶ 基本統計 ▶ 相関

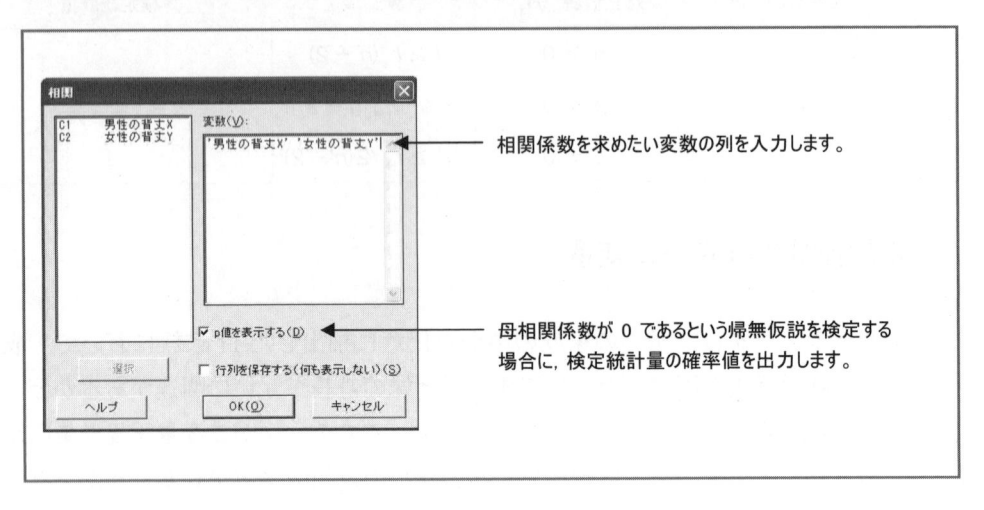

[実行] 3. 結果の出力：下のような結果がセッションウィンドウに出力されます。

> **相関：男性の背丈X, 女性の背丈Y**
> 男性の背丈Xと女性の背丈Yのピアソン相関=0.558, p値=0.074

[実行] 4. 結果の解析

- 標本相関係数 r = 0.558 というのは，11 組の兄と妹の身長から推定してみた結果，兄と妹の身長の間には線形関係の度合いが約 0.558 あるということを意味します。相関係数の符号が正ということは，兄の身長が高ければ，妹の身長も高いことを示しています。母相関係数の検定統計量の確率値は 0.074 となっており，これは有意水準 0.05 より大きいため，帰無仮説を棄却できません。すなわち，兄と妹の身長の間には，線形関係があるという結論には至りません。

3. 順位相関係数

相対的な順位で表現できる質的変数の場合は，順位による相関係数を利用します。例えば，美術の公募展で 2 人の審査委員が 10 枚の絵を評価する場合，10 枚の絵に対する相対的な順位をつけるとすると，2 人の評価による順位がどの程度一致しているかを見ることができます。

・順位相関係数：$r_s = 1 - \left\{\dfrac{6}{n*(n^2-1)}\right\}D$

・検定統計量：$Z = r_s(n-1)^{1/2}$

[例題]

次のデータは，8社のエアコンの製品別に，消費者の品質選好順位と価格を調査したものです。このデータから，品質選好順位と価格に関する順位相関係数を求めてみましょう。また，品質と価格は互いに独立しているという帰無仮説に対して検定を実施してください（例題データ：価格.mtw）。

製造会社	品質選好順位	価格（単位：百円）
A	7	440
B	4	525
C	2	479
D	6	499
E	1	580
F	3	549
G	8	469
H	5	530

[実行] 1. データの入力：データを次のように入力します。

↓	C1-T	C2	C3
	製造会社	品質選好順位	価格
1	A	7	440
2	B	4	525
3	C	2	479
4	D	6	499
5	E	1	580
6	F	3	549
7	G	8	469
8	H	5	530

[実行] 2. データの順位化：データ ▶ 順位付け

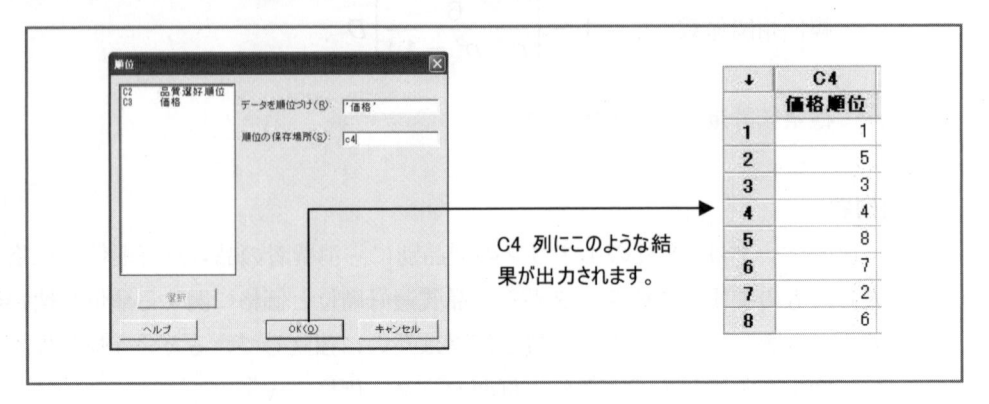

C4 列にこのような結果が出力されます。

	C4
	価格順位
1	1
2	5
3	3
4	4
5	8
6	7
7	2
8	6

[実行] 3. MINITAB メニュー：統計 ▶ 基本統計 ▶ 相関

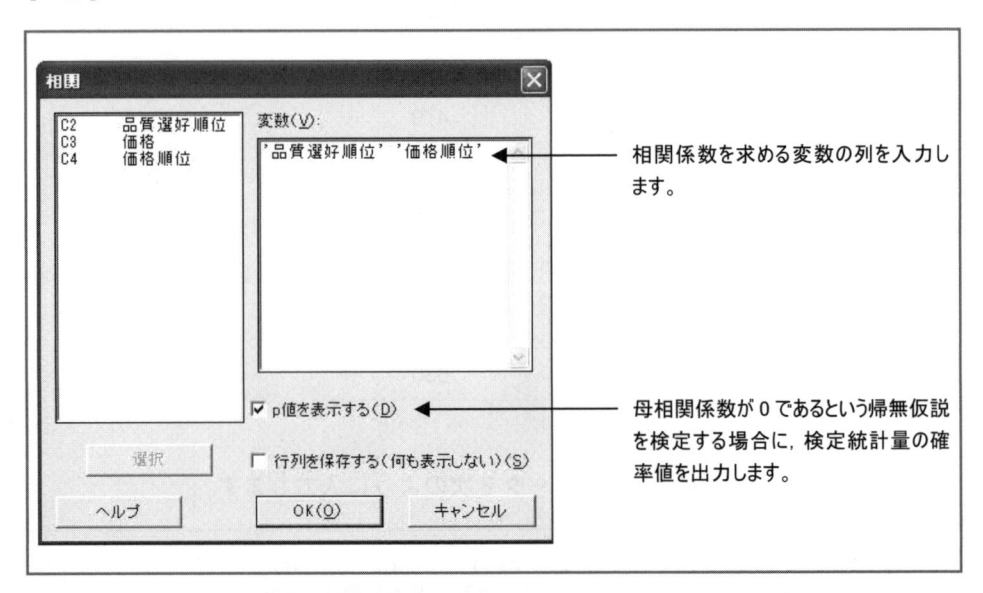

相関係数を求める変数の列を入力します。

母相関係数が0であるという帰無仮説を検定する場合に，検定統計量の確率値を出力します。

[実行] 4. 結果の出力：下のような結果がセッションウィンドウに出力されます。

相関：品質選好順位, 価格順位

品質選好順位と価格順位のピアソン相関 $= -0.714$, p値 $= 0.047$

[実行] 5. 結果の解析

・標本相関係数 $r = -0.714$ というのは，品質選好と価格間に線形関係の度合いが約 0.714 あるということを意味します。相関係数の符号が負ということは，価格が高いほど品質選好順位が高い（順位の場合，値が小さいほど順位が高いため）ことを示唆しています。母相関係数の検定統計量の確率値は 0.047 となっており，これは有意水準 0.05 より小さいため，帰無仮説（品質と価格は互いに独立している）を棄却します。

第 15 章　回帰分析

1. 回帰分析の概要
2. 単回帰分析
3. 重回帰分析
4. 曲線回帰
5. ステップワイズ回帰分析
6. ベストサブセット
7. 残差プロット
8. PLS

1. 回帰分析（Regression Analysis）の概要

　　回帰分析とは，変数間の関連性を調べるためにデータから数学的モデルを推定することです。一般に推定されたモデルを利用して必要な予測を行い，あるいは関心のある統計的推論を行います。MINITABでは，最小二乗回帰，PLS（偏最小二乗：Partial Least Squares）回帰，およびロジスティック回帰を使用することができます。

- 応答（Y）が連続型であれば，最小二乗回帰を使用します。
- 予測変数（X）が高い相関関係にあるか，観測値に比べて予測変数の数が多い場合には，PLS回帰を使用します。
- 応答（Y）がカテゴリ型なら，ロジスティック回帰を使用します。

　　ここで，最小二乗回帰とロジスティック回帰は，両方ともモデルの適合を最適化する方法で，モデル内のパラメータを推定します。最小二乗回帰では平方誤差の和を最小化し，パラメータ推定値を求めます。PLS回帰では，予測変数の線形結合を抽出し，予測誤差を最小化します。ロジスティック回帰では，パラメータの最尤推定値を求めます。

[1] データの分類

　　回帰分析で使用されるデータの分類は次の通りです。

区　分		データの形式	例
連続型（continuous）		連続的な値を持つ	温度，体重，長さなど
カテゴリ別	二項（binary）	順序を持たず，2つで区分できる	良―不良，はい―いいえ，男―女
	順位型（ordinal）	順序を持ち，3つ以上で区分できる	秀―優―美―良―可， 1位―2位―3位
	名義型（nominal）	順序を持たず，3つ以上で区分できる	晴れ―雨―曇り， 青―黒―赤

[2] MINITABでサポートする回帰分析

メニュー名	用　途	応答変数の タイプ	推定方法
回帰	・単回帰／重回帰分析または多項式回帰分析を実行します。	連続型	最小二乗法
ステップワイズ	・段階別前方選択または後方削除を実行して，有用な予測変数のサブセットを識別します。	連続型	最小二乗法

ベスト サブセット	・最大 R^2 基準に合う予測変数のサブセットを識別します。	連続型	最小二乗法
適合線プロット	・1つの予測変数を使用して，線形および多項式回帰分析を実行し，全体データに対する回帰線をプロットします。	連続型	最小二乗法
PLS	・応答と予測変数が強い相関関係にある場合に，予測変数の数を無相関の成分セットに減らし，回帰分析を実行します。	連続型	偏りのある非最小二乗回帰
2値ロジスティック回帰分析	・「あり」「なし」のような2値の値となっている応答に対して，ロジスティック回帰を実行します。	カテゴリ別	最尤法
順位ロジスティック回帰分析	・「悲しい」「普通」「楽しい」のように，3つ以上の順位のデータ値がある応答に対して，ロジスティック回帰分析を実行する。	カテゴリ別	最尤法
名義ロジスティック回帰分析	・「甘い」「塩辛い」「酸っぱい」などのように，3つ以上の順位がない応答（名義データ）に対して，ロジスティック回帰分析を実行します。	カテゴリ別	最尤法

2. 単回帰分析（Simple Regression Analysis）

予測変数（X）および応答（Y）の関係を直線で仮定します。

[1] 回帰直線の推定式

・ $\hat{y} = \hat{\beta}_0 + \hat{\beta}_1 x$

・ $\hat{\beta}_1 = \dfrac{S_{(xy)}}{S_{(xx)}}$

・ $\hat{\beta}_0 = \bar{y} - \hat{\beta}_1 \bar{x}$

[2] 単回帰分析の理論

XとYの回帰式を求めた場合，XとYの関数関係をどの程度説明できているのかを回帰式から把握することはできません。回帰式に意味があるのかどうかを調べるためには，分散分析のF検定を実施する必要があります。

要因	平方和 S	自由度 df	二乗平均 V	$E(V)$	F_0	$F(\alpha)$
回帰	SSR	1	V_R	$n\sigma_2 + \beta_1^2 S_{xx}$	V_R/V_E	$F(1, n-2;\alpha)$
残差	SSE	$n-2$	V_E	σ^2	V_R/V_E	$F(1, n-2;\alpha)$
計	SST	$n-1$				

■ 単回帰の分析

・F検定の仮説：$H_0: \beta_1 = 0$(傾きが0ではない) $H_1: \beta_1 \neq 0$(傾きが0である)
・分散分析表で$F_0 = V_R/V_E > F(1, n-2;\alpha)$ の場合，帰無仮説を棄却し，対立仮説を採択します。帰無仮説が棄却されると，傾きβ_1が0ではないため，回帰直線が有意となります。このとき，V_RがV_Eより相対的に大きくなるため，SSRがSSEより大きくなります。すなわち，総変動SSTの中でSSRが占める比重が大きくなっているので，「推定された回帰式がXとYの関係を説明するのに有意である」といえます。

[例題]

酸素含有量（X）に伴う発火性（Y）の関係を把握するために，次のようなデータを得ました。単回帰分析を実行してみましょう（例題データ：酸素含有量.mtw）。

x	1	2	3	4	5
y	4	6	7	8	10

[実行] 1. データの入力：データは次のように2つの列に入力します。

↓	C1	C2
	x	y
1	1	4
2	2	6
3	3	7
4	4	8
5	5	10

2. 単回帰分析（Simple Regression Analysis）

[実行] 2. MINITAB メニュー：統計 ▶ 回帰 ▶ 回帰

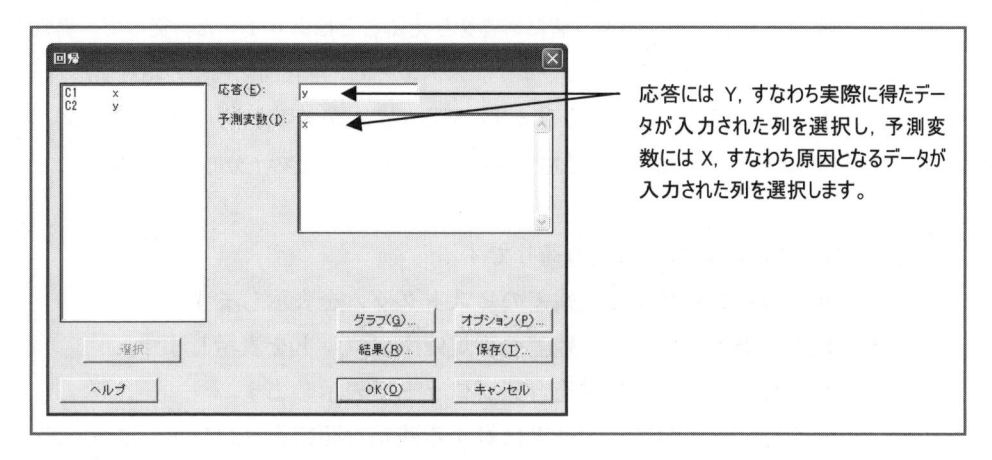

応答には Y, すなわち実際に得たデータが入力された列を選択し, 予測変数には X, すなわち原因となるデータが入力された列を選択します。

■ グラフ

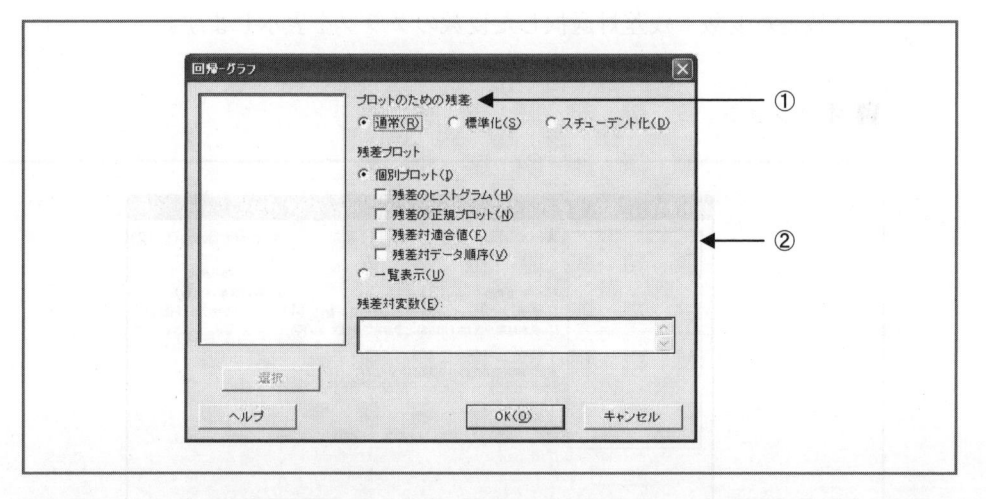

① 残差とは，観測値と予測値または適合値の差を表し，適合モデルでは説明できない誤差のことです。このメニューでは，表示したい残差を指定できます。
・通常：残差を表示します。
・標準化：(残差)/(残差の標準偏差) を表示します。
・スチューデント化：スチューデント化された削除残差を表示します。

※スチューデント化された削除残差とは
外部的スチューデント化残差と呼ばれることもあります。スチューデント化削除残差は，外れ値の識別に役立ちます。これは，i 番目の残差を計算するときに，i 番目のケースを除くすべてのケースに基づいて回帰線があてはめられるためです。このとき，残差をその推定標準偏差で割ります。i 番目の観測値に対するスチューデント化削除

残差は，データセットからこの観測値を削除した状態ですべての量を推定するため，i 番目の観測値がこの推定値に影響を与えることはありません。従って，異常な Y 値をすぐに見つけることができます。スチューデント化削除残差の絶対値が大きい場合は，残差が大きいとみなされます。回帰モデルが適切であり，外れ値がない場合は，スチューデント化削除残差はいずれも自由度 $n-1-p$ の t 分布に従います。

② 残差関連のグラフは次の通りです。
・残差のヒストグラム：残差のヒストグラムを表示します。
・残差の正規プロット：残差の正規確率プロットを表示します。
・残差対適合値：残差対適合値プロットで表示します。
・残差対データ順序：データに対する残差対順序をプロットします。各データ点の行番号は，X 軸に表示されます。
・一覧表示：上の4つのプロットを1つのウィンドウに表示します。
・残差対変数：残差対選択した変数のグラフを表示します。

■ オプション

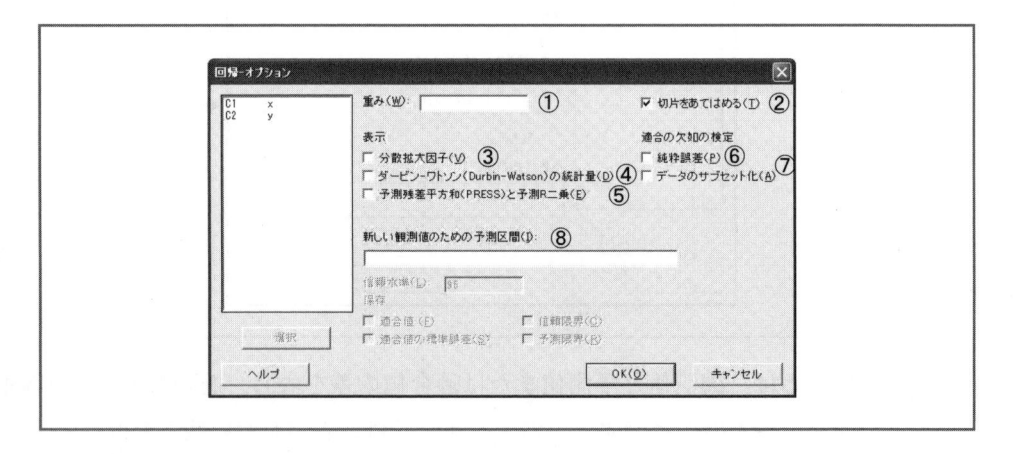

① 重み付きの回帰分析を実行する場合，ここに重み列を入力します。
② 回帰式に定数項を含む場合，チェックします。
③ 分散拡大因子（VIF:Variance Inflation Factor）：予測変数間に相関がある場合，推定された回帰係数の変動がどの程度大きくなるかを測定した値です。相関が予測変数の間になければ，VIF=1 になります。VIF>5〜10 となる場合は，予測変数の間の相関が大きく，回帰係数の推定が適切ではないという意味になります。
④ ダービン-ワトソン（Durbin-Watson）の統計量：残差の自己相関（autocorrelation）

を検出する場合にチェックします。
⑤ 予測残差平方和（PRESS）と予測 R 二乗：PRESS はモデルの予測能力を評価する値で，一般的に PRESS 値が小さいほどモデルの予測能力が高くなります。また，PRESS は予測 R 二乗を計算するのに使用されます。予測 R 二乗は，モデルがどの程度，新しい観測値の応答を良好に予測するかを示します。
⑥ データに反復（同じ x 値を持つ複数の観測値）が含まれている場合は，モデルの純粋誤差を推定します。これにより，モデルの適切性を検定できます。
⑦ データに反復が含まれていない場合，モデルの直線の適合度を確認する際にこの検定を使用します。この手法では，（モデルの適合度に影響する可能性がある）データの曲面性および予測変数間の交互作用が検出されます。不適合性が検出されるたびに，メッセージが表示されます。p 値が小さい場合，不適合度が大きいことを示します。
⑧ X に該当する新しい値を入力すると，回帰式による Y 値が信頼区間と一緒に出力されます。予測変数値または定数を入力するか，それらが保存されている列を入力します。

■ **結果**

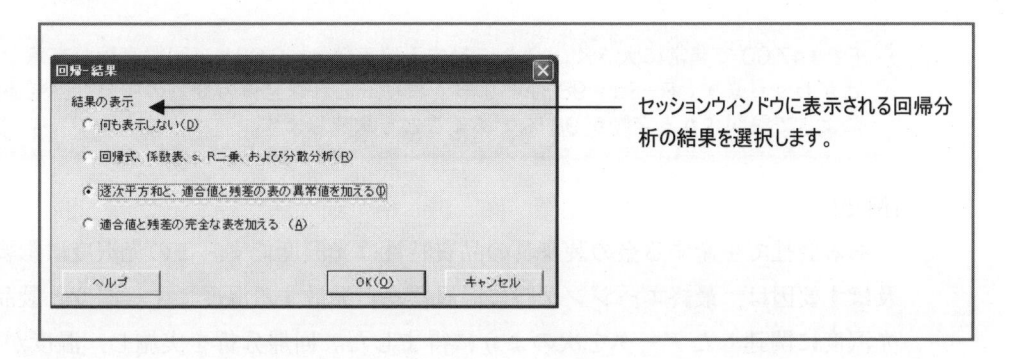

回帰－結果ダイアログで、セッションウィンドウに表示される回帰分析の結果を選択します。

■ **保存**

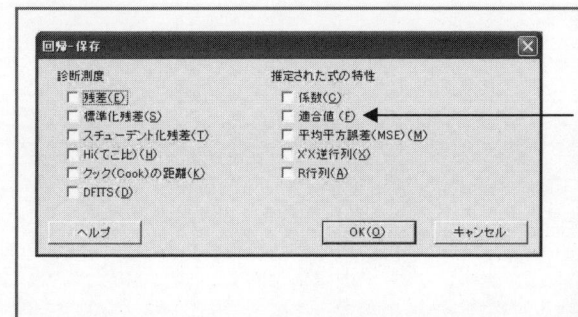

チェックした内容がワークシートに保存されます。ここで Hi(てこ比)，クック(Cook)の距離，DFITS では，回帰式の係数に影響を及ぼす異常値を確認できます。Hi(てこ比)は予測変数に関連したもので，セッションウィンドウに X や XX という表示が出た場合，その観測値は外れ値である可能性があります。クック(Cook)の距離は予測変数，応答すべてに対して異常値をチェックし，DFITS は実際のデータに対する異常の有無をチェックします。

[実行] 3. 結果の出力：下のような結果が結果ウィンドウに出力されます。

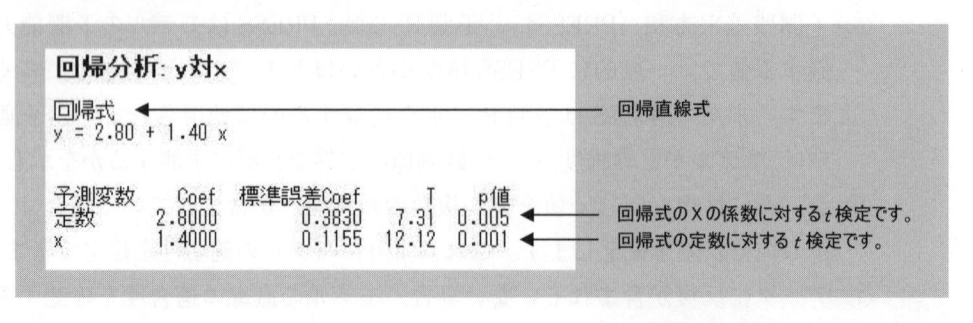

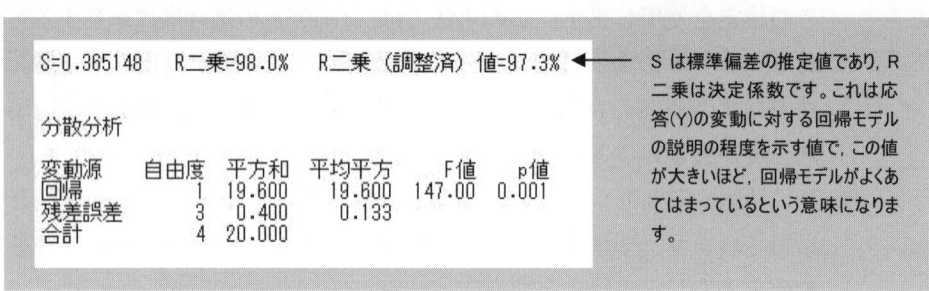

```
回帰分析: y対x
回帰式  ◄──────────────────────────────  回帰直線式
y = 2.80 + 1.40 x

予測変数    Coef    標準誤差Coef      T     p値
定数      2.8000      0.3830      7.31   0.005  ◄──  回帰式のXの係数に対するt検定です。
x        1.4000      0.1155     12.12   0.001  ◄──  回帰式の定数に対するt検定です。
```

```
S=0.365148    R二乗=98.0%    R二乗（調整済）値=97.3%  ◄──  Sは標準偏差の推定値であり、R
                                                          二乗は決定係数です。これは応
分散分析                                                   答(Y)の変動に対する回帰モデル
                                                          の説明の程度を示す値で、この値
変動源    自由度   平方和    平均平方    F値    p値        が大きいほど、回帰モデルがよくあ
回帰         1   19.600     19.600   147.00  0.001        てはまっているという意味になりま
残差誤差     3    0.400      0.133                        す。
合計         4   20.000
```

[実行] 4. 結果の解析

・F = 147.00 で非常に大きく、これに対する確率値 p = 0.001 で回帰直線が有意なことがわかります。R-Sq = 98 % となっており、これは全体の変動の中で、回帰直線によって説明される変動が 98 % であることを意味します。

[例題]

　ある会社で生産する金の装身具の品質特性は光沢度です。この光沢度に影響を及ぼす要因は、最終エージング時に温風器から発散する温度です。温度と製品の光沢度に関連したデータを次のように得ました。回帰分析を実施し、温度が 8.2 の時に光沢度はいくらかを予測してください（例題データ：温度.mtw）。

2. 単回帰分析（Simple Regression Analysis）　403

[実行] 1. データの入力：データは次のように2つの列に入力します。

↓	C1 温度	C2 光沢度
1	4.1	2.1
2	2.2	1.5
3	2.7	1.7
4	6.0	2.5
5	8.5	3.0
6	4.1	2.1
7	9.0	3.2
8	8.0	2.8
9	7.5	2.5

[実行] 2. MINITAB メニュー：統計 ▶ 回帰 ▶ 回帰

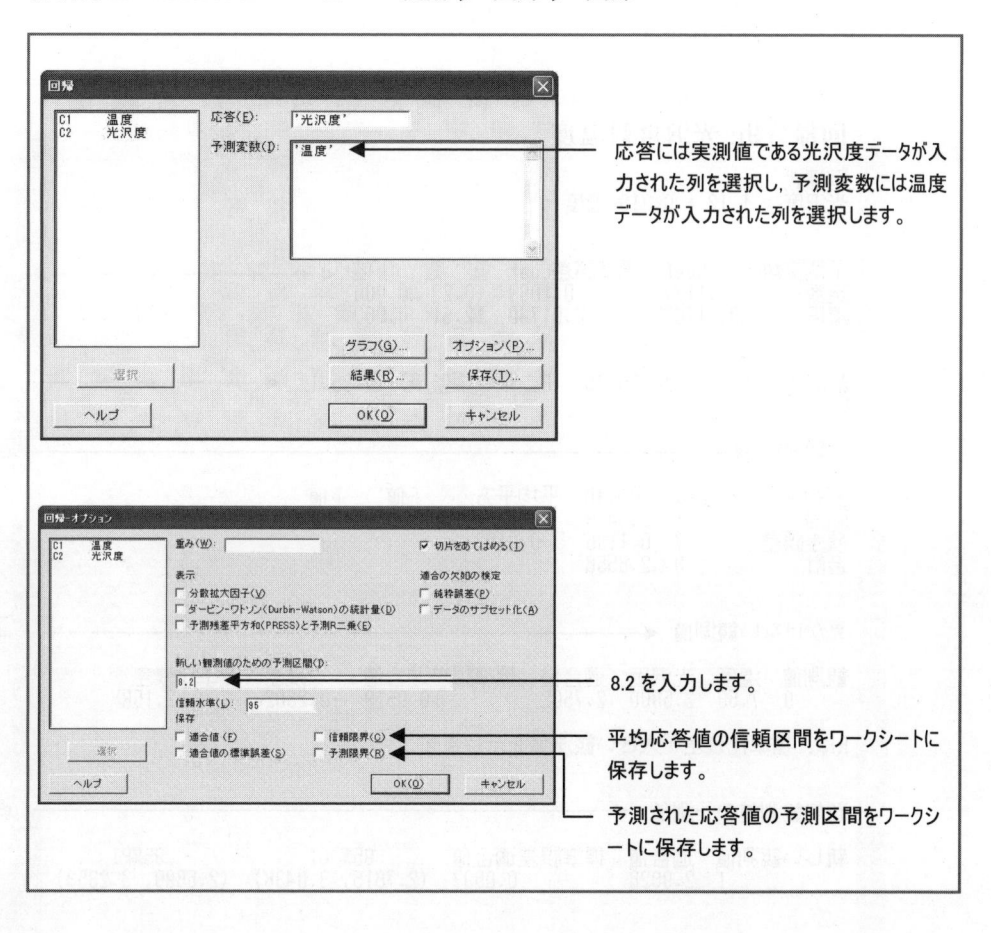

応答には実測値である光沢度データが入力された列を選択し，予測変数には温度データが入力された列を選択します。

8.2 を入力します。

平均応答値の信頼区間をワークシートに保存します。

予測された応答値の予測区間をワークシートに保存します。

[実行] 統計 ▶ 回帰 ▶ 適合線プロット

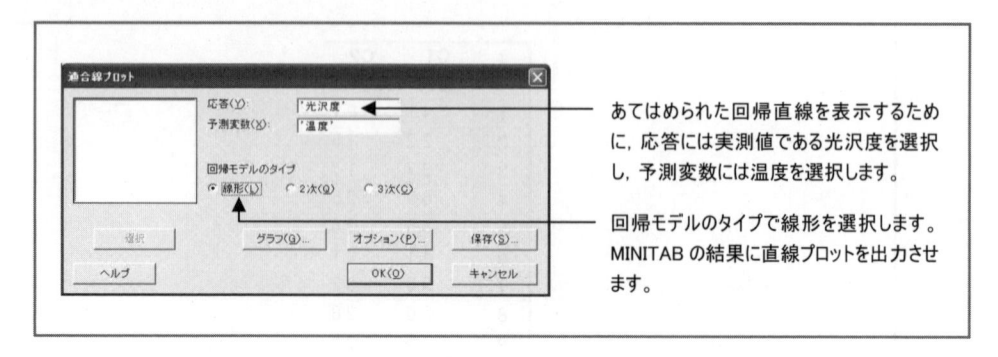

あてはめられた回帰直線を表示するために，応答には実測値である光沢度を選択し，予測変数には温度を選択します。

回帰モデルのタイプで線形を選択します。MINITABの結果に直線プロットを出力させます。

[実行] 4. 結果の出力：下のような結果が，セッションウィンドウとグラフに出力されます。

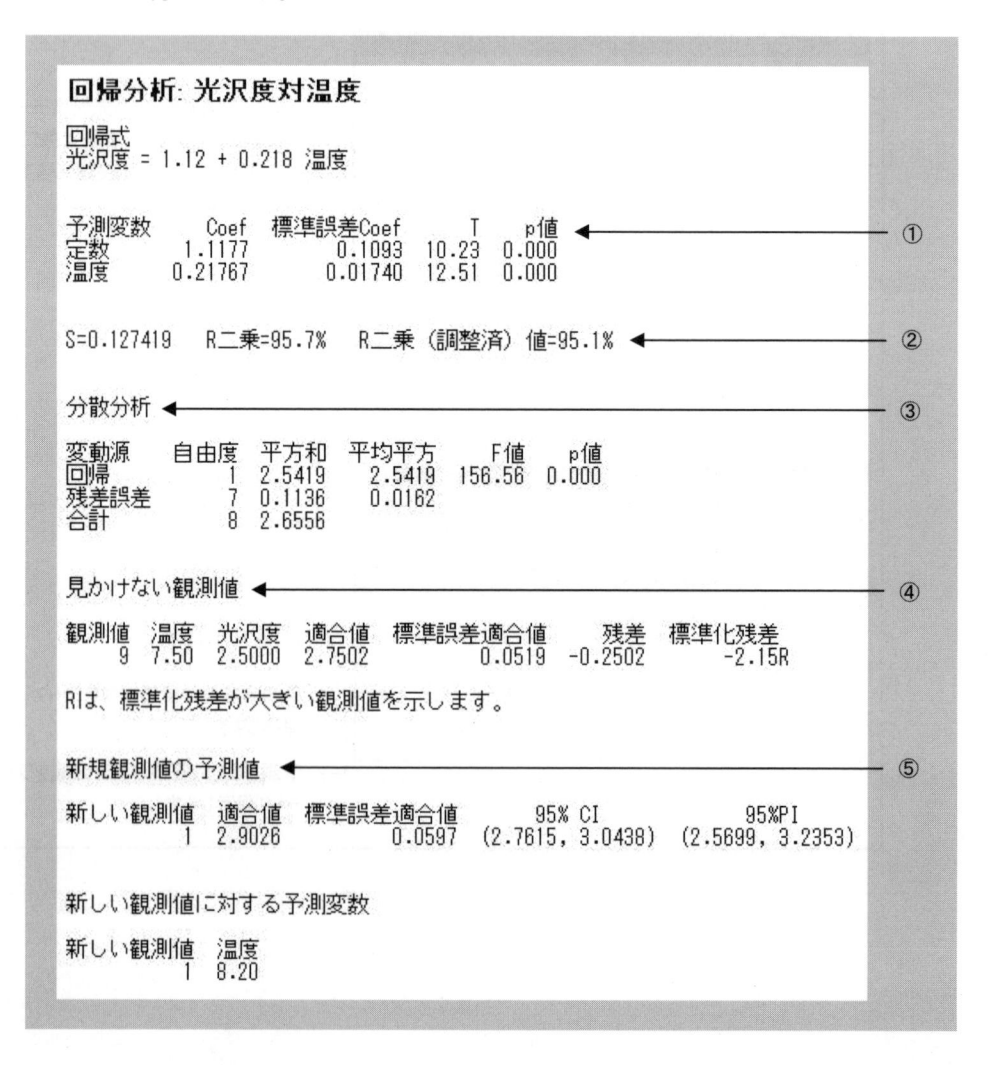

回帰分析: 光沢度対温度

回帰式
光沢度 = 1.12 + 0.218 温度

予測変数	Coef	標準誤差Coef	T	p値
定数	1.1177	0.1093	10.23	0.000
温度	0.21767	0.01740	12.51	0.000

①

S=0.127419　R二乗=95.7%　R二乗（調整済）値=95.1%　②

分散分析　③

変動源	自由度	平方和	平均平方	F値	p値
回帰	1	2.5419	2.5419	156.56	0.000
残差誤差	7	0.1136	0.0162		
合計	8	2.6556			

見かけない観測値　④

観測値	温度	光沢度	適合値	標準誤差適合値	残差	標準化残差
9	7.50	2.5000	2.7502	0.0519	-0.2502	-2.15R

Rは、標準化残差が大きい観測値を示します。

新規観測値の予測値　⑤

新しい観測値	適合値	標準誤差適合値	95% CI	95%PI
1	2.9026	0.0597	(2.7615, 3.0438)	(2.5699, 3.2353)

新しい観測値に対する予測変数

新しい観測値	温度
1	8.20

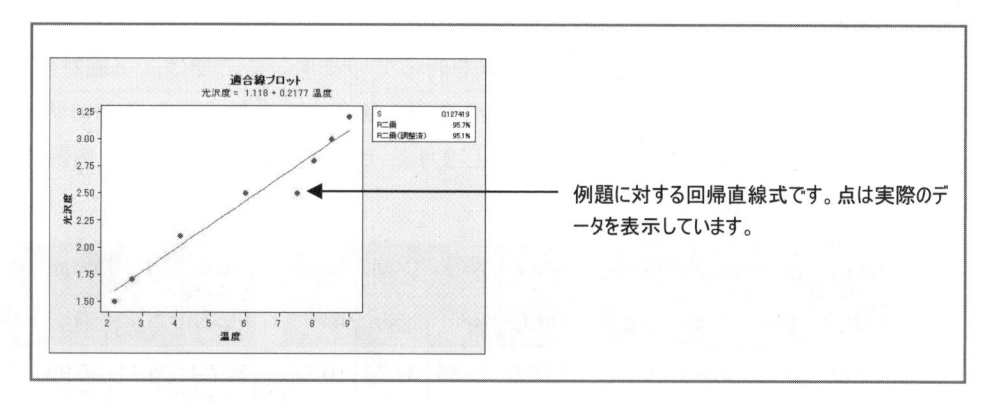

適合線プロット
光沢度 = 1.118 + 0.2177 温度

例題に対する回帰直線式です。点は実際のデータを表示しています。

[実行] 4. 結果の解析

① 回帰式の係数に対する t 検定で，t 値が高い変数ほど y を説明できています。ここでは，p 値がすべて 0.05 より小さいため有意となっており，回帰に意味があるといえます。
② S は，回帰線に対する標準偏差の推定量です。R 二乗は，（平方和 回帰）／（平方和 合計）から求めます。回帰式に意味のない変数を予測変数に追加することによって，見かけ上，R 二乗は増えてしまいます。この結果は好ましくないため，自由度を用いて調整された値として R 二乗（修正）を使用します。予測変数が 2 つ以上の場合，この値には意味がありますが，予測変数が 1 つの場合は関係がありません。
③ 分散分析の結果が出力される部分です。
④ 異常値に対する内容が出力されます。X が表示されていれば，予測変数に対する異常値を意味し，R が表示されていれば，応答変数に対する異常値を意味します。例題の結果では，R が表示されているため，これは実測値と回帰式によって適合した結果の間に大きな差があるという意味になります。
⑤ 予測変数値を入力したときに，回帰式によって適合した値，および，それによる信頼区間（Y の平均値 $E(Y)$ に対する信頼区間），予測区間（個別の Y の値に対する予測区間），標準偏差を出力します。

3. 重回帰分析（Multiple Regression）

2 つ以上の予測変数と，1 つの応答との関係を線形，すなわち直線で仮定する回帰分析をいいます。

[1] 回帰直線推定式
$$\hat{Y} = \hat{\beta}_0 + \hat{\beta}_1 X_1 + \hat{\beta}_2 X_2 + \cdots + \hat{\beta}_p X_p$$

[例題]

太陽熱エネルギーを研究する実験を行っています。ここでは，実験対象の家庭で測定した熱流動量（y）と絶縁体の3つの焦点から発散する熱量との関係（x_1, x_2, x_3）を重回帰分析を使って推定します。データは次の通りです（例題データ：エネルギー.mtw）。

Heat Flux(y)	East (x_1)	South (x_2)	North (x_3)	Heat Flux(y)	East (x_1)	South (x_2)	North (x_3)	Heat Flux(y)	East (x_1)	South (x_2)	North (x_3)
271.8	33.53	40.55	16.66	258.0	35.35	34.72	16.17	267.4	36.44	35.96	16.45
264.0	36.50	36.19	16.46	257.6	35.04	35.22	15.92	254.5	37.82	36.26	17.62
238.8	34.66	37.31	17.66	267.3	34.07	36.50	16.04	224.7	35.07	36.34	18.12
230.7	33.13	32.52	17.50	267.0	32.20	37.60	16.19	181.5	35.26	35.90	19.05
251.6	35.75	33.71	16.40	259.6	34.32	37.89	16.62	227.5	35.56	31.84	16.51
257.9	34.46	34.14	16.28	240.4	31.08	37.71	17.37	253.6	35.73	33.16	16.02
263.9	34.60	34.85	16.06	227.2	35.73	37.00	18.12	263.0	36.46	33.83	15.89
266.5	35.38	35.89	15.93	196.0	34.11	36.76	18.53	265.8	36.26	34.89	15.83
229.1	35.85	33.53	16.60	278.7	34.79	34.62	15.54	263.8	37.20	36.27	16.71
239.3	35.68	33.79	16.41	272.3	35.77	35.40	15.70	267.4	36.44	35.96	16.45

[実行] 1. データの入力：データは次のように4つの列に入力します。

	C1	C2	C3	C4
	HeatFlux(y)	East(x1)	South(x2)	North(x3)
1	271.8	33.53	40.55	16.66
2	264.0	36.50	36.19	16.46
3	238.8	34.66	37.31	17.66
4	230.7	33.13	32.52	17.50
5	251.6	35.75	33.71	16.40
6	257.9	34.46	34.14	16.28
7	263.9	34.60	34.85	16.06
8	266.5	35.38	35.89	15.93
9	229.1	35.85	33.53	16.60
10	239.3	35.68	33.79	16.41
11	258.0	35.35	34.72	16.17
12	257.6	35.04	35.22	15.92
13	267.3	34.07	36.50	16.04
14	267.0	32.20	37.60	16.19
15	259.6	34.32	37.89	16.62
16	240.4	31.08	37.71	17.37

[実行] 2. MINITAB メニュー：統計 ▶ 回帰 ▶ 回帰

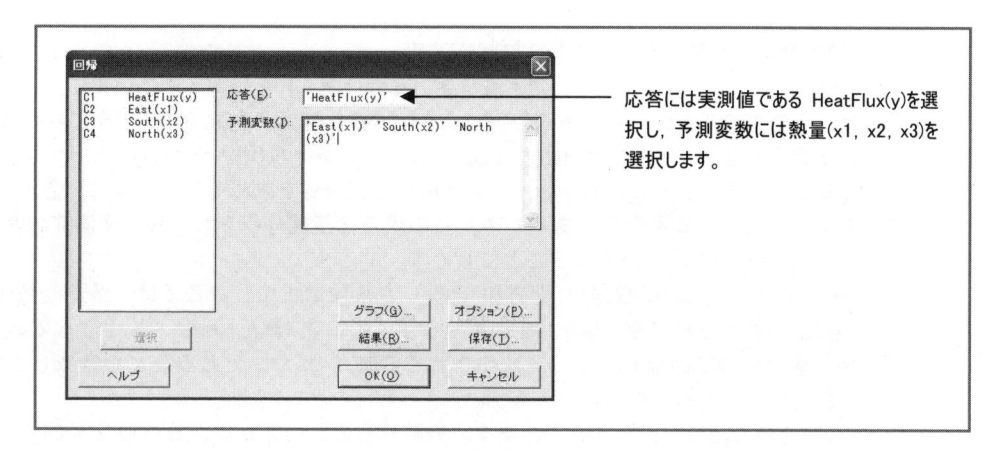

応答には実測値である HeatFlux(y)を選択し，予測変数には熱量(x1, x2, x3)を選択します。

[実行] 3. 結果の出力：下のような結果がセッションウィンドウに出力されます。

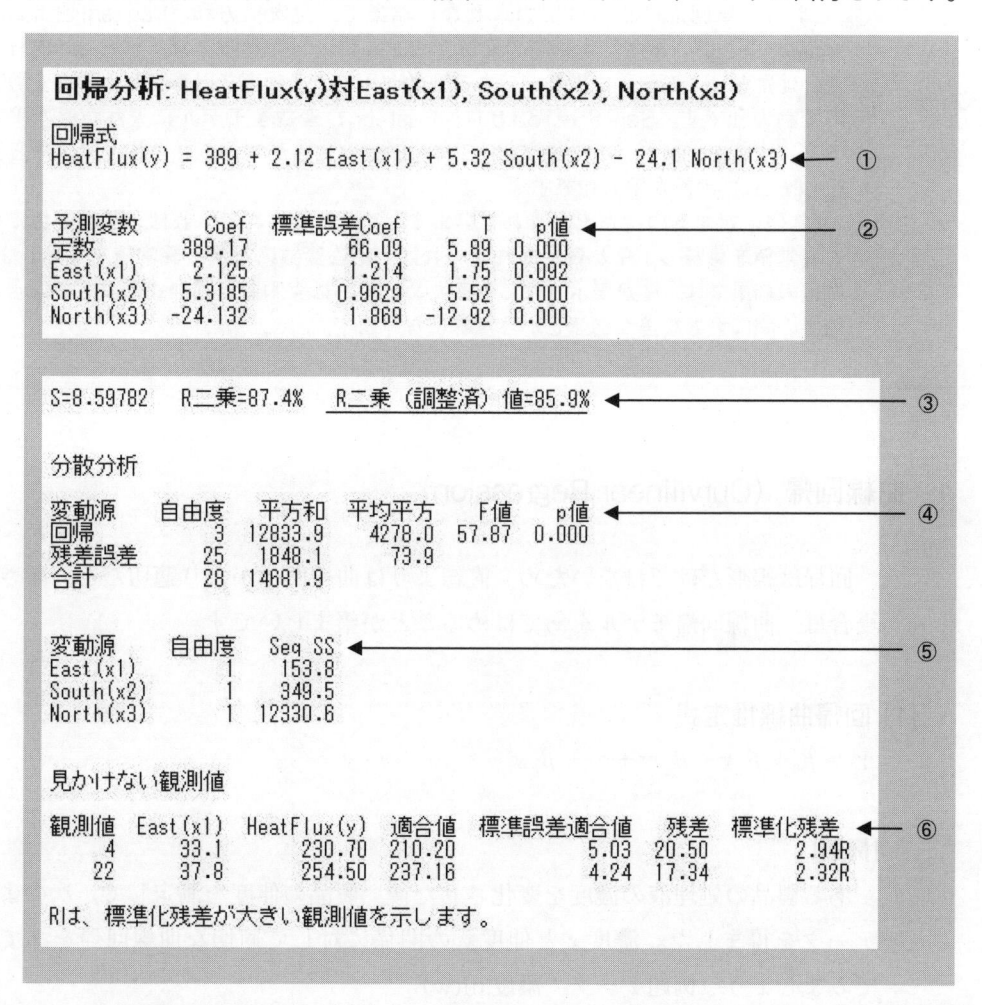

回帰分析: HeatFlux(y)対East(x1), South(x2), North(x3)

回帰式
HeatFlux(y) = 389 + 2.12 East(x1) + 5.32 South(x2) − 24.1 North(x3) ← ①

予測変数	Coef	標準誤差Coef	T	p値
定数	389.17	66.09	5.89	0.000
East(x1)	2.125	1.214	1.75	0.092
South(x2)	5.3185	0.9629	5.52	0.000
North(x3)	−24.132	1.869	−12.92	0.000

← ②

S=8.59782　R二乗=87.4%　R二乗（調整済）値=85.9%　← ③

分散分析

変動源	自由度	平方和	平均平方	F値	p値
回帰	3	12833.9	4278.0	57.87	0.000
残差誤差	25	1848.1	73.9		
合計	28	14681.9			

← ④

変動源	自由度	Seq SS
East(x1)	1	153.8
South(x2)	1	349.5
North(x3)	1	12330.6

← ⑤

見かけない観測値

観測値	East(x1)	HeatFlux(y)	適合値	標準誤差適合値	残差	標準化残差
4	33.1	230.70	210.20	5.03	20.50	2.94R
22	37.8	254.50	237.16	4.24	17.34	2.32R

← ⑥

Rは、標準化残差が大きい観測値を示します。

[実行] 4. 結果の解析

① 熱流動量と熱量の関係を表した回帰式です。
② 回帰式の係数に対するt検定でt値が高い変数ほど，yを説明できています。ここでは，予測変数 South (x_2) および North (x_3) のp値は，有意水準 0.05 より小さいため有意となっており，予測変数 East (x_1) のp値は 0.092 で，0.05 より大きいので有意ではありません。しかし，これを除いて回帰式を求めると，現実に見合っていないモデルになる可能性があるため，この場合は残差分析をした後，予測変数 East (x_1) を除くかどうか決定することにします。
③ R二乗は，（平方和 回帰）/（平方和 合計）から求めます。ここでは，予測変数が2つ以上あるためR二乗（修正）を使用します。R二乗（修正）=85.9% となっており，全体変動の中で回帰式によって説明される変動が 85.9% であることを意味します。一般的に，この値は高いといえます。
④ 分散分析の結果が出力されています。分散分析においてp値が 0.000 で，回帰式は有意であることを意味します。
⑤ これは，単回帰分析には出力されない結果で，逐次平方和（Sequential sums of squares）といいます。すべての変数がモデルに入った状況で求められるt統計量検定とは異なり，モデルに先立ってある変数が入った条件下で計算される現在変数だけの変動の和です。Seq SS=153.8 は，East (x_1) 変数をモデルに入れた逐次平方和です。次の South (x_2) 変数 =349.5 は，East (x_1) が与えられた状況で求められた South (x_2) の逐次平方和です。
⑥ 異常値に対する内容が出力されています。Xが表示されていれば，予測変数に対する異常値を意味し，Rが表示されていれば，応答変数に対する異常値を意味します。例題の結果では，Rが表示されているため，これは実測値と回帰式によって適合した結果の間に大きな差があるという意味になります。

4. 曲線回帰（Curvilinear Regression）

回帰は線形だけではないため，直線よりは曲線関係がより適切だと判断される場合は，曲線回帰モデルをあてはめることが望ましいです。

[1] 回帰曲線推定式

$$\hat{Y} = \hat{\beta}_0 + \hat{\beta}_1 x + \hat{\beta}_2 x^2 + \cdots + \hat{\beta}_k x^k$$

[例題]

ある製品の処理液の濃度を変化させた後，製品の伸度を測定して，次のようなデータを得ました。濃度xと伸度yの関係に対して適切な曲線回帰をあてはめてみましょう（例題データ：濃度.mtw）。

濃度 (x)	100	110	120	130	140
伸度 (y)	80.1	82.3	83.9	82.7	79.2
	80.7	81.9	83.2	81.8	79.7
	79.9	82.6	83.9	82.5	79.3
	80.4	82.7	84.1	81.9	80.1

[実行] 1. データの入力：データは次のように2つの列に入力します。

↓	C1 濃度	C2 伸度
1	100	80.1
2	100	80.7
3	100	79.9
4	100	80.4
5	110	82.3
6	110	81.9
7	110	82.6
8	110	82.7
9	120	83.9
10	120	83.2
11	120	83.9
12	120	84.1
13	130	82.7
14	130	81.8
15	130	82.5
16	130	81.9

[実行] 2. 散布図を表示：グラフ ▶ 散布図

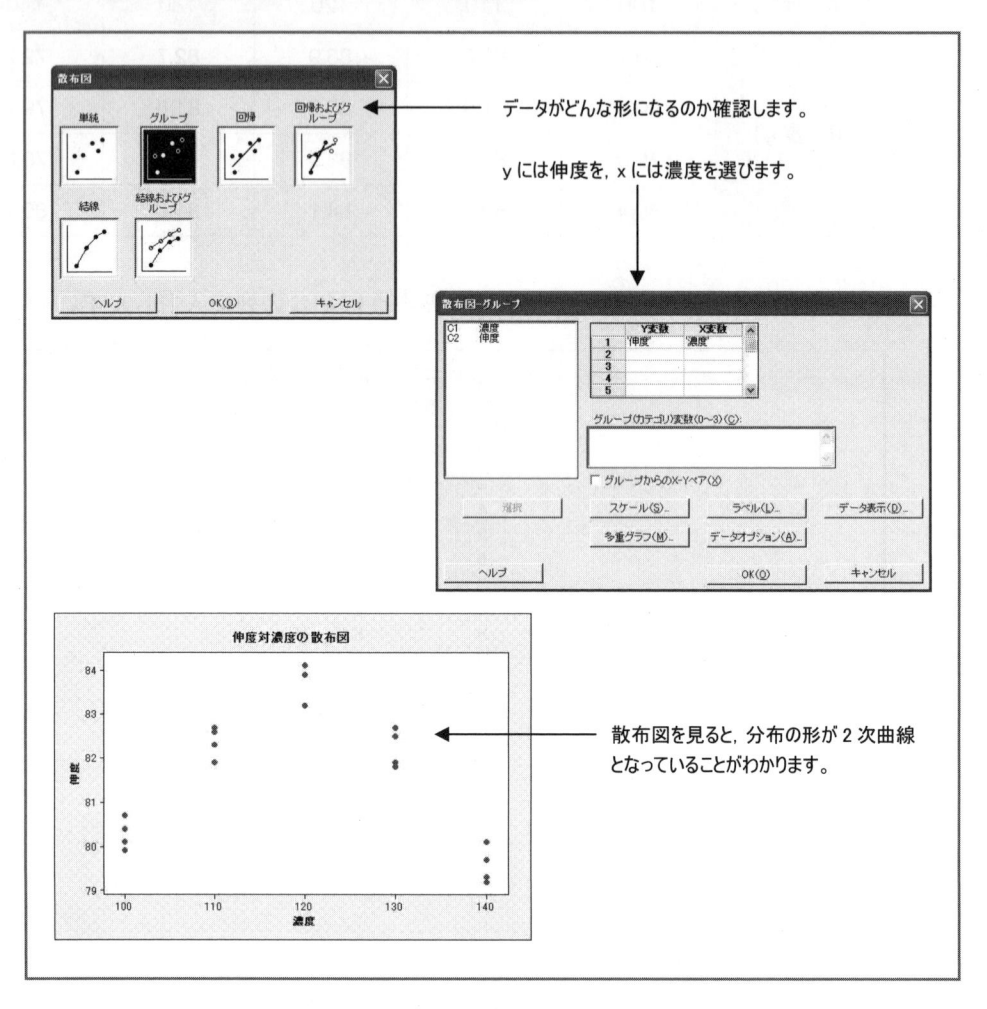

データがどんな形になるのか確認します。

y には伸度を，x には濃度を選びます。

散布図を見ると，分布の形が 2 次曲線となっていることがわかります。

[実行] 3. MINITAB メニュー：統計 ▶ 回帰 ▶ 適合線プロット

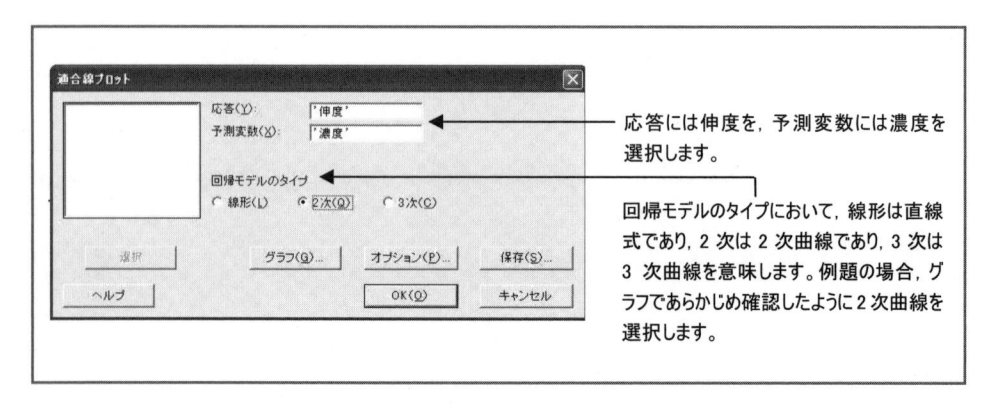

応答には伸度を，予測変数には濃度を選択します。

回帰モデルのタイプにおいて，線形は直線式であり，2 次は 2 次曲線であり，3 次は 3 次曲線を意味します。例題の場合，グラフであらかじめ確認したように 2 次曲線を選択します。

[実行] 4. 結果の出力：下のような結果が，セッションウィンドウとグラフウィンドウに出力されます。

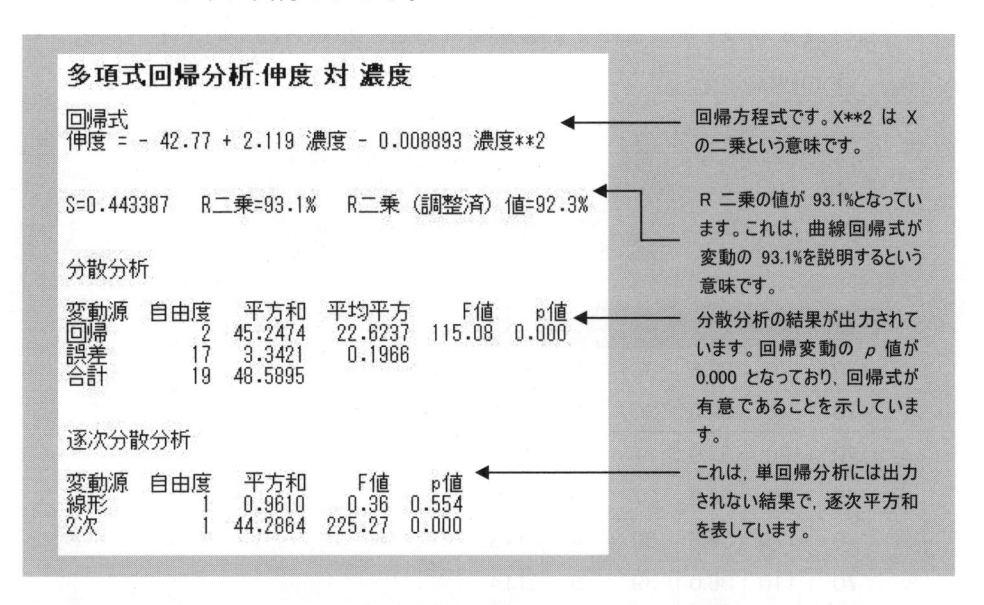

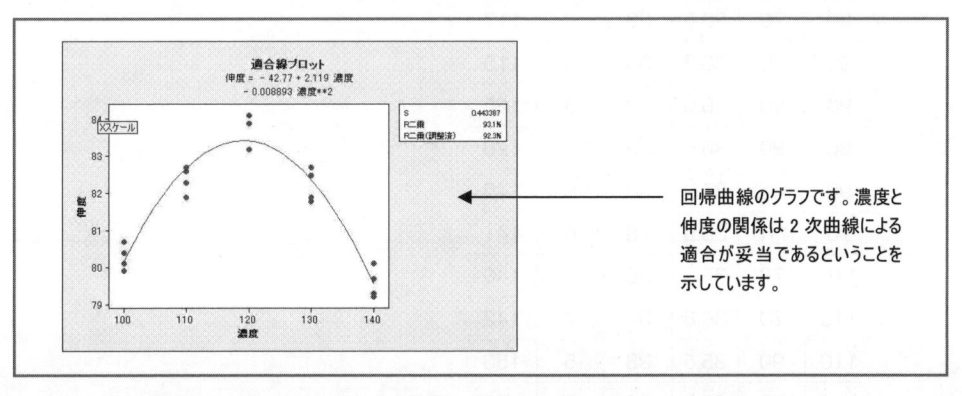

```
多項式回帰分析:伸度 対 濃度
回帰式
伸度 = - 42.77 + 2.119 濃度 - 0.008893 濃度**2      ←  回帰方程式です。X**2 は X
                                                      の二乗という意味です。

S=0.443387   R二乗=93.1%   R二乗（調整済）値=92.3%   ←  R 二乗の値が 93.1%となってい
                                                      ます。これは，曲線回帰式が
                                                      変動の 93.1%を説明するという
分散分析                                               意味です。

変動源  自由度  平方和   平均平方   F値    p値
回帰      2    45.2474  22.6237  115.08  0.000     ←  分散分析の結果が出力されて
誤差     17     3.3421   0.1966                        います。回帰変動の p 値が
合計     19    48.5895                                0.000 となっており，回帰式が
                                                      有意であることを示していま
                                                      す。
逐次分散分析

変動源  自由度  平方和    F値     p値
線形      1    0.9610   0.36   0.554    ←  これは，単回帰分析には出力
2次       1    44.2864  225.27  0.000       されない結果で，逐次平方和
                                            を表しています。
```

回帰曲線のグラフです。濃度と伸度の関係は 2 次曲線による適合が妥当であるということを示しています。

5. ステップワイズ回帰分析（Stepwise Regression Analysis）

　　回帰分析を行う際，有用な予測変数の組み合わせを求めるために，変数を取り除くか，または追加する手順を実行することをいいます。これを実行する方法は3つあります。

- **標準ステップワイズ回帰（前方および後方）**：変数を取り除き，追加することを並行します。
- **前方選択**：変数を追加しながら実行します。
- **後方削除**：変数を取り除きながら実行します。

[例題]

自動車のタイヤの室内走行実験において，タイヤに発生する熱（℃）は，次のような5つの変数によって影響を受けることが知られています（例題データ：タイヤ.mtw）。

- X1：タイヤにかかる荷重
- X3：ショルダーの厚さ
- X5：測定時間
- X2：速度
- X4：室内温度
- Y ：発熱量

X1	X2	X3	X4	X5	Y
70	70	36.5	36	5	91
70	70	36.0	36	6	89
70	90	37.0	37	6	105
70	90	36.3	37	6	106
70	110	36.5	39	4	113
70	110	36.0	39	5	114
90	70	36.5	38	5	117
90	70	36.3	38	6	115
90	90	36.6	39	5	125
90	90	36.6	39	6	126
90	110	37.0	38	6	140
90	110	35.6	38	6	141
110	70	35.3	38	7	140
110	70	36.8	35	7	142
110	90	35.5	38	5	150
110	90	35.5	38	6	149
110	110	37.1	38	4	168
110	110	35.6	37	5	166

■ 前方選択（Forward selection）を利用した予測変数の選択

- **逐次 F 検定と偏 F 検定**：回帰平方和 SSR は，次のように逐次回帰平方和（Sequential SSR）に分割されます。SSR $(\beta_1, \beta_2, \cdots, \beta_p \mid \beta_0)$ = SSR $(\beta_2 \mid \beta_1 \beta_0)$ + SSR $(\beta_3 \mid \beta_2 \beta_1 \beta_0)$ + $\cdots$ + SSR $(\beta_p \mid \beta_{p-1} \cdots \beta_2 \beta_1 \beta_0)$。ここで SSR $(. \mid .)$ は，既存の変数があるという前提の下で，新しい変数が追加された際の回帰平方和の増加分です。

この増加分は個々の変数の有意性を評価するのに使用されます。すなわち，$F=SSR(\beta_i|\beta_{i-1}\beta_{i-2}\cdots\beta_1\beta_0)/MSEi$ は，定数項と変数 $X_1, X_2, \cdots, X_{i-1}$ が含まれているモデルに新しく X_i が追加されたときに，仮説 $H_0 : \beta_i=0$ vs H_1 : not H_0 の検定のための検定統計量です。この検定は，逐次 F 検定といいます。

ここで MSEi は，i 個の変数がある場合の平均平方誤差です。また，p 個の独立変数の中で，q 個の変数に対する有意性を評価する場合があります。このとき，p 個の変数を全部含めるモデルを完全モデル（FM:Full Model）といい，q 個の変数を除外した残りの変数からなるモデルを縮小モデル（RM:Reduced Model）といいます。また，SSR(FM)−SSR(RM) を追加平方和といいます。

そして，完全モデルや縮小モデルにおいて，SST=SSR+SSE と同じ式になるので，追加平方和は，SSE(RM)−SSE(FM) とも表示できます。この追加平方和の自由度は $p-(p-q)=q$ です。仮説 $H_0 : \beta_1=\beta_2=\cdots=\beta_q=0$ vs H_1 : not H_0 を検定するための検定統計量は，$F=\{SSE(RM)-SSE(FM)/q\}/\{SSE(FM)/n-p-1\}$ であり，自由度 q と $n-p-1$ である F 分布に従います。もし $q=1$ なら，追加平方和は偏平方和になり，このときの F を利用した仮説 $H_0 : \beta_i=0$ vs H_1 : not H_0 の検定を偏 F 検定（Partial F−test）といいます。この F 値は，個別回帰係数の検定における検定統計量 t 値の平方と同じ値になります。

・**前方選択の理論**：最初の段階で定数項だけからなるモデルから始めて，偏 F 値を最も大きくする変数1つを求めます。その変数を $X_{(1)}$ とします。このとき，$X_{(1)}$ に関する F 検定が有意水準 α の下で有意であれば2番目の段階に移り，そうでなければ，定数項だけの回帰モデルが選択されます。

2番目の段階では，定数項と最初の段階で選択された $X_{(1)}$ を回帰モデルに含め，まだ選択されていない変数の中で偏 F 値を最も大きくする変数1つを求めます。これを $X_{(2)}$ とします。このとき，$X_{(2)}$ に関する偏 F 検定が有意水準 α 下で有意であれば次の段階に移り，そうでなければ，定数項と $X_{(1)}$, $X_{(2)}$ を変数とする縮小モデルが選択されます。このような過程は偏 F 検定が有意になるまで繰り返されます。

[実行] 1. データの入力：データは，次のように 6 つの列に入力します。

↓	C1	C2	C3	C4	C5	C6
	X1	X2	X3	X4	X5	Y
1	70	70	36.5	36	5	91
2	70	70	36.0	36	6	89
3	70	90	37.0	37	6	105
4	70	90	36.3	37	6	106
5	70	110	36.5	39	4	113
6	70	110	36.0	39	5	114
7	90	70	36.5	38	5	117
8	90	70	36.3	38	6	115
9	90	90	36.6	39	5	125
10	90	90	36.6	39	6	126
11	90	110	37.0	38	6	140
12	90	110	35.6	38	6	141
13	110	70	35.3	38	7	140
14	110	70	36.8	35	7	142
15	110	90	35.3	38	5	150
16	110	90	35.3	38	6	149
17	110	110	37.1	38	4	168
18	110	110	35.6	37	5	166

[実行] 2. MINITAB メニュー：統計 ▶ 回帰 ▶ ステップワイズ

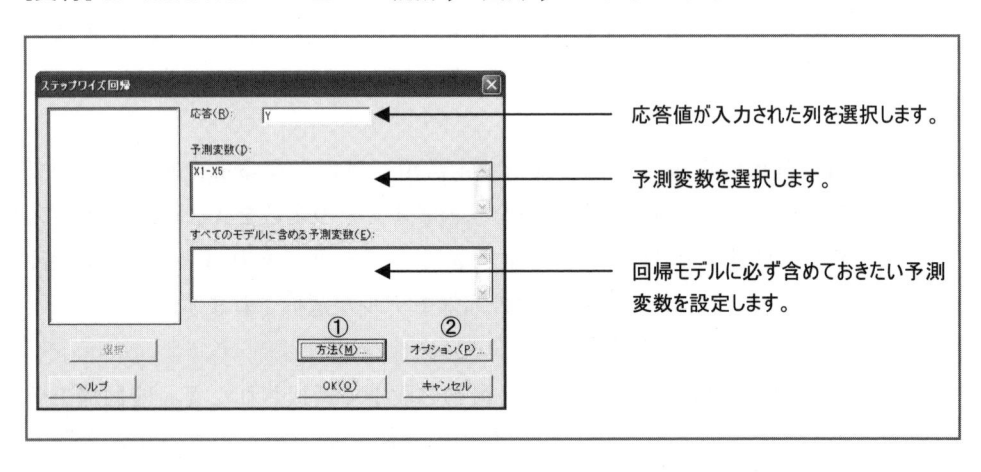

応答値が入力された列を選択します。

予測変数を選択します。

回帰モデルに必ず含めておきたい予測変数を設定します。

① 方法

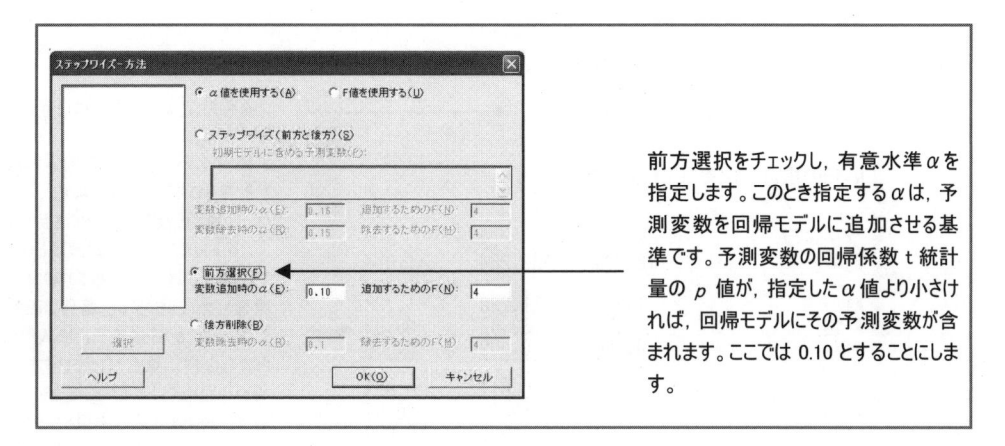

前方選択をチェックし，有意水準 α を指定します。このとき指定する α は，予測変数を回帰モデルに追加させる基準です。予測変数の回帰係数 t 統計量の p 値が，指定した α 値より小さければ，回帰モデルにその予測変数が含まれます。ここでは 0.10 とすることにします。

② オプション

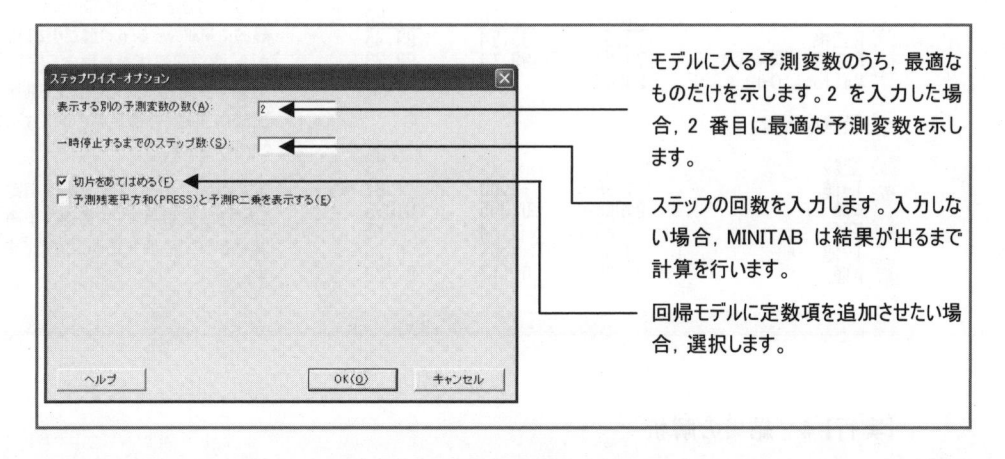

モデルに入る予測変数のうち，最適なものだけを示します。2 を入力した場合，2 番目に最適な予測変数を示します。

ステップの回数を入力します。入力しない場合，MINITAB は結果が出るまで計算を行います。

回帰モデルに定数項を追加させたい場合，選択します。

[実行] 3. 結果の出力：下のような結果がセッションウィンドウに出力されます。

```
ステップワイズ回帰:Y 対 X1, X2, X3, X4, X5

前方選択。   追加するためのα: 0.1         ← 回帰モデルに入る基準α値は 0.1 です。

N=18の場合、応答は5予測変数でYです
                                              3段階(ステップ)にわたって前方選択
ステップ           1        2        3        が計算されたことがわかります。ここで
定数          16.236   -39.264   -1.824       は、α値と比較するp値に注目しま
                                              す。最初の段階では、定数項とX1
X1             1.238    1.238    1.238        が回帰モデルに入って79.50%のR二
T-値            7.88    39.63    45.03   ←    乗値となっています。2番目の段階
p値            0.000    0.000    0.000        では、X2が回帰モデルに入って
                                              99.24%のR二乗値となっています。3
X2                      0.617    0.653        番目の段階ではX4が回帰モデルに
T-値                   19.75    20.67         入って99.45%のR二乗値となってい
p値                     0.000    0.000        ます。X3とX5は回帰モデルから取り
                                              除かれています。
X4                               -1.08
T-値                              -2.32       Mallows C-p 統計量は、適合値の
p値                               0.036       平均平方誤差と関連があります。一
                                              般的に Mallows C-p の値が小さいと
S              10.9     2.16     1.90         きは、真の回帰係数を推定したり、
R二乗          79.50    99.24    99.45        応答を予測したりする際のモデルが
R二乗 (調整済)  78.22   99.14    99.33        比較的正確（分散が小さい）である
Mallows C-p   542.7     8.6      4.9   ←     ことを示します。

最適な代替:

変数             X2       X5       X3
T-値           1.98    -2.08     1.87   ←    オプションメニューで2という値を指定
p値           0.065    0.055    0.083        したため、2番目までの最適な予測
変数             X3       X4       X5        変数とそのp値を見ることができま
T-値          -0.99     1.67     0.36        す。
p値           0.335    0.117    0.728
```

[実行] 4. 結果の解析

- 5つの予測変数に対して前方選択を実行した結果、X_1, X_2, X_4 の予測変数が有効な回帰モデルとして求められました。

■ 前の例題に後方削除（Backward elimination）を利用した予測変数の選択

- **後方削除の理論**：最初の段階から完全モデルで始まり、1つの変数を取り除いたとき、偏 F 値が最も小さい変数を求めます。その変数を $X_{(k)}$ とします。このとき、$X_{(k)}$ に関する F 検定が有意水準 α 下で有意であれば、$X_{(k)}$ を取り除いて次の段階に移ります。2番目の段階では、最初の段階で取り除かれた $X_{(k)}$ を除外した回帰モデルにおいて、もう1つの変数を取り除いたとき、偏 F 値が最も小さい変数を求めます。この変数に関する偏 F 検定が、有意水準 α の下で有意であれば次の段階に移り、そうでなければ $X_{(k)}$ だけを取り除いた縮小モデルが選択されます。このような過程は、偏 F 検定が有意になるまで繰り返

5. ステップワイズ回帰分析（Stepwise Regression）

されます。

[実行] 1. MINITAB メニュー：統計 ▶ 回帰 ▶ ステップワイズ

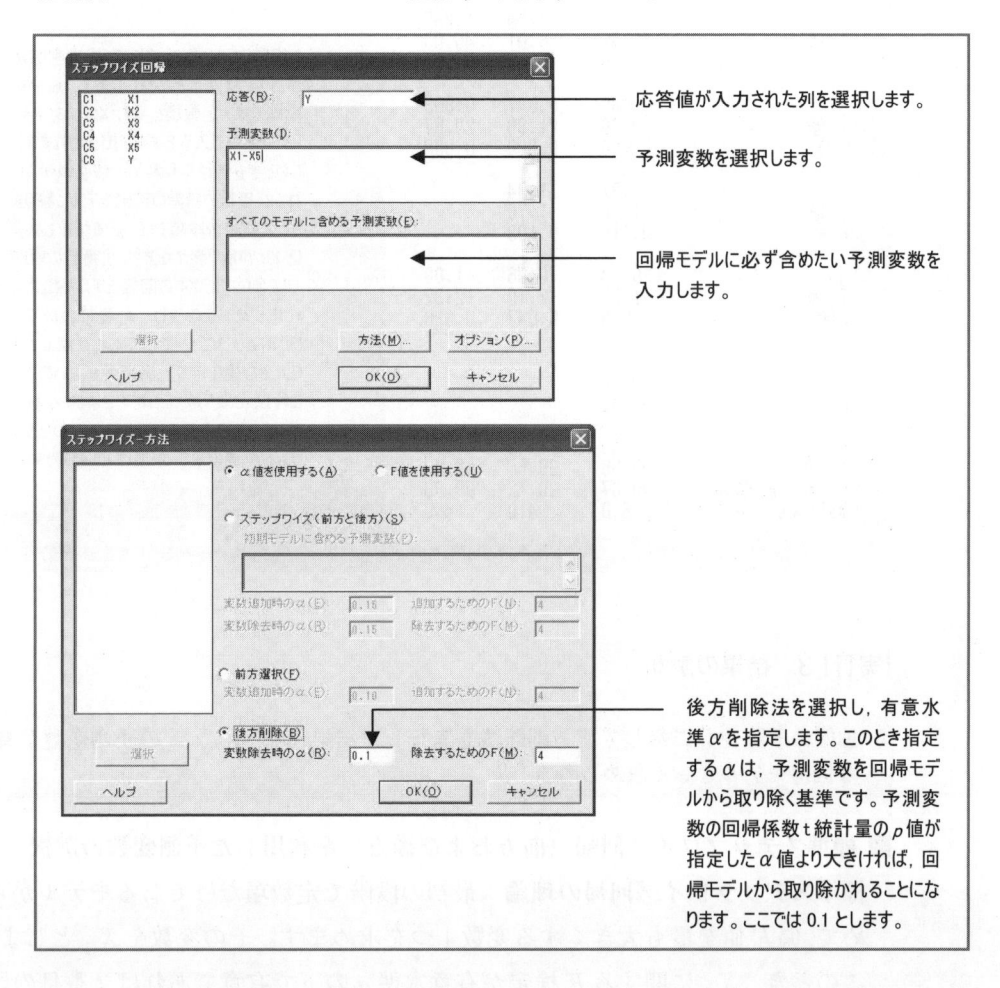

- 応答値が入力された列を選択します。
- 予測変数を選択します。
- 回帰モデルに必ず含めたい予測変数を入力します。
- 後方削除法を選択し，有意水準 α を指定します。このとき指定する α は，予測変数を回帰モデルから取り除く基準です。予測変数の回帰係数 t 統計量の p 値が指定した α 値より大きければ，回帰モデルから取り除かれることになります。ここでは 0.1 とします。

[実行] 2. 結果の出力：下のような結果がセッションウィンドウに出力されます。

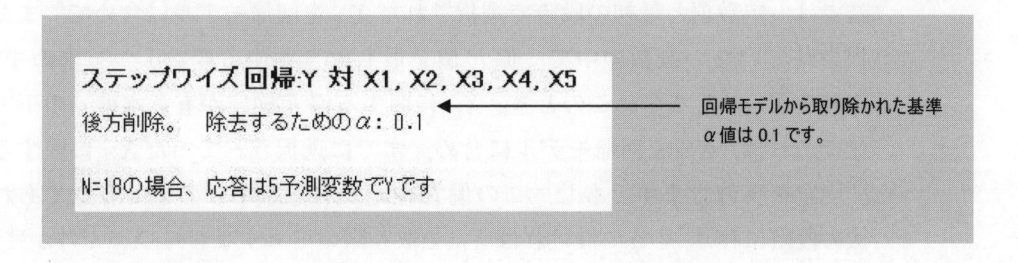

ステップワイズ回帰:Y 対 X1, X2, X3, X4, X5

後方削除。　除去するための α：0.1

N=18の場合、応答は5予測変数でYです

- 回帰モデルから取り除かれた基準 α 値は 0.1 です。

```
ステップ               1         2         3
定数              -58.613   -55.605    -1.824

X1                  1.253     1.254     1.238
T-値               43.92     46.01     45.03
p値                 0.000     0.000     0.000

X2                  0.649     0.647     0.653
T-値               19.66     21.80     20.67
p値                 0.000     0.000     0.000

X3                  1.37      1.34
T-値                1.70      1.76
p値                 0.115     0.103

X4                 -0.94     -0.96     -1.08
T-値               -1.99     -2.19     -2.32
p値                 0.069     0.047     0.036

X5                  0.14
T-値                0.22
p値                 0.832

S                   1.85      1.78      1.90
R二乗              99.56     99.56     99.45
R二乗（調整済）    99.37     99.42     99.33
Mallows C-p         6.0       4.0       4.9
```

3段階(ステップ)にわたって、後方削除法が計算されたことがわかります。最初の段階では、定数項と X1, X2, X3, X4, X5 がすべて入るモデルが出力されます。このとき p 値が最も大きい X5 が取り除かれ、2番目の段階の回帰モデルに移ります。2番目の段階では、p 値が最も大きい X3 が取り除かれます。3番目の段階では X1, X2, X4 の回帰モデルが出力されました。ここでは p 値において、MINITAB メニューで指定した α 値 0.1 より大きな値を持つ予測変数がないので、これ以上取り除くことができません。従って、3番目の段階で計算が終わりとなり、そのときの R 二乗値は 99.45% です。

[実行] 3. 結果の解析

- 5個の予測変数に対して後方削除法を実行した結果、X_1, X_2, X_4 の予測変数が有効な回帰モデルとして求められました。

■ 標準ステップワイズ回帰（前方および後方）を利用した予測変数の選択

- **標準ステップワイズ回帰の理論**：最初の段階で定数項だけでなるモデルから始めて、偏 F 値を最も大きくする変数1つを求めます。その変数を $X_{(1)}$ とします。このとき、$X_{(1)}$ に関する F 検定が有意水準 α の下で有意であれば2番目の段階に移り、そうでなければ定数項だけの回帰モデルが選択されます。2番目の段階では、定数項と最初の段階で選択された $X_{(1)}$ を回帰モデルに含めて、まだ選択されていない変数の中で、偏 F 値を最も大きくする変数1つを求めます。これを $X_{(2)}$ とします。このとき、$X_{(2)}$ に関する偏 F 検定が有意水準 α の下で有意であれば、$X_{(2)}$ を回帰モデルに含め、すでに選択されていた $X_{(1)}$ に関する偏 F 検定を実施します。もし、この偏 F 検定が有意水準 α の下で有意であれば次の段階に移り、そうでなければ $X_{(1)}$ を取り除いて（すなわち、$X_{(2)}$ だけが残る）次の段階に移ります。一方、$X_{(2)}$ に関する偏 F 検定が有意水準 α の下で有意でなければ、定数項と $X_{(1)}$ だけの縮小モデルが選択されます。このような過程は、偏 F 検定が有意になるまで繰り返されます。すなわち、この方法は前方選択

法に後方削除法を加味したものといえます。

[実行] 1. MINITAB メニュー：統計 ▶ 回帰 ▶ ステップワイズ

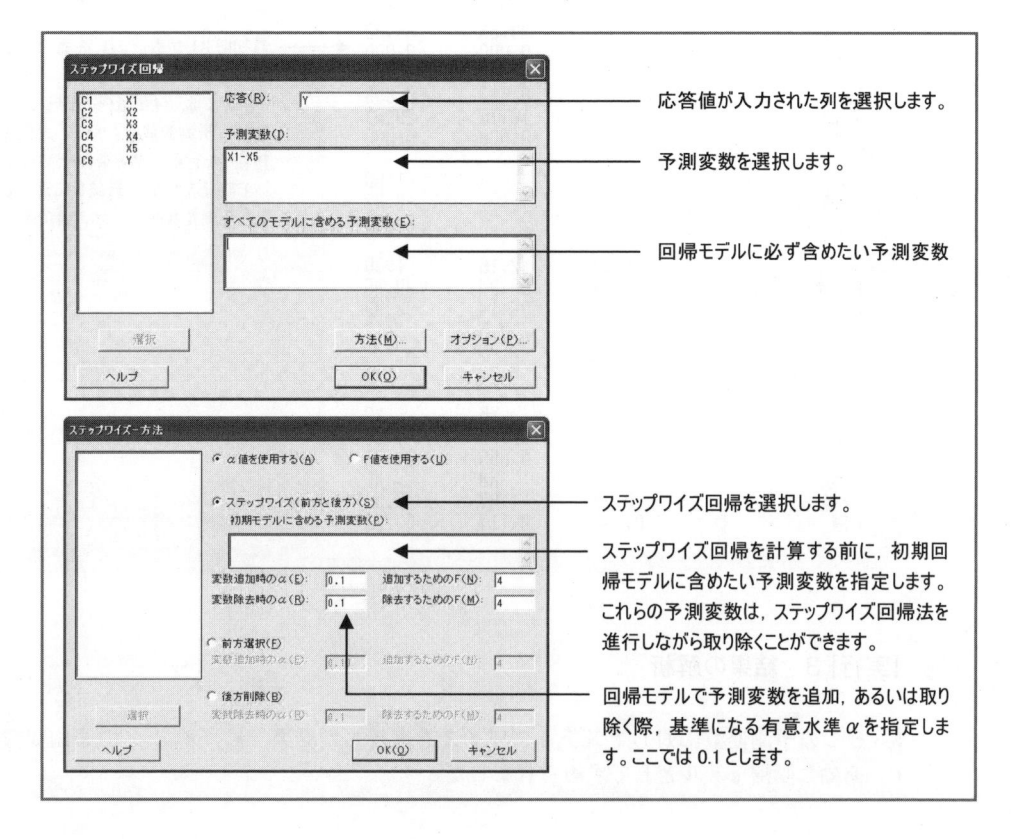

- 応答値が入力された列を選択します。
- 予測変数を選択します。
- 回帰モデルに必ず含めたい予測変数
- ステップワイズ回帰を選択します。
- ステップワイズ回帰を計算する前に、初期回帰モデルに含めたい予測変数を指定します。これらの予測変数は、ステップワイズ回帰法を進行しながら取り除くことができます。
- 回帰モデルで予測変数を追加、あるいは取り除く際、基準になる有意水準 α を指定します。ここでは 0.1 とします。

[実行] 2. 結果の出力：下のような結果がセッションウィンドウに出力されます。

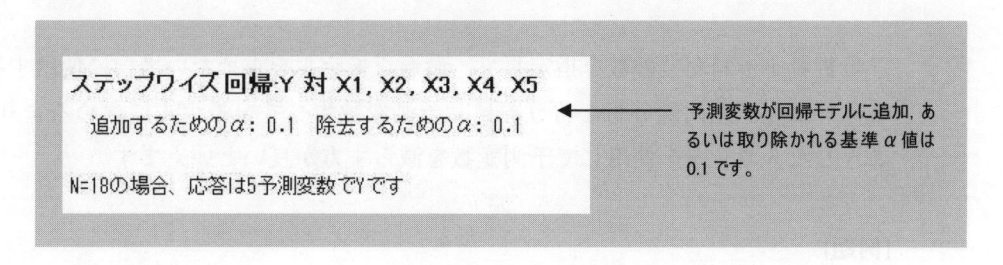

- 予測変数が回帰モデルに追加、あるいは取り除かれる基準 α 値は 0.1 です。

```
ステップ              1          2         3
定数              16.236    -39.264    -1.824

X1                 1.238     1.238      1.238
T-値                7.88     39.63     45.03
p値                0.000     0.000      0.000

X2                           0.617      0.653
T-値                         19.75     20.67
p値                          0.000      0.000

X4                                     -1.08
T-値                                    -2.32
p値                                     0.036

S                   10.9      2.16      1.90
R二乗              79.50     99.24     99.45
R二乗（調整済）    78.22     99.14     99.33
Mallows C-p       542.7       8.6       4.9

最適な代替：

変数                 X2        X5        X3
T-値                1.98     -2.08      1.87
p値                0.065     0.055     0.083
変数                 X3        X4        X5
T-値               -0.99      1.67      0.36
p値                0.335     0.117     0.728
```

← 最初に X1 が選択され，2 番目の段階では X2 が選択されました。3 番目の段階では，X4 が選択されました。このとき，予測変数のすべての p 値は指定した有意水準の条件を満たしています。したがって，最終的に選択された予測変数は X1，X2，X4 です。

[実行] 3. 結果の解析

・5つの予測変数に対してステップワイズを実行した結果，X_1，X_2，X_4 の予測変数が有効な回帰モデルとして求められました。

6. ベストサブセット（Best Subsets）

　分析者が予測変数の数を指定して，最適なモデルを求めたい場合に使用するメニューです。重回帰分析を行う際に，予測変数すべてをモデルに含めるよりは，こうしたメニューを使用して予測変数を減らす方が良いといえます。

[例題]
　自動車のタイヤの室内走行実験において，タイヤに発生する熱（℃）は，次のような5つの変数によって影響を受けることが知られています。5つの変数に対して，その回帰式に2～3個の予測変数だけが含まれるベストサブセット（best subset）を求めてください。（ただし，結果ウィンドウに出力されるモデルの大きさは2にしてください）。（例題データ：タイヤ.mtw）

- X1：タイヤにかかる荷重
- X3：ショルダーの厚さ
- X5：測定時間
- X2：速度
- X4：室内温度
- Y ：発熱量

X1	X2	X3	X4	X5	Y
70	70	36.5	36	5	91
70	70	36.0	36	6	89
70	90	37.0	37	6	105
70	90	36.3	37	6	106
70	110	36.5	39	4	113
70	110	36.0	39	5	114
90	70	36.5	38	5	117
90	70	36.3	38	6	115
90	90	36.6	39	5	125
90	90	36.6	39	6	126
90	110	37.0	38	6	140
90	110	35.6	38	6	141
110	70	35.3	38	7	140
110	70	36.8	35	7	142
110	90	35.5	38	5	150
110	90	35.5	38	6	149
110	110	37.1	38	4	168
110	110	35.6	37	5	166

[実行] 1．データの入力：データは，次のように6つの列に入力します．

↓	C1	C2	C3	C4	C5	C6
	X1	X2	X3	X4	X5	Y
1	70	70	36.5	36	5	91
2	70	70	36.0	36	6	89
3	70	90	37.0	37	6	105
4	70	90	36.3	37	6	106
5	70	110	36.5	39	4	113
6	70	110	36.0	39	5	114
7	90	70	36.5	38	5	117
8	90	70	36.3	38	6	115
9	90	90	36.6	39	5	125
10	90	90	36.6	39	6	126
11	90	110	37.0	38	6	140
12	90	110	35.6	38	6	141
13	110	70	35.3	38	7	140
14	110	70	36.8	35	7	142
15	110	90	35.3	38	5	150
16	110	90	35.3	38	6	149
17	110	110	37.1	38	4	168
18	110	110	35.6	37	5	166

第 15 章　回帰分析

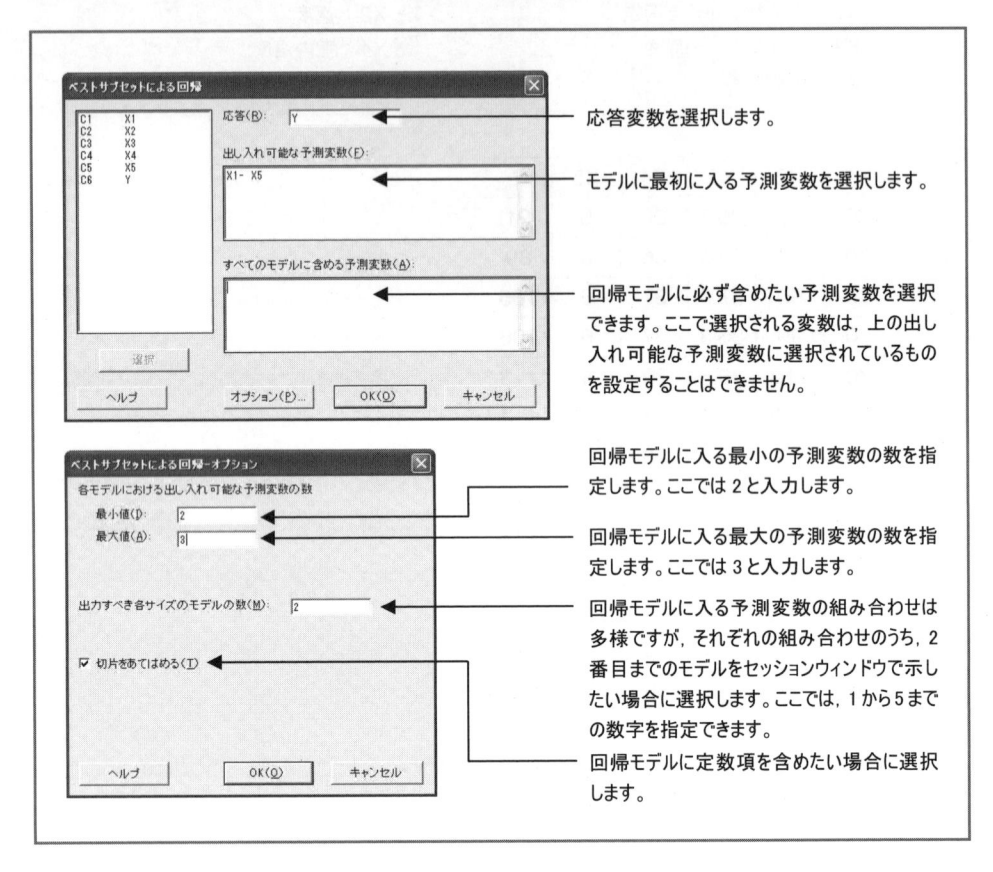

[実行] 2. MINITAB メニュー：統計 ▶ 回帰 ▶ ベストサブセット

応答(R)	応答変数を選択します。
出し入れ可能な予測変数(F)：X1- X5	モデルに最初に入る予測変数を選択します。
すべてのモデルに含める予測変数(A)	回帰モデルに必ず含めたい予測変数を選択できます。ここで選択される変数は，上の出し入れ可能な予測変数に選択されているものを設定することはできません。
最小値(D)：2	回帰モデルに入る最小の予測変数の数を指定します。ここでは 2 と入力します。
最大値(A)：3	回帰モデルに入る最大の予測変数の数を指定します。ここでは 3 と入力します。
出力すべき各サイズのモデルの数(M)：2	回帰モデルに入る予測変数の組み合わせは多様ですが，それぞれの組み合わせのうち，2 番目までのモデルをセッションウィンドウで示したい場合に選択します。ここでは，1 から 5 までの数字を指定できます。
☑ 切片をあてはめる(T)	回帰モデルに定数項を含めたい場合に選択します。

[実行] 3. 結果の出力：下のような結果がセッションウィンドウに出力されます。

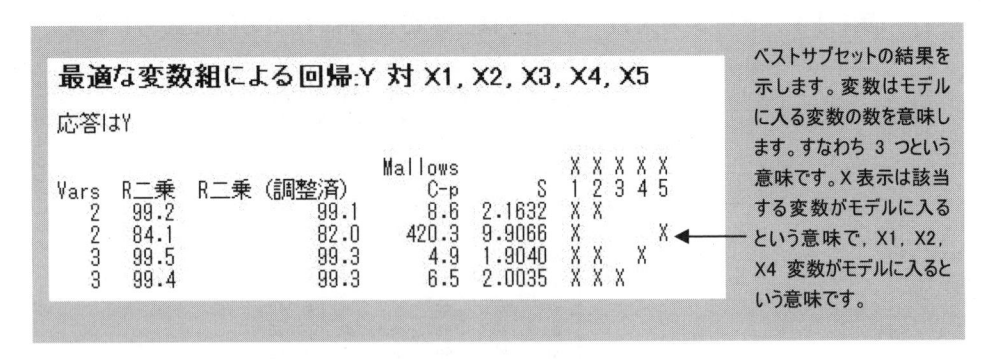

```
最適な変数組による回帰:Y 対 X1, X2, X3, X4, X5

応答はY
                           Mallows           X X X X X
Vars  R二乗  R二乗（調整済）  C-p      S      1 2 3 4 5
  2   99.2        99.1      8.6   2.1632   X X
  2   84.1        82.0    420.3   9.9066           X
  3   99.5        99.3      4.9   1.9040   X X   X
  3   99.4        99.3      6.5   2.0035   X X X
```

ベストサブセットの結果を示します。変数はモデルに入る変数の数を意味します。すなわち 3 つという意味です。X 表示は該当する変数がモデルに入るという意味で，X1, X2, X4 変数がモデルに入るという意味です。

・モデル選択に根拠となる統計量

① 予測変数の数が同じ場合，R 二乗値が大きなモデルを選択します。

② 予測変数の数が違うモデルと比較する場合は，R 二乗（修正）値が大きなものを選択します。

③ 一般的には，Mallows C-p が小さなモデルを選択します。
④ S は，回帰モデルの適合度を測定する基準となります。その値が小さいほど，モデルの適合度が良いという意味です。

[実行] 4. 結果の解析

> ・5 つの予測変数に対するベストサブセットを行った結果，回帰モデルが最大の R 二乗値を持つ予測変数は，X_1, X_2, X_4 となっています。

7. 残差プロット（Residual Plot）

回帰分析において，残差分析はモデルの適合性を判断するのに重要な役割を果たします。残差とは，実際値からモデルによってあてはめられた値を引いたもので，その値が 0 であれば，理想的なモデルですが，そうでない場合が大部分です。したがって，残差分析を通してモデルの適合性を必ず確認する必要があります。

[1] 適切な回帰モデルに必要な残差に対する基本仮定
・残差は平均が"0"であり，分散は一定でなければなりません。
・残差は正規分布に従わなければならず，互いに独立的でなければなりません。

[2] 残差分析の結果の解析
残差分析を実行すると，次のような 4 つのグラフが出力され，次のように解析されます。

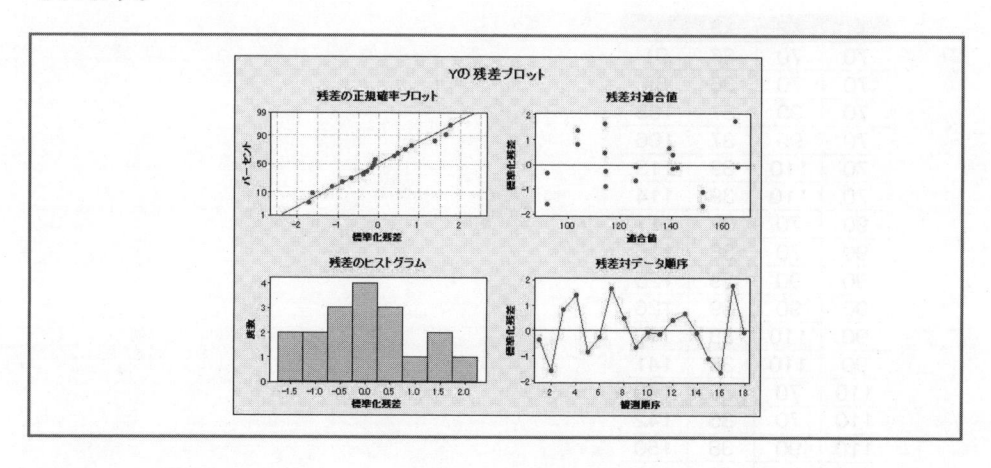

① 残差の正規確率プロットは，残差の正規性を検討するもので，残差が正規分布に従えば，このプロットの点は一般的に直線の形をしています。このプロ

ットの点が直線から離れていれば，正規性の仮定が正しくないと考えられます。
② 残差のヒストグラムは①と同じように残差の正規性を検討するもので，ヒストグラム内の1つか2つのバーが他のバーから遠く離れていると正規性に従っていない可能性があります。
③ 残差対適合値のプロットでは，残差0の直線において，その両方に残差のランダムパターンが表れている必要があります。遠く離れている点があれば，それは外れ値かもしれません。また，プロット内に識別可能な特定のパターンがあってはいけません。外れ点が増加または減少したり，正または負の残差に偏っていたり，あるいは適合値が増加しながら残差が増加するパターンである場合，残差がランダムではないことを示します。
④ 残差対データ順序は，すべての残差をデータの収集順序と同じ順序で表示したプロットです。特に時間と関連した効果のランダムしない誤差を求めるのに使用できます。符号が同じ残差が集まっていれば正の相関関係があり，連続した残差の符号の間に変化が大きければ，負の相関関係にあるものと把握されます。

[例題]

自動車のタイヤの室内走行実験において，タイヤに発生する熱（℃）は，次のような3つの変数によって影響を受けることが知られています。3つの変数に対して回帰モデルを求めて，残差と適合値を得て，残差分析を実行してください（例題データ：タイヤ2.mtw）。

・X1：タイヤにかかる荷重　・X2：速度　・X3：室内温度　・Y：発熱量

X1	X2	X3	Y
70	70	36	91
70	70	36	89
70	90	37	105
70	90	37	106
70	110	39	113
70	110	39	114
90	70	38	117
90	70	38	115
90	90	39	125
90	90	39	126
90	110	38	140
90	110	38	141
110	70	38	140
110	70	35	142
110	90	38	150
110	90	38	149
110	110	38	168
110	110	37	166

[実行] 1. データの入力：データは，次のように4つの列に入力します。

	C1 X1	C2 X2	C3 X3	C4 Y
1	70	70	36	91
2	70	70	36	89
3	70	90	37	105
4	70	90	37	106
5	70	110	39	113
6	70	110	39	114
7	90	70	38	117
8	90	70	38	115
9	90	90	39	125
10	90	90	39	126
11	90	110	38	140
12	90	110	38	141
13	110	70	38	140
14	110	70	35	142
15	110	90	38	150
16	110	90	38	149
17	110	110	38	168
18	110	110	37	166

[実行] 2. MINITAB メニュー：統計 ▶ 回帰 ▶ 回帰

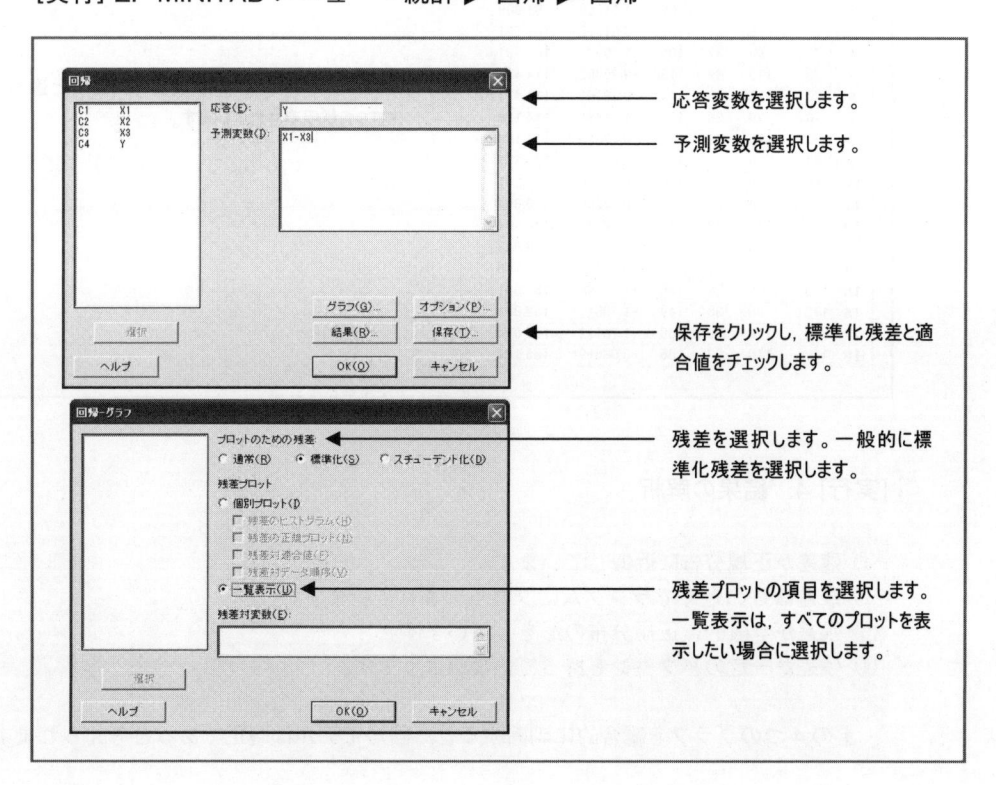

応答変数を選択します。

予測変数を選択します。

保存をクリックし，標準化残差と適合値をチェックします。

残差を選択します。一般的に標準化残差を選択します。

残差プロットの項目を選択します。一覧表示は，すべてのプロットを表示したい場合に選択します。

[実行] 3. 結果の出力：次のような結果がグラフウィンドウに出力されます。

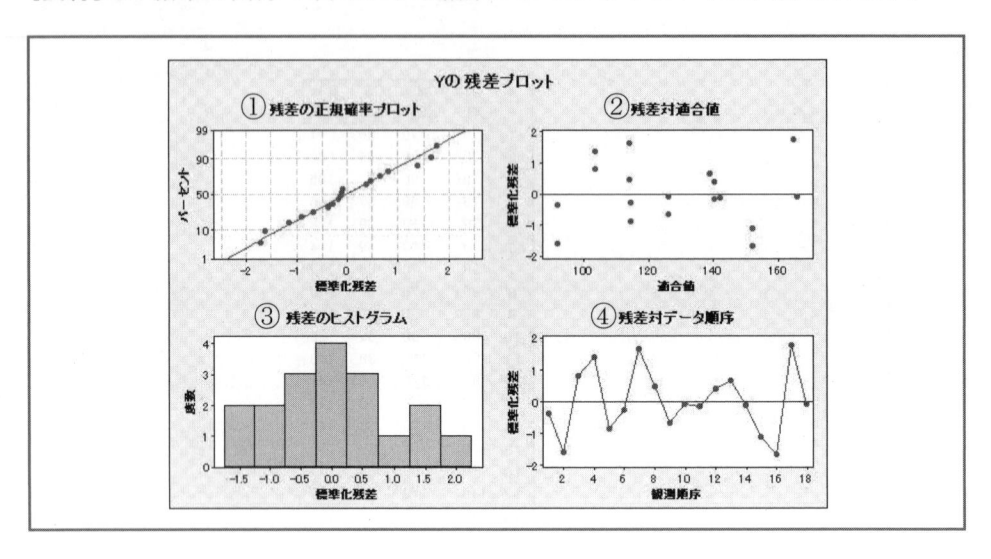

（Yの残差プロット：① 残差の正規確率プロット、② 残差対適合値、③ 残差のヒストグラム、④ 残差対データ順序）

	C1	C2	C3	C4	C5	C6
	X1	X2	X3	Y	SRES1	FITS1
1	70	70	36	91	−0.37677	91.608
2	70	70	36	89	−1.61660	91.608
3	70	90	37	105	0.81579	103.581
4	70	90	37	106	1.39073	103.581
5	70	110	39	113	−0.89352	114.474
6	70	110	39	114	−0.28751	114.474
7	90	70	38	117	1.64431	114.198
8	90	70	38	115	0.47073	114.198
9	90	90	39	125	−0.67199	126.171
10	90	90	39	126	−0.09818	126.171
11	90	110	38	140	−0.17298	140.304
12	90	110	38	141	0.39520	140.304
13	110	70	38	140	0.65229	138.948
14	110	70	35	142	−0.13448	142.188
15	110	90	38	150	−1.13699	152.001
16	110	90	38	149	−1.70517	152.001
17	110	110	38	168	1.76172	165.054
18	110	110	37	166	−0.08619	166.134

← ワークシートに標準化残差(SRES1)と適合値(FITS1)が保存されています。

[実行] 4. 結果の解析

① 残差が正規分布に近似しています。
② 残差は0の近くでランダムにプロットされています。
③ 残差が全般的に正規分布の形をしています。
④ 残差が一定のパターンを持っていないようです。

・上の4つのグラフを総合的に判断すると，回帰モデルは適正であると考えられます。

8. 偏最小二乗（PLS, Partial Least Squares）

PLS は，一連の予測変数をいくつかの応答変数に関連させる偏向，非最小二乗回帰法です。予測変数の共線性が高いか，予測変数の数が観測値の数より多く，通常の最小二乗回帰分析で係数を生成できないか，標準誤差が高い係数を生成する場合に有用に使用されます。PLS は，相関関係がない一連の成分に対する予測変数の数を減らし，こうした成分に対して最小二乗回帰分析を実行します。PLS は多変量方式で，応答をモデル化しますので，この結果が応答に対して個別的に計算された結果と有意に違うこともありえます。したがって，応答変数に相関関係がある場合だけにこの方法を使用するようにします。

[例題]

あるぶどう園のワイン生産者は，ワインの化学的構成と味覚的評価の関係を調べています。37 のワインの標本において，17 の成分であるカドミウム（Cd），モリブデン（Mo），マンガン（Mn），ニッケル（Ni），銅（Cu），アルミニウム（Al），バリウム（Ba），クロム（Cr），ストロンチウム（Sr），鉛（Pb），ホウ素（B），マグネシウム（Mg），ケイ素（Si），ナトリウム（Na），カルシウム（Ca），リン（P），カリウム（K）の濃度を測定して，鑑定団がワインの香り（Aroma）に対して点数をつけました。予測変数に対する標本比率が低いため，17 の成分で香りに対する点数を予測して，PLS が適切な技法なのかどうかを確認します（例題データ：ワイン.mtw）。

[実行] 1. データの入力：データは，次のように 18 の列に入力します。

↓	C1 Cd	C2 Mo	C3 Mn	C4 Ni	C5 Cu	C6 Al	C7 Ba	C8 Cr	C9 Sr	C10 Pb	C11 B	C12 Mg	C13 Si	C14 Na	C15 Ca	C16 P	C17 K	C18 Aroma
1	0.005	0.044	1.510	0.122	0.830	0.982	0.387	0.029	1.230	0.561	2.63	128.0	17.30	66.80	80.5	150.0	1130	3.3
2	0.055	0.160	1.160	0.149	0.066	1.020	0.312	0.038	0.975	0.697	6.21	193.0	19.70	53.30	75.0	118.0	1010	4.4
3	0.056	0.146	1.100	0.088	0.643	1.290	0.308	0.035	1.140	0.730	3.05	127.0	15.80	35.40	91.0	161.0	1160	3.9
4	0.063	0.191	0.959	0.380	0.133	1.050	0.165	0.036	0.927	0.796	2.57	112.0	13.40	27.50	93.6	120.0	924	3.9
5	0.011	0.363	1.380	0.160	0.051	1.320	0.380	0.059	1.130	1.730	3.07	138.0	16.70	76.60	84.6	164.0	1090	5.6
6	0.050	0.106	1.250	0.114	0.055	1.270	0.275	0.019	1.050	0.491	6.56	172.0	18.70	15.70	112.0	137.0	1290	4.6
7	0.025	0.479	1.070	0.168	0.753	0.715	0.164	0.062	0.823	2.060	4.57	179.0	17.80	98.50	122.0	184.0	1170	4.8
8	0.024	0.234	0.906	0.466	0.102	0.811	0.271	0.044	0.963	1.090	3.18	145.0	14.30	10.50	91.9	187.0	1020	5.3
9	0.009	0.058	1.840	0.042	0.170	1.800	0.225	0.022	1.130	0.048	6.13	113.0	13.00	54.40	70.2	158.0	1240	4.3
10	0.033	0.074	1.280	0.098	0.053	1.350	0.329	0.030	1.070	0.552	3.30	140.0	16.30	70.50	74.7	159.0	1100	4.3
11	0.039	0.071	1.190	0.043	0.163	0.971	0.105	0.028	0.491	0.310	6.56	103.0	9.47	45.30	67.9	133.0	1090	5.1
12	0.045	0.147	2.760	0.071	0.074	0.483	0.301	0.087	2.140	0.546	3.50	199.0	9.18	80.40	66.3	212.0	1470	3.3
13	0.060	0.116	1.150	0.055	0.180	0.912	0.166	0.041	0.578	0.518	6.43	111.0	11.10	59.70	83.8	139.0	1120	5.9

[実行] 2. MINITAB メニュー：統計 ▶ 回帰 ▶ PLS

(PLSダイアログボックス)
- 応答(E): Aroma ← 応答変数を選択します。
- 予測変数(D): Cd-K ← 予測変数を選択します。
- 最大成分数(M): 17 ← 予測変数が17個なので，17を入力します。

(PLS-グラフダイアログボックス)
モデル評価：☑モデル選択プロット(M) ☑応答プロット(R) ☐係数プロット(C) ☑標準係数プロット(T) ☑距離プロット(D)
残差分析：☐残差ヒストグラム(H) ☐残差正規プロット(N) ☐残差対適合値(F) ☑残差対てこ比(L) ☐4つの残差一覧(P)
成分評価：☐スコアプロット(S) ☐3Dスコアプロット(3) ☑負荷量プロット(A) ☐残差Xプロット(E) ☐計算されたXプロット(U)
← 出力するグラフを選択します。

(PLS-検証ダイアログボックス)
交差検証(cross-validation)
○なし(N)
◉1つ除外(L) ← 単一観測除去法を選択します。
○グループを除外 サイズ(E):
○列で指定されたとおりに省略する(A):

[実行] 3. 結果の出力：下のような結果が，セッションウィンドウとグラフウィンドウに出力されます。

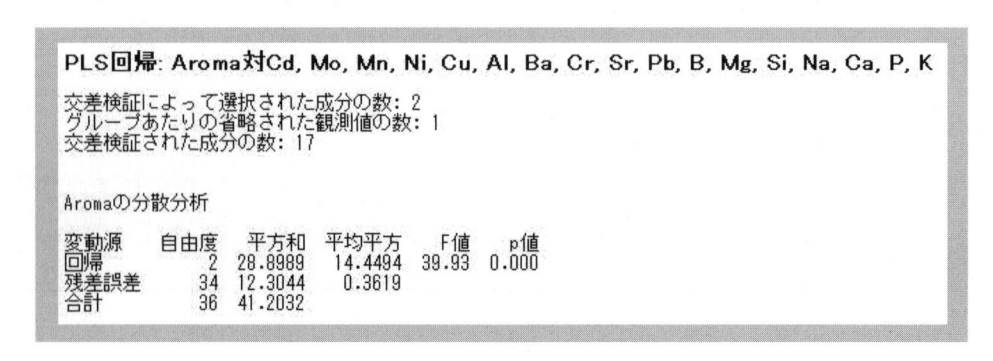

PLS回帰: Aroma対Cd, Mo, Mn, Ni, Cu, Al, Ba, Cr, Sr, Pb, B, Mg, Si, Na, Ca, P, K

交差検証によって選択された成分の数: 2
グループあたりの省略された観測値の数: 1
交差検証された成分の数: 17

Aromaの分散分析

変動源	自由度	平方和	平均平方	F値	p値
回帰	2	28.8989	14.4494	39.93	0.000
残差誤差	34	12.3044	0.3619		
合計	36	41.2032			

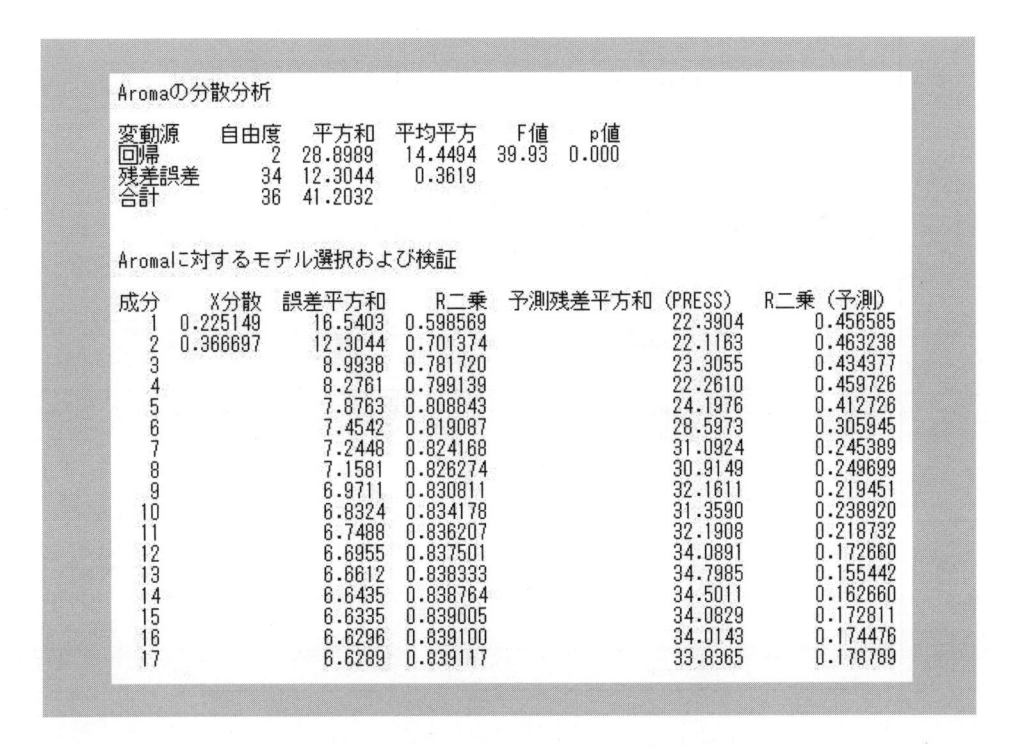

```
Aromaの分散分析

変動源    自由度   平方和    平均平方   F値    p値
回帰        2     28.8989   14.4494   39.93  0.000
残差誤差    34     12.3044    0.3619
合計        36     41.2032

Aromalに対するモデル選択および検証

成分   X分散     誤差平方和   R二乗      予測残差平方和 (PRESS)   R二乗 (予測)
 1   0.225149   16.5403    0.598569          22.3904           0.456585
 2   0.366697   12.3044    0.701374          22.1163           0.463238
 3              8.9938    0.781720          23.3055           0.434377
 4              8.2761    0.799139          22.2610           0.459726
 5              7.8763    0.808843          24.1976           0.412728
 6              7.4542    0.819087          28.5973           0.305945
 7              7.2448    0.824168          31.0924           0.245389
 8              7.1581    0.826274          30.9149           0.249699
 9              6.9711    0.830811          32.1611           0.219451
10              6.8324    0.834178          31.3590           0.238920
11              6.7488    0.836207          32.1908           0.218732
12              6.6955    0.837501          34.0891           0.172660
13              6.6612    0.838333          34.7985           0.155442
14              6.6435    0.838764          34.5011           0.162660
15              6.6335    0.839005          34.0829           0.172811
16              6.6296    0.839100          34.0143           0.174476
17              6.6289    0.839117          33.8365           0.178789
```

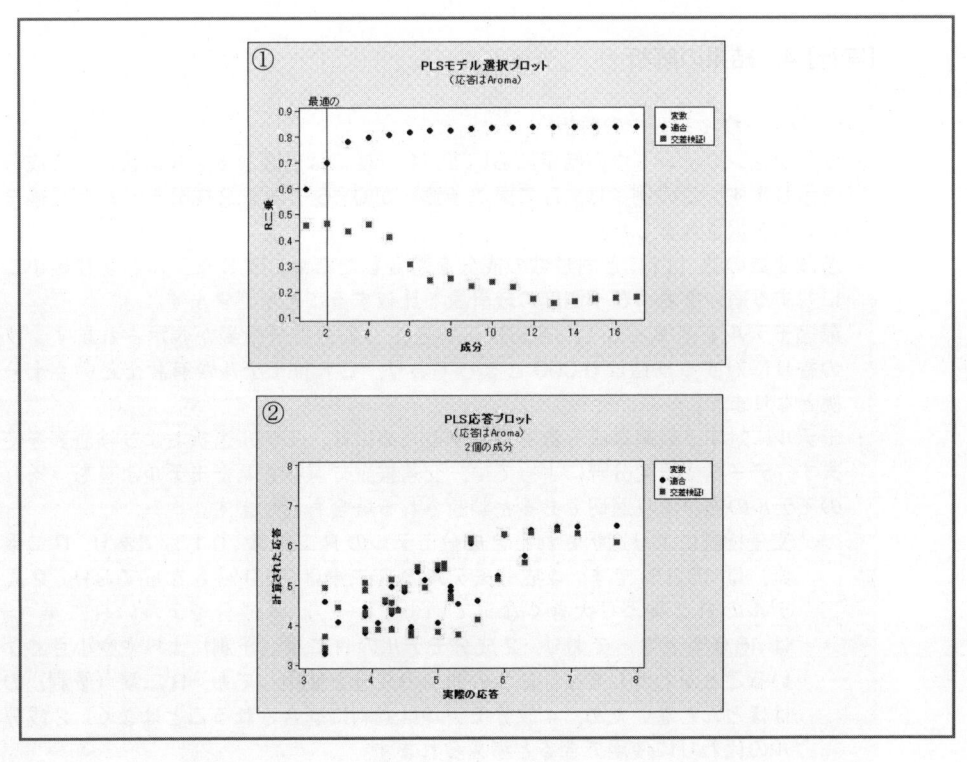

① PLSモデル選択プロット
(応答はAroma)

② PLS応答プロット
(応答はAroma)
2個の成分

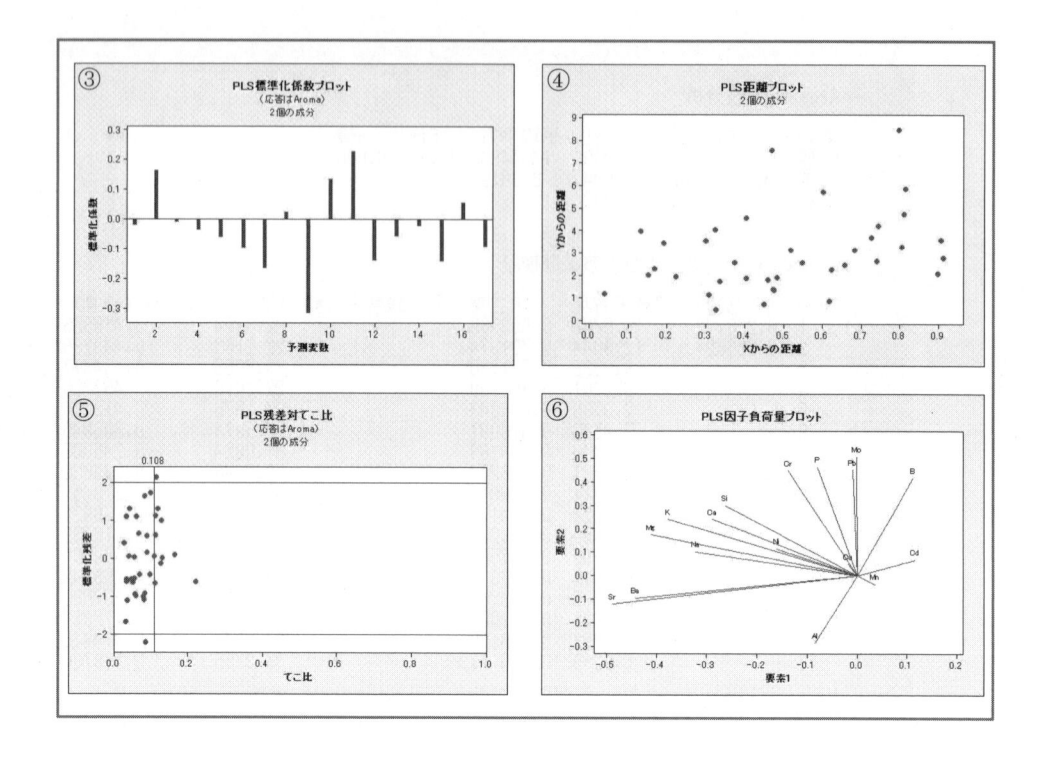

[実行] 4. 結果の解析

> [セッションウィンドウの解析]
> - セッションウィンドウの結果において，1行目には最適なモデルに含まれる成分の数を示します。この例では，R二乗（予測）が0.46である2成分モデルが最適モデルとして選択されました。
> - 予測変数の数（17）と同じ数の成分を適合したため，PLSモデルおよび最小二乗解に対する適合度および予測度の統計量を比較することができます。
> - 最適モデルを基準として，各応答につき1つの分散分析表が表示されます。ワインの香りに対するp値は0.000となっており，これはモデルが有意だという十分な証拠となります。
> - モデルに対する最適な成分数を選択するためには，モデル選択および検証表を使用します。データや研究分野によっては，交差検証で選択されたモデルよりも，それ以外のモデルの方がより適切であると判断される場合もあります。
>   - 交差検証により選択された2成分モデルのR二乗は70.1％であり，R二乗（予測）は46.3％です。4成分モデルのR二乗は79.9％となっており，2成分モデルのR二乗より大きくなっています。一方，4成分モデルのR二乗（予測）は46.0％となっており，2成分モデルのR二乗（予測）よりやや小さくなっていることがわかります。2つの追加の成分を使用しても，R二乗（予測）の減少はほとんどないため，4成分モデルは過剰に適合されることはなく，2成分モデルの代わりに使用できると考えられます。
>   - 2成分のPLSモデルのR二乗（予測）と17成分の最小二乗モデルのR二乗（予測）を比較すると，PLSモデルは最小二乗モデルよりもデータを正確に予測す

ることがわかります（2成分モデルのR二乗（予測）は46.3％に対し，17成分モデルのR二乗（予測）は17.9％です）。
- X分散は，モデルによって説明される予測変数の分散量を表します。2成分モデルは，予測変数における分散の36.7％を説明します。

[グラフの解析]
- ①番のモデル選択プロットは，モデル選択および検証表をグラフで表示したものです。縦軸は，最適モデルに2つの成分が含まれていることを示します。5成分以上のモデルの予測能力は，大きく減少していることがわかります。この結果には，17成分の最小二乗解（R二乗（予測）が17.9％）も含まれています。

- ②番の応答プロットにおいて，点が左下隅から右上隅まで線形パターンとなっているため，モデルがデータに適合することを示しています。実際の応答（適合値）と交差検証で計算された応答の間に若干の差はありますが，過度なてこ比点を表すほどではありません。

- ③番の係数プロットでは，予測変数に対する標準化係数を示しています。このプロットを使用して，係数の大きさおよび符号を解析することができます。ストロンチウム（Sr），ホウ素（B），モリブデン（Mo），バリウム（Ba），マグネシウム（Mg），鉛（Pb）およびカルシウム（Ca）の成分は，標準化係数が大きく，ワインの香りに大きな影響を与えます。モリブデン（Mo），クロム（Cr），鉛（Pb）およびホウ素（B）の成分は，ワインの香りに多少の影響がありますが，カドミウム（Cd），ニッケル（Ni），銅（Cu），アルミニウム（Al），バリウム（Ba）およびストロンチウム（Sr）の成分は，ワインの香りに影響がありません。

- ④番の距離プロットおよび⑤番の残差対てこ比プロットでは，外れ値とてこ比点を表示します。距離プロットをブラッシングすることにより，他のデータと比較して見ることができます。
  - 観測値14および32は，Y軸において非常に大きな距離になっています。
  - 観測値7，12および23は，X軸において非常に大きな距離になっています。
  残差対てこ比プロットでは，次に示す内容を確認することができます。
  - 観測値14および32は，横の参照ラインの外側にあるため，外れ値です。
  - 観測値7，12および23は，縦の参照ラインの右にあるため，過度なてこ比点であることを示しています。

- ⑥番の負荷量プロットでは，応答に対する予測変数の相対的な影響を比較します。この例では，銅（Cu）とマンガン（Mn）の成分が非常に短い線で示されています。これは，銅（Cu）とマンガン（Mn）の因子負荷量が小さいこと，すなわちワインの香りに影響がないことを表しています。ストロンチウム（Sr），マグネシウム（Mg）およびバリウム（Ba）の成分は長い線で示されています。これは，ストロンチウム（Sr），マグネシウム（Mg）およびバリウム（Ba）の因子負荷量が大きいこと，すなわちワインの香りに影響が大きいことを表しています。

第 16 章　品質ツール

1. 概要
2. ランチャート
3. パレート図
4. 特性要因図
5. 多変量管理図
6. 対称性プロット

1. 概要

MINITABでは，品質問題を改善するために役立つツールを用意しています。

品質ツール	内容の説明
ランチャート	・工程データにおけるパターンを発見し，非ランダムパターンに対する検定を実行します。
パレート図	・どのような問題が最も重要かを確認し，もっとも効果のある部分に改善策を集中させることができます。
特性要因図	・問題の潜在的な要因を図にしたものです。
多変量管理図	・分散分析データをグラフ表示したもので，分散分析を視覚的にとらえることができます。
対称性プロット	・データが対称な分布に従うかどうかを判定することができます。

2. ランチャート

ランチャートを使用すると，工程データにパターンがあるかどうかを調べて，非ランダムパターンに対する2つの検定を実行できます。ランチャートは，すべての個別観測値とサブグループ番号に対してプロットしたもので，中央値の位置に水平方向の参照ラインが表示されます。サブグループの大きさが1より大きい場合，線でつないだサブグループの平均や中央値も表示されます。非ランダムパターンを判定する2つの検定では，データにトレンド，振動，混合およびクラスター化があるのかどうかを判定でき，こうしたパターンは観察された変動が特殊要因によって発生したことを表します。工程に固有な，つまり工程の性質によって生じる変動は，共通要因による変動と呼ばれます。一般的な要因だけが工程の結果に影響を及ぼす場合は，工程は管理状態にあるといえます。

[1] データのランダム確認のためのテスト

ランダム確認のためのテスト		判　定
中央値に関する実行数	期待より多くの実行数が観測される	・データが2つの母集団から取った混合データである　　　　　　　　　　　　　　　　　　　　　　　　　－混合
	期待より少ない実行数が観測される	・データがクラスター化している－クラスター

上昇または下降する実行数	期待より多くの実行数が観測される	・揺れ（データの急激な上下変動）がある－振動
	期待より少ない実行数が観測される	・データに一定の傾向がある－トレンド

＊実行数：グラフ上の連続したプロット点をいいます。

[例題]

次のような2グループ10ペアのデータに対してランチャートを表示し，解析してみましょう（例題データ：run.mtw）。

45 26 25 33 30 37 44 35 38 39，33 46 32 22 26 34 43 38 45 39

[実行] 1. データの入力：データは次のように1つの列に入力します。

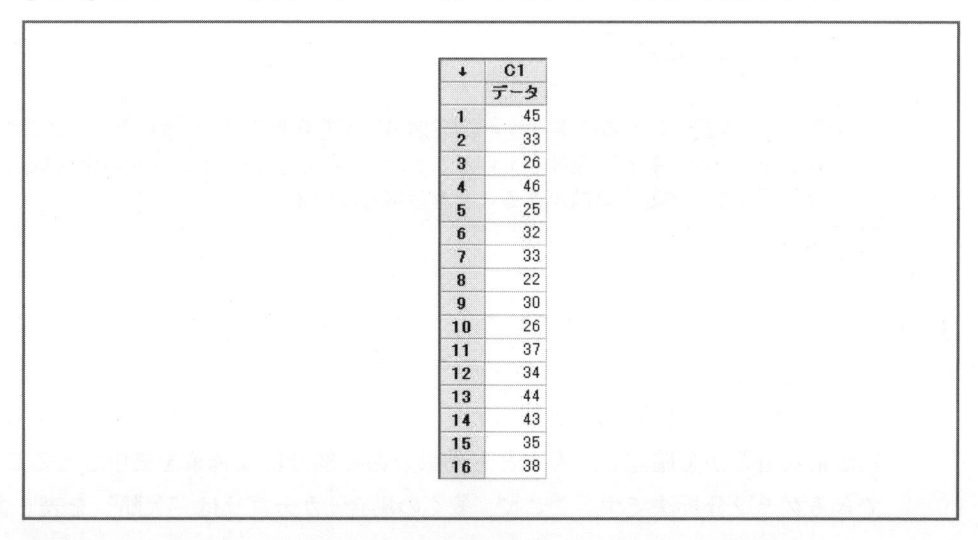

	C1 データ
1	45
2	33
3	26
4	46
5	25
6	32
7	33
8	22
9	30
10	26
11	37
12	34
13	44
14	43
15	35
16	38

[実行] 2. MINITAB メニュー：統計 ▶ 品質ツール ▶ ランチャート

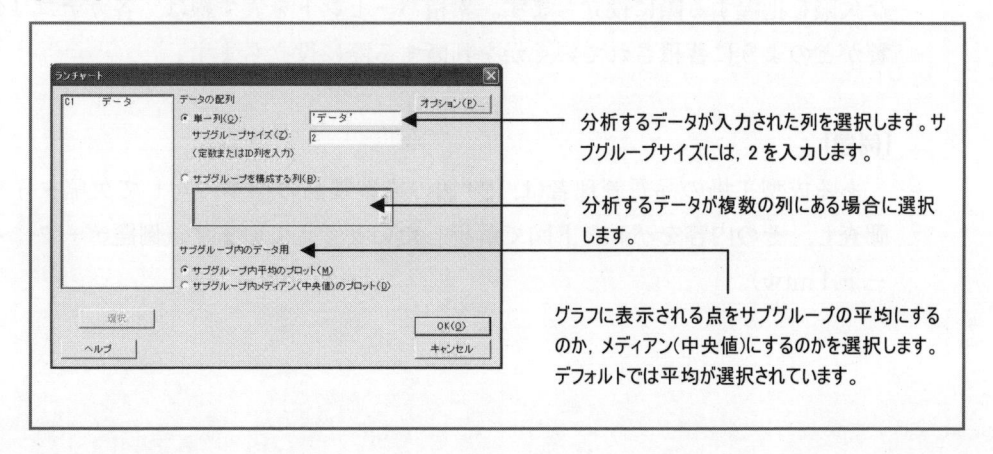

分析するデータが入力された列を選択します。サブグループサイズには，2を入力します。

分析するデータが複数の列にある場合に選択します。

グラフに表示される点をサブグループの平均にするのか，メディアン(中央値)にするのかを選択します。デフォルトでは平均が選択されています。

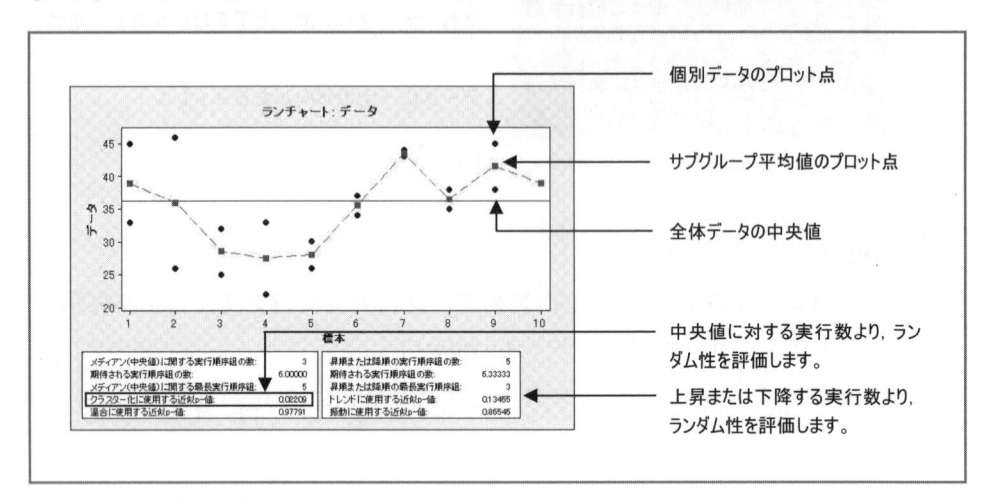

[実行] 3. 結果の出力：下のような結果がグラフウィンドウに出力されます。

（図：ランチャート：データ）
- 個別データのプロット点
- サブグループ平均値のプロット点
- 全体データの中央値
- 中央値に対する実行数より、ランダム性を評価します。
- 上昇または下降する実行数より、ランダム性を評価します。

[実行] 4. 結果の解析

- クラスター検定に対する確率（$p = 0.02209$）が有意水準 0.05 より小さいことから、特殊要因が工程に影響を及ぼしていることがわかります。クラスターの存在は、サンプリングまたは測定に問題があることを示唆しています。

3. パレート図

　パレート図は、横軸に重要なカテゴリを表す棒グラフの一種で、どのような問題が最も重要かを確認し、もっとも効果のある部分に改善策を集中させることができるグラフ分析法です。ここで、多くの場合、カテゴリは"欠陥"を表します。パレート図では、棒を大小の順に配列し、重大な少数の欠陥、および多数の些細な欠陥を把握する際に役立ちます。累積パーセントを表す線は、各カテゴリの影響がどのように蓄積されていくかを判断する際に役立ちます。

[例題]
　ある成型工場の品質管理者は、20個の成型製品の標本に対して欠陥タイプを調査し、その内容をパレート図で解析したいと考えています（例題データ：パレート 1.mtw）。

標本番号	欠陥タイプ
1	未成型
2	未成型
3	バリ
4	バリ
5	フラッシュ
6	フラッシュ
7	バリ
8	未成型
9	黒点
10	未成型
11	未成型
12	バリ
13	黒点
14	フラッシュ
15	黒点
16	バリ
17	未成型
18	未成型
19	未成型
20	未成型

[実行] 1. データの入力：データは次のように 1 つの列に入力します。

↓	C1-T
	不良の類型
1	未成型
2	未成型
3	バリ
4	バリ
5	フラッシュ
6	フラッシュ
7	バリ
8	未成型
9	黒点
10	未成型
11	未成型
12	バリ
13	黒点
14	フラッシュ
15	黒点
16	バリ
17	未成型
18	未成型
19	未成型
20	未成型

[実行] 2. MINITAB メニュー：統計 ▶ 品質ツール ▶ パレート分析

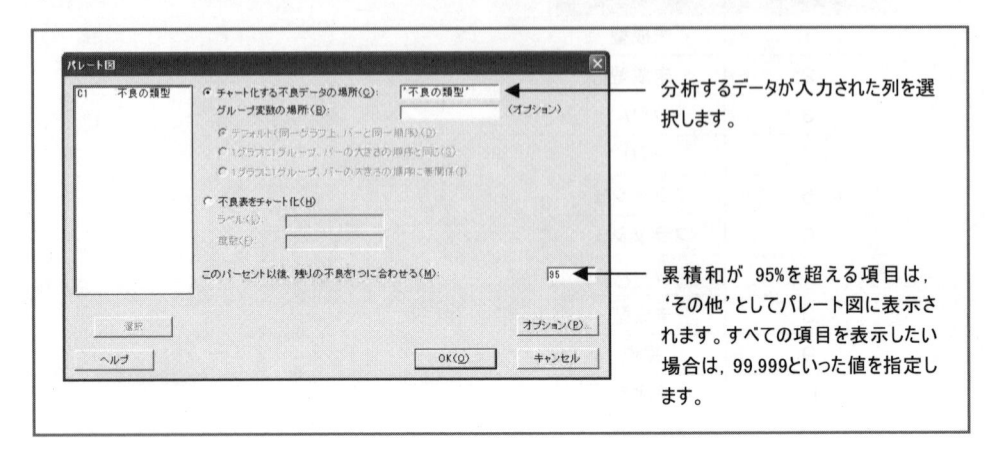

（ダイアログボックス画像）
- 分析するデータが入力された列を選択します。
- 累積和が 95%を超える項目は，'その他' としてパレート図に表示されます。すべての項目を表示したい場合は，99.999といった値を指定します。

[実行] 3. 結果の出力：下のような結果がグラフウィンドウに出力されます。

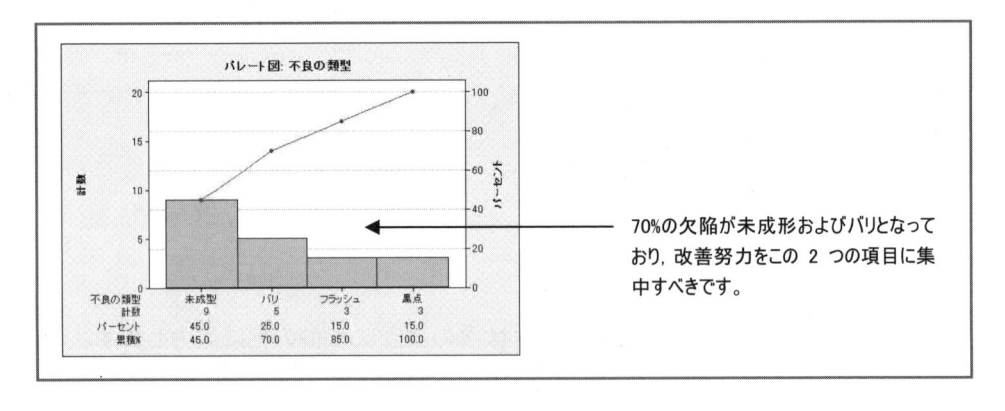

（パレート図）
- 70%の欠陥が未成形およびバリとなっており，改善努力をこの 2 つの項目に集中すべきです。

不良の類型	未成型	バリ	フラッシュ	黒点
計数	9	5	3	3
パーセント	45.0	25.0	15.0	15.0
累積%	45.0	70.0	85.0	100.0

[例題]

ある成型工場の品質管理者は，423 個の成型製品の標本に対して欠陥タイプを調査し，その内容をパレート図で解析したいと考えています（パレート 2.mtw）。

欠陥タイプ	欠陥数
未成型	274
フラッシュ	59
バリ	19
黒点	43
ヒビ	4
しわ	8
異物質	6
破損	10

[実行] 1. データの入力：データは次のように2つの列に入力します。

↓	C1-T	C2
	欠点の類型	欠点数
1	未成型	274
2	フラッシュ	59
3	バリ	19
4	黒点	43
5	ひび	4
6	しわ	8
7	異物質	6
8	その他	10

[実行] 2 MINITAB メニュー：統計 ▶ 品質ツール ▶ パレート分析

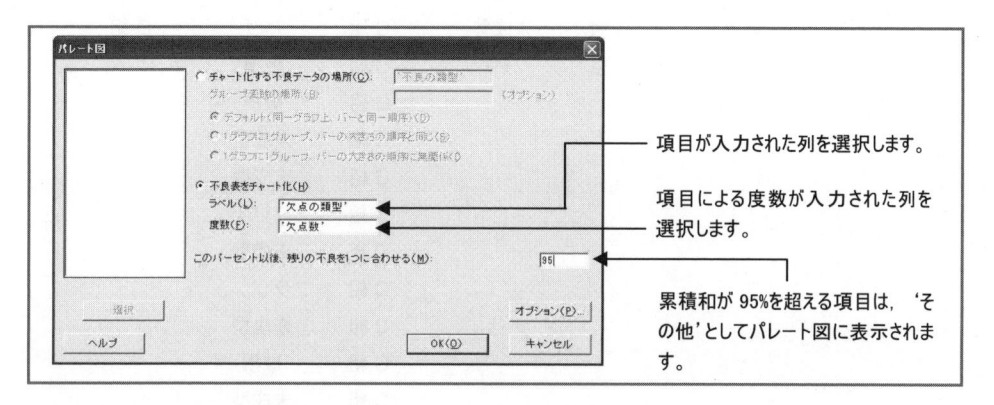

- 項目が入力された列を選択します。
- 項目による度数が入力された列を選択します。
- 累積和が95%を超える項目は、'その他'としてパレート図に表示されます。

[実行] 3. 結果の出力：下のような結果がグラフウィンドウに出力されます。

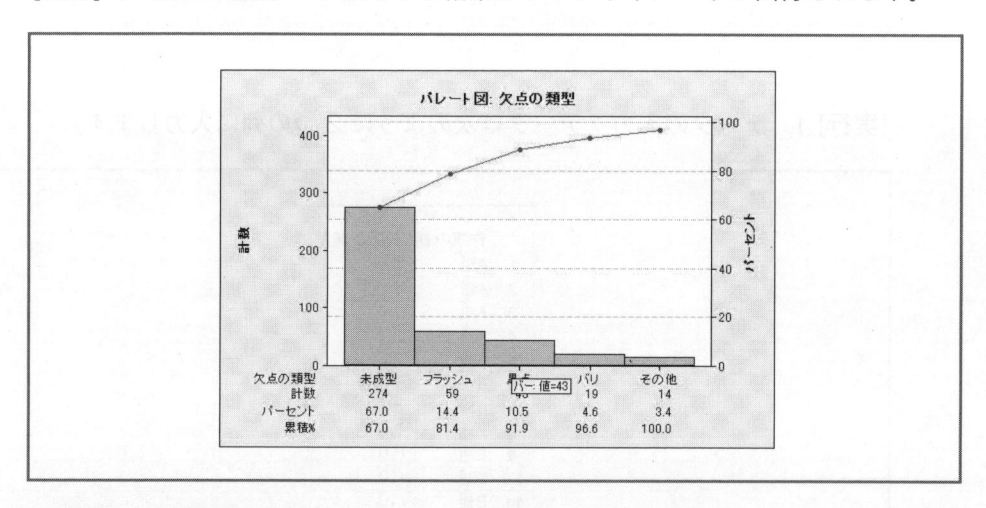

欠点の類型	未成型	フラッシュ	黒点	バリ	その他
計数	274	59	43	19	14
パーセント	67.0	14.4	10.5	4.6	3.4
累積%	67.0	81.4	91.9	96.6	100.0

[実行] 4. 結果の解析

・成型製品の半分以上が未成型として欠陥になっています。改善の焦点を未成型に集中させる必要があります。

[例題]

ある成型工場の品質管理者は，生産された成型製品に対して欠陥タイプを組別に調査し，その内容をパレート図で解析したいと考えています（例題データ：パレート3.mtw）。

作業組	欠陥タイプ	作業組	欠陥タイプ	作業組	欠陥タイプ	作業組	欠陥タイプ
A組	未成型	B組	破損	C組	未成型	D組	バリ
A組	未成型	B組	バリ	C組	フラッシュ	D組	バリ
A組	バリ	B組	バリ	C組	未成型	D組	バリ
A組	バリ	B組	バリ	C組	バリ	D組	フラッシュ
A組	フラッシュ	B組	バリ	C組	バリ	D組	フラッシュ
A組	未成型	B組	未成型	C組	バリ	D組	フラッシュ
A組	破損	B組	未成型	C組	バリ	D組	破損
		B組	バリ	C組	破損		
				C組	破損		
				C組	未成型		
				C組	未成型		
				C組	バリ		
				C組	未成型		
				C組	フラッシュ		
				C組	未成型		
				C組	破損		
				C組	未成型		
				C組	未成型		

[実行] 1. データの入力：データは次のように2つの列に入力します。

↓	C1-T	C2-T
	作業の組	不良の類型
1	A組	未成型
2	A組	未成型
3	A組	バリ
4	A組	バリ
5	A組	フラッシュ
6	A組	未成型
7	A組	その他
8	B組	その他
9	B組	バリ
10	B組	バリ
11	B組	バリ
12	B組	バリ
13	B組	未成型
14	B組	未成型
15	B組	バリ
16	C組	未成型

[実行] 2. MINITAB メニュー：統計 ▶ 品質ツール ▶ パレート分析

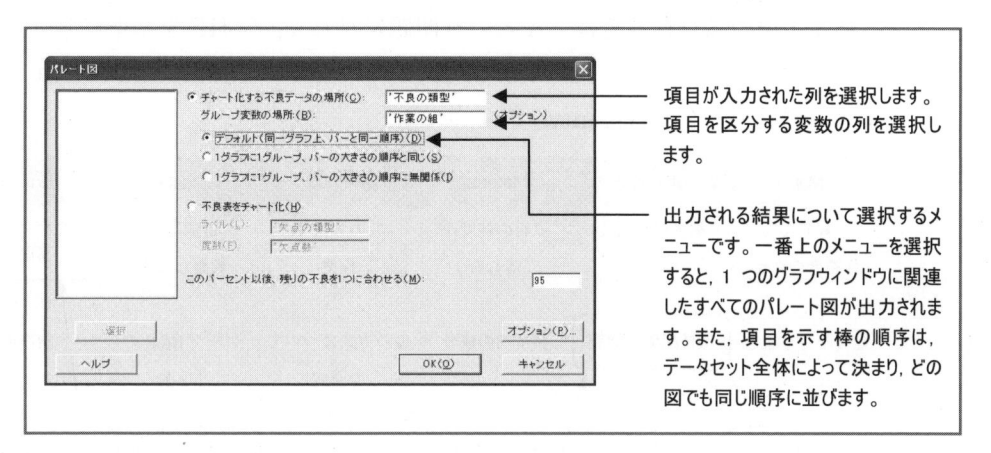

項目が入力された列を選択します。
項目を区分する変数の列を選択します。

出力される結果について選択するメニューです。一番上のメニューを選択すると，1 つのグラフウィンドウに関連したすべてのパレート図が出力されます。また，項目を示す棒の順序は，データセット全体によって決まり，どの図でも同じ順序に並びます。

[実行] 3. 結果の出力：下のような結果がグラフウィンドウに出力されます。

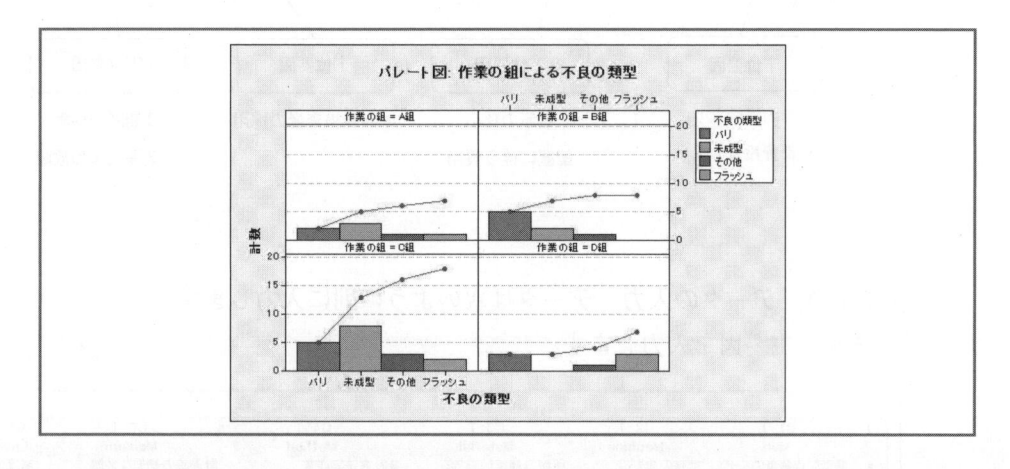

[実行] 4. 結果の解析

・C 組によって生産された製品が，全般的に欠陥が多くなっています。また，欠陥の中では，バリと未成型が全体的に多くなっています。C 組に欠陥が多くなっている理由について調査する必要があります。

4. 特性要因図

問題の潜在的な要因に対する情報をわかりやすく構成するために，特性要因図を使用します。特性要因図を使用することで，それぞれの潜在的な要因が互いに及ぼす影響をより簡単に把握することができます。

第16章 品質ツール

[例題]

ある工場の品質管理者は，A という問題に対して，5M1E を基準にして考えた場合，次のように要因を要約しました。これに基づいて特性要因図を表示してみます（例題データ：特性.mtw）。

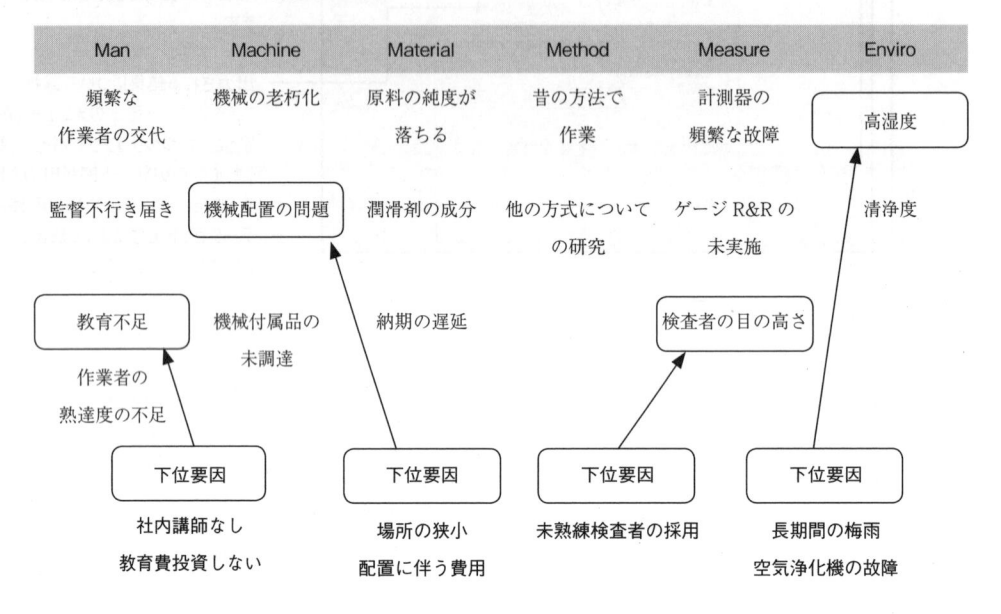

Man	Machine	Material	Method	Measure	Enviro
頻繁な作業者の交代	機械の老朽化	原料の純度が落ちる	昔の方法で作業	計測器の頻繁な故障	高湿度
監督不行き届き	機械配置の問題	潤滑剤の成分	他の方式についての研究	ゲージR&Rの未実施	清浄度
教育不足	機械付属品の未調達	納期の遅延		検査者の目の高さ	
作業者の熟達度の不足					

下位要因：

Man-1	Machine-1	Measure-1	Enviro-1
社内講師なし	場所の狭小	未熟練検査者の採用	長期間の梅雨
教育費投資しない	配置に伴う費用		空気浄化機の故障

[実行] 1. データの入力：データは次のように列に入力します。

まず，主要因を入力します。

	C1-T	C2-T	C3-T	C4-T	C5-T	C6-T
	Man	Machine	Material	Method	Measure	Enviro
1	頻繁な作業者の交代	機械の老朽化	原料の純度が落ちる	昔の方法で作業	計測器の頻繁な故障	高湿度
2	監督不行き届き	機械配置の問題	潤滑剤の成分	他の方式についての研究	ゲージR&Rの未実施	清浄度
3	教育不足	機械付属品の未調達	納期の遅延		検査者の目の高さ	
4	作業者の熟達度の不足	速度の低下				

下位要因を入力します。

	C7-T	C8-T	C9-T	C10-T
	Man-1	Machine-1	Measure-1	Enviro-1
1	社内講師なし	場所の狭小	未熟練検査者の採用	長期間の梅雨
2	教育費投資しない	配置に伴う費用		空気浄化機の故障

4. 特性要因図   443

[実行] 2. MINITAB メニュー：統計 ▶ 品質ツール ▶ 特性要因図

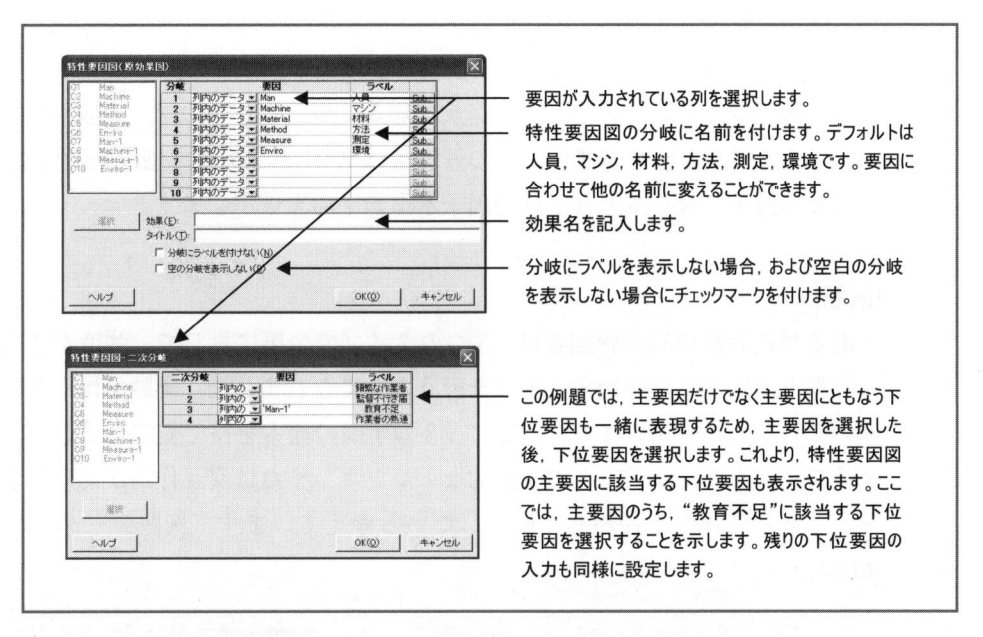

要因が入力されている列を選択します。

特性要因図の分岐に名前を付けます。デフォルトは人員，マシン，材料，方法，測定，環境です。要因に合わせて他の名前に変えることができます。

効果名を記入します。

分岐にラベルを表示しない場合，および空白の分岐を表示しない場合にチェックマークを付けます。

この例題では，主要因だけでなく主要因にともなう下位要因も一緒に表現するため，主要因を選択した後，下位要因を選択します。これより，特性要因図の主要因に該当する下位要因も表示されます。ここでは，主要因のうち，"教育不足"に該当する下位要因を選択することを示します。残りの下位要因の入力も同様に設定します。

[実行] 3. 結果の出力：下のような結果がグラフウィンドウに出力されます。

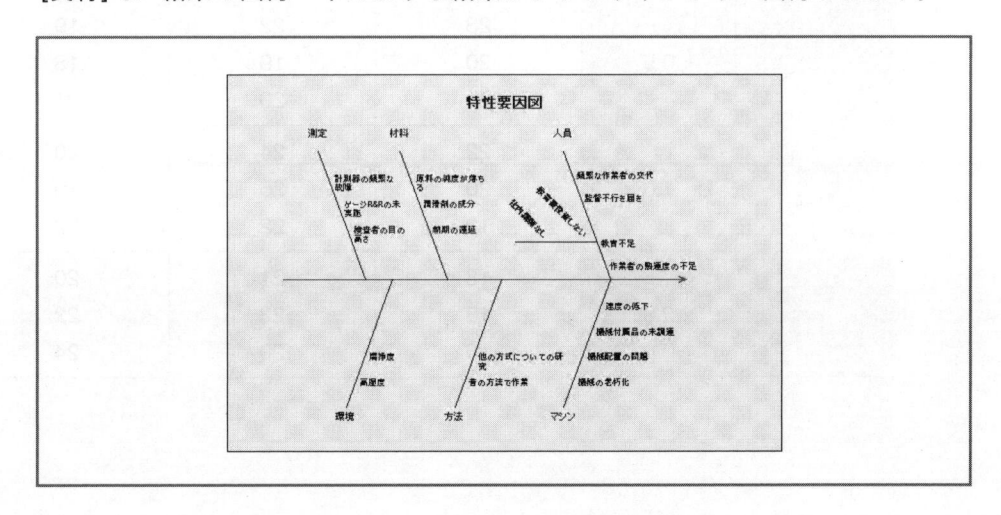

5. 多変量管理図

　MINITABでは，4つの因子まで多変量管理図を作成することができます。多変量管理図は，分散分析データをグラフ形式で表示したもので，分散分析を視覚的にとらえることができます。この管理図は，データ分析の準備段階で使用され，すべての因子に対してそれぞれの因子水準の平均を表示します。

[例題]

　ある製鉄会社の品質管理者は，3つのタイプの金属に対して，強度が焼成時間の影響を受けるかを評価する実験を行うことになりました。実験では，各焼成時間のそれぞれの金属タイプに対して，3つずつの標本を得て測定しました。データ分析を行う前に，データの視覚的なトレンド，または交互作用があるかどうかを，多変量管理図を使用して確認したいと考えています（例題データ：多変量.mtw）。

		金属のタイプ		
		15	18	21
焼成時間	0.5	23 20 21	22 19 20	19 18 21
	1.0	22 20 19	24 25 22	20 19 22
	2.0	18 18 16	21 23 20	20 22 24

[実行] 1. データの入力：データは次のように3つの列に入力します。

↓	C1	C2	C3
	時間	金属のtype	硬度
1	0.5	15	23
2	0.5	15	20
3	0.5	15	21
4	0.5	18	22
5	0.5	18	19
6	0.5	18	20
7	0.5	21	19
8	0.5	21	18
9	0.5	21	21
10	1.0	15	22
11	1.0	15	20

[実行] 2. MINITAB メニュー：統計 ▶ 品質ツール ▶ 多変量管理図

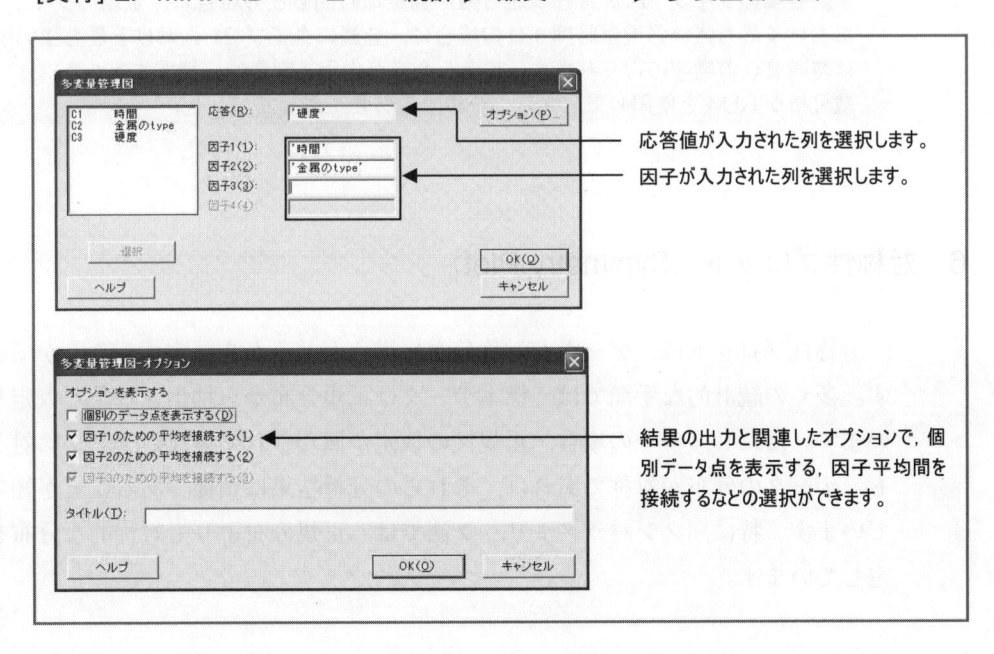

応答値が入力された列を選択します。
因子が入力された列を選択します。

結果の出力と関連したオプションで，個別データ点を表示する，因子平均間を接続するなどの選択ができます。

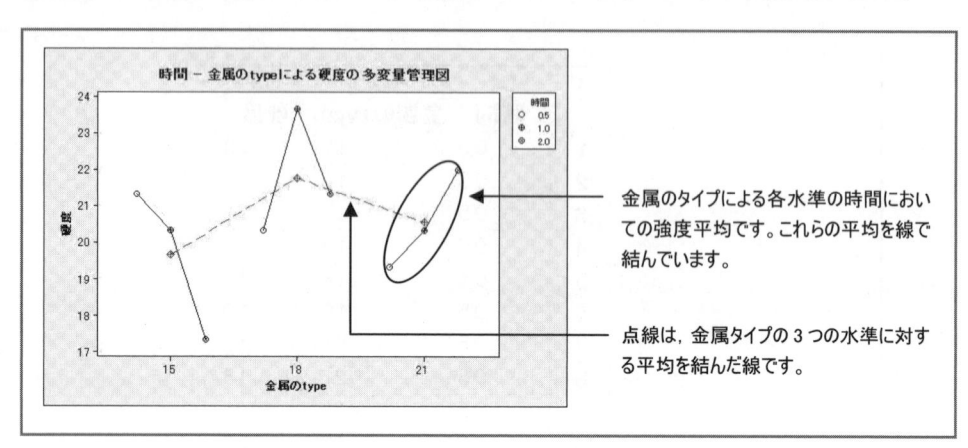

[実行] 3. 結果の出力：下のような結果がグラフウィンドウに出力されます。

時間 - 金属のtypeによる硬度の多変量管理図

金属のタイプによる各水準の時間において の強度平均です。これらの平均を線で 結んでいます。

点線は，金属タイプの3つの水準に対する平均を結んだ線です。

[実行] 4. 結果の解析

- 多変量管理図は，金属のタイプと時間の間に交互作用が存在することを示唆しています。金属のタイプ15における最も強い強度は時間0.5の場合に，金属のタイプ18における最も強い強度は時間1.0の場合に，金属のタイプ21における最も強い強度は時間2.0の場合に得られます。こうした交互作用を定量的に把握するためには，分散分析かGLMを使用して，さらに分析する必要があるでしょう。

6. 対称性プロット（Symmetry Plot）

対称性プロットは，データが対称分布に従うかどうかを判定することができます。多くの統計的な手順では，標本データは正規分布から抽出されたと仮定しています。ただし，多くの場合，正規性の仮定が満たされていないデータに対しても，データの分布が対称であれば，それらの分析結果は頑健であることが知られています。特に，ノンパラメトリック法では，正規分布よりも対称的な分布を仮定しています。

[例題]

統計的な分析を行う前に，次のような標本データが対称分布から抽出されたかどうかを検証します（例題データ：対称性プロット.mtw）。

6. 対称性プロット (Symmetry Plot)

−0.22435	1.16753	0.80181	−0.00211	1.09305	1.00423	−0.41983
0.29532	1.69012	−0.88466	−1.53484	0.22087	0.52556	1.52473
0.35517	0.08032	−0.14942	0.72983	−0.51766	0.27059	−0.95736
−0.25060	0.71976	−0.27939	−0.14778	0.60816	−0.75113	−0.17845
0.04660	1.44533	0.52527	0.43946	1.37174	0.22642	
−0.01963	−0.41543	1.54787	−0.70796	1.96348	0.58072	
0.12111	0.08678	1.31244	−0.48124	1.63753	0.44028	
−0.72188	0.26149	−0.75945	−0.24787	2.20908	0.41738	
−0.77907	−0.18864	−1.39889	0.30332	1.12096	1.46229	
0.08592	−1.32287	−1.14574	0.49884	0.69182	−1.10618	
0.85706	0.56909	1.05937	−0.90204	−2.57542	−0.24318	
0.76707	−0.14831	0.46393	−1.39883	−1.02231	−2.03943	
−1.74551	−0.32830	−0.24632	1.13358	0.17477	0.99862	
1.03661	−0.27419	0.93748	−0.69206	−0.78625	2.32768	
1.55849	1.63038	−0.43042	0.58544	1.44776	−0.36141	
0.80987	−1.33516	−1.06083	1.19559	0.14995	−1.14762	

[実行] 1. データの入力：データは次のように1つの列に入力します。

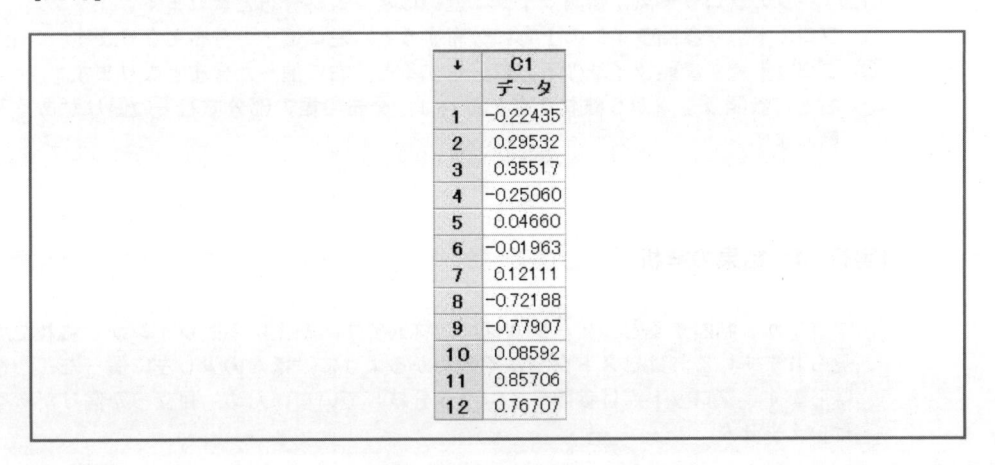

↓	C1 データ
1	−0.22435
2	0.29532
3	0.35517
4	−0.25060
5	0.04660
6	−0.01963
7	0.12111
8	−0.72188
9	−0.77907
10	0.08592
11	0.85706
12	0.76707

[実行] 2. MINITAB メニュー：統計 ▶ 品質ツール ▶ 対称性プロット

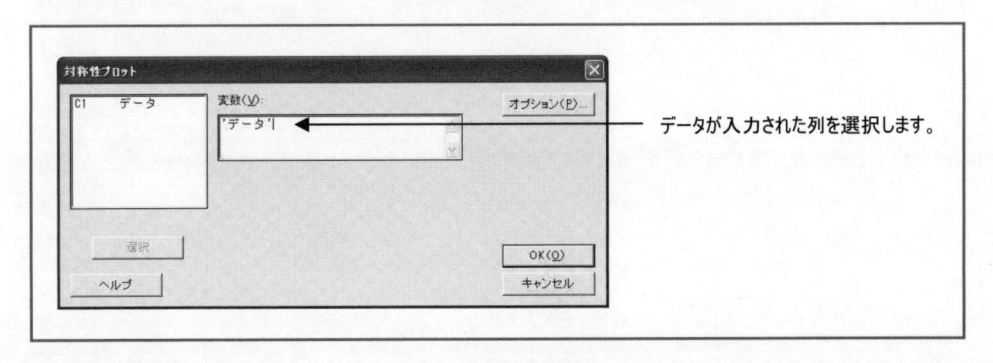

データが入力された列を選択します。

[実行] 3. 結果の出力：下のような結果がグラフウィンドウに出力されます。

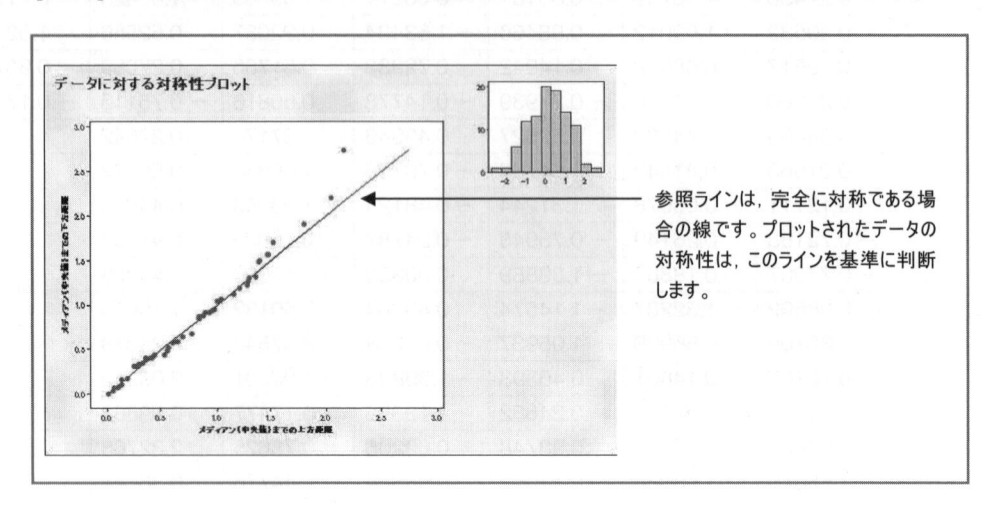

参照ラインは，完全に対称である場合の線です。プロットされたデータの対称性は，このラインを基準に判断します。

・対称性の判断
① データのプロット点が参照ラインに近いほど，対称分布となります。
② プロット点が参照ラインの上方に分布すると，左に偏った分布となります。
③ プロット点が参照ラインの下方に分布すると，右に偏った分布となります。
④ 右上に参照ラインから離れた点があれば，分布の裾の部分で若干の偏りがあると判断します。

[実行] 4. 結果の解析

・グラフから判断すると，データはほぼ対称的です。右上に参照ラインから離れた点が見られます。これはヒストグラムでもわかるように，ほんの少し左に偏ったことを意味します。プロット点は参照ラインから分岐していないため，目立った偏りがあるとはいえません。

第17章　管理図

1. 管理図の概要
2. MINITABの管理図使用に際して
3. サブグループ変数管理図
4. 個別変数管理図
5. 属性管理図
6. 時間重み付きチャート
7. 多変量管理図
8. 管理図のオプションの使用法

1. 管理図の概要

　統計的な品質管理は，管理図と共に始まったといえるほど，管理図は統計的品質管理の中心的な役割を果たしています。管理図という言葉は，1924年にBell電話研究所に勤務していたW. A. Shewhartによって最初に紹介されました。

[1] 品質変動の原因

　一般的に一定の条件で作業を行った場合，得られる品質特性値は，ある値を中心にして散布しています。品質の変動原因として次の2つが考えられます。

- **偶然原因（chance cause）**：生産条件が厳格に管理された状態の下でも発生する，ある程度の避けられない変動をもたらす原因であり，作業者の熟練度の差，作業環境の差，識別できないくらいの材料および生産設備の諸特性の差などをいいます。これらの原因は除去しにくい原因です。
- **特殊原因（assignable cause）**：作業者の不注意，欠陥のある資材の使用，生産設備上の異常などをいい，これらの原因は慢性的に存在するものではなく，散発的に発生して品質の変動をもたらす原因です。

[2] 管理図とは

　品質がある値を中心にしてある線まで変化することは，偶然原因による変動とみて容認できると考え，その線以上を離れると特殊原因による変動とみなします。その原因を探して，措置を講じることが望ましい合理的な線があれば，統計的品質管理の活動に大きな助けとなるでしょう。管理図（control chart）とは，品質の散布度を管理するために合理的に定めた線，すなわち管理限界線（control limits）があるグラフをいい，これを使用する方法を管理図法といいます。

[3] 管理図作成の目的

　管理図を作成する目的は，工程に関するデータを管理・解析して必要な情報を収集し，これらの情報によって工程の散布度を効率的に管理していくことにあります。管理図は，工程の管理と工程の解析の両方に使用されます。まず，工程の管理について述べましょう。品質特性を表す点が管理限界線の内側にあり，点の動きにある習性（pattern）がなければ，工程は管理状態（under control）にあるといいます。この場合は，工程が正常な状態にあるとみなすことができます。逆に，点が管理限界線から離れていたり，または，ある習性が発見されたりすると，工程には異常があるものと判断して，工程は管理外れ（out of control）にあるといいます。この場合には，異常をもたらす原因を発見・除去して，そのよう

な異常状態が再び起こらないように管理する必要があります。管理図はまた,工程の解釈に用いられます。工程平均を中心にして管理限界線を引くということは,工程の平均や分散を推定していることと同じです。これらの推定に基づいて,工程に対するいろいろな解析を行うことができます。

[4] 一般的な管理図の分類

区　分		内　容	その他
用途による分類		・工程管理用管理図	
		・工程解析用管理図	
統計量による分類	計数値管理図	・不良％(p) 管理図	
		・不良数(pn) 管理図	
		・欠陥数(c) 管理図	
		・単位あたりの欠陥数(u) 管理図	
	計量値管理図	・平均値($\bar{X}$) 管理図	($\bar{X}-R$) 管理図
		・範囲(R) 管理図	
		・個々の測定値(x) 管理図	($x-R_s$) 管理図
		・隣接した2つの測定値の差(R_s) 管理図	
		・中央値($\tilde{X}$) 管理図	
		・累積和(Cusum) 管理図	
		・重み付き平均管理図	
		・標準偏差(σ) 管理図	
		・最大値・最小値(L-S) 管理図	

[5] MINITAB で提供する管理図

■ **サブグループの変数管理図：統計 ▶ 管理図 ▶ 変数管理図-サブグループ**

```
Xbar-R(B)...
Xbar-S(A)...
I-MR-R/S(サブグループ間/内)(I)...
Xbar(X)...
R管理図(R)...
S管理図(S)...
ゾーン(Z)...
```

- **Xbar-R**：サブグループの平均および範囲に対する管理図
- **Xbar-S**：サブグループの平均および標準偏差に対する管理図
- **I-MR-R/S（サブグループ間 / 内）**：個々の測定値，移動範囲，サブグループ内の範囲に対する管理図
- **Xbar**：サブグループの平均に対する管理図
- **R 管理図**：サブグループの範囲に対する管理図
- **S 管理図**：サブグループの標準偏差に対する管理図
- **ゾーン**：各点と中心線の間の距離に基づいた累積和に対する管理図

■ **個別変数管理図：統計 ▶ 管理図 ▶ 変数管理図-個別**

```
I-MR(R)...
Z-MR(Z)...
個別(I)...
移動範囲(M)...
```

- **I-MR**：個々の測定値および移動範囲に対する管理図
- **Z-MR**：短期試行工程から取った個々の測定値および移動範囲を標準化した管理図
- **個別**：個々の測定値に対する管理図
- **移動範囲**：移動範囲に対する管理図

1. 管理図の概要 453

■ **属性管理図：統計 ▶ 管理図 ▶ 属性管理図**

> P(P)...
> NP(N)...
> C(C)...
> U(U)...

- **P**：欠陥率管理図
- **NP**：欠陥数管理図
- **C**：欠陥数管理図
- **U**：単位あたりの欠陥数管理図

■ **時間重み付きチャート：統計 ▶ 管理図 ▶ 時間重み付きチャート**

> 移動平均(M)...
> EWMA(指数重み付き移動平均)(E)...
> 累積和(C)...

- **移動平均**：重みなし移動平均に対する管理図
- **EWMA（指数重み付き移動平均）**：指数重み付き移動平均に対する管理図
- **累積和**：目標値から離れた各測定値の偏差の累積和に対する管理図

■ **多変量管理図：統計 ▶ 管理図 ▶ 多変量管理図**

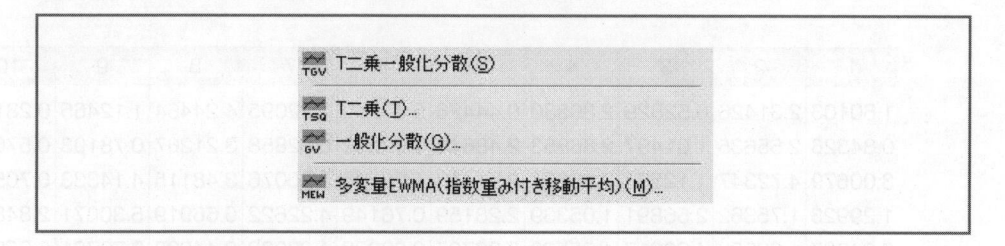

> T二乗一般化分散(S)
> T二乗(T)...
> 一般化分散(G)...
> 多変量EWMA(指数重み付き移動平均)(M)...

- **T二乗一般化分散**：T二乗管理図と一般化分散管理図を合わせた管理図
- **T二乗**：平均に対する多変量管理図
- **一般化分散**：工程変動に対する多変量管理図
- **多変量EWMA（指数重み付き移動平均）**：指数重み付き移動平均に対する多変量管理図

2. MINITAB の管理図使用に際して

[1] 非正規分布データ

　　管理図を適切に解析するためには，入力されるデータが正規分布に従うことが望ましいといえます。もしデータが大幅にゆがんでいるようであれば，ボックス-コックス（Box-Cox）変換を使って正規分布に従うように修正します。ボックス-コックス変換を利用するには 2 つの方法があります。1 つは管理図メニューの中のオプションから変換する方法と，もう 1 つは別の独立したメニューを使用する方法です。

[2] ボックス-コックス（Box-Cox）変換

　　ボックス-コックス変換は，工程データの非正規性と，サブグループ内平均を基準としたときの工程変動の両方を修正できます。データが大幅にゆがんでいる場合を除き，通常は，ボックス-コックス変換を使用する必要はありません。特に，管理図はデータが正規分布に従わなくても有効であるため，管理図で使うデータを変換する必要はないことが知られています。

[例題]

　　床のタイル製造会社の品質担当者は，タイルのゆがみ（Warping）がどの程度かを確認したいと考えています。生産工程の品質を確認するため，10 日間，1 日に 10 個のタイルを抽出してゆがみを測定しました。データ分析の前にデータの分布形態を把握した後，問題がある場合には，ボックス-コックス変換を実施したいと考えています（例題データ：tiles.mtw）。

1	2	3	4	5	6	7	8	9	10
1.60103	2.31426	0.52829	2.89530	0.44426	5.31230	1.22095	4.24464	1.12465	0.28186
0.84326	2.55635	1.01497	2.86853	2.48648	1.92282	6.32858	3.21267	0.78193	0.57069
3.00679	4.72347	1.12573	2.18607	3.91413	1.22586	3.80076	3.48115	4.14333	0.70532
1.29923	1.75362	2.56891	1.05339	2.28159	0.76149	4.22622	6.66919	5.30071	2.84843
2.24237	1.62502	4.23217	1.25560	0.96705	2.39930	4.33233	2.44223	3.79701	6.25825
2.63579	5.63857	1.34943	1.97268	4.98517	4.96089	0.42845	3.51246	3.24770	3.37523
0.34093	4.64351	2.84684	0.84401	5.79428	1.96775	1.20410	8.03245	5.04867	3.23538
6.96534	3.95409	0.76492	3.32894	2.52868	1.35006	3.44007	1.13819	3.06800	6.08121
3.46645	4.38904	2.78092	4.15431	3.08283	4.79076	2.51274	4.27913	2.45252	1.66735
1.41079	3.24065	0.63771	2.57873	3.82585	2.20538	8.09064	2.05914	4.69474	2.12262

[実行] 1. データの入力：データは次のように入力し，データの分布状態をヒストグラムで把握します。

↓	C1 Warping
1	1.60103
2	0.84326
3	3.00679
4	1.29923
5	2.24237
6	2.63579
7	0.34093
8	6.96534
9	3.46645
10	1.41079
11	2.31426
12	2.55635
13	4.72347

[実行] グラフ ▶ ヒストグラム

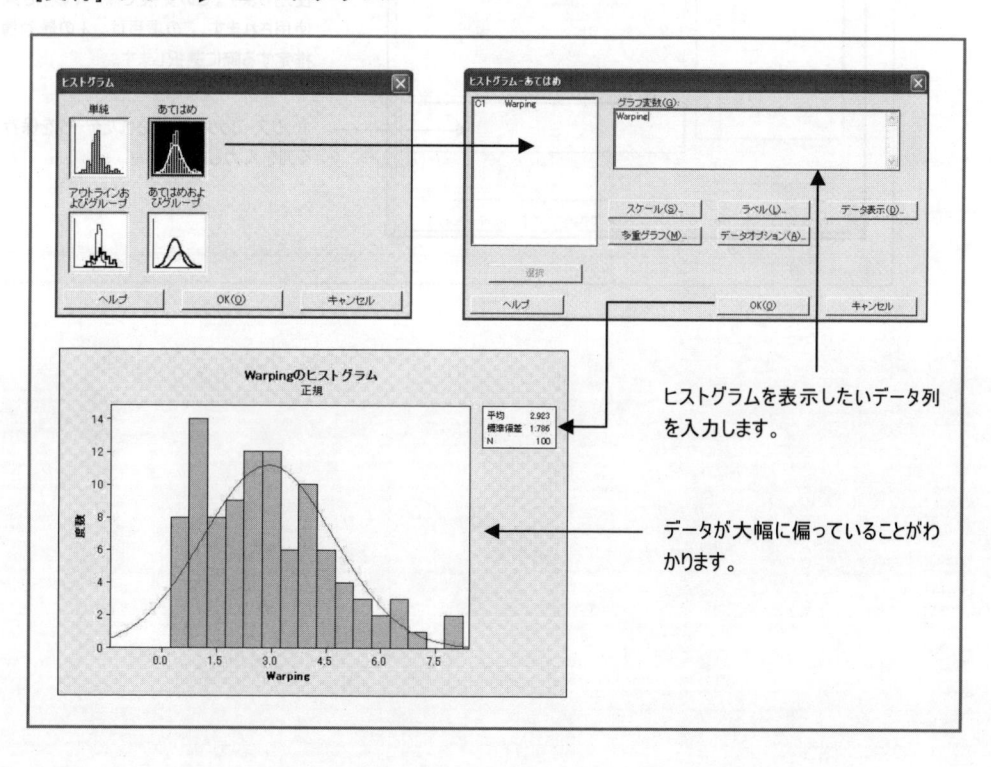

ヒストグラムを表示したいデータ列を入力します。

データが大幅に偏っていることがわかります。

第17章 管理図

[実行] 2. MINITAB メニュー：統計 ▶ 管理図 ▶ ボックス‐コックス変換

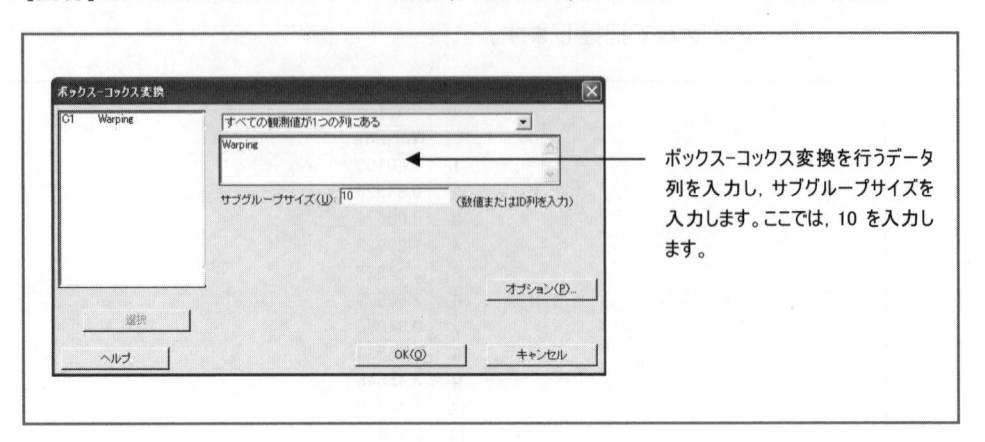

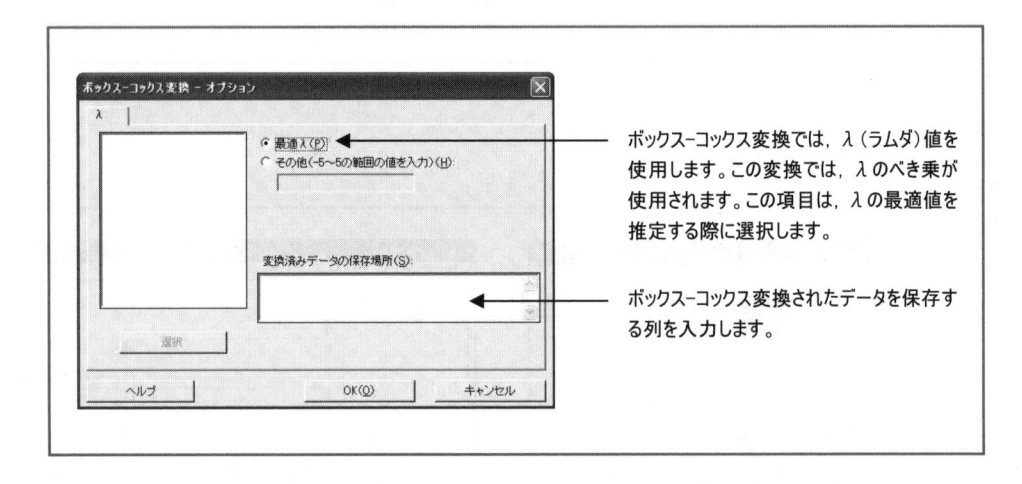

← ボックス-コックス変換を行うデータ列を入力し，サブグループサイズを入力します。ここでは，10 を入力します。

← ボックス-コックス変換では，λ（ラムダ）値を使用します。この変換では，λ のべき乗が使用されます。この項目は，λ の最適値を推定する際に選択します。

← ボックス-コックス変換されたデータを保存する列を入力します。

[実行] 3. 結果の出力：下のような結果がグラフウィンドウに出力されます。

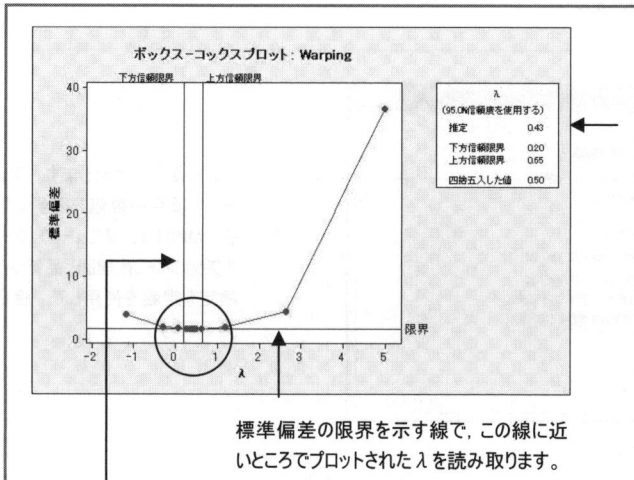

ボックス-コックス変換は工程データが非正規となっているとき，λ を推定し，λ を使って正規化データに変換することをいいます。ボックス-コックス変換で最も重要なことは，元のデータを変換する λ を求めることです。左図のボックス-コックスプロットは，最適な λ を推定した結果を示しています。ここでは，推定値で 0.43 という値が最適となっています。しかし，λ の95%信頼区間に入る 0.5 を選択してもあまり差がないため，今回の場合，λ を四捨五入した 0.5 を選択すると，変換の理解が簡単です。つまり，$\lambda = 0.5$ の場合，元データの平方根を使用します。

標準偏差の限界を示す線で，この線に近いところでプロットされた λ を読み取ります。

標準偏差の限界線に近い λ の 95%信頼区間を意味します。この信頼区間に入る λ の中で，実用的な観点から最適な λ を選択します。例えば，$\lambda = 2$ であれば既存の y は y^2 に変換，$\lambda = 0.5$ であれば既存の y は $\sqrt{y}$ に変換，$\lambda = 0$ であれば既存の y は $\text{Log}_e y$ に変換，$\lambda = -0.5$ であれば既存の y は $1/\sqrt{y}$ に変換，$\lambda = -1$ であれば既存の y は $1/y$ に変換されます。

[3] 特殊原因を検出するためのテスト項目

MINITAB では，管理図の異常状態を検出するテスト項目を指定することができます。

番号	テスト項目	指定可能な値 k （　）内はデフォルト
1	・1点が中心線から k 標準偏差を超える	1～6（3）
2	・連続する k 個の点が中心線から同じ側にある	7～11（9）
3	・連続する k 個の点がすべて増加または減少	5～8（6）
4	・連続する k 個の点が交互に増加または減少	12～14（14）
5	・連続する $k+1$ 個の点の中で，k 個の点が中心線から2標準偏差を超える（片側）	2～4（2）
6	・連続する $k+1$ 個の点の中で，k 個の点が中心線から1標準偏差を超える（片側）	3～6（4）
7	・連続する k 個の点が中心線から1標準偏差内にある（両側）	12～15（15）
8	・連続する k 個の点が中心線から1標準偏差を超える（両側）	6～10（8）

[実行] 1. MINITAB メニュー：管理図のオプションメニューにおいて，テストを選択します。

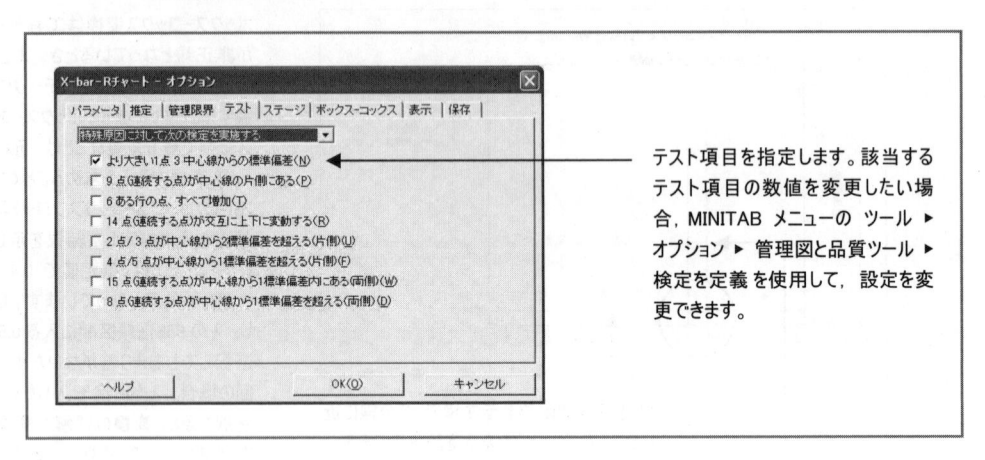

> テスト項目を指定します。該当するテスト項目の数値を変更したい場合，MINITAB メニューの ツール ▶ オプション ▶ 管理図と品質ツール ▶ 検定を定義 を使用して，設定を変更できます。

3. サブグループ変数管理図

　サブグループ変数管理図とは，計量型の品質特性をサブグループ形態で抽出して計算した管理図であり，温度，圧力，強度，重さなどが代表的な計量型だといえます。属性管理図と比較すると，計量型は測定対象となる品質特性に対して量的に扱うことができるため，より多くの情報を得ることができるという長所があります。しかし，測定機器や装備の購入費，維持費が必要で，測定時に必要な労力と時間が多く要求されるところが短所といえます。従って，一般的にサブグループ変数管理図で取り扱われるサブグループサイズは，属性管理図で要求されるデータ数より小さくなります。MINITAB で使用できるサブグループ変数管理図は下記の通りです。実務においては，一般に２つの管理図を合わせて使用する場合がほとんどです。

- **Xbar-R 管理図**：Xbar 管理図と R 管理図を同じグラフウィンドウに表示します。
- **Xbar-S 管理図**：Xbar 管理図と S 管理図を同じグラフウィンドウに表示します。
- **I-MR-R/S（サブグループ間 / 内）管理図**：サブグループ間およびサブグループ内の変動を使用する三元管理図です。I-MR-R/S 管理図は，I 管理図，MR 管理図および R または S 管理図からなります。
- **Xbar 管理図**：サブグループ平均に対する管理図です。
- **R 管理図**：サブグループ範囲に対する管理図です。
- **S 管理図**：サブグループ標準偏差に対する管理図です。
- **ゾーン管理図**：各点と中心線の間の距離に基づいた累積和に対する管理図です。

[1] Xbar 管理図

サブグループ平均の管理図です。Xbar 管理図を使用すると，工程水準を調べ，特殊原因があるかどうかを調べることができます。MINITAB の Xbar 管理図は，併合標準偏差を使用して工程変動 σ を推定します。サブグループ範囲の平均，標準偏差の平均を利用して σ を推定することもできます。また，過去の経験値による σ を使用することもできます。

[例題]

あるモーター会社のエンジン組み立てラインで，クランクシャフトをはめるのに誤差が発生することがわかっています。基準の位置と実際にはまった位置の差を AtoBDist（mm）とします。製品の品質を確認するために，9月28日から10月29日まで1日に5個ずつのデータを測定しました。Xbar 管理図を使って，この期間の工程水準を評価し，特殊原因を確認します（例題データ：distance.mtw）。

月	日	AtoBDist	月	日	AtoBDist	月	日	AtoBDist	月	日	AtoBDist	月	日	AtoBDist	月	日	AtoBDist	月	日	AtoBDist
9	28	-0.44025	10	4	7.93177	10	7	-4.86937	10	12	-4.06527	10	15	4.90024	10	20	3.71309	10	23	-5.14050
9	28	5.90038	10	4	3.72692	10	7	-2.69206	10	12	-1.91314	10	15	1.28079	10	20	1.72573	10	23	-0.10379
9	28	2.08965	10	4	3.83152	10	7	-3.02947	10	12	2.04590	10	15	2.87917	10	20	3.07264	10	23	2.21033
9	28	0.09998	10	4	-2.17454	10	7	2.99932	10	12	4.93029	10	15	1.83967	10	20	0.15676	10	23	5.13041
9	28	2.01594	10	4	2.81598	10	7	3.50123	10	13	0.03095	10	15	-0.75614	10	20	-0.05666	10	23	-1.89455
9	29	4.83012	10	5	4.52023	10	8	-1.99506	10	13	-2.80363	10	18	3.72977	10	21	3.81341	10	24	0.95119
9	29	3.78732	10	5	3.95372	10	8	-1.62939	10	13	-3.12681	10	18	3.77141	10	21	-3.78952	10	24	-5.15414
9	29	4.99821	10	5	7.99326	10	8	2.14395	10	13	-4.57793	10	18	-4.04994	10	21	-3.81635	10	24	4.82794
9	29	6.91169	10	5	4.98677	10	8	-1.90688	10	13	-3.17924	10	18	3.89824	10	21	-4.88820	10	24	0.13001
9	29	1.93847	10	5	-2.03427	10	8	8.02322	10	13	-2.44537	10	18	1.76868	10	21	-3.24534	10	24	-0.09911
9	30	-3.09907	10	6	3.89134	10	11	4.75466	10	14	1.36225	10	19	2.27310	10	22	-0.27272	10	25	-1.15453
9	30	-3.18827	10	6	1.99825	10	11	1.14240	10	14	0.92825	10	19	-3.82297	10	22	-4.33095	10	25	2.29868
9	30	5.28978	10	6	0.01028	10	11	0.93790	10	14	-0.24151	10	19	-2.26821	10	22	-1.83547	10	25	5.15847
9	30	0.56182	10	6	-0.24542	10	11	-7.30286	10	14	-0.83762	10	19	-2.07973	10	22	-3.98876	10	25	0.08558
9	30	-3.18960	10	6	2.08175	10	11	-5.22516	10	14	-1.99674	10	19	0.01739	10	22	-4.97431	10	25	-3.09574

月	日	AtoBDist	月	日	AtoBDist
10	26	5.16744	10	28	0.95699
10	26	0.29748	10	28	-4.03441
10	26	-4.66858	10	28	-2.05086
10	26	-2.13787	10	28	-3.10319
10	26	-0.00450	10	28	-1.83001
10	27	0.18096	10	29	5.03945
10	27	4.30247	10	29	1.96583
10	27	-2.21708	10	29	-0.21026
10	27	7.17603	10	29	0.27517
10	27	5.86525	10	29	-5.32797

[実行] 1. データの入力：データは次のように 3 つの列に入力します。

	C1 AtoBDist	C2 月	C3 日
1	-0.44025	9	28
2	5.90038	9	28
3	2.08965	9	28
4	0.09998	9	28
5	2.01594	9	28
6	4.83012	9	29
7	3.78732	9	29
8	4.99821	9	29
9	6.91169	9	29
10	1.93847	9	29
11	-3.09907	9	30
12	-3.18827	9	30
13	5.28978	9	30
14	0.56182	9	30
15	-3.18960	9	30
16	7.93177	10	4
17	3.72692	10	4

[実行] 2. MINITAB メニュー： 統計 ▶ 管理図 ▶ 変数管理図-サブグループ ▶ Xbar

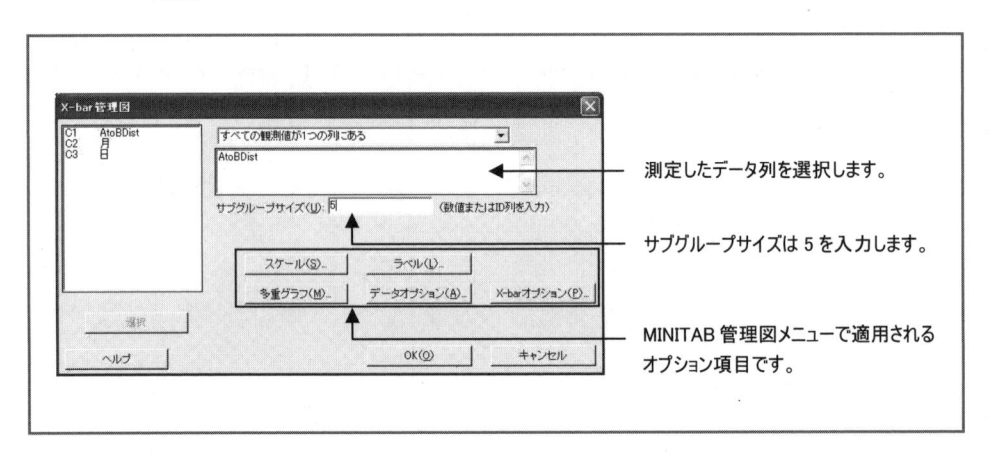

測定したデータ列を選択します。

サブグループサイズは 5 を入力します。

MINITAB 管理図メニューで適用される オプション項目です。

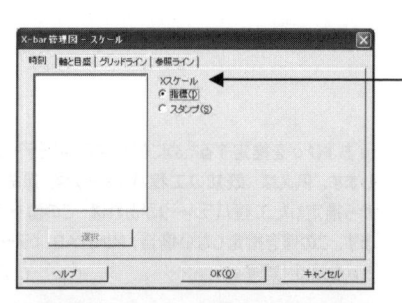

3. サブグループ変数管理図　461

X 軸の時刻スケールを指定します。グラフを作成後，次の作業を行うことができます。
- スケールの時間単位を編集できます
- スケールの範囲を編集できます
- 目盛ラベルを編集できます
- スケールの属性，フォント，配置および表示を編集できます

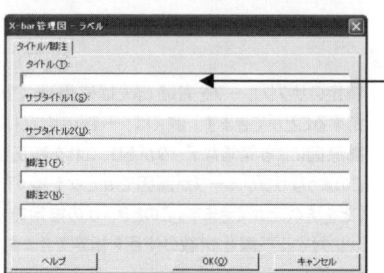

タイトルおよび脚注を表示するのに使用します。グラフを作成後，次の作業ができます。
- タイトル/脚注の属性および配置を変更できます
- タイトルおよび脚注を追加できます

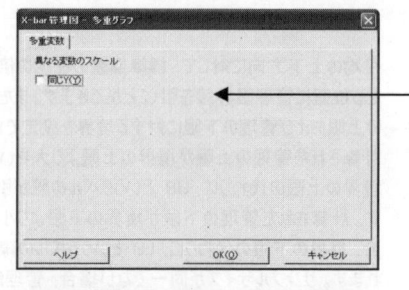

グラフのダイアログボックスで作成される複数の管理図の配置とスケールを設定します。

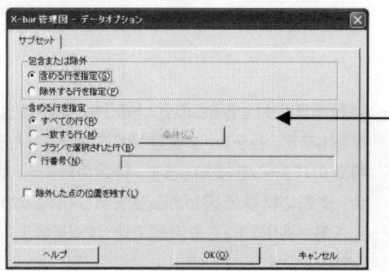

グラフを作成する際，特定の行を含めたり除外したりするために使用します。

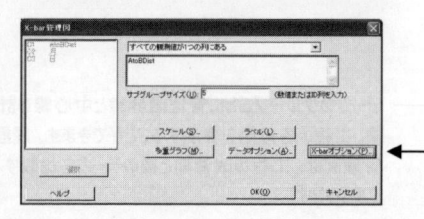

管理図に関連するいくつかの内容を設定するオプションです。MINITAB で提供する管理図ごとに適用されるオプションは若干の違いはありますが，メニュー内容はほとんど同一に適用されます。

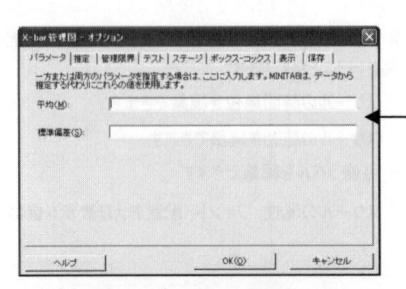

μ および σ を推定するために使用する履歴データを入力します。例えば，既知の工程パラメータや，過去のデータから推定した工程パラメータがあれば，この値を入力できます。この値を指定しない場合，MINITAB はデータから μ と σ を推定します。

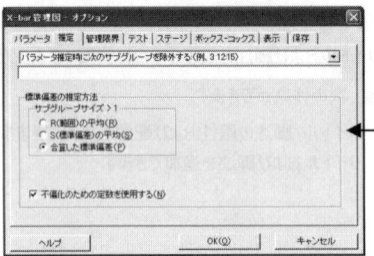

特定のサブグループを省略（または使用）して μ と σ を推定することができます。例えば，一部のサブグループに特殊原因による異常なデータがあり，これを修正した場合，このようなサブグループが原因で μ と σ を誤って推定することを防ぐことができます。このとき，σ の推定方法，および σ に対する不偏化定数の使用を指定できます。

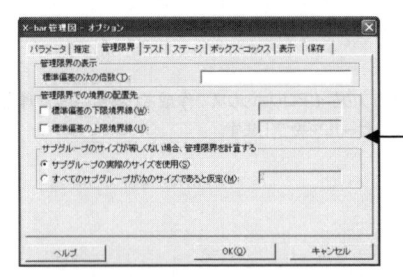

平均の上下方向に対して，標準偏差の任意の倍数にあたる位置に管理限界線を引くことができます。また，管理の上限および管理の下限に対する境界を設定できます。計算された管理の上限が境界の上限より大きい場合，境界の上限の代わりに，UB というラベルの線が引かれます。計算された管理の下限が境界の下限より小さい場合，境界の下限の代わりに，LB というラベルの線が引かれます。サンプルサイズが同一でない場合，管理限界線を一定とすることもできます。

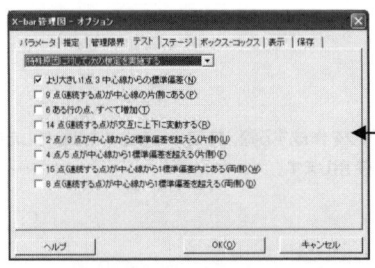

特殊原因に対する 8 つのテストのうち，実施したいテストを選択します。各テストは管理図にプロットされたデータから特定のパターンを検知します。特定のパターンがあった場合，変動に特殊原因があることを示しているため，調査する必要があります。この例題では，すべてのテストを実施します。

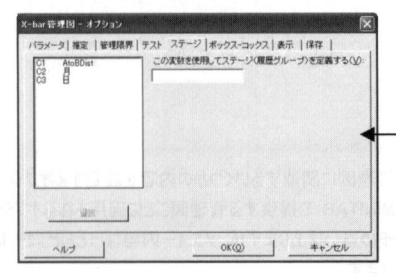

データのグループごとに管理限界線と中心線を計算します。工程の各段階を表示することができます。履歴データ管理図は，工程の改善前と後のデータを比較する場合に有用です。

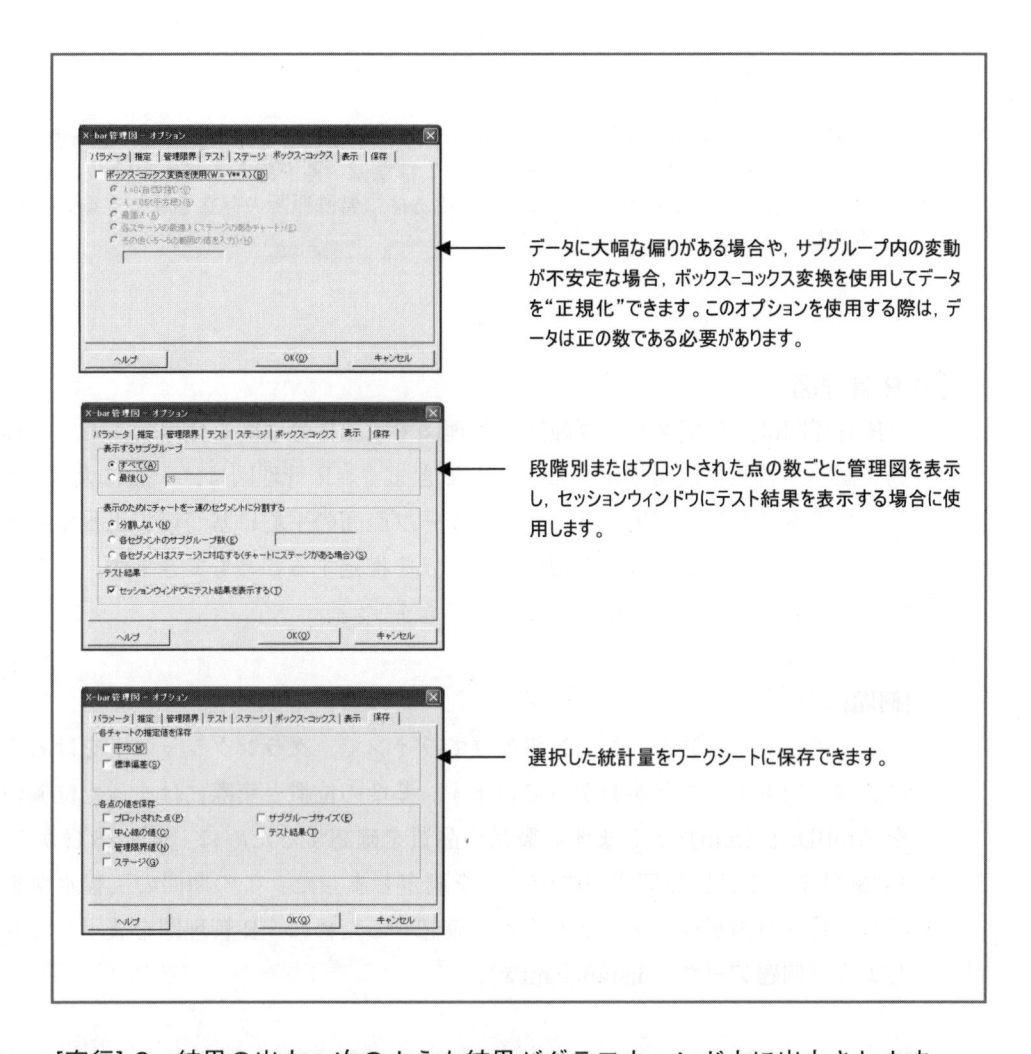

データに大幅な偏りがある場合や，サブグループ内の変動が不安定な場合，ボックス-コックス変換を使用してデータを"正規化"できます。このオプションを使用する際は，データは正の数である必要があります。

段階別またはプロットされた点の数ごとに管理図を表示し，セッションウィンドウにテスト結果を表示する場合に使用します。

選択した統計量をワークシートに保存できます。

[実行] 3. 結果の出力：次のような結果がグラフウィンドウに出力されます。

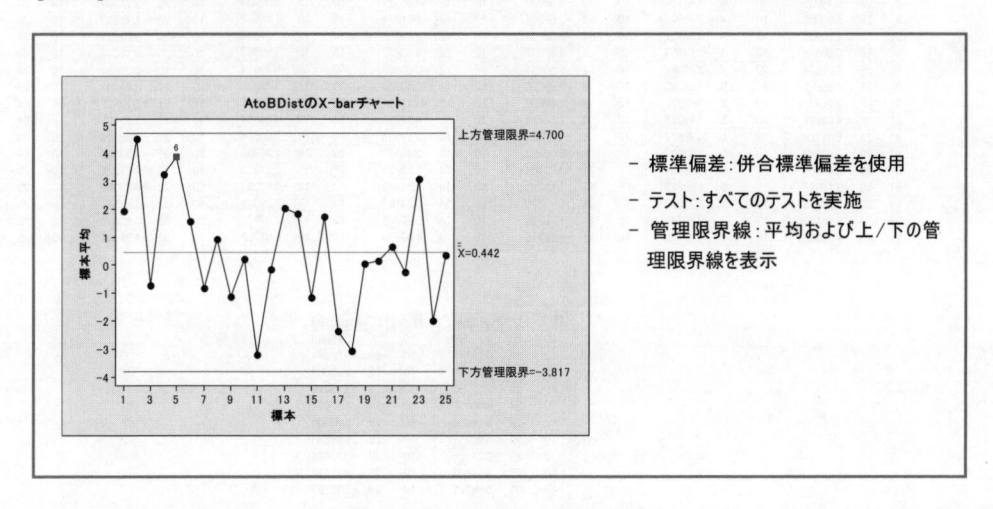

- 標準偏差：併合標準偏差を使用
- テスト：すべてのテストを実施
- 管理限界線：平均および上/下の管理限界線を表示

[実行] 4. 結果の解析

・5番目のサブグループでは，検定6に対して失敗したことを示しています。検定6は，"5つの点の中で，4つの点が中心線から1標準偏差を超える（片側）"です。5番目のサブグループがこれにあたります。従って，特殊原因の存在を除去する必要があるでしょう。

[2] R 管理図

R 管理図は，サブグループ範囲の管理図です。R 管理図を使用すると，工程変動を調べ，特殊原因を検出することができます。R 管理図は，一般に大きさが8以下の標本に対して使用され，サブグループ範囲の平均に基づいて工程変動 σ を推定します。併合標準偏差を使用して，σ を推定することもできます。また，過去の経験値による σ を使用することもできます。

[例題]

あるモーター会社のエンジン組み立てラインで，クランクシャフトをはめるのに誤差が発生することがわかっています。基準の位置と実際にはまった位置の差を AtoBDist（mm）とします。製品の品質を確認するために，9月28日から10月29日まで1日に5個ずつのデータを測定しました。この期間の工程水準を追跡し，特殊原因が存在するかどうかを確認するために，R 管理図を表示してみましょう（例題データ：distance.mtw）。

月	日	AtoBDist	月	日	AtoBDist	月	日	AtoBDist	月	日	AtoBDist	月	日	AtoBDist	月	日	AtoBDist	月	日	AtoBDist
9	28	-0.44025	10	4	7.93177	10	7	-4.86937	10	12	-4.06527	10	15	4.90024	10	20	3.71309	10	23	-5.14050
9	28	5.90038	10	4	3.72692	10	7	-2.69206	10	12	-1.91314	10	15	1.28079	10	20	1.72573	10	23	-0.10379
9	28	2.08965	10	4	3.83152	10	7	-3.02947	10	12	2.04590	10	15	2.87917	10	20	3.07264	10	23	2.21033
9	28	0.09998	10	4	-2.17454	10	7	2.99932	10	12	4.93029	10	15	1.83967	10	20	0.15676	10	23	5.13041
9	28	2.01594	10	4	2.81598	10	7	3.50123	10	12	0.03095	10	15	-0.75614	10	20	-0.05666	10	23	-1.89455
9	29	4.83012	10	5	4.52023	10	8	-1.99506	10	13	-2.80363	10	18	3.72977	10	21	3.81341	10	24	0.95119
9	29	3.78732	10	5	3.95372	10	8	-1.62939	10	13	-3.12681	10	18	3.77141	10	21	-3.78952	10	24	-5.15414
9	29	4.99821	10	5	7.99326	10	8	2.14395	10	13	-4.57793	10	18	-4.04994	10	21	-3.81635	10	24	4.82794
9	29	6.91169	10	5	4.98877	10	8	-1.90688	10	13	-3.17924	10	18	3.89824	10	21	-4.88820	10	24	0.13001
9	29	1.93847	10	5	-2.03427	10	8	8.02322	10	13	-2.44537	10	18	1.76868	10	21	-3.24534	10	24	-0.09911
9	30	-3.09907	10	6	3.89134	10	11	4.75466	10	14	1.36225	10	19	2.27310	10	22	-0.27272	10	25	-1.15453
9	30	-3.18827	10	6	1.99825	10	11	1.14240	10	14	0.92825	10	19	-3.82297	10	22	-4.33095	10	25	2.29868
9	30	5.28978	10	6	0.01028	10	11	0.93790	10	14	-0.24151	10	19	-2.26821	10	22	-1.83547	10	25	5.15847
9	30	0.56182	10	6	-0.24542	10	11	-7.30286	10	14	-0.83762	10	19	-2.07973	10	22	-3.98876	10	25	0.08558
9	30	-3.18960	10	6	2.08175	10	11	-5.22516	10	14	-1.99674	10	19	0.01739	10	22	-4.97431	10	25	-3.09574

月	日	AtoBDist	月	日	AtoBDist
10	26	5.16744	10	28	0.95699
10	26	0.29748	10	28	-4.03441
10	26	-4.66858	10	28	-2.05086
10	26	-2.13787	10	28	-3.10319
10	26	-0.00450	10	28	-1.83001
10	27	0.18096	10	29	5.03945
10	27	4.30247	10	29	1.96583
10	27	-2.21708	10	29	-0.21026
10	27	7.17603	10	29	0.27517
10	27	5.86525	10	29	-5.32797

3. サブグループ変数管理図　465

[実行] 1. データの入力：データは次のように3つの列に入力します。

	C1 AtoBDist	C2 月	C3 日
1	-0.44025	9	28
2	5.90038	9	28
3	2.08965	9	28
4	0.09998	9	28
5	2.01594	9	28
6	4.83012	9	29
7	3.78732	9	29
8	4.99821	9	29
9	6.91169	9	29
10	1.93847	9	29
11	-3.09907	9	30
12	-3.18827	9	30
13	5.28978	9	30
14	0.56182	9	30
15	-3.18960	9	30
16	7.93177	10	4
17	3.72692	10	4

[実行] 2. MINITAB メニュー：統計 ▶ 管理図 ▶ 変数管理図-サブグループ ▶ R 管理図

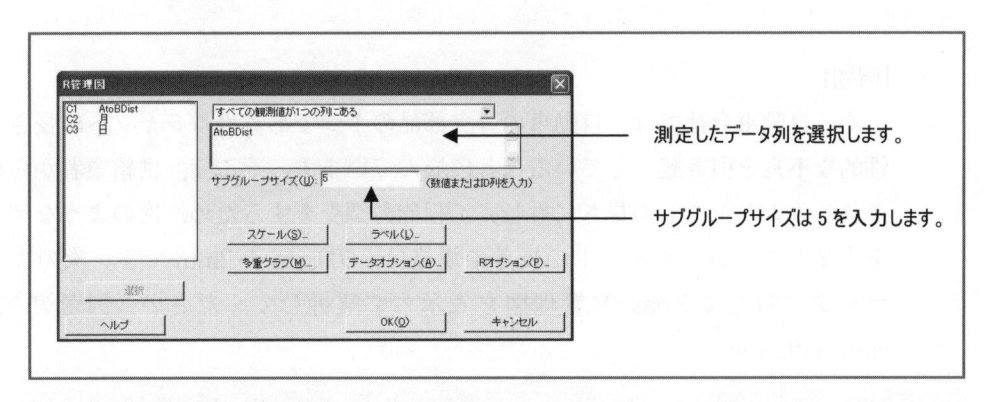

測定したデータ列を選択します。

サブグループサイズは5を入力します。

[実行] 3. 結果の出力：下のような結果がグラフウィンドウに出力されます。

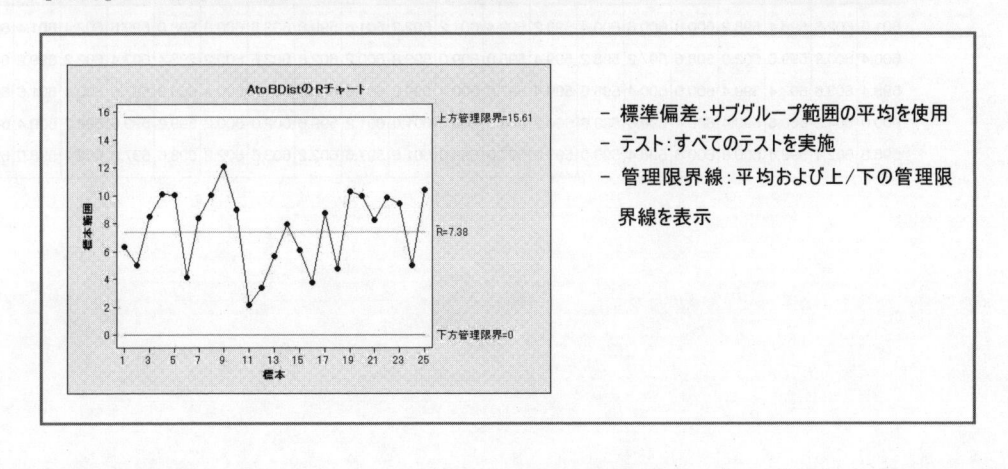

- 標準偏差：サブグループ範囲の平均を使用
- テスト：すべてのテストを実施
- 管理限界線：平均および上/下の管理限界線を表示

[実行] 4. 結果の解析

・点は管理限界線の中でランダムに分布していることがわかります。従って，工程は安定していると判断します。

[3] Xbar-R 管理図

　Xbar-R 管理図は，サブグループ変数管理図の中で最も多く使用されており，Xbar 管理図と R 管理図を合わせて作成される管理図です。サブグループ変数管理図では，ほとんどの場合，計量型の分布として正規分布を利用しています。品質特性が正規分布に従うと仮定すると，この分布は平均値と標準偏差によって完全に決定されます。従って，平均値と標準偏差を同時に管理することで，結局は品質特性の分布を管理することになります。Xbar-R 管理図では，平均値を管理する Xbar 管理図と標準偏差を管理する R 管理図を共に作成するように考案されており，サブグループサイズが 8 以下の場合に使用されます。

[例題]

　ある自動車会社では，自動車のコア部品の1つであるカムシャフトの長さが慢性的な不良を引き起こしていることに悩んでいます。そこで，供給業者から納品されるカムシャフトの長さに対して工程能力調査をするため，次のようなデータを得ました。カムシャフトの長さの規格は，600mm ± 2mm です。次のようなデータに対して Xbar-R 管理図を表示して解析してください（例題データ：camshaft.mtw）。

1	2	3	4	5	6	7	8	9	10	11	12	13	14	15	16	17	18	19	20
601.6	602.8	598.4	598.2	600.8	600.8	600.4	598.2	599.4	601.2	602.2	601.6	599.8	603.8	600.8	598.0	599.6	602.4	601.4	601.2
600.4	600.8	599.6	602.0	598.6	597.2	598.2	599.4	598.0	599.0	599.8	600.2	602.8	603.6	600.2	598.4	603.4	602.2	599.2	604.2
598.4	603.6	603.4	599.4	600.0	600.4	598.6	599.4	597.6	600.4	599.8	601.8	600.0	601.8	600.4	600.8	597.0	600.6	601.6	600.2
600.0	604.2	600.6	599.4	600.4	599.8	599.6	600.2	598.0	600.6	601.0	601.2	599.6	602.0	600.2	599.2	599.8	596.2	600.4	600.0
596.8	602.4	598.4	600.8	600.8	596.4	599.0	599.0	597.6	599.0	601.6	597.6	602.2	603.6	602.2	598.6	597.8	602.4	598.0	596.8

3. サブグループ変数管理図　467

[実行] 1. データの入力：データは次のように 1 つの列に入力します。

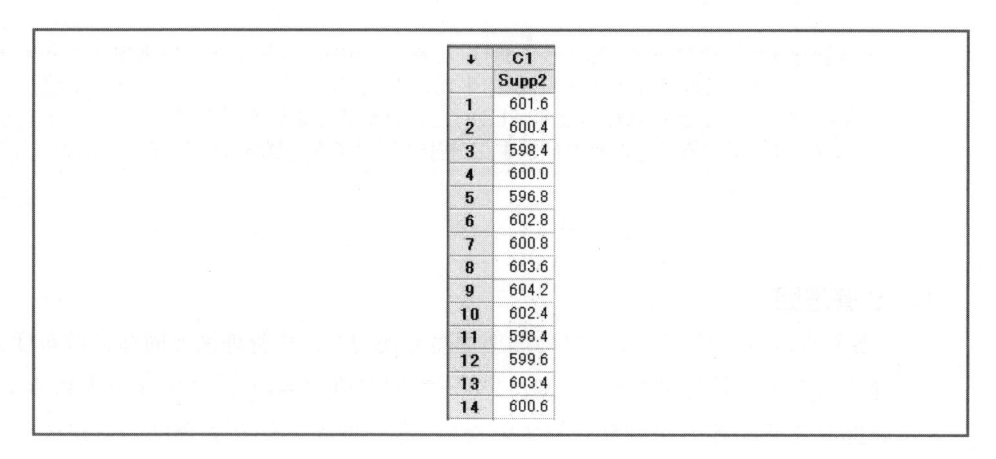

	C1 Supp2
1	601.6
2	600.4
3	598.4
4	600.0
5	596.8
6	602.8
7	600.8
8	603.6
9	604.2
10	602.4
11	598.4
12	599.6
13	603.4
14	600.6

[実行] 2. MINITAB メニュー：　統計 ▶ 管理図 ▶ 変数管理図-サブグループ ▶ Xbar-R

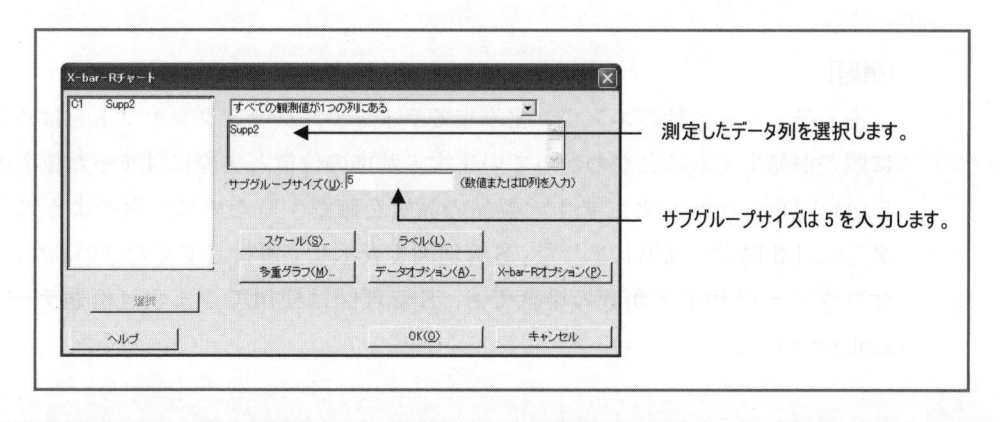

　　　　測定したデータ列を選択します。

　　　　サブグループサイズは 5 を入力します。

[実行] 3. 結果の出力：下のような結果がグラフウィンドウに出力されます。

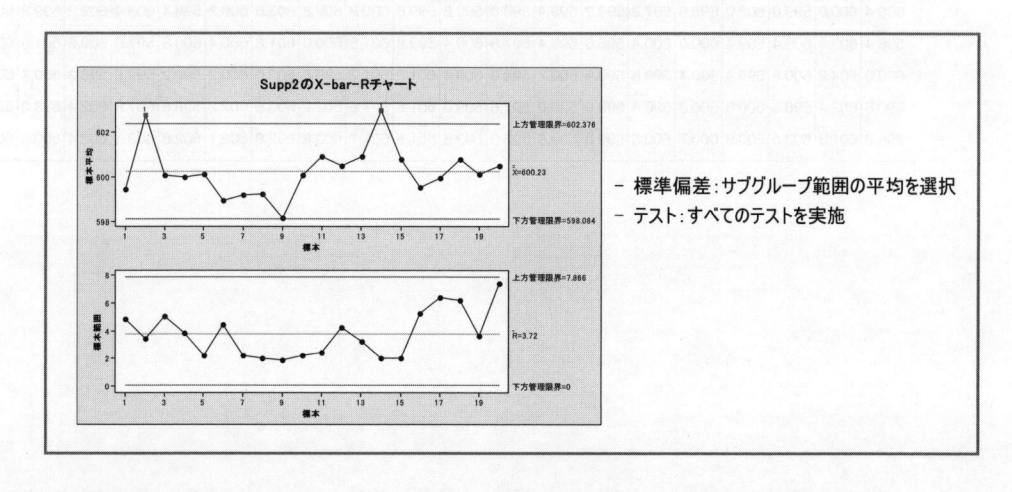

　　－ 標準偏差：サブグループ範囲の平均を選択
　　－ テスト：すべてのテストを実施

[実行] 4. 結果の解析

- R管理図の中心は3.72となっており，これは，規格の許容差±2を考慮すると大きいといえます。Xbar管理図の中心線の平均が600.23となっており，これは工程が規格限界内に入ることを意味します。しかし，2点が管理限界を外れているため，不安定な工程となっていることがわかります。工程に何らかの特別な変動があるかもしれません。

[4] S管理図

S管理図は，サブグループの標準偏差を使用し，R管理図と同様に散布度を管理するための管理図です。一般に，σの推定値 $S = \sqrt{(x_i - \bar{x})^2 / n}$ を求めるより，範囲Rを求める方が計算しやすいため，S管理図よりR管理図の方が広く使用されていますが，特にサブグループサイズが9以上の場合，S管理図が使用されます。MINITABのS管理図では，サブグループ標準偏差の平均に基づいて工程変動σを推定します。

[例題]

あるモーター会社のエンジン組み立てラインで，クランクシャフトをはめるのに誤差が発生することがわかっています。基準の位置と実際にはまった位置の差をAtoBDist（mm）とします。製品の品質を確認するために，次のようにデータを毎日6個ずつ抽出しました。S管理図を表示して解析してください。ただし，サブグループサイズが6の場合でも，S管理図は使用できます（例題データ：atob.mtw）。

1	2	3	4	5	6	7	8	9	10	11	12	13	14	15	16	17	18	19	20
601.6	602.8	598.4	598.2	600.8	600.8	600.4	598.2	599.4	601.2	602.2	601.6	599.8	603.8	600.8	598.0	599.6	602.4	601.4	601.2
600.4	600.8	599.6	602.0	598.6	597.2	598.2	599.4	599.0	599.0	599.8	600.2	602.8	603.6	600.2	598.4	603.4	602.2	599.2	604.2
598.4	603.6	603.4	599.4	600.0	600.4	598.6	599.4	597.6	600.4	599.8	601.8	600.0	601.8	600.4	600.8	597.0	600.6	601.6	600.2
600.0	604.2	600.6	599.4	600.4	599.8	599.6	600.2	598.0	600.6	601.0	601.2	599.6	602.0	600.2	599.2	599.8	596.2	600.4	600.0
596.8	602.4	598.4	600.8	600.8	596.4	599.0	599.0	597.6	599.0	601.6	597.6	602.2	603.6	602.2	598.6	597.8	602.4	598.0	596.8
599.8	601.3	603.5	600.9	600.7	600.8	599.8	598.9	599.6	601.5	601.7	602.8	602.9	602.1	602.8	603.3	602.4	600.8	600.2

[実行] 1. データの入力：データは次のように 1 つの列に入力します。

↓	C1
	DATA
1	601.6
2	600.4
3	598.4
4	600.0
5	596.8
6	599.8
7	602.8
8	600.8
9	603.6
10	604.2
11	602.4

[実行] 2. MINITAB メニュー：統計 ▶ 管理図 ▶ 変数管理図-サブグループ ▶ S 管理図

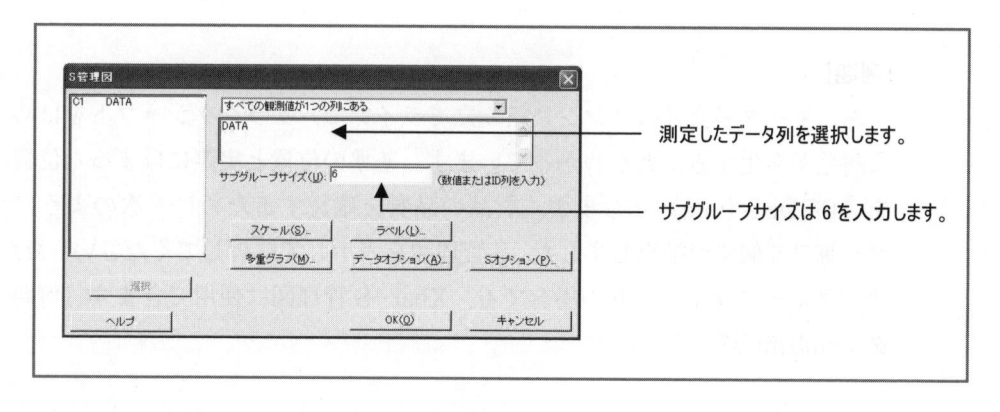

測定したデータ列を選択します。

サブグループサイズは 6 を入力します。

[実行] 3. 結果の出力：下のような結果がグラフウィンドウに出力されます。

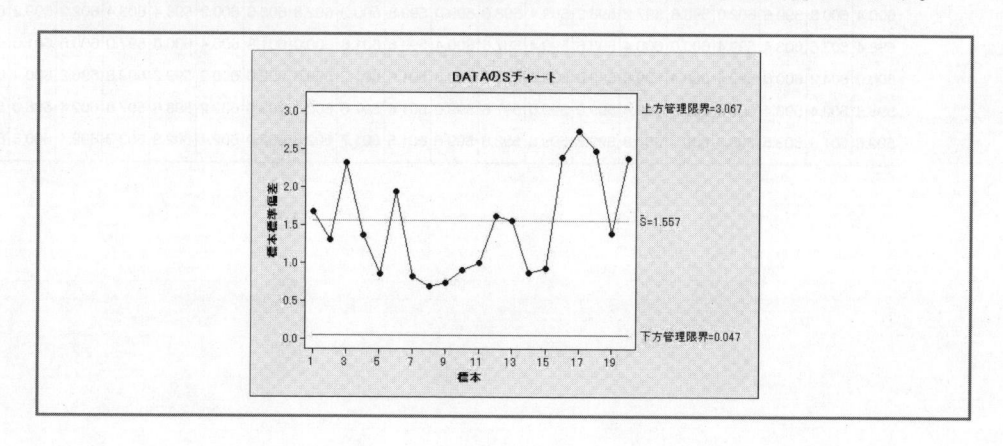

[実行] 4. 結果の解析

> ・S管理図の点は，管理限界を外れることはありません。しかし，点の傾向として，ランダム性が不足している可能性があります。よって，工程散布度に何らかの問題があるかもしれません。

[5] Xbar-S 管理図

Xbar-S 管理図は，サブグループの平均に対する管理図（X 管理図）と，サブグループの標準偏差に対する管理図（S 管理図）を同じグラフウィンドウに表示します。2つの管理図を同時に見ることができるため，特殊原因があるかどうかを調べることができ，工程水準と工程変動も追跡することができます。Xbar-S 管理図は，一般にサブグループサイズが9以上の標本に対して，工程変動を追跡するために使用されます。

[例題]

あるモーター会社のエンジン組み立てラインで，クランクシャフトをはめるのに誤差が発生することがわかっています。基準の位置と実際にはまった位置の差を AtoBDist（mm）とします。製品の品質を確認するために，次のようにデータを毎日6個ずつ抽出しました。S管理図を表示して解析してください。ただし，サブグループサイズが6の場合でも，Xbar-S 管理図は使用できます（例題データ：atob.mtw）。

1	2	3	4	5	6	7	8	9	10	11	12	13	14	15	16	17	18	19	20
601.6	602.8	598.4	598.2	600.8	600.8	600.4	598.2	599.4	601.2	602.2	601.6	599.8	603.8	600.8	598.0	599.6	602.4	601.4	601.2
600.4	600.8	599.6	602.0	598.6	597.2	598.2	599.4	598.0	599.0	599.8	600.2	602.8	603.6	600.2	598.4	603.4	602.2	599.2	604.2
598.4	603.6	603.4	599.4	600.0	600.4	598.6	599.4	597.6	600.4	599.8	601.8	600.0	601.8	600.4	600.8	597.0	600.6	601.6	600.2
600.0	604.2	600.6	599.4	600.4	599.8	599.6	600.2	598.0	600.6	601.0	601.2	599.6	602.0	600.2	599.2	599.8	596.2	600.4	600.0
596.8	602.4	598.4	600.8	600.8	596.4	599.0	599.0	597.6	599.0	601.6	597.6	602.2	603.6	602.2	598.6	597.8	602.4	598.0	596.8
599.8	601.3	603.5	600.9	600.7	600.8	599.8	599.8	598.9	599.6	601.5	601.7	602.8	602.9	602.1	602.8	603.3	602.4	600.8	600.2

[実行] 1. データの入力：データは次のように1つの列に入力します。

	C1 DATA
1	601.6
2	600.4
3	598.4
4	600.0
5	596.8
6	599.8
7	602.8
8	600.8
9	603.6
10	604.2
11	602.4

[実行] 2. MINITAB メニュー：統計 ▶ 管理図 ▶ 変数管理図-サブグループ ▶ Xbar-S

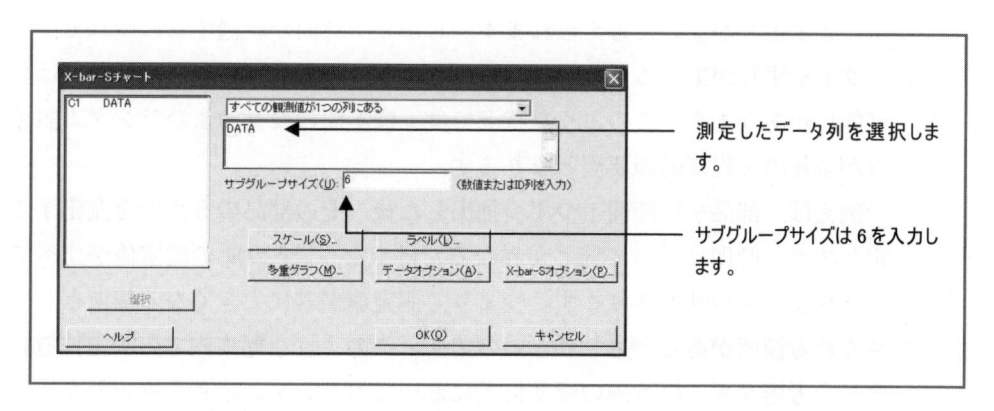

測定したデータ列を選択します。

サブグループサイズは6を入力します。

[実行] 3. 結果の出力：下のような結果がグラフウィンドウに出力されます。

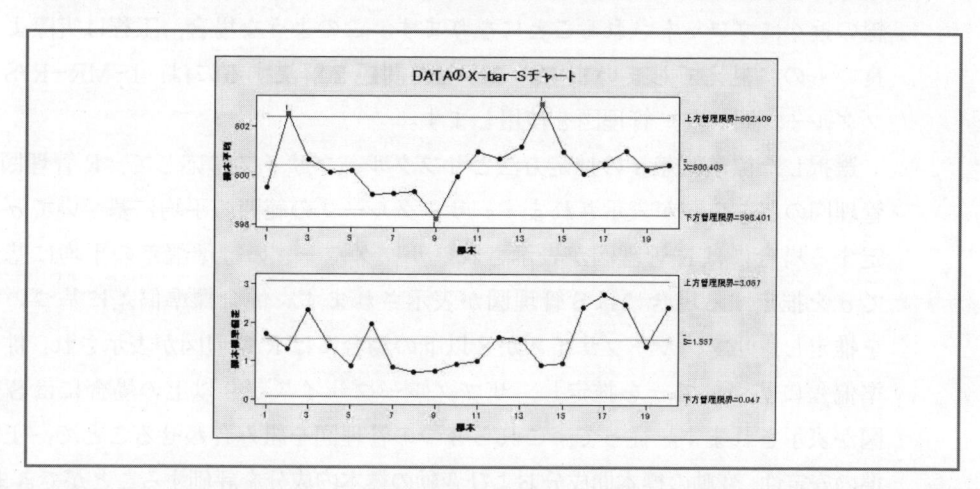

[実行] 4. 結果の解析

> ・Xbar 管理図の中心線の平均は 600.405 となっています。3つの点が管理限界から外れているため，工程は安定していません。S 管理図の点は，管理限界を外れることはありません。しかし，点の傾向として，ランダム性が不足している可能性があります。よって，工程散布度に何らかの問題があるかもしれません。

[6] I-MR-R/S（サブグループ間 / 内）管理図

　サブグループ間およびサブグループ内の変動を利用して，I-MR-R/S 管理図を作成します。この管理図には，個別管理図，MR（移動範囲）管理図，R 管理図または S 管理図が含まれます。あるサブグループでデータを収集する場合，サブグループ内の誤差だけが変動の要因とは限りません。例えば，1時間に1回，続けて生産された部品を5つ標本抽出した場合，それらの部品には，ランダム誤差による差しかないと考えられます。しかし，時間が経過するにつれて，工程にシフトやずれが生じるため，次に抽出した5つの部品は，前回の部品とは異なる可能性があります。このような状況では，標本間の変動およびランダム誤差の両方が全体の工程変動の要因となります。

　例えば，部品を毎時間1つずつ抽出した後，その部品の5カ所を測定すると仮定します。時間によって部品が異なるだけでなく，5カ所の測定値がすべての部品で異なる可能性もあります。つまり，測定値が常に大きくなる箇所と，常に小さくなる箇所があるかもしれないのです。このような標本内での測定位置による変動を考慮せず，標本内の標準偏差においてもランダム誤差を推定しない状態では，測定位置とランダム誤差の影響をすべて推定することになります。その結果，標準偏差は大きくなり，管理限界が広くなるため，管理図のほとんどの点は中心線の近くにプロットされることになります。このような場合，工程は実際よりも良いものに見えてしまいます。こうした問題を解決するには，I-MR-R/S（サブグループ間 / 内）管理図を使用します。

　選択した標準偏差 σ の推定方法とサブグループサイズに応じて，R 管理図と S 管理図のどちらかが表示されます。サブグループの範囲の平均に基づいて σ を推定する場合には R 管理図が表示され，サブグループの標準偏差の平均に基づいて σ を推定する場合には S 管理図が表示されます。併合標準偏差に基づいて σ を推定し，サブグループサイズが8以下の場合には R 管理図が表示され，併合標準偏差に基づいて σ を推定し，サブグループサイズが9以上の場合には S 管理図が表示されます。従って，これら3つの管理図を組み合わせることで，工程水準の安定性，変動の標本間成分および変動の標本内成分を評価することができます。

3. サブグループ変数管理図　473

[例題]

ある製紙工場の製造工程では，紙ロールに薄いフィルムをコーティングする段階があります。品質担当者は，この工程の工程能力を調べるために，25 ロールから 3 つずつのデータを収集しました。このとき収集したデータは，フィルムのコーティングの厚さで，その規格は，50 ± 3 です。また，この工程の特徴の 1 つは，新しいロールの作業をするたびに，コーティング機械をリセットしなければならないため，ロール間にデータの差があると判断しています。次のようなデータに対して，I-MR-R/S（サブグループ間／内）管理図を表示して，解釈してみましょう（例題データ：roll.mtw）。

1	2	3	4	5	6	7	8	9	10	11	12	13
50.3	49.5	49.4	49.5	47.9	49.9	50.4	49.8	50.4	51.4	50.3	48.6	49.3
50.1	50.3	49.1	50.5	47.9	50.2	50.7	49.9	51.7	50.7	49.8	48.0	48.9
50.4	49.4	49.5	49.8	48.7	49.9	50.0	49.6	51.1	50.8	49.7	48.5	48.7

14	15	16	17	18	19	20	21	22	23	24	25
49.4	50.4	48.7	49.5	49.5	48.7	50.8	50.3	50.0	50.6	49.6	51.3
50.1	49.8	49.6	49.6	49.6	49.8	50.6	49.5	50.2	49.9	49.6	52.0
49.2	50.6	49.1	50.0	50.4	49.9	50.9	49.6	50.7	49.3	49.7	51.8

[実行] 1. データの入力：データは次のように 2 つの列に入力します。

	C1	C2
	データ	Roll
1	50.3	1
2	50.1	1
3	50.4	1
4	49.5	2
5	50.3	2
6	49.4	2
7	49.4	3
8	49.1	3
9	49.5	3
10	49.5	4
11	50.5	4
12	49.8	4

[実行] 2. MINTAB メニュー：統計 ▶ 管理図 ▶ 変数管理図-サブグループ ▶ I-MR-R/S（サブグループ間／内）

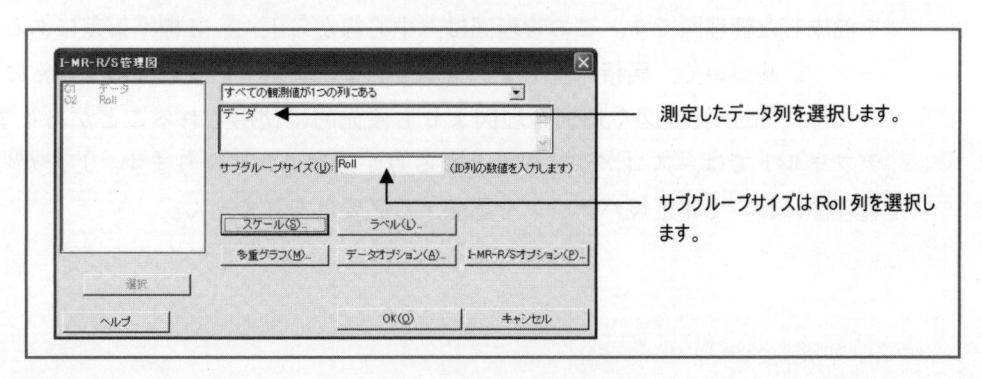

[実行] 3. 結果の出力：下のような結果が，セッションウィンドウとグラフウィンドウに出力されます。

```
データのI-MR-R/S(サブグループ間/内)チャート
データのI-MR-R/S標準偏差

標準偏差

サブグループ間   0.685488
サブグループ内   0.406080
サブグループ間/内 0.796740
```

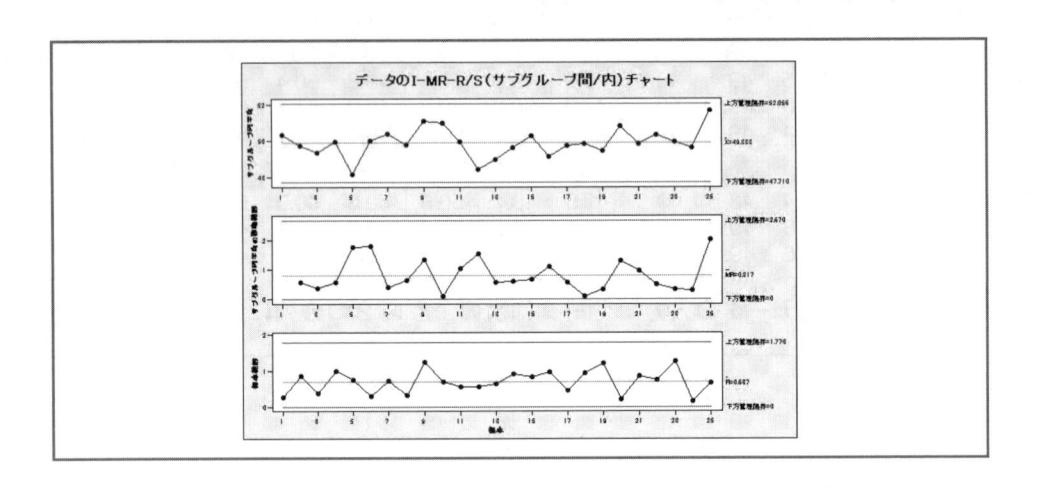

（データのI-MR-R/S（サブグループ間/内）チャート）

[実行] 4. 結果の解析

・I管理図，MR管理図，R管理図において，工程異常は見られません。工程は，管理状態にあると判断できます。

[7] ゾーン管理図

　　ゾーン管理図は，Xbar管理図（または個別管理図）と累積和管理図（CUSUM）を混成した管理図です。この管理図は，中心線から1，2，3標準偏差にある"ゾーン"に基づいて，累積スコアをプロットします。ゾーン管理図は，非常に単純なので，Xbar管理図や個別管理図よりも優先的に使用されることがあります。デフォルトでは，スコアが8以上となる点が管理外れになります。したがって，管理図において非正規パターンを認識する必要はありません。

■ MINITAB でのゾーン管理図を理解する

ゾーン管理図は，観測値とサブグループの平均を，それらの中心線からの距離に基づいて区分します。それぞれの観測値またはサブグループの平均に一致するプロット点は，次に基づいています。

観測値またはサブグループの平均が ここに該当すると	次のようなゾーンスコアを得る
中心線と1標準偏差の間	0
1標準偏差と2標準偏差の間	2
2標準偏差と3標準偏差の間	4
3標準偏差を超える	8

・ゾーン管理図の解析

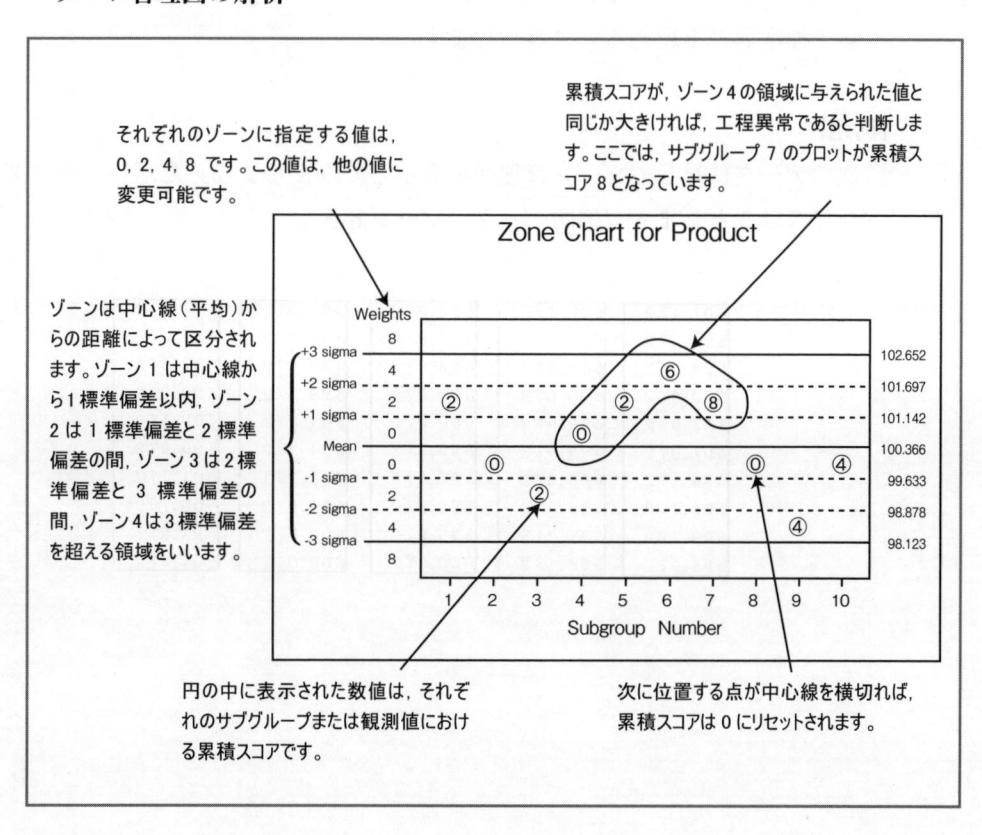

それぞれのゾーンに指定する値は，0, 2, 4, 8 です。この値は，他の値に変更可能です。

累積スコアが，ゾーン4の領域に与えられた値と同じか大きければ，工程異常であると判断します。ここでは，サブグループ7のプロットが累積スコア8となっています。

ゾーンは中心線（平均）からの距離によって区分されます。ゾーン1は中心線から1標準偏差以内，ゾーン2は1標準偏差と2標準偏差の間，ゾーン3は2標準偏差と3標準偏差の間，ゾーン4は3標準偏差を超える領域をいいます。

円の中に表示された数値は，それぞれのサブグループまたは観測値における累積スコアです。

次に位置する点が中心線を横切れば，累積スコアは0にリセットされます。

■ シューハート (Shewhart) 管理図とゾーン管理図の比較

ゾーン管理図の手法は，従来のシューハート管理図において，工程のずれを検出するために使われるテストの一部を取り入れたものです．例えば，デフォルトの重みを使った場合，次のようになります．

- **ゾーン 4 内の点には，スコア 8 が与えられる**： 累積スコアがゾーン 4 に割り当てられた重みと同じか大きい場合，管理外れを表します．これは，シューハート管理図のテスト 1（1 点が中心線から 3 標準偏差を超える）に該当します．
- **ゾーン 3 内の点には，スコア 4 が与えられる**： 同じゾーン内の第 2 の点には，さらにスコア 4 が与えられます．この 2 点の累積和は 8 となり，スコア 8 は管理外れを表します．これはシューハート管理図のテスト 5（3 つの点の中で，2 つの点が中心線から 2 標準偏差を超える）に該当します．
- **ゾーン 2 内の点には，スコア 2 が与えられる**： 同じゾーンにさらに 3 つの点が追加されると，累積スコア 8 が与えられ，スコア 8 は管理外れを表します．これはシューハート管理図のテスト 6（5 つの点の中で，4 つの点が中心線から 1 標準偏差を超える）に該当します．

[例題]

次のデータに対してゾーン管理図を表示してみましょう．ただし，サブグループサイズは 5 とします（例題データ：ゾーン.mtw）．

601.472	600.172	599.972	599.072	601.172
599.672	601.272	597.972	599.872	601.072
599.672	601.372	598.872	599.272	601.172
600.672	600.072	599.972	599.372	600.072
598.672	599.972	600.072	601.572	600.160
601.072	599.972	599.972	601.172	599.972
599.172	600.372	597.972	601.272	601.172
600.472	598.472	598.872	601.672	600.760
599.772	597.715	599.972	600.572	601.572
598.972	598.172	600.072	600.072	601.372

3. サブグループ変数管理図　477

[実行] 1. データの入力：データは次のように1つの列に入力します。

	C1 Length
1	601.472
2	599.672
3	599.672
4	600.672
5	598.672
6	601.072
7	599.172
8	600.472
9	599.772
10	598.972
11	600.172

[実行] 2. MINITAB メニュー：統計 ▶ 管理図 ▶ 変数管理図-サブグループ ▶ ゾーン

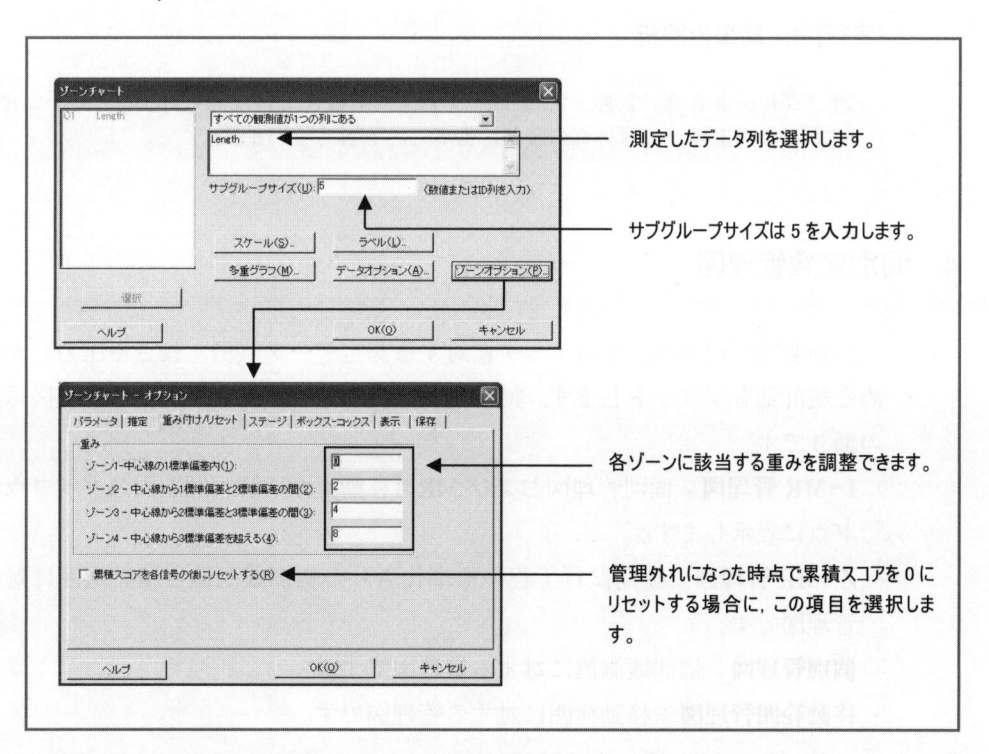

― 測定したデータ列を選択します。

― サブグループサイズは5を入力します。

― 各ゾーンに該当する重みを調整できます。

― 管理外れになった時点で累積スコアを0にリセットする場合に，この項目を選択します。

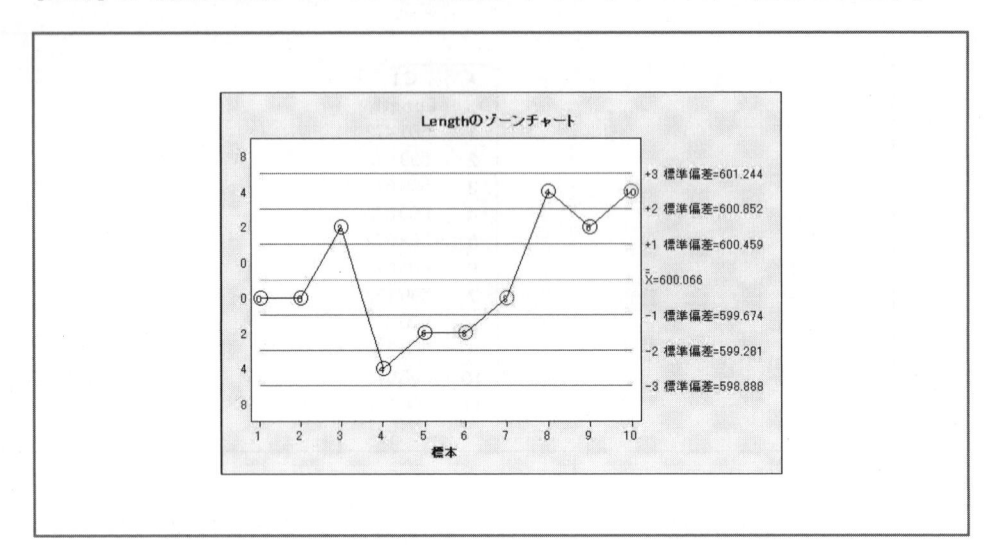

[実行] 3. 結果の出力：下のような結果がグラフウィンドウに出力されます。

[実行] 4. 結果の解析

・サブグループ6番，7番，10番は，それぞれ累積スコア8, 8, 10となっています。これらは，工程が管理外れの状態にあることを表しています。

4. 個別変数管理図

個別変数管理図は，個別データに対する測定データ（例：長さや圧力）から求めた統計量をプロットします。MINITABでサポートする個別変数管理図は，次の通りです。

- **I-MR管理図**：個別管理図およびMR（移動範囲）管理図を同じグラフウィンドウに表示します。
- **Z-MR管理図**：短期試行工程の標準化された個別観測値と移動範囲に対する管理図です。
- **個別管理図**：個別観測値に対する管理図です。
- **移動範囲管理図**：移動範囲に対する管理図です。

[1] 個別管理図 [I]

製品の品質を管理する目的で，個々の測定値を1つ1つの点で記入する管理図のことをいいます。個別管理図では，1つの測定値が得られるとすぐに点が管理図に記録されますので，それぞれの測定から工程の安定状態の判定，および措置

まで時間的な遅延がないことが特徴です。一般に工程平均の変化を検出するには，個別管理図よりXbar管理図の方が便利です。しかし，Xbar管理図を利用しにくい場合には，個別管理図を使用する必要があります。例えば，化学工場において，1日1回しか測定値が得られない製品がある場合には，サブグループを使うことができないかもしれません。この場合には，個別管理図を使用します。個別管理図の作成法として，次のように2つの場合があります。

- **合理的なサブグループに分けることができる場合**：Xbar-R管理図を利用できる状況で，Xbar-R管理図では見過ごしてしまいそうな原因を発見したい場合には，個別管理図を使用します。この場合，Xbar-R管理図も併用して使用します。
- **合理的なサブグループに分けることができない場合**：Xbar-R管理図を利用できない状況で，個別管理図だけが使用できるケースとしては，次のことが考えられます。
   - (a) 1ロットまたは1バッチ（batch）から1つの測定値しか得られない場合
   - (b) 測定値を得るのに時間や経費が多くかかってしまい，決められた工程から現実的に1つの測定値しか得られない場合（個別管理図と併用して移動範囲管理図を使用します）

[例題]

あるセメント会社の品質管理者は，外注業者から納品される原料の重量を管理しています。この原料の重量について，1日1回，5月は31個，6月は14個のデータを収集しました。個別管理図を使用して，収集されたデータを解析してください（例題データ：セメント.mtw）。

1	2	3	4	5	6	7	8	9	10	11	12	13	14	15	16	17	18	19	20
905	930	865	895	905	885	890	930	915	910	920	915	925	860	905	925	925	905	915	930
21	22	23	24	25	26	27	28	29	30	31	1	2	3	4	5	6	7	8	9
890	940	860	875	985	970	940	975	1000	1035	1020	985	960	945	965	940	900	920	980	950
10	11	12	13	14															
955	970	970	1035	1040															

[実行] 1. データの入力：データは次のように 1 つの列に入力します。

↓	C1 重量
1	905
2	930
3	865
4	895
5	905
6	885
7	890
8	930
9	915
10	910
11	920
12	915

[実行] 2. MINITAB メニュー：統計 ▶ 管理図 ▶ 変数管理図-個別 ▶ 個別

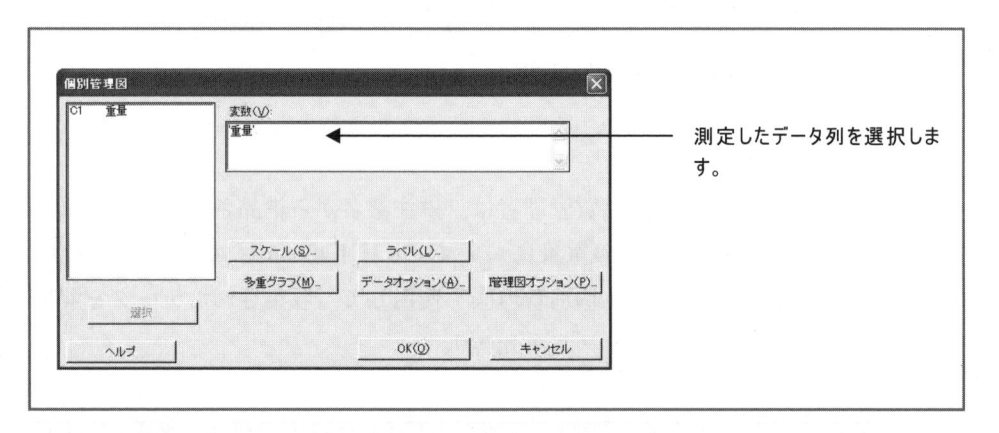

測定したデータ列を選択します。

[実行] 3. 結果の出力：下のような結果が，セッションウィンドウとグラフウィンドウに出力されます。

検定1。1点が中心線から3.00標準偏差を超えています。
検定が不合格となった点： 14, 23, 30, 31, 44, 45

管理図において，管理限界線から外れる点です。

重量のIチャート

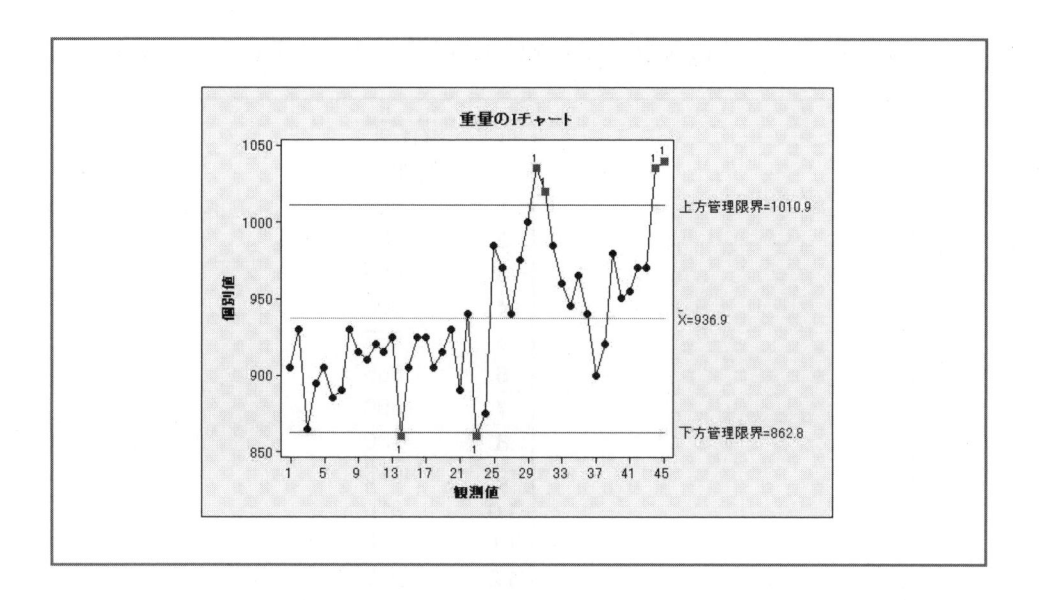

上方管理限界=1010.9
X̄=936.9
下方管理限界=862.8

[実行] 4. 結果の解析

・6点が管理限界線を超えているため，工程に特殊原因があると推定されます。

[2] 移動範囲（Moving Range）管理図

移動範囲は，連続した観測値から理論的にサブグループを作成し，そこから計算した範囲です。移動範囲管理図は，移動範囲平均を不偏化のための定数で割った MR/d_2 式を使用して工程変動 σ を推定します。移動範囲の長さは，移動範囲を計算する際に使用されます。連続する2つの観測値の類似性が最も高いので，移動範囲の長さのデフォルトは，2に設定されています。

[例題]

あるセメント会社の品質管理者は，外注業者から納品される原料の重量を管理しています。この原料の重量について，1日1回，5月は31個，6月は14個のデータを収集しました。移動範囲管理図を使用して，収集されたデータを解析してください（例題データ：セメント.mtw）。

1	2	3	4	5	6	7	8	9	10	11	12	13	14	15	16	17	18	19	20
905	930	865	895	905	885	890	930	915	910	920	915	925	860	905	925	925	905	915	930
21	22	23	24	25	26	27	28	29	30	31	1	2	3	4	5	6	7	8	9
890	940	860	875	985	970	940	975	1000	1035	1020	985	960	945	965	940	900	920	980	950
10	11	12	13	14															
955	970	970	1035	1040															

[実行] 1. データの入力：データは次のように 1 つの列に入力します。

↓	C1 重量
1	905
2	930
3	865
4	895
5	905
6	885
7	890
8	930
9	915
10	910
11	920
12	915

[実行] 2. MINITAB メニュー：統計 ▶ 管理図 ▶ 変数管理図−個別 ▶ 移動範囲

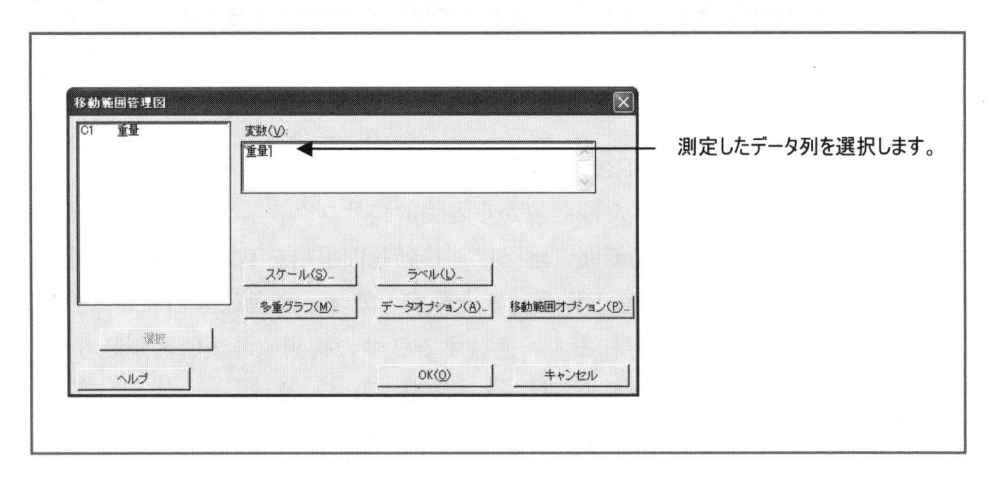

測定したデータ列を選択します。

[実行] 3. 結果の出力

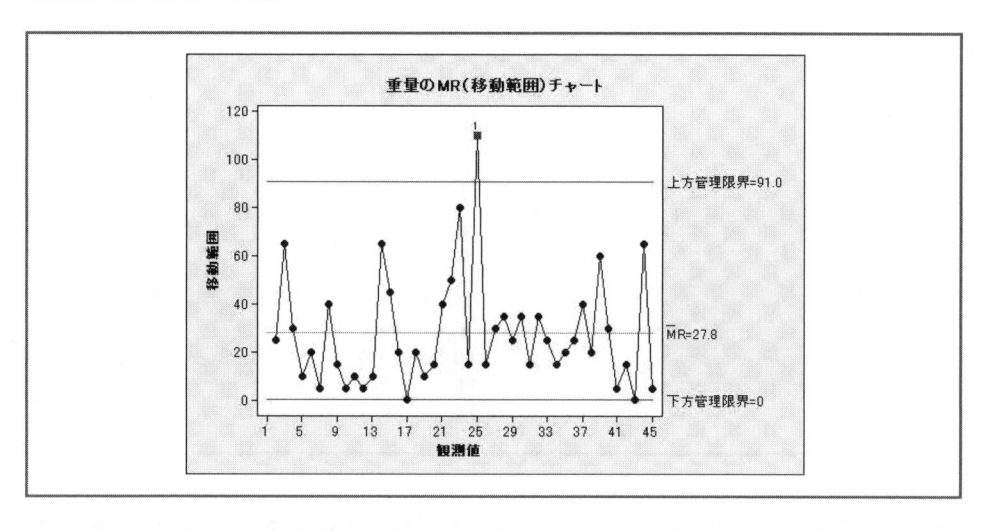

重量のMR（移動範囲）チャート

上方管理限界=91.0
MR=27.8
下方管理限界=0

[実行] 4. 結果の解析

・1点が管理外れとなっており，この点に対して調査する必要があるでしょう。

[3] I-MR 管理図

　I-MR 管理図は，同じグラフウィンドウに個別管理図と移動範囲管理図を表示したものです。個別管理図はグラフウィンドウの上に表示され，移動範囲管理図は下に表示されます。2つの管理図を同時に見ることができるため，特殊原因があるかどうかを調べることができ，工程水準と工程変動も追跡できます。基本的にI-MR 管理図は，移動範囲平均を不偏化のための定数で割る MR/d_2 式を使用して工程変動 σ を推定します。

[例題]

　あるセメント会社の品質管理者は，外注業者から納品される原料の重量を管理しています。この原料の重量について，1日1回，5月は31個，6月は14個のデータを収集しました。I-MR 管理図を使用して，収集されたデータを解析してください（例題データ：セメント.mtw）。

1	2	3	4	5	6	7	8	9	10	11	12	13	14	15	16	17	18	19	20
905	930	865	895	905	885	890	930	915	910	920	915	925	860	905	925	925	905	915	930
21	22	23	24	25	26	27	28	29	30	31	1	2	3	4	5	6	7	8	9
890	940	860	875	985	970	940	975	1000	1035	1020	985	960	945	965	940	900	920	980	950
10	11	12	13	14															
955	970	970	1035	1040															

[実行] 1. データの入力：データは次のように1つの列に入力します。

↓	C1 重量
1	905
2	930
3	865
4	895
5	905
6	885
7	890
8	930
9	915
10	910
11	920
12	915

[実行] 2. MINITAB メニュー：統計 ▶ 管理図 ▶ 変数管理図-個別 ▶ I-MR

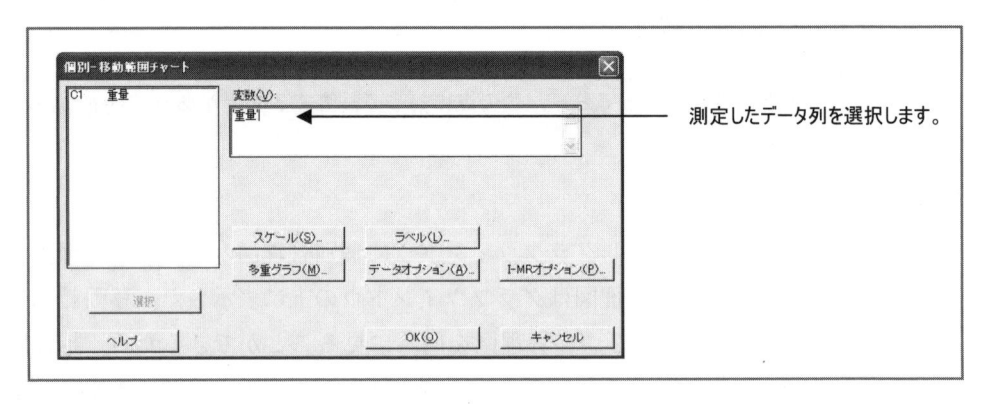

測定したデータ列を選択します。

[実行] 3. 結果の出力：下のような結果がグラフウィンドウに出力されます。

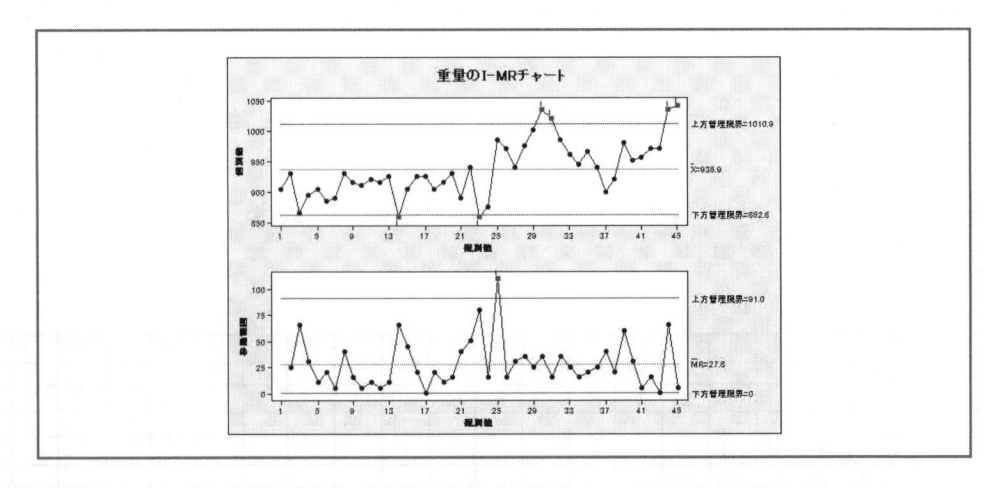

[実行] 4. 実験の解析

・個別管理図では，6点が管理限界線を超えているため，工程に特殊原因があると推定されます。移動範囲管理図では，1点が管理外れとなっており，これに対する調査が必要でしょう。

[4] Z-MR 管理図

　一般的な管理図では，工程平均（μ）および工程標準偏差（σ）といったパラメータを推定するために十分なデータを確保しますが，実行期間の短い工程では，工程のパラメータを推定できるくらいの十分なデータを得ることができない場合があります。機械や工程が1つしかない場合でも，さまざまな部品や製品を生産することがあり，例えば，ある製品を20個生産した後，生産機械の設定を変えて他の製品を生産する場合があります。このような状況で製品をたくさん生産してデータを得たとしても，工程の平均や標準偏差が同じであるとは考えられないため，それぞれの製品に対する管理図を別に表示する必要があるでしょう。

　Z-MR 管理図は，さまざまな方法でデータを併合，標準化するため，上記のような問題を解決することができます。Z-MR 管理図において，もっとも一般的な方法は，工程で生産される各部品または各バッチには，固有の平均と標準偏差があると仮定することです。平均と標準偏差が得られると，標準化を行うため，工程データから平均を引いたものを標準偏差で割ることができます。標準化されたデータは，母平均が0，母標準偏差が1である母集団から得られたものになります。これにより，異なる部品または製品の標準化データを表す管理図を使用できます。このとき，中心線は0，管理上限および下限は±3である管理図を得ることができます。

　Z-MR 管理図は，標準化された個別観測値（Z）および短期工程の移動範囲（MR）を表示する管理図で，実行期間の短い工程において十分なデータを得られない場合に使用します。標準偏差を推定する方法は，以下のようにいろいろなものがあります。

■ Z-MR 管理図における標準偏差の推定

　Z-MR 管理図における標準偏差の推定には，以下の方法があります。

① 各実行（ラン）に対して σ を個別に推定します。
② 同じ部品の実行がまとめられ，データからその部品に対する σ を推定します。
　推定は繰り返し行われ，すべての部品に対して σ の推定値が算出されます。
③ 複数の実行および部品から得られるすべてのデータを合算し，σ に対する共

通の推定値を得ます。
④ 複数の実行および部品から得られるすべてのデータの自然対数を取って合算し，変換されたデータに対する共通のσを推定します。測定値が大きくなるにつれて変動が大きくなる場合，自然対数を取ると，変動が安定します。
⑤ 移動範囲の平均を使用してσを推定します。
⑥ 移動範囲の中央値を使用してσを推定します。

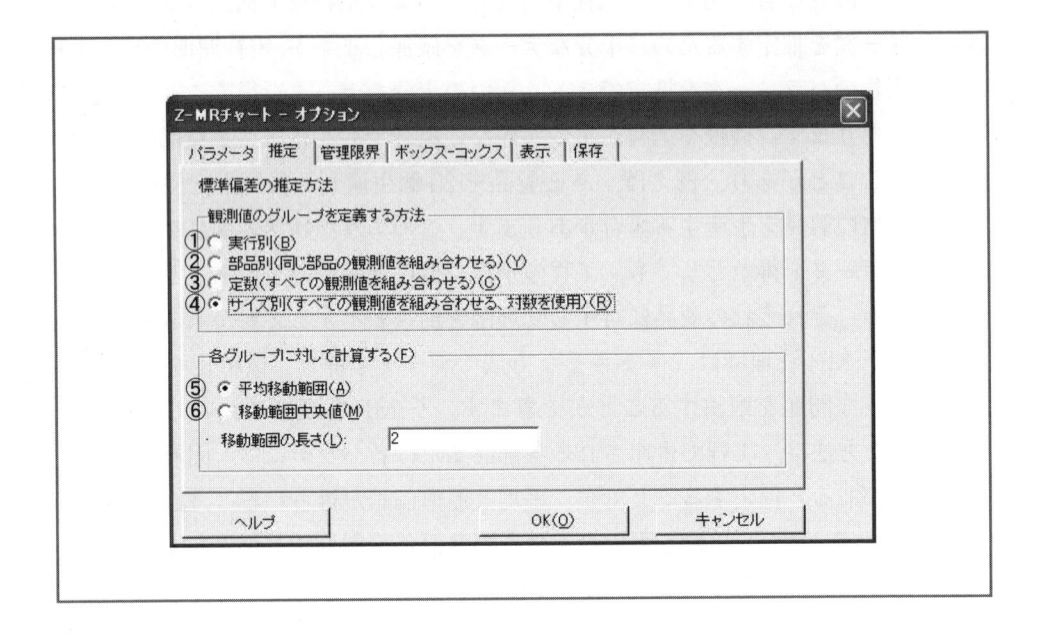

[例題]

ある製紙工場では，期間の短い工程で紙を製造するため，標準化された管理図を使用して品質を評価する必要があります。このとき，工程の変動は製造される紙の厚さ（Thicknes）に比例することがわかっているため，サイズ別オプションを使用してσを推定します。5回の実行により（3等級の紙を含む），データを取ります。これらから，短期試行の個別観測値（Z）および移動範囲（MR）に対する Z-MR 管理図を作成します（例題データ：紙.mtw）。

Grade	B	B	B	A	A	A	B	B	B
Thicknes	1.435	1.572	1.486	1.883	1.715	1.799	1.511	1.457	1.548

Grade	A	A	A	C	C	C
Thicknes	1.768	1.711	1.832	1.427	1.344	1.404

[実行] 1. データの入力：データは次のように2つの列に入力します。

	C1-T	C2
	Grade	Thicknes
1	B	1.435
2	B	1.572
3	B	1.486
4	A	1.883
5	A	1.715
6	A	1.799
7	B	1.511
8	B	1.457
9	B	1.548
10	A	1.768
11	A	1.711
12	A	1.832
13	C	1.427
14	C	1.344
15	C	1.404

[実行] 2. MINITAB メニュー： 統計 ▶ 管理図 ▶ 変数管理図-個別 ▶ Z-MR

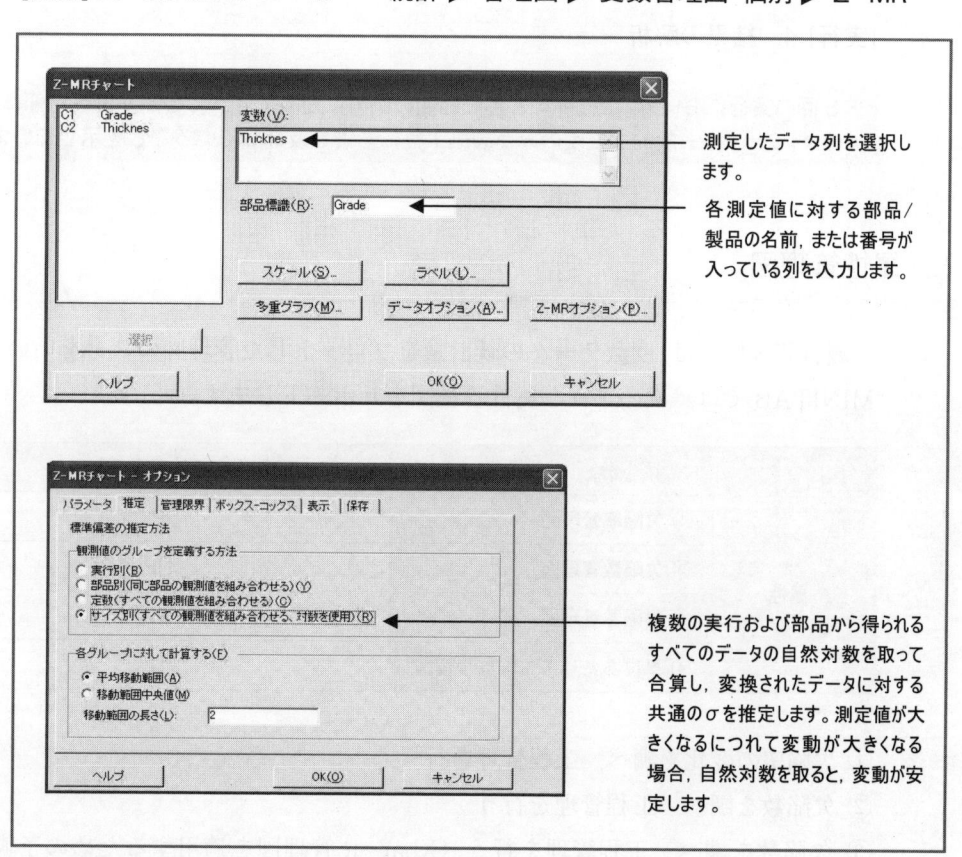

- 測定したデータ列を選択します。
- 各測定値に対する部品／製品の名前、または番号が入っている列を入力します。
- 複数の実行および部品から得られるすべてのデータの自然対数を取って合算し、変換されたデータに対する共通のσを推定します。測定値が大きくなるにつれて変動が大きくなる場合、自然対数を取ると、変動が安定します。

[実行] 3. 結果の出力：下のような結果が，セッションウィンドウとグラフウィンドウに出力されます。

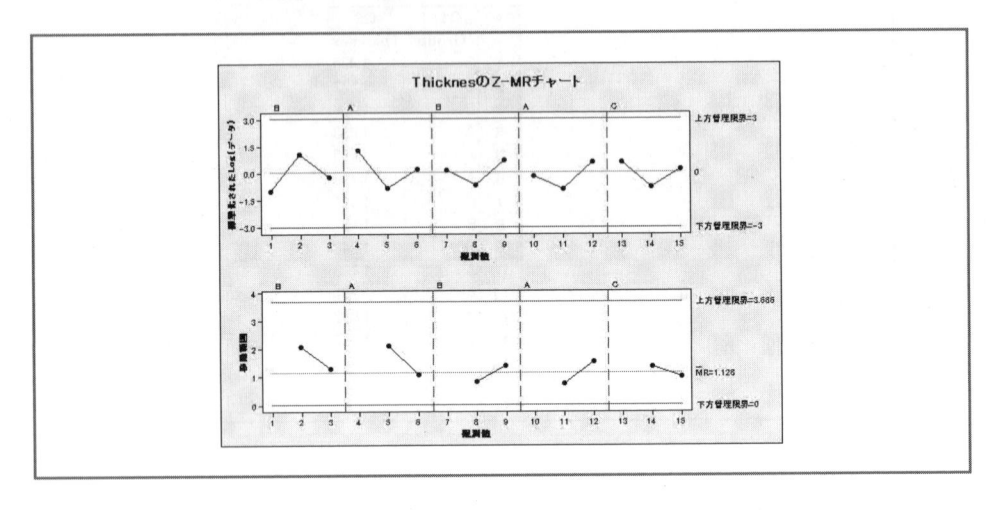

[実行] 4. 結果の解析

・5回の実行において，工程平均と移動範囲の両方に対してすべての点が管理状態にあります。これは，一般的な要因のみが製紙工程に影響を及ぼしていることを示しています。

5. 属性管理図

属性管理図とは，度数データの統計量をプロットした管理図のことをいいます。MINITABでは，次のような属性管理図をサポートします。

区　分		使用する管理図メニュー
属性	① 欠陥率管理図	P
	② 欠陥数管理図	NP
	③ 欠陥数管理図	C
	④ 単位あたりの欠陥数管理図	U

① 欠陥率の変化を調べ，工程管理を行う
② 欠陥数を調べ，工程管理を行う
③ 欠陥数を調べ，工程管理を行う（Xbar-R管理図を適用するための予備的な調査分析を行う際にも使用される）
④ 単位あたりの欠陥数を調べ，工程管理を行う

[1] P 管理図

P 管理図は，欠陥率管理図といい，属性管理図の中で最も利用される管理図です。測定が不可能，かつ属性管理図でしか表せない品質特性がある場合や，測定は可能だとしても，許容するか否かの判定だけが目的の場合に適用されます。

[例題]

LCD モニター製造会社の品質管理者は，ロットごとにモニターテレビをサンプリングして目視検査を行っています。ブラウン管の表面に傷があれば，欠陥として処理されます。この工程では，欠陥が多くあるロットに対しては全数検査を実施しています。P 管理図を利用して，全数調査を実施しなければならないロットがあるかどうか調べてみましょう（例題データ：モニター.mtw）。

サンプル数	98	104	97	99	97	102	104	101	55	48	50	53	56	53	52	541	52	51	52	47
不良数	20	18	14	16	13	29	21	14	6	6	7	7	9	5	8	9	9	10	9	10

[実行] 1. データの入力：データは次のように 2 つの列に入力します。

	C1 サンプル数	C2 不良数
1	98	20
2	104	18
3	97	14
4	99	16
5	97	13
6	102	29
7	104	21
8	101	14
9	55	6
10	48	6
11	50	7
12	53	7

[実行] 2. MINITAB メニュー：統計 ▶ 管理図 ▶ 属性管理図 ▶ P

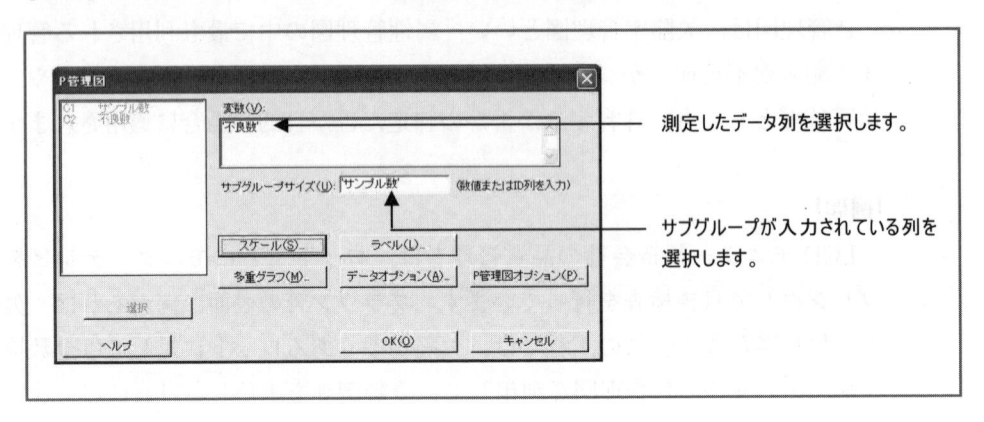

[実行] 3. 結果の出力：下のような結果がグラフウィンドウに出力されます。

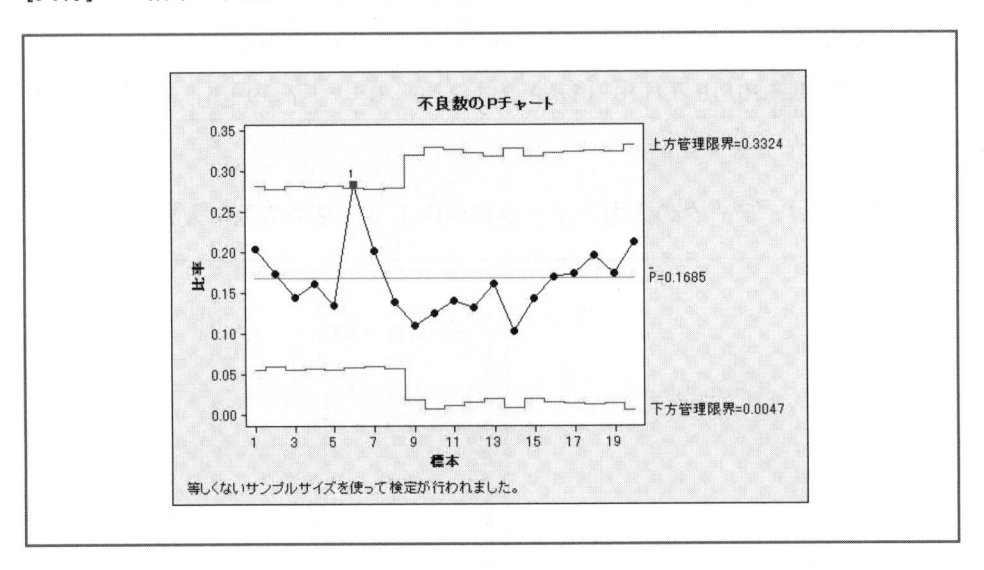

[実行] 4. 結果の解析

・標本6が管理外れとなっているため，このロットに対して全数検査を実施する必要があるでしょう。

[2] NP 管理図

NP 管理図は，欠陥数管理図といい，欠陥数に基づいて工程を管理する場合に使用します。NP 管理図は，適正製品の個数，2級品の個数などのように，個数を数えて工程を管理したい場合にも使用できます。各サブグループのサンプルサイズが一定でない場合は，サンプルサイズの変化に伴い，管理限界線と中心線が

変化するため，NP管理図は使用しないでください。

[例題]

　LCDモニター製造会社の品質管理者は，ロットごとにモニターテレビをサンプリングして目視検査を行っています。ブラウン管の表面に傷があれば，欠陥として処理されます。この工程では，欠陥が多くあるロットに対しては全数検査を実施しています。NP管理図を利用して，全数調査を実施しなければならないロットがあるかどうか調べてみましょう（例題データ：ブラウン管.mtw）。

サンプル数	300	300	300	300	300	300	300	300	300	300	300	300	300	300	300	300	300	300	300	300
不良数	6	5	6	4	15	7	8	2	0	4	5	8	9	7	5	2	3	7	8	10

[実行] 1. データの入力：データは次のように1つの列に入力します。

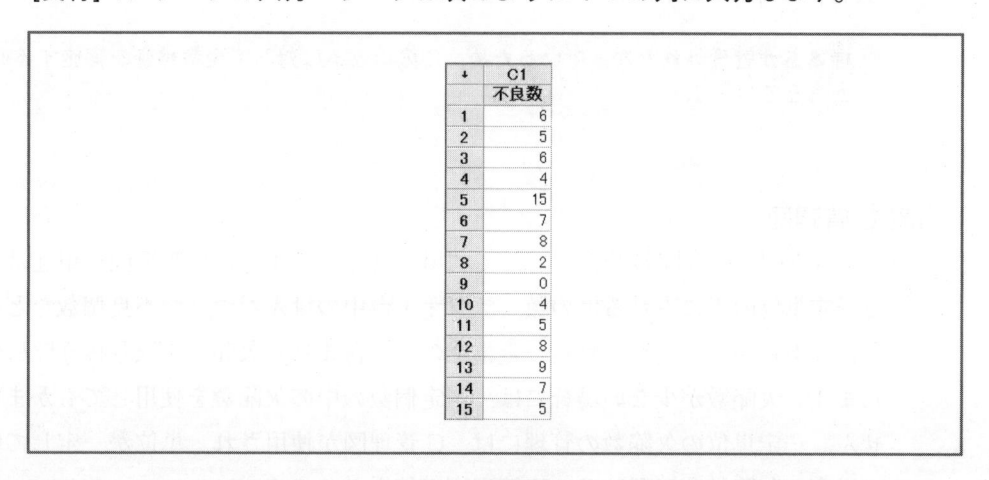

[実行] 2. MINITABメニュー：統計 ▶ 管理図 ▶ 属性管理図 ▶ NP

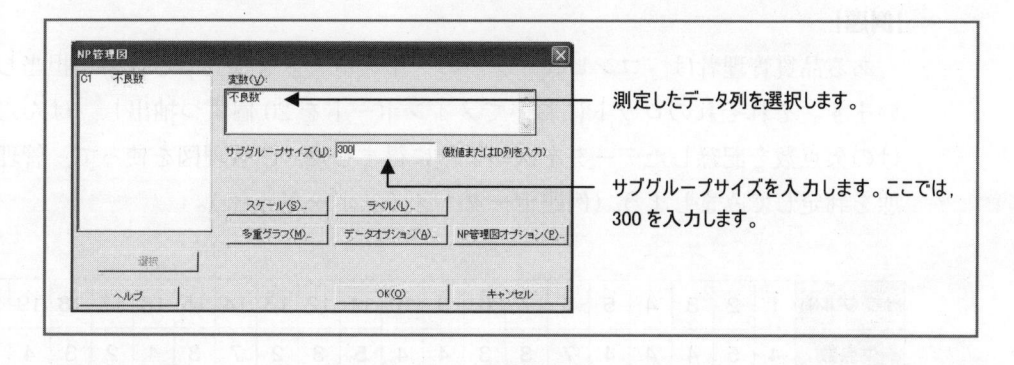

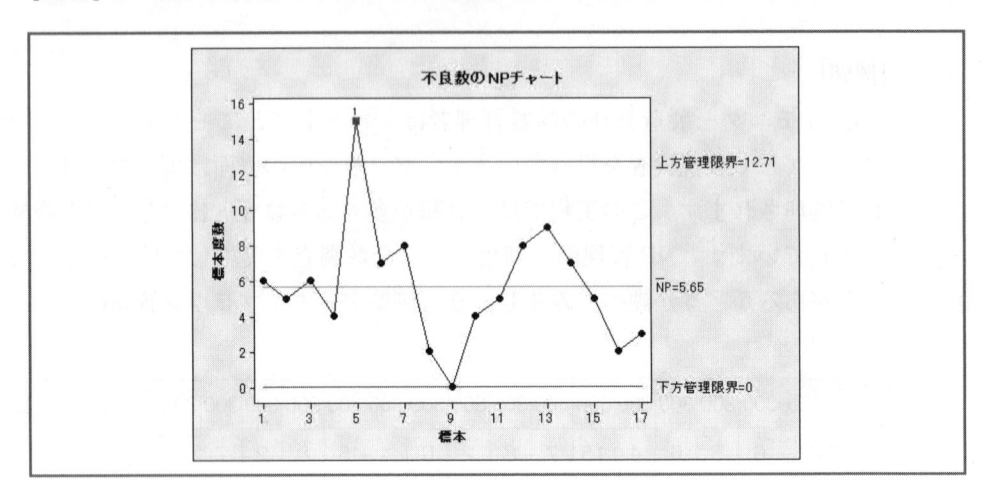

[実行] 3. 結果の出力：下のような結果がグラフウィンドウに出力されます。

不良数のNPチャート

上方管理限界=12.71
$\overline{NP}=5.65$
下方管理限界=0

[実行] 4. 結果の解析

・標本5が管理外れとなっているため，このロットに対して全数検査を実施する必要があるでしょう。

[3] C 管理図

C 管理図も，欠陥数管理図として利用されています。この管理図の用途は，ある一定単位の中に表れる傷の数，ラジオ1台中のはんだづけの不良個数などのように，あらかじめ定められた一定単位の中に含まれる欠陥数を取り扱う際に使用します。欠陥数が少ない場合には，一定個数の中の欠陥数を使用してもかまいません。一定単位の欠陥数の管理には，C 管理図が使用され，単位が一定していない場合の欠陥数の管理には，U 管理図が使用されます。

[例題]

ある品質管理者は，コンピューターのメインボードを検査する仕事を担当しています。それぞれのロットにおいてメインボードを20個ずつ抽出し，はんだづけの欠点数を記録したデータを次のように得ました。C 管理図を使って，管理状態を判定してみましょう（例題データ：メインボード.mtw）。

サンプルNo.	1	2	3	4	5	6	7	8	9	10	11	12	13	14	15	16	17	18	19	20
欠点数	4	5	4	4	4	7	3	3	4	4	5	3	2	7	3	4	2	3	4	7

5. 属性管理図　493

[実行] 1. データの入力：データは次のように1つの列に入力します。

↓	C1 欠点数
1	4
2	5
3	4
4	4
5	4
6	7
7	3
8	3
9	4
10	4
11	5

[実行] 2. MINITAB メニュー：統計 ▶ 管理図 ▶ 属性管理図 ▶ C

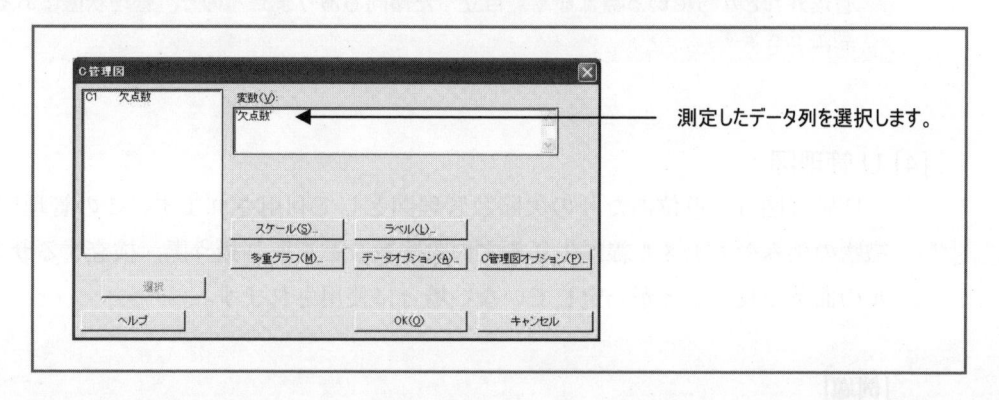

測定したデータ列を選択します。

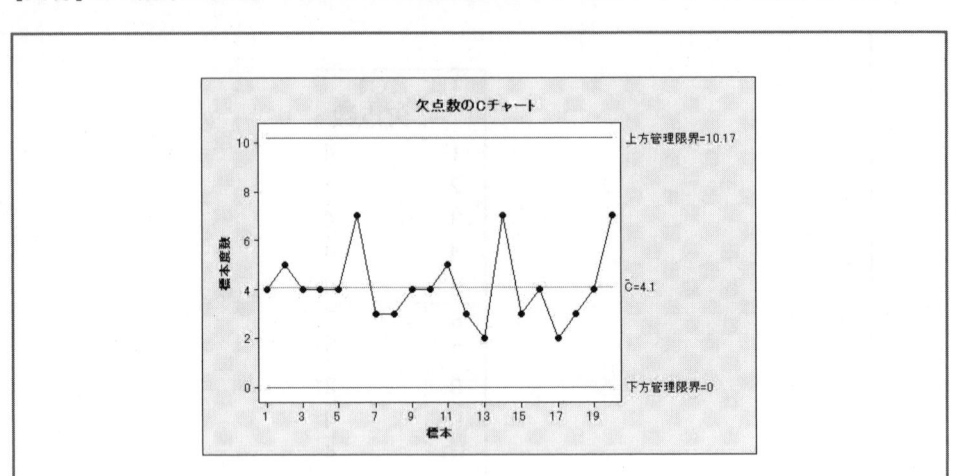

[実行] 3. 結果の出力：下のような結果がグラフウィンドウに出力されます。

[実行] 4. 結果の解析

・管理外れとなっている点はなく，目立った傾向もありませんので，管理状態にあると判定できます。

[4] U 管理図

U 管理図も，単位あたりの欠陥数管理図として利用されます。この管理図は，織物の染みやエナメル線に生じる穴の欠陥数などを取り扱う際，検査するサンプルの面積や長さなどが一定していない場合に使用されます。

[例題]

ある品質管理者は，フィルムのピンホールを検査する仕事を担当しています。何日かにわたってサンプルを抽出し，次のようなデータを得ました。U 管理図を表示し，管理状態を把握してみましょう。下記の標本数 10 は，フィルム 1000m のことをいい，単位は 100m になります（例題データ：ピンホール.mtw）。

サンプル数	10	10	10	15	15	15	15	20	20	20	10	10	10	15	15
欠点数	21	35	33	30	42	28	29	40	37	36	45	21	16	25	28

[実行] 1. データの入力：データは次のように2つの列に入力します。

	C1 サンプル数	C2 欠点数
1	10	21
2	10	35
3	10	33
4	15	30
5	15	42
6	15	28
7	15	29
8	20	40
9	20	37
10	20	36
11	10	45
12	10	21

[実行] 2. MINITAB メニュー：統計 ▶ 管理図 ▶ 属性管理図 ▶ U

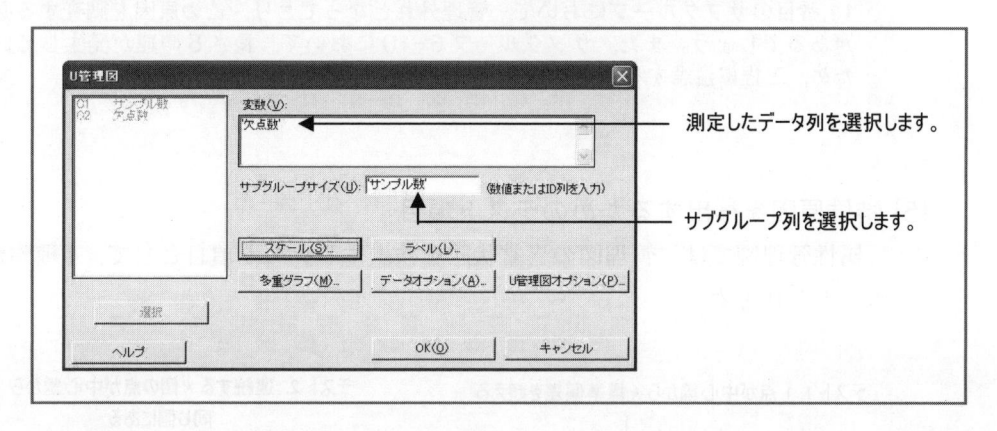

測定したデータ列を選択します。

サブグループ列を選択します。

[実行] 3. 結果の出力：下のような結果がグラフウィンドウに出力されます。

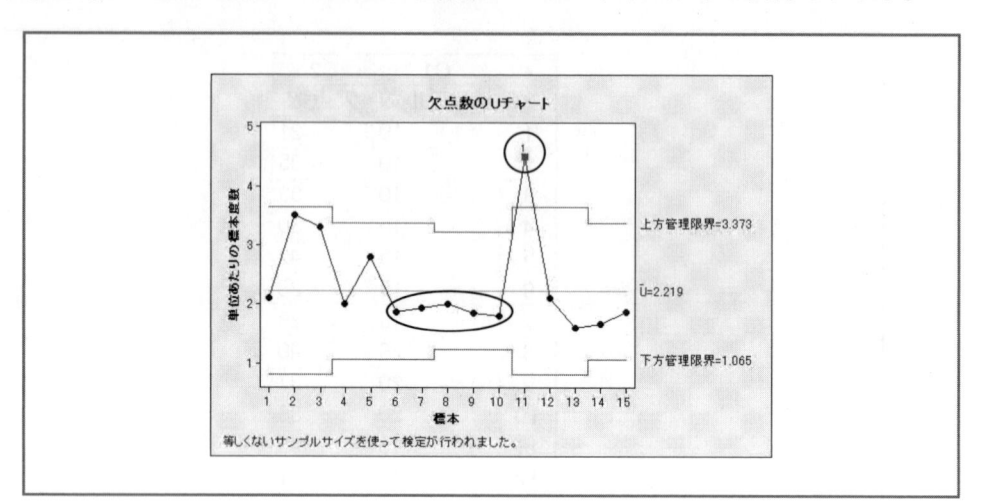

欠点数のUチャート
上方管理限界=3.373
Ū=2.219
下方管理限界=1.065
等しくないサンプルサイズを使って検定が行われました。

[実行] 4. 結果の解析

・11番目のサブグループにおいて，管理外れとなっており，この原因を調査する必要があるでしょう。また，サブグループ6-10において，長さ5の連が発生しているため，工程に注意する必要があります。

[5] 特殊原因を検出するためのテスト項目

属性管理図では，管理図の異常状態を検出するテスト項目として，4種類がサポートされます。

テスト1. 1点が中心線から k 標準偏差を超える

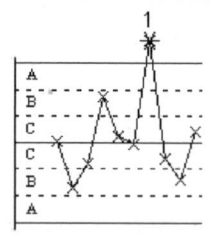

テスト2. 連続する k 個の点が中心線から同じ側にある

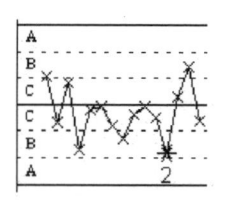

テスト3. 連続する k 個の点がすべて増加または減少

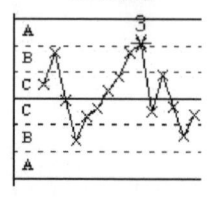

テスト4. 連続する k 個の点が交互に増加または減少

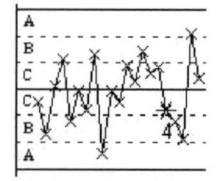

6. 時間重み付きチャート

　MINITABの時間重み付きチャート（移動平均管理図を除く）では，以前のサブグループ内平均や目標値を使って，重み付けされます。時間重み付きチャートの利点は，目標値からの小さなずれを検出できることです。MINITABの時間重み付きチャートには，以下の管理図があります。
- **移動平均管理図**：重み付きのない移動平均に対する管理図
- **EWMA管理図**：指数重み付き移動平均に対する管理図
- **累積和（CUSUM）管理図**：名目仕様に対する偏差の累積和を表す管理図

　移動平均，EWMA，および累積和管理図では，サブグループのデータや個々の観測値に対して管理図を作り，これらの管理図を使って，工程水準を評価します。さらに，EWMAおよび累積和管理図は，工程のばらつきを評価するために，サブグループ範囲または標準偏差に対する管理図を表示することもできます。

[1] 移動平均（Moving Average）管理図

　移動平均とは，連続した観測値から理論的にサブグループを作成し，それから計算される平均値のことをいいます。この管理図は特性値を自動に測定する場合，単位生産時間の長い製品の場合，あるいは製品間に相関関係がある場合に，個々の測定値より管理図を作成し，工程の変化を検出することができます。しかし，この管理図では観測値に重みが付けられないため，実務上，移動平均管理図よりもEWMA管理図を優先して使用します。

[例題]

　製品の重量に関するデータが120日分あります。移動平均管理図を利用して，単位期間の工程水準を評価し，特殊原因があるかどうか調べてみます（例題データ：重量.mtw）。

601.6	602.8	598.4	598.2	600.8	600.8	600.4	598.2	599.4	601.2	602.2	601.6	599.8	603.8	600.8	598.0	601.6	602.4	601.4	601.2
600.4	600.8	599.6	602.0	598.6	597.2	598.2	599.4	598.0	599.0	599.8	600.2	602.8	603.6	600.2	598.4	603.4	602.2	599.2	604.2
598.4	603.6	603.4	599.4	600.0	600.4	598.6	599.4	597.6	600.4	599.8	601.8	600.0	601.8	600.4	600.8	597.0	600.6	601.6	600.2
600.0	604.2	600.6	599.4	600.4	599.8	599.6	600.2	598.0	600.6	601.0	601.2	599.6	602.0	600.2	602.8	599.8	596.2	600.4	600.0
596.8	602.4	598.4	600.8	600.8	598.4	599.0	599.0	597.6	599.0	601.6	597.6	602.2	603.6	602.2	597.6	597.8	602.4	598.0	596.8
599.8	601.3	603.5	600.9	600.7	600.8	599.8	599.8	598.9	599.6	601.5	601.7	602.8	602.9	602.1	602.8	603.3	602.4	600.8	600.2

[実行] 1. データの入力：データは次のように1つの列に入力します。

	C1 DATA
1	601.6
2	600.4
3	598.4
4	600.0
5	596.8
6	599.8
7	602.8
8	600.8
9	603.6
10	604.2
11	602.4
12	601.3
13	598.4
14	599.6
15	603.4
16	600.6
17	598.4

[実行] 2. MINITAB メニュー：統計 ▶ 管理図 ▶ 時間重み付きチャート ▶ 移動平均

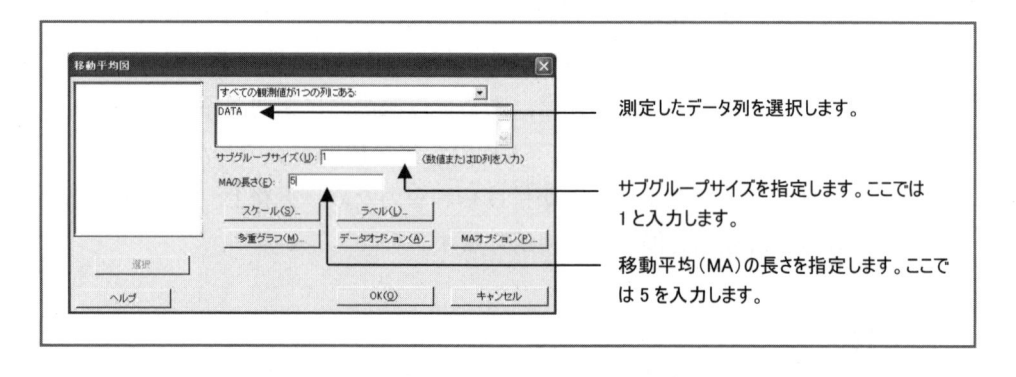

測定したデータ列を選択します。

サブグループサイズを指定します。ここでは1と入力します。

移動平均(MA)の長さを指定します。ここでは5を入力します。

[実行] 3. 結果の出力

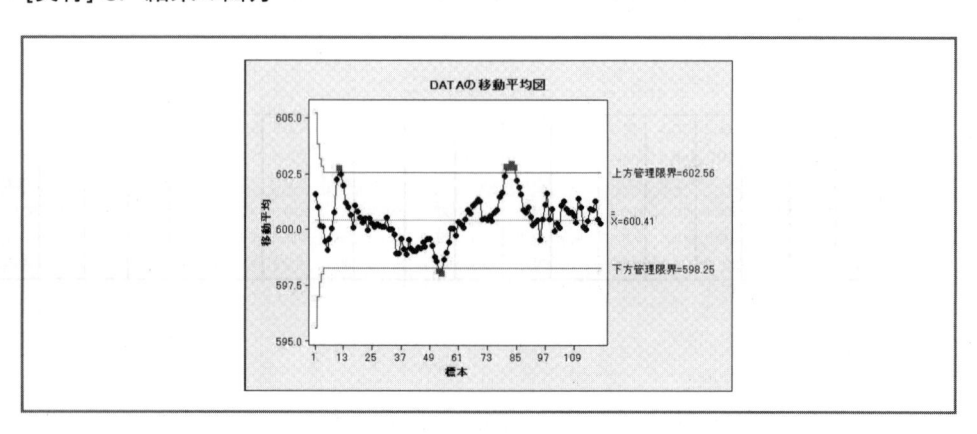

[実行] 4. 結果の解析

・移動平均管理図では，複数の点が管理限界の外にあることがわかります。工程に特定の問題があると考えられるため，適切な措置を講じる必要があるでしょう。

[2] EWMA（指数重み付き移動平均）管理図

指数重み付き移動平均管理図は，工程の小さな変動を検出する際に使用されます。移動平均管理図では移動平均を計算するために，W 個の標本平均に 1/W 個の重みを与えましたが，EWMA 管理図では直近の観測値により大きな重みを与えることによって，工程変化をいち早く感知できるようにします。重みが 1 の場合，EWMA 管理図は Xbar 管理図と同一となり，重みが小さいほど工程平均のずれを検出しやすくなります。EWMA 管理図と Xbar 管理図を共に使用することで，より効率的になります。これら2つの管理図を共に使用する際，ある一方の管理図において管理限界線の外に点が表れた場合，工程に問題が発生しているものとみなします。

[例題]

製品の重量に関するデータが 120 日分あります。EWMA を利用して，単位期間の工程水準を評価し，特殊原因があるかどうか調べてみます（例題データ：重量.mtw）。

601.6	602.8	598.4	598.2	600.8	600.8	600.4	598.2	599.4	601.2	602.2	601.6	599.8	603.8	600.8	598.0	601.6	602.4	601.4	601.2
600.4	600.8	599.6	602.0	598.6	597.2	598.2	599.4	598.0	599.0	599.8	600.2	602.8	603.6	600.2	598.4	603.4	602.2	599.2	604.2
598.4	603.6	603.4	599.4	600.0	600.4	598.6	599.4	597.6	600.4	599.8	601.8	600.0	601.8	600.4	600.8	597.0	600.6	601.6	603.2
600.0	604.2	600.6	599.4	600.4	599.8	599.6	600.2	598.0	600.6	601.0	601.2	599.6	602.0	600.2	602.8	599.8	596.2	600.4	600.0
596.8	602.4	598.4	600.8	596.4	599.0	599.0	597.6	599.0	601.6	597.6	602.2	603.6	602.2	597.6	597.8	602.4	598.0	596.8
599.8	601.3	603.5	600.9	600.7	600.8	599.8	599.8	598.9	599.6	601.5	601.7	602.8	602.9	602.1	602.8	603.3	602.4	600.8	600.2

[実行] 1. データの入力：データは次のように 1 つの列に入力します。

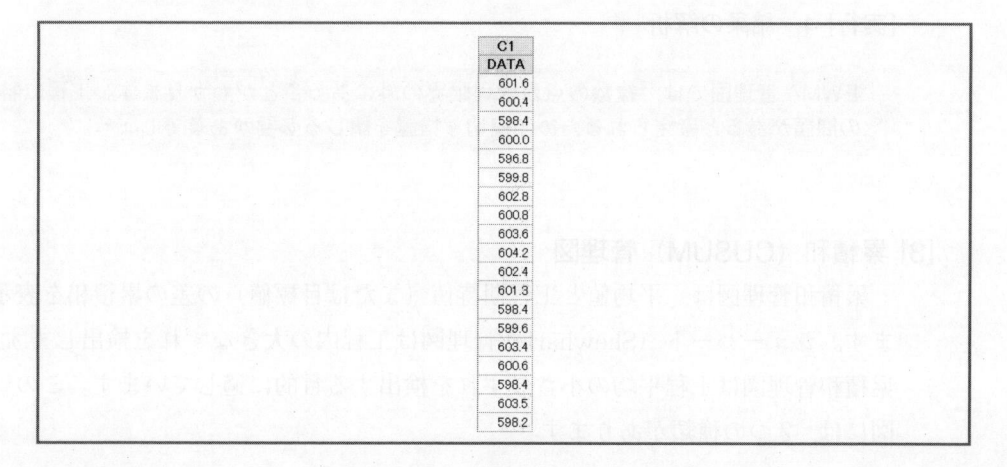

C1
DATA
601.6
600.4
598.4
600.0
596.8
599.8
602.8
600.8
603.6
604.2
602.4
601.3
598.4
599.6
603.4
600.6
598.4
603.5
598.2

[実行] 2. MINITAB メニュー：統計 ▶ 管理図 ▶ 時間重み付きチャート ▶ EWMA（指数重み付き移動平均）

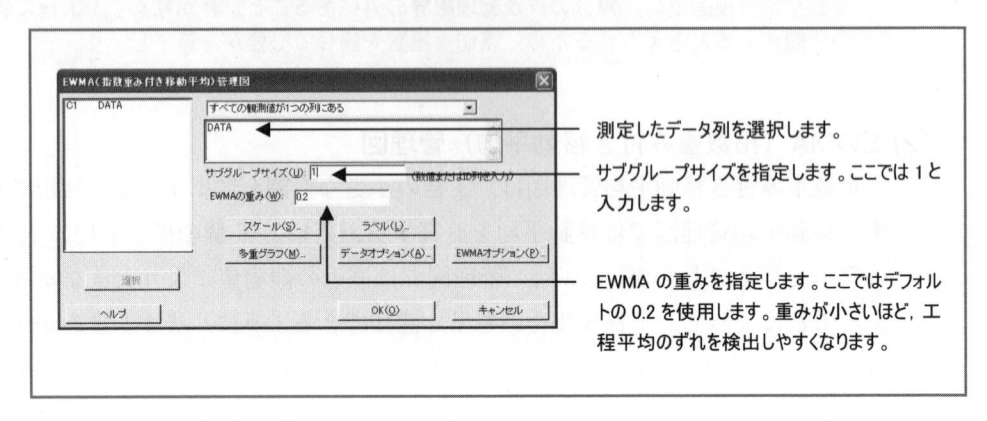

（ダイアログ画面）
- 測定したデータ列を選択します。
- サブグループサイズを指定します。ここでは 1 と入力します。
- EWMA の重みを指定します。ここではデフォルトの 0.2 を使用します。重みが小さいほど，工程平均のずれを検出しやすくなります。

[実行] 3. 結果の出力：下のような結果がグラフウィンドウに出力されます。

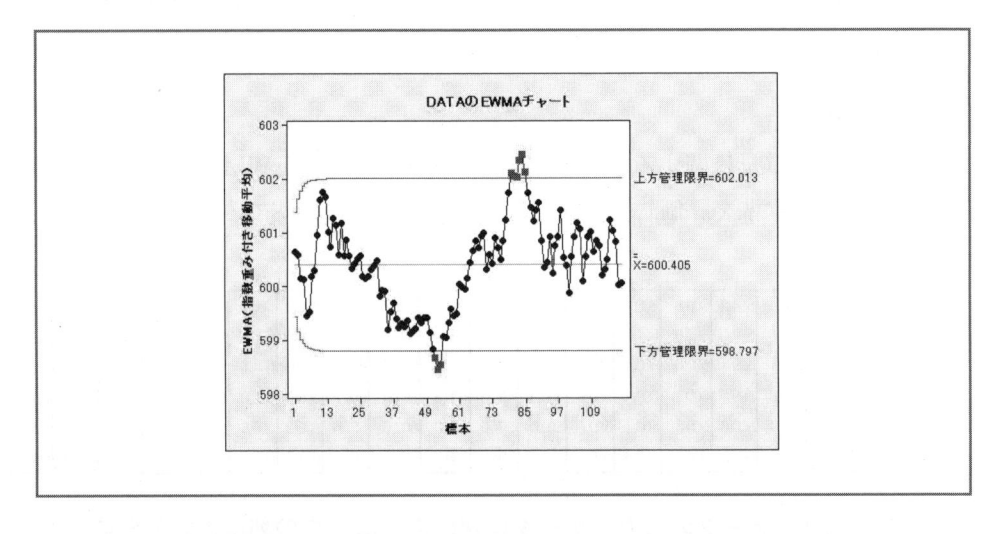

（DATAのEWMAチャート：上方管理限界=602.013, $\bar{X}$=600.405, 下方管理限界=598.797）

[実行] 4. 結果の解析

- EWMA 管理図では，複数の点が管理限界の外にあることがわかります。工程に特定の問題があると考えられるため，適切な措置を講じる必要があるでしょう。

[3] 累積和（CUSUM）管理図

　　累積和管理図は，平均値と工程期待値（または目標値）の差の累積和を表示します。シューハート（Shewhart）管理図は工程内の大きなずれを検出しますが，累積和管理図は工程平均の小さなずれを検出する目的に適しています。この管理図には，2つの種類があります。

■ MINITAB での累積和（CUSUM）管理図

　工程が管理状態となっているとき、累積和管理図は目標値からの小さなずれを検出できます。累積和管理図においてプロットされた点は、目標値から標本値を引いた差の累積和であり、この点は0の周囲にランダムに分布していなければなりません。プロット点の推移が上向き、または下向きとなった場合、これは工程の平均にずれがあることを意味し、特殊原因を探し出す必要があります。

・累積和（CUSUM）管理図の種類

2つの片側累積和 (two one-sided CUSUMs)	・上方累積和管理図では工程水準内の上向きのずれが検出され、下方累積和管理図では下向きのずれが検出されます。これらの管理図は、異常状態を判断するために管理限界線（UCL, LCL）を使用します。
両側累積和 (one two-sided CUSUM)	・この管理図は、V-mask を使用して、管理外れとなる状況がいつ発生しているのかを判断します。

・累積和（CUSUM）の計画

　累積和管理図では、h, k の2つのパラメータが定義されています。これらの値は、ARL（Average Run Length）表から選択されるのが一般的です。

種　類	h	k
片側累積和 (one-sided CUSUM)	・中心線と管理限界線の間にある標準偏差の値です。	・工程で許容可能なゆとりを表します。 ・累積和の計算により、検出したいずれの大きさを指定します。
両側累積和 (two-sided CUSUM) (V-mask)	・原点における V-mask の半分の幅（H）が、H=h* σ として計算されます。	・V-mask の線の傾きを表します。

[例題]

　あるモーター会社のエンジン組み立てラインで、クランクシャフトをはめるのに誤差が発生することがわかっています。基準の位置と実際にはまった位置の差を AtoBDist（mm）とします。製品の品質を確認するために、9月28日から10月29日まで1日に5個ずつのデータを測定しました。累積和管理図を使って、この期間の工程水準を評価し、特殊原因を確認します（例題データ：distance.mtw）。

第17章 管理図

月	日	AtoBDist	月	日	AtoBDist	月	日	AtoBDist	月	日	AtoBDist	月	日	AtoBDist	月	日	AtoBDist	月	日	AtoBDist
9	28	-0.44025	10	4	7.93177	10	7	-4.86937	10	12	-4.06527	10	15	4.90024	10	20	3.71309	10	23	-5.14050
9	28	5.90038	10	4	3.72692	10	7	-2.69206	10	12	-1.91314	10	15	1.28079	10	20	1.72573	10	23	-0.10379
9	28	2.08965	10	4	3.83152	10	7	-3.02947	10	12	2.04590	10	15	2.87917	10	20	3.07264	10	23	2.21033
9	28	0.09998	10	4	-2.17454	10	7	2.99932	10	12	4.93029	10	15	1.83867	10	20	0.15676	10	23	5.13041
9	28	2.01594	10	4	2.81598	10	7	3.50123	10	12	0.03095	10	15	-0.75614	10	20	-0.05666	10	23	-1.89455
9	29	4.83012	10	5	4.52023	10	8	-1.99506	10	13	-2.80363	10	18	3.72977	10	21	3.81341	10	24	0.95119
9	29	3.78732	10	5	3.95372	10	8	-1.62939	10	13	-3.12681	10	18	3.77141	10	21	-3.78952	10	24	-5.15414
9	29	4.99821	10	5	7.99326	10	8	2.14395	10	13	-4.57793	10	18	-4.04994	10	21	-3.81635	10	24	4.82794
9	29	6.91169	10	5	4.98677	10	8	-1.90688	10	13	-3.17924	10	18	3.89824	10	21	-4.88820	10	24	0.13001
9	29	1.93847	10	5	-2.03427	10	8	8.02322	10	13	-2.44537	10	18	1.76868	10	21	-3.24534	10	24	-0.09811
9	30	-3.09907	10	6	3.89134	10	11	4.75466	10	14	1.36225	10	19	2.27310	10	22	-0.27272	10	25	-1.15453
9	30	-3.18827	10	6	1.99825	10	11	1.14240	10	14	0.92825	10	19	-3.82297	10	22	-4.33095	10	25	2.29868
9	30	5.28978	10	6	0.01028	10	11	0.93790	10	14	-0.24151	10	19	-2.26821	10	22	-1.83547	10	25	5.15847
9	30	0.56182	10	6	-0.24542	10	11	-7.30286	10	14	-0.83762	10	19	-2.07973	10	22	-3.98876	10	25	0.08558
9	30	-3.18960	10	6	2.08175	10	11	-5.22516	10	14	-1.99674	10	19	0.01739	10	22	-4.97431	10	25	-3.09574

月	日	AtoBDist	月	日	AtoBDist
10	26	5.16744	10	28	0.95699
10	26	0.29748	10	28	-4.03441
10	26	-4.66858	10	28	-2.05086
10	26	-2.13787	10	28	-3.10319
10	26	-0.00450	10	28	-1.83001
10	27	0.18096	10	29	5.03945
10	27	4.30247	10	29	1.96583
10	27	-2.21708	10	29	-0.21026
10	27	7.17603	10	29	0.27517
10	27	5.86525	10	29	-5.32797

[実行] 1. データの入力：データは次のように3つの列に入力します。

↓	C1	C2	C3
	AtoBDist	月	日
1	-0.44025	9	28
2	5.90038	9	28
3	2.08965	9	28
4	0.09998	9	28
5	2.01594	9	28
6	4.83012	9	29
7	3.78732	9	29
8	4.99821	9	29
9	6.91169	9	29
10	1.93847	9	29
11	-3.09907	9	30
12	-3.18827	9	30
13	5.28978	9	30
14	0.56182	9	30
15	-3.18960	9	30
16	7.93177	10	4
17	3.72692	10	4
18	3.83152	10	4

[実行] 2. MINITAB メニュー：統計 ▶ 管理図 ▶ 時間重み付きチャート ▶ 累積和

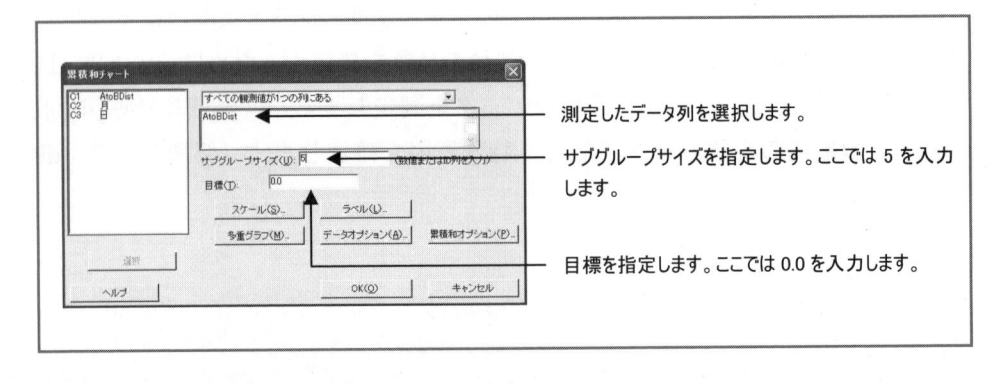

測定したデータ列を選択します。

サブグループサイズを指定します。ここでは 5 を入力します。

目標を指定します。ここでは 0.0 を入力します。

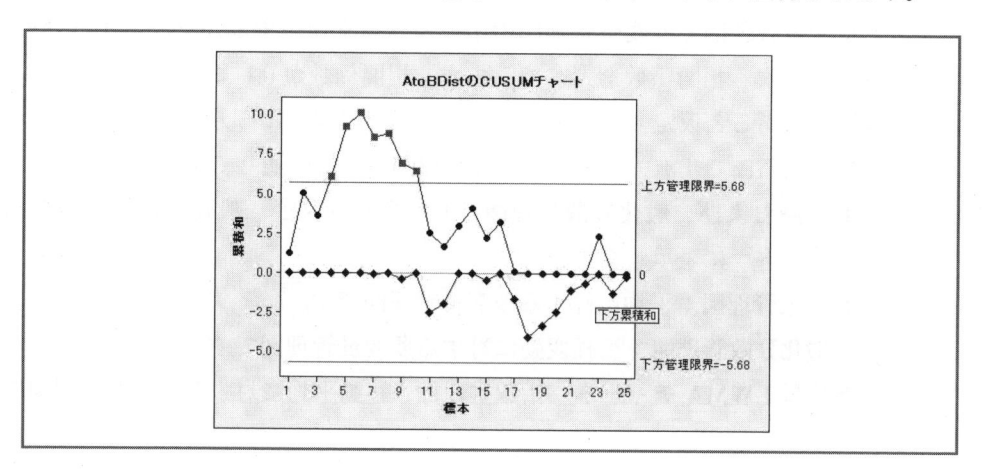

[実行] 3. 結果の出力：下のような結果がグラフウィンドウに出力されます。

[実行] 4. 結果の解析

・サブグループ4から10までの点が管理限界線を離れており，目標値からの小さなずれがあることがわかります。

7. 多変量管理図

　複数の関連する測定変数の統計量を表示するのが多変量管理図です。多変量管理図は，複数の変数が工程や結果に複合してどのように影響を与えるかを示します。例えば，多変量管理図を使用して，繊維の抗張力と直径が，織物の品質にどのように影響を与えるかを調べることができます。

　データに相関変数がある場合，各変数が同時に工程に影響を与えるため，各変数に対して個々の管理図を適用するのは正しくありません。多変量のある条件で，別々の単変量管理図を使用すると，第1種の誤りが発生する確率，および点が管理図に正しくプロットされる確率が，期待される予測値と異なります。こうした値のゆがみは，測定変数の数が多いほど大きくなります。

　多変量管理図の長所は，次の通りです。
・関連した変数の実際の管理域が表されます（2変量の場合は楕円）。
・特定の第1種の誤りを管理できます。
・単一の管理限界より，工程が管理状態にあるかどうかを確認できます。

　ただし，多変量管理図は，古典的なシューハート（Shewhart）管理図より解析しにくい側面があります。例えば，多変量管理図が示す管理外れは，どの変数または変数の組み合わせによって管理外れとなっているかを示すことができませ

単変量管理図と多変量管理図の中でどちらを使用するかを決定するためには，変数に対する相関係数を調べてみます。相関係数が 0.1 より大きければ変数が相関関係にあると仮定できますので，多変量管理図を作る方が適切です。

　MINITAB でサポートする多変量管理図は，次の通りです。

- **T 二乗および一般化分散管理図**：T 二乗管理図と一般化分散管理図を同一のウィンドウに表示します。
- **T 二乗管理図**：平均に対する多変量管理図です。
- **一般化分散管理図**：工程変動に対する多変量管理図です。
- **多変量 EWMA チャート**：指数重み付き移動平均に対する多変量管理図です。

[1] T 二乗管理図

　T 二乗管理図は，Xbar 管理図（個別観測値の場合は個別管理図）の多変量バージョンです。T 二乗管理図を使用すれば，複数の変数が管理状態にあるかを同時に評価できます。例えば，自動車のタイヤの外側の品質をモニタリングするために，重さ，温度およびポリエステルの比率という3つの変数を同時に測定できます。多変量管理図を使用するためには，まず変数間に従属関係があるかを確認する必要があります。変数が互いに関連がない場合には，多変量管理図を作る必要はありません。

[例題]

　ある病院の企画チームでは，1月の患者満足度を調査したいと考えています。毎日ランダムに患者5人を選択して，退院する前に入院期間中の満足状態を尋ねる短いアンケートに答えてもらいます。満足度と入院期間が互いに関連があるため，満足度（1から7までの点数を使用）と入院期間（日）をモニタリングするためのT二乗管理図を作ってみましょう。データには退院日，入院期間，満足度の点数が記録されています（例題データ：病院.mtw）。

Departure	Stay	Satisfaction
1/01/01	1	7.0
1/01/01	2	6.5
1/01/01	4	6.0
1/01/01	6	7.0
1/01/01	4	7.0
1/02/01	2	7.0
1/02/01	2	7.0
1/02/01	4	6.2
1/02/01	1	6.0
1/02/01	1	5.2
1/03/01	5	7.0
1/03/01	2	5.4
1/03/01	5	7.0
1/03/01	3	7.0
1/03/01	2	1.4
1/04/01	4	6.0
1/04/01	4	6.2
1/04/01	4	3.5
1/04/01	2	4.5
1/04/01	2	3.0
1/05/01	3	4.2
1/05/01	3	6.5
1/05/01	2	2.2
1/05/01	4	5.5
1/05/01	3	6.0
1/06/01	3	5.8
1/06/01	3	5.6
1/06/01	2	4.0
1/06/01	2	4.0
1/06/01	5	5.8
1/07/01	4	5.2
1/07/01	6	6.4
1/07/01	2	4.5
1/07/01	3	1.5
1/07/01	3	5.6
1/08/01	6	6.0
1/08/01	3	5.8
1/08/01	7	7.0
1/08/01	4	4.5
1/08/01	3	5.2
1/09/01	5	5.6
1/09/01	4	4.5
1/09/01	2	4.5
1/09/01	1	6.0
1/09/01	3	2.0
1/10/01	3	5.2
1/10/01	4	6.0
1/10/01	6	5.5
1/10/01	3	7.0
1/10/01	2	6.5
1/11/01	6	5.5
1/11/01	5	4.4
1/11/01	4	7.0
1/11/01	2	4.0
1/11/01	2	5.0
1/12/01	3	7.0
1/12/01	1	4.0
1/12/01	3	5.0
1/12/01	4	3.8
1/12/01	3	2.0
1/13/01	4	7.0
1/13/01	3	6.8
1/13/01	3	5.0
1/13/01	3	5.5
1/13/01	4	3.4
1/14/01	2	3.0
1/14/01	4	5.8
1/14/01	5	5.0
1/14/01	4	3.0
1/14/01	3	2.0
1/15/01	3	6.8
1/15/01	3	7.0
1/15/01	5	3.5
1/15/01	3	3.0
1/15/01	5	4.0
1/16/01	5	6.5
1/16/01	3	5.8
1/16/01	4	7.0
1/16/01	6	4.0
1/16/01	3	5.0
1/17/01	5	5.2
1/17/01	3	6.2
1/17/01	2	7.0
1/17/01	1	4.6
1/17/01	2	7.0
1/18/01	6	2.2
1/18/01	5	2.5
1/18/01	7	3.8
1/18/01	5	3.5
1/18/01	2	3.5
1/19/01	1	1.0
1/19/01	6	2.0
1/19/01	3	4.0
1/19/01	4	1.0
1/19/01	5	3.2
1/20/01	4	4.2
1/20/01	3	1.0
1/20/01	2	7.0
1/20/01	3	5.6
1/20/01	5	4.0
1/21/01	1	5.6
1/21/01	5	3.5
1/21/01	7	6.5
1/21/01	2	5.0
1/21/01	3	3.0
1/22/01	6	5.2
1/22/01	5	5.6
1/22/01	4	3.5
1/22/01	2	6.2
1/22/01	1	7.0
1/23/01	1	3.0
1/23/01	3	6.0
1/23/01	1	2.5
1/23/01	5	5.5
1/23/01	6	4.8
1/24/01	5	5.8
1/24/01	4	5.0
1/24/01	3	7.0
1/24/01	2	5.0
1/24/01	2	4.2
1/25/01	3	7.0
1/25/01	2	5.5
1/25/01	4	3.5
1/25/01	6	3.0
1/25/01	5	7.0
1/26/01	2	5.4
1/26/01	2	4.2
1/26/01	3	7.0
1/26/01	5	4.5
1/26/01	2	3.6
1/27/01	4	5.6
1/27/01	5	7.0
1/27/01	3	5.2
1/27/01	5	6.5
1/27/01	4	5.2
1/28/01	6	4.8
1/28/01	6	5.6
1/28/01	5	2.8
1/28/01	2	5.0
1/28/01	2	3.5
1/29/01	5	7.0
1/29/01	5	5.5
1/29/01	3	5.8
1/29/01	6	4.0
1/29/01	4	6.2
1/30/01	2	5.3
1/30/01	4	4.0
1/30/01	4	5.8
1/30/01	5	6.2
1/30/01	4	5.8
1/31/01	2	5.8
1/31/01	3	3.5
1/31/01	1	2.0
1/31/01	1	3.0
1/31/01	2	4.2

[実行] 1. データの入力：データは次のように3つの列に入力します。

	C1-D Departure	C2 Stay	C3 Satisfaction
1	1/01/01	1	7.0
2	1/01/01	2	6.5
3	1/01/01	4	6.0
4	1/01/01	6	7.0
5	1/01/01	4	7.0
6	1/02/01	2	7.0
7	1/02/01	2	7.0
8	1/02/01	4	6.2
9	1/02/01	1	6.0
10	1/02/01	1	5.2
11	1/03/01	5	7.0
12	1/03/01	2	5.4
13	1/03/01	5	7.0
14	1/03/01	3	7.0
15	1/03/01	2	1.4
16	1/04/01	4	6.0
17	1/04/01	4	6.2
18	1/04/01	4	3.5

[実行] 2. MINITAB メニュー：統計 ▶ 管理図 ▶ 多変量管理図 ▶ T 二乗

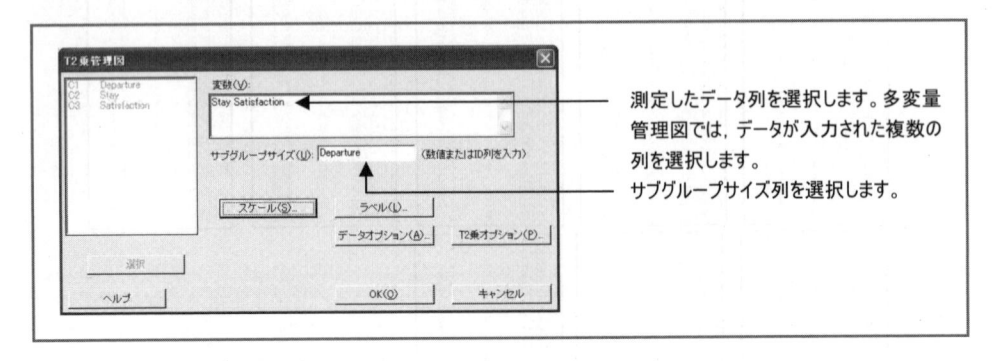

測定したデータ列を選択します。多変量管理図では、データが入力された複数の列を選択します。
サブグループサイズ列を選択します。

[実行] 3. 結果の出力：次のような結果が，グラフウィンドウとセッションウィンドウに出力されます。

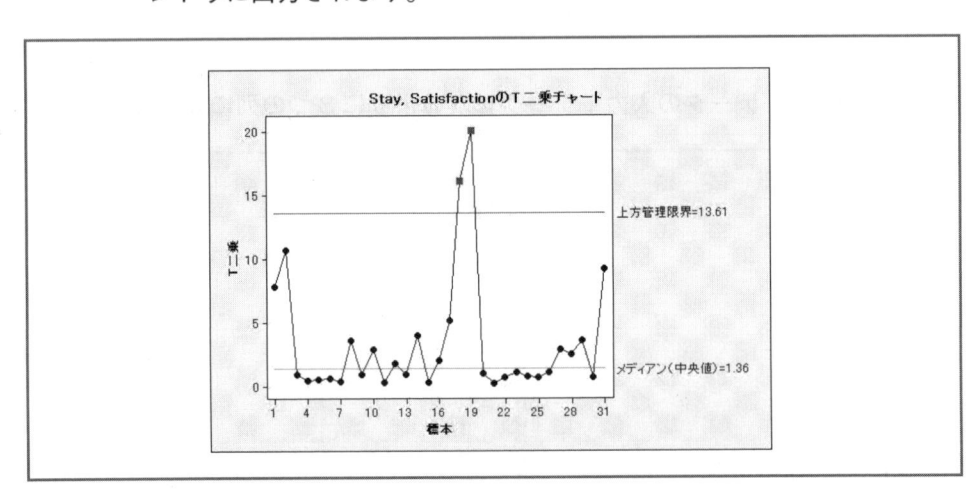

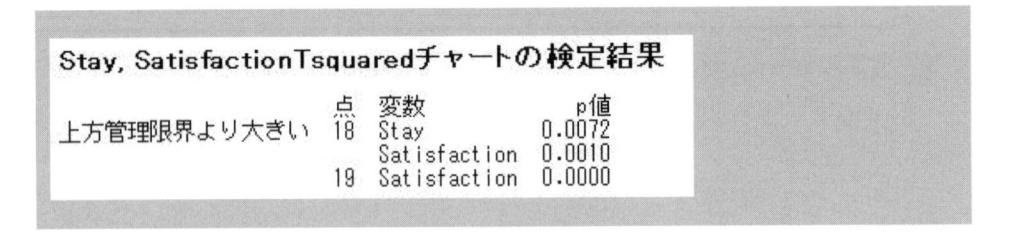

```
Stay, SatisfactionTsquaredチャートの検定結果
                  点   変数              p値
上方管理限界より大きい 18  Stay          0.0072
                      Satisfaction  0.0010
                  19  Satisfaction  0.0000
```

[実行] 4. 結果の解析

- 2つの点が管理限界を超えています。この2点は，1月18と19日です。セッションウィンドウの結果を見ると，各変数が1月18日に有意に影響を及ぼすことがわかります。1月19日では，Satisfaction が管理外れとなっている唯一の変数となっています。2日間の入院期間および満足度に影響を及ぼした特殊原因が何かを調査する必要があるでしょう。

[2] 一般化分散管理図

一般化分散管理図は，S管理図に該当する多変量管理図です。一般化分散管理図を使用すると，互いに関連した２つ以上の工程特性による工程変動を同時にモニタリングできます。例えば，新薬の臨床実験で参加者の心臓拍動数と血圧をモニタリングし，処置時間が経つにつれて，２つの変数（心臓拍動数と血圧）が一定に維持されているのかどうかを確認できます。

[例題]

ある製薬会社の製品テストチームでは，新しい心臓病の薬が患者５人の心臓拍動，血圧および体重に及ぼす影響を調査したいと考えています。３ヶ月間にわたって毎週，これらの変数を測定します。この薬品がFDAの承認を受けるためには，これらの変数が管理状態となる必要があるため，一般化分散管理図を作って３つの変数による共通変動が一定しているかどうかを調べてみます（例題データ：心臓拍動.mtw）。

週	患者の区分	心臓の拍動	心臓の収縮	心臓の拡張	体重
1	1	155	100	60	125
1	2	170	120	82	162
1	3	160	132	71	139
1	4	162	139	70	150
1	5	163	110	80	146
2	1	157	110	59	124
2	2	171	122	81	163
2	3	162	133	73	139
2	4	165	140	72	152
2	5	161	112	81	147
3	1	153	110	63	123
3	2	169	120	86	161
3	3	161	133	79	141
3	4	160	140	72	153
3	5	159	118	82	149
4	1	157	109	60	126
4	2	171	126	81	163
4	3	162	135	72	142
4	4	163	135	70	151
4	5	164	108	72	147
5	1	156	108	70	126
5	2	172	113	80	162
5	3	162	130	70	141
5	4	162	142	76	150
5	5	164	110	83	146
6	1	157	100	60	128
6	2	167	122	80	162
6	3	156	133	73	142
6	4	161	140	76	150
6	5	164	111	82	147
7	1	157	106	62	127
7	2	167	130	83	162
7	3	162	125	73	142
7	4	161	144	76	152
7	5	160	118	85	147
8	1	159	108	62	128
8	2	167	118	84	162
8	3	161	120	73	144
8	4	164	135	76	151
8	5	160	101	81	146
9	1	157	97	57	126
9	2	171	130	72	162
9	3	162	134	68	144
9	4	164	143	70	150
9	5	166	114	80	147
10	1	157	107	62	124
10	2	172	122	81	160
10	3	163	135	72	143
10	4	164	141	70	148
10	5	166	118	82	146
11	1	152	106	62	124
11	2	167	122	82	162
11	3	158	137	74	146
11	4	159	146	72	150
11	5	160	98	82	145
12	1	153	106	62	122
12	2	168	125	85	164
12	3	159	137	72	144
12	4	162	146	73	149
12	5	167	99	70	148

[実行] 1. データの入力：データは次のように入力します。

↓	C1 週	C2 患者の区分	C3 心臓の拍動	C4 心臓の収縮	C5 心臓の拡張	C6 体重
1	1	1	155	100	60	125
2	1	2	170	120	82	162
3	1	3	160	132	71	139
4	1	4	162	139	70	150
5	1	5	163	110	80	146
6	2	1	157	110	59	124
7	2	2	171	122	81	163
8	2	3	162	133	73	139
9	2	4	165	140	72	152
10	2	5	161	112	81	147
11	3	1	153	110	63	123
12	3	2	169	120	86	161
13	3	3	161	133	79	141
14	3	4	160	140	72	153
15	3	5	159	118	82	149
16	4	1	157	109	60	126
17	4	2	171	126	81	163

[実行] 2. MINITAB メニュー：統計 ▶ 管理図 ▶ 多変量管理図 ▶ 一般化分散

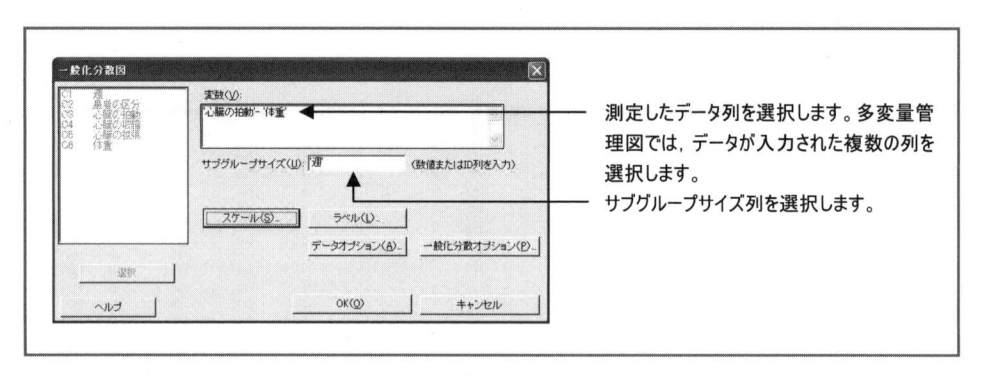

測定したデータ列を選択します。多変量管理図では，データが入力された複数の列を選択します。

サブグループサイズ列を選択します。

[実行] 3. 結果の出力：下のような結果が，グラフウィンドウとセッションウィンドウに出力されます。

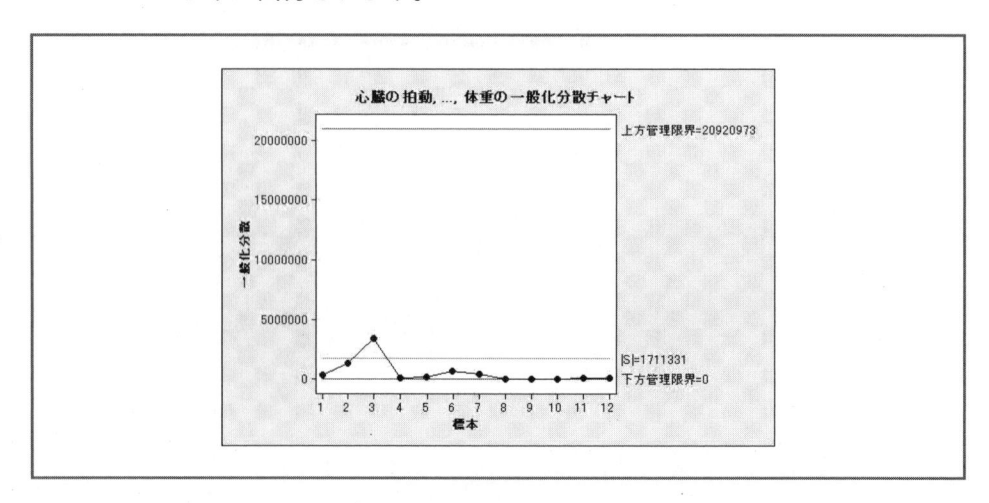

[実行] 4. 結果の解析

・管理限界を超える点がありません。これは，患者の心臓の拍動，血圧および体重による共通変動が一定していることを示します。

[3] T二乗および一般化分散管理図

T二乗および一般化分散管理図は，Xbar-R，Xbar-SおよびI-MR管理図に該当する多変量管理図です。T二乗および一般化分散管理図を使用すると，工程平均と変動が管理状態にあるかを同時に評価できます。MINITABでは，画面の上にT二乗管理図を，画面の下に一般化分散管理図を表示します。2つの管理図を同時に見ることで，工程水準と工程変動を同時に追跡でき，特殊原因があるかどうかを検出することができます。

[例題]

ある病院の企画チームでは，1月の患者満足度を調査したいと考えています。毎日ランダムに患者5人を選択して，退院する前に入院期間中の満足状態を尋ねる短いアンケートに答えてもらいます。満足度と入院期間が互いに関連があるため，満足度（1から7までの点数を使用）と入院期間（日）をモニタリングするためのT二乗管理図を作ってみましょう。データには退院日，入院期間，満足度の点数が記録されています（例題データ：病院.mtw）。

日付	期間	満足度	日付	期間	満足度	日付	期間	満足度	日付	期間	満足度	日付	期間	満足度
1/01/01	1	7.0	1/05/01	3	4.2	1/09/01	5	5.6	1/13/01	4	7.0	1/17/01	5	5.2
1/01/01	2	6.5	1/05/01	3	6.5	1/09/01	4	4.5	1/13/01	3	6.8	1/17/01	3	6.2
1/01/01	4	6.0	1/05/01	2	2.2	1/09/01	2	4.5	1/13/01	3	5.0	1/17/01	2	7.0
1/01/01	6	7.0	1/05/01	4	5.5	1/09/01	1	6.0	1/13/01	3	5.5	1/17/01	1	4.6
1/01/01	4	7.0	1/05/01	3	6.0	1/09/01	3	2.0	1/13/01	4	3.4	1/17/01	2	7.0
1/02/01	2	7.0	1/06/01	3	5.8	1/10/01	3	5.2	1/14/01	2	3.0	1/18/01	6	2.2
1/02/01	2	7.0	1/06/01	3	5.6	1/10/01	4	6.0	1/14/01	4	5.8	1/18/01	5	2.5
1/02/01	4	6.2	1/06/01	2	4.0	1/10/01	6	5.5	1/14/01	5	5.0	1/18/01	7	3.8
1/02/01	1	6.0	1/06/01	2	4.0	1/10/01	3	7.0	1/14/01	4	3.0	1/18/01	5	3.5
1/02/01	1	5.2	1/06/01	5	5.8	1/10/01	2	6.5	1/14/01	3	2.0	1/18/01	2	3.5
1/03/01	5	7.0	1/07/01	4	5.2	1/11/01	6	5.5	1/15/01	3	6.8	1/19/01	1	1.0
1/03/01	2	5.4	1/07/01	6	6.4	1/11/01	5	4.4	1/15/01	3	7.0	1/19/01	6	2.0
1/03/01	5	7.0	1/07/01	2	4.5	1/11/01	4	7.0	1/15/01	5	3.5	1/19/01	3	4.0
1/03/01	3	7.0	1/07/01	3	1.5	1/11/01	2	4.0	1/15/01	3	3.0	1/19/01	4	1.0
1/03/01	2	1.4	1/07/01	3	5.6	1/11/01	2	5.0	1/15/01	5	4.0	1/19/01	5	3.2
1/04/01	4	6.0	1/08/01	6	6.0	1/12/01	3	7.0	1/16/01	5	6.5	1/20/01	6	4.2
1/04/01	4	6.2	1/08/01	3	5.8	1/12/01	1	4.0	1/16/01	3	5.8	1/20/01	3	1.0
1/04/01	4	3.5	1/08/01	7	7.0	1/12/01	3	5.0	1/16/01	4	7.0	1/20/01	2	7.0
1/04/01	2	4.5	1/08/01	4	4.5	1/12/01	4	3.8	1/16/01	6	4.0	1/20/01	3	5.6
1/04/01	2	3.0	1/08/01	3	5.2	1/12/01	3	2.0	1/16/01	3	5.0	1/20/01	5	4.0

日付	期間	満足度	日付	期間	満足度	日付	期間	満足度
1/21/01	1	5.6	1/25/01	3	7.0	1/29/01	5	7.0
1/21/01	5	3.5	1/25/01	2	5.5	1/29/01	5	5.5
1/21/01	7	6.5	1/25/01	4	3.5	1/29/01	3	5.8
1/21/01	2	5.0	1/25/01	6	3.0	1/29/01	6	4.0
1/21/01	3	3.0	1/25/01	5	7.0	1/29/01	4	6.2
1/22/01	6	5.2	1/26/01	2	5.4	1/30/01	2	5.3
1/22/01	5	5.6	1/26/01	2	4.2	1/30/01	4	4.0
1/22/01	4	3.5	1/26/01	2	7.0	1/30/01	4	5.8
1/22/01	2	6.2	1/26/01	5	4.5	1/30/01	5	6.2
1/22/01	1	7.0	1/26/01	2	3.6	1/30/01	4	5.8
1/23/01	1	3.0	1/27/01	4	5.6	1/31/01	2	5.8
1/23/01	3	6.0	1/27/01	5	7.0	1/31/01	3	3.5
1/23/01	1	2.5	1/27/01	3	5.2	1/31/01	1	2.0
1/23/01	5	5.5	1/27/01	2	6.5	1/31/01	1	3.0
1/23/01	6	4.8	1/27/01	4	5.2	1/31/01	2	4.2
1/24/01	5	5.8	1/28/01	6	4.8			
1/24/01	4	5.0	1/28/01	6	5.6			
1/24/01	3	7.0	1/28/01	5	2.8			
1/24/01	2	5.0	1/28/01	2	5.0			
1/24/01	2	4.2	1/29/01	2	3.5			

510　第17章　管理図

[実行] 1. データの入力：データは次のように3つの列に入力します。

	C1-D Departure	C2 Stay	C3 Satisfaction
1	1/01/01	1	7.0
2	1/01/01	2	6.5
3	1/01/01	4	6.0
4	1/01/01	6	7.0
5	1/01/01	4	7.0
6	1/02/01	2	7.0
7	1/02/01	2	7.0
8	1/02/01	4	6.2
9	1/02/01	1	6.0
10	1/02/01	1	5.2
11	1/03/01	5	7.0
12	1/03/01	2	5.4
13	1/03/01	5	7.0
14	1/03/01	3	7.0
15	1/03/01	2	1.4
16	1/04/01	4	6.0
17	1/04/01	4	6.2
18	1/04/01	4	3.5

[実行] 2. MINITAB メニュー：統計 ▶ 管理図 ▶ 多変量管理図 ▶ T二乗一般化分散

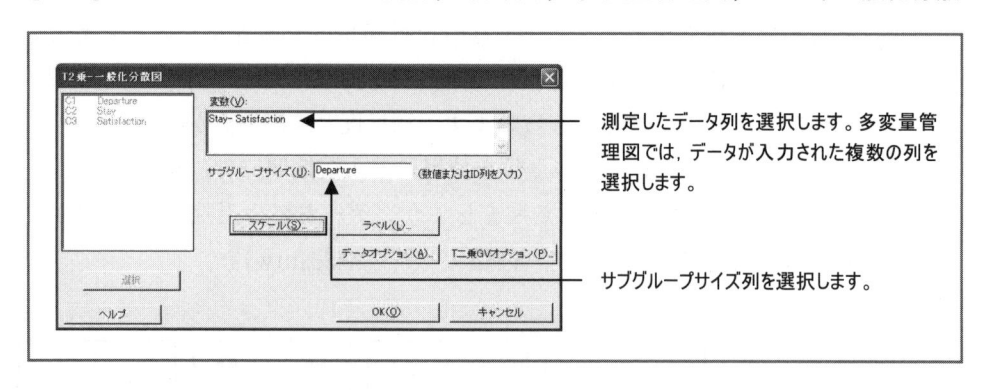

（ダイアログボックス：T2乗一般化分散図）
測定したデータ列を選択します。多変量管理図では，データが入力された複数の列を選択します。
サブグループサイズ列を選択します。

[実行] 3. 結果の出力：下のような結果が，グラフウィンドウとセッションウィンドウに出力されます。

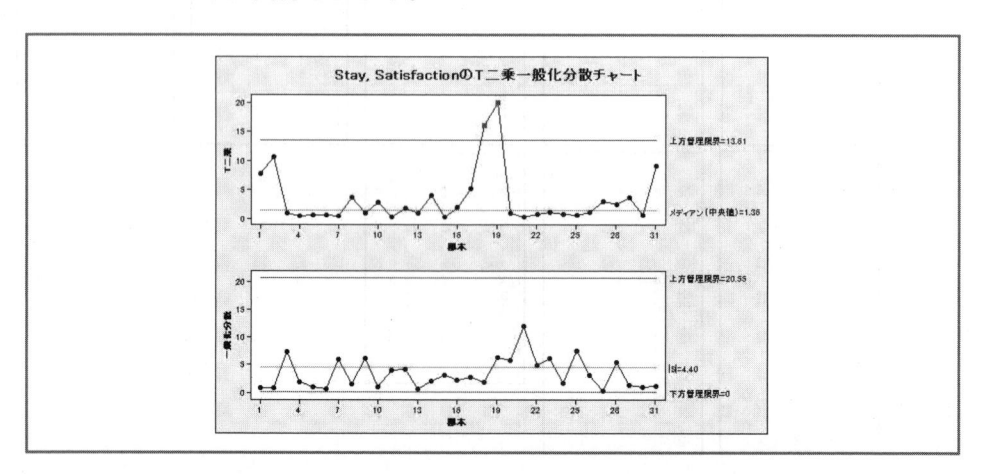

（Stay, SatisfactionのT二乗一般化分散チャート）
上方管理限界=13.81
メディアン（中央値）=1.38
上方管理限界=20.55
|S|=4.40
下方管理限界=0

```
Stay, SatisfactionTsquaredチャートの検定結果

                  点  変数          p値
上方管理限界より大きい  18  Stay         0.0072
                      Satisfaction 0.0010
                  19  Satisfaction 0.0000
```

[実行] 4. 結果の解析

- T二乗管理図では，2つの点が管理限界を超えています。この2点は，1月18と19日です。セッションウィンドウの結果を見ると，各変数が1月18日に有意に影響を及ぼすことがわかります。1月19日では，Satisfactionが管理外れとなっている唯一の変数となっています。2日間の入院期間および満足度に影響を与えた特殊原因が何かを調査する必要があるでしょう。一般化分散管理図では，30日間にわたって，入院期間と満足度の共通変動が管理状態に維持されたことを示しています。

[4] 多変量 EWMA 管理図

多変量の EWMA 管理図です。多変量 EWMA 管理図を使用すると，指数重み付き管理図で互いに関連した複数の工程特性を同時にモニタリングできます。例えば，スプレー乾燥工程において，製品の粒子の大きさを管理するために，注入温度と実験室の温度をモニタリングすることができます。多変量 EWMA 管理図でプロットされた各点には，すべて以前のデータの重みが含まれるので，T二乗管理図のような他の多変量法を使用する時より，小さな工程のずれをいち早く検出できます。

[例題]

ある玩具製造業者の生産管理者は，ある玩具部品の重さと長さをモニタリングしています。今回，20日間，毎日4つの標本を抽出しました。重さと長さが互いに関連があり，これら2つの変数によって発生する小さなずれを検出するため，多変量 EWMA 管理図を利用します（例題データ：玩具.mtw）。

Day	Weight	Length
1	10.10	2.54
1	10.15	2.56
1	10.11	2.55
1	10.12	2.55
2	10.12	2.54
2	10.14	2.57
2	10.08	2.50
2	10.10	2.53
3	10.09	2.50
3	10.15	2.56
3	10.14	2.55
3	10.11	2.53
4	10.07	2.49
4	10.13	2.53
4	10.12	2.52
4	10.11	2.52
5	10.08	2.49
5	10.13	2.54
5	10.12	2.55
5	10.14	2.54
6	10.09	2.52
6	10.16	2.57
6	10.12	2.55
6	10.11	2.54
7	10.10	2.53
7	10.11	2.52
7	10.10	2.50
7	10.09	2.50
8	10.07	2.51
8	10.15	2.57
8	10.11	2.53
8	10.14	2.56
9	10.08	2.51
9	10.14	2.55
9	10.11	2.52
9	10.15	2.56
10	10.14	2.55
10	10.15	2.58
10	10.16	2.57
10	10.08	2.49
11	10.08	2.50
11	10.07	2.51
11	10.07	2.50
11	10.09	2.50
12	10.11	2.50
12	10.12	2.52
12	10.13	2.56
12	10.14	2.57
13	10.11	2.56
13	10.14	2.56
13	10.09	2.50
13	10.13	2.55
14	10.11	2.54
14	10.14	2.56
14	10.10	2.53
14	10.00	2.53
15	10.09	2.53
15	10.15	2.55
15	10.00	2.53
15	10.12	2.54
16	10.10	2.54
16	10.15	2.56
16	10.13	2.54
16	10.08	2.53
17	10.08	2.53
17	10.15	2.54
17	10.13	2.55
17	10.11	2.54
18	10.12	2.55
18	10.17	2.55
18	10.14	2.56
18	10.12	2.55
19	10.09	2.52
19	10.15	2.58
19	10.13	2.54
19	10.12	2.54
20	10.10	2.53
20	10.08	2.53
20	10.07	2.51
20	10.12	2.55

[実行] 1. データの入力：データは次のように3つの列に入力します。

	C1	C2	C3
	Day	Weight	Length
1	1	10.10	2.54
2	1	10.15	2.56
3	1	10.11	2.55
4	1	10.12	2.55
5	2	10.12	2.54
6	2	10.14	2.57
7	2	10.08	2.50
8	2	10.10	2.53
9	3	10.09	2.50
10	3	10.15	2.56
11	3	10.14	2.55
12	3	10.11	2.53
13	4	10.07	2.49
14	4	10.13	2.53
15	4	10.12	2.52
16	4	10.11	2.52
17	5	10.08	2.49
18	5	10.13	2.54

[実行] 2. MINITAB メニュー：統計 ▶ 管理図 ▶ 多変量管理図 ▶ 多変量 EWMA（指数重み付き移動平均）

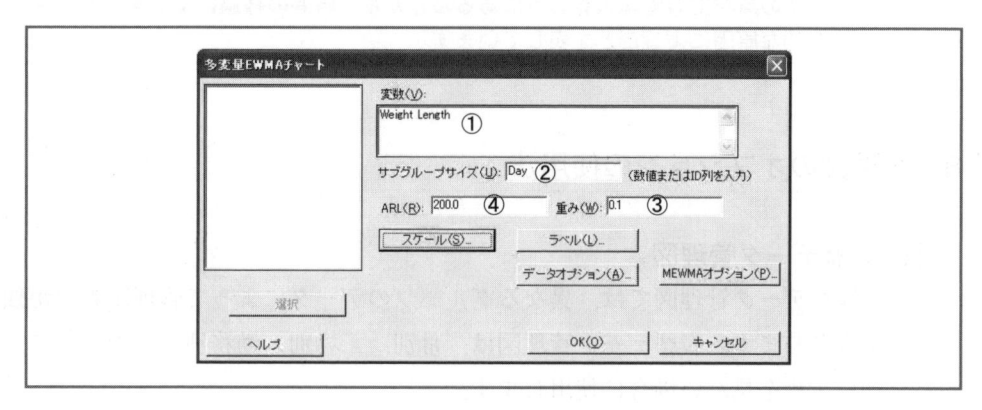

① 測定したデータ列を選択します。多変量管理図では，データが入力された複数の列を選択します。
② サブグループサイズ列を選択します。
③ 多変量 EWMA で使用される重みを指定します。0 から 1 の間で値を指定する必要があります。ここでは，デフォルトのままとします。
④ ARL の長さを入力します。許容される最小値は 1 です。ここでは，デフォルトのままとします。

[実行] 3. 結果の出力：下のような結果が，グラフウィンドウとセッションウィンドウに出力されます。

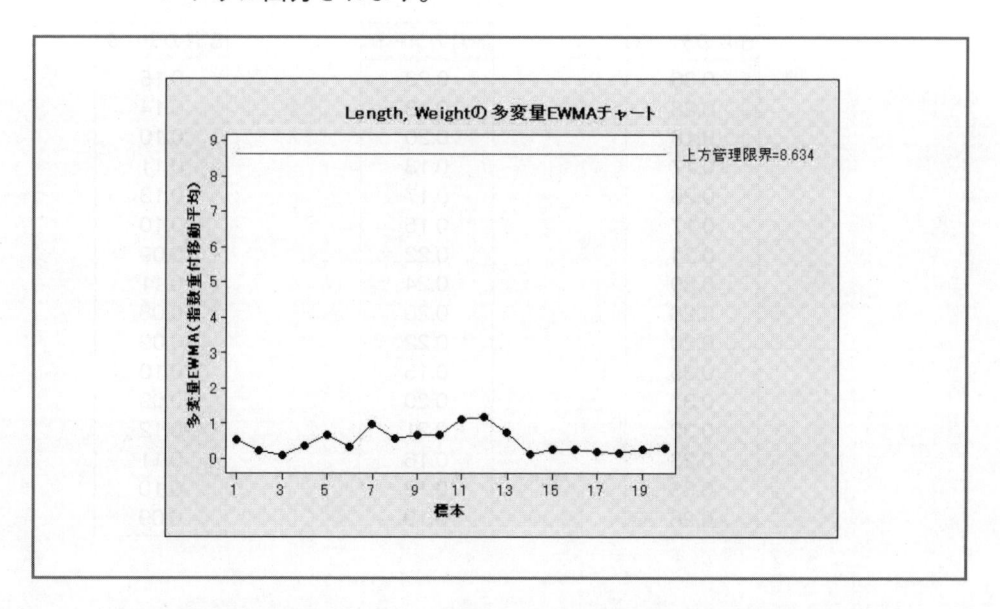

[実行] 4. 結果の解析

・すべての点が上方管理限界の下にあることから，時間の経過による重さと長さの差が一般的な原因によることを表しています。

8. 管理図のオプションの使用法

[1] 履歴データ管理図

履歴データ管理図では，異なるグループのデータによって管理限界線が独立に推定されます。履歴データ管理図は，月別，工場別，勤務別などのように，階層別に工程を見たい場合に使用します。

[例題]

ある製菓品質管理部の責任者は，製品の包装重量に関心を持っています。包装重量は管理状態にありますが，散布度が大きいことがわかっています。そこで工程改善のために，約1ヶ月にわたって標準化を行い，また1ヶ月は改善事項に対して直ちに改善を実行しました。この過程の中で得たデータは次の通りで，これらのデータは改善前（6月），標準化（7月），改善後（8月）にグループ化されています。履歴データ管理図を利用して，個別管理図を表示します（例題データ：包装重量.mtw）。

6月のデータ	7月のデータ	8月のデータ
0.36	0.23	0.15
0.23	0.18	0.14
0.18	0.20	0.10
0.17	0.13	0.11
0.26	0.17	0.13
0.17	0.15	0.10
0.24	0.22	0.09
0.29	0.24	0.11
0.28	0.20	0.08
0.20	0.22	0.09
0.35	0.15	0.10
0.31	0.20	0.09
0.32	0.21	0.12
0.23	0.16	0.11
0.33	0.18	0.10
0.28	0.19	0.09

8. 管理図のオプションの使用法　515

[実行] 1. データの入力：データは次のように2つの列に入力します。

↓	C1	C2-T
	包装重量	月
1	0.36	6月
2	0.23	6月
3	0.18	6月
4	0.17	6月
5	0.26	6月
6	0.17	6月
7	0.24	6月
8	0.29	6月
9	0.28	6月
10	0.20	6月
11	0.35	6月
12	0.31	6月
13	0.32	6月
14	0.23	6月
15	0.33	6月
16	0.28	6月
17	0.23	7月
18	0.18	7月

[実行] 2. MINITAB メニュー：統計 ▶ 管理図 ▶ 変数管理図-個別 ▶ 個別

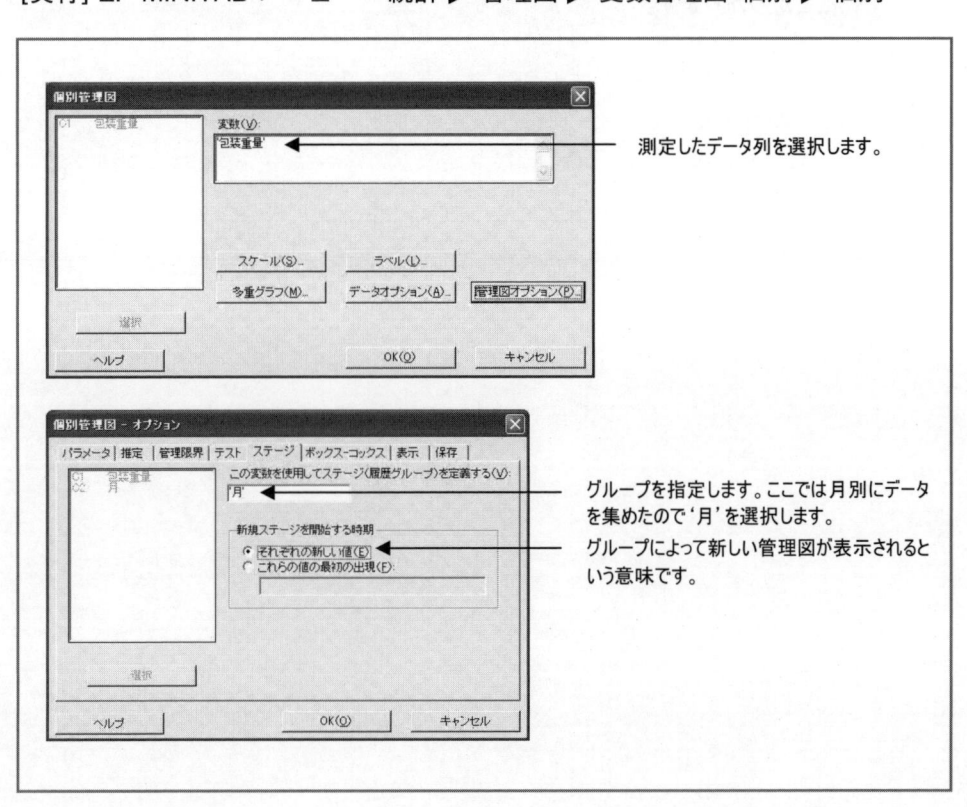

測定したデータ列を選択します。

グループを指定します。ここでは月別にデータを集めたので'月'を選択します。

グループによって新しい管理図が表示されるという意味です。

[実行] 3. 果の出力：下のような結果がグラフウィンドウに出力されます。

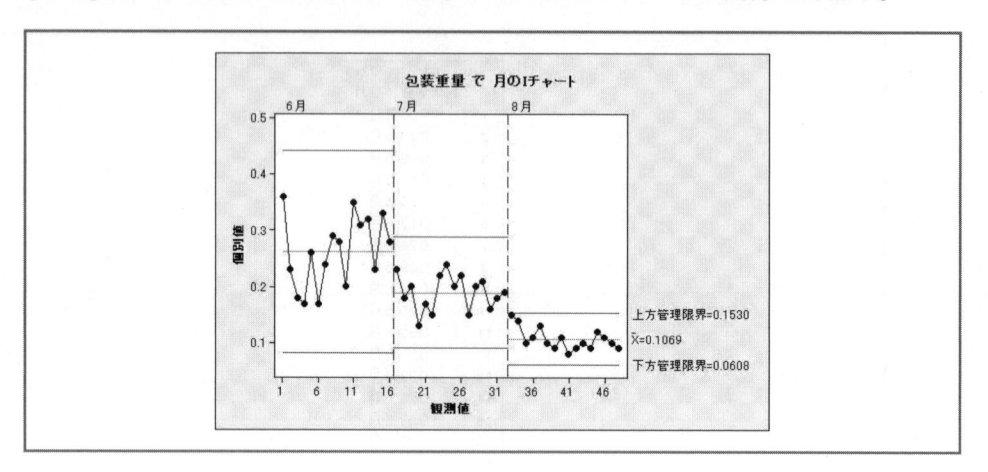

[実行] 4. 結果の解析

・管理図を見ると，6月は散布度が大きくなっています。7月，8月は散布度が減ったことがわかります。

第18章　分散分析（ANOVA）

1. 分散分析の概要
2. 一元配置の分散分析
3. 二元配置の分散分析
4. 平均の分析
5. バランス型分散分析と一般線形モデル
6. バランス型分散分析
7. 一般線形モデル
8. 完全枝分かれ分散分析
9. 等分散性検定
10. 区間プロット
11. 主効果図
12. 交互作用図

1. 分散分析の概要

　測定データ全体の分散を，複数の因子効果に対応する分散と，その残りの誤差分散に分けて検定や推定を実施することを分散分析といいます。分析対象の因子に対して，複数の水準を選択して得られた結果を測定データといいます。このとき，測定データにその差がどう影響を及ぼすのかを調査するのが分散分析です。分散分析は，変動因子を1つの因子による効果と，複数の因子による効果の2種類の因子効果に分けて，それらを線形モデルの固定因子または変量因子と考えて推測を行います。

　測定値に対する変動の大きさは，偏差の二乗和で計算されます。全体の変動を表す総偏差の二乗和は，それぞれの因子効果に対する偏差の二乗和（各因子による変動）と，分析対象の因子では説明できない誤差に対する偏差の二乗和（残差因子による変動）に分解されます。偏差の二乗和は，その因子効果の相対的な大きさを表す寄与率を計算するのにも利用されます。偏差の二乗和をその自由度で割ったものを，平均二乗和（MS）または不偏分散と呼び，特定の因子効果に対する検定は，その不偏分散を誤差分散などで割った分散比（F比）によって実施されます。

[1] MINITABでサポートする分散分析の要約

区分	内容
一元配置の分散分析	・応答変数が1つの列に入力され，見出しが他の列に入力された場合，一元配置の分散分析を実行し，平均の多重比較を実行します。
一元配置の分散分析（積み重ねていないデータ）	・各グループのデータが個別の列に分割されている場合，一元配置の分散分析を実行します。
二元配置の分散分析	・2つの因子が持ついくつかの水準に対して分析をします。データは釣合い型で，因子は固定因子です。
平均の分析	・正規，二項またはポアソン（Poisson）データに対する平均分析図を表示します。
バランス型分散分析	・釣合い型（バランス型）計画のとき，因子が固定，変量，交差，枝分かれに関係なく，1つの応答値に対する分散分析を実行します。
一般線形モデル	・因子が固定，変量，交差，枝分かれがある釣合い型あるいは不釣合い型分散分析モデルを分析します。共変量を含めて，平均の多重比較を実行できます。
完全枝分かれ分散分析	・完全枝分かれ分散分析モデルを分析し，分散成分を推定します。すべての因子は変量であるとみなされています。

バランス型多変量分散分析	・因子が固定，変量，交差，枝分かれがある釣合い型多変量分散分析モデルを分析するメニューです。
一般多変量分散分析	・因子が固定，変量，交差，枝分かれがある釣合い型あるいは不釣合い型多変量分散分析モデルを分析するメニューで，共変量を含めることもできます。
等分散性検定	・分散の同等性を検定するために，バートレット（Bartlett）検定とレベン（Levene）の検定を実行します。2水準の場合，バートレット検定の代わりに F 検定を実行します。
区間プロット	・信頼区間をプロットして，グループの平均の変動を示すグラフを作成します。
主効果図	・主効果に対して生データまたは適合値をプロットします。プロットされた点は，各水準においての平均を示しています。
交互作用図	・交互作用に対してプロットします。交互作用が存在するかどうかを視覚的に判断できます。

2. 一元配置の分散分析（One-Way ANOVA）

[1] 一元配置の分散分析表と検定の順序

■ 分散分析表

変動	二乗和	自由度	分散	F 比	分散の期待値
因子	S_A	$\alpha - 1$	V_A	V_A/V_E	$\sigma_e^2 + n\sigma_A^2$
誤差	S_E	$\alpha(n-1)$	V_E	V_A/V_E	σ_e^2
計	S_T	$\alpha n - 1$			

■ 検定の順序

① 仮説を設定します。帰無仮説は，$H_0 : \mu_A = \mu_B = \mu_C = \mu_D$ です。対立仮説は，$H_1 : \mu_A = \mu_B = \mu_C = \mu_D$ の中で，少なくとも1つは異なるものがあります。

② 有意水準 α を設定します。通常は 0.05 または 0.01 に設定します。

③ 検定統計量 F 値を計算します。 $F = V_A/V_E \left[V_A = \dfrac{S_A}{\alpha - 1}, V_e = \dfrac{S_e}{\alpha(n-1)} \right]$

④ p 値の算出：有意水準 α と比較する確率 p を計算します。p 値は，F 分布において検定統計量 F 値以上の値が発生する確率です。

⑤ 判定

・p 値による判定

・p 値 $\leq$ 有意水準 α → 帰無仮説 H_0 を棄却します。
・p 値 $>$ 有意水準 α → 帰無仮説 H_0 を棄却しません。

・棄却値による判定

- F比 $\geq F(\Phi_A, \Phi_e : \alpha)$ → 帰無仮説 H_0 を棄却します。
- F比 $< F(\Phi_A, \Phi_e : \alpha)$ → 帰無仮説 H_0 を棄却しません。

■ 多重比較

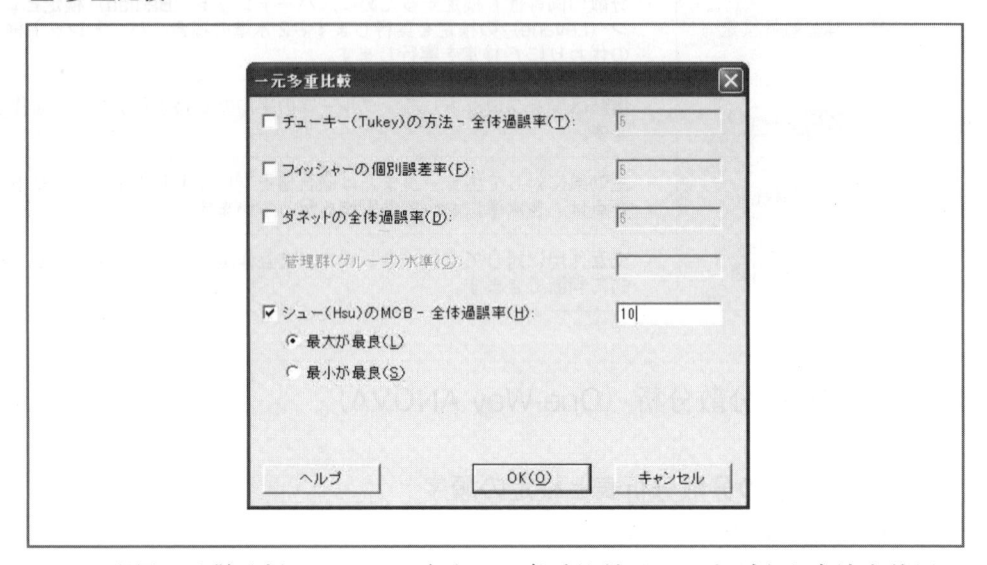

一元配置の分散分析メニューに含まれる多重比較は，さまざまな方法を使用して平均間の差に対する信頼区間を生成します。チューキー（Tukey）の方法，フィッシャー（Fisher）の方法，ダネット（Dunnett）の方法およびシュー（Hsu）のMCB方法を使用できます。

チューキーの方法とフィッシャーの方法は，すべての平均のペアについて差があるかどうか関心がある場合に使用します。ダネットの方法は，1つのデータ（管理群）が特別な意味を持ち，その他の平均はそれと差があるかどうかに関心がある場合に使用します。シュー（Hsu）のMCB方法は，各因子水準の平均と最適因子水準の平均を比較します。最小または最大のいずれの平均を最適とするかを指定する必要があります。

チューキーの方法，ダネットの方法およびシューのMCB検定では，全体過誤率（family error rate）を使用し，フィッシャーの方法では個別過誤率（individual error rate）を使用します。この過誤率は，これら4種類の多重比較が生成した信頼区間に対して有意性の検定を行います。信頼区間が0を含んでいない場合，水準別平均の差がないという帰無仮説は棄却されます。

どの多重比較検定を使用すべきかは，状況に応じて選択します。ダネットの方法やシューのMCB方法が適切にもかかわらず，チューキーの方法を使用するのは非効率的です。その理由は，特定の全体過誤率において，チューキーの信頼区

間はより広くなり，検出力が低くなるからです。同様に，最適か最適に近い水準を識別したい場合には，ダネットの方法よりシューのMCB方法を使用する必要があります。チューキーの方法とフィッシャーの方法のどちらかを選択する場合は，全体過誤率と個別過誤率のどちらを指定するかによって決まります。

ここで全体過誤率と個別過誤率は次のように説明されます。

全体過誤率は，比較の集合全体に対して，第一種の過誤が1つ以上ある確率を指します。

個別過誤率は，個別の比較に対して，第一種の過誤となる確率を指します。

2つの過誤率とも，その値の範囲は0.5～0.001です。入力される値が1.0以上になる場合は，MINITABは自動的にパーセントとみなします。比較に使用される過誤率のデフォルトは5（0.05）に設定されています。

シューのMCB方法は，水準ごとの平均と，その他の水準ごとの平均の最良値との差分について信頼区間を計算します。シューのMCB方法には，2つの選択があります。最大の最良とは，水準の最大平均を最良値とします。最小の最良とは，水準の最小平均を最良値とします。

[例題]

ある成型品の生産工程で，反応温度が生産される製品の強度に影響を与えるものと考えられています。反応温度の変化によって強度がどんな変化をし，またどの温度水準で最も高い強度を得られるかを調べるための実験を行いました。反応温度を因子にして，その水準（A1：60℃，A2：65℃，A3：70℃，A4：75℃）を取り，各温度で4回ずつ繰り返して，全部で16回の実験をランダムな順序で行いました。その結果を分散分析で解析してみましょう（例題データ：反応温度.mtw）。

区　分	因子の水準			
	A1	A2	A3	A4
実験の繰り返し	18.95	10.06	10.92	9.30
	12.62	7.19	13.28	21.20
	11.94	7.03	14.52	16.11
	14.42	14.66	12.51	21.41

第18章 分散分析（ANOVA）

[実行] 1. データの入力：データは次のように2つの列に入力します。

↓	C1-T 反応温度	C2 強度
1	A1	18.95
2	A1	12.62
3	A1	11.94
4	A1	14.42
5	A2	10.06
6	A2	7.19
7	A2	7.03
8	A2	14.66
9	A3	10.92
10	A3	13.28
11	A3	14.52
12	A3	12.51
13	A4	9.30
14	A4	21.20
15	A4	16.11
16	A4	21.41

← それぞれの結果に該当する実験の水準を対応させて入力します。

[実行] 2. MINITAB メニュー：統計 ▶ 分散分析 ▶ 一元配置

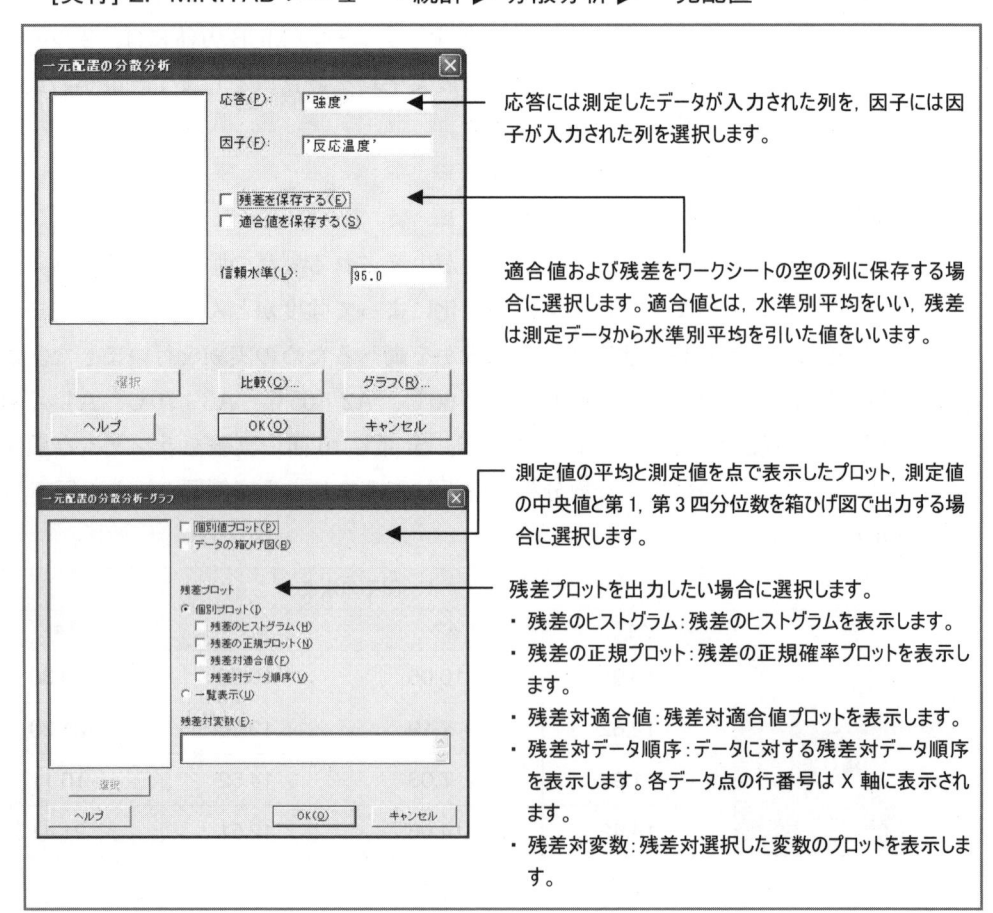

応答には測定したデータが入力された列を，因子には因子が入力された列を選択します。

適合値および残差をワークシートの空の列に保存する場合に選択します。適合値とは，水準別平均をいい，残差は測定データから水準別平均を引いた値をいいます。

測定値の平均と測定値を点で表示したプロット，測定値の中央値と第1，第3四分位数を箱ひげ図で出力する場合に選択します。

残差プロットを出力したい場合に選択します。
- 残差のヒストグラム：残差のヒストグラムを表示します。
- 残差の正規プロット：残差の正規確率プロットを表示します。
- 残差対適合値：残差対適合値プロットを表示します。
- 残差対データ順序：データに対する残差対データ順序を表示します。各データ点の行番号は X 軸に表示されます。
- 残差対変数：残差対選択した変数のプロットを表示します。

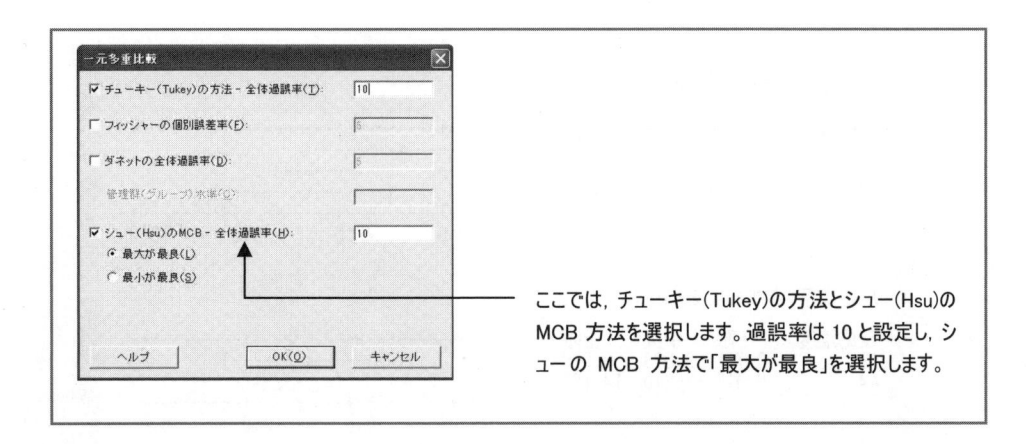

2. 一元配置の分散分析

ここでは，チューキー(Tukey)の方法とシュー(Hsu)のMCB方法を選択します。過誤率は10と設定し，シューのMCB方法で「最大が最良」を選択します。

[実行] 3. 結果の出力：下のような結果がセッションウィンドウに出力されます。

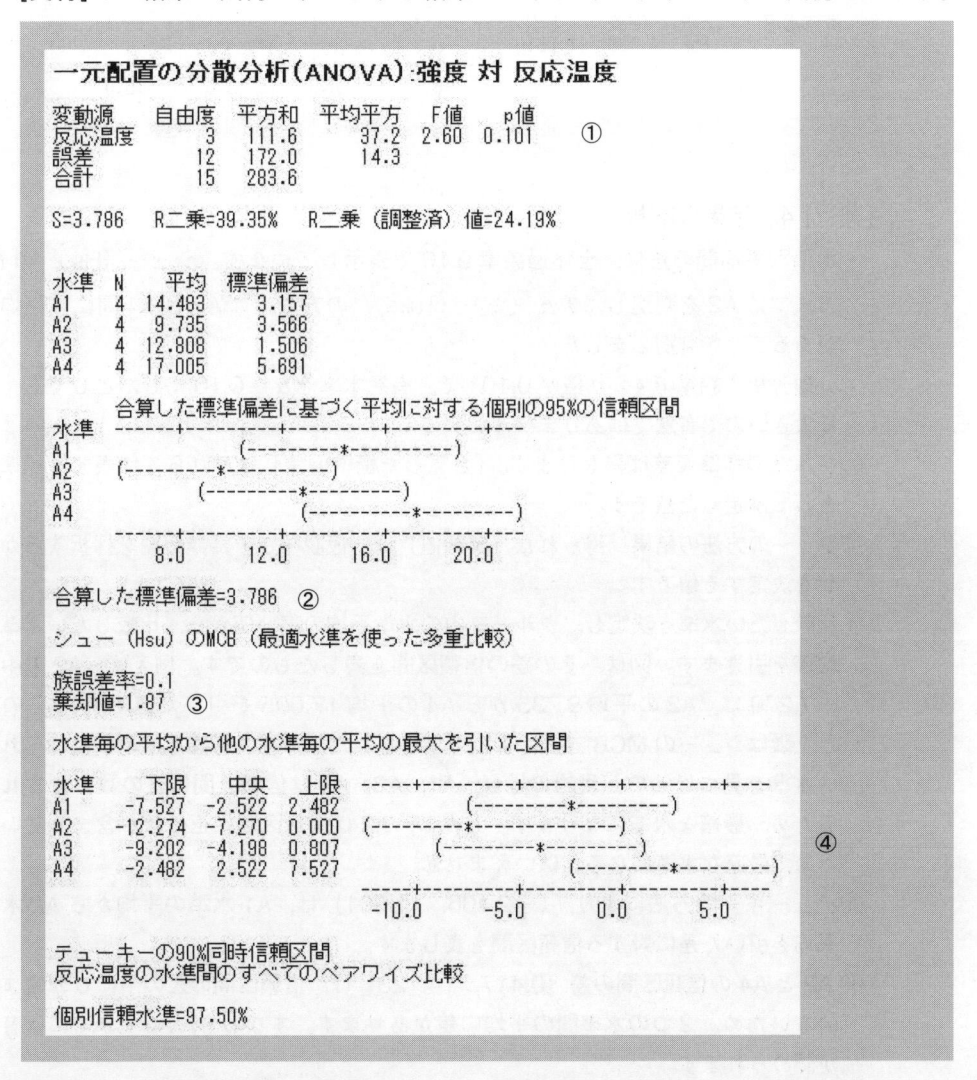

```
一元配置の分散分析(ANOVA):強度 対 反応温度

変動源   自由度  平方和   平均平方   F値    p値
反応温度    3    111.6    37.2    2.60   0.101    ①
誤差       12    172.0    14.3
合計       15    283.6

S=3.786    R二乗=39.35%    R二乗(調整済)値=24.19%

水準  N   平均    標準偏差
A1    4  14.483   3.157
A2    4   9.735   3.566
A3    4  12.808   1.506
A4    4  17.005   5.691

       合算した標準偏差に基づく平均に対する個別の95%の信頼区間
水準   ------+---------+---------+---------+---
A1                     (---------*---------)
A2     (---------*---------)
A3           (---------*---------)
A4                 (---------*---------)
       ------+---------+---------+---------+---
            8.0      12.0      16.0      20.0

合算した標準偏差=3.786   ②

シュー(Hsu)のMCB (最適水準を使った多重比較)

族誤差率=0.1
棄却値=1.87   ③

水準毎の平均から他の水準毎の平均の最大を引いた区間

水準    下限    中央    上限   -----+---------+---------+---------+----
A1     -7.527  -2.522   2.482                (---------*---------)
A2    -12.274  -7.270   0.000    (---------*---------)
A3     -9.202  -4.198   0.807         (---------*---------)     ④
A4     -2.482   2.522   7.527                      (---------*---------)
                               -----+---------+---------+---------+----
                                 -10.0      -5.0       0.0       5.0

テューキーの90%同時信頼区間
反応温度の水準間のすべてのペアワイズ比較

個別信頼水準=97.50%
```

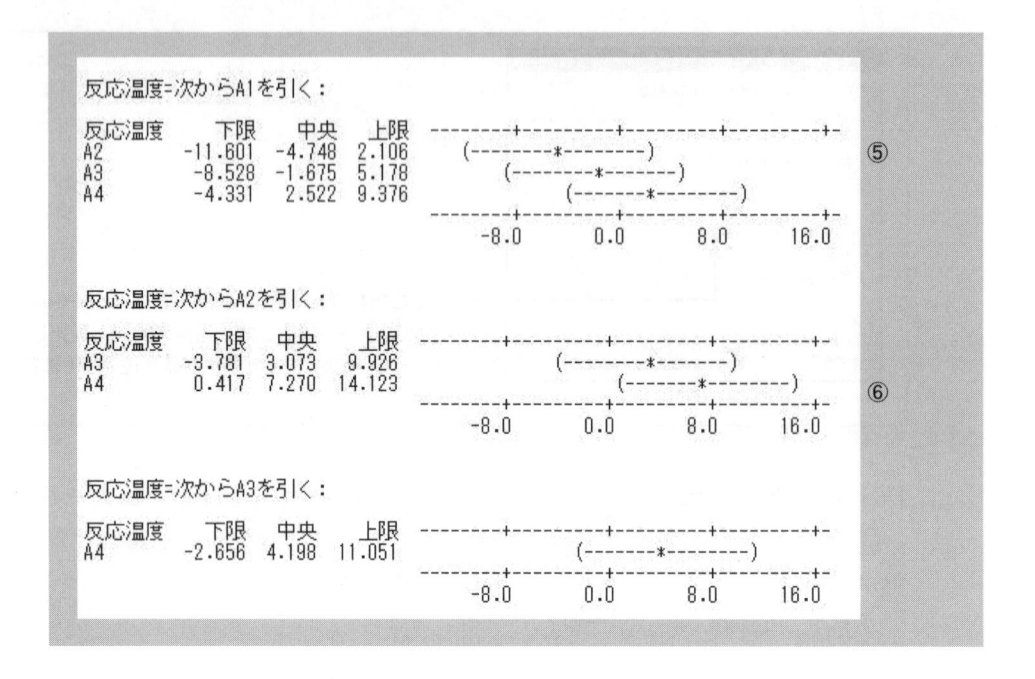

```
反応温度=次からA1を引く：

反応温度    下限    中央    上限   --------+---------+---------+---------+-
A2       -11.601  -4.748  2.106         (---------*--------)
A3        -8.528  -1.675  5.178            (--------*-------)              ⑤
A4        -4.331   2.522  9.376                 (-------*--------)
                                        --------+---------+---------+---------+-
                                              -8.0      0.0      8.0     16.0


反応温度=次からA2を引く：

反応温度    下限    中央    上限   --------+---------+---------+---------+-
A3        -3.781   3.073  9.926                (--------*-------)
A4         0.417   7.270 14.123                     (-------*--------)    ⑥
                                        --------+---------+---------+---------+-
                                              -8.0      0.0      8.0     16.0


反応温度=次からA3を引く：

反応温度    下限    中央    上限   --------+---------+---------+---------+-
A4        -2.656   4.198 11.051                   (--------*--------)
                                        --------+---------+---------+---------+-
                                              -8.0      0.0      8.0     16.0
```

[実行] 4. 結果の解析

- 水準別平均間の差は，全体過誤率 0.10 で表示しています。シュー（Hsu）の MCB 方法では A2 を判別し，チューキー（Tukey）の方法では A2 と A4 間には平均の差があることを判別しました。

① 分散分析の結果です。p 値が 0.101 で，有意水準を $\alpha = 0.10$ にしたとしても，α より大きいので有意ではありません。

② 各水準の標準偏差は異なります。「合算した標準偏差」はこれらを代表する標準偏差として推定した値です。

③ シューの方法の結果，得られた「棄却値」は，仮説検定で帰無仮説を採択するかどうかを決定する値です。

④ 比較したい水準を決定し，グループ内の水準平均の高い値から，比較したい水準の平均値を引きます。図は，その差の信頼区間を表したものです。例えば，A2 の中央値 −7.270 は，A2 の平均 9.735 から A4 の平均 17.005 を引いた値です。A2 の下限と上限はシューの MCB 方法によって求められた値です。最適な水準またはそれに近い水準を見つけるのが目的の場合，A1，A3，A4 は信頼区間に正の数が含まれているため，最適な水準になります。しかし，A2 は信頼区間に正の数が含まれていないため，最適な水準になるとはいえません。

⑤ チューキーの方法により，(−2.106, 11.601) は，A1 水準の平均から A2 水準の平均を引いた差に対する信頼区間を表します。

⑥ A2 と A4 の信頼区間の差 (0.417, 14.123) は，信頼区間の差の中に 0 が含まれていないため，2 つの水準間の平均に差があります。すなわち，A2 と A4 には有意差が認められます。

2. 一元配置の分散分析 525

[例題] 積み重ねていないデータの適用

　ある成型品の生産工程で，反応温度が生産される製品の強度に影響を与えるものと考えられています。反応温度の変化によって強度がどのように変化し，また，どの温度水準で最も高い強度を得られるかを調べるための実験を行いました。反応温度を因子にして水準（A1：60℃，A2：65℃，A3：70℃，A4：75℃）を取り，各温度で4回ずつ繰り返して，全部で16回の実験をランダムな順序で行いました。その結果を分散分析で解析してみましょう（例題データ：反応温度－1.mtw）。

区　分	因子の水準			
	A1	A2	A3	A4
実験の繰り返し	18.95	10.06	10.92	9.30
	12.62	7.19	13.28	21.20
	11.94	7.03	14.52	16.11
	14.42	14.66	12.51	21.41

[実行] 1. データの入力：データは次のように4つの列に入力します。

	C1	C2	C3	C4
	A1	A2	A3	A4
1	18.95	10.06	10.92	9.30
2	12.62	7.19	13.28	21.20
3	11.94	7.03	14.52	16.11
4	14.42	14.66	12.51	21.41

　　　　一元配置の分散分析の場合，このような形態でデータを入力しても，MINITABで分析することができます。

[実行] 2. MINITAB メニュー：統計 ▶ 分散分析 ▶ 一元配置（積み重ねていないデータ）

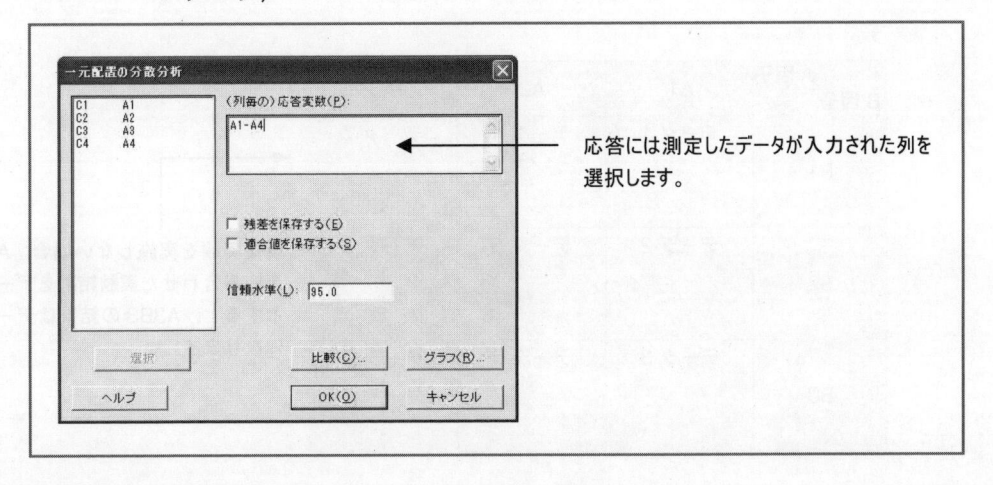

応答には測定したデータが入力された列を選択します。

[実行] 3. 結果の出力：下のような結果がセッションウィンドウに出力されます。

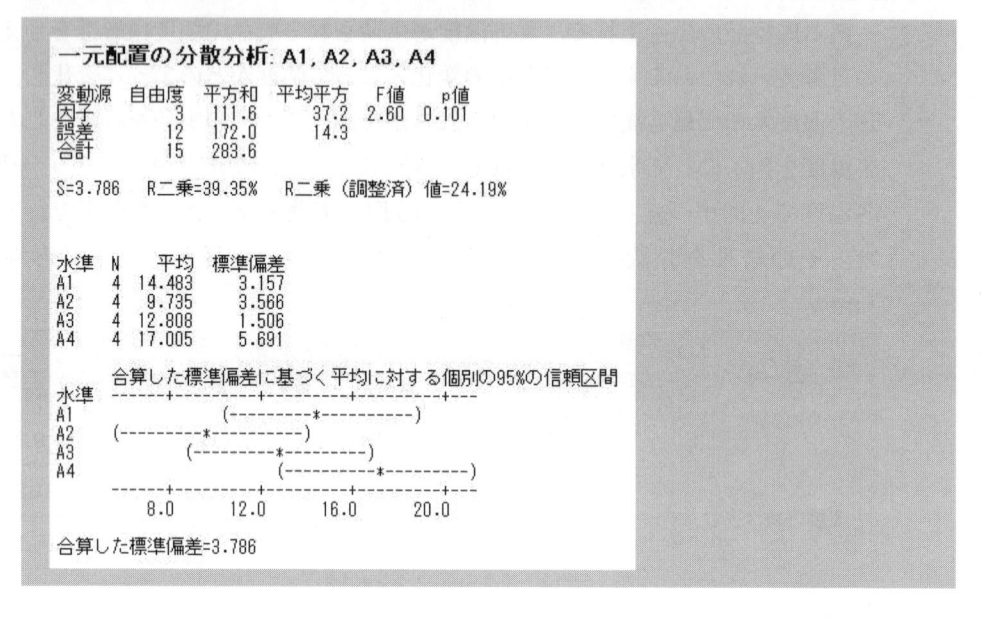

```
一元配置の分散分析: A1, A2, A3, A4

変動源  自由度  平方和  平均平方  F値   p値
因子      3    111.6   37.2   2.60  0.101
誤差     12    172.0   14.3
合計     15    283.6

S=3.786   R二乗=39.35%   R二乗（調整済）値=24.19%


水準  N   平均    標準偏差
A1    4  14.483   3.157
A2    4   9.735   3.566
A3    4  12.808   1.506
A4    4  17.005   5.691

        合算した標準偏差に基づく平均に対する個別の95%の信頼区間
水準    ------+---------+---------+---------+---
A1                      (---------*---------)
A2      (---------*---------)
A3            (---------*---------)
A4                              (---------*---------)
        ------+---------+---------+---------+---
              8.0      12.0     16.0      20.0

合算した標準偏差=3.786
```

[実行] 4. 結果の解析

・一元配置の分散分析の例題1と同じ結果です。

3. 二元配置の分散分析（Two-Way ANOVA）

分析対象となる2つの変数（因子または要因という）を取り，得られたデータから母平均の同一性を検定することを二元配置の分散分析といいます。下の図は，二元配置の分散分析を試行する前の二元配置実験のデータ配列表を示しています。

A因子 B因子	A1	A2	A3
B1	データ1 ・ ・ ・	データ4 ・ ・ ・	データ7 ・ ・ ・
B2	データ2 ・ ・ ・	データ5 ・ ・ ・	データ8 ・ ・ ・
B3	データ3 ・ ・ ・	データ6 ・ ・ ・	データ9 ・ ・ ・

反復実験を実施しない場合，A1B1を組み合わせた実験結果をデータ1とすると，A3B3の結果はデータ9になります。

[1] MINITAB で分析できる二元配置の分散分析の種類

区　　分		内　　容	MINITAB の分散分析使用メニュー
繰り返しのない二元配置	釣合い型計画	・2つの因子は固定因子であり，水準別に1回の実験を実行して得たデータがあるとき	二元配置の分散分析，バランス型分散分析
	不釣合い型計画		一般線形モデル
繰り返しのある二元配置	釣合い型計画	・2つの因子は固定因子であり，水準別に2回以上の実験を実行して得たデータがあるとき	二元配置の分散分析，バランス型分散分析
	不釣合い型計画		一般線形モデル
混合モデル	釣合い型計画	・1つの因子は固定，1つの因子は変量である実験でデータが得られるとき	バランス型分散分析
	不釣合い型計画		一般線形モデル

[2] 二元配置の分散分析表

■ 繰り返しのない二元配置の分散分析表

因子	二乗和	自由度	分散	分散の期待値	F 値	F 棄却値
A	S_A	$l-1$	V_A	$\sigma^2_E + m\sigma^2_A$	V_A/V_E	$F(\Phi_A, \Phi_E;\alpha)$
B	S_B	$m-1$	V_B	$\sigma^2_E + l\sigma^2_B$	V_B/V_E	$F(\Phi_B, \Phi_E;\alpha)$
E	S_E	$(l-1)(m-1)$	V_E	σ^2_E		
T	S_T	$lm-1$				

■ 繰り返しのある二元配置の分散分析表

因子	二乗和	自由度	分散	分散の期待値	F 値	F 棄却値
A	S_A	$l-1$	V_A	$\sigma^2_E + mr\sigma^2_A$	V_A/V_E	$F(\Phi_A, \Phi_E;\alpha)$
B	S_B	$m-1$	V_B	$\sigma^2_E + lr\sigma^2_B$	V_B/V_E	$F(\Phi_B, \Phi_E;\alpha)$
A×B*	$S_{A \times B}$	$(l-1)(m-1)$	$V_{A \times B}$	$\sigma^2_E + r\sigma^2_{A \times B}$	$V_{A \times B}/V_E$	$F(\Phi_{A \times B}, \Phi_E;\alpha)$
E	S_E	$lm(r-1)$	V_E	σ^2_E		
T	S_T	$lmr-1$				

＊ A×B を統計用語で "交互作用" といいます。

第18章 分散分析（ANOVA）

[例題]

　ある工場では，セメントの粉砕工程でセメントの強度に影響を与えるさまざまな因子の中で，優先的に石膏の種類（A）と石膏の添加量として使用されるSO_3の含有量（B）がどのような影響を与え，各因子のどの水準の組み合わせにおいて高い強度を得ることができるのかを実験しました。因子の水準は次の通りで，2回の実験を行い，データを得ました。分散分析を実施してください（例題データ：セメントの強度.mtw）。

- A：石膏の種類（3水準）→ {化学石膏（A1），粉末石膏（A2），混合石膏（A3）}
- B：石膏の添加量（SO_3含有量基準，2水準）→ {1.6％（B1），2.0％（B2）}

B因子 ＼ A因子	A1	A2	A3
B1	34 43	85 68	41 24
B2	57 40	67 53	42 52

[実行] 1. データの入力：データは次のように，3つの列に実験の組み合わせごとに入力します。

	C1-T 石膏の種類(A)	C2-T 石膏の添加量(B)	C3 強度
1	A1	B1	34
2	A1	B1	43
3	A1	B2	57
4	A1	B2	40
5	A2	B1	85
6	A2	B1	68
7	A2	B2	67
8	A2	B2	53
9	A3	B1	41
10	A3	B1	24
11	A3	B2	42
12	A3	B2	52

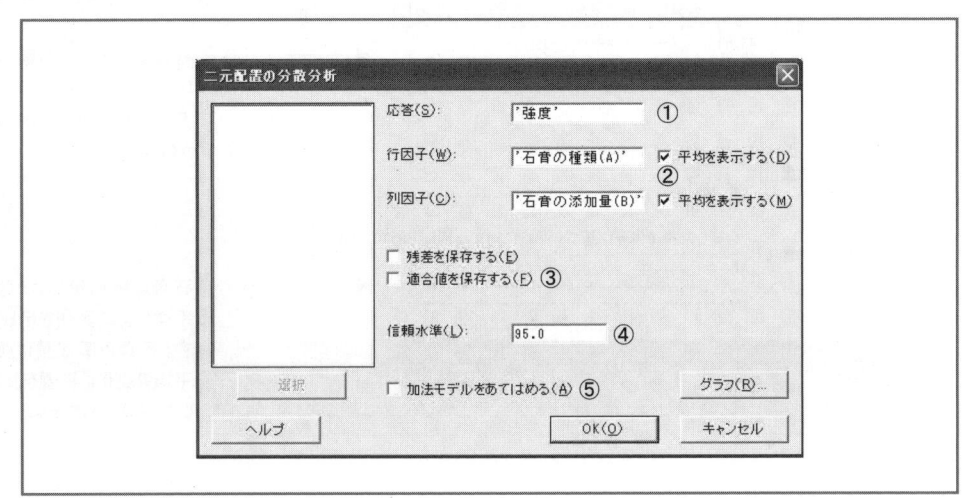

[実行] 2. MINITAB メニュー：統計 ▶ 分散分析 ▶ 二元配置

① 応答には，測定したデータが入力された列を選択します。
② 因子の水準が入力された列を1つずつ選択します。どちらを先に選択しても関係ありません。各因子の水準別平均と信頼区間を出力する場合，「平均を表示する」にチェックを入れます。
③ 適合値をワークシートの空の列に保存します。交互作用と主効果をすべて求めたい場合，適合値はセルの平均になります。「加法モデルをあてはめる」では，交互作用項がないモデルをあてはめる場合にチェックを入れます。この場合，セル (i, j) に対する適合値は，(i 行にある観測値の平均) + (j 列にある観測値の平均) – (全体観測値の平均) で求めることができます。
④ 各平均に対する信頼区間の水準を入力します。
⑤ 交互作用項がないモデルをあてはめる場合に選択します。

[実行] 3. 結果の出力：下のような結果がセッションウィンドウに出力されます。

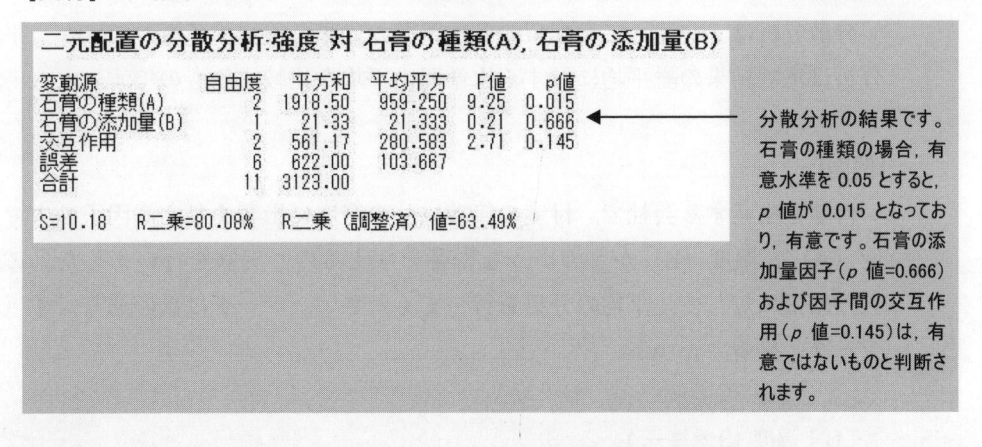

```
二元配置の分散分析：強度 対 石膏の種類(A)，石膏の添加量(B)
変動源         自由度   平方和    平均平方    F値    p値
石膏の種類(A)     2    1918.50   959.250   9.25   0.015
石膏の添加量(B)   1     21.33    21.333   0.21   0.666
交互作用         2    561.17   280.583   2.71   0.145
誤差            6    622.00   103.667
合計           11    3123.00

S=10.18   R二乗=80.08%   R二乗 (調整済) 値=63.49%
```

分散分析の結果です。石膏の種類の場合，有意水準を 0.05 とすると，p 値が 0.015 となっており，有意です。石膏の添加量因子 (p 値=0.666) および因子間の交互作用 (p 値=0.145) は，有意ではないものと判断されます。

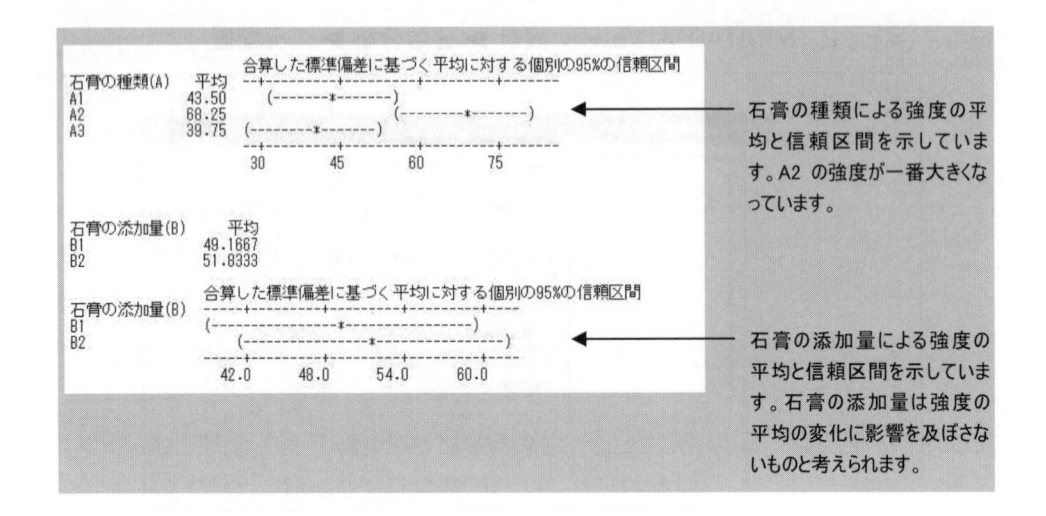

```
石膏の種類(A)   平均      合算した標準偏差に基づく平均に対する個別の95%の信頼区間
A1          43.50      (-------*-------)
A2          68.25                              (--------*--------)
A3          39.75   (-------*-------)
                    30      45      60      75
```

石膏の種類による強度の平均と信頼区間を示しています。A2の強度が一番大きくなっています。

```
石膏の添加量(B)  平均
B1          49.1667
B2          51.8333

石膏の添加量         合算した標準偏差に基づく平均に対する個別の95%の信頼区間
B1          (-----------------*----------------)
B2                      (----------------*-----------------)
            42.0    48.0    54.0    60.0
```

石膏の添加量による強度の平均と信頼区間を示しています。石膏の添加量は強度の平均の変化に影響を及ぼさないものと考えられます。

4. 平均の分析（Analysis of Means）

[1] 平均の分析の概要

平均の分析は，母平均の同質性を検定するために，分散分析に対して視覚的な類推ができるようにします。すなわち，一元・二元配置の実験結果の総平均に対して，それぞれの水準の平均がどのように異なるかを3つのグラフによって示します。このとき，使用されるすべての因子は固定因子です。一元配置の実験の場合，釣合い型計画，不釣合い型計画のどちらでも平均の分析が可能です。一方，二元配置の実験は釣合い型計画の場合にのみ平均の分析が可能です。また，測定データが正規分布，二項分布，ポアソン（Poisson）分布の場合に平均の分析が可能です。

■ 分散分析と平均の分析の差

分散分析は，一元・二元配置の各水準間の効果を検定するものですが，平均の分析は実験結果の総平均に対する水準間の平均を比較するものです。

[例題]

付箋を生産する会社で，付箋の接着成分の密度に影響を与える因子の中で，温度（A）と湿度（B）がどのような影響を与えるのか実験を行いました。この実験の結果に対して，平均の分析を行ってください。データは次の通りです（例題データ：接着力.mtw）。

- A：温度（3水準－10, 15, 20）
- B：湿度（3水準－1, 2, 3）

4. 平均の分析

因子B \ 因子A	10	15	20
1	0 5 2 4	1 4 3 2	2 4 5 4
2	4 7 6 5	6 7 8 7	9 8 10 5
3	7 8 10 7	10 8 10 7	12 9 10 8

[実行] 1. データの入力：データは次のように，3つの列に実験の組み合わせごとに入力します。

	C1 温度(A)	C2 湿度(B)	C3 密度
1	10	1	0
2	10	1	5
3	10	1	2
4	10	1	4
5	10	2	4
6	10	2	7
7	10	2	6
8	10	2	5
9	10	3	7
10	10	3	8
11	10	3	10
12	10	3	7
13	15	1	1
14	15	1	4
15	15	1	3
16	15	1	2

[実行] 2. MINITAB メニュー：統計 ▶ 分散分析 ▶ 平均の分析

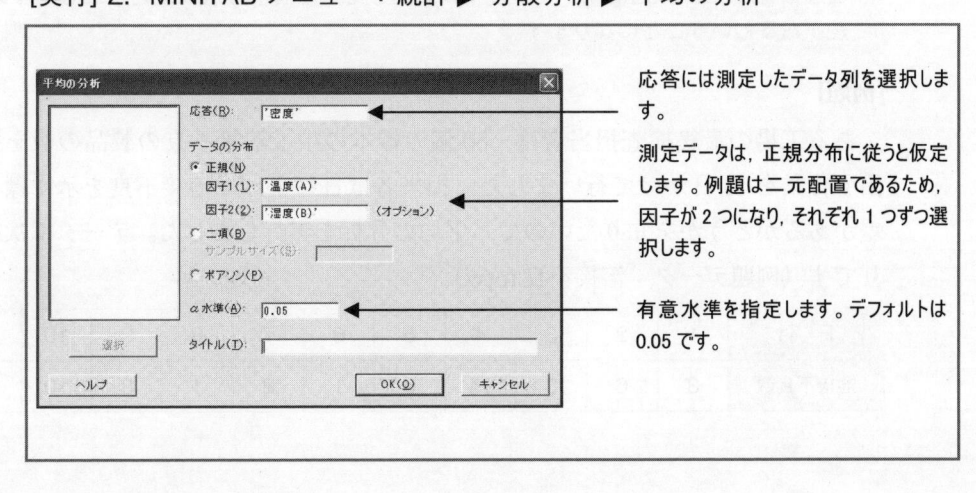

応答には測定したデータ列を選択します。

測定データは，正規分布に従うと仮定します。例題は二元配置であるため，因子が2つになり，それぞれ1つずつ選択します。

有意水準を指定します。デフォルトは0.05です。

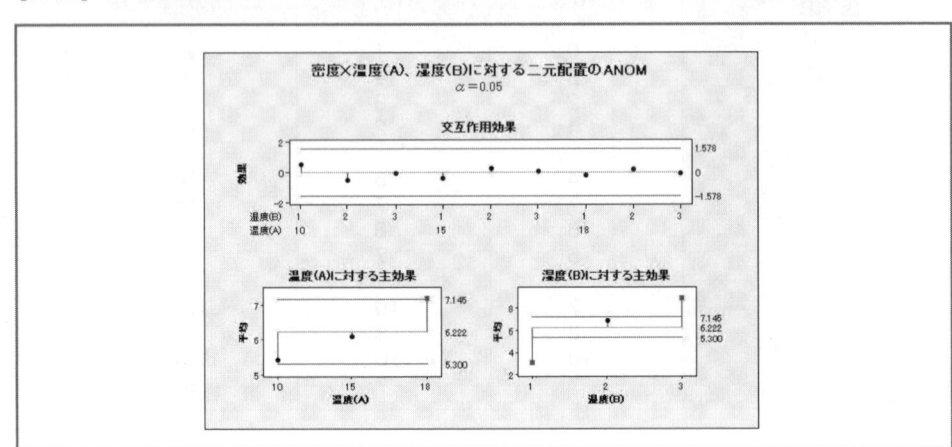

[実行] 3. 結果の出力：下のような結果がグラフウィンドウに出力されます。

[実行] 4. 結果の解析

- 3種類のグラフが出力されます。一番上は交互作用効果に対するグラフであり，下は因子の効果に対するグラフです。グラフは中心線と管理限界線を持っており，グラフの打点は各処理においての平均を意味します。点が限界線の外に出る場合，その点が意味する処理の平均は総平均とは異なるという意味になり，有意であるといえます。
- 二元配置の平均分析の結果に対する解析は次の通りです。まず，交互作用の効果を見ます。もし有意であれば，それ以上主効果に対する考察をする必要はありません。なぜなら，1つの因子の効果はその自体のみの影響ではなく，他の因子水準にも影響しているからです。
- 交互作用を示したグラフでは，管理限界を超える点がないため，交互作用が有意だという証拠はありません。主効果グラフでは，中心線は総平均を示す線，限界線は総平均に基づいた信頼区間，点は因子の処理においての平均を意味します。温度因子の水準3の平均は，限界線を離れていることがわかります。これは有意水準0.05において，総平均に対して温度因子の水準3の平均は差があるということになります。湿度因子のグラフでは，水準1と水準3がそれぞれ限界線を離れていることがわかります。これは有意水準0.05において，総平均に対して湿度因子の水準1と水準3の平均は差があるということになります。

[例題]

ある工場の最終検査担当者は，80個の標本の中で溶接不良の製品の数を探し出す作業を11日かけて行いました。担当者は日によって溶接不良を示す標本に差があるかどうかを知りたいので，平均の分析を実行しました。データは次の通りです（例題データ：溶接不良.mtw）。

日付	1	2	3	4	5	6	7	8	9	10	11
溶接不良数	3	6	8	14	6	1	8	1	8	10	1

[実行] 1. データの入力：データは次のように 1 つの列に入力します。

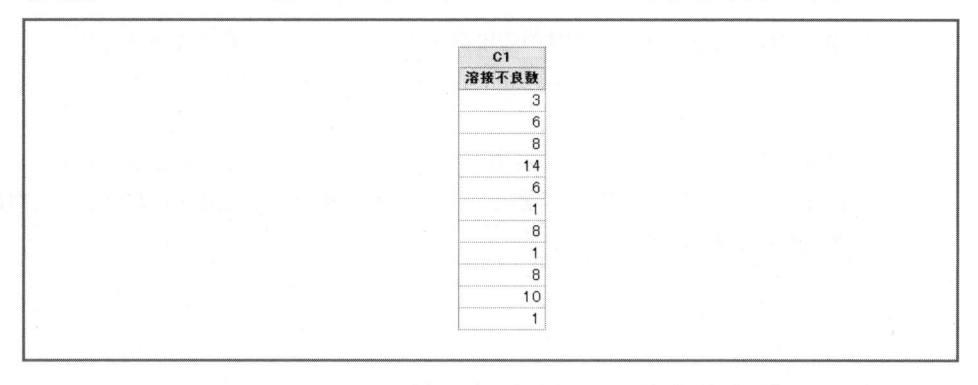

C1
溶接不良数
3
6
8
14
6
1
8
1
8
10
1

[実行] 2. MINITAB メニュー：統計 ▶ 分散分析 ▶ 平均の分析

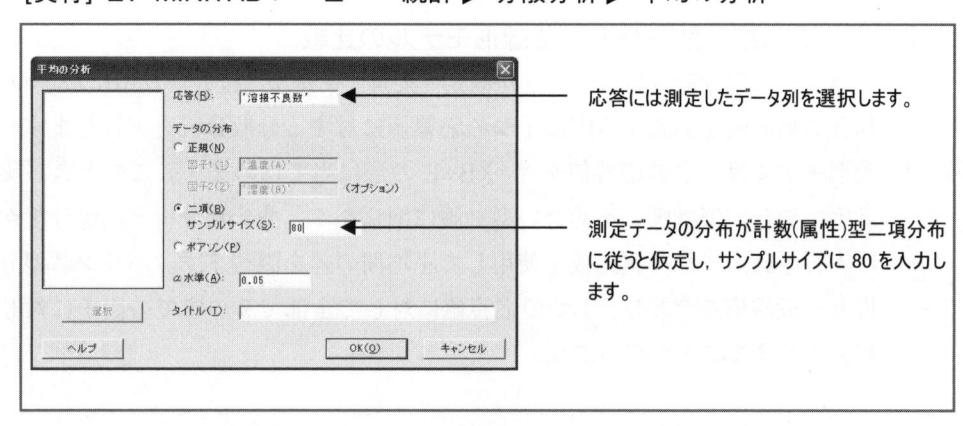

応答には測定したデータ列を選択します。

測定データの分布が計数(属性)型二項分布に従うと仮定し，サンプルサイズに 80 を入力します。

[実行] 3. 結果の出力：下のような結果がグラフウィンドウに出力されます。

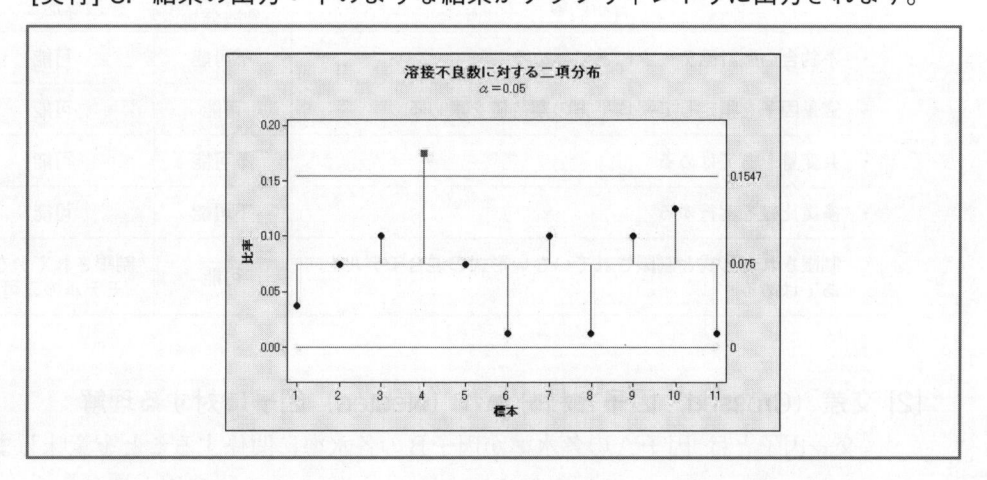

[実行] 4. 結果の解析

- 中心線は，全体標本数あたりの溶接不良数が占める平均不良率を意味します。
- それぞれの限界線は中心線を基準に設定され，この限界線を離れると，平均不良率と差があると判断します。
- グラフを見ると，標本4の不良率が限界線を超えていることがわかります。これは標本4のサンプリング方法に誤りがあったか，あるいは生産されたロットに問題があったと推測できます。

5. バランス型分散分析と一般線形モデル

[1] バランス型分散分析と一般線形モデルの比較

バランス型分散分析は，因子が固定，変量，交差型，枝分かれ型にかかわらず，釣合い型計画を実施する際に1つの応答値に対する分散分析を実行します。一般線形モデルは1つの応答値を $Y=XB+E$ の形に当てはめます。このとき，実験の計画は釣合い型計画，不釣合い型計画に関係なく，共分散分析と回帰分析が同時に実行され，また多重比較を使用して平均間の差を調べます。バランス型分散分析と一般線形モデルは，1つの応答値に対して全部で9つまでの因子に対して分析を実行することができます。

■ バランス型分散分析と一般線形モデルの比較表

分析内容	バランス型分散分析	一般線形モデル
・ 不釣合い型計画データにあてはめる	不可能	可能
・ 変量因子を指定して平均平方の期待値を求める	可能	可能
・ 共変量をあてはめる	不可能	可能
・ 多重比較を実行する	不可能	可能
・ 制限された形式と制限されていない形式の混合モデルをあてはめる	可能	制限されていないモデルのみ可能

[2] 交差（Crossed）因子と枝分かれ（Nested）因子に対する理解

交差因子とは，因子Aの各水準が因子Bの各水準に関係することを意味します。例えば，図のように工場と作業者という2つの因子がある場合，製品がそれぞれの工場でそれぞれの作業者によって生産されたのであれば，これらは交差因子になります。

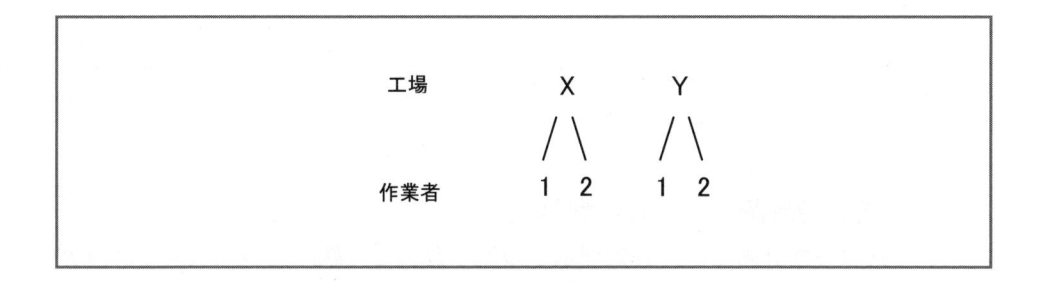

```
             工場        X     Y
                       / \   / \
             作業者    1   2 1   2
```

枝分かれ因子とは，因子Bの各水準が因子Aの1つの水準に関係することを意味します。例えば，図のように工場と作業者という2つの因子がある場合，製品がそれぞれの工場で違う作業者によって生産されたのであれば，作業者は枝分かれ因子になります。

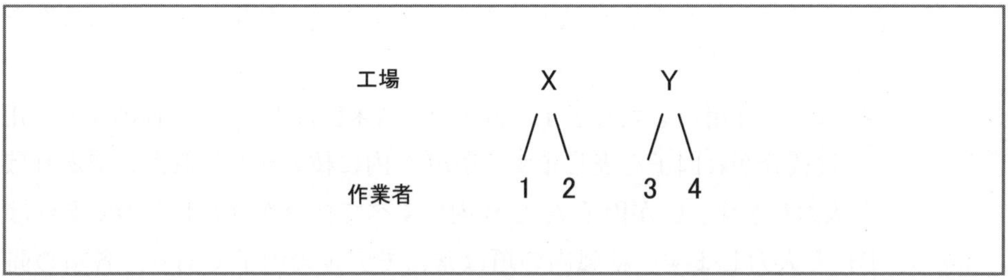

```
             工場        X     Y
                       / \   / \
             作業者    1   2 3   4
```

因子に交差または枝分かれがあるかどうかは，モデルの規格と一緒に指定します。因子に対する正確な誤差項を得るためには，正確に指定することが重要です。

[3] 固定因子（Fixed Factor）と変量因子（Random Factor）に対する理解

固定因子は，因子水準が実験者によって制御できる場合，因子は固定とみなされます。作業者という因子があり，因子に3つの水準があると仮定します。結果をこの3人の作業者だけに適用する場合，因子は固定になります。一方，変量因子は因子の水準が母集団からランダムに選択された場合，その因子は変量とみなされます。3人の作業者が多数の作業者の中からランダムに抽出され，結果をすべての作業者に適用する場合，因子は変量になります。

変量因子は，分散要素の推定と検定のみを対象とします。固定因子と変量因子間に交互作用がある場合，これを混合効果といいます。MINITABのバランス型分散分析では，混合効果の和を制限するかどうかを選択できます。

[4] 共変量（Covariates）

共変量は，分散分析モデルまたは回帰モデルに含まれる量的変数です。共変量は，計画の一部として水準が制御されない変数です。共変量は，測定された値に

対する変数であり，誤差分散を減少させるためにモデルに含まれます。また，回帰モデルにおいて共変量が予測変数である場合，共変量の係数がモデルに含まれます。

[5] 釣合い型計画と不釣合い型計画

釣合い型計画とは，各処理水準の組み合わせの観測値の数が同じ計画をいいます。一方，不釣合い型計画は，各処理水準の組み合わせの観測値の数が異なる計画をいいます。

[6] MINITAB で使用するモデル記号に対する定義

バランス型分散分析および一般線形モデル分析の場合，モデル式を MINITAB に入力します。このとき，以下のようにモデル式を使用するための規則を守る必要があります。

- ＊は交互作用項を表します。例えば，A＊B は因子 A と B の交互作用です。
- （ ）は枝分かれ因子を表します。B が A 内に枝分かれされたのであれば，B(A) と入力します。C が因子 A と B 内にすべて枝分かれされたのであれば，C（A B）と入力します。括弧内の項は常にモデルの因子であり，各項の間はスペースで区分します。
- 交差因子を表す場合，｜．または！を使用してモデルを簡単に表示し，項を除去する場合，－を使用します。
- 1つの項に交差因子と枝分かれ因子がすべてある場合は，＊（または交差項）を先に表示します。

区　分	統計的モデル	モデル記号
交差された2つの因子 （A，B）	$y_{ijk} = m + a_i + b_j + ab_{ij} + e_{k(ij)}$	A B A＊B
交差された3つの因子 （A，B，C）	$y_{ijkl} = m + a_i + b_j + c_k + ab_{ij} + ac_{ik} + bc_{jk} + abc_{ijk} + e_{l(ijk)}$	A B C A＊B A＊C B＊C A＊B＊C
枝分かれされた3つの因子 （B は A に枝分かれ， C は A と B 内に枝分かれ）	$y_{ijkl} = m + a_i + b_{j(i)} + c_{k(ij)} + e_{l(ijk)}$	A B (A) C (A B)
交差されて枝分かれされた 3つの因子 （B は A に枝分かれ， A と B はすべて C と交差）	$y_{ijkl} = m + a_i + b_{j(i)} + c_k + ac_{ik} + bc_{jk(i)} + e_{l(ijk)}$	A B (A) C A＊C B＊C (A)

[7] 共変量を含めるモデル記号に対する定義（一般線形モデルで使用可能）

一般線形モデルでは，変数を共変量に指定できます。共変量はMINITABの共変量メニューで指定する必要がありますが，モデルに共変量を入力することもできます。共変量を交差させるか，あるいは枝分かれさせない場合，モデルに入力する必要はありません。下の表はこのようなモデルに対するいくつかの例です。ここで，Aは因子を表します。

区　分	共変量	モデル記号
傾き同質性検定（共変量が因子と交差）	X	A X A*X または A|X
共変量が2次式（共変量が自身と交差）	X	A X X*X
2つの共変量が完全2次式（共変量が交差）	X Z	A X Z X*X Z*Z X*Z
因子Aの各水準に対する傾きの分離 （共変量が因子内で枝分かれ）	X	A X（A）

[8] MINITABで使用するモデル記号の縮約型

元のフォーマット	縮約型
A B C A*B A*C B*C A*B*C	A|B|C
A B C A*B A*C B*C	A|B|C － A*B*C
A B C D A*B A*C A*D B*C B*D C*D A*B*D A*C*D B*C*D	A|B|C|D － A*B*C － A*B*C*D
A B（A）C A*C B*C（A）	A|B（A）|C

[9] 特殊な計画

一部の実験計画は，測定が困難な場合や測定に多くの費用がかかる場合に，効果的に情報を提供し，あるいは処理の推測において不必要な変動性の効果を最小化できます。ここでは，よく使用される3つの計画について説明します。

- **ランダムブロックデザイン（乱塊法；Randomized block design）**

ランダムブロックデザイン（乱塊法）は，離散型の単位（例：位置，運営者，工場，バッチ，時間）と関連する場合に，変動性の効果を最小化するために使用されます。通常は，各ブロック内の各処理の組み合わせを1回ずつ無作為化（ランダム化）します。一般にブロックに対しては本質的な関心を置かず，ブロックは変量因子とみなされます。従って，ブロックと処理の交互作用は0と仮定し，この交互作用は処理効果を検定するための誤差項となります。AとBが因子で，ブロック変数の名をBlockと仮定すれば，モデルにBlock，A，B，A*Bを入力し，変量因子にBlockを入力します。

・**分割法（Split-plot design）**

　分割法は，分析対象となる因子が2つ以上あり，完全無作為化が不可能な場合，1つの因子の水準をブロックとみなして制限された無作為化を試行する計画法です。これは，一種の2重ブロック化計画で，2つの完全無作為化計画を重ねておき，実験単位をより小さい実験単位に分割して，お互いに異なる因子の水準に位置付けする場合に有用な方法です。分割法には，メインプロット（main plot）とサブプロット（sub plot）の概念があります。メインプロットは，実験において最初に決定される因子水準をいいます。サブプロットは，メインプロット内で実験順序が再び決定される因子水準をいいます。メインプロットに位置付けされた因子はブロック因子のようにみなすため，メインプロット（ブロック）の効果とメインプロットに位置付けされた因子の効果は互いに交絡されます。サブプロットに位置付けされる因子は完全無作為化によって実験が実施されるため，より明確にその効果を検証できます。分割法における検定は，メインプロット効果はメインプロット誤差に準じ，サブプロット効果はサブプロット誤差に準じて検定を行います。分析対象となる因子がA，Bの2つであり，Aがメインプロットとなる分割法の場合，モデルにBlock，A，Block＊A，B，A＊Bを入力し，変量因子にBlockを入力します。

・**ラテン方格法（Latin square with repeated measure design）**

　ラテン方格法は3因子の実験に用いられ，各因子の水準数が必ず同一でなければなりません。これは因子間の交互作用を検出できないという短所がありますが，主効果の情報を簡単に得たい場合に使用されます。

[10] 因子水準の組み合わせを作る

　MINITABでデータを分析するためには，水準の組み合わせを適切に作って，水準の組み合わせに合わせてデータを入力する必要があります。水準の組み合わせを作る方法は，MINITABの 計算 ▶ パターンデータ作成 ▶ 単純な数値セットを選択します。

[例題]

　次のような水準の組み合わせを作ってみましょう。

因子B \ 因子A	1	2	3
1	11 11	21 21	31 31
2	12 12	22 22	32 32

[実行] 1. MINITAB メニュー：計算 ▶ パターンデータ作成 ▶ 単純な数値セット

A	B
1	1
1	1
1	2
1	2
2	1
2	1
2	2
2	2
3	1
3	1
3	2
3	2

・A因子に対する水準の組み合わせを作ります。

単純な数値セット
- パターンデータの保存場所(S)：c1　①
- 最初の値(F)：1　②
- 最後の値(T)：3　③
- ステップ(D)：1　④
- 各値をリストする回数(V)：4　⑤
- 系列をリストする回数(O)：1　⑥

・B因子に対する水準の組み合わせを作ります。

単純な数値セット
- パターンデータの保存場所(S)：c2　⑦
- 最初の値(F)：1
- 最後の値(T)：2
- ステップ(D)：1
- 各値をリストする回数(V)：2
- 系列をリストする回数(O)：3　⑧

① 生成される水準の組み合わせが入る列を指定します。
② 水準の組み合わせの最初の値を入力します。
③ 水準の組み合わせの最後の値を入力します。
④ どのくらいの間隔でステップするかを入力します。
⑤ 該当の水準の組み合わせの値が何回リストするかを入力します。
⑥ 一度生成された組み合わせが何回リストするかを指定します。
⑦ 生成される水準の組み合わせが入る列を指定します。
⑧ A因子の組み合わせを作った場合と同様に入力します。

[実行] 2. 結果の出力：下のような結果がワークシートに生成されます。

C1	C2
A	B
1	1
1	1
1	2
1	2
2	1
2	1
2	2
2	2
3	1
3	1
3	2
3	2

6. バランス型分散分析（Balanced ANOVA）

バランスとはすべての処理の組み合わせにおいて，必ず同じ観測値数を持たなければならないという意味です。このような条件で行う分散分析をバランス型分散分析といいます。

[1] データ
- 一元配置の場合，バランスが崩れても，バランス型分散分析は利用できます。
- A因子に3つの水準があり，BがAの中で枝分かれしている場合を考えてみます。Aの最初の水準の中でBに4つの水準がある場合，Aの2番目の水準と3番目の水準でも，Bは4つの水準を持つ必要があります。

[2] 制約型モデルと無制約型モデルの混合モデル

混合モデルは，固定因子と変量因子が共にあるモデルです。1つは制約型モデル（制限されたモデル）と呼ばれ，固定効果に対応する添字上で合計がゼロになるような交差，混合項を必要とします。一方，無制約型モデル（制限されていないモデル）はこれを必要としません。バランス型分散分析では，制約型と無制約型の両方を利用できます。MINITABでは，無制約型のモデルがあてはめられていますが，制約型のモデルをあてはめることもできます。制約型と無制約型の選択は，分散分析内の平方和，自由度，平均平方または周辺分布平均とセル平均の和に影響を与えません。しかし，平均平方の期待値，F検定で使用された誤差項および推定された分散成分には影響を与えます。制約型と無制約型のどちらのモデルを選ぶべきかという理由は，統計学的にはっきり定義されているわけではありません。

[3] 平均平方の期待値

因子が固定因子の場合，MSE（平均平方誤差）でF比を計算します。因子が変量因子の場合，F比の誤差項を決定するために平均平方の期待値を調べる必要があります。
- **合成テスト**：あてはめられたモデルの中で1つの項に対する正確なF検定がない場合，近似F検定を構成するための適切な誤差項を求めます。
- **分散成分の推定値**：分散成分の推定値は，一般に分散分析の不偏推定値です。この推定値は，計算された各平均平方がその平均平方の期待値に等しくなるように設定することで求めることができます。この方法を使用する際に推定値が負の値になることがあり，その場合，分散成分の推定値は0に設定されます。これは，あてはめられたモデルがデータに対して適切でない場合があることを意味します。

6. バランス型分散分析 541

[例題]（3因子実験-2因子：固定因子，1因子：変量因子）

　たわしの吸水力に影響を与える因子が時間（A）と吐出圧力（B）であることを調べるために，変量因子で Batch（R）を追加して実験を行いました。この実験結果に対して，バランス型分散分析を実行してください（例題データ：吸水力.mtw）。

- A：時間（2水準）：〔A1= 1 時間，A2= 2 時間〕
- B：吐出圧力（3水準）：〔B1= 3kg/m³，B2= 5kg/m³〕
- R：Batch（6Batch）

Batch 1		Batch 2		Batch 3		Batch 4		Batch 5		Batch 6	
A1B1	3.1	A1B1	3.8	A1B1	3.0	A1B1	3.4	A1B1	3.3	A1B1	3.6
A1B2	7.5	A1B2	8.1	A1B2	7.6	A1B2	7.8	A1B2	6.9	A1B2	7.8
A2B1	2.5	A2B1	2.8	A2B1	2.0	A2B1	2.7	A2B1	2.5	A2B1	2.4
A2B2	5.1	A2B2	5.3	A2B2	4.9	A2B2	5.5	A2B2	5.4	A2B2	4.8

[実行] 1. データの入力：データは次のように 4 つの列に入力します。

	C1-T Batch(R)	C2-T 時間(A)	C3-T 吐出圧力(B)	C4 吸水力
1	1	A1	B1	3.1
2	1	A1	B2	7.5
3	1	A2	B1	2.5
4	1	A2	B2	5.1
5	2	A1	B1	3.8
6	2	A1	B2	8.1
7	2	A2	B1	2.8
8	2	A2	B2	5.3
9	3	A1	B1	3.0
10	3	A1	B2	7.6
11	3	A2	B1	2.0
12	3	A2	B2	4.9
13	4	A1	B1	3.4
14	4	A1	B2	7.8
15	4	A2	B1	2.7
16	4	A2	B2	5.5
17	5	A1	B1	3.3

第18章 分散分析（ANOVA）

[実行] 2. MINITAB メニュー：統計 ▶ 分散分析 ▶ バランス型分散分析

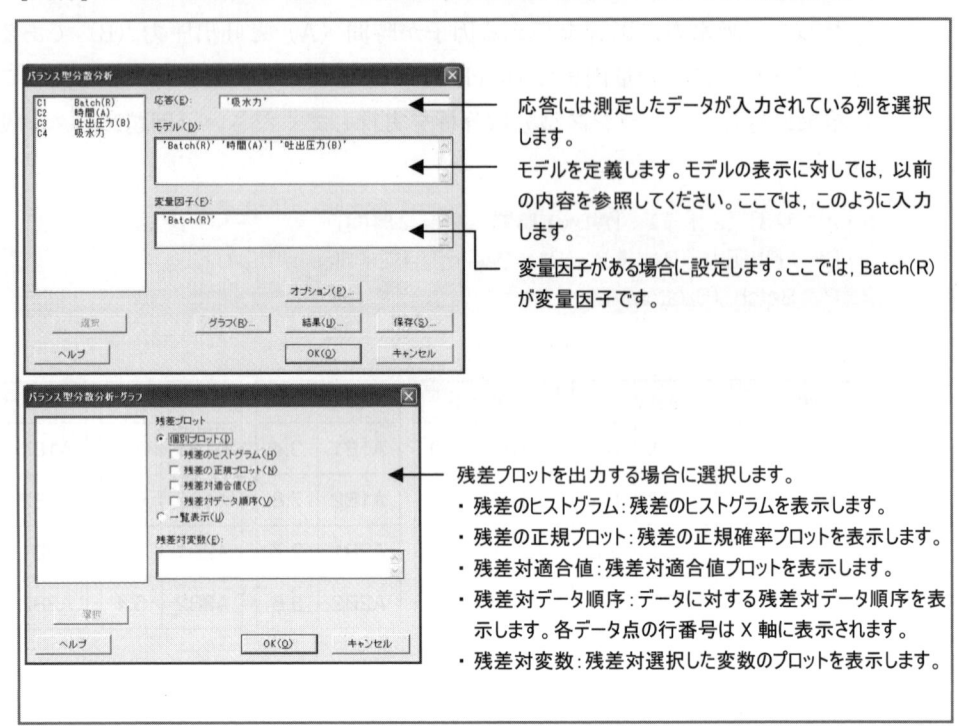

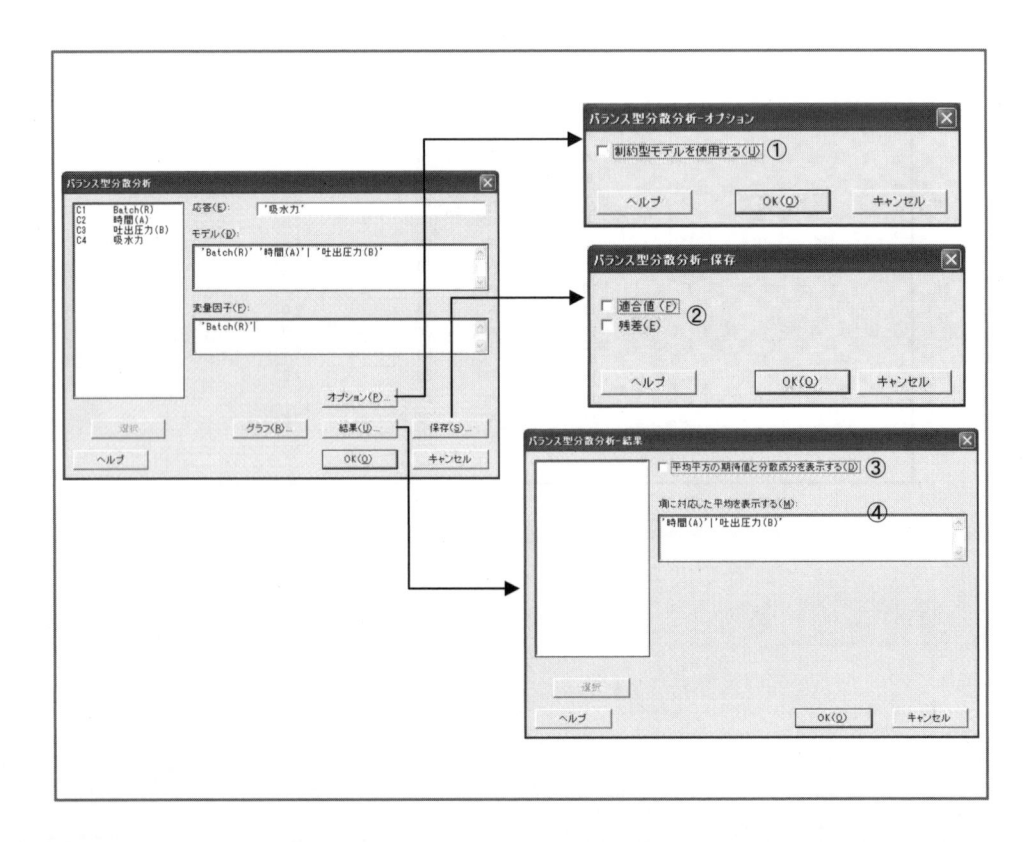

- 応答には測定したデータが入力されている列を選択します。
- モデルを定義します。モデルの表示に対しては、以前の内容を参照してください。ここでは、このように入力します。
- 変量因子がある場合に設定します。ここでは、Batch(R) が変量因子です。
- 残差プロットを出力する場合に選択します。
  - 残差のヒストグラム：残差のヒストグラムを表示します。
  - 残差の正規プロット：残差の正規確率プロットを表示します。
  - 残差対適合値：残差対適合値プロットを表示します。
  - 残差対データ順序：データに対する残差対データ順序を表示します。各データ点の行番号は X 軸に表示されます。
  - 残差対変数：残差対選択した変数のプロットを表示します。

① このオプションは，固定因子と変量因子が共にモデルにあてはめられる場合，選択するかどうかを決定できます。バランス型分散分析でのみ提供するメニューです。この例題では，選択しないことにします。

② 適合値および残差をワークシートの空の列に保存する場合に選択します。適合値とは，水準別平均をいい，残差は測定データから水準別平均を引いた値をいいます。この例題では，選択しないことにします。

③ 平均平方の期待値，推定分散成分および各F検定に使用された誤差項（分母）が入っている表を表示します。この例題では，選択しません。

④ モデルと関連した平均と標本の大きさをセッションウィンドウに出力します。主に固定因子に対して選択します。ここでは '時間（A）| 吐出圧力（B）' を入力しました。これにより，時間因子の水準別平均，吐出圧力因子の水準別平均，時間と吐出圧力の交互作用に対する水準別平均を標本の大きさと共に表示します。

[実行] 3. 結果の出力：下のような結果がセッションウィンドウに出力されます。

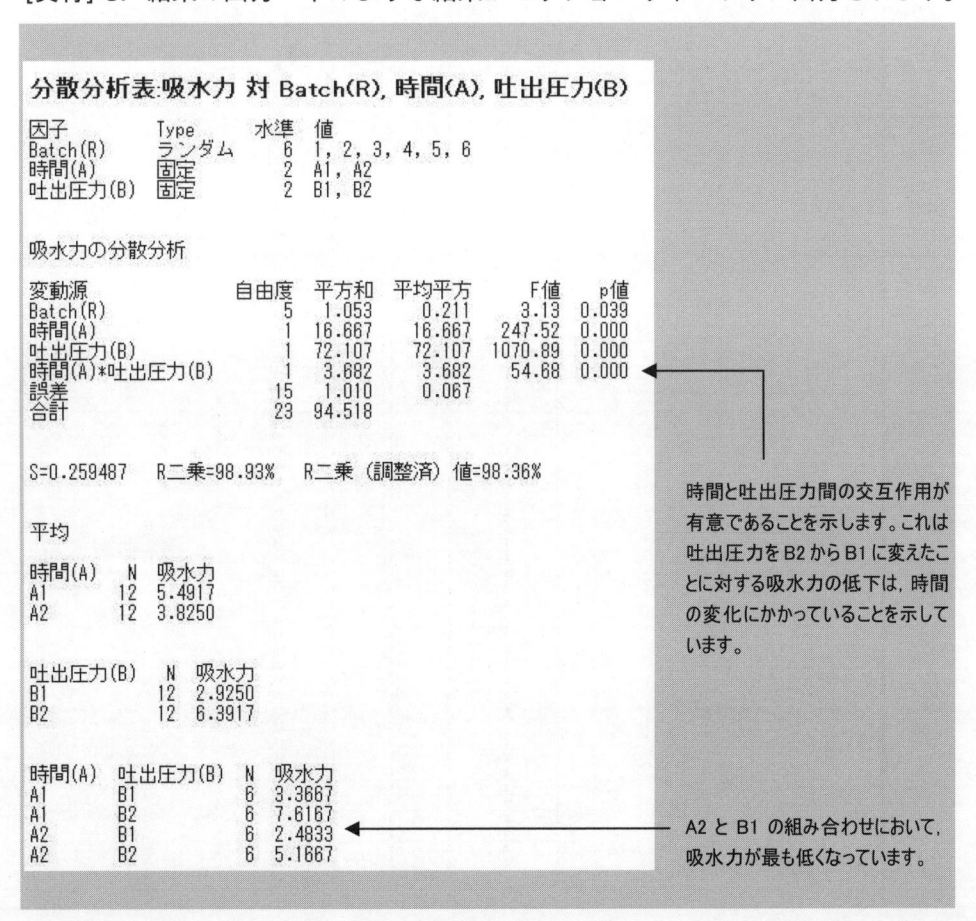

```
分散分析表:吸水力 対 Batch(R), 時間(A), 吐出圧力(B)

因子          Type      水準  値
Batch(R)      ランダム    6   1, 2, 3, 4, 5, 6
時間(A)       固定       2   A1, A2
吐出圧力(B)    固定       2   B1, B2

吸水力の分散分析

変動源              自由度   平方和    平均平方     F値       p値
Batch(R)              5     1.053     0.211       3.13     0.039
時間(A)                1    16.667    16.667     247.52    0.000
吐出圧力(B)            1    72.107    72.107    1070.89    0.000
時間(A)*吐出圧力(B)     1     3.682     3.682      54.68    0.000
誤差                  15     1.010     0.067
合計                  23    94.518

S=0.259487    R二乗=98.93%    R二乗（調整済）値=98.36%

平均

時間(A)     N    吸水力
A1         12    5.4917
A2         12    3.8250

吐出圧力(B)  N    吸水力
B1         12    2.9250
B2         12    6.3917

時間(A)    吐出圧力(B)   N    吸水力
A1         B1          6    3.3667
A1         B2          6    7.6167
A2         B1          6    2.4833
A2         B2          6    5.1667
```

時間と吐出圧力間の交互作用が有意であることを示します。これは吐出圧力をB2からB1に変えたことに対する吸水力の低下は，時間の変化にかかっていることを示しています。

A2とB1の組み合わせにおいて，吸水力が最も低くなっています。

[実行] 4. 結果の解析

・分析の結果，時間と吐出圧力の交互作用，時間，吐出圧力などすべての因子が有意なものであることが明らかになりました。

[例題] (4因子実験-3因子：固定因子，1因子：固定因子，1因子：枝分かれ)

あるフィルム会社では，スリッター工程でフィルムの光磁気分布度に影響を与える因子の中でA, B, C, Dがどんな影響を与えるかに対する実験を行いました。この実験の結果に対して，バランス型分散分析を実行してください。分布度は高いほど良く，データは次のように54回の実験で得ました（例題データ：フィルム.mtw）。

・A：1, 2-固定因子
・B：1, 2, 3-変量因子，BはAに枝分かれされる
・C：1, 2, 3-固定因子
・D：1, 2, 3-固定因子

A	B	C	D	結果
1	1	1	1	45
1	1	1	2	53
1	1	1	3	60
1	1	2	1	40
1	1	2	2	52
1	1	2	3	57
1	1	3	1	28
1	1	3	2	37
1	1	3	3	46
1	2	1	1	35
1	2	1	2	41
1	2	1	3	50
1	2	2	1	30
1	2	2	2	37
1	2	2	3	47
1	2	3	1	25
1	2	3	2	32
1	2	3	3	41
1	3	1	1	60
1	3	1	2	65
1	3	1	3	75
1	3	2	1	58
1	3	2	2	54
1	3	2	3	70
1	3	3	1	40
1	3	3	2	47
1	3	3	3	50
2	1	1	1	50
2	1	1	2	48
2	1	1	3	61
2	1	2	1	25
2	1	2	2	34
2	1	2	3	51
2	1	3	1	16
2	1	3	2	23
2	1	3	3	35
2	2	1	1	42
2	2	1	2	45
2	2	1	3	55
2	2	2	1	30
2	2	2	2	37
2	2	2	3	43
2	2	3	1	22
2	2	3	2	27
2	2	3	3	37
2	3	1	1	56
2	3	1	2	60
2	3	1	3	77
2	3	2	1	40
2	3	2	2	39
2	3	2	3	57
2	3	3	1	31
2	3	3	2	29
2	3	3	3	46

[実行] 1. データの入力：データは次のように5つの列に入力します。

C1	C2	C3	C4	C5
A	B	C	D	結果
1	1	1	1	45
1	1	1	2	53
1	1	1	3	60
1	1	2	1	40
1	1	2	2	52
1	1	2	3	57
1	1	3	1	28
1	1	3	2	37
1	1	3	3	46
1	2	1	1	35
1	2	1	2	41
1	2	1	3	50
1	2	2	1	30
1	2	2	2	37
1	2	2	3	47
1	2	3	1	25
1	2	3	2	32
1	2	3	3	41
1	3	1	1	60
1	3	1	2	65

[実行] 2. MINITABメニュー：統計 ▶ 分散分析 ▶ バランス型分散分析

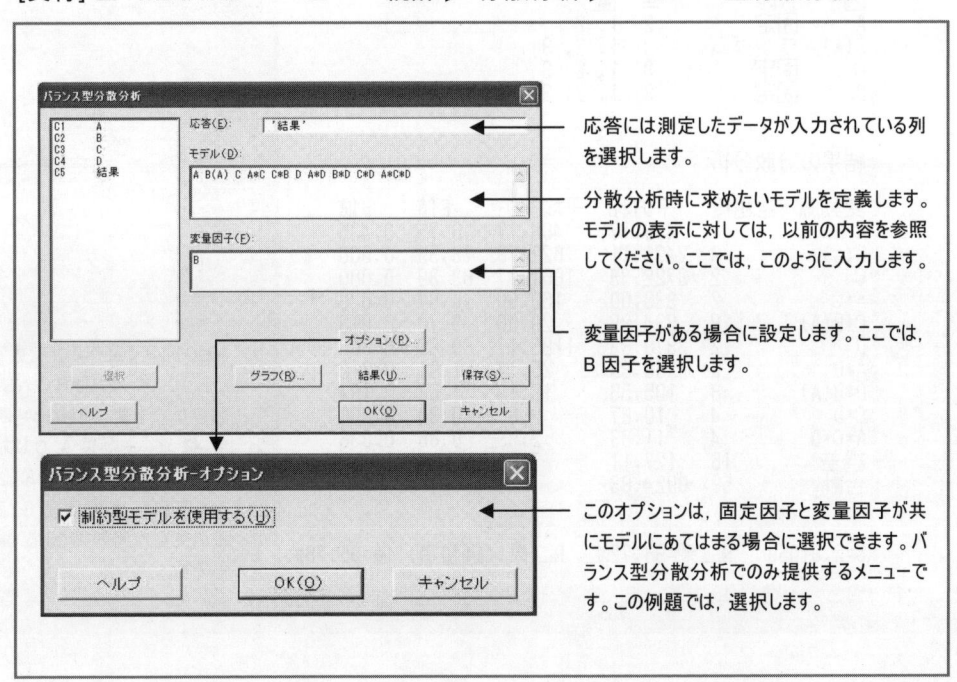

応答には測定したデータが入力されている列を選択します。

分散分析時に求めたいモデルを定義します。モデルの表示に対しては，以前の内容を参照してください。ここでは，このように入力します。

変量因子がある場合に設定します。ここでは，B因子を選択します。

このオプションは，固定因子と変量因子が共にモデルにあてはまる場合に選択できます。バランス型分散分析でのみ提供するメニューです。この例題では，選択します。

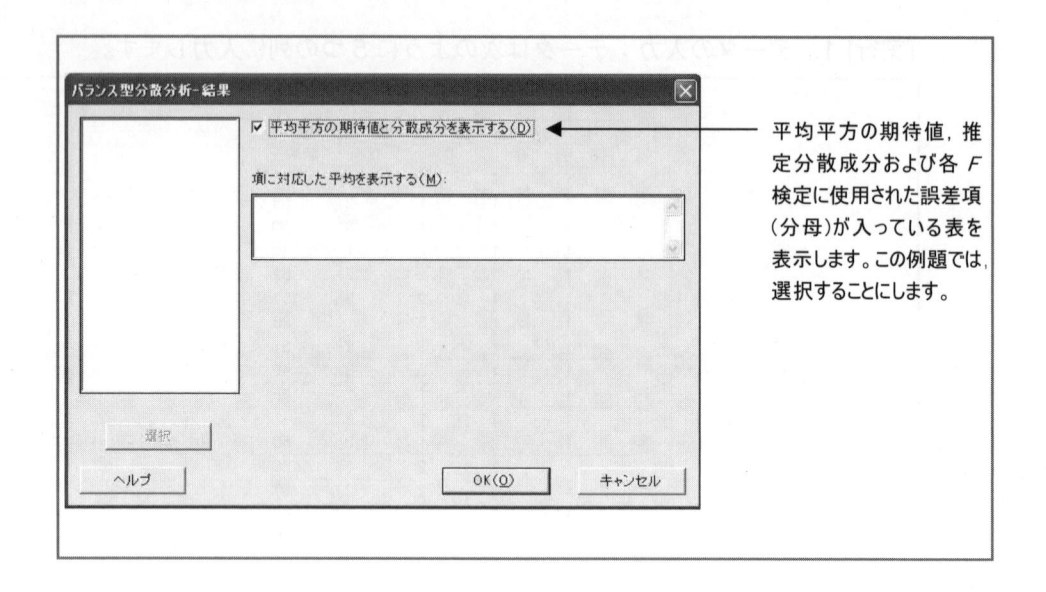

[バランス型分散分析-結果ダイアログ]
☑ 平均平方の期待値と分散成分を表示する(D) ← 平均平方の期待値，推定分散成分および各 F 検定に使用された誤差項（分母）が入っている表を表示します。この例題では，選択することにします。

[実行] 3. 結果の出力：下のような結果がセッションウィンドウに出力されます。

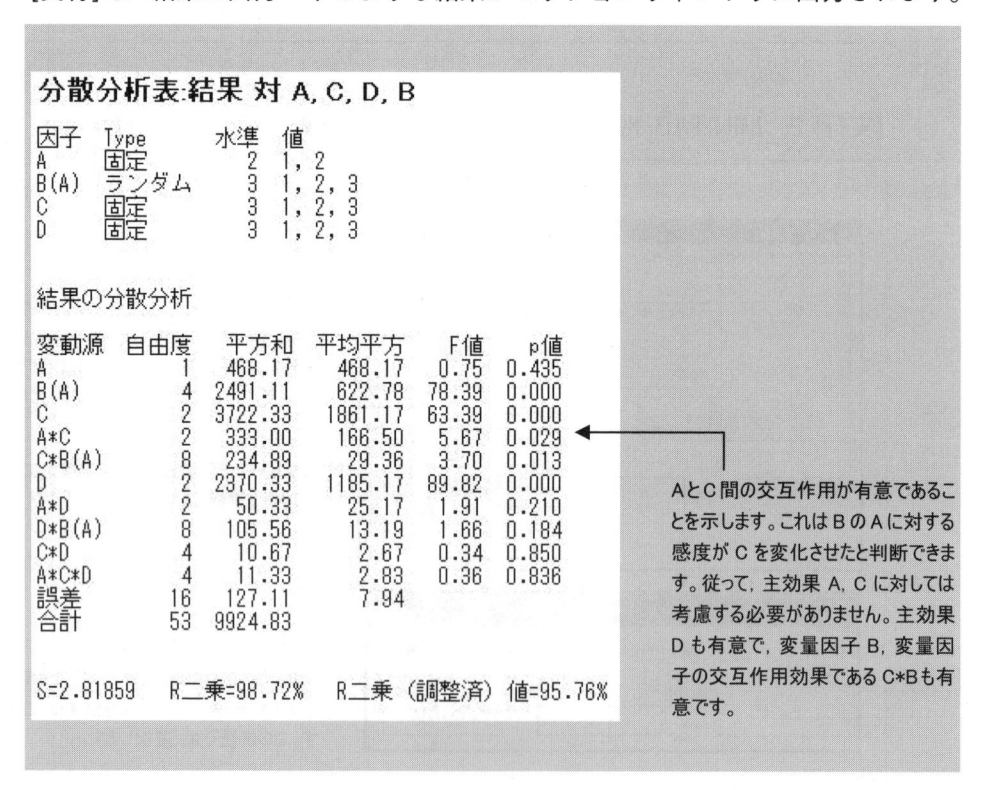

```
分散分析表:結果 対 A, C, D, B

因子    Type      水準  値
A       固定       2    1, 2
B(A)    ランダム   3    1, 2, 3
C       固定       3    1, 2, 3
D       固定       3    1, 2, 3

結果の分散分析

変動源   自由度   平方和    平均平方    F値     p値
A         1       468.17    468.17     0.75   0.435
B(A)      4      2491.11    622.78    78.39   0.000
C         2      3722.33   1861.17    63.39   0.000
A*C       2       333.00    166.50     5.67   0.029
C*B(A)    8       234.89     29.36     3.70   0.013
D         2      2370.33   1185.17    89.82   0.000
A*D       2        50.33     25.17     1.91   0.210
D*B(A)    8       105.56     13.19     1.66   0.184
C*D       4        10.67      2.67     0.34   0.850
A*C*D     4        11.33      2.83     0.36   0.836
誤差     16       127.11      7.94
合計     53      9924.83

S=2.81859   R二乗=98.72%   R二乗（調整済）値=95.76%
```

← AとC間の交互作用が有意であることを示します。これはBのAに対する感度がCを変化させたと判断できます。従って，主効果 A, C に対しては考慮する必要がありません。主効果Dも有意で，変量因子B，変量因子の交互作用効果であるC*Bも有意です。

```
  変動源   分散要素  誤差項  各項に対する期待平均平方（制限モデルを使用）
1  A                 2      (11) + 9 (2) + 27 Q[1]
2  B(A)    68.315   11      (11) + 9 (2)
3  C                 5      (11) + 3 (5) + 18 Q[3]
4  A*C               5      (11) + 3 (5) + 9 Q[4]
5  C*B(A)   7.139   11      (11) + 3 (5)
6  D                 8      (11) + 3 (8) + 18 Q[6]
7  A*D               8      (11) + 3 (8) + 9 Q[7]
8  D*B(A)   1.750   11      (11) + 3 (8)
9  C*D              11      (11) + 6 Q[9]
10 A*C*D            11      (11) + 3 Q[10]
11 誤差     7.944           (11)
```

← 分散成分は，変量因子と結合するモデルに対して，その分散値を出力します。それぞれの効果に対して分散値を比較してみると，B因子の水準間の分散値(68.315)がB因子内の分散値(7.139, 1.750, 7.944)より大きいことがわかります。これは実験を繰り返して行えば，水準の中での平均と水準間の平均の差が少なくても検出できるという意味です。誤差項の数値はF値と関連があります。例えば主効果AのF値0.75は誤差項が2である効果，すなわちAのMS=468.17をB(A)のMS=622.78で割っています。

[実行] 4. 結果の解析

- 分析の結果，固定因子の中でAとC間の交互作用，主効果Dが有意なものであることが明らかになりました。

[例題]（2因子実験-2因子：固定因子）

　4種類の切削機に対する切削速度を比較する実験を考えてみましょう。材料の強度（処理）と変化をブロックに使用して切削測度を測り，次のような結果を得ました。分散分析表を作成し，切削機の種類によって切削速度に差があるかを検定してください。また，処理による差があるかを検定してください（例題データ：切削速度.mtw）。

- 切削機の種類：A，B，C，D
- 処理：1，2，3，4，5

	A	B	C	D
1	12	20	13	11
2	2	14	7	5
3	8	17	13	10
4	1	12	8	3
5	7	17	14	6

[実行] 1. データの入力：データは次のように3つの列に入力します。

C1-T	C2	C3
切削機の種類	処理	結果
A	5	7
B	1	20
B	2	14
B	3	17
B	4	12
B	5	17
C	1	13
C	2	7
C	3	13
C	4	8
C	5	14
D	1	11
D	2	5
D	3	10
D	4	3
D	5	6

[実行] 2. MINITAB メニュー：統計 ▶ 分散分析 ▶ バランス型分散分析

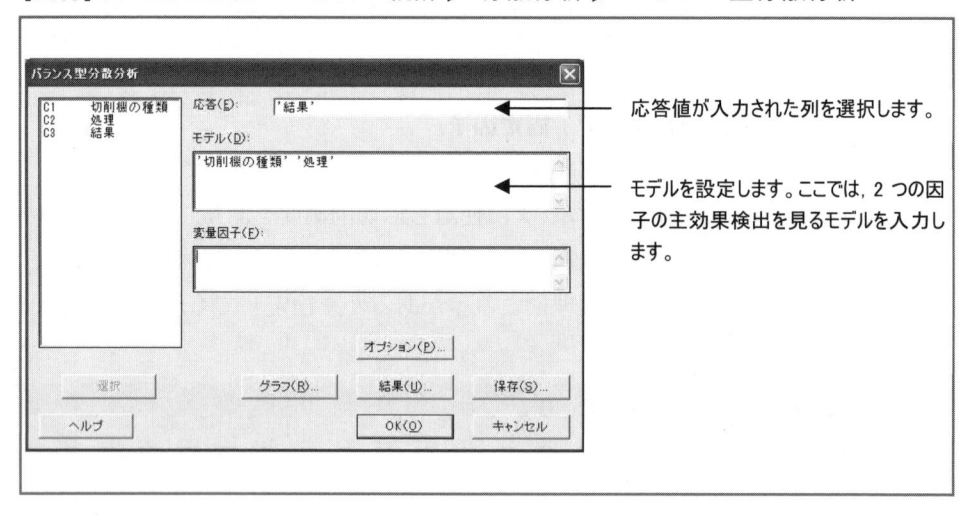

応答値が入力された列を選択します。

モデルを設定します。ここでは，2つの因子の主効果検出を見るモデルを入力します。

[実行] 3. 結果の出力：下のような結果がセッションウィンドウに出力されます。

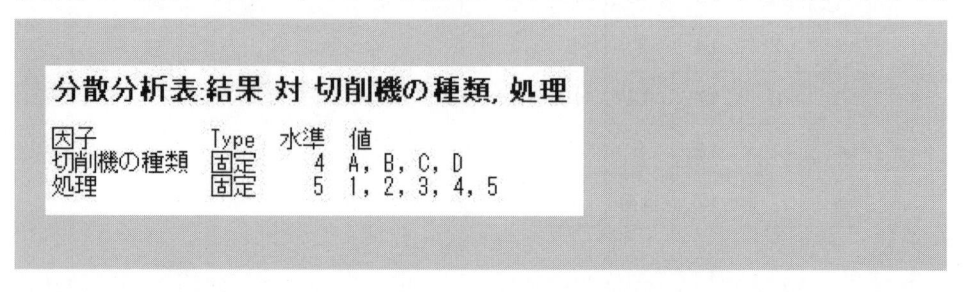

```
分散分析表:結果 対 切削機の種類, 処理

因子          Type  水準  値
切削機の種類   固定    4   A, B, C, D
処理          固定    5   1, 2, 3, 4, 5
```

```
結果の分散分析

変動源      自由度   平方和    平均平方   F値    p値
切削機の種類    3    310.000   103.333  51.67  0.000
処理        4    184.000    46.000  23.00  0.000
誤差       12     24.000     2.000
合計       19    518.000
```

[実行] 4. 結果の解析

・切削機の種類によって，切削測度の差があることがわかります。また，材料の強度（処理）による差も認められます。

[例題]（制限されたモデルと制限されていないモデル）

ある会社の QC チームでは，コーティングされた物質の厚さに影響を与える因子が何かを知るために実験を実施しました。因子は T（時間：1, 2）の 2 つの水準，S（圧力条件：35, 44, 52）の 3 つの水準，O（作業者：1, 2, 3）の 3 つの水準です。因子 O は変量因子であり，他は固定因子です。この実験に対する構造式は次の通りです。

・$Y_{ijkl} = m + T_i + O_j + S_k + TO_{ij} + TS_{ik} + OS_{jk} + TOS_{ijk} + e_{ijkl}$，ここで T_i は時間の効果であり，O_j は作業者の効果，S_k は圧力条件の効果です。そして，TO_{ij}, TS_{ik}, OS_{jk}, TOS_{ijk} は交互作用の効果です。作業者，作業者との交互作用，誤差などはランダムであり，ランダム項は O_j, TO_{ij}, OS_{jk}, TOS_{ijk}, e_{ijkl} です。このようなランダム項がランダムに正規分布をする場合，これらは平均が 0 で，分散がそれぞれ $var(O_j) = V(O)$, $var(TO_{ij}) = V(TO)$, $var(OS_{jk}) = V(OS)$, $var(TOS_{ijk}) = V(TOS)$, $var(e_{ijkl}) = V(e)$ になります。このときの分散を分散成分といい，平均平方の期待値からの結果はこうした分散の推定値を含んでいます。制限されていない（Unrestricted）実験計画モデルでは，こうしたランダム変数は独立であり，モデルに残っている項は固定されます。しかし，制限された実験計画モデルでは固定因子に該当する添字を 1 つ，または 2 つ，それ以上を含める項の和は 0 になるように要求されます。したがって，このように制限された実験計画モデルを選択する場合，平方和，自由度，平均平方，周辺とセルの平均には影響を与えませんが，平均平方の期待値，F 検定のための誤差項，推定された分散成分には影響を与えます。

次のデータに対して制限されたモデルと制限されていないモデルで分析をしてみましょう（例題データ：コーティングの厚さ.mtw）。

T	O	S	厚み		T	O	S	厚み
1	1	35	38		2	1	35	40
1	1	35	40		2	1	35	40
1	1	44	63		2	1	44	68
1	1	44	59		2	1	44	66
1	1	52	76		2	1	52	86
1	1	52	78		2	1	52	82
1	2	35	39		2	2	35	39
1	2	35	42		2	2	35	43
1	2	44	72		2	2	44	77
1	2	44	70		2	2	44	76
1	2	52	95		2	2	52	86
1	2	52	96		2	2	52	85
1	3	35	45		2	3	35	41
1	3	35	40		2	3	35	40
1	3	44	78		2	3	44	85
1	3	44	79		2	3	44	84
1	3	52	103		2	3	52	101
1	3	52	106		2	3	52	98

[実行] 1. データの入力：データは次のように4つの列に入力します。

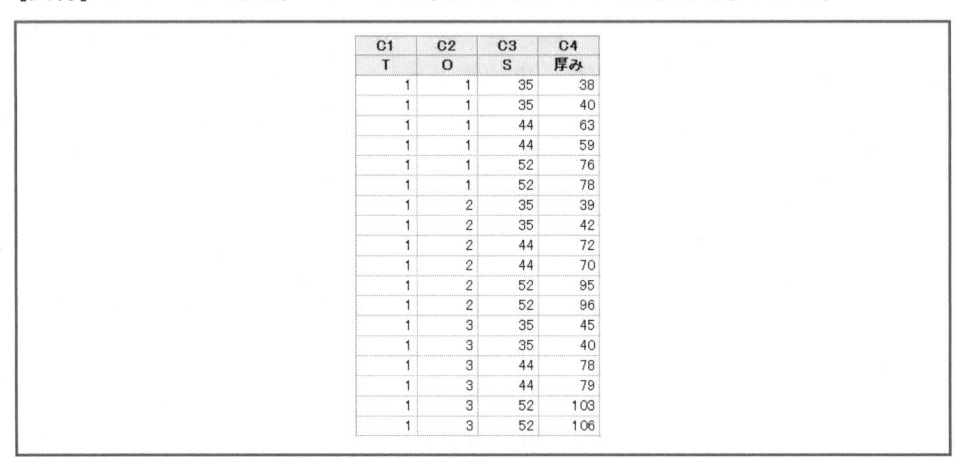

C1	C2	C3	C4
T	O	S	厚み
1	1	35	38
1	1	35	40
1	1	44	63
1	1	44	59
1	1	52	76
1	1	52	78
1	2	35	39
1	2	35	42
1	2	44	72
1	2	44	70
1	2	52	95
1	2	52	96
1	3	35	45
1	3	35	40
1	3	44	78
1	3	44	79
1	3	52	103
1	3	52	106

[実行] 2. MINITAB メニュー： 統計 ▶ 分散分析 ▶ バランス型分散分析（制限されたモデルで分析する場合）

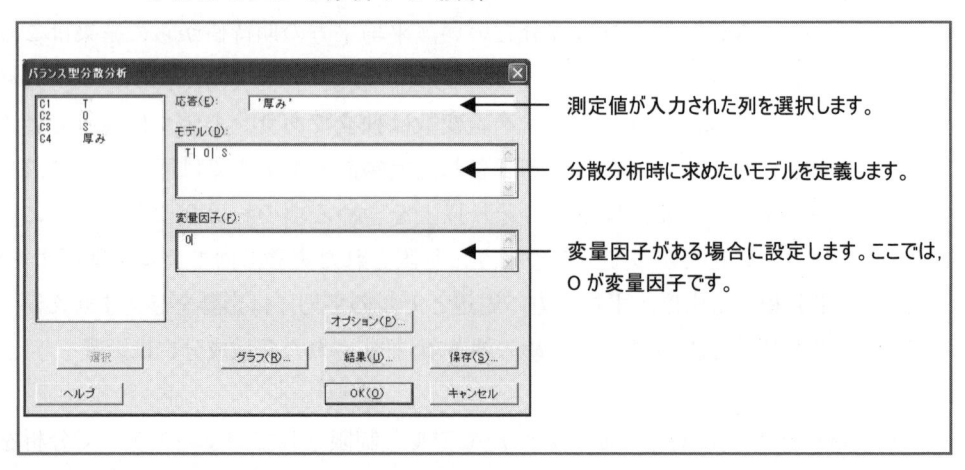

バランス型分散分析ダイアログ：

- 応答(E)：'厚み' ← 測定値が入力された列を選択します。
- モデル(D)：T | O | S ← 分散分析時に求めたいモデルを定義します。
- 変量因子(F)：O ← 変量因子がある場合に設定します。ここでは，Oが変量因子です。

6. バランス型分散分析　551

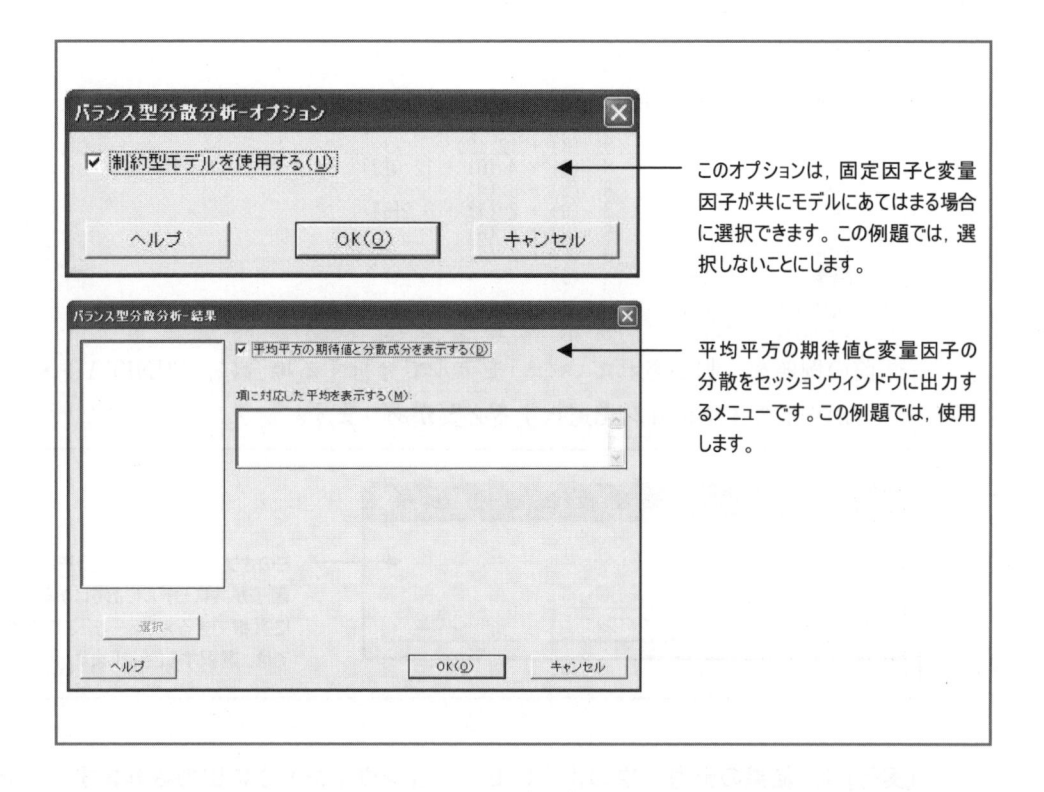

（画面：バランス型分散分析-オプション、「制約型モデルを使用する(U)」にチェック）
→ このオプションは，固定因子と変量因子が共にモデルにあてはまる場合に選択できます。この例題では，選択しないことにします。

（画面：バランス型分散分析-結果，「平均平方の期待値と分散成分を表示する(D)」にチェック，「項に対応した平均を表示する(M)」）
→ 平均平方の期待値と変量因子の分散をセッションウィンドウに出力するメニューです。この例題では，使用します。

[実行] 3．結果の出力：下のような結果がセッションウィンドウに出力されます。(制限されたモデル)

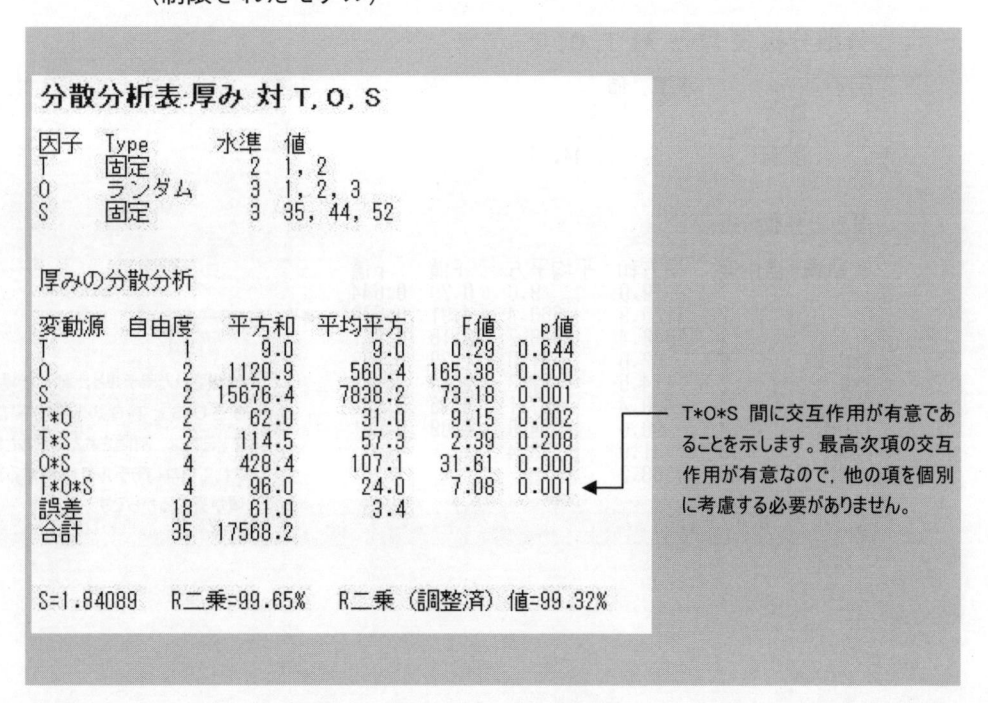

```
分散分析表:厚み 対 T, O, S

因子   Type      水準  値
T      固定       2    1, 2
O      ランダム    3    1, 2, 3
S      固定       3    35, 44, 52

厚みの分散分析

変動源  自由度   平方和    平均平方     F値     p値
T         1       9.0       9.0      0.29   0.644
O         2    1120.9     560.4    165.38   0.000
S         2   15676.4    7838.2     73.18   0.001
T*O       2      62.0      31.0      9.15   0.002
T*S       2     114.5      57.3      2.39   0.208
O*S       4     428.4     107.1     31.61   0.000
T*O*S     4      96.0      24.0      7.08   0.001
誤差     18      61.0       3.4
合計     35   17568.2

S=1.84089   R二乗=99.65%   R二乗（調整済）値=99.32%
```

→ T*O*S 間に交互作用が有意であることを示します。最高次項の交互作用が有意なので，他の項を個別に考慮する必要がありません。

```
   変動源  分散要素  誤差項  各項に対する期待平均平方（制限モデルを使用）
1  T                  4      (8) + 6 (4) + 18 Q[1]
2  O        46.421    8      (8) + 12 (2)
3  S                  6      (8) + 4 (6) + 12 Q[3]
4  T*O      4.602     8      (8) + 6 (4)
5  T*S                7      (8) + 2 (7) + 6 Q[5]
6  O*S     25.931     8      (8) + 4 (6)
7  T*O*S   10.306     8      (8) + 2 (7)
8  誤差     3.389            (8)
```

・前の例題を，制限されていないモデルで分析する場合に，MINITAB メニューから下のオプションを選択する必要があります。

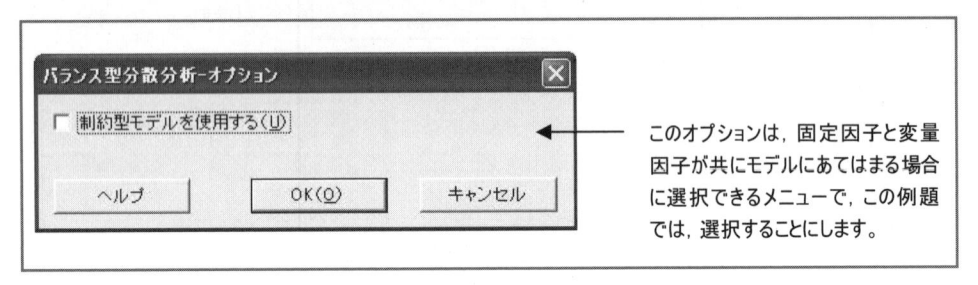

バランス型分散分析-オプション

☐ 制約型モデルを使用する(U)

　ヘルプ　　　OK(O)　　　キャンセル

← このオプションは，固定因子と変量因子が共にモデルにあてはまる場合に選択できるメニューで，この例題では，選択することにします。

[実行] 1. 結果の出力：次のようにセッションウィンドウに出力されます。（制限されていないモデル）

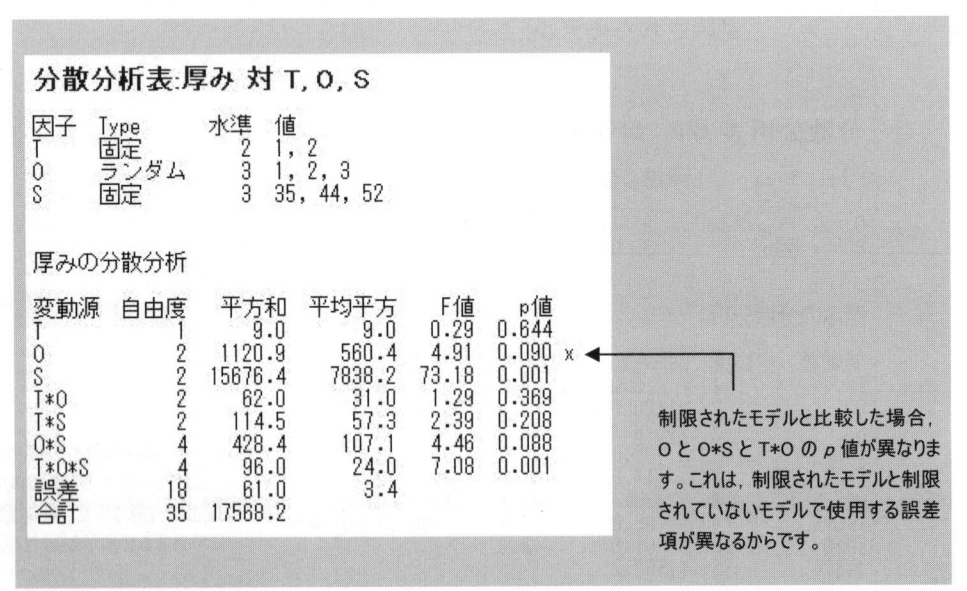

分散分析表:厚み 対 T, O, S

因子	Type	水準	値
T	固定	2	1, 2
O	ランダム	3	1, 2, 3
S	固定	3	35, 44, 52

厚みの分散分析

変動源	自由度	平方和	平均平方	F値	p値
T	1	9.0	9.0	0.29	0.644
O	2	1120.9	560.4	4.91	0.090 x
S	2	15676.4	7838.2	73.18	0.001
T*O	2	62.0	31.0	1.29	0.369
T*S	2	114.5	57.3	2.39	0.208
O*S	4	428.4	107.1	4.46	0.088
T*O*S	4	96.0	24.0	7.08	0.001
誤差	18	61.0	3.4		
合計	35	17568.2			

← 制限されたモデルと比較した場合，OとO*SとT*Oのp値が異なります。これは，制限されたモデルと制限されていないモデルで使用する誤差項が異なるからです。

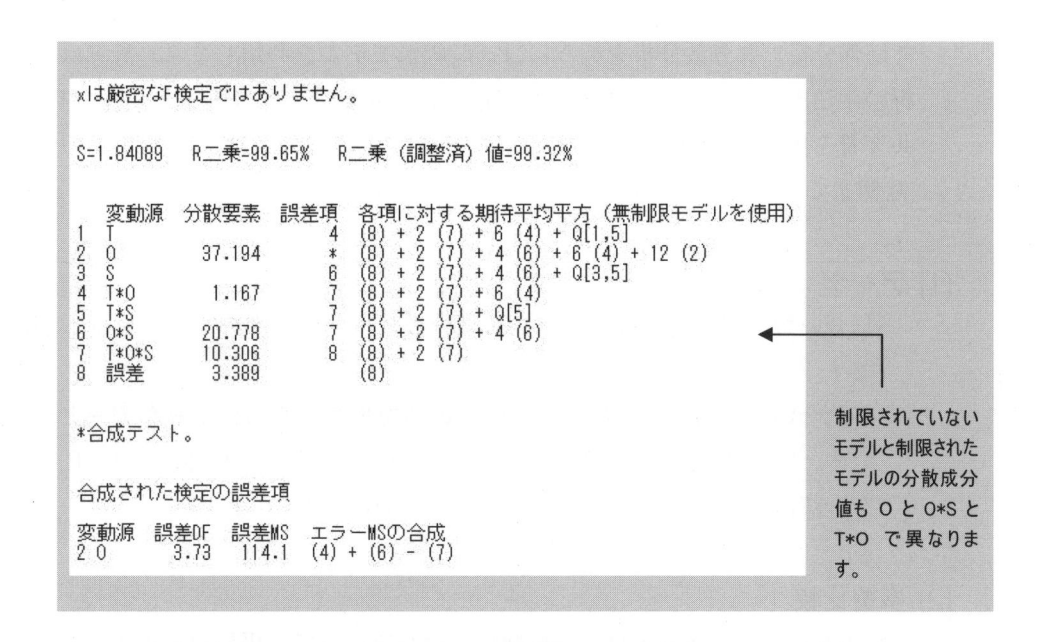

```
xは厳密なF検定ではありません。

S=1.84089    R二乗=99.65%    R二乗（調整済）値=99.32%

  変動源    分散要素  誤差項  各項に対する期待平均平方（無制限モデルを使用）
1  T                   4     (8) + 2 (7) + 6 (4) + Q[1,5]
2  O         37.194    *     (8) + 2 (7) + 4 (6) + 6 (4) + 12 (2)
3  S                   6     (8) + 2 (7) + 4 (6) + Q[3,5]
4  T*O        1.167    7     (8) + 2 (7) + 6 (4)
5  T*S                 7     (8) + 2 (7) + Q[5]
6  O*S       20.778    7     (8) + 2 (7) + 4 (6)
7  T*O*S     10.306    8     (8) + 2 (7)
8  誤差       3.389          (8)

*合成テスト。

合成された検定の誤差項

変動源  誤差DF  誤差MS  エラーMSの合成
2 O      3.73   114.1   (4) + (6) - (7)
```

← 制限されていないモデルと制限されたモデルの分散成分値もOとO*SとT*Oで異なります。

[実行] 2. 結果の解析：制限されたモデルと制限されていないモデルのセッションウィンドウの出力内容に対して解析してみましょう。

- 出力結果の構成は，制限されたモデルと制限されていないモデルに対して同一です。因子水準の表と分散分析表が表示され，平均平方の期待値が表示されます。出力結果において，差は一部のモデル項に対する平均平方の期待値とF検定で見ることができ，この例題では，O（作業者）に対するF検定は正確に計算できないので，制限されていないモデルで合成されています。
- 3因子の交互作用であるT*O*S（時間＊作業者＊セッティング）を調べてみると，制限されたモデルと制限されていないモデルの混合モデル両方に対してF値は等しくなっています。このとき，p値は0.001です。これはコーティングの厚さが時間，作業者およびセッティングの組み合わせによって異なることを意味します。多くの分析者は，ここで分析を終わりにします。その理由は，ある交互作用が有意であれば，この有意な交互作用の項を含んでいる，より低い次元の交互作用と主効果は，意味のあるものとみなされないからです。
- このモデルに対する他の出力結果を調べてみると，O*SのF値が異なることがわかります。これは，制限されたモデルでは誤差項が誤差になり，制限されていないモデルでは誤差項がT*O*Sになって，p値はそれぞれ0.000および0.088と与えられるからです。同様に，T*Oも制限された場合と制限されていない場合に，p値がそれぞれ0.002と0.369と異なっていることがわかります。O，T*OおよびO*Sに対する分散成分の推定値も異なります。

7. 一般線形モデル（General Linear Model）

実験が釣合い型計画，不釣合い型計画に関係なく，それぞれの応答変数に対し

て回帰分析，共分散分析を行うには一般線形モデルを利用します。計算は回帰分析の手法を使って行われます。共変量は他の共変量または因子と交互させたり，共変量を因子内で枝分かれさせたりできます。応答変数は，31個までの因子と50個までの共変量を使用して分析することができます。

[1] データ

- 釣合い型計画の場合は，バランス型分散分析とデータのフォーマットが同じです。
- 不釣合い型計画の場合には，モデルの項を推定するのに十分なデータが必要です。例えば，2因子交差モデルで1つのセルが空いていると，A, B, A*Bを全部推定できず，単にA, Bの効果だけが推定されます。

[2] 多重比較

因子がいくつもある場合，一般線形モデルを使って，平均の多重比較を実行することができます。平均の多重比較を実行すれば，どの平均に差があるかを検討し，平均にどれくらい差があるかを推定できます。この方法としては，ダネット(Dunnett)，チューキー(Tukey)，ボンフェローニ(Bonferroni)，シダク(Sidak)などがあります。

[例題]（2因子実験-1因子：固定因子，1因子：共変量）

あるガラス会社では，ガラスの表面化工程において，ガラスの表面度に影響を与える因子の中で，温度（100, 125, 150）とガラスのタイプ（1, 2, 3）がどんな影響を与えるか実験を行いました。この実験の結果に対して一般線形モデル分析を実行してください。データは次の通りです（例題データ：ガラス.mtw）。

温度	ガラスのタイプ	結果
100	1	580
125	1	1090
150	1	1392
100	1	568
125	1	1087
150	1	1380
100	1	570
125	1	1085
150	1	1386
100	2	550
125	2	1070
150	2	1328
100	2	530
125	2	1035
150	2	1312
100	2	579
125	2	1000
150	2	1299
100	3	546
125	3	1045
150	3	867
100	3	575
125	3	1053
150	3	904
100	3	599
125	3	1066
150	3	889

[実行] 1. データの入力：データは次のように3つの列に入力します。

C1 温度	C2 ガラスのタイプ	C3 結果
100	1	580
125	1	1090
150	1	1392
100	1	568
125	1	1087
150	1	1380
100	1	570
125	1	1085
150	1	1386
100	2	550
125	2	1070
150	2	1328
100	2	530
125	2	1035
150	2	1312
100	2	579

[実行] 2. MINITAB メニュー：統計 ▶ 分散分析 ▶ 一般線形モデル

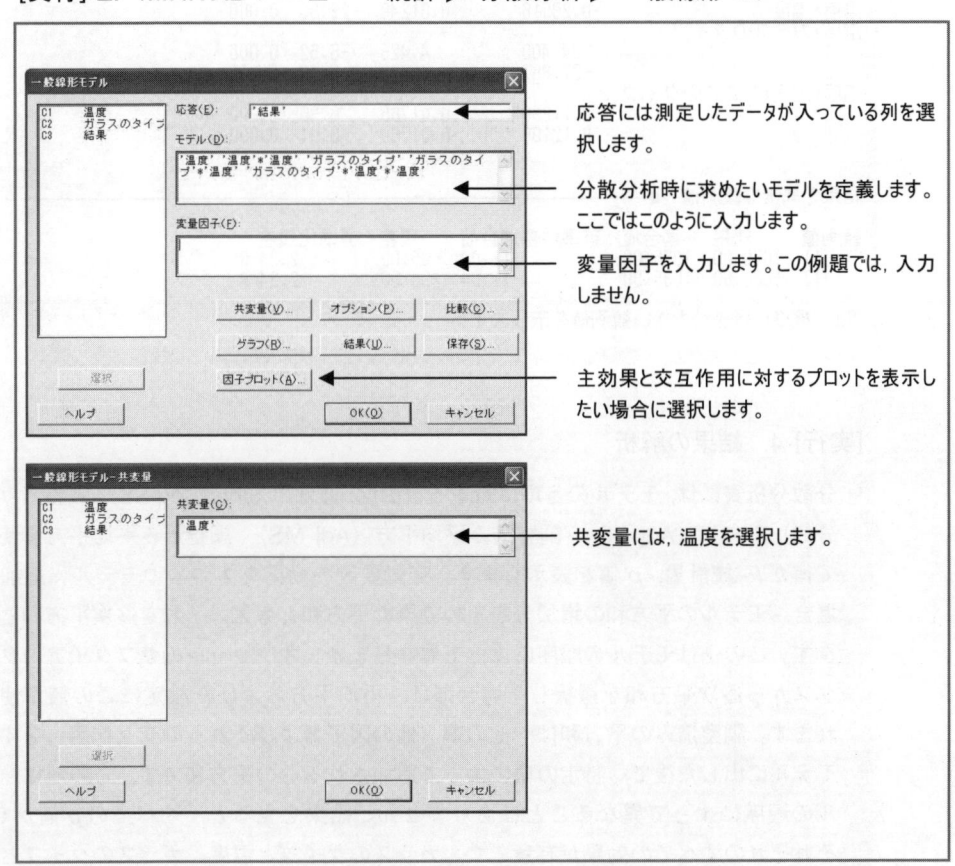

応答には測定したデータが入っている列を選択します。

分散分析時に求めたいモデルを定義します。ここではこのように入力します。

変量因子を入力します。この例題では，入力しません。

主効果と交互作用に対するプロットを表示したい場合に選択します。

共変量には，温度を選択します。

[実行] 3. 結果の出力：下のような結果がセッションウィンドウに出力されます。

```
結果: 韓国ガラス.MTW
一般線形モデル:結果 対 ガラスのタイプ
因子            Type  水準  値
ガラスのタイプ   固定    3   1, 2, 3

結果の分散分析、検定に調整済み平方和を使用    ←①

変動源                      自由度   Seq SS    Adj SS    Adj MS    F値      p値
温度                           1    1779756   262884    262884   719.21   0.000
温度*温度                       1     190579   190579    190579   521.39   0.000
ガラスのタイプ                   2     150865    41416     20708    56.65   0.000
ガラスのタイプ*温度              2     226178    51126     25563    69.94   0.000
ガラスのタイプ*温度*温度          2      64374    64374     32187    88.06   0.000
誤差                          18       6579     6579       366
合計                          26    2418330

S=19.1185    R二乗=99.73%    R二乗（調整済）値=99.61%


項                    Coef   標準誤差Coef       T       p値    ←②
定数                -4968.8       191.3     -25.97    0.000
温度                 83.867        3.127    26.82    0.000
温度*温度            -0.28516      0.01249  -22.83    0.000
温度*ガラスのタイプ
  1                 -24.400       4.423    -5.52    0.000
  2                 -27.867       4.423    -6.30    0.000
温度*温度*ガラスのタイプ
  1                  0.11236      0.01766   6.36    0.000
  2                  0.12196      0.01766   6.91    0.000

結果の異常な観測値    ←③

観測値   結果     適合値    標準誤差適合値   残差    標準化残差
   11  1070.00  1035.00         11.04    35.00        2.24 R
   17  1000.00  1035.00         11.04   -35.00       -2.24 R

Rは、標準化残差が大きい観測値を示します。
```

[実行] 4. 結果の解析

①分散分析表には，モデルの各項に対する自由度，逐次平方和（Seq SS），調整済み（部分的）平方和（Adj SS），調整済み平均平方（Adj MS），調整済み平均平方を使用して得たF-統計量，p値を表示します。変動要因の効果を1つずつモデルに追加する場合，モデルの平方和の増加分をその効果の平方和と考え，それを逐次平方和と呼びます。この値はモデルの順序によって異なります。オプションのサブダイアログボックスから逐次平方和を選択した場合には，平均平方およびF検定にこの値が使用されます。調整済みの平方和は，他の項（他の因子およびそれらの交互作用）をすべてモデルに出した後で，特定の項によって追加される分の平方和です。この値は，モデルの順序によって異なることはありません。結果を見ると，すべてのp値が0で，それぞれのすべての効果が有意です。ガラスのタイプと温度，ガラスのタイプと温度＊温度が有意なので，温度効果の二次回帰モデルの係数はガラスのタイプにより異なることを示しています。

②共変量，温度，温度とガラスのタイプの交互作用，標準誤差，t-統計量，p値に対する推定係数が表示されます。
③この例題では，標準化残差の絶対値が2より大きい2つの観測値があることを示しています。

[例題]（2因子実験-2因子：固定因子，1因子は枝分かれされる）

　ある調査で，4社の製薬会社からそれぞれの種類に対する蚊の殺虫実験を行いました。400匹の蚊に対して殺虫剤を撒いてから，生き残った蚊を数えることにしました。4社（A，B，C，D）に対して関心があるので，会社を固定因子とします。各社の殺虫剤の種類11（A1，A2，A3，B1，B2，C1，C2，D1，D2，D3，D4）は枝分かれする因子です。このとき，不釣合い型で実験をして次のような結果を得ました。一般線形モデルで結果を分析し，会社間の差を比較してください（例題データ：蚊.mtw）。

会社	製品の種類	蚊の数	会社	製品の種類	蚊の数	会社	製品の種類	蚊の数	会社	製品の種類	蚊の数
A	A1	151	B	B1	140	C	C1	96	D	D1	79
A	A1	135	B	B1	152	C	C1	108	D	D1	74
A	A1	137	B	B1	133	C	C1	94	D	D1	73
A	A2	118	B	B2	151	C	C2	84	D	D2	67
A	A2	132	B	B2	132	C	C2	87	D	D2	78
A	A2	135	B	B2	139	C	C2	82	D	D2	63
A	A3	131							D	D3	90
A	A3	137							D	D3	81
A	A3	121							D	D3	96
									D	D4	83
									D	D4	89
									D	D4	94

[実行] 1．データの入力：データは次のように3つの列に入力します。

C1-T	C2-T	C3
会社	製品の種類	蚊の数
A	A1	151
A	A1	135
A	A1	137
A	A2	118
A	A2	132
A	A2	135
A	A3	131
A	A3	137
A	A3	121
B	B1	140
B	B1	152
B	B1	133
B	B2	151
B	B2	132
B	B2	139

[実行] 2. MINITAB メニュー：統計 ▶ 分散分析 ▶ 一般線形モデル

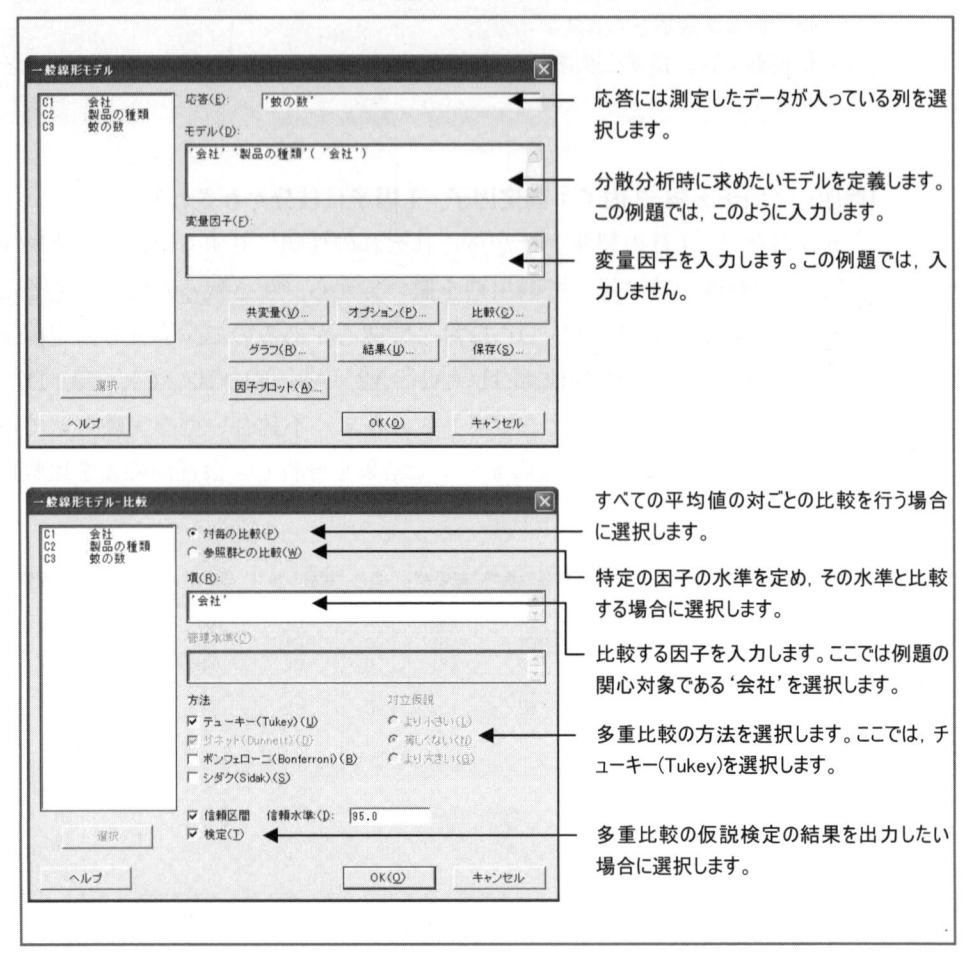

一般線形モデル

- 応答には測定したデータが入っている列を選択します。
- 分散分析時に求めたいモデルを定義します。この例題では，このように入力します。
- 変量因子を入力します。この例題では，入力しません。

一般線形モデル - 比較

- すべての平均値の対ごとの比較を行う場合に選択します。
- 特定の因子の水準を定め，その水準と比較する場合に選択します。
- 比較する因子を入力します。ここでは例題の関心対象である '会社' を選択します。
- 多重比較の方法を選択します。ここでは，チューキー(Tukey)を選択します。
- 多重比較の仮説検定の結果を出力したい場合に選択します。

[実行] 3. 結果の出力：下のような結果がセッションウィンドウに出力されます。

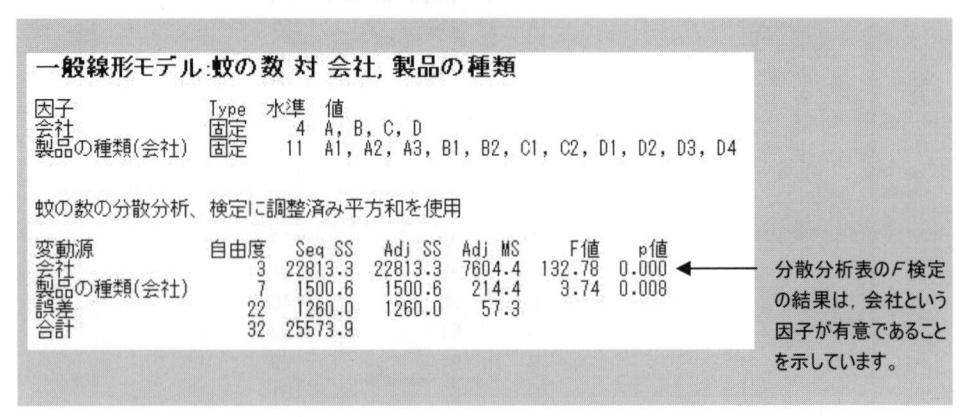

```
一般線形モデル：蚊の数 対 会社，製品の種類

因子              Type  水準  値
会社              固定    4   A, B, C, D
製品の種類(会社)  固定   11   A1, A2, A3, B1, B2, C1, C2, D1, D2, D3, D4

蚊の数の分散分析、検定に調整済み平方和を使用

変動源           自由度   Seq SS    Adj SS   Adj MS    F値     p値
会社                 3   22813.3   22813.3  7604.4   132.78   0.000
製品の種類(会社)     7    1500.6    1500.6   214.4     3.74   0.008
誤差                22    1260.0    1260.0    57.3
合計                32   25573.9
```

分散分析表のF検定の結果は，会社という因子が有意であることを示しています。

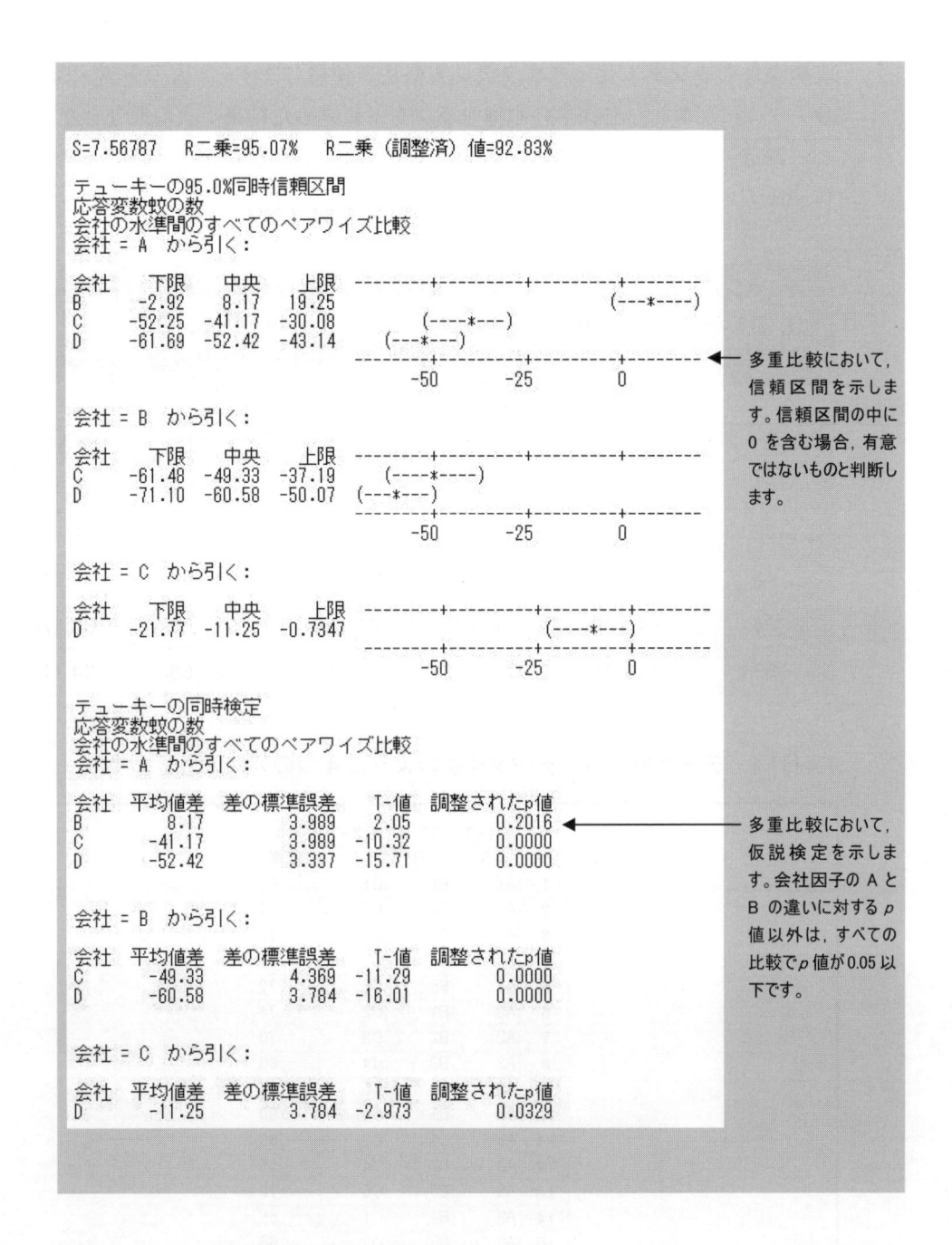

```
S=7.56787    R二乗=95.07%    R二乗（調整済）値=92.83%

テューキーの95.0%同時信頼区間
応答変数蚊の数
会社の水準間のすべてのペアワイズ比較
会社 = A  から引く：

会社   下限    中央    上限    ---------+---------+---------+---------
B     -2.92    8.17   19.25                                (---*----)
C    -52.25  -41.17  -30.08          (----*---)
D    -61.69  -52.42  -43.14       (---*---)
                              ---------+---------+---------+---------
                                   -50       -25        0

会社 = B  から引く：

会社   下限    中央    上限    ---------+---------+---------+---------
C    -61.48  -49.33  -37.19          (----*----)
D    -71.10  -60.58  -50.07       (---*---)
                              ---------+---------+---------+---------
                                   -50       -25        0

会社 = C  から引く：

会社   下限    中央    上限    ---------+---------+---------+---------
D    -21.77  -11.25  -0.7347                         (----*---)
                              ---------+---------+---------+---------
                                   -50       -25        0

テューキーの同時検定
応答変数蚊の数
会社の水準間のすべてのペアワイズ比較
会社 = A  から引く：

会社   平均値差   差の標準誤差   T-値    調整されたp値
B        8.17        3.989      2.05      0.2016
C      -41.17        3.989    -10.32      0.0000
D      -52.42        3.337    -15.71      0.0000

会社 = B  から引く：

会社   平均値差   差の標準誤差   T-値    調整されたp値
C      -49.33        4.369    -11.29      0.0000
D      -60.58        3.784    -16.01      0.0000

会社 = C  から引く：

会社   平均値差   差の標準誤差   T-値    調整されたp値
D      -11.25        3.784    -2.973      0.0329
```

◀ 多重比較において，信頼区間を示します。信頼区間の中に0を含む場合，有意ではないものと判断します。

◀ 多重比較において，仮説検定を示します。会社因子のAとBの違いに対するp値以外は，すべての比較でp値が0.05以下です。

[例題]（ラテン方格法-3因子：固定因子）

　ある化学工場で酸化亜鉛（ZnO）と無水珪酸（SiO_2）を反応させて蛍光体に合成する場合，合成率（%）に影響を与える因子が何であるかを知るために実験を行いました。因子としてZnO/SiO_2の比，反応時に添加されるマンガンの量，合成反応時の電気炉の条件を選んで，各因子を5水準とし，因子間の交互作用は無視できると仮定した後，ラテン方格法によって合計25回の実験を行いました。

実験条件のランダム化は標準ラテン方格法を使用します。3因子をA，B，Cにランダムに配置し，各因子の水準をランダムに定めた結果，次の通りとなりました。測定データに対して一般線形モデルで分析してください（例題データ：蛍光体.mtw）。

- A（マンガンの添加量）：A1=1.8％，A2=1.4％，A3=2.0％，A4=2.2％，A5=1.6％
- B（ZnO/SiO$_2$の比）：B1=1.1，B2=1.7，B3=2.3，B4=1.4，B5=2.0
- C（電気炉の条件）：C1=C1型，C2=C2型，C3=C3型，C4=C4型，C5=C5型

	A1	A2	A3	A4	A5
B1	C1 (68)	C2 (74)	C3 (63)	C4 (64)	C5 (70)
B2	C2 (64)	C3 (70)	C4 (65)	C5 (58)	C1 (72)
B3	C3 (71)	C4 (80)	C5 (70)	C1 (69)	C2 (76)
B4	C4 (71)	C5 (74)	C1 (69)	C2 (66)	C3 (70)
B5	C5 (72)	C1 (80)	C2 (68)	C3 (65)	C4 (78)

[実行] 1. データの入力：データは次のように4つの列に入力します。

	C1-T	C2-T	C3-T	C4
	A	B	C	結果
1	A1	B1	C1	68
2	A1	B2	C2	64
3	A1	B3	C3	71
4	A1	B4	C4	71
5	A1	B5	C5	72
6	A2	B1	C2	74
7	A2	B2	C3	70
8	A2	B3	C4	80
9	A2	B4	C5	74
10	A2	B5	C1	80
11	A3	B1	C3	63
12	A3	B2	C4	65
13	A3	B3	C5	70
14	A3	B4	C1	69
15	A3	B5	C2	68

[実行] 2. MINITAB メニュー：統計 ▶ 分散分析 ▶ 一般線形モデル

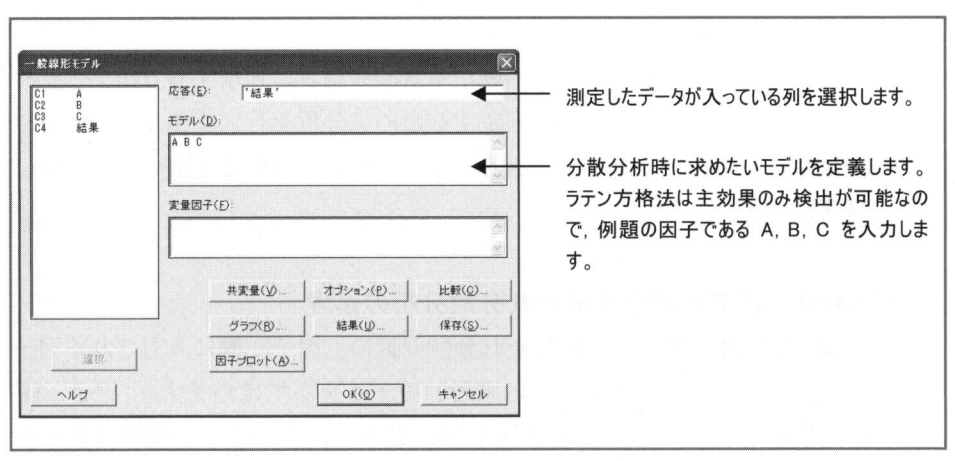

```
一般線形モデル
C1  A        応答(E):    "結果"              ← 測定したデータが入っている列を選択します。
C2  B        モデル(D):
C3  C        A B C                          ← 分散分析時に求めたいモデルを定義します。
C4  結果                                       ラテン方格法は主効果のみ検出が可能なの
                                               で，例題の因子である A, B, C を入力しま
             変量因子(F):                       す。

             共変量(V)...  オプション(P)...  比較(C)...
             グラフ(R)...  結果(U)...      保存(S)...
    選択     因子プロット(A)...
    ヘルプ                   OK(O)         キャンセル
```

[実行] 3. 結果の出力：下のような結果がセッションウィンドウに出力されます。

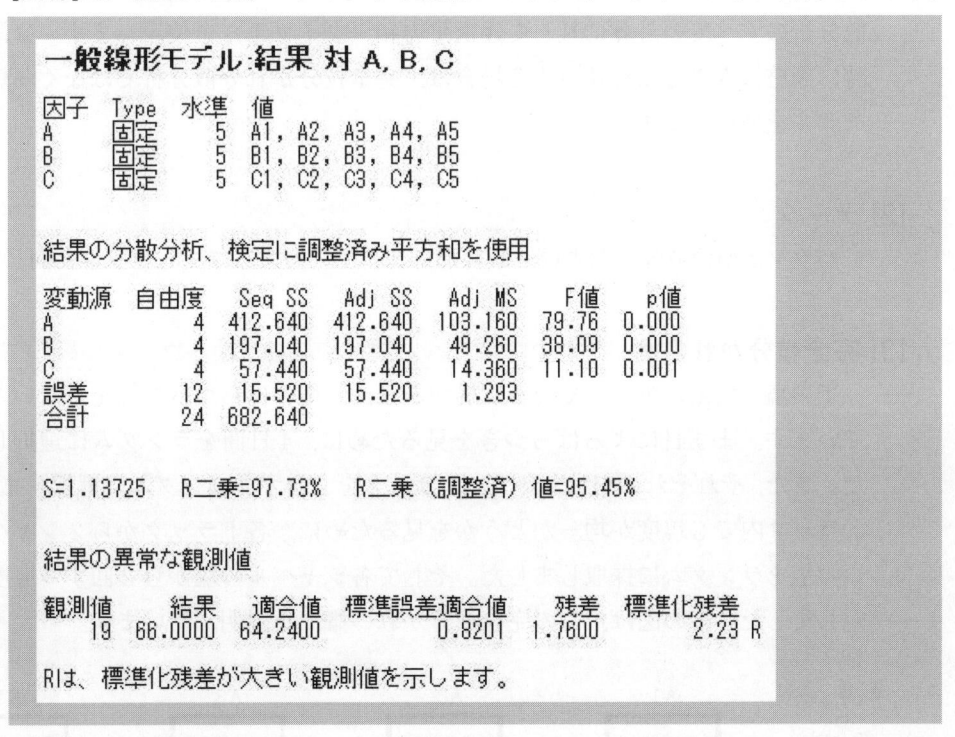

```
一般線形モデル：結果 対 A, B, C

因子  Type  水準  値
A     固定   5   A1, A2, A3, A4, A5
B     固定   5   B1, B2, B3, B4, B5
C     固定   5   C1, C2, C3, C4, C5

結果の分散分析、検定に調整済み平方和を使用

変動源  自由度   Seq SS    Adj SS    Adj MS    F値     p値
A         4    412.640   412.640   103.160   79.76   0.000
B         4    197.040   197.040    49.260   38.09   0.000
C         4     57.440    57.440    14.360   11.10   0.001
誤差     12     15.520    15.520     1.293
合計     24    682.640

S=1.13725   R二乗=97.73%   R二乗（調整済）値=95.45%

結果の異常な観測値

観測値   結果     適合値    標準誤差適合値    残差    標準化残差
 19    66.0000  64.2400      0.8201       1.7600     2.23 R

R は，標準化残差が大きい観測値を示します。
```

[実行] 4. 結果の解析

・A, B, C は，合成率に非常に有意な影響を与えていることがわかります。

8. 完全枝分かれ（Fully Nested）分散分析

完全枝分かれ分散分析は，実験が階層的な場合に使用する方法で，それぞれの応答変数に対して分散成分を推定するために分析を行います。このとき，すべての変数は変量因子であり，基本的に分散分析表の計算は逐次平方和（Seq SS）を使用します。

[1] MINITABでの完全枝分かれ分散分析の処理

MINITABでは，完全枝分かれ分散分析の'因子'欄に入力される因子の順序によって，完全枝分かれまたは階層的モデルをあてはめます。'因子'欄にA B Cを入力すれば，モデル項はA B(A) C(B) になります。完全枝分かれ分散分析では，バランス型分散分析または一般線形モデルのように，A B(A) C(B) といった形式で項を指定する必要はありません。MINITABでは，完全枝分かれ分散分析のすべての計算に対して逐次平方和（タイプⅠ）を使用します。分散分析時に調整済み平方和を使用する場合は，完全枝分かれ分散分析ではなく一般線形モデルを使用します。

[2] データ

バランス型分散分析および一般線形モデルで入力するフォーマットと同じです。

[3] 完全枝分かれの例

工業塩を大量に生産している工場があり，各種のばらつきを推定したいと考えています。まず日によるばらつきを見るために，4日間をランダムに選択しました。また，それぞれの日において，トラックを2台ずつランダムに選択しました。トラック内でも塩度が均一かどうかを見るために，各トラックから2シャベルずつの塩をランダムに採取しました。そして各シャベルの塩から2回ずつ塩度を測定しました。下の図は，この完全枝分かれの概念を説明しています。

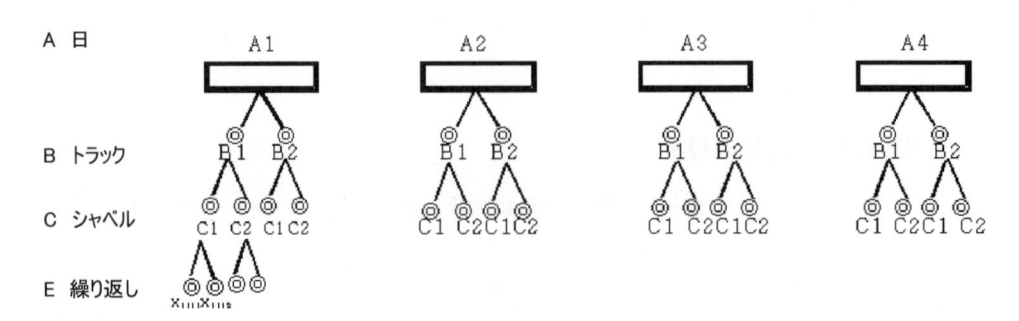

[例題]

前述の完全枝分かれの例に対して，データを下のように得ました。A，B，Cはそれぞれ変量因子で，Aは日による因子，Bはそれぞれの日に2台のトラックをランダムに選択，Cはトラック内からランダムに2シャベルを取り，各シャベルから2回にわたって塩の塩度を測定しています。完全枝分かれ分散分析を実行してください（例題データ：塩の塩度.mtw）。

		A1	A2	A3	A4
B1	C1	55.30 55.33	55.89 55.82	55.35 55.39	55.30 55.38
B1	C2	55.53 55.55	56.14 56.12	55.59 55.53	55.44 55.45
B2	C3	55.04 55.05	55.56 55.54	55.10 55.06	55.03 54.94
B2	C4	55.22 55.20	55.76 55.84	55.29 55.34	55.12 55.15

[実行] 1. データの入力：データは次のように4つの列に入力します。

C1	C2	C3	C4
A	B	C	DATA
1	1	1	55.30
1	1	1	55.33
1	1	2	55.53
1	1	2	55.55
1	2	1	55.04
1	2	1	55.05
1	2	2	55.22
1	2	2	55.20
2	1	1	55.89
2	1	1	55.82
2	1	2	56.14
2	1	2	56.12
2	2	1	55.56
2	2	1	55.54
2	2	2	55.76
2	2	2	55.84

[実行] 2．MINITAB メニュー：統計 ▶ 分散分析 ▶ 完全枝分かれ分散分析

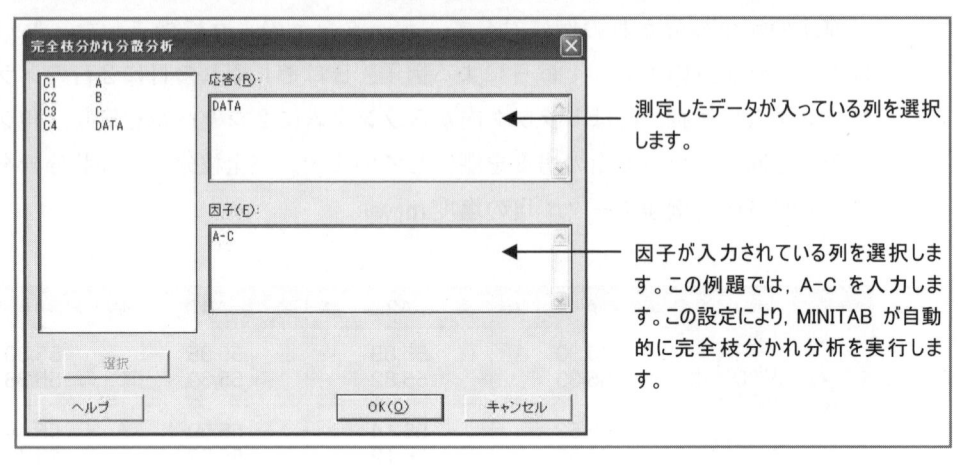

完全枝分かれ分散分析ダイアログ：
- C1 A, C2 B, C3 C, C4 DATA
- 応答(R)：DATA ← 測定したデータが入っている列を選択します。
- 因子(F)：A-C ← 因子が入力されている列を選択します。この例題では，A-C を入力します。この設定により，MINITAB が自動的に完全枝分かれ分析を実行します。

[実行] 3．結果の出力：下のような結果がセッションウィンドウに出力されます。

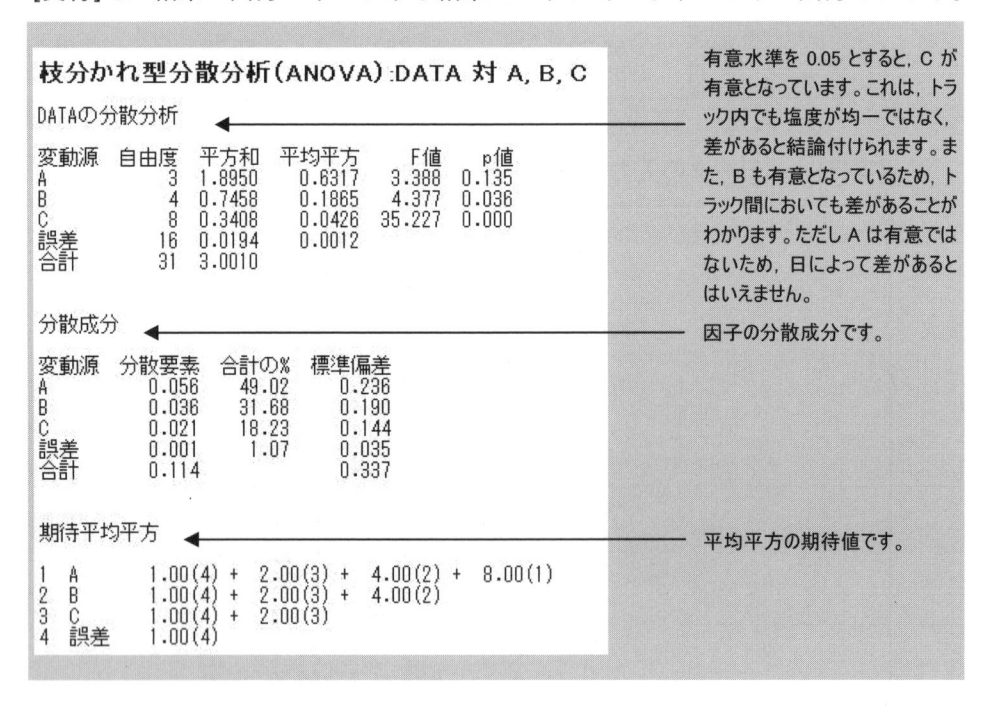

枝分かれ型分散分析（ANOVA）：DATA 対 A, B, C

DATA の分散分析

変動源	自由度	平方和	平均平方	F値	p値
A	3	1.8950	0.6317	3.388	0.135
B	4	0.7458	0.1865	4.377	0.036
C	8	0.3408	0.0426	35.227	0.000
誤差	16	0.0194	0.0012		
合計	31	3.0010			

有意水準を 0.05 とすると，C が有意となっています。これは，トラック内でも塩度が均一ではなく，差があると結論付けられます。また，B も有意となっているため，トラック間においても差があることがわかります。ただし A は有意ではないため，日によって差があるとはいえません。

分散成分 ← 因子の分散成分です。

変動源	分散要素	合計の%	標準偏差
A	0.056	49.02	0.236
B	0.036	31.68	0.190
C	0.021	18.23	0.144
誤差	0.001	1.07	0.035
合計	0.114		0.337

期待平均平方 ← 平均平方の期待値です。

1 A   1.00(4) + 2.00(3) + 4.00(2) + 8.00(1)
2 B   1.00(4) + 2.00(3) + 4.00(2)
3 C   1.00(4) + 2.00(3)
4 誤差 1.00(4)

[実行] 4．結果の解析

・サンプリング方式を計画する際には，日による差は大きくないため，日数の抽出回数は少なくてもよいでしょう。一方，トラック間には差があるため，トラックの数を多く抽出します。また，トラック内にも差があるため，トラック内の塩度のばらつきを知るために，シャベルによる塩を抽出する回数を可能な限り多くする必要があります。

9. 等分散性検定（Test for Equal Variance）

統計的な仮定の多くは，異なる平均を持つ母集団から異なる標本を抽出する場合，その標本の分散は同一なものとみなします。等分散の仮定に対する検定を等分散性検定といいます。

[1] バートレット（Bartlett）とレベン（Levene）の検定

- **バートレット（Bartlett）の検定**：データが正規分布から取られた場合に実行されます。因子が2水準の場合は，F 検定が実行されます。
- **レベン（Levene）の検定**：データが連続型分布の場合で，正規分布とは限らない場合に実行されます。※ MINITAB では，ルビーンの検定をレベンの検定と呼んでいます。

[例題]

因子 A，B はそれぞれ温度と酸素量です。温度は 10，16 という水準があり，酸素量は 2，6，10 という水準がある場合，水準の組み合わせによる実験を行い，次のような結果を得ました。これに対する等分散性検定を実行してください（例題データ：酸素量.mtw）。

	10（A1）	16（A2）
2（B1）	13 11 3	26 19 24
6（B2）	10 4 7	15 22 18
10（B3）	15 2 7	20 24 8

566 第18章 分散分析（ANOVA）

[実行] 1. データの入力：データは次のように3つの列に入力します。

↓	C1 温度	C2 酸素量	C3 結果値
1	10	2	13
2	10	2	11
3	10	2	3
4	10	6	10
5	10	6	4
6	10	6	7
7	10	10	15
8	10	10	2
9	10	10	7
10	16	2	26
11	16	2	19
12	16	2	24
13	16	6	15
14	16	6	22
15	16	6	18
16	16	10	20
17	16	10	24
18	16	10	8

[実行] 2. MINITAB メニュー：統計 ▶ 分散分析 ▶ 等分散性検定

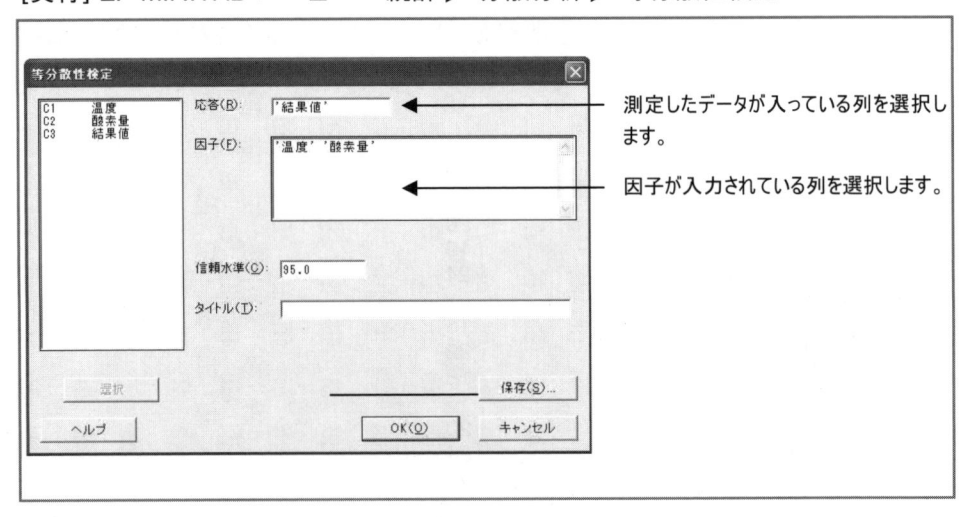

測定したデータが入っている列を選択します。

因子が入力されている列を選択します。

[実行] 3. 結果の出力：下のような結果が，セッションウィンドウとグラフウィンドウに出力されます。

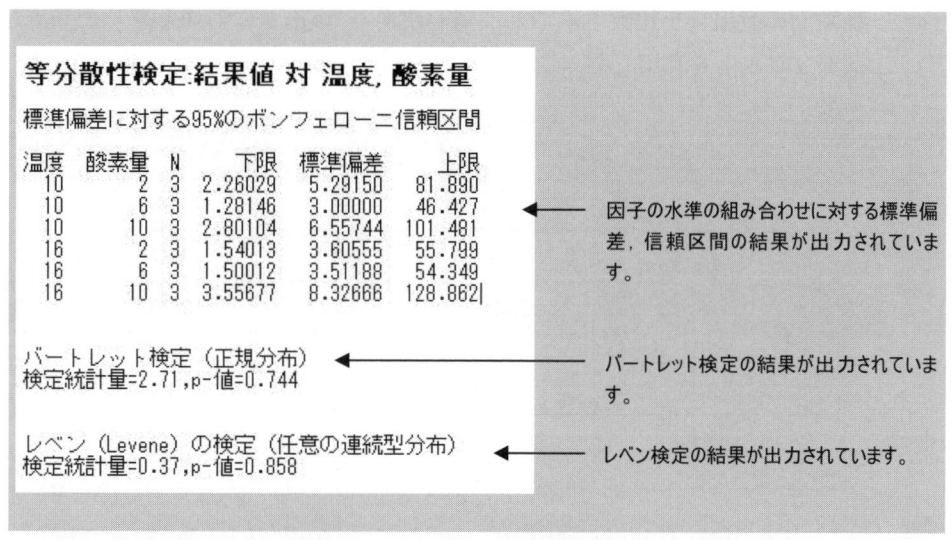

```
等分散性検定:結果値 対 温度, 酸素量
標準偏差に対する95%のボンフェローニ信頼区間

温度  酸素量   N    下限    標準偏差   上限
 10     2     3  2.26029   5.29150   81.890
 10     6     3  1.28146   3.00000   46.427
 10    10     3  2.80104   6.55744  101.481
 16     2     3  1.54013   3.60555   55.799
 16     6     3  1.50012   3.51188   54.349
 16    10     3  3.55677   8.32666  128.862

バートレット検定（正規分布）
検定統計量=2.71, p-値=0.744

レベン（Levene）の検定（任意の連続型分布）
検定統計量=0.37, p-値=0.858
```

← 因子の水準の組み合わせに対する標準偏差，信頼区間の結果が出力されています。

← バートレット検定の結果が出力されています。

← レベン検定の結果が出力されています。

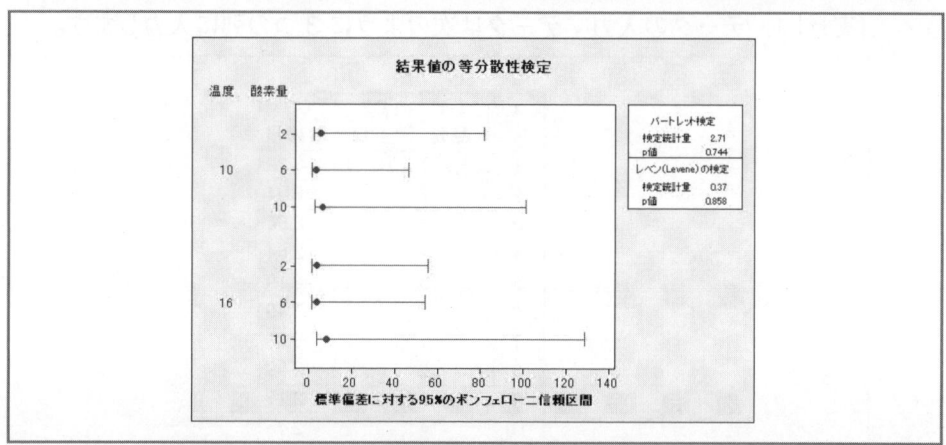

[実行] 4. 結果の解析

- 信頼区間は非対称ですが，これは信頼区間がカイ二乗分布に基づいているためです。各検定でp値を見ると，それぞれ0.744，0.858で有意水準0.05より大きくなっています。このことより，分散が等しいという帰無仮説を棄却できません。すなわち，分散が等しくないという証拠はありません。

10. 区間プロット（Interval Plot）

グループ平均と標準誤差，または平均に対する信頼区間をプロットで出力します。

[例題]

農作物実験研究所では，6種類の稲が4種類の土壌で育っています。このとき，種類別の産出量を比較することに関心があり，産出量に対する平均を調査します。区間プロットを利用して，これを実行してください（例題データ：産出量.mtw）。

		土壌			
		1	2	3	4
品種	1	3.22	3.31	3.26	3.25
	2	3.04	2.99	3.27	3.20
	3	3.06	3.17	2.93	3.09
	4	2.64	2.75	2.59	2.62
	5	3.19	3.40	3.11	3.23
	6	2.49	2.37	2.38	2.37

[実行] 1. データの入力：データは次のように3つの列に入力します。

↓	C1	C2	C3
	品種	土壌	収穫量
1	1	1	3.22
2	2	1	3.04
3	3	1	3.06
4	4	1	2.64
5	5	1	3.19
6	6	1	2.49
7	1	2	3.31
8	2	2	2.99
9	3	2	3.17
10	4	2	2.75
11	5	2	3.40
12	6	2	2.37

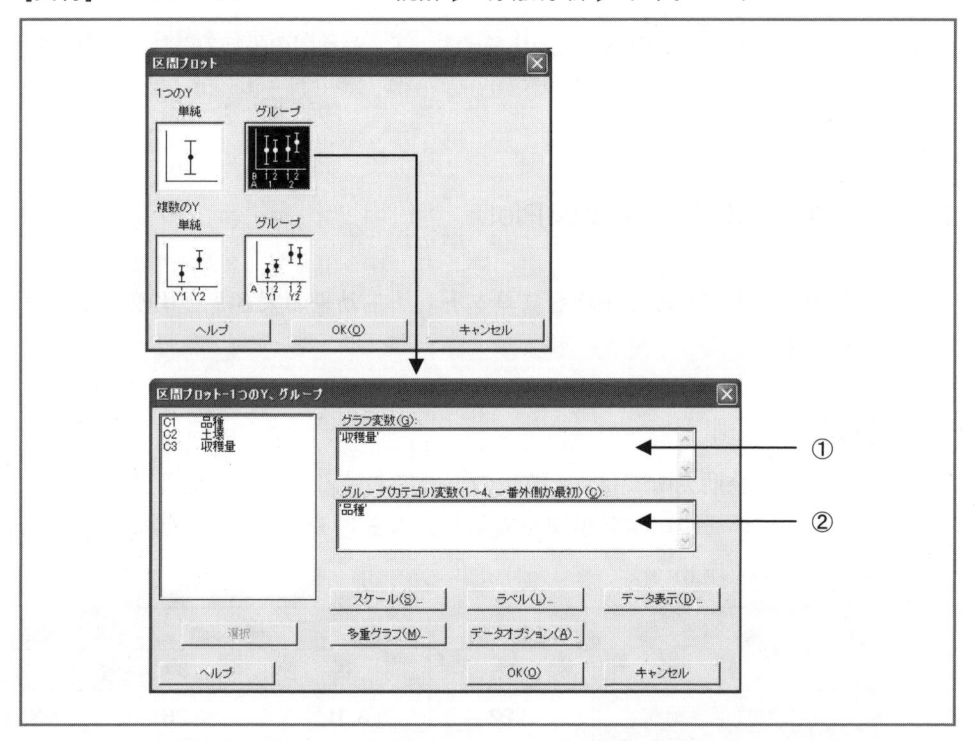

[実行] 2. MINITAB メニュー：統計 ▶ 分散分析 ▶ 区間プロット

① 測定したデータが入っている列を選択します。
② 区間プロットを表示する因子が入力されている列を選択します。ここでは '品種' を選択します。

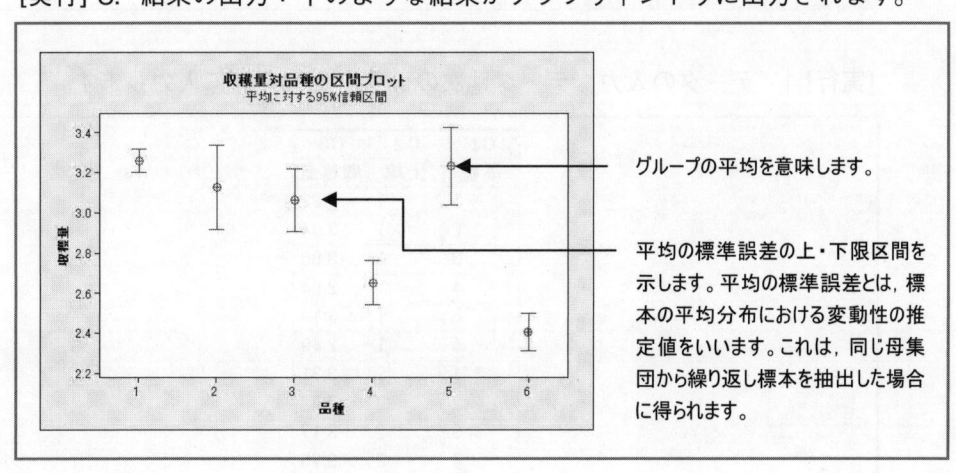

[実行] 3. 結果の出力：下のような結果がグラフウィンドウに出力されます。

グループの平均を意味します。

平均の標準誤差の上・下限区間を示します。平均の標準誤差とは，標本の平均分布における変動性の推定値をいいます。これは，同じ母集団から繰り返し標本を抽出した場合に得られます。

[実行] 4. 結果の解析

・5番の品種と6番の品種間の比較によって，品種間の平均の差は品種内でのばらつきと比較して相対的に大きく表れていることがわかります。

11. 主効果図（Main Effects Plot）

各因子水準における平均をプロットし，主効果の大きさを比較するために使用されます。

[例題]

農作物実験研究所では，4種類の土壌における6種類の稲の産出量に対する実験を行っています。主効果図を表示してみましょう。データは次の通りです（例題データ：土壌.mtw）。

		土壌			
		1	2	3	4
品質	1	3.22	3.31	3.26	3.25
	2	3.04	2.99	3.27	3.20
	3	3.06	3.17	2.93	3.09
	4	2.64	2.75	2.59	2.62
	5	3.19	3.40	3.11	3.23
	6	2.49	2.37	2.38	2.37

[実行] 1. データの入力：データは次のように3つの列に入力します。

C1	C2	C3
品種	土壌	収穫量
1	1	3.22
2	1	3.04
3	1	3.06
4	1	2.64
5	1	3.19
6	1	2.49
1	2	3.31
2	2	2.99
3	2	3.17
4	2	2.75
5	2	3.40
6	2	2.37

[実行] 2. MINITAB メニュー：統計 ▶ 分散分析 ▶ 主効果図

[実行] 3. 結果の出力：下のような結果がグラフウィンドウに出力されます。

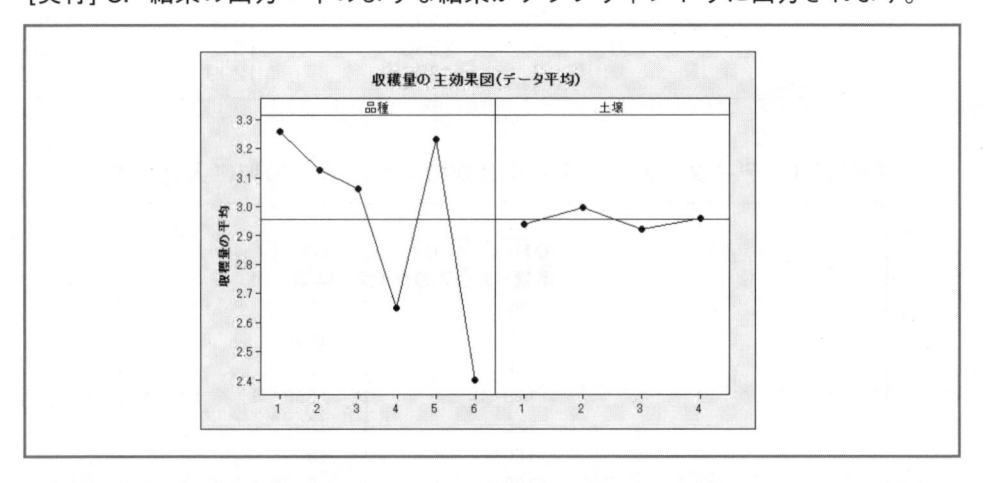

[実行] 4. 結果の解析

・点線は総平均です。各点は水準での平均を意味し，実線は各平均を結んだ線です。グラフを見ると，産出量に及ぼす品種の効果が土壌の効果と比較して大きいことがわかります。

12. 交互作用図（Interactions Plot）

実験因子の交互作用に対して図を表示します。2因子に対しては単一の交互作用を生成し，3因子から9因子までは交互作用のマトリックスを生成します。交互作用は，2つ以上の因子の組み合わせの影響を表します。交互作用図を表示し，平行になった場合，因子間に交互作用がないものと判断します。

[例題]

あるガラス会社では，温度とガラスの種類による照度を調べるために，温度3水準，ガラスのタイプ3水準で組み合せて実験を行いました。2つの因子間の交互作用を視覚的に調べるために交互作用図を表示します。データは次の通りです（例題データ：照度.mtw）。

| | | ガラスのタイプ | | |
		1	2	3
温　度	100	580 568 570	550 530 579	546 575 599
	125	1090 1087 1085	1070 1035 1000	1045 1053 1066
	150	1392 1380 1386	1328 1312 1299	867 904 889

[実行] 1．データの入力：データは次のように3つの列に入力します。

C1 温度	C2 ガラスのタイプ	C3 結果
100	1	580
125	1	1090
150	1	1392
100	1	568
125	1	1087
150	1	1380
100	1	570
125	1	1085
150	1	1386
100	2	550
125	2	1070
150	2	1328

[実行] 2. MINITAB メニュー：統計 ▶ 分散分析 ▶ 交互作用図

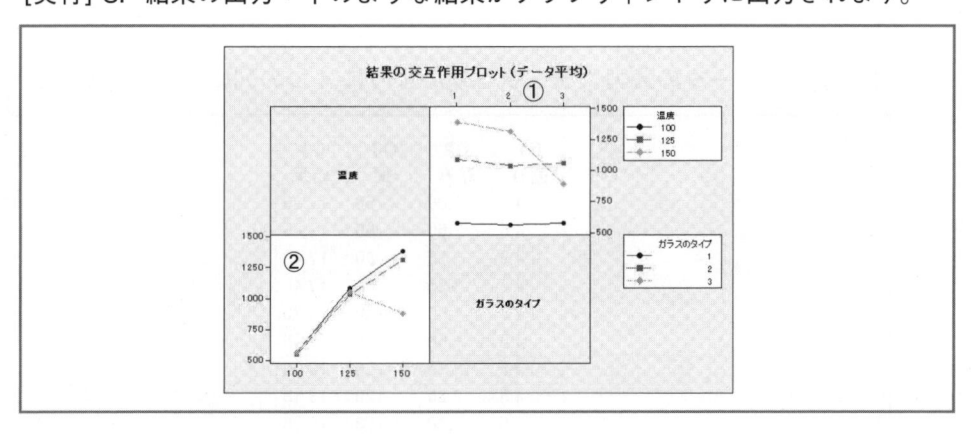

測定したデータが入っている列を選択します。

交互作用図を表示したい因子が入力されている列を選択します。ここでは，'温度'と'ガラスのタイプ'を入力します。

これを選択すると，行列表示で交互作用図が出力されます。

[実行] 3. 結果の出力：下のような結果がグラフウィンドウに出力されます。

[実行] 4. 結果の解析

- ①番の図はガラスのタイプをX軸に置き，そのときの温度変化による照度を示しています。②番の図は温度をX軸に置き，そのときのガラスのタイプによる照度を示しています。これらの図では，線が平行ではないので，確実に交互作用があることがわかります。これは照度に及ぼす温度の効果がガラスのタイプによって異なることを意味します。

[例題]

鋼管の強度を決定する工程条件は，次のように3つの条件があります。その条件とは，切削機の直径，補助シャフトの厚み，圧出炉の出入幅です。それぞれ2水準，4水準，3水準で組み合せて実験を行った後，下のようなデータを得ました。因子間の2次交互作用を視覚的に調べるために，交互作用図を表示します（例題データ：切削機.mtw）。

				幅		
				60	120	150
直径	4.5	厚み	1.00	17.30	16.70	15.75
			1.50	18.05	17.95	16.65
			2.25	17.40	18.60	15.25
			3.25	17.40	18.55	15.85
	7.5	厚み	1.00	29.55	23.20	22.55
			1.50	31.50	25.90	22.90
			2.25	36.75	35.65	28.90
			3.25	41.20	37.60	35.20

[実行] 1. データの入力：データは次のように4つの列に入力します。

C1	C2	C3	C4
直径	厚み	幅	結果
4.5	1.00	60	17.30
4.5	1.50	60	18.05
4.5	2.25	60	17.40
4.5	3.25	60	17.40
4.5	1.00	120	16.70
4.5	1.50	120	17.95
4.5	2.25	120	18.60
4.5	3.25	120	18.55
4.5	1.00	150	15.75
4.5	1.50	150	16.65
4.5	2.25	150	15.25
4.5	3.25	150	15.85

[実行] 2. MINITAB メニュー：統計 ▶ 分散分析 ▶ 交互作用図

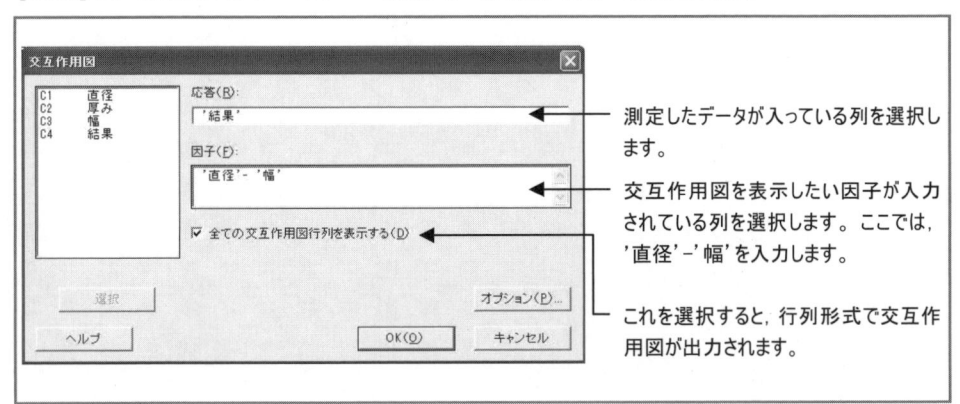

測定したデータが入っている列を選択します。

交互作用図を表示したい因子が入力されている列を選択します。ここでは，'直径'-'幅'を入力します。

これを選択すると，行列形式で交互作用図が出力されます。

[実行] 3. 結果の出力：下のような結果がグラフウィンドウに出力されます。

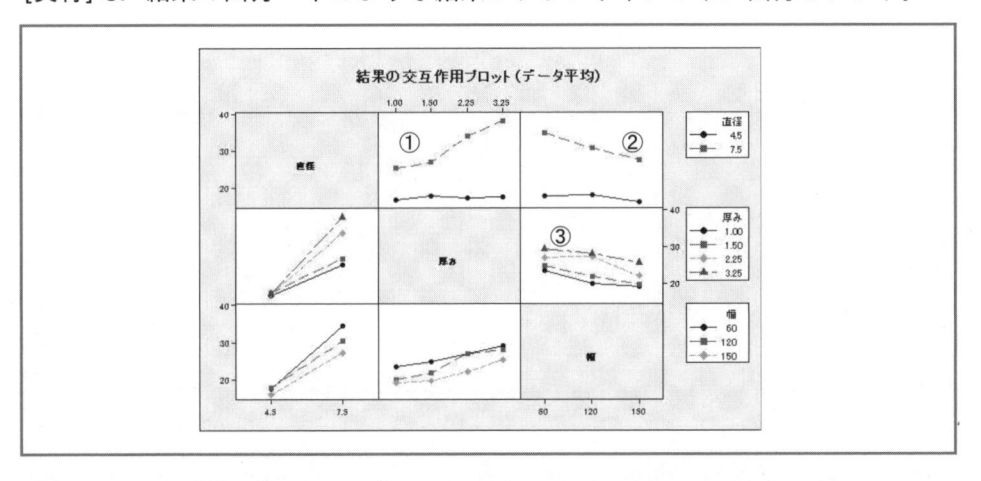

[実行] 4. 結果の解析

- 因子が3つ以上の交互作用図では，2つの因子のすべての組み合わせに対するそれぞれの2元交互作用図を示します。①番のプロットは，直径が4.5と7.5である2つの水準に対して厚みの水準による強度を示します。このとき，すべての幅の水準は平均化されています。同様に，②番の直径と幅の交互作用図，および③番の厚みと幅の交互作用図が確認できます。この例題では，直径と厚みのプロットと直径と幅の図では線が平行ではないため，交互作用があることを意味します。厚みと幅の交互作用があるかどうかは，簡単には判断できません。この場合，一般線形モデルを使用して判断します。

第 19 章　要因実験

1. 要因実験の概要
2. 実験計画の選択
3. 2 水準要因実験を計画する
4. プラケットーバーマン (Plackett-Burman) 計画
5. 完全実施要因計画
6. カスタム要因計画の定義
7. 計画の修正
8. 計画の表示
9. データの収集とデータの入力
10. 要因計画の分析
11. 要因計画プロット
12. 等高線 / 曲面プロット
13. 重ね合わせ等高線図
14. 応答の最適化ツール

1. 要因実験の概要

　　k^n 要因実験法とは，因子の数が n で，各因子の水準数が k である実験計画法（DOE:Design of Experiments）のことをいいます。すべての因子間の水準の組み合わせで実験が行われます。従って，実験が繰り返されない場合でも，k^n 回の実験が実施される必要があります。要因実験法による実験を要因実験といい，要因実験ではすべての要因効果（因子の効果と交互作用）を推定できるという特徴があります。

[1] スクリーニング計画（Screening Designs）

　　実際の工程の開発や製造現場においては，潜在的な入力変数が多くあります。スクリーニング計画は，重要な入力変数や工程品質に影響を与える工程条件を確認することによって，入力変数を減らすことができます。スクリーニングとしてよく使用される実験計画法は，2水準完全計画，一部実施法，プラケット-バーマン（Plackett-Burman）計画などがあります。こうした実験計画法は，1次モデル（線形モデル）にあてはめるのに有用で，実験の配置に中心点（center point）がある場合，曲面性の性質を調べることができます。

[2] 完全要因計画（Full Factorial Designs）-完全配置法

　　因子のすべての水準の組み合わせで実施される実験計画です。下の図は，実験の因子と水準，実験点を示します。

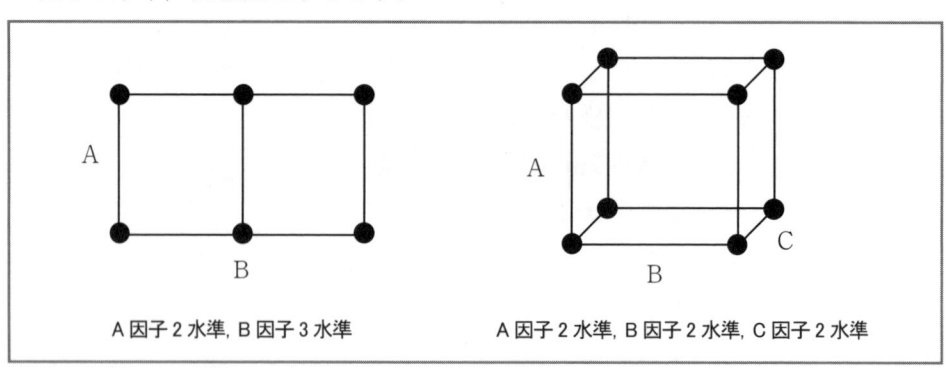

A因子2水準，B因子3水準　　　　　A因子2水準，B因子2水準，C因子2水準

■ 2水準完全要因計画（Two-level Full Factorial Designs）

　　実験因子が2水準のとき，因子のすべての組み合わせで実施される実験計画です。因子による応答領域をすべて探索することはできませんが，因子あたりの実行数が比較的少ない場合に有用な情報を得ることができます。

■ **完全実施要因計画（General Full Factorial Designs）**
　実験の因子水準によるすべての組み合わせで実施される実験計画です。例えば，A 因子が 2 水準，B 因子が 3 水準，C 因子が 5 水準である場合，実験の合計は，30（2×3×5＝30）になります。この実験計画は，スクリーニング実験または最適化実験に使用します。

[3] 一部実施要因計画（Fractional Factorial Designs）-部分配置法

　因子の数が多くなると，因子の処理される組み合わせの数が急激に増加し，1 回の反復実験を実施するだけでも，実験回数は非常に多くなります。例えば，因子の数が 10，2 水準の実験を行う場合，$2^{10}=1024$ 回の実験回数となり，実験の実施が困難になります。従って，必要とする要因に対する情報を得るために，意味の少ない高次の交互作用を犠牲にして，実験の回数を少なくする方法が一部実施要因計画です。一部実施要因計画では，不必要な交互作用を重要な要因と交絡させるのが一般的ですが，交絡された効果は分離して検出できません。一部実施計画を計画する際は，直交配列表を使用した方が便利です。MINITAB の一部実施要因計画では，2 水準 15 因子までサポートします。

[4] プラケット-バーマン（Plackett-Burman）計画

　この実験計画は分解能Ⅲの実験で，主に主効果を探索したい場合に使用します。分解能Ⅲの実験は，主効果が 2 次の交互作用と交絡されることを意味します。すなわち，2 次の交互作用がないという仮定をすれば，主効果は確実に検出されるという意味です。MINITAB のプラケット-バーマン（Plackett-Burman）計画では，2 水準 47 因子までサポートし，実験は 8 回から 48 回まで 4 の倍数のみ試行されます。また，因子の数は必ず実験の試行数より小さくなければなりません。

[5] MINITAB での要因実験の手順

- 実験計画書の作成：どの因子が有意か，水準はどの程度にするか，試行数は何回にするか，標本はどのように採取するか，ゲージで測定する場合，ゲージ R&R は実施されたかなど，実験をするための計画を立てます。
- 要因計画の作成：MINITAB の実験計画法（DOE）メニューで，完全または一部実施の実験計画を作成します。すでにワークシートにデータを持っている場合，カスタム要因計画の定義メニューを利用します。このとき，計画を修正のメニューで変更します。特に，2 水準実験計画では，実験を折り重ねる（フォールドする）こともでき，軸点実験を追加したり，軸ブロックに中心点（center point）を追加したりするなどの修正を行うことができます。

- 計画の表示：実験計画後，実験の実行順序とコード化された単位またはコード化されていない単位で，因子の水準をワークシート上に表示します。
- 実験を実施して，データを収集した後，収集したデータをワークシートに入力します。
- 要因計画の分析：実験結果をモデルにあてはめます。
- プロットの生成：実験結果に基づいて主効果，交互作用などに対してプロットを生成します。
- 応答の最適化ツール：応答値が多数の場合，最適の因子*セッティングの組み合わせを探します。

> * 因子：特性値または応答値に影響を与える原因の中で，実験計画で取り扱われた原因をいい，要因ともいいます。この書籍では，因子と要因を混用して使用します。

2. 実験計画の選択

実験計画を選択するためには，次の事項を確認する必要があります。
- 対象となる因子数を決定する
- 実行可能な実行順序の数を決定する
- 費用，時間，設備などをどの程度考慮する必要があるか判断する

ここで，因子の組み合わせ（実験条件）の順序を実行順序といいます。

対象の問題によっては，他の条件を考慮することで選択すべき計画が変わることもあります。実験計画を満足させるものにするためには，次の事項を考慮する必要があります。
- 計画の実行順序を順次増やすことができる
- 直交ブロックで実験を行う
- モデルの不適合度（Lack of fit）を検出する
- 適切な分解能を持つ計画を選択することで，重要と思われる効果を推定する

> 分解能Ⅲ：
> 　主効果と2因子交互作用との別名関係があり（交絡されている関係），2因子交互作用間にも別名関係があります。
> 分解能Ⅳ：
> 　主効果と2因子交互作用との別名関係はありませんが，2因子交互作用間には別名関係があります。
> 分解能Ⅴ：
> 　主効果と2因子交互作用との別名関係はありませんが，2因子交互作用と3因子交互作用には別名関係があります。

3. 2水準要因実験を計画する

MINITABでは，2水準要因実験計画（完全実施要因または一部実施要因）およびプラケット-バーマン（Plackett-Burman）計画を作成できます。

[1] 2水準要因実験計画の作成

① 統計 ▶ 実験計画法（DOE）▶ 要因計画 ▶ 要因計画の作成を選択します。

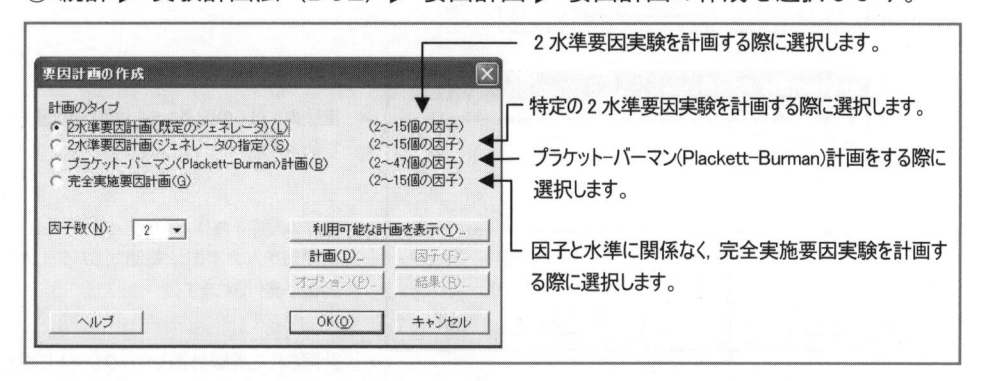

- 2水準要因実験を計画する際に選択します。
- 特定の2水準要因実験を計画する際に選択します。
- プラケット-バーマン(Plackett-Burman)計画をする際に選択します。
- 因子と水準に関係なく，完全実施要因実験を計画する際に選択します。

② 要因実験に対する要約内容を見るには，利用可能な計画を表示します。

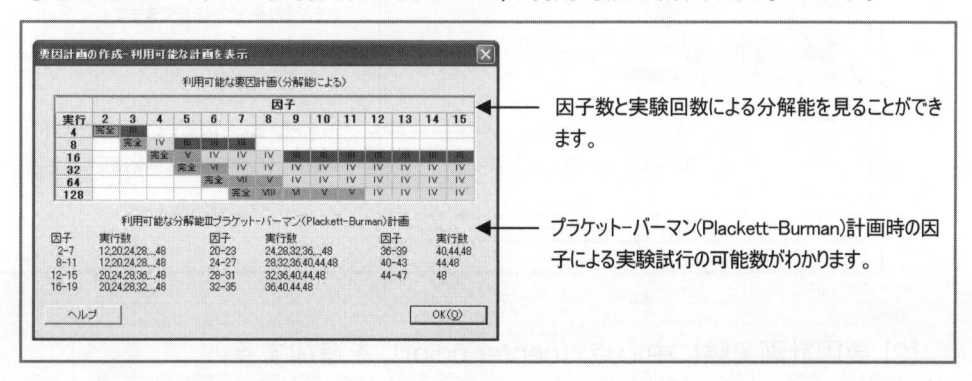

- 因子数と実験回数による分解能を見ることができます。
- プラケット-バーマン(Plackett-Burman)計画時の因子による実験試行の可能数がわかります。

③ 要因計画の作成画面にて，計画，因子，オプション，結果の指定を行います。

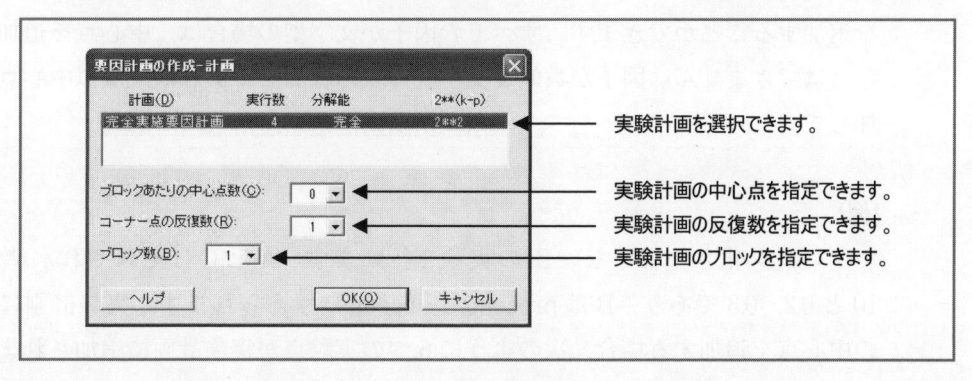

- 実験計画を選択できます。
- 実験計画の中心点を指定できます。
- 実験計画の反復数を指定できます。
- 実験計画のブロックを指定できます。

[スクリーンショット: 要因計画の作成ダイアログボックス（因子、オプション、結果）]

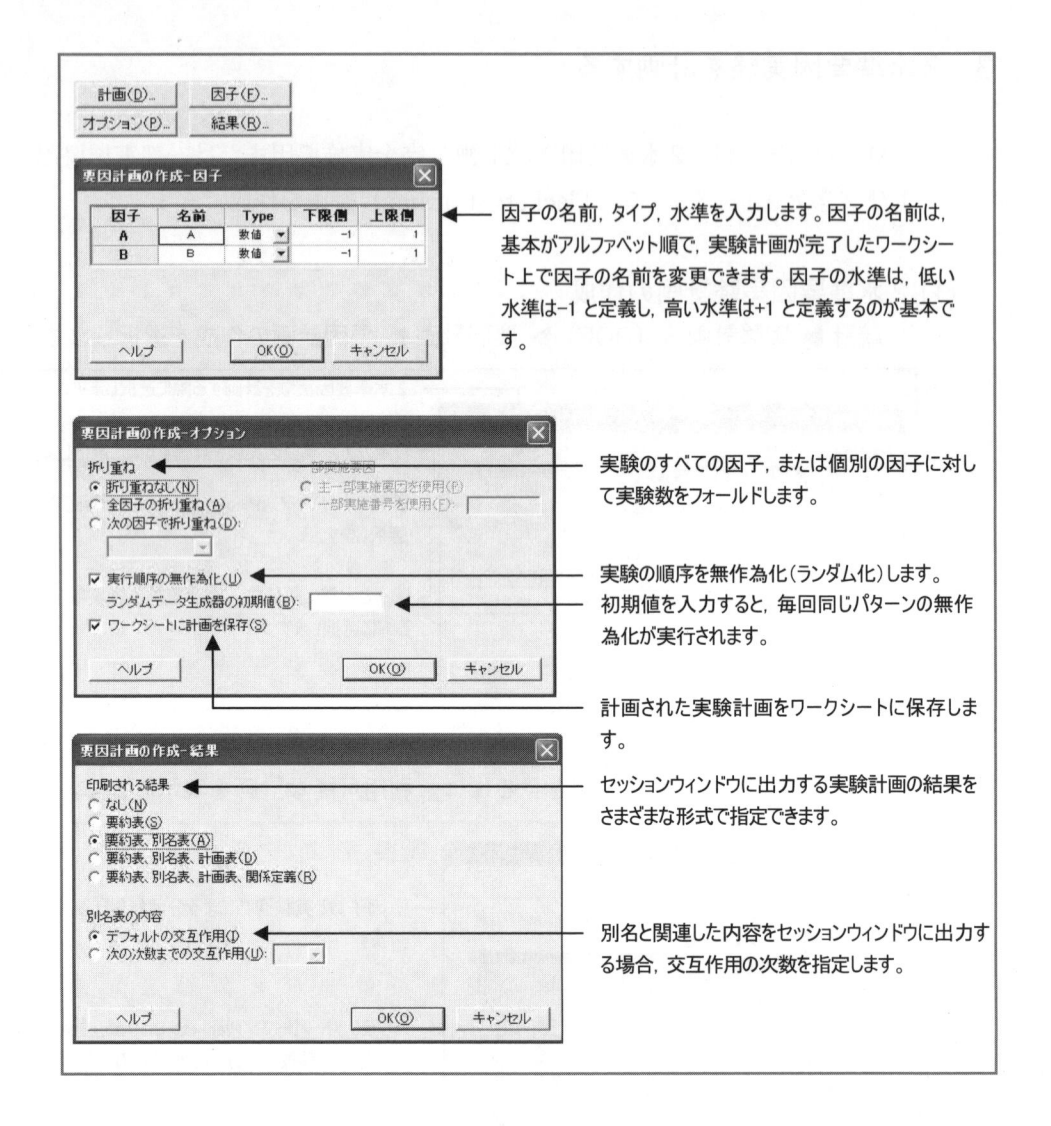

- 因子の名前，タイプ，水準を入力します。因子の名前は，基本がアルファベット順で，実験計画が完了したワークシート上で因子の名前を変更できます。因子の水準は，低い水準は-1 と定義し，高い水準は+1 と定義するのが基本です。

- 実験のすべての因子，または個別の因子に対して実験数をフォールドします。

- 実験の順序を無作為化（ランダム化）します。
- 初期値を入力すると，毎回同じパターンの無作為化が実行されます。

- 計画された実験計画をワークシートに保存します。

- セッションウィンドウに出力する実験計画の結果をさまざまな形式で指定できます。

- 別名と関連した内容をセッションウィンドウに出力する場合，交互作用の次数を指定します。

[2] 要因計画実験に中心点（center point）を追加する

あてはめたデータの曲面性を検出するために，実験計画に中心点（center point）を追加します。すべての因子が数値の場合は，簡単に実験計画に中心点を追加することができます。すべての因子が文字型の場合は，中心点を追加することはできません。因子が数値と文字型の組み合わせであれば，擬似中心点を追加します。

[例]

ブロック化されていない 2^3 の実験を行います。A と C はそれぞれ水準が 0, 10 と 0.2, 0.3 であり，B は present と absent で与えられます。実験計画に 3 点の中心点を追加する場合，次のように 6 つの実験点が実験計画に追加されます。

```
5  present  0.25
5  present  0.25
5  present  0.25
5  absent   0.2
5  absent   0.25
5  absent   0.25
```

[3] 基本実験計画に因子を追加する

実験においてさまざまな状況を考慮する際，MINITABが提供する基本実験計画に従わずに実験を行う場合があります。その際，MINITABでは，生成子の機能を利用して15個の因子までを基本実験計画に追加できます。例えば，D＝－ABのように負の交互作用を使用できるようになります。因子を追加したときは，必ず独自のブロック生成子を指定する必要があります。

[例題]

3因子（A，B，C）2水準，8回の基本実験計画に2個の因子（D，E）を追加してみましょう。

[実行] 1. MINITAB メニュー：統計 ▶ 実験計画法（DOE）▶ 要因計画 ▶ 要因計画の作成

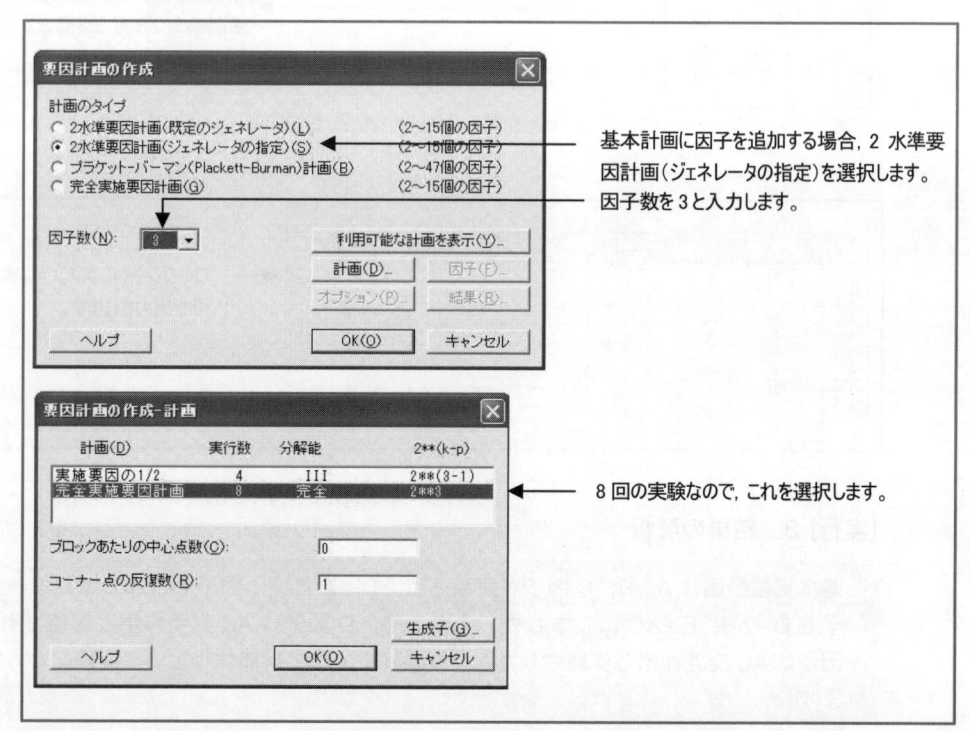

第19章 要因実験

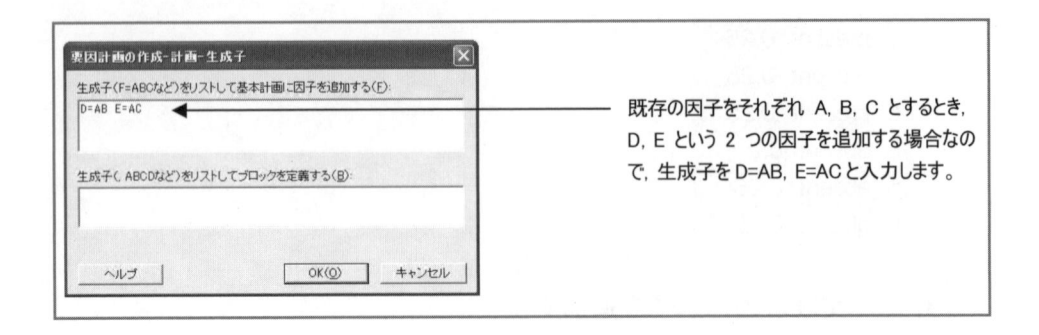

> 既存の因子をそれぞれ A, B, C とするとき, D, E という 2 つの因子を追加する場合なので, 生成子を D=AB, E=AC と入力します。

[実行] 2. 結果の出力：下のような結果が，セッションウィンドウとワークシートに出力されます。

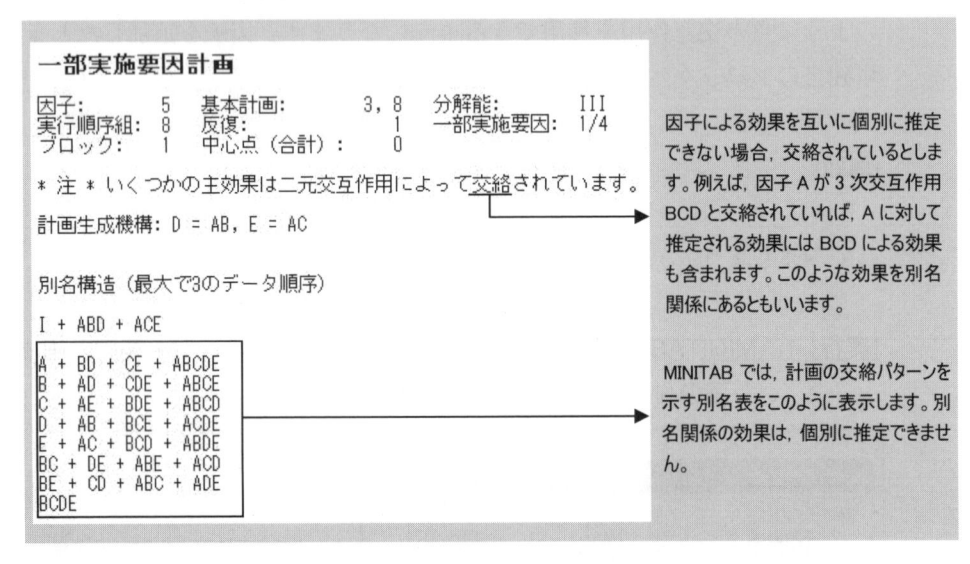

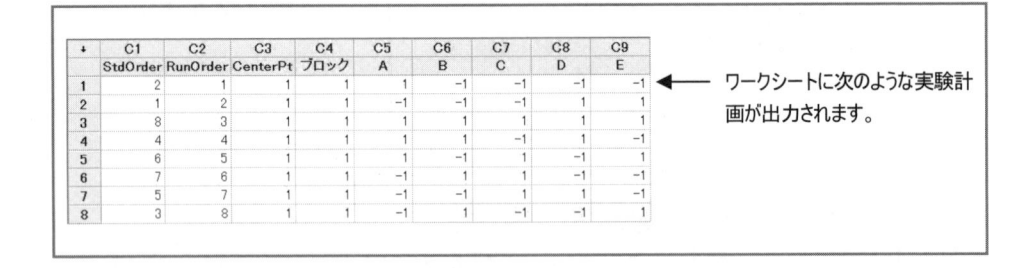

一部実施要因計画

因子：	5	基本計画：	3, 8	分解能：	III	
実行順序組：	8	反復：	1	一部実施要因：	1/4	
ブロック：	1	中心点（合計）：	0			

＊ 注 ＊ いくつかの主効果は二元交互作用によって交絡されています。

計画生成機構： D = AB, E = AC

別名構造（最大で3のデータ順序）

I + ABD + ACE

A + BD + CE + ABCDE
B + AD + CDE + ABCE
C + AE + BDE + ABCD
D + AB + BCE + ACDE
E + AC + BCD + ABDE
BC + DE + ABE + ACD
BE + CD + ABC + ADE
BCDE

> 因子による効果を互いに個別に推定できない場合，交絡されているとします。例えば，因子 A が 3 次交互作用 BCD と交絡されていれば，A に対して推定される効果には BCD による効果も含まれます。このような効果を別名関係にあるともいいます。

> MINITAB では，計画の交絡パターンを示す別名表をこのように表示します。別名関係の効果は，個別に推定できません。

	C1	C2	C3	C4	C5	C6	C7	C8	C9
	StdOrder	RunOrder	CenterPt	ブロック	A	B	C	D	E
1	2	1	1	1	1	-1	-1	-1	-1
2	1	2	1	1	-1	-1	-1	1	1
3	8	3	1	1	1	1	1	1	1
4	4	4	1	1	1	1	-1	1	-1
5	6	5	1	1	1	-1	1	-1	1
6	7	6	1	1	-1	1	1	-1	-1
7	5	7	1	1	-1	-1	1	1	-1
8	3	8	1	1	-1	1	-1	-1	1

> ワークシートに次のような実験計画が出力されます。

[実行] 3. 結果の解析

・基本実験計画は A, B, C 因子と定義され，D, E という因子を追加しました。生成子を D=AB, E=AC にしました。すなわち，D 因子は AB 交互作用と交絡され，E 因子は AC 交互作用と交絡されたという意味です。分解能はIIIという実験になっています。

[4] 計画をブロック化する

実験のすべての観測値を同一の実験条件下で得るのは困難です。従って，重要ではない因子はブロック計画を利用して交絡させます。

■ 基本生成子を利用したブロック計画

- 統計 ▶ 実験計画法（DOE）▶ 要因計画 ▶ 要因計画の作成（2水準要因計画（規定のジェネレータ）を選択する）▶ 計画を選択します。

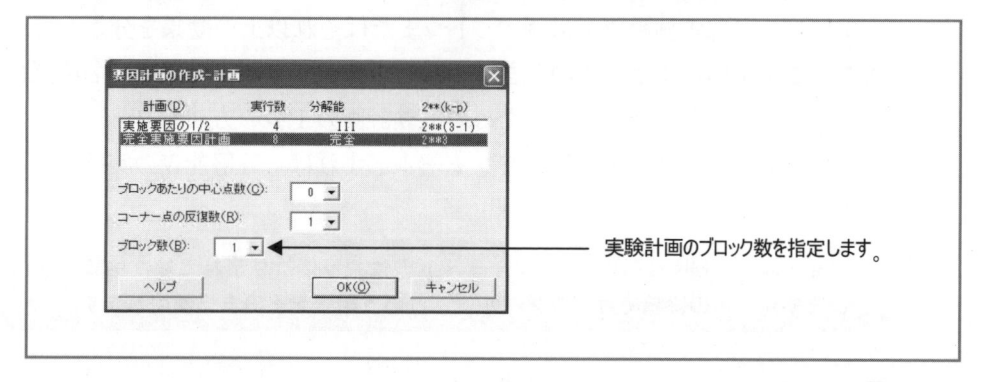

実験計画のブロック数を指定します。

■ 生成子の指定を利用したブロック計画

- 統計 ▶ 実験計画法（DOE）▶ 要因計画 ▶ 要因計画の作成（2水準要因計画（ジェネレータの指定）を選択する）▶ 計画 ▶ 生成子を選択します。

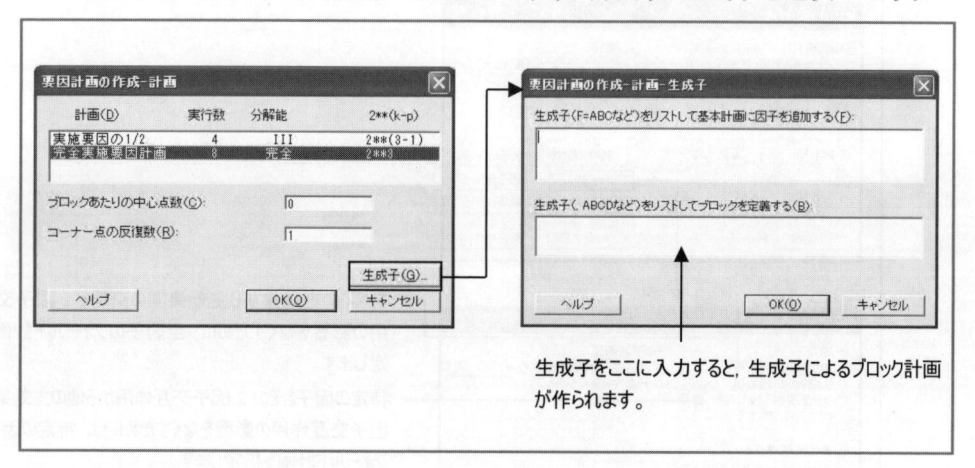

生成子をここに入力すると，生成子によるブロック計画が作られます。

[例]

8個の因子に対する64回の実験を計画しています。ブロック生成子をABC，CDEと与えるとき，ブロックは次のように構成されます。計画のブロック化を実施すると，実験の分解能が減ります。

Block	ABC	CDE
1	−	−
2	+	−
3	−	+
4	+	+

[5] 実験計画をフォールド（fold）する

　交絡は，一部実施の実験計画で，1つまたはそれ以上の効果を分離して検出できないことをいいます。このとき，分離して検出できない効果を別名関係にあるといい，こうした交絡を減らすための実験計画の1つの方法がフォールド計画です。分解能Ⅲの実験計画に対してフォールドすれば，分解能Ⅳの実験計画になります。

> ＊フォールド：MINITABでは，フォールドの代わりに折り重ねという用語を使用していますが，この書籍では'フォールド'という用語をそのまま使用します。

■ MINITABでフォールドを計画する

・統計 ▶ 実験計画法（DOE）▶ 要因計画 ▶ 要因計画の作成 ▶ オプションを選択します。

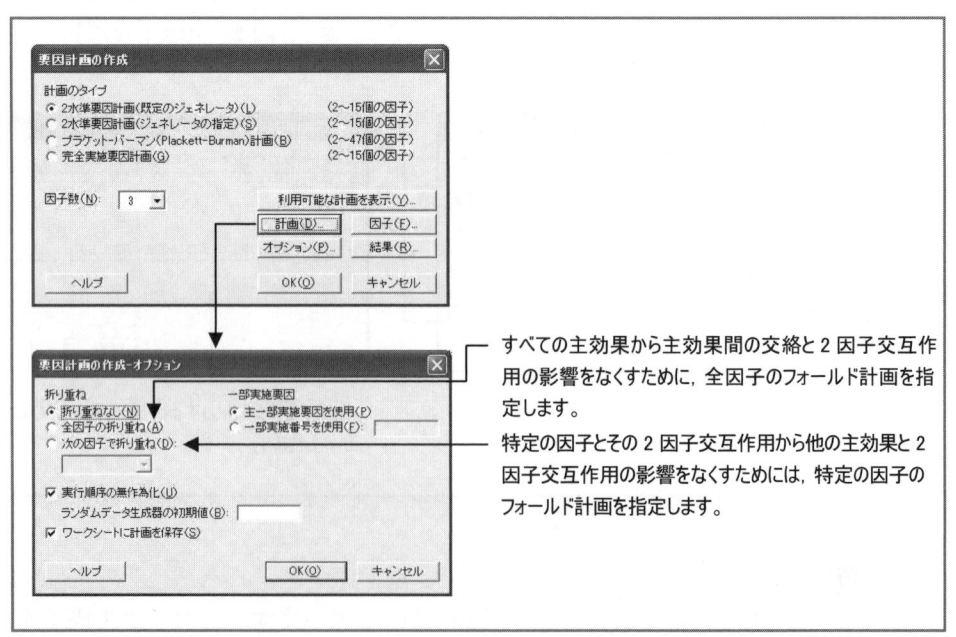

　すべての主効果から主効果間の交絡と2因子交互作用の影響をなくすために，全因子のフォールド計画を指定します。
　特定の因子とその2因子交互作用から他の主効果と2因子交互作用の影響をなくすためには，特定の因子のフォールド計画を指定します。

■ フォールド計画の理論

　3因子2水準，4回の実験計画を考えます（ただし，＋は因子の高い水準，－は因子の低い水準）。

すべての因子でフォールドすると，計画に4つの実行順序組が追加され，追加の実行順序組では各因子の符号が反対になります。

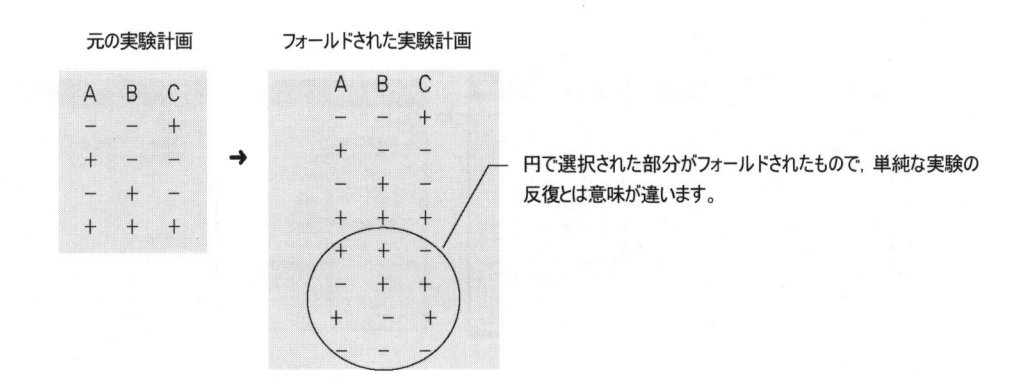

円で選択された部分がフォールドされたもので，単純な実験の反復とは意味が違います。

1つの因子でフォールドすると，計画に4つの実行順序組が追加され，指定した因子の符号のみが反対になります。

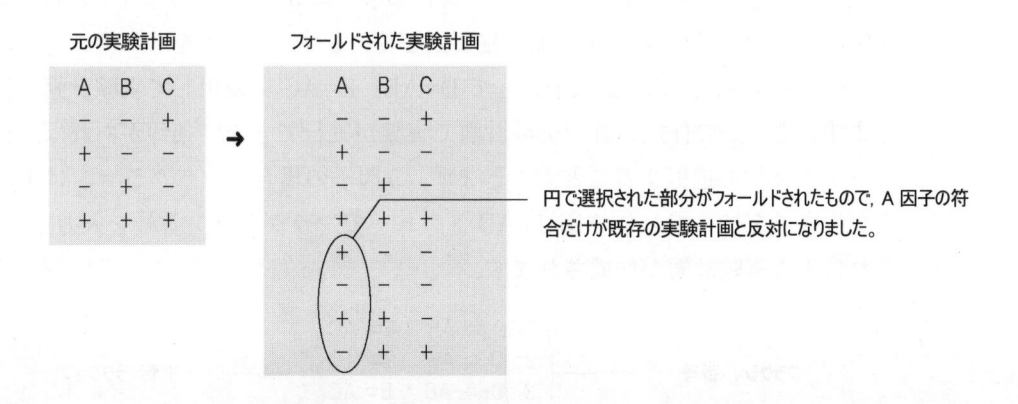

円で選択された部分がフォールドされたもので，A因子の符合だけが既存の実験計画と反対になりました。

[6] フラクション（fraction）の選定

　一部実施要因計画を作成する場合は，デフォルトで主一部実施要因が使用されます。フラクションの符号が(+)であるフラクションを主要フラクションといい，MINITABではこれを基本に作成します。しかし，実行の難しい点が計画に含まれていることもあるため，そのような場合は，適切なフラクションを選択することで，特定の点を回避できます。MINITAB 14では，フラクションを'一部'という用語で使用していますが，この書籍では，フラクションという用語をそのまま使用します。

■ フラクションの指定
・ 統計 ▶ 実験計画法（DOE）▶ 要因計画 ▶ 要因計画の作成 ▶ オプションを選択します。

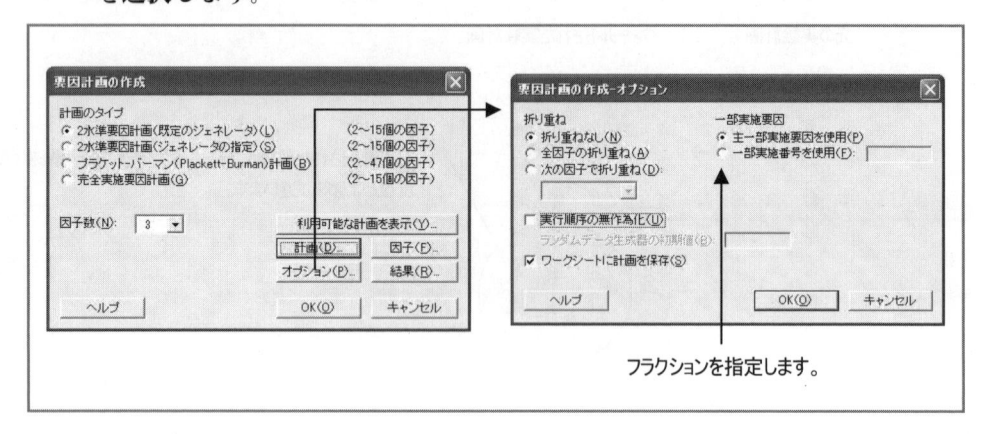

■ フラクション

5因子の完全実施要因計画の場合，実行順序組は32回になります。8回の実行順序組にしたい場合は，1/4一部実施要因を使います。5因子をそれぞれ A, B, C, D, E とする場合，基本生成子として D=AB, E=AC を使用して実験計画を作成します。もしこの作成された実験計画で実験が実行できない条件があれば，他のフラクションを選択することができます。5因子の場合，フラクションは下のような生成子を持っており，MINITAB メニューでフラクション番号を入力すると，それによる実験計画が作成されます。

フラクション番号
1) D =−AB   E=−AC
2) D = AB   E=−AC
3) D =−AB   E= AC
4) D = AB   E= AC   主要フラクション

[7] 実験計画の無作為化（ランダム化）

MINITAB では，基本的に実験計画の実行順序を無作為化（ランダム化）します。無作為化を行うことで，分析対象に含まれていない因子の効果が減少します。特に時間と関連のある因子の効果に対しては，無作為化が必要です。

	初めに実験計画が計画されるときの順序	実験計画の計画後に実験実施によるランダム順序
↓	C1 StdOrder	C2 RunOrder
1	2	1
2	4	2
3	1	3
4	3	4

[8] 実験計画の保存

MINITABを利用して完了された実験計画は，次のようにワークシートに保存されます。

	① C1 StdOrder	② C2 RunOrder	③ C3 CenterPt	④ C4 ブロック	⑤ C5 A	C6 B	C7 C
1	2	1	1	1	-1	-1	-1
2	4	2	1	1	1	1	1
3	1	3	1	1	-1	-1	1
4	3	4	1	1	-1	1	-1

① StdOrder：初めに実験計画が計画されるときの順序が表示されます。
② RunOrder：実験計画後の実験実施によるランダム順序が表示されます。
③ 中心点：中心点が含まれた実験計画の場合，0と表示されます。
④ ブロック：ブロック化されていない場合，1が表示されます。
⑤ 因子：因子の水準の組み合わせが表示されます。

何らかの理由でワークシート上の実験計画が変更となってしまった場合，カスタム要因計画の定義メニューを使用して計画を再定義した後で，分析する必要があります。

[9] 因子名と因子水準を決める

- MINITABの基本指定はアルファベット順で，因子名は実験計画後に，ワークシート上でも変更することができます。
- MINITABの基本指定は，下限側(low)：−1，上限側(high)：＋1です。因子水準の変更は，計画の修正メニューで修正します。

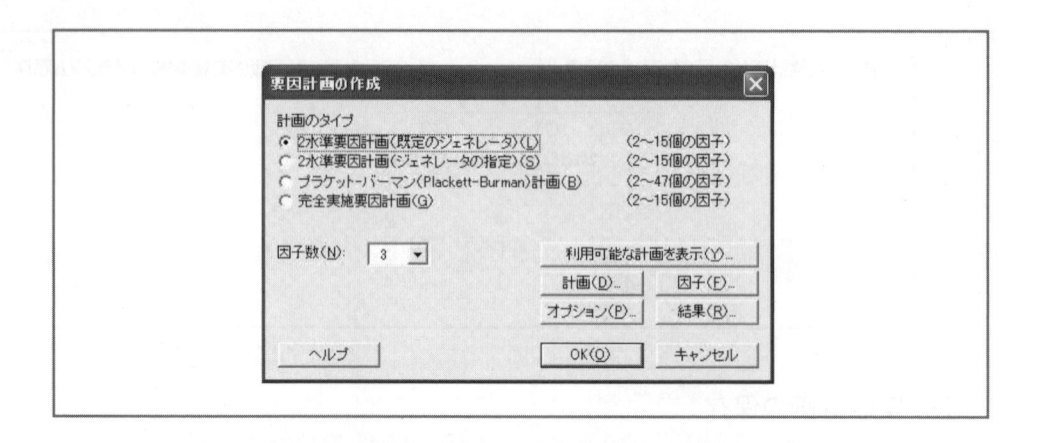

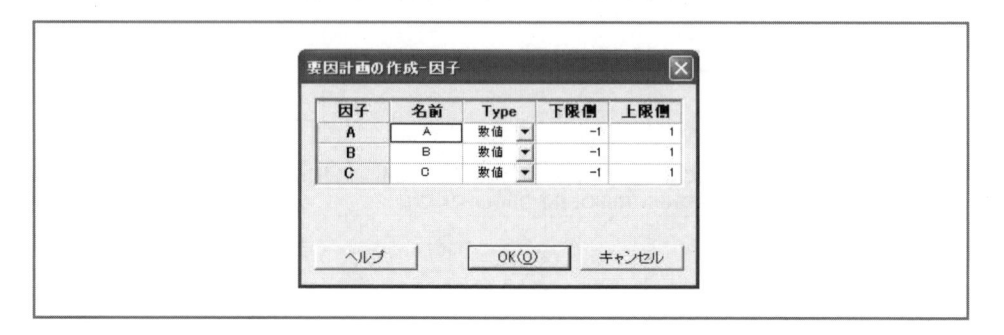

[例題]（一部実施要因計画）

製品の収率に影響を与える 6 種類の因子において，最も大きな影響を及ぼす因子をスクリーニングしたいと考えています。因子間の 3 因子，4 因子の交互作用は無視できると仮定するため，分解能Ⅳの要因計画が適切です。

3. 2水準要因実験を計画する

[実行] 1. MINITAB メニュー：統計 ▶ 実験計画法（DOE）▶ 要因計画の作成

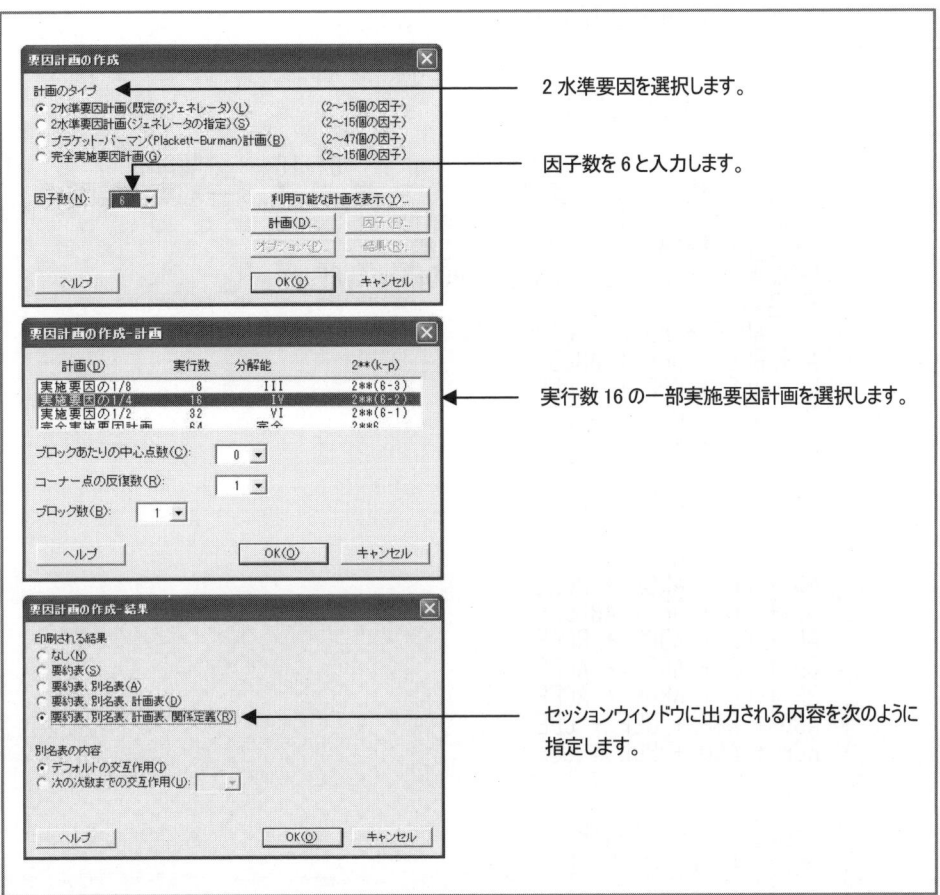

- 2水準要因を選択します。
- 因子数を6と入力します。
- 実行数16の一部実施要因計画を選択します。
- セッションウィンドウに出力される内容を次のように指定します。

[実行] 2. 結果の出力：下のような結果が，セッションウィンドウとワークシートに出力されます。

一部実施要因計画

```
因子:            6    基本計画:        6, 16     分解能:           IV
実行順序組:      16   反復:                1     一部実施要因:    1/4
ブロック:         1   中心点（合計）:      0
計画生成機構: E = ABC, F = BCD
関係を定義する:I = ABCE = BCDF = ADEF
別名構造
I + ABCE + ADEF + BCDF
A + BCE + DEF + ABCDF
B + ACE + CDF + ABDEF
C + ABE + BDF + ACDEF
D + AEF + BCF + ABCDE
E + ABC + ADF + BCDEF
F + ADE + BCD + ABCEF
AB + CE + ACDF + BDEF
AC + BE + ABDF + CDEF
AD + EF + ABCF + BCDE
AE + BC + DF + ABCDEF
AF + DE + ABCD + BCEF
BD + CF + ABEF + ACDE
BF + CD + ABDE + ACEF
ABD + ACF + BEF + CDE
ABF + ACD + BDE + CEF
```

計画表（ランダム化）

実行	A	B	C	D	E	F
1	-	-	-	-	-	-
2	+	+	+	-	+	-
3	-	+	+	+	-	+
4	-	+	-	-	+	+
5	-	+	+	-	-	-
6	+	+	+	+	+	+
7	+	-	+	-	-	+
8	+	+	-	+	-	-
9	+	-	+	+	-	-
10	-	-	-	+	-	+
11	-	+	-	+	+	-
12	+	-	-	-	+	-
13	+	-	-	+	+	+
14	-	-	+	+	+	-
15	+	+	-	-	-	+
16	-	-	+	-	+	+

StdOrder	RunOrder	CenterPt	ブロック	A	B	C	D	E	F
3	1	1	1	-1	-1	-1	-1	-1	-1
9	2	1	1	1	1	1	-1	1	-1
7	3	1	1	-1	1	1	1	-1	-1
8	4	1	1	1	-1	-1	1	-1	1
15	5	1	1	-1	1	1	-1	1	1
11	6	1	1	1	1	1	1	1	1
4	7	1	1	1	1	-1	-1	-1	-1
14	8	1	1	1	-1	1	1	-1	1
13	9	1	1	-1	-1	1	1	1	-1
6	10	1	1	1	-1	1	-1	1	-1
10	11	1	1	-1	1	-1	-1	-1	1
12	12	1	1	-1	-1	-1	1	1	1
1	13	1	1	-1	1	-1	1	1	-1
5	14	1	1	-1	-1	1	-1	-1	1
2	15	1	1	1	1	-1	-1	1	1
16	16	1	1	1	-1	-1	1	1	-1

← ワークシートに次のように計画が出力されます。

[実行] 3. 結果の解析

- 6因子の完全実施要因計画の場合，2^6，すなわち64回の試行を必要とします。ここでは，リソース上の制約により，16の実行順序組を持つ1/4一部実施要因計画を選択しました。ブロック化されていない計画の分解能は，定義関係にある項の長さ（I=ABCE=BCDF=ADEF）と同じです。分解能がⅣの計画で，主効果は3因子交互作用と交絡されていることを意味します。2因子交互作用は互いに交絡されているので，これらの性質を定義するには，有意な交互作用をさらに評価する必要があります。計画表は無作為化されています。例えば，実行2ではA因子，B因子，C因子，E因子は高い水準で，D因子，F因子は低い水準で実験を行うという意味になります。

[10] 特定の交互作用の分析

特定の交互作用について分析するとき，これらの交互作用が互いに，または他の主効果と交絡しないようにする必要があります。その場合，MINITABの実験計画の因子名に適切な文字を割り当てることによってこれを実行できます。例えば，圧力，速度，冷却，スレッド，硬度，時間の6因子を分析するために，16の実行組の計画を仮定します。ここで圧力（A），速度（B），冷却（C）を割り当てると，2因子交互作用AB，AC，BCは互いに，または主効果と交絡されません。残りの3因子は，D，E，Fにどのようにでも割り当てることができます。圧力（A），速度（B），冷却（C）間の3因子交互作用も分析するときは，ABCがEと交絡しているため，別の割り当てが必要です。

4. プラケット-バーマン（Plackett-Burman）計画

プラケット-バーマン（Plackett-Burman）計画は，主効果の分析で多く使用される2水準一部実施要因計画である分解能に分類されます。分解能Ⅲの計画で

は，主効果は2因子交互作用と別名関係にあります。2因子交互作用が無視できる大きさだと仮定できる場合にのみ，この計画を使います。MINITABでは，最高47までの因子に対して計画を作成できます。

[1] プラケット-バーマン（Plackett-Burman）実験計画の作成
① 統計▶実験計画法（DOE）▶要因計画▶要因計画の作成を選択します。

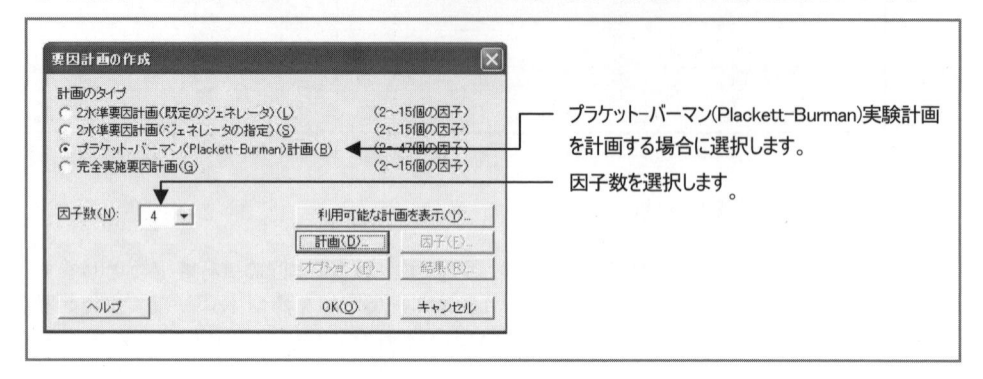

② 計画の要約を見るためには，利用可能な計画を表示メニューで選択します。

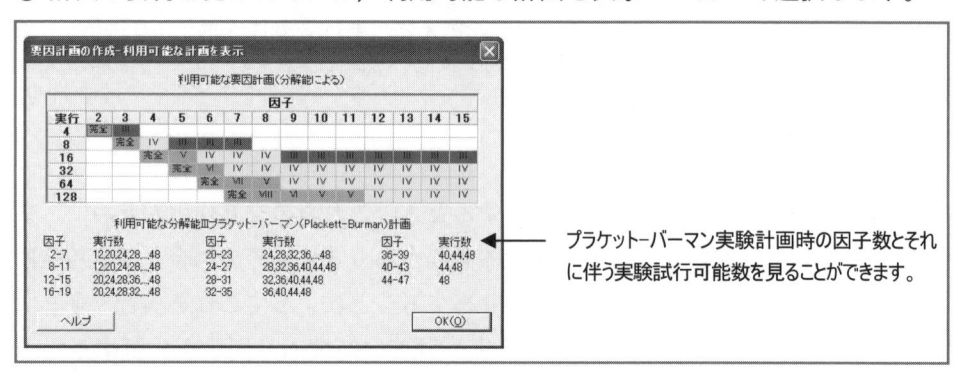

③ 要因計画の作成において，計画，オプション，因子では次のようなことを決定します。

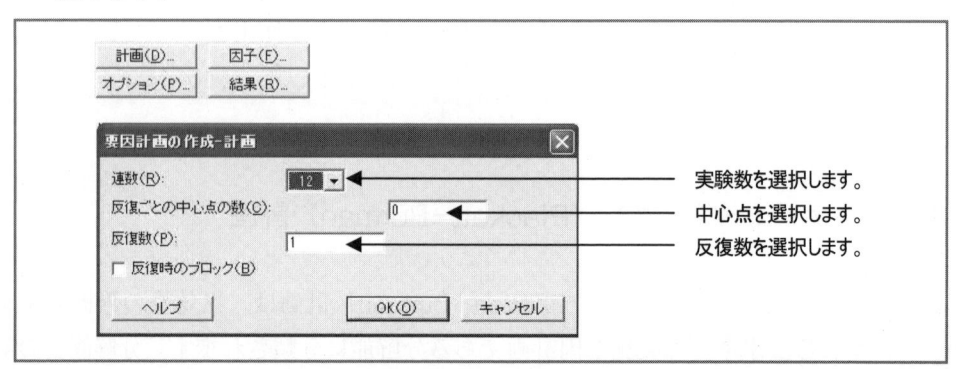

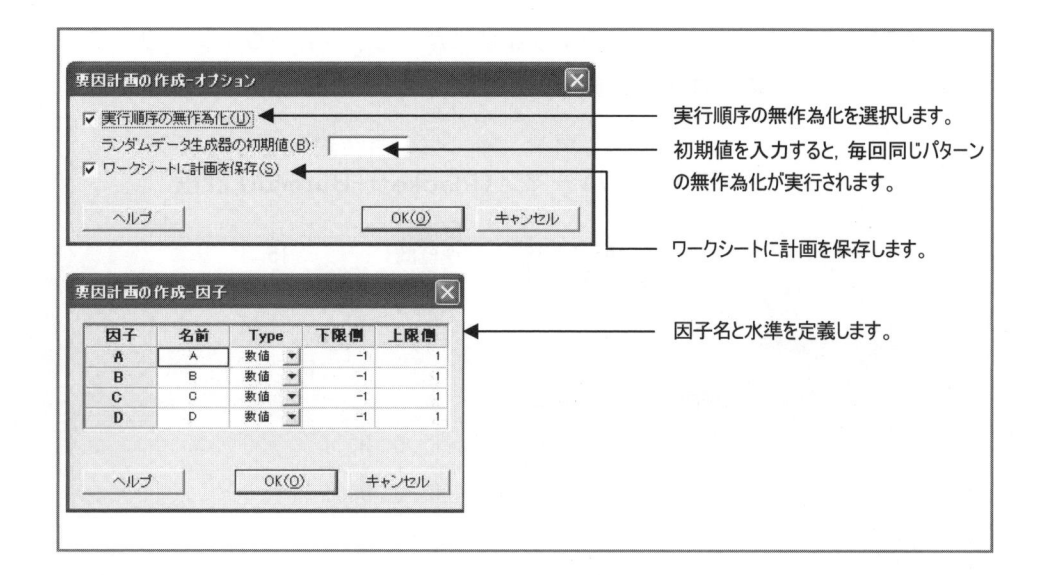

4．プラケット−バーマン（Plackett−Burman）計画　595

（要因計画の作成−オプションダイアログ）
- 実行順序の無作為化を選択します。
- 初期値を入力すると，毎回同じパターンの無作為化が実行されます。
- ワークシートに計画を保存します。

（要因計画の作成−因子ダイアログ）
- 因子名と水準を定義します。

[例題]

9因子12回のプラケット−バーマン実験計画を計画してみましょう。

[実行] 1. MINITAB メニュー：統計 ▶ 実験計画法（DOE）▶ 要因計画 ▶ 要因計画の作成

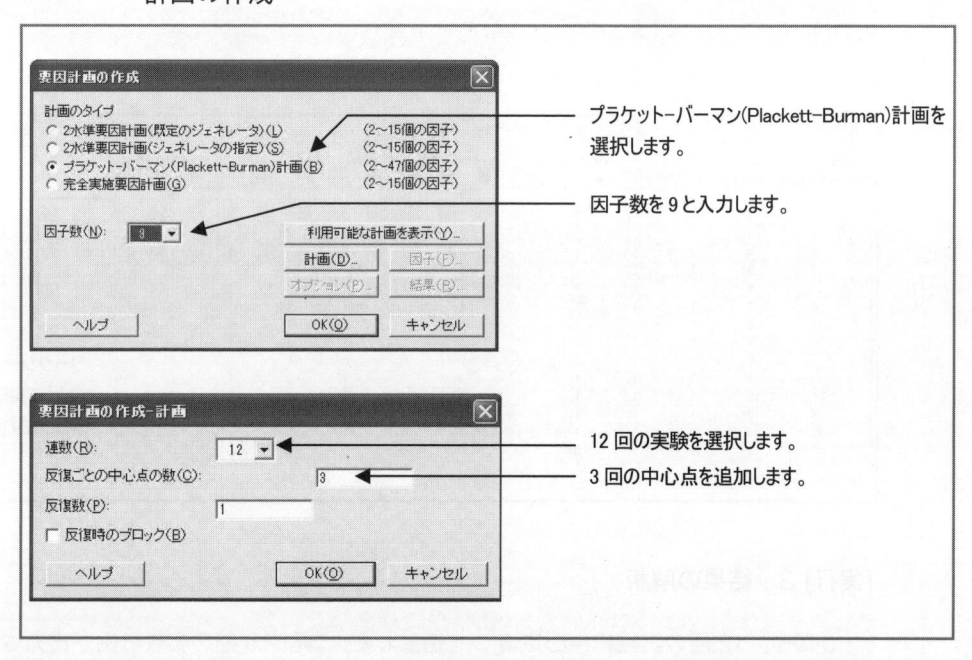

（要因計画の作成ダイアログ）
- プラケット−バーマン（Plackett−Burman）計画を選択します。
- 因子数を9と入力します。

（要因計画の作成−計画ダイアログ）
- 12回の実験を選択します。
- 3回の中心点を追加します。

[実行] 2. 結果の出力：下のような結果が，セッションウィンドウとワークシートに出力されます。

```
プラケット-バーマン(Plackett-Burman)計画

因子：          9        反復：          1
ベース実行組：  15       連総数：        15
ベースブロック： 1       ブロック総数：   1

中心点: 3

計画表（ランダム化）

実行  Blk  A  B  C  D  E  F  G  H  J
  1    1   +  -  +  -  -  -  +  +  +
  2    1   0  0  0  0  0  0  0  0  0
  3    1   -  +  -  -  -  +  +  +  -
  4    1   -  +  +  +  -  +  +  -  +
  5    1   -  -  -  +  +  +  -  +  +
  6    1   -  -  +  +  +  -  +  +  -
  7    1   +  +  +  -  +  +  -  +  -
  8    1   -  -  -  -  +  +  +  -  +
  9    1   +  +  -  +  -  -  -  +  +
 10    1   0  0  0  0  0  0  0  0  0
 11    1   +  +  -  +  +  -  +  -  -
 12    1   +  -  -  -  +  +  -  -  +
 13    1   -  +  +  -  +  -  -  -  -
 14    1   +  -  +  +  -  +  -  -  -
 15    1   0  0  0  0  0  0  0  0  0
```

C1	C2	C3	C4	C5	C6	C7	C8	C9	C10	C11	C12	C13
StdOrder	RunOrder	PtType	ブロック	A	B	C	D	E	F	G	H	J
14	1	0	1	1	-1	1	-1	-1	-1	1	1	1
1	2	1	1	0	0	0	0	0	0	0	0	0
3	3	1	1	-1	1	1	1	1	1	1	-1	1
9	4	1	1	1	1	-1	1	-1	-1	-1	1	1
8	5	1	1	-1	-1	-1	-1	1	-1	-1	-1	-1
10	6	1	1	-1	-1	1	1	1	1	1	-1	-1
6	7	1	1	1	1	1	1	-1	1	1	-1	-1
11	8	1	1	1	-1	-1	1	1	1	-1	1	-1
12	9	1	1	1	1	-1	1	-1	-1	-1	1	1
7	10	1	1	0	0	0	0	0	0	0	0	0
13	11	0	1	1	-1	1	-1	1	1	1	-1	1
5	12	1	1	1	-1	-1	-1	1	1	1	-1	1
4	13	1	1	-1	1	1	1	-1	1	1	-1	1
15	14	0	1	1	-1	1	1	1	1	-1	1	-1
2	15	1	1	0	0	0	0	0	0	0	0	0

ワークシートに次のように実験計画が出力されます。

[実行] 3. 結果の解析

・9因子，12回の実験に中心点3つを追加した，合計15回の実験計画が出力されました。この12の実行順序組の計画では，各主効果が複数の2因子交互作用と部分的に交絡するため，別名表は表示されません。

5. 完全実施要因計画（General Full Factorial Design）

MINITABでは，9個の因子まで，因子あたり2～10水準に対して完全要因計画を作成します。

① 統計 ▶ 実験計画法（DOE）▶ 要因計画 ▶ 要因計画の作成を選択します。

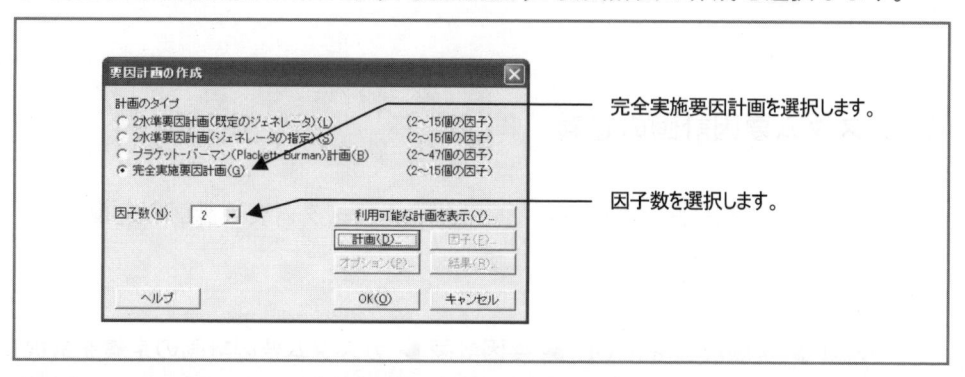

② 計画，オプション，因子の項目で次の事項を指定します。

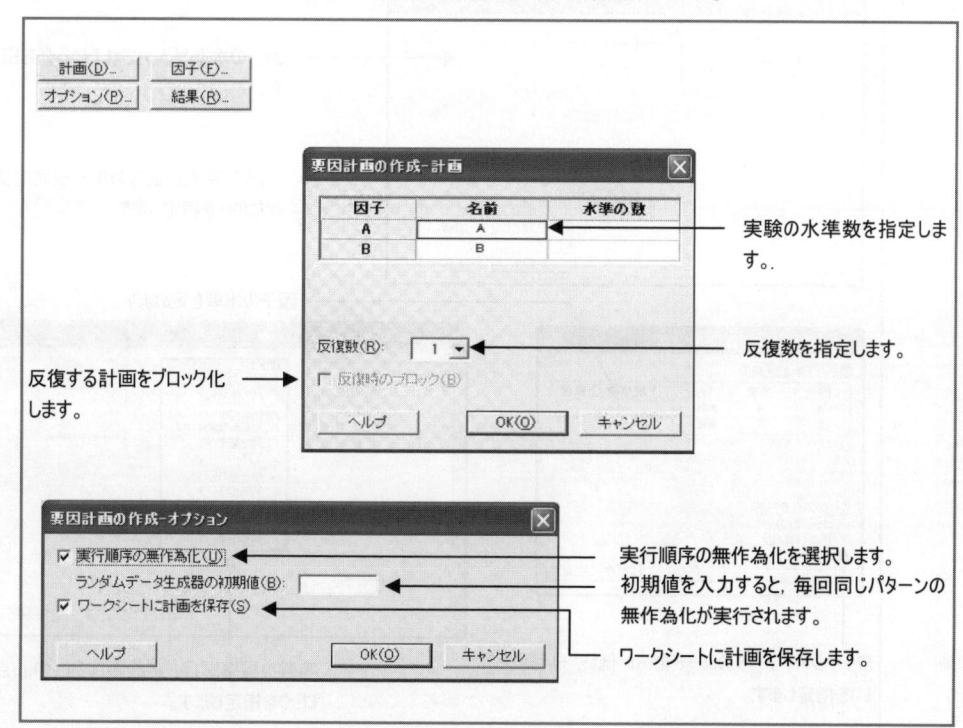

598　第19章　要因実験

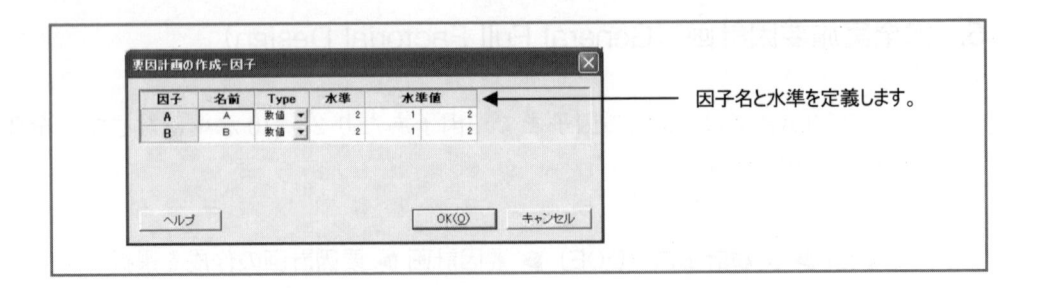

［因子名と水準を定義します。］

6. カスタム要因計画の定義

すでに実験計画が作成されている場合，カスタム要因計画の定義メニューを利用して，実験計画を再定義します。

統計 ▶ 実験計画法（DOE）▶ 要因計画 ▶ カスタム要因計画の定義を選択します。

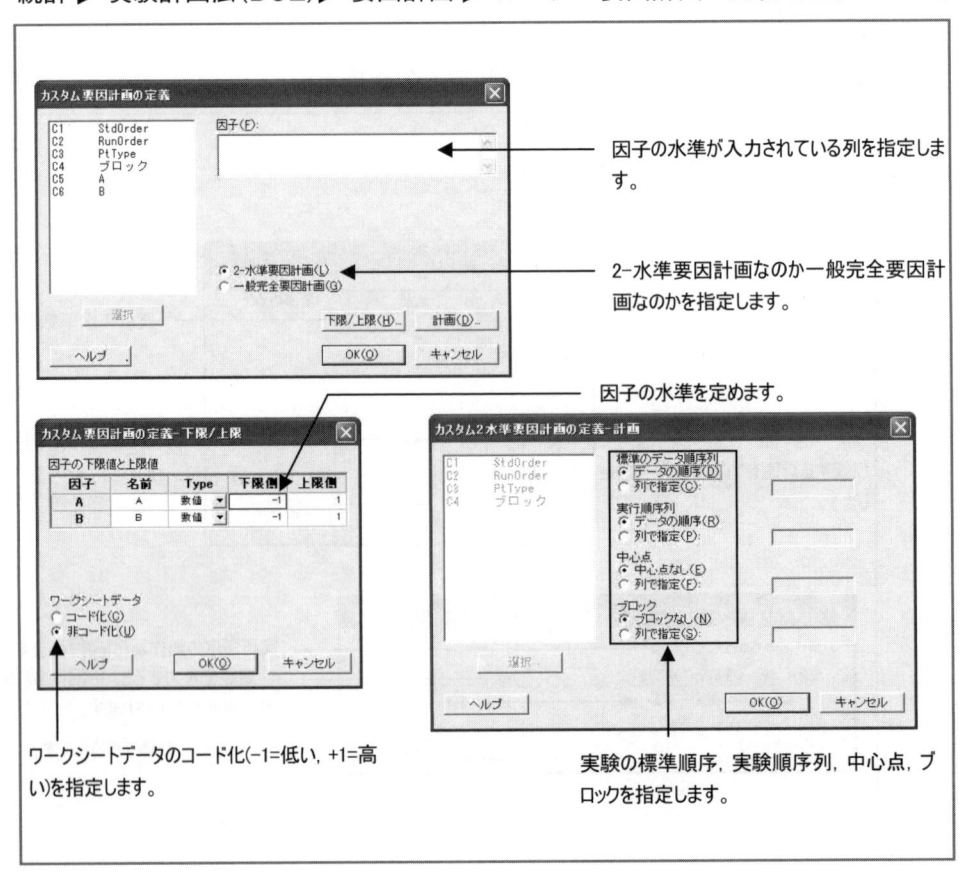

［因子の水準が入力されている列を指定します。］

［2-水準要因計画なのか一般完全要因計画なのかを指定します。］

［因子の水準を定めます。］

［ワークシートデータのコード化（-1=低い，+1=高い）を指定します。］

［実験の標準順序，実験順序列，中心点，ブロックを指定します。］

7. 計画の修正

すでに作成された実験計画を修正することができます。修正できる内容は次の通りです。

- 因子名，因子水準，反復数，実験の無作為化
- ２水準実験計画におけるフォールド計画
- 計画に軸点を追加，軸ブロックに中心点を追加

統計 ▶ 実験計画法（DOE）▶ 計画を修正を選択して各項目を修正します。

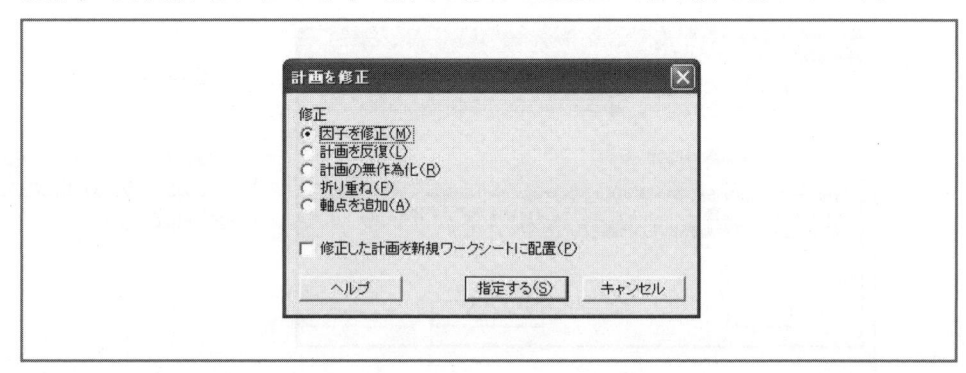

・因子と水準の修正

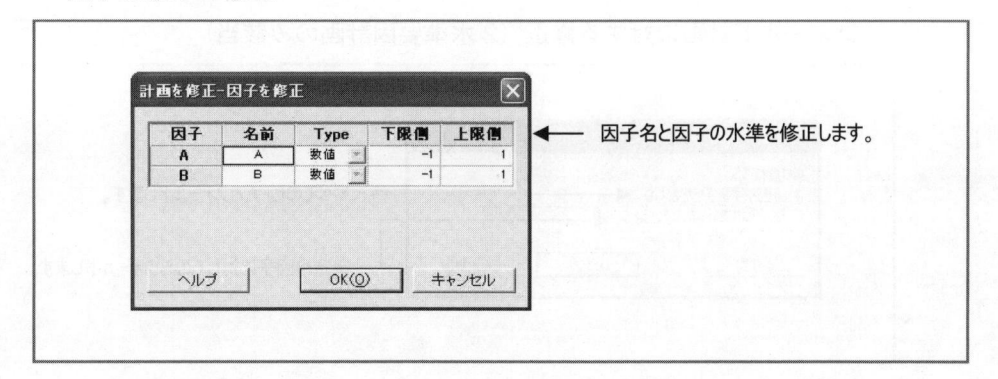

← 因子名と因子の水準を修正します。

第19章 要因実験

・実験計画の反復に対する修正

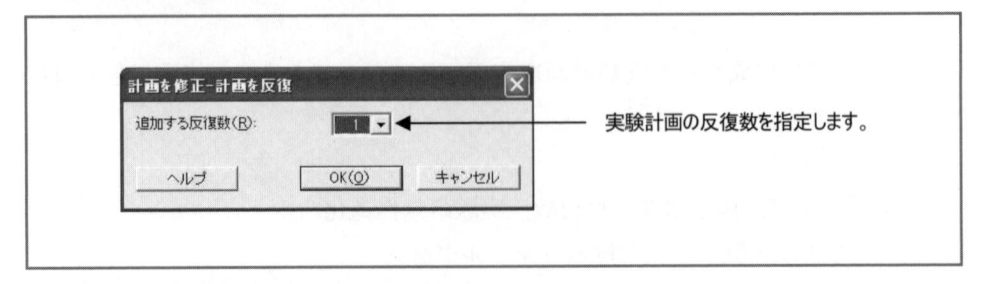

［計画を修正-計画を反復］ダイアログ → 実験計画の反復数を指定します。

・実験計画の無作為（ランダム）化に対する修正

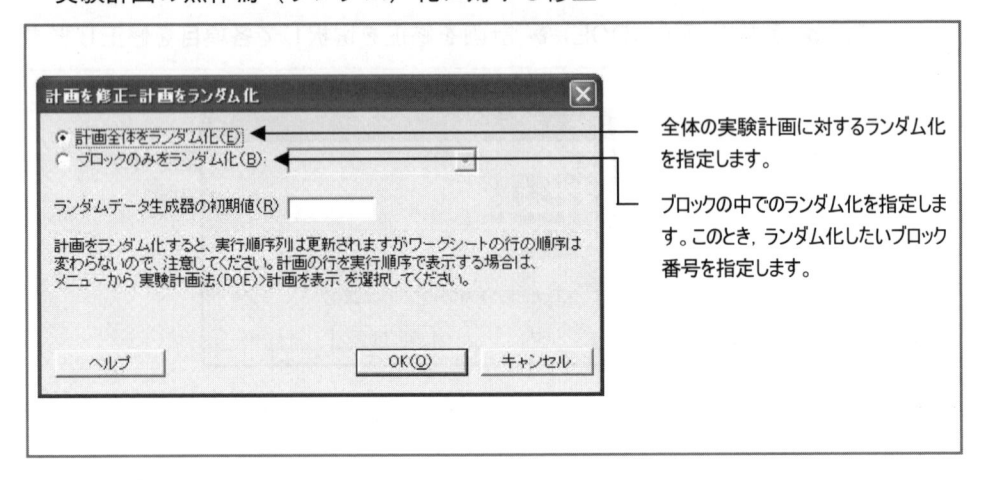

［計画を修正-計画をランダム化］ダイアログ

- 計画全体をランダム化(E) → 全体の実験計画に対するランダム化を指定します。
- ブロックのみをランダム化(B): → ブロックの中でのランダム化を指定します。このとき，ランダム化したいブロック番号を指定します。

・フォールド計画に対する修正（2水準要因計画のみ該当）

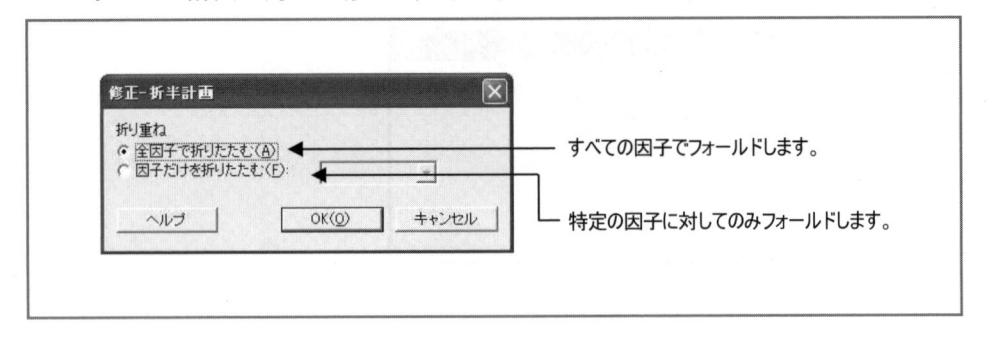

［修正-折半計画］ダイアログ

折り重ね
- 全因子で折りたたむ(A) → すべての因子でフォールドします。
- 因子だけを折りたたむ(F): → 特定の因子に対してのみフォールドします。

・軸点の追加に対する修正（2水準要因計画だけ該当）

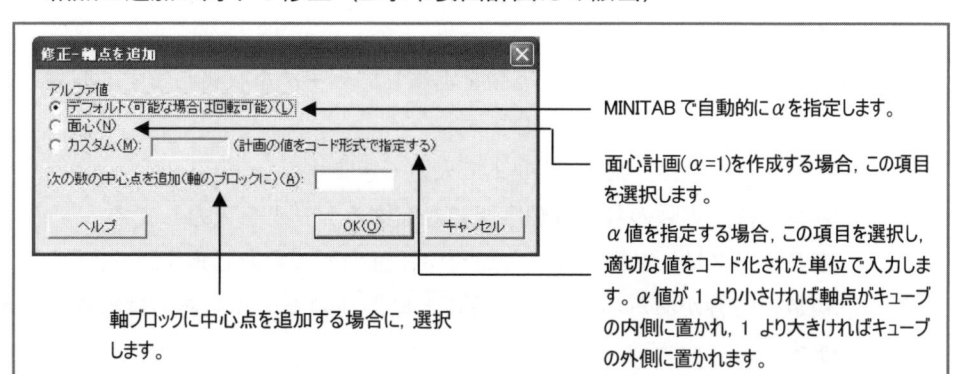

```
[ダイアログ: 修正 - 軸点を追加]
アルファ値
  ● デフォルト(可能な場合は回転可能)(L)  ← MINITAB で自動的にαを指定します。
  ○ 面心(N)                              ← 面心計画(α=1)を作成する場合，この項目
  ○ カスタム(M): [  ] (計画の値をコード形式で指定する)  を選択します。
                                          α値を指定する場合，この項目を選択し，
次の数の中心点を追加(軸のブロックに)(A): [  ]
                                          適切な値をコード化された単位で入力しま
  [ヘルプ]  [OK(O)]  [キャンセル]         す。α値が1より小さければ軸点がキューブ
                                          の内側に置かれ，1より大きければキューブ
  軸ブロックに中心点を追加する場合に，選択  の外側に置かれます。
  します。
```

・2水準要因計画に軸点を追加すると，中心複合計画となります。中心複合計画において，軸点の位置は α によって定義されます。α の値は中心点の数によって，その計画を直交ブロック化できるかどうか，そして回転できるかどうかが決まります。

8. 計画の表示

実験計画の作成後，その内容をワークシートで見ることができます。

統計 ▶ 実験計画法（DOE）▶ 計画を表示を選択します。

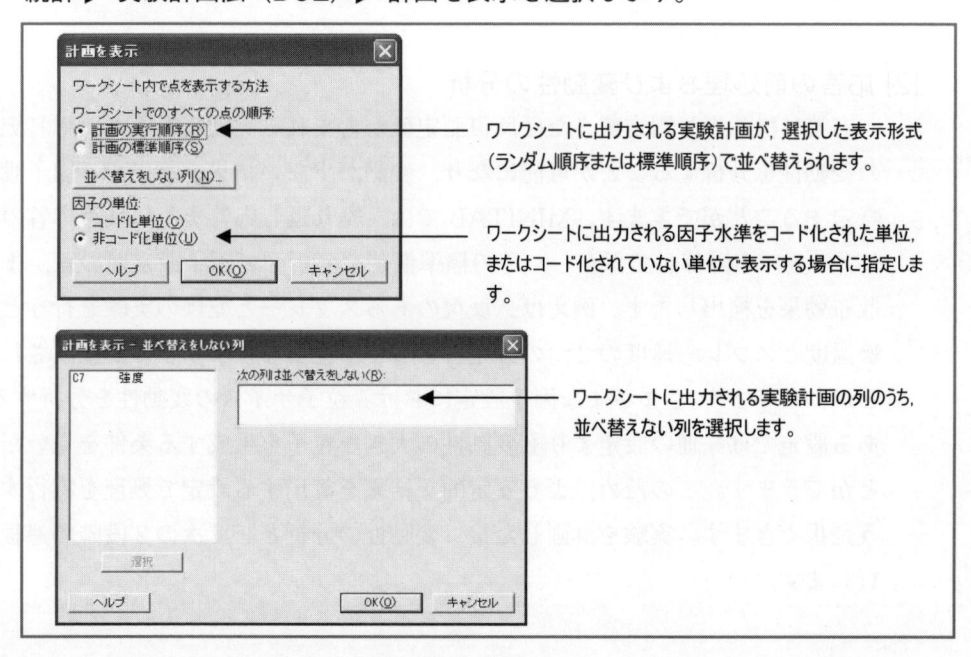

```
[ダイアログ: 計画を表示]
ワークシート内で点を表示する方法
ワークシートでのすべての点の順序:
  ● 計画の実行順序(R)        ← ワークシートに出力される実験計画が，選択した表示形式
  ○ 計画の標準順序(S)           (ランダム順序または標準順序)で並べ替えられます。
  [並べ替えをしない列(N)]
因子の単位:
  ○ コード化単位(C)
  ● 非コード化単位(U)        ← ワークシートに出力される因子水準をコード化された単位，
  [ヘルプ] [OK(O)] [キャンセル]  またはコード化されていない単位で表示する場合に指定しま
                                 す。
```

```
[ダイアログ: 計画を表示 - 並べ替えをしない列]
C7 強度    次の列は並べ替えをしない(R):
           [                    ]    ← ワークシートに出力される実験計画の列のうち，
                                       並べ替えない列を選択します。

  [選択]
  [ヘルプ]         [OK(O)]  [キャンセル]
```

9. データの収集とデータの入力

作成された実験計画にて，実験を実施してデータを収集します。収集した応答データをワークシートに入力します。
- 応答データ列は，最大25列まで入力できます。
- 各行には，実験の各実行順序組に対応するデータを入力します。
- 応答データは，計画の入っていない任意の列に入力します。
- 複数の応答がある場合は，応答ごとに個別のモデルをあてはめることができます。

10. 要因計画の分析

要因実験の結果をモデルにあてはめるためには，MINITABで作成された実験計画に実験結果のデータを入力する必要があります。MINITABでは，最大127個までの項を持つモデルをあてはめることができます。データセットに中心点がある場合は，自動的に曲面性の検定を実行します。擬似中心点がある場合は，純粋誤差だけが計算され，曲面性の検定は実行しません。

[1] データ

MINITABでは，最大25列まで実験結果を入力できます。

[2] 応答の前処理および変動性の分析

応答に繰り返し測定値または反復測定値が含まれる実験を行うと，応答データの変動性を分析することが可能になり，変動が少ない結果を算出する因子設定を特定することができます。MINITABでは，繰り返し応答または反復応答の標準偏差（σ）を計算して保存し，その標準偏差を分析して因子設定間の差，または散布効果を検出します。例えば，反復のあるスプレーと乾燥の実験を行うと，乾燥温度とスプレー速度の2つの設定によって，適切な粒子サイズが生成されることがわかります。さまざまな因子設定における粒子サイズの変動性を分析すると，ある設定では，他の設定よりも変動性の大きな粒子を生成する条件を見いだすことができます。このため，より安定的な結果を算出する設定で処理を実行するよう選択できます。実験を計画した後，変動性の分析として次の2段階の過程を実行します。

- **応答の前処理**：繰り返し応答または反復応答の標準偏差と度数を計算して保存するか，あるいはワークシートにすでに保存されている標準偏差を指定します。その後，変動性の分析，要因計画の分析，等高線図，応答の最適化など，その他のDOEツールを使用して，保存された標準偏差を応答変数として分析し，グラフ化することができます。

- **変動性の分析**：応答の前処理で保存した標準偏差の対数について，線形モデルをあてはめ，有意な散布効果を特定します。モデルをあてはめると，等高線および曲面プロット，応答の最適化のようなその他のツールを使用して，結果をわかりやすく表示することができます。また，モデルから計算された重みを保存すると，要因計画の分析で元の応答の位置（平均）効果を分析する際，重み付き回帰分析を実行することもできます。

[4] 要因実験結果の適合

① 統計 ▶ 実験計画法（DOE）▶ 要因計画 ▶ 要因計画の分析を選択します。

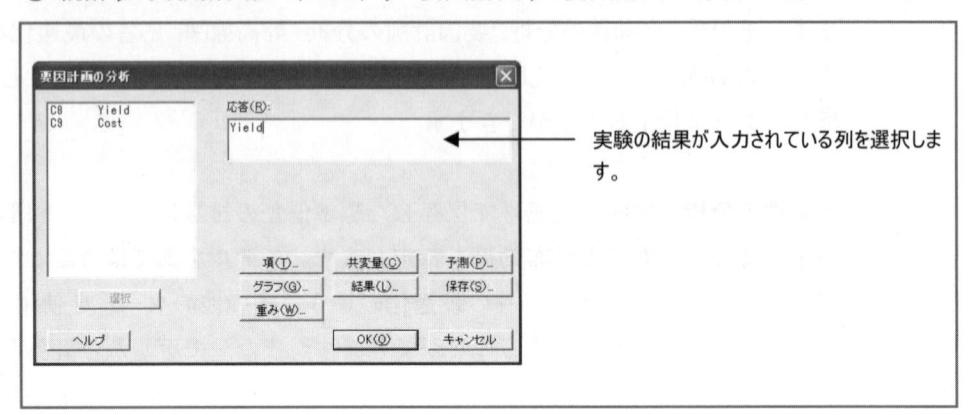

　　　　　　　　　　　　　　　　　　　　← 実験の結果が入力されている列を選択します。

② 項，グラフ，重み，共変量，結果，予測，保存の内容を指定します。

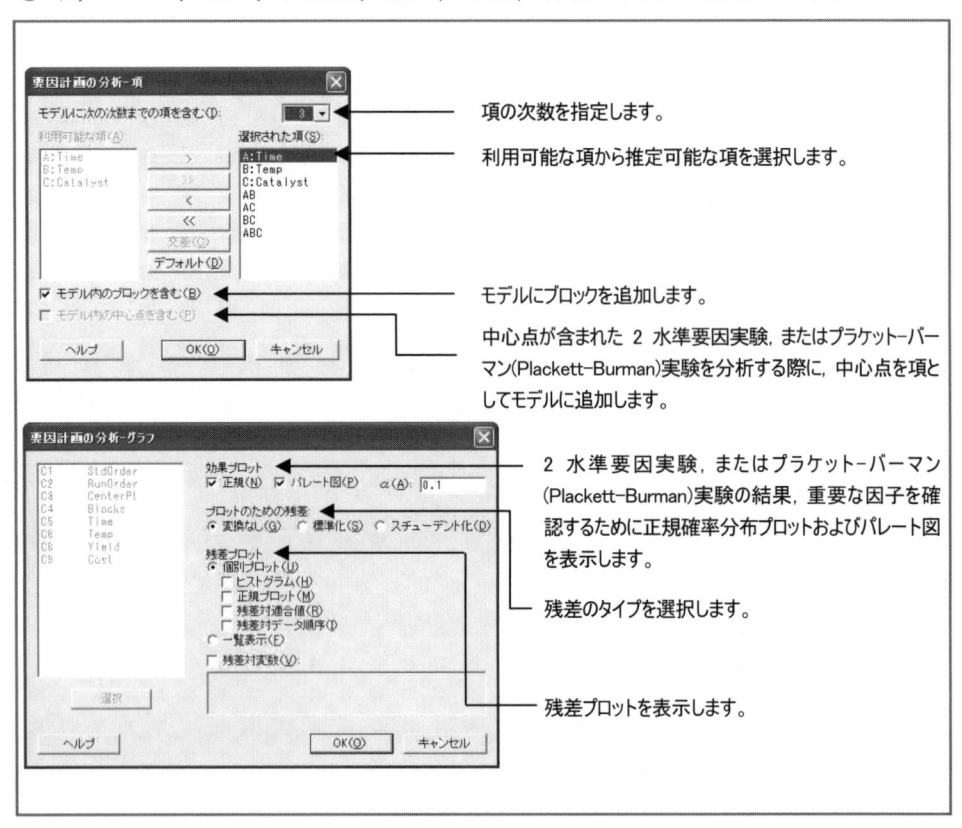

　　　　　　　　　　　　　　　　　　　　← 項の次数を指定します。
　　　　　　　　　　　　　　　　　　　　利用可能な項から推定可能な項を選択します。

　　　　　　　　　　　　　　　　　　　　モデルにブロックを追加します。

　　　　　　　　　　　　　　　　　　　　中心点が含まれた 2 水準要因実験，またはプラケット－バーマン(Plackett-Burman)実験を分析する際に，中心点を項としてモデルに追加します。

　　　　　　　　　　　　　　　　　　　　2 水準要因実験，またはプラケット－バーマン(Plackett-Burman)実験の結果，重要な因子を確認するために正規確率分布プロットおよびパレート図を表示します。

　　　　　　　　　　　　　　　　　　　　残差のタイプを選択します。

　　　　　　　　　　　　　　　　　　　　残差プロットを表示します。

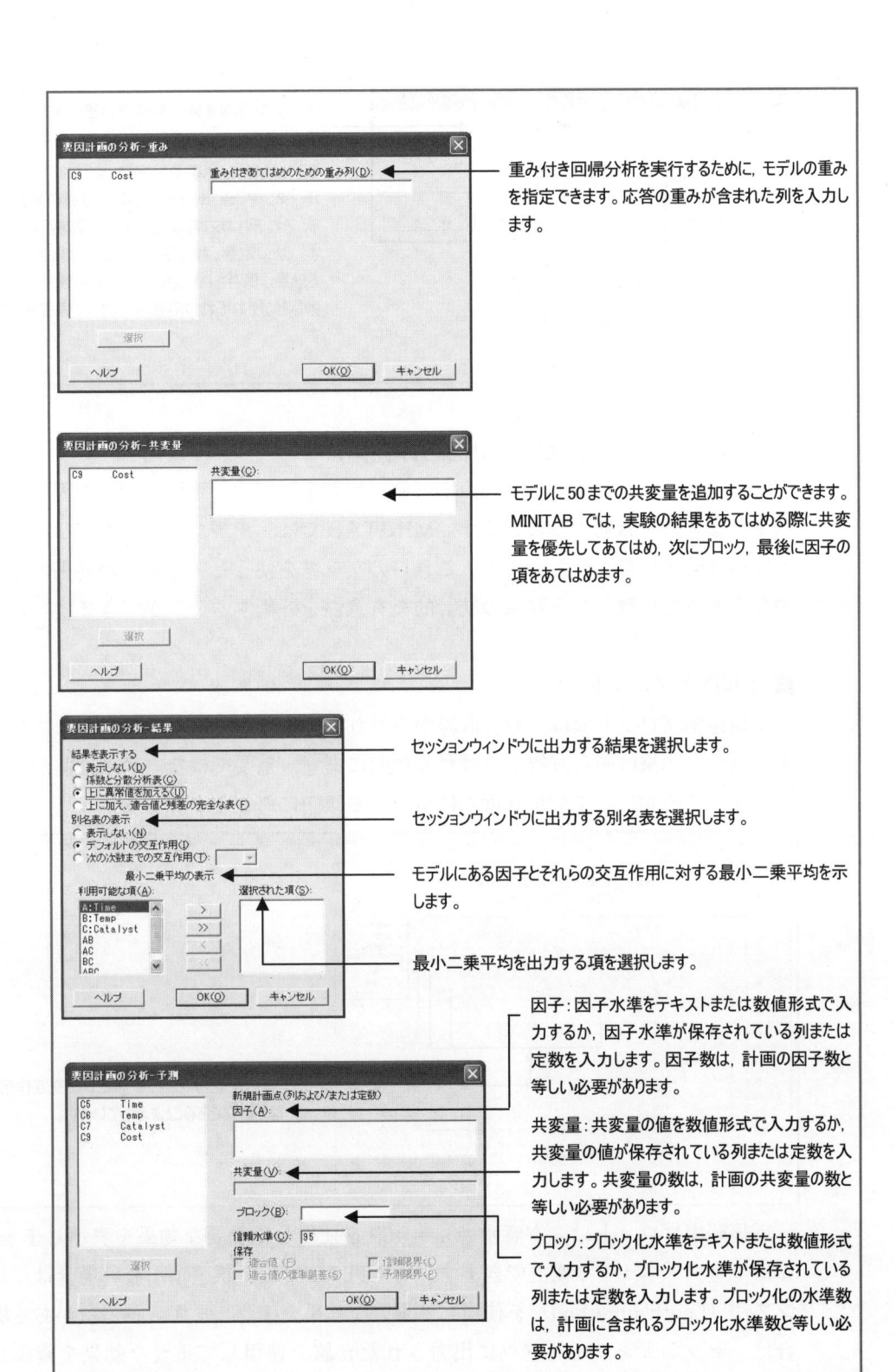

10. 要因計画の分析

重み付き回帰分析を実行するために，モデルの重みを指定できます。応答の重みが含まれた列を入力します。

モデルに50までの共変量を追加することができます。MINITABでは，実験の結果をあてはめる際に共変量を優先してあてはめ，次にブロック，最後に因子の項をあてはめます。

セッションウィンドウに出力する結果を選択します。

セッションウィンドウに出力する別名表を選択します。

モデルにある因子とそれらの交互作用に対する最小二乗平均を示します。

最小二乗平均を出力する項を選択します。

因子：因子水準をテキストまたは数値形式で入力するか，因子水準が保存されている列または定数を入力します。因子数は，計画の因子数と等しい必要があります。

共変量：共変量の値を数値形式で入力するか，共変量の値が保存されている列または定数を入力します。共変量の数は，計画の共変量の数と等しい必要があります。

ブロック：ブロック化水準をテキストまたは数値形式で入力するか，ブロック化水準が保存されている列または定数を入力します。ブロック化の水準数は，計画に含まれるブロック化水準数と等しい必要があります。

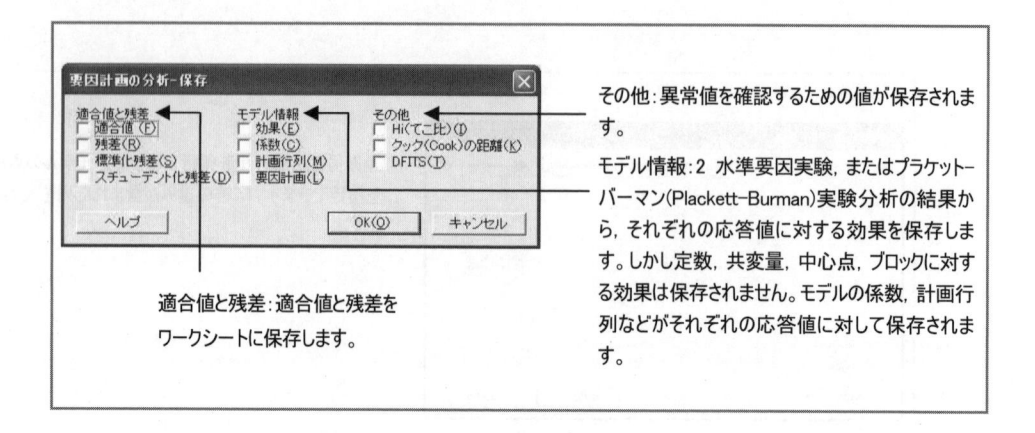

[図：要因計画の分析-保存ダイアログ]

その他：異常値を確認するための値が保存されます。

適合値と残差：適合値と残差をワークシートに保存します。

モデル情報：2水準要因実験，またはプラケット-バーマン(Plackett-Burman)実験分析の結果から，それぞれの応答値に対する効果を保存します。しかし定数，共変量，中心点，ブロックに対する効果は保存されません。モデルの係数，計画行列などがそれぞれの応答値に対して保存されます。

[5] 効果プロット（2水準要因計画のみ適用）

スクリーニング実験の目的は，応答値に影響を及ぼす，重要な少数の因子または主要な変数を識別することです。MINITABでは，正規プロットおよびパレート図の2つが用意されています。これらのグラフを使うと，分析者が効果の相対的な大きさを比較し，それらの統計的な有意性を評価することができます。

■ 正規確率プロット

正規確率プロットでは，適合直線から外れている点が重要な効果とみなされます。重要な効果は適合直線から離れる傾向にあり，重要ではない効果は値が小さく，すべての効果の平均が0近くに集中する傾向にあります。

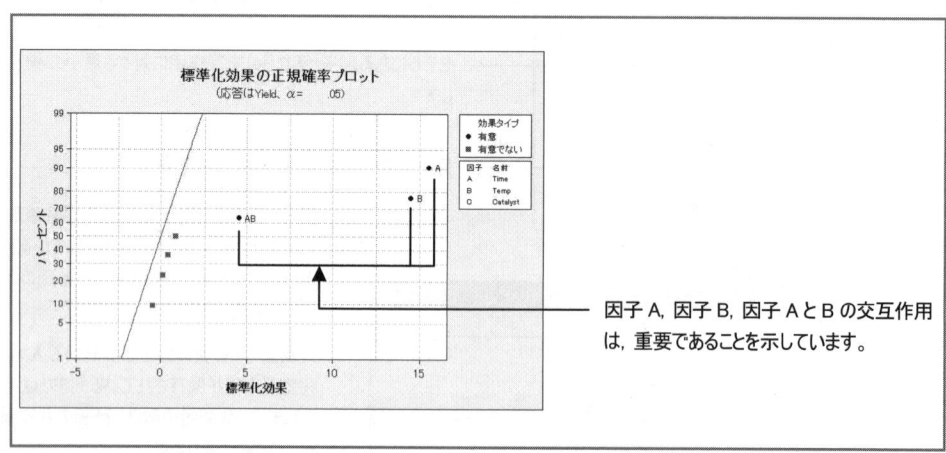

[図：標準化効果の正規確率プロット]

因子A，因子B，因子AとBの交互作用は，重要であることを示しています。

正規確率プロットは，有意水準 $\alpha = 0.05$ を使用して重要な効果を表示します。α はグラフメニューで変更できます。MINITABでは，誤差項がない場合は，レンス法（Lenth's method）を使用して重要な効果を確認します。誤差項がある場合は，セッションウィンドウに出力された p 値を使用して重要な効果を確認します。

■ パレート (Pareto) 図

効果のパレート図を使用して，効果の大きさと重要性を特定します。誤差項がない場合は非標準化された効果の絶対値を，誤差項がある場合は標準化された効果の絶対値を表示します。パレート図では，効果の絶対的な値を参照ラインで表示します。この参照ラインを超えている効果は，潜在的に重要であると判断します。

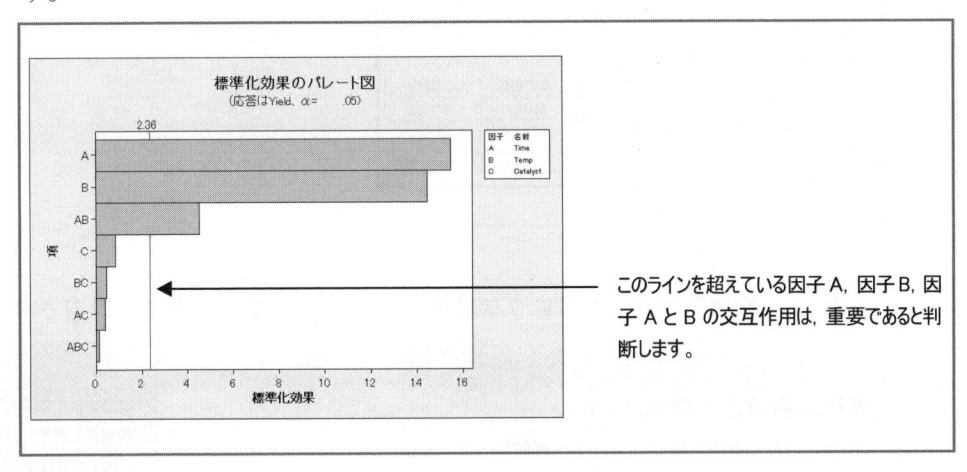

標準化効果のパレート図
(応答はYield, α = .05)

因子	名前
A	Time
B	Temp
C	Catalyst

このラインを超えている因子A，因子B，因子AとBの交互作用は，重要であると判断します。

上の図の参照線は，有意水準 $\alpha = 0.05$ と一致します。α はグラフメニューで変更できます。MINITAB では，誤差項がない場合，レンス法（Lenth's method）を使用して参照ラインを表示します。誤差項がある場合，セッションウィンドウに出力された p 値を使用して重要な効果を確認します。

[例題]（反復のある完全要因実験）

K，C，T という因子が2水準を持つとき，2回の反復完全要因実験を実施して次のような結果を得ました。これを分析してみましょう（例題データ：完全要因.mtw）。

C1	C2	C3	C4	C5	C6	C7	C8
StdOrder	RunOrder	CenterPt	Blocks	K	C	T	Y
14	1	1	1	1	-1	1	85
4	2	1	1	1	1	-1	46
3	3	1	1	-1	1	-1	50
16	4	1	1	1	1	1	81
9	5	1	1	-1	-1	-1	61
12	6	1	1	1	1	-1	44
8	7	1	1	1	1	1	79
1	8	1	1	-1	-1	-1	59
6	9	1	1	1	-1	1	81
10	10	1	1	1	-1	-1	54
15	11	1	1	-1	1	1	67
5	12	1	1	-1	-1	1	74
11	13	1	1	-1	1	-1	58
13	14	1	1	-1	-1	1	70
7	15	1	1	-1	1	1	69
2	16	1	1	1	-1	-1	50

[実行] 1. MINITAB メニュー：統計 ▶ 実験計画法（DOE）▶ 要因計画 ▶ 要因計画の分析

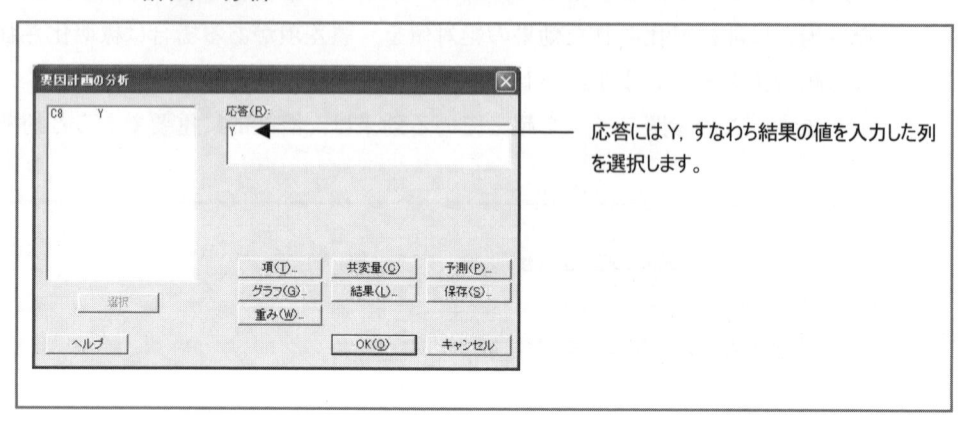

応答には Y, すなわち結果の値を入力した列を選択します。

[実行] 2. 結果の出力：下のような結果がセッションウィンドウに出力されます。

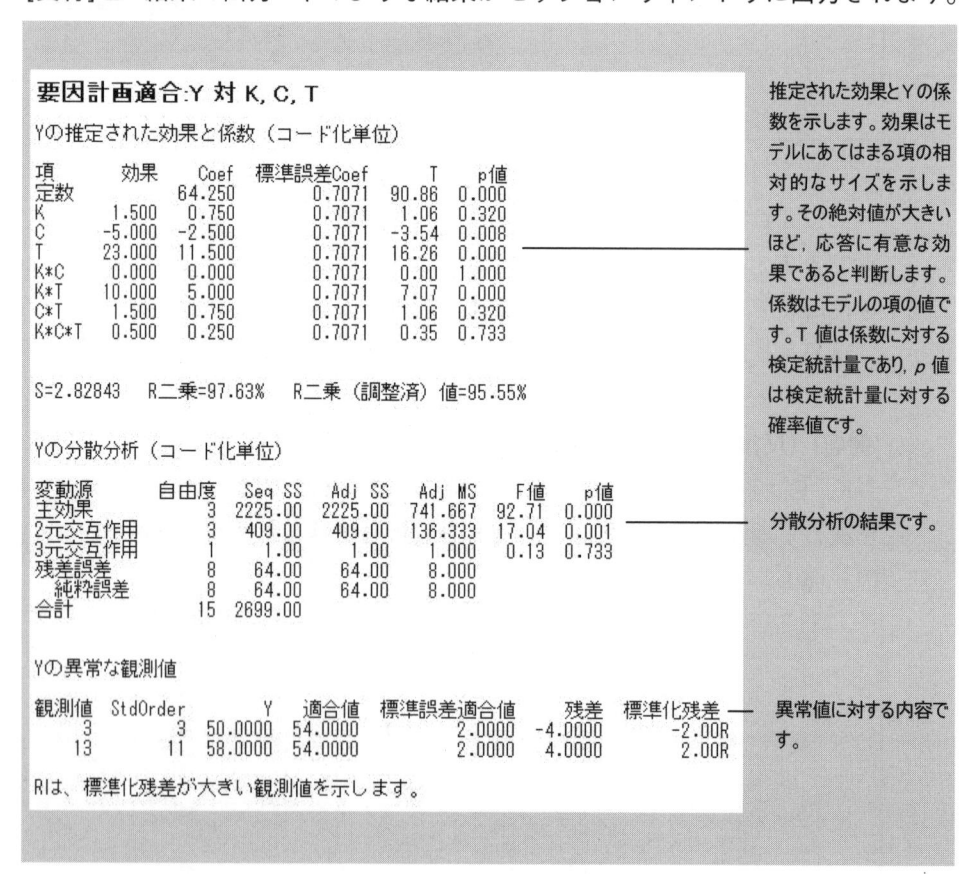

要因計画適合:Y 対 K, C, T

Yの推定された効果と係数（コード化単位）

項	効果	Coef	標準誤差Coef	T	p値
定数		64.250	0.7071	90.86	0.000
K	1.500	0.750	0.7071	1.06	0.320
C	-5.000	-2.500	0.7071	-3.54	0.008
T	23.000	11.500	0.7071	16.26	0.000
K*C	0.000	0.000	0.7071	0.00	1.000
K*T	10.000	5.000	0.7071	7.07	0.000
C*T	1.500	0.750	0.7071	1.06	0.320
K*C*T	0.500	0.250	0.7071	0.35	0.733

S=2.82843　R二乗=97.63%　R二乗（調整済）値=95.55%

推定された効果とYの係数を示します。効果はモデルにあてはまる項の相対的なサイズを示します。その絶対値が大きいほど，応答に有意な効果であると判断します。係数はモデルの項の値です。T 値は係数に対する検定統計量であり，p 値は検定統計量に対する確率値です。

Yの分散分析（コード化単位）

変動源	自由度	Seq SS	Adj SS	Adj MS	F値	p値
主効果	3	2225.00	2225.00	741.667	92.71	0.000
2元交互作用	3	409.00	409.00	136.333	17.04	0.001
3元交互作用	1	1.00	1.00	1.000	0.13	0.733
残差誤差	8	64.00	64.00	8.000		
純粋誤差	8	64.00	64.00	8.000		
合計	15	2699.00				

分散分析の結果です。

Yの異常な観測値

観測値	StdOrder	Y	適合値	標準誤差適合値	残差	標準化残差
3	3	50.0000	54.0000	2.0000	-4.0000	-2.00R
13	11	58.0000	54.0000	2.0000	4.0000	2.00R

Rは、標準化残差が大きい観測値を示します。

異常値に対する内容です。

[実行] 3. 結果の解析

- それぞれの係数と関連した p 値によって，交互作用 $K*T$（p=0.000）と主効果 C（p=0.008）が重要であることがわかります。分散分析表は，主効果と交互作用の要約を示します。MINITABでは，逐次平方和（Seq SS）と修正平方和（Adj SS）を出力します。モデルが直交しており，モデルに共変量が含まれていない場合，逐次平方和と修正平方和は同一の値となります。

11. 要因計画プロット（Factorial Plots）

MINITABでは，効果を視覚化する3種類の要因計画プロット（主効果，交互作用，3次元プロット）を出力します。これらのプロットを使用すると，応答変数がどのように因子と関係するかを把握できます。

[1] 主効果図（Main effect plot）

因子の各水準での平均を表示します。応答値の元のデータで表示する方式と，実験分析後の適合値（各因子水準の予測値）で表示する方式があります。釣合い型計画の場合，どちらの応答で主効果図を作成しても同じものになります。不釣合い型計画の場合，プロットが異なって表示されることがあります。不釣合い型計画で生データを使うと，どの主効果が重要であるかをおおまかに把握することができます。このとき，予測値を使った方がより正確な結果を得ることができます。

■ **主効果図を作成する**

・統計 ▶ 実験計画法（DOE）▶ 要因計画 ▶ 要因計画プロットを選択します。

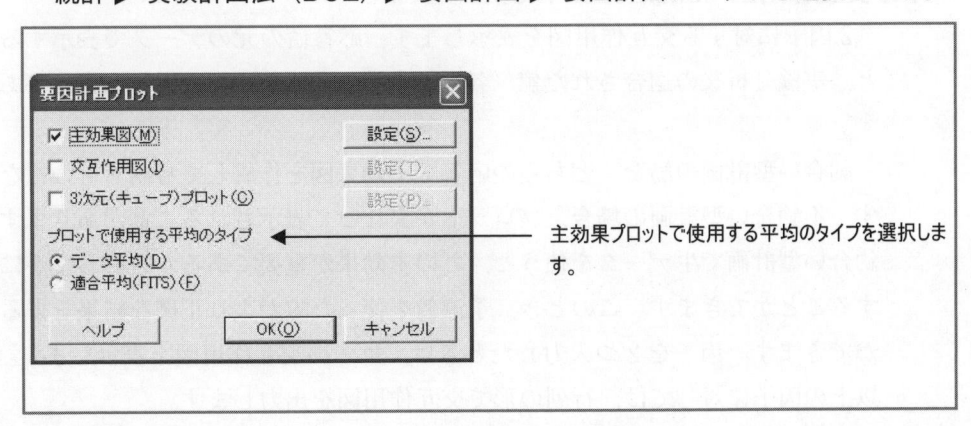

主効果プロットで使用する平均のタイプを選択します。

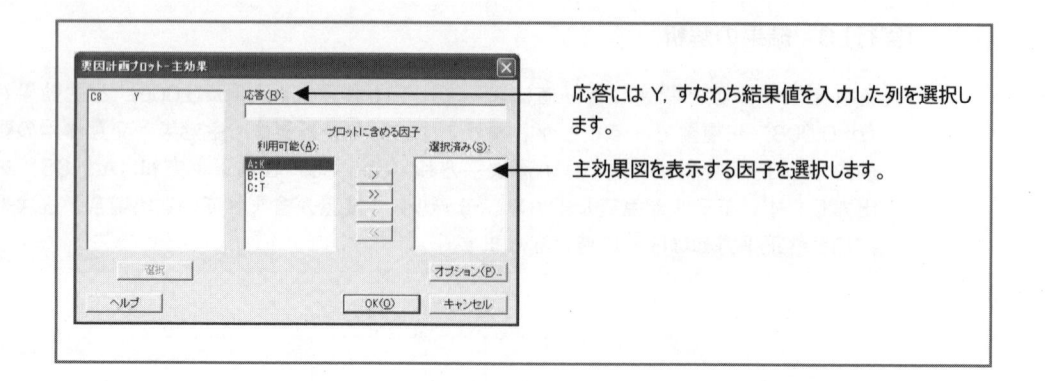

610 第19章 要因実験

[ダイアログ画像: 要因計画プロット-主効果]

応答には Y, すなわち結果値を入力した列を選択します。

主効果図を表示する因子を選択します。

■ 主効果図に対する解析

次の図を見ると，左図は因子の水準を変更した場合，ほとんど平均値が変わっていない様子がわかります。一方，右図は因子の水準を変更した場合，平均が大きく変わっている様子がわかります。従って，右の因子が重要だと判断します。

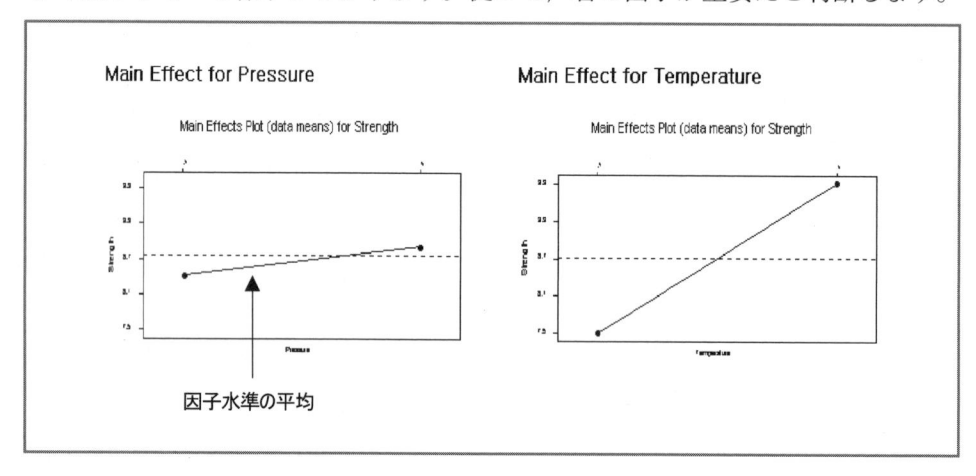

[図: Main Effect for Pressure / Main Effect for Temperature]

因子水準の平均

[2] 交互作用図（Interaction Plot）

2因子に対する交互作用図を表示します。応答値の元のデータで表示する方式と，実験分析後の適合された値（各因子水準の予測値）で表示する方式があります。

釣合い型計画の場合，どちらの応答で主効果図を作成しても同じものになります。不釣合い型計画の場合，プロットが異なって表示されることがあります。不釣合い型計画で生データを使うと，どの主効果が重要であるかをおおまかに把握することができます。このとき，予測値を使った方がより正確な結果を得ることができます。因子を2つ入力したときは，単一の交互作用図を表示します。3つ以上の因子に対しては，行列の形で交互作用図を出力します。

■ 交互作用図を作成する

・統計 ▶ 実験計画法（DOE）▶ 要因計画 ▶ 要因計画プロットを選択します。

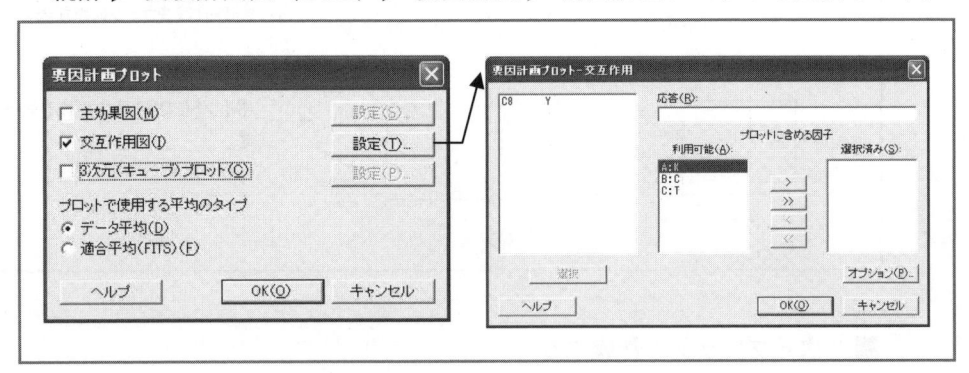

■ 交互作用図に対する解析

次の図を見ると，左図は pressure 因子と rate 因子の交互作用を示しています。pressure 因子を最低水準から最高水準へ移行したときの応答の変化は，両方の水準でほぼ同じ結果になっています。これは pressure 因子が rate 因子と交互作用していないことを意味します。一方，右図は temperature 因子と rate 因子の交互作用を示しています。temperature 因子を最低水準から最高水準へ移行したときの応答の変化は，rate 因子の水準により異なっています。これは temperature 因子が rate 因子と交互作用していることを意味します。

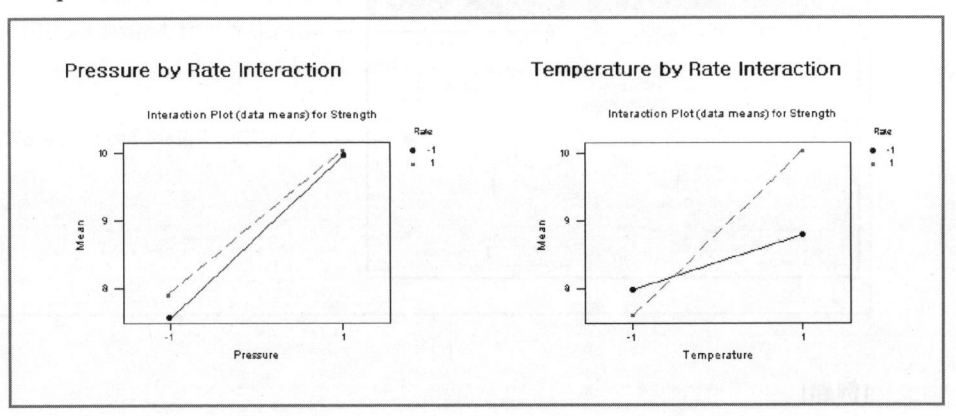

[3] 3次元（キューブ）プロット（Cube plot）

8つの因子までの相互関係を示します。応答値の元のデータで表示する方式と，実験分析後の適合された値（各因子水準の予測値）で表示する方式があります。

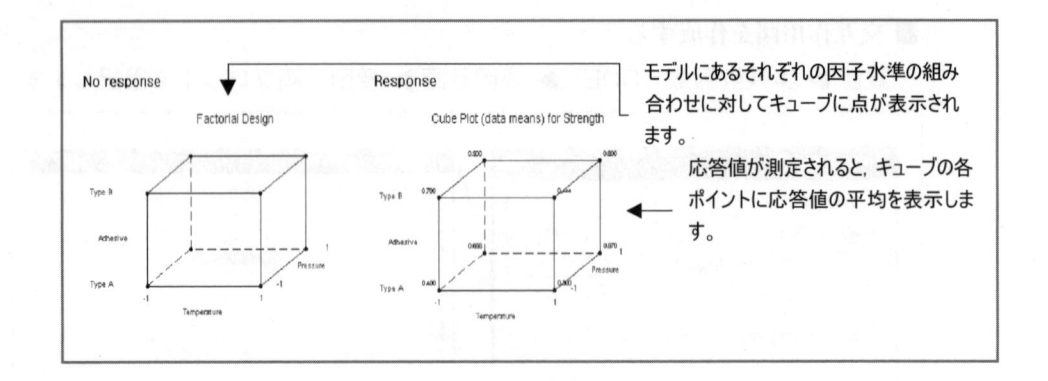

モデルにあるそれぞれの因子水準の組み合わせに対してキューブに点が表示されます。

応答値が測定されると，キューブの各ポイントに応答値の平均を表示します。

■ 3次元プロットを作成する

・統計 ▶ 実験計画法（DOE） ▶ 要因計画 ▶ 要因計画プロットを選択します。

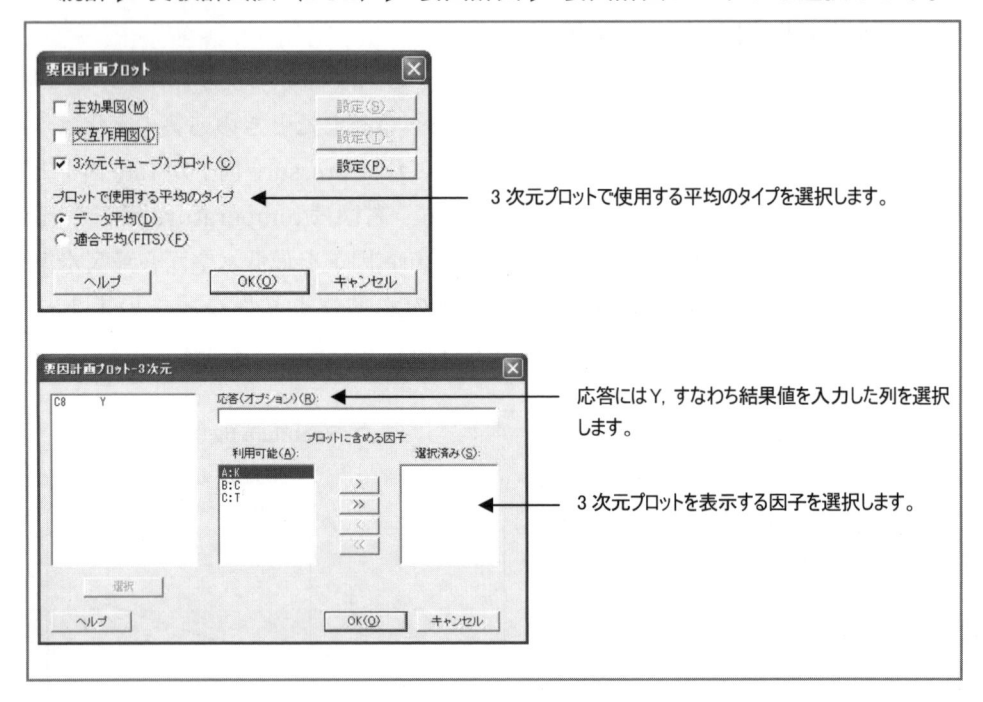

3次元プロットで使用する平均のタイプを選択します。

応答にはY，すなわち結果値を入力した列を選択します。

3次元プロットを表示する因子を選択します。

[例題]

3つの因子（温度，熱，圧力）に対して8回の因子実験を実施し，次のようなデータを得ました。要因計画プロットを使用して，分析してください（例題データ：要因プロット.mtw）。

C1	C2	C3	C4	C5	C6	C7	C8
StdOrder	RunOrder	CenterPt	Blocks	温度	熱	圧力	強度
6	1	1	1	1	-1	1	0.8700
5	2	1	1	-1	-1	1	0.6660
3	3	1	1	-1	1	-1	0.7000
2	4	1	1	1	-1	-1	0.5000
1	5	1	1	-1	-1	-1	0.4000
4	6	1	1	1	1	-1	0.4444
7	7	1	1	-1	1	1	0.5000
8	8	1	1	1	1	1	0.6000

[実行] 1. MINITAB メニュー：統計 ▶ 実験計画法（DOE）▶ 要因計画 ▶ 要因計画プロット

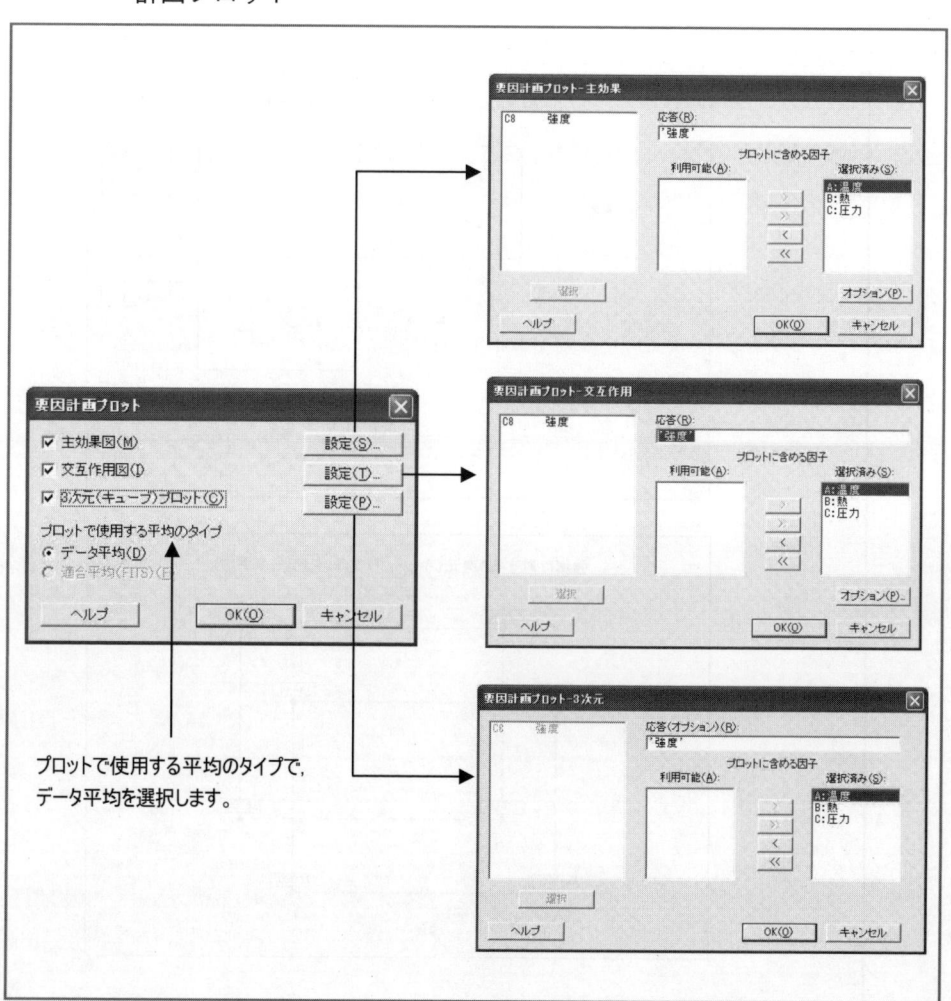

プロットで使用する平均のタイプで，データ平均を選択します。

[実行] 2. 結果の出力：下のような結果がグラフウィンドウに出力されます。

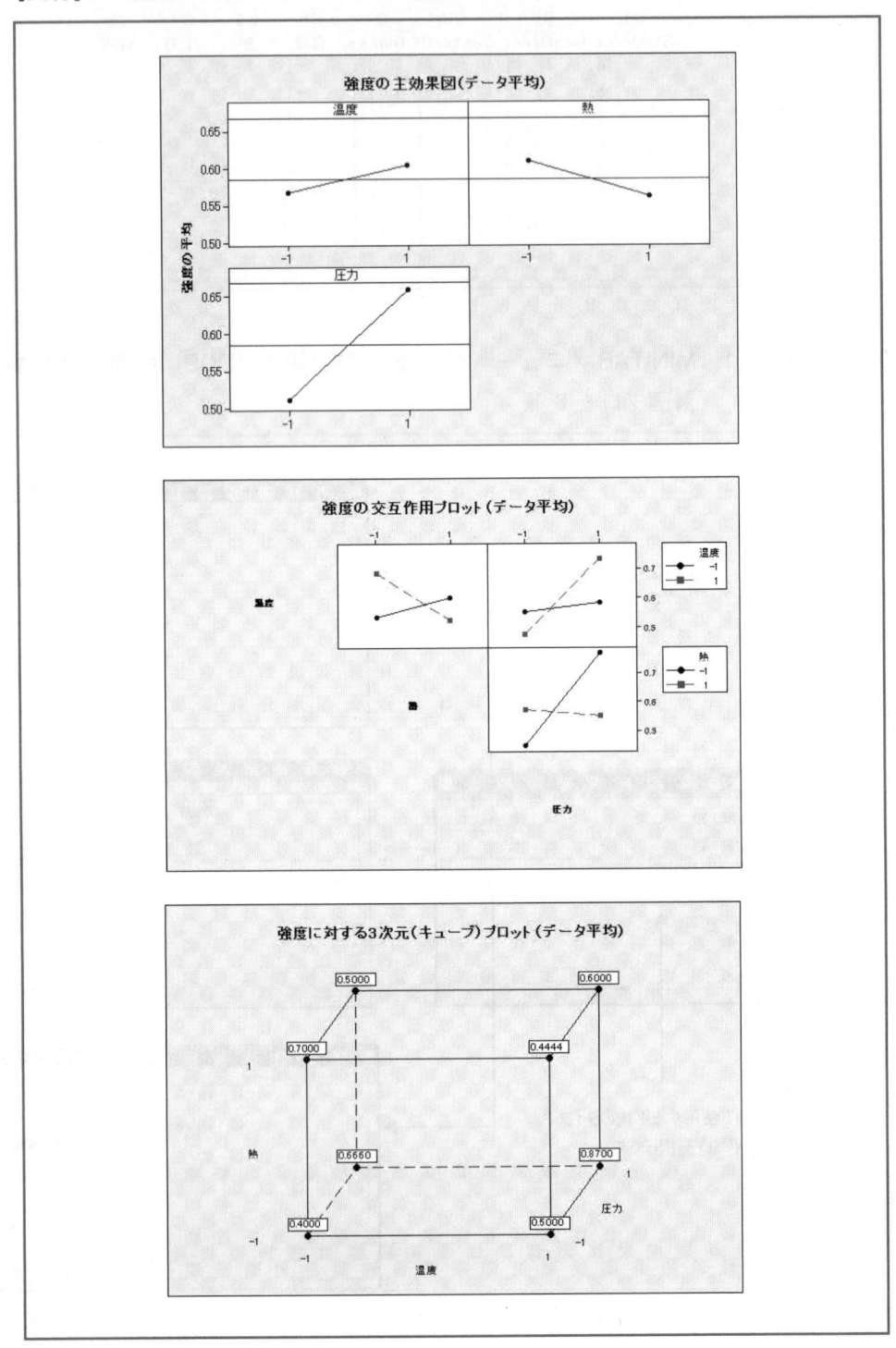

[実行] 3. 結果の解析

- 主効果図を見ると，水準間の変化が最も大きいのは圧力です。すなわち，有意な因子になる可能性があると判断できます。
- 交互作用図を見ると，温度と熱が圧力と交互作用をしていることがわかります。しかし，圧力の効果に対して何らかの判断をする前に，このような交互作用を説明できるかどうか考察する必要があるでしょう。
- 3次元（キューブ）プロットは，因子の水準の組み合わせにおいての平均を示しています。
- これらのプロットは，効果の大きさを比較する際の参考になりますが，判断の道具として使用することはできません。効果の有意性は，分散分析表を見て判断する必要があります。

12. 等高線 / 曲面プロット（Contour/Surface Plot）

応答曲面を視覚化するため，等高線および曲面プロットを作成します。これらのプロットは，応答変数がどのように2つの因子に関係するかをモデル方程式に基づいて示します。

[例題]

ある研究員は，どの因子が化学反応率に影響を与えるのか調べています。反応率に影響を与えると思われる3種類の因子（時間：20, 50；温度：150, 200；触媒の種類：A, B）から，2日間で合計16回の実験を行い，次のような結果を得ました。等高線 / 曲面プロットを表示して解析してみましょう。ただし，触媒の種類はA社の製品に固定します（例題データ：等高線図.mtw）。

	C1 StdOrder	C2 RunOrder	C3 CenterPt	C4 Blocks	C5 時間	C6 温度	C7-T 触媒の種類	C8 反応率
	9	1	1	2	20	150	A	43.2976
	14	2	1	2	50	150	B	45.1531
	15	3	1	2	20	200	B	45.3297
	16	4	1	2	50	200	B	48.6720
	10	5	1	2	50	150	A	45.3932
	11	6	1	2	20	200	A	44.8891
	12	7	1	2	50	200	A	49.0645
	13	8	1	2	20	150	B	43.0617
	1	9	1	1	20	150	A	42.7636
	3	10	1	1	20	200	A	45.1931
	6	11	1	1	50	150	B	45.5991
	8	12	1	1	50	200	B	49.2040
	2	13	1	1	50	150	A	44.7592
	5	14	1	1	20	150	B	43.3937
	7	15	1	1	20	200	B	44.7077
	4	16	1	1	50	200	A	48.4665

第19章 要因実験

[実行] 1. MINITAB メニュー：統計 ▶ 実験計画法（DOE）▶ 要因計画 ▶ 等高線／曲面プロット

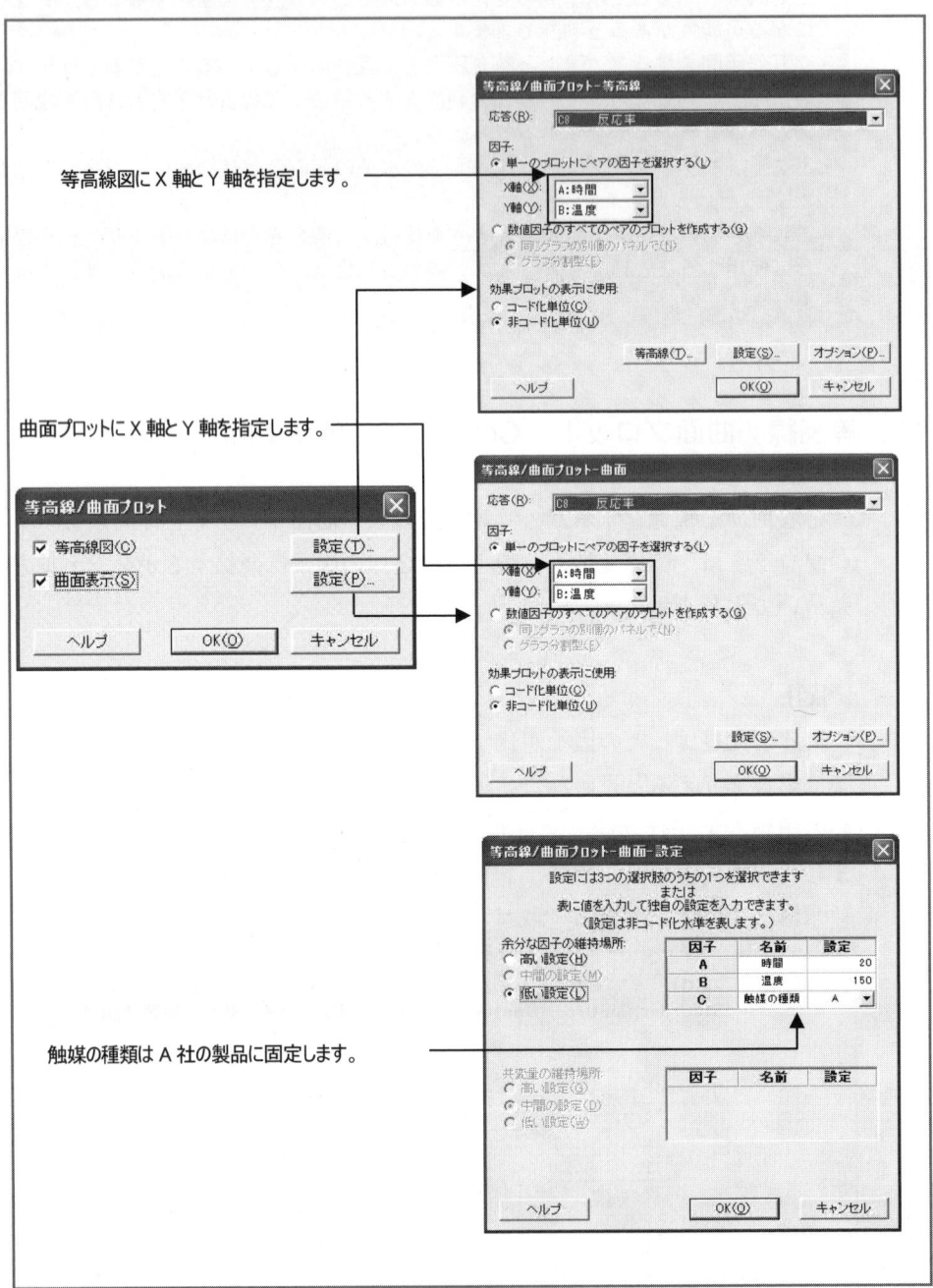

等高線図に X 軸と Y 軸を指定します。

曲面プロットに X 軸と Y 軸を指定します。

触媒の種類は A 社の製品に固定します。

[実行] 2. 結果の出力：下のような結果がグラフウィンドウに出力されます。

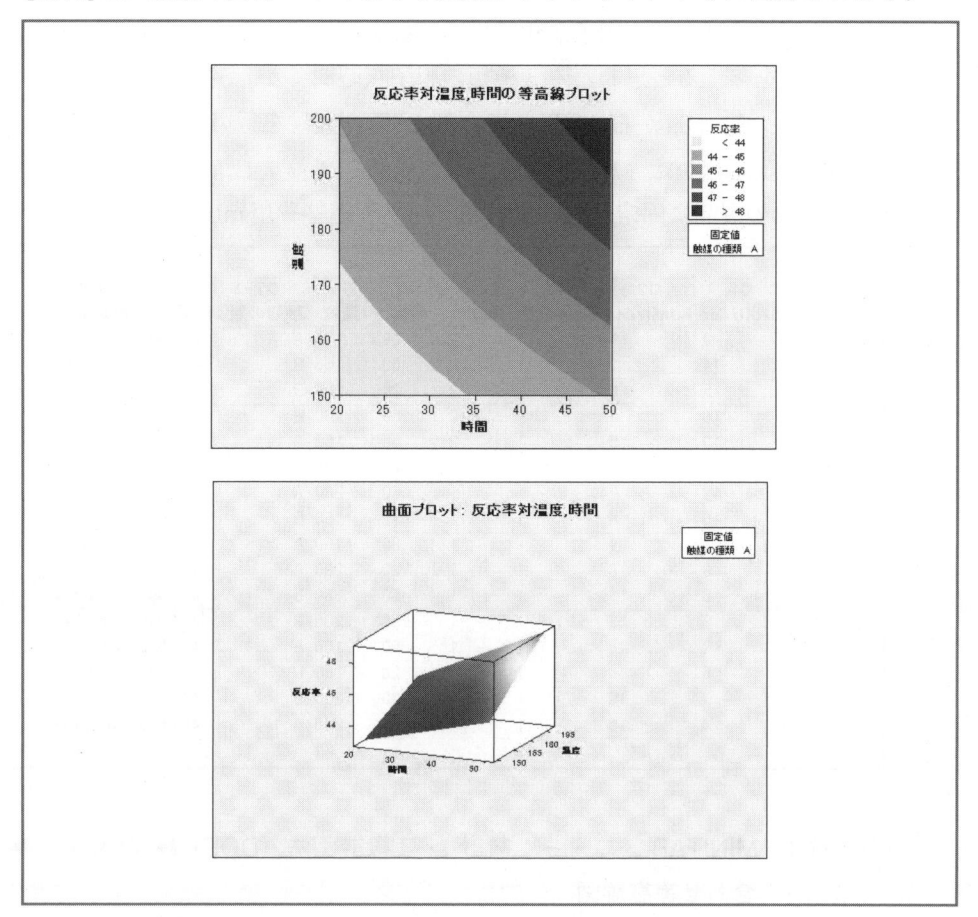

[実行] 3. 結果の解析

・等高線図と曲面プロットは，応答時間と応答温度の値が大きくなるほど応答率が増加することを示しています。また曲面プロットでは，応答時間の変化による応答率の増加は，応答温度が高い水準で急激になることを示します。

13. 重ね合わせ等高線図（Overlaid Contour Plot）

応答変数が複数ある場合，これらの応答変数に対して重なった等高線を表示します。実験において1つの応答変数だけを考慮するより，複数の応答変数を同時に考慮することも重要です。1つの応答変数に対する最適な設定を他の応答変数に対しても同じように適用するのは難しいため，複数の応答変数を同時に考慮した設定を行う方が賢明といえるでしょう。

[例題]

ある研究員は，どの因子が化学反応率に影響を与えるのか調べています。反応率に影響を与えると思われる3種類の因子（時間：20, 50；温度：150, 200；触媒の種類：A, B）から，2日間で合計16回の実験を行い，次のような結果を得ました。重ね合わせ等高線図を表示して解析してみましょう。ただし，触媒の種類はA社の製品に固定します（例題データ：応答費用.mtw）。

C1	C2	C3	C4	C5	C6	C7-T	C8	C9
StdOrder	RunOrder	CenterPt	Blocks	時間	温度	触媒の種類	反応率	反応費用
9	1	1	2	20	150	A	43.2976	28.0646
14	2	1	2	50	150	B	45.1531	33.0854
15	3	1	2	20	200	B	45.3297	35.2461
16	4	1	2	50	200	B	48.6720	37.4261
10	5	1	2	50	150	A	45.3932	28.7501
11	6	1	2	20	200	A	44.8891	30.7473
12	7	1	2	50	200	A	49.0645	32.3437
13	8	1	2	20	150	B	43.0617	30.2104
1	9	1	1	20	150	A	42.7636	27.5306
3	10	1	1	20	200	A	45.1931	31.0513
6	11	1	1	50	150	B	45.5991	32.6394
8	12	1	1	50	200	B	49.2040	36.8941
2	13	1	1	50	150	A	44.7592	29.3841
5	14	1	1	20	150	B	43.3937	30.5424
7	15	1	1	20	200	B	44.7077	34.6241
4	16	1	1	50	200	A	48.4665	31.7457

[実行] 1. MINITABメニュー：統計 ▶ 実験計画法（DOE）▶ 要因計画 ▶ 重ね合わせ等高線図

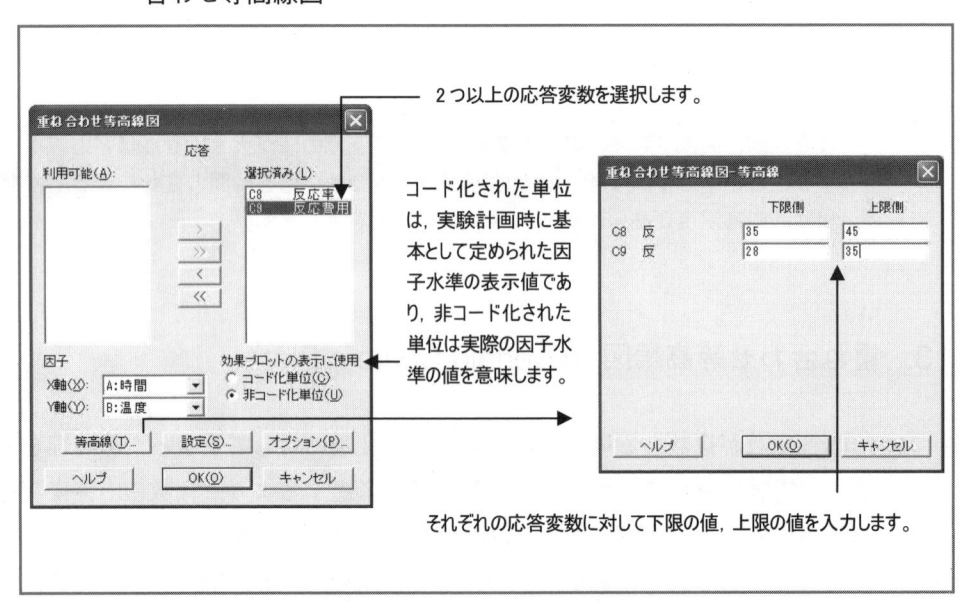

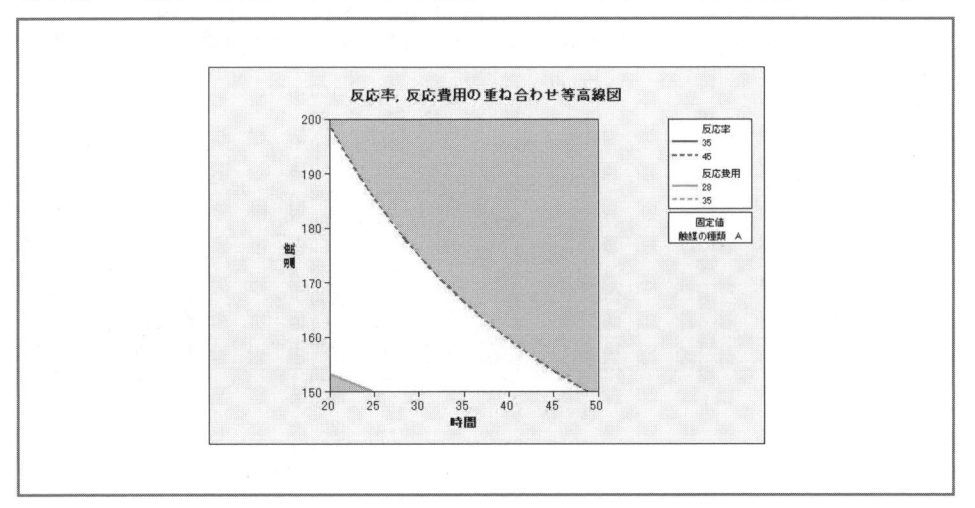

[実行] 2. 結果の出力：下のような結果がグラフウィンドウに出力されます。

[実行] 3. 結果の解析

・2つの重ね合わせ等高線図が表示されています。軸は，温度と時間の2つの因子です。プロット内の白色の領域は，時間と温度の両方が基準を満たしている範囲を示します。

14. 応答の最適化ツール（Response Optimizer）

応答変数が1つまたは複数ある場合，これらの応答変数の目標値を満足させる因子の最適な組み合わせを探すことができます。詳しい内容は次の章'応答曲面（Response Surface）'で扱われます。

[例題]
ある研究員は，どの因子が化学反応率に影響を与えるのか調べています。反応率に影響を与えると思われる3種類の因子（時間：20，50；温度：150，200；触媒の種類：A，B）から，2日間で合計16回の実験を行い，次のような結果を得ました。応答の最適化を使用して，反応率を最大化し，反応費用を最小化する因子の設定値を求めてみましょう。ただし，触媒の種類はA社の製品に固定します（例題データ：応答費用.mtw）。

C1	C2	C3	C4	C5	C6	C7-T	C8	C9
StdOrder	RunOrder	CenterPt	Blocks	時間	温度	触媒の種類	反応率	反応費用
9	1	1	2	20	150	A	43.2976	28.0646
14	2	1	2	50	150	B	45.1531	33.0854
15	3	1	2	20	200	B	45.3297	35.2461
16	4	1	2	50	200	B	48.6720	37.4261
10	5	1	2	50	150	A	45.3932	28.7501
11	6	1	2	20	200	A	44.8891	30.7473
12	7	1	2	50	200	A	49.0645	32.3437
13	8	1	2	20	150	B	43.0617	30.2104
1	9	1	1	20	150	A	42.7636	27.5306
3	10	1	1	20	200	A	45.1931	31.0513
6	11	1	1	50	150	B	45.5991	32.6394
8	12	1	1	50	200	B	49.2040	36.8941
2	13	1	1	50	150	A	44.7592	29.3841
5	14	1	1	20	150	B	43.3937	30.5424
7	15	1	1	20	200	B	44.7077	34.6241
4	16	1	1	50	200	A	48.4665	31.7457

[実行] 1. MINITAB メニュー：統計 ▶ 実験計画法（DOE）▶ 要因計画 ▶ 応答の最適化

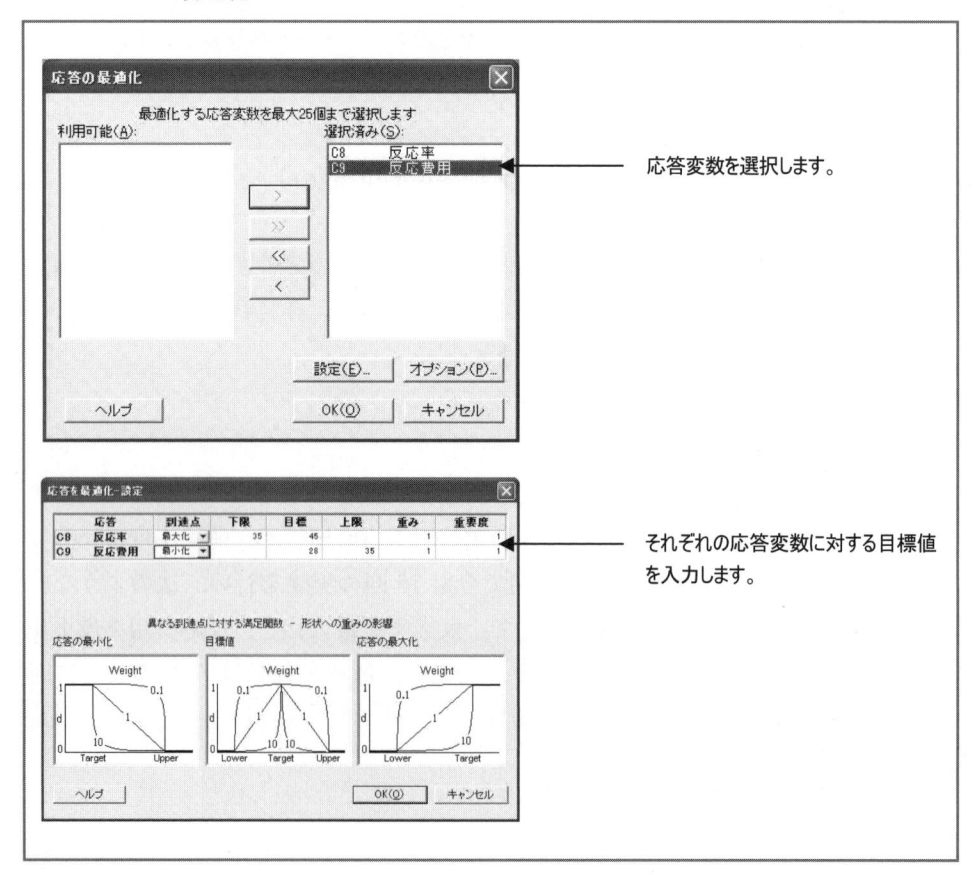

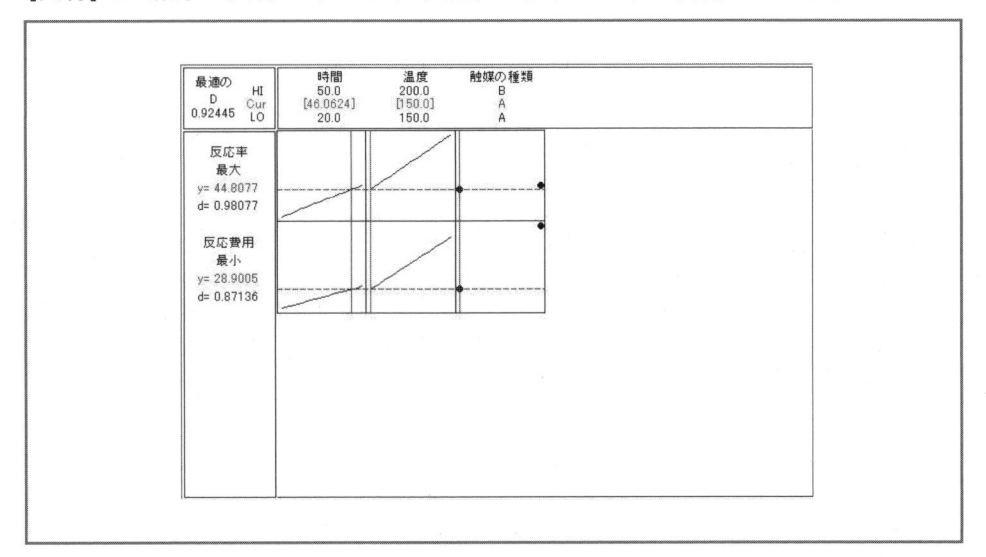

[実行] 2. 結果の出力：下のような結果がウィンドウに出力されます。

```
最適の              時間      温度     触媒の種類
 D      HI        50.0     200.0        B
0.92445  Cur     [46.0624] [150.0]      A
        LO        20.0     150.0        A

反応率
 最大
y= 44.8077
d= 0.98077

反応費用
 最小
y= 28.9005
d= 0.87136
```

[実行] 3. 結果の解析

・分析の結果，最適となる時間は 46.0624 であり，温度は 150.0 です。このとき，反応率は 44.8077，反応費用は 28.9005 になることがわかります。

第 20 章　応答曲面

1. 応答曲面計画の概要
2. 実験計画の選択
3. 応答曲面計画を生成する
4. カスタム応答曲面計画の定義
5. 実験計画の修正
6. 実験計画の表示
7. データの収集とデータの入力
8. 応答曲面計画の分析
9. 応答曲面グラフの分析-等高線 / 曲面プロット
10. 応答の最適化ツール
11. 重ね合わせ等高線図

1. 応答曲面計画の概要

　　応答曲面計画は，1つまたは複数の応答変数と量的な実験変数（因子）との関係を調べる際に使用される実験計画法です。特に，少数の制御可能な因子を特定後，応答を最適化する因子設定を見つけるために使用されます。

[1] 応答曲面実験適用の例
- 最適な応答を表す因子の条件を調べる
- 実験規格または工程規格を満たす因子の条件を調べる
- 量的因子と応答変数の関係をモデル化する
- 現在の条件で達成されている製品の品質を実際に改善する新しい実施条件を特定する

[2] 応答曲面実験の手順
　　応答曲面計画では，その性質上，何回かに分けて実験と分析を行う必要があります。以下で紹介する内容は，応答曲面実験の典型的な例になります。

- 実験因子の選定：応答変数にどんな因子が有意であるかを決定します。
- 応答曲面計画の作成：中心複合（central composite），またはボックス−ベーンケン（Box−Behnken）を選択します。すでにワークシートにデータがあれば，カスタム応答曲面計画の定義を選択します。
- 計画を修正：実験の計画後，因子名，水準，反復数，ランダム化を修正することができます。
- 計画を表示：実験の計画後，実験の実行順序，ワークシート上の因子のコード化単位または非コード化単位を表示します。
- 実験を実施し，データを収集後，収集したデータをワークシートに入力します。
- 応答曲面計画の分析：実験結果をモデルにあてはめます。
- 等高線／曲面プロット：等高線／曲面プロットを表示します。
- 応答の最適化，重ね合わせ等高線図：複数の応答変数に対して，最適化した数値的な分析およびグラフを出力します。

2. 実験計画の選択

　　応答曲面計画を選択する前に，どの実験計画が最も適切かを調べる必要があり

ます。適切な計画を実施するためには，次の事項を確認します。
- 対象となる因子数を決定する
- 実行可能な実行順序組の数を決定する
- 実験の対象領域が十分に網羅されていることを確認する
- 費用，時間，設備の使用可能性などをどの程度考慮する必要があるか判断する

実験計画を満足させるためには，次の事項を考慮する必要があります。
- 計画の実行順序を順次増やすことができる
- 直交ブロックで実験を行う
- モデルの不適合度（lack of fit）を検出する
- 計画を回転する

　回転が可能な計画では，計画の中心から等距離にあるすべての点で予測分散が一定になるという望ましい特性があるため，予測性能が上がることになります。

3. 応答曲面計画を生成する

　中心複合計画法とボックス-ベーンケン（Box-Behnken）法を使用して，応答曲面計画を実施することができます。

[1] 中心複合（Central composite）計画法

　中心複合計画には，ブロック化したものとブロック化していないものがあります。中心複合計画法は，2^k 要因計画とキューブ点，軸点（axial point）または星点（star point），中心点（center point）で構成されています。下の図は，2因子に対する中心複合計画の例を示しています。図内の各点は，実験で実施された実行順序組を表しています。

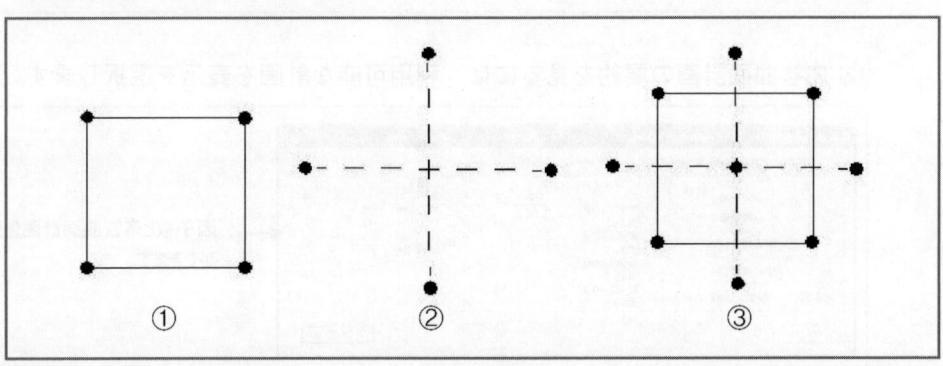

① 表示された計画の点は，−1および+1となるようにコード化されています。
② 計画の軸（星）部分の点は，$(+\alpha, 0)$，$(-\alpha, 0)$，$(0, +\alpha)$，$(0, -\alpha)$ です。
③ 中心点と同時に因子部分および軸部分を表示したものです。計画の中心点は $(0, 0)$ です。

[2] ボックス-ベーンケン（Box-Behnken）法

ボックス-ベーンケン（Box-Behnken）法は，ブロック化したものとブロック化していないものがあります。下の図は，3因子に対するボックス-ベーンケン法の例を示しています。図内の各点は，実験で実施された実行順序組を表しています。

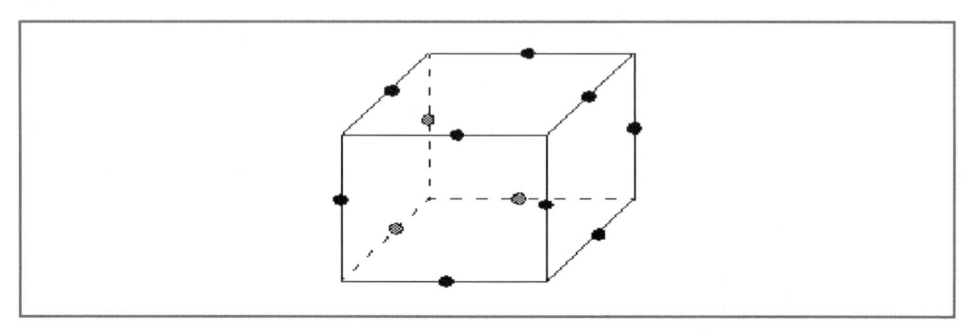

[3] 応答曲面計画の生成

① 統計 ▶ 実験計画法（DOE）▶ 応答曲面 ▶ 応答曲面計画を作成を選択します。

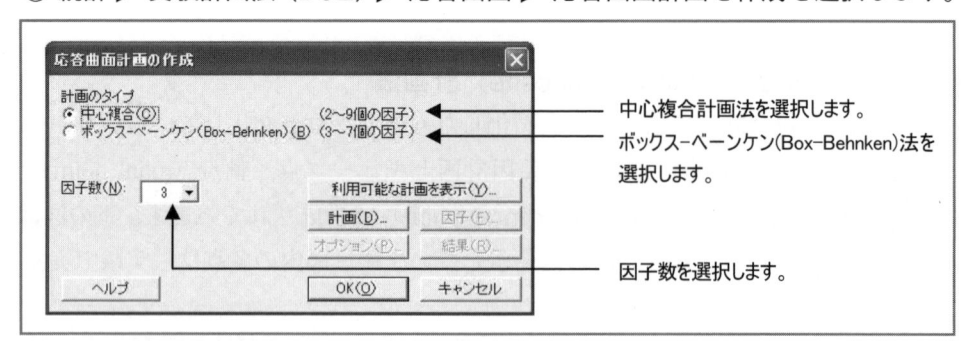

② 応答曲面計画の要約を見るには，利用可能な計画を表示を選択します。

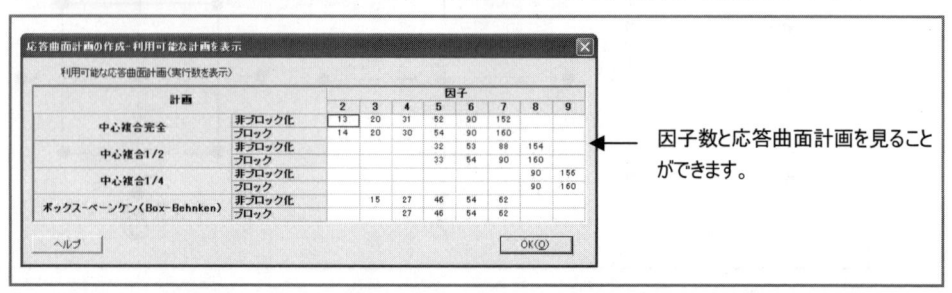

3. 応答曲面計画を生成する　627

③ 実験を計画するために計画メニューを選択します。
- 中心複合計画法

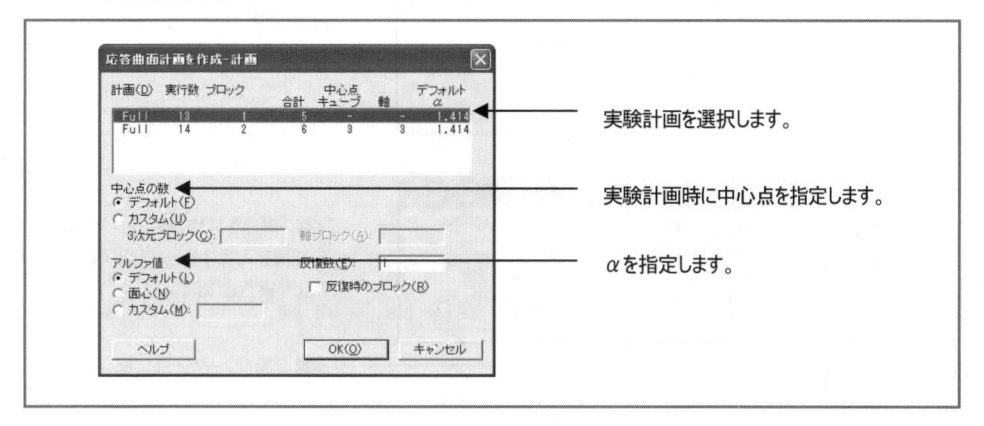

[応答曲面計画を作成-計画 ダイアログ]　→　実験計画を選択します。
　　　　　　　　　　　　　　　　　　　実験計画時に中心点を指定します。
　　　　　　　　　　　　　　　　　　　α を指定します。

- ボックス-ベーンケン法

[応答曲面計画を作成-計画 ダイアログ]　→　実験計画時に中心点を指定します。
　　　　　　　　　　　　　　　　　　　ブロック数を指定します。

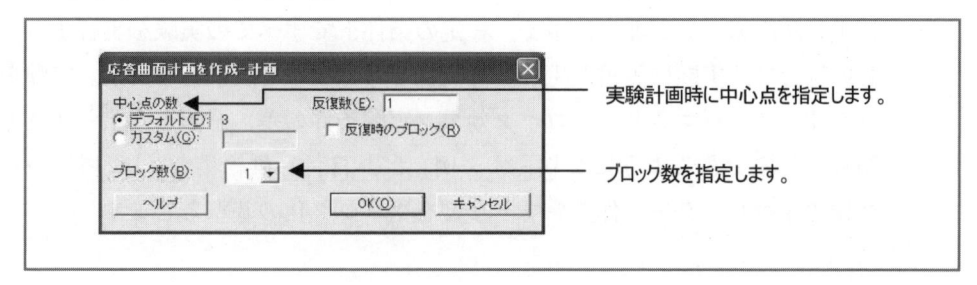

③ 計画メニューで,実験計画を選択すれば,次のメニューがハイライトされます。

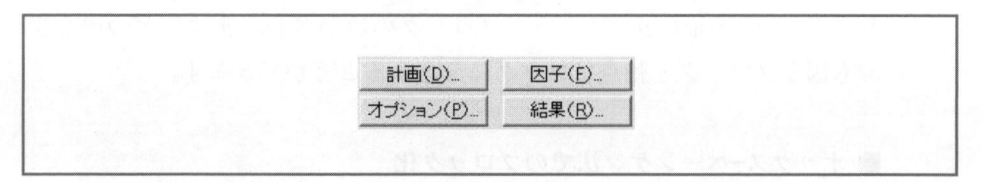

[計画(D)... 因子(F)... オプション(P)... 結果(R)...]

- 中心複合計画法　　　　　　　　　　　・ ボックス-ベーンケン法

[応答曲面計画の作成-因子 ダイアログ]　　　　[応答曲面計画の作成-因子 ダイアログ]

因子の名前と水準を入力します。

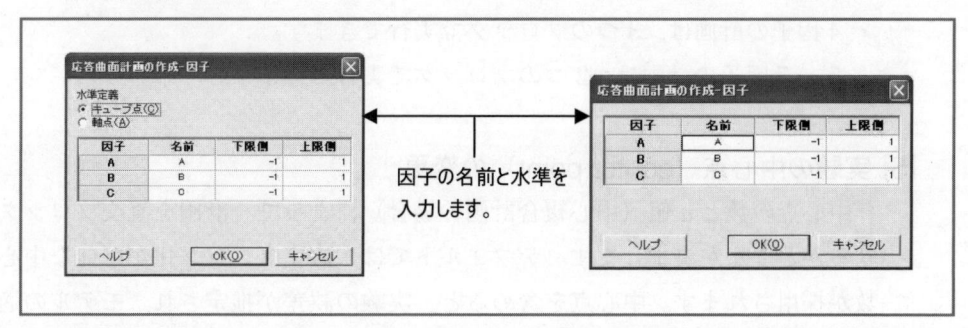

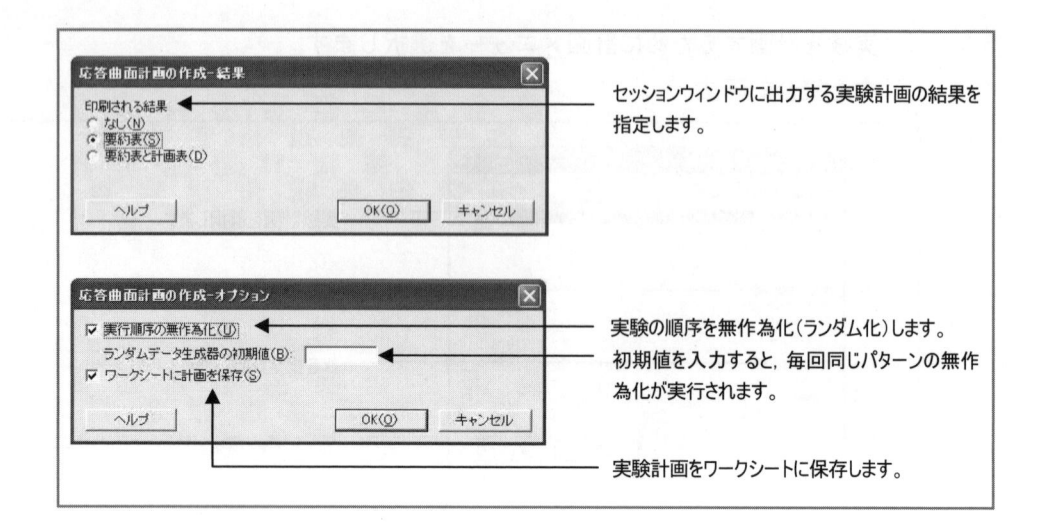

[応答曲面計画の作成-結果 ダイアログ]

セッションウィンドウに出力する実験計画の結果を指定します。

[応答曲面計画の作成-オプション ダイアログ]

実験の順序を無作為化（ランダム化）します。初期値を入力すると，毎回同じパターンの無作為化が実行されます。

実験計画をワークシートに保存します。

[4] ブロックを計画する

実行順序組の数が非常に多く，一定の条件下ですべての実験を実行するのが難しい場合は，実験に誤差が生じる可能性を考慮する必要があります。実験をブロック化して実行すると，ブロック効果（実験条件の差）を因子効果と切り離して個別に推定できるようになります。例えば，日付，供給業者，原材料のバッチ，機械のオペレーター，作業シフトなどをブロック化の基準とします。

■ 中心複合計画法でのブロック化

中心複合計画法では，因子の数，実験の実行数，実験計画時の一部実施要因（フラクション：fraction）によってブロックの数が変わります。どの中心複合計画でも因子ブロックと軸点ブロックに分離することができます。

■ ボックス-ベーンケン法でのブロック化

ボックス-ベーンケン法では，因子の数によってブロックの数が変わります。
・3因子の計画は，ブロック化できません。
・4因子の計画は，3つのブロックで実行できます。
・5～7因子の計画は，2つのブロックで実行できます。

[5] 実験の中心点（center point）の変更

中心点の数と α 値（中心複合計画の場合）によって，計画を直交ブロック化できるかどうかが決まります。デフォルトでは，直交ブロック化が可能な中心点の数が採用されます。中心点を含めると，実験の誤差が推定され，モデルの適合度（または不適合度）を判断することができます。不適切なモデルや指定が十分で

ないモデルからは正しい結論を出すことができないため，あてはめたモデルの適合度を調べることは重要になります。

・中心複合計画法　　　　　　　　　　・ボックス-ベーンケン法

（実験の中心点を指定します。）

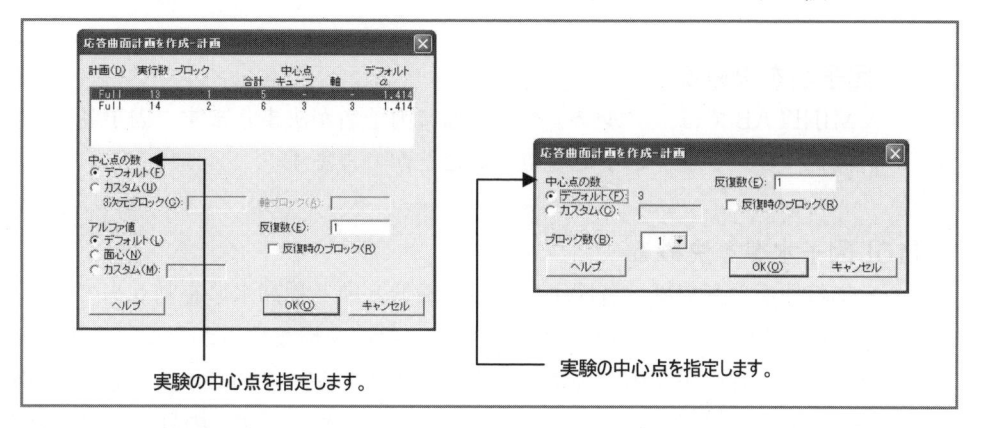

[6] 中心複合計画法での α の変更

中心複合計画での軸点の位置は，α で表されます。α 値および中心点の数によって，その計画を直交ブロック化できるかどうか，そして回転できるかどうかが決まります。直交ブロック化した計画では，モデル項とブロック効果を別々に推定し，回帰係数の変動性を最小限に抑えることができます。回転が可能な計画には，計画の中心から等距離にあるすべての点で予測分散が一定になるという望ましい特性があるため，予測性能が上がります。

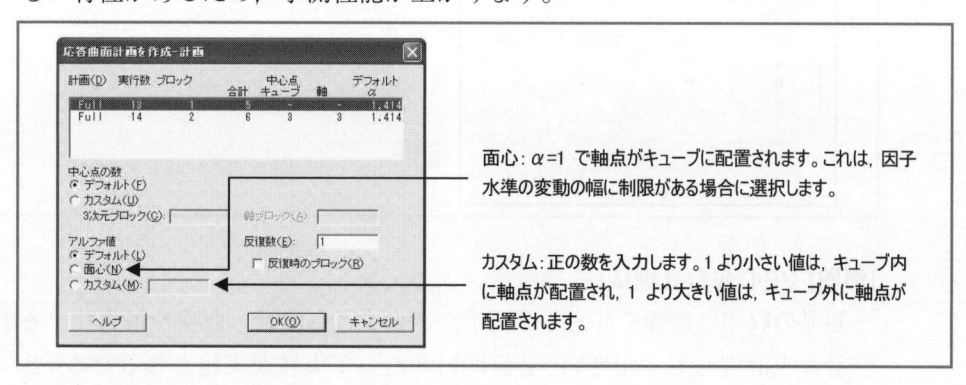

面心：$\alpha=1$ で軸点がキューブに配置されます。これは，因子水準の変動の幅に制限がある場合に選択します。

カスタム：正の数を入力します。1 より小さい値は，キューブ内に軸点が配置され，1 より大きい値は，キューブ外に軸点が配置されます。

[7] 実験順序のランダム化

MINITAB では，計画された実験の実行順序を無作為化（ランダム化）します。実行順序の無作為化を行うと，分析対象に含まれていない因子の効果を減らすことができます。特に時間と関連がある因子に対しては，無作為化を行うのが適切です。

[8] 実験計画の保存

計画された実験計画をワークシートに保存します。何らかの理由でワークシート上の実験計画が変更となってしまった場合，カスタム要因計画の定義メニューを使用して計画を再定義した後で，分析する必要があります。

[9] 因子名を決める

MINITABでは，アルファベット順に因子名が決まります。因子名は，実験の計画後，ワークシート上で変更することができます。

[10] 因子水準を決める

応答曲面計画では，各因子に対し，最低水準と最高水準を割り当てます。因子水準は，"キューブ"のどの部分の周りに計画を構築するかを表します。"キューブ"は，工程の現在の実施条件を中心とするのが一般的です。中心複合計画の場合，"キューブ"の内側，"キューブ"の上，"キューブ"の外側のいずれかに計画点があります。ボックス-ベーンケン計画の場合，因子水準は計画の最高点と最低点になります。

統計 ▶ 実験計画法（DOE）▶ 応答曲面 ▶ 応答曲面計画を作成で，因子メニューを選択します。

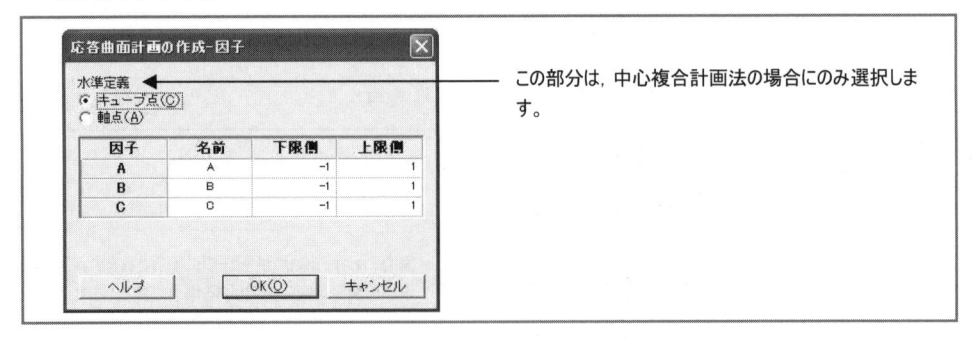

[例題]（中心複合計画法）

製品の収率に影響を与える3因子が次のような場合，収率を最大化する中心複合計画を計画してください。2日間にわたって実験が実施されるため，2つのブロックを設定します。

因子	因子名	低い水準	高い水準
A	時間	6	9
B	温度	40	60
C	圧力	3.5	7.5

3. 応答曲面計画を生成する 631

[実行] 1. MINITAB メニュー： 統計 ▶ 実験計画法（DOE）▶ 応答曲面 ▶ 応答曲面計画を作成

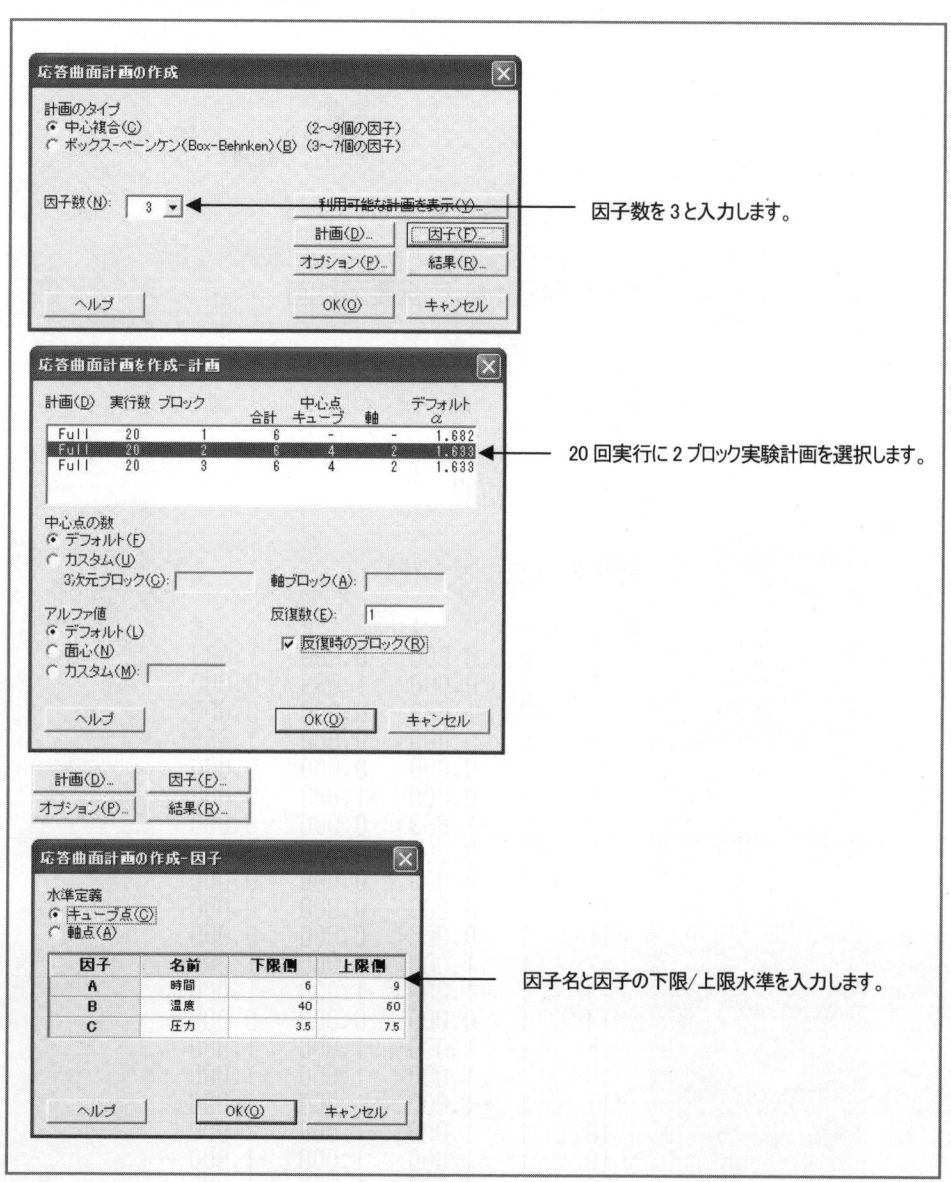

因子数を3と入力します。

20回実行に2ブロック実験計画を選択します。

因子名と因子の下限/上限水準を入力します。

[実行] 2. 結果の出力：下のような結果が，セッションウィンドウとワークシートに出力されます。

```
中心複合計画

因子:            3      反復:           1
ベース実行組:    20      連総数:         20
ベースブロック:   2      ブロック総数:    2
```

```
2水準要因計画:完全要因計画

キューブ点:      8
3次中心点:       4
軸点:           6
軸の中心点:      2

アルファ: 1.633

計画表 (ランダム化)

実行  Blk      A        B        C
  1    2    0.000    0.000    1.633
  2    2    0.000    1.633    0.000
  3    2    1.633    0.000    0.000
  4    2    0.000    0.000   -1.633
  5    2    0.000    0.000    0.000
  6    2    0.000   -1.633    0.000
  7    2   -1.633    0.000    0.000
  8    2    0.000    0.000    0.000
  9    1    0.000    0.000    0.000
 10    1    0.000    0.000    0.000
 11    1    0.000    0.000    0.000
 12    1    1.000    1.000    1.000
 13    1   -1.000    1.000   -1.000
 14    1    0.000    0.000    0.000
 15    1    1.000   -1.000    1.000
 16    1   -1.000   -1.000   -1.000
 17    1   -1.000   -1.000   -1.000
 18    1    1.000   -1.000   -1.000
 19    1    1.000    1.000   -1.000
 20    1   -1.000    1.000    1.000
```

[実行] 3. 結果の解析

- 3因子，2ブロック，20回実施の中心複合計画を作成しました。この計画は，回転が可能で，直交化ブロック化されています。上の結果より，実験点のための因子の設定値と実験条件を見ることができます。例えば，実行20は，ブロック1でA因子（時間）が6，B因子（温度）が60，C因子（圧力）が7.5という条件で実験を実施する必要があることを意味します。

C1 StdOrder	C2 RunOrder	C3 PtType	C4 ブロック	C5 時間	C6 温度	C7 圧力
18	1	-1	2	7.5000	50.00	8.766
16	2	-1	2	7.5000	66.33	5.500
14	3	-1	2	9.9495	50.00	5.500
17	4	-1	2	7.5000	50.00	2.234
20	5	0	2	7.5000	50.00	5.500
15	6	-1	2	7.5000	33.67	5.500
13	7	-1	2	5.0505	50.00	5.500
19	8	0	2	7.5000	50.00	5.500
12	9	0	1	7.5000	50.00	5.500
11	10	0	1	7.5000	50.00	5.500
10	11	0	1	7.5000	50.00	5.500
8	12	1	1	9.0000	60.00	7.500
3	13	1	1	6.0000	60.00	3.500
9	14	0	1	7.5000	50.00	5.500
6	15	1	1	9.0000	40.00	7.500
1	16	1	1	6.0000	40.00	3.500
5	17	1	1	6.0000	40.00	7.500
2	18	1	1	9.0000	40.00	3.500
4	19	1	1	9.0000	60.00	3.500
7	20	1	1	6.0000	60.00	7.500

← ワークシートに次のように実験計画が出力されます。

0（中心点），1（キューブ点），-1（軸点），2（エッジ重心点）を意味します。

[例題]（ボックス–ベーンケン法）

製品の収率に影響を与える3因子が次のような場合，収率を最大化するボックス–ベーンケン計画を計画してください。

因子	因子名	低い水準	高い水準
A	圧力	150	200
B	温度	200	220
C	時間	4	6

[実行] 1. MINITAB メニュー：統計 ▶ 実験計画法（DOE）▶ 応答曲面 ▶ 応答曲面計画を作成

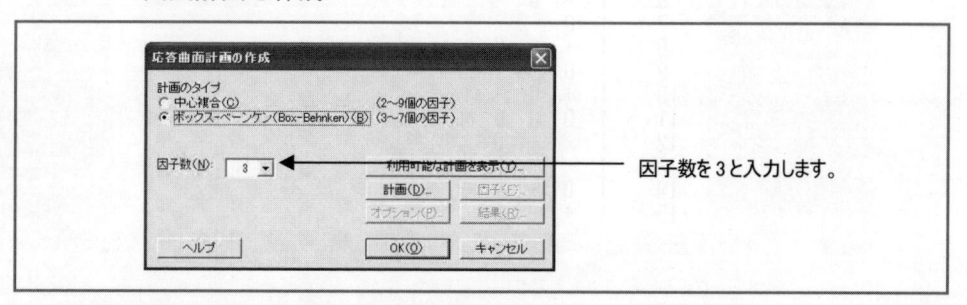

因子数を3と入力します。

634　第20章　応答曲面

(図：応答曲面計画を作成 - 計画ダイアログと、応答曲面計画の作成 - 因子ダイアログ)

ここでは、選択を行わずにOKボタンをクリックします。

因子名と因子の下限/上限水準を入力します。

因子の設定：
- A　圧力　150　200
- B　温度　200　220
- C　時間　4　6

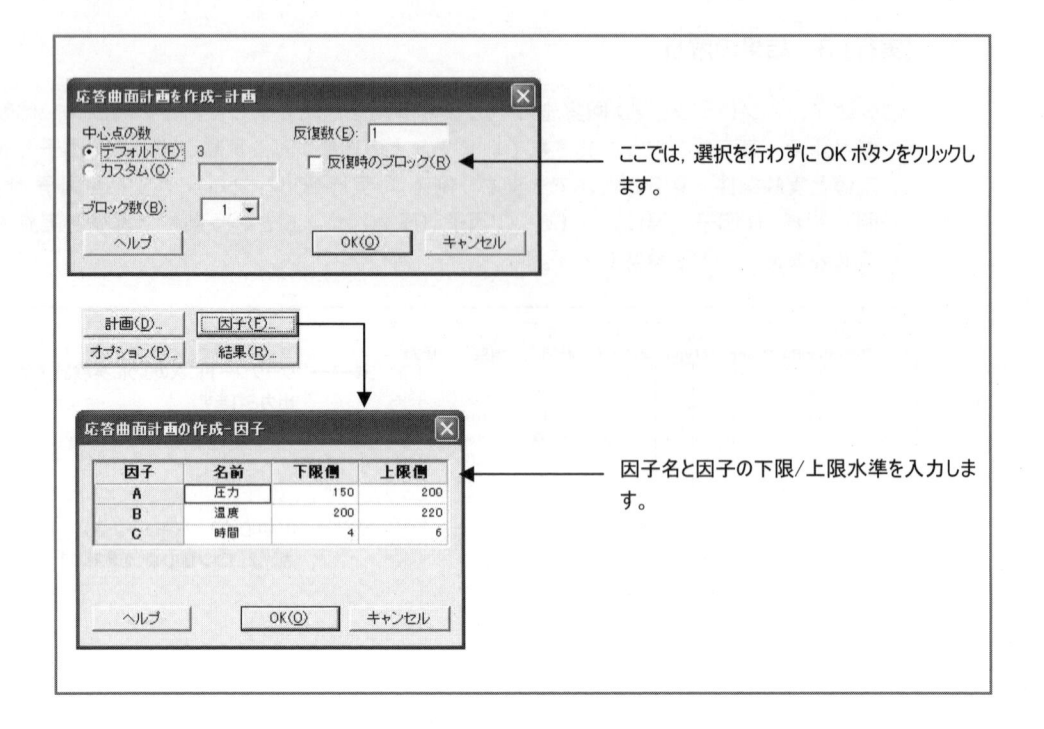

[実行] 2. 結果の出力：下のような結果が，セッションウィンドウとワークシートに出力されます。

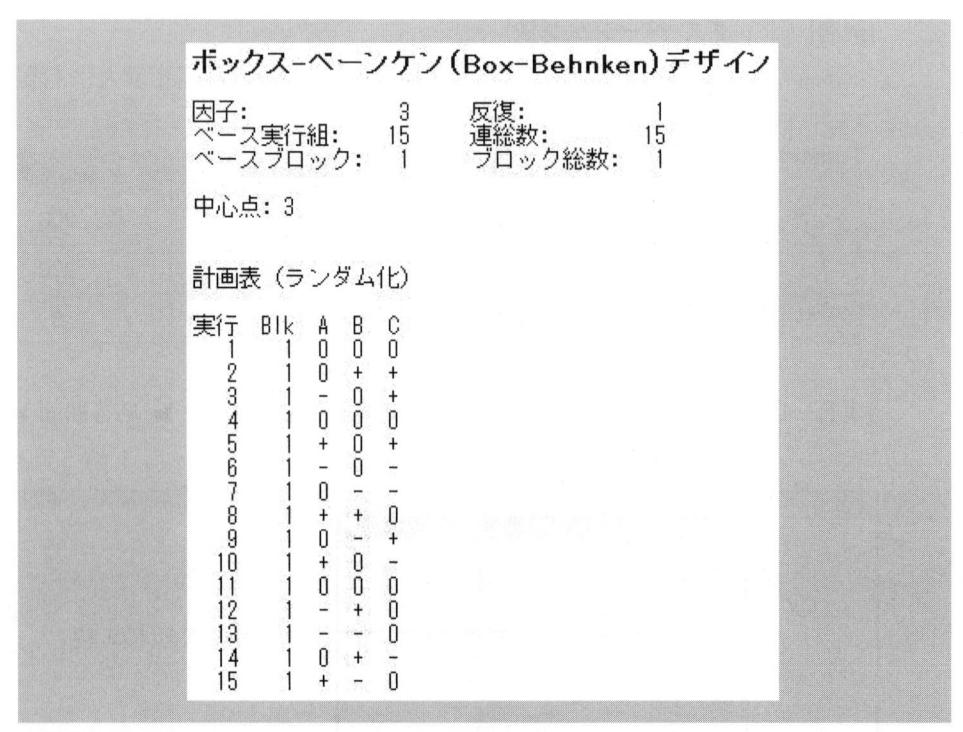

```
ボックス-ベーンケン (Box-Behnken) デザイン

因子：          3    反復：         1
ベース実行組：  15   連総数：       15
ベースブロック： 1   ブロック総数： 1

中心点：3

計画表（ランダム化）

実行  Blk  A  B  C
 1    1    0  0  0
 2    1    0  +  +
 3    1    -  0  +
 4    1    0  0  0
 5    1    +  0  +
 6    1    -  0  -
 7    1    0  -  -
 8    1    +  +  0
 9    1    0  -  +
10    1    +  0  -
11    1    0  0  0
12    1    -  +  0
13    1    -  -  0
14    1    0  +  -
15    1    +  -  0
```

C1	C2	C3	C4	C5	C6	C7
StdOrder	RunOrder	PtType	ブロック	圧力	温度	時間
14	1	0	1	175	210	5
12	2	2	1	175	220	6
7	3	2	1	150	210	6
15	4	0	1	175	210	5
8	5	2	1	200	210	6
5	6	2	1	150	210	4
9	7	2	1	175	200	4
4	8	2	1	200	220	5
11	9	2	1	175	200	6
6	10	2	1	200	210	4
13	11	0	1	175	210	5
3	12	2	1	150	220	5
1	13	2	1	150	200	5
10	14	2	1	175	220	4
2	15	2	1	200	200	5

← ワークシートに次のように実験計画が出力されます。

[実行] 3. 結果の解析

- 3因子，15回実施のボックス-ベーンケン計画を作成しました。上の結果より，実験点のための因子の設定値と実験条件を見ることができます。例えば，実行13は，A因子（圧力）が150，B因子（温度）が200，C因子（時間）が5という条件で実験を実施しなければならないことを意味します。

4. カスタム応答曲面計画の定義

カスタム応答曲面計画の定義を使用して，実験計画を再定義できます。

- 統計 ▶ 実験計画法（DOE）▶ 応答曲面 ▶ カスタム応答曲面計画を定義を選択します。

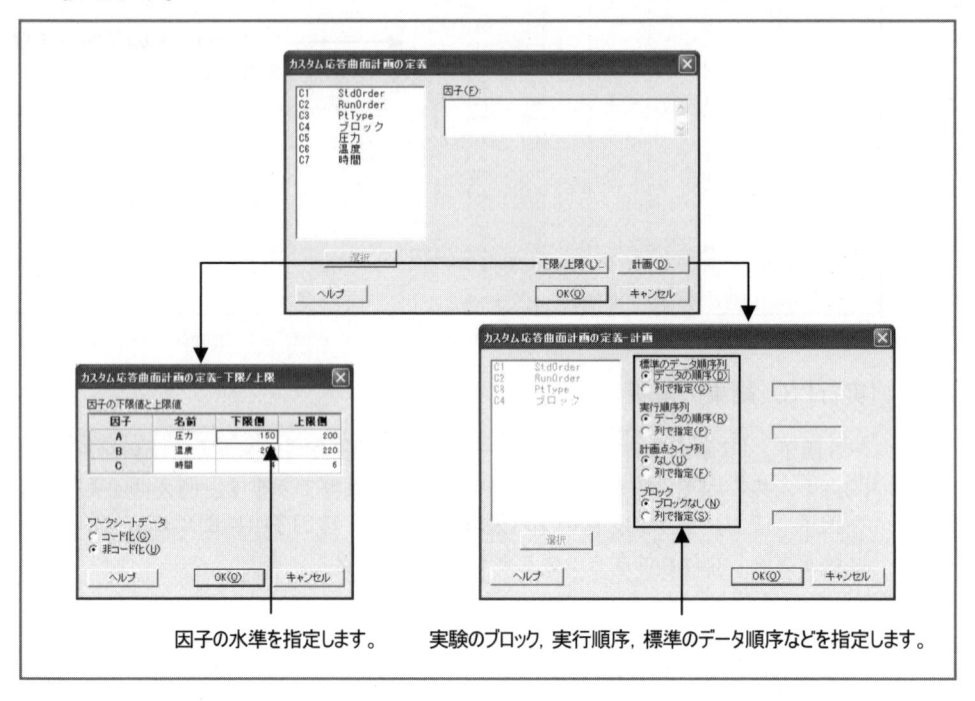

因子の水準を指定します。　　実験のブロック，実行順序，標準のデータ順序などを指定します。

5. 実験計画の修正

作成された実験計画を修正することができます。修正内容は次の通りです。

- 因子名，因子水準，実験の反復数，実験の無作為（ランダム）化

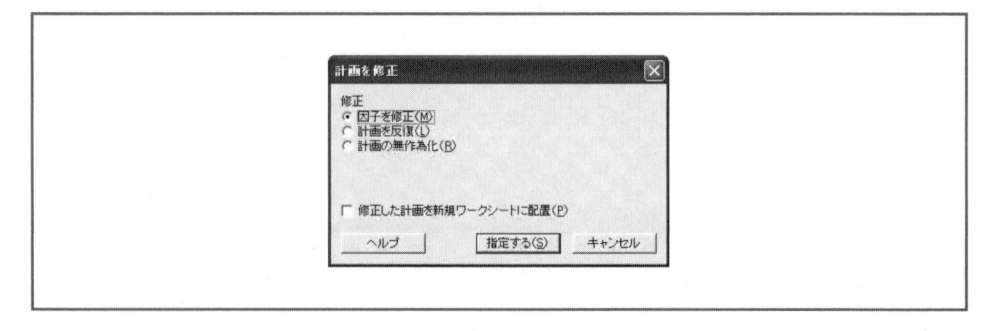

■ **因子名と水準の修正**
- 統計 ▶ 実験計画法（DOE）▶ 計画を修正を選択します。

5. 実験計画の修正

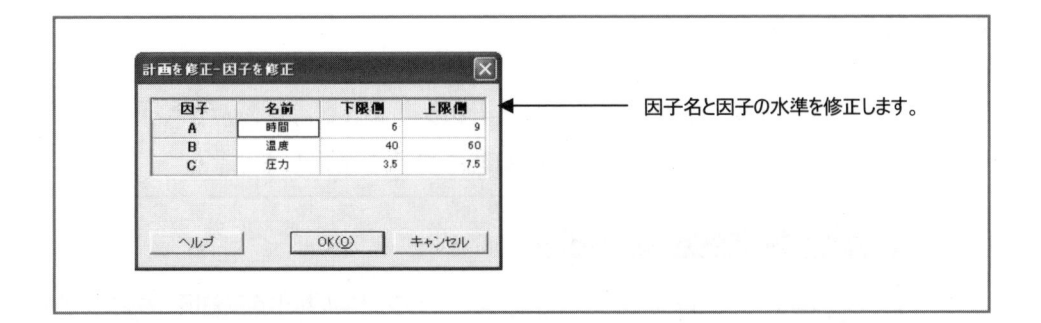

[図：計画を修正-因子を修正ダイアログ]
因子名と因子の水準を修正します。

因子	名前	下限側	上限側
A	時間	5	9
B	温度	40	60
C	圧力	3.5	7.5

■ 実験計画の反復に対する修正

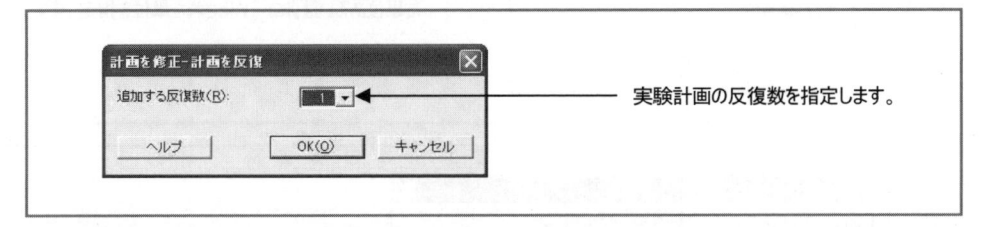

[図：計画を修正-計画を反復ダイアログ]
実験計画の反復数を指定します。

・実験を反復することで，誤差やノイズの推定値を検出することができるため，効果の推定値を予測することができます。

■ 実験計画の無作為（ランダム）化に対する修正

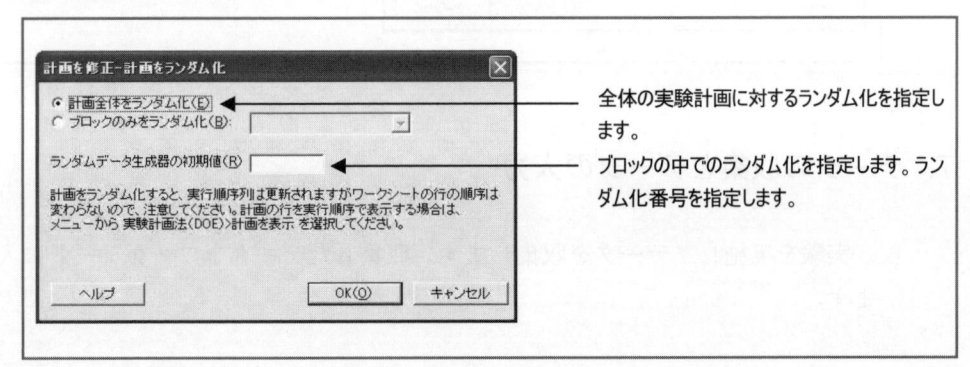

[図：計画を修正-計画をランダム化ダイアログ]

全体の実験計画に対するランダム化を指定します。

ブロックの中でのランダム化を指定します。ランダム化番号を指定します。

6. 実験計画の表示

実験の計画後，作成した内容をワークシートで見ることができます。

- 統計 ▶ 実験計画法（DOE）▶ 計画を表示を選択します。

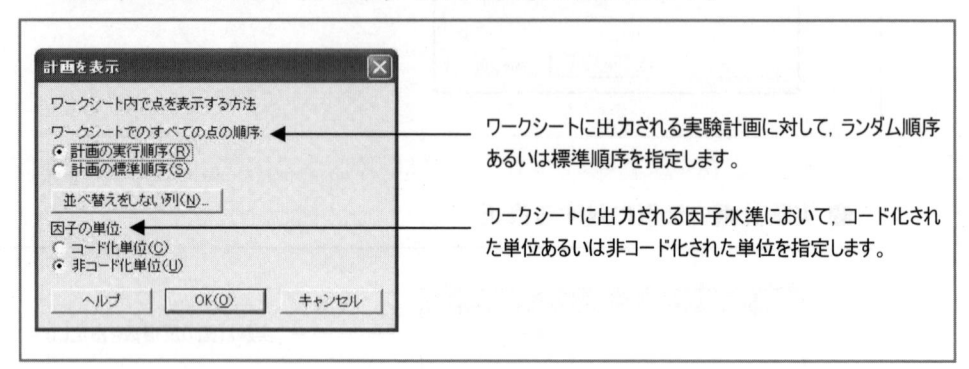

ワークシートに出力される実験計画に対して，ランダム順序あるいは標準順序を指定します。

ワークシートに出力される因子水準において，コード化された単位あるいは非コード化された単位を指定します。

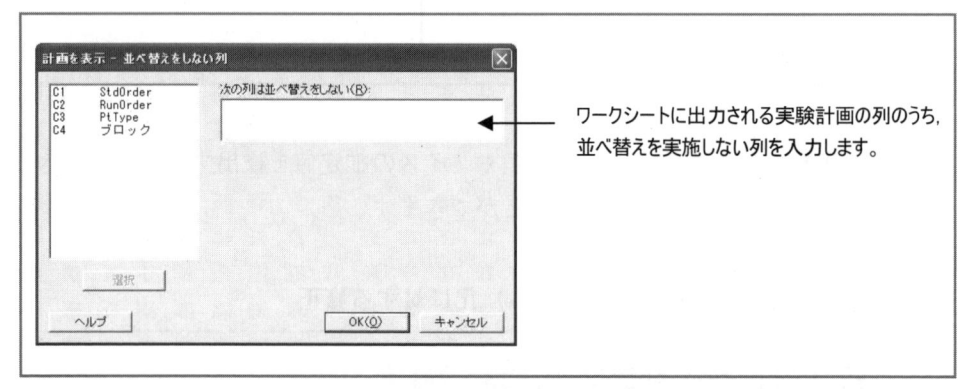

ワークシートに出力される実験計画の列のうち，並べ替えを実施しない列を入力します。

7. データの収集とデータの入力

実験を実施し，データを収集します。収集したデータをワークシートに入力します。

8. 応答曲面計画の分析

　応答曲面にあてはめるモデル項は，下記のように区分されます（4因子のモデル例）。
・ 線形：ＡＢＣＤ
・ 線形および二乗：ＡＢＣＤＡ＊ＡＢ＊ＢＣ＊ＣＤ＊Ｄ
・ 線形および2次交互作用：ＡＢＣＤＡ＊ＢＡ＊ＣＡ＊ＤＢ＊ＣＢ＊ＤＣ＊Ｄ
・ 完全2次（MINITABデフォルト）：ＡＢＣＤＡ＊ＡＢ＊ＢＣ＊ＣＤ＊ＤＡ＊Ｂ Ａ＊ＣＡ＊ＤＢ＊ＣＢ＊ＤＣ＊Ｄ

■ 応答曲面計画結果を分析する

① 統計 ▶ 実験計画法（DOE）▶ 応答曲面 ▶ 応答曲面計画を分析を選択します。

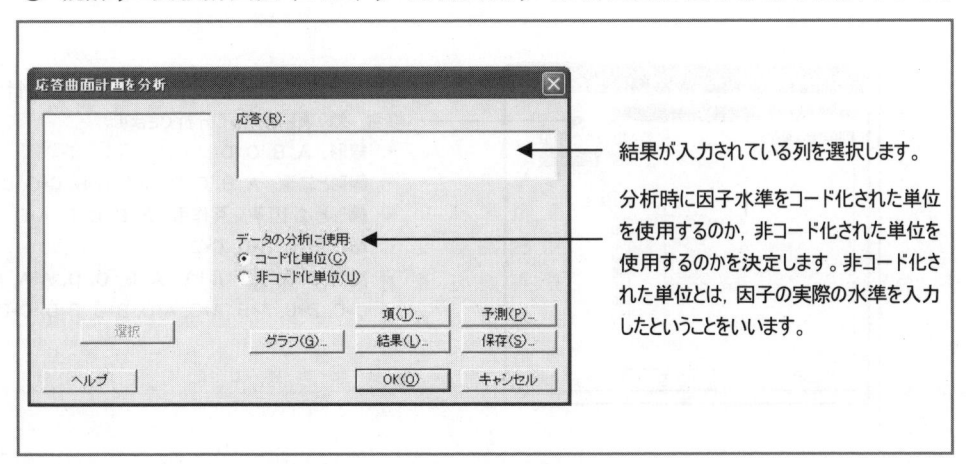

結果が入力されている列を選択します。

分析時に因子水準をコード化された単位を使用するのか，非コード化された単位を使用するのかを決定します。非コード化された単位とは，因子の実際の水準を入力したということをいいます。

② グラフ，項，結果，保存項目で次の事項を指定します。

- グラフの選択：実験結果の分析時に有用なグラフを指定します。

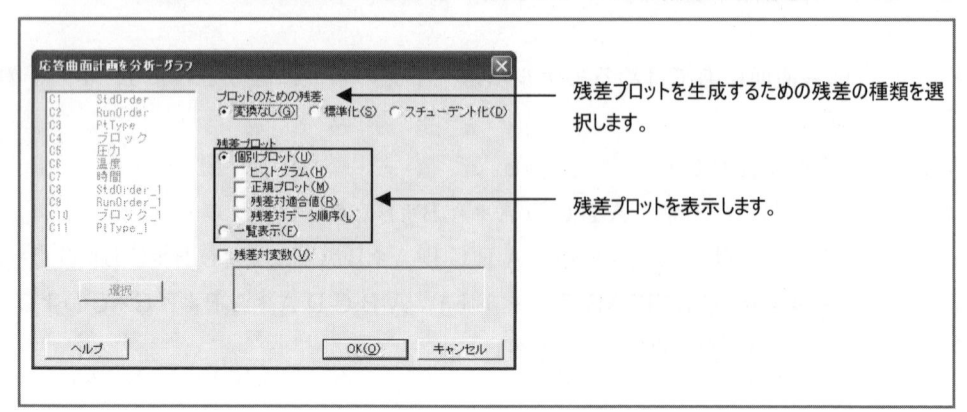

　　残差プロットを生成するための残差の種類を選択します。

　　残差プロットを表示します。

- 項の選択：実験結果の分析時にあてはめられるモデルの項を指定します。

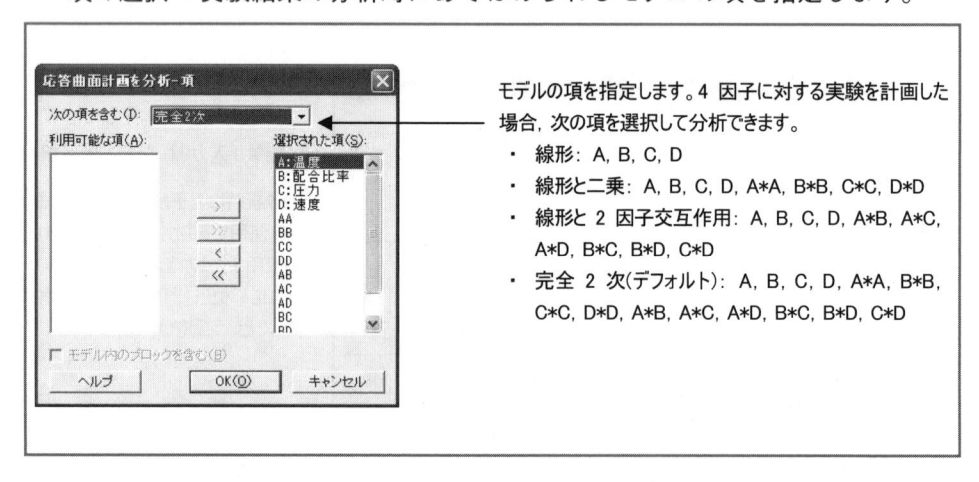

　　モデルの項を指定します。4 因子に対する実験を計画した場合，次の項を選択して分析できます。
  - 線形：A, B, C, D
  - 線形と二乗：A, B, C, D, A*A, B*B, C*C, D*D
  - 線形と 2 因子交互作用：A, B, C, D, A*B, A*C, A*D, B*C, B*D, C*D
  - 完全 2 次(デフォルト)：A, B, C, D, A*A, B*B, C*C, D*D, A*B, A*C, A*D, B*C, B*D, C*D

- 結果の選択：実験分析の結果をさまざまな形で出力できます。

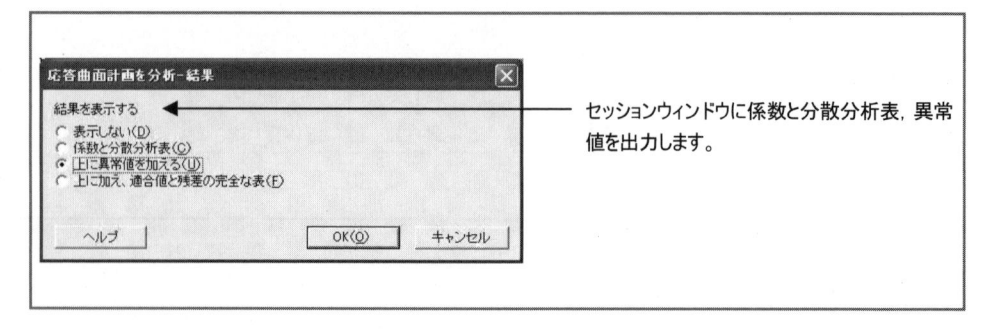

　　セッションウィンドウに係数と分散分析表，異常値を出力します。

・保存の選択：実験分析の結果値をワークシートに保存します。

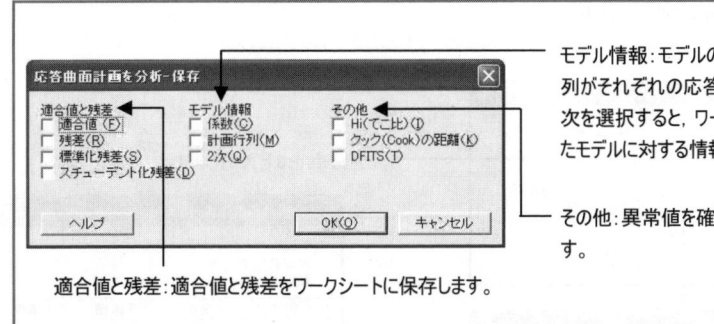

モデル情報：モデルのための係数，実験の計画行列がそれぞれの応答値に対して保存されます。2次を選択すると，ワークシートの列にあてはめられたモデルに対する情報を保存します。

その他：異常値を確認するための値が保存されます。

適合値と残差：適合値と残差をワークシートに保存します。

・予測の選択：新しい計画点での予測応答値を計算し，保存します。

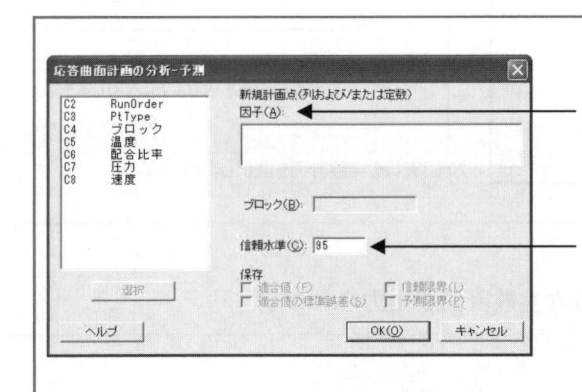

因子：因子水準をテキストまたは数値形式で入力するか，因子水準が保存されている列または定数を入力します。因子数は，計画の因子数と等しい必要があります。

ブロック：ブロック化水準をテキストまたは数値形式で入力するか，ブロック化水準が保存されている列または定数を入力します。ブロック化の水準数は，計画に含まれるブロック化水準数と等しい必要があります。

[例題]

製品の強度に影響を与える3因子が次のような場合，強度を最大化する条件を検証するために，実験計画を実施します。応答曲面計画において中心複合計画法で実験を計画し，実験を実施後，分析を行います。ただし，線形で分析してください。

因子	因子名	低い水準（-1）	高い水準（1）
A	圧力	2.03	5.21
B	温度	1.07	2.49
C	時間	1.35	3.49

[実行] 1. MINITAB メニュー：統計 ▶ 実験計画法（DOE）▶ 応答曲面 ▶ 応答曲面計画を作成

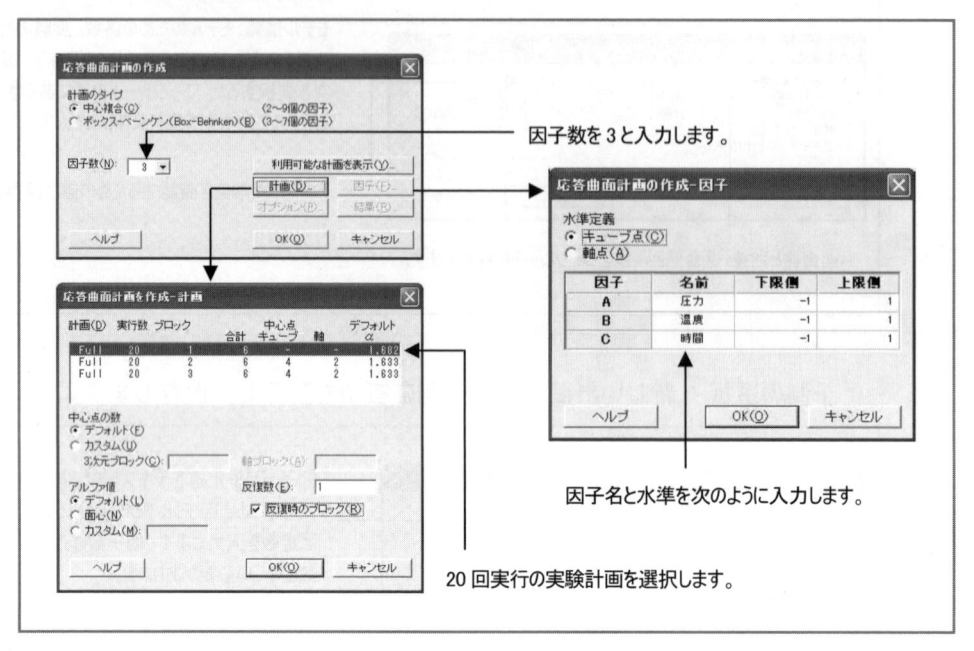

因子数を 3 と入力します。

因子名と水準を次のように入力します。

20 回実行の実験計画を選択します。

・ワークシートに次のような実験計画が出力されます。

C1 StdOrder	C2 RunOrder	C3 PtType	C4 ブロック	C5 圧力	C6 温度	C7 時間	C8 強度
16	1	-1	1	0.00000	0.00000	0.00000	10.22
8	2	-1	1	1.00000	1.00000	1.00000	11.03
12	3	0	1	0.00000	1.68179	0.00000	11.06
3	4	-1	1	-1.00000	1.00000	-1.00000	13.19
9	5	1	1	-1.68179	0.00000	0.00000	8.26
6	6	1	1	1.00000	-1.00000	1.00000	10.90
13	7	0	1	0.00000	0.00000	-1.68179	7.98
4	8	1	1	1.00000	1.00000	-1.00000	7.71
18	9	-1	1	0.00000	0.00000	0.00000	9.50
19	10	-1	1	0.00000	0.00000	0.00000	11.53
15	11	0	1	0.00000	0.00000	0.00000	10.14
5	12	-1	1	-1.00000	-1.00000	1.00000	8.94
10	13	1	1	1.68179	0.00000	0.00000	7.87
14	14	1	1	0.00000	0.00000	1.68179	10.43
7	15	1	1	-1.00000	1.00000	1.00000	11.85
17	16	0	1	0.00000	0.00000	0.00000	10.53
20	17	0	1	0.00000	0.00000	0.00000	11.02
11	18	1	1	0.00000	-1.68179	0.00000	12.08
2	19	1	1	1.00000	-1.00000	-1.00000	8.44
1	20	0	1	-1.00000	-1.00000	-1.00000	11.28

実験計画表に従って実験を実施し，その結果を入力します。

[実行] 統計 ▶ 実験計画法（DOE）▶ 応答曲面 ▶ 応答曲面計画を分析

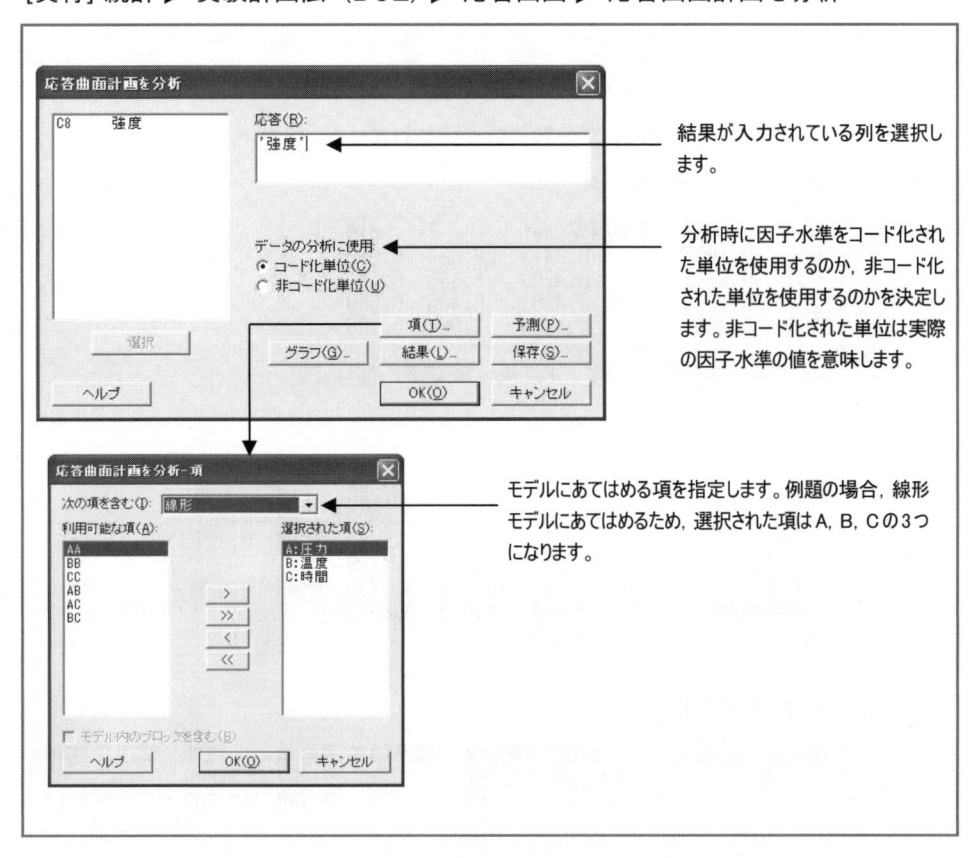

結果が入力されている列を選択します。

分析時に因子水準をコード化された単位を使用するのか，非コード化された単位を使用するのかを決定します。非コード化された単位は実際の因子水準の値を意味します。

モデルにあてはめる項を指定します。例題の場合，線形モデルにあてはめるため，選択された項はA, B, Cの3つになります。

[実行] 2. 結果の出力: 下のような結果がセッションウィンドウに出力されます。

```
応答曲面回帰:強度 対 圧力, 温度, 時間
コード化単位を使用して分散分析が行われました。
強度に対する偏回帰係数

項        Coef    標準誤差Coef       T       p値
定数    10.1980    0.3473       29.364   0.000
圧力    -0.5738    0.4203       -1.365   0.191
温度     0.1834    0.4203        0.436   0.668
時間     0.4555    0.4203        1.084   0.295

S=1.553    R二乗=16.8%    R二乗（調整済）値=1.2%

強度の分散分析

変動源     自由度   Seq SS    Adj SS    Adj MS    F値     p値
回帰          3     7.789     7.789    2.5962    1.08   0.387
  線形        3     7.789     7.789    2.5962    1.08   0.387
残差誤差     16    38.597    38.597    2.4123
  不適合     11    36.057    36.057    3.2779    6.45   0.026
  純粋誤差    5     2.540     2.540    0.5079
合計         19    46.385

強度の異常な観測値

観測値  StdOrder   強度    適合値   標準誤差適合値    残差    標準化残差
  4       3      13.190   10.500      0.807       2.690      2.03 R
  5       9       8.260   11.163      0.788      -2.903     -2.17 R

Rは、標準化残差が大きい観測値を示します。

非コード化単位のデータを使用して推定された強度の偏回帰係数

項        Coef
定数    10.1980
圧力    -0.573770
温度     0.183393
時間     0.455478
```

[実行] 3. 結果の解析

- あてはめられたモデルの適切性をチェックすることは重要です。有意水準を 0.05 とすると，分散分析表の線形の p 値は 0.387 となっており，有意ではないことがわかります。また，残差誤差で不適合の p 値が 0.026 となっており，有意水準 0.05 より小さいため，線形モデルがあてはまっていないことを意味します。従って，この実験の結果を線形モデルにあてはめることは適切ではなく，2 次曲線モデルをあてはめることを考えるべきです。

8. 応答曲面計画の分析

[例題]

製品の強度に影響を与える3因子が次のような場合，強度を最大化する条件を検証するために，実験計画を実施します。応答曲面計画において中心複合計画法で実験を計画し，実験を実施後，分析を行います。ただし，完全2次モデルで分析してください。

因子	因子名	低い水準（−1）	高い水準（1）
A	圧力	2.03	5.21
B	温度	1.07	2.49
C	時間	1.35	3.49

[実行] 1. MINITAB メニュー：統計 ▶ 実験計画法（DOE）▶ 応答曲面 ▶ 応答曲面計画を作成

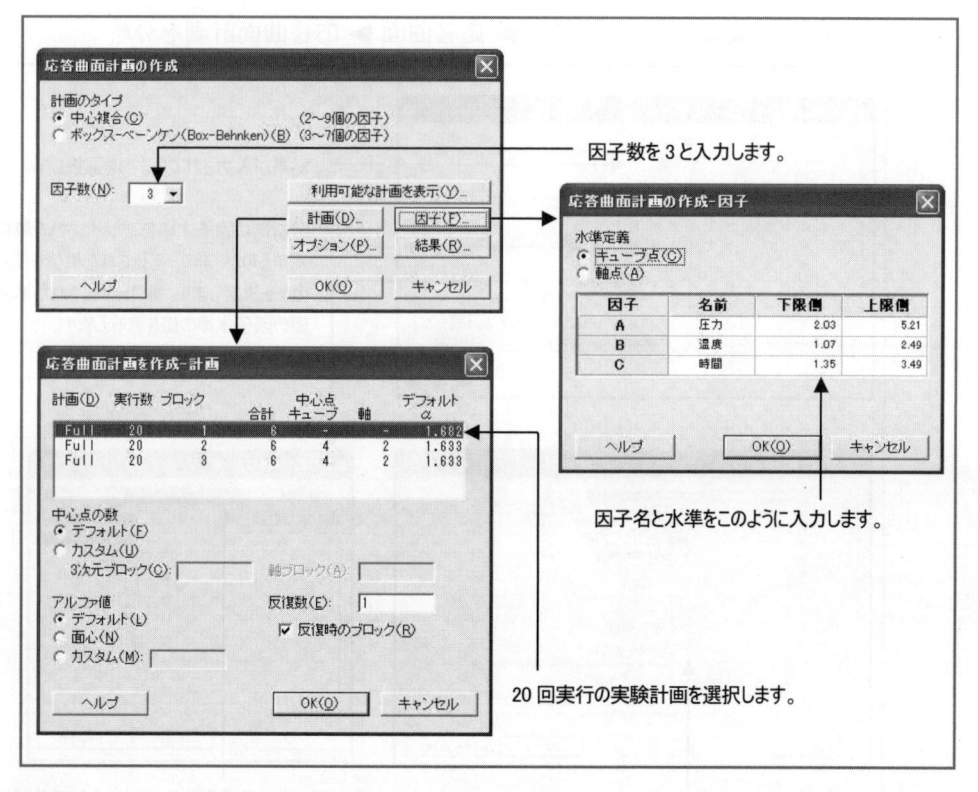

646　第20章　応答曲面

- ワークシートに次のような実験計画が出力されます。

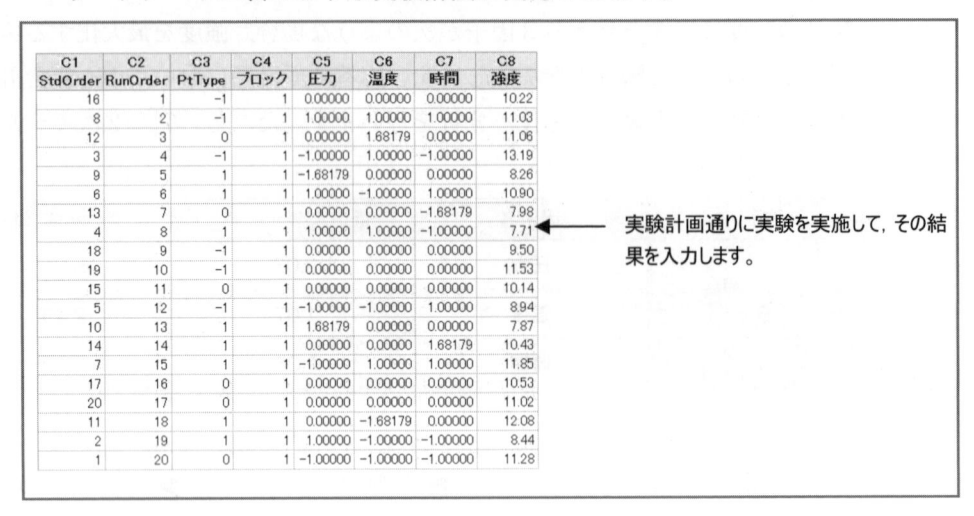

C1 StdOrder	C2 RunOrder	C3 PtType	C4 ブロック	C5 圧力	C6 温度	C7 時間	C8 強度
16	1	-1	1	0.00000	0.00000	0.00000	10.22
8	2	-1	1	1.00000	1.00000	1.00000	11.03
12	3	0	1	0.00000	1.68179	0.00000	11.06
3	4	-1	1	-1.00000	1.00000	-1.00000	13.19
9	5	1	1	-1.68179	0.00000	0.00000	8.26
6	6	1	1	1.00000	-1.00000	1.00000	10.90
13	7	0	1	0.00000	0.00000	-1.68179	7.98
4	8	1	1	1.00000	1.00000	-1.00000	7.71
18	9	-1	1	0.00000	0.00000	0.00000	9.50
19	10	-1	1	0.00000	0.00000	0.00000	11.53
15	11	0	1	0.00000	0.00000	0.00000	10.14
5	12	-1	1	-1.00000	-1.00000	1.00000	8.94
10	13	1	1	1.68179	0.00000	0.00000	7.87
14	14	0	1	0.00000	0.00000	1.68179	10.43
7	15	1	1	-1.00000	1.00000	1.00000	11.85
17	16	0	1	0.00000	0.00000	0.00000	10.53
20	17	0	1	0.00000	0.00000	0.00000	11.02
11	18	1	1	0.00000	-1.68179	0.00000	12.08
2	19	1	1	1.00000	-1.00000	-1.00000	8.44
1	20	0	1	-1.00000	-1.00000	-1.00000	11.28

← 実験計画通りに実験を実施して，その結果を入力します。

[実行] 統計実験計画法（DOE）▶ 応答曲面 ▶ 応答曲面計画を分析

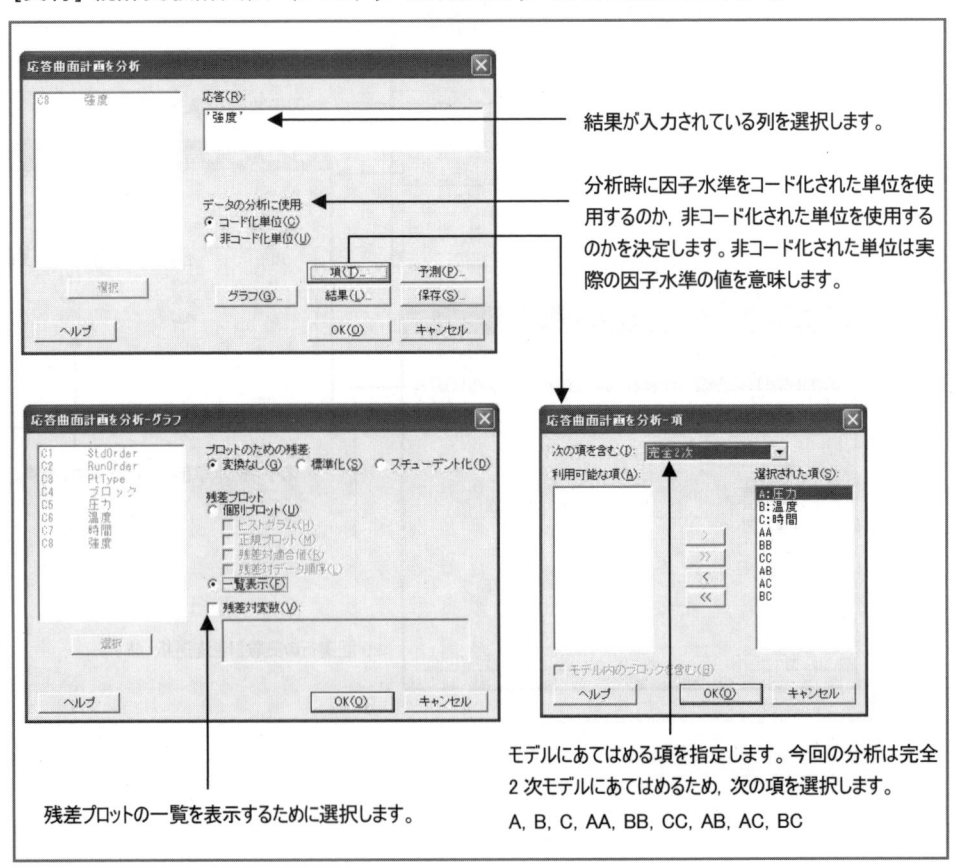

（応答曲面計画を分析ダイアログ）
結果が入力されている列を選択します。

分析時に因子水準をコード化された単位を使用するのか，非コード化された単位を使用するのかを決定します。非コード化された単位は実際の因子水準の値を意味します。

残差プロットの一覧を表示するために選択します。

モデルにあてはめる項を指定します。今回の分析は完全2次モデルにあてはめるため，次の項を選択します。
A，B，C，AA，BB，CC，AB，AC，BC

[実行] 2. 結果の出力：下のような結果が，セッションウィンドウとグラフウィンドウに出力されます。

応答曲面回帰:強度 対 圧力, 温度, 時間

コード化単位を使用して分散分析が行われました。

強度に対する偏回帰係数

項	Coef	標準誤差Coef	T	p値
定数	10.4623	0.4062	25.756	0.000
圧力	-0.5738	0.2695	-2.129	0.059
温度	0.1834	0.2695	0.680	0.512
時間	0.4555	0.2695	1.690	0.122
圧力*圧力	-0.6764	0.2624	-2.578	0.027
温度*温度	0.5628	0.2624	2.145	0.058
時間*時間	-0.2734	0.2624	-1.042	0.322
圧力*温度	-0.6775	0.3521	-1.924	0.083
圧力*時間	1.1825	0.3521	3.358	0.007
温度*時間	0.2325	0.3521	0.660	0.524

S=0.9960   R二乗=78.6%   R二乗（調整済）値=59.4%

強度の分散分析

変動源	自由度	Seq SS	Adj SS	Adj MS	F値	p値
回帰	9	36.465	36.465	4.0517	4.08	0.019
線形	3	7.789	7.789	2.5962	2.62	0.109
平方	3	13.386	13.386	4.4619	4.50	0.030
交互作用	3	15.291	15.291	5.0970	5.14	0.021
残差誤差	10	9.920	9.920	0.9920		
不適合	5	7.380	7.380	1.4760	2.91	0.133
純粋誤差	5	2.540	2.540	0.5079		
合計	19	46.385				

強度の異常な観測値

観測値	StdOrder	強度	適合値	標準誤差適合値	残差	標準化残差
3	12	11.060	12.362	0.776	-1.302	-2.09 R
4	3	13.190	12.004	0.815	1.186	2.07 R
5	9	8.260	9.514	0.776	-1.254	-2.01 R

Rは、標準化残差が大きい観測値を示します。

非コード化単位のデータを使用して推定された強度の偏回帰係数

項	Coef
定数	10.4623
圧力	-0.573770
温度	0.183393
時間	0.455478
圧力*圧力	-0.676446
温度*温度	0.562758
時間*時間	-0.273396
圧力*温度	-0.677500
圧力*時間	1.18250
温度*時間	0.232500

強度の残差プロット

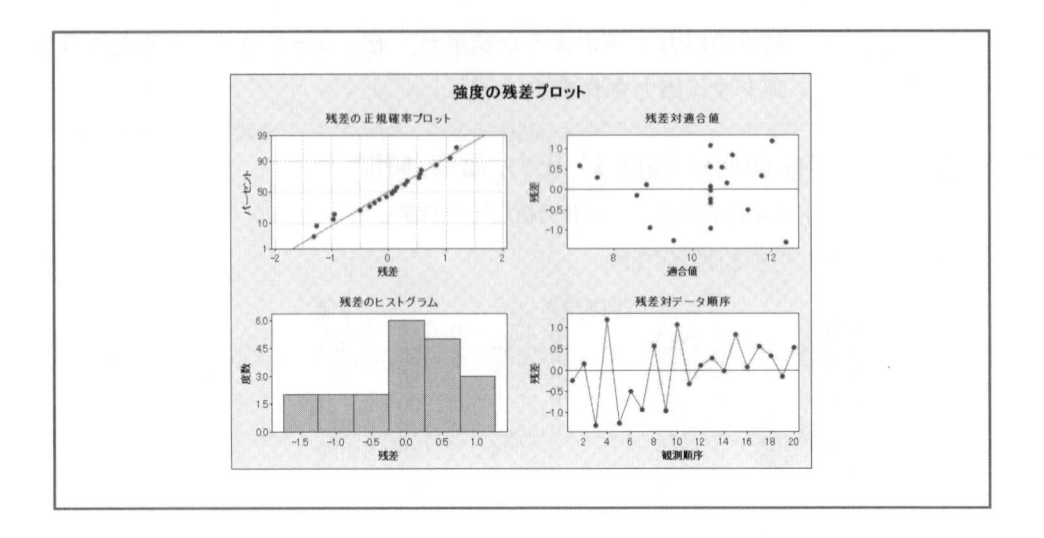

[実行] 3. 結果の解析

- 完全2次モデルでは，不適合のp値が0.133となっており，有意水準を0.05とすると，モデルに適切にあてはめることができたと判断します。
- セッションウィンドウの最初の結果は，モデルの項に対する係数値を示しています。直交実験計画を使用したため，それぞれの効果は独立で推定されました。このモデルの結果の中で，線形項の係数は，線形モデルにあてはめた場合と同じ値です。推定された回帰係数表を見ると，圧力と時間，圧力の平方において，p値はそれぞれ0.007，0.027となっており，この効果が重要であることを意味します。
- s=0.996となっており，線形モデルをあてはめた場合より値が小さくなっています。これは誤差によって説明される変動が減少したためです。
- 分散分析表は，線形項，平方項，交互作用を要約しています。交互作用のp値は0.021，平方項のp値は0.030となっており，応答曲面に曲面性があることを示しています。
- 残差プロットから，モデルに問題がないことがわかります。

9. 応答曲面グラフの分析−等高線／曲面プロット

応答曲面計画の結果に対し，等高線図および曲面プロットを表示します。これらのプロットは，応答変数がどのように2つの因子と関係するかを，モデル方程式に基づいて示します。

[1] 等高線図（Contour Plot）

2次元の平面グラフです。このプロットは，望ましい応答値と実施条件を決定する際に役立ちます。

9. 応答曲面グラフの分析－等高線／曲面プロット　649

■ **等高線図の作成**

・統計 ▶ 実験計画法（DOE）▶ 応答曲面 ▶ 等高線／曲面プロットを選択します。

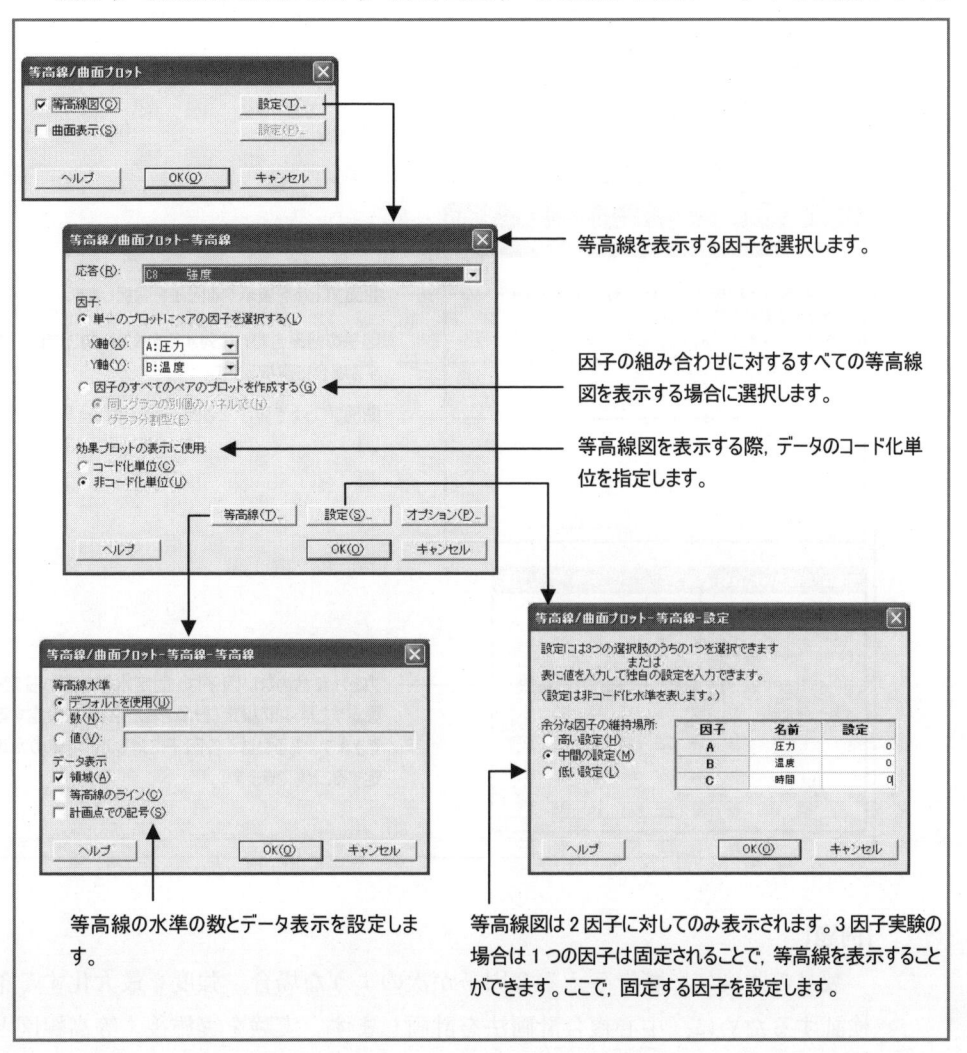

等高線を表示する因子を選択します。

因子の組み合わせに対するすべての等高線図を表示する場合に選択します。

等高線図を表示する際，データのコード化単位を指定します。

等高線の水準の数とデータ表示を設定します。

等高線図は2因子に対してのみ表示されます。3因子実験の場合は1つの因子は固定されることで，等高線を表示することができます。ここで，固定する因子を設定します。

[2] 曲面プロット（Surface Plot）

3次元の曲面で出力されるグラフです。等高線図と同様に，このプロットも望ましい応答値と実施条件を決定する際に役立ちます。曲面プロットを使用することで，より明確な応答曲面を確認することができます。

■ 曲面プロットの作成

・統計 ▶ 実験計画法（DOE）▶ 応答曲面 ▶ 等高線/曲面プロットを選択します。

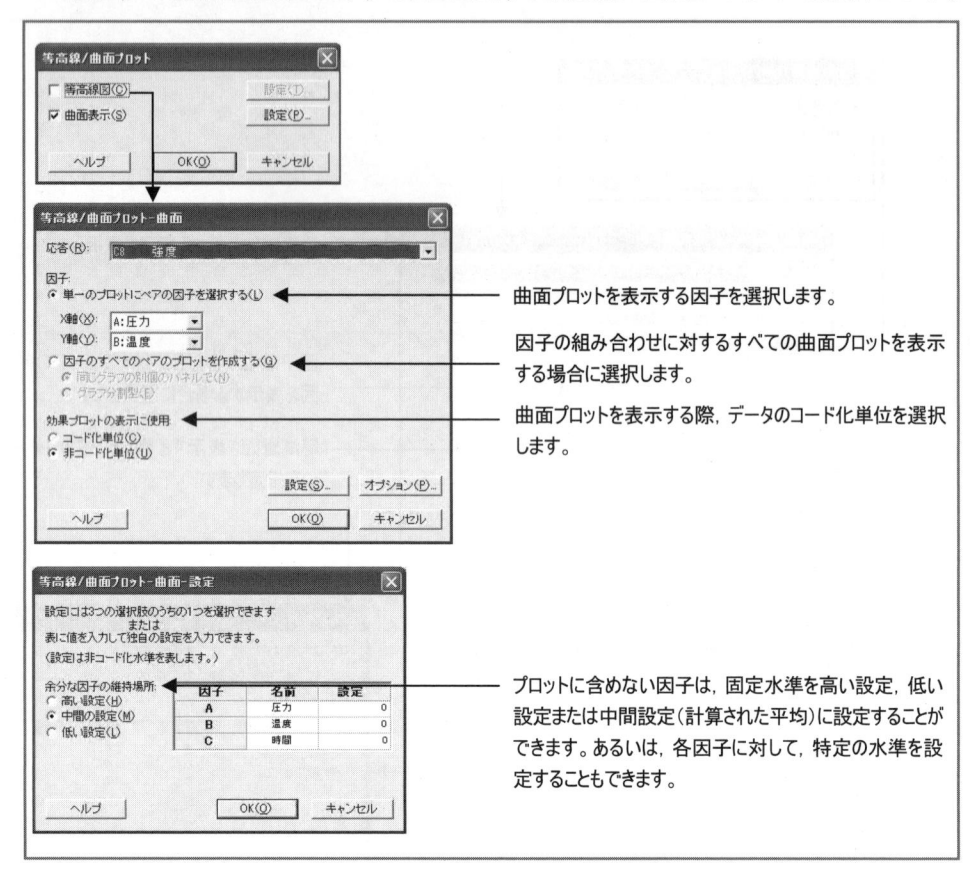

（ダイアログ説明）
- 曲面プロットを表示する因子を選択します。
- 因子の組み合わせに対するすべての曲面プロットを表示する場合に選択します。
- 曲面プロットを表示する際，データのコード化単位を選択します。
- プロットに含めない因子は，固定水準を高い設定，低い設定または中間設定（計算された平均）に設定することができます。あるいは，各因子に対して，特定の水準を設定することもできます。

[例題]

製品の強度に影響を与える3因子が次のような場合，強度を最大化する条件を検証するために，中心複合計画法を計画します。実験を実施後，等高線図と曲面プロットを表示してください。

因子	因子名	低い水準（−1）	高い水準（1）
A	圧力	2.03	5.21
B	温度	1.07	2.49
C	時間	1.35	3.49

9. 応答曲面グラフの分析－等高線／曲面プロット

[実行] 1. MINITAB メニュー：統計 ▶ 実験計画法（DOE）▶ 応答曲面 ▶ 応答曲面計画を作成

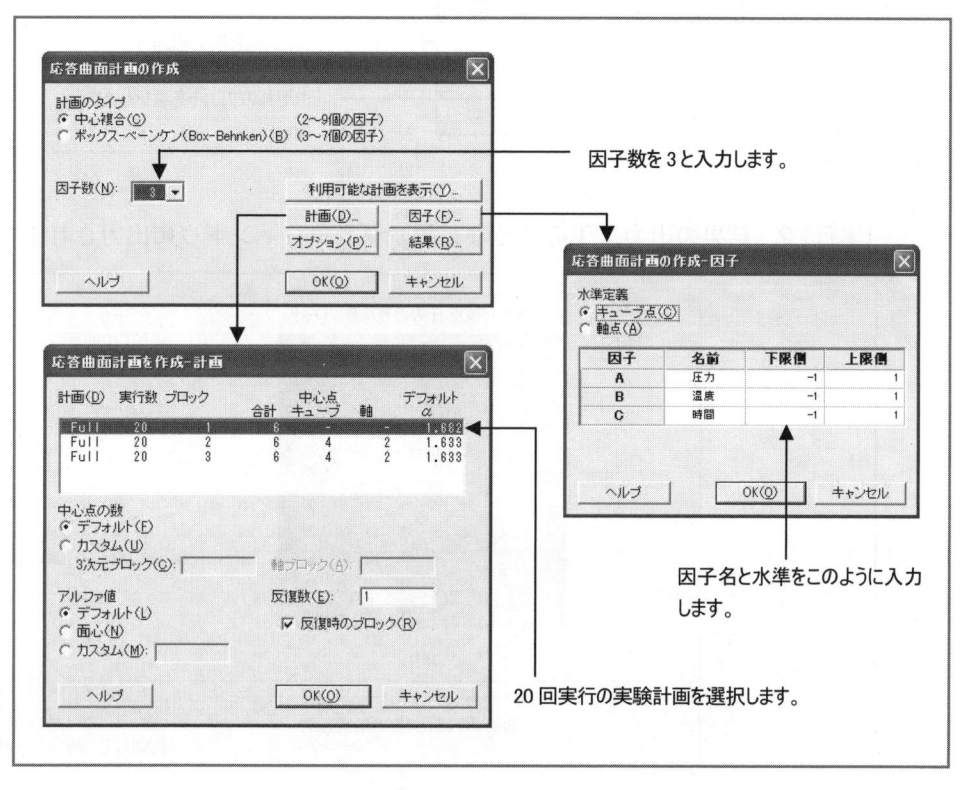

因子数を 3 と入力します。

因子名と水準をこのように入力します。

20 回実行の実験計画を選択します。

・ワークシートに次のような実験計画の結果が出力されます。

計画に従って実験を実施し、その結果を入力します。

[実行] 統計 ▶ 実験計画法（DOE）▶ 応答曲面 ▶ 等高線 / 曲面プロット

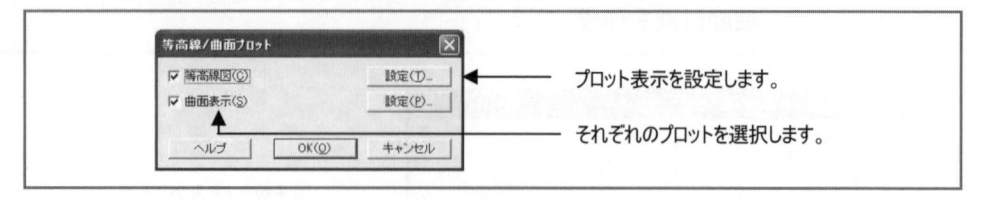

プロット表示を設定します。
それぞれのプロットを選択します。

[実行] 2. 結果の出力：下のような結果がグラフウィンドウに出力されます。

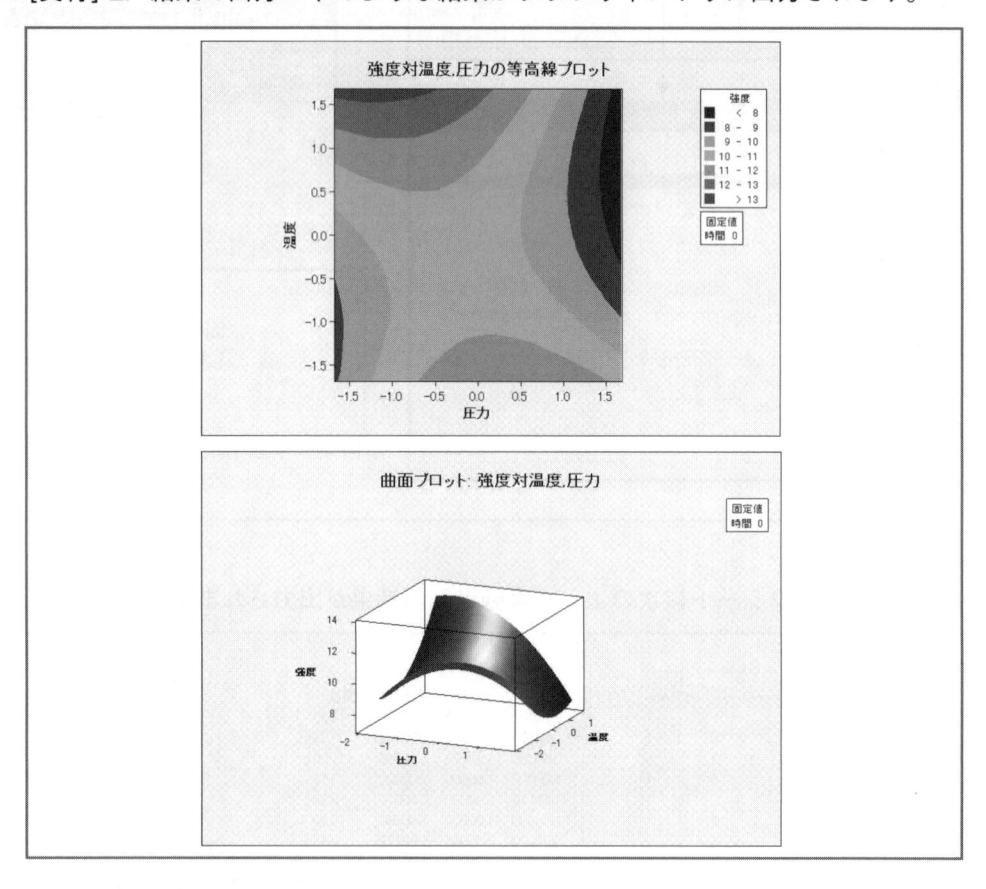

10. 応答の最適化ツール（Response Optimizer）

実験の応答変数が1つまたは複数の場合，これらの応答変数の目標値を満たす因子の最適な組み合わせを見つけることができます。

[1] データ

応答の最適化では，応答曲面計画の分析が終わった後のデータを使用します。

10. 応答の最適化ツール　653

[2] 応答の最適化ツールの使用

① 統計 ▶ 実験計画法（DOE）▶ 応答曲面 ▶ 応答の最適化を選択します。

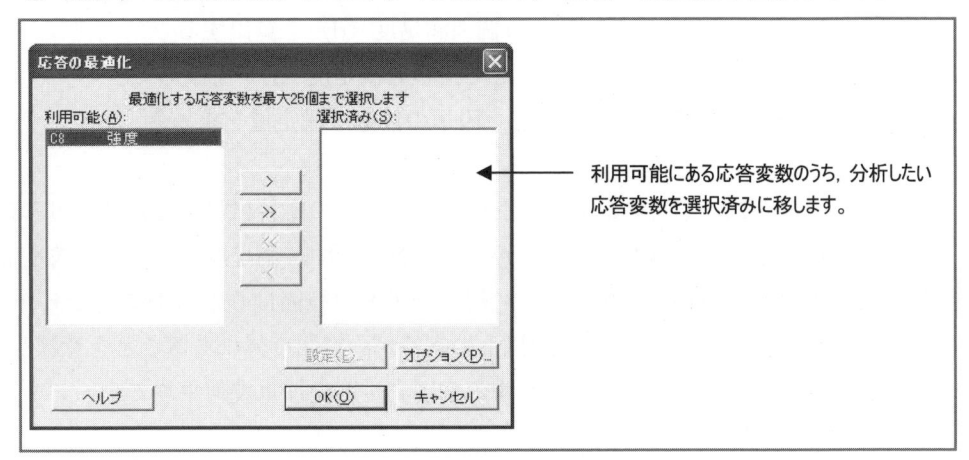

利用可能にある応答変数のうち，分析したい応答変数を選択済みに移します。

② 設定メニューをクリックします。下のようなメニューウィンドウが出力されます。

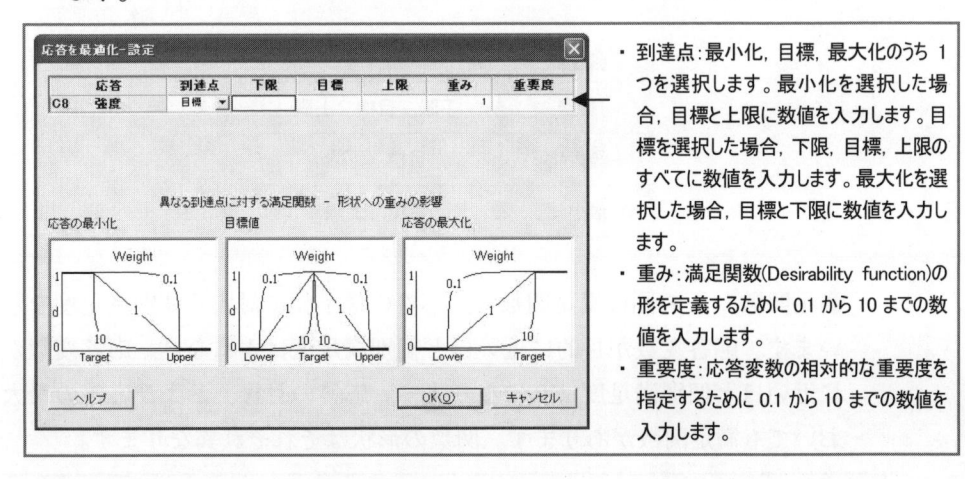

- 到達点：最小化，目標，最大化のうち 1 つを選択します。最小化を選択した場合，目標と上限に数値を入力します。目標を選択した場合，下限，目標，上限のすべてに数値を入力します。最大化を選択した場合，目標と下限に数値を入力します。
- 重み：満足関数(Desirability function)の形を定義するために 0.1 から 10 までの数値を入力します。
- 重要度：応答変数の相対的な重要度を指定するために 0.1 から 10 までの数値を入力します。

③ オプションメニューをクリックします。下のようなメニューウィンドウが出力されます。

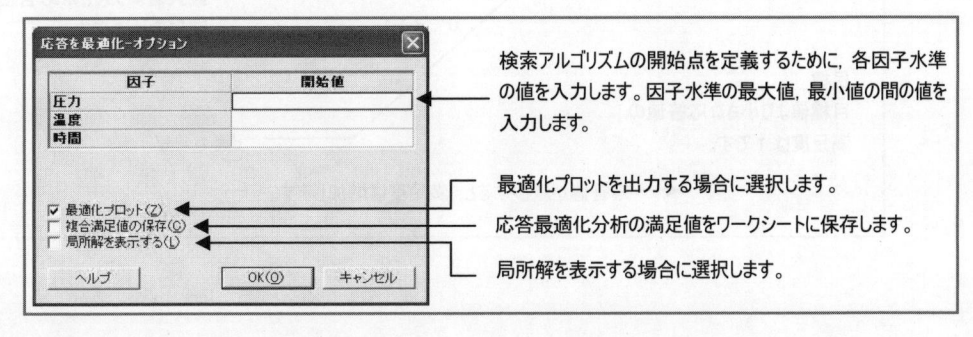

検索アルゴリズムの開始点を定義するために，各因子水準の値を入力します。因子水準の最大値，最小値の間の値を入力します。

最適化プロットを出力する場合に選択します。
応答最適化分析の満足値をワークシートに保存します。
局所解を表示する場合に選択します。

[3] 応答の最適化の理論

MINITAB が実行する応答の最適化の手順は，次の通りです。
- それぞれの応答変数に対する個別満足度（d）を算出する
- 個別満足度（d）を組み合わせて，複合満足度（D）を求める
- 複合満足度（D）を最大化し，因子の最適な設定値を求める

満足度とは，応答の最適化において，すべての応答に対する目標の組み合わせを，解がどの程度満たしているかを表す数値です。満足度には，個別満足度（d）と複合満足度（D）があります。複合満足度の範囲は0から1までであり，1は理想的な場合を表し，0は1つ以上の応答が許容限度外にあることを意味します。また，複合満足度は，応答に対する個別満足度の加重幾何平均です。

■ 個別満足度（d）を求める

- 統計 ▶ 実験計画法（DOE）▶ 応答曲面 ▶ 応答の最適化 ▶ 設定を選択して，到達点と限界値を設定すると，MINITAB が自動的に計算します。

到達点	限界値
目標	下限，目標，上限
最大化	目標，下限
最小化	目標，上限

- 満足関数：下の図は満足関数で，応答の最小化に対する個別満足度を示しています。応答変数が目的に近いほど個別満足度は1になり，応答変数が上限に近いほど個別満足度は0になります。応答の目標，および応答の最大化においても満足関数があります。関数の形状はそれぞれ異なります。

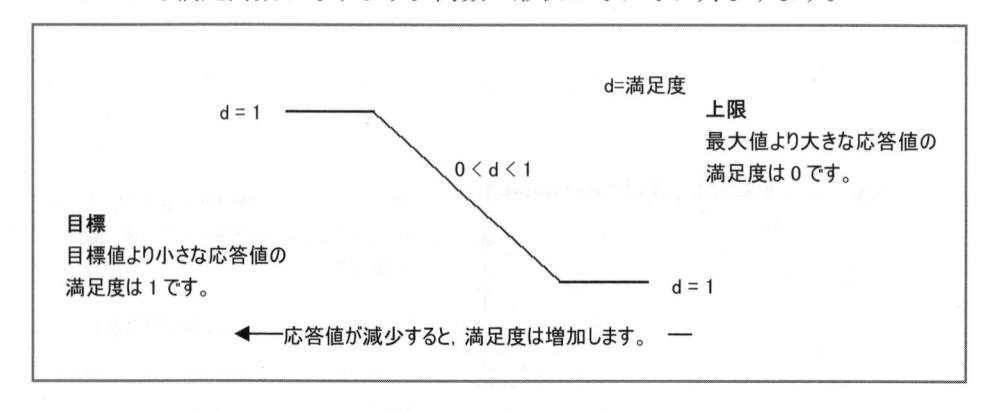

```
              d=満足度
                              上限
d = 1 ─────                   最大値より大きな応答値の
           \                  満足度は0です。
            \  0＜d＜1
             \
              \
               \──── d = 1
目標
目標値より小さな応答値の
満足度は1です。
    ◀── 応答値が減少すると，満足度は増加します。──
```

■ 複合満足度（D）を求める

個別満足度（d）を算出後，各応答変数の個別満足度（d）に対して加重幾何平均を適用し，複合満足度（D）を求めます。

■ 複合満足度（D）を最大化する

MINITABのアルゴリズムを利用して，最適解（因子の最適設定値）を決定する複合満足度（D）を最大化します。

■ 満足関数に重みを与える

MINITABで最適化する際，それぞれの応答変数値は満足関数によって変換されます。重みは満足関数の形状を定義するために設定され，目標にどの程度重点を置くか調整します。

・重みを1未満に設定すると（最小は0.1），目標にはあまり重点が置かれません。
・重みを1に設定すると，目標と限界値に同等に重点が置かれます。
・重みを1より大きく設定すると（最大は10），目標に重点が置かれます。

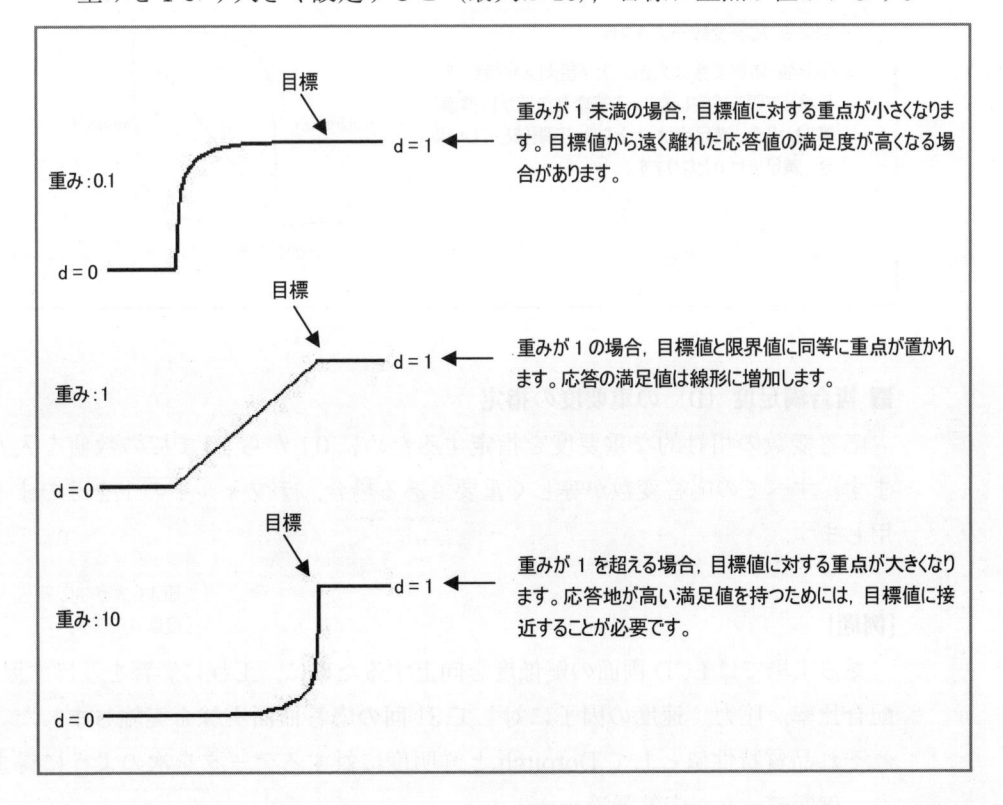

重みが1未満の場合，目標値に対する重点が小さくなります。目標値から遠く離れた応答値の満足度が高くなる場合があります。

重みが1の場合，目標値と限界値に同等に重点が置かれます。応答の満足値は線形に増加します。

重みが1を超える場合，目標値に対する重点が大きくなります。応答地が高い満足値を持つためには，目標値に接近することが必要です。

■ 満足関数に対する要約

- 到達点：応答変数→小さな値
- 限界値：応答変数は小さいことが望ましい状態です。目標と上限を設定します。応答変数の値が目標値と等しい場合，満足度は 1 となり，上限値と等しい場合，満足度は 0 となります。

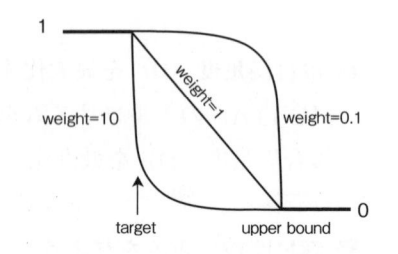

- 到達点：応答変数→目標値
- 限界値：応答変数が目標値となります。目標，上限，下限を設定します。応答変数の値が目標値と等しい場合，満足度は 1 となり，上限または下限と等しい場合，満足度は 0 となります。

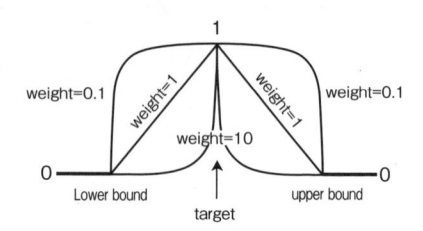

- 到達点：応答変数→大きな値
- 限界値：応答変数は大きいことが望ましい状態です。目標と下限を設定します。応答変数の値が目標値と等しい場合、満足度は 1 となり，下限値と等しい場合，満足度は 0 となります。

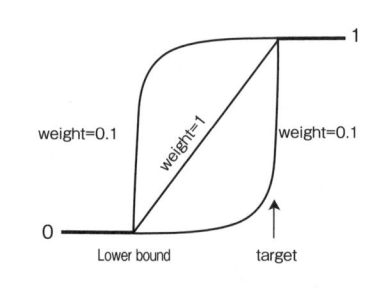

■ 複合満足度（D）の重要度の指定

応答変数の相対的な重要度を指定するために 0.1 から 10 までの数値を入力します。すべての応答変数が等しく重要である場合，デフォルトの 1 をそのまま適用します。

[例題]

ある工場では LCD 画面の解像度を向上するために，工程に影響を及ぼす温度，配合比率，圧力，速度の因子に対して 31 回の応答曲面実験を実施しました。それぞれ品質特性値として Dotpitch と鮮明度に対するデータを次のように得ました（例題データ：応答最適.mtw）。

10. 応答の最適化ツール 657

	C1	C2	C3	C4	C5	C6	C7	C8	C9
	StdOrder	RunOrder	Blocks	温度	配合比率	圧力	速度	Dotpitch	鮮明度
1	1	29	1	150	0.50	50	70	10.5010	4.46000
2	2	7	1	200	0.50	50	70	26.7490	0.80000
3	3	31	1	150	1.00	50	70	15.6990	0.99400
4	4	8	1	200	1.00	50	70	8.2510	6.74600
5	5	19	1	150	0.50	150	70	12.0010	2.99600
6	6	12	1	200	0.50	150	70	28.4010	0.84000
7	7	10	1	150	1.00	150	70	21.5990	2.13800
8	8	22	1	200	1.00	150	70	13.7030	4.49400
9	9	4	1	150	0.50	50	110	12.2010	4.14400
10	10	21	1	200	0.50	50	110	27.6490	1.07600
11	11	26	1	150	1.00	50	110	19.7990	2.69000
12	12	3	1	200	1.00	50	110	12.4470	5.28200
13	13	9	1	150	0.50	150	110	15.7010	3.54000
14	14	30	1	200	0.50	150	110	30.3010	3.45200
15	15	25	1	150	1.00	150	110	23.2990	2.21400
16	16	16	1	200	1.00	150	110	15.6990	6.49000
17	17	28	1	125	0.75	100	90	20.6865	1.34636
18	18	18	1	225	0.75	100	90	24.7047	1.63296
19	19	2	1	175	0.25	100	90	25.5021	1.49727
20	20	11	1	175	1.25	100	90	21.3752	2.92266
21	21	17	1	175	0.75	0	90	25.9942	0.83801
22	22	6	1	175	0.75	200	90	30.0581	1.14190
23	23	1	1	175	0.75	100	50	27.4284	1.69595
24	24	20	1	175	0.75	100	130	30.0516	2.58797
25	25	23	1	175	0.75	100	90	28.5000	0.94000
26	26	5	1	175	0.75	100	90	28.2000	0.91000
27	27	13	1	175	0.75	100	90	27.4000	0.97000
28	28	14	1	175	0.75	100	90	28.9000	0.86000
29	29	27	1	175	0.75	100	90	28.3000	0.83000
30	30	15	1	175	0.75	100	90	28.7000	0.92000
31	31	24	1	175	0.75	100	90	29.1000	0.95000

上のデータを使用して,応答を最適化します。応答変数の条件は次の通りです。

応答変数	目的	限界値		
Dotpitch	目標値	24	26	28
鮮明度	最小化		0	1

[実行] 1. MINITAB メニュー:統計 ▶ 実験計画法(DOE)▶ 応答曲面 ▶ 応答曲面計画を分析

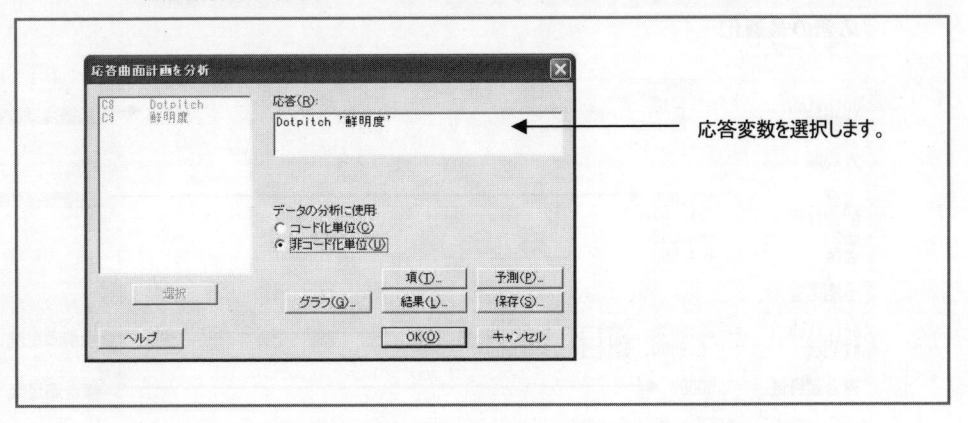

658　第20章　応答曲面

・応答曲面計画の分析後，応答の最適化を実行します。

[実行] 統計 ▶ 実験計画法（DOE）▶ 応答曲面 ▶ 応答の最適化

利用可能な応答変数の中で，分析する応答変数を選択済みへ移動します。ここでは，Dotpitchと鮮明度を移動します。

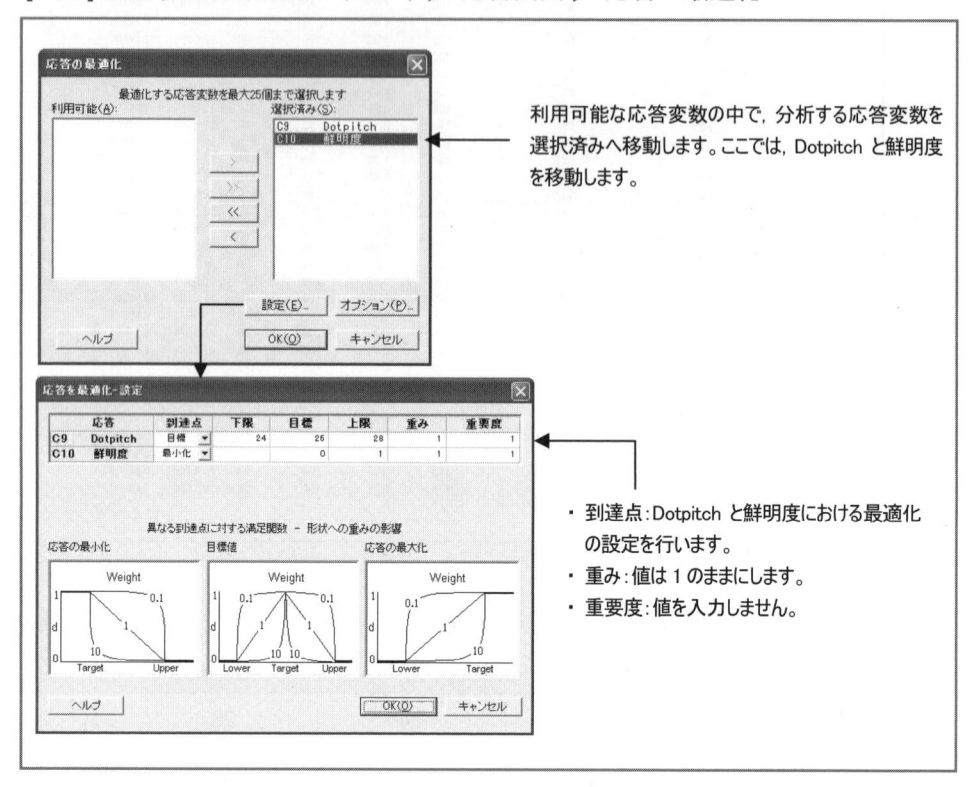

・到達点：Dotpitchと鮮明度における最適化の設定を行います。
・重み：値は1のままにします。
・重要度：値を入力しません。

[実行] 2. 結果の出力：下のような結果が，セッションウィンドウとグラフウィンドウに出力されます。

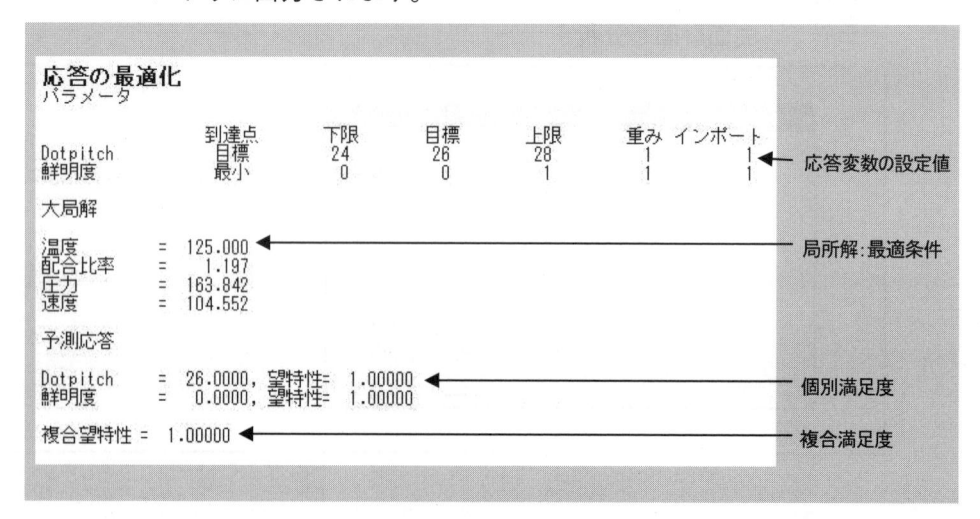

応答変数の設定値

局所解：最適条件

個別満足度

複合満足度

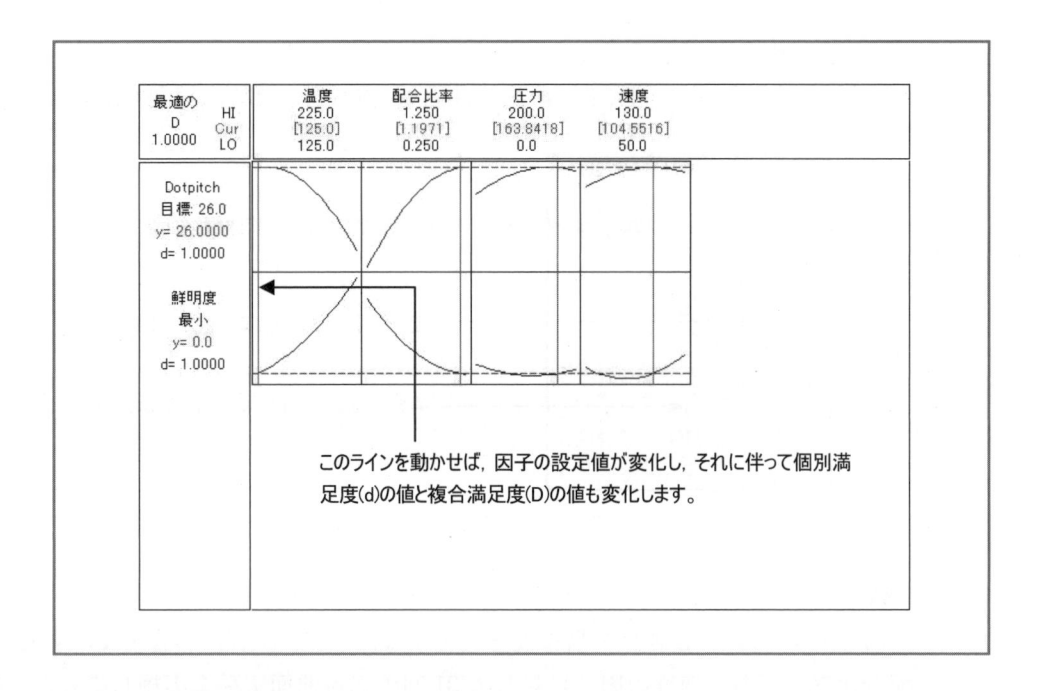

[実行] 3. 結果の解析

> ・Dotpitch と鮮明度の個別満足度の値は 1 となっています．従って，複合満足度の値も 1 になります．このような満足度の値を得るためには，局所解で得られた値を使用して，因子設定を行う必要があります．

11. 重ね合わせ等高線図（Overlaid Contour Plot）

応答変数が複数ある場合，これらの応答変数に対して重なった等高線を表示します．実験において 1 つの応答変数だけを考慮するより，複数の応答変数を同時に考慮することも重要です．1 つの応答変数に対する最適な設定を他の応答変数に対しても同じように適用するのは難しいため，複数の応答変数を同時に考慮した設定を行う方が賢明といえるでしょう．重ね合わせ等高線図は，応答変数と 2 つの連続した計画変数の関係を示します．

[1] データ

重ね合わせ等高線図は，応答曲面計画を分析した後のデータを使用します．

[2] 重ね合わせ等高線図の作成

・統計 ▶ 実験計画法（DOE）▶ 応答曲面 ▶ 重ね合わせ等高線図を選択します。

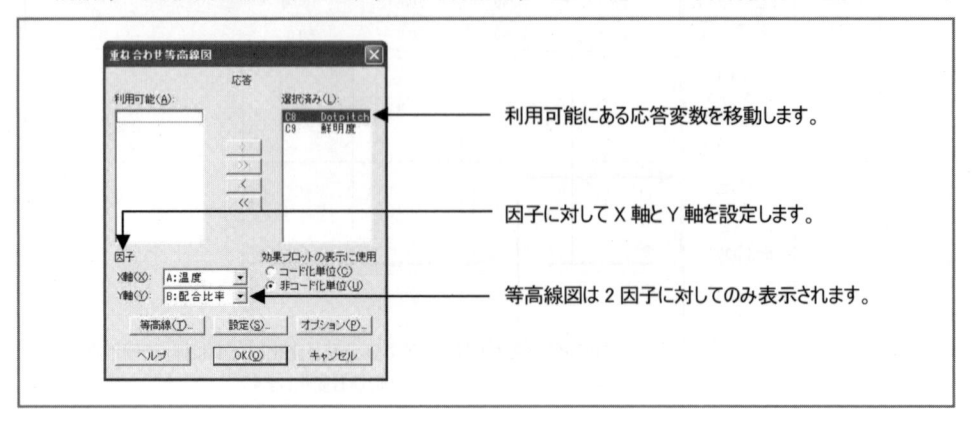

利用可能にある応答変数を移動します。

因子に対してX軸とY軸を設定します。

等高線図は2因子に対してのみ表示されます。

[例題]

ある工場ではLCD画面の解像度を向上するために，工程に影響を及ぼす温度，配合比率，圧力，速度の因子に対して31回の応答曲面実験を実施しました。それぞれ品質特性値としてDotpitchと鮮明度に対するデータを次のように得ました（例題データ：応答最適.mtw）。

	C1 StdOrder	C2 RunOrder	C3 Blocks	C4 温度	C5 配合比率	C6 圧力	C7 速度	C8 Dotpitch	C9 鮮明度
1	1	29	1	150	0.50	50	70	10.5010	4.46000
2	2	7	1	200	0.50	50	70	26.7490	0.80000
3	3	31	1	150	1.00	50	70	15.6990	0.99400
4	4	8	1	200	1.00	50	70	8.2510	6.74600
5	5	19	1	150	0.50	150	70	12.0010	2.99600
6	6	12	1	200	0.50	150	70	28.4010	0.84000
7	7	10	1	150	1.00	150	70	21.5990	2.13800
8	8	22	1	200	1.00	150	70	13.7030	4.49400
9	9	4	1	150	0.50	50	110	12.2010	4.14400
10	10	21	1	200	0.50	50	110	27.6490	1.07600
11	11	26	1	150	1.00	50	110	19.7990	2.69000
12	12	3	1	200	1.00	50	110	12.4470	5.28200
13	13	9	1	150	0.50	150	110	15.7010	3.54000
14	14	30	1	200	0.50	150	110	30.3010	3.45200
15	15	25	1	150	1.00	150	110	23.2990	2.21400
16	16	16	1	200	1.00	150	110	15.6990	6.49000
17	17	28	1	125	0.75	100	90	20.6865	1.34636
18	18	18	1	225	0.75	100	90	24.7047	1.63296
19	19	2	1	175	0.25	100	90	25.5021	1.49727
20	20	11	1	175	1.25	100	90	21.3752	2.92266
21	21	17	1	175	0.75	0	90	25.9942	0.83801
22	22	6	1	175	0.75	200	90	30.0581	1.14190
23	23	1	1	175	0.75	100	50	27.4284	1.69595
24	24	20	1	175	0.75	100	130	30.0516	2.58797
25	25	23	1	175	0.75	100	90	28.5000	0.94000
26	26	5	1	175	0.75	100	90	28.2000	0.91000
27	27	13	1	175	0.75	100	90	27.4000	0.97000
28	28	14	1	175	0.75	100	90	28.9000	0.86000
29	29	27	1	175	0.75	100	90	28.3000	0.83000
30	30	15	1	175	0.75	100	90	28.7000	0.92000
31	31	24	1	175	0.75	100	90	29.1000	0.95000

上のデータに対して応答曲面計画の分析を行います。重ね合わせ等高線図を表示し，応答変数の領域を確認します。応答変数の条件は下記の通りです。温度と

配合比率が鮮明度に重要となるため，この2つの因子に対して重ね合わせ等高線図を表示します。

応答変数	目的	下限側	上限側
Dotpitch	目標値	24	28
鮮明度	最小化	0	1

[実行] 1. MINITABメニュー： 統計 ▶ 実験計画法（DOE）▶ 応答曲面 ▶ 重ね合わせ等高線図

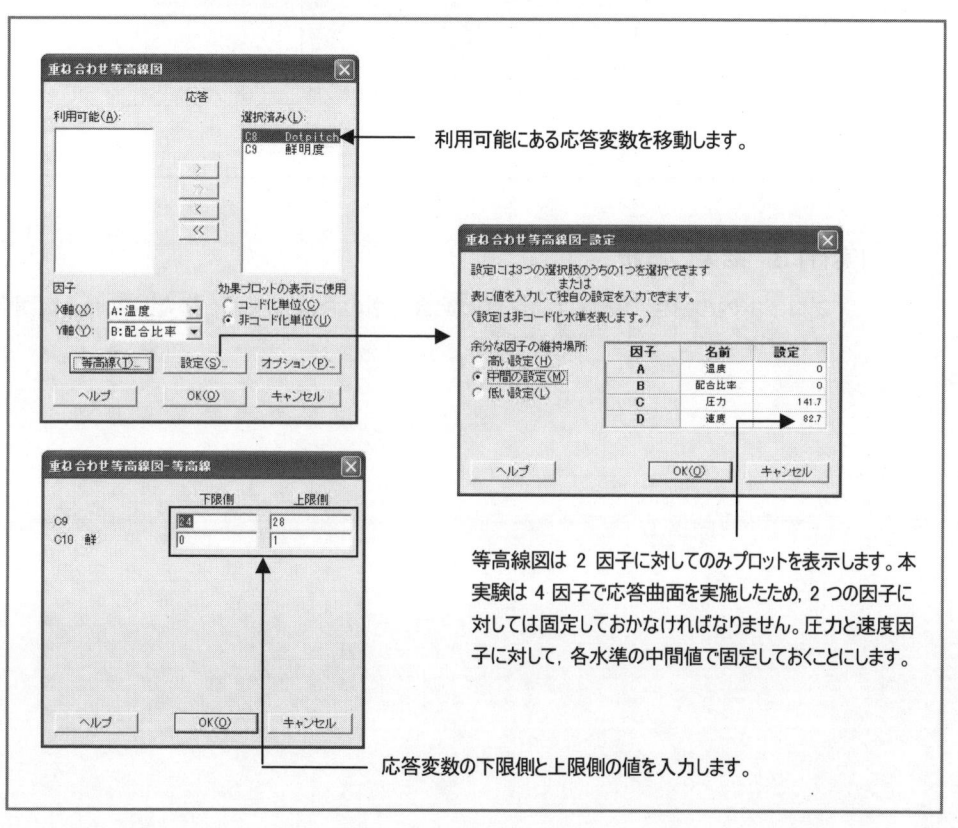

利用可能にある応答変数を移動します。

等高線図は2因子に対してのみプロットを表示します。本実験は4因子で応答曲面を実施したため，2つの因子に対しては固定しておかなければなりません。圧力と速度因子に対して，各水準の中間値で固定しておくことにします。

応答変数の下限側と上限側の値を入力します。

[実行] 2. 結果の出力：下のような結果がグラフウィンドウに出力されます。

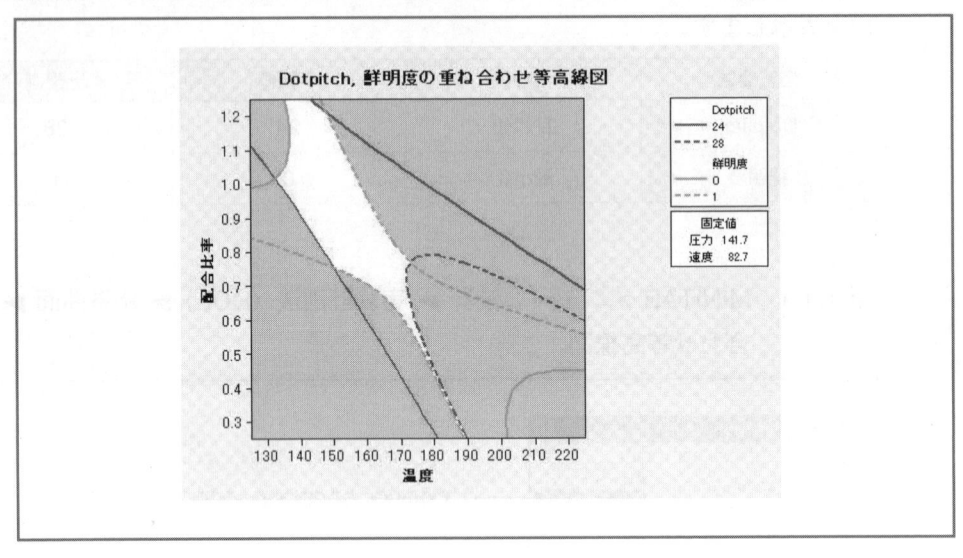

[実行] 3. 結果の解析

・プロット内の白色の領域は，温度と配合比率の両方が基準を満たしている範囲を示しています。

第 21 章　混合計画

1. 混合計画の概要
2. 実験計画の選択
3. 混合計画の作成
4. カスタム混合計画の定義
5. 実験計画の修正
6. 実験計画の表示
7. データの収集とデータの入力
8. 混合計画の分析
9. 混合計画グラフの分析
10. 応答の最適化ツール
11. 重ね合わせ等高線図

1. 混合計画の概要

　　実験計画法は，1つまたは複数の因子が関心のある応答値に有意な影響を及ぼすかどうか調べることができ，あるいは応答を最大化または最小化する因子の最適条件を見つけることができます。実験計画法には，一元配置法，二元配置法，分割法，要因実験法などがありますが，これらには，因子の相対比率やその合計に制約条件はありません。一方，インク，ペンキ，ケーキなどは複数の成分や材料で構成されるため，各成分の混合比率が問題になることがあります。このとき，「どの成分が応答変数に有意な影響を及ぼすか」，あるいは「応答変数を満足する最適の混合比率は何か」を把握する場合に，混合計画を使用することができます。

[1] MINITAB でサポートする混合計画

タイプ	応答に影響を与える要素	例
混合実験	・各成分の相対比率	・レモネードの味は，レモンジュース，砂糖および水の比率に依存します
混合-量実験	・各成分の相対比率および混合成分の総量	・農作物の収穫量は，殺虫剤の成分の比率および使用した殺虫剤の量に依存します
混合-プロセス変数実験	・各成分の相対比率およびプロセス変数。プロセス変数は混合成分の一部ではありませんが，混合成分の配合特性に影響を与えうる因子です	・ケーキの味は，ケーキを焼く時間と温度およびケーキミックスの原料の比率に依存します

[2] MINITAB でサポートする混合計画の手順

・実験計画の選択：混合実験の適切な実験計画を決定します。
・混合計画の作成：単体重心計画法（simplex centroid design），単体格子計画法（simplex lattice design），極値頂点計画法（extreme vertice design）を作成します。さらに，計画に量またはプロセス変数を追加することができます。すでにワークシートにデータを持っていれば，カスタム混合計画を定義メニューを選択します。
・計画を修正：実験を計画後，成分名，実験の反復数，実験の無作為化を修正します。
・計画を表示：実験を計画後，実験の実行順序組および成分またはプロセス変数のコード化単位を変更します。
・実験を実施し，データを収集した後，収集したデータをワークシートに入力します。
・混合計画の分析：実験結果にモデルをあてはめます。

- 計画空間や応答曲面のパターンを視覚化するには、プロットを作成します。計画空間は単体計画プロットを使用し、応答曲面のパターンは応答追跡プロットおよび等高線／曲面プロットを使用します。
- 応答の最適化：応答の最適化または重ね合わせ等高線図を使用して、数値的な分析およびグラフ分析を実行します。

2. 実験計画の選択

　実験計画を進める前に、どのような計画が実験の目的に適しているかを決定します。適切な実験計画を行うために次の事項を確認します。
- 対象となる成分、プロセス変数、混合量を識別する
- あてはめるモデルを決定する（モデルに含める項を選択する）
- 実験の対象領域が十分に網羅されていることを確認する
- 費用、時間、設備の使用可能性などをどの程度考慮する必要があるか判断する

　下の図は、混合実験計画を理解するために、計画点を三角座標に配置したものです。三角形上の各点は、実験で配合を行ったときの成分の比率を表します。ここでは、3つの成分の実験計画を示しています。
- 追補計画（Augmenting Design）：追補計画（増大計画）は、応答曲面をカバーするために、内点（軸点または中心点）を追加する計画です。追加される点はすべて、完全混合、つまり、すべての成分が含まれた混合です。内点のある計画からは応答曲面内部についての情報を得ることができるため、より複雑な曲面性をモデル化することが可能になります。混合計画では、初めに計画したものよりも、高次のモデルを必要とする場合がありますが、追加的な実験を実行することで、これを満たすことができます。

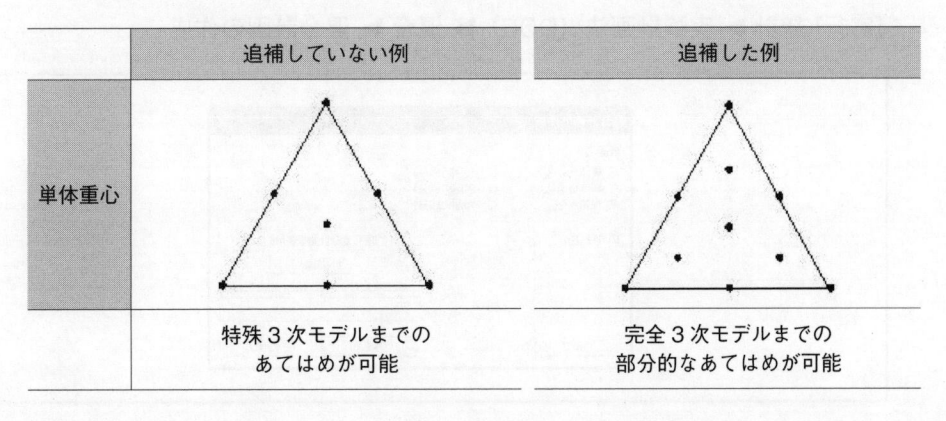

	追補していない例	追補した例
単体重心	（三角形プロット：頂点・辺の中点・重心）	（三角形プロット：頂点・辺上の点・内点を追加）
	特殊3次モデルまでのあてはめが可能	完全3次モデルまでの部分的なあてはめが可能

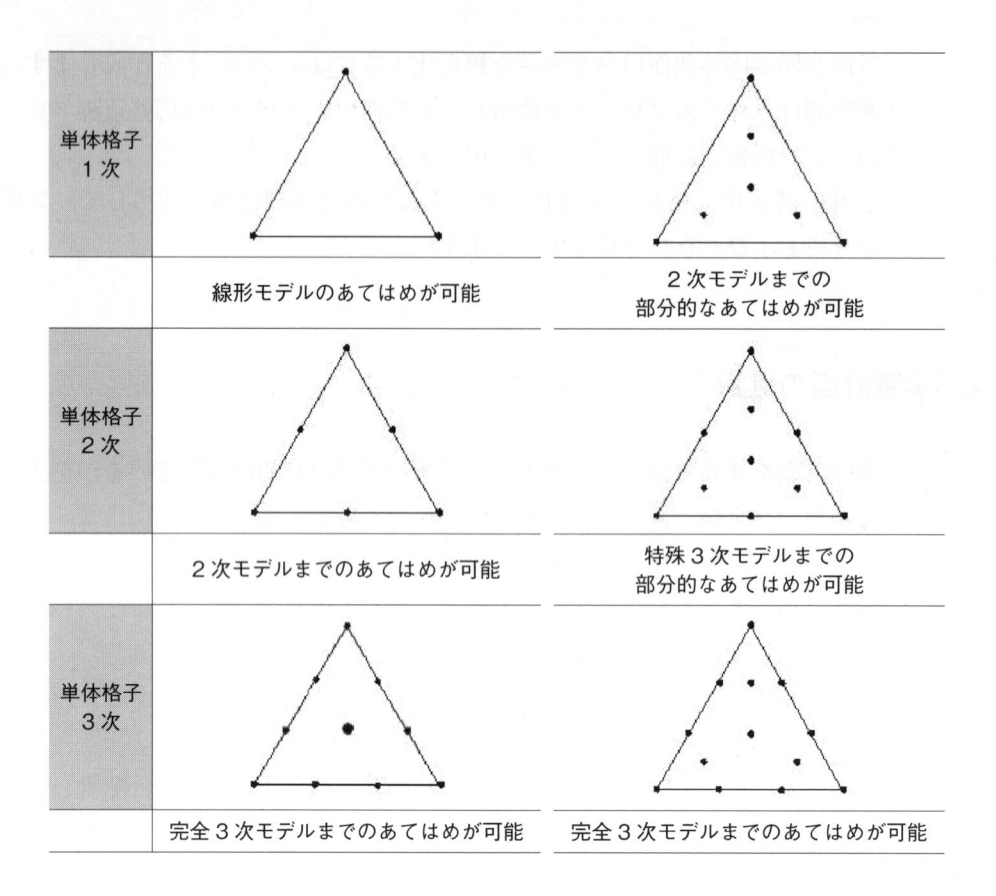

単体格子 1次	線形モデルのあてはめが可能	2次モデルまでの部分的なあてはめが可能
単体格子 2次	2次モデルまでのあてはめが可能	特殊3次モデルまでの部分的なあてはめが可能
単体格子 3次	完全3次モデルまでのあてはめが可能	完全3次モデルまでのあてはめが可能

3. 混合計画の作成

　単体重心，単体格子，極値頂点計画を作成することができます。これらの実験計画において，実験点は均一または格子の形で配列されています。

[1] 実験計画の作成
　[実行] 統計 ▶ 実験計画法（DOE）▶ 混合 ▶ 混合計画の作成

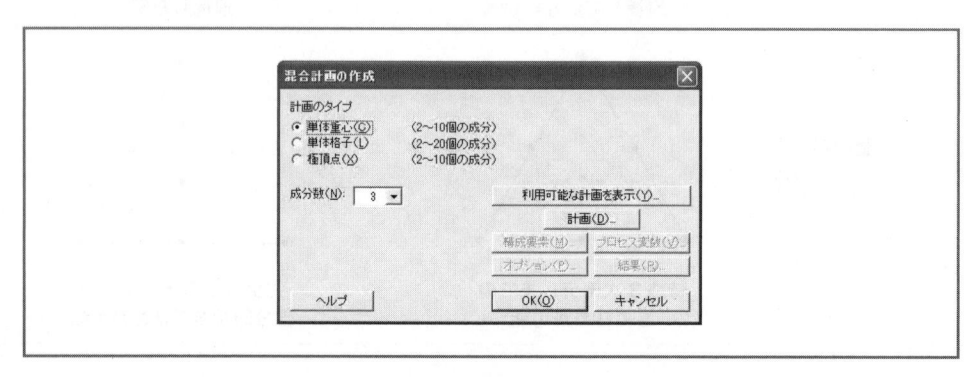

3. 混合計画の作成　667

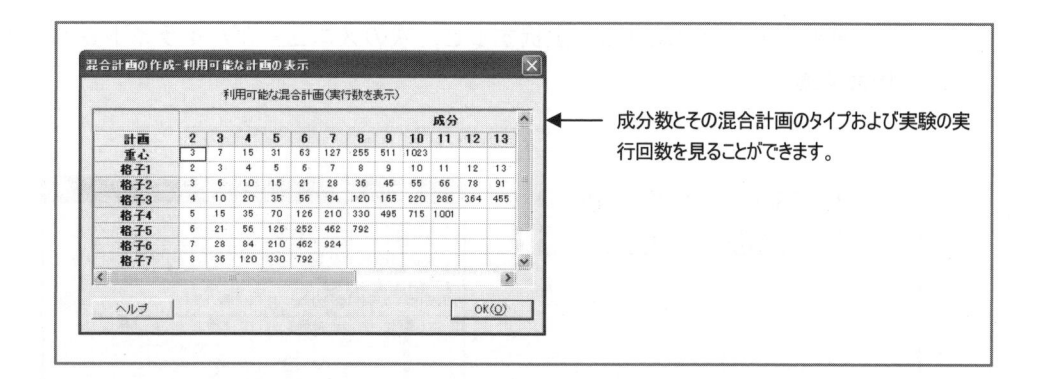

［混合計画の作成-利用可能な計画の表示ダイアログ］ ← 成分数とその混合計画のタイプおよび実験の実行回数を見ることができます。

① 計画のタイプで実験計画を選択し，成分数で因子数を選択した後，計画メニューをクリックします。

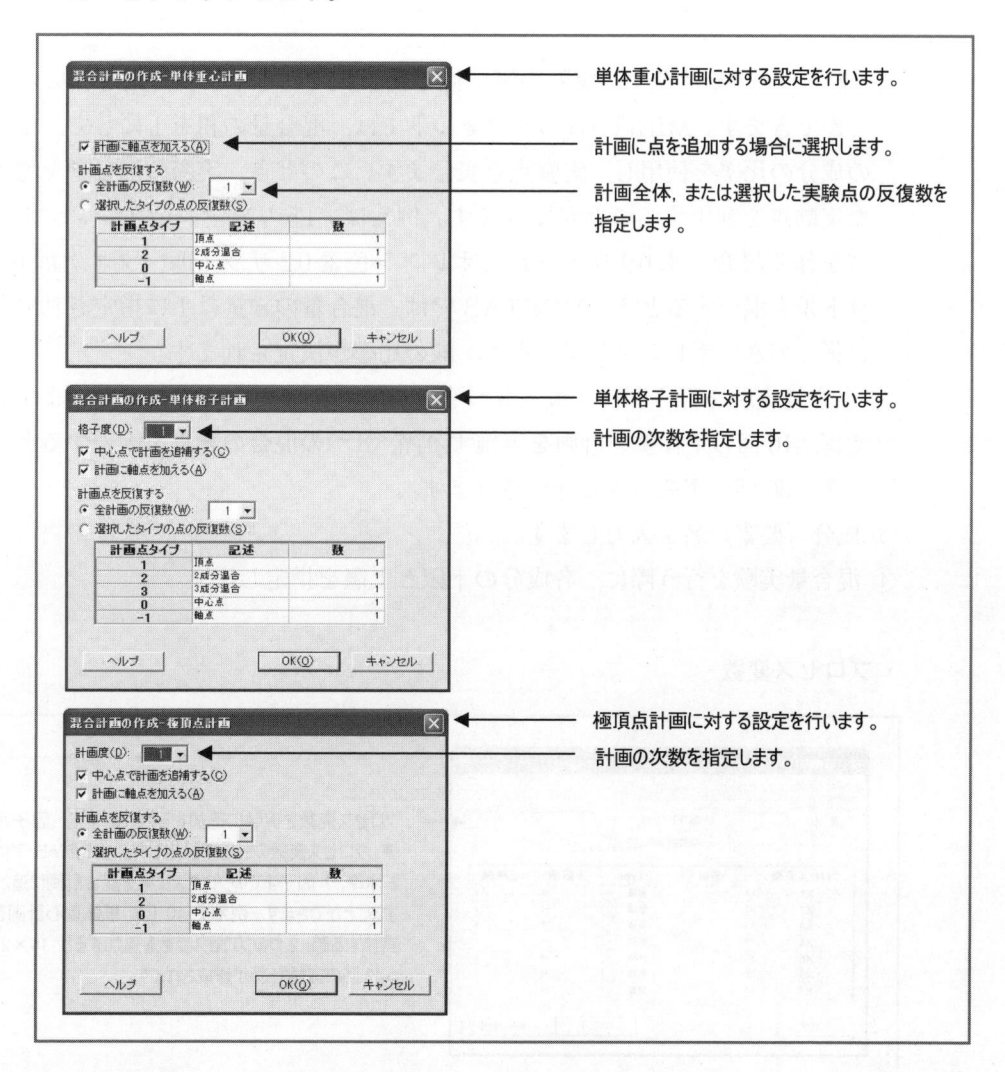

［混合計画の作成-単体重心計画ダイアログ］ ← 単体重心計画に対する設定を行います。
← 計画に点を追加する場合に選択します。
← 計画全体，または選択した実験点の反復数を指定します。

［混合計画の作成-単体格子計画ダイアログ］ ← 単体格子計画に対する設定を行います。
← 計画の次数を指定します。

［混合計画の作成-極頂点計画ダイアログ］ ← 極頂点計画に対する設定を行います。
← 計画の次数を指定します。

② 計画メニューで実験計画を選択すると，次のメニューがハイライトされます。
・構成要素

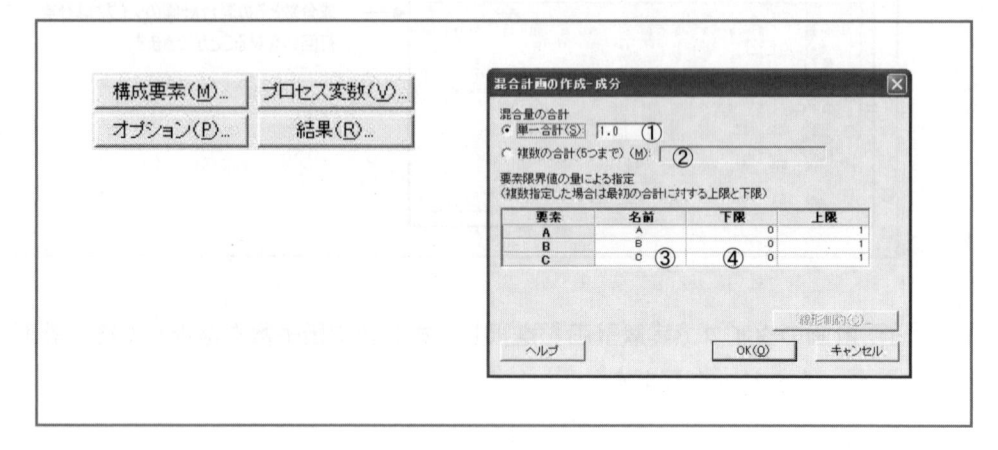

① 成分の比率ではなく，実際の測定値で使われている単位で計画を作成することができます。MINITABのデフォルトでは，混合量の和を1にして，すべての成分の比率を使用し，実験点を表します。このとき，実際の混合量を使用した実験点を利用することができます。例えば，1.5リットルのオレンジジュースを作る場合，水0.9リットル，オレンジ色素0.2リットル，クエン酸0.4リットルを混合するとき，MINITABでは，混合量の総量は1に指定され，それに従って水，オレンジ色素，クエン酸の比率が決定されます。

② 混合量実験を行う際に，最大5つまでの総量を入力することができます。例えば，10回の単体重心計画を実施する際，3つの混合の総量を入力すると，10 × 3 = 30回の実験計画が作成されます。

③ 成分（要素）名を入力します。

④ 混合量実験を行う際に，各成分の下限と上限を指定します。

・プロセス変数

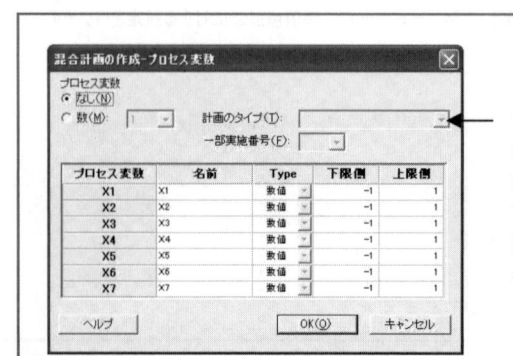

プロセス変数を実験に追加する際，因子名，因子水準，プロセス変数の計画を設定します。MINITABでは2水準，7因子までのプロセス変数を混合計画に追加することができます。例えば，10回の単体重心計画を実施する際，2つのプロセス変数を追加すると，$10 \times 2^2 = 40$回の実験計画が作成されます。

・オプション，結果

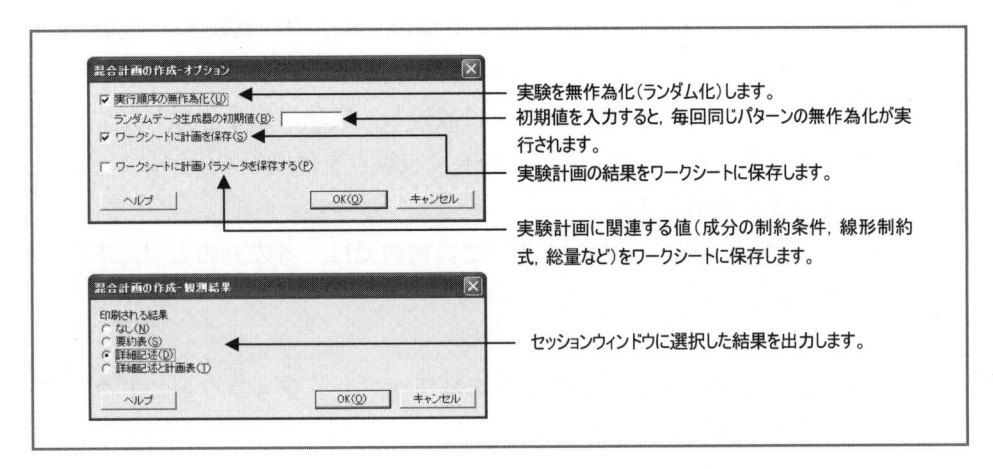

[ダイアログボックス説明]
- 実験を無作為化（ランダム化）します。
- 初期値を入力すると，毎回同じパターンの無作為化が実行されます。
- 実験計画の結果をワークシートに保存します。
- 実験計画に関連する値（成分の制約条件，線形制約式，総量など）をワークシートに保存します。
- セッションウィンドウに選択した結果を出力します。

[2] 単体重心計画の例

　この実験計画法は，単体格子計画法を補完して作ったもので，因子（成分）数が k 個ある場合，2^k-1 個の実験点を持つことになります。

・ある香水の工場では，ハーバル香水を生産しています。香り付けのため，Neroli Oil, Rose Oil, Tangerine Oil を混合します。3つの成分を組み合わせた実験計画を作成してください（ただし，実験回数は10回程度に設定し，反復は行いません）。

[実行] 1. MINITAB メニュー：統計 ▶ 実験計画法（DOE）▶ 混合 ▶ 混合計画の作成

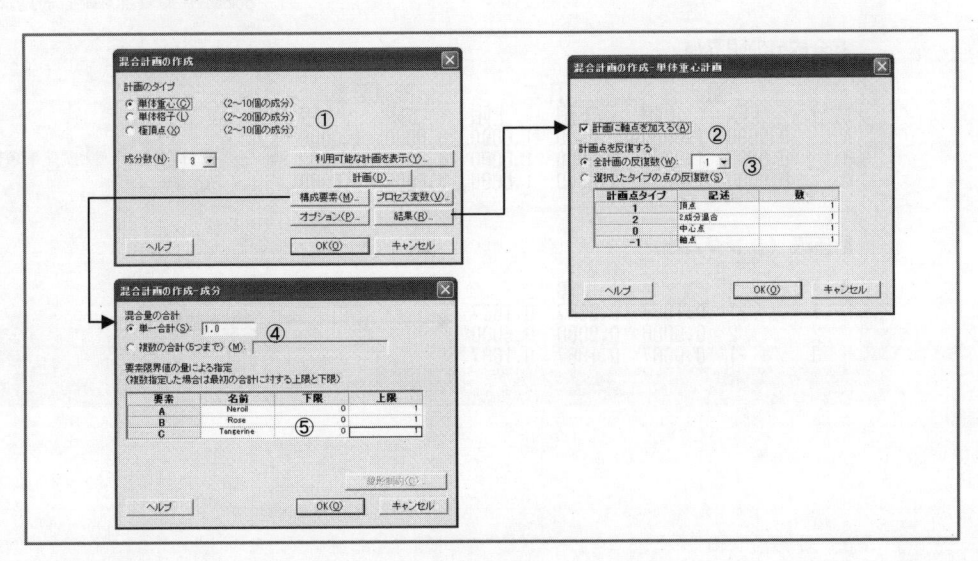

① 単体重心を選択し，因子数を3と入力します。
② MINITABでは混合計画を実施する場合，基本的に実験点を追加します。
③ 実験の反復を指定します。この例題では選択しません。
④ MINITABでは混合量の和を1に設定し，実験計画を作成します。実際の混合量を入力すると，その値に合わせて実験点を作成します。ここでは，デフォルトのまま使用します。
⑤ 成分（要素）名を入力します。この例題では，各成分の上限，下限を指定しません。

[実行] 2. 結果の出力：下のような結果が，セッションウィンドウとワークシートに出力されます。

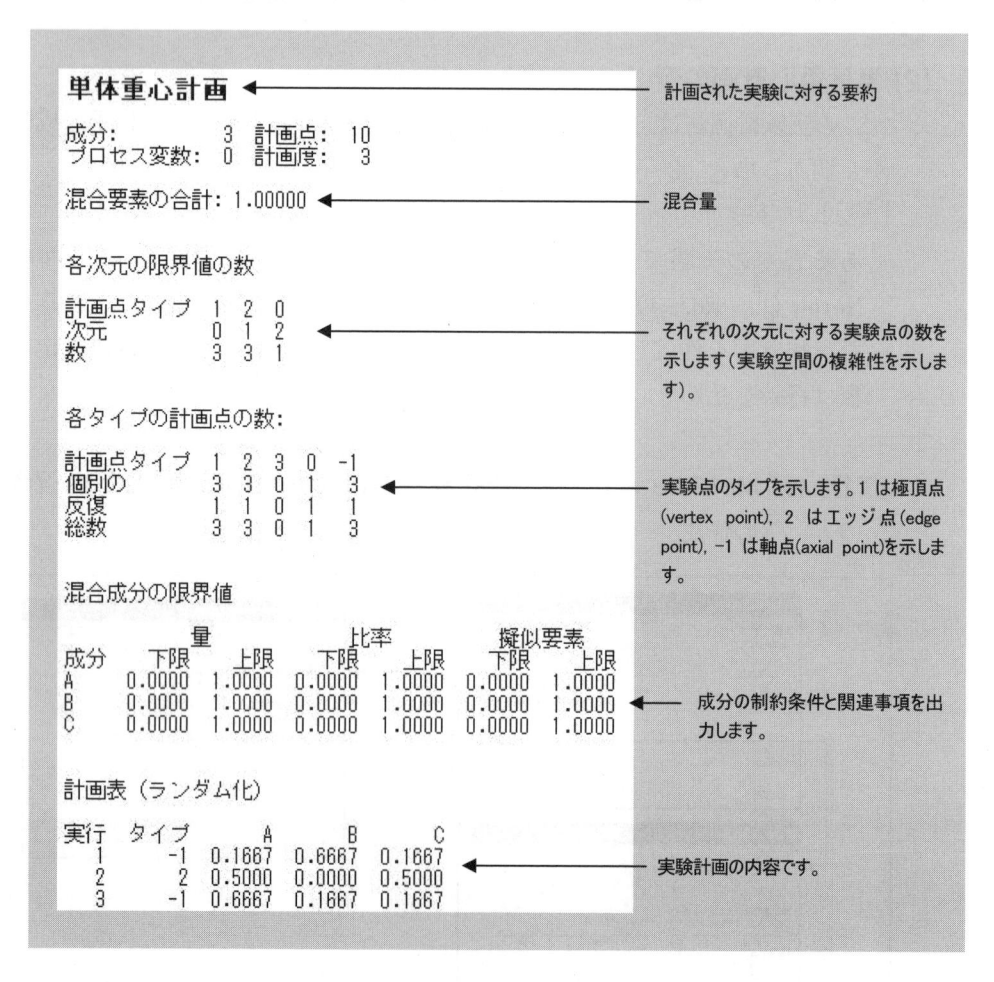

単体重心計画 ← 計画された実験に対する要約

成分： 3　計画点： 10
プロセス変数： 0　計画度： 3

混合要素の合計: 1.00000 ← 混合量

各次元の限界値の数

計画点タイプ	1	2	0
次元	0	1	2
数	3	3	1

← それぞれの次元に対する実験点の数を示します（実験空間の複雑性を示します）。

各タイプの計画点の数：

計画点タイプ	1	2	3	-1
個別の	3	3	0	1	3
反復	1	1	0	1	1
総数	3	3	0	1	3

← 実験点のタイプを示します。1は極頂点(vertex point)、2はエッジ点(edge point)、-1は軸点(axial point)を示します。

混合成分の限界値

	量		比率		擬似要素	
成分	下限	上限	下限	上限	下限	上限
A	0.0000	1.0000	0.0000	1.0000	0.0000	1.0000
B	0.0000	1.0000	0.0000	1.0000	0.0000	1.0000
C	0.0000	1.0000	0.0000	1.0000	0.0000	1.0000

← 成分の制約条件と関連事項を出力します。

計画表（ランダム化）

実行	タイプ	A	B	C
1	-1	0.1667	0.6667	0.1667
2	2	0.5000	0.0000	0.5000
3	-1	0.6667	0.1667	0.1667

← 実験計画の内容です。

```
 4    2  0.0000  0.5000  0.5000
 5    1  1.0000  0.0000  0.0000
 6   -1  0.1667  0.1667  0.6667
 7    2  0.5000  0.5000  0.0000
 8    1  0.0000  0.0000  1.0000
 9    0  0.3333  0.3333  0.3333
10    1  0.0000  1.0000  0.0000
```

C1	C2	C3	C4	C5	C6	C7
StdOrder	RunOrder	PtType	ブロック	Neroil	Rose	Tangerine
9	1	-1	1	0.16667	0.66667	0.16667
5	2	2	1	0.50000	0.00000	0.50000
8	3	-1	1	0.66667	0.16667	0.16667
6	4	2	1	0.00000	0.50000	0.50000
1	5	1	1	1.00000	0.00000	0.00000
10	6	-1	1	0.16667	0.16667	0.66667
4	7	2	1	0.50000	0.50000	0.00000
3	8	1	1	0.00000	0.00000	1.00000
7	9	0	1	0.33333	0.33333	0.33333
2	10	1	1	0.00000	1.00000	0.00000

← ワークシートに実験計画が出力されます。

[実行] 3. 結果の解析

・単体重心計画は，因子（成分）の数が k 個ある場合，2^k-1 個の実験点を持つことになります。例題の実験計画は，3個の実験点を追加し，10回に増大した単体重心計画になっています。ここで，10回の実験計画が作成されたのは，MINITAB では，元の基本計画に実験点を追加するよう指定しているからです。セッションウィンドウの下段の計画表で，A は Neroli Oil を，B は Rose Oil を，C は Tangerine Oil を意味します。混合の総量を1に設定しているため，それぞれの実験実行に該当する A, B, C の数値は，実験を実行する比率を意味します。例えば，実行7の場合，Neroli Oil と Rose Oil を総量対比でそれぞれ50%ずつ混合し（Tangerine Oil は使用しない），実験を実行するという意味になります。

[実行] 4. 実験点を見る：統計 ▶ 実験計画法（DOE）▶ 混合 ▶ 単体計画プロット（計画した実験の実験領域を見ることができます。）

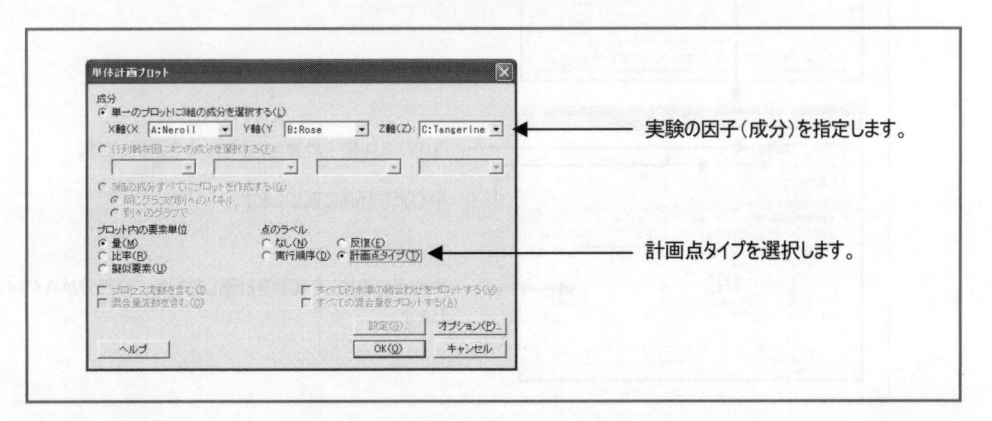

← 実験の因子（成分）を指定します。

← 計画点タイプを選択します。

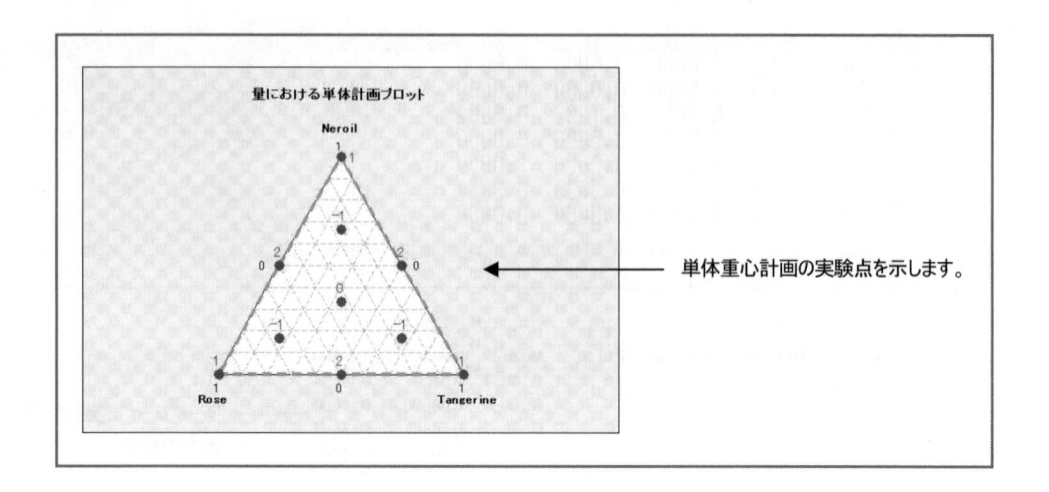

[3] 単体格子計画の例

この実験計画は，単体のすべての領域に実験点を均一に配置する方法で，(k, m) 単体格子計画法といいます。ここで，k は因子（成分）の数，m は格子を組む次数（degree）を意味します。

・インクを作るために，A，B，C という 3 つの成分が必要です。最も鮮明度が優れたインクを作るための成分の組み合わせを考えます。ここでは，(3，3) の単体格子計画を行います（ただし，中心点を追加します）。

[実行] 1. MINITAB メニュー：統計 ▶ 実験計画法（DOE）▶ 混合 ▶ 混合計画の作成

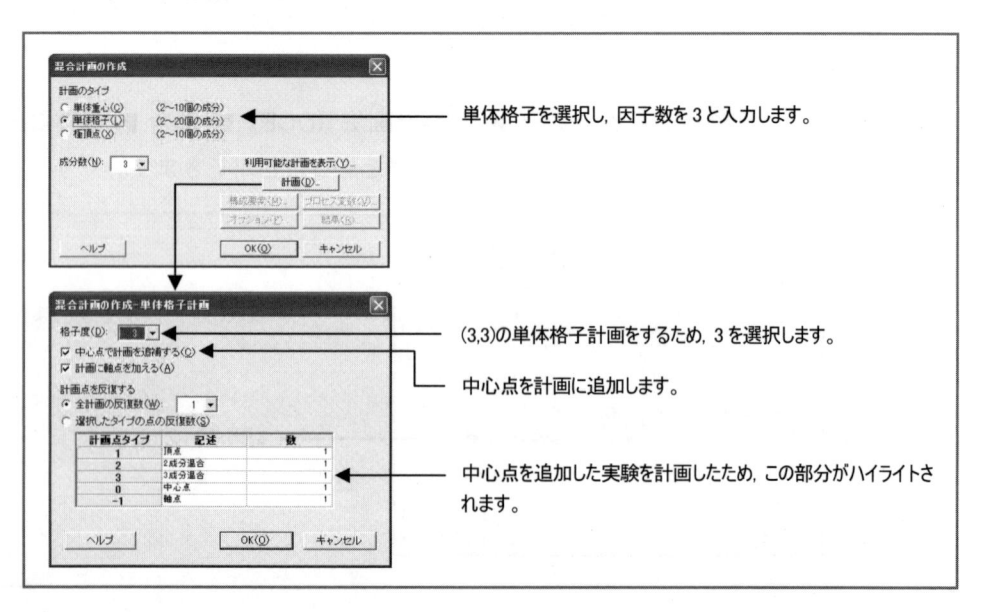

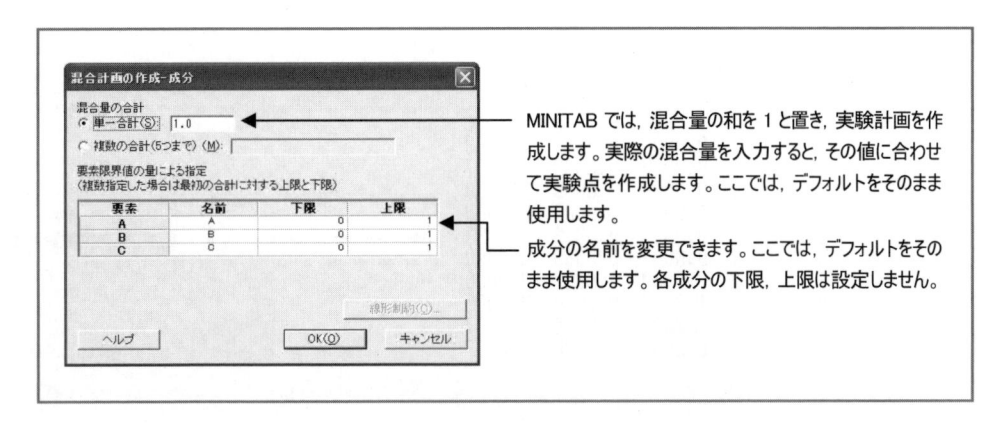

3. 混合計画の作成

MINITABでは，混合量の和を1と置き，実験計画を作成します。実際の混合量を入力すると，その値に合わせて実験点を作成します。ここでは，デフォルトをそのまま使用します。

成分の名前を変更できます。ここでは，デフォルトをそのまま使用します。各成分の下限，上限は設定しません。

[実行] 2. 結果の出力：下のような結果が，セッションウィンドウとワークシートに出力されます。

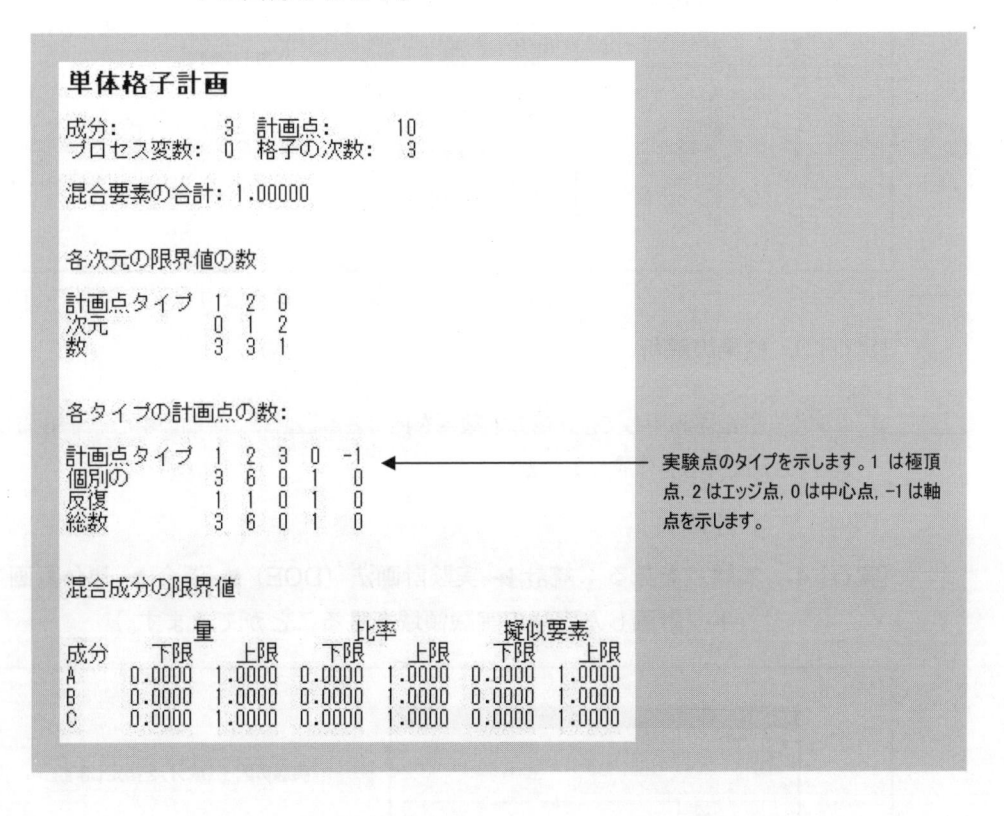

単体格子計画

成分：　　　　　3　計画点：　　10
プロセス変数：　0　格子の次数：　3

混合要素の合計：1.00000

各次元の限界値の数

```
計画点タイプ   1  2  0
次元            0  1  2
数              3  3  1
```

各タイプの計画点の数：

```
計画点タイプ   1  2  3  0  -1
個別の          3  6  0  1   0
反復            1  1  0  1   0
総数            3  6  0  1   0
```

実験点のタイプを示します。1は極頂点，2はエッジ点，0は中心点，-1は軸点を示します。

混合成分の限界値

成分	量 下限	量 上限	比率 下限	比率 上限	擬似要素 下限	擬似要素 上限
A	0.0000	1.0000	0.0000	1.0000	0.0000	1.0000
B	0.0000	1.0000	0.0000	1.0000	0.0000	1.0000
C	0.0000	1.0000	0.0000	1.0000	0.0000	1.0000

計画表（ランダム化）

実行	タイプ	A	B	C
1	2	0.0000	0.6667	0.3333
2	2	0.0000	0.3333	0.6667
3	1	0.0000	0.0000	1.0000
4	1	0.0000	1.0000	0.0000
5	0	0.3333	0.3333	0.3333
6	2	0.6667	0.3333	0.0000
7	2	0.3333	0.6667	0.0000
8	1	1.0000	0.0000	0.0000
9	2	0.3333	0.0000	0.6667
10	2	0.6667	0.0000	0.3333

← 完成された実験計画です。

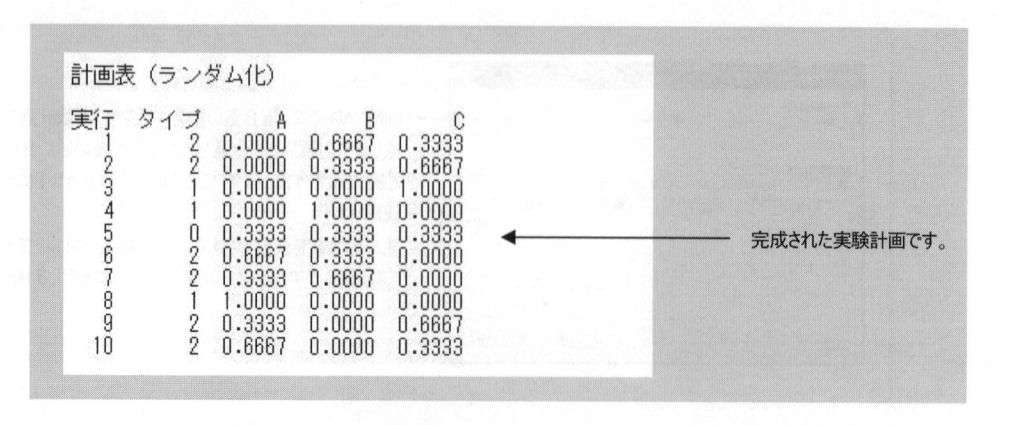

	C1	C2	C3	C4	C5	C6	C7
	StdOrder	RunOrder	PtType	ブロック	B	A	C
	8	1	2	1	0.00000	0.66667	0.33333
	9	2	2	1	0.00000	0.33333	0.66667
	10	3	1	1	0.00000	0.00000	1.00000
	7	4	1	1	0.00000	1.00000	0.00000
	5	5	0	1	0.33333	0.33333	0.33333
	2	6	2	1	0.66667	0.33333	0.00000
	4	7	2	1	0.33333	0.66667	0.00000
	1	8	1	1	1.00000	0.00000	0.00000
	6	9	2	1	0.33333	0.00000	0.66667
	3	10	2	1	0.66667	0.00000	0.33333

← ワークシートにこのような実験計画が出力されます。

[実行] 3. 結果の解析

・単体格子計画を利用して，9個の実験点を持つ基本設計に，1個の中心点を追加して10回の実験計画を作成しました。

[実行] 4. 実験点を見る：統計 ▶ 実験計画法（DOE）▶ 混合 ▶ 単体計画プロット（計画した実験の実験領域を見ることができます。）

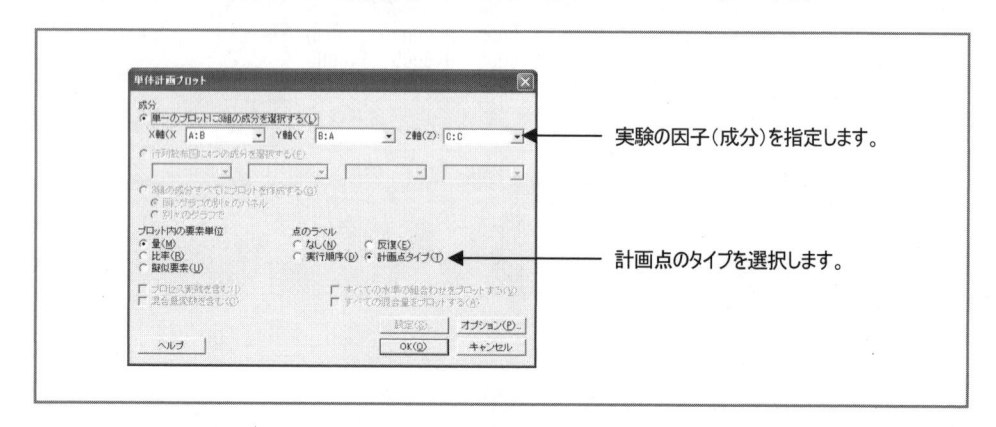

← 実験の因子（成分）を指定します。

← 計画点のタイプを選択します。

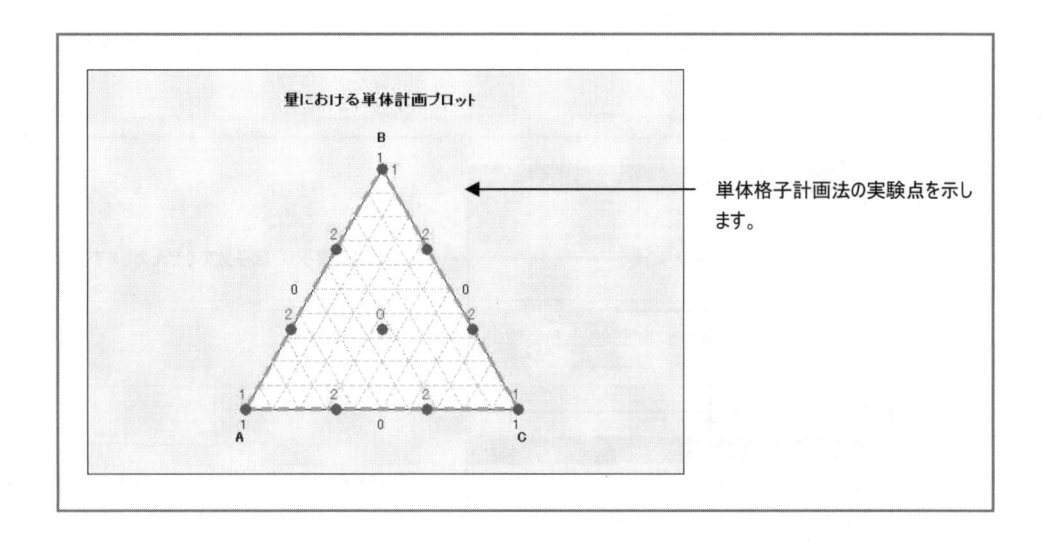

量における単体計画プロット

← 単体格子計画法の実験点を示します。

[4] 極値頂点計画の例

混合実験を行う際，単体の全領域ではなく制限された領域で実験を行う場合，極値頂点計画を選択します。この実験計画法は，制限された領域が持つすべての極頂点と，これらの極頂点の線形組み合わせからなる複数の点を適切に選択し，実験を実施します。

- ケーキを作るには，小麦粉，牛乳，ベーキングパウダー，玉子，油が必要です。最も味のいいケーキを作り出すための材料の組み合わせを得るため，極値頂点計画を使用します。計画では，2次式の応答を考えます。また，今回はすべての材料を使用する必要があるため，材料（成分）の上・下限を指定します。

成分	名前	下限	上限
A	小麦粉	0.425	1
B	牛乳	0.30	1
C	ベーキングパウダー	0.025	0.05
D	玉子	0.10	1
E	油	0.10	1

[実行] 1. MINITAB メニュー：統計 ▶ 実験計画法（DOE）▶ 混合 ▶ 混合計画の作成

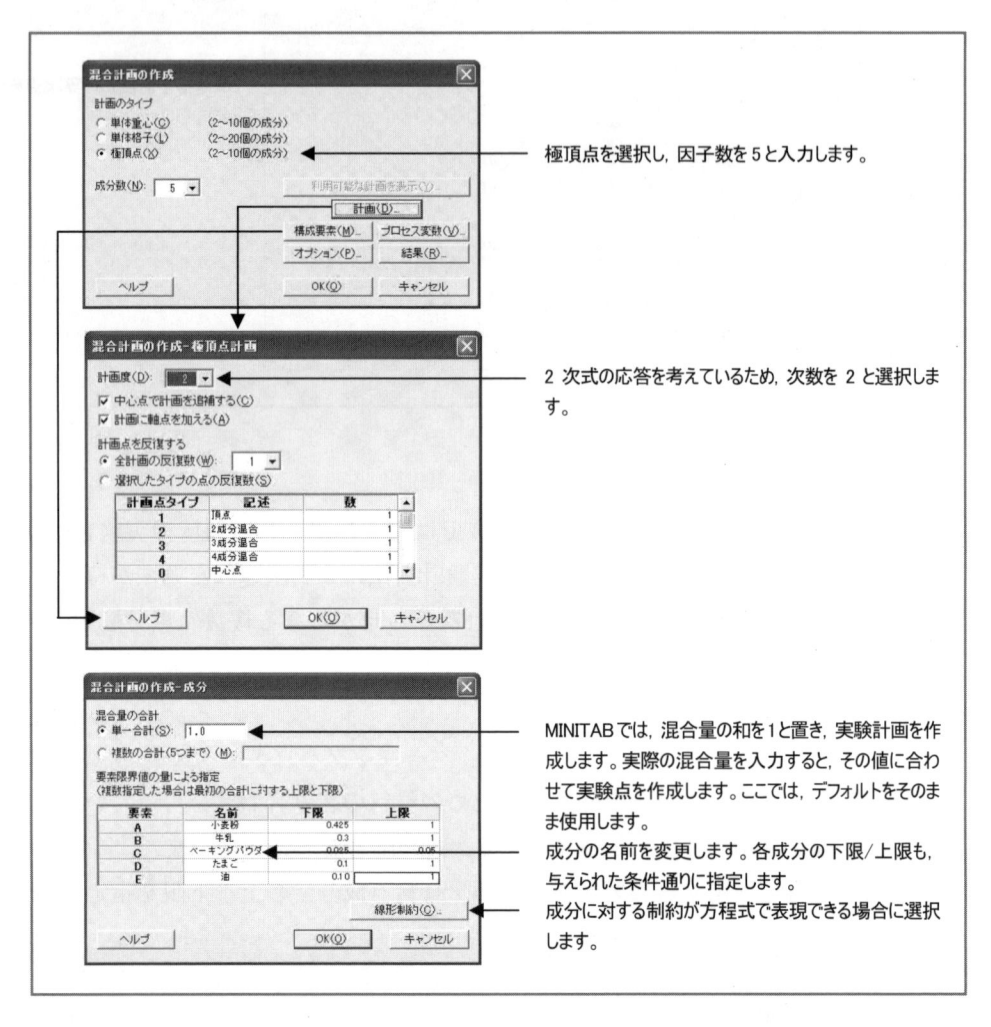

極頂点を選択し, 因子数を5と入力します。

2次式の応答を考えているため, 次数を 2 と選択します。

MINITABでは, 混合量の和を1と置き, 実験計画を作成します。実際の混合量を入力すると, その値に合わせて実験点を作成します。ここでは, デフォルトをそのまま使用します。

成分の名前を変更します。各成分の下限／上限も, 与えられた条件通りに指定します。

成分に対する制約が方程式で表現できる場合に選択します。

[実行] 2. 結果の出力：下のような結果が, セッションウィンドウに出力されます。

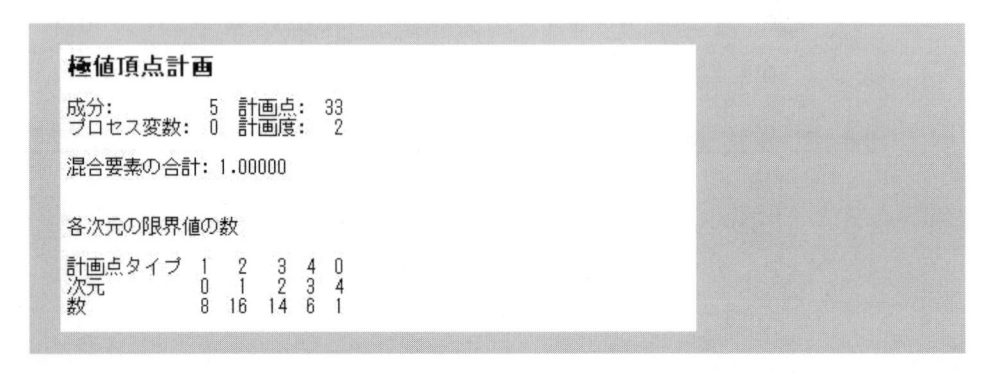

```
極値頂点計画
成分:         5   計画点: 33
プロセス変数:  0   計画度:  2

混合要素の合計: 1.00000

各次元の限界値の数

計画点タイプ  1   2   3   4   0
次元          0   1   2   3   4
数            8  16  14   6   1
```

各タイプの計画点の数：

```
計画点タイプ  1  2  3  4  5  0 -1
個別の       8 16  0  0  0  1  8
反復         1  1  0  0  0  1  1
総数         8 16  0  0  0  1  8
```

混合成分の限界値

成分	量 下限	量 上限	比率 下限	比率 上限	擬似要素 下限	擬似要素 上限
A	0.425000	0.475000	0.425000	0.475000	0.000000	1.000000
B	0.300000	0.350000	0.300000	0.350000	0.000000	1.000000
C	0.025000	0.050000	0.025000	0.050000	0.000000	0.500000
D	0.100000	0.150000	0.100000	0.150000	0.000000	1.000000
E	0.100000	0.150000	0.100000	0.150000	0.000000	1.000000

←― 各成分の下限/上限における混合比率が出力されます。

* 注 * 限界値は指定した制約に適応させるために調整されました。

計画表（ランダム化）

実行	タイプ	A	B	C	D	E
1	-1	0.429688	0.304688	0.031250	0.129688	0.104688
2	1	0.450000	0.300000	0.050000	0.100000	0.100000
3	1	0.475000	0.300000	0.025000	0.100000	0.100000
4	2	0.437500	0.312500	0.050000	0.100000	0.100000
5	2	0.425000	0.325000	0.025000	0.125000	0.100000
6	2	0.425000	0.300000	0.037500	0.137500	0.100000
7	-1	0.454687	0.304688	0.031250	0.104688	0.104688
8	-1	0.429688	0.329688	0.031250	0.104688	0.104688
9	1	0.425000	0.300000	0.050000	0.125000	0.100000
10	1	0.425000	0.325000	0.050000	0.100000	0.100000
11	1	0.425000	0.300000	0.025000	0.100000	0.150000
12	2	0.450000	0.325000	0.025000	0.100000	0.100000
13	2	0.450000	0.300000	0.025000	0.100000	0.125000
14	2	0.437500	0.300000	0.050000	0.112500	0.100000
15	-1	0.429688	0.304688	0.043750	0.104688	0.117188
16	2	0.462500	0.300000	0.037500	0.100000	0.100000
17	0	0.434375	0.309375	0.037500	0.109375	0.109375
18	1	0.425000	0.300000	0.025000	0.150000	0.100000
19	-1	0.442188	0.304688	0.043750	0.104688	0.104688
20	2	0.425000	0.300000	0.025000	0.125000	0.125000
21	2	0.425000	0.312500	0.050000	0.112500	0.100000
22	2	0.425000	0.337500	0.037500	0.100000	0.100000
23	1	0.425000	0.300000	0.050000	0.100000	0.125000
24	2	0.450000	0.300000	0.025000	0.125000	0.100000
25	-1	0.429688	0.304688	0.043750	0.117188	0.104688
26	-1	0.429688	0.304688	0.031250	0.104688	0.129688
27	2	0.425000	0.325000	0.025000	0.100000	0.125000
28	2	0.437500	0.300000	0.050000	0.100000	0.112500
29	2	0.425000	0.300000	0.037500	0.100000	0.137500
30	2	0.425000	0.312500	0.050000	0.100000	0.112500
31	2	0.425000	0.300000	0.050000	0.112500	0.112500
32	-1	0.429688	0.317188	0.043750	0.104688	0.104688
33	1	0.425000	0.350000	0.025000	0.100000	0.100000

←― 完成された実験計画です。

678　第 21 章　混合計画

[実行] 3. 結果の解析

> - 5 成分の極値頂点計画が作成されました。24 回の基本計画に 9 回の実験点が追加され，合計 33 回の実験点が作成されています。追加された計画は，軸点 8 個，中心点 1 個です。セッションウィンドウの下段の設計表では，A は小麦粉を，B は牛乳を，C はベーキングパウダーを，D は玉子を，E は油を意味します。それぞれの実験実行に該当する A，B，C，D，E の数値は，混合の総量を 1 に設定したため，実験を実行する比率を意味します。

4. カスタム混合計画の定義

すでに実験計画が作成されている場合，カスタム混合計画を定義メニューを使用して，実験計画を再定義することができます。

[実行] 統計 ▶ 実験計画法（DOE）▶ 混合 ▶ カスタム混合計画を定義

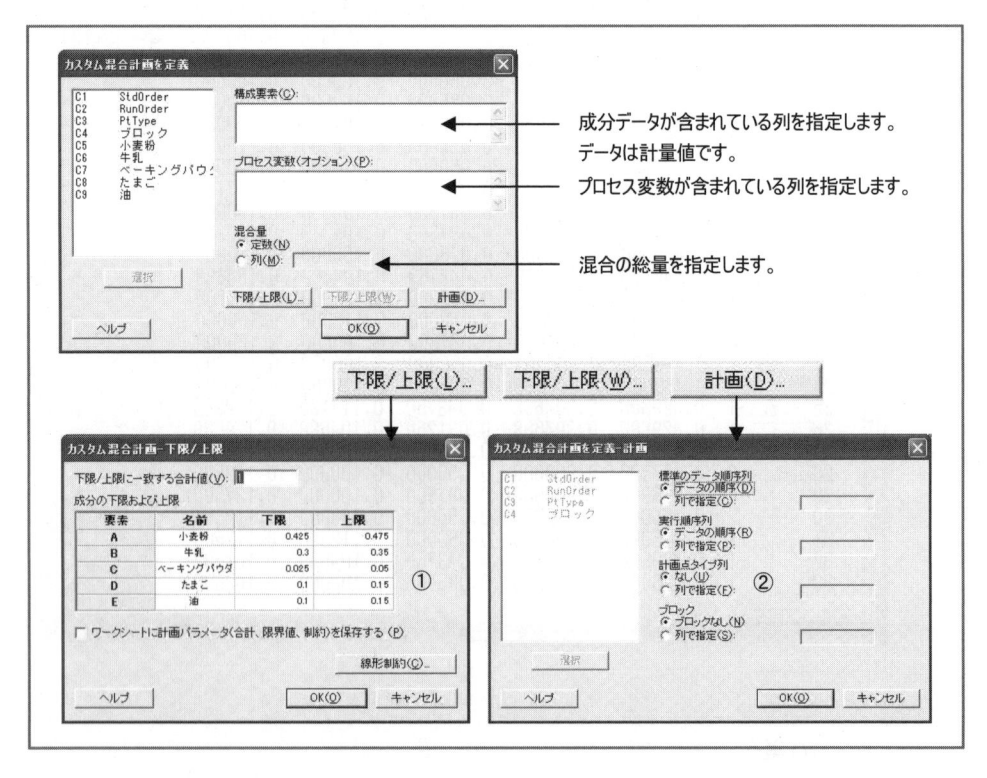

① 成分名と下限 / 上限を指定します。
② ワークシートに出力される順序を標準順序にするか，実行順序にするかを指定します。

5. 実験計画の修正

作成された実験計画を修正することができます。

[実行] 統計 ▶ 実験計画法（DOE）▶ 計画を修正を選択して修正します。
・因子（成分）名，実験の反復数，実験の無作為化（ランダム化）

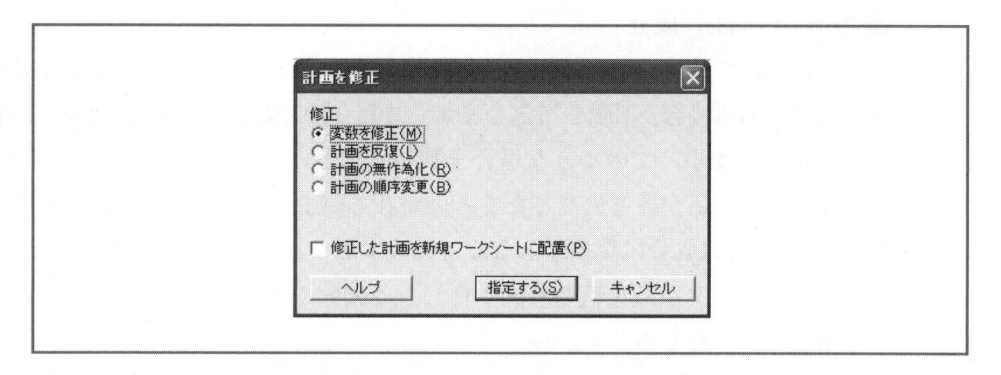

6. 実験計画の表示

[実行] 統計 ▶ 実験計画法（DOE）▶ 計画を表示を選択します。

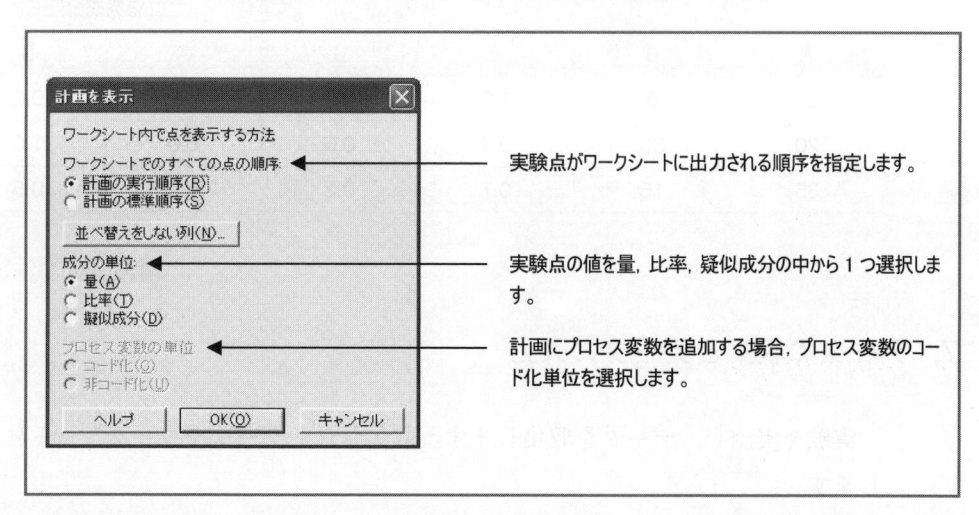

[1] 成分の単位の指定

実験計画を行う際，混合の総量を1とする場合，実験点は比率を表します。実際の混合量で入力する場合，実験点は実際量を表します。計画を表示メニューにおいて，実験点の値を量，比率，擬似成分の中から1つ選択します。

混合の総量	下限	成分の単位
1	0	量，比率，擬似成分
1	0より大きい	量，比率
1ではない実際量	0	比率，擬似成分
1ではない実際量	0より大きい	なし

■ 擬似（Pseudo）成分

　MINITABでは，成分の下限を0に指定しています。実験に入れておく必要のある成分がある場合，下限を指定します。また，量に限界のある成分がある場合，上限を指定します。このような場合を制約実験といいます。制約実験を行うと，係数間の相関関係が非常に高くなるといわれています。一般に，係数間の相関関係は，成分を擬似成分に変換することで低減することができます。擬似成分とは，制約のあるデータ領域を再スケール化し，各成分の最小許容可能量（下限）が0になるようにしたものです。

　次の表は，2つの成分を量，比率，および擬似成分で表したものです。A+Bは50ml，Aの下限は20mlに設定されています。この場合，量，比率，擬似成分に対する実験点は次のようになります。表では，3つの実験点を例に挙げています。

量		比率		擬似成分	
A	B	A	B	A	B
50	0	1.0	0.0	1.0	0.0
20	30	0.4	0.6	0.0	1.0
35	15	0.7	0.3	0.5	0.5

7. データの収集とデータの入力

　実験を実施し，データを収集します。収集されたデータをワークシートに入力します。

8. 混合計画の分析

　混合計画において，利用できるモデルは以下の通りです。

- 線形：linear（デフォルトで指定されている）
- 2次：quadratic
- 特殊3次：special cubic
- 完全3次：full cubic
- 特殊4次：special quartic
- 完全4次：full quartic

また，モデルにあてはめる方法として，次の4つの中から1つを選択します。
- 混合回帰：mixture regression
- ステップワイズ回帰：stepwise regression
- 前方選択：forward selection
- 後方削除：backward elimination

[1] 混合実験結果のあてはめ

[実行] 統計 ▶ 実験計画法（DOE）▶ 混合 ▶ 混合計画の分析

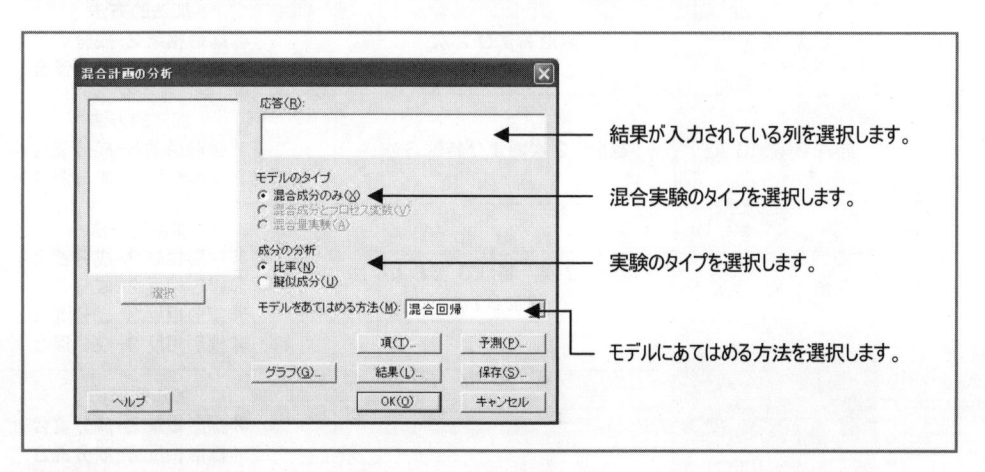

■ グラフの選択

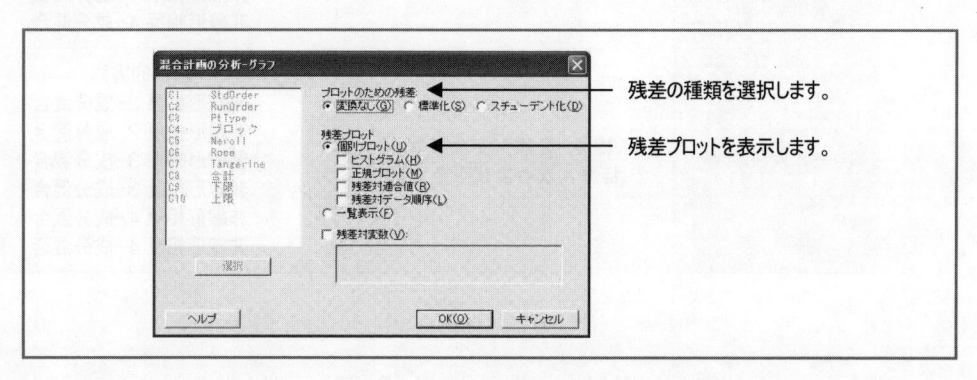

■ モデルの項の選択

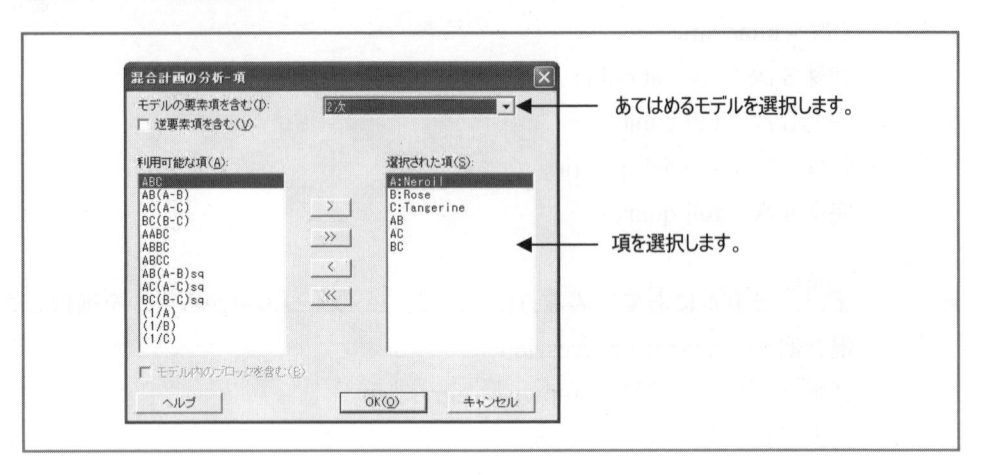

モデルのタイプ	あてはめられる項	モデル化する混合のタイプ
線形（1次）	線形	加法的方法
2次（2次）	線形および2次	加法的方法 非線形相乗2-成分混合 非線形相反2-成分混合
特殊3次（3次）	線形，2次および特殊3次	加法的方法 非線形相乗3-成分混合 非線形相反3-成分混合
完全3次（3次）	線形，2次，特殊3次および完全3次	加法的方法 非線形相乗2-成分混合 非線形相反2-成分混合 非線形相乗3-成分混合 非線形相反3-成分混合
特殊4次（4次）	線形，2次および特殊4次	加法的方法 非線形相乗2-成分混合 非線形相反2-成分混合 非線形相乗3-成分混合 非線形相反3-成分混合 非線形相乗4-成分混合 非線形相反4-成分混合
完全4次（4次）	線形，2次，完全3次，特殊4次および完全4次	加法的方法 非線形相乗2-成分混合 非線形相反2-成分混合 非線形相乗3-成分混合 非線形相反3-成分混合 非線形相乗4-成分混合 非線形相反4-成分混合

混合計画の分析では，モデル方程式に定数項がありません。例えば，A，B，Cの3成分の2次方程式は次のようになります。

$$Y = b_1*A + b_2*B + b_3*C + b_{12}*AB + b_{13}*AC + b_{23}*BC$$

・5つの成分に対してあてはめることのできるモデル項の例

- ・線形 −　　A, B, C, D, E
- ・2次 −　　A, B, C, D, EA*B, A*C, A*D, A*E, B*C, B*D, B*E, C*D, C*E, D*E
- ・特殊3次 −　A, B, C, D, EA*B, A*C, A*D, A*E, B*C, B*D, B*E, C*D, C*E, D*EA*B*C, A*B*D, A*B*E, A*C*D, A*C*EA*D*E, B*C*D, B*C*E, B*D*E, C*D*E
- ・完全3次 −　A, B, C, D, EA*B, A*C, A*D, A*E, B*C, B*D, B*E, C*D, C*E, D*EA*B*C, A*B*D, A*B*E, A*C*D, A*C*E, A*D*E, B*C*D, B*C*E, B*D*E, C*D*E, A*B*(A−B), A*C*(A−C), A*D*(A−D), A*E*(A−E), B*C*(B−C)B*D*(B−D), B*E*(B−E), C*D*(C−D), C*E*(C−E), D*E*(D−E)

■ 結果の選択

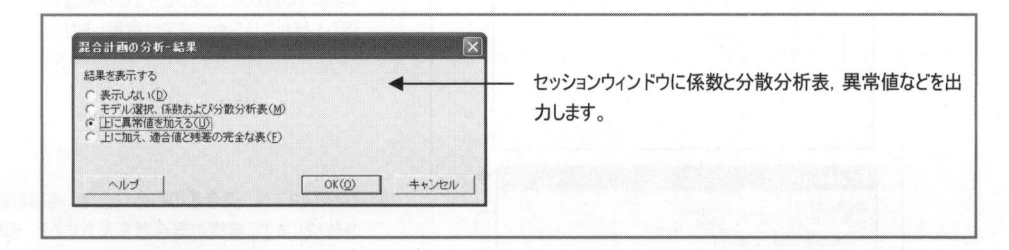

セッションウィンドウに係数と分散分析表，異常値などを出力します。

■ 保存の選択

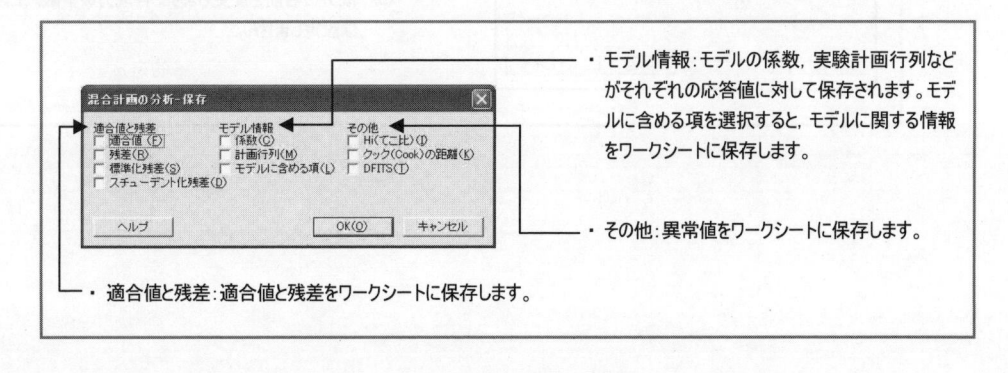

- ・モデル情報：モデルの係数，実験計画行列などがそれぞれの応答値に対して保存されます。モデルに含める項を選択すると，モデルに関する情報をワークシートに保存します。

- ・その他：異常値をワークシートに保存します。

- ・適合値と残差：適合値と残差をワークシートに保存します。

第21章 混合計画

[例題]（2次モデルのあてはめ）

　ある香水の工場では，ハーバル香水を生産しています。香り付けのため，Neroli Oil, Rose Oil, Tangerine Oil を混合します。3つの成分を組み合わせた実験計画を作成してください。このとき，y は 5 人の専門家が点数を付けて平均した顧客満足度の値です（ただし，単体重心計画を利用し，実験回数は 10 回にしてください）。

[実行] MINITAB メニュー：統計 ▶ 実験計画法（DOE）▶ 混合 ▶ 混合計画の作成

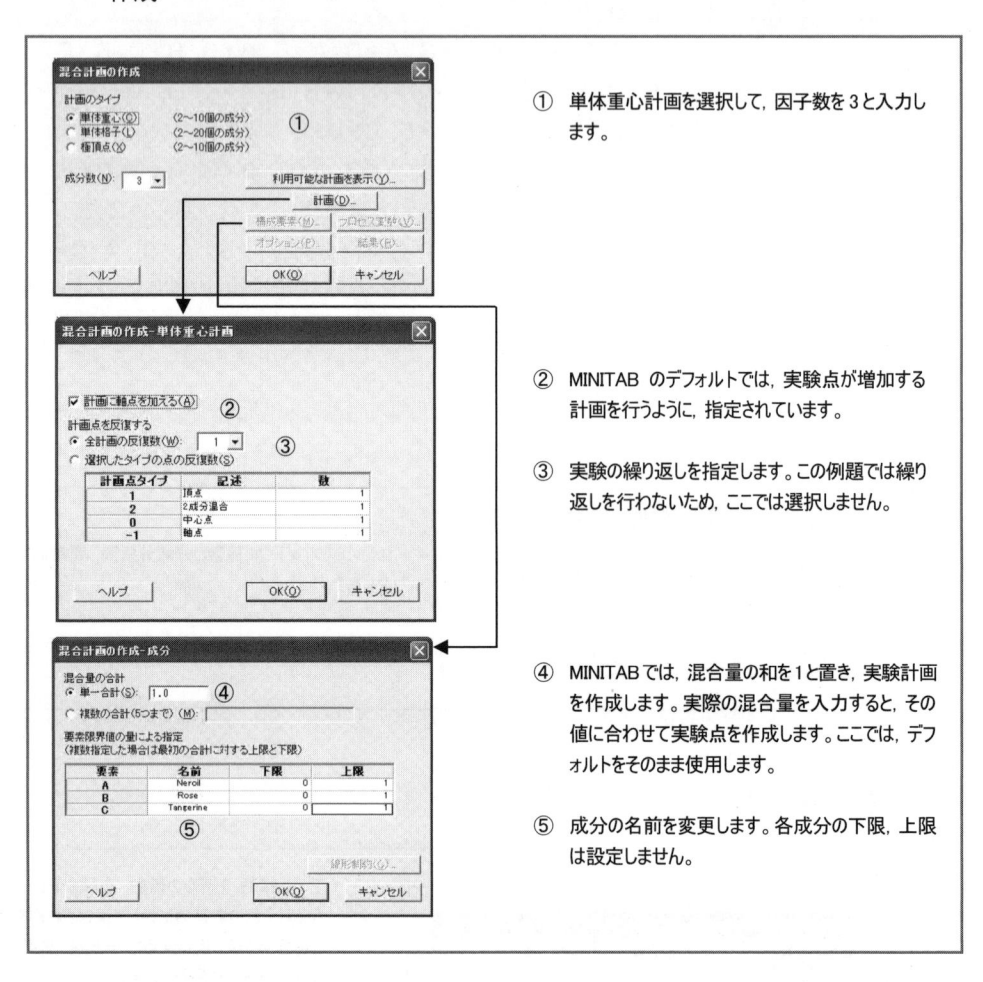

① 単体重心計画を選択して，因子数を 3 と入力します。

② MINITAB のデフォルトでは，実験点が増加する計画を行うように，指定されています。

③ 実験の繰り返しを指定します。この例題では繰り返しを行わないため，ここでは選択しません。

④ MINITAB では，混合量の和を 1 と置き，実験計画を作成します。実際の混合量を入力すると，その値に合わせて実験点を作成します。ここでは，デフォルトをそのまま使用します。

⑤ 成分の名前を変更します。各成分の下限，上限は設定しません。

8. 混合計画の分析

ワークシートに次のような実験計画の結果が出力されます。

C1	C2	C3	C4	C5	C6	C7
StdOrder	RunOrder	Blocks	Neroil	Rose	Tangerine	y
9	1	1	0.16667	0.66667	0.16667	6.56
8	2	1	0.66667	0.16667	0.16667	7.06
4	3	1	0.50000	0.50000	0.00000	7.30
6	4	1	0.00000	0.50000	0.50000	7.30
2	5	1	0.00000	1.00000	0.00000	7.20
1	6	1	1.00000	0.00000	0.00000	5.73
5	7	1	0.50000	0.00000	0.50000	8.23
7	8	1	0.33333	0.33333	0.33333	7.20
10	9	1	0.16667	0.16667	0.66667	7.13
3	10	1	0.00000	0.00000	1.00000	7.46

← 実験を実施し，その結果を入力します。

[実行] 統計 ▶ 実験計画法（DOE）▶ 混合 ▶ 混合計画の分析

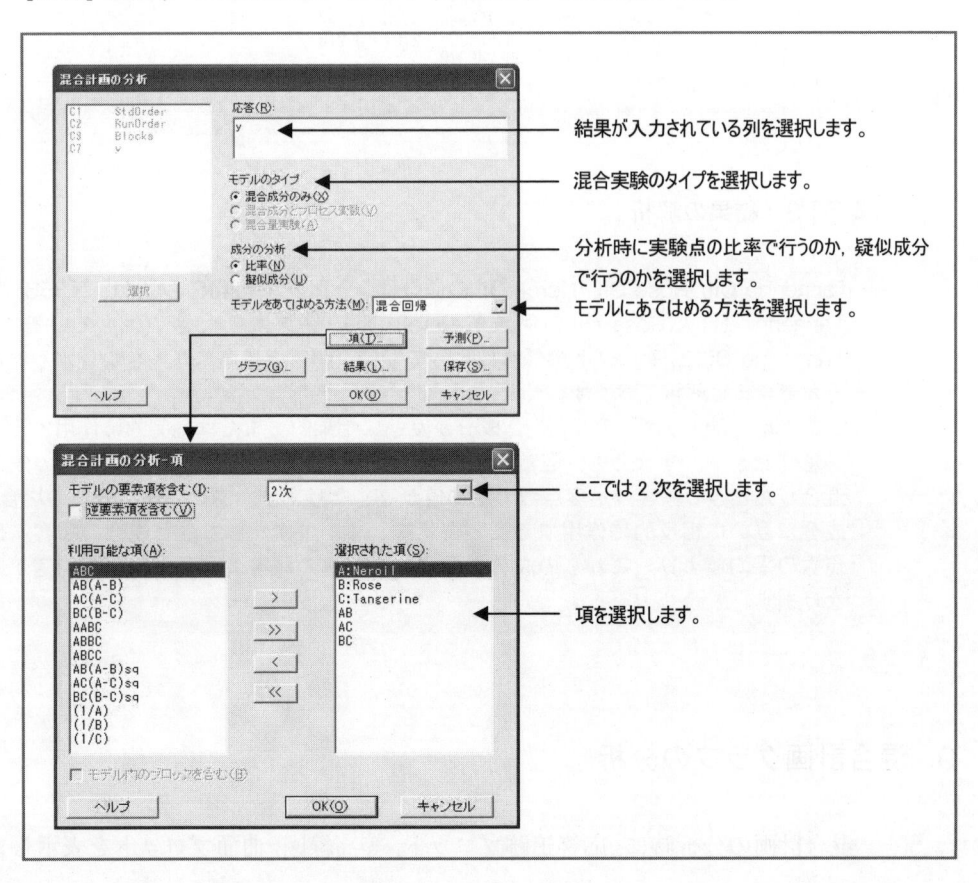

結果が入力されている列を選択します。

混合実験のタイプを選択します。

分析時に実験点の比率で行うのか，疑似成分で行うのかを選択します。
モデルにあてはめる方法を選択します。

ここでは 2 次を選択します。

項を選択します。

[実行] 結果の出力：下のような結果がグラフウィンドウに出力されます。

混合モデルでの回帰:y 対 Neroil, Rose, Tangerine

yに対する偏回帰係数（要素比率） ← 推定された回帰係数に対する検定を実施します。

項	Coef	標準誤差Coef	T	p値	VIF
Neroil	5.856	0.4728	*	*	1.964
Rose	7.141	0.4728	*	*	1.964
Tangerine	7.448	0.4728	*	*	1.964
Neroil*Rose	1.795	2.1791	0.82	0.456	1.982
Neroil*Tangerine	5.090	2.1791	2.34	0.080	1.982
Rose*Tangerine	-1.941	2.1791	-0.89	0.423	1.982

S=0.490234　予測残差平方和 (PRESS) =11.4399 ← この値が小さいほど、モデルの予測能力は高いといえます。
R二乗=73.84%　R二乗（予測）=0.00%　R二乗（調整済）値=41.14%

yの分散分析（要素比率） ← 分散分析表を示します。

変動源	自由度	Seq SS	Adj SS	Adj MS	F値	p値
回帰	5	2.71329	2.71329	0.542659	2.26	0.225
線形	2	1.04563	1.56873	0.784366	3.26	0.144
2次	3	1.66766	1.66766	0.555887	2.31	0.218
残差誤差	4	0.96132	0.96132	0.240329		
合計	9	3.67461				

[実行] 3. 結果の解析

- Tangerine Oil, Rose Oil, Neroli Oil の係数は，それぞれ 7.448, 7.141, 5.856 です。Tangerine Oil と Rose Oil の係数が Neroli Oil の係数より大きくなっているため，Tangerine Oil と Rose Oil の係数によって y 値（顧客満足度）が大きい香水を作ることができると解釈できます。
- 2成分混合の係数が正の場合，2成分が互いに相乗的，または補完的に作用することを意味します。すなわち，各成分の顧客満足度点数の平均値より，これらの成分を混合したときの顧客満足度点数の平均値が高くなります。逆に，係数が負の場合，2成分が互いに相反的に作用することを意味します。すなわち，各成分の顧客満足度点数の平均値より，これらの成分を混合したときの顧客満足度点数の平均値が低くなります。

9. 混合計画グラフの分析

混合計画の分析時に，応答追跡プロット，等高線図，曲面プロットを表示します。

[1] 応答追跡プロット

各因子（成分）がどのように応答に影響を及ぼすかを，参照配合（reference blend）と相対的に比較したプロットです。

[実行] 統計 ▶ 実験計画法（DOE）▶ 混合 ▶ 応答追跡プロット

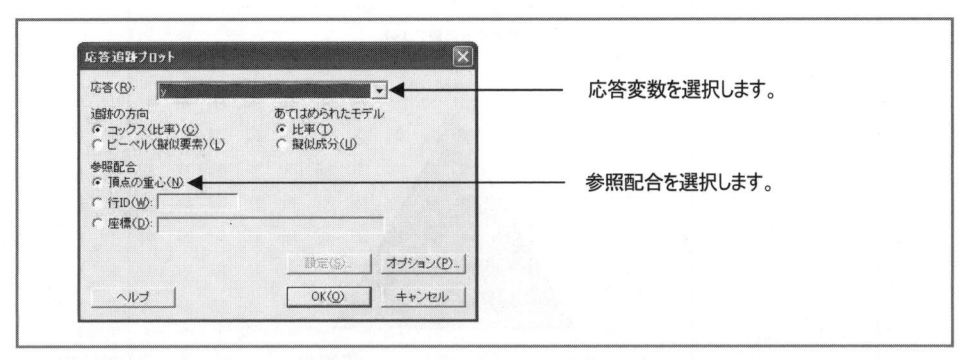

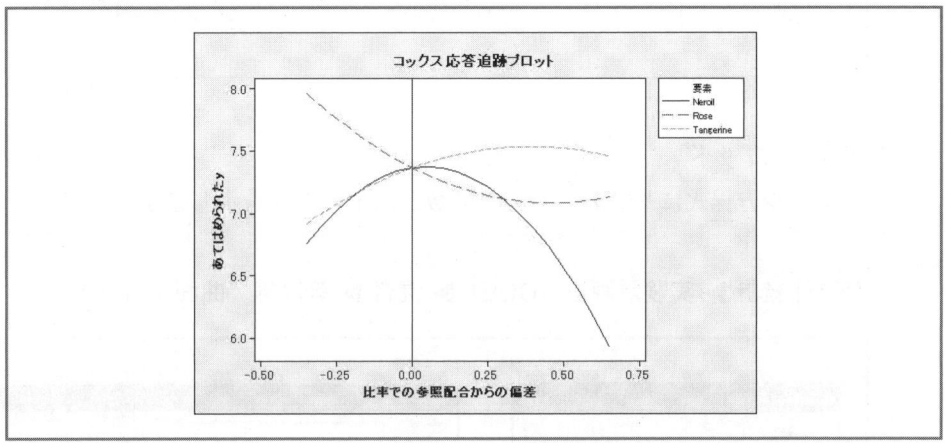

[2] 等高線図

モデル方程式に基づいて，応答変数と因子の関係を示します．

[実行] 統計 ▶ 実験計画法（DOE）▶ 混合 ▶ 等高線/曲面プロット

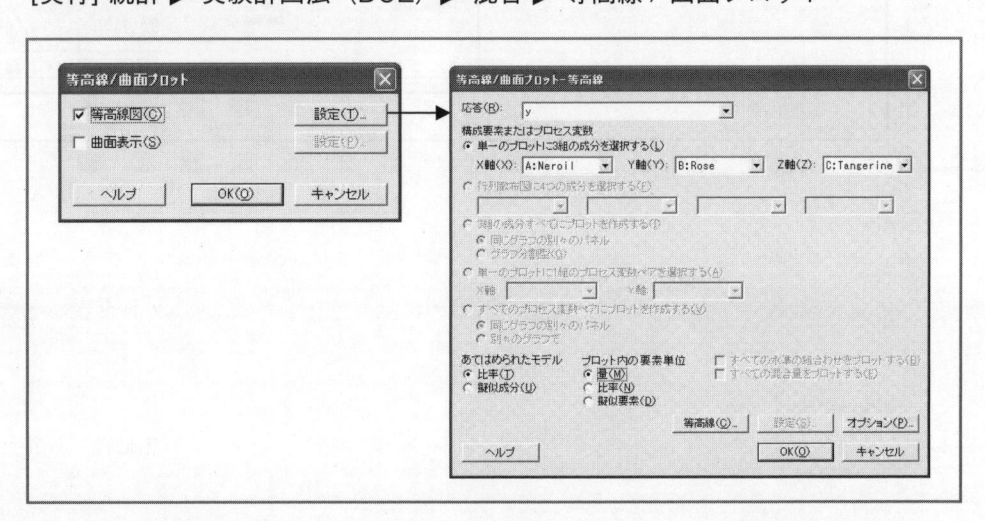

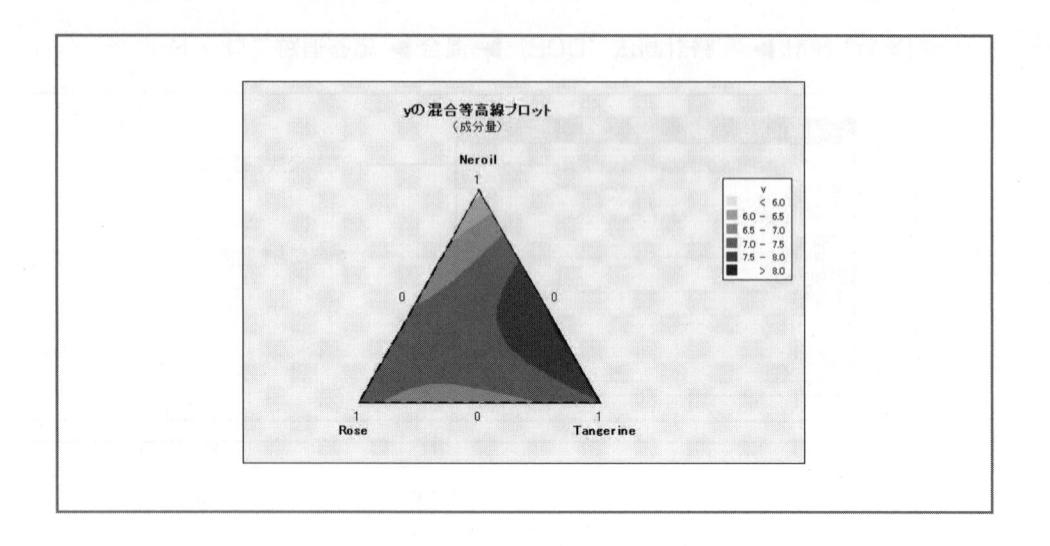

[3] 曲面プロット

モデル方程式に基づいて，応答変数と因子の関係を示します。

[実行] 統計 ▶ 実験計画法（DOE）▶ 混合 ▶ 等高線/曲面プロット

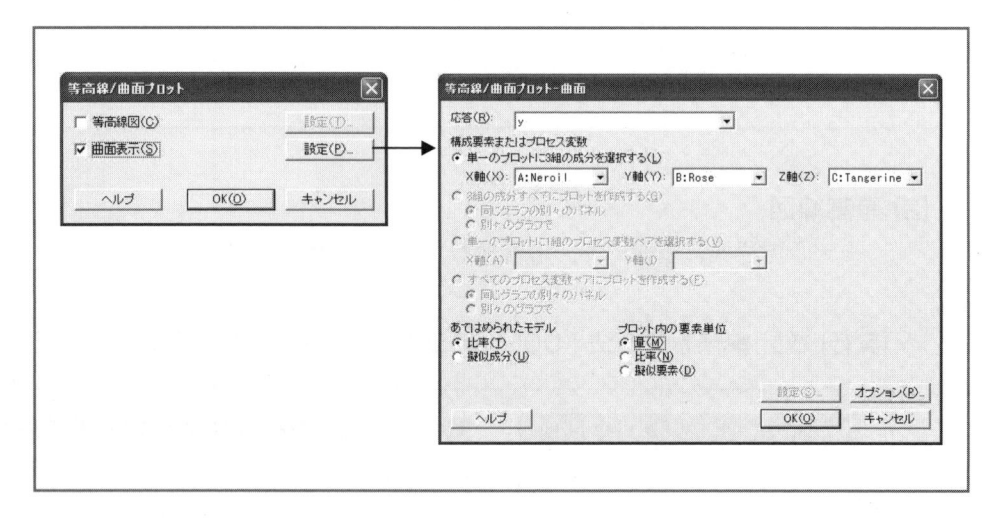

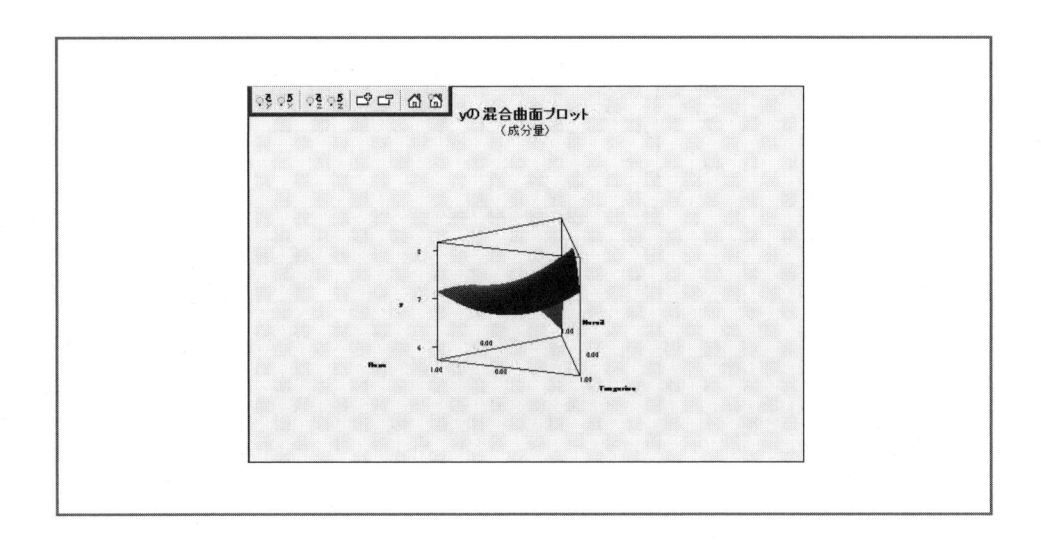

10. 応答の最適化ツール（Response Optimizer）

実験の応答変数が1つまたは複数ある場合，これらの応答変数の目標値を満足させる因子の最適な組み合わせを探し出します。詳しい内容は，'応答曲面'の章で扱いましたので，使用するメニューだけを簡単に紹介します。

[実行] 統計 ▶ 実験計画法（DOE）▶ 混合 ▶ 応答の最適化

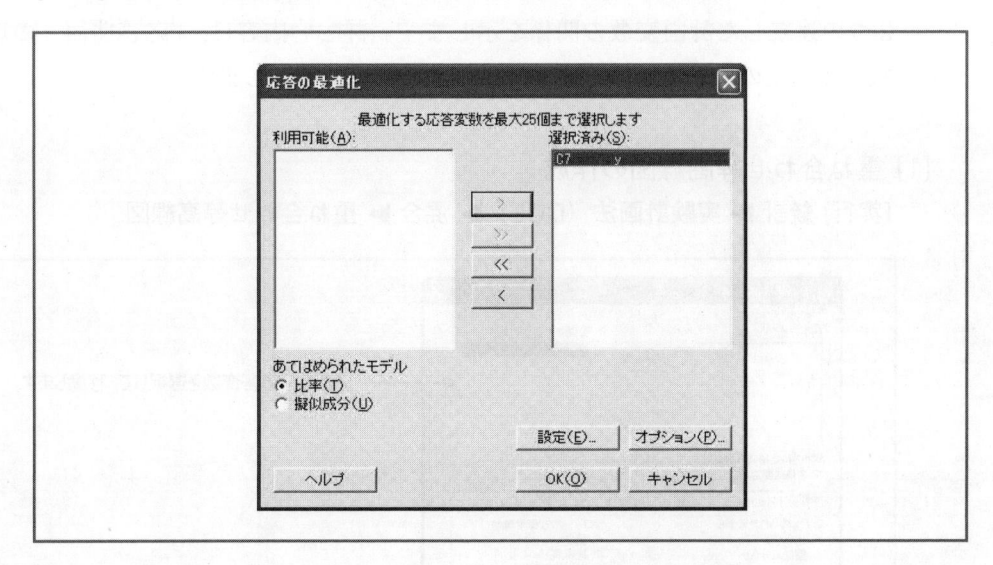

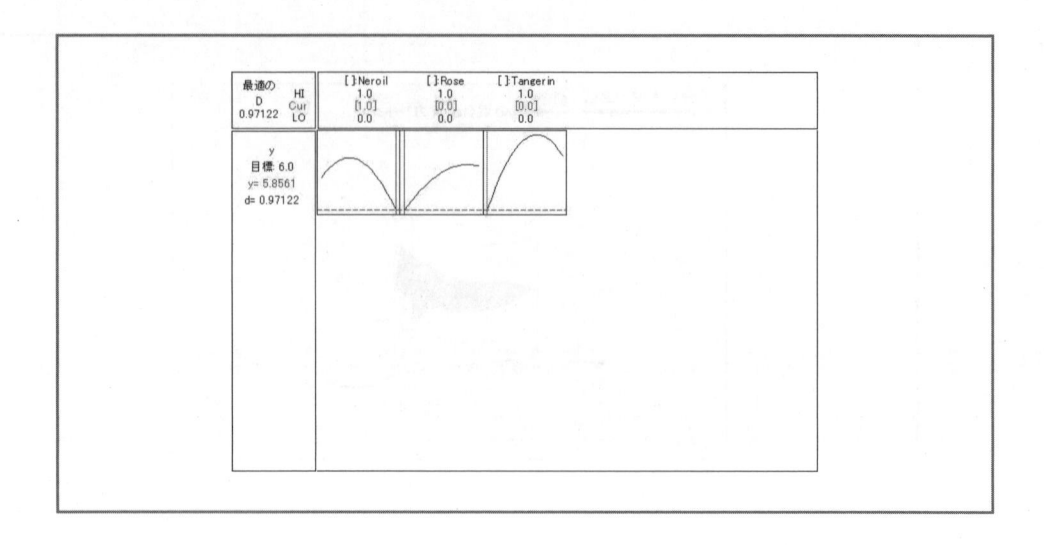

11. 重ね合わせ等高線図

　応答変数が複数ある場合，これらの応答変数に対して重なった等高線を表示します。実験において1つの応答変数だけを考慮するより，複数の応答変数を同時に考慮することも重要です。1つの応答変数に対する最適な設定を，他の応答変数に対しても同じように適用するのは難しいため，複数の応答変数を同時に考慮した設定を行う方が賢明といえるでしょう。重ね合わせ等高線図は，応答変数と2つの連続した計画変数の関係を示します。詳しい内容は，'応答曲面'の章で扱いましたので，使用するメニューだけを簡単に紹介します。

[1] 重ね合わせ等高線図の作成
[実行] 統計 ▶ 実験計画法（DOE）▶ 混合 ▶ 重ね合わせ等高線図

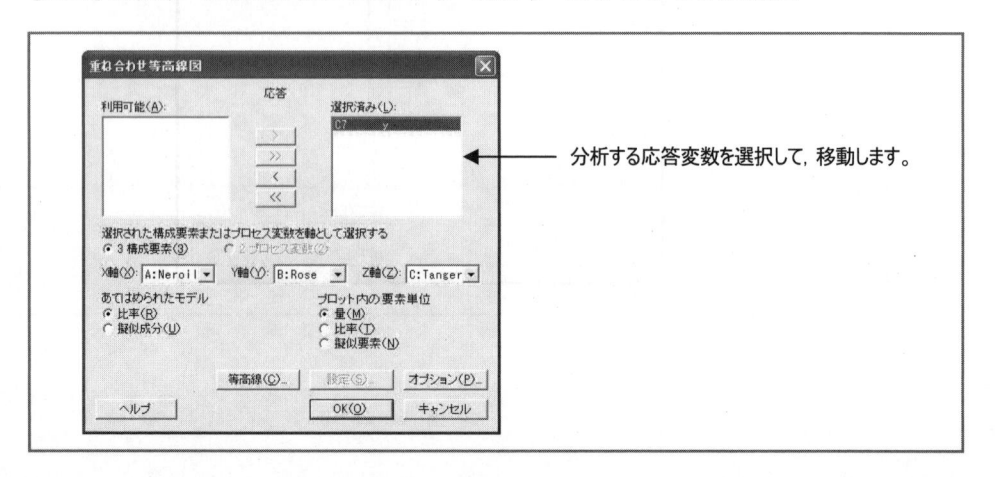

11. 重ね合わせ等高線図

yの重ね合わせ等高線図
〈成分量〉

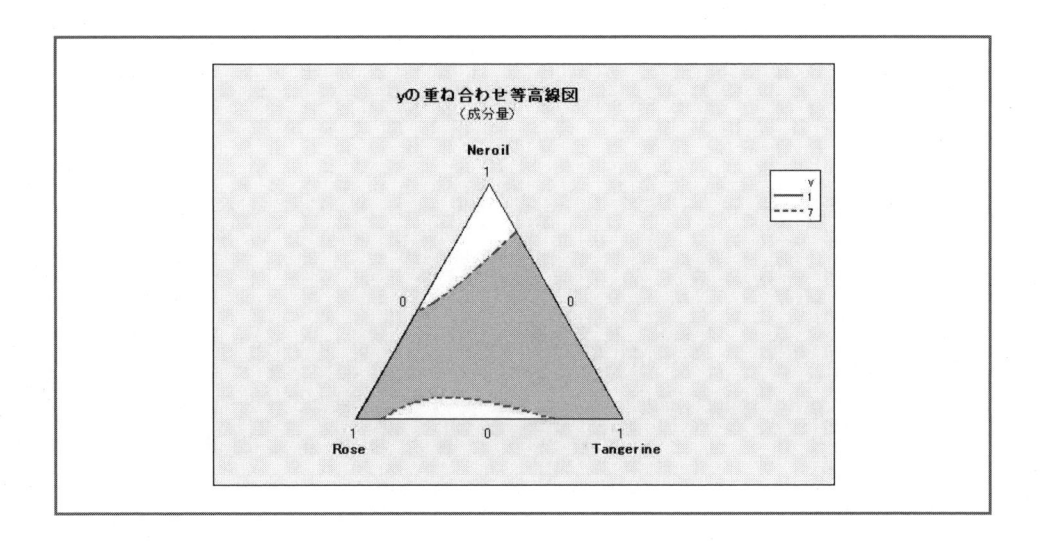

第22章　タグチ計画

1. タグチ計画の概要
2. MINITAB でのタグチ計画

1. タグチ計画の概要

[1] ロバスト計画（Robust Design）

　　田口玄一博士によって有名になったロバスト計画は，因子が品質特性の平均に対して持つ効果だけではなく，分散に及ぼす効果に対しても焦点を置いています。どの因子が変動の原因となっているかを調べた後，制御可能な因子の設定を調整することで，変動を減少させるか，あるいは製品が制御不可能な因子（ノイズ）から影響を受けにくくなるようにします。こうすることで，工程は一貫性のある製品を生産することができ，製品も安定した性能を発揮することができます。ロバスト計画の主な目的は，品質特性の目標値を維持しながら，変動を減少させる因子に対して設定値を見つけることにあります。このための実験方法として2つの方法があります。1つは田口博士が作った内側-外側配列計画（inner-outer array design）であり，もう1つは反復2水準要因計画です。この章では内側-外側配列計画についてのみ扱うことにします。

[2] 品質特性値のタイプ

品質特性		内容	例
静的特性 (static characteristic)	小指向 (smaller is better)	応答の最小化	排ガス量，磨耗量
	重点指向 (lager is better)	応答の最大化	引張強度，使用寿命
	望目 (nominal is better)	応答が一定値	長さ，重量
	計数値	数えることができる	外観，欠陥，欠点
動的特性 (dynamic characteristic)		入力信号の変化に対応して出力が変化する	計測器の精密度，通信システムの性能，アクセルの圧力による車の速度

[3] 損失関数，信号対ノイズ比（signal-to-noise：SN比），感度（sensitivity：Sn）

　・損失関数：品質損失とは，製品が次の工程や消費者に出荷された後で，品質特性値のばらつきによって社会に及ぼす財政的な損失と定義されます。田口博士はこうした財政的な損失と性能規格との関係をテイラー級数で展開して2次関数に表しました。これを損失関数といいます。タグチ計画では，この損失関数に基づいたSN比（signal-to-noise）を特性値にして因子の最適条件を探し出します。

- 信号対ノイズ比（SN比）：ロバスト計画を実施する際，応答変数として分析される特性値を表し，ばらつきのスケールを意味します。この値は，通信工学において，信号の大きさとノイズの大きさの比を表すのに使用されています。

$$SN 比 = \frac{信号の力（power of signal）}{ノイズの力（power of noise）}$$

タグチ計画は，この概念を利用しています。ロバスト計画において，ノイズ因子に対して安定性を持つ制御因子水準の最適な組み合わせを考える際，安定性を測定する手段として使用します。ロバスト計画を実施する際，SN比における分散分析を使用して，SN比に有意な影響を与える制御因子を探し出します。

- 感度（Sn）：ロバスト計画を実施する際，応答変数として分析される特性値を表し，平均のスケールを意味します。感度における散分析を使用して，平均に影響を与える制御因子を探し出します。

[4] 内側-外側配列計画（inner-outer array design）

MINITABは，静的特性，動的特性に対してロバスト計画を実施します。ロバスト計画の基本構造は，次のような内側-外側配列計画です。

区　分		内側配列（L8（2^7））							外側配列（L4（2^3））				
因子配置		A	B	C	D	F	ⓔ	ⓔ	元のデータ				SN比
因子名													非制御因子配置
水準	0								実験番号				
									1	2	3	4	
	1								0	0	1	1	U
列番号		1	2	3	4	5	6	7	0	1	0	1	V
実験番号									0	1	1	0	W
1		0	0	0	0	0	0	0	y_{11}	y_{12}	y_{13}	y_{14}	SN_1
2		0	0	0	1	1	1	1	y_{21}	y_{22}	y_{23}	y_{24}	SN_2
3		0	1	1	0	0	1	1	.	.	.	.	.
4		0	1	1	1	1	0	0	.	.	.	.	.
5		1	0	1	0	1	0	1	.	.	.	.	.
6		1	0	1	1	0	1	0	.	.	.	.	.
7		1	1	0	0	1	1	0	.	.	.	.	.
8		1	1	0	1	0	0	1	y_{81}	y_{82}	y_{83}	y_{84}	SN_8

MINITABでは，制御因子および信号因子が入る内側配列計画をサポートします。ノイズ因子が入る外側配列計画はサポートしていません。従って，ロバスト

計画を実施する際，制御因子と信号因子に対して内側配列計画を行った後，ノイズ因子に対する外側配列計画は，実験の実施者が計画する必要があります。ここで，制御因子とは人為的に統制および調整が可能な因子をいい，信号因子とは動的特性と関連した因子であり，ノイズ因子は人為的に統制が不可能な因子をいいます。

■ MINITAB でサポート可能な内側配列計画

MINITABは，制御因子に対して内側配列計画をサポートします。内側配列計画は，直交配列表を利用して計画されます。因子の配列が直交化されるとは，計画が均衡化（balanced）され，因子の水準が均等に重み付けられるという意味です。直交配列表は，他のすべての因子から独立して各因子を評価することができ，1つの因子の効果が他の因子の推定に影響することがありません。信号因子を考慮する必要がある場合，制御因子に対する内側配列計画を行った後，信号因子を追加します。また，実験のモデルに曲面性がある場合，3水準計画を選択します。

- 2水準計画-31因子までサポート
- 3水準計画-13因子までサポート
- 4水準計画-5因子までサポート
- 5水準計画-6因子までサポート
- 混合水準（mixed level）計画-26因子までサポート

[5] 実験結果の分析

ロバスト計画より実験を実施してデータを得ると，次のような結果を得ることができます。

- 応答表：セッションウィンドウに出力され，信号対ノイズ比，平均，標準偏差などを因子の水準別に出力します。
- 主効果および交互作用プロットは下の内容をグラフウィンドウに出力します。
- 信号対ノイズ比 vs 制御因子
- 静的特性：平均 vs 制御因子，動的特性：傾き vs 制御因子
- 標準偏差 vs 制御因子
- 標準偏差の自然対数（log）vs 制御因子

応答表とプロットより，因子と交互作用の重要性を判断する場合や，それらが応答にどのように影響を及ぼすかを判断する場合に使用します。

2. MINITABでのタグチ計画

[1] タグチ計画の手順

① 実験因子の選定：静的特性分析の場合は制御因子，ノイズ因子を選定し，動的特性分析の場合は信号因子を追加選定します。

② タグチ計画を作成：内側配列計画を作成します。すでにワークシートにデータを持っている場合，カスタムタグチ計画を定義を選択します。

③ 計画を修正：因子名の変更，水準の変更，信号因子の追加，信号因子の無視，信号因子に新しい水準の追加を実施できます。

④ 計画を表示：ワークシート上の因子水準をコード化単位または非コード化単位に変更することができます。

⑤ 実験を実施し，データを収集した後，収集したデータをワークシートに入力します。

⑥ タグチ計画の分析：実験結果を分析します。

⑦ タグチ計画の結果を予測：新しい因子の設定に対して，応答特性と信号対ノイズ比を予測します。

[2] 計画選択と作成（内側配列）

① 統計 ▶ 実験計画法（DOE）▶ タグチ ▶ タグチ計画を作成を選択します。

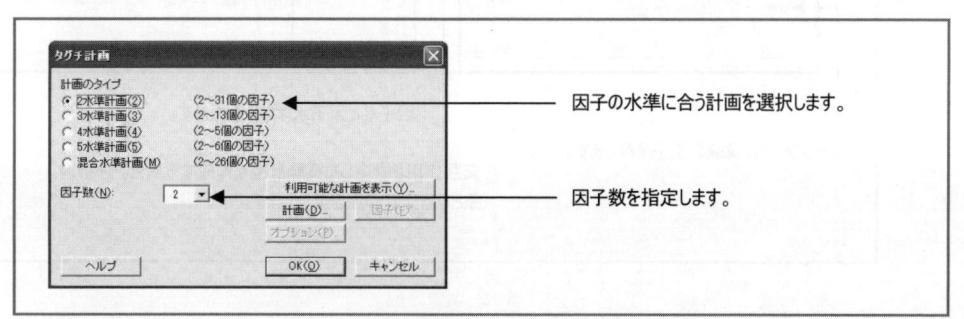

（図：タグチ計画ダイアログ — 因子の水準に合う計画を選択します。／因子数を指定します。）

② 実験に対する要約を見るためには，利用可能な計画を表示を選択します。

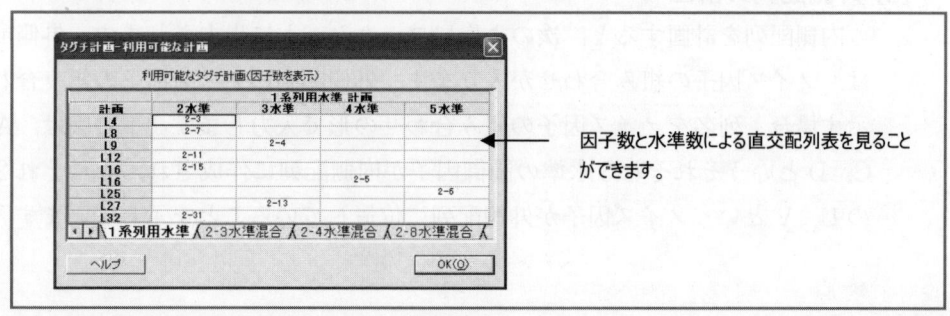

（図：タグチ計画-利用可能な計画 — 因子数と水準数による直交配列表を見ることができます。）

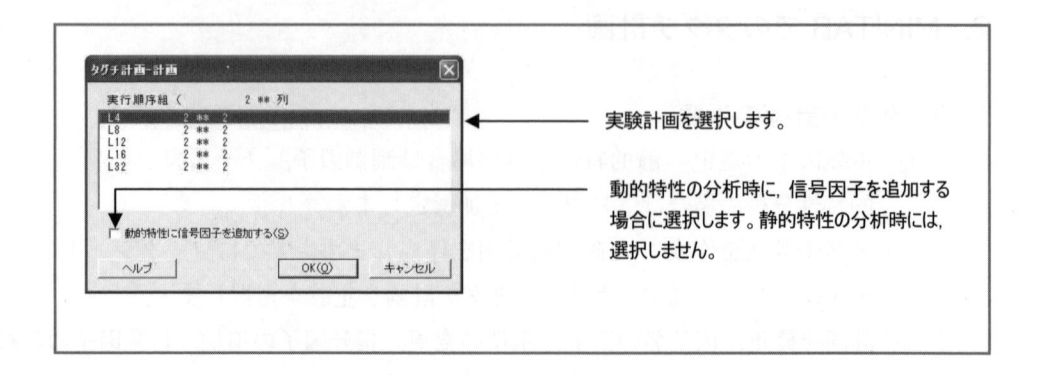

[ダイアログ画像: タグチ計画-計画ウィンドウ]
- 実験計画を選択します。
- 動的特性の分析時に,信号因子を追加する場合に選択します。静的特性の分析時には,選択しません。

③ 計画メニューで実験計画を選択すると,次のメニューがハイライトされます。

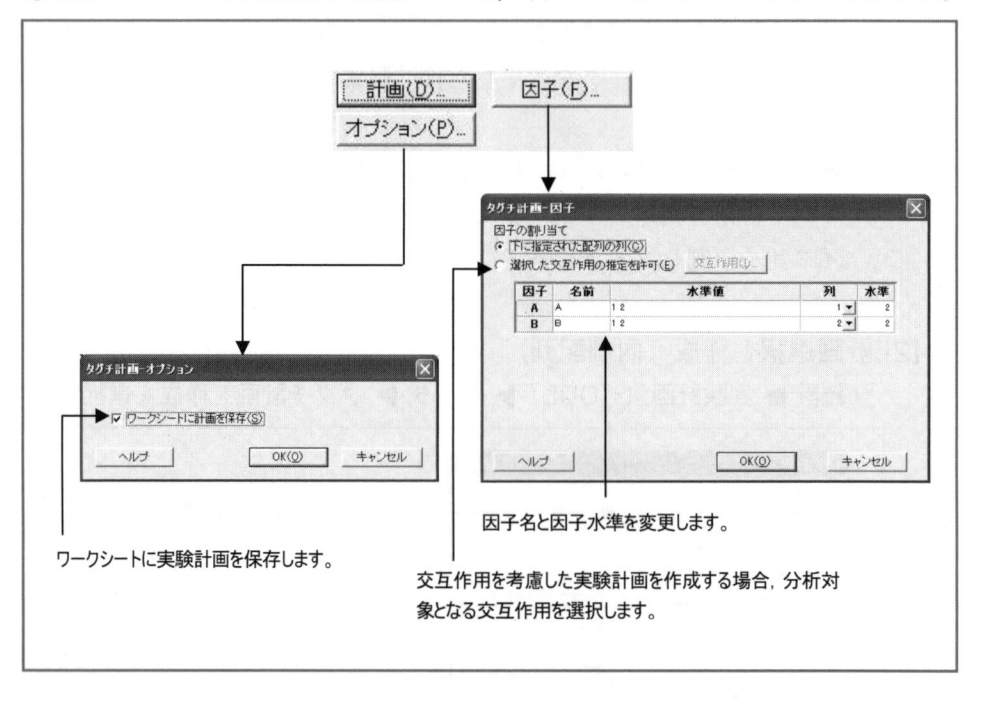

[ダイアログ画像: 計画(D)/オプション(P)/因子(F)メニュー、タグチ計画-オプション、タグチ計画-因子ウィンドウ]
- ワークシートに実験計画を保存します。
- 因子名と因子水準を変更します。
- 交互作用を考慮した実験計画を作成する場合,分析対象となる交互作用を選択します。

[3] 外側配列の計画

　内側配列を計画すると,次のようにワークシートに出力されます。外側配列には,ノイズ因子の組み合わせが入ります。外側配列にノイズ因子の組み合わせを示す場合,列名をノイズ因子の組み合わせの形で入力します。下の図は,A,B,C,Dというそれぞれ3水準の制御因子が内側配列に作成され,それぞれ2水準のU,Vというノイズ因子が外側配列に位置していることを示しています。

	C1	C2	C3	C4	C5	C6	C7	C8
	A	B	C	D	U0V0	U0V1	U1V0	U1V1
1	1	1	1	1				
2	1	2	2	2				
3	1	3	3	3				
4	2	1	2	3				
5	2	2	3	1				
6	2	3	1	2				
7	3	1	3	2				
8	3	2	1	3				
9	3	3	2	1				

U, Vの2因子に対する外側配列

A, B, C, Dの4因子に対する内側配列

[4] 実験の実施と結果の入力

実験を実施する方法は，制御因子とノイズ因子の該当水準において実験を実施します．

実験の結果は，下のように外側配列の列に入力します．

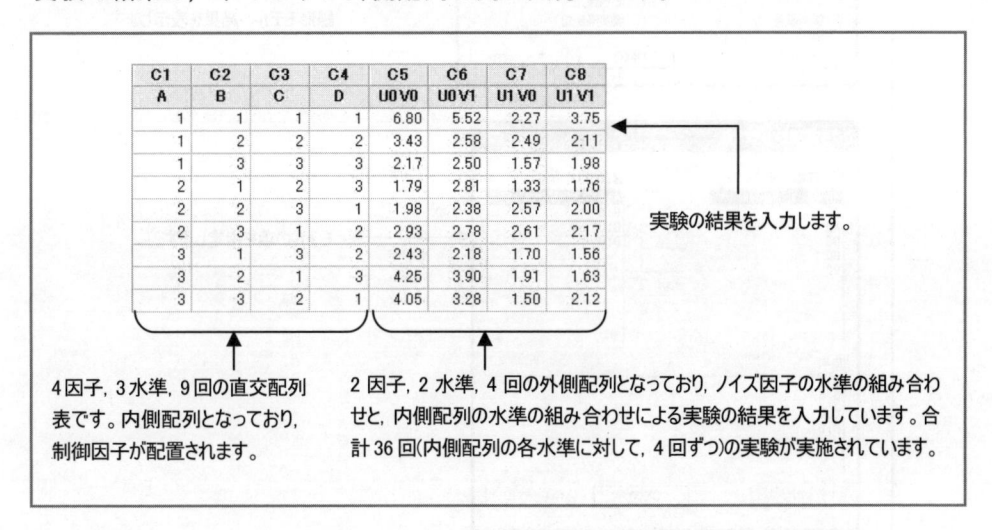

C1	C2	C3	C4	C5	C6	C7	C8
A	B	C	D	U0V0	U0V1	U1V0	U1V1
1	1	1	1	6.80	5.52	2.27	3.75
1	2	2	2	3.43	2.58	2.49	2.11
1	3	3	3	2.17	2.50	1.57	1.98
2	1	2	3	1.79	2.81	1.33	1.76
2	2	3	1	1.98	2.38	2.57	2.00
2	3	1	2	2.93	2.78	2.61	2.17
3	1	3	2	2.43	2.18	1.70	1.56
3	2	1	3	4.25	3.90	1.91	1.63
3	3	2	1	4.05	3.28	1.50	2.12

実験の結果を入力します．

4因子, 3水準, 9回の直交配列表です．内側配列となっており，制御因子が配置されます．

2因子, 2水準, 4回の外側配列となっており, ノイズ因子の水準の組み合わせと, 内側配列の水準の組み合わせによる実験の結果を入力しています. 合計36回(内側配列の各水準に対して, 4回ずつ)の実験が実施されています.

[5] 実験結果の分析

統計 ▶ 実験計画法（DOE）▶ タグチ ▶ タグチ計画の分析を選択します。

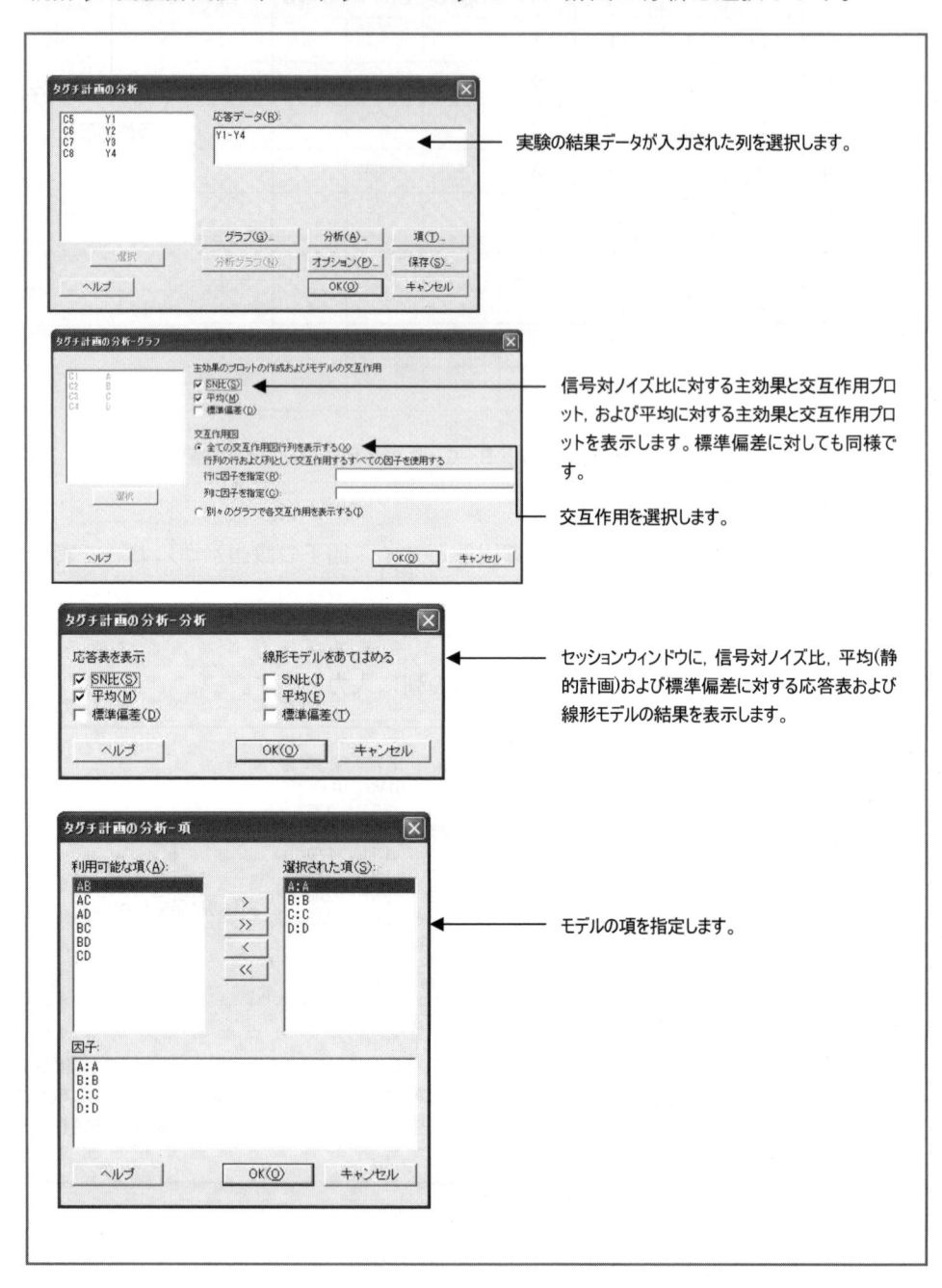

実験の結果データが入力された列を選択します。

信号対ノイズ比に対する主効果と交互作用プロット，および平均に対する主効果と交互作用プロットを表示します。標準偏差に対しても同様です。

交互作用を選択します。

セッションウィンドウに，信号対ノイズ比，平均（静的計画）および標準偏差に対する応答表および線形モデルの結果を表示します。

モデルの項を指定します。

2. MINITAB でのタグチ計画　701

[タグチ計画の分析-オプション ダイアログ]

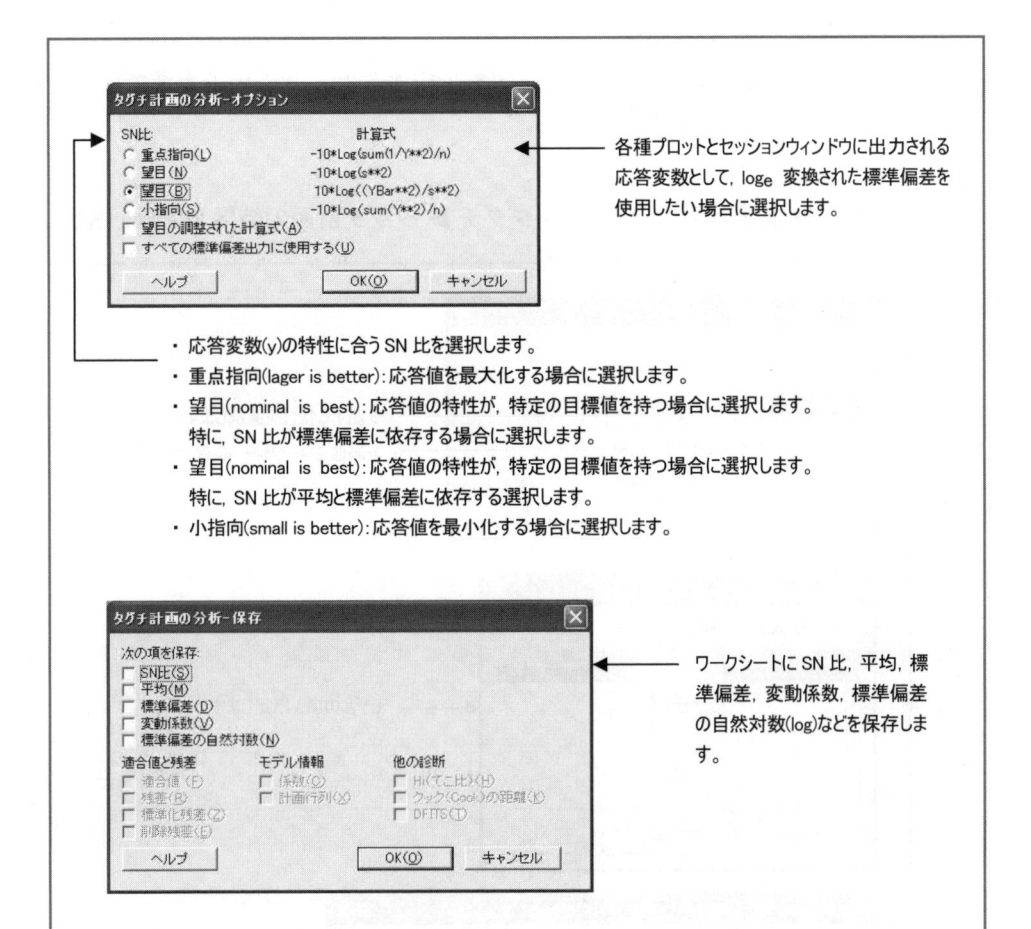

SN比:
- 重点指向(L)　　-10*Log(sum(1/Y**2)/n)
- 望目(N)　　　　-10*Log(s**2)
- 望目(B)　　　　10*Log((YBar**2)/s**2)
- 小指向(S)　　　-10*Log(sum(Y**2)/n)
- 望目の調整された計算式(A)
- すべての標準偏差出力に使用する(U)

→ 各種プロットとセッションウィンドウに出力される応答変数として，$\log_e$ 変換された標準偏差を使用したい場合に選択します。

- 応答変数(y)の特性に合う SN 比を選択します。
- 重点指向(lager is better)：応答値を最大化する場合に選択します。
- 望目(nominal is best)：応答値の特性が，特定の目標値を持つ場合に選択します。
  特に，SN 比が標準偏差に依存する場合に選択します。
- 望目(nominal is best)：応答値の特性が，特定の目標値を持つ場合に選択します。
  特に，SN 比が平均と標準偏差に依存する選択します。
- 小指向(small is better)：応答値を最小化する場合に選択します。

[タグチ計画の分析-保存 ダイアログ]

次の項を保存:
- SN比(S)
- 平均(M)
- 標準偏差(D)
- 変動係数(V)
- 標準偏差の自然対数(N)

適合値と残差:
- 適合値(F)
- 残差(R)
- 標準化残差(Z)
- 削除残差(E)

モデル情報:
- 係数(O)
- 計画行列(X)

他の診断:
- Hi(てこ比)(H)
- クック(Cook)の距離(K)
- DFITS(T)

→ ワークシートに SN 比，平均，標準偏差，変動係数，標準偏差の自然対数(log)などを保存します。

[6] 実験結果に対する予測

実験結果の分析後，因子の設定値を指定すると，その因子水準での SN 比，平均，標準偏差などを予測します。

① 統計 ▶ 実験計画法 (DOE) ▶ タグチ ▶ タグチ計画の結果を予測を選択します。

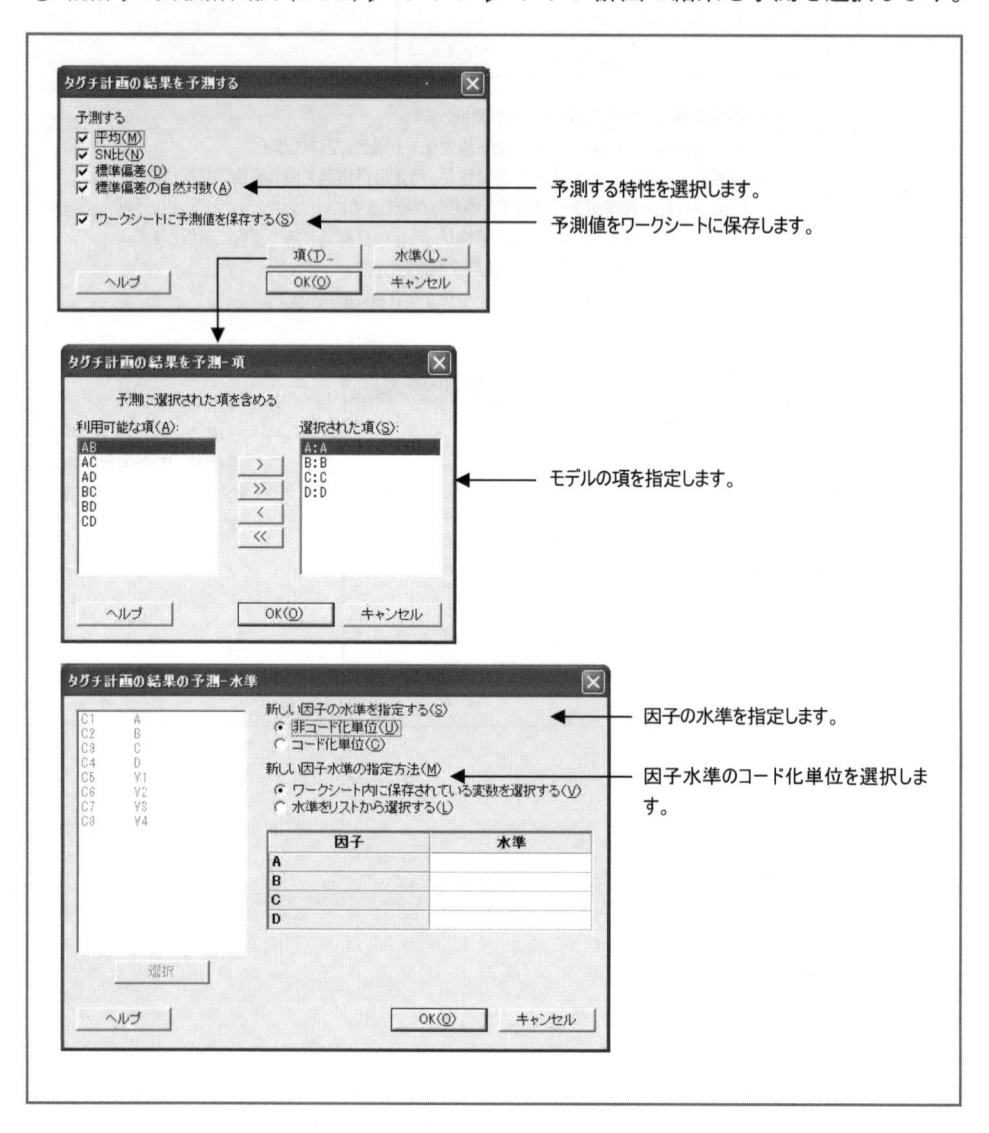

[**例題**]

ある樹脂を生産する化学会社では，この樹脂に含まれる不純物の含有量率を減らすための実験を実施します。規格の上限は 4.0% です。不純物に影響を与えると予想される 4 つの制御因子を次のように取りました。

- A：ボンドの配合比 3 水準（A1, A2, A3）
- B：ボンディングの方法 3 水準（B1, B2, B3）
- C：表面処理方法 3 水準（C1, C2, C3）
- D：熱処理方法 3 水準（D1, D2, D3）

非制御因子として
- U：作業者 2 水準（非熟練工，熟練工）
- V：樹脂の生産ライン 2 水準

を選択します。この実験は応答の最小化実験であり，実験回数は36回を考えています。実験を計画し，分析してみましょう（ただし，現在使用している条件はA2B2C2D2です）。

[実行] 1. MINITAB メニュー： 統計 ▶ 実験計画法（DOE）▶ タグチ ▶ タグチ計画を作成

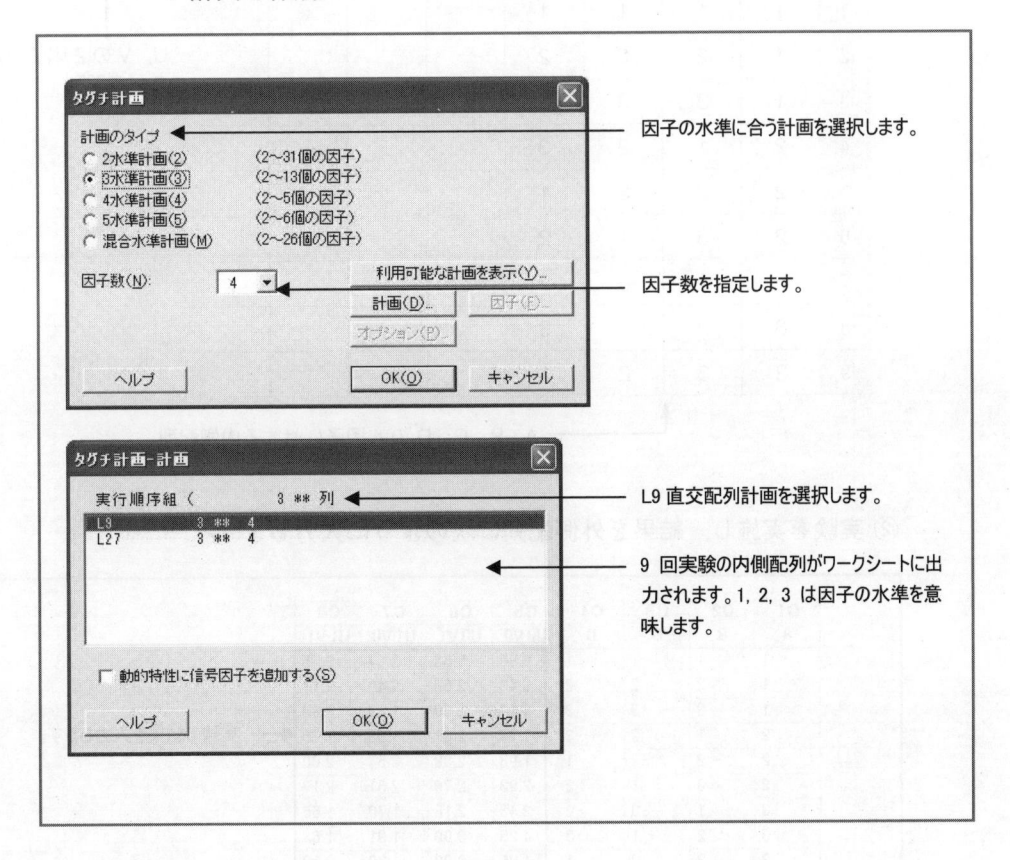

	C1	C2	C3	C4
	A	B	C	D
	1	1	1	1
	1	2	2	2
	1	3	3	3
	2	1	2	3
	2	2	3	1
	2	3	1	2
	3	1	3	2
	3	2	1	3
	3	3	2	1

① 内側配列実験計画の結果に外側配列を定義します。U，Vがノイズ因子で，2水準を持っていますので，4つの組み合わせを作ることができます。この組み合わせを下のようにC5-C8の列名に入力します。

	C1	C2	C3	C4	C5	C6	C7	C8
	A	B	C	D	U0V0	U0V1	U1V0	U1V1
1	1	1	1	1				
2	1	2	2	2				
3	1	3	3	3				
4	2	1	2	3				
5	2	2	3	1				
6	2	3	1	2				
7	3	1	3	2				
8	3	2	1	3				
9	3	3	2	1				

← U，Vの2因子に対する外側配列

↑ A，B，C，Dの4因子に対する内側配列

② 実験を実施し，結果を外側配列に次のように入力します。

C1	C2	C3	C4	C5	C6	C7	C8
A	B	C	D	U0V0	U0V1	U1V0	U1V1
1	1	1	1	6.80	5.52	2.27	3.75
1	2	2	2	3.43	2.58	2.49	2.11
1	3	3	3	2.17	2.50	1.57	1.98
2	1	2	3	1.79	2.81	1.33	1.76
2	2	3	1	1.98	2.38	2.57	2.00
2	3	1	2	2.93	2.78	2.61	2.17
3	1	3	2	2.43	2.18	1.70	1.56
3	2	1	3	4.25	3.90	1.91	1.63
3	3	2	1	4.05	3.28	1.50	2.12

← 実験の結果を入力します。

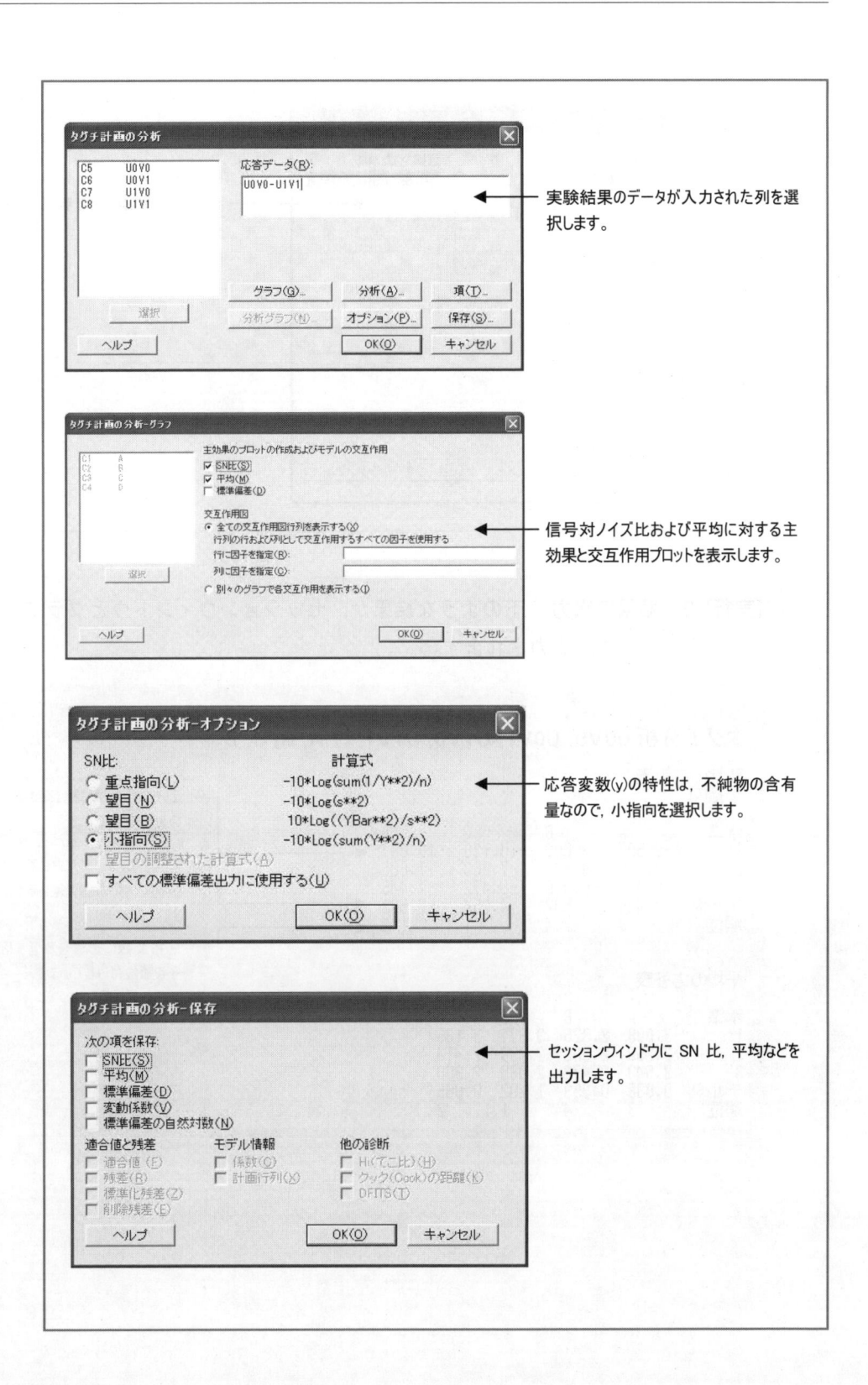

2. MINITAB でのタグチ計画　705

- 実験結果のデータが入力された列を選択します。
- 信号対ノイズ比および平均に対する主効果と交互作用プロットを表示します。
- 応答変数(y)の特性は，不純物の含有量なので，小指向を選択します。
- セッションウィンドウに SN 比，平均などを出力します。

706　第22章　タグチ計画

　　　　　　　　　　　　　　　　　　　　　← モデルの項を選択します。

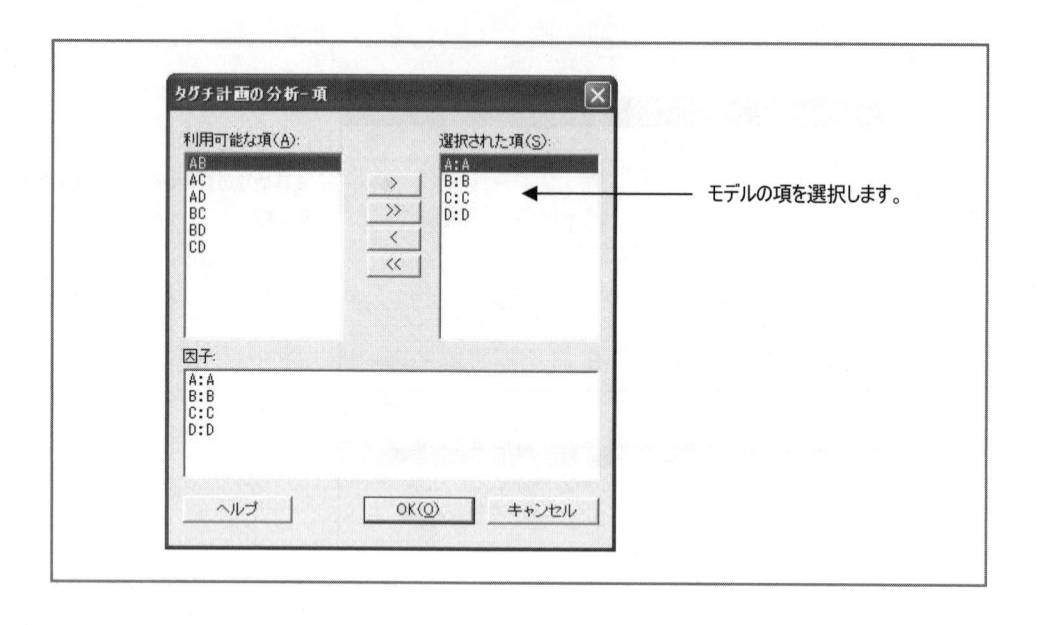

[実行] 2. 結果の出力：下のような結果が，セッションウィンドウとグラフウィンドウに出力されます。

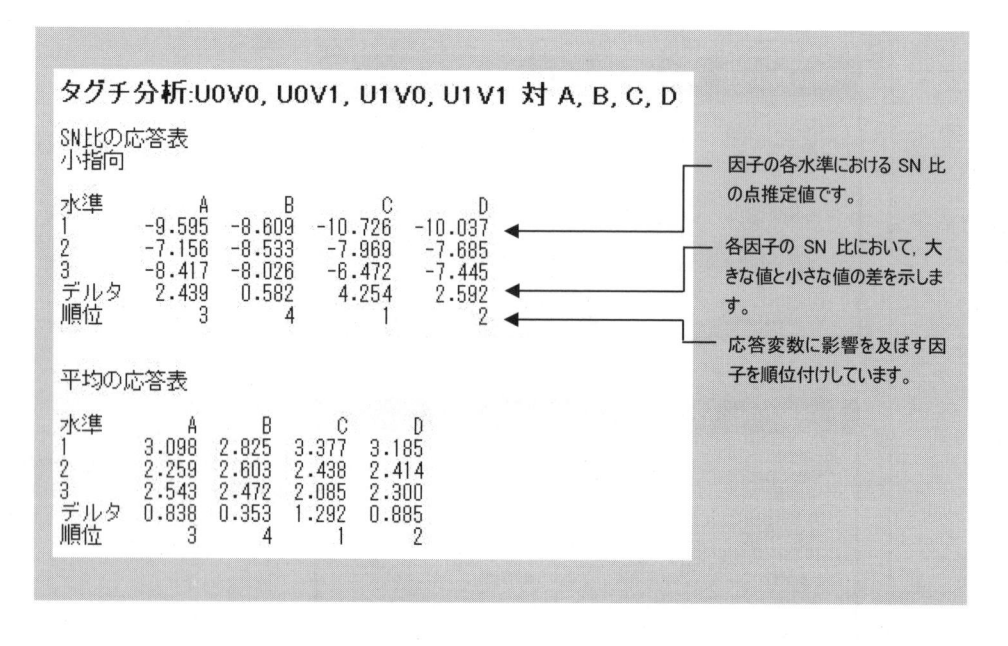

```
タグチ分析:U0V0, U0V1, U1V0, U1V1 対 A, B, C, D
SN比の応答表
小指向

水準         A       B        C        D
1         -9.595  -8.609  -10.726  -10.037       ← 因子の各水準におけるSN比の点推定値です。
2         -7.156  -8.533   -7.969   -7.685
3         -8.417  -8.026   -6.472   -7.445
デルタ      2.439   0.582    4.254    2.592       ← 各因子のSN比において，大きな値と小さな値の差を示します。
順位           3       4        1        2        ← 応答変数に影響を及ぼす因子を順位付けしています。

平均の応答表

水準         A       B        C        D
1          3.098   2.825    3.377    3.185
2          2.259   2.603    2.438    2.414
3          2.543   2.472    2.085    2.300
デルタ      0.838   0.353    1.292    0.885
順位           3       4        1        2
```

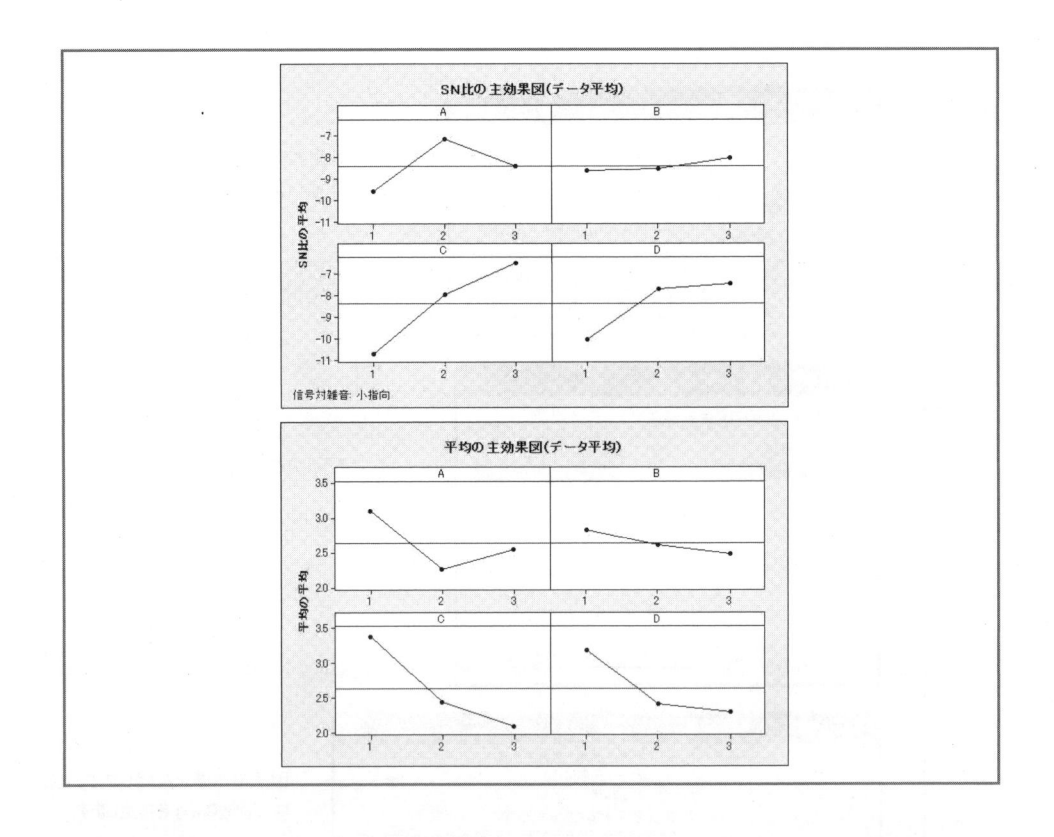

[実行] 3. 結果の解析

- 信号対ノイズ比の主効果図を見ると，B因子を除いて，残りの因子は応答変数に大きな影響を及ぼしていることがわかります。平均の主効果図でもB因子を除く残りの因子は，応答変数の平均に大きな影響を及ぼしていることがわかります。セッションウィンドウにて，各因子水準の信号対ノイズ比と平均値を見ることができます。順位が1であるC因子が応答変数に影響を多く与える因子であることがわかり，順位が4であるB因子は影響をあまり及ぼさない因子であることがわかります。

[実行] 4. 結果の予測：統計 ▶ 実験計画法（DOE）▶ タグチ計画の結果を予測

　結果の解析より，応答変数に対してC因子が最も大きな影響を及ぼし，B因子はあまり影響を及ぼさないことがわかりました。次は，プロットとセッションウィンドウの結果を総合して，信号対ノイズ比を大きくする条件を定め，信号対ノイズ比の推定値を求めてみます。セッションウィンドウの結果を見ると，A因子：水準2，C因子：水準3，D因子：水準3の場合，信号対ノイズ比が最も大きくなっているため，これらの因子の条件はA2C3D3とします。B因子は応答変数にあまり影響を及ぼさないので，現在使用している水準2を条件とします。A2B2C3D3に対する信号対ノイズ比を予測してみましょう。

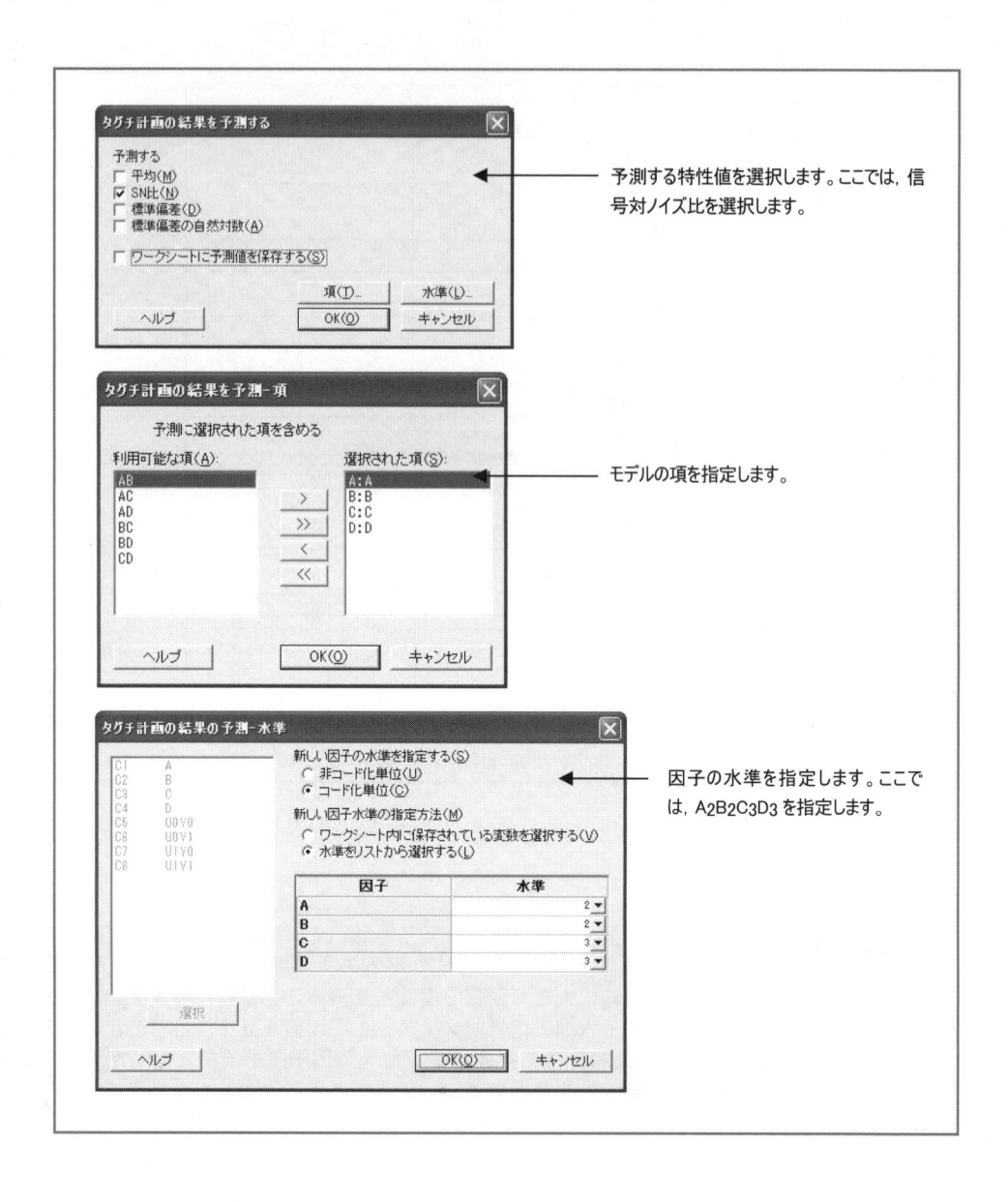

タグチ計画の結果を予測するダイアログ: 予測する特性値を選択します。ここでは、信号対ノイズ比を選択します。

タグチ計画の結果を予測-項ダイアログ: モデルの項を指定します。

タグチ計画の結果の予測-水準ダイアログ: 因子の水準を指定します。ここでは、$A_2B_2C_3D_3$ を指定します。

[実行] セッションウィンドウに次のような結果が出力されます。

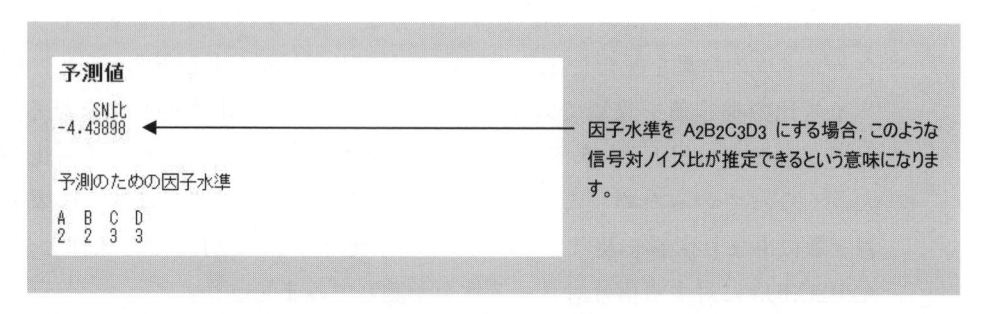

```
予測値
   SN比
-4.43898

予測のための因子水準
A B C D
2 2 3 3
```

因子水準を $A_2B_2C_3D_3$ にする場合、このような信号対ノイズ比が推定できるという意味になります。

索　引

■数字■

1サンプル t　106, 141
1サンプル Z　105
1サンプルの比率　121
1系列指数平滑化　196
2値ロジスティック回帰分析　397
2サンプル t　113, 142
2サンプルの比率　124, 145
2サンプルの分散　126
2次判別分析　296
2水準完全要因計画　578
2水準要因実験計画　581
3D 曲面図　71
3D 散布図　70
3次元プロット　611
6σ　312

■英字■

ACF　209
Anderson-Darling　174, 224
ARIMA　200, 204, 207, 214
augmenting design　665
Autocorrelation　209
Bartlett　561
Bonferroni　550
Box-Behnken　624, 626
Box-Cox　314, 325, 331, 454
Box-Jenkins　214
central composite　624, 625
Corss Correlation　213
Covariates　531
Cp　312, 313, 316
Cpk　312, 316
Cpm　317
Cramer　163
CUSUM　497, 500
C 管理図　492
Double Exponential Smoothing　199
Dunnett　516, 550
Durbin-Watson　400
ECDF　174
Equimax　278, 279
Euclid　287

EWMA 管理図　453, 497, 499
extreme vertice design　664
family error rate　516
Fisher　163, 516
Fixed Factor　531
Fractional Factorial Designs　579
Full Factorial Designs　578, 587
F 棄却域　523
F 検定　125, 515, 536, 545, 561
F 値　515, 523
F 比　514, 516
F モード　228
General Full Factorial Designs　579
Goodman-Kruskal　163
Holt-Winteres　203
Hsu　516
I-MR-R/S 管理図　458, 472
I-MR 管理図　478, 483
individual error rate　516
Johnson　314, 321
Kendall　164
K-Means 法　285, 293
Kolmogorov-Smirnov　174
Kruskal-Wallis　130
Lag　208
Latin square with repeated measure design　534
Lenth's method　606
Levene　125, 561
Ljung-Box Q　209
MAD　186
Manhattan　287
Mann-Whitney　117
Mantel-Haenszel-Cochran　163
MAPE　185
McQuitty　286
Mood　130
MSD　186
MSE　218, 413, 536
MTBF　222
MTTF　222
NP 管理図　490
One-Way ANOVA　515
Orthomax　278, 279

PACF　210
Pareto　436, 607
Partial Autocorrelation　210
Pearson　163, 287, 398
Plackett-Burman　579, 583
PLS　397, 427
pooled standard deviation　→併合標準偏差
power　140
Pp　317
Ppk　317
PPM　317
PRESS　401
P管理図　489
Quartimax　278, 279
Random Factor　531
Randomized block design　533
RunOrder　589
Ryan-Joiner　174
R管理図　458, 464
R二乗　405, 422
R二乗（修正）　405, 422
Screening Designs　578
Shapiro-Wilk　174
Shewhart　476, 500
Sidak　550
simplex centroid design　664
simplex lattice design　664
Single Exponential Smoothing　196
SN比　694, 695
Somers　164
Spearman　398
Split-plot design　534
StdOrder　589
S管理図　458, 468
table　148
Tukey　516, 550
Turnbull　223
Two-level Full Factorial Designs　578
Two-Way ANOVA　522
t値　405
t検定　108, 112, 114
T二乗および一般化分散管理図　453, 504, 509
T二乗管理図　453, 504
U管理図　494
Varimax　278, 279
VIF　400
Wilcoxon　110, 118
Winters　203
Xbar-R管理図　458, 466
Xbar-S管理図　458, 470

Xbar管理図　458, 460
Z-MR管理図　478, 485
Z検定　106, 112

■あ■

アレニウス　256
アンダーソン-ダーリング　174, 224
異常値　408
一元配置　129, 514, 515
一部　→フラクション
一部実施要因計画（部分配置法）　579
一致性分析　382
一般化分散管理図　453, 504, 507
一般線形モデル　514, 530
一般多変量分散分析　515
移動範囲管理図　478, 481
移動平均　192, 215
移動平均管理図　453, 497
因子　272, 278, 515, 522, 578, 589
因子推定法（因子抽出法）　278
因子負荷量　278, 281, 431
因子分解法　207
因子分析　272, 278
ウィルコクソン　110, 118
ウィンターの方法　203
ウォードリンケージ法　286
内側-外側配列計画　695
内側配列計画　696
枝分かれ　372
枝分かれ因子　530, 531
円グラフ　66
応答　397, 401, 405, 427, 602, 603
応答曲面計画　624, 639
応答追跡プロット　686
応答の最適化　619, 662, 689
応答プロット　431
オートフィル　21
遅れ　208
重み　196, 199, 203, 400, 655
折り重ね　→フォールド
温度の逆数　256

■か■

回帰直線　397, 398, 405
回帰分析　396, 530, 550
階差　→差
カイ二乗検定　153
確率プロット　60
確率分布　90
確率密度関数　90

重ね合わせ等高線図　617, 659, 690
カスタム応答曲面計画　635
カスタム混合計画　678
カスタム要因計画　598
加速寿命試験　252
加速変数　253
片側検定　107
片側累積和　501
合算した標準偏差　→併合標準偏差
カプラン-マイヤー法　223, 238
加法モデル　189, 204
完全枝分かれ分散分析　514, 558
完全実施要因計画　579, 587
完全モデル　413
完全要因計画（完全配置法）　578
感度　694, 695
幹葉図　59
管理状態　450
管理図　450
棄却域　103, 106
擬似成分　680
記述統計量　86
季節性　188
帰無仮説　103, 106
逆累積分布関数　93
キューブプロット　→3次元プロット
共線性　427
共分散行列　273, 274, 281
共分散分析　530, 550
共変量　531, 533, 550
行列散布図　55
曲線回帰　408
極値頂点計画　664, 675
曲面プロット　615, 648, 688
許容限界　366, 375
寄与度　365, 368
許容度　365
区間打ち切り　243
区間推定　102, 104, 105
区間プロット　63, 515, 563
グッドマン-クラスカル　163
区分カテゴリ数　→個別カテゴリ数
クラスカル-ワリス検定　130
クラスター分析　272, 285
クラメールのV二乗統計量　163
繰り返しのある二元配置　523
繰り返しのない二元配置　523
クロス集計　161
計画の修正　599
計画の表示　601

経験CDF　61
計数値管理図　451
計量値管理図　451
ゲージR&R　363
ゲージランチャート　374
検索　22
検出力　140
検定　103
検定統計量　106, 515
ケンドール　164
効果プロット　606
交互作用　515, 523, 525, 567, 593
交互作用図　515, 567, 610
交差　366
交差因子　530, 531
交差検証　430
合成テスト　536
工程能力　312
工程能力指数　312, 313, 316, 317
工程能力シックスパック　346
後方削除　411, 416
交絡　579, 580, 584, 585, 593
誤差　399, 515
故障確率　222
故障モード　→失敗モード
故障率　222
固定因子　531
個別カテゴリ数　365, 368
個別管理図　478
個別値プロット　64
個別変数　153
個別変数管理図　478
個別満足度　654
個別過誤率　517
コルモゴロフ-スミルノフ　174
コレスポンデンス分析　→対応分析
混合計画　664
混合モデル　536

■さ■
差　207
最小二乗法　223, 224
採択　103, 111, 135
最短距離リンケージ法（最近隣法）　286
最長距離リンケージ法（最遠隣法）　286
最適化　→応答の最適化
最尤（推定）法　223, 224, 278
サブグループ　325, 328
残差　399, 400, 426
残差プロット　423

散布図 54
サンプルサイズ 140
時間打ち切り 227
時間重み付きチャート 453, 497
軸点 599, 601, 625
時系列プロット 67
時系列分析 176
自己回帰型 215
自己回帰和分移動平均 204
自己相関 209
二乗ピアソン法 287
二乗ユークリッド法 287
指数重み付き移動平均管理図 →EWMA 管理図
自然対数 256
シダク 550
失敗数打ち切り 227
失敗モード 228
四分位数 62, 89
シャピロ-ウィルク 174
重回帰分析 405
重心リンケージ法 286
重点指向 694
自由度 514, 515, 523
シューのMCB 方法 516, 517
シューハート 476, 500
周辺分布図 56
縮小モデル 413
主効果図 515, 566, 609
主成分分析 272, 274
主成分法 278
寿命時間試験 243
寿命試験 225
順位相関係数 388, 390
順位ロジスティック回帰分析 397
小指向 694
小数点 23
乗法モデル 188, 204
ジョンソン変換 314, 321
シングル指数平滑法 →1系列指数平滑化
信号 694
信頼区間 89, 401
信頼水準 102, 229
信頼性 222
信頼度 222
水準（因子水準）514, 516, 517, 589
推定 102
スクリーニング計画 578
スケール 73
スチューデント化 399
ステップワイズ回帰分析 411

スピアマンの順位相関係数 388
正確度 362
正規確率プロット 172
正規性検定 172
正規分布 95
制御 531, 694
制御因子 695, 696, 697
制限されたモデル 545
生成子 585
生存分析 222
精度 363
制約型 536
線形回帰 →単回帰分析
線形性と偏り 376
線形判別分析 296
全体過誤率 517
前方選択 411, 413
相関関係 427, 431
相関行列 273, 274, 281
相関係数 273, 388
相互相関 213
増大計画 →追補計画
ゾーン管理図 458, 474
属性管理図 488
測定システム分析 362
外側配列計画 698
ソマーズのD 統計量 164
損失関数 694

■た■
ダービン-ワトソンの統計量 400
ターンブル法 223, 225, 237, 249
第一種の過誤 103
対応のある t 検定 116
対応分析 272, 299
対称性プロット 446
第二種の過誤 103
対立仮説 103, 106
タグチ計画 694
多項式回帰 396, 397
多重グラフ 76
多重対応分析 305
多重比較 516, 550
多重変数 338
ダネットの方法 516, 517, 550
多変量 EWMA 管理図 453, 504, 511
多変量解析 272
多変量管理図 444, 453, 503
単回帰分析 397
単純指数平滑法 →1系列指数平滑化

単純対応分析　299
単体格子計画　664, 672
単体重心計画　664, 669
置換　22
逐次F検定　413
逐次平方和　408
中央値　62, 89, 434
中央値リンケージ法　286
チューキーの方法　516, 550
中心点　589, 625, 628
中心複合計画　624, 625
直交配列表　579
直交ブロック　581, 601
追加平方和　413
追補計画　665
釣り合い型計画　523
定時打ち切り　→時間打ち切り
定数打ち切り　→失敗数打ち切り
データオプション　77
データ表示　75
適合値　399
適合値プロット　397, 404
適合度の検定　165
てこ比　430
テューキー　→チューキーの方法
点推定　102
転置　51
同一性の検定　158
統計量　86
等高線図　69, 615, 648, 687
同等性　230
等分散性　125
等分散性検定　515, 561
特殊原因　457, 496
特性要因図　441
独立性の検定　153
ドットプロット　58
トレンド分析　184

■な■

二重指数平滑化　199
二元配置　514, 522
二項分布　90
任意打ち切り　243
ノイズ比　694
ノンパラメトリック　109, 130, 236, 249, 253

■は■

バートレットの検定　561
箱ひげ図　62, 89

ハザード　223, 224
ハザードプロット　231
バスタブ　231
外れ値　62
ばらつき度　365, 368
パラメトリック　223, 225
バランス型多変量分散分析　515
バランス型分散分析　514, 530, 536
パレート図　436, 607
判別分析　272, 296
ピアソンの積率相関係数　388
ピアソンの比率検定　163
ピアソン法　287
ヒストグラム　57
非正規分布　454
左打ち切り　243
百分位ライン　173
表　148
標準化残差　399, 425
標準ステップワイズ回帰　411, 418
標準偏差　87
標準偏差の推定方法　325
標本分布　98
フィッシャーの正確検定　163
フィッシャーの方法　516, 517
フォールド　586
負荷量プロット　431
複合満足度　655
符号検定　109
不釣り合い型計画　523
不偏分散　514
フラクション　587, 588
プラケット－バーマン計画　579, 593
ブラシ　79
ブロック　589
ブロック計画　585
プロビット分析　263
分解　188
分解能　579, 580, 586, 590, 593
分割法　534
分散　273, 515, 523
分散比　→F比
分散拡大因子　400
分散成分　536
分散分析　129, 514
分散分析表　515
分布の識別　317
ヘイウッドケース　285
平滑法　192
平均　83, 89, 273

平均寿命　222
平均絶対誤差　186
平均絶対パーセント誤差　185
平均の分析　514, 526
平均平方誤差　218, 413, 536
平均平方の期待値　536
平均平方偏差　186
平均リンケージ法　286
併合標準偏差　316, 325, 472
ベストサブセット　397, 420
別名関係　586
偏F検定　413
偏最小二乗　427
偏自己相関　210
変数管理図　452
変動性　602, 603
偏平方和　413
変量因子　531
ポアソン分布　94
棒グラフ　65
望小　→小指向
望大　→重点指向
望目　694
保険数理法　223, 225, 237, 238, 249
星点　625
母集団　102, 172
ボックス-コックス変換　314, 325, 331, 454
ボックス-ジェンキンス　214
ボックス-ベーンケン　624, 626
ボックスプロット　→箱ひげ図
母比率の検定と推定　120
母分散比の検定　125
母平均　102
母平均の区間推定　104
母平均の検定　106, 127
母比率の差の検定と推定　123
ホルト-ウィンター指数平滑化　203
ボンフェローニ　550

■ま■
マン-ウィットニー　117
満足関数　655
マンハッタン法　287
マンテル-ヘンゼル-コクラン検定　163
右打ち切り　225, 243
ムードのメディアン検定　130
無作為化　588, 629
無制約型　536
名義ロジスティック回帰分析　397,
メディアン　→中央値

面グラフ　68

■や■
有意性　103
有意水準　103, 515
ユークリッド法　287
要因　→因子
要因計画　602
要因効果　578
要因実験　578
予測R二乗　401
予測区間　405
予測残差平方和　401
予測変数　397, 400, 401, 405, 427

■ら■
ライアン-ジョイナー　174
ラテン方格法　534, 555
ラベル　74
乱塊法　→ランダムブロックデザイン
ランダム化　→無作為化
ランダムブロックデザイン　533
ランチャート　434
リュング-ボックスQ統計量　209
両側検定　107
リンケージ法　286
累積確率　91
累積失敗プロット（累積故障プロット）　231
累積分布関数　91, 172
累積和管理図　453, 497, 500
ルビーンの検定　→レベンの検定
レイアウトツール　83
レベンの検定　125, 561
レンズ法　606
ロバスト　694

■わ■
ワイブル　229
ワイブル分布　245, 335
ワイヤフレーム　72

統計解析ツール
Minitab 実践ガイド

検印廃止　© 2008

2008 年 8 月 25 日　初版第 1 刷発行	発行者　㈱構造計画研究所 東京都中野区本町 4 丁目 38 番 13 号
	発売者　南條光章 東京都文京区小日向 4 丁目 6 番 19 号
NDC 350, 417	印刷者　藤原愛子 長野県松本市新橋 7 番 21 号

発売元　東京都文京区小日向 4 丁目 6 番 19 号
電話 東京 (03) 3947 局 2511 番 (代表)
〒 112-8700 / 振替 00110-2-57035
URL http://www.kyoritsu-pub.co.jp/

共立出版株式会社

印刷・製本／藤原印刷　Printed in Japan

社団法人
自然科学書協会
会員

ISBN 978-4-320-09753-7

JCLS ＜㈱日本著作出版権管理システム委託出版物＞
本書の無断複写は著作権法上での例外を除き禁じられています．複写される場合は，そのつど事前に
㈱日本著作出版権管理システム (電話03-3817-5670, FAX 03-3815-8199) の許諾を得てください．

■数学関連書 (解析学/関数論/積分論/微分方程式/演算子法/関数解析/集合/論理/確率/統計) 共立出版

解析学Ⅰ・Ⅱ	宮岡悦良他著
物理現象の数学的諸原理	新井朝雄著
ウェーブレット解析	芦野隆一他著
差分と超離散	広田良吾他著
応用解析学	廣池和夫他著
応用解析学概論	明石重男他著
応用解析入門	阪井 章著
応用解析 —微分方程式	阪井 章著
応用解析 —複素解析/フーリエ解析	阪井 章著
応用数学の基礎 第6版	久保忠雄訳
フーリエ解析入門	谷川明夫著
演習で身につくフーリエ解析	黒川隆志他著
現代ベクトル解析の原理と応用	新井朝雄著
理工系 ベクトル解析	丸山祐一著
Advancedベクトル解析	立花俊一他著
微分積分学としてのベクトル解析	宮島静雄著
複素解析とその応用	新井朝雄著
エクササイズ複素関数	立花俊一他著
超幾何・合流型超幾何微分方程式	西本敏彦著
測度・積分・確率	梅垣寿春他著
やさしく学べる微分方程式	石村園子著
テキスト 微分方程式	小寺平治著
詳解 微分方程式演習	福田安蔵他編
新課程 微分方程式	石原 繁他著
解いて分って使える微分方程式	土岐 博他著
わかりやすい微分方程式	渡辺昌昭著
微分方程式と変分法	高桑昇一郎著
Hirsch・Smale・Devaney力学系入門 原著第2版	桐木 紳他訳
微分方程式による計算科学入門	三井斌友他著
ポントリャーギン常微分方程式 新版	千葉克裕訳
精説 ラプラス変換	久保 忠他著
使える数学フーリエ・ラプラス変換	楠田 信他著
数学の基礎体力をつけるためのろんりの練習帳	中内伸光著
はじめての確率論測度から確率へ	佐藤 坦著
エクササイズ確率・統計	立花俊一他著
関連性データの解析法	齋藤堯幸他著
やってみよう統計	野田一雄他著
基礎課程 統計学	橋本智雄著
ビギナーのための統計学	渡邊宗孝著
統計学への入門	長尾壽夫著
統計学概論	岡田泰栄著
統計学入門	稲葉三男著
統計学へのステップ	長畑秀和著
入門 統計学	橋本智雄著
統計学の基礎と演習	濱田 昇他著
集中講義! 統計学演習	石村貞夫著
集中講義! 実践統計学演習	石村貞夫他著
Excelで楽しむ統計	中村美枝子他著
Excelによる統計クイックリファレンス	井川俊彦著
経済・経営 統計入門 第2版	稲葉三男他著
知の統計学1 第2版	福井幸男著
知の統計学2	福井幸男著
知の統計学3	福井幸男著
理工・医歯薬系の統計学要論 増補版	久保応助監修
メディカル/コ・メディカルの統計学	仮谷太一他著
数学を使わない医療・福祉系の統計学	兵頭明和著
看護師のための統計学	三野大來著
Excelによるメディカル/コ・メディカル統計入門	勝892恵子他著
演習 数理統計	鈴木義也他著
概説 数理統計	鈴木義也他編著
数理統計学の基礎	野田一雄他著
入門・演習 数理統計	野田一雄他著
明解演習 数理統計	小寺平治著
多変量解析へのステップ	長畑秀和著
Excelで学ぶやさしい統計処理のテクニック 第2版	三和義秀著
クックルとパックルの大冒険	石村貞夫他著
サイコロとExcelで体感する統計解析	石川幹人著
統計解析入門	白旗慎吾著
統計解析環境XploRe —ラーニングガイド	垂水共之監訳
統計解析環境XploRe —アプリケーションガイド	垂水共之監訳
Lisp-Statによる統計解析入門	垂水共之著
Windows版 統計解析ハンドブック 基礎統計	田中 豊他編
Windows版 統計解析ハンドブック 多変量解析	田中 豊他編
Windows版 統計解析ハンドブック ノンパラメトリック法	田中 豊他編
製品開発のための統計解析学	松岡由幸編著